U0142163

凝煉知識品味閱讀

食品加工學

Food Processing

施明智　蕭思玉　蔡敏郎　著

- 深入淺出描述食品加工範疇
- 提供許多最新食品加工資訊
- 提供食品加工者之基礎知識

五南圖書出版公司 印行

四版序

本書第一版於 2013 年付梓，第三版於 2018 年更新，算來也有四年。

四年內，食品加工技術進步有限，但這四年最大的變化，就是新冠病毒的肆虐，造成社會的衝擊與食品業生態的改變。但因這些改變屬於軟體的變化，因此不會在本書中呈現。

然而，市場上還是有許多新的加工產品與技術的出現，如使用冷凍乾燥技術生產的草莓產品、更多冷凍技術的開發（如 CAS）、冰溫技術普遍使用於家用冰箱等等，這些改變筆者儘量能於本版中加入。但某些尚未在食品工業使用的技術，如脈衝光技術、射頻技術等，雖在學術界已開始頻繁討論，但業界使用有限，期望未來應用成熟後，能再加入。

也因爲各章都有新內容的加入，爲避免篇幅增加太多，忍痛將與食品加工較無關聯之第十六章〈食品加工衛生安全與管理〉除部分內容挪移外，餘則予以刪除。讀者若對該章內容有興趣，可於筆者由五南出版社出版之《實用食品工廠管理》與《食品衛生與安全》兩本書中，一窺其內容。

校稿期間仍發現少部分文字有誤之處，也在此版中加以修正。

最後，本書於校稿期間已盡最大努力校對，但仍可能有錯誤之處，尚請讀者與授課老師不吝指正。

施明智 謹識

2022 年 11 月於臺北

序

當我 20 年前開始任教時，市面上中文的食品加工教科書不多，由於專科生的英文程度無法勝任閱讀原文書，因此開始籌劃出一本食品加工的教科書。當時也找了多位作者擔任其中各章的撰稿者，但由於當時大家都初出茅廬，事業上都在剛衝刺階段，所以蔡敏郎老師是唯一一位交稿者，而我自己也在手寫稿完成一章半後因各種事忙而中斷出書的念頭。

直到五南圖書的王正華主編主動來訪，提出想出一本食品加工教科書的構想，才又重拾出書的動力。於是再度邀請蕭思玉與蔡敏郎兩位老師分別撰寫當年請他們撰稿之穀類與水產加工的部分。而今他們也都是教授級的人物，時間上也較能配合了。

但目前的時空背景與當年已不相同，當年中文食品加工教科書不多，而今書店中各相關書籍已於非常顯目的成排放置，顯示市場已進入各方爭霸的戰國時代。加上食品技師證照目前正夯，更加速各出版社出書的動力。因此，要出線就要走與別人不一樣的路線。

本書首先走傳統文字敘述方式撰稿，此有別於目前筆記形式編排方式。由於目前學生閱讀能力愈來愈差，由一段文章中找出重點的能力很差，因此許多教科書以筆記的條列方式撰寫，有利於教學。此雖有利於學生學習，但對於要深入了解加工原理者，則過於簡單。因此要以本書當教科書則需要訓練學生讀書的本事。

其次，本書資料加入許多新加工技術。如超音波萃取與高壓加工，以往僅限於實驗室研究，但目前都以工業化應用了。而衛生觀念上的 hurdle 技術、風險評估等，也呈現在本書中。並且參考近年食品技師的考題，加入一些新元素，如包裝中的智慧型包裝等。

由於食品加工範圍廣泛，包括基礎加工與各論部分，都可分別成書，因此要將其集結成一冊，勢必要割捨許多次重要部分。即便完稿後，作者也必須由初稿的 888 頁（眞吉祥的數字）再精簡成目前的頁數。所幸，目前網路資訊發達，不足之處，讀者可自行上網尋找資料，相信可獲得更充裕之資訊。同時，目前中國教科書多且完整，本書許多資料即擷取其中之內容。因此，閱讀本書之餘，如需深入了解，除原文之選擇外，中國書籍也是另一選擇。

本書於撰寫與校稿期間均花費了一番工夫，但仍可能有錯誤之處，尚請讀者與授課老師賜予指正，以茲修正。

施明智　謹識

2013 年 2 月於臺北

目錄

第一章

食品加工的意義、過去與未來

第一節　食品加工與食品加工學

食物是指可供食用的物質，主要來自動、植物與微生物等，爲人類生存與發展的重要物質。早期人類飲食方式主要爲生食，但長期演化過程中，人們學會了各種加熱食物的方法。於是除了蔬菜、水果等食物會直接食用外，其他大部分食物都會經過烹煮後食用。到了現代，更會將各種食物經過前處理後，進行加熱、脫水、低溫處理、調味、配製等加工，獲得加工產品。

所謂食品，依據食品安全衛生管理法之定義，係「指供人飲食或咀嚼之物品及其原料」。因此食品包括可直接食用的製品，以及食品原料、配料、食品添加物等一切可食用的物質。

食品加工係以農產品、畜產品及水產品爲主要原料，用物理的、化學的、微生物的方法處理，調整組成及改變其形態以提高其保藏性、被運輸能力、可食性、便利性、感官接受度或機能性。研究食品加工有關的理論及方法的學問，稱爲食品加工學。

食品加工學需要以各種基本科學爲基礎，包括生物學（植物學、動物學、微生物學、生理學等）、物理學、化學（有機化學、分析化學、生物化學、食品化學、營養化學等）、營養學、數學。相關的應用科學，如：化工、機械等，也需要涉獵。因此，完整的食品加工學應以食物學原理、化學爲基礎，輔以食品機械、單元操作、食品工程學、食品發酵學，甚而尚需涉略食品生物化學等學科。近年來，生物技術、奈米技術與保健食品受到極大重視，因此學習食品加工學時亦應了解如何將此類技術應用於產品之加工，以有別於傳統加工，延續食品加工產品生命週期，建立藍海商機。

第二節　食品的機能性

食品有許多的功用，最初人們食用食物的目的是解除飢餓。當吃的飽後，便又希望吃的好，而開始重視色、香、味等食品的附加價值；而一旦吃的過好後，造成營養過剩，於是又再希望由食品中得到保持身體健康的物質。因而，由此觀念發展出食品的機能特性如下。

一、一次機能特性——營養機能

指維持生命之營養機能。舉凡傳統營養學中所提的，食物所能提供之醣類、脂肪、蛋白質、維生素、礦物質等營養素者，皆屬此一次機能特性的範圍。此機能特性也是食品加工過程中，首要考慮的目標，畢竟，吃的最終目的是在攝取足夠的營養素以維持生命。

二、二次機能特性——嗜好機能

指賦予食物色、香、味、觸覺的感官機能。主要包括食品外觀、質地、風味等項目。食品感官功能不僅出於對消費者享受的需求，也有助於促進食品的消化吸收。因誘人的食物可引起食用者的食慾，促進人體消化液的分泌。因此食品的二次機能特性最能直接影響攝食意願。常見提高二次機能特性方式如，加工產品常添加各種色素，可促進食慾；添加香料，以提供香味；而一些常用之調味料如食鹽、糖、味精；各種發酵醬料，主要提供味道；食用如洋芋片、休閒點心等乾燥食品時，入口酥脆的口感，提供觸覺。這些提高食感機能之功能，皆屬二次機能特性範圍。

三、三次機能特性——生理機能

指調節生理機能之特性。當營養素攝食過多或不均衡，就容易產生一些因肥胖或飲食不良所造成的疾病，如肥胖、痛風、心血管疾病、糖尿病等。由於中國很早就有藥食同源的概念，也發現了一些藥食同源的食物，因此在吃的飽、吃的好後，就進而希望吃的健康。而此健康不僅是營養素上的均衡，也希望由食物中獲得一些改善人體生理機能特性之物質。在食物中的微量物質可能具有改善人體生理機能特性之功效，包括多醣類、微量元素、脂溶性物質、蛋白質、植化物（phytochemical）等。多醣類如膳食纖維，具有降低血脂、舒解便秘，避免憩室炎發生等功效；微量元素如硒，可增進免疫力；脂溶性物質如大蒜中的蒜素，可降低血膽固醇；蛋白質如母乳初乳中的免疫蛋白，具有增加嬰兒免疫力之功用。植化物則為普遍存在蔬果中之化學物質，如原花青素、多酚類等。

這類具有生理機能性的食品普遍稱為保健食品或機能性食品（functional food）。由於具有生理功能性的食物樣式眾多，而目前加工食品品質良莠不齊，政府為有效管理這類食品，因此制定了健康食品法。所謂「健康食品」係指保健食品中通過食品安全性與生理功能性驗證者，由於此產品功效與安全性係經過科學檢驗，因此品質較有保障。目前公告之保健功效共13項：1.胃腸功能改善；2.調節血脂；3.護肝；4.骨質保健；5.免疫調節；6.輔助調整過敏體質；7.不易形成體脂肪；8.調節血糖；9.輔助調節血壓；10.抗疲勞；11.延緩衰老；12.促進鐵可利用率；13.牙齒保健。

四、四次機能特性——文化機能

食品除提供營養上、生理上的機能性外，尚可提供文化上的機能性。各民族、地區皆有其飲食上的特點與文化特色，如中國菜有「南甜北鹹東辣西酸」、八大菜系之稱。臺灣則有台菜、客家菜。日本料理善用海鮮，韓式料理則喜好泡菜。而東南亞國家飲食則嗜酸、辣。近年來，因宗教與健康關係，開始流行素

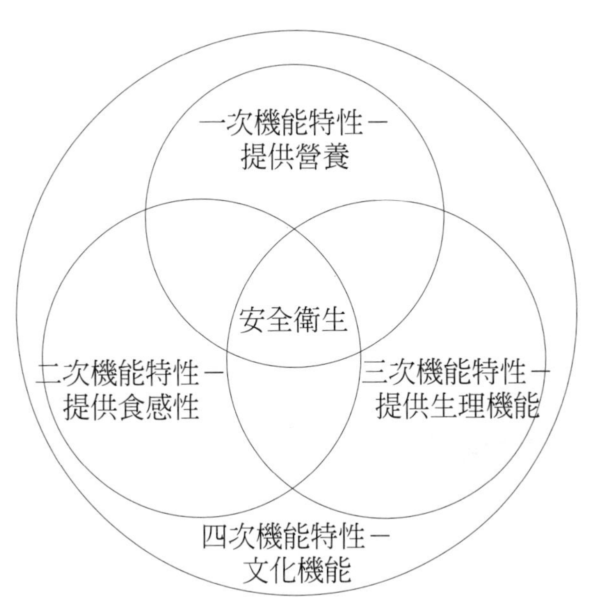

圖1.1　食品一、二、三與四次機能性之相關圖

食。飲料方面，東方喝茶，西方喝咖啡，塞外喝油酥茶等，各具有文化背景的特殊性。表1.1以茶葉爲例，說明各機能特性。

圖1.1爲食品一、二、三與四次機能性之相關圖，食品各種機能性並非相互獨立的，而是有相互關連的。

表1.1　茶葉成分之機能性分類

機能	成分
一次機能（營養性）	維生素：維生素C, E, Provitamin A（β-carotene）等 礦物質：鉀、磷、微量必需元素等
二次機能（嗜好性）	滋味：茶胺酸（theanine）、游離胺基酸（鮮味）、兒茶素類（catechins澀味）、咖啡因（caffeine苦味） 香味：terpenes、alcohols、carbonyls、ester等精油 顏色：黃酮醇類（flavonols）、茶黃質（theaflavins）、葉綠素（chlorophylls）
三次機能（生理調節性）	多元酚類（兒茶素類、兒茶素類氧化物、黃酮醇類）、咖啡因、異質多醣（hetero-polysaccharides）、抗氧化維生素類（維生素C、E、β－胡蘿蔔素）、r－胺基丁酸（r-aminobutyric acid）、微量必需元素（鋅、錳、氟、硒）
四次機能（文化特色）	中國龍井、眉茶，日本綠茶分蒸綠及炒綠，臺灣之烏龍茶及包種茶，印度、錫蘭、爪哇之紅茶，代表每一個國家或地區的文化特色

資料來源：汪與李，2002

第三節　食品加工的意義

一、食品加工的目的

新鮮的食物在貯藏的過程中，會受到四周環境因素的影響，發生變質而無法食用。造成這種現象的原因很多，包括物理性（光線、時間、溫度）、化學性（氧化反應）、生物性（微生物、蟲咬）、酵素性（發酵、酵素反應）。早期人們爲保存食物，因此將其進行加工。隨著科技進步，食品加工目的有些已跳脫原有保存目的，而有不同以往的目的。今分述如下。

1. 提高保存性（storage）與衛生安全性（sanitation and safety）

此爲食品加工最基本目的，也是最初會對食品進行加工之主要目的。食品加工可殺滅或降低造成食品腐敗或變質之微生物與酵素，可防止腐敗及變質，延長保存期限並避免食物中毒。常用技術有製罐、低溫保存、乾燥、醃漬、煙燻、包裝等。

2. 提高被運輸能力（transportation）

食品加工可減少食品的體積或重量，便於運輸與儲藏，例如濃縮、乾燥等。

3. 提高便利性（convenience）

有些食品經加工後，可直接食用，如乾燥食品；有些經調配及組合，作成罐頭或可微波、冷藏／冷凍、易開包裝等產品，以便利烹調或供直接食用。可節省食用前的調理。如速食麵、即溶咖啡。

4. 提高可食性（edibility）

食品加工過程中，可將不能生食者加工以便食用，並去除不適食用之部分、改變不宜食用的成分、提高消化性。如速食飯、冷凍蔬菜。

5. 提高營養價值（nutrition）

食品經加工後，可破壞營養抑制因子，且改變食物構造，故可提高消化吸收率，同時加工過程可能額外添加營養素，因而達到強化營養之功效。如蒸穀米。

6. 提高食品的嗜好性（preference）與感官接受度（acceptable）

藉調配、成形、熱處理、包裝等方式，可改變食品外貌與性狀，改善色、香、味與質地，以提高食用者食慾，藉以提高其感官之接受度。如油炸食品可增加食品顏色與香味，乾燥可增加食品酥脆感。

7. 提高生理機能性（functional）

主要指生理機能性，包括營養或機能成分之提煉、添加、發酵、熱處理、化學處理等。如黃豆經發酵製成納豆後，可產生納豆激酶而提高其生理機能性。

8. 調節市場供需（marketing）

加工食品可在原料盛產時，大量加工，而後在原料缺乏時，釋出以調節市場的供需。如冷凍蔬菜可在颱風或水災後，大量釋出以做為新鮮蔬菜的替代品。又如冬天鮮乳盛產時，將其加工成乳粉，待夏天原料不足時，再加工成還原乳。

9. 提高食品的附加價值（additional value）與商業價值（commercial value）

食品經過加工後，可提高其商品價值與附加價值，一般初級加工產品獲利較低，而加工層次愈高者，其附加價值則愈高。

加工食品或多或少都含有上述數個目的，但特定食品的目的性可能各不相同，如冷凍食品主要在保藏，濃縮果汁主要提高運輸能力，而農副產品加工主要提高食品的附加價值。

二、食品加工之形態

食品加工的形態可分爲一次加工、二次加工與高次加工。

1. 一次加工。係指由原料直接製成加工品者。如稻米經碾白除去外皮成精白米；小麥碾磨成麵粉；水果經研碎成果醬；遠洋漁獲及獸類屠體凍結成冷凍食品等。

2. 二次加工。係將一次加工品再加工製造成爲新的食品者。如將麵粉製成麵包、麵條等產品。大多數加工食品屬於二次加工品。

3. 高次加工。又稱深加工，係將二次加工品再加工製造成爲新的食品者。如將麵條製成速食麵、冷凍熟麵、即食涼麵等。

一般來說，加工層次愈高，則單價愈高，獲利率亦愈高，同時所需要的技術要求愈高。以大豆爲例，大豆曬乾後可直接食用，但單價低（一次加工產品）；當抽取其中大豆蛋白製成大豆分離蛋白後，其單價可藉以提升（二次加工產品）。若將大豆分離蛋白再製成組織化蛋白，用作人造素肉之原料（高次加工產品），則其售價又可再提升。同時，加工層次愈低，愈容易被抄襲、仿冒，而加工層次愈高，愈有專業性，愈不容易被抄襲。

第四節　食品加工的分類

一、依經濟部行業分類

食品的加工與製造，統稱食品工業。它具有兩種特性，一方面屬於生產的輕工製造業；另一方面又是農業的下游產業。此外，它還是涉及相關產業最多的綜合性產業。從生產製造到消費者，食品加工販售的完整流程如下：

原料→加工→產品→流通→行銷→零售→消費者

依經濟部工業生產統計分類，食品工業的範圍涵蓋22個分業，包括：1. 罐頭食品製造業、2. 冷凍食品業、3. 屠宰業、4. 乳品製造業、5. 脫水食品業、6. 浸漬食品業、7. 烘焙麵食業、8. 糖果製造業、9. 食用油脂製造業、10. 製粉業、11. 碾穀（米）業、12. 製糖業、13. 製茶業、14. 味精業、15. 其他調味食品、16. 飼料業、17. 麵條粉條類食品業、18. 酒類釀造業、19. 啤酒製造業、20. 不含酒精飲料業與21.雜項食品業等21類與食品有關，第22類爲菸草製造業，則與食品工業較無關。

目前產值較大的行業爲屠宰業、碾米業、飼料業、飲料業、冷凍食品業、食用油脂製造業、乳品製造業、酒類製造業與啤酒製造業等。如再廣義而言，還包括機械、包裝、配料等關聯產業，詳見圖1.2。

除依前述產業別分類外，由於食品加工原料種類繁多，不同的加工程序、用途、貯藏方式，可產生不同的加工食品，故也可有不同的分類方式。

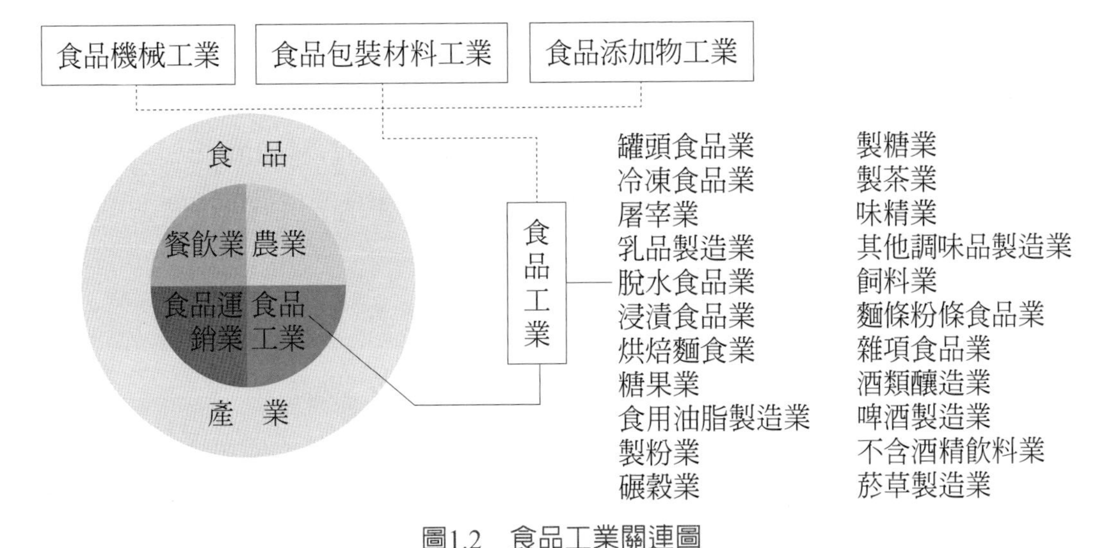

圖1.2 食品工業關連圖

二、依原料來源分類

可分為植物性原料與動物性原料。

植物性原料包括農產品（穀類、豆類、油籽、薯類）、園藝產品（蔬菜、水果）、特用農產品（茶、可可、咖啡、糖）、林產品（菇類、油茶油、竹類）。

動物性原料包括畜產品（畜肉、乳品）、禽產品（禽肉、蛋品）、水產品（魚、蝦、貝、藻等）、蟲產品（蜂產品）、副產品（骨頭、血、皮毛）。

三、依製品性質分類

可分為澱粉類（甘藷粉、麵粉等）、蛋白質類（如豆製品、禽畜產品、水產品）、油脂類（如沙拉油、酥油等）、水果類（乾燥水果、果醬、果汁）、糖質類（如飴糖、蔗糖）、纖維質類（蔬菜、菇類）、乳製品（乳油、乳酪、乾酪）、釀造類（味噌、醬油）、飲料類（如包裝飲用水、清涼飲料、含酒精飲料等）。

四、依製造法分類

分為罐頭加工、低溫加工、釀造加工、脫水乾燥加工、醃漬加工、燻煙加工、化學藥劑法、輕度加工、輻射加工等。此也為本書加工法所用分類之方式。

第五節　食品製造產業

隨著生活形態的改變，消費者在家吃飯花在準備餐點的時間越來越少，反而外食機會增多。即使在家吃飯，平日也會使用冷藏、冷凍調理食品以縮短餐點製備之時間，即所謂的家庭取代餐（HMR，home meal replacement）。因此鮮食產業與冷藏調理食品產業因應而生。這一類食品由於生產後需短時間內即送到販售點，因此生產、運銷等流程與傳統加工產品比較不趕時效者有所不同。另外，新形態之食品產業觀念為「從產地到餐桌」（from farm to table），造成整個生產製造、原料處理、安全衛生管理觀念之改變。因此，食品製造已非以前僅注重工廠端的製程管理，現在則必須重視由原料供應（上游端）、產品製造與物流（中游端）、到配銷與通路建構之銷售（下游端）整體之管理與衛生安全。以下藉由兩個新興加工業-鮮食與冷藏調理食品，說明食品製造產業上中下游之關係。

一、鮮食（fresh food）產業鏈

所謂鮮食係由通路商與製造商結合提供的產品，在便利商店販售給消費者，購買後即可立即食用者，如便當、涼麵、點心、茶葉蛋等，分為常溫麵包、18℃

商品、4℃商品、自助機台與其他等五類產品（圖1.3）。食品形態由常溫、冷藏到冷凍皆有。鮮食產業鏈係由上游原料業、初級食品加工業，到中游的輔助性工業與鮮食廠，再至下游的物流運輸、廣告行銷、各大便利商店通路等各種產業的結合。鮮食產品的販售主要利用CVS通路（convenience store system），即連鎖超商體系（7-11，OK，全家等）或是其他屬於連鎖體系的販賣系統。

在衛生管理上，鮮食產業鏈在各個製程上容易影響到品質特性的節點上加入CAS認證規範，因而定出一套完整作業流程。同時並導入「欄柵技術」作爲生產過程降低微生物含量、延長保存期限之基礎。

爲整合鮮食產業鏈並提高效能，各大便利商店與各自合作的協力廠及原料供應商共同整合一條垂直供應鏈，將上游原物料與下游通路及顧客加以緊密的結合，以提升整條產業鏈在市場中的競爭力。

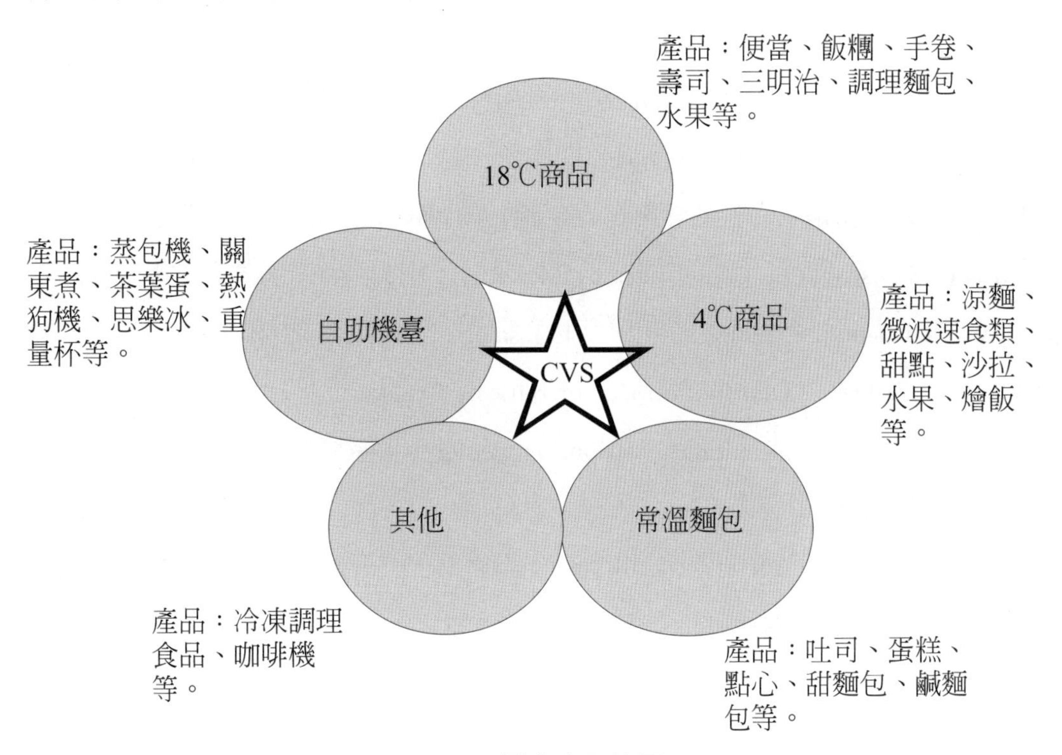

圖1.3　鮮食食品範圍

二、冷藏調理食品產業鏈

冷藏調理食品的特性為在食用前用最簡單、最短時間，加一道手續（微波、炙烤、蒸煮等），即可食用。因此雖然冷藏調理食品出現在市面的時間晚於常溫調理食品（罐頭、調理包）與冷凍調理食品，但因其新鮮自然的產品訴求，使其發展迅速。由於CAS冷藏調理食品較坊間加工食品在衛生安全方面更有保障，因此這類產品隨著冷藏調理食品銷售量之上升，產值有逐年增加之現象。冷藏調理食品產業鏈之運作模式如圖1.4所示。

上游部分，包括各類農產品、禽畜產品、水產品等原料供應商。蔬果產品可能會透過截切加工廠先進行原料處理，調理食品加工廠即不必費心處理廢棄物，且在原料品質、數量、成本上，得以控制。加上許多團膳公司也大量使用截切蔬果，也因此帶動截切加工產業產值的提升。

中游部分，包括製造商與物流中心。由於冷藏食品需全程保持在0～7℃，故產品運送屬低溫物流。加上產品保存期限僅一週，因此必須靠低溫物流的有效管理流程，以儘速將產品送至零售商店。圖1.4中各物流中心代號表示之意義為：1. M.D.C.（Distribution Center built by Maker）：由製造商所成立的物流中心。2. W.D.C.（Distribution Center built by Wholesaler）：由批發商或代理商所成立的物流中心。3. T.D.C.（Distribution Center built by Trucker）：由貨運公司成立的物流中心。4. Re.D.C.（Regional Distribution Center）：區域性的物流中心，負責特定較小區域的物流中心業務。

下游部分包括配銷中心與銷售通路及銷售點。下游廠商往往透過各類廣告行銷手法，以提高銷售量，進而帶動上中游廠之收益。

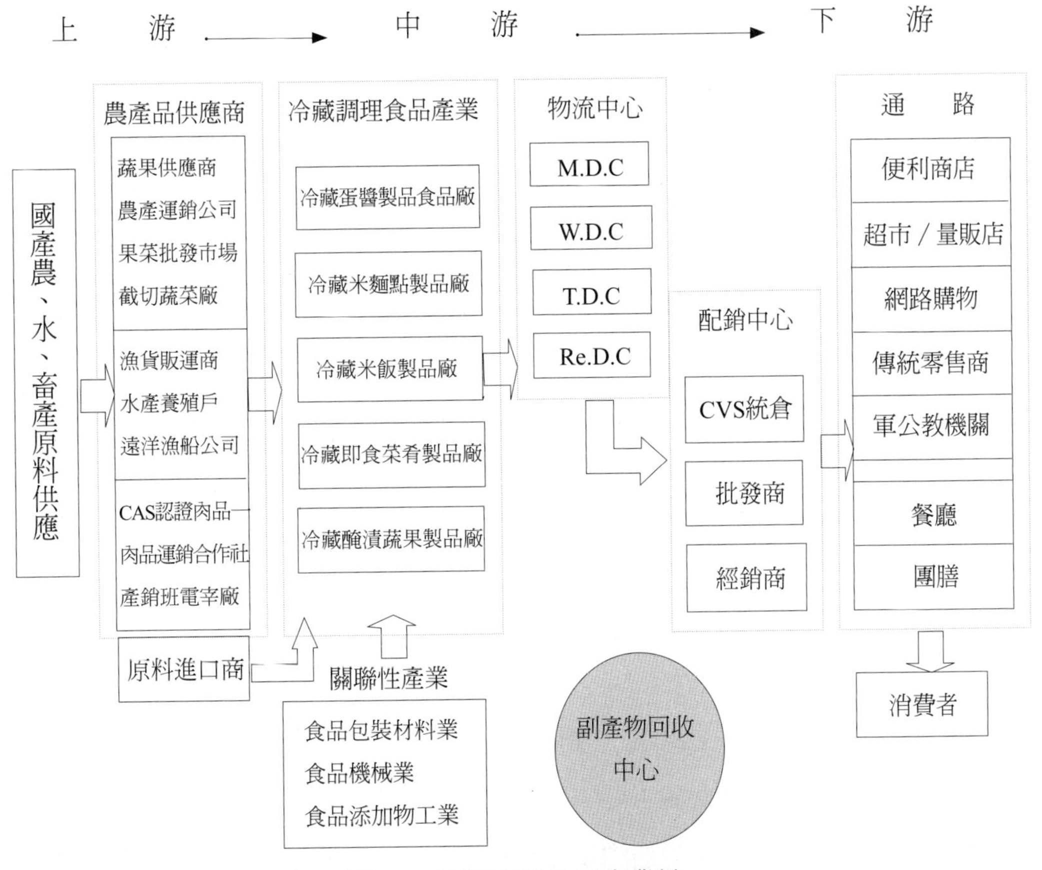

圖1.4 冷藏調理食品產業鏈

（資料來源：鄭，2010）

第六節 臺灣食品工業的發展

臺灣工商業之發展過程，是由農業、輕工業，再到重工業，而早期的輕工業即以食品加工業為主，食品加工業因使用農產品為原料，可調節農產品銷售，提高農產品附加價值，進而增加農村所得。因此食品加工與農業的發展息息相關。臺灣食品工業隨著經濟環境的改變與國人生活飲食習慣的變遷，可區分為三個階段：1950～1980年代為外銷導向；1980～1990年代為內銷導向；1990年代迄今為特定消費與高附加價值產品導向（表1.2）。

表1.2 我國食品工業發展歷程

發展歷程	1950年代	1960年代	1970年代	1980年代	1990年代	2000年代	2010年代
農產加工品占出口比率(%)	38	10	70	5	4	1	<1
市場導向	外銷導向 →			內銷導向 →		特定消費與高附加價值產品導向	
扮演角色	出口賺取外匯支持工業發展 →	增加農業價值提高農民所得 →	滿足國民食品需求提高國民生活素質 →			提供良質健康便利食品滿足國人膳食保健需求	

一、1950～1980年代：外銷導向

臺灣食品工業雛型可上溯至日據時期糖廠與鳳梨罐頭工廠的設立，而後因二次世界大戰也中斷了臺灣食品工業的發展。臺灣光復早期之食品加工業，即倚賴日據時期遺留之製糖及罐頭製造的基礎。1950～1980年代臺灣食品工業以外銷導向為主軸，當時食品加工產品外銷值曾占總出口70%（表1.2）。但此發展並非一蹴而成，乃經不同階段的逐步醞釀而成。

1. 起步階段（1950年代中期以前）

1950年代，臺灣農業生產大致恢復，鹽和糖的外銷退稅制度，讓蜜餞食品開啓外銷的契機，帶動了往後鳳梨、洋菇、蘆筍、竹筍、水產等罐頭的發展。此時食品工業屬家庭化農村小型食品加工，農產品及其加工品除滿足基本生活需要外，主要用於出口換取外匯以支援工業建設。雖然出口額不大，但對整個經濟迅速成長貢獻頗大。此時期政策之目標為「以農業培養工業，以工業發展農業」。

1950年代臺灣出口均以初級農產品及其加工品為主，二者占出口總值60%以上，最高時達92%。如1953年農產品及其加工品出口額為1.48億美元，占總出口額的91.6%，其中加工食品占69.8%。受出口需求帶動，罐頭食品呈現迅速發

展，但由於受農業生產條件和工業發展水準等因素限制，總體規模仍然很小。

2. 快速發展階段（1950年代末至1970年代初期）

從1953年開始政府實施「經建計畫」，農業快速發展，農產品供應充足。農村勞動力開始轉移，農業生產規模擴大，生產率提高，逐步由「以農業培養工業」向「以工業發展農業」演變。這一時期也是食品工業快速發展的時期，以外貿需求爲拉動力，依靠低廉勞動作爲競爭資本，罐頭、蜜餞、鹽漬、麵粉、食用油、冷凍等農產品加工業紛紛興起，加工食品出口值年年增長。又以罐頭食品業發展最爲迅速，年均出口增長達31.6%。特別是洋菇和蘆筍罐頭，1961年出口達1.5億美元，占總出口額的7.7%，其中輸美洋菇罐頭曾一度占進口值60%以上。1967年臺灣鳳梨、洋菇、蘆筍罐頭出口均列世界首位。另外，由於1960年代後半，各國經濟與生活型態轉變，冷凍食品逐漸起而代之成爲新一波外銷主力。

此階段食品加工業存在的問題有：(1) 原料成本漸升高；(2) 工業化吸收大量勞動力，農村勞動力出現不足現象；(3) 生產規模普遍偏小，設備陳舊，生產效率低。(4) 銷售上，國外市場過度集中，且出口缺乏組織性，造成過度競爭。

爲解決上述問題，政府成立專門的管理機構，有計畫地推動重要產品的出口，統一協調各利益主體間的關係，加強國際市場調查和建立國外推銷系統。同時於1965年成立食品工業發展研究所，使食品工業水準大大提高。生產上推行農工協作，設立工廠設備和衛生標準，建立品質管理制度，鼓勵企業化大規模生產。對蘆筍罐頭等產品實施聯合出口、集中倉儲、共擔科研與海外營銷經費等措施，推行計畫產銷，產銷秩序日漸改善。

這一時期食品工業除賺取外匯和增加農民收入外，還促進了相關工業和服務業的發展，如包裝器材及各類機械與工具等工業。

同時，此時期各種來自美援的民生物資支援對食品工業發展影響很大，如小麥與黃豆的支援，直接促成了麵粉業與食用油脂業、飼料業的成長。例如1950年成立的益裕製油廠（現今之泰山企業股份公司）成立之初即是接受政府委託將美援黃豆加工製成食用油與豆餅。此外，也因爲美援小麥的緣故，臺灣小麥進口數量遽增受到美國農業單位的重視，在臺北市成立美國小麥協會，協助麵食推廣與講師培訓，也間接使得西式的烘焙食品於1960年代末期開始發展。

3. 穩定發展時期（1970年代初到1980年代中期）

此階段臺灣實施「加速農村建設」，以工哺農，大力支持農業和食品工業的發展，出口型食品工業的發展達到高峰。由於食品出口的快速發展，引起發展中國家注意和模仿，以及發達國家紛紛設立的各種貿易障礙，出口競爭十分激烈。臺灣憑藉雄厚的資金和技術實力、產加銷各環節累積的成熟經驗以及大量海外食品加工人才回歸對食品加工業科技水準的推動，食品加工出口仍能以每年平均增加8.1%穩定增長。1980年食品加工業出口額達11.81億美元，占總出口額的5.97%。其中，有傳統優勢的罐頭食品出口額於1980年達到最高值，而冷凍食品出口增長強勁，出口額年均增長率達27%。

另外，食用油脂、飲料、乳品、肉類以及其他副食加工都有長足發展。此時期臺灣的工商業已相當發達，國民收入超過2500美元，消費結構升級成爲臺灣食品工業穩定發展的強大動力，食品工業的主要市場逐漸由國際轉爲內外並重。

由於臺灣經濟結構轉型，工資上升，原料生產成本提高，同時發展中國家廉價產品的競爭以及發達國家對加工食品的保護政策，使食品加工業面臨一些困難。如長期過分重視外銷，使得出口依賴性過大，一些產品和市場太集中；加工企業規模小，加工層次偏低；過分依賴政府科研與新產品輔導，企業缺乏自我科技創新機制等。

這一時期政府採取的主要措施有：(1) 成立發展基金，集中加強食品科學研究、科技示範和人員培訓以及新產品引進和開發。(2) 建立港口大型罐頭倉庫和冷藏倉庫，統一檢疫、包裝貯藏和出口以提高運銷效率，降低成本。(3) 建立國外市場推銷系統，增強供需聯繫和加快信息反饋。(4) 改進罐頭計畫產銷制度，擴大原料生產和加工企業的規模，穩定原料和加工品的產銷秩序等。

二、1980～1990年代：內銷導向

1970年代，全台經濟蓬勃發展，食品工業也步入快速發展階段。罐頭食品出

口值持續增長，鳳梨、洋菇與蘆筍三罐王的外銷量持續位居世界第一。而冷凍食品也追趕在後，1984年達5.91億美元，超過罐頭食品成爲最大農產品出口項目，產品品項也擴大到冷凍蔬果、水產品、肉類、調理食品、脫水食品及濃縮飲料等。

至1980年前後，以初級加工外銷爲主的罐頭食品，受到國家經濟快速發展之衝擊，面臨工資高漲、原料成本大幅上揚之影響，逐漸失去國際競爭能力，先後退出國際市場，臺灣罐頭食品外銷的黃金時代遂成爲歷史陳跡。

然而1979年爆發的米糠油多氯聯苯汙染事件，卻也使得國人開始關注食品衛生安全。因此政府開始著手策劃協助食品工業生產的過程更具衛生安全與標準化。

由於外銷市場的競爭激烈和國內需求的變化，部分傳統食品工業紛紛進行資本轉移，將生產基地轉向勞動力和原材料更便宜的發展中國家。另一部分則轉向內銷市場，使食品工業轉入零售市場發展期。由於1980年代之後，全球自由化的風潮，促使政府在考量國內外政經情勢後，於1984年開始積極推動經濟「自由化、國際化、制度化」政策，包括大幅降低關稅、撤除非關稅障礙、放寬投資管制、以及推動外匯及利率自由化、國營事業民營化等。食品產業在國內經濟政策的開放，於1990年代出現南向與西進的對外投資，許多食品大廠諸如統一、味丹、味王、泰山、福壽實業等均在1990年代前後開始投資大陸。

此時期政府的主要措施有：1. 建立嚴格的品質管理和檢疫制度，以本地原料加工成安全衛生的高品質食品。2. 引導企業改進產品品質，發展高層次加工技術產品，如調理食品、保健食品、無菌包裝食品、綠色食品、快餐食品等。3. 改造傳統食品工業，結合土地私有政策，擴大農業經營和加工企業規模，推行共同作業及專業化經營，生產與加工實現企業化、機械化。4. 進行關鍵性加工技術創新和體制創新，以擺脫低工資國家競爭。5. 聘請國外顧問公司，設立專案小組拓展海外市場，與國外大型連鎖企業開展計畫性大宗採購，盡量維護大宗加工品現有國外市場，並進一步拓展東歐、中東等新興市場。

三、1990年代迄今：特定消費與高附加價值產品導向

食品工業產值雖由1952年占總出口比率之69.8%，縮減至2012年的0.8%。但總產值事實上長期處於上升狀態，直到1990年代末產值才開始下降。1996年食品工業產值爲5228.5億元，創歷史最高紀錄。此後，受豬口蹄疫與亞洲金融危機的影響而下降，但目前已又回升，如2010年臺灣食品總產值爲5,940億元，排名僅次於電子、化學材料及金屬製品業。其中以動物飼料配製產業、未分類其他食品製造業、屠宰業、非酒精飲料製造業占約50%之產值。

在此階段，隨經濟發展，醫療技術進步，人類壽命的逐年延長，許多已開發及開發中國家已開始出現人口老化及慢性病患增加的現象，造就了保健養生話題的熱門。健康食品認證技術及複方保健食品技術之開發與應用，爲食品工業注入一股熱潮，引領食品工業往更寬廣的方向發展。在複方保健食品方面，歐、美國家較重視單一原料有效成分的探討，因此，有關複方的研究較爲少見。由於使用複方理念起始於中國人，例如用在食補之藥膳複方食品，而其中所使用的中草藥植物爲中國傳統沿用的原料，因此，中國大陸與臺灣近年來已注重複方的科學研究。

四、由罐頭工業興衰鑑往知來

臺灣罐頭工業曾興盛一時，然而如今卻被稱爲夕陽工業，今以鑽石模型詮釋其興衰之道理。所謂鑽石模型指國家競爭力產品的六個構面互相推動的動態模型，包括：要素條件、需求條件、產業聚落、廠商對抗、政府政策及機運等。此六構面互相影響，形成堅實的鑽石般結構。其興盛與衰頹相關因子如表1.3。造成衰敗之主要因素有：過度依賴要素條件、模型中各因子之互動性不足、廠商只圖短暫獲益，未掌握永續發展契機、未能積極開創鑽石模型的優勢條件。

表1.3 以鑽石模型詮釋罐頭產業興衰道理

鑽石結構		興盛道理	衰頹道理
要素條件	基本要素	原料豐富且便宜	原料供應不足
	高等要素	勞力充足且低廉	勞力不足且工資高昂
	一般要素		氣候不如法荷適宜原料種植
	特殊要素	設立研究機構、大專及研究所科系	無法提升單位產量
國內需求	市場大小	國際市場龐大	
	市場成長率	市場成長率高	
	市場結構		
	買主特性	公會及進出口公司海外資訊充足	
	預測全球市場能力	配額制度	
產業聚落	上游供應商	金屬空罐產業發展	
	協力廠商	食品機械產業發展	
	地理位置	集中於彰化一帶	
	價值鏈分享	罐頭聯營制度	罐頭聯營制度
廠商對抗	廠商策略		坐享配額缺乏競爭力
	廠商結構	垂直整合深化	
	目標體系		
	競爭強度	廠商數曾高達300家	
政府政策		全力發展輕工業，以輕工業培養重工業	全力發展高科技產業及工商業

資料來源：李，1997

參考文獻

李河水。2012。臺灣食品產業回顧及展望。食品市場資訊101(01):1。

李素菁。1997。臺灣食品產業國際競爭之歷史軌跡與興衰。食品工業29(1):16。

汪復進、李上發。2002。食品加工學（上），第二版。新文京開發出版公司，臺北縣。

李錦楓、陳建元、黃卓治、陳敏華、蔡滄朝、洪沄利、古國隆、曾慶瀛、李貽琳、楊正護、王正方、林志城、陳昭雄。1999。新編食品加工，第二版。匯華圖書出版公司，臺北市。

夏文水。2007。食品工藝學。中國輕工業出版社，北京市。

鄭清和。1999。食品加工經典。復文書局，臺南市。

鄭佩眞。2010。CAS冷藏調理食品產業鏈分析。食品市場資訊99(4):10。

第二章

原料處理、變化與加工單元操作

第一節　原料組成

第二節　食品品質劣變及其因素

第三節　原料前處理

第四節　食品單元操作

第一節 原料組成

醣類、脂肪、蛋白質爲構成食品最主要的物質，同時它們的存在及改變，對食品的品質有很大的影響。食品中其他成分，包括水分、維生素與礦物質與香味、色素等物質，亦爲構成食品品質之重要因素。

一、水

水在食品中占有非常重要的角色，食品的組織結構需要水如蔬菜、水果、肉類等。水亦是許多食品的最主要組成分，且是水解作用的反應物之一，水同時也是許多反應過程的產物。

二、醣類

醣類指多醇類之醛或酮衍生物，以及水解後能產生此種衍生物者，由於其多半只含碳、氫、氧三種元素，且氫氧元素比例爲2：1，與水（H_2O）相同，所以又稱爲碳水化合物。醣類分爲單醣、雙醣、寡醣及多醣類。單醣是構成醣類的最基本單位，有五碳及六碳兩種，其中以六碳糖爲食品中常見者，如葡萄糖、半乳糖、果糖等。雙醣以蔗糖、麥芽糖與乳糖最爲常見。寡醣如水蘇糖、棉子糖。多醣類包括澱粉、纖維素等。

澱粉可在各種綠色植物的根、莖、果實種子內尋獲。目前普遍使用的澱粉，主要爲木薯澱粉、馬鈴薯澱粉及玉米澱粉。澱粉之加工變化中，包括糊精化（dextrinization）、糊化（gelatinization）、凝膠作用（gelation）、回凝現象（retrogradation）。

三、脂質

脂質的定義為：不溶於水及鹽類溶液，而可溶於乙醚、氯仿或其他有機溶劑之化合物及其衍生物，構造上以酯鍵結合或以醯胺鍵結合，而含有脂肪酸，且與蛋白質、碳水化合物同為生物體細胞構造的主要成分者。脂質（lipid），包括脂肪（fats）、油類（oils）、蠟類（waxs）及一些複合脂類。以結構分則分為飽和脂肪與不飽和脂肪，以來源分為動物性脂肪與植物性脂肪。由於部分脂質為液體狀，故在加工食品中尚有做為潤滑劑之功效。脂質之變化包括水解、皂化、交酯化、（自）氧化、氫化、異構化、聚合作用等。其中自氧化作用往往造成食品品質的劣變，嚴重時甚至會影響到食品之可食性。

四、蛋白質

蛋白質為一種含胺基及羧基的有機物質，基本單位為胺基酸，再由不同胺基酸組成各種形式。蛋白質主要加工變化為變性與水解，變性即蛋白質二、三、四級結構改變，一般係受到酸鹼、熱、輻射造成。而蛋白質的結構也影響其各種加工功能特性，如乳化性、保水性、成膠性、組織化、起泡性、結合性等。

酵素亦為蛋白質，是一種生物催化劑，許多化學反應靠酵素催化。當其不存在時，由它所催化的反應仍會進行，但反應速率非常慢。在生物體內，由於酵素與其基質被完整的分隔開，因此不容易產生反應。然而，在加工過程中，由於必須將食物分割、破碎、打漿，此時酵素便容易與其基質接觸而發生反應。酵素反應有利有弊，最常見之不良反應為酵素性褐變，容易造成食品顏色變差。而果膠酵素則容易造成產品質地的變質。脂肪的水解則容易產生酸敗。

但善用酵素亦可有助產品品質之改善或產生新產品。如使用蛋白酶可加速肉品的嫩化，使用纖維素酶可改善果汁中殘餘纖維的問題，而使用葡萄糖異構酶可將葡萄糖轉變成果糖，在高果糖糖漿製造中，是一個非常重要的酵素。

五、維生素與礦物質

維生素種類非常多，不同維生素對於加工過程中之變化各有不同之耐受性。但其對加工產品品質之影響較少。而加工對礦物質之影響更少，其在加工過程幾乎都不變。

六、其他成分

除上述六大類營養成分外，色素、香味、呈味物質亦爲影響加工產品品質的食品成分。

1. 色。漂亮的顏色足以誘發人購買與食用的慾望，顏色不對，則食品再怎樣健康好吃，都不容易引起食用之慾望。顏色也是判斷加工過程好壞的指標之一，因此，有時會在加工產品中添加色素，以彌補加工過程中顏色的損失。色素可分天然色素與人工色素兩類。天然色素其來源包括植物、動物、微生物、礦物等。部分色素由於不穩定，因此加工與儲存上要注意其變化。

2. 香。香味爲刺激引起食慾的主要因素之一，香味包括風味（flavor）、香氣（aroma）、氣味（odor）。咀嚼食品所感覺的味道與氣味，統稱爲風味；食品入嘴前感覺的氣味稱爲香氣，多指引起快感之芳香者；一切由鼻孔所感受到的氣味，則爲氣味，包括香氣（aroma）與臭氣（off flavor）。風味來源包括天然存在、加工產生與人工刻意添加。如蒜味、果香味等即天然存在。而麵包烘烤後所產生的焦香味，爲梅納反應之產物，則爲加工所產生者。香味物質由於多爲揮發性物質，因此容易在加工過程中揮發逸失，因此加工上要注意其添加之時機。

3. 味。呈味物質包括鹹味劑、甜味劑、酸味劑、鮮味（旨味）劑、辣味等，乃由舌頭之味蕾所感受。由於其多半較穩定，因此一般加工較不容易導致其改變。

第二節 食品品質劣變及其因素

一、食品品質劣變

食品加工最初之目的是延長食物的食用壽命，避免食物品質的劣變或腐敗（spoilage或deterioration）。食物品質劣變的原因很多，但不外乎酵素（酵素性）、非酵素性化學變化（化學性）、物理效應（物理性）、微生物（生物性）以及齧齒類、昆蟲（生物性）等四原因。食品劣變類型如表2.1所示。

表2.1 食品的劣變類型

形式	
物理性	蛋白質變性、澱粉回凝、冰晶損傷、碰撞、萎凋、質地改變、蒸散作用
化學性	非酵素性褐變、油脂氧化、光氧化、維生素分解、水解作用、色素褪色、香氣變味
酵素性	酵素性褐變、酵素性氧化、冷傷、自分解作用
生物性（微生物性與生物性）	腐化、微生物汙染、小動物危害

劣變可以僅爲外觀顏色、味道、質地、感官等變化或品質不新鮮，如食物中澱粉回凝使口感不佳，或油炸食品油脂氧化造成油耗味使風味不佳，但食品尚可食用。有些劣變則造成不堪食用，尤其是微生物所造成的劣變，狹義的腐敗多指這類變化。同時，雖然劣變原因可區分爲上述幾種，但往往它們之間會互相產生影響，如食物組織內的酵素（酵素性因素）改變了食物的組成分（化學性因素），更容易造成有利於微生物生長的環境（生物性因素）。熟透了的水果很容易遭受微生物破壞就是最好的例子。而微生物引起的食物品質劣變通常導致外觀、質地、味道或風味的改變，有時會形成黏液（物理性因素）。外觀的變化包

括色澤改變、凹陷、凸起。也會造成微生物，尤其是黴菌的生長。而當食物成分分解過程，其腐化味道會吸引果蠅、蒼蠅等一些藉腐化食物寄生之昆蟲在其上排卵，接著卵孵化成在食物上以其為食物的蟲（生物性因素）。食品劣變原因如表2.2所示。

表2.2 食品的劣變原因與防止法

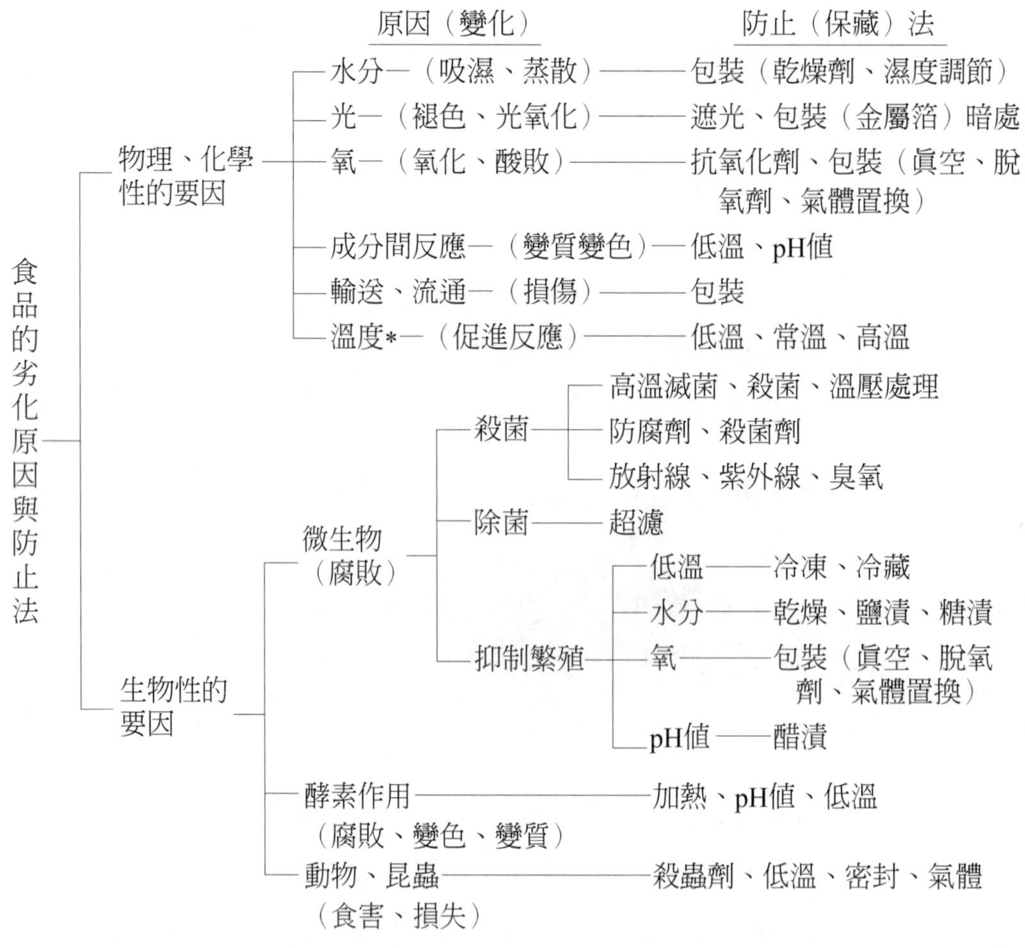

（*溫度對化學反應有很大影響，與其他要因都有關係）

在諸多食物腐敗現象中，專指蛋白質成分被微生物破壞的過程，稱為腐化（putrefaction）。與其他物質腐敗不一樣處為，蛋白質在分解過程中，會產生H_2S、硫氫化物、胺類等物質，這些物質常有臭味，因此腐化多半伴隨有臭味。

由微生物引起的腐敗會因汙染微生物的不同，而有不同的腐敗現象。表2.3

以魚肉煉製品爲例說明此現象。

表2.3　魚肉煉製品之具代表性腐敗細菌與其腐敗現象

名稱	現象	主要原因菌	主要汙染原因
產生黏液	表面產生透明黏滑液	*Leuconostoc*	二次汙染
內部軟化	內部產生氣泡狀孔洞及有滴液產生	*Bacillus*（耐熱菌）	一次汙染（原材料，特別是含澱粉等之副原料）、二次汙染
表面軟化	表面產生圓形透明狀之軟化	*Bacillus*（耐熱菌）	一次汙染、二次汙染
紅色黏液	表面全體覆蓋紅色斑點	*Serratia*	二次汙染
藍色黏液	表面有好像潑灑藍色墨水般之斑點	*Pseudomonas*	二次汙染
黃變	表面產生黃色斑點（有黃色螢光）	*Pseudomonas*	二次汙染
褐變	表面有部分褐變（茶色），至內部亦有褐變，變色的部分會變脆（加熱後褐變加劇）	*Achromobacter*這些不耐熱之細菌會加速梅納反應之進行，導致產品褐變；*Serratia*	二次汙染
長黴	表面長黴	黴菌：*Aspergillus, Penicillium, Mucor, Cladosporium*	二次汙染
塗漆臭	產品產生乙基醋酸和塗漆臭	酵母菌：*Hansenula, Pichia*	二次汙染

資料來源：廖，2011

二、影響食品品質劣變因素

在諸多腐敗現象中，由微生物引起的腐敗最受到重視，微生物造成的腐敗除使食物無法食用外，亦可能食物中毒。造成食物腐敗之因素一般以FAT TOM暱稱。此爲食物（food）、酸（acid）、溫度（temperature）、時間（time）、氧氣（oxygen）、水分（moisture）六個影響微生物生長因素的英文字的字首組成。而溫度、氧氣與光亦為化學性劣變產生之因素。

1. 食物（food）

食物可為微生物的生長提供充足的養分。尤其是富含蛋白質的食物，如肉類、牛奶、雞蛋和魚是最容易腐敗的食物。

食品成分也會影響微生物的耐熱性。微生物細胞內蛋白質受熱凝固而失去新陳代謝的能力是加熱導致微生物死亡的原因。因此，細胞內蛋白質受熱凝固的難易程度直接關係到微生物的耐熱性。微生物蛋白質的熱耐受條件受到以下條件的影響。

(1) 食鹽

4%以下食鹽，可提高耐熱性；8%以上則降低耐熱性。

(2) 蔗糖

低濃度糖影響很小，但高濃度糖液，可提高孢子耐熱性。可能為高濃度糖可使細菌脫水，而影響蛋白質的凝固速度，以致增強孢子耐熱性。

(3) 油脂

一般細菌在較乾燥環境下耐熱性較強，因油脂阻礙熱穿透，故可提高耐熱性。因此高糖及高脂肪食品，會提高耐熱性。

(4) 澱粉與膠類

高澱粉或較濃稠食品，可提高耐熱性。澱粉本身對耐熱性並無影響，但因其容易將一些天然抑菌劑吸附在澱粉上而使其失去功效。膠類如明膠等有同樣之功效。

(5) 其他可降低耐熱性因素

添加微生物抑制劑，可降低耐熱性。另外，香辛料、香料、精油等物質因含致死因數，可降低耐熱性。

2. 酸（acid）與pH值

致病菌可在微酸性的pH 4.6～7.5範圍內生長。因此在pH值4.5以下可避免致病菌生長。但pH值耐受性亦要視微生物而異，一般黴菌之最適pH值為4.0～6.0

（耐受範圍2.0～8.5），酵母菌爲5.0～7.0（耐受範圍4.0～7.5），細菌則爲7.0～8.0（耐受範圍3.5～9.0）。

在不同之pH值下，食品劣變速率各不相同。各種酵素反應、化學反應有其最適pH，在最適pH值下，反應速率最快。如非酵素性褐變之梅納反應，在中性及鹼性pH下，反應較快；澱粉分子在中性時回凝最快。蛋白質於高酸度環境下會發生變性，同理微生物之蛋白質對酸也敏感，所以酸對微生物有抑制的效果。一般食品之酸度愈低（所謂之低酸性食品，pH > 4.6），微生物存活率愈高，食品劣變速率愈快。

3. 時間（time）

微生物在危險溫度範圍帶（7～60℃）中，較容易生長。因此，加熱或冷卻食物時，應盡量避免在此溫度帶放置四小時以上。

加工食品隨著儲存時間愈久，則各種化學反應作用時間也愈久，因而造成品質上的劣變。因此，不同方式加工的食品，皆有其相對應之保存期限。

4. 溫度（temperature）

不同微生物最適溫度範圍不同，常見腐敗菌與致病菌生長範圍在7～60℃，故稱爲食品的危險溫度範圍帶。

溫度也是對食品最有影響的環境因素，生物生長需要適當的溫度，而物理、化學、酵素反應亦都需要在適當溫度範圍內才容易進行。溫度愈高，化學反應速率愈快，食品劣變之速率也愈快。一般化學反應速率隨溫度的變化以溫度係數（Q_{10}）表示，其指某一溫度下的反應速率對比其低10℃下反應速率之比值，一般溫度每上升10℃，反應速率增加爲原來2倍，食品中發生化學反應的Q_{10}多爲2～3。以酵素作用爲主之反應，則依各種酵素之最適溫度而定，溫度過高會導致酵素變性而失去活性。蔬果類不宜曝露於過低之溫度下，會造成冷傷。不同微生物最適溫度範圍不同，因此有嗜低溫菌、嗜中溫菌、嗜高溫菌與兼性嗜低溫菌等。總之，食品在加工、貯藏、調理過程中，溫度的控制可決定產品的品質及特性。

5. 氧氣（oxygen）

大部分的致病菌與腐敗菌都是好氧性，需要氧氣才可成長。但也有部分爲兼性嫌氣（如乳酸菌），甚至厭氧菌（如肉毒桿菌）。

氧氣的存在容易產生化學上的氧化反應，造成食品品質的變質與營養素的破壞。葉綠素、類胡蘿蔔素等色素會因氧化而使食品顏色發生改變。脂質在氧化過程中，會產生油耗味及過氧化物，導致失去商品價值，甚至危害健康。一般而言，含氧量愈高，食品之劣變也愈容易發生。

6. 水分（moisture）

各影響因素中，水之影響相當大。舉凡微生物生長、酵素與化學反應，都需要有水的存在。水對品質之影響需由水活性（water activity, Aw）解釋。水活性指食品於密閉容器中顯示的水蒸汽壓（P）與同溫度下，純水的飽和水蒸汽壓（P_0）之比值，即P/P_0。水活性與相對濕度有直接關係，如水活性1即100%相對濕度，水活性0.1即10%相對濕度。當水活性愈低時，食品愈不容易腐敗。水活性以0到1.0來表示。食源性致病菌生長最好的水活性爲1.0和0.86之間。水活性愈低，食品愈不容易腐敗。

環境的濕度對未包裝食品影響甚大。環境相對濕度變化時，食品表面水分含量也會改變，而形成結塊、斑點、結晶等缺陷。而水分的冷凝不一定來自環境，例如防水性包裝內的水分會因儲存條件改變而移動，造成冷凝在包裝袋內部表面，進而提供微生物繁殖所需的水分造成腐敗。

7. 光（light）

食品中某些成分具有光敏感性，會導致食品成分分解、產生異味、異臭及營養價値降低。如油脂會產生自氧化作用，導致自由基產生，引起連鎖反應，而使脂肪酸斷裂，同時產生油耗味。食品中的某些色素（如核黃素、葉綠素、血紅素、類胡蘿蔔素等），光照會破壞這些色素，導致變色。牛奶受光線照射，會導致維生素B_2分解而破壞，且會引起胺基酸之氧化分解，形成日光臭之發生。經由光阻絕性包裝如鋁箔包、鍍金屬薄膜可防止光線引起的變質。

三、避免食品腐敗方式

根據前述引起食品劣變因素，只要消除該因素，即可延長食品的保存期限。所謂「保存期限」、「貨架期」（shelf life）的定義是：「在特定儲存條件下，市售包裝食品可保持產品價值的期間，其爲時間範圍」。即是從製造日期算起，產品可以保持品質的期間。有些商品如乾燥食品、罐頭等，在保存期限之後，食品本身的營養及品質降低，其實是還能食用的。

有些商品則選擇使用要求更高的「賞味期限」，所謂賞味期限是指在此日期之前，食品可保持最佳品質，但並不表示在此日期之後，食品就不安全或變質了。

另外，根據法規的規定，食品必須標示有效日期，「有效日期」官方定義是：「在特定儲存條件下，市售包裝食品可保持產品價值的最終期限，應爲時間點，例如『有效日期：○年○月○日』。」。這些期限的訂定都是要確保食品食用時的有效性及安全性，在標示日期內，一定是安全可食用的，同時食品的外觀、味道、質地和風味，以及符合其營養標示。除有效日期外，某些經中央主管機關公告指定之產品尚需標示製造日期、保存期限或保存條件者，如鮮乳、脫脂乳等乳製品。

表2.4爲各種加工條件對微生物生長條件之影響。

以下概述數種避免食品腐敗之方式做爲進入本書各章加工方式之認識。

1. 溫度。高溫能殺死微生物，經高溫處理之加工產品，只要適當的儲存，如置於罐頭、包裝膜中，即可避免食品腐敗與二次汙染（見第四章　熱加工——製罐）。而低溫能夠使菌類生長與活動變慢，但無法讓菌類生長完全停止，雖亦可延長儲存期限，但並非無限制的延長（第三章　低溫儲存）。

2. 乾燥、濃縮。含水量愈少，食物愈不易腐敗（見第五章　食品乾燥與濃縮）。

3. 改變pH值。如果能把食物的pH值控制在約3～5左右，微生物就很難生存，食物就比較好保存（見第七章　其他傳統加工保藏方式）。

表2.4 各種加工條件對微生物生長條件之影響

環境因子		大腸桿菌群	球菌	低溫菌	中溫菌	高溫菌	耐熱菌	厭氧菌	乳酸菌	酵母菌	耐鹽酵母	黴菌	好乾眞菌
水活性	1～0.95	○	○	○	○	○	○	○	○	○	○	○	○
	0.94～0.90	×	○	×	▲	▲	▲	○	○	○	○	○	○
	0.89～0.85	×	○	×	×	×	×	▲	○	○	○	○	○
	0.84～0.65	×	×	×	×	×	×	×	×	×	○	×	○
	0.65以下	×	×	×	×	×	×	×	×	×	×	×	×
pH	3.0～4.5	×	×	×	×	×	×	×	○	○	○	○	○
	4.6～9.0	○	○	○	○	○	○	○	○	○	○	○	○
	9.1～11.0	○	▲	×	▲	▲	○	○	▲	×	×	×	×
環境溫度（℃）	0～5	○	▲	○	×	×	×	×	○	○	○	○	▲
	6～10	○	○	○	○	×	○	○	○	○	○	○	○
	11～35	○	○	▲	○	×	○	○	○	○	○	○	○
	36～45	▲	▲	×	▲	○	○	○	▲	▲	▲	▲	▲
	46～55	×	×	×	×	○	○	○	×	×	×	×	×
	56以上	×	×	×	×	○	▲	▲	×	×	×	×	×
包裝容器內氧氣濃度	20.9%	○	○	○	○	○	○	×	○	○	○	○	○
	0.2～0.4%	×	×	×	×	×	○	○	▲	×	×	×	×
加熱溫度	80℃ 10分鐘	×	×	×	×	×	○	○	×	×	×	×	×
酒精	2%	×	×	×	×	×	×	×	×	○	○	×	×
食鹽	3%	○	○	○	○	○	○	○	○	○	○	○	○
	7%	○	○	×	▲	○	○	▲	▲	▲	○	▲	○

註1：○：生長　×：無法生長　▲：會不會生長，依菌屬與菌種而異

註2：▒▒ 魚肉煉製品一般之品質

資料來源：廖，2011

4. 脫氧。沒有氧氣，好氣性微生物就沒辦法生存。如眞空／罐頭包裝即靠此原理。有時會添加脫氧劑（通常用在糕餅類較多），亦可達到此效果。甚而有時除脫氧外，再於包裝內充氮氣（見第十四章　嗜好性食品與休閒食品）。

5. 醃漬。糖和鹽是最天然的防腐劑，通常糖度在70%以上保存就可以儲存很久（見第七章　其他傳統加工保藏方式）。

6. 添加防腐劑。防腐劑包括人工防腐劑，如己二稀酸、苯鉀酸、丙酸鈣、去水醋酸等及天然抑菌劑，如nisin（見第七章　其他傳統加工保藏方式）。

第三節　原料前處理

食品加工過程係由多個加工步驟所組成，如濃縮橘子汁加工步驟如下：

原料收穫→運輸→分級→清洗→榨汁→過濾→濃縮→香氣回收與回添→包裝→冷凍→儲存、分銷

其中每一步驟都是一個單元操作項目，也都有許多不同加工方式進行該步驟，必須視工廠規模、成本、用途等選擇適用的機械。而原料在尚未加工成最終產品形式前或正式加工（如加熱、冷凍、乾燥、加壓等）前，必須先經清洗、挑揀、分級、破碎、打漿、殺菁等程序，此程序稱爲原料前處理（preliminary operation）。本節先介紹前處理，下一節再介紹食品加工上常用的單元操作。

一、清潔與洗滌（cleaning）

1. 原料的清潔與洗滌

清潔與洗滌是指去除原料、機器、容器、包裝等所附著的不純物之操作。其目的是爲避免影響製品品質，防止微生物之汙染。不純物包括礦物質的土壤、砂礫、潤滑油、金屬物等；植物質的樹枝、葉、莖、皮等；動物質的排泄物、毛、血、鱗、蟲卵等；化學物質的肥料、農藥、消毒劑殘留物等；以及微生物。要注

意清洗完後要保持原來的表面狀態及防止再汙染。清潔可分乾式與濕式兩種，可用刷子、高速氣流、空氣、蒸汽、水、眞空、磁性、藥劑溶液等進行。

⑴ 乾式清潔

馬鈴薯、胡蘿蔔等表面的泥土，可以毛刷清潔機清除。高速氣流可清除蔬果表面的夾雜物。磁性可吸除金屬夾雜物。空氣浮選可將一些較輕的夾雜物如乾草等去除。利用篩分，可將夾雜物去除。

⑵ 濕式清洗

濕式清洗的洗滌液包括冷水、熱水、蒸氣及藥劑溶液。使用熱水有殺菌之效，但需注意洗滌時間不可太長。而製糖時分離機上之結晶糖需以蒸氣洗滌除去表面之不純物及糖蜜。藥劑溶液以消毒爲目的，如大麥可用石灰水洗滌；蔬果、器具表面、工廠地面，則常以200 ppm漂白水清洗。

清水洗滌的方式有浸漬洗滌（soaking washing）、噴水洗滌（spray washing）、浮游洗滌（flotation washing）、超音波洗滌（ultrasonic washing）等。

① 浸漬洗滌乃將原料置入浸漬槽內，配合攪拌器或振盪器將蔬果原料上的夾雜物洗去。本法可去除泥土、石頭等，對嚴重髒汙的原料，多半用於第一道清洗，並需配合後續之清洗。使用溫水可加速清洗效果，但也會加速微生物生長。

② 噴水洗滌爲應用最廣泛的洗滌方式。其清洗效果與水壓、水量、水溫、噴嘴與原料的距離、噴嘴的數量與噴水的時間有關。如使用高壓水柱，可得到最小水量而最大的清洗功效，但也可能傷到原料，如草莓等即不適用。洗滌方式可將原料放在篩、帶等運送器上移動，自上方噴水；或置於迴轉圓筒機內，噴水裝置置於中央向筒下噴水，原料自高端供給，向低端迴轉移動時噴水洗滌。

③ 浮游洗滌係利用原料與不純物比重或浮力的差異加以分離。例如腐爛蘋果沉於水中，新鮮蘋果則浮流於水面。蔬菜清洗亦可利用此方法，在清洗機中，將泥土、砂石等汙染物洗去。

④ 超音波爲頻率約16 kHz以上的電磁波，將20～100 kHz的超音波通入液體時，可引起液體內無數泡沫急劇地形成及消失，產生空洞現象（cavitation）和去空洞現象（decavitation），對液體內浸漬的物體發生激烈的攪拌。超音波洗滌適

用於蔬菜泥土的洗除、水果表面的油脂或臘質洗滌等。

2. 設備、管線的清洗

食品在生產過程中，加工設備與管線的清洗非常重要。因使用後這些地方一定會產生一些沈積物，若不及時、徹底的清洗，將會影響產品的品質。在食品工廠中，常見的設備清洗方式有五種，分別爲手工清洗、高壓清洗、泡沫／凝膠清洗、COP（clean out of place）與CIP，各種清洗方式之優缺點如表2.5。

表2.5 食品工廠常見設備清洗方式之優缺點

清洗方式	優點	缺點
手工清洗	不需太多清洗設備、清洗效果中上、隨時調整清洗強度與方法	費時、效果不一、易造成表面刮痕、清洗媒介與溫度不可太高、對操作員造成傷害
高壓清洗	對濾網、設備凸緣與鑽孔物體清洗效果佳	易生氣霧與反彈、造成交叉汙染或身體攝入、壓力過大易造成設備損壞、後座力強操作不易、耗費水與清潔劑
泡沫／凝膠（COP）	延長洗液與污垢接觸時間可提高清洗效果、可縮短清洗時間、泡沫可深入細縫、提高效率並可企及人工清洗無法進行之部位	需泡沫產生設備
COP槽	大幅節省人力、可設定不同清洗程式、降低人工清洗之隨機性	清洗標的受限槽體大小、大型設備不適用、放置位置影響清洗效果、設備占空間
CIP	安全標準高、清洗效果佳、洗劑可回收、標準化清洗程式降低其他清洗之隨機性	初期設備費投資較高

工廠管線繁多，若每次清洗皆需拆裝，不僅浪費時間，也耗費人力成本。因此美國乳品工廠在1950年代發展出定位清洗法（cleaning in place, CIP）。

(1) CIP介紹

CIP是一種洗滌貯存或運送流體原料（或食品）的桶槽及配管系統之一套裝

置。是在不拆解管件、不移動桶槽等設備的情形下，憑藉著適當溫度與濃度之洗劑溶液的流速、流量及裝置於桶槽內的噴射洗滌裝置，洗滌機械設備之食品接觸面的一種洗滌方法。廣用於乳品、果汁、製酒、製藥等工廠。

⑵ CIP原理

CIP主要原理是利用洗劑溶液之化學能，將汙物之蛋白質、脂肪及碳水化合物，加以溶解、水解、皀化。然後利用洗劑溶液在管件中流動產生擾流的運動能，去除管件表面已被分離、溶化，分解、乳化、皀化的汙物。同時利用桶槽內的噴霧洗滌裝置，淋洗桶槽內部表面。因此，洗劑種類與濃度、溫度、洗滌時間長短等因素會影響CIP洗滌效果。

⑶ CIP步驟

CIP洗滌方法，包括以下步驟：前水洗、鹼性洗劑洗滌、中間水洗、酸性洗劑洗滌、後水洗、殺菌。前水洗一般以溫水（例如50℃）在桶槽與管路中循環沖洗約10～15分鐘。鹼性洗劑洗滌以使用1～2%NaOH液最普遍，通常爲30～40分鐘。酸性洗劑洗滌以70℃之0.5%硝酸液、鹽酸或磷酸循環20～30分鐘。後水洗以常溫水或溫水沖洗，直至排出口之排出水的pH達6.8～7爲止。殺菌通常以100 ppm氯水循環10分鐘，循環後務必排空桶槽與管路中的氯水，避免不鏽鋼受到氯離子的腐蝕。

⑷ 使用CIP注意事項

CIP雖然方便，但經過CIP清洗後，仍會有部分細菌殘留在設備表面，可能會導致食品變質或疾病的傳遞。這些細菌主要利用形成生物膜（biofilm）方式，附著於各種設備上，使CIP不易清除。因此設備的材料選擇很重要。當材料表面平滑在加工過程中就容易清洗。不規則的表面如粗糙、裂縫、凹陷就容易增加細菌的黏附與降低清潔度。材料的疏水性也是微生物黏附在表面的影響因子。設備中常使用的墊片，其接縫處也存在著生物膜汙染的風險。

生物膜形式方式如圖2.1。

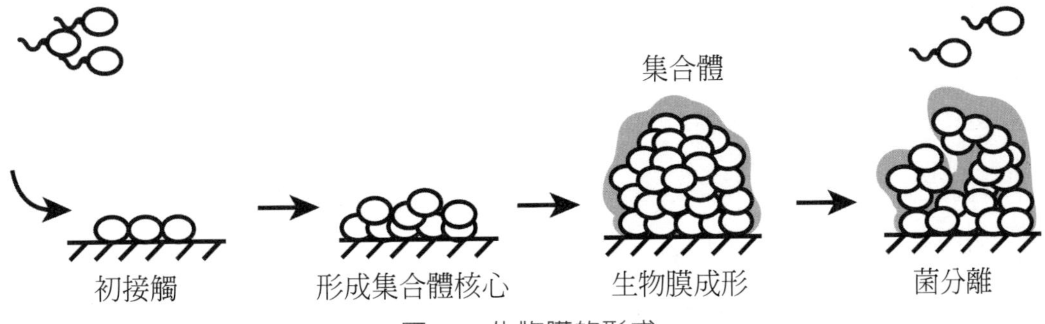

圖2.1 生物膜的形成

由於目前無技術可預防或控制生物膜的形成，因此需良好的機械衛生設備搭配清潔及消毒產品，預防細菌附著形成生物膜。生產線上可利用沖洗、熱水、蒸汽清洗等物理方法，或消毒劑、殺菌劑、抗生素等化學方法去除生物膜附著。

二、選別（sorting）與分級（grading）

1. 選別與分級目的

⑴選別。就是把不良的產品挑掉，依農產品的成熟度、形狀、顏色、缺點或其他物理性狀，或水產、畜產肉品部位、新鮮度等加以區別分類，以去除不合格的產品，例如成熟度不足或過熟、形狀不良、受傷或腐爛、顏色不正常等。

⑵分級。為將已選別過的原料依大小、重量、長度、直徑、部位等性狀為標準，將產品分成幾個等級。

食品加工原料的選別與分級非常重要，不同的加工方式對原料有特定的要求。一般加工果蔬在色澤、大小、形狀質地及風味與生鮮食品有別，所以必須特別注意原料的加工適應性，如太大與太小的原料都不適合進行機械操作，故需剔除。而選別對需要均一傳熱的殺菌、乾燥與冷凍工程亦為不可或缺的步驟。

2. 選別與分級方式

農產品的等級與大小並無絕對相關，蔬果品質等級是以內在的品質和外觀的良窳為標準。影響外在品質的因子有大小、重量、形狀、色澤、老嫩、質地、病蟲害斑痕、腐爛、汙染程度，外來傷害等。內在品質主要是指水分含量、糖酸度、成熟度與口感等。由於外在品質的某種特徵，常可作判定內在品質的根據，因此品質等級的選定，常偏重於外在品質的分級，因爲內在品質除用儀器測定和試吃外，不易以人力來判斷。但以人爲判定，常受主觀意識或精確度不足。因此開發出許多非破壞性檢驗，依照使用的能源種類，分成光學、電磁氣、力學等方式。其中以光學方式使用最多。其方法包括：

⑴ 紫外線。利用紫外線照射，使處於激發狀態的電子能量，返回基底狀態時放射螢光的方式。可應用於鱈魚里脊肉殘留小骨與蛔蟲自動選別、檢測腐爛魚卵、豆類黃麴毒素、橘子外傷、小黃瓜與雞蛋的新鮮度等。

⑵ 可見光。包括利用穿透被測物光線的穿透法與利用被測物表面擴散反射光線的反射法。可應用在柿子的色澤分類、鳳梨成熟度、米粒色澤與大小分類、雞蛋的照光檢查（candling）等。

⑶ 近紅外線。利用食品成分的C—H、N—H、O—H官能基造成的紅外線吸收，檢測食品的化學成分，以及理化特性。此法早期大多應用在小麥、大豆等水分較少的穀物成分分析，目前的技術已經可以應用在果物等高含水量的食品檢測，例如發霉豆類、水果甜度、殘留農藥與穀類成分的檢測等。

⑷ 紅外線。又分吸收頻譜（紅外分光法）與紅外放射兩種。紅外分光法可檢測殘留農藥；紅外放射法則應用在橘類的外傷檢測與受精卵子的識別。

加工上選別的方式包括人工選別與機械選別兩類。人工選別乃以手工選別，如水果在運送器上移動時，依顏色、形狀、大小等標準判斷選別。必要時佐以特殊工具，如規格尺、標準色卡等。機械選別利用選別機或分級機。一般依顏色、形狀、重量及大小來選別。食品大小選別機械依構造原理，分爲網目、輥筒間隙及有孔迴轉筒等各種選別機（圖2.2）。實務上工廠有時清洗與分級同時進行。

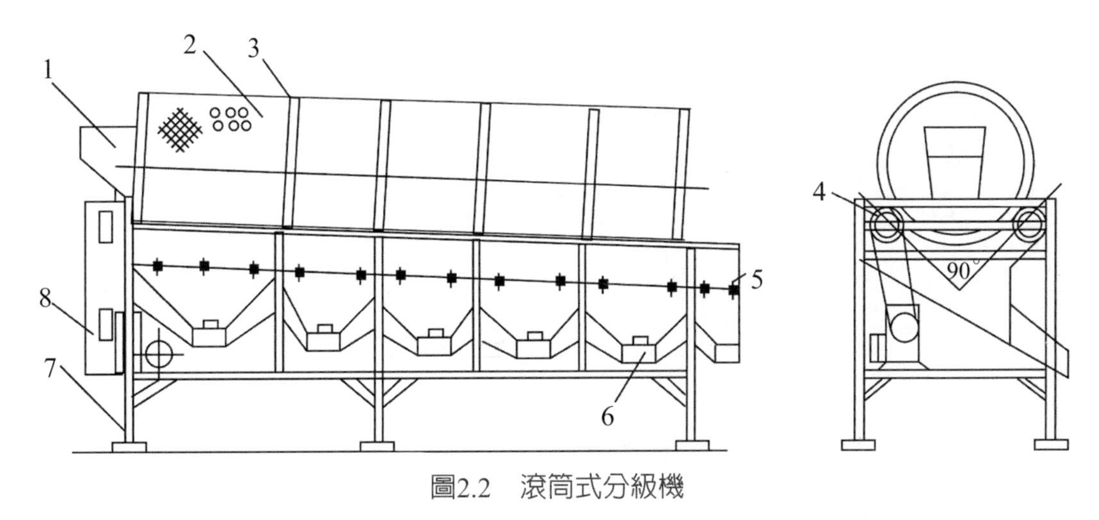

圖2.2 滾筒式分級機

1. 進料斗 2. 滾筒 3. 滾圈 4. 摩擦輪 5. 鉸鏈 6. 收集料斗 7. 機架 8. 傳動系統

三、清除

包括去皮（peeling）、除核、剔骨挑刺、分離內臟等，主要為除去不可食部位或不同性狀部位。農畜產品有些需要去皮，去皮同時會進行一些原料的前處理，以除去不可食部位或不同性狀部位，如龍眼、荔枝剝殼去子，柑橘類剝皮，荸薺、蘆筍削皮，屠體分離內臟、魚貝去殼挑刺等。

去皮法包括人工、藥劑、機械、熱水、火焰、冷凍摩擦等方式。

⑴ 人工去皮法。乃直接用手或使用小刀等器具的去皮法，為最簡單但最浪費人力之方法。

⑵ 化學去皮法。即藥劑去皮法，分為鹼去皮、酸去皮及酸鹼併用去皮。

① 鹼去皮一般用氫氧化鈉、偏磷酸鈉或氫氧化鉀溶液浸漬，適用於桃子、柑橘、馬鈴薯、玉米、胡蘿蔔等的去皮。其條件如表2.6，浸漬完後，需立即水洗以洗去鹼味。

② 酸去皮乃浸於鹽酸或硫酸溶液中，如柑橘果瓣的去皮係將原料浸於80℃以上、濃度15%的硫酸溶液1分鐘，取出於冷水中浸1天，再在水中緩慢攪拌剝皮。

表2.6 不同原料鹼去皮條件

種類	氫氧化鈉溶液濃度（%）	溫度（℃）	浸漬時間（分鐘）
馬鈴薯	15～20	93	2～3
胡蘿蔔	5～8	98	1～2
甘藷	12～15	105	4～5
番茄	16～18	60～70	30秒

資料來源：賴等，1990

③酸鹼併用去皮可用於柑橘瓤囊去膜。原料先以濃度1～2%的鹽酸溶液浸漬，再以冷水浸洗，最後以3% NaOH溶液浸漬，但此法易使蜜柑罐頭產生白濁。

⑶熱處理去皮。包括火焰去皮與熱媒去皮。①火焰去皮乃將原料以火焰燃燒，然後以迴轉刷擦去碳化的表皮，再水洗。一般用於洋蔥、甜菜、馬鈴薯的去皮。②熱媒去皮係原料以高溫的水、鹽水、蒸氣、油等熱媒處理，使其表面軟化，再以高壓水噴洗，迴轉刷擦等方法去除柔軟的表皮。可用於桃子、馬鈴薯、番茄的去皮。

⑷機械去皮。利用去皮機。臺灣早期罐頭工業發達，爲節省人力、加快生產速度，因此發明許多特用的去皮機，如蘋果或鳳梨自動去皮除心機、花生脫殼機、蜜柑自動剝皮機、蘆筍去皮機、蝦剝殼機及洋梨去皮機等。使用機械去皮不會有廢水的產生而導致汙染，但不同原料需使用不同之特殊去皮機械。

四、粉碎（disintegrating）

破碎操作包括壓碎和粉碎，將食品原料破碎分成小塊的操作稱爲壓碎，分成粉末的操作稱爲粉碎。粉碎方式有很多種，歸納包括壓碎、劈碎、剪碎、擊碎、磨碎。其目的包括：1. 減小粒度，加快溶解速度或提高混合均勻度，如鹽、糖。2. 使產品粒度相近，避免混合後離析現象，如調味粉、奶粉等。3. 選擇性破碎使原料顆粒內成分進行分離，如玉米脫胚、小麥磨粉。4. 加快乾燥速率。5. 有些產品要求一定粒徑，以保證粉料的容積重。

依粒度分：粗破碎－200～100 mm；中破碎－70～20 mm；細破碎－10～5 mm；粗粉碎－5～0.7 mm；細粉碎－90%以上可通過200 mesh標準篩網；微粉碎－90%以上可通過325 mesh標準篩網；超微粉碎－全部物料粉碎至10 μm以下。mesh指每英吋有多少孔數，如200 mesh代表每平方英吋有200個孔目。

粉碎可分乾式粉碎與濕式粉碎，各種乾式粉碎方式與粉碎機歸納如表2.7。在破碎過程中，由於會產生熱而影響產品品質，此時可加入乾冰以降溫。使用乾冰之原因係不會弄濕產品。亦可使用冷凍粉碎方式。濕式粉碎包括均質、磨漿等。

表2.7　食品用粉碎機的選擇

<table>
<tr><th>粉碎力</th><th>粉碎機</th><th>特點</th><th>用途</th></tr>
<tr><td rowspan="3">沖擊剪切</td><td>錘式粉碎機</td><td>適於硬或纖維質物料的中、細碎，會產生粉碎熱</td><td rowspan="2">玉米、大豆、穀物、蕃薯、油料榨餅、砂糖、蔬菜乾、可可、香辛料、乾酵母</td></tr>
<tr><td>盤擊式粉碎機</td><td>適於中硬或軟植物料的中、細碎，纖維質的解碎</td></tr>
<tr><td>膠體膜（濕式）</td><td>軟質物料的超微粉碎</td><td>乳製品、奶油、巧克力、油脂製品</td></tr>
<tr><td rowspan="3">擠壓剪切</td><td>輥磨機（光輥或齒輥）</td><td>由齒形的不同適於各種不同用途</td><td>小麥、玉米、大豆、油餅、咖啡豆、花生、水果</td></tr>
<tr><td>盤磨</td><td>可以在粉碎的同時進行混合製品粒度分度寬</td><td>食鹽、調味料、含脂食品</td></tr>
<tr><td>盤式粉碎機</td><td>乾法、濕法都可用</td><td>穀類、豆類</td></tr>
<tr><td rowspan="2">剪切</td><td>滾筒粉碎機</td><td>用於軟質的中碎</td><td rowspan="2">馬鈴薯、葡萄糖、乾酪、肉類、水果</td></tr>
<tr><td>斬肉機、切割機</td><td>軟質粉碎</td></tr>
<tr><td>沖擊</td><td>搗磨機</td><td>小規模用</td><td>米</td></tr>
</table>

資料來源：高等，2009

近年來奈米技術的發展與研究，使超微粉碎技術越趨受到重視，表2.8列出目前常用之主要乾式超微粉碎的類型。超微粉碎可用於飲料粉、香辛料、保健食品、穀類加工等。

表2.8　乾式超微粉碎的主要類型

類型	基本原理	典型設備舉例
氣流式	利用氣體通過壓力噴嘴的噴射產生劇烈的衝擊、碰撞和摩擦等作用力	環形噴射式、圓盤式、對噴式、超音速式和靶式氣流粉碎機
高頻振動式	利用球或棒形磨介做高頻振動產生衝擊、摩擦和剪切等作用力	間歇式和連續式振動磨
旋轉球（棒）磨式	利用球或棒形磨介做水平迴轉時產生衝擊和摩擦等作用力	球磨機、棒磨機、管磨機和球棒磨機

資料來源：高等，2009

五、殺菁

殺菁係以熱水80～95℃水煮，或蒸汽97℃以上溫度加熱數秒鐘至數分鐘，其目的主要以破壞食品中之酵素活性為主。其餘附加功能為軟化組織、改善色澤、殺滅部分微生物、排除原料組織內空氣、去除生原料之不良氣味等。

六、漂水

以適當水量及時間，將剝皮、藥劑洗滌、殺菁後之原料冷卻，或洗除殘留溶劑，以確保原料品質。另製造魚漿時，亦會經漂水以去除水溶性成分。

第四節　食品單元操作

一、前言

食物除少部分直接鮮食外，大部分都運用各種加工操作，作成附加價值更高的加工食品。所謂單元操作（unit operation）係指在食品加工過程中，使原物料以物理變化為主要目的地操作方法。如物料搬運、輸送、泵送、洗滌、浸漬、澄清、粉碎、混合、分離、熱傳送、熱交換、蒸發、蒸餾、吸附、離心、結晶、冷凍、冷藏、乾燥、成形及包裝等操作。所謂單元程序（unit process）則指在食品加工過程中，使原物料以化學變化為主要目的地操作方法。如電解、中和、發酵、氫化、酸化、鹼化、燃燒、聚合、酯化、磺酸化、糖化、糊化、水解、漂白、脫脂等。食品加工即是由數種單元操作與單元程序組合而成。在此主要介紹各種單元操作方法。各種加工操作步驟與單元操作之相關性如表2.9。

表2.9 食品加工操作類型

操作步驟	前處理	普通加工	複雜加工	熱加工	冷加工	脫水加工	包裝
單元操作	清洗、挑揀、分級、破碎、打漿	壓榨、混合、均質、攪拌、輸送、成型、過濾、離心	超濾、萃取、擠壓、乳化、結晶、電透析、高壓殺菌	殺菁、巴氏殺菌、高溫殺菌、焙烤、油炸	冷卻、凍結、發酵、醃漬、輻射	乾燥、濃縮、蒸發	灌裝、製罐、封口、裝箱、打包

資料來源：夏，2007

二、輸送（transportation）、泵送（pumping）與搬運

物料的搬運包括原料由產地運到工廠，以及工廠中各生產單位與各單元操作過程中，都需要各種方式搬運。依物料的形態可分為固體與流體（液體或氣體）的輸送。物料搬運時，必須注意幾個重要問題，包括保持環境衛生、減少產品損失、保持物料外觀及營養品質、減緩微生物生長、提高運輸能率、節省工廠內的勞力及縮短搬運時間等。在減少產品損失方面，如植物性原料運送時會有水分與營養成分的喪失，而動物性原料則有重量的減輕（如臺灣常見的南豬北送）。

一般農畜場收穫物的原料以車輛輸送，需低溫保存之食品則以冷凍或冷藏貨櫃輸送。至於加工廠內的固體原料或製品則以運送機輸送。而各單元操作或生產線間的輸送，固體物料常見的運送機包括帶式運送機（belt conveyor）、鏈條運送機（chain conveyor）、螺旋運送機（screw conveyor）、輥筒運送機（roller conveyor）、振動運送機（vibrating conveyor）及氣流運送機（pneumatic conveyor）。液體及流體搬運，常見的運送機是泵（pump）。泵的種類很多，食品工業中常用的有葉片式、往復式與旋轉式三種。其選擇主要依待輸送的食品特性而定。如旋轉齒輪泵利用旋轉齒輪將食物吸入泵中，而後將食物擠出。若食物中有顆粒存在，則會將顆粒擠碎。

三、浸漬（soaking）與萃取（extraction）

將固體物質浸於液體中的操作，稱爲浸漬。萃取爲將固體或氣體中有效成分以溶劑溶出的操作。浸漬的目的包括：1. 將水分供給於固體物質，使其軟化以便蒸煮。穀類、豆類加工前往往需要浸漬，如煮飯、製作豆漿、豆腐。2. 使有害成分或不需要成分溶出以便去除。如黃豆浸漬可使寡醣溶出，以減少脹氣因子。3. 將有效成分溶出以便加以利用。如即溶咖啡、即溶茶、植物蛋白、澱粉等產品之製作，都經浸漬過程。其中第三點，將食品中有效成分溶出的動作，一般稱爲萃取或浸出（leaching）。因此，浸漬也可視爲萃取或浸出的過程。

浸漬一般使用軟水，因爲含鈣質多的水浸漬豆類時質地會變硬，含鐵質多的水易使製品著色。一般高水溫浸漬時，吸水速度快，浸漬時間可縮短。但必須注意微生物引起的腐敗問題。同時，以同一水長時間浸漬，易引起微生物的滋長，因此應適時換水。換水次數多，微生物生長少、成分的溶出量也大，但用水量相對增加，因此要控制適當的換水次數。浸漬除用不同溫度水外，亦可在水中加入各種化學藥劑，如鹽酸、硝酸、氫氧化鈉、亞硫酸等，例如玉米澱粉或米澱粉之製造需加入鹼液浸漬。

萃取則可使用各種溶劑，除水外之其他理想有機溶劑條件包括：1. 能選擇性溶出所要的成分，2. 具化學安定性、無毒性與腐蝕性，3. 沸點不高，4. 蒸發潛熱與比熱小，5. 熔點低，6. 無起火之危險性，7. 價格低，8. 對製品無不良影響。常用者包括己烷、醇類（乙醇、異丙醇）等。甚至，亦可使用二氧化碳作爲溶劑，進行超臨界萃取以獲得更好的產品品質。

四、混合（mixing）

將兩種或兩種以上原料以物理方法作成均勻狀態的操作稱爲混合。食品工業碰到之混合包括固體與固體混合、液體與液體混合、液體與固體混合、氣體與液體混合等。混合的目的包括單純的混合、或促進溶解、微細化、吸附、吸收、浸出、結晶、乳化、生化反應、防止懸浮物沉澱以及均勻的加熱與冷卻等。根據原料相之不同，又可分爲：1. 摻合（mixing）。固體和固體的混合。2. 捏合（kneading）。大量固體和少量液體的混合，或黏稠性物料與固體的混合。3. 攪和、攪拌（agitation, blending）。爲低黏度液體與液體之混合，或液體與少量固體之混合。4. 乳化（emulsion）或均質（homogenization）。爲兩種液體進行乳化、微細化的混合。

五、分離（separating）

食品工廠的分離操作有二種：1. 相不變化的操作，如篩分、過濾、離心、重力沉降、壓榨及集塵，去皮也可視爲廣義分離的一種。2. 相變化的操作，如乾燥、蒸發及蒸餾等。但蒸餾、吸附等常視爲另一種單元操作步驟，通常不在分離處討論。表2.10爲食品工業中常用之分離方式。若依物料的狀態（固態、液態及氣態），可分爲：1. 固固分離，2. 固液分離，3. 固氣分離，4. 液液分離，5. 液氣分離，6. 氣氣分離等六種方式。

1. 篩分（screening）

將各種大小不同的粒體混合物，分爲二種以上同一大小的分離操作。一般多使用有網目的分離篩，顆粒大於網目者，則留在篩上，顆粒小於網目者，則被分離出，掉落於網下。依作用方式可分爲水平篩、振動篩與迴轉篩。水平篩爲水平作用方式，振動篩（圖2.3(a)）則利用振動方式加以區分，迴轉篩則利用一上有孔洞之傾斜圓筒，孔洞前小後大，利用迴轉方式將不同大小顆粒加以區分，此法亦可用於水果的選別（圖2.3(b)）或加裝噴水裝置同步進行清洗。

表2.10　食品工業中常用之分離方式

	分離因子	分離原理	應用範例
機械分離			
沉降	重力	密度差	水處理
離心	離心力	密度差	油精製、牛乳脫脂
旋風分離	慣性流動力	密度差	噴霧乾燥
過濾	過濾介質	粒子大小	除菌、油／果汁澄清、顆粒分離
壓榨	機械力	壓力下液體流動	油脂生產
平衡分離			
蒸發	熱	蒸汽壓差	液體濃縮
蒸餾	熱	蒸汽壓差	香氣回收
結晶	冷卻或蒸發	溶解度或熔點	糖精製、冷凍產品
乾燥	熱	水蒸發	食品脫水
冷凍乾燥	熱	凍結／昇華	食品乾燥
逆滲透	壓力／膜	膜滲透性	果汁濃縮
超濾	壓力／膜	膜滲透性	乳清粉生產、牛乳濃縮
汽提（stripping）	非揮發氣體（蒸汽）	溶解度差	油脂脫臭
浸出（leaching）	溶劑	選擇性溶解度	油抽取、蔗糖抽取
吸附	固體吸附劑	吸附勢	油脂脫色
離子交換	固體樹脂	離子親和力	乳清脫鹽、水軟化

資料來源：夏，2001

(a) 振動篩

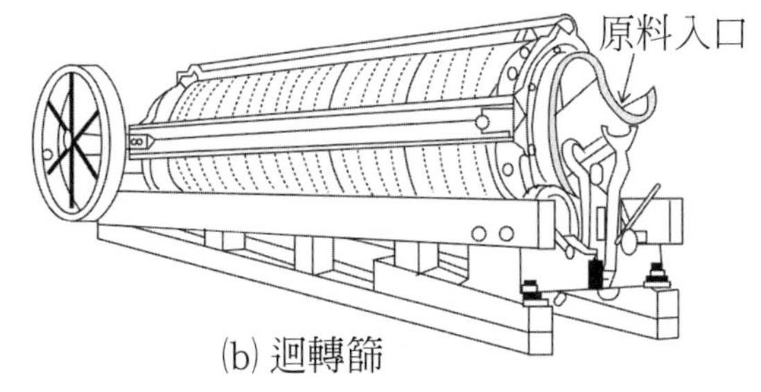

(b) 迴轉篩

圖2.3 篩分機

2. 過濾（filtering）

液體與固體混合的漿液（slurry）可利用有無數細孔的濾材，使濾液（filtrate）通過濾材而將固體（濾餅，filter cake）留於濾材上的分離方式，如豆漿製作過程漿與渣之分離。根據濾材細孔之粗細，可分為傳統過濾法與薄膜過濾法。薄膜過濾法將在第八章膜分離處再加以討論。過濾在食品加工中使用非常廣泛，如用於果汁或植物油的澄清、乾酪製造中乳清與凝乳塊的分離等。過濾時需注意濾材的孔徑、液體的黏度、被過濾懸浮固體的量與特性、所加的壓力等因素。濾材需有足夠的孔徑，以流過所需之顆粒並過濾不要者，可使用厚布或金屬。在水質的過濾上，亦會使用砂粒或石頭作為濾材。有時濾孔會阻塞，為增加過濾效果，可使用矽藻土、珍珠岩、纖維素、鋸屑、活性炭、酸性白土等助濾劑，但只有濾液是最終產品時才會使用，否則助濾劑必須由濾餅中除去。

3. 離心（centrifugation）

乳濁液或懸浮液以高速迴轉運動，使液體中的固體顆粒或比重不同且互不相溶的二種液體，發生沉降分離（離心沉降）的操作。如豆漿製作過程漿與渣之固液分離或自牛奶中分離乳酪的液液分離。甚至有將固體與兩種液體（如油與水）分別分開的三相分離機。常用固液離心設備之應用領域如表2.11。

表2.11 三種常用固液離心設備之應用領域

離心機種類	臥式螺旋沉降離心機	碟片離心機	帶式壓濾機
應用	抗生素、酵母與廢渣、植物蛋白、糖蜜、魚粉、魚油、肉汁、果汁、動植物油脂、乳糖、大豆粉、澱粉	血、魚粉、魚油、果汁、蔬菜汁、動物油脂、清洗水、釀酒酵母	草藥抽出物

資料來源：張，2011

4. 重力沉降（gravity settling）

利用重力沉澱的分離操作，目的在分散浮游於液體中的固體顆粒，如蔬菜清洗去砂石。

5. 壓榨（pressing）

將固體中所含有液體以高壓榨出的分離操作。例如醬油醪、酒醪、果汁、植物油籽之壓榨等。根據作用方式，壓榨機可分爲水平壓榨、垂直壓榨與螺旋壓榨。圖2.4爲水平壓榨中常見之板框式壓濾機，其是使用一層濾板，一層濾框層層相疊方式進行壓濾，所需濾板數可根據樣品多寡而定，因此相當有彈性。圖2.5爲濾板與濾框形式。垂直壓榨與螺旋壓榨則爲榨油主要之機械。壓榨與過濾之不同爲，壓榨使用移動截流壁來施加壓力，而過濾的壓力來自將物料泵入到固定區域。壓榨有時會與過濾併用，如榨油或果汁時，先利用壓榨將植物油或果汁由原料中取出，由於濾液中會有原料的殘渣，因此會再經過濾過程加以澄清。

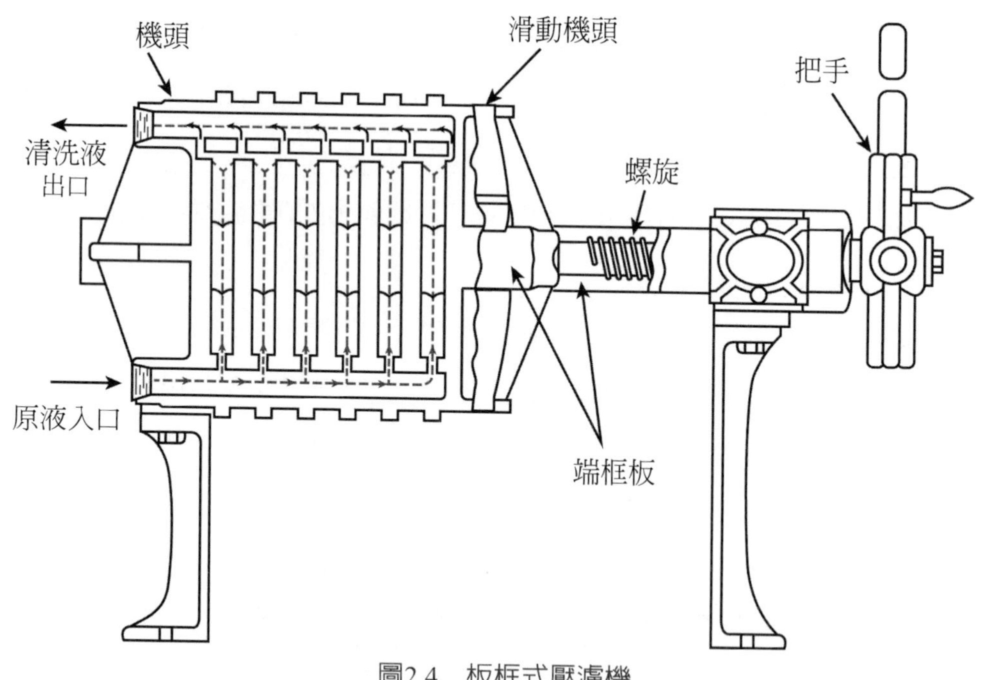

圖2.4　板框式壓濾機

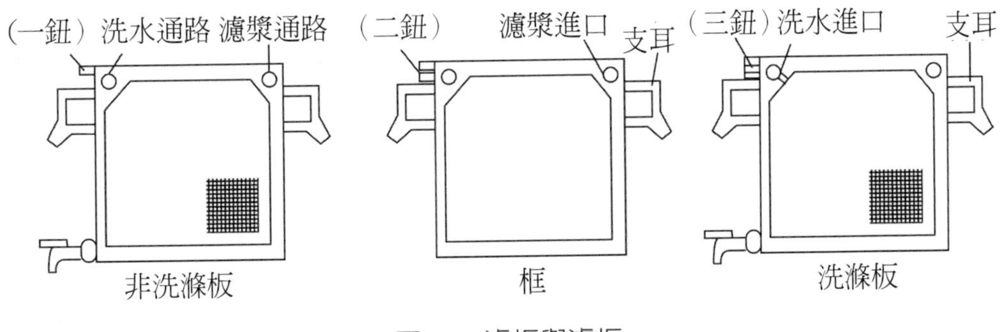

圖2.5 濾板與濾框

6. 集塵（dust collection）

將氣體中分散之固體粒（又稱粉塵）、液體粒分離捕集的操作。奶粉或製粉廠常用於微粒粉末或粉塵的捕集和去除。常見如旋風分離器（cyclone），可將直徑大於5 μm之顆粒有效的從空氣中除去。其作用原理見第五章奶粉乾燥一節。

六、蒸餾（distillation）、吸附（adsorption）、吸收（absorption）與離子交換（ion exchange）

此四種方法在食品工業中較不常用。蒸餾是將含兩種或以上成分的混合液加熱，利用各成分間的沸點差，分離其成分的操作。主要用於分離揮發性風味物質，如橘子汁加工中，由蒸發器跑出之蒸汽含有大量風味物質，需回收利用。此時就會使用蒸餾。蒸餾得到的產物爲富含揮發性成分（蒸餾液）的氣流與一種低揮發性濃度（殘留物）的氣流。蒸餾與蒸發（evaporation）不同，蒸發多半爲去除水分，取殘留物加以利用；而蒸餾往往取揮發性物質，殘留物爲廢棄物。蒸餾時加熱溫度很重要，因爲某些熱敏感物質會受熱破壞。

吸附是使固體物質與氣體或液體接觸，利用流體分子會留在固體物質表面的性質，形成界面濃度大於內部濃度的現象，以分離特定成分的操作，主要靠靜電引力。食品工業上常用吸附來分離所希望的成分，如糖漿或植物油的脫色、水處理去除汙染物、發酵液的澄清。吸附用於脫色的過程又稱爲漂白。常用的吸附材料有活性碳、活性白土與二氧化矽。活性碳是一種非石墨碳，具有多孔性與大的表面積，故吸附能力強。

吸收是使溶劑與氣體混合物接觸，利用各成分間溶解度的差異，分離各氣體成分的操作，如空氣中氨或硫化氫的去除、油脂的脫臭、增加碳酸飲料之二氧化碳吸收量。

離子交換與吸附相似，兩者差異在分離的驅動力（driving force）。離子交換主要靠電荷分離，即利用樹脂表面的離子與液相中含有的其他離子進行交換。其交換的驅動力爲不同種類離子的吸附能差。例如水的軟化是藉離子交換樹脂上的鈉離子與硬水中的鈣與鎂離子進行交換，這種交換因爲只有陽離子（正電荷離子）進行交換，稱爲陽離子交換。也有陰離子交換與混合離子交換的情形。離子交換可用於除去糖漿中鹽類化合物，以避免降低精製糖產量；也可用於酒的澄清，以去除酒石酸鹽；或催化蔗糖轉換成葡萄糖與果糖。

七、加熱（heating）與冷卻（cooling）

利用熱自高溫部向低溫部移動的操作，謂之加熱。在食品工業中，原料和製品的殺菌、蒸煮、濃縮及乾燥等單元操作，多需要加熱。食品的加熱方式分爲直接加熱及間接加熱。直接加熱可利用氣體、固體、油脂等物質產生燃燒熱後通入氣體，直接以此氣體加熱。或利用電磁波（紫外線、紅外線及微波）、放射線照射等方式加熱。間接加熱可以蒸氣或熱媒在熱交換器中加熱、使液體加熱或利用電氣對流交換加熱。常見的加熱的裝置包括：1. 蒸煮器（steam cooker）：包括二重鍋（double kettle）、殺菌釜（retort）及連續式蒸煮器。2. 熱交換器（heat exchanger）：包括管式（tubular type）、板式（plate type）及刮面式（scraped surface）。在本書中大部分傳統食品加工方式都會使用加熱。

加熱過程使水分含量高的液狀食品，去除其水分以提高可溶性及不溶性固形物濃度的操作稱爲濃縮。而爲了提高溶液中的溶質濃度，加熱溶液使溶劑氣化的現象稱爲蒸發。此兩部分將在第五章加以介紹。

除去食品之熱能的操作，謂之冷卻，包括冷藏（refrigeration）及冷凍（freezing），將在本書第三章中介紹。

八、結晶

溶液中的溶質含量超過其溶解度時，則溶質固體由溶液析出的現象稱為結晶。結晶的目的包括：去除雜質、與溶劑分離，成為單成分的純物質。食品中許多成分都能產生結晶，如水、糖、脂肪、鹽、澱粉與蛋白質。許多產品中結晶相的性質會決定產品的品質與物理屬性，如固體脂不同的晶型會影響其物理性質。結晶完成後，有些產品需去除結晶，有些則不必，如巧克力、冰淇淋便不需經分離操作，而保留結晶。而沙拉油的冬化處理、葡萄果汁的去酒石、果汁及酒類冷凍濃縮等，則需分離析出物，而保留液體。而有些產品本身就是結晶物，如蔗糖、食鹽、有機酸等。表2.12顯示晶體結構對產品物理性質之影響。如巧克力在製作過程中，必須經過調質過程，使其結晶過程良好，以使產品有光澤度且容易脫模。

表2.12　晶體結構對食品物理性之影響

食品	晶體結構	物理屬性
冰淇淋／冷凍甜點	冰	光滑
冷凍食品	冰	品質與結構
巧克力	油脂	光滑、脆硬、光澤、脂肪顆粒穩定性
人造奶油	油脂	光滑、硬度、顆粒度
翻糖（fondant）	糖	光滑
膠質軟糖	糖	脆度
包糖衣穀物製品	糖	外觀（糖霜）

資料來源：夏等，2001

在冰淇淋與冷凍甜點製作過程、運送、儲存中，都必須小心控制結晶的進行，要維持晶體小於味覺所能感受到的最低限度。如此才能提供光滑細緻的口感。此時必須透過迅速結晶，使產生許多小晶核，一般是使用刮面式熱交換器進行迅速的冷凍（攪凍），而後快速凍結（硬化）以減少進一步的結晶。

九、成型（forming）

成型是食品加工中重要的單元操作，許多食品需作成一定的形狀。常見成型方式包括：1. 澆模成型。是最簡單最常用的成型方法。將物料澆注入定量的模具中，降低溫度使物料形成緻密的結構，以從模具中順利脫出，如糖果、巧克力、果凍等之成型。模型內可噴灑食用脫模劑，有助於脫模分離。2. 擠壓成型，如月餅、麵條的成型。3. 沖印成型。如餅乾製作是在麵帶上用印模將麵帶沖切成餅乾胚，然後脫離模型，掉到輸送帶上，送入烤箱。4. 輥軋成型。使印花、成型、脫胚等操作通過滾筒轉動一次完成。5. 輥切成型。結合前述兩種方式，先利用沖印方式形成麵帶，然後再輥軋成型。6. 灌腸機。適用於香腸之製造。7. 擠壓蒸煮機（extruder）。結合加熱、混合、成型等一機完成，將在第八章討論。8. 膨發。膨發也是一種簡單的成型方法，將穀類利用高溫高壓瞬間降至常溫常壓方式，使原料內水分突然汽化，使穀類原料呈現海綿狀結構。9. 夾餡機。生產帶餡食品的設備稱為夾餡機，夾餡食品一般由外皮與內餡組成，如湯圓、餛飩、水餃、包子等。其種類非常多，不同產品可能有不同形式之包餡法，一般依其成型方式，可分為感應式、灌腸式、注入式、剪切式、折疊式等。

十、包裝

為防止食品在運送或貯藏過程中，遭受微生物汙染、蟲鼠破壞、光線照射、吸濕、脫濕、風味損失及受外力破壞而以包材（如馬口鐵罐、鋁箔包、玻璃、塑膠袋、複合容器）包裝，此操作謂之包裝。其方式將於本書第四及第十五章詳細介紹。

參考文獻

王如福、李汴生。2006。食品工藝學概論。中國輕工業出版社，北京市。

王進琦。1993。食品微生物學。藝軒圖書出版社，臺北市。

中國飲料工業協會。2010。飲料製作工。中國輕工業出版社，北京市。

肖旭霖。2006。食品機械與設備。科學出版社，北京市。

吳佩蒨。2012。食品設備之橡膠材料對生物膜形成之影響。食品工業44(1):32。

施明智。2009。食物學原理，第三版。藝軒圖書出版社，臺北市。

夏文水等譯。2001。食品加工原理。中國輕工業出版社，北京市。

夏文水。2007。食品工藝學。中國輕工業出版社，北京市。

高福成、鄭建仙。2009。食品工程高新技術。中國輕工業出版社，北京市。

張裕中。2011。食品加工技術裝備。第二版。中國輕工業出版社，北京市。

張燕萍、謝良。2006。食品加工技術。化學工業出版社，北京市。

馮驫、涂國雲。2012。食品工程單元操作。化學工業出版社，北京市。

廖哲逸。2011。食品之腐敗與主要腐敗菌。臺北國際食品展展會專刊。P.82。

賴滋漢、金安兒。1990。食品加工學-基礎篇。金華出版社，臺中市。

Brennan, J.G., Butters, J.R., Cowell, N.D., Lilly, A.E.V. 1981. Food engineering operations. 2nd Ed., Applied Sci. Publishers LTD., Essex, England.

Simões, M., Simões, L.C., Vieira, M.J. 2010. A review of current and emergent biofilm control strategies. LWT-Food Science and Technology 43:573.

第三章 低溫儲存

低溫儲存主要係以降低溫度的手段，達到延長食品儲存期限的目的，同時，低溫儲存也是諸多食品加工方式中，對食品組織及外觀影響最小者。本章將針對冷凍的原理及冷凍時之變化，以及冷藏、冷凍方式加以探討。

第一節 前 言

自古人類便知利用低溫可保存食品，而夏日裡食用冰涼食物可消暑，故詩經中有「二之日鑿冰沖沖，三之日納於淩陰。四之日其蚤。獻羊祭韭。」等利用冬日取冰，夏日利用的敘述。但眞正以人工方式產生冷凍狀況者，則需推至1870年，眞正利用氨做冷媒的壓縮機出現。而到1923年Clarence Birdseye建立工業的快速冷凍方式後，方始受到重視。臺灣則自五〇年代即開始冷凍食品之製造，時自今日，冷凍食品已是食品開發的一個新趨勢。冷凍食品由於自製造、儲存、運輸、販售，最後至消費者手中都需要完善的低溫鏈，故可將冷凍食品的盛行率，視爲一個社會進步與否的指標。

第二節 低溫加工的種類

傳統低溫儲存可分爲冷藏與冷凍。冷藏（refrigerated storage）係將食物儲存於冰點以上，其溫度範圍約在－2～16℃左右，而常用的範圍在4～7℃。冷凍（frozen storage）則係將食物儲存於低於冰點的溫度以下，最常用的儲存溫度爲－18℃。冷藏食品通常可儲放數日至數週，而冷凍食品則可保存數個月以上。此乃因爲當溫度降低時，腐敗性微生物的活性降低，而化學反應與酵素反應亦減緩，故可減慢食物腐敗的速率，而增長保存期限。

但在冷藏與冷凍的溫度之間，在實用上亦可用於保存食物。所以有一種分類方式爲將冷藏溫度定義爲＞2℃之保存，1～－1℃爲冰藏保存，－1～－3℃爲冰溫保存，－3～－8℃爲部分冷凍保存，低於－18℃則仍爲冷凍，比一般冷凍溫度更低之冷凍法（－55℃）稱超低溫冷凍法（表3.1）。當溫度每升高或降低10℃時Q_{10}，化學反應速率會增加2～3倍或減少1/2～1/3。因此，當儲存溫度較冷藏低時，其儲藏的時間勢必會增長。

表3.1　低溫儲藏溫度與保存時間之比較

種類	溫度（℃）	保存時間（日）
冷藏	＞2	1～2
冰藏	1～－1	2～4
冰溫	－1～－3	5～7
部分冷凍	－3～－8	7～15
冷凍	＜－18	＞30
超低溫冷凍	約－55	＞30

第三節　食品的冷藏

冷藏是食品保存中最溫和的一種方法，簡單的冷藏方式甚至不需對原料做任何的處理。常見的冷藏溫度在0～10℃，貯存期限多在數日到數週，貯放的時間不會很長，但若置於室溫下，則可能僅能保存短短數日，尤其是肉類更可能在一日內便腐敗。

理想的冷藏方式，必須由植物的收穫或動物的屠宰開始便注意食物的處理，同時在整個加工、運輸、倉儲、銷售上，都要注意溫度的控制。一般動物屠體在屠宰時之溫度約爲38℃，而爲了保持其品質，則需在24小時內降溫至2℃。

一、植物性食品之冷藏

植物性原料在收穫後應盡速降低溫度，此乃因蔬果本身的呼吸作用與酵素活動都與溫度有關，溫度愈高則反應速率愈快，則其新鮮度會迅速降低，以至影響保鮮度，故於收穫後加以預冷即可延長儲存期限。預冷之主要目的係降低蔬果溫度至一適當水準，以有效延遲蔬果之後熟及腐敗的發生。

1. 預冷

預冷方式可用冷風、冷水、碎冰及眞空方式（表3.2）。冷水法常用於蔬菜，少用於水果。其係以冷水浸漬或噴灑方式達到降低蔬菜溫度之目的。冷風法則以冷空氣當冷媒。碎冰法所需冰及人工的成本昂貴，而眞空冷卻法則因設備貴故不常被使用。但是，眞空冷卻法雖設備費貴，但對葉菜類之預冷時間短，且效果最好。

預冷除延長儲存期限外，亦可減低營養素的損失。如甜玉米在 0℃下儲存時，第一天其糖分即損失10%，而第四天則已損失20%，但在20℃下一天即已損失25%。

2. 冷藏條件的控制

冷藏室條件的控制悠關儲存產品的品質，影響的因素包括溫度與濕度的控制，以及氣體成分的控制。

(1) 溫度與濕度的控制

蔬果在採收後，若貯存不當，會有嚴重失水的現象，此不僅影響商品價值，亦影響貯存壽命。而貯存時，又以溫度與濕度的控制爲最重要。良好的冷藏應避免溫度波動過大，故首先冷藏庫要有良好的絕緣設施。另外，亦應考慮冷藏室內可能產熱的諸因子，包括門開的次數、可能在室內工作人員所散發的熱能、室內之馬達與電燈等電器用品放出之熱能，以及儲放的食品數量與種類。由於植物性食品在儲存過程中會行呼吸作用放出熱，故植物性食物冷藏時，在溫度控制上爲最需考慮的事項。在冷藏時要不時提供低溫以移除此呼吸作用產生之熱能，以保持冷藏庫中的溫度，避免溫度波動過大。對於呼吸速率快的食品，如豆子、草莓等，由於不易控制其儲存溫度，故此類食品冷藏時較易腐敗。而適當的空氣循環有助於將熱由食物表面帶走。

表3.2　預冷方式與其特徵

冷卻方法	優點	缺點	備考
強制通風式 預冷時間： 12～20小時	1. 設備費低廉。2. 任何項目均可預冷。3. 空冷式之運轉操作簡單，維護也容易。	1. 容易浪費冷源。2. 蒸發溫度較低（－5℃以下），因爲冷房裝置出風口附近會有局部結冰現象。3. 負荷變動較弱，大容量預冷不適合。4. 預冷時間較長，當日不能出貨。	個人生產者及小規模生產地之共同設施可。
壓差通風式 預冷時間： 2～6小時	1. 設備費較眞空式便宜。2. 任何項目均可預冷。3. 預冷時間比較短，當日可出貨。	1. 較強制通風式適用，設備費較貴（1.5倍）。2. 比強制通風式收容能力較差，組裝較費時。	中小規模生產地。也適用於眞空冷卻不宜項目之產地大規模處理。
眞空式 預冷時間： 20～40分鐘	1. 預冷時間短，鮮度最高而好。2. 爲長途運送需維持高鮮度。擴大商圈對象期待。3. 紙箱之孔大小，堆積方法不會發生大的問題。4. 對應尖峰時其運轉時間，延長之可能。	1. 依品目言，有些品目不適合預冷（果菜類較多）。2. 設備費較高（強制通風之2～2.5倍）。3. 爲了預冷處理後之短暫保管需另外之保冷庫。	適用大規模生產地。韭菜。
冷水式 預冷時間： 30分～1小時	1. 設備費比眞空式便宜。2. 預冷時間比較短可當日出貨。3. 與洗淨併用之可能。	1. 品目以根菜類爲主。 2. 保冷庫有必要。	適用中小規模生產地。胡蘿蔔、蘿蔔、小白菜。

資料來源：鍾，1990

蔬果的脆度主要爲膨壓（turgor pressure）所造成的。當蔬果失水時，則膨壓降低，使蔬果萎凋。蔬果一旦失水，此失去的水不易復原，故蔬果的冷藏應避免其失水，而避免失水之方式即爲控制冷藏室的濕度。一般蔬果類儲存，冷藏庫之相對濕度多控制在85～95%，但濕度的控制與溫度有關。並應避免冷藏室的溫度波動大，使產品品質不易保存。另外，雖然環境的相對濕度高時，產品不易失水，但卻易引起微生物的生長。因此，對失水將會影響產品品質者，宜保持高濕度，否則，則可儲存於較低濕度之環境中。

另外，亞熱帶及熱帶蔬果不可儲存於過低的溫度下，以免發生冷傷（chilling injury）現象。冷傷現象起因爲此類蔬果放置於10～15℃以下之低溫時，會造成蔬果代謝系統的破壞，而產生外表或內部褐變、腐爛、不易成熟等現象。故儲存此類產品時，應注易其儲存之溫度。

⑵ 改變大氣組成

氧氣的存在會促使微生物生長及使植物組織維持呼吸作用，故改變包裝或儲存室內的空氣組成，可有效的延長食品的儲存壽命，此即控氣（controlled atmosphere）或調氣（modified atmosphere）保藏。

① 控氣保藏（CA）。爲以人工方式控制貯藏環境之空氣組成與濃度的貯藏法，它利用降低溫度、減少氧氣及增加二氧化碳含量三頭並進的方式達到延長蔬果新鮮的目的。而最適溫度、相對濕度、氣體的組成方式依不同的蔬果而有所不同。

② 調氣保藏（MA）。雖亦爲降低氧氣、增加二氧化碳方式，但對空氣成分並未加以嚴格控制，其可以利用塑膠包裝後經呼吸作用自然使包裝袋內氧氣降低、二氧化碳提高；亦可加入脫氧劑使氧氣降低，有時亦會加入乙烯吸附劑以延長其後熟時間。常使用此種包裝法之食品包括魚、肉、乾酪、蔬果等。CO_2 低於15%的濃度時，可減緩蔬果之呼吸作用，抑制老化；而高的CO_2 濃度，雖可抑制食品中微生物的生長，但會引起蔬果的多氧呼吸作用，反而促進老化。故CO_2之濃度亦不可過高。一般蔬果儲存時包裝內大氣的組成約爲：O_2 2～5%；CO_2 3～10%；N_2 85～90%。其組成及儲存溫度視不同的蔬果而有所不同。

增加CO_2而延長儲存期限之機制，除抑制乙烯之釋放外，CO_2濃度之增加亦有抑菌效果。其原因除CO_2使氧濃度降低外，另外，低溫下CO_2之溶解度增加，使其溶於水中解離成HCO_3^-及CO_3^{2-}，並釋出氫離子使pH值下降，造成抑菌作用。

(3) 不同產品之混合儲存

蔬果若在成熟時，呼吸速率會加快者，爲更性（climacteric）植物。而某些蔬果在成熟時無顯著呼吸速率的變化者，即爲非更性（nonclimacteric）植物。具更性的蔬果，在成熟時會釋放出大量的乙烯，而乙烯會使更性蔬果熟成，卻對非更性蔬果無影響。故若冷藏時，將更性蔬果互相儲存於一室，則彼此放出之乙烯將導致成熟度增加，而加速其老化。故具更性之蔬果儲存時，不宜同放一室。

另外，不同蔬果其最適儲存之溫濕度各不相同，故亦不宜將需高濕度貯存之產品與宜於低濕度下儲存者同放一室。同時，對於易釋放特殊氣味之蔬果，如洋蔥、榴槤、大蒜等，亦應避免與其他食品一同儲存，以免汙染氣味。

二、動物性食品之冷藏

動物性食品包括禽畜肉與海產類，其與植物性食品之冷藏有一相同點，即在宰殺後，應在最短時間內降低食品之溫度，並迅速處理後加以冷藏。

動物於宰殺後，會產生死後僵直（rigor mortis）現象。如果在死亡後，肉體保持在高溫下，會使肌肉組織變的質地粗糙，因此，肉類要在宰殺後迅速降溫。一般牛、羊肉及家禽多控制在14～20℃下完成僵直，太低溫反而會有冷收縮（cold shortening）之現象。豬肉並不易發生冷收縮，故可使用較低溫。一般冷藏肉需待僵直結束後，才加以分割、包裝，而後再冷藏、銷售。

至於水產類，常以整尾販售，故常在捕獲後，以碎冰覆蓋，碎冰混合鹽或海水或水之浸漬冷卻法。魚類由於死前多經過掙扎，且富含蛋白質，加上表面微生物多，故易腐敗。而在腐敗初期其體內的氧化三甲胺（trimethylamine oxide, TMAO）會形成三甲胺（trimethylamine, TMA），而形成水產品特有的魚腥味。

目前爲保持冷藏肉品的品質，肉類亦有使用調氣包裝者。畜肉類使用調氣包裝時，要特別注意其O_2及 CO_2之成分變化。如果O_2的濃度充分，固然可使肉品的顏色鮮紅漂亮，而吸引消費者注意，但亦易使油脂氧化，而加速肉品質的降低。如果 CO_2 濃度高，則可抑制微生物的生長，避免油脂氧化，使貯存期限延長，但卻使肉品顏色不佳。

不同的肉品，其調氣包裝中的氣體組成各不相同。對高脂肪的魚類，以40% CO_2及60% N_2爲宜；白色魚爲30% O_2、40% CO_2及30% N_2；禽肉爲25% CO_2、75% N_2；紅色肉爲60～85% O_2，40～15% CO_2；煮熟的肉爲25～30% CO_2，75～70% N_2。另外，目前發展出一種動力式調氣包裝，利用兩段式改變包裝內的氣體。首先，肉品切割後以80% N_2及20% CO_2混合充填。此時由於 CO_2濃度高，故可在倉儲內儲放較久的時間。但此時由於肉品顏色差，故不宜販售。待販售前，將包裝內的氣體抽離，再將80% O_2及20% CO_2之混合氣體灌入包裝內，則肌紅蛋白會在很短的時間內，轉變成氧合肌紅蛋白，而呈現漂亮的鮮紅色。

三、冷藏時的變化

1. 變色

造成冷藏食品之變色原因可能爲微生物性、化學性與酵素性等。

⑴ 微生物造成之變色

冷藏食品中若有微生物生長，可能會產生菌斑，如*Pseudomonas fluorescens*在食品表面生長時，可能會產生黃色螢光般的菌斑。

⑵ 化學反應造成之變色

不新鮮的肉類冷藏會有綠變現象。因肉不新鮮會分解產生硫化氫，其與肉中的變性肌紅蛋白結合時，便會變成綠色的含硫肌紅蛋白（sulfomyoglobin），就會在食物表面看到有綠色光澤之產生。

在低溫下儲存的魚類，亦常會有變色的現象產生。譬如鮪魚常有肉呈黑色或褐色的情況發生。尤其當鮪魚儲放在 －3～－4℃時，表面肉的變色速度最快，而在 －6～－7℃時，則內部肉變色最顯著，故稱此溫度爲最大變色溫度帶。其變色原因乃肌紅蛋白氧化成變性肌紅蛋白而造成的。即使在 －20℃儲存時，仍會有變色問題產生。

脂肪在低溫下儲存則會有變黃現象。因爲低溫儲存時，脂肪可能水解成脂肪酸，而後此脂肪酸水解氧化造成變黃現象。

⑶ 酵素反應造成之變色

酵素反應造成之變色包括葉綠素的褪色、蔬果的褐變與蝦的黑變。

葉綠素酶（chlorophyllase）普遍蔬菜中都存在，但亦有不含此酵素的，如四季豆。葉綠素酶可將去鎂葉綠素的葉綠醇去除，而形成去鎂葉綠酸（pheophorbide），使葉綠素的綠色變成黃褐色。

造成酵素性褐變的酵素爲多酚酶（polyphenolase），基質則爲雙酚化合物，如兒茶素（catechin）、無色花青素、漂木酸、咖啡酸、酪胺酸（tyrosine）等物質。一旦蔬果有碰傷或切口處，常會形成黃褐色，這就是由酵素性褐變造成的。

蝦類的黑變，是因蝦體內的酪胺酸在多酚酶及酪胺酸酶（tyrosinase）的存在下，氧化形成黑色素所造成的，其原理與植物之酵素性褐變相同。此黑變可以亞硫酸鹽類處理以抑制，亦可在蝦捕獲後立刻降低溫度（－2～－6℃）儲存。

2. 物理性改變造成之變化

⑴ 水分蒸發

食品在冷卻時，表面水分會蒸發，造成乾燥現象。使重量減少。一旦水分減少5%以上時，蔬果會有明顯萎凋現象，而影響商品價值。肉類水分的蒸發則會造成表面收縮、硬化與肉色的改變等現象。蔬果的水分蒸發特性可分爲三類（表3.3）：A型蔬果在低溫下水分蒸發減少；相反的，C型蔬果在低溫下水分蒸發量極大。若要減少蒸發量，可提高儲藏室之濕度，但濕度過高又容易引起微生物的增長。因此，不同特性之蔬果應分別儲存，且必須根據蔬果水分蒸發特性設定濕度。

表3.3　蔬果的水分蒸發特性分類

水分蒸發特性	蔬果名稱
A型（蒸發量小）	蘋果、橘子、柿子、西瓜、葡萄（歐洲種）、馬鈴薯、洋蔥
B型（蒸發量中等）	白桃、李子、無花果、番茄、甜瓜、萵苣、蘿蔔
C型（蒸發量大）	櫻桃、楊梅、龍鬚菜、葡萄（美國種）、葉菜類、洋菇

⑵ 澱粉回凝

當澱粉在水中加熱時，會產生糊化（gelatinization）現象，主要爲澱粉顆粒吸水而膨脹所造成。一旦凝膠形成後，在低溫下放置時，會逐漸形成堅硬的組織，此現象稱爲回凝（retrogradation）。主要是直鏈及支鏈澱粉間的氫鍵逐漸增加，使凝膠的組織愈來愈緊密，而形成有組織的結晶化構造。一般回凝程度最大的溫度範圍爲2～4℃，在溫度低於－20℃與高於60℃皆不會發生回凝現象。

3. 生化改變造成之變化

⑴ 組成分改變

低溫下雖可減緩植物的代謝作用，但此代謝作用仍會持續進行。因此，若果實爲未成熟狀態放置於冷藏庫，則隨著成熟度的增加，果實內的糖分、果膠會增加。但某些成分，如維生素C等則有可能會有減少之趨勢。

⑵ 肉質改變

僵直終了的肉，逐漸軟化的現象叫解僵（off rigor）。一般在僵直期的肉類，其保水性差，且肉質非常硬，不適合食用，必須等到解僵後，肉才能恢復保水性，且軟而鮮美。

由於解僵時間較長，若在常溫下儲存，肉類常易腐敗，因此多放在冷藏室中儲藏，等到解僵後再出售。解僵的時間，在2～4℃時，豬肉爲3～5日，牛肉爲7～8日。在冷藏期間，爲防止微生物的生長，可在冷藏間內噴入二氧化碳或臭氧以殺死微生物，或利用紫外光照射。

肉類冷藏數日後，開始自體分解，此時由於蛋白質分解使肌肉組織軟化，風味物質產生，故風味較佳，此步驟叫熟成（aging）。熟成主要爲細胞自溶酶（cathepsin）分泌使肉體分解造成的。

當屠宰條件不適當時，則肉類可能產生白軟水樣肉或暗乾肉。

⑶ 風味改變

冷藏可能造成脂肪氧化酸敗，產生酸敗之風味（fat rancidity flavor）。

魚類冷藏過程亦可能造成風味變差。魚類由於死後體內蛋白酶會產生自行分解作用，加上表面有許多微生物，故會將魚肉中的氧化三甲胺（trimethylamine oxide）還原成三甲胺（trimethylamine），是造成腥味之主要物質。

⑷ 冷傷

一般熱帶及亞熱帶農產品在10～15℃的溫度以下，會造成冷傷現象，此時，它比在較高溫時腐敗的更快。一般常見之症狀爲表皮凹陷，這是因表皮下的組織崩潰造成，而這種凹陷常會伴隨有變色現象。這是因多酚氧化酶與細胞受傷後流出的酚類物質作用的結果。未成熟便採收的果實受到冷傷後便無法正常完熟，如柑桔不易轉黃，葡萄柚、芒果等外皮變得厚而硬。冷傷會使代謝物由細胞中流出及造成細胞構造破壞，因此提供微生物，特別是黴菌的良性生長環境，造成腐爛增加的現象。

4. 微生物生長

在冷藏溫度下，黴菌與酵母菌仍可生長，因此當蔬果逐漸衰老或有傷口時，則就容易發黴而造成腐爛。另外，一些造成腐敗與食物中毒之低溫菌，亦可能在冷藏狀態下生長，而引起食物之劣變。

四、冷藏食品的安全

冷藏雖可延長食品的儲存期限，但畢竟仍會腐敗。造成冷藏食品腐敗者，多爲嗜冷性的微生物，在細菌方面，有*Pseudomonas*、*Acetobacter*、*Alcaligenes*、*Flavobacterium*等；黴菌有*Penicillium*、*Mucor*、*Cladosporicum*等；酵母菌有*Torulopsio*、*Candida*、*Rhodotorula*等。在病原菌方面，近年來已發現數種食品中毒菌會在冷藏的低溫下生長，包括*Clostridium botulinum*、*Lysteria monocytogenes*、*Yersinia enterocolitica*、病原性*E. coli*等。

而爲了控制冷藏食品的品質，必須由原料開始即注意其品質。最新的控制方法乃使用 HACCP（危害分析重點控制）系統，其基本精神即控制食品由原料組成品乃至達消費者時整體的安全性。

冷藏食品之加工首先爲原料之處理，此時食品的品質即已開始下降，故原料進廠後即應加以低溫貯存，並盡速加工。而加工時的衛生要求亦爲不可忽視的一環。及至製作完成，產品經包裝、貯存及販售過程，亦應注意溫度的控制，避免溫度波動過大。如此藉由整體控制條件下，方可確保產品之安全。

第四節　冷凍儲存

一、冷凍過程與冷凍曲線

一般冷凍水時，係將其置於冷凍庫中，此時水溫會逐漸下降，甚至降至0℃以下，仍不結冰。此現象稱為過冷現象（subcooling，supercooling）（圖3.1）。低於凍結點的這溫度稱為過冷點，此時水是處於半穩定狀態，在有適當的刺激下（如搖晃、加入冰核），此過冷液才會放出潛熱而形成冰結晶，同時溫度升至0℃。一旦水開始結冰，此時即使環境的溫度遠低於0℃，但只要仍有未凍結的水存在時，整個水與冰的混合物之溫度仍會保持在0℃。而此一水平線即水需放出其潛熱之故。只有當所有水都凍結後，溫度才會降低。此種隨冷凍時間增加，而溫度下降的曲線稱為冷凍曲線（freezing curve）（圖3.1）。

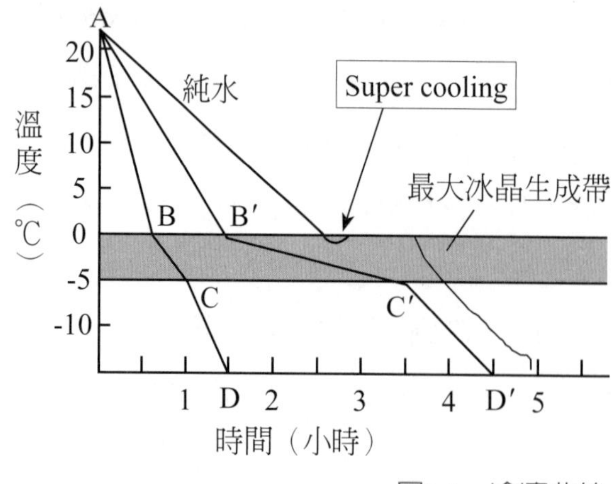

A→B→C→D　快速冷凍
A′→B′→C′→D′　慢速冷凍

圖3.1　冷凍曲線

在物質的加熱與冷卻時，熱以兩種方式顯現，其一爲顯熱（sensible heat），另一爲潛熱（latent heat）。顯熱即可看到溫度變化的熱，當此熱加入或移出一物質時，可明顯導致該物質溫度升高或降低者。而潛熱則爲物質相變化所需的熱，例如由0℃的水變成0℃的冰所需的熱量即潛熱。此時該物質不會有溫度的變化。

水的冰點爲 0℃，但一般食物的冰點中除了水外，尚有其他的物質，根據勞特定律（Raoult's law），溶液的冰點與溶質的莫耳分率成正比，故一般食品的冰點較 0℃低。食品的冰點係指食品開始凍結的溫度。大多數食品之冰點在－1.0～－2.6℃之間，少數如葡萄、大蒜、香蕉等，冰點在－2.5～－3.9℃間。由於食品在凍結時，其中的水分會先凍結，而使溶解的溶質發生濃縮效應，使冰點不斷下降，而更不易凍結。故一般食物的冷凍曲線不會如水一樣，在0℃時有一平穩的水平線，而係在冰點附近形成一較平穩但持續下降的線段（圖3.1）。一般食物在－1～－5℃冷凍階段內，溫度下降緩慢，主要係大量熱能用於將水結成冰，故此階段被稱爲最大冰晶生成帶（zone of maximum crystallization）。

由於一般食品的冷凍多係由外圍開始漸次往內凍結，當外圍的液體凍結時，最初僅是純水結冰。當純水不斷結冰時，溶在水中的鹽類、蛋白質、醣類等分子含量就產生濃縮效應。故隨著凍結的持續進行，食品的溫度不斷降低，含有溶質的溶液雖亦會凍結，但中心未凍結處之濃度亦會逐漸增大，直到足夠的低溫，整個食品方才完全凍結。以牛肉爲例，在－10℃時，仍有3%水未凍結，而－18℃時，亦仍有約0.5%水未凍結。當食物中所有的水分都凍結，此時溶質與水達到共同固化，此一溫度稱爲共晶點（eutectic point或cryohydric freezing point）。

食品在冷凍時，亦會產生過冷現象，但其溫度較水爲低，如一般肉類爲－4～－5℃，牛乳爲－5～－6℃，而蛋類爲－11～－13℃。

二、冷凍過程中的玻璃態轉移

食品之玻璃態轉移理論係美國Levince與Slade兩位學者於1980年代所提出。

一般小分子物質如水有三態，即固態、液態與氣態。但食物屬於高分子物質，當在常溫下時，其中之水分雖為液態，但食物本身並非單純的以液態形式存在，而係以複雜的溶膠態（melt）存在。當溫度逐漸降低時，此時水會凍結成固態，但在食品中，一方面有凍結成固態的水，亦有尚未凍結的水與食品分子存在，於是形成一種半硬不硬的黏彈性物質，此時稱為橡膠態（rubbery）。當溫度持續降低時，食品分子會漸漸呈現出似玻璃狀又硬且易脆的性質，稱為玻璃態（glassy），此時食品分子係以非結晶形態存在。此一使高分子由玻璃態轉變為橡膠態的溫度就稱為玻璃轉移溫度或玻璃轉晶點（glass transition temperature，Tg）。由於玻璃化過程中物質並不結晶，而是形成一種極黏滯的超冷凍（super cooled）液體，此時，因仍保持著作為液體特徵的分子無序性，故玻璃態固體也稱為無定形固體（amorphous solid），並以此區別於眞正的結晶型固體（crystalline solid）。

在冷凍儲存溫度低於玻璃轉移溫度時，由於物質在玻璃態時黏度極大，使食品中各物質之分子擴散速率很小，所以食品發生劣變之速率變得十分緩慢，甚至不發生反應。因此冷凍食品若採用玻璃態儲存，可充分保存其色、香、味與營養成分。

玻璃態轉移理論係由高分子化合物演變而來。但由於食品分子複雜，包括蛋白質、多醣類等高分子物質，加上大量之電解質與其他分子量相對較低之有機化合物，使其較單純之高分子化合物複雜許多。這也導致目前有關玻璃態轉移之理論有許多不同之說法。而相關之研究也方興未艾。

三、冷凍對食品的影響

冷凍法雖然是對食品質地及品質影響最小的一種加工方式，但在冷凍時，食品的品質仍會受到破壞。冷凍對食品的影響包括：體積的變化、濃縮效應、冰晶的生長、質地的變化、變色、產生凍燒與乾燥等。

1. 冷凍時體積的變化

一般物質的通性爲熱脹冷縮，但水的體積在 4℃時爲最小，當溫度高於 4℃或低於 4℃時，體積都隨之增加。因此，食品凍結後，其體積會增大。如果以容器盛裝含水分多的食品，如果汁、牛乳等，此時需注意應預留膨脹的空間，以免在凍結後，造成將容器撐開甚或撐破的情形。

2. 濃縮效應

食品在冷凍時，其內容物會產生濃縮效應。其原因爲食品的冷凍過程，其冷氣是由外圍滲透到中心，故食品外圍會先結冰，而其中又以水會先形成冰晶，同時吸引冰附近的水結晶。但溶在水中的溶質卻較不易結冰，因此在水不斷結冰後，溶質反而有濃縮的現象產生，造成其愈不易凍結。因此，在 －18℃下，仍有少部分水未凍結，而此水則爲造成冷凍食品品質仍會持續降低之原因之一。濃縮效應在慢速凍結的果汁冰棒中可清楚看見，當凍結速率慢時，冰棒外的水先凍結，於是果汁漸濃縮，故外表可見冰棒外圍顏色較淺，而愈近中心處顏色愈深。

濃縮效應除對食品的色澤有影響外，對食品的質地與某些性質亦有關聯。如當濃縮效應發生時，由於未凍結溶液中的pH值可能降低，而溶在水中之鹽類濃度亦會增加，故可能引起蛋白質達到等電點或發生鹽析現象，而導致變性。其次，當溶質濃度增加時，溶質本身接觸而結晶的機會也就變大，例如冰淇淋的凍結，若發生濃縮效應導致乳糖結晶的產生，則會引起產品的砂質感（sandy）。

另外，當食品結晶時，在溶液內的氣體濃度亦會上升，一旦超過飽和值時，會造成溶解氣體的流失。故汽水經凍結後，氣體可能會有流失的情況。

濃縮效應亦會使組織內的水分重行分布。當細胞間隙的水凍結後，在冰晶附近的溶質會因此而濃縮，於是造成細胞內外的濃度差異增大。此濃度差會使細胞內的水分擴散出，導致細胞脫水。而一旦解凍後，水分難再進入細胞內，導致食品萎縮。同時，也因此造成解凍後，會有較多解凍滴液（drip）的產生。

3. 冰晶的成長與組織的改變

⑴ 冰晶的生成與成長

冷凍過程，會先產生過冷現象。此時，若有一些促使冰晶形成的因子存在，則會造成冰晶核的產生，從而產生結冰現象，此即所謂晶核生成作用（nucleation）。冰晶本身，以及其他物質，如食品顆粒、空氣塵埃等都可成爲冰晶核。若以冰本身做爲冰晶核所形成之冰晶，稱爲同質晶核生成作用（homogeneous nucleation）；若以其他物質做爲冰晶核所形成的冰晶，稱爲異質晶核生成作用（heterogeneous nucleation）。在食品的冷凍中，主要爲異質晶核生成作用。

一旦晶核形成後，冰晶便會附著在冰晶核上逐漸長大。最後，造成食品整個凍結。當食品在冷凍儲存時，冰晶亦會繼續長大，尤其在冷凍庫溫度上下波動過大時，此情況會更劇烈（圖3.2）。要避免在凍藏期間冰晶的長大，首先，要使用急速冷凍方式，使冰晶大小相彷彿，便不易有小冰晶附著在大冰晶上長大之情形；其次，應盡量降低凍藏溫度，減少未凍結水之比例，並要避免冷凍庫溫度的波動。最後，並要愼選新鮮的原料，因原料愈新鮮，則食物細胞愈堅韌，水分便不易移動而使冰晶不易長大。

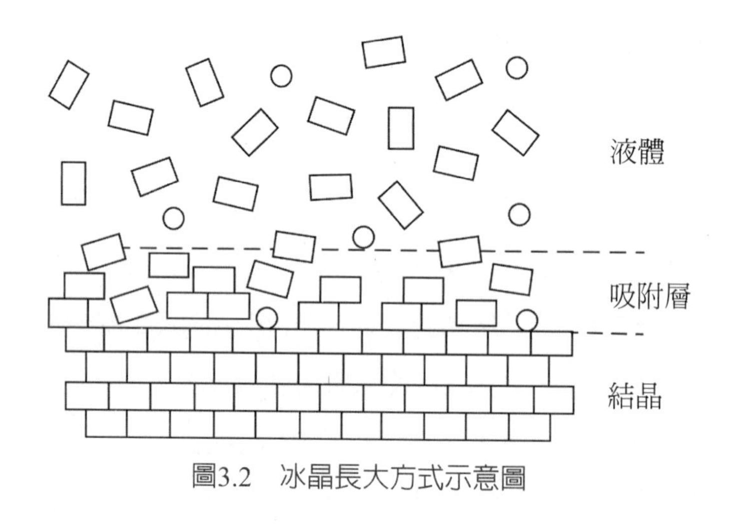

圖3.2　冰晶長大方式示意圖

(2) 急速冷凍與慢速冷凍

若凍結速度快時，則所形成的冰晶小而多，且冰晶可在細胞內外生長，而若凍結速度慢時，則所形成的冰晶大而少，且多分布於細胞外。當冰晶小時，則對食品的組織壓迫較少，故解凍後食品的質地較佳（圖3.3）；若冰晶大時，則對食品組織的壓迫大增，同時此細胞外的大冰晶可能壓迫細胞，使細胞破裂，此細胞液在解凍時會流出，而使食品質地呈現海棉狀組織，因而造成解凍後食品品質

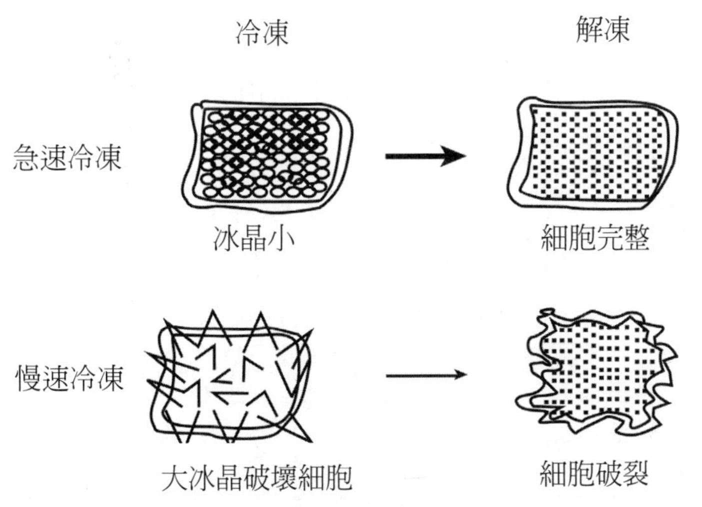

圖3.3　急速冷凍與慢速冷凍對食品細胞之影響

降低。另外，凍結速度愈慢，則水分重新分布的情形愈顯著。此時，細胞內的水分會向細胞間隙移動，造成細胞內濃度增加；而水分大量的流出，又造成細胞間隙的冰晶變大。

急速冷凍除形成冰晶較小，且由於凍結的時間短，故可迅速抑制微生物的生長，故對食品的品質亦較佳。急速冷凍與慢速冷凍之比較見表3.4。

表3.4　急速冷凍與慢速冷凍之比較

	慢速冷凍	急速冷凍	個別快速冷凍（IQF）
凍結時間與速率	3～72小時完成，凍結速率慢	25分鐘內完成，凍結速率快	30分鐘內完成，凍結速率快
冰晶損傷程度	冰晶大且分布細胞外，解凍滴液多	冰晶小分布細胞內外，解凍滴液少	冰晶小分布細胞內外，解凍滴液少
暴露於不利因子時間	長	短	短
與代謝關係	破壞代謝	中止代謝	中止代謝
特性與適用食品	大型食品	小型食品	豆仁、玉米粒、洋蔥丁、蘿蔔丁、湯圓、水餃

雖然急速冷凍與慢速冷凍對食品質地影響甚大，但目前並無一定方式界定其速率，不過其中以「國際冷凍協會」建議較為大眾所接受，其以平均凍結速

率（Fr）大小做界定，所謂平均凍結速率係食品表面至其幾何中心之最短距離（cm）與食品自表面溫度達到 0℃始到中心溫度較冰點低10℃時所需時間（hr）之比。若按Fr大小，凍結速率可分成下列四種：慢速冷凍（slow freezing）、快速冷凍（quick freezing）、急速冷凍（rapid freezing）及超急速冷凍（ultra-rapid freezing）。其冷凍速率及應用實例見表3.5。

表3.5　冷凍速率之分類與實例

名稱	平均凍結速率（Fr, cm/h）	實例
慢速冷凍	Fr≦0.2	家用冰箱
快速冷凍	0.5≦Fr≦3	強風冷凍機，接觸式冷凍機
急速冷凍	5≦Fr≦10	流動層冷凍機
超急速冷凍	10≦Fr≦100	浸沒冷凍法

〔Fr：平均凍結速率，食品表面至幾何中心之最短距離（cm）/表面溫度由0℃始至中心溫度較冰點低10℃所需時間（hr）〕

其他表示凍結速率之方法包括時間－溫度法、冰峰前進速率等。時間－溫度法係測定食品中心溫度，觀察中心溫度由－1℃降至－5℃所需之時間，若時間少於30分鐘，則稱爲快速冷凍；若時間大於30分鐘，則稱爲慢速冷凍。此法多應用於肉類。其缺點爲某些食物最大冰晶生成帶較寬，低於－5℃，則此法無法涵蓋。另外，此法無法反應食品之大小與形狀。

冰峰前進速率係指單位時間內－5℃的凍結層向食品內部延伸的距離。其分爲三等級：快速凍結5～20cm/h；中速凍結1～5cm/h；慢速凍結0.1～1cm/h。此法之缺點爲實際測量不易，且對凍結速率很慢者不適用。

冷凍速率快縱然可得到較佳的食品品質，但凍結速率過快時，卻易造成產品的破裂，例如以液態氮直接浸沒食品時。此乃因在極速的凍結下，食品表面迅速的凍結成冰，但內部的凍結則稍慢，然而當內部開始凍結時，由於水結冰時體積會膨脹，但因外圍已結冰使其無法擴張，故將食品脹破。

蔬果由於水分含量較高，且細胞壁較無彈性，故在不同冷凍速率下，會有明顯質地上的差異。動物性食品由於含水量略低，且細胞膜之彈性較大，故不易受到不同冷凍速率所產生之影響。

4. 冷凍食品外觀的變化

⑴ 變色

低溫儲存食品之所以會變色的原因很多，首先可能是微生物生長所造成的。如*Pseudomdnas fluorescens*在食品上生長時，即會呈現黃綠色斑點；而黴菌生長時，則可能產生黃、灰、綠、紅、黑等斑點。

其次，亦可能係食品中色素成分產生化學變化所致。如綠色蔬菜之顏色由葉綠素而來，但許多植物體中亦存在葉綠素酶，此酵素在冷凍低溫下仍可反應，而造成變色（橄欖綠色或黃褐色）。另外，植物多酚氧化酶，會導致食品產生酵素性褐變。如洋菇、桃子等。故蔬果在冷凍前，常加以殺菁以抑制造成變色及其他不良反應的酵素。另外，水果類亦可以糖液浸漬後，再進行冷凍。

至於動物性食物的色素（肌紅蛋白）則常在冷凍期間氧化成變性肌紅蛋白，而使肉色呈現褐色。冷凍魚類除了有褐變現象外，如鮪魚與旗魚有綠變現象，而蝦頭則會黑變。對於動物性食品之變色，通常可以適當的包裝或包冰方式避免，但此對綠變現象並無法防止。欲防止綠變現象，唯有將凍藏溫度降至更低溫（如－35℃），方可防止。

⑵ 乾燥及凍燒

食品在凍藏期間，可能會有表面乾燥、脫水的情形發生。其原因爲冷凍室中空氣的濕度往往低於食品表面的濕度，爲平衡此濕度差，故食品會持續的放出水分，而時間久後，便易造成食品表面顯著脫水。至於此水之脫除，係以昇華方式逸失。而昇華所需熱量來源，則包括：食物本身的熱量、冷凍室溫度上下波動過大所累積之熱、其他新放入食物所釋出之熱、冷凍庫打開後由外界進入之熱等。另外，冷凍庫中空氣的流速過大，亦會加速食品的乾燥。

伴隨著乾燥的產生，就可能有凍燒現象（freezer burn）。所謂凍燒係冷凍肉因乾燥與褐變而產生表面形似燒焦的現象。造成凍燒之原因爲當食品表面水分昇華後，其所殘留之孔洞深入食品內部，而使空氣得以進入，從而造成油脂的氧化。在油脂氧化產物中含有羧基，會與蛋白質的胺基產生梅納反應而使食品顏色轉深，此在肉品中尤其常見。要防止脫水可使用包裝或以冰衣方式儲存。

⑶ 霜斑

巧克力產品儲存溫度變動過大，而形成一種溫度震盪（temperature shock）時，會產生糖斑（sugar bloom）或油斑（fat bloom）。此時巧克力表面發白或起凹凸不平的花斑點，甚至全部變成灰白色而失去光澤。有些消費者會以爲是發黴。嚴重時，內部組織呈砂粒狀，失去了入口即化特徵，食似嚼蠟。造成這一現象原因之一爲當儲藏溫度波動大時，巧克力液體脂肪易遷移到製品表面，而後凝結於是形成油斑。如果儲存環境潮濕，巧克力中的糖分容易被表面的水分所溶解，待水分蒸發後會留下糖結晶，即糖斑。

5. 凍藏時的化學變化

⑴ 澱粉的回凝

糊化的澱粉在低溫下，較容易產生回凝，尤其在接近0～4℃時，而在冷凍狀態下經解凍後，亦會產生回凝。由於澱粉回凝時，有明顯的離水現象（syneresis），故含澱粉的食品經冷凍、解凍後，往往有離水及質地變硬的現象產生。通常在急速冷凍及穩定的貯存溫度，並加以快速解凍時，回凝現象會較不明顯。

⑵ 蛋白質的變性

冷凍期間亦會造成食品中蛋白質的變性，如蛋黃在冷凍後會有膠化現象即肇因於蛋白質變性所致。另外，豆腐在冷凍時會呈蜂窩狀，而鱈魚在凍藏後組織會變的較硬，都是此冷變性（cold denature）所致。造成冷變性之原因乃係冷凍時所產生之濃縮效應所致，即當食品部分凍結造成溶質濃縮後，蛋白質間互相接觸的機會增加，而使其產生分子間的鍵結所導致，或是使蛋白質的溶解度改變而溶出造成。由於冷變性多半爲非可逆性，故應盡量避免。對於蛋黃的冷凍膠化現象，可添加2%食鹽或8%糖解決，但如此將限制產品的用途；對於魚肉的冷變性，則可以急速冷凍或加入磷酸鹽以避免之。

⑶ 油脂氧化與異味的產生

低溫凍藏下，雖可減緩脂肪的氧化速率，但仍無可避免。故冷凍食品之保存期限受脂肪氧化之影響極大。脂肪中又以多元不飽和脂肪酸容易氧化，故一般肉製品或含油量多之食品在冷凍後期常易產生酸敗。在肉製品之凍藏時，會產生油脂耗敗現象（rusting），此乃油脂氧化酸敗後，呈現變色及變味的一種現象，由於會造成肉品表面產生似鐵生鏽（rust）的顏色而得名。

除油脂氧化外，在食品中的風味物質常隨著儲存期間之延長，而有氧化減少之現象。另外，食品中水分昇華時，亦可能帶走部分的風味物質。但是，亦可能會吸收冷凍庫中其他物質所放出的異味，而導致該食品風味的改變。

欲防止風味的改變，可加以包裝或抽眞空方式，或以包冰方式處理。常見食品凍藏時之品質變化與防止方法如表3.6。

表3.6　食品凍藏時之品質變化與防止方法

變化	原因				防止方法
	物理性	化學性	酵素性	微生物性	
脫水	冰昇華脫水	—	—	—	包裝或包冰
凍燒	冰昇華脫水	脂肪氧化	脂肪酶作用	—	包裝或包冰
變色	冰昇華脫水	色素氧化、褐變	酵素性褐變及酵素作用	有色微生物的生長	包裝
澱粉回凝	冰昇華脫水	分子間氫鍵產生	—	—	急速冷凍
蛋白質變性	濃縮效應	分子間氫鍵產生	—	—	急速冷凍或添加添加物
風味改變	風味成分的逸失或吸收異味	風味成分分解	—	—	包裝
肉質地破壞	大冰晶的生成	—	—	—	急速冷凍
油脂酸敗	冰昇華脫水	脂肪分解	脂肪酶作用	細胞分解脂肪	包裝

資料來源：鍾，1993

三、影響冷凍食品品質因素及防制方式

前段敘述冷凍食品在冷凍期間可能發生的品質改變之因素，此段將討論影響冷凍食品品質的因素及防制方法。影響品質之因素包括：產品（product）、加工（processing）及包裝（packaging）方式，俗稱PPP因子（PPP factor）。

1. 產品因素

產品之組成分及原料特性爲影響冷凍食品儲存品質最重要的一個因素。因爲有良好品質的原料，所製作出的產品才會有良好的品質，也才能延長其保存期限。另外，原料的品種亦會影響冷凍食品的品質，因此某些蔬菜已培育出適用於冷凍的品種。在原料組成分方面，凡油脂含量多的原料，往往不能久放，尤其又含不飽和脂肪酸多時。

2. 加工方式之影響

⑴ 原料前處理

植物性食品由於其內存有許多酵素，故冷凍前處理多半要加以殺菁，殺菁之完全與否，可以過氧化酶（peroxidase）之殘存與否判定，其原因爲此酵素之耐熱性高，且測定步驟方便簡單。植物體經殺菁後，除酵素被抑制外，其同時可殺滅部分附著在蔬果表面的微生物；同時，會使蔬果之顏色更鮮豔。

動物性食品則會在屠宰後產生死後僵直，在此時其不可加以冷凍，否則解凍後會有大量滴液產生，且質地不佳。故必須於解僵後再加以冷凍。某些魚類在冷凍時表皮會褪色，而解凍後會產生大量滴液，則可在冷凍前浸漬食鹽水。對鮪魚等會產生肌紅色素氧化造成之變色者，則需以急速冷凍方式，並儲存在－35℃之低溫下方可避免。

對於冷凍時褐變的抑制，在水果類可浸漬於糖液中，而蝦類則常用抗壞血酸或亞硫酸氫鈉溶液加以浸漬。

⑵ 冷凍速率、溫度之影響

冷凍速率對於冷凍食品品質之影響在前已敘述過，即冷凍速率快，則所生成冰晶小而多，對食品質地影響較小。反之，慢速冷凍則對食品質地之影響較大。

但凍結速率過快時，亦可能造成食品破裂。

＊冷凍條件選擇－18℃之原因

一般冷凍庫的溫度多選擇在－18℃，此乃經過針對酵素性反應、化學反應、微生物的生長及成本因素加以考量後所綜合得到之一個較佳的的溫度。

首先考量微生物生長的問題。一般病原菌在3℃下即不易生長，而腐敗菌在－9.5℃以下時亦將停止生長，故若純以微生物存在之觀點，則以－18℃儲存冷凍食品實屬非必要。但由於食品凍藏時溫度多少會上下起伏，故爲避免超過微生物滋長之溫度，仍以維持較低溫較好。

就酵素作用而言，某些酵素即使在－73℃的溫度下，仍有緩慢的反應能力，故就酵素作用而言，愈低溫凍藏抑制效果愈佳。但此可藉殺菁加以抑制。

再則對化學反應而言，根據阿倫反應（Arrhenius）方程式，溫度愈低則化學反應速率愈慢。但再針對經濟效益考量後，由於溫度愈低，所需的成本愈高，故最後選用－18℃做爲一般食品所需之凍藏溫度。當然對於某些成本較高，而對品質需求較大的食品，可能會儲存在更低的溫度之下。

但有時速率改變卻不遵循阿倫反應方程式。如某些冷凍食物，在某段凍結溫度時，其反應速率與溫度無任何關係，即溫度變化時反應速率卻無極大的改變，此時稱此產品在該溫度內有中性穩定現象（neutral stability）。甚至有時有溫度愈低，反應速率愈快的情形發生，此稱爲逆穩定性（reverse stabitity）。故對具有這兩種特性的食物，其冷凍溫度之選擇就需愼重考慮。例如燻肉在－30～－40℃時，會有中性穩定現象，而在－10～－30℃間就顯現逆穩定性。

冷凍期間溫度的波動亦會對食品品質造成影響。溫度波動大時，食品內冰晶會不斷的解凍及凍結，而造成冰晶的再結晶現象（recrystalization），此對食品的質地破壞性極大。但對在較低溫階段的波動，如－18℃至－29℃間溫度的波動，由於再結晶現象不明顯，對於產品的品質影響較小。而對於高於－18℃間的溫度波動，則影響甚大。

3. 食品包裝及包冰之影響

⑴冷凍食品之包裝

冷凍食品由於儲存期限長，且冷凍庫內濕度低，因此常易脫水造成不良影響，適當的包裝可減低脫水情況，同時包裝時亦可在包裝上即加上各種圖案，更可藉以提高商品價值。冷凍食品的包裝膜必須具有特殊的品質特性。首先，材質必須有耐寒性，因為冷凍食品長期放置於－18℃下保存，且自生產、運輸至銷售過程，常會有碰撞之機會。故冷凍食品包裝膜之耐寒性，不僅是指具有低溫下不脆裂的特性，且應有低溫下之足夠的耐撞擊強度、耐針孔性及良好的封口性。

其次，冷凍食品包裝之耐水性、阻氣性要高。此乃為避免冷凍脫水，故耐水性要高；同時，避免氧氣透過包裝膜進入食品內造成油脂氧化及外界不良風味透入或良好風味由包裝膜上逸失，故阻氣性要好。由於光線的照射亦會導致冷凍食品脂質的氧化，故包裝膜亦會要求其遮光性。

另外，一般食品包裝膜所要求的物理強度、方便性、安全性、密封性等特性，亦應考慮。對於可能連包裝袋一起加熱的冷凍食品（如冷凍調理包、微波爐用冷凍食品），則亦需考慮其耐熱性。

一般適於冷凍食品的包裝膜包括聚乙烯（PE）、聚苯乙烯（PS）、尼龍（Ng）、聚酯（PET）等。但由於這些塑膠材料單獨使用時，常會有某些特性上的缺失，故在工業上多使用多層塑膠材料製成的積層包裝使用。常用於冷凍食品之積層膜包括：OPP/PE、ON/PE，PET/PE等。PE由於耐封性、耐水性佳，且價格便宜，故常被用在積層膜的內層中。

⑵包冰作業

冷凍食品經包裝後，若未加以眞空包裝方式處理，則水分易昇華至包裝袋內，故有些食品會再經包冰（glaze）作業，以避免脫水，且可阻隔氧氣。包冰一般係在食品外附著一水層，當此水凍結後，此水層即會均勻的包在食品外圍。常用的包冰法，係在冷凍食品完全凍結後（達－18℃），取出置於2～10℃之水中浸2～3秒，而加以凍結。此時此水膜即可均勻的包在食品表面。一般食品行包冰處理時，食品可個別分開，但蝦類因其易折斷且形體小，故亦可能將其含水凍成一整塊冰。包冰時可用清水，亦可在水中加入維生素C、亞硫酸氫鈉、檸檬酸等化學藥品以避免食品變質。由於包冰的水在冷凍過程中仍會昇華流失，因此對長時期儲存的食物，必須每隔一段期間檢查包冰是否完整。一旦不完整，可能需要再進行一次包冰作業，以確保食品的品質。爲了使附在食品上的水增多，常常在水中加入糊化澱粉或食用膠等糊料。

四、冷凍食品的保存期限

一般冷凍食品即使有良好的冷凍儲藏及製造技術，但受限於儲存溫度之高低，仍會有一定的儲存期限，而並非可無限期的保存。一般冷凍食品之冷凍期限由數個月到一年不等。

冷凍食物由於並非一直保存在冷凍庫中，其由製造過程起，必須經過一連串的運銷過程，才能到達消費者手中。在此期間亦會有溫度上的變化。爲了解這些溫度變化與儲存期限之關係，而發展出一種評定的技術。

首先要做時溫儲藏耐性試驗（time-temperature tolerance, TTT），其係以一半對數圖爲主，橫軸爲儲存溫度，縱軸爲儲存天數（圖3.4）。將食品在該溫度下儲存至以感官品評方式能察覺出該食品已有品質降低之現象時，記錄其時間，即可建立出不同溫度下之儲存期限。可藉由此數據，推算出運輸過程中，冷凍溫度變化所造成品質的降低量。

五、影響冷凍速率因素

影響冷凍速率的因素包括食品本身成分及其他非食品成分的物理因素。

1. 食品成分的影響

⑴ 熱傳係數的影響

食品成分中各物質的熱傳係數各不相同，當食品成分中含有高熱傳係數的物質多時，則其冷凍速率會較快。水的傳熱係數較高（0.604 w/mk），而脂肪則較

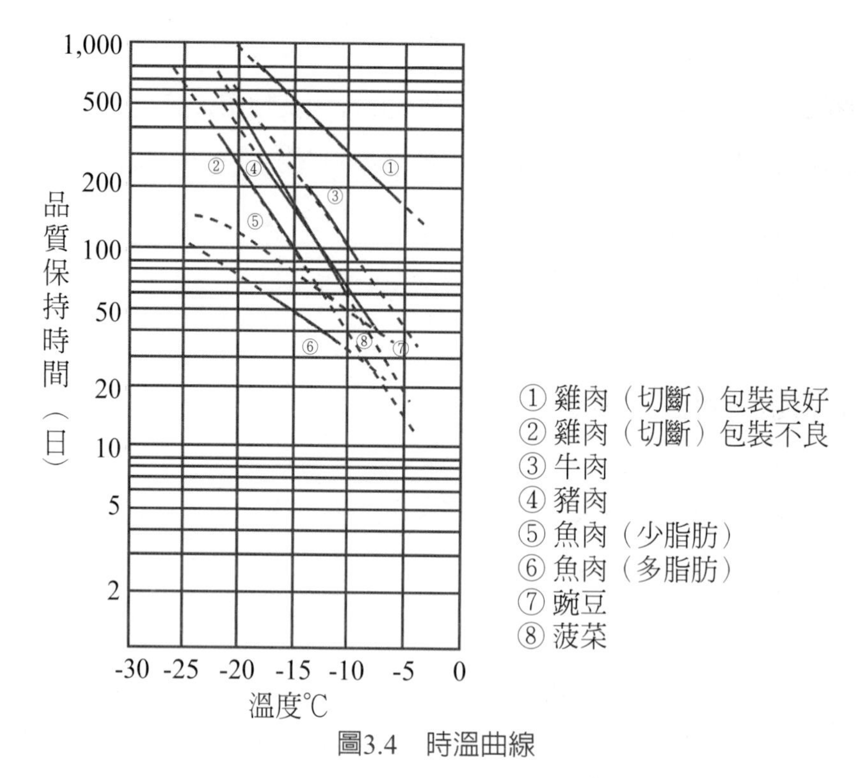

圖3.4 時溫曲線

低（0.15 w/mk），但空氣更低（0.066 w/mk），故空氣及脂肪存在於食品中時，會阻礙冷凍的速率。

水的狀態亦會影響冷凍速率。當水結成冰時，對冷凍速率的影響極大，此乃因爲冰的熱傳係數高於水，且溫度愈低，熱傳係數愈大，如0℃的冰，其熱傳係數爲2.22 w/mk，而－18℃及－46℃之冰的熱傳係數分別爲2.37 w/mk及2.72 w/mk。故一般冷凍時，在通過最大冰晶形成帶的熱傳速率爲最慢，而後反而速率加快。

⑵ 食品的乳化狀態

食品中的乳化狀態有兩種形式，一爲水中油型乳液（oil-in-water emulsion，o/w），一爲油中水型乳液（water-in-oil emulsion，w/o）；前者以水爲連續相，而後者則以油爲連續相。如前所述，水的熱傳係數高於油脂，故對同一物質而言，即使其組成分相同，但由於形成的乳化狀態不同時，其冷凍速率即會有差異，亦即，水中油型之乳液會較油中水型乳液的冷凍速率快。

⑶ 食品成分的排列次序

對於成分相同的食物，由於其成分排列的次序不一，亦可能影響冷凍速率。例如一塊三層肉，若皮及肥肉朝上的水平放置，且冷空氣係由上方進入食品中時，其冷凍速率必較垂直放置者來的慢。

2. 非食品成分的物理因素之影響

⑴ 食品與外界的溫差

食品與外界冷媒介（冷空氣、冷媒等）的溫差愈大時，則凍結速率愈快。例如對於體積較小的食物，當外界溫度由－18℃降低到－30℃，此食品的凍結時間可由40分鐘縮短至20分鐘，甚至以－196℃液態氮噴灑時，其凍結時間可縮短至數分鐘。溫差與凍結速率並非完全成正比，當外界溫度降低愈多，則冷凍速率的增加愈有限。且使用過低溫的冷媒介質時，尚需要較佳的絕緣設備及保溫裝置，進而使成本增加，故工業上較少用液態氮來做冷媒。

⑵ 食品的厚度及大小

食品愈厚及愈大，則冷凍速率愈慢。對同樣體積的物質，表面積愈大者，冷凍速率愈快，故塊狀食品之冷凍速率要較球狀食品快。一般厚度改變而冷凍速率的降低與厚度平方成反比。故冷凍食品之厚度不宜太厚，以免延長凍結時間。

⑶ 冷空氣的速率

外界冷空氣的速率愈快時，由於可迅速帶走食品表面的熱度，故冷凍速率會加快。如一個在－18℃靜止空氣中要3小時凍結的食品，當空氣速率增加至1.25 m/sec時，可在1小時內即凍結。但當食品厚度過大或風速過大時，由於受限於食品本身內部熱傳速率的關係，可能風速的影響便減弱了。一般厚度超過2公分，則冷空氣的速率以5～6 m/sec爲宜，再快便不合經濟成本了。

⑷ 包裝膜厚度及食品表面平滑程度

包裝膜愈厚，則食品的凍結速率就愈慢。另外，當食品表面不平滑而凹凹凸凸時，會使冷空氣不易接觸整個表面，而造成死角，使接受冷空氣的表面積縮小，而且空氣的存在減緩了熱的移去，故會降低冷凍速率。

第五節　冷凍的方式

一、冷凍原理

冷凍方式分爲兩種：一爲食物直接與冷媒，如冰、乾冰等接觸；一爲利用液體蒸發吸熱原理，將食物中的熱能移走。後者即係利用冷凍循環方式冷凍。

1. 冷凍循環

所謂冷凍循環（refrigeration cycle）即冷媒在冷凍機內，發生狀態的變化而再恢復其原來狀態之變化過程。一般冷凍機係用易蒸發氣體（即冷媒）的蒸發，以進行冷凍作用。簡單的說，即利用液體的蒸發自周圍環境吸收熱量後，再將此汽化的蒸氣液化，如此連續的反覆循環。

冷凍裝置包括下列部分：膨脹閥、蒸發器、壓縮器、油分離器、冷凝器、受液器（圖3.5）。首先，液態冷媒經過膨脹閥後，噴入蒸發器內，由於蒸發器內的壓力低，故冷媒會迅速膨脹，蒸發成氣態，而其蒸發所需之熱能即主要由冰箱

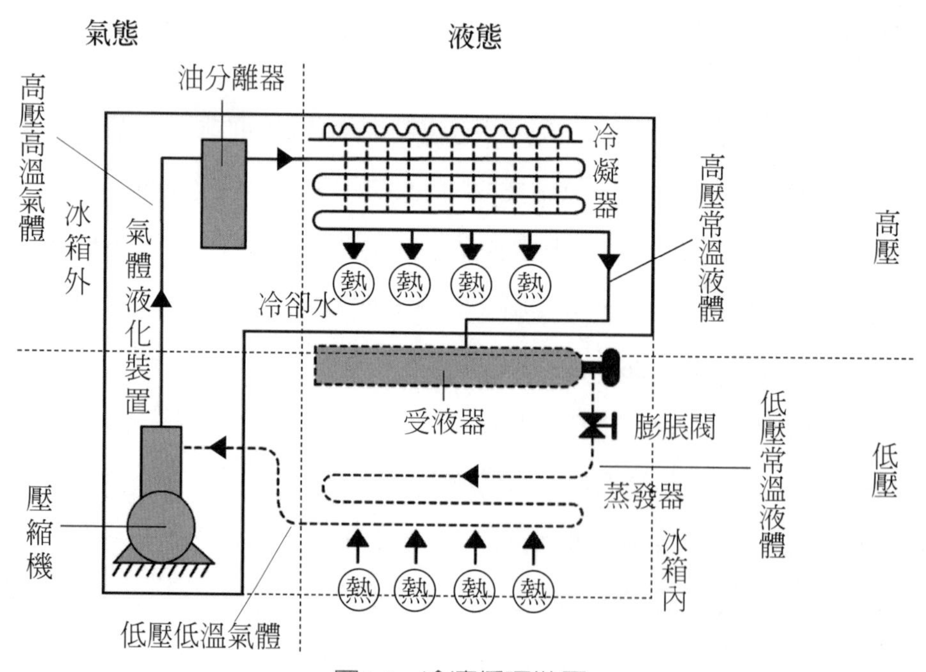

圖3.5　冷凍循環裝置

中的食物而來，因此蒸發器是冷凍縮環中，唯一與食品接觸的位置（表3.7）。而食物的降溫，即藉由冷媒蒸發吸熱所造成。此氣態的冷媒接著被送入壓縮機中，在壓縮機中壓縮成高壓的氣體，再藉由冷凝器將其能量移去而成液態冷媒。由於壓縮機在進行冷媒壓縮的同時，會將壓縮機的機油混入，故冷媒必須先以油分離器做一清潔工作，以免影響冷凍的效率。冷凝器多以水或空氣當做冷卻的媒介，在舊式冰箱中，冰箱背部密集的管線即冷凝管。冷凝下來的冷媒即送入受液器中儲存，以準備進行下一次的循環。此種冷媒稱爲一次冷媒或直接冷媒。

表3.7　冷凍循環過程各零件冷媒變化情形

零件	能量轉換	冷媒變化			
		物態變化	體積變化	壓力變化	溫度變化
蒸發器	庫內空氣熱量轉換到蒸發器中的冷媒中	液態→氣態	擴大（膨脹）	低壓（抽空的）	常溫→低溫
壓縮機	能量還保留在冷媒中，機械能轉到冷媒中，能量更高	氣態（鬆散→密集）	縮小（經壓縮）	低壓→高壓	低溫→高溫
冷凝器	冷媒中熱量向冷卻水中轉移	氣態→液態	進一步縮小	高壓	高溫→常溫
膨脹閥	無能量轉移	液態（較高壓的）	稍增大	高壓→低壓	常溫

以上所敘述爲直接膨脹式冷凍循環。若將冷媒蒸發所吸收之熱用以冷卻另一種冷媒，而利用該冷媒再用以冷卻食品，此即間接冷卻式冷凍循環（圖3.6）。其中，直接將食品冷卻的冷媒稱爲二次冷媒或間接冷媒。

2. 冷媒

(1) 一次冷媒

在冷凍機中依其狀態變化（液態⟷氣體）傳遞熱量的物質即稱爲冷媒（refrigerant），其爲一次冷媒，又稱直接冷媒。基本上，只要在常溫上能液化

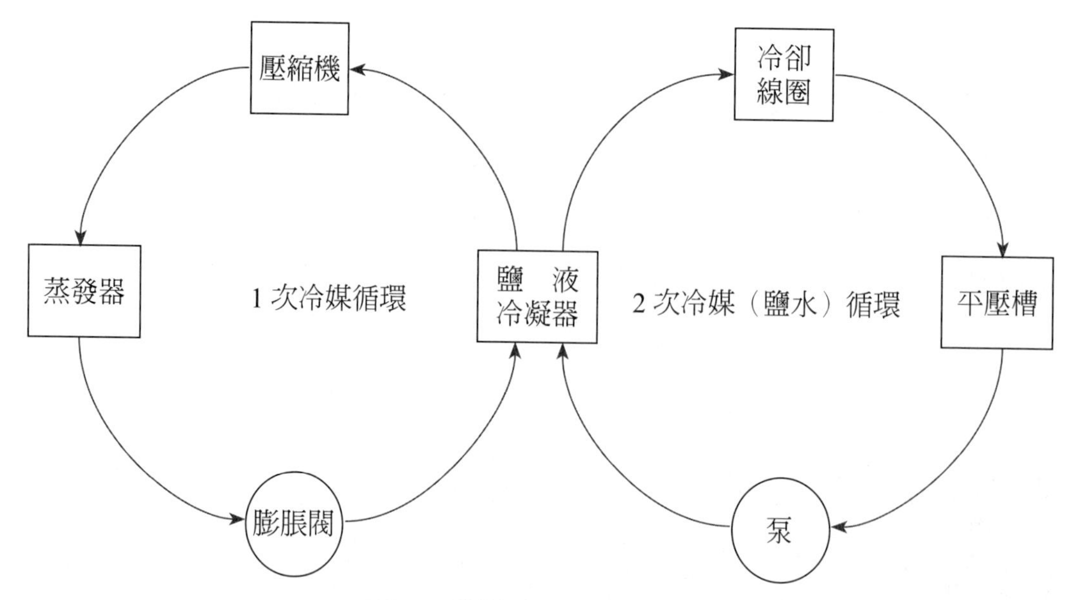

圖3.6 間接冷卻式冷凍循環

之氣體即可做爲一次冷媒，但理想冷媒有幾個要求：(1) 常溫下容易液化；(2) 蒸發潛熱大，液體比熱小；(3) 凝固點低；(4) 化學安定性大；(5) 不會腐蝕金屬，不溶於油中；(6) 黏度小；(7) 不易著火、爆炸；(8) 對人體無害；(9) 洩漏時容易察覺。目前常用者包括氨及氟氯烷，但事實上皆不符合前述冷媒之條件，如氨有腐蝕性，而氟氯烷則在洩漏時不易察覺。

氟氯烷（freon）原爲美國杜邦（Du Pont）公司所發展出之含氟及氯分子之甲、乙烷系列產品的商品名，而今多已成此系列冷媒之通稱。氟氯烷主要之結構爲甲烷或乙烷，而其中之氫爲氟、氯、溴等鹵族元素所取代而構成一系列之冷媒。常見的氟氯烷如表3.8。

一般冷媒名稱多以RXYZ簡稱，R即冷媒（refrigerant）之縮寫，X爲該冷媒所含碳數減1，Y爲氫元素數目再加1，Z爲氟元素數目。另一種識別方式爲編號加90，得到三位數，即各爲碳、氫、氟之原子數。若出現最後一個爲英文字，則小寫代表單一冷媒（如a），大寫（如A）代表混合冷媒。小寫字母係用來識別非對稱的同分異構物。

表3.8 常見的氟氯烷

類別	學名	用途	生命期
冷媒 $CFCl_3$	一氟三氯甲烷（R-11）	噴霧推進劑、冷媒、發泡劑、清洗劑	62年
CF_2Cl_2	二氟二氯甲烷（R-12）	噴霧推進劑、冷媒、發泡劑、清洗劑	130年
$C_2 F_3Cl_3$	三氟三氯乙烷（R-113）	清洗溶劑	90年
$C_2 F_4Cl_2$	二氟四氯乙烷（R-114）	清洗劑	180年
$C_2 F_5Cl_2$	五氟二氯乙烷（R-115）	清洗劑	380年
海龍 $CF_2Cl Br$	二氟一氯一溴甲烷（Halon-1211）	噴霧推進劑、冷媒、發泡劑、清洗劑	52年
$C F_3Br$	三氟一溴甲烷（Halon-1301）	噴霧推進劑、冷媒、發泡劑、清洗劑	110年

近年來，由於氟氯烷系冷媒種類繁多，新型冷媒不斷增加，原有分類方式已不合用，因此，將冷媒分類方式重新分爲無機冷媒、碳氫冷媒與氟系冷媒。① 無機冷媒包括水、CO_2、NH_3、空氣等R700系列。② 碳氫冷媒包括R290（丙烷），R600a（異丁烷）皆具可燃性。③ 氟系冷媒則再分爲：CFCs（氟氯碳化物，chlorofluorocarbons）、HCFCs（氫氟氯碳化物，hydrochlorofluorocarbons）與HFCs（氫氟碳化物，hydrofluorocarbons）。

由於冷媒大量使用，當其揮發至大氣中，其中的氯元素與大氣層中的臭氧起作用，破壞大氣的臭氧層，而增加地面受紫外線照射之機會。另外，某些冷媒亦有可能是造成地球溫室效應之元兇（表3.9）。故目前世界各國已協定停產某些含氯的冷媒，並開始逐步停用某些冷媒，而改採較不會破壞臭氧層的HCFC冷媒及HFC冷媒。其中，CFC冷媒包括R11，R12，R113，R114，因會破壞臭氧層，因此已禁止生產。HCFC冷媒包括R22，R123，仍有破壞臭氧之能力，但較輕微。HFC冷媒如R134a，其ODP值爲0，但GWP值仍大。

表3.9 冷媒相關環保影響指數

分類	冷媒名稱（代號）	ODP（臭氧層破壞）	GWP（溫室效應）
CFCs	CFC-11（R-11）	1	4000
	CFC-12（R-12）	1	8500
HCFCs	HCFCs-22（R-22）	0.055	1700
	HCFCs-141b（R-141b）	0.11	630
HFCs	HFC-134a（R-134a）	0	1300
	R-407C（HFC-32/125/134a）	0	1600
	R-410A（HFC-32/125）	0	2200
天然冷媒	CO_2（R-744）	0	1
	氨NH_3（R-717）	0	0
	異丁烷（R-600a）	0	3
	丙烷（R-290）	0	3

所謂ODP即臭氧層破壞指數，而GWP為溫室效應指數。氯含量愈多之冷媒，則ODP愈高。ODP（Ozone Depletion Power）係以R-11或R-12為1.0，訂出ODS的相對數值。ODS係指破壞臭氧層物質（Ozone Depletion Substances），包括CFC與HCFC皆是。

GWP指地球溫暖化潛力（Global Warming Potential）。水蒸氣、二氧化碳、甲烷、CFC、氧化亞氮、六氟化硫、全氟碳化物（PFC）、HFC等氣體具有讓太陽光透過，卻不易讓地表或海面的熱通過的性質。當大氣中的這些氣體增加時，由地球放出大氣層外的熱會減少，此熱會積留於地球附近，致使空氣的溫度上升。此過程與溫室的效應相似，因而也被稱為溫室效應。由這些氣體導致地球溫度上升的影響程度即稱為GWP，而以二氧化碳為基準（1.0）、取同重量（氣態）、同期間（100年）的各種氣體之影響程度使之能作相對比較。

除了這些氟氯碳化合物外，氨的使用又被再度受到重視（歸因於氟氯烷對環境的破壞大）。但氨有易腐蝕性，具臭味及燃燒性之缺點。

CO_2冷媒的應用近年來在冷凍空調領域逐漸受到重視。除環保外，CO_2具有高容積比的體積冷凍能力特性，系統尺寸可大幅縮小。此外，CO_2具有較小的表面張力與液態黏滯度，熱傳係數較高，在管道中的壓力降較小。但是由於其工作壓力高於傳統冷媒許多，而且吸排氣的壓差與溫差皆大，因此壓縮機各部分零件均需重新設計。

⑵ 二次冷媒

二次冷媒，常用於浸沒冷凍法，又稱間接冷媒。常見的二次冷媒分爲無機鹽水溶液，包括食鹽水、氯化鈣溶液、蔗糖溶液、氯化鎂溶液（不普遍）；有機化合物，如酒精、甘油、乙二醇、丙二醇等有機化物。這些物質的結晶點及結晶濃度如表3.10。

表3.10　二次冷媒結晶點及結晶濃度

種類	結晶點（℃）	結晶濃度（%）	種類	結晶點（℃）	結晶濃度（%）
氯化鈉	−21.2	22.4	乙二醇	−46	60.0
氯化鈣	−55	29.9	丙二醇	−60	60.0
氯化鎂	−33.6	20.6	甘油	−44.4	66.7
甲醇	−139.5	78.3	蔗糖	−13.9	62.4
乙醇	−118.3	93.5	轉化糖	−16.6	58.0

二、常用的冷凍方式

一般的冷凍方式按使用工具方式分，可分爲機械式及非機械式兩類。機械式包括：速凍冷凍法、鼓風式冷凍法及金屬接觸式冷凍法；浸沒式冷凍法則屬非機械式。若按工作方式區分，則可分爲批式（batch）及連續式（continuous）兩類。若根據國際冷凍協會對凍結速率之定義，則速凍冷凍法速率Fr爲0.2 cm/h，鼓風式冷凍法之Fr爲0.5～2 cm/h，流動層冷凍機爲5～10 cm/h，極低溫冷凍爲10～100 cm/h。

1. 速凍冷凍法

速凍冷凍法（sharp freezing）又稱空氣冷凍法（air freezing），是一般冷凍法中冷凍速率最慢的一種。此種冷凍法係利用由冷凍機中吹出的冷空氣之自然對流而達到讓食品冷卻的效果，一般的家用冷凍庫或工廠大型冷凍庫（walk-in freezer）即屬此類。其特點為價格便宜，但若用於凍結處理時，則時間長、產品品質差，故一般較常用於長期凍藏，而少用於食品初期的冷凍加工程序。

2. 鼓風式冷凍法

鼓風式冷凍法（blast freezing）係以強風吹送冷氣。由於風速愈快時，冷凍速率愈快，故此法冷凍速率會較速凍冷凍法來的快，也為目前冷凍食品廠普遍使用。常用風速為10～15 m/s。但其缺點為風速大時，會造成未包裝食物的脫水及氧化，而食品中之水氣帶到冷空氣中，會使冷凍線圈結霜，而必須常除霜。

(1) 批式鼓風式冷凍法

此法構造可能與速凍冷凍法相似，只是以強風吹送冷氣。另一常見方式為隧道式冷凍機（tunnel freezer）（圖3.7），食品放入有盤架的手推車上，送入冷凍機中，待全部凍結後，再推出冷凍機進行儲存。此種一批批非連續式的加工方法即稱為批式加工（batch process）。

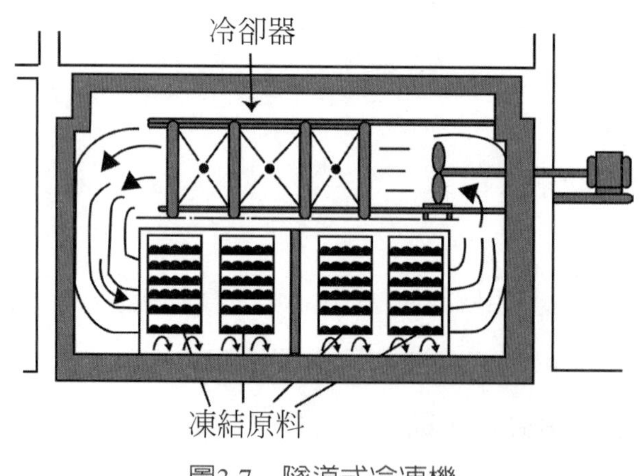

圖3.7　隧道式冷凍機

(2) 連續式鼓風式冷凍法

隧道式冷凍機亦可行連續式加工法，其乃將待冷凍食物置於輸送帶上，送入冷凍機中，在固定的輸送時間內，將食物冷凍後，由輸送帶之另一端送出。冷風通常由輸送帶之上方或下方垂直吹送，或是平行輸送方式吹送。一般多用於冷凍調理食品、麵食類等形狀較小的產品（圖3.8）。

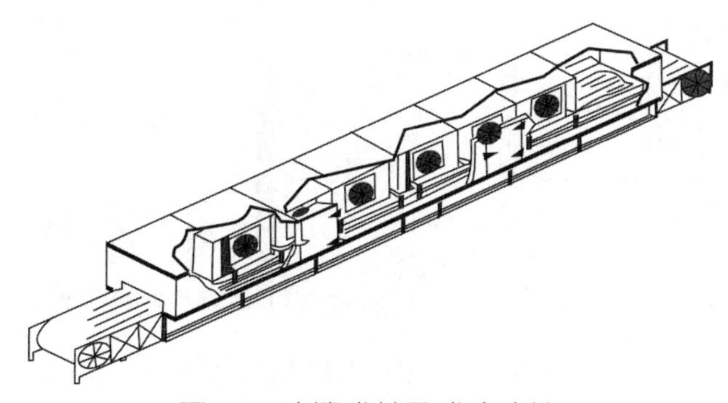

圖3.8　連續式鼓風式冷凍機

所謂連續式加工（continuous process）乃指原料以連續供應方式進行加工，而產品可連續產生，如此可減少加工瓶頸的一種加工方式。

⑶ 螺旋式鼓風冷凍機（spiral freezer）

螺旋式鼓風冷凍機為隧道式冷凍機的改良版。因隧道式冷凍機為平面構造，所占廠房地面面積大，為節省空間，遂發展出以立體結構為主的螺旋式鼓風冷凍機（圖3.9）。隧道式冷凍機之輸送帶以直線型方式輸送，而螺旋式冷凍機則以螺旋方式上下輸送。因此在相同輸送距離下，螺旋式可節省甚多的空間。

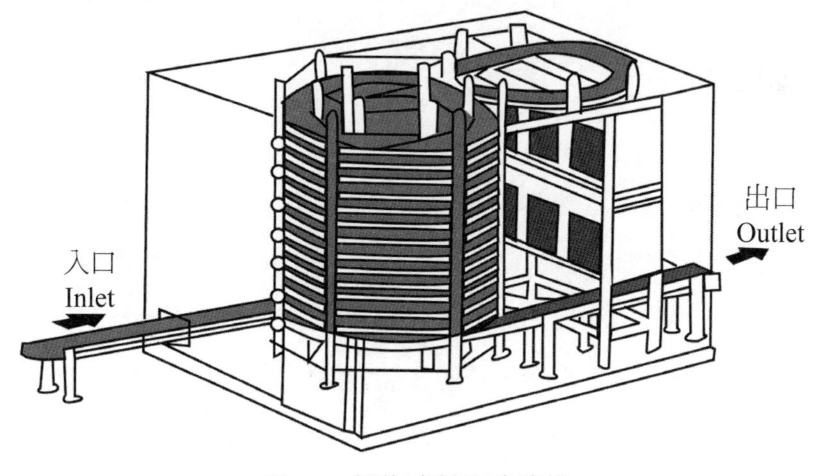

圖3.9　螺旋式鼓風冷凍機

⑷ 流動層冷凍機（fluidized-bed freezer）

流動層冷凍法亦為鼓風式冷凍法之一種，其乃利用強力冷風由食品的下方吹送（圖3.10）。此機器與前述幾種冷凍機不同處在於其適用於小分子的食品，如

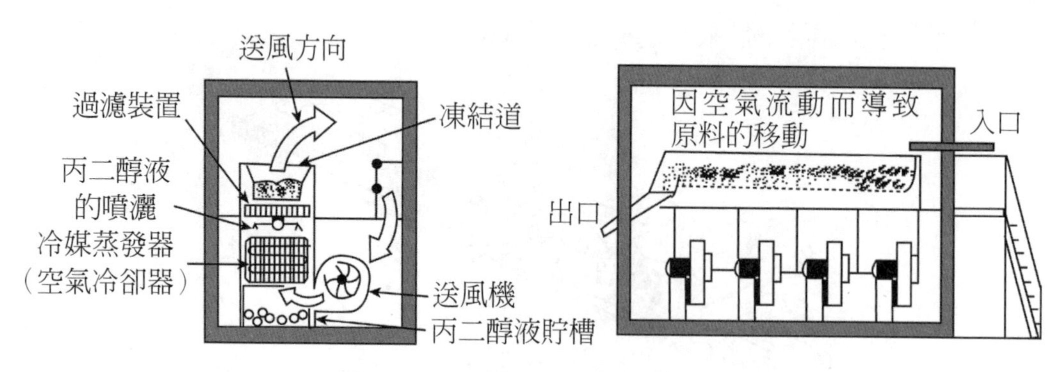

圖3.10 流動層冷凍機之剖面圖

豆子、玉米、蝦仁等。當食品通過冷風時，食品受強力冷風吹起而浮動，因而形成個別顆粒冷凍的狀態（圖3.11）。此種小個體以冷風或冷媒行急速冷凍的方式稱為個別快速冷凍（individual quick freezing，IQF）。由於食品顆粒小，且顆粒外圍受冷風面大，可在數分鐘內即可凍結，故產品品質好。

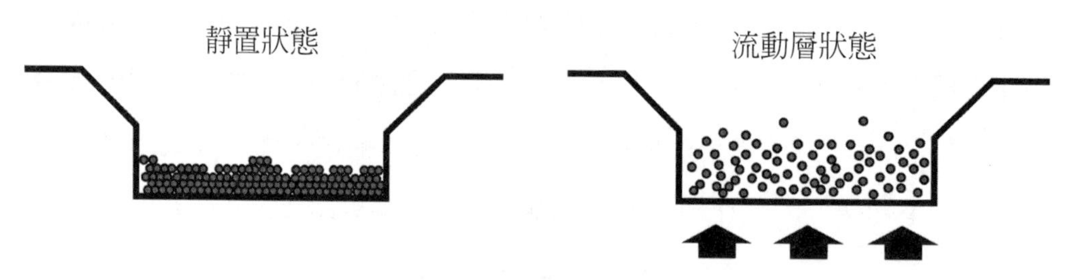

圖3.11 流動層冷凍機作用原理

3. 接觸式冷凍法

接觸式冷凍機係食品直接放置於鐵板上，而與之接觸的一種冷凍方式，又可分為水平式及垂直式兩種（圖3.12）。有些水平接觸式冷凍機並無如圖中之油壓器，而係將食品直接置於鐵板上而已，鐵板下方則為冷媒流動處。若使用具油壓器之冷凍機，由於當鐵板下壓時，可使食品與鐵板間無死角存在，且冷氣係由食品上下方透入，故可縮短凍結的時間。此法泰半為批式加工法。當食品體積小而冷凍速率快時，此法可視為IQF之一種。

4. 浸沒式冷凍法（immersion freezing）

浸沒式冷凍法為IQF之一種，係利用二次冷媒以冷凍食物，由於食物係以包

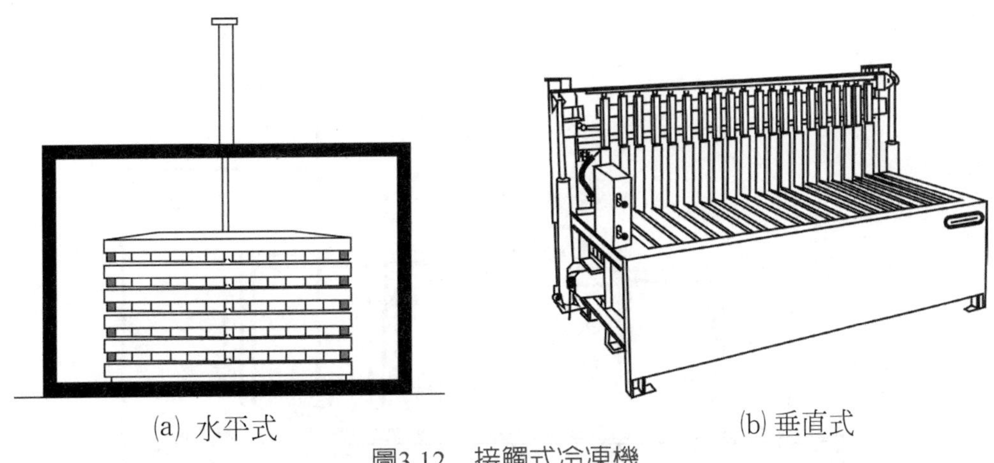

圖3.12　接觸式冷凍機

裝或未包裝形式直接浸沒於冷媒中故名。常見的二次冷媒如表3.10。使用此方法之優點為由於冷媒直接浸沒或噴灑在食品上，故凍結時間短，且無死角、產品不易失重、色澤能保存，故可用於大型魚類、包裝屠體之凍結，像冰棒、雪糕等產品亦常使用此法製造。但若用於未包裝食品，則需要考慮其冷媒之風味，如鹽液或糖液可能造成食品味道的改變，則對未來冷凍產品的用途需作考慮。

浸沒式冷凍亦有使用液態氮（liquid nitrogen）及乾冰（dry ice，即固體的二氧化碳）當作冷媒者。二者的沸點分別為－196℃及－79℃。此種非常低溫的液體，一般稱為極冷液（cryogenic liquid），使用極冷液作為冷媒的冷凍方式稱為極低溫冷凍法（cryogenic freezing）。以液態氮為例，當液態氮由－196℃之液態變為氣體時，需吸收200 kJ之潛熱，當其升溫至－18℃時，需要另外186 kJ之顯熱，故總吸收之熱能為386 kJ，因此其可迅速的使欲冷凍的食品降溫下來。一般1 kg之液態氮約可凍結1 kg之食品。

以液態氮噴灑方式之食品冷凍機如圖3.13。液態氮之供應有一需注意處，即必須在仍為液態時，便噴灑在食品表面，如此方能充分利用其潛熱之變化。噴灑法由於凍結時間短，故目前普遍受到冷凍食品廠的使用。然而液態氮成本過高，且機器之隔熱性要佳為其缺點。所有食品冷凍法中，此法所得之成品品質應屬最佳者。同時由於其凍結速率快，若成品體積較小，應屬個別快速冷凍法之一種。但對某些食品可能不適用，如生鮮肉類即可能發生冷變性的現象。另外，太厚之

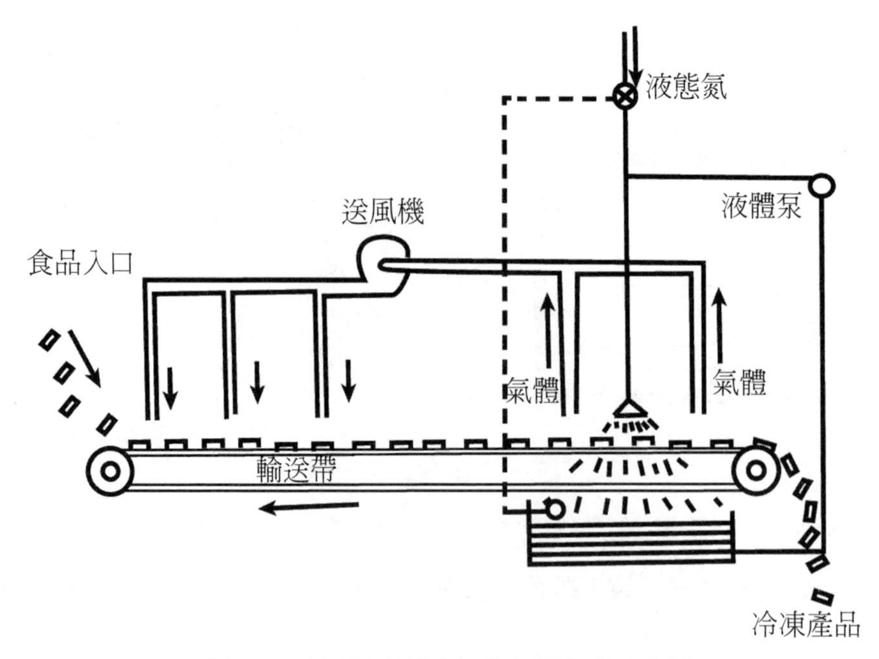

圖3.13 液態氮噴灑方式之浸沒式冷凍機

食物也不適用。由於凍結速率太快，食品表面與中心會產生很大之瞬時溫差，當食物太厚時，會有龜裂產生。一般以不超過10公分爲原則。

雖然液態氮可降溫至－196℃，但實際操作上沒必要降至這麼低溫，以避免食物的損傷。一般約控制在－30～－60℃（特殊需要下可達－120℃），這樣條件下，1～3 cm厚的食物在1～5分鐘內即可降溫至－18℃以下。

5. 利用超音波加速凍結

利用超音波加速凍結之原理爲超音波穿透液體時，會利用正負波峰之變化，破壞液體之完整性而產生氣泡，引起空洞效應。而原先溶在液體中之氣體，會進入此氣泡中，使氣泡變大。此氣泡便成爲食品凍結過程中結晶所必須之晶核，可加速冰晶之生成。亦即在超音波的作用下，食物中會產生大量之冰核，而促進食品中水分結成許多小而均勻的冰晶。

另外，超音波會造成食品內強力的擾動，可加速熱量之傳遞。尤其是凍結過程中必須移走大量之熱能，此擾動有助於降低固液界面之質傳係數，提高食品之冷凍速率。

6. 新型凍結技術

(1) 磁共振冷凍（CAS）

傳統的快速凍結多是將－35～－45℃的冷空氣直接吹到食材上，因此食材表面和內部會產生溫差。而食材外部的低溫要進入食品內部，需要更長的時間才能凍結內部。此外，在冷凍過程中，由於內部未凍結部分的水分子向外移動，食材內部的水分減少，水分子因而聚集在食材外部造成膨脹，導致細胞被破壞。當冷凍食材在細胞破裂後解凍時，細胞液會從中流出，導致無法保持冷凍前的美味。

磁共振冷凍技術（electromagnetic freezing）又稱細胞存活系統技術（cell alive system，CAS）。其原理係利用水之過冷現象，亦即當水溫低於0℃時，若無冰核之存在，則低溫水仍能以液體形式存在。作用方式爲通過流動微弱的電磁波，造成電磁場，啓動食物中所含的水分子產生振動。振動的強度被調整爲不移動水分子，但可防止低溫水分子相互碰撞，形成冰核，使保持液體的過冷狀態。一旦去除電磁波，由於溫度夠低，於是能很快形成微小冰晶甚至是水的過冷玻璃態。此時冰層是微小的冰粒集合，因此不會損壞細胞膜。在CAS冷凍的食物，即使解凍，解凍滴液也不易產生。此技術爲日本ABI公司發明的。

(2) 高壓冷凍技術（High pressure freezing，HPF）

又分爲高壓輔助冷凍（high pressure assisted freezing，HPAF）、高壓切換冷凍（high pressure shift freezing，HPSF）、高壓誘發冷凍（high pressure induced freezing，HPIF）三種。以高壓切換冷凍效果最佳。

高壓切換冷凍係將容器內壓力增加，達到設定點後降溫，達設定溫度後立即釋放壓力。因在高壓下，水的相變受到抑制，不會結冰，一旦壓力釋放，此過冷水迅速結冰。由於食品內各點過冷點相同，故形成之冰晶細小且均勻。不同食物適合的溫度與壓力各不相同，如肉類因富含蛋白質，壓力過高可能使肉品變色。

第六節　解　　凍

除少部分以冷凍狀態食用的冷凍食品，如冰淇淋、冰棒等，或如冷凍水餃等可直接丟入沸水中加熱者，解凍（thawing）為冷凍食品食用前或進一步加工前必經的步驟。從溫度變化之角度看來，解凍似乎是冷凍之逆過程，然而兩者之間有相當大之差異。僅以時間來看，若以同樣溫度差作為驅動力，則解凍所需之時間便遠大於凍結之時間。同時，食品內部之變化在凍結與解凍過程中亦有所差異。

1. 解凍與冷凍時間之比較

不論解凍或冷凍，熱的傳遞都是由外向內的，並由食物表層傳遞到食物中心。在冷凍時，食物表層的水會先凍結成冰，而內部則仍然維持液態水的狀態。由於冰的熱傳係數較水高，在凍結時，表層的冰可迅速帶走熱能，但一旦碰到食物內部的水時，則其熱的傳遞就變慢了。但由於冰愈來愈多，因此熱的傳遞會愈來愈快。同時，水的比熱較冰大，以每1℃溫度變化而言，水所需之熱量要較冰為大。當凍結過程中水慢慢變成冰時，則溫度變化所需之能量可逐漸減少。

解凍則正好相反，解凍時由於表面冰逐漸化成水，而水的熱傳係數較低，因此隨著解凍的進行，熱的傳遞愈來愈慢。同時，由於水的比熱較高，要改變水溫所需熱量較多，更使熱量不容易透到食品的中心讓其解凍。

以同樣溫度差所進行之冷凍與解凍曲線如圖3.14。解凍時表面冰逐漸升溫，此時因皆為冰，熱的傳遞是通過冰層，故升溫較快。當樣品表面出現融化的水後，由於此時熱傳係經由水相進行，且有相的變化產生，故解凍速率便會趨緩。由於此解凍曲線是以相同溫差下所畫出的，但一般眞實狀況下，凍結過程之溫度差往往大於解凍者，故兩者之速率差距又將更大了。

2. 解凍食品品質之保持

解凍過程中，細胞內凍結點較低之冰晶會先融化，而後細胞間質中凍結點較高的冰晶才融化。由於細胞外溶液濃度較低，因此隨解凍逐漸進展，水分會逐漸

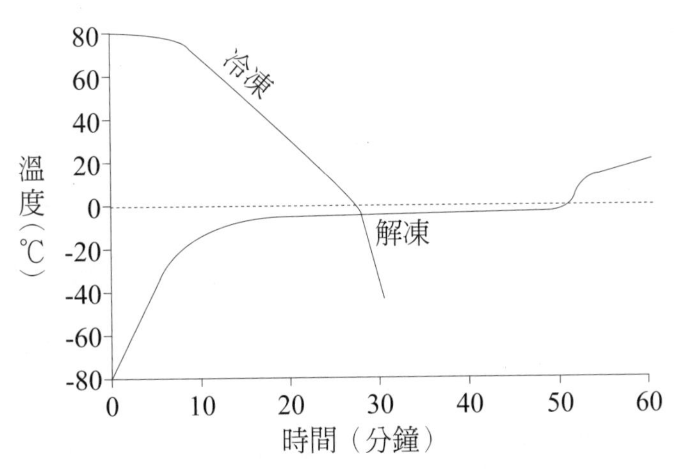

圖3.14　同樣溫度差所進行之冷凍與解凍曲線

向細胞內擴散，而造成食品中水分重新分布。如果解凍後，細胞內外的水分無法回復到細胞內，且不能爲食品組織所吸附，則這些水就會變成汁液流出，這就是所謂的解凍滴液（drip）。

由於解凍滴液多時，一方面造成營養素的流失，同時，也會使產品重量減少。因此，加工上往往要避免解凍滴液產生過多。避免方式，首先凍結速率快，則解凍滴液較少。同時，儲存溫度較低與溫度波動小者，則解凍滴液少。植物性原料易受到凍結之破壞，故解凍滴液較多。而動物性原料中，以魚類及家禽類易受凍結之破壞，解凍滴液多。另外，肉類之pH值要遠離其蛋白質的等電點，則解凍時之保水力較佳，解凍滴液可較少。

解凍速率也會影響解凍滴液之多寡。緩慢解凍時，可減少解凍滴液之量。此乃因冷凍與凍藏過程中，食物中的水分會重行分布，而緩慢解凍時，有利於此水分重新回復到其原有之分布中。但緩慢解凍代表被解凍的食物有較長之時間暴露在較高之解凍溫度中，而給予微生物生長，酵素與化學反應發生之機會，對食品品質有一定之影響。因此一般仍以快速解凍對保持食品之品質較佳。

3. 解凍方法

解凍法可分爲外部加熱解凍法與內部加熱解凍法兩類。外部加熱解凍法可用空氣、水或鹽水、冰塊、鐵板等加熱解凍。內部加熱解凍法可用微波、電、高壓等方式解凍。

⑴ 外部加熱解凍法

① 空氣解凍。爲利用溫熱空氣做加熱媒介的解凍方式。空氣溫度不同，則解凍速率也不同，一般分爲0～4℃之緩慢解凍，15～20℃迅速解凍，25～40℃空氣混合蒸汽解凍與眞空解凍四類。由於空氣本身熱傳效率差，故利用空氣解凍之速率皆不高，且會有脫水失重現象。當空氣中混入水蒸汽時，則可提高解凍速率。

② 利用水或鹽水解凍。由於水的熱傳較空氣佳，故水中解凍速率會較空氣解凍爲快。水或鹽水解凍時，食品可直接浸於介質中，亦可適當包裝後浸入。若直接浸於水中，食品有色物質會浸出，故色澤會變淺；另外因食品會吸水，所以重量會增加。鹽水解凍則主要用於海產品，如海膽利用鹽水解凍時，由於有脫水作用，可避免其出現組織崩潰現象。

③ 冰塊解凍。係將碎冰包住要解凍之食物之解凍法。由於溫差小，因此解凍時間長，但被解凍物之品質可保持完好。

④ 鐵板解凍。其原理與做法與接觸式冷凍法相同，僅一個爲冷凍，一個爲解凍。係將待解凍物置於平板上，其下加熱使其解凍之方法，此法解凍時間短，解凍速率快。

⑵ 內部加熱解凍法

電加熱解凍又稱歐姆加熱解凍，與微波皆爲由食品內部加熱之解凍法，由於微波與電皆可穿透食品，而由食品內部產生熱，因此，可縮短解凍之時間。高壓下水的形態會有所改變，此三種解凍與加工原理，將在其後之各相關章中加以討論，在此便不再贅述。

第七節　其他溫度範圍之低溫保藏法

一、冰藏

冰藏最常用於漁獲的保存與運送，一般做法爲將漁獲置於保麗龍箱中，接著撒上大量的冰塊即可。其溫度範圍約1～－1℃（表3.1）。

二、冰溫保存

目前已有部分的家用冰箱中有冰溫保存室的設計，由於食品在此溫度下尚未能結冰，因此不會有冰凍要解凍之困擾，且保鮮效果亦比冷藏要佳（表3.1）。

一般食品的儲藏，冷藏溫度皆在0℃以上，而冷凍所用溫度在冰凍點以下，而對於0℃至冰點間的一小段範圍傳統上則未加利用。冰溫儲藏（controlled freezing point storage）即利用0℃至冰點（一般約－3℃）前的溫度做儲存。由於食品的凍結點一般低於0℃，而儲存溫度愈低，則食品的保存時間愈久，因而發展出冰溫儲存之理念。

冰溫儲存仍以肉類較適合。對植物性食品而言，可能有儲存時品質變差之情況產生。如以梨爲例，冰溫儲存會有褐變及質地上的變差現象，但此亦與品種有關。另外，對熱帶性植物而言，低溫下易有冷傷現象發生，故亦不適合冰溫儲存。因此，在使用冰溫儲存時，需考慮植物性食品本身的特性是否合適。另外，由於不同食品的冰點各不相同，因此儲存溫度的拿捏不容易。同時，冰溫儲存的溫度範圍非常狹小，故溫度的控制亦很重要。溫度過低，可能進入部分冷凍的溫度範圍，而溫度過高則變成冷藏了。目前有些家用冰箱已獨立設置一個冰溫保存區，顯示生活品質的提高對食品品質愈來愈受到重視。

三、部分冷凍法

部分冷凍（partial freezing）又稱過冷卻（superchilling）或light freezing，係指將食品儲存在－3～－8℃之保鮮方法。主要用在新鮮魚類的保存。早期的觀念，魚類不是冰藏，便是冷凍。冰藏多用於鯛魚、比目魚、鱈魚等底棲性魚類與白肉魚，而冷凍法則常用於鮪魚等迴游性魚類及紅肉魚。但對於某些魚而言，以冷凍法儲存時，常會有解凍時質地變差的現象，使商品價值降低。如用於生魚片食用的許多魚類，儲存時便不能用冷凍方法。而冷藏則對酵素與微生物的抑制較差。由於海中捕獲的魚類表面廣布嗜冷菌，此菌在0℃下會迅速增殖，易造成冰藏漁獲在一週內腐敗，故需將儲存溫度再降低，以保持魚的鮮度。因而發展出部分冷凍法。

在最被受質疑的魚體質地方面，由於部分冷凍法所用的溫度恰好在最大冰晶形成帶內，傳統上認爲所生成的冰晶大、且會破壞組織，同時亦易造成蛋白質的變性。然而，根據研究發現，因魚肉的冰點較低，此時期蛋白質變性的情況並不嚴重，質地的破壞亦不如預期嚴重，且魚的鮮度較冷藏爲佳。而此時魚體中水分約有34%結冰，故不需要解凍即可食用。

部分冷凍法適用範圍以魚肉爲最適宜。因其對鮮度的要求較大，且一般儲存方式對鮮度（冰藏）或對質地（冷凍）的影響較大；另外，肉類組織由於細胞的彈性較大，可耐受較大冰晶的壓迫，亦可適用。而植物性食品由於細胞外有細胞壁使其細胞較易受冰晶之壓迫，故不適用。

部分冷凍法儲存時，要注意儲存溫度的控制。當溫度太高時，儲存效果差；太低，冰晶生成過多，對產品質地會有影響。溫度的波動亦不可太大，以免對產品品質造成影響。

四、超低溫冷凍法

比一般冷凍溫度更低之冷凍法稱超低溫冷凍法。主要用在高級魚類，如鮪魚。當釣獲鮪魚後，立即進行放血、去鰓鰭與內臟、清洗等，而後迅速放入－55℃凍結室凍結，同時後續之保存、運輸，也維持此低溫，以確保魚肉之品質。

第八節　低溫鏈與低溫保藏食品工業

近年來小家庭與外食人口逐漸增加，且消費者花在準備餐點之時間愈來愈短，興起輕輕鬆鬆搞定一餐的餐桌革命。使調理食品迅速崛起。其中，不論冷凍或冷藏調理食品皆極受歡迎。由於低溫食品的販售必須有完善的低溫鏈，亦即由食品製造到運輸、銷售、消費端都必須維持在低溫狀況。因此，低溫食品之盛行可代表該地區開發已達到某個程度，大部分消費者都有冰箱，才能維持整個低溫鏈。低溫食品包括冷凍食品與冷藏食品。冷凍食品產業長期在國內食品製造與貿易中扮演重要的角色，是國內食品分項產值排名前幾名之產業。

一、冷凍食品

1. 冷凍食品的定義

根據冷凍食品的定義，食品要符合下列四點才能稱之：⑴ 原料需經過前處理或加工。⑵ 產品需經過急速冷凍。⑶ 需要有符合衛生要求之密封包裝。⑷ 凍結後食品品溫需達－18℃以下並於此溫度下儲存。因此，一般商店或小型攤販自行冷凍包裝如冷凍水餃等產品，是不可稱為冷凍食品的。

2. 冷凍食品分類

國內冷凍食品分為：⑴ 冷凍蔬果產品。包括冷凍毛豆、冷凍菠菜、冷凍鳳梨、冷凍荔枝、冷凍草莓等產品。⑵ 冷凍肉品。包括冷凍禽肉、冷凍畜肉及其他冷凍肉類。⑶ 冷凍水產品。包括冷凍魚類、蝦類與其他水產食品。⑷ 冷凍調理食品。又包括 ① 中式點心類。如包子、饅頭等。② 火鍋用料類。如魚餃、蛋餃等。③ 裹麵油炸類。如炸雞塊、薯餅等。④ 菜餚料理類。如冷凍蒲燒鰻。⑤ 糕餅點心類。(5) 其他冷凍食品。如冷凍麵糰、冷凍蛋品及其他雜項冷凍食品。

其中，冷凍肉品與冷凍調理食品不論產值或產量，都是主要的品項。同時，冷凍調理食品爲附加價值較高，且單價最高的冷凍食品。近年來冷凍素食產品有愈來愈受到重視之趨勢。

3. 冷凍食品特點

冷凍食品之特點包括：(1) 保留食品之原味與營養。由於其加工上使用急速冷凍方式，可保留食品之原味與營養。(2) 不受季節與地區限制。一般冷凍食品多在產期大量加工後保存，同時保存期長，因此，不會受到季節之影響。(3) 清潔衛生、品質好。冷凍食品工廠通常有一定之規模，因此清潔衛生程度上較高。(4) 減少廢棄物。由於冷凍食品已加工過，不可食部分通常已去除，因此廢棄物較少，甚至沒有。(5) 花色多樣。尤其冷凍調理食品，廠商常常推陳出新，因此可選擇性非常多樣。(6) 經濟且食用方便。冷凍調理食品由於已經加工，因此只要復熱後即可食用，不像生鮮食品尙需經過烹調之手續。(7) 可一次大量採購。(8) 便利上班族與外食族。由於目前外食人口非常多，冷凍食品之復熱即可食用之便利性有利於上班族與外食族之食用。

二、冷藏調理食品

國內冷藏調理食品出現的時間較常溫調理食品（罐頭、調理包）與冷凍調理食品來的晚，但因其新鮮自然的訴求，反而受消費者青睞而在市場上占有一席之地。其包括冷藏米飯製品、冷藏麵點製品、冷藏即時菜餚製品、冷藏醃漬蔬果製品等。這類製品在食用前用最簡單、最短時間，加一道手續（微波、炙烤、蒸煮等），即可產生現做的風味。其復熱速度及口感優於冷凍食品，新鮮度優於常溫調理食品，保存期限長於鮮食食品，使近年來連鎖便利商店紛紛推出冷藏調理食品。

三、低溫食品產業鏈

冷凍食品自1960～1969年之萌芽期，以冷凍蔬果與水產等初級加工產品發展開始，歷經外銷擴張期（1970～1987年）、內銷轉旺期（1988～1999年）及轉型期（2000年後）。而產品由最初之初級加工，進展到二次加工，甚至發展到冷凍調理食品之三次加工產品。食品業界經由多年的整合，已建立一完整的冷凍食品的產業鏈。包括上游的原料供應商，中游的食品加工廠，下游的物流中心、配銷中心與各通路，最後到消費者手中（圖3.15）。此流程亦適用於冷藏調理食品。

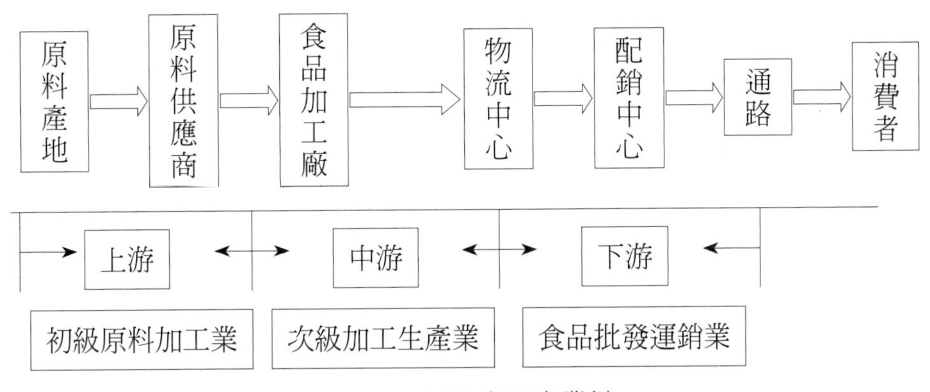

圖3.15 低溫食品產業鏈

理想的程序為上游的原料供應商在產地將原料進行初級加工，成為半成品或成品，使工廠免除清洗、切割、廢棄物處理等工作，也可使原料品質穩定。中游的食品加工廠進行次級加工製成最終產品，當工作量大時，則有可能將相關之加工工作轉給協力廠進行OEM。生產出之產品交給下游食品批發運銷業進行銷售。其過程包括物流中心、配銷中心與各通路，最後到消費者手中。低溫物流技術之提升有助於產品品質與新鮮度之維持，且減少中間剝削。但目前只有少數大型工廠建置有低溫物流中心，中小型工廠則多委託貨運商之物流中心代為配送。

配發中心包括批發商與經銷商，其主要工作為拓展末端通路與面對客訴。通路方面，包括零售通路與業務通路兩種。零售通路即一般超市、量販店、便利商店等，由於各廠商產品同質性高，故利潤較小。業務通路包括餐飲業、醫院、學校、團膳用等，其忠誠度較高，故利潤較高。

此分工合作有好處，如工廠只需依照訂單生產，銷售方面交給配銷中心全權處理，而過期的商品則交由各門市自行處理，便沒有退貨的問題。

由於低溫食品由工廠製造出廠後，包括配送、販賣，甚至到消費者手中都必須保持低溫狀態，因此這整個過程稱為冷鏈或低溫鏈（cold chain）。由冷鏈之完善與否，可看出該地區發展之情況，若發展良好，人民富庶，則冷鏈可完善的發展；否則，人民窮苦之地區，不可能發展出完善之冷鏈。

四、低溫食品發展

1. 家用市場發展

由於冷凍食品之復熱即可食用之便利性有利於上班族與外食族之食用，但消費者又希望食物要有家的感覺，因此冷凍食品業者不約而同開發經過簡單微波，就可輕鬆上桌的「家庭取代餐」（Home Meal Replacement，HMR）。家庭取代餐概念最早源自美國，指的是提供顧客與高級餐廳同樣美味的外賣飯菜和即食食品，在臺灣，只要在量販店、超商、超市買回家，經過簡單調理就可上桌的鮮食、熟食和冷凍食品，都可算是家庭取代餐。其特點包括：

⑴ 買回家馬上可以食用，例如便利商店所出售的各種熟食，便當。

⑵ 買回家熱一下即可以食用。現在便利商店都備有微波爐可以做加熱服務。

⑶ 買回家稍微調理一下，即可食用。在家微波或放入沸水中加熱之產品。

⑷ 食品的品質與家裡廚房烹飪的一樣，有媽媽的味道。

當然，HMR也可以外帶，不在家裡食用。除冷凍食品業者外，冷藏與鮮食業者也紛紛投入此戰場中。

2. 商用市場發展

除奪取家庭市場外，目前冷凍食品已有業務用大包裝。小型食品服務業者使用生鮮原料進行餐點調製，其成本較直接使用冷凍調理食品為素材者高。但不同餐點內容其成本差異亦不同。然而善用冷凍調理食品於食材中搭配，對小型餐飲業者是有正面之效益。因此，早餐店可看到業務用蛋餅皮、漢堡肉；西式餐飲店可看到冷凍調理義大利麵、調理包與比薩餅皮等冷凍調理食品。

冷凍蔬果產品，外銷部分以冷凍帶莢毛豆、菠菜、芒果、荔枝爲主。國內市場以量販店、連鎖餐飲及團膳業者常見之冷凍毛豆仁、青花菜、白花椰菜、敏豆、豇豆、馬鈴薯、紅蘿蔔、玉米及混色蔬菜爲主。亦有作爲二次加工品之原料（B2B業務通路），如冷凍青蔥、韭菜可作爲水餃、煎餃等調理食品之餡料。而冷凍芒果、鳳梨等，可做冰品、糕點、甜點之配料。

參考文獻

內山均。1989。部分冷凍法研究背景與應用。部分冷凍法技術及應用研討會。臺北。

林永泰。1992。冷凍食品之包裝材料與容器及包裝。食品工業24(6):35。

林欣榜。1987。冰溫食品加工。食品工業19(2):30。

林欣榜。1994。日本眞空調理食品。食品工業25(1):37。

林慧生。1986。屠體急速冷卻。現代肉品7:130。

柯文慶、吳明昌、蔡龍銘。1996。園產處理與加工。東大圖書公司，臺北市。

洪登村。1983。蔬果冷藏時的溫濕度管理。食品工業15(6):15。

夏文水。2007。食品工藝學。中國輕工業出版社，北京市。

陳景榮。1984。凍結食品品質變化的防止方法。食品工業16(7):29。

陳安妮、2022。肉製品新技術介紹。食品工業54(1):20。

許立峰。1989。控制溫度之食品保鮮法。食品工業21(12) :45。

張伊倫。1993。眞空調理食品技術現況報導。食品工業25(9):60。

張炳揚。1991。冷藏魚產品之品質變化及控制。食品工業23(5):33。

張炳揚。1993。眞空調理產品安全性之探討。食品工業25(4):28。

張敏、李春麗。2010。生鮮食品新型加工及保藏技術。中國紡織出版社，北京市。

郭儒家。1995。急速冷凍設備之應用與發展。食品資訊117:22。

曾慶孝。2007。食品加工與保藏原理，第二版。化學工業出版社，北京市。

蔡孟貞。1990。水產品之部分冷凍。食品工業22(7):29。

鄭佩眞。2010。冷凍調理食品產業鏈分析。食品市場資訊99(2):9。

鄭佩眞。2010。CAS冷藏調理食品產業鏈分析。食品市場資訊99(4):10。

鄭聰旭。1992。新生代冷藏食品之安全與HACCP之應用。食品工業24(4):15。

錢明賽。1990。蔬果的氣調包裝。食品工業22(7):8。

錢明賽。1991。冷藏生鮮食品之保存。食品工業23(11):15。

鍾木華。1990。蔬果預冷。食品工業22(8):30。

鍾忠勇。1993。冷凍食品之原理與加工。食品工業研究所，新竹市。

第四章

熱加工－製罐

第一節　熱加工原理

第二節　微生物之耐熱性

第三節　罐頭的歷史

第四節　罐頭加工概述與原料前處理

第五節　罐頭容器介紹

第六節　罐頭脫氣工程

第七節　罐頭密封工程

第八節　罐頭的殺菌工程

第九節　罐頭冷卻工程

第十節　罐頭之檢查工程

第十一節　罐頭食品之腐敗

第十二節　無菌加工技術

第一節　熱加工原理

一、熱加工處理法

熱加工（thermal processing）爲食品加工與保藏中最重要的處理方法之一。熱處理之過程可殺滅微生物，使酵素失活，並改善食物性質如顏色、風味、質地等，並能破壞食物中某些抗營養因素如胰蛋白酶抑制劑（trypsin inhibitor）等進而增加食品之營養價值，提高營養成分之利用率與可消化性等；但也可能破壞部分之營養成分。常見之熱加工方式包括烹煮（cooking）、殺菁（blanching）、擠壓（extrusion）、巴氏殺菌（pasteurization）、製罐、烘焙、油炸等（表4.1）。本章將針對傳統之製罐加以探討。

二、常見熱加工方法

工業上可根據加工時溫度之高低，將熱加工分爲：1. 100℃以下溫度之加熱。以巴氏殺菌爲主。2. 100℃的加熱。包括殺菁與烹煮。3. 100℃以上的加熱。包括商業滅菌與滅菌、烘焙、油炸等。雖然烹煮亦爲重要的食品加熱方式之一，但由於烹煮較少被視爲工業上食品加工方式，因此在此不加以探討。

1. 巴氏殺菌（pasteurization）

巴氏殺菌又稱低溫殺菌，係以100℃以下溫度之加熱方式，主要目的爲殺滅致病性微生物，包括病原菌與無芽孢菌等。巴式殺菌後之產品中仍會含有腐敗菌，因此必須佐以其他保藏方式，例如冷藏、降低pH（＜4.6）、高糖度或鹽分之任一條件儲存方能確保安全。此法由於係巴斯德最早用於牛乳的殺菌故加以命名。巴氏殺菌主要用於較劇烈之熱處理會對食品品質產生不良影響者，如市售鮮乳；或微生物之抗熱性不大時，如果汁之酵母菌；或殺死競爭性微生物，以使種麴能順利作用，如乾酪之製造。一般根據加熱溫度高低，又分爲低溫長時間殺菌法（low temperature long time, LTLT）與高溫短時間殺菌法（high temperature short time, HTST）兩種。

表4.1 常用的熱處理過程及其效果

熱處理		產品	加工參數	預期變化	不良變化
保藏處理	殺菁	蔬菜、水果	蒸汽或熱水加熱到90～100℃	不活化酵素、除氧、減菌、減少生苦味、改變質地	營養損失、流失，色澤變化
	巴氏殺菌	乳、啤酒、果汁、肉、蛋、麵包、即時食品	加熱到75～95℃	殺滅致病菌	色澤變化、營養變化、感官變化
	殺菌	乳、肉製品、水果、蔬菜	加熱到＞100℃	殺滅微生物及其孢子	色澤變化、營養變化、感官變化
轉化處理	蒸煮	蔬菜、肉、魚	蒸汽或熱水加熱到90～100℃	不活化酵素、改變質地、蛋白質變性、澱粉糊化	營養損失、流失，水分損失
	烘烤	肉、魚	乾空氣或濕空氣加熱到＞215℃	改變色澤、形成外殼、蛋白質變性、殺菌、降低水分	營養損失，有致突變性物質
		麵包		形成外殼、澱粉糊化、結構與體積變化、水分減少、色澤變化	
	油炸	肉、魚、馬鈴薯	油中加熱到150～180℃	形成外殼、色澤變化、蛋白質變性、澱粉糊化	營養素損失、流失

資料來源：夏，2007

⑴ 低溫長時間殺菌法

以牛乳爲例，最早低溫長時間殺菌法（LTLT）是用62℃、30分鐘之殺菌條件。其目的主要在殺死肺結核桿菌（*Mycobacterium tuberculosis*）。由於牛乳中有許多致病性微生物，其中會使人與牛都感染之病原菌中，最耐熱者爲肺結核桿菌，故在此條件殺菌下應該能將所有人、牛感染之致病微生物殺滅，確保食用此殺菌後之牛乳不會致病。

後來發現，牛乳中有一種立克次體（*Rickettsia*）比肺結核桿菌更耐熱，稱爲伯納特柯克斯氏體（*Coxiella burnetii*），因此，後來將牛乳之巴氏殺菌條件改爲63℃、30分鐘。此種立克次體會引起Q熱（Q fever），爲一種人畜共同感染之急性熱病，典型症狀包括突發性高燒、頭痛（尤其後腦部位）、虛弱、身體不適、肌肉痛、喉嚨痛和盜汗。

低溫長時間殺菌法屬批式加工，其特點爲設備簡單、方便，殺菌效果達99%，能完全殺死致病菌。缺點爲不能殺死耐熱性細菌、孢子，以及會殘存一些酵素；同時設備較龐大，殺菌時間較長，因屬批式加工，易造成加工瓶頸。

⑵ 高溫短時間殺菌法

高溫短時間殺菌法（HTST）爲相對於低溫長時間殺菌的一種巴氏殺菌法。以市售鮮乳爲例，牛乳之HTST條件爲72℃、15秒加熱。由於HTST之殺菌時間較短，因此可以作成連續式的加工。

HTST之特點爲所需空間少（僅爲LTLT所需空間的20%）、處理量大可連續化生產、可於密閉條件下進行操作，減少汙染的機會。另外，加熱時間短，營養成分損失少，較無烹煮風味。工業上高溫短時間殺菌法由於需要快速有效的熱傳導，通常採用刮板式或管式熱交換器。

LTLT與HTST之條件並非一成不變，其條件取決於食品成分與pH值等因素。如霜淇淋原料之殺菌條件就與鮮乳不同，其LTLT之條件爲70℃、30分鐘，HTST條件爲80～85℃、15～20秒。表4.2爲常見食品之巴氏殺菌條件。檢驗牛乳巴氏殺菌是否完全或已殺菌之鮮乳是否受到未殺菌生乳之汙染，可分析其鹼性磷酸酶（alkaline phosphotase）活性。

表4.2 常見食品之巴氏殺菌條件

食品	主要目的	作用條件
pH＜4.6		
果汁	抑制酵素（果膠酶）	65℃，30 min；77℃，1 sec
啤酒	殺死腐敗菌（酵母菌、乳酸桿菌）	65～68℃，20 min；72～75℃，1～4 min；88℃，15 sec；900～1 000 kPa
pH＞4.6		
牛乳	殺死致病菌（布氏桿菌、肺結核桿菌）	63℃，30 min (LTLT)；72℃，15 sec (HTST)
液蛋	殺死致病菌（沙門桿菌）	64.4℃，2.5 min；60℃，3.5 min
霜淇淋	殺死致病菌	65℃，30 min；71℃，10 min；80℃，15 sec

資料來源：曾，2007

* 超高溫瞬間殺菌法（ultra high temperature pasteurization, UHT）

UHT可以爲巴氏殺菌（ultra pasteurization）或商業滅菌（UHT sterile）之一種，牛乳加工時兩者之差別於第十章再說明。由於加熱溫度很高，但時間可非常短暫，因此對於營養素的破壞並不會很嚴重。

以牛乳爲例，其UHT條件爲135℃、3秒鐘。市售之保久乳即是以此條件進行殺菌。此處理可使牛乳儲存在殺菌過的容器中於室溫儲放時，其保存期限可長達六個月。以UHT處理的牛乳會有輕微的「烹煮風味」產生，但不需要冷藏的優點足以彌補此缺點。此風味主要因β-乳球蛋白之雙硫鍵在加熱過程中變性成硫化氫所致。

UHT之特點爲殺菌時間極短且效果顯著，引起的化學變化少，適於連續生產。但溫度控制需準確，設備較精密，能源的消耗比HTST高。表4.3爲牛乳利用LTLT、HTST與UHT三種方法加熱之比較。

表4.3 牛乳以LTLT、HTST與UHT三種方法加熱之比較

	LTLT	HTST	UHT
殺菌效果	可殺死病原菌，不能破壞乳中所有的酵素	可殺死病原菌和大部分腐敗菌，並破壞酵素，對乳中營養成分破壞較小	幾乎可殺死所有的微生物，對乳中營養成分破壞小
適用產品	鮮乳、乾酪	鮮乳、煉乳、乳粉、乾酪、霜淇淋	保久乳、煉乳、乳粉
殺菌設備	容器式殺菌缸	管式、板式等連續殺菌機	管式、板式等連續殺菌機，噴射式、注入式直接加熱器

資料來源：曾，2007

2. 殺菁（blanching）

殺菁在食品加工上的用途非常的多，許多加工的前處理都有殺菁的程序，如製罐、冷凍、乾燥等，應該說殺菁是所有植物性原料加工之標準程序之一。

⑴目的

殺菁最主要的目的在①抑制酵素，以避免加熱過程或冷凍時酵素作用造成食品品質之改變。②製罐時，可使原料體積減小（因失水造成）、排除食品內部空氣、促進組織軟化，以利於裝罐。③有預熱作用，可縮短罐頭殺菌時之升溫時間。④可去除不良風味、澀味物質以及蠟質，並有清洗及部分殺菌、清潔之效果。⑤可固定顏色。殺菁過程可使葉綠素酶失活，避免葉綠素被分解。原料經殺菁處理後，可便於剝皮。

⑵方法

殺菁的方式可以熱水（大於85℃）浸漬0.5～5分鐘或以蒸汽處理，而目前亦有以微波處理者，基本上要使中心溫度達60℃以上。不論蒸汽或微波殺菁，都是將原料以輸送帶輸送，而在輸送期間噴以蒸汽或以微波處理。以蒸汽處理時，一些水溶性的維生素流失之機會將會較少。但以熱水殺菁時，可在水中加入氯化鈣或重合磷酸鹽，如此可增強食品的硬度。一般的殺菁時間爲葉菜類1～3分鐘，豆類、玉米2～8分鐘，根莖類（如馬鈴薯、胡蘿蔔等）3～6分鐘。殺菁完成之指標

以過氧化酶存活與否判斷，稱爲過氧化酶試驗（peroxidase test）。

3. 商業滅菌（commercial sterilization）

商業滅菌相對於巴氏殺菌爲一種較激烈的加熱方式。爲超過100℃之加熱，常用的加熱溫度爲121℃。目的爲將病原菌、產毒菌與造成腐敗之微生物殺滅，但仍有耐熱性孢子殘存。其在常溫無冷藏狀況下，不會有微生物再繁殖狀況，並且無有害人體健康之活性微生物或孢子存在，且殺菌完之產品仍具有商品價值，故稱爲商業滅菌。經此加熱步驟後，食品具有一定之儲存期限，但這種效果只有密封在容器內的食物才能獲得（以避免食物再次受到汙染）。因此，商業滅菌多半用於製罐過程，且通常用於低酸性食品，其針對之微生物爲肉毒桿菌（*Clostridium botulinum*）。罐頭食品經商業滅菌後，可能會保留部分耐高溫菌。UHT亦屬於商業滅菌之一種。罐頭食品經商業滅菌後，往往可放置兩年以上。

4. 滅菌（sterilization或absolute sterilization）

將所有微生物及孢子，完全殺滅的加熱處理方法，稱爲滅菌或絕對滅菌。食品要達到完全無菌之程度，必須使其每一部分均接受121℃之高溫加熱15分鐘以上（加熱溫度與商業滅菌相同，但時間長很多）或更高溫而等殺菌值之時間。有些罐頭食品之內容物傳熱速度相當慢，可能需數小時才能達完全無菌，因此一旦經滅菌步驟後，食品品質（質地、顏色、香味）可能已變劣至無商品價值。

第二節　微生物之耐熱性

一、影響微生物耐熱性之因素

影響腐敗菌耐熱性的因素包括微生物性狀、加熱環境與食品成分。如加熱前菌的培育和經歷（主要與菌種有關）、微生物濃度、細菌團塊存在與否、加熱溫度、加熱致死時間、介質性狀和pH值等。

1. 微生物種類與數量

在熱加工過程中，嗜高溫菌之殘存與否是很重要的。即使同一種菌，其耐熱性也因菌株而異，其原因主要與其生長環境有關。有些細菌在惡劣的環境下會產生孢子，其耐熱性較營養體爲強，如枯草桿菌孢子之125℃致死時間爲30分鐘，而肉毒桿菌孢子之125℃致死時間爲12分鐘。而厭氧菌孢子之耐熱性較好氧菌之孢子強。黴菌與酵母菌雖也會產生孢子，但其耐熱性不強，100℃以下之溫度即可將其殺死。

微生物耐熱性除與其本身特性有關外，也與其數量有關。食品中汙染的微生物數目愈多，則其加熱所需之時間也就愈長。由於工廠之環境衛生會影響原料微生物含量，因此，也會影響所生產罐頭之品質。

2. 加熱環境

微生物在乾熱環境下比濕熱環境下更耐熱。如肉毒桿菌孢子在乾熱下之殺滅條件爲120℃、120分鐘，而濕熱下縮短爲30分鐘。此差異主要是因爲乾熱與濕熱下造成微生物死亡之原理不同，濕熱下爲蛋白質變性引起，而乾熱下爲氧化引起。由於氧化所需之能量高於變性，故相同熱溫度下，濕熱之殺菌效果高於乾熱。

3. 食品成分

一般認爲，微生物細胞內蛋白質受熱凝固而失去新陳代謝的能力是加熱導致微生物死亡的原因。因此，細胞內蛋白質受熱凝固的難易程度直接關係到微生物的耐熱性。蛋白質的熱凝固條件受酸、鹼、鹽和水分等的影響。可降低孢子之耐熱性者如下。

⑴ pH值。一般微生物生長於中性或偏微鹼性環境下，而大多數產孢細菌在中性pH範圍內耐熱性最強，當在極端酸與鹼環境時，就不耐熱。尤其pH 5.0以下，可顯著降低孢子耐熱性。

⑵ 食鹽。4%以下食鹽，可提高耐熱性；8%以上則降低耐熱性。

⑶ 其他可降低耐熱性因素。添加微生物抑制劑，可降低耐熱性。另外，香辛料、香料、精油等物質因含微生物致死因素，可降低耐熱性。

另有些成分為具有保護效果者如下。

(1) 蔗糖。低濃度糖對耐熱性影響很小，但高濃度糖液，可提高孢子耐熱性。可能為高濃度糖可使細菌脫水，而影響蛋白質的凝固速度，以致增強孢子耐熱性。但其他糖，如葡萄糖、果糖、乳糖等影響與蔗糖並不相同。

(2) 油脂。一般細菌在較乾燥環境下耐熱性較強，因油及脂肪可阻礙濕熱穿透，故可提高耐熱性。因此高糖及高脂肪食品，會提高耐熱性。

(3) 澱粉與膠類。高澱粉或較濃稠食品，可提高耐熱性。澱粉本身對耐熱性並無影響，但因其容易吸附天然抑菌劑而使其失去功效。膠類如明膠等有同樣之功效。

二、罐頭食品依pH值分類法

根據定義，「罐頭食品係指食品封裝於密閉容器內，於封裝前或封裝後，施行商業滅菌而可於室溫下長期保存者」。一般將罐頭食品分為三大類：低酸性罐頭、酸化罐頭與酸性罐頭（內容物包括中酸性食品、酸性食品與高酸性食品）。罐頭食品依pH值之分類及其特性見表4.4。

表4.4　依pH值之食品分類及其特性

食品分類	pH值範圍	食品種類	變敗原因	加熱殺菌之條件
低酸性食品	＞4.5	肉類、魚類、乳製品、蔬菜、湯類	嫌氣性中溫孢子形成菌、好熱性菌、原料中之酵素、肉毒桿菌之生長界限	高溫殺菌（115～121℃）
中酸性食品	4.0～4.5	水果類	嫌氣性丁酸產生菌、非產孢性之耐熱性細菌	低溫殺菌（≦100℃或稱熱水殺菌）
酸性食品	3.7～4.0	泡菜、漿果類	酵母與酵素	
高酸性食品	＜3.7	酸菜、果醬及果汁	黴菌	

資料來源：賴等，1992

1. 低酸性罐頭食品（low acid foods）

內容物pH值達到平衡後大於4.6，且水活性大於0.85並包裝於密封容器，且於包裝前或後施行商業殺菌處理保存者，稱為低酸性罐頭食品。包括動物性原料、蔬菜如玉米、洋菇、蘆筍等罐頭。由於此類罐頭容易有肉毒桿菌之生長，且其中毒後往往易致命，因此低酸性罐頭食品之殺菌各國政府均以法律嚴格規範。同時，所有產品之殺菌記錄必須保存五年備查。此類產品必須採用殺菌值大於3.0之方法殺菌。

2. 酸性罐頭食品（acid foods）

指加工過程中不添加任何酸化劑或酸性食品，且其內容物之最終平衡pH值小於或等於4.6，水活性大於0.85之罐頭食品，大部分的水果罐頭屬之。

3. 酸化罐頭食品（acidified foods）

係指以低酸性或酸性食品之原料，添加酸化劑及（或）酸性食品來調節其pH值，使其最終平衡pH值小於或等於4.6，水活性大於0.85之罐頭食品。要注意並非任何食物都能藉簡單的加酸進行酸化的，食品中成分會影響酸化之效果，酸的種類也會影響酸化之效果。通常酸化處理僅用於某些蔬菜或湯類食品，如番茄。

三、罐頭中毒因素介紹——肉毒桿菌

罐頭食品由於製作時要抽真空，其內部為一種厭氧狀態，因此較易有厭氧菌之存在，其中以肉毒桿菌為罐頭食品之指標菌。

1. 肉毒桿菌

肉毒桿菌（*Clostridium botulinum*）是一種生長在常溫、低酸和缺氧環境中的革蘭氏陽性菌，為一種可以產生孢子之耐熱菌，適合生長的pH值為4.6～9.0。為廣泛分布在自然界各處，如土壤、湖水、河水及動物的排泄物內之絕對厭氧菌。本菌會分泌毒素，造成食品中毒最常見的毒素是A、B、E等型，中毒致命率占所有細菌性食品中毒的第一位。臺灣自2007年將肉毒桿菌中毒列為第四類傳染病，納入法定傳染病監視。

肉毒桿菌孢子具有很強的抵抗力，在180℃下乾熱5～15分鐘，100℃下濕熱5小時，或高壓蒸氣121℃、30分鐘，才能殺死肉毒桿菌孢子。但其毒素不耐熱，經煮沸後毒力會消失。

2. 肉毒毒素

肉毒毒素（botulinum toxin）是神經毒素，為毒性最強的天然物質之一，也是世界上最毒的蛋白質之一。1mg純化結晶的肉毒毒素能殺死2億隻小鼠，對人的半致死量為40 IU/kg。

肉毒毒素主要侵犯末梢神經，會有視力模糊或複視、眼瞼下垂、瞳孔放大或無光反射、顏面神經麻痺、唾液分泌障礙、吞嚥困難及講話困難等症狀。接續再發生由上半身到下半身的肌肉無力、呼吸困難等相關症狀，肌肉張力低下及全身性虛弱，病人通常意識清楚。嚴重時會因呼吸障礙而死亡，死亡率高達30～60%。假若給予好的呼吸系統照顧及抗毒素治療，死亡率可能低於15%，然而復原慢（幾個月，極少數會拖幾年）。神經性症狀通常於12～36小時間出現，但亦有數天後才發作。潛伏期愈短病情通常愈嚴重，死亡率愈高。

由於肉毒毒素是種神經麻醉劑，能使肌肉暫時麻痺，近年來醫學界亦用其作為醫療用途之用，以治療各種局限性張力障礙性疾病。另外，因其能麻痺鬆弛的皮下神經，可以在一段時間內消除皺紋或者避免皺紋的生成，達到美容的效果。因此，目前在美容醫學界亦被廣泛使用。

製罐時殺菌不完全或烹調不充分，在厭氧情形下，此菌會產生毒素，攝食後引起傳統型肉毒桿菌症。其案件以家庭式之醃漬蔬菜、水果、魚、肉類、香腸、海產品等為主。另外，2011年發生多起因食用真空包裝豆乾造成之中毒事件。

肉毒桿菌在生長與產生毒素時之代謝特點為會產氣，且產生的氣體可造成密封罐頭之明顯膨脹，因此，可藉以評斷罐頭食品之可食性。

3. 替代實驗菌

肉毒桿菌由於其毒性強，實驗操作環境必須非常嚴格，且危險性高，不適合作為實驗上測試殺菌值之用。科學家發現兩株菌，一為產孢腐敗性嫌氣菌（putrefactive anaerobe）中之產孢梭菌（*Clostridium sporogenes*，簡稱P.A.3679），另一爲脂肪嗜熱芽孢桿菌（*Bacillus stearothermophilus*，簡稱F.S.1518），均爲非病源性細菌，其耐熱性比肉毒桿菌強，因無強烈毒性，故常被用於測試加熱處理之條件，亦即代替作爲低酸性罐頭之殺菌指標。能將上述兩種菌之孢子殺滅的條件，則可確定同條件下肉毒桿菌必會死滅。酸性食品罐頭，則使用凝結桿菌（*Bacillus coagulans*）〔平罐（flat sour）酸敗菌〕作爲殺菌指標菌。

四、食品熱處理的反應動力學

食品中各成分的熱破壞反應一般均遵循一級反應動力學，也就是說各成分的熱破壞反應速率與反應物的濃度呈正比關係，通常稱爲「熱破壞的對數規律性（logarithmic order of inactivation or destruction）」。這意味著，在某一熱處理溫度下，單位時間內，食品成分被破壞的比例是恒定的。相對於食品成分，則食品中微生物的破壞較爲複雜，以下將分別介紹食品熱處理的反應動力學。

1. 加熱致死速率曲線或細菌生存曲線

將某種細菌之營養體（或孢子），懸浮於緩衝液或食品中，置於某一致死溫度下，依時間之增加，其細菌數呈漸減現象。以殘存細菌數之對數爲縱軸，加熱時間爲橫軸，所作成的圖形，稱爲「加熱致死速率曲線（thermal death rate curve，簡稱TD曲線）、細菌生存曲線或細菌死滅曲線（bacteria survivor curve）」（圖4.1）。一般此圖爲一直線，可提供我們某一特定食品在特定溫度下，特定微生物的致死速率資訊。

2. D值

在熱加工中，對微生物的破壞是以對數比例的速度進行，因此，致死速率是以微生物的殘存數量來表示。D值（decimal reduction time）指在一定溫度下加熱，活菌數減少一個對數週期（即將活菌殺滅90%）所需的時間，以分鐘表示。亦即在加熱致死速率曲線中，使細菌殘存數通過一對數週期所需的時間，稱爲D值（圖4.1）。D值愈大，微生物的耐熱性愈強。D值會因微生物的種類、環境、

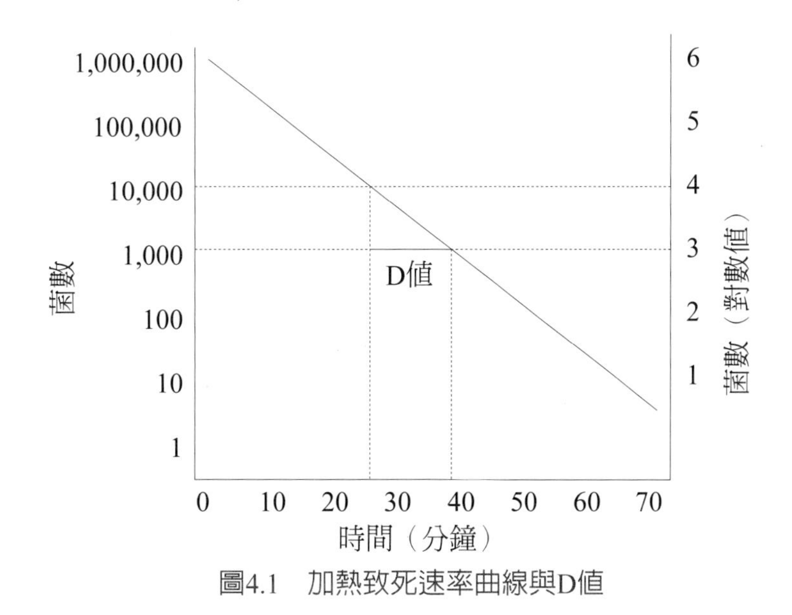

圖4.1　加熱致死速率曲線與D值

滅菌溫度不同而異。同一細菌在不同溫度下，其D值亦不同。不同菌之D值如表4.5所示。

表4.5　不同菌的D值

微生物	溫度（℃）	D值
Campylobacter jejuni	55	1 min
Salmonella spp	60	0.98 min
Listeria monocytogenes	71.7	3.3 sec.
Escherichia coli	71.7	1 sec.
Staphylococcus aureu	71.7	4.1 sec.
Clostridium perfringen	90	145 min
Clostridium botulinum	121	12 sec.
Bacillus stearothermophillus	121	5.0 min

D值可代表某種細菌在某溫度下死滅速度的快慢，並反應出微生物的耐熱性，如具有內孢子的細菌相對的比較耐熱。處理溫度愈高，細菌死滅愈快，則D值愈小。亦可代表菌體對特定溫度之抵抗力，亦即在同一溫度下細菌之D

值愈大，表示該細菌的耐熱性愈強。如肉毒桿菌之D值是0.21分鐘，而同溫下P.A.3679之D值是5.0分鐘，顯示P.A.3679比較耐熱。圖4.2為不同加熱致死速率曲線之比較。其中，(a) 為同一菌種，不同起始菌數之比較，(b) 為不同菌種之比較。

3. 加熱致死時間曲線或細菌耐熱性曲線

於特定溫度，殺死一定數量菌體所需時間，稱為加熱致死時間（thermal death time，TDT）。以加熱致死時間（分鐘）或D值之對數為縱軸，加熱處理溫度為橫軸，所作成的圖形，稱為加熱致死時間曲線（thermal death time curve，TDT曲線）或細菌耐熱性曲線（thermal destruction curve, thermal resistance curve）（圖4.3）。

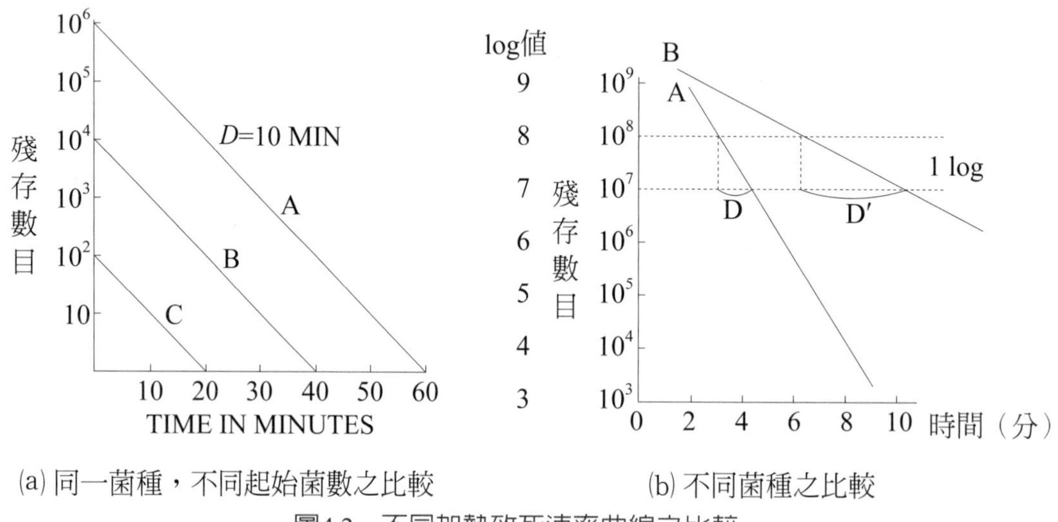

(a) 同一菌種，不同起始菌數之比較　　(b) 不同菌種之比較

圖4.2　不同加熱致死速率曲線之比較。

4. Z值

Z值（Z-value）是溫度決定的反應，也就是降低10倍（90%）D值所需要增加之溫度，也是減少10倍殺死90%微生物的時間，所需要提高的溫度。簡言之，細菌耐熱性曲線穿過一對數週期所需溫度的差距，稱為Z值，亦即某細菌的D值變化10倍或1/10時之溫度差距。通常以°F表示（圖4.3）。

Z值代表細菌的D值會因加熱的溫度上升而減少（亦即細菌的耐熱能力會因殺菌溫度的提高而減弱）。同時Z值代表細菌對不同致死溫度之相對抵抗力，Z

值愈大，表示耐熱性愈高。不同微生物之Z值不同，而相同微生物在不同食品中，Z值亦不同。

根據Z值之定義，溫度愈高則殺菌時間愈短，這就是HTST與UHT加工之理論依據。上述D值與Z值不僅可用於表示微生物之受熱致死情形，也可用於顯示食品中酵素、營養成分與香味物質等的熱破壞情形。圖4.4的耐熱性曲線表示微生物和營養素在溫度－時間關係上的變化模式，愈靠上方與右上角，受測物愈容易破壞；反之，愈靠下方與左下角部分，受測物愈不易破壞。圖中兩條線具有兩種不同的Z值，顯示愈高的溫度通常加熱時間愈短，而灰色部分顯示，在該區域能有效的讓微生物致死，也能有效的讓營養素保留。這是牛奶加熱處理中，以UHT加熱比起LTLT殺菌方法，更能有效地殺死細菌和維持原來的營養和品質之原因。

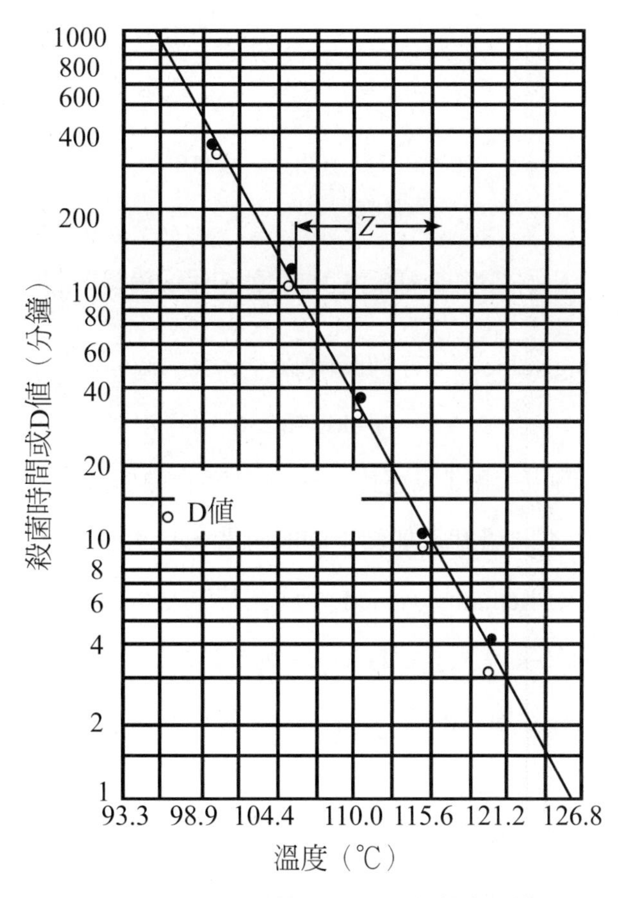

圖4.3 加熱致死時間曲線與Z值

5. F值與致死力（lethality value）

在特定溫度下，殺死特定Z值之一定數目微生物所需之時間（分鐘），稱爲F值（F-value），可用來測定熱處理之殺菌能力。F值單位爲時間，目前所用之F值爲比較性數值，以Fo值爲1當標準。Fo值係指以121℃（250℉）殺死Z值等於10℃（18℉）之一定數目微生物所需的分鐘數。不同食物之Fo值見表4.6。當殺菌溫度並非250℉時，則以Ft表示，t爲使用之溫度，例如230℉加熱，則寫成F_{230}。

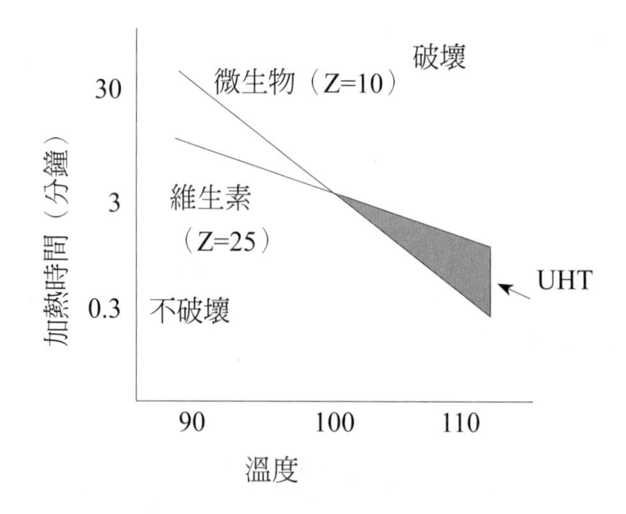

圖4.4 由耐熱性曲線顯示UHT殺菌法保留營養素之功效

F值（sterilizing value），亦稱滅菌值（或殺菌值），與溫度關係如下：

$$F=\log_{-1}(250-Tt)/Z$$

由上式顯示，殺菌值與溫度成正比，較高溫度的熱處理要比低溫下的熱處理之殺菌效果要佳。但不同溫度下加熱不同的時間，也可具有相同的致死力（lethality）。所謂致死力（Lethality value,L）爲在某溫度1 min的殺菌效果相當於250℉多少分鐘的殺菌力。某溫度下（Tt）的致死力$L=10^{(250-Tt)/Z}$。而，Ft = Fo / L。當250℉時，L=Fo=1（分鐘）。

6. 12D與5D

食品應加熱至何程度，需視加熱處理前瞬間微生物之含量及預期達成之殘留微生物含量而定。其關係如下：

$$F=D(\log a-\log b)$$

若罐頭原先汙染量爲10的九次方（a），預期殺菌後使微生物汙染量降至10的零次方（b），則加熱殺菌時間F值需9D的時間。

表4.6　不同食物的Fo值

產品	罐大小	Fo值	產品	罐大小	Fo值
嬰兒食品	嬰兒食品罐	3～5	豆（浸於番茄汁中）	所有罐型	4～6
鹽水豌豆	至A2罐	6	鹽水豆	至A2罐	4～6
	A2～A10	6～8		A2～A10	6～8
胡蘿蔔	所有罐型	3～4	洋菇（浸於鹽水中）	A1	8～10
芹菜	A2	3～4	洋菇（浸於奶油中）	至A1	6～8
肉＋肉汁	所有罐型	12～15	切片肉+肉汁	橢圓罐	10
肉派	扁平罐	10	香腸（浸油）	至1磅	4～6
熱狗（浸於鹽水中）	至16盎斯	3～4	咖哩肉與蔬菜	至16盎斯	8～12
雞肉（浸於鹽水中）	A2½ 到 A10	15～18	雞肉凍	至16盎斯	6～10
火腿	1～2磅	3～4	番茄鮪魚	橢圓罐	6～8
肉湯	至16盎斯	10	乳酪湯	A1至16盎斯	4～5
番茄湯（無乳酪）	所有罐型	3		至A10	6～10
牛奶布丁	至16盎斯	4～10	乳酪	4/6盎斯	3～4
蒸發乳	至16盎斯	5		16盎斯	6
寵物食品	至16盎斯	15～18			

(1) 12D

爲安全起見，罐頭工廠對低酸性食物中的肉毒桿菌孢子，會使用12D時間的熱處理，即將每ml含10^{12}個孢子減至1個孢子（10^{0}）。對於一個1000 g裝的罐頭而言，若原來罐內食物的肉毒桿菌數爲10^{2}個/g，經過12個D值時間的殺菌，菌數會減少到10^{-7}個/g。由於菌數不可能低於零個以下，因此經12D殺菌後之意義爲：每10^{9}個1000 g裝的罐頭中（共10^{12} g），才有1個罐頭中有一個活菌存在

（10^0）。或1000個罐頭，每個含10^9個肉毒桿菌，僅有一個罐頭會含菌。

⑵5D

若針對產孢梭菌（P.A.3679），需要加熱時間爲5D；針對脂肪嗜熱芽孢桿菌（F.S.1518），需要加熱時間爲6D。

一般針對低酸性罐頭，其殺菌時間應達到12D，而酸性罐頭，則其殺菌應達到5D。若D＝0.21分鐘，則12D＝2.44分鐘（約三分鐘），故一般低酸性罐頭的殺菌條件是Fo＞三分鐘。

7. 加熱指數遞減時間（TRT）（thermal reduction time）

爲了計算殺菌時間，將D值概念進一步擴大，提出了加熱指數遞減時間（TRT）概念。TRT定義就是在任何特定加熱致死溫度條件下將細菌或孢子數減少到某一程度如 10^{-n}（即原來活菌數的$1/10^n$）時所需要的熱處理時間（分鐘）。此概念與12D相似。所謂TRTn＝nD 即曲線橫過n個對數值時所需要的熱處理時間。TRTn值與D值一樣不受原始菌數的影響。

第三節　罐頭的歷史

一、世界罐頭的歷史

罐頭的由來要追溯至1795年，法國皇帝拿破崙率軍征戰四方，爲解決打仗行軍時儲糧的問題，於是懸賞12,000法郎，盼有人能發明防止食品變質的技術和裝備。Nicolas Appert終於在1809年發明罐頭，他將食物放入玻璃罐內，加上軟木及鐵絲緊緊塞著瓶口，再放入沸水中加熱製成罐頭。Nicolas Appert因此被封爲「罐頭之父」。會利用玻璃罐之原因爲Nicolas認爲空氣是造成食物腐敗之原因（細菌之發現要在半世紀之後的1862年，由法國生物學家巴斯德提出），而玻璃爲最能避免空氣穿透之材料。Nicolas利用頒發的獎金，開設了一間工廠，爲法國軍隊提供食物。但在1814年拿破崙戰敗後，此工廠也被聯軍所破壞。

玻璃罐頭問世後不久，英國人Peter Durand於1810年研製出包一層薄錫於鐵皮外避免生鏽的鐵皮罐，並在英國獲得了專利權，爲目前常用的金屬罐頭的始祖。1813年，Bryan Dorkin與John Hall在英國建立第一個金屬罐頭工廠。於此同時，Thomas Kensett在1812年於紐約建立美國第一個生產牡蠣、肉、蔬菜與水果罐頭的小型工廠。1821年，William Underwood公司在Boston成立，爲美國第一個大型罐頭加工廠。但罐頭直到美國內戰（1861～1865）才受到美國人的重視。

在罐頭發明40幾年後，開罐器才問世。其由Ezra Warner於1858年獲得專利。在此之前，軍人多利用刺刀或其他尖銳物質、甚而石頭，將罐頭打開以食用。

1846年，Henry Evans發明製罐機器，於是罐頭製作速率由原來每小時6罐增快至每小時60罐。在1860年代，許多發明的出現使罐頭製作由原來一罐要6小時減少到30分鐘。

1852年Chevallier Appert發明殺菌釜。此機器之發明，使傳統利用100℃沸水加熱一下提升至可利用130℃蒸汽加熱，不僅縮短加熱之時間，也使罐頭的風味、顏色與營養價值大大提升。

1888年Max Ams發明二重捲封，這種罐頭就是目前熟知的衛生罐（sanitary cans）。在1900年左右，目前慣用的圓柱形兩頭以二重捲封封住的罐頭就已成型了。自此以後，罐頭容器雖有許多的改進，但二重捲封的基本結構沒有改變。

到1952年瑞典人發明Tetra Pak；1960年代，Reynolds與Alcoa公司開發出全鋁罐，使罐頭又進入另一新里程。1970年代出現了鋁製的圓環狀拉開式新型罐蓋，使罐頭之開啓更爲方便。

二、臺灣罐頭工業的發展

1902年，日本人在鳳山設立了臺灣第一座鳳梨罐頭工廠，爲臺灣罐頭加工之鼻祖。鳳梨罐頭出產量在1940年代達到最高峰。然而，第二次世界大戰末期，工廠受到戰爭的嚴重破壞，鳳梨罐頭工業幾乎停頓，至日本投降前，產量只及黃金時期的百分之一、二而已。

1950年代，臺灣農業生產大致恢復，也開啓食品加工外銷的契機。爲提升臺灣罐頭食品之競爭力，1954年「臺灣省罐頭食品工業同業公會」成立，另外，「財團法人食品工業發展研究所」亦於1957年成立。

1960年代至1970年代，全台經濟蓬勃發展，食品工業也步入了快速發展階段。農產加工業紛紛興起，罐頭食品的出口值持續增長，鳳梨、洋菇與蘆筍三罐王的外銷產量持續位居世界第一。

由於罐頭加工爲一種勞力密集，適於原料便宜的行業。1970年代開始，國內原物料與勞力成本日漸提高，食品工業價格優勢已不再，加上其他開發中國家罐頭加工業逐漸抬頭，利用其原料與勞工比臺灣便宜，逐漸取代臺灣外銷的地位。於是，罐頭自1970年代末期開始轉向內需供應。

1980年代，臺灣約有二百多家罐頭加工廠，產業大多設在彰化縣、臺中縣附近，產品以果實、蔬菜罐爲大宗，其次爲水產、畜產，其中仍以鳳梨、洋菇、蘆筍、柳橙、竹筍罐爲大宗，外銷到歐美、日本等地，每年仍能獲取外匯約3～5億美元，但已爲強弩之末。於是有人稱罐頭工業爲「夕陽產業」。

然而，當外銷市場失去競爭優勢後，罐頭業積極開發內銷罐頭，於是出現花生麵筋、花瓜醬漬品，及休閒點心如八寶粥、花生仁罐、果汁飲料罐頭等產品，頗能迎合國人需求。加上新包裝不斷推陳出新，如殺菌軟袋、無菌充塡包裝等，使罐頭食品在市場中仍有一席之地。

第四節　罐頭加工概述與原料前處理

傳統罐頭之製作流程如下：

原料→前處理→充塡→脫氣→密封→殺菌→冷卻→成品→儲存→檢驗（保溫試驗）→成品販售

一、原料選擇

原料係指成品可食部分之構成材料，包括主原料、配料及食品添加物。在此主要以主原料爲討論之對象。

主原料可分爲植物性與動物性兩類，其前處理上會有相當大之差異。動物性原料要選擇適合加工之部位。植物性原料則通常需選擇適當品系，有些原料僅適合鮮食，不適合加工；而有些原料僅適合加工，不適合鮮食。如桃子分爲離核（free-stone）及黏核（cling stone）兩類，黏核種組織較硬，適於製成罐頭，而離核種組織較軟，適於生食。又如楊桃有甜味種與酸味種。酸味種用於加工，甜味種用於鮮食，部分用於加工。而鳳梨中開英種是加工與鮮食皆適合的品種。

二、原料前處理

一般原料之前處理步驟包括洗滌、選別、去皮、除核、剔骨、挑刺、殺菁、漂水、分切、熟成、裝罐、注液等。

裝罐前原料需先依其大小及成熟度予以選別，然後加以洗淨，有時使用全粒，有時則切丁、切塊、切半或切片。若有不良之部分如瘀傷、蟲害等部分需予以去除。最後需再檢查，變色片、碎片、斷裂片等予以剔除。具有果核者如桃、梨、杏等需去核。鳳梨則需除皮去芯並切片。

洗滌、選別、去皮等前處理步驟之方法，見第二章。清洗時，其用水應符合飲用水水質標準。用水若再循環使用時，應適當消毒，必要時加以過濾，以免造成原料之二次汙染。殺菁時，應在規定殺菁溫度與時間下行之。殺菁完畢後應迅速冷卻，或立即做次一步驟之加工，不可拖延。殺菁機應注意清洗，其用熱水殺菁者，應經常補充熱水及排水，以減少殺菁水被汙染。

裝罐時，空罐洗滌用水應符合飲用水水質標準。裝罐量需依產品平衡（10日後）收縮率加以調整，並需符合中華民國國家標準（CNS）最低裝罐量之標準，同時要留適當之上部空隙。充填一般分爲冷充填及熱充填兩種。冷充填即原料於冷之狀況時裝罐，封口之後再加熱。熱充填是加熱之食品，於熱的狀況下封罐。

注液方面，一般爲糖液或稀鹽液，有些則於其中加入添加劑，如羧甲基纖維素（carboxyl methyl cellulose）可以使糖液顯得濃稠狀，或加入檸檬酸使酸性增加，或者加入少許之營養成分，如維生素C等。果實罐頭常注入糖液或天然果汁；而蔬菜類罐頭要使成品含鹽，需先加清水，再加鹽錠，避免預配鹽水外溢，傷害機械及腐蝕罐頭。魚、肉、漬物罐頭則常注入植物油、番茄醬或調味液。

第五節 罐頭容器介紹

罐頭食品係指食品封裝於密閉容器內，於封裝前或封裝後，施行商業滅菌而可於室溫下長期保存者。所謂密閉容器係指密封後可防止微生物侵入之容器，包括金屬、玻璃、殺菌袋、塑膠、積層複合及與符合上述條件之其他容器。一般罐頭容器包括1. 金屬罐：馬口鐵罐（tin can）、鋁罐；2. 玻璃罐；3. 積層容器：鋁箔包、盒中袋（bag-in-box）、殺菌軟袋（retort pouches）；4. 塑膠容器：如保特瓶等。其中，傳統製罐過程中，以金屬罐、玻璃罐與殺菌軟袋最常見。

一、金屬罐

常見之金屬罐包括馬口鐵罐與鋁罐兩類。金屬罐多爲圓筒狀，但其他尚有橢圓形、方形、角錐形等形狀。

1. 空罐製造與類型

食品罐頭空罐依其結構可分爲三片罐與兩片罐。

(1) 三片罐（three piece can）。由罐蓋、罐身、罐底三部分組合而成。製作流程如圖4.5。其罐身由一片鐵皮彎曲構成，因此罐身上會有接合的部位，稱爲邊縫或側封（side seam）。罐身接合方式有錫焊、電焊與黏合三種。接著將兩端之罐緣外翻，將罐底捲封起來，即爲食品罐頭工廠使用之空罐原料。由於其上下

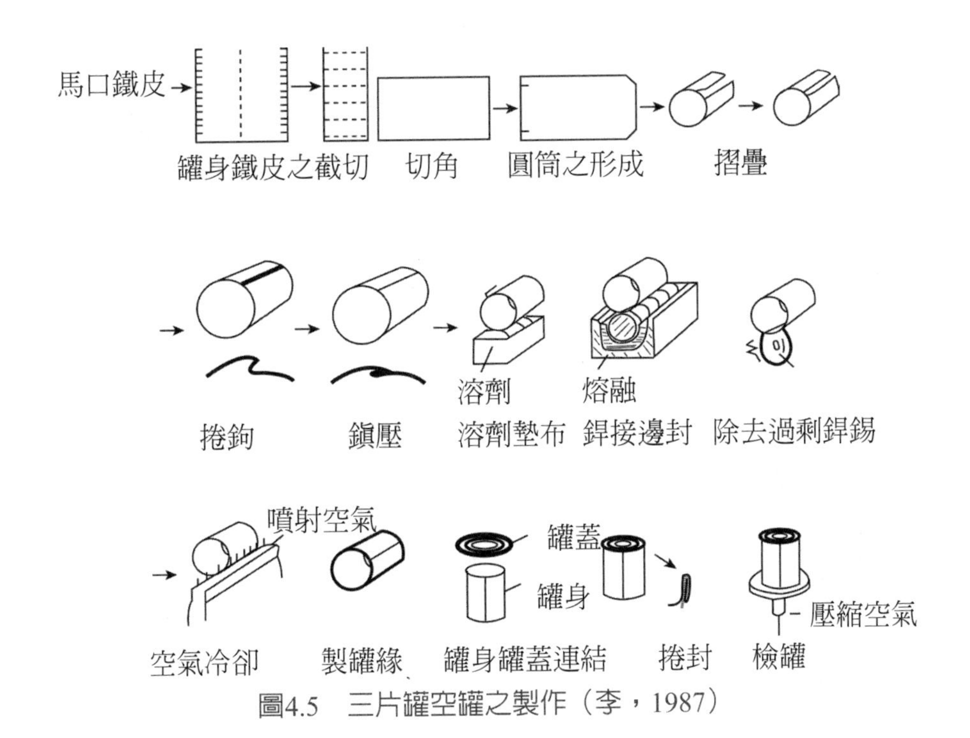

圖4.5　三片罐空罐之製作（李，1987）

部分皆利用二重捲封法密封，衛生性良好，故亦稱爲衛生罐（sanitary can）。

⑵兩片罐（two piece can）。係以罐身與罐蓋兩片金屬組成之罐頭。罐身與罐底部分利用一片金屬衝擊變成一凹形形狀，根據製作方式，又可分沖壓罐、沖壓延伸罐與重複沖壓罐。兩片罐爲1970年代所發明，鋁罐較常作成兩片罐。

⑶加強環。某些罐的罐身會有溝狀之加強環，目的爲加強抗外壓負荷。因爲一般爲節省成本，罐壁作得很薄，所以抗壓強度減弱，加強環來強化抗壓強度，否則就會變形。另外，也可讓手拿取時，易握緊而不會滑落。目前爲節省材料，罐蓋尺寸愈來愈小，而罐身大，瓶口小，於是罐頸部縮小位置也做加強環，以增加抗壓力。

⑷空罐規格。不同空罐之形式與用途如表4.7。常見之空罐規格如表4.8，罐徑代號爲直徑，三位數中的百位爲吋，十位與個位爲1/16吋的分子數。如4號罐罐徑爲301，表示直徑爲3又1/16吋。另一種則以代碼表示罐之大小，如4號罐、7號罐等。

表4.7　金屬罐種類、罐材與用途

構造	罐種類	形狀	罐材	主要用途
三片罐	焊錫罐	圓、方型	馬口鐵皮	一般食品、飲料、油類、噴霧罐、18公升罐
	黏接罐	圓、方型	馬口鐵皮	一般食品、飲料、油類、18公升罐
			鋁	
			鍍鉻鐵皮	
	電焊罐	圓型	馬口鐵皮	一般食品、飲料、噴霧罐、18公升罐
			鍍鎳	
			鍍鉻鐵皮	
二片罐	沖壓罐或重複擠壓罐	圓、方、橢圓型	馬口鐵皮	一般食品
			鍍鉻鐵皮	
			鋁	低鹽食品
	沖壓延伸罐	圓型	鋁	加壓飲料、酒精飲料、噴霧製品
			馬口鐵皮	
	沖擠罐	圓型	鋁	酒精飲料、噴霧製品
			鋅	工業用品

資料來源：食品工業研究所，1988

表4.8　常用之罐型大小與規格

罐型	罐徑代號	罐底直徑（mm）	罐身高度（mm）	體積（cm^3）
1號（#1）	603	156.54	168.75	3011.80
2號（#2）	401	102.00	119.13	863.40
3號（#3）	307	86.26	113.26	588.70
4號（#4）	301	76.84	113.26	462.30
5號（#5）	301	76.72	81.51	326.80
6號（#6）	301	76.72	58.28	234.40
7號（#7）	211	68.00	101.50	316.70

罐型	罐徑代號	罐底直徑（mm）	罐身高度（mm）	體積（cm^3）
1號B（#1B）	6.3	156.54	114.00	1005.28
2號B（#2B）	401	102.00	101.50	734.80
3號B（#3B）	307	86.26	90.50	459.20
4號B（#4B）	301	76.84	101.50	407.40
7號B（#7B）	211	68.00	69.85	211.80
特1號（#spc 1）	603	156.54	222.00	3994.00
新1號（#N1）	603	156.54	177.37	3153.00
平1號（flat 1）	401	101.94	68.81	472.40
小型1號（2 oz）	202	54.00	57.15	104.40
特3號（#spc 3）	307	86.26	160.00	838.80
平2號（flat 2）	307	86.20	52.93	257.40
鮪2號（tuna 2）	307	86.20	46.00	219.00
攜帶罐（P. C.）	301	76.64	53.00	202.10

2. 馬口鐵罐

馬口鐵早期稱洋鐵（tin plate），正式名稱爲鍍錫鋼片，是錫鍍在軟鋼板的兩面上製成的，具有鋼板及純錫性能與優點。因爲中國第一批洋鐵是於清代中葉自澳門（Macau）進口，澳門當時音譯「馬口」，故稱之爲「馬口鐵」。

(1) 馬口鐵構造

馬口鐵皮是一種由厚度約0.5mm的軟鋼板製成的積層物質，以電鍍法或熱浸法將純度在99.75%以上的錫鍍在其兩面。其由五層不同性質物質組成。中央部分爲底金層（底鋼），接著往上下延伸分別爲合金層、錫層、氧化膜、油膜（上四層下四層，加中間一層，共九層）。

① 合金層爲錫鐵合金，有隔絕作用與抗蝕特性；錫層爲馬口鐵皮主要保護層，具有隔絕食品與底板鐵層接觸的功能，同時以溶解錫的方式來保護底板鐵層，使底鋼不受侵蝕。合金層愈厚，錫層就愈薄。

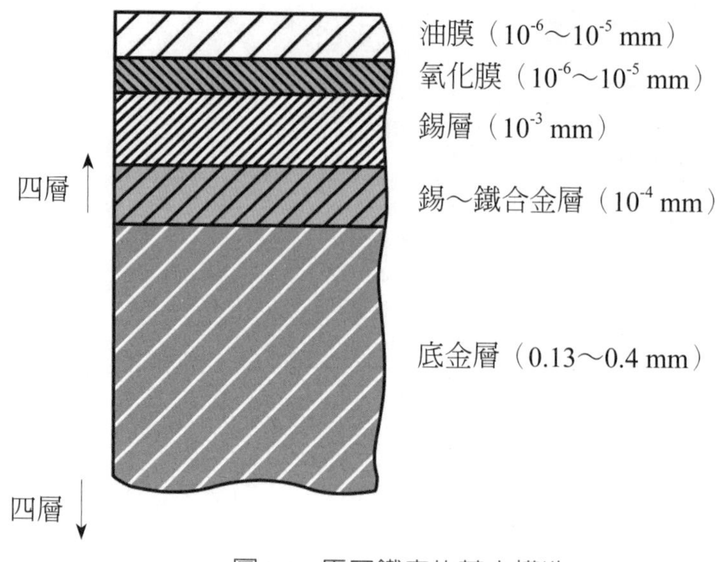

圖4.6 馬口鐵皮的基本構造

② 氧化膜是一種腐蝕生成物，形成原因爲馬口鐵皮電鍍時經過溶解過程，表面的錫層在大氣中開始凝固時，錫與氧進行反應形成氧化膜所造成。此薄膜會影響馬口鐵皮各種特性，氧化膜的量隨貯存時間的增長而有逐漸增加的現象，當氧化膜達到一定厚度時，馬口鐵皮會變黃色。

③ 油膜主要作用爲隔絕馬口鐵皮表面與空氣接觸，以防止錫因氧化而引起馬口鐵皮變色與防止生鏽，同時在鐵皮製造過程、製罐作業中，有潤滑作用。

⑵ 馬口鐵之優缺點

馬口鐵皮的優點包括：

① 材質堅固具耐壓抗衝擊之效果。保護性好，不易變形、耐震、耐火。

② 具不透光性。可避免光線引發食品的劣變反應。

③ 良好的密封性。對空氣及其他揮發性氣體的阻隔性佳，此對營養成分及感官品質的保存非常重要。

④ 錫具有還原作用。錫若長時間保存可保持美麗光澤，耐長時間儲存。錫會與充塡時殘存於容器內的氧氣作用，減少食品成分被氧化的機會。錫的還原作用，對淡色水果、果汁的風味和色澤有很好的保存效果，因而使用不塗漆鐵罐裝的果汁罐要比其他包材裝的果汁罐營養保存更好，褐變更輕微，風味品質的接受

性較好，貯存期限因而延長。但若錫層有微細針孔，易發生罐內壁腐蝕，造成食品變色、變質。

馬口鐵皮的缺點包括：

① 重量重，此對登山或需長途運輸等特殊族群尤其不方便。

② 空罐成本較高，鐵皮原料供應與成本易受國際市場變動而波動。

③ 條件不佳易腐蝕、生鏽，部分產品有重金屬汙染問題。罐內容物若為易腐蝕罐壁者，常需使用塗漆罐。當罐頭儲存環境不佳，如濕度太大時，則容易產生鏽罐現象。

④ 裝罐後殺菌，熱傳導較無菌加工慢。

⑶ 塗漆

為防止內容物與罐壁產生化學反應，有時會在罐壁塗漆。塗漆之目的可防止蛋白質類內容物所含之硫產生硫化氫而與罐壁反應變成硫化鐵而黑變。此可減少鍍錫量少之鐵皮的腐蝕性。某些色素成分如花青素會加速錫的溶出，也會使用塗漆罐。外部塗漆可防止在高濕度、氣溫變化大的地方長期儲存時罐外部的生鏽。

一般依罐內塗漆之有無又可分素罐（白罐）（plain can）及塗漆罐（lacquered can）。

塗漆之原料通常為天然樹脂或合成樹脂，如環氧樹脂、壓克力樹脂及聚酯樹脂等。其應具備下列性質：無味、無臭、無毒、對人體無害；無色或對顏色無影響；與內容物長期接觸不變質；不易剝落；具延展性易塗著；具耐熱性。一般稱有顏色的漆為「enamel」，不加顏料的稱為「lacquer」或「varnish」。根據食品的特性，有一次塗漆或兩次塗漆。目前常用之塗料有下列幾種：

① 油性塗料（oleoresinous coating）：以乾性油與樹脂經高溫煉製後，溶於溶劑中，塗於罐上，再經高溫烤乾。適用於果實、蔬菜、調味魚類罐頭。

② 酚系塗料（phenolic coating）：將熱硬性的酚甲醛樹脂溶於高級醇中，塗於罐上後經高溫燒烤而成。對於含很多油脂的魚貝類，不易受油脂軟化，亦不易受硫化氫滲透。但塗布性較差。

③ 環氧塗料（epoxy coating）：由環氧氯丙烷與丙二酚聚合成，具良好的附

著力、抗化學性，可用於啤酒、飲料、牛乳等食品。可防止硫化黑變。

④ 乙烯基（vinyl）塗料：以氯化乙烯及醋酸乙烯之共聚物製成。通常塗於油性塗料之上，可用於啤酒、碳酸飲料、葡萄汁、日本清酒等罐頭爲防止罐臭時使用，但因不耐高溫，故93℃以上加熱殺菌時不可使用。

若依產品適塗性，則可分爲：

① 水果瓷漆（F-enamel）：以油性塗料爲主配方，具金黃色外觀，耐酸性強，主要用於水果。

② 玉米瓷漆，C-塗料（C-enamel）：將氧化鋅粉末分散於油性塗料者稱之。適用於蛋白質含量高之魚、蟹、肉類。由於傳統油性塗料無法防止硫化氫與鐵產生反應而造成黑變，而C塗料中的氧化鋅可與其作用成無色的硫化鋅，故具有防止罐頭黑變之作用。

③ R瓷漆（R-enamel）：比水果瓷漆更具耐蝕性。

④ 肉類瓷漆（M-enamel）：以酚或環氧酚系列爲主配方，結構緊密不被動物脂肪軟化，可加入氧化鋅避免黑變，用於魚、肉產品。

馬口鐵罐裝食品，除少數淡色水果及果汁罐頭外，大都使用內部塗漆的空罐，以提高容器的耐蝕性。但某些食物以塗漆罐包裝後，風味與顏色反而不佳，如鳳梨裝在塗漆罐中會失去香味，鳳梨顏色也會變紅，失去產品價值。主要係錫離子對於鳳梨的風味色澤具有良好的保持作用，同樣蘆筍罐頭亦有相同作用。

爲克服塗漆風味、顏色效果不好，不塗漆又易氧化腐蝕之困擾，因此發展出部分塗漆罐，其方法包括：①天地塗：只塗罐的上下緣、其他不塗。②天地不塗：罐的上下緣不塗、其他都塗。③斑馬罐：塗漆部位如斑馬線一般。如蘆筍罐需罐蓋與底部塗漆，會使用斑馬罐。

⑷ 其他類鐵罐（無錫鋼片罐）

鐵片製成之空罐除鍍錫鋼片外，另有無錫鋼片罐，即鍍鉻鐵皮，其與鍍錫鐵皮成分差別在於鍍鉻鐵皮少了錫層。主要是以不含錫之鋼板製成，並經鉻化學處理。此種鐵片與塗料接著性良好，可減少針孔，不易發生硫化變色現象，但不能附著焊接物，僅能依賴熔接或結著劑與罐身接合。常用於啤酒罐或碳酸飲料罐。

使用鍍鉻鐵皮的罐蓋，其罐蓋內壁必須塗漆。

3. 鋁罐

鋁罐在1918年挪威首次用於魚類罐頭，目前廣泛應用於飲料。鋁罐與馬口鐵罐一樣，可分兩片罐及三片罐，但大部分爲兩片罐。

鋁罐優點包括：⑴ 鋁之化學性質很安定，不會與內容物發生作用（除少數食品如水果）。⑵ 在濕度大之空氣中不生鏽，不因硫化物黑變。鋁罐內壁不會生鏽，也不會變色，對於含高蛋白質及含硫的食品，不會因硫化物而黑變。⑶ 鋁之延展性佳，易製成兩片罐，並可製造一般金屬無法製成的特殊外形。且所用金屬量可較少。⑷ 鋁罐質量輕，可減省運輸及搬運費用。⑸ 鋁罐外觀呈現漂亮光澤，商品價値高，易印刷。⑹ 鋁罐易做成易開罐，開啓容易不需開罐器。⑺ 鋁罐可回收再利用。

鋁罐缺點包括：

⑴ 鋁罐因其質地軟、不耐壓，在製造或搬運時容易因碰撞而變形。

⑵ 在酸或鹽存在下，鋁罐耐蝕性較差，易生針孔。鋁罐不能裝酸性和含鹽食品，因酸會與鋁作用產生氫氣，鹽會腐蝕鋁，故不能用於高鹽之番茄汁、蔬菜汁。在實務面上，仍需要塗布一層高分子薄膜以免受到食物中成分的侵蝕。

⑶ 鋁罐在製造時不能焊接，只能利用沖壓或黏結的方法，很難製成大型罐。且其製造速度慢，當鋁罐應用在加壓殺菌時，罐外壓力需盡量保持與罐內壓力相同，冷卻時必須加壓冷卻，手續較麻煩，操作人員必須特別小心。

⑷ 鋁材之單價較馬口鐵貴，但其每罐之金屬用量較少，可彌補此缺點。

減少包裝材料用量爲目前包裝界發展之趨勢。由於加工技術之進步，鋁罐平均每1,000罐重量在1970年代爲55磅（25 kg），到1980年代縮減到44.8磅（20.3 kg），目前已減輕到33.0磅（15.0 kg），輕量化變革使平均每1,000罐的重量減少了大約40%。

在罐蓋部分，最早1960年代製造的鋁材蓋是由硬度18、板厚0.39 mm的211 mm直徑的U-Tub蓋。1969年易開蓋的直徑從211 mm縮小到209 mm。1990年代，罐蓋直徑縮爲206 mm，而且厚度也進一步縮減爲0.24 mm，使金屬用量減少，平均每1,000個罐蓋只使用9磅（4.1 kg）金屬板材。2000年代初期更進一步縮減爲直徑204 mm和202 mm的罐蓋。

馬口鐵罐、鋁罐與其他罐頭之比較見表4.9。

表4.9 不同罐頭包材之比較

	馬口鐵	鋁罐	玻璃	殺菌軟袋	鋁箔包	寶特瓶
充填	固、液體	液體	固、液體	固體爲主	液體	液體
包材強度	強	弱	脆	弱	弱	弱
包材成本	中	中	高	高	低	低
熱穿透性	慢	慢	慢	慢	佳	佳
生產設備成本	低	低	低	低	高	高
包材重量	中	輕	重	中	輕	輕
對光阻隔性	高	高	低	高	高	低
空氣阻隔性	高	高	高	高	高	中
耐腐蝕性	中	弱	強	弱	弱	中
包裝後檢查	眞空檢查	擠壓檢查	眞空檢查	無	無	無
產品保存期限	二年	一年	二年	一年	一年	一年

二、玻璃瓶

玻璃瓶是一種硬性的容器，主要由中性矽化合物在高溫下熔融後迅速冷卻而成，其中以二氧化矽占70～75%爲最主要物質。玻璃瓶具有水晶般質感，可被製成各種形狀、色彩來盛裝食品。依形態可分爲細口瓶和廣口瓶，細口瓶大多用於果汁、清涼飲料等液體。廣口瓶則用於水果、蔬菜、果醬等固形食品。

玻璃瓶優點包括：1. 強度高可加熱殺菌。玻璃強度高，可耐高溫殺菌。且玻璃硬度大，不易受外力而變形。2. 穩定性佳。玻璃不會變質、腐蝕與氧化，也不會與內部所裝的食品發生作用。3. 透明看的見內容物。玻璃瓶有透視性，消費者看的見內容物可提高商品價値，提高購買慾望。4. 開關容易，可重複使用。玻璃罐打開後，未食用完的部分，可將蓋子再蓋回去保存，使用十分方便。

玻璃瓶缺點包括：1. 質脆易破碎。玻璃不耐衝撞或碰撞，溫差過大均會造成破碎，為最大缺點。此缺點也造成殺菌冷卻手續及運輸儲藏的不便。2. 重量較金屬大。玻璃容器重量大，在運輸、搬運時較需浪費人力及成本。3. 易引起光分解。玻璃瓶有透視性，雖可提高消費者購買慾，也容易造成內容物產生光氧化現象，尤其油脂含量高的產品。4. 瓶蓋密封強度較金屬罐頭弱。5. 費用高。6. 對某些食品風味不佳。如罐頭蘆筍特殊之風味為蘆筍之硫化二甲基銅與錫作用產生，使用玻璃瓶裝則無法產生此特殊風味，這時反而需加入錫化合物。

玻璃容器通常使用金屬蓋，蓋內以軟木塞，橡膠或特殊樹脂類物質作墊圈，使瓶蓋與瓶口相互密接。瓶蓋種類有扭旋蓋或扭開蓋（twist-off cap）、螺旋蓋（screw cap）、扣封蓋（white cap）、帶箍蓋或費尼克斯蓋（phoenix cap）、錨形蓋或安卡蓋（anchor cap）、側封蓋（side seal cap）、塞口蓋（omnia cap）等，其中以扭開蓋、螺旋蓋使用最普遍（圖4.7）。扭開蓋為金屬蓋，蓋上邊內側四周塗有寬度厚度適宜之樹脂墊板，蓋緣對稱，四點內彎突出部使其能扣入玻璃瓶口螺紋溝。細口瓶則可用王冠蓋（crown cap）、掀開式拉環等瓶蓋。

三、殺菌軟袋

殺菌軟袋（retort pouch）又稱軟罐頭，為塑膠積層（laminated film）容器的一種。殺菌軟袋是使用聚乙烯（PE）、聚丙烯（PP）、聚醯氨（NY）、聚酯（PET）、鋁箔（Al）等薄膜以黏著劑積成之材料，製成袋狀或其他形狀的容器（圖4.8）。其可分為透明袋與不透明袋，透明袋為PET/PE、PET/PP、PP/PE、NY/PE之積層膜。通常外側為強韌膜，內側為密封性良好之膜。不透明袋為PET/Al/PE、PET/Al/PP、PP/Al/PE等組合積層而成。以PET/Al/CPP積層為例，最外層的PET具耐高溫、耐摩擦及優良的印刷性，中層鋁箔可防止水分、光及氧之透過，內層之延伸性聚丙烯（CPP）具有良好的熱封性與熱封強度。可耐120℃甚至更高之加熱溫度，中式調理食品常使用。

殺菌軟袋優點爲重量輕、體積小、使用攜帶方便、成本低、可連袋加熱、開啓容易、可印刷、透視性佳（透明袋）、無金屬臭味的缺點。由於其殺菌時熱穿

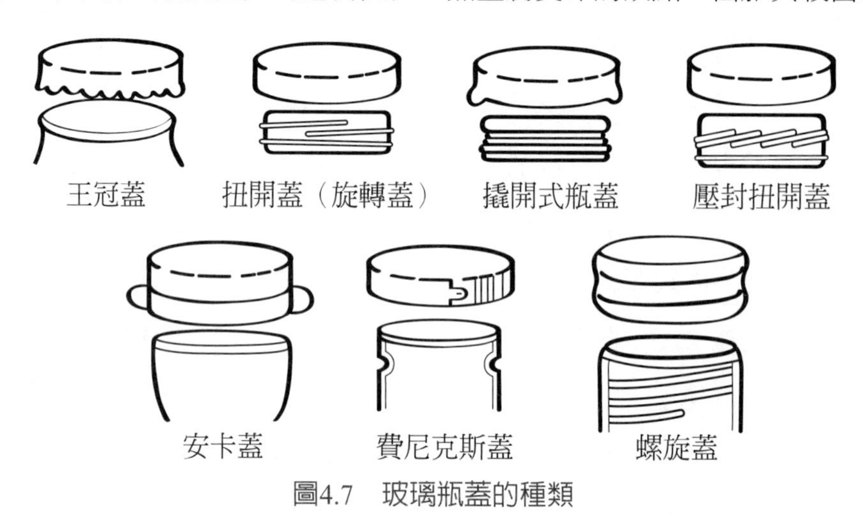

圖4.7　玻璃瓶蓋的種類

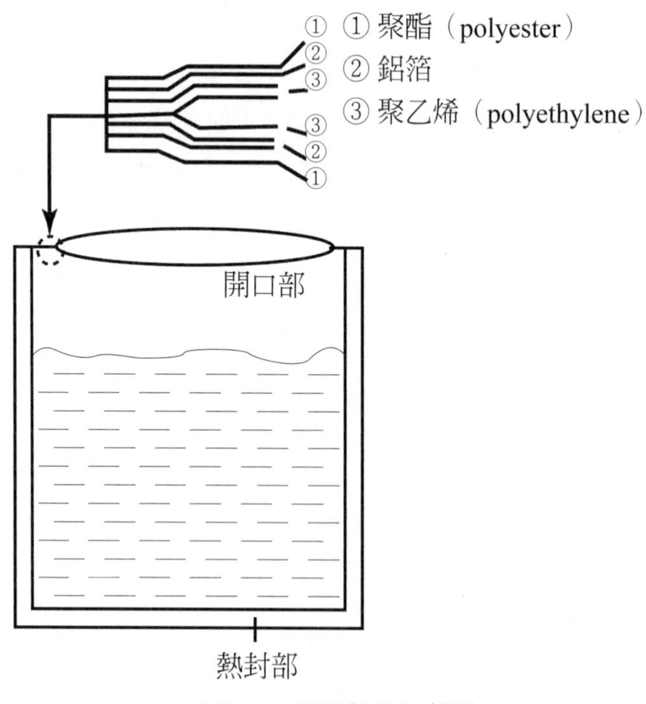

圖4.8　殺菌軟袋的構造

透距離較短，因此殺菌時間可縮短1/2~1/3，故食品品質優，對營養素的破壞也少。較能保留食品之原味與原色。其缺點爲殺菌軟袋的強度差、針孔及封口檢查困難，塡充包裝速度慢。由於傳統殺菌軟袋無法站立，且爲避免搬運時之摩擦受損，故往往會用紙盒加以包裝，故又稱盒中袋（bag-in-box）。

第六節　罐頭脫氣工程

一、脫氣之目的

罐頭脫氣（de-aeration或exhausting）係將罐頭容器內所含之空氣排除，使容器內保持低壓狀態之操作。基於物理學、化學及微生物學之立場，有此需要。

1. 微生物性。防止好氣性微生物（細菌及黴菌）生長發育。同時良好的脫氣可作爲打檢（判斷罐頭內容物是否正常之方法）識別的參考。

2. 化學性。有氧存在下，罐內壁較容易腐蝕，也易引起內容物色澤、香味之變化及其他營養成分的破壞。脫氣可防止罐內壁腐蝕與內容物劣變。

3. 物理性。未脫氣的罐頭在加熱殺菌時，罐內的空氣、水蒸汽與內容物都會遇熱而膨脹，使罐頭易變形損壞。脫氣可防止高溫時罐的變形。玻璃瓶裝罐頭的眞空脫氣則有助瓶蓋之密封及防止加熱時瓶蓋之跳脫。

二、脫氣與眞空度

「眞空」（vacuum）一詞指比大氣壓力爲低之壓力下的空間狀態而言。罐頭脫氣後並不是絕對眞空，罐內眞空的程度通常以「眞空度（degree of vacuum）」表示，即大氣壓力與罐內壓力之差值，以cmHg（mmHg）或inHg表示。如罐外壓力爲75.0 cmHg，罐內壓力爲43.2 cmHg，則眞空度＝75.0－43.2＝31.8

cmHg。一號及以上大型罐的眞空度不得低於7.6 cmHg，而二號及以下小型罐不得低於12.7 cmHg。

影響眞空度的因素包括：

1. 罐頭內容物的性質（食品之膨脹係數）。食物組織含有氣體，此氣體會在加熱過程中釋出，使罐內壓力增高。殺菁、脫氣與預熱可去除此氣體。食物本身在加熱過程中，也會膨脹，其膨脹係數與食品性質有關，水分含量愈高，則其體積增加愈接近水的增加量，壓力增加不大；水分少則加熱引起壓力之變化較大。

2. 加熱脫氣溫度與時間。加熱所用蒸汽或熱水溫度愈高、時間愈長，則可排掉之空氣愈多，眞空度愈大。脫氣後罐中心溫度愈高者，成品眞空度亦愈大。

3. 罐頭上部空隙。上部空隙愈大，眞空度愈高。

4. 氣溫。氣溫上升則罐內氣體膨脹，則罐內眞空度減少，溫度每上升5.5℃，壓力上升約30 mmHg。因此冬天製的罐頭放到夏天，與寒冷北方製的罐頭送到溫暖的南方，都可能影響眞空度，甚至造成膨罐。

5. 氣壓。海拔愈高則大氣壓力愈低，使罐內眞空度減少，海拔升高1000呎則大氣壓力減少一吋。

6. 內容物的鮮度。內容物鮮度愈差，愈容易分解出氣體，降低眞空度。

7. 內容物的pH值。罐頭內容物pH低時會與馬口鐵皮發生作用，產生氫氣，降低眞空度。

8. 殺菌溫度。殺菌溫度愈高，眞空度愈低。

三、上部空隙

罐頭在充塡內容物時，在食物上層與罐蓋間都會留一部分空間，稱爲上部空隙（head space）。一般罐頭之上部空隙約爲體積之0.85～0.95（對玻璃罐，果醬約0.25吋，高酸性食品約0.5吋，低酸性食品約1～1.25吋）。在以玻璃罐充塡時，當上部空隙太小時，加工過程中食品可能溢出，同時會汙染罐口使封罐受阻。當上部空隙太大時，食品表面易過度受熱而變色。

四、脫氣之方法

1. 熱充填脫氣法

食品裝罐前先加熱（亦可排除食品本身的空氣），趁熱充塡入容器內，利用食品本身所產生的水蒸汽取代容器上部空隙中的空氣，當溫度下降促使罐內減壓，造成眞空。適用於果醬等酸性罐頭食品。

2. 加熱脫氣法

食品裝罐後先加熱，以排除上部空隙之空氣，當溫度下降促使罐內減壓，造成眞空。一般利用脫氣箱加熱。對液態與半液態食品，以及加糖水或鹽水等大部分食品可適用。此法缺點爲脫氣箱占用面積大，耗費蒸汽能源多，與機械脫氣法比較衛生條件較差，但有些食品非用此法才能得到良好脫氣結果。加熱脫氣時，宜先假捲封，或先扣蓋，以免離開脫氣箱到捲封前之瞬間，上部空隙之空氣迅速冷卻，脫氣溫度以82～96℃爲原則。

3. 機械真空脫氣法

利用高速眞空封罐機，完成抽眞空密封之方法，眞空度一般保持在50.8～68.5 cmHg。脫氣時會先經預備脫氣注液機，再經眞空封罐機，以免汁液外流。對魚肉等固態食品與孔隙多而湯汁少的蔬菜罐頭適用。優點爲對加熱脫氣困難的罐頭（如柳橙罐頭）能形成較佳的眞空度，設備所占面積小，且合乎衛生條件。但對於水分較多的罐頭則在封罐時易出現汁液外濺現象。

4. 蒸汽噴沖脫氣法

將蒸汽噴到罐內上部空隙位置，以蒸汽取代空氣的方法。對食品中空隙大，組織疏鬆而空氣量多者如荔枝、龍眼、枇杷，則不適合此法。此法所占面積最小，且蒸汽用量少，與機械眞空脫氣法最爲工廠所喜歡採用。但眞空度隨溶解與吸收於食品中的空氣外逸的程度而異，較不穩定。常用於玻璃瓶裝食品。

第七節　罐頭密封工程

密封（sealing）爲罐頭食品可長期貯存的重要手段之一。密封能保持容器內的眞空度，阻絕罐內外空氣、水等流通，防止罐外微生物滲入罐內，所以能防止罐頭食品變質、變敗而耐長期貯存。若密封不完全則所有殺菌、包裝等操作將變得沒有意義。密封依罐頭材質之不同而方法各異，金屬罐之密封有賴二重捲封法，殺菌軟袋用加熱熔融接著法，而玻璃罐則依罐蓋形式不同而有不同之密封法。

一、捲封法

金屬罐頭的密封採用捲封法，一般稱爲二重捲封（double seam）。二重捲封爲金屬罐罐身與罐蓋或罐底連結密封的部分，二重捲封機之二重捲封作業由軋頭（chuck）、托罐盤（lifter）、第一捲輪（seaming roll）及第二捲輪等四大零件共同配合完成（圖4.9）。將罐蓋的捲曲部（curl）與罐身的罐緣（flange）嚙合，經捲曲及壓緊操作進行捲封。由於整個捲封過程，是經由第一捲輪的捲入（窄而深，具有抱捲作用）與第二捲輪的壓平作業（寬而淺，具有壓緊作用），使密封膠塡滿間隙完成罐頭的密封作業，故稱爲二重捲封（圖4.10）。其中，第一捲輪的動作係將罐蓋輕輕扣住罐身，稱爲假捲封。捲封部的空隙以罐蓋的封口膠（sealing compound）充滿，即得到完全的密封。罐頭之鉤疊率（over lap percentage, OL%）爲密封主要因素之一，罐頭密封品質好壞，可測量鉤疊率判斷，所有捲封鉤疊率不得少於45%。當鉤疊率太小，會導致捲封不良。

捲封一般以常壓狀態或眞空狀態進行。常壓狀態的捲封往往配合熱充塡脫氣。眞空狀態的捲封往往配合機械眞空脫氣於第一重捲封後，以機械脫氣並立即進行第二重捲封。

一般二重捲封檢查由外觀利用視覺及觸覺檢查。罐頭捲封不得有下列缺點：

下垂、突舌或突唇、尖銳捲緣、切罐、跳封、滑罐、疑似捲封、裂唇、捲緣不平、斷封、蓋深過深、摺疊或缺口、歪扭罐。

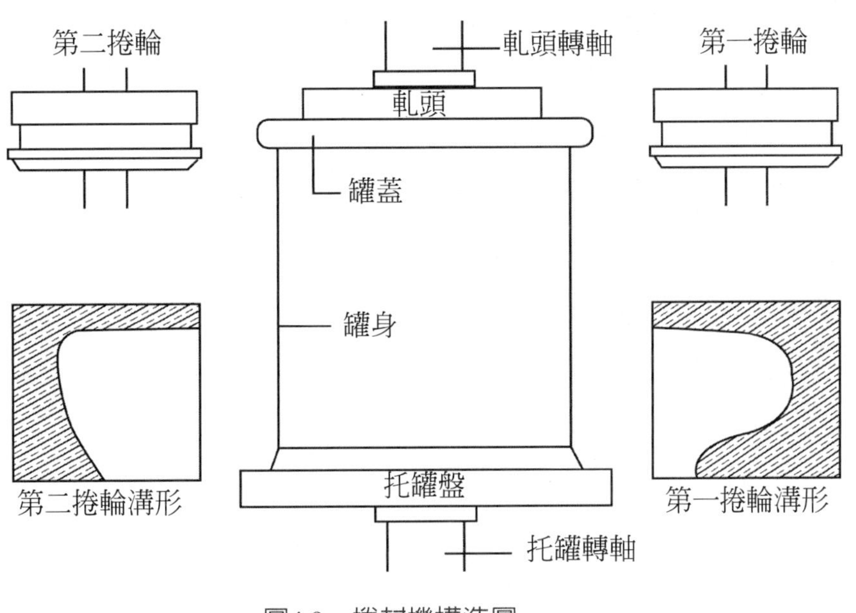

圖4.9　捲封機構造圖

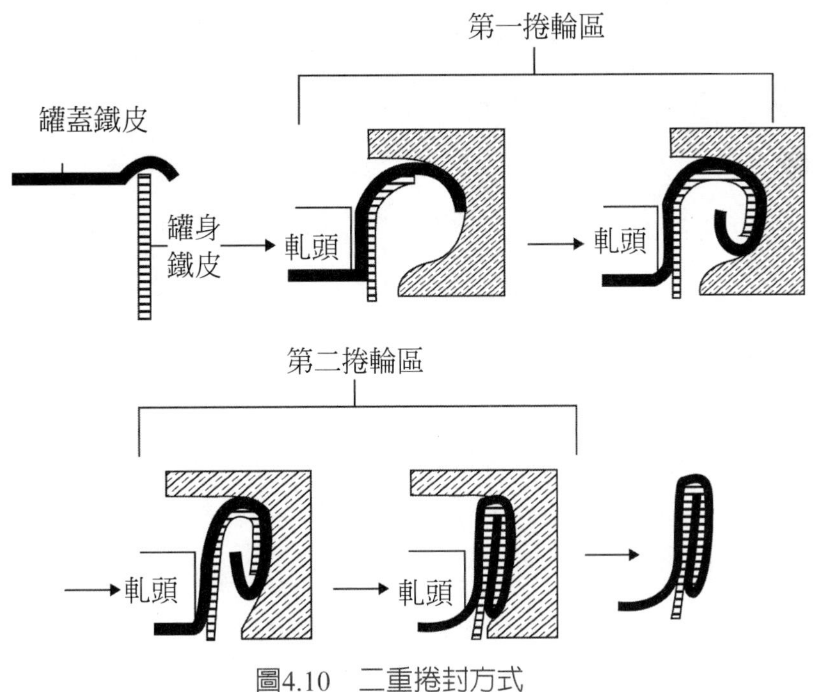

圖4.10　二重捲封方式

二、加熱熔融接著法

殺菌軟袋或鋁箔包係利用塑膠在加熱時會熔融接著的特性密封。包括：

1. 加熱熔著法。使用加熱熔著機（又稱熱封機），爲最常用的方法，又稱熱封法（heat seal）。將機器之熱板以鎳鉻合金線加熱保持於高溫，再將殺菌軟袋置於熱板之間加熱，使其熔融接著。

2. 瞬間電流加熱法。使用瞬間電流加熱機（又稱瞬間熱封機），又稱爲瞬間封法（impulse seal）。本法也是使用鎳鉻線加熱。前述加熱熔著法，熱封的熱板經常保持高溫，但是瞬間電流加熱法只有必要時才加熱。

3. 高頻加熱法。使用高頻加熱機（又稱高頻封口機）。加熱原理爲利用非絕緣性塑膠的不連續面照射高頻時的發熱現象。二片金屬（電機和地線）之間，放置二張包裝膜，在加壓下通入高頻，使包裝膜的接著部加熱熔融，同時利用壓力使其結合。

4. 超音波加熱法。使用超音波加熱機。將超音波振動加於塑膠材料時，即引起分子振動而發熱熔融，利用此原理使包裝膜接著。

殺菌軟袋在食品裝填、密封時，一般上部空隙約留1/10。因爲空氣會造成袋中內壓力過大而使袋裂開，且空氣會妨礙內容物熱傳及易引起氧化變質。上部空隙留得愈少愈容易脫氣，但若裝全滿，加熱時氣體會由產品中跑出造成袋裂開。

三、其他密封法

玻璃容器的密封使用馬口鐵皮蓋，藉墊圈或墊片保持密封。玻璃容器的蓋子主要爲王冠蓋、螺旋蓋、安卡蓋、扭開蓋等。玻璃瓶封蓋機將依瓶蓋的不同有各種封蓋機。今以扭開蓋爲例，扭開蓋爲金屬蓋，蓋上邊內側四周塗有寬度厚度適宜之樹脂墊板，密封時，瓶蓋送達瓶口上部適當彈壓，由兩條速度不相同之皮帶扭轉而達到適當位置，使瓶蓋內側樹脂墊與瓶口密著，達到密封目的。

第八節　罐頭的殺菌工程

一、罐頭材質之熱穿透特性

食品裝入容器後，需儘速加熱殺菌，一般傳熱介質爲蒸汽或熱水，傳熱時熱穿過容器然後進入食品。內容物在殺菌過程中溫度上升的狀態，稱爲熱穿透。影響容器內食品熱傳遞的因素如下。

1. 產品的形態。流體或帶小顆粒的流體食品以對流傳熱；固體（肉、魚等），以傳導傳熱。帶大顆粒的流體食品則以傳導和對流混合傳熱。另外，即使以對流方式傳熱，由於黏度、比重、組成成分的不同其熱傳亦有差別。

2. 容器的材質與形狀。金屬罐比玻璃罐、塑膠罐傳熱快，而殺菌軟袋傳熱要比金屬罐快。形狀部分，殺菌軟袋因爲較薄，故傳熱快。而高的容器傳熱較快。

3. 容器是否被攪動。對流體食物，容器有攪動時（使用旋轉殺菌），則熱傳較快，特別對一些黏稠或半固體的食品（如八寶粥）。但對以傳導爲主之熱傳，則攪動是無效的。

4. 殺菌鍋和物料的初溫。食品在殺菌前，內容物之溫度，稱爲初溫（initial temperature，IT）。加熱介質（蒸汽）和食品初溫間的溫差愈大，則熱傳較快。

要能準確地評價罐頭食品在熱處理中的受熱程度，必須找出能代表罐頭容器內食品溫度變化的溫度點。罐頭食品在加熱時，熱能係由外往內傳送，近罐壁的地方升溫速度較快，而於幾何中心處之升溫較慢。食品或罐頭中最慢達到最終加熱殺菌溫度的地方，稱爲該食品或罐頭之冷點（cold point），冷卻時則該點的溫度最高。熱處理時，若處於冷點的食品達到熱處理的要求，則罐內其他各處的食品也肯定達到或超過要求的熱處理程度。罐頭冷點位置之測定是在罐頭內不同位置插入熱電偶（thermal couple），進行加熱並記錄其溫度變化，將不同位置之加熱時間與溫度變化匯整，可得罐頭內不同位置之加熱曲線，由此求出冷點位置。

冷點位置隨著傳熱方式而有所差異（圖4.11）：1. 以傳導方式傳熱的罐頭：由於傳熱的過程是從罐壁傳向罐頭的中心處，罐頭的冷點在罐幾何中心處。2. 以對流方式傳熱的罐頭：由於罐內食品發生對流，熱的食品上升，冷的食品下降，其冷點位置在罐中心略下方，約為罐中心垂直線上離罐底3/4處。但其位置必須以實驗方式確認。3. 傳導和對流混合傳熱的罐頭：其冷點在上述兩者之間。

熱電偶的原理是當兩種不同的金屬接合在一起時，由於其導熱的特性不同，所以有一端金屬較熱而另一端金屬較冷，熱端較多的自由電子會漂移到冷端而形成一熱電動勢。溫度差愈大，電位差也愈高。將此電位差輸出，加以放大，即可偵知熱端溫度的變化。不同形態之熱電偶所用的金屬不同，如T型熱電偶為銅與鏮銅（銅、鎳合金）構成（圖4.11(c)）。

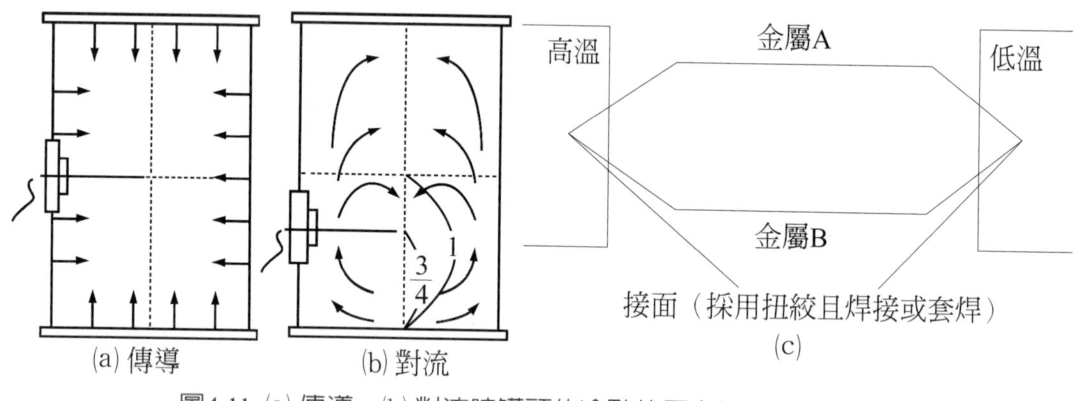

圖4.11 (a) 傳導、(b) 對流時罐頭的冷點位置與(c) 熱電偶結構

二、熱穿透曲線

決定加熱殺菌條件時，需循下列步驟進行：1. 了解所要殺滅的腐敗微生物的耐熱性。 2. 以冷點的溫度變化為依據，進行該食物的熱穿透試驗，製作熱穿透曲線。 3. 計算加熱殺菌條件（在某一溫度下的理論殺菌時間）。 4. 進行變敗微生物之孢子的接種試驗。在不會腐敗罐頭中，最短殺菌時間的那一組，便可作為商業殺菌的依據。 5. 實驗應用於產品製造過程之殺菌作業。

殺菌釜由初溫到達所設定溫度所需時間，加上罐頭冷點達到所設定溫度所需時間，稱為升溫時間（come-up time, CUT）。

加熱時間的推算有兩種方法，計算法與作圖法。在此僅介紹作圖法。在計算加熱殺菌的條件時，首先需知道問題腐敗微生物在某一溫度加熱1分鐘之殺菌力價，稱爲單位殺菌力價（lethality rate value），亦稱爲致死率（L）。當250°F時，L＝Fo。作圖法以普通方格紙作圖，橫軸爲時間，自轉開蒸氣瓣引蒸氣入釜開始至冷卻完成時間爲止；縱軸則有兩種刻度，一爲溫度，用於表示中心溫度變化情形的中心溫度曲線，另一爲L值，用於表示與某溫度相當的L值隨時間變化的殺菌力價曲線（lethality curve）（圖4.12）。此殺菌力價曲線與橫軸所包圍的面積應與該殺菌過程的殺菌值成比例，故在方格紙上另計算相當於F＝1所占面積，以此値除殺菌力價曲線下面積所得之商，即是該殺菌過程之F值。

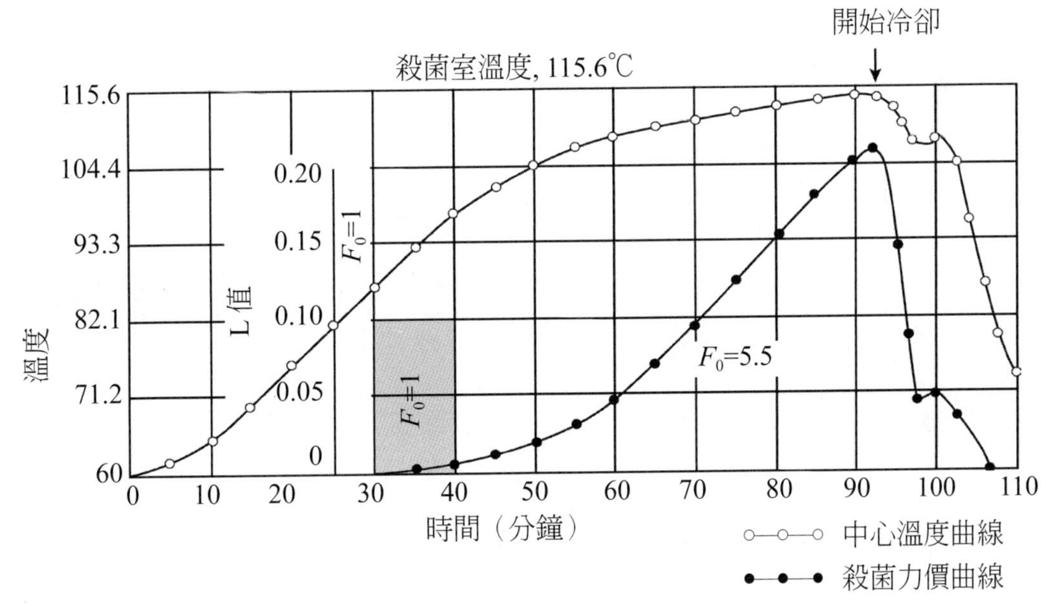

圖4.12　熱穿透曲線

三、加熱殺菌設備

殺菌是罐頭製造之重要工程，通常以加熱法使罐內微生物死滅或停止活動，以防止內容物的腐敗。殺菌設備有兩大類，其一爲食品已充塡在容器後之加熱殺菌設備，第二種爲食品未充塡在容器前之加熱殺菌設備。兩者加工流程之不同如圖4.13所示。

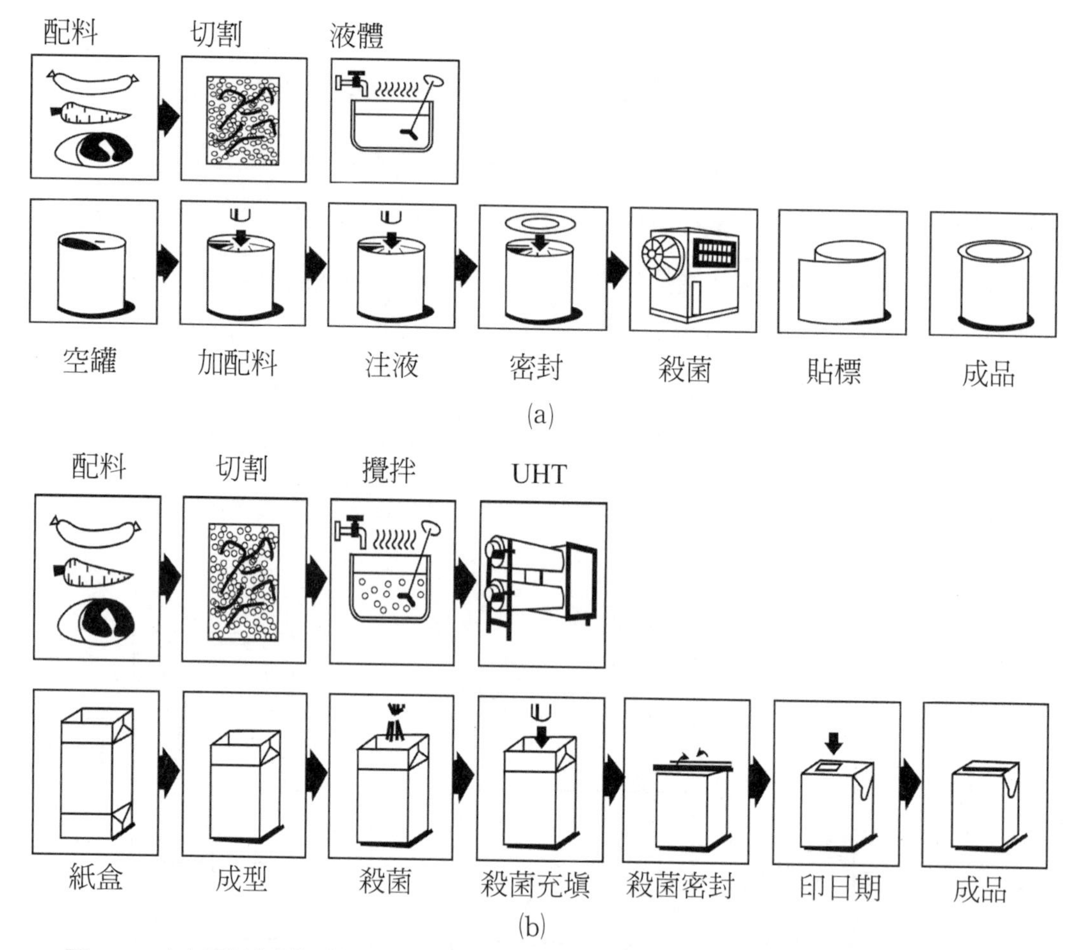

圖4.13 (a) 傳統製罐（先充填後殺菌）與 (b) 無菌加工（先殺菌後充填）之比較

四、食品已充填在容器後之加熱殺菌設備

此類設備爲傳統罐頭加熱裝置，又分批式（batch type）與連續式（continuous type）。批式殺菌裝置以殺菌釜爲最常用，主要有兩大類，靜置式（still）與攪動式（agitating）。靜置式是指殺菌籃中的罐頭在殺菌過程中始終處於靜止狀態之殺菌釜結構，罐頭內食品之傳熱全靠自然傳導與對流，故傳熱速度慢，易造成食品品質不均。攪動式則指殺菌籃中的罐頭在殺菌過程中處於攪動狀態之殺菌釜結構（表4.10）。連續式則包括封水式、靜水壓式及直接式火焰殺菌機。

表4.10　殺菌釜種類

靜置式（Still）	攪動式（Agitating）	
加熱熱媒	種類	加熱熱媒
蒸氣、熱水浸泡、熱水淋灑、熱水噴霧、蒸氣混合空氣	旋轉式（Rotary）	蒸氣、熱水浸泡、熱水淋灑、熱水噴霧、蒸氣混合空氣
	擺盪式（Oscillation）	熱水浸泡、熱水淋灑、熱水噴霧
	搖晃式（Shaking）	熱水淋灑、熱水噴霧、蒸氣混合空氣

(一) 批式加熱裝置

1. 靜置式殺菌釜（autoclave，retort）

殺菌釜所用的熱媒，有蒸汽、蒸汽混合空氣與熱水（浸泡、淋灑、噴霧）等方式。而其形式，則有立式與臥式兩種。

(1) 立式殺菌釜

立式殺菌釜可用於常壓或加壓殺菌。常壓加熱用於100℃之酸性食品罐頭之加熱。立式殺菌釜在品種多、產量小的生產中較實用，故一般中小型罐頭廠使用較普遍。瓶裝罐頭的殺菌宜使用立式殺菌釜，其系統包括蒸汽系統，壓縮空氣供應系統以防止瓶蓋脫落及冷卻供應系統（圖4.14）。

圖4.14　立式殺菌釜

（http://dechuangpv.com/show.asp?id=55北京德創輕工機械設備有限公司）

(2) 臥式殺菌釜

臥式殺菌釜可用於高壓殺菌，且其容量較立式殺菌釜大，故用於中大型罐頭工廠（圖4.15）。

使用靜置式蒸氣臥式殺菌釜之優點包括：①蒸氣易生產、儲存。②溫度易控制。③殺菌時之蒸氣壓力可使罐內外壓差不會太大，防止變形。④蒸氣熱焓較大，飽和蒸汽冷凝時釋出之潛熱相當於六倍同溫度下過熱水提供之熱能。⑤造價便宜。

其缺點為：①罐頭在115℃以上加熱時，部分罐內液體會蒸發及罐內空氣愈熱膨脹產生內壓，僅靠釜內飽和蒸汽壓，無法達到罐內壓差平衡，導致部分罐頭變形或破損，故不適用於殺菌軟袋。②冷卻水需添加氯以防止冷卻水污染殺菌後之罐頭。

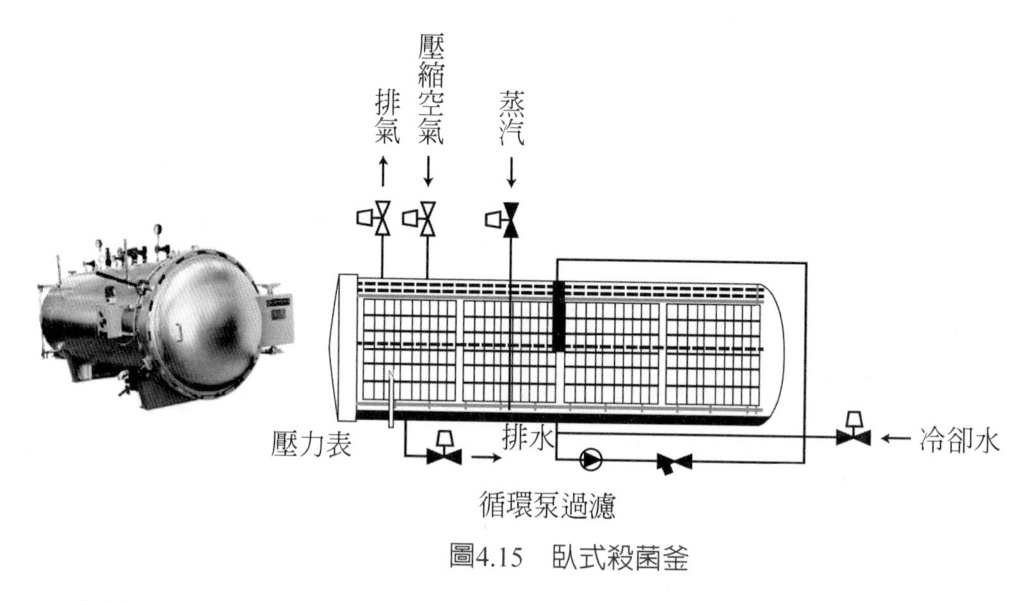

圖4.15 臥式殺菌釜

⑶ 操作注意事項

封蓋後之罐頭必須在半小時內裝釜殺菌。裝釜前應確定該批罐頭是否未經殺菌。確定罐頭是否已經殺菌，可由加熱指示物之顏色判定，若已加熱則指示物會變色，該指示物可有膠帶型、紙板型及油漆型等。同時，罐頭堆疊在殺菌台車上時應交錯放置，避免整齊重疊，以利蒸汽可達全部罐頭之全表面。罐頭初溫不及50℃者應先加熱使其品溫達50℃以上，通常以65℃左右為宜。

以蒸汽為加熱介質的殺菌釜，在操作過程中，若釜中存在空氣，會使溫度分布不均，而影響殺菌效果。因此，必須先排氣，排氣條件依殺菌釜大小、配管情況或蒸汽供應情形而異。但此過程會浪費大量熱能，一般約占全部殺菌熱能之1/4～1/3，造成操作環境之噪音與濕熱汙染。

罐頭食品殺菌時隨著罐溫升高，所裝內容物的體積也隨之而膨脹，而罐內的上部空隙則相對縮小，罐內上部空隙的氣壓也隨之升高。為使殺菌時罐內外壓力達到平衡，避免鐵罐變形或玻璃罐跳蓋，必須利用空氣或殺菌釜內水所形成的補充壓力以抵消罐內的空氣壓力，這種壓力稱為反壓力。如殺菌軟袋的殺菌，袋內壓比袋外壓差大於0.1 kg/cm^{2}殺菌袋即破裂，就需實施加壓殺菌。

對於上述這種需注意反壓力之罐頭的殺菌，若用蒸汽加熱，就需加入空氣以補充壓力來源，但此時殺菌釜內有蒸汽與空氣之混合氣體存在，易使釜內溫度不均勻。因此，往往利用高壓水浴殺菌方式。此法為以水作為直接加熱的媒介，對於低酸性的大直徑罐、扁型罐與玻璃罐非常適用。其在殺菌與冷卻時，可較穩定的平衡罐內外壓力，以防止容器出現變形、跳蓋、破裂等問題，可降低損失。

以水為加熱介質的殺菌釜，可用一般熱水或加壓熱水。使用加壓熱水加熱時之操作步驟與傳統殺菌釜殺菌之「快速加熱，快速冷卻」不同，而是「緩慢加熱，緩慢冷卻」，其壓力隨著包裝容器內部壓力改變而加以調節，因此容器不會變形或破袋，如可微波加熱產品即用加壓熱水加熱。

近來有結合熱水與蒸汽之噴淋式殺菌裝置。其裝置與熱水式殺菌釜相似，但卻裝有噴霧噴嘴如圖4.16所示。其操作又有噴淋定壓式與含氣式兩種。噴淋定壓式適合袋狀製品，含氣式則適合於具有上部空隙的淺盤式製品。一般熱水式需裝

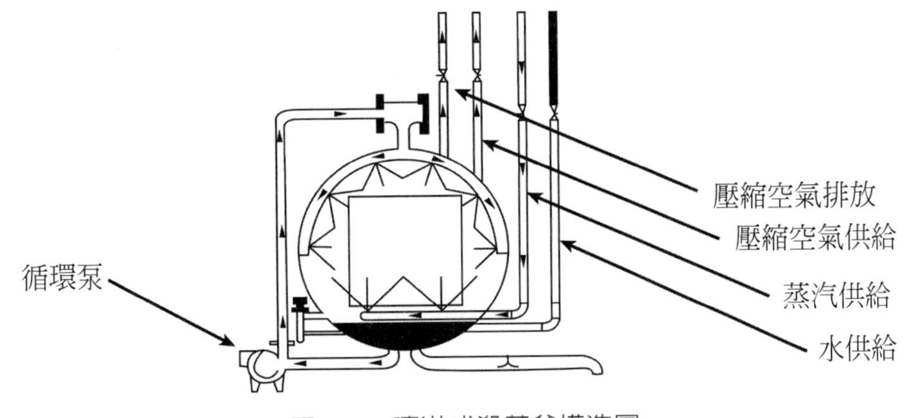

圖4.16　噴淋式殺菌釜構造圖

滿水才加熱，而噴淋式由於使用水量爲熱水式之1/8，蒸汽用量也爲1/8，且熱水可回收利用，因此更省能源。且因釜內產品不會因滿水而產生位移問題。且產品Fo值誤差小，溫度反應靈敏。熱水式與噴淋式殺菌釜之比較如表4.11。

表4.11 熱水式與噴淋式殺菌釜之比較

項目	熱水式	噴淋式	備註
含氣式、定壓式	O	O	兩者相同
壓力均勻性	較好	好	水深不同處有較小的壓力差（熱水式）
迴轉法的效果	好	差	因產品位移造成破損的可能性大（噴淋式）
Fo值的誤差	小	非常小	冷卻時沒有時間滯後問題（噴淋式）
產品的安全性	高	非常高	循環水被殺菌（噴淋式）
產品裝塡量	多	略少	捲封機托盤間隙必須多（噴淋式）
熱水消耗量	多	少	噴淋式用量爲熱水式的1/8
大小（高度）	高	低	噴淋式不需要熱水罐
機體重量	重	輕	噴淋式不需要熱水罐
運轉時噪音	高	低	熱水由熱交換機間接加熱（噴淋式）

資料來源：涂等，2004

2. 攪動式殺菌釜（agitating retort）

攪動式殺菌釜係指殺菌籃中的罐頭在殺菌過程中處於攪動狀態之殺菌釜結構，如圖4.17所示。罐頭迴轉時，可以循顚倒迴轉方式（天地方向或頭尾方向），也可以滾動方式迴轉（罐軸方向）（圖4.17）。轉速一般在每分鐘1～25轉。其適合於靠半傳導方式傳熱之罐頭，其缺點爲設備較貴，且結構複雜。其優點如下：

(1) 殺菌時間短。由於攪動造成罐頭內食品產生強制的對流，因此可縮短加熱時間。一般迴轉速率愈大，則加熱時間愈短。但隨著罐頭迴轉速率的增加，離心力達到一定程度後，反而使罐頭的內容物被拋到罐底，使上部空隙位置始終不變，失去旋轉的意義。

⑵ 殺菌均勻。由於殺菌籃的攪拌作用，使殺菌釜內熱媒形成強烈的擾流，使其能均勻分散於罐頭表面，故加熱較均勻。

⑶ 產品品質較佳。對於高黏度、半流體與熱敏感性的食品，不會產生因罐壁過熱而形成黏結的現象。可改善食品品質，減少營養成分的損失。尤其是一些高黏性產品，如八寶粥，更是非利用攪動式殺菌釜不足以保持其品質。同時因迴轉時可避免結壁現象，故可提高殺菌溫度，更進而縮短殺菌時間。

圖4.17　⒜ 攪動式殺菌釜與 ⒝ 迴轉時罐內上部空隙變化情形

對於不適合旋轉攪動式殺菌釜之包材或產品，如殺菌軟袋與PP碗等，則可使用擺盪式殺菌釜（oscillation retort）。其結構與旋轉式殺菌釜相似，一樣在釜內有一圓形框架，但此框架不做360度旋轉，而是左右來回擺動達到促進熱傳之效果（圖4.18）。

圖4.18　擺盪式殺菌釜罐內產品擺動情形

㈡ 連續式加熱裝置

除傳統殺菌釜式的攪動方式外，亦可利用此構想作成連續式殺菌裝置。由於連續式殺菌方式罐頭多半利用輸送帶輸送，而罐頭在輸送帶上多半為攪動狀態，故以下三種連續式殺菌裝置皆為攪動式。

1. 封水式殺菌機（hydrolock cooker-cooler）

封水式殺菌機構造如圖4.19所示。殺菌機下方有水，此水層淹蓋外罐之進出瓣（水封）。當外罐經過旋轉閥門送進殺菌機後，上升到最高點並逐層水平滾動下來，故其屬於攪動式殺菌。殺菌機內利用蒸汽以殺菌。殺菌完成後送到下面水層予以冷卻，並經由水封送出殺菌機。最後，再以冷水繼續冷卻。其可應用於玻璃罐與殺菌軟袋之殺菌，若應用於殺菌軟袋，則必須夾在鐵架上運送。

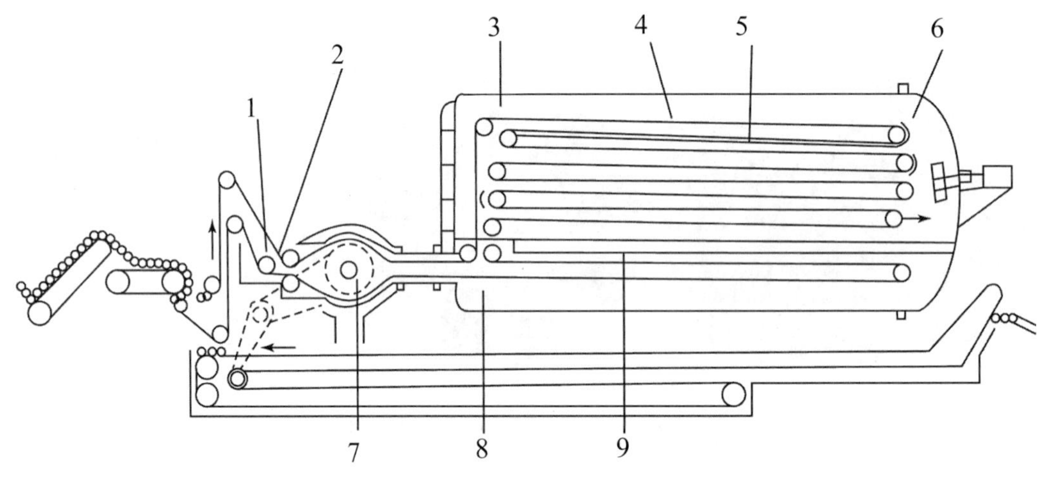

圖4.19 封水式殺菌機構造

（圖中1-水封，2-輸送帶，3-殺菌空間，4-輸送帶上之罐頭，5-罐頭通道，6-加壓道，7-封水用旋轉閥門，8-冷卻水，9-殺菌室與冷卻室的隔板）

2. 靜水壓式殺菌機（hydrostatic cooker-cooler）

爲一種連續式循顚倒方向迴轉的攪動式殺菌裝置，其構造如圖4.20。密封好的罐頭經輸送帶先經過預熱區，接著進入蒸汽室內進行殺菌，再從冷卻塔中經過，最後送出。水的走向正好與罐頭相反，熱水由冷卻出口進入，作爲冷卻水與罐頭進行熱交換，流經蒸汽室底部以保持蒸汽室的壓力後，再由預熱室出口流出。此種殺菌機與封水式不同處爲其不需要水封，而是計算預熱區與蒸汽室間之壓力差後，以預熱區與冷卻區的水柱高度控制殺菌之壓力。

此殺菌設備可處理多種規格的罐頭，其優點有：1. 蒸汽消耗量少，僅傳統殺菌方法的一半甚至更少。2. 占地面積小，處理能力大。3. 冷卻用水少。4. 溫度改變幅度小。5. 處理過程動作緩和，產品損傷少。6. 可進行自動控制，節省勞力。

3. 直接式火焰殺菌機（flame sterilizer）

火焰殺菌機（圖4.21）是利用火焰直接加熱罐頭，並使罐頭快速轉動以促進罐內熱對流之殺菌法，適用於流體產品。罐頭經預熱區後，進入加熱區，接著進

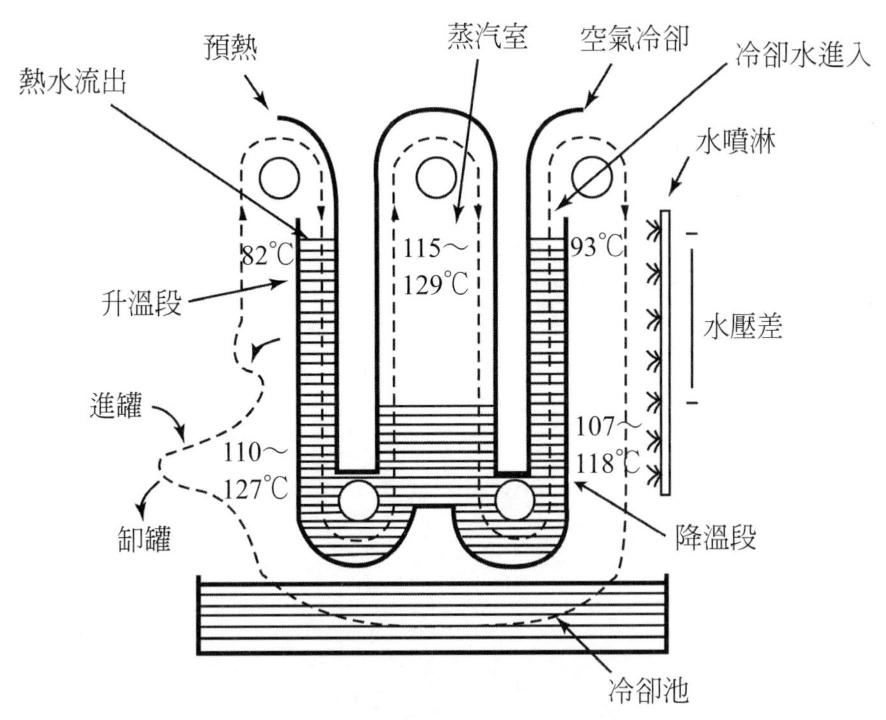

圖4.20　靜水壓式殺菌機構造

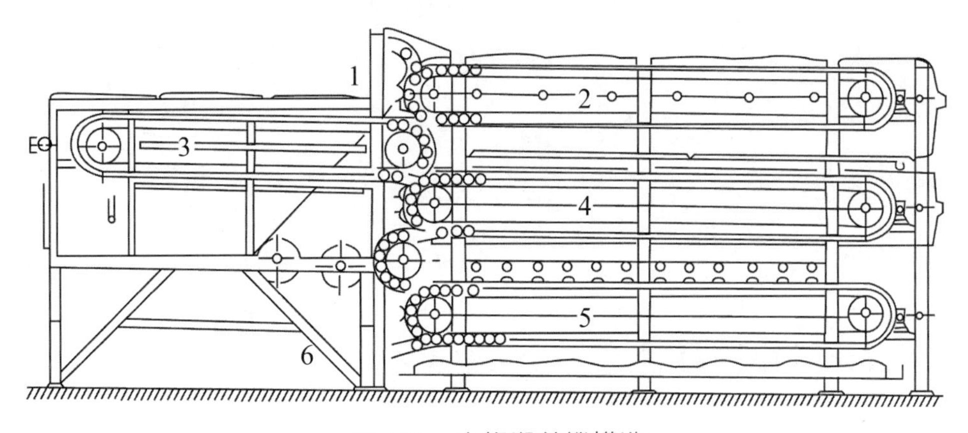

圖4.21　火焰殺菌機構造

1 罐頭進口　　4 保溫室
2 預熱器　　5 冷卻器
3 加熱器　　6 罐頭出口

入保溫區以較小火焰維持罐內溫度與加熱時間，最後進入冷卻區冷卻。使用此殺菌機之優點為：(1) 不使用蒸汽，升溫短，殺菌快，故產品品質好。(2) 裝置簡單。(3) 熱效率高。缺點為大型罐（適合罐徑303以下）及黏性高食品不宜。

* 真空調理食品

真空調理法（sous-vide, vacuum process）係將食物以真空包裝，於低溫下以熱水或蒸汽加熱，並經急速冷卻，再以冷藏或凍藏保存的一種加工產品。其亦屬於先充填後（巴氏）殺菌的方法。sous-vide 加工法與傳統的冷凍、冷藏調理食品的加工法有些不同。二者流程如下：

傳統加工：原料→調理→加熱→冷卻→常壓或真空包裝→冷凍或冷藏。

sous-vide加工：原料→調理→真空包裝→加熱→冷卻→冷凍或冷藏。

由於sous-vide 法所用的加熱溫度多在60～69℃與巴氏殺菌相似，故需配合低溫儲存。主要殺滅之微生物為產氣莢膜桿菌。

真空調理優點包括：(1) 食物在本身流出之汁液中烹煮，營養成分、風味等都包在包裝內，故營養、風味的流失低；(2) 調味料的用量可減少；(3) 在加工初期即真空密封，可防止二次汙染；(4) 使用低溫慢煮，適用於需長時間烹煮的食物；(5) 適用餐廳及外帶服務業等食品供應業者；(6) 節省廚師及設備費；(7) 供應有彈性，不必擔心供應不足或過剩問題；(8) 材料耗損少。

真空調理包裝缺點包括：(1) 加熱溫度低，無法將易生孢子的病原菌，尤其是肉毒桿菌殺滅，而這些微生物也可能在低溫下生長；(2) 由於真空包裝會抑制腐敗性微生物的生長，使產品即使受到病原菌感染在外表上亦無異狀，而使消費者失去警覺性；(3) 若運銷過程中溫度失控，則易使產品品質劣變。

五、食品未充填在容器前之加熱殺菌設備

1. 無菌加工（aseptic canning）

為本類設備中最重要者，將於本章第十二節中再探討。

2. 熱充填（hot pack, hot fill）

將調理過的酸性食品經殺菌後，趁熱充填於容器內，隨即馬上封蓋或捲封，再將其倒立，利用食品之餘熱將瓶口與瓶蓋微生物加以殺滅。熱充填因餘熱低於100℃，故僅適用於酸性食品之殺菌，如果醬、番茄醬、各種果汁、泡菜。一般酸性果汁加工條件大約為77～100℃加熱30～60秒，並於77～93 ℃倒置1～3分鐘，然後冷卻。此法常用於家庭自製罐頭食品。

3. 「瞬間18」加工（flash 18）

此法為美國Swift公司所發展出的一種罐頭食品生產法。一般低酸性食品殺菌溫度需超過100℃以上，若要進行熱充填，因其在沸騰狀態，不但危險而且不方便操作，因此開發出「瞬間18」加工方式。此加工方式係全部的操作過程（包括人員及整個生產線）在加壓的18～20 psi密閉室內（故稱flash 18）。在此壓力下，水的沸點可達124～127℃，因此低酸性食品在121℃下殺菌可不沸騰，故可用此種「先殺菌後充填」的模式加工。將高溫短時殺菌之低酸性食品送入壓力室中，使其在不沸騰狀態下，趁熱充填於清潔但未事先滅菌之容器內，加以密封後，於室內維持4～15分鐘以利用餘熱做容器之殺菌後，移出加壓室冷卻即可。此法適合高黏度產品，如濃湯、醬料。其優點為可減少加熱處理時間。熱傳、熱穿透速率不再是主要的影響因素。但缺點為加壓室設備成本高、操作人員安全性需考慮。因為人員在18～20 psi壓力環境下工作，需先進入休息室，逐漸加壓，以使人員適應加壓室。離開時亦同。若使用自動裝填、封罐系統，則需將此系統置於高壓下，可省去人員處於高壓之危險性。

第九節　罐頭冷卻工程

一、冷卻的目的

罐頭殺菌後，應儘速予以冷卻，冷卻的目的為避免餘溫繼續加熱導致食物加熱過度使產品變質（組織軟化、變色、香味改變），同時避免嗜熱性細菌孢子在高溫下大量繁殖。

二、冷卻方法

罐頭冷卻方法，包括無壓（常壓）冷卻法與加壓冷卻法。小型罐與常壓殺菌罐頭可使用無壓冷卻；凡殺菌溫度高於110℃，而罐型大於307罐徑（但如特3號罐雖爲307罐徑，因其罐身特長，應視爲大型罐）或殺菌溫度達121℃，而罐型爲301或大於301者均應施行加壓冷卻。

使用加壓冷卻之原因爲冷卻時因罐外溫度迅速下降，使釜內（罐外）壓力迅速下降，但罐內溫度下降緩慢，因此壓力降低緩慢，於是罐頭內外壓差增大，此時最容易造成罐頭變形或玻璃罐跳蓋等現象。此現象尤其在大型罐更嚴重。因此必須在殺菌釜內通入高壓空氣或水，以控制罐內外壓力差。加壓冷卻初期所需壓縮空氣較多，而中期漸少，後期則更少甚至不需用。冷卻水未滿及全部罐頭前應避免釜內壓降至操作壓力範圍下，相反的，冷卻水滿及罐頭後壓力應即逐漸降下，切不可保持或高出操作壓力。

三、注意事項

1. 冷卻終點視實際要求訂定（如是否有風乾或擦拭設備等）。一般以中心溫度冷卻至35～40℃爲宜，高於40℃則耐熱性孢子易萌芽造成腐敗，低於35℃餘溫不足使罐外壁水分蒸發，造成日後易鏽罐。

2. 冷卻時冷卻水應符合飲用水標準，同時殘氯量應足夠，殘氯不足無殺菌力，過高則不利容器。

3. 玻璃瓶由於遇到溫差超過30℃時容易破裂，因此玻璃容器必須採逐步冷卻方式，其瓶內外溫差不可超過27℃。

第十節　罐頭之檢查工程

罐頭食品之檢驗，每批成品應依工廠制定之成品規格及出廠抽驗標準，抽取代表性樣品，實施成品檢驗。罐頭成品應檢驗下列項目：內容物（如糖度）、固形量或內容量、pH值、眞空度、風味、外來雜物。在工廠內常以打檢方式判斷罐頭品質好壞。

一、打檢

一般罐頭外觀檢查主要以打檢行之。打檢利用打檢棒進行，其可了解罐內所裝內容重量情形（過輕或過重）及其眞空度是否良好。

打檢棒爲一直徑2～3公分、長20～25公分，先端有一直徑爲1公分球狀物之鑄鐵或不鏽鋼製品，其重量在30～50 g。打檢方式是以打檢棒輕擊罐蓋或罐底，根據所發出音響及打檢棒振動的感觸以判別罐之良否。打檢分級及判斷標準如下：1. 優良罐：音響清亮，堅實而均一者。2. 不良罐：音低而濁，輕浮而不結實，若有初期膨罐時，則有輕微振動之感觸。3. 輕量罐：音響清亮如空罐聲，雖然眞空度高，但上部空隙增大或裝量不足，不屬良品。4. 過量罐：音響結實飽滿，無清亮音，是內容物裝塡過量，無上部空隙，眞空度爲零。

二、不良罐形式

不良罐除打檢判斷外，亦可由罐之外觀判斷罐之好壞。各種不良罐如下：

1. 膨罐（swell）。罐之兩端呈膨脹狀態，依程度分爲軟膨罐（soft swell）及硬膨罐（hard swell）兩種，軟膨罐用手指稍能壓下，而硬膨罐堅硬不可壓下。

2. 彈性罐（springer）。是一種輕微之微生物膨罐或輕度氫氣膨罐，爲過量裝罐或脫氣不足所致。罐端膨脹，以手指壓下有彈性感，能恢復原狀保持凸面現象。

3. 急跳罐（flipper）。是輕微之彈性罐，罐外可能正常或微有凸面但不顯著，以手指壓下隨手凹凸，有急跳感覺，並發出音響，打檢時棒柄有振動現象。

4. 重凹罐。受外界壓力影響或搬運時碰擊而呈凹罐，一號罐以上（包括一號罐）罐凹程度影響同一罐高度之差異最大3 mm，二號罐以下爲2 mm占全部檢查數不得超過10%。

5. 汙鏽罐。凡係自然鏽罐或用布或鋼絲絨擦去鏽跡而無傷痕存在者。

6. 捲締輪廓檢查。逐一檢查罐蓋、罐底及罐身焊錫部分，如有下列情形者爲不正常罐。(1) 舌狀突出。(2) 捲縮內緣呈銳利切磨現象（應做內部捲封檢查）。(3) 罐身焊接部與蓋重疊部，捲接不正常或焊接不均勻（應做捲封檢查）。

7. 穿孔。鐵片受內容物腐敗而發生極小穿孔甚至於漏罐者。在鏽點以金屬絲輕刺之，如能輕易刺穿即穿孔罐。

8. 釘孔。包裝釘箱不愼，鐵釘斜釘或誤釘罐頭。

三、罐內容物檢查

1. 全重量。包括鐵皮重及內容物重，而內容物重有固形物重及液汁重。

2. 眞空度。進行內容物檢查前會作眞空度之測定，其使用罐頭專用之眞空計。一號及一號以上大型罐，不得低於76 mm（3in）Hg，二號及二號以上小型罐不得低於127 mm（5in）Hg，橢圓型及角型罐不得低於2 inHg。目前工業上已有連續式眞空度檢測法，其係利用檢測罐蓋之細微膨脹以檢測眞空度（圖4.22）。

3. 耐壓力。爲試驗捲締封罐之良否，針對眞空度零或有下述不正常罐會進行測量，包括：舌狀突出，罐捲締頂部內面周緣部呈銳利切磨現象，罐身焊接部與罐蓋重疊部捲接不正常或焊錫不均勻之罐。

4. 上部空隙。指罐蓋與液面的高度差，若固形物高於液面則量罐蓋與固形物間距離，但其高度不得高於罐內高度之十分之一。

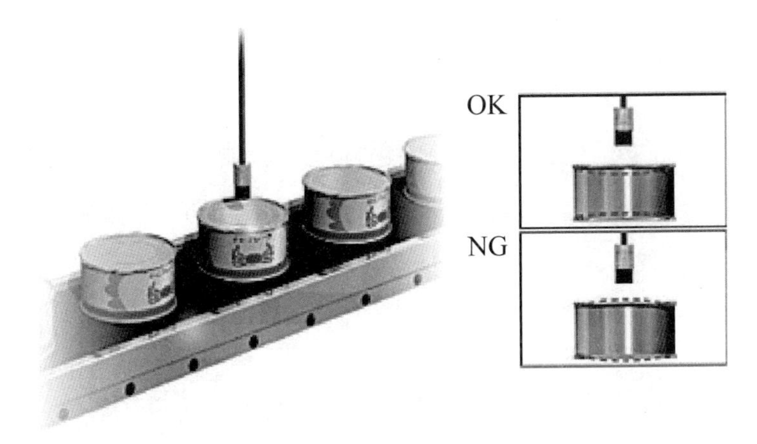

圖4.22　連續式真空度檢測法

將罐及固形量倒出液汁後，稱空罐及固形物重。其中，取出固形重後即可稱出罐重。全重量減去罐重即爲內容量。液汁糖度（Brix，20℃）應以裝罐十日後之糖液濃度爲標準。

另外，液汁澄清度、色澤之鑑定、形態、組織、風味、純潔度都有相關之標準可遵循。

四、保溫試驗

保溫試驗係指將樣品置於選定之溫度下，保持一段時間，使微生物生長之試驗。

罐頭製成後倘殺菌不足時殘存於罐內之細菌亦不會立刻開始繁殖，常有一段停止發育之期間，有時不發生膨脹等現象，故外觀屬於正常罐並非全部不致發生腐敗，可能包括一小部分有腐敗之危險性者，若於貯藏中之某一時期罐內之各種條件適於殘存細菌之發育時則可發生徵候。其期間長短不同，好熱性細菌之中有的經過貯藏一年後方開始作用，故欲於短時間內檢查有無此種之罐頭時，必須施行保溫試驗。其方法是將製成後之罐頭取數罐置於培養箱中觀察，使用的保溫條件是37℃，10天。保溫試驗期間至少每天視察外觀一次，遇有膨脹罐應予取出。檢查期間終了時，取出放冷，並作罐外觀檢查，分別正常罐、急跳罐、彈性罐及膨罐等，並作異常的原因調查。

五、罐內壁檢查

以肉眼檢查罐內壁狀態，包括其變色程度、腐蝕程度以及是否脫錫情形，特別對於蓋及底部壓印標誌部分或罐身接縫部，就其異常狀態詳細檢查。

第十一節　罐頭食品之腐敗

引起罐頭變敗之原因包括微生物、化學性與物理性等原因。品管者往往必須根據已敗壞罐頭之現象，推斷可能之原因，然後才能據此改善製程。

一、微生物引起之罐頭變敗

微生物引起罐頭食品變敗原因有很多，若腐敗肇因於食物本身，則可能來源包括原料（包括其生長環境，如土壤、空氣與水）、配料（各種添加物，甚至香辛料）、加工機械與設備。罐頭食品常見之腐敗菌如表4.12。品管者可根據腐敗罐之外觀與風味等，判斷可能造成之原因與微生物種類（圖4.23）。

各類腐敗菌對罐頭形成之特徵如下：

1. 平罐酸敗菌。形成平酸罐（flat sour），其主要是因爲好熱性孢子形成菌（*Bacillus stearthermophilus*）（低酸性食品）與中溫孢子形成菌（*B. subtilis*與*B. coagulans*）（酸性食品）造成。此類微生物生長僅會產酸使食品pH下降（不低於pH 5.3），但不產氣，故罐外觀保持扁平，開罐後具有正常或酸味而得名。

2. 膨罐形成菌。由好熱性孢子形成菌（*Clostridium thermosaccharolyticum*）（低酸性食品）與中溫孢子形成菌（*B. polymyxa*）（酸性食品）造成。此菌可產生大量氣體，一般爲氫氣，故會產生膨罐。腐敗的產品具有酸味與顯著的pH下降。

表4.12　罐頭食品常見之腐敗菌種類

微生物種類	細菌種類	食品類型	D值
平罐酸敗菌	好熱性孢子形成菌（*Bacillus stearthermophilus*）	低酸性	4.0～5.0
	中溫孢子形成菌（*B. subtilis*與*B. coagulans*）	酸性	0.01～0.07*
膨罐形成菌	好熱性孢子形成菌（*Clostridium thermosaccharolyticum*）	低酸性	3.0～4.0
	中溫孢子形成菌（*B. polymyxa*）	酸性	0.10～0.50
硫臭腐敗菌	好熱性孢子形成菌（*C. nigrificans*）	低酸性	2.0～3.0
嫌氣性腐敗菌	好熱性孢子形成菌（*C. thermosaccharolyticum, C. sporogenes*）	低酸性	0.10～1.50
	肉毒桿菌（*C. Botulinum* A, B型）	低酸性	0.10～0.20
	嫌氣性丁酸菌（*C. butyricum, C. pasteurianum*）	酸性	0.10～0.50

* D_{212}資料來源：李，1987

3. 硫臭腐敗菌。由好熱性孢子形成菌（*Clostridium nigrificans*）（低酸性食品）造成。其特徵為罐容器扁平，產品成黑色，並有強烈之硫化氫臭故名。為洋菇罐頭重要之腐敗菌。

4. 嫌氣性腐敗菌。由好熱性孢子形成菌（*Clostridium thermosaccharolyticum*與*C. sporogenes*）、肉毒桿菌（*C. Botulinum* A, B型）（低酸性食品）與嫌氣性丁酸菌（*C. Butyricum*與*C. pasteurianum*）（酸性食品）造成。特徵為膨罐且有腐敗臭味，pH不低於4.8。

微生物引起罐頭食品變敗之原因包括：殺菌不完全、冷卻不足、捲封漏損、殺菌前已腐敗。各種原因、造成之細菌、罐頭外觀與控制方法等如表4.13所示。

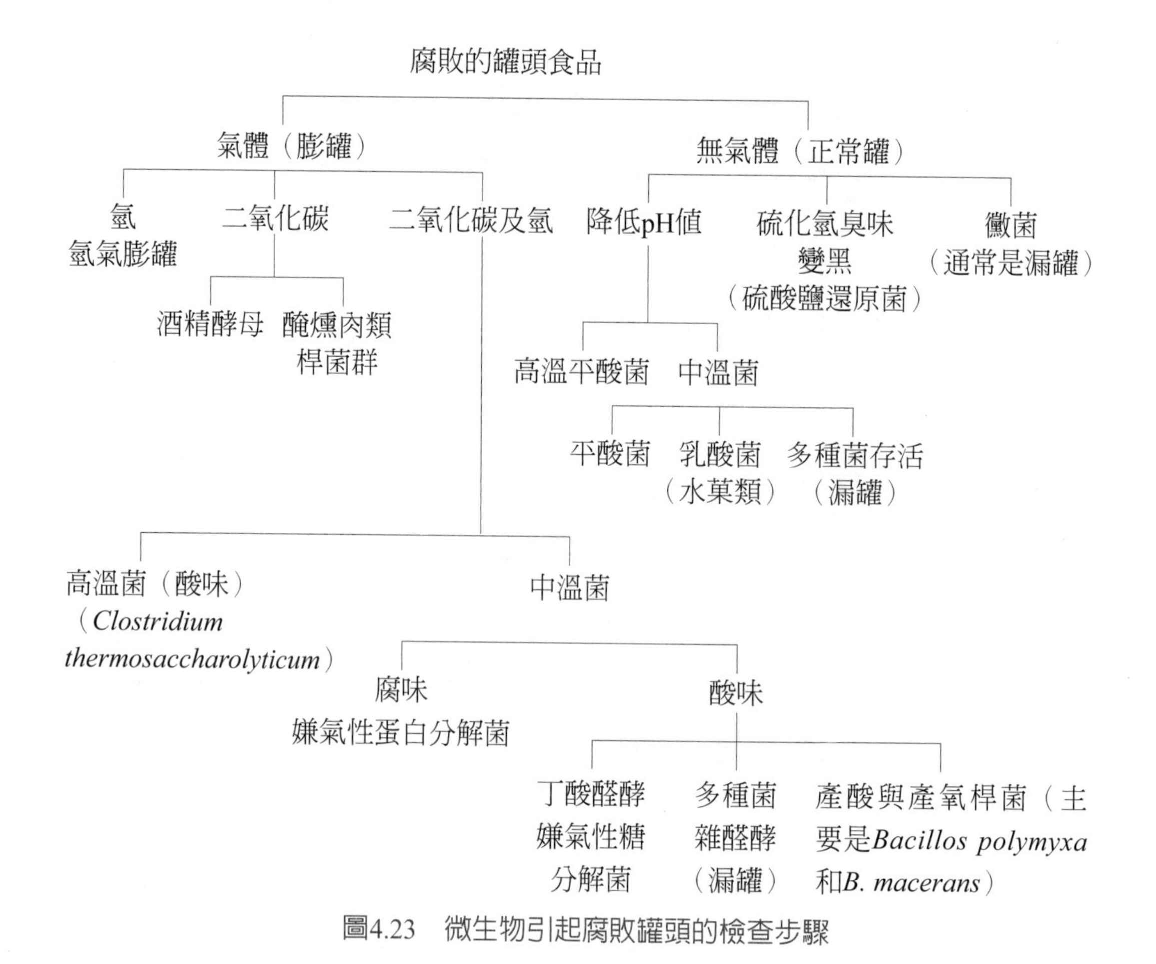

圖4.23 微生物引起腐敗罐頭的檢查步驟

二、化學性引起之罐頭變敗

化學性引起之罐頭變敗因每種原料有其不同之特性，故變敗種類最多，原因也都不同，是最令科學家頭痛卻也最有興趣研究者。

1. 異臭、異物之形成

⑴ 異臭。將環己基磺醯胺酸（cyclamate）（人工甜味劑之一種）加入柳橙或桃子等果實罐頭或果汁中，會與其中之亞硝酸離子產生化學反應，產生石油臭。

表4.13　罐頭食品細菌性腐敗原因及控制方法

腐敗原因	主要細菌	罐頭外觀	控制方法
殺菌不完全			
1. 帶有耐熱性特強的細菌	平酸菌或硫臭腐敗菌。	正常或膨脹罐。	1. 發現汙染源以及免除汙染。 2. 檢討殺菌條件。
2. 裝罐時有嚴重的細菌汙染	同上。	同上。	1. 加強衛生管理以及減除汙染。如清洗加工場所、設備。 2. 使用清潔原料、設置低溫終止細菌繁殖。
3. 殺菌釜操作錯誤 (1)空氣或水造成局部的殺菌不足 (2)儀表不準確	通常只有一種及耐高溫細菌存活，除非嚴重殺菌不足，有多種細菌存在。	同上。	1. 注意徹底排除空氣和水。 2. 檢查溫度與壓力表是否一致。
4. 其他 (1)罐內固形物過多 (2)罐頭排列不當	同上。	同上。	1. 檢查固形物裝罐情形。 2. 注意檢重品管。 3. 罐頭間距適當調整。
冷卻不足			
1. 冷卻時間太短 2. 冷卻水溫太高	通常是耐高溫酸敗菌。	正常。	快速冷卻至38℃以下。
捲封漏損			
1. 捲封不良	通常是多種細菌同時存活，若是用氯水冷卻時則可能是一種孢子形成菌存活。有時無活菌但是亦無眞空度。	正常或膨脹罐罐內液汁由裂縫滲出。	1. 檢查捲封機以及正常操作時加強品管。 2. 檢查罐蓋密封膠量以及是否均勻。
2. 冷卻水嚴重汙染	通常是多種細菌同時存活，尙且包含非孢子形成菌。	正常或膨脹罐。	氯氣消毒冷卻水。
3. 殺菌後以不潔設備盛裝	同上。	同上。	1. 增設罐頭乾燥機。 2. 注意罐頭輸送軌道衛生。

腐敗原因	主要細菌	罐頭外觀	控制方法
4. 殺菌時捲封聳脹	同1. 捲封不良。	正常或膨脹罐有時會有聳脹。	1. 冷卻時減壓速度減緩。 2. 加壓冷卻。
5. 搬運時損傷捲封	同上。	捲封處及附近碰傷引起膨脹。	1. 小心搬運。 2. 檢查罐頭鐵皮厚度是否合乎要求。
殺菌前已腐敗			
原料調理以及殺菌間隔太長	鏡檢時有很多細菌，但是培養時卻發現都是死的菌體。	通常會造成跳躍罐，有時正常但食品已變酸。	提高加工速率。

資料來源：李，1987

⑵ 異物。蟹、鮭、鮪魚等常產生玻狀晶體（struvite），爲$MgNH_4PO_4 \cdot 6H_2O$結晶造成。乃肉中鎂與磷化物與肉分解產生之氨在加熱時產生化合物，冷卻後結晶析出造成。若急速冷卻，則結晶顆粒小，不易察覺；若冷卻速率慢，則結晶顆粒大而量少但較易察覺。可加入金屬螯合劑防止。

蘆筍罐頭常發生黃色蠟狀物結晶，是黃酮葡萄糖苷（flavonol glucoside）所造成。

2. 組織形體改變

⑴ 竹筍軟腐現象。以五加侖桶罐較常發生，罐內竹筍變質軟化，組織崩壞，嚴重者甚至不留原形。其原因爲原料殺菁後長時間漂水受酵素作用導致。

⑵ 蜂巢（honey comb）狀肉。鮪魚、鰹魚產生散布之小孔，似蜂巢故名。輕微之蜂巢狀乃因物理性原因造成，因肉組織鬆弛、剝離，使體液與可溶性蛋白質填充空隙，當水蒸汽冷凝後，就形成多孔性的空隙。嚴重的蜂巢肉則係鮮度差引起肌肉分解，可溶性成分增加造成多孔性增加。

3. 變色問題

⑴ 植物性原料——紅變、紫變。

①植物性原料中，鳳梨、梨罐頭紅變現象，乃因多酚類氧化聚合造成。

②白桃紅肉紫變現象，乃因花青素與錫形成金屬複合物造成。

⑵海產類。海產類中也容易有變色問題之產生。其可能發生褐變、藍變、橙色肉變、綠變與黑變現象。

①蟹肉褐變現象。主要因肝醣分解與胺基酸結合造成。

②蟹肉藍變現象。爲血藍蛋白（hemocyanin）與硫化氫（H_2S）結合造成。

③鮪魚、鰹魚橙色肉變（orange meat）現象。因凍結速率快，捕獲之魚體內肝醣未能充分代謝，以致高還原性的中間代謝糖類堆積，而與游離胺基酸產生梅納反應，使魚肉呈紅褐色。

④鮪魚綠變現象。魚肉蒸煮時，若魚肉含過量之氧化三甲胺（TMAO），在還原性胺基酸存在下，與變性肌紅蛋白（metmyoglobin）作用形成青綠色物質所造成。尤其是魚肉不新鮮，使其TMAO超過8 mg%時，更容易發生綠變現象。

⑤魚肉罐頭黑變現象。魚肉含大量含硫胺基酸，在加熱殺菌過程中，此含硫胺基酸易分解成硫化物，而與馬口鐵皮上的錫反應成黑紫色的硫化錫，甚或與罐壁腐蝕之鐵形成硫化鐵（$2Fe+3S \rightarrow Fe_2S_3$），造成罐壁黑變現象。可利用罐壁塗漆或添加金屬螯合劑避免之。

4. 形成白濁現象

⑴柳橙。柳橙中的橘皮苷（hesperidin）結晶會在果汁中立即形成結晶，特別是未成熟的果實或在樹上受到霜害者，亦易在裝罐後與糖類形成白色沉澱，此乃因其溶解度小之故。欲防止橘皮苷結晶的析出，可添加10 ppm羧甲基纖維素（CMC）改善。

⑵竹筍。是酪胺酸（tyrosine）與果膠、半纖維素、蛋白質、澱粉，在鈣鹽或其他無機物存在下形成膠狀成分造成。

5. 罐內壁腐蝕、穿孔與氫氣膨罐

罐內壁腐蝕乃因罐頭食品與罐壁材質發生化學反應產生的。主要受內容物種類、加工與儲藏條件、空罐材質等影響。尤其一些酸性蔬果，如鳳梨、芒果、番茄、洋菇等原料，因存有多量有機酸，導致罐壁容易氧化。圖4.24爲罐內壁腐蝕之機制。造成罐內壁腐蝕之主因爲由於機械的衝擊和磨損，或鍍錫不均勻，馬口鐵皮表面某些部位造成一些錫層的損壞，使底鋼露出，造成內容物有金屬味道。同時，在罐頭金屬部分形成電池的金屬極性，在無氧的情況下，錫爲陽極，鐵爲陰極，於酸性溶液下，錫會將氫取代出。其反應如下：

陽極：$Sn \rightarrow Sn^{+2} + 2e^-$

陰極：$2H^+ + 2e^- \rightarrow H_2$

酸度愈高，則錫的正電性愈大，溶出量愈大。另外，花青素有去極化作用，也容易造成腐蝕。

若錫層持續溶解腐蝕，而露出底鋼層，剛開始露出的鐵並不溶解，且產生的氫氣量少，對腐蝕並不影響。隨著腐蝕之侵蝕日益嚴重，鐵皮露出愈多，此時電池極性改變，變成錫爲陰極，鐵爲陽極，則鐵的腐蝕更加劇，並產生大量的氫氣（圖4.24）。若氫氣產生過多，則會造成氫氣膨罐。如柳橙就容易發生氫氣膨罐而形成彈性罐。

若鐵皮持續腐蝕，有可能蝕透罐壁，即形成針孔。此時外界微生物可藉由此針孔進入罐內，造成微生物性的腐敗。

罐內壁的腐蝕可能爲均勻的腐蝕，也可能爲局部腐蝕，尤其在有殘餘氧氣作用下，罐內容物液面與上部空隙交界處，可能會形成暗褐色腐蝕圈。

柳橙、番茄汁等果汁罐頭會有錫大量溶出之現象，主因爲其含有之硝酸鹽造成。一般在短時間（2～3個月）就會有大面積的脫錫現象，且錫溶出量很容易就超過衛生法規之上限，易造成食物中毒。解決方法爲將汁液中的硝酸鹽去除。

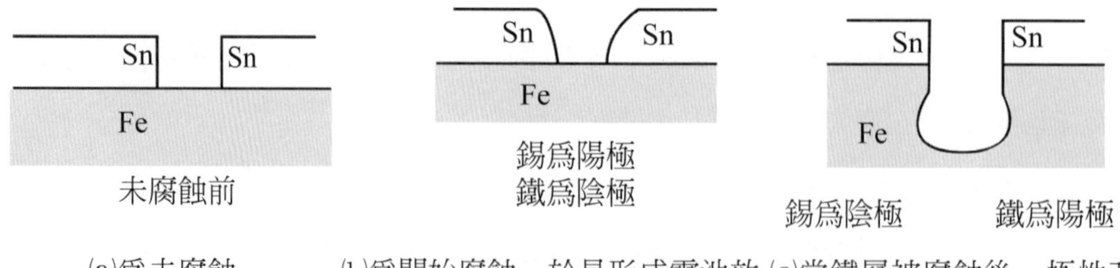

(a)爲未腐蝕　(b)爲開始腐蝕，於是形成電池效應，錫爲陽極，鐵爲陰極　(c)當鐵層被腐蝕後，極性改變，錫爲陰極，鐵爲陽極

圖4.24　罐頭內壁腐蝕之機制

如果罐頭材質不同，則可能產生雙金屬反應。如易開罐之罐蓋材質以鋁合金爲主，此時鋁爲陽極，錫爲陰極，當陰極面積比陽極大時，陽極處易發生局部的深蝕現象，甚至穿孔。因此一些高酸食品與氯離子超過100 ppm的罐頭，若罐身與罐底爲馬口鐵皮，則罐蓋就不能用鋁合金材質，必須也用馬口鐵皮的易開蓋。

爲避免罐壁之腐蝕，會使用塗漆罐，若塗料均勻完整，致密性佳，且無損傷，就不會發生腐蝕現象。若塗料有損傷或孔洞，此時因只有局部錫層露出，於是腐蝕會出現在塗料膜下橫向進行，由於面積小，其穿孔之速率與嚴重性有時甚至比素罐更劇烈。

6. 罐外壁腐蝕

罐外壁鏽蝕的因素有三個：⑴ 罐外壁出汗（sweating）產生水滴所致。如果罐頭進入貯藏庫時溫度較低，而倉庫溫度較高，空氣中的水蒸氣就會冷凝在罐頭表面形成水滴，即罐頭的出汗現象。同時，來自空氣中的二氧化碳、二氧化硫等氧化物，溶於這些冷凝水中成爲罐頭外壁的良好電解質，爲外壁上錫、鐵偶合提供了場所，從而出現了鏽蝕現象。⑵ 由於殺菌時殺菌釜排氣不充分，使空氣、水蒸汽並存，就爲罐頭外壁腐蝕提供了良好的條件。⑶ 冷卻水引起的腐蝕。罐頭冷卻水如果含有氯離子、硫酸根等腐蝕物質，隨著冷卻水溫度的提高，其腐蝕性加劇。除以上因素外，冷卻溫度過低，使罐頭表面水氣不易蒸發；裝箱材料含水分過高；貼標籤時所用膠黏劑的吸濕性過強，均可引起罐外壁腐蝕。

罐外壁的鏽蝕原因係因氧化鏽蝕造成，主要是由於罐壁水分過高引起的。其發生機制如圖4.25所示。與罐內壁之腐蝕機制不同，當罐外壁有水滴存在，加上罐壁表面有刮痕而致鐵外漏時，在鐵與水之間產生電池反應。此時陽極爲鐵、陰極爲水（與內壁腐蝕時陽極爲錫、陰極爲鐵之機制不同）。露鐵點處形成局部性腐蝕電池。在氧氣、水的作用下，首先生成鐵離子和氫氧根離子，再生成$Fe(OH)_2$，最後形成$Fe(OH)_3$即鐵鏽。其反應如下：

陽極：$Fe + nH_2O \rightarrow Fe^{2+} \cdot nH_2O + 2e^-$

陰極：$O_2 + 2H_2O + 4e^- \rightarrow 4(OH)^-$　　$Fe^{2+} + 2(OH)^- \rightarrow Fe(OH)_2$

$4Fe(OH)_2 + O_2 + 2H_2O \rightarrow 4Fe(OH)_3$

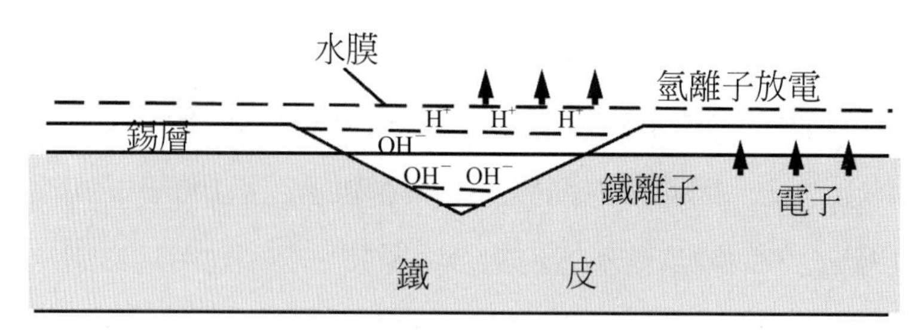

圖4.25 罐頭外壁鏽蝕之機制

三、物理性引起之罐頭變敗

物理性引起之罐頭變敗包括受熱變形與運送傷害兩類。當裝罐量過多或脫氣不完全，則容易造成罐頭變形情況。如早期蘆筍罐有凸角現象，其原因即爲封蓋時中心溫度太低，同時上部空隙過小造成。

運送傷害則多爲搬運時之碰撞，導致外觀損傷、凹罐等現象，除非碰撞時造成捲封損傷，引起微生物汙染，否則較無安全上之問題。

第十二節 無菌加工技術

一般傳統罐頭包裝的主要過程爲：前處理→脫氣→密封→殺菌→冷卻（先充填後殺菌）。而無菌包裝的主要過程爲：前處理→殺菌→充填→密封（先殺菌後充填）也就是原料先殺菌後，在無菌的狀態下充填與密封（圖4.13）。無菌包裝目前應用愈來愈廣泛，由包裝液體到流體、半流體和膏體；由一般果汁到蔬菜汁、牛奶、酒類、茶類、奶精、油、藥液、液劑保健飲品等都可用到，甚至發展出金屬罐的無菌加工技術（aseptic process）。其主要有三大系統：食物殺菌系統、包材殺菌系統與無菌的充填與密封系統。

一、食物殺菌系統

食物殺菌系統係利用高溫控制產品中微生物的含量，目前常用的方式有HTST和UHT殺菌。HTST產品必須配合冷藏儲存，而UHT產品若包裝環境與材料適當，則可在室溫下儲存。選擇殺菌法應根據產品特性而定。

在食物的殺菌系統方面，常使用兩種方法，一種爲直接加熱法，一種爲間接加熱法。直接加熱法係將蒸汽直接灌入食品中，使食品迅速升溫至加熱溫度（例如牛乳UHT殺菌爲135～150℃），其加熱速率快，且熱效率高，但較不易控制。間接加熱法爲工廠中較常用者，可使用管式、板式與刮面式熱交換機。當食物中有顆粒存在時，由於其熱傳方式與液體不同，且熱傳較慢，因此較易造成加工上之困擾。食品經過UHT殺菌，再將溫度降至20～30℃，即達到無菌要求。由於食品加熱時間只有短短幾秒鐘並急速降溫，因此可保存完整的營養成分。

二、包材殺菌系統

1. 無菌包裝之包材

無菌包裝採用的包裝容器有盒、杯、袋、桶等，其材質包括傳統的金屬、塑膠，到含紙的複合薄膜包裝。其中以磚型盒類包裝容器最常用也最爲人知。此容器爲瑞典利樂公司（Tetra Pak）所發明，其運用無菌加工的技術，於1961年上市全球第一個無菌包裝，亦即無菌利樂傳統包（Tetra Classic Aseptic）。此包材由75%的紙、20%聚乙烯（PE）和5%鋁箔（Al）所組成。此複合薄膜厚約0.35 mm由六層材料組成，即PE/紙/PE/Al/PE/PE（圖4.26）。用複合薄膜製成的包裝紙盒重量僅爲同容積玻璃瓶的8%，不僅成本較低，而且產生的廢物較少，有利於環境保護。

複合薄膜由外而內分別是：聚乙烯、紙、聚乙烯、鋁箔、聚乙烯、聚乙烯等六層。各層之功用如下：(1) 聚乙烯：用來防水及防止外界濕氣的侵襲。(2) 紙：爲主體，用來使包裝穩定堅固。(3) 聚乙烯：黏附層，用來淋膜黏著。(4) 鋁箔

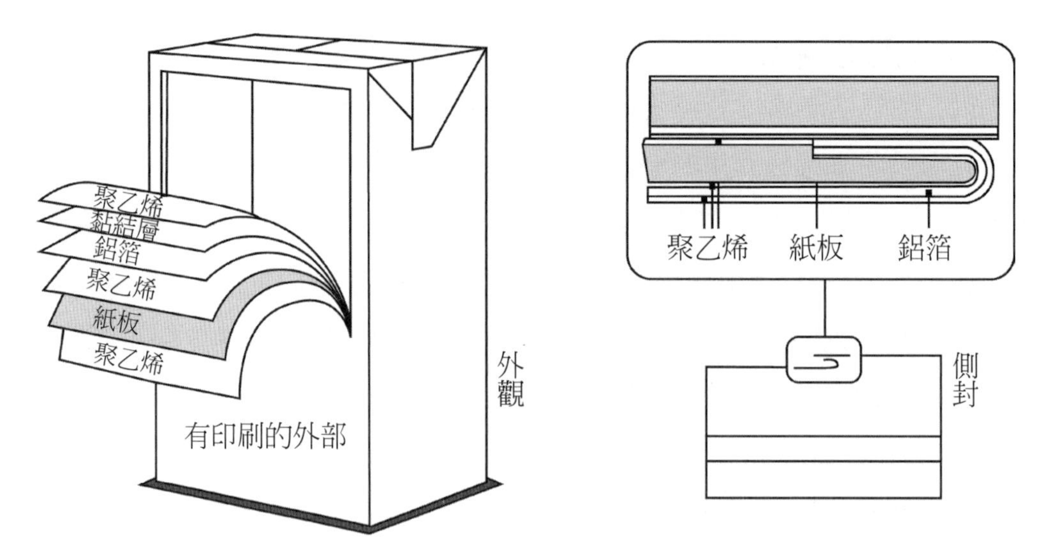

圖4.26 鋁箔包複合薄膜之組成

層：厚約頭髮的1/5，具阻隔光線、氧氣和異味的功能。且無接觸食品問題。(5) 聚乙烯層：用來黏著內部聚乙烯層與鋁箔層。(6) 內部聚乙烯層：用來密封食物內容。

由於其由多層包材組合，可發揮超強隔絕氧氣、光線及細菌的隔離功效來保護無菌包裝下的食品，使它們不需要冷藏即能保鮮6個月，可節省冷藏所需耗用的能源。

目前國內市場常見之無菌包裝產品有：(1) 利樂包（Tetra Pak）。由瑞典利樂公司開發，常用於包裝果汁、牛乳、飲料。包括可常溫保存之利樂磚（Tetra Brik）、利樂鑽（Tetra Prisma）、利樂傳統包（Tetra Classic）；需冷藏之利樂皇（Tetra Rex）、利樂王（Tetra King）等。(2) 普利包（Pure Pak）。由美國EX-Cell-O公司開發。外觀與利樂皇近似。（由International Paper公司開發之紙盒包裝，亦稱Pure Pak，俗稱新鮮屋）。(3) 康美包（Combibloc）。由瑞士SIG集團生產，外觀與利樂包類似。

由於鋁箔包材質複雜，掩埋不會分解，燃燒則又會產生廢氣且鋁會成為殘渣，是一種對環境不友善的包裝。目前鋁箔包已被環境保護署強制要求回收，民眾分類回收後的鋁箔包，交由各大紙廠分解後製成紙製品，包括芯紙、水泥袋、灰紙板等。由於鋁箔包中的長纖維，不但可以平衡調整該等工廠使用其他回收紙韌度不足的部分，並能減少純木漿的使用，故在造紙廠極受歡迎。至於紙廠不能使用的鋁箔和塑膠PE部分，其處理方式依目前各處理紙廠的設備或狀況而有所不同，有些工廠具有氣電共生設備，這部分被使用為燃料，所再生的能源「電」可提供廠務運作並有餘電賣出，餘燼部分再提供給水泥廠為水泥原料。而有些因設備關係仍然採取後端掩埋或焚化的方式處理。

2. 包材殺菌方式

無菌加工包材之殺菌可用物理、化學及物理與化學併用的方式。物理方式加熱包括加熱（飽和蒸汽、過熱蒸汽、乾熱空氣、熱擠壓）與輻射照射（包括紫外光、γ射線等）（表4.14）。加熱殺菌之優點為包裝材料上不會存在影響人體健康之殘留物，且對操作人員無毒害，殺菌效率高。但要達殺菌效果，需較高溫度

表4.14　無菌包裝材料與容器殺菌方法之比較

方法	應用	特點	條件與效果
飽合蒸汽	金屬容器	飽和蒸汽在壓力室（0.35 MPa）內對金屬罐及蓋殺菌，有冷凝水殘留	147℃/4s針對枯草桿菌，n＝7*
過熱蒸汽	金屬容器	在壓力下高溫殺菌，微生物抗熱性較飽和蒸汽中大，焊錫罐使用溫度限232℃以下	221～224℃/45 s（鋁罐可縮短20%時間）。罐蓋300℃/70～90 s
乾熱空氣	金屬容器與複合紙罐	在壓力下高溫殺菌，微生物抗熱性較飽和蒸汽中大	pH＜4.5酸性食品，145℃/180 s
擠壓熱	塑膠瓶罐	沒有化學物殘留，僅適於pH＜4.5酸性食品	擠壓溫度180～230℃停留時間3 min以上
輻射	熱敏感性塑膠	需有輻射源。UV殺菌效力因功率密度，照射環境，材料表面性質而異。多用於輔助殺菌，γ射線殺菌效力取決於其劑量	對孢子殺菌力n＝2～3
H_2O_2	塑膠、積層包裝與包裝容器表面	殺菌速度快，效率高	濃度＞30%，溫度＞80℃

*n為殺菌值　資料來源：曾，2007

與較長時間，此溫度之升降易造成包裝材料的破壞作用。熱擠壓法為利用塑膠原料直接擠壓成瓶狀後，直接裝填的方法，可用於pH＜4.5的酸性食物，若用於低酸性食物，則尚需再配合其他化學方式殺菌。輻射照射因輻射使用受限，除紫外線外，應用性不大。但紫外線穿透力較差，必須佐以其他方式才有效果。

化學法係使用殺菌劑，殺菌劑有液體與氣體兩類。液體殺菌劑中以過氧化氫（H_2O_2）、鹵素化合物（氯化物、氯氣、碘仿）、乙酸類等最常用，其中又以過氧化氫為工業上使用最頻繁者。30～33%之H_2O_2殺菌力最強，殺菌最低溫度為80℃。美國FDA規定牛乳中的過氧化氫濃度在剛包裝時不得超過100 ppb，24小時內需降至約1 ppb。

氣體殺菌劑中以環氧乙烷（ethylene oxide）之殺菌效果最佳，也是工業上使用較多者。但因具有致癌性，目前許多國家皆已禁用。

物理與化學併用方式包括：過氧化氫／紫外線、紫外線／酒精等組合。

三、無菌包裝系統

無菌加工技術最關鍵的部分為包裝系統，一般此包裝系統必須置於無菌室內。包裝前後要對無菌室的環境進行滅菌處理，無菌充填作業場所應達到10,000級清淨度以上要求，且換氣數每小時20次以上。同時必須維持正壓（環境內的氣壓略高於外界大氣壓），以避免外界空氣進入，減少細菌和汙物的侵襲。還應適時對物料流通管道及貯存器進行全自動循環清洗（圖4.27）。無菌包裝系統依容器是否先成型分為充填／密封系統與成型／充填／密封系統兩類。歐洲常見之無菌包裝系統如表4.15所示。

表4.15　歐洲常見無菌包裝系統

包裝形式	形成方式	包裝殺菌法	生產者
紙板積層	紙捲	H_2O_2浸漬	Tetra Pak
	預割成形	噴灑H_2O_2	PKL, CMB
	組合式容器	（熱空氣）	Dole, Bosch
塑膠杯	整捲	H_2O_2浸漬	Benco, Bosch, Erca, Finnah, llig, Formseal, Hassia
	預成形杯	共擠壓	Erca, Conoffast
		杯＋蓋：H_2O_2噴灑	Casti, Hassia, CMB
		杯：H_2O_2噴灑（蓋：UV, IR）	Hamba
		杯＋蓋：飽和蒸汽	Gasti, Hassia
		杯：熱空氣＋蒸汽（蓋：IR,輻射）	Ampack-Amman
塑膠瓶	中空成形	擠壓	Rommelag
		H_2O_2＋過醋酸噴淋	Remy, Serac
塑膠袋	整捲	H_2O_2浸漬	Bosch, Prepac, Thimonnier
		H_2O_2/UV	Elecster
玻璃瓶	工廠先成形	H_2O_2＋過醋酸噴淋	Bosch, Remy, Serac
馬口鐵罐	工廠先成形	過熱蒸汽	Dole
鋁罐	工廠先成形	H_2O_2＋過醋酸	Serac
大型袋	工廠先成形	γ輻射/蒸汽	Akerlund and Rausing
		（γ輻射/碘溶液）	Manzini, Kaysersberg, Trimipak
大型鐵容器		蒸汽（氯或碘溶液）	

資料來源：Reuter, 1993　　（UV：紫外線，IR：紅外線）

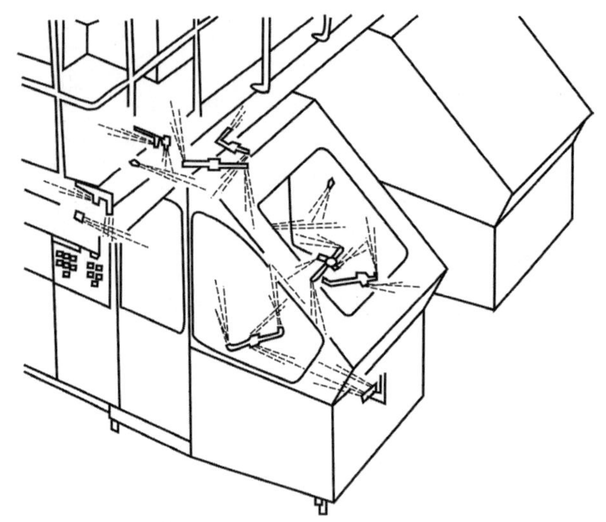

圖4.27 利樂公司TB/TBA/3外部清洗系統外觀

1. 充填／密封系統

無菌包裝所用之容器，事先先成型後，再於包裝室中充填、密封，此類包裝材料如傳統的金屬罐。如歐洲Refresco Holding公司開發的二片罐飲料無菌充填法。罐身以高頻誘導加熱法在160℃進行熱殺菌，並充填預先殺菌的飲料後，立即在罐頭的頂部注入無菌化的液態氮。液態氮一滴下，立即變成氮氣占據整個上部空隙，可隔離氧氣和微生物的汙染。然後用捲封機進行密封。通常利用這種封口機易形成過多的空氣流動，很容易造成二次汙染的危險。但經過充入液態氮的過程後，可以使這種一次汙染的危險性降低爲零。液態氮充填入上部空隙有三大功能。防止汙染，從上部空隙中排除氧氣，並形成內壓賦予罐頭一定的剛性。

2. 成型／充填／密封系統

此爲最常見之無菌包裝方式。包裝材料之成型方式包括：⑴ 由一紙捲逐漸成型，如利樂包；⑵ 將事先側封完畢之半成品放入系統中，再進行充填密封，如康美包；⑶ 將半成品塑膠容器，經熱成型後，進行充填密封，如奶精球、冷充填之塑膠瓶等。無菌充填包裝容器形態與應用如表4.16所示。

表4.16　無菌充填包裝容器形態與應用

No.	容器包裝形態	形狀	充填物	包裝滅菌方法
1	磚形		牛乳類、清涼飲料類、咖啡飲料類	過氧化氫浸漬
2	屋形		牛乳類、清涼飲料類、咖啡飲料類	汽化過氧化氫噴霧
3	紙罐		清涼飲料類、咖啡飲料類	汽化過氧化氫噴霧
4	杯形		飲料類、果凍類	容器　汽化過氧化氫噴霧 蓋　過氧化氫浸漬

資料來源：提，2004。

今以最常見之利樂包爲例說明此系統（圖4.28）。其係利樂公司創辦人Ruben Rausing觀察其太太灌香腸時所得到的靈感而發明的一種包裝方式。

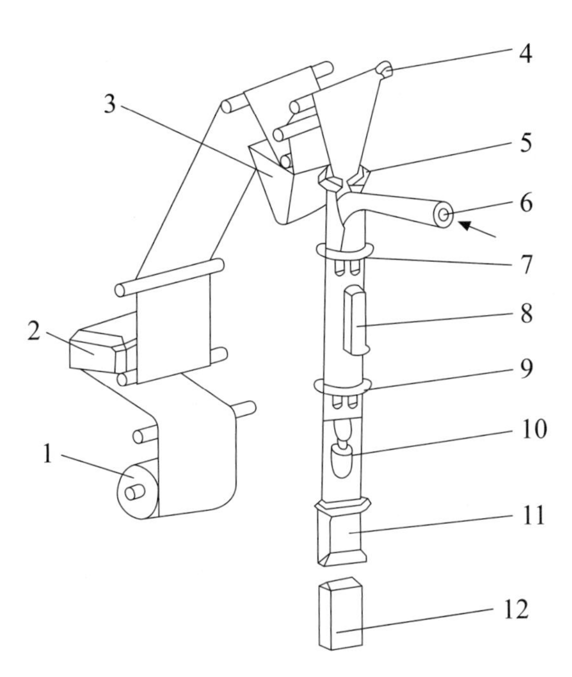

圖4.28　利樂包充填、封口包裝方式

（圖中1-薄膜捲筒 2-印日期裝置 3-雙氧水槽 4-滾軸 5, 7, 9-成型環 6-液體進料管 8-縱封加熱器 10-螺旋式加熱器 11-封口成型切斷 12-成品）

⑴ 殺菌。首先印刷好之包裝材料由捲筒向上進行，經過濃度約35%的過氧化氫液槽，將附著於包材上的微生物洗去。浴槽中的上滾輪將包材中多餘的過氧化氫擠出，包材就成管狀向下並進行縱向密封。紙管中有加熱器（或無菌熱空氣），利用紅外線使包材與食品接觸之內表面受熱，其終端部位可加熱至110～115℃，故過氧化氫可被加熱蒸發，這時高溫空氣還能增強新生態氧的滅菌效能，增加其殺菌效果，並避免過氧化氫殘存於包材表面。其反應如下：$2H_2O_2 \rightarrow 2H_2O + O_2$

⑵ 側封與灌裝。爲了使無菌紙盒背面熱封後不會發生滲漏現象，要用膠帶對熱封部分進一步密封。方法是用封條黏貼器將寬8 mm的PP膠帶的一半貼在包裝紙裡面一側的邊緣上，另一半在縱封時與包裝紙的另一側邊緣黏合，得到緊密結實的封口。

與此同時，經過殺菌處理並從無菌管道輸送來的食品通過灌裝管注入紙筒，爲了達到無菌包裝的要求，灌裝管底部需一直淹沒在食品內。

⑶ 定容、壓棱、橫封。此裝置由兩對連續上下運動的夾爪構成，一對夾爪扣合時，將一定容量之飲料封閉在壓棱成型的紙筒體腔內，並將底部橫封，橫封利用包裝紙內表面的兩層PE薄膜進行熱封，熱封寬度約16 mm，在此寬度上用裁切刀切爲上下兩部分，上一半作爲前一個紙盒的底封口，另一半作爲後一個紙盒的頂封口。夾爪與紙筒同步運行到最下位置時，另一對夾爪張開運行上來，在前一對夾爪的頂面重複以上工作。兩夾爪的底面與頂面相距約0.7 mm的間隙。如此循環，使縱封成圓筒、定容灌裝、壓棱成型一橫封切斷之步驟在紙筒連續不斷運行的情況下一直重複。每分鐘可包裝100～120盒。

利樂公司所生產的包裝系統分常溫及冷藏兩種。常溫即所謂的鋁箔包，可不需冷藏即可讓包裝內的食物在常溫保存六個月以上。國內常見的無菌利樂紙盒包有利樂磚與利樂鑽。冷藏系統在臺灣最常見的就是屋頂型的利樂皇以及利樂冠包裝產品，因爲原料係經HTST殺菌，故此類包裝產品需冷藏保鮮。

另一類康美包（Combibloc）與利樂包最大的不同爲，其包裝紙盒是在無菌包裝機外成形，做成已切割與背封的紙盒雛形如圖4.29。康美包充填方式則如圖

4.30所示。

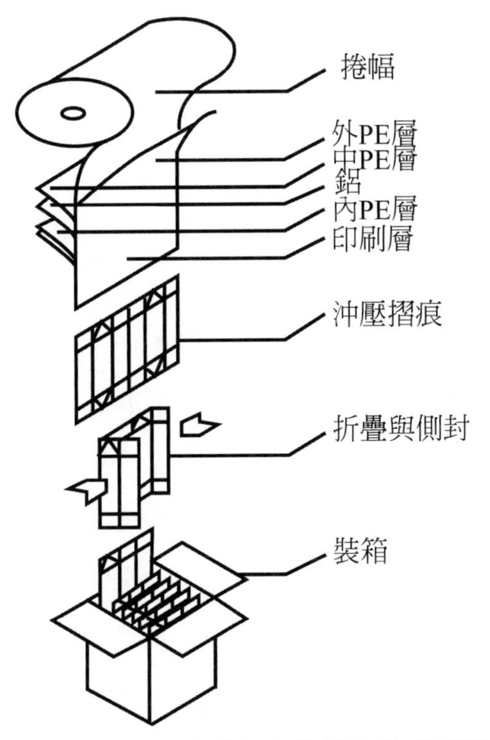

圖4.29 康美包包裝紙盒半成品形成圖

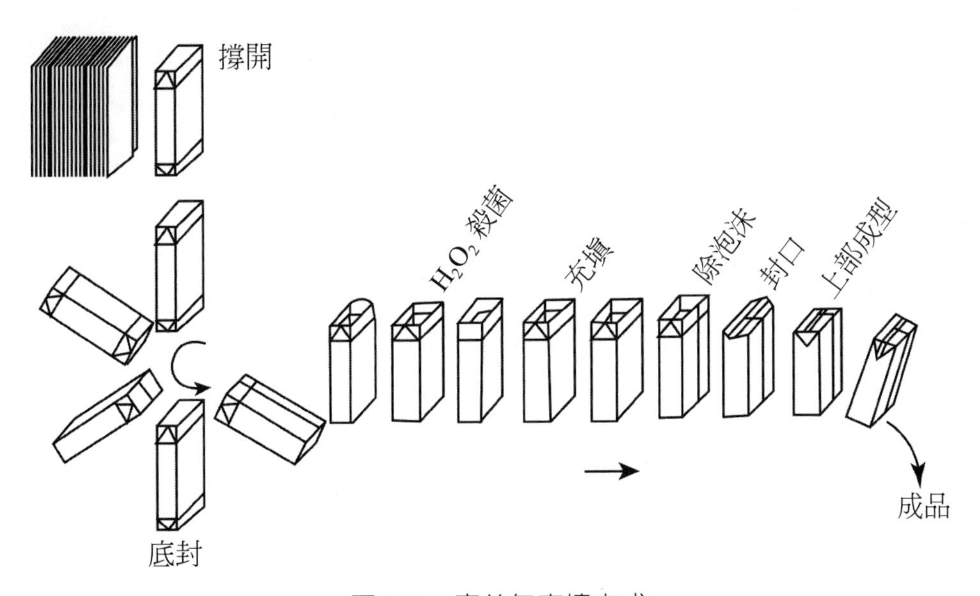

圖4.30 康美包充填方式

利樂包與康美包之不同在於：利樂包填充成型一次完成，底部折角，沒有上部空隙因此搖晃沒有聲音。康美包爲先成型再填充，底部橫封成一直線。因其充填方式爲從上灌液，會有上部空隙，所以搖晃會有聲音。

四、無菌加工的優缺點

1. 無菌加工的優點

⑴ 產品品質佳。無菌加工的最大優點，是能製出傳統罐製法所無法做出來的高品質食物。在無菌加工的熱殺菌裝置內，食物的液態部分獲得充分攪拌，熱能經由對流傳遞，升溫快而均勻；食物的固態顆粒則爲流動不已的液態食物所包圍，每一顆粒之表面滯留的液體很薄，不致形成熱能傳遞的障礙，且就整個系統而言，最大熱傳導半徑等於最大顆粒之最小半徑而已。傳統罐製法的殺菌過程，則因食物被罐體約束在內，其液態部分對流速率有一定限度，傳導對於整個系統熱能傳遞的重要性增加，升溫較慢而不均勻，當罐心溫度達到預定殺菌溫度，罐面附近的食物早已過煮（over-cooked）。同時，食物的固態顆粒表面滯留的液體較厚，會減慢熱能的傳遞。如果食物的液態部分具有相當大的黏度，則罐內熱能傳遞的主要方式即爲傳導而非對流，整個系統的最大熱傳導半徑趨近於罐頭的短徑，對於對熱敏感的食物，過煮的問題就可能變得很嚴重。罐頭愈大，傳統罐製法所需殺菌時間愈長，所造成過煮的問題也愈嚴重。但無菌加工則不然，無論罐大小，食物的品質都不會有什麼改變。尤其是對茶類的風味更能掌控，可以完整保留茶本身具有之香氣與風味，也最能保留果汁或乳製品的原味與新鮮度，有利於生產高附加價值之飲料產品。PET無菌冷充填與傳統熱充填的生產差異性如表4.17。

⑵ 耗用包材少。無菌加工可以採用紙、塑膠等不耐壓、不耐熱，但卻便宜、輕巧、美觀、不生鏽的包裝材料。傳統製罐法的殺菌常是在高溫、高壓的環境下進行，其包裝材料必須耐熱耐壓。無菌加工所使用包裝容器的材料，只要能夠密封不透氣即可，不需耐熱、耐壓。又如傳統熱充填塑膠飲料瓶口及瓶身都必

須經過結晶才能耐熱（瓶口不透明），瓶胚也較重，故在包材上的成本會貴許多；而無菌常溫充填，只需用一般瓶胚即可，生產較容易也較輕，在成本上較熱充填便宜許多。

表4.17　PET無菌冷充填與傳統熱充填的生產差異性

項目	品項		無菌冷充填	傳統熱充填
1	衛生要求		充填室無菌狀態	不需無菌狀態
2	充填溫度		25～30℃	85～90℃
3	充填系統		無需迴流再加熱殺菌	需迴流再加熱殺菌
4	品質與風味		優良（對茶的風味較能掌控）	普通
5	生產品項		低酸性與酸性產品皆可	酸性與茶類產品
6	生產時程（每批產程）	酸性產品	72～120小時	36小時
		茶類產品	72～120小時	28小時
		低酸性或奶類產品	24小時	不能生產
		酸化奶產品	24小時	12小時
7	操控與維修程度		難	易

資料來源：http://tool.tacomart.com/faq/?doit=showcontent&iD=658&ino=1354宏全國際股份有限公司

⑶ 產品保存方便。以UHT殺菌之無菌包裝產品在不添加防腐劑情況下，也能在常溫下保存半年而不變質。

⑷ 降低生產成本。以塑膠PET瓶為例，無菌冷充填PET容器包材採輕量化生產，可節省原料成本及環保回收費用，其成本費用約為熱充填容器的65%左右。雖然無菌冷充填初期的投資費用高，但以長期與大量化的生產模式效益來評估，只要生產達3～5年以上，在包材上所節省的成本就足以抵消建廠初期的高投資成本。另外，無菌冷充填少樣多量化與高度自動化的經濟生產模式，可減少變換生產品項所造成的原物料損失，並降低人力成本。

⑸ 生產品項多樣化。塑膠無菌冷充填可生產所有低酸性與酸性的飲料產

品，尤其是蛋白質成分較高之奶類或麥茶產品。同時，其可適用不同容量的瓶型，具機動調整能力強的優勢。

2. 無菌加工的缺點

(1) 食物材料受到限制。含大小顆粒不均的食物，由於殺菌條件不易控制，故無法使用無菌加工方式。固形物多的食物也不適合。

(2) 殺菌條件之決定比傳統罐製法困難。傳統罐製法殺菌條件之決定早有公認的步驟可循。而在無菌加工的殺菌過程中，食物雖受到充分的攪拌，但是，同時進入無菌加工系統的各食物顆粒，不可能在同一時間抵達裝填口，也就常被裝入不同個容器中。食物的液態部分，亦是如此。這種分布很複雜，必須做多次實驗方能決定殺菌條件。若換一種產品，甚至同一種產品，只改變了顆粒形狀、大小、與液態部分之比例、容器大小、輸送速度、攪拌速度，或者是無菌加工機械等，分布就會發生變化，實驗就必須重作。另外，食物顆粒在無菌加工機械內流動，無法像傳統製罐方式將熱電偶固定於其中心，順流而下地追蹤其溫度—時間的變化，只能藉由描述流體運動的數學式及顆粒的分布情形而估計其殺菌條件，其運算相當複雜。用實驗法所求得的殺菌條件，也不容易作指示微生物接種試驗來複查。

(3) 初期成本高。以塑膠無菌冷充填為例，一套設備價格約3至4億元，為高溫熱充填機種數倍，初期建廠之成本較高。

參考文獻

1988。空罐製造及其應用（下）。食品工業研究所，新竹市。

1988。罐頭食品加工。食品工業研究所，新竹市。

2007。歐洲開發成功二片罐飲料無菌生產流水線。食品市場資訊96(5):67。

2007。飲料罐的過去與未來。食品市場資訊96(6):39。

王嘉煒。2019。批次式臥式高壓殺菌釜介紹。食品工業51(12):24。

李榮輝。1987。罐頭製造學，革新三版。新竹市。

夏文水。2007。食品工藝學。中國輕工業出版社，北京市。

涂順明、鄭丹雯、余小林、楊榮華、徐步前、歐朝東、李儒荀。2004。食品殺菌新技術。中國輕工業出版社，北京市。

張裕中。2011。食品加工技術裝備。第二版。中國輕工業出版社，北京市。

曾慶孝。2007。食品加工與保藏原理，第二版。化學工業出版社，北京市。

趙晉府。2002。食品技術原理。中國輕工業出版社，北京市。

賴滋漢、金安兒、柯文慶。1992。食品加工學-方法篇。富林出版社，臺中。

提英輔。2004。無菌充填包裝機の最近の動向。ジャパンフードサイエンス43(11):60。

Reuter, H. 1993. Aseptic processing of foods. Technomic Publishing Co., Inc., Pennsylvania, USA.

Thermal Destruction of Microorganisms. 2011.7.27 From http://www.foodscience.uoguelph.ca/dairyedu/TDT.html

第五章

食品乾燥與濃縮

在天然狀況下，人們常會利用各種方式將食物中之水分加以去除，藉由控制水分含量之方式，以達延長食物的儲存期限之目的。而依照脫水程度之高低與乾燥之方式，而有乾燥（drying）、脫水（dehydration）、濃縮（concentration）等名詞。濃縮與乾燥乃係以去除食品中水分多寡程度區分，濃縮食品仍含有相當之水分，食品形式常仍維持液體形式；而乾燥食品則所含之水分極低，故為固體形態。至於乾燥與脫水之區別為：乾燥係以自然或人工方式將食品中之水分去除之過程，而脫水則係在人工控制之環境下，將食品中水分脫去之方法。因此，脫水即係人工乾燥法。另外，亦可能加入一些吸濕劑，以降低食品之水活性，如鹽漬、糖漬等方式，亦屬於控制水分之食品的儲藏方式。

第一節　乾　　燥

食品乾燥之目的包括：1. 使食品在室溫下即可長期保存，防止微生物性、酵素性所造成的腐敗、變質現象，以延長食品之供應期限。2. 食品經乾燥後，重量減輕、體積減小，因此可節省包裝、運輸及儲存之成本；不過，有些乾燥產品，如冷凍乾燥之產品，其體積之變化並不是很大，甚至因為產品蓬鬆，吸濕性大，反要較防水之包裝，且體積與原料差不多，但又怕壓碎，反而造成包裝及運輸成本增加。3. 食品在乾燥之過程中，亦會造成食品本身性質之改變，如顏色、香味及味道之改變，而使乾燥食品具有特殊之風味，而製造出另一種新的產品，如牛肉乾。4. 可發展出新的方便食用之食品，如咖啡粉末、速食麵等，其不僅攜帶方便，同時食用時僅需沖泡熱水，使食用非常方便。

但乾燥產品亦有相當之缺點，如其加工時需要相當高的熱源成本、食用時常需要復水、外觀往往焦黃甚或焦黑（如香蕉乾）較不吸引人等。

一、乾燥之原理及簡介

乾燥應為最早使用之食品加工技術，可能係人們觀察食品經由日曬後，雖有脫水現象，但能保存更久，因而逐漸發展出來。時至今日，仍有許多之食品係利用天然的日光加以乾燥、濃縮的，如葡萄乾、海鹽及大多數的穀物。

1. 水活性

乾燥食品之能夠久藏，與其水活性（water activity, Aw）低有關。食品中之水分有兩種形式：一種為結合水（bound water），係被食品水分所束縛者；另一種可自由移動之水為游離水（free water）。微生物生長、酵素作用與化學反應能利用的水，即為游離水。

表5.1顯示某些食品之水活性與其水分含量之關係。

表5.1　食品水活性與水分含量之關係

食品	水分含量（%）	水活性
新鮮肉類	70	0.99
麵粉	14.5	0.72
乾燥蔬菜	5	0.20
乳粉	3.5	0.11

資料來源：Macrae等，1993

2. 水活性與微生物關係

一般細菌可耐受之水活性為0.9左右，酵母菌可耐受之水活性為0.88，而黴菌可耐受之水活性最低，約為0.8，但某些黴菌及酵母菌可耐受更低之水活性，因此乾燥製品之水活性需低於0.7～0.75以下方可久藏。但是在低水活性下，微生物雖不再生長、繁殖，但亦不會很快地完全死亡。葡萄球菌、大腸桿菌等在乾燥食品中約可存活數週至數個月，而細菌之孢子則可存活至少一年以上；乾酵母則可保留活性兩年以上，而一般黴菌孢子則可存活更久之時間。

雖然微生物在乾燥食品中，會隨著儲存時間的增長而數量漸漸減少，但在乾燥後之產品中仍會有殘存的微生物。若儲藏條件良好，使產品維持在低水活性下，則此微生物並不會對人體造成危害；但若遇溫暖潮濕之環境，使乾燥食品之水活性上升時，則這些微生物可能會生長、繁殖，而造成食品之腐敗變質。由於一般黴菌所能耐受之水活性最低，因此乾燥食品常常係因爲發霉而導致無法食用。

3. 水活性與食品品質

由於乾燥食品多半加工至低水分活性下，因此造成乾燥食品變質之因素常常並非微生物所引起。在低水活性下，酵素反應、非酵素性褐變反應、一般化學反應、脂肪氧化反應等使食物變質之反應仍可進行，因此往往造成乾燥食物變質之因素爲這些化學反應所造成的。其中尤其以脂肪氧化反應及酵素反應所造成之影響較爲重要。酵素性反應可藉由原料前處理之殺菁步驟將酵素抑制掉；而脂肪氧化反應則可藉由眞空包裝或充氮氣包裝等方式加以克服。

二、乾燥對食物之影響

傳統乾燥由於係一種加熱處理，因此多多少少對食物本身性質會有影響，在本節中即擬探討乾燥處理對食品之物理性質與化學性質之影響。乾燥過程食品物理性質之變化包括：1. 外表萎縮及體積收縮，2. 溶質濃縮及移動現象，3. 表層硬化，4. 產生多孔性，5. 產生熱可塑性；至於乾燥過程食品化學性質之變化包括：1. 營養成分改變，2. 揮發性成分（香味物質）流失，3. 產生褐變或顏色變化。

1. 乾燥過程食品物理性質之變化

(1) 外表萎縮、產生裂痕及體積改變

食物細胞在正常狀態下時，由於充滿水分並漲滿整個細胞，因此可產生足夠的「膨壓（turgor）」，導致細胞足以維持漲大、飽滿的狀態。當食品在乾燥過程中，由於水分不斷地被帶走，使膨壓逐漸降低，而致使食品細胞逐漸萎縮。同時亦會破壞食品組織之半透性質。此萎縮所造成的結果即爲食品體積明顯的縮小。若食物中的每一個細胞皆均勻的脫除水分，則乾燥產品體積的萎縮會明顯的按照比例縮小。然而，食品在乾燥過程中，由於水分係由表面逸失，因此會造成食品表面與內部水分之不平衡。此時，食品表面的水分會首先被脫除掉，然後才是內部水分的被去除。因此，食品表面的細胞會首先失去膨壓，而在表面形成一硬皮。當整個食品體積逐漸下降時，由於此硬皮已形成，它的面積不容易再改變，因此只有壓擠其表面以減小其體積。此因而導致乾燥食品有表面皺縮的現象。

另外，皺縮情形之嚴重與否與乾燥速率有關。當乾燥速率慢時，由於食品表面內外之水分差小，故會逐漸往中心皺縮。若乾燥速率快時，則因水分流失快，使組織尚可維持一定之形狀，導致乾燥物產生許多之裂痕與孔洞，而使產品組織較為蓬鬆。

然而，當食品乾燥初期時，由於食品內部有水蒸汽的產生，而使組織反而有略微膨脹之現象，若超過食物組織所能忍受之張力時，可能會導致組織的破裂。此時，乾燥產物表面可能產生裂痕。

⑵ 溶質濃縮與溶質移動現象

乾燥過程中，由於水分逐漸由食品內部往表面移動，因此亦會導致溶解在水中的溶質有往表面移動的現象。另一方面，由於乾燥過程中水分逐漸減少，因此溶解在水中之溶質的濃度會在乾燥過程中逐漸增加，因而會有溶質濃縮的現象。此現象不僅影響溶質的濃度，同時，水分的蒸發與水中溶質的濃度亦有關係，因為當溶質濃度增加時，水的沸點增加，則水分的蒸發速率將因而降低。另外，溶質濃縮現象不僅在食品表面發生，同時亦會因水分逐漸往中心移動，而在食品中心亦會有溶質濃縮現象。故乾燥食品中，以表面及中心部分之溶質濃度會最高。

⑶ 表層硬化

乾燥食品的表面常會有一層硬皮的存在，此現象稱為表層硬化（case hardening）。其構成原因為，當食品表面水分逐漸逸失時，原來溶解在水中之溶質被帶往食品的表面。當失去水分後，溶質的濃度增加，而阻塞住水分由食品表面逸失時所留下之孔洞，久而久之，在食品的表面便形成一層硬皮。在高糖質與可溶性物質較多的食品中，表層硬化的現象尤其嚴重。此因這類食品中水溶性物質較容易隨水分移動到表層所致。表層硬化不僅影響食品的外觀及質地，同時，亦影響其乾燥速率。其原因為：當食品表面形成硬皮後，會因而阻礙食品內部水分的蒸發。因此，為增加乾燥速率，往往必須預防表層硬化產生。由於高溫或乾燥速率太快皆可能導致表層硬化之產生，因此降低乾燥溫度可有效預防表層硬化。

⑷ 產生多孔性

當食品內部水分散失後，細胞中原有水分所擁有之空間即為空氣所占據，由外觀來看，即可顯現出許多的小孔，因此而產生了多孔性（porosity）。多孔性愈佳時，由於重新復水後，水分得以迅速進入小孔中，因此復水性佳。但也可能提高吸濕性，而必須要阻絕濕氣較佳之包裝，因此增加包裝成本。目前乾燥方法中，以冷凍乾燥所得到之產物的多孔性最佳。

⑸ 產生熱可塑性

於受熱、加壓下，可軟化與流動，具可逆性之可塑性物質稱為熱可塑性（thermoplasticity）。一般天然食品的組織由於具有實體，因此在乾燥過程中不會有黏滯現象。然而，對一些不具實體的食物，如液體食品中的牛乳、果汁等，在乾燥過程中，由於固形物逐漸濃縮，使表面積迅速縮小，導致積存在內部的水分不易散失。此少量的水分加上乾燥時的高溫，使未乾燥的食品組織軟化甚而融化，因此具有熱可塑性，即可任意的改變其形狀。而當其冷卻後，則會再度硬化。因此可利用此特點將乾燥食物製造成不同的外觀與形狀。

⑹ 復水性改變

乾燥食品之復水過程並非單純的乾燥過程之逆反應，其原因為在乾燥過程中，食品組織有萎縮、變形之情形發生，亦可能有破裂、結塊之現象產生。而上述之情形都可能造成乾燥食品之組織與新鮮食品組織間有極明顯之差異存在。另外，在復水過程中，水分係由外圍進入食品內部，因此會造成外層物質的膨脹，而對食品組織形成壓迫力，亦會造成食品組織之改變。基於此脫水與復水間組織上之差異，導致同一物質在乾燥及復水時有水活性相同，而含水量互異之現象產生。而此含水量互異之現象稱為滯後現象（hysteresis）。

2. 乾燥過程食品化學性質之變化

(1) 營養成分改變及其化學變化

① 維生素

乾燥過程中，由於有加熱的程序，因此營養素多多少少會有破壞的情況發生。其中，尤其以維生素對熱最爲敏感，包括維生素C、維生素B_1與維生素B_2尤其敏感。乾燥的時間愈久，則破壞也愈大。另外，在乾燥時的前處理步驟中，如果使用到任何浸水處理，皆會使水溶性的維生素流失，而導致水溶性維生素的減少。而大部分之脂溶性維生素的耐熱性亦較差，故乾燥後可能會被破壞。

② 醣類與蛋白質

至於其他營養素中，糖類的變化應該是差異較大的。在多醣類方面，乾燥過程不易造成其較大的改變，除乾燥初期水分含量高時，若溫度足夠則會造成澱粉的糊化產生，而此時反而會影響乾燥的速率；但單、雙醣類由於在高熱下容易與含胺物質產生梅納反應（尤其是還原糖），甚或糖類本身起焦糖化反應（caramelization），因此，常會有降低之趨勢。而蛋白質則會因爲受熱變性，或產生一些不易分解的鍵結物質，如離胺丙胺酸（lysinoalanine）等，造成蛋白質營養價值的降低。但另方面，蛋白質中有些爲營養抑制劑，如蛋白酵素抑制劑等，在乾燥加熱之階段中，會變性而降低效果，反而可增加蛋白質之利用率。

③ 脂肪

在脂肪方面，由於不飽和脂肪酸在高熱情況下容易氧化，因此會造成產品在儲藏的過程當中仍持續的氧化，而易產生油耗、酸敗的現象。同時，不飽和脂肪酸的減少亦導致油脂類營養成分的降低。

④ 礦物質

乾燥過程中唯一不會改變的營養成分爲礦物質，因爲其不會因乾燥時的加熱行爲而被破壞。但如若在乾燥的前處理過程中有浸水處理時，由於礦物質會隨水流失，因此亦可能造成乾燥產品之礦物質含量較新鮮產品爲低。

⑵ 揮發性成分（風味物質）的變化

① 風味的流失

食品中風味物質的存在可提高食品之價值，然而風味物質常常係屬於易揮發的物質，亦即其沸點較低。由於乾燥處理爲一種加熱處理，往往乾燥過程中，會以高溫處理食品，因而導致食品中的揮發性成分隨著乾燥時間之增加，會有愈來愈少的傾向。因而，某些食品經過乾燥後，其風味會減低。此時，往往需另外加入天然或人工香料以增加其風味。

② 風味的產生

乾燥食物亦會有特殊風味的產生。在乾燥過程中會有褐變反應產生，而褐變反應之產物除會造成產品顏色的改變外，同時，褐變產物有些爲具有風味之物質，如焙炒過之花生產生的焦香味。另外，有些香味物質在高溫下亦會經由其前趨物而產生，如新鮮香菇即缺乏乾燥香菇特殊之香味，此種香味爲一種含硫之環狀化合物，係一種熱產生形（thermal generation）香味物質。又如，乳粉或以高溫滅菌之牛乳都有「烹煮風味（cooked flavor）」，其原因爲在乾燥或加熱過程中，牛乳中之β-乳球蛋白之雙硫鍵變性而產生硫化氫之緣故。

⑶ 產生褐變或顏色變化

食品顏色之改變會因爲其所含水分之多寡而有所影響。當食品組織充滿水分時，光線必須穿透水層方可到達組織深處，而因植物色素存在之位置爲較內層部分，故所顯示出之色彩較不鮮豔。當食品殺菁後，由於植物組織中水分略微流失，使組織內部之色彩可較爲顯現出來，因此，顏色會較爲鮮豔。但乾燥過程中水分逐漸流失，同時，植物性天然色素漸受熱破壞，將導致乾燥食品顏色改變。

① 褐變與改善方式

傳統乾燥食品常會顯示出褐黃的顏色，其原因主要係乾燥過程中產生褐變反應所致（可能是梅納反應或是焦糖化反應）。溫度愈高，梅納反應愈快。水分含量亦會影響梅納反應之產生，當水活性高時，則梅納反應之反應速率會降低，而當水活性漸下降時，由於溶質濃度增加，反而梅納反應速率有增加之趨勢。在以木糖與甘胺酸爲原料所做之模式系統實驗發現，在水活性0.3時其褐變反應速率達最大。由於水分為梅納反應所必須存在之媒介物，因此當水活性再降低時，反應速率將會下降，甚而不再發生梅納反應。另外，植物性原料在原料前處理時，若未將存在之酵素抑制掉，則極有可能在原料處理及乾燥過程中產生酵素性褐變反應，而導致產品變色。因此，植物性原料在加工前，常常需要經過殺菁處理，或以二氧化硫加以處理。

② 色素變化

植物性原料原有之天然色素中，葉綠素為一種熱敏感性的色素，因此在乾燥過程中常常損失殆盡。即使未被破壞，亦會因加熱及植物中本身所含之酸的緣故，造成其變化成橄欖綠色的去鎂葉綠素。而花青素亦為一種容易受熱破壞之色素，因此含花青素較多之食品在乾燥過程中，亦會有顏色明顯的改變。類胡蘿蔔素則為一種較不易受熱破壞之色素。因此可發現，如乾燥胡蘿蔔等產品時，雖然其顏色同樣會受到熱的破壞，但其顏色還是比較容易部分保留。

由於加熱常會造成乾燥產品顏色之變化（不論是其本身顏色之褪色或產生褐變），因此傳統之加熱乾燥程序皆易使最終產品顏色改變。目前，保留乾燥產品顏色最好之乾燥方法為冷凍乾燥以及減壓油炸乾燥法。

三、乾燥曲線

食物乾燥之過程即為一加熱脫水的過程，因此，乾燥最主要方式為加熱。當加熱時，食品表面之水分會先形成水蒸汽而蒸發，而在食品之表面進行熱及質量傳遞（heat 及mass transfer）之動作。此時，由外界所提供之熱能，在食物表面將其能量交給食品表面之水分，而導致食品表面水分溫度提高至形成水蒸汽而得以蒸發。整個乾燥過程可以圖5.1所示之階段表示，其中，圖5.1(a)係乾燥曲線，圖5.1(b)為乾燥速率曲線。乾燥曲線係乾燥過程中食品之含水率（多以乾重基準表示，即kg水重/kg乾物重）與乾燥時間之關係曲線；而乾燥速率曲線為時間與乾燥速率（圖5.1(b)），或任一時間之乾燥速率與該時間食品含水率之關係曲線。由乾燥曲線上任一點作一切線，所得之斜率即為該含水率時之乾燥速率。

由圖5.1(a)之乾燥曲線，可將乾燥過程分爲若干階段：1. 預備乾燥期：圖中O-A階段；2. 恆率乾燥期：圖中A-B階段；3. 減率乾燥期：圖中B-D階段。各時期之乾燥速率可參考圖5.1(b)所示。

1. 預備乾燥期（Warm-up period）

係指食物剛放入乾燥機或剛開始加熱乾燥時之階段。此時期食品表面溫度尚

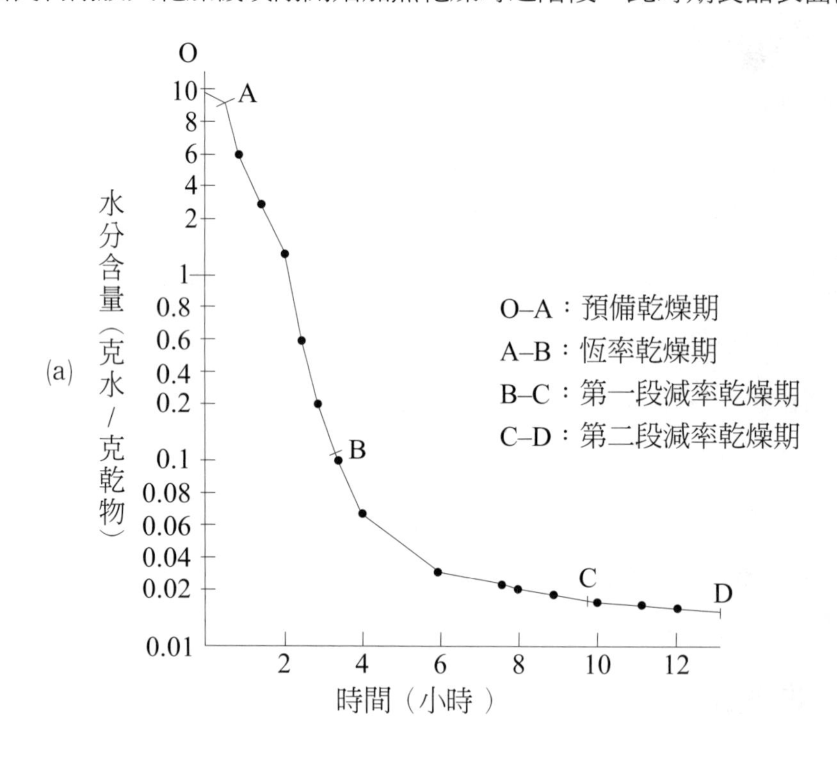

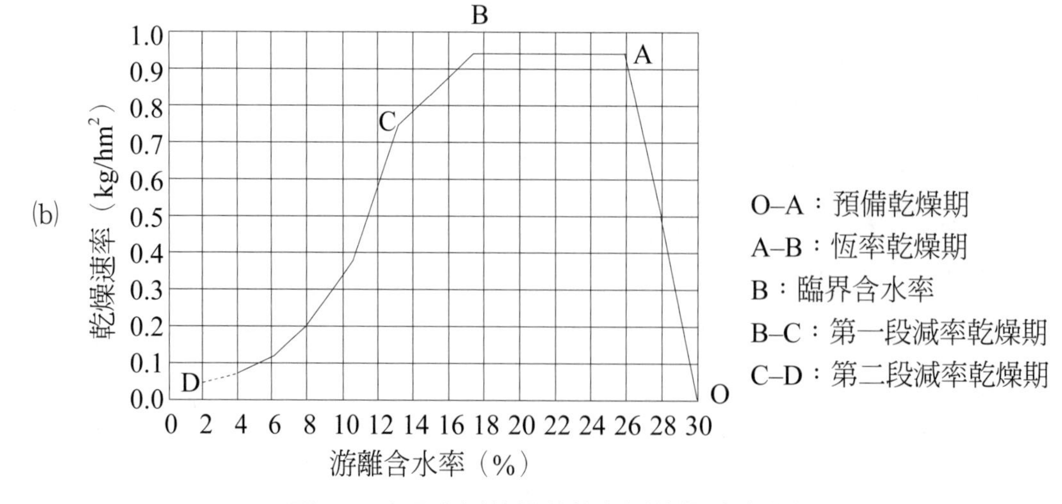

圖5.1 食品之(a)乾燥曲線與(b)乾燥速率曲線

低，故需經外界熱空氣加熱以達到得以蒸發之狀態，此段時間非常短。當食品表面之溫度達到一定時（常與熱空氣之濕球溫度有關），即進入恆率乾燥期。

2. 恆率乾燥期（Constant rate period）

在恆率乾燥期時，食品表面的水分可持續不斷地由食品表層蒸發，由於食品表面無任何乾涸現象，因此水分之蒸發量可呈相同之速率散失，故此時期稱爲恆率乾燥期（圖5.1之A-B範圍）。同時，食品表面之溫度亦因水分可持續喪失而不斷帶走熱能，因此可維持一定之溫度。在此時期只有乾燥空氣之溫度與濕度是影響乾燥速率之因素。

有些原料不會經過恆率乾燥期，而在乾燥過程中直接便進入減率乾燥期，這些原料如表5.2所示。另外，對於已部分脫水之食物，由於其水分原就已經較低，因此亦可能無恆率乾燥期。

表5.2　具有恆率乾燥期及無恆率乾燥期之食品原料

有恆率乾燥期	甘藷　魚類　某些蔬菜、水果
無恆率乾燥期	樹藷　甜菜根　酪梨

3. 減率乾燥期（Falling rate period）

在恆率乾燥期食品表面可維持全面性的濕潤狀態。然而當乾燥程序持續進行後，食品內部所補充之水分來不及提供表面所流失之全部水分時，便會造成表面有部分乾燥之現象，而此時對乾燥速率表現出之現象即爲乾燥速率的降低，此時期即爲所謂的減率乾燥期（圖5.1的B點之後的範圍）。減率乾燥期由於食品表面乾燥之面積會逐漸的增加，因此會導致乾燥隨著乾燥時間的持續進行，而有速率愈來愈慢之傾向。而另一個原因爲，當食品表面乾燥之範圍愈大時，則食品內部含水量較多之未乾燥部分的水線離乾燥表面愈遠，因此，內部水分要走更遠的距離方可提供表面水分之流失。

① 臨界點

乾燥曲線中，恆率乾燥期與減率乾燥期之間會有一很明顯的轉折點（圖5.1之B點），此點一般稱爲臨界點（critical point），而在此點食品的水分含量稱爲臨界水分含量（critical moisture content）。不同的食品因為其組織之特性、成分含量、乾燥條件不同等因素，皆會造成其臨界點之移動。表5.3為不同食物其臨界點及臨界水含量之比較。

表5.3　不同食品之臨界點

名稱	臨界點	名稱	臨界點
洋蔥	86%（6.0 g/g）	桃子	88%（7.3 g/g）
胡蘿蔔	83%（5.0 g/g）	梨	87%（6.7 g/g）
馬鈴薯	77%（3.5 g/g）	蘋果	86%（6.0 g/g）
大蒜	71%（2.4 g/g）	葡萄	83%（4.9 g/g）
預糊化甘藷	60%（1.5 g/g）		

資料來源：Saravacos等，1962

② 第一減率乾燥期

減率乾燥期根據其原料表面水分之存在與否，又可能分為若干不同階段之減率乾燥期。如圖5.1之B-C階段，即為第一減率乾燥期，此時期食品表面仍大部分有水分的存在，只有少部分有完全乾涸之現象。由於水分仍可由食品表面未乾燥區域提供，只有少數係由食品內部水分藉任何管道（如擴散或毛細管方式）移動至表面，因此乾燥速率較恆率乾燥期略微降低。

③ 第二減率乾燥期

隨著表面乾涸的面積愈來愈大，食品水分得以由表面逸失之區域愈來愈小，最後，食品的表面完全乾燥，食品內部水分一到表面便被熱風所帶走，此時，乾燥速率便可能更形降低，即如圖5.1之C-D階段，此稱為第二減率乾燥期。而此時會出現如圖5.1的C點之轉折點。但亦不是所有的乾燥過程皆會有第二減率乾燥期，必須視乾燥程度而定。

④ 乾燥終點

當乾燥至最後階段時，則乾燥速率會愈來愈慢，直到乾燥速率降為零，此時之水分稱為平衡水分含量（equilibrium moisture content）。同一食品平衡水分含量依據不同乾燥溫度、食物特性等而異。

⑤ 水分移動理論

在乾燥過程中，食品表面水分事實上是很快即完全被熱風所帶走，然而，由於食品內部水分可提供此所帶走之水分，故可維持水分之持續送到食品表面。至於水分送到食品表面之方式，一般常被接受的有兩種理論：包括⑴ 利用毛細管（capillary）作用。食品內部水分藉由表面至內部之毛細管作用，將水分送到食品表面。⑵ 藉由擴散作用（diffusion）。食品表面經過乾燥後，水分減少，而內部水分含量較高，因此導致表面與內部水分濃度形成一定之梯度，此時，因爲表面水分低，爲保持內外水分含量之一致，故水分不斷擴散到食品之表面。

⑥ 乾、濕球溫度變化

在乾燥過程，由於食品表面受熱較大，故表面溫度較高，而中心溫度較低。但當食品厚度不大時，此差異可忽略，例如0.9公分厚酪梨以57℃乾燥時，食品表面與中心之溫度差極小（小於2℃，故可忽略）。在恆率乾燥期時，表面溫度維持在濕球溫度。在減率乾燥期，由於食品表面水分愈來愈少，但外界溫度仍維持一定之溫度，因此熱源用於蒸發水分之比例愈來愈低，而用於增加表面溫度之比例則增加。故食品表面的溫度隨著乾燥時間的延長，會有逐漸增加之現象。當達到平衡水分時，則食品表面之溫度會與外界熱風溫度（乾球溫度）逐漸吻合。所謂乾球溫度係指在乾燥表面下，溫度計所測得之溫度；所謂濕球溫度係指溫度計感溫點表面保持潮濕時所測得之溫度。各乾燥期之比較如表5.4。

表5.4 各乾燥期之比較

種類	恆率乾燥期	第一減率乾燥期	第二減率乾燥期
速率變化	表面蒸發=內部擴散	表面蒸發>內部擴散	表面蒸發<內部擴散
品溫變化	維持不變（$T_f = T_{wb}$）	持續上升（$T_{db} > T_f > T_{wb}$）	急遽上升（$T_f = T_{db}$）
表面變化	濕潤狀態	飽和狀態	不飽和狀態
蒸發位置	固體表面蒸發	固體內部擴散	固體內部蒸發
去除水分	自由水（游離水、毛細管水）	準結合水（多分子層水）	結合水（單分子層水）

T_f：食品品溫 T_{db}：乾球溫度 T_{wb}：濕球溫度

四、影響乾燥速率因素

在乾燥過程中，除了要注意乾燥產物之品質外，尙需注意如何加速乾燥速率以縮短乾燥時間，進而降低成本。因此，在本節即擬探討影響乾燥速率之因素，進而得以控制乾燥時間。在乾燥時，若增加驅動力（driving force），則可增大乾燥速率。目前已知影響乾燥速率之因素如下。

1. 食品表面積及厚度

在實際操作上，常將食品切成薄片或小塊狀，如此可增加表面積及減少厚度，藉以增快乾燥速率。其原因爲：食品表面積愈大，熱傳之面積加大，水分逸失的面積也愈大，因此乾燥速率愈快。乾燥速率與食品厚度或半徑之平方的倒數有相關性。此乃因厚度或半徑愈大時，熱由食品表面傳遞到中心之時間將增長，因而會影響乾燥速率。

2. 熱風溫度

熱風溫度愈高，乾燥速率愈快。其原因爲熱風溫度高時，食品表面與熱風間之溫度差愈大，則驅動力愈大。但是當溫度愈高時，表層硬化之現象會愈明顯，亦可能影響到後期乾燥之速率。同時，溫差大但濕度大或風速小，由於所產生之水蒸汽被帶離食品表面之速率較慢，水汽仍聚集在食品的表面，則會嚴重影響乾燥速率。

3. 熱空氣速率

在一般常識中大家都知道，衣服在有風吹襲下，會乾的愈快。同理，熱空氣風速愈快時，由於可迅速的帶走食品表面的濕氣，一般而言乾燥速率會愈快。但風速大小仍有一定之限制，尤其在減率乾燥期，此時食品之水分流失速率主要受水分由內部擴散或藉毛細管方式移動至表面之速率，因此與風速便無關連性。

4. 空氣濕度

夏天當空氣濕度大時，人們會覺得悶熱，此乃因身體表面濕度與空氣濕度差小，使水分不易揮發所致。乾燥食品時亦同，當空氣濕度小時，由於平衡水分含量降低，因此食品表面與空氣間濕度差增加，造成驅動力增加，乾燥速率將增加；反之，當空氣濕度大時，則乾燥速率會降低。

5. 壓力

正常大氣壓爲760 mm汞柱壓力，水的沸點爲100℃。當壓力降低時，則水的沸點會降低，此時，即使在同樣溫度下，亦可加速乾燥速率。因此，在乾燥時，如果將乾燥箱內之壓力降低，便可縮短乾燥時間。另外，同樣時間下，以常壓乾燥之過程，必須使用較高之熱風溫度；而在減壓狀態下，則所用的溫度可較低，此對於食品中熱敏感性物質以及食品品質而言會較佳。因此，一些對品質需求較高之產品或怕營養素破壞之食品，常使用減壓乾燥。

6. 水分蒸發速率

當食品表面水分蒸發時，此水蒸汽係由表面水分吸收熱空氣之熱量，以增高本身溫度而達到沸點而蒸發。但事實上，當水蒸汽蒸發時，會帶走一部分熱量，反而造成食品表面溫度的下降，所以食品表面溫度在水分充足情況下，永遠會遠低於空氣之乾球溫度。同時，乾燥過程中水分必須能充分的被帶走，才不會影響乾燥速率。因此，如以兩片加熱板直接貼於食品表面乾燥時，由於熱造成食品表面水分蒸發，但卻沒有充分的空間讓水蒸汽蒸發走，則此種乾燥速率反而會很慢。而熱風風速之影響，以及空氣濕度對乾燥速率之影響，事實上都與其表面水分蒸發速率大小有關。

7. 時間

在恆率乾燥期，乾燥時間與乾燥速率無關；在減率乾燥時期，乾燥時間愈久，則乾燥速率愈慢。

8. 食品組成分

食品中的組成分也會影響乾燥速率。當乾燥以澱粉爲主要成分之食物時，由於澱粉在濕熱下有糊化現象產生，水分子會與澱粉分子產生鍵結，且使食品組織的黏性增加，因此會減低乾燥速率。另外，鹽、糖、蛋白質、膠質等存在時亦有吸水之現象，或提高水的沸點，亦會降低乾燥速率。

油脂的含量也會影響乾燥的速率。油脂含量愈高時，則擴散係數愈低，因此乾燥速率愈慢。此現象在酪梨、魚與紅辣椒豬肉香腸（pepperoni）都可發現。造成此現象之原因爲油脂的親脂性質阻礙了水的擴散而造成的。

9. 食品排列方式

食品排列方式也會影響乾燥速率，當食品排列緊密時，由於揮發出之水分很快便充滿食品表面，因此會降低乾燥速率。而當食品排列鬆散時，由於表面的水蒸汽可迅速的被熱風帶走，乾燥速率可因此增加。另外，食品之切割方式也會影響乾燥速率，如肉類在切割時，若順著紋路切，則乾燥時肌肉纖維會阻礙水分之擴散。因此，切割肉品時必須以與肌纖維垂直之方向切割。同時，在乾燥時，熱風方向需垂直於肌纖維排列方向，方可加速乾燥速率。

甚至食品本身微細結構也會影響乾燥速率。如蔬菜纖維中，沿著纖維橫向的乾燥速率，要比橫穿細胞結構的方向，乾燥速率要快。

五、乾燥原料之前處理

乾燥食品之原料一般都需要前處理，以增進乾燥效率及減少在乾燥時所產生之物化變化。前處理通常要抑制酵素性的變化，同時要防止非酵素性的化學變化，另外，前處理有時亦可增加乾燥速率。一般乾燥食品之前處理包括原料之一般處理、殺菁、硫磺薰蒸或以亞硫酸鹽浸漬、以及一些對促進乾燥速率之處理等。至於液體原料之前處理則尙需考慮預濃縮之處理。

1. 固體原料之一般前處理

乾燥食品之原料於送入加工廠後，首先必須加以分級、選別以去除級外品，藉以確保乾燥產品之品質。其次，必須加以適當之儲存，以確實掌握在加工前原料之新鮮度爲最適於乾燥加工之情況。之後，在加工時，原料可能必須經清洗、剝皮、剪切、整型等加工程序，而這些加工程序都必須注意其是否會對最終產品品質有所影響。

2. 殺菁

殺菁最主要的目的在抑制酵素。酵素在乾燥食品加工過程中，不僅會引起顏色的變化，同時也可能會引起風味的改變、營養素的減低等變化。在引起顏色之變化原因方面，除因多酚酶產生酵素性褐變外，亦有可能爲其他酵素引起，如脂氧合酶（lipoxygenase）會造成胡蘿蔔素之褪色，且亦會導致脂肪之氧化，而造成乾燥產品在儲藏中的酸敗及風味的變化。因此，植物性原料之乾燥前處理的最主要目標爲抑制酵素作用。酵素尙有一特性，即在濕熱下其活性會迅速被抑制；但在乾熱下，則即使在攝氏200多度下加熱，抑制效果仍極差。若產品中有酵素之殘存，雖然一般酵素在極乾之產品中不易作用，但若儲藏過程中產品吸濕，則此殘存之酵素可能開始作用，而造成產品品質之降低。

3. 硫磺薰蒸或亞硫酸鹽浸漬

此前處理方法對酵素性及非酵素性褐變都有相當大的抑制作用，其原因爲硫磺（二氧化硫）及亞硫酸鹽皆爲還原劑，可有效抑制多酚酶之作用，並可抑制非酵素性褐變之產生，對某些無法殺菁之乾燥蔬果即常以此法抑制褐變。但其缺點爲可能造成產品有異味，同時，亞硫酸鹽可能引發某些過敏體質者的氣喘反應。硫磺薰蒸主要係將食品置於密閉室內，而後燃燒硫磺以產生二氧化硫，硫磺之用量爲食品重量的0.1～0.4%，處理時間爲0.5～5小時，視食品種類及形狀而定。硫磺燃燒之溫度不可超過其自燃溫度，以免硫磺直接昇華而附著在食品表面，導致食品含硫味太濃。硫磺薰蒸除可抑制褐變外，同時也可增加植物細胞的透水性，此有助於乾燥時水分之蒸發，以縮短乾燥時間。

褐變之抑制，除以亞硫酸鹽液浸漬外，亦可浸以維生素C液或胱胺酸液。維生素C液之濃度爲0.05～0.1%並加入0.1～1.0%食鹽；胱胺酸液之用量爲0.015～0.05%加上0.5～1.0%食鹽。另外，許多畜產品中含有少許之醣類可能造成加工時之褐變，如蛋粉中含少量葡萄糖，在乾燥過程中可能引起梅納反應，若在乾燥前將其以葡萄糖氧化酶（glucose oxidase）加以分解，即可有效避免褐變之產生。

4. 浸鹼處理

許多蔬果外皮都有一層蠟質存在，以避免失水。但此蠟質在乾燥時，便成爲減低乾燥速率之因子，所以要設法去除此蠟質，以增快乾燥速率。最常用於去除蠟質之前處理方式爲浸鹼處理。不同蔬果浸鹼之條件不一，一般處理方法爲將蔬果浸於濃度0.5～1.0%之沸騰鹼液中5～30秒，然後立即取出浸入冷水中，一方面降溫，一方面洗去鹼液。

5. 增快乾燥速率之處理

乾燥原料之前處理除避免化學變化外，多數係針對如何增快乾燥速率。以下所述為常用於增快乾燥速率之前處理方式。包括：

(1) 針刺。一些質地較硬之蔬果如豌豆、櫻桃等，其表面常有一層較硬之外皮，此外皮會影響乾燥速率。可在乾燥前先以針刺其表面，以利於水分由此小孔蒸發，如此將可加速乾燥之速率。但針刺方式會造成蔬果內部水溶性物質流失。

(2) 與他物混合。對於黏稠性較大之食品如澱粉、番薯粉等，由於需要較短之乾燥時間，以避免在高濕、高溫環境下過久而糊化或變質，因此常添加一些乾粉，並可利用氣流乾燥或流動層乾燥快速乾燥。另外，含揮發性物質較多之原料，如香辛料精油、油脂等，不可能單獨被乾燥，此時可添加膠類、酪蛋白、羧甲基纖維素等增黏劑，即可利用噴霧乾燥方式製造出粉末化產品，以利於利用。

6. 液體原料之預濃縮

液體食物如牛乳、咖啡、果汁等在乾燥時，由於水含量非常高，若直接乾燥可能會耗費非常多時間及能源，較不經濟。因此，常在乾燥之前，先加以濃縮，以去除部分之水分，再以各種乾燥方式加以乾燥。同時，為保持原料之品質，因此最好以減壓濃縮或低溫濃縮方式加以濃縮。

六、乾燥方式

乾燥的方式有許多種，一般大致分為：1. 自然乾燥與；2. 人工乾燥兩大類。自然乾燥即是在自然環境之條件下所進行的一種食品乾燥方式，主要以日曬、風乾及陰乾為主；人工乾燥則是在不同壓力環境下，以傳導、對流或輻射方式傳遞熱能，或以電磁波加熱方式，使食品乾燥之手段，一般分為：1. 常壓乾燥，2. 減壓乾燥，3. 加壓乾燥及 4. 電磁波乾燥等四大類。

1. 自然乾燥法

自然乾燥係利用自然環境中之陽光、風等手段加以乾燥的一種方式，主要以日曬、風乾及陰乾為主。日曬即是將食品直接暴露於陽光下，利用其輻射能進行乾燥之加工程序。風乾則是利用自然風使食品之水分揮發；陰乾則係將食品置於通風而陽光曬不到之處，使食品中水分可自然揮發。利用自然乾燥時，必須有下列諸條件：(1) 有良好之氣候。使用自然乾燥處理必須要在終年日曬充足或風大之處，不可在潮濕多雨之地區。(2) 需有便宜之人工。自然乾燥時常需將食物翻攪，故所需人工量較人工乾燥為多。(3) 需有人工乾燥設備為輔。當食品以自然乾燥方式乾燥至一半時，卻突然遇到連日之陰雨，此時若未能繼續將食品加以乾燥則原料勢必損失，因此需要有人工乾燥之設備備用，以備不時之需。

自然乾燥之優點包括：(1) 最經濟。因為無能源成本之支出。(2) 設備簡單，無需維修。(3) 操作簡單，不需任何技巧，因此任何人皆可勝任。(4) 可產生特殊之色、香、味。在自然乾燥之條件下，食品中之酵素容易發生作用，反而會在乾燥期間產生某些特殊之風味物質，如乾燥香菇之香味。

但自然乾燥亦有其缺點，包括：(1) 乾燥速率慢、時間拖很長。(2) 乾燥時間長，因此食物容易變質、變色、以及破壞營養素。(3) 受天氣影響大。(4) 衛生管理不易，易受蒼蠅、老鼠、灰塵之汙染。(5) 場地需求大，不易大量生產。(6) 製品水分較高，儲藏較不易。

日曬之場地宜靠近原料之產區，以避免運輸成本之增加以及運輸時原料之耗損。但亦應遠離作物栽培區，因為作物的蒸發作用會增加周圍空氣之濕度，而會影響產品之乾燥速率。一般日曬後之產物仍有多量的水分存在，同時，亦會有水分分布不均之現象（即外圍較乾，而內部仍濕），因此常需輔以陰乾處理。常見之日曬乾燥產品如蘿蔔乾、香菇、筍乾、蜜餞之原料等，而進口食品中以李乾、葡萄乾等較常見。其中，葡萄乾多以湯普生無籽葡萄為原料。另外，日曬又可分直接與間接法兩種。直接法即係將食品直接曝曬於日光下。間接法則係利用一日光吸收裝置，將日光轉換成乾燥時之能源後，再將食物將以乾燥。

風乾之場所則要風大、空曠之場所，如傳統新竹米粉即係以風乾方式乾燥。

2. 人工乾燥法

⑴ 常壓乾燥並利用空氣爲加熱媒介

① 窯式乾燥機（kiln drier）

此法爲最古老的人工乾燥方式。窯式乾燥機如燒磚之磚窯，其外型如圖5.2所示，主要爲一密閉空間，內分兩層，上層放置待乾燥之食物，下層則放置爐火，藉下層爐火所產生之熱空氣對流方式將食品乾燥。乾燥時需不斷將食品加以翻轉，以使乾燥均勻。

② 箱型熱風循環式乾燥機（cabinet drier）

此種乾燥裝置極爲簡單，主要結構如圖5.3所示。此裝置採用強制送風對流方式，新鮮空氣藉由風扇吸入乾燥機後，經加熱器將冷空氣加熱，然後經導流板將熱空氣送至食品所在之位置。通常箱型熱風循環式乾燥機之食品係放置於盤中，並以層架方式放置，置物盤底並有孔洞，以讓熱風及水蒸汽通透。熱風吹過食品之方式有兩種，一種爲與盤架平行方式吹送，另一種爲垂直方式吹送。當熱風吹過食品後，會帶走一部分水蒸汽，使熱風之濕度上升，但其溫度與濕度與外界冷空氣比較而言，仍爲具有乾燥能力者。因爲，爲節省能源，工業上常將此熱風加以循環利用，亦即在熱風出口處加一閥門，以閥門開啓之多寡控制熱風循環之量。此種乾燥機適於小規模之食品乾燥使用，一般食品皆適用，但顆粒較細之粉末狀食品則較不適宜。

③ 隧道式乾燥機（tunnel drier）

隧道式乾燥機可視爲箱型熱風循環式乾燥機之放大，其設備如圖5.4所示。此乾燥裝置係將待乾燥之食品置於台車上，裝滿一車後，推入乾燥機中，藉由台車之前進以及熱風之吹拂，將食品加以乾燥。整個乾燥機之前後各有一閘門，台車由此閘門出入。

熱風之方向與食品之方向可爲相向或相對。當熱風與台車之行進方向同向時，稱爲順流（counter flow）；反之，當熱風與台車之行進方向反向時，稱爲逆流（cocurrent flow）（圖5.5）。順流與逆流方式各有各的優缺點。

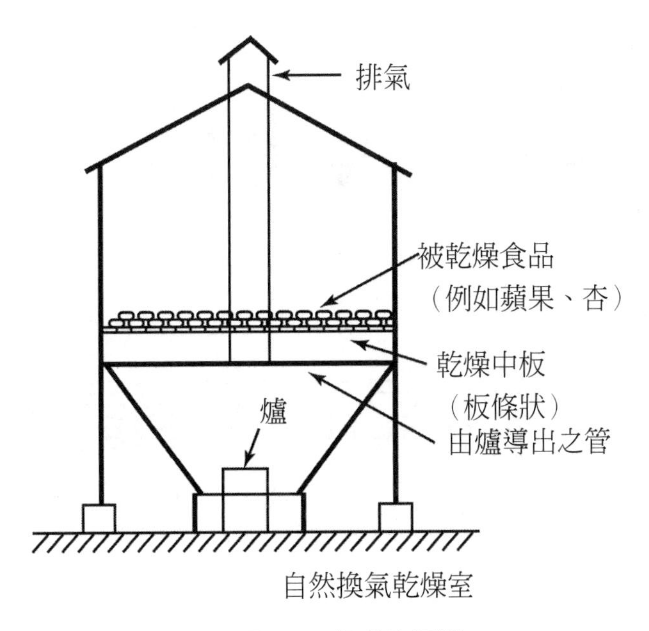

圖5.2　窯式乾燥機

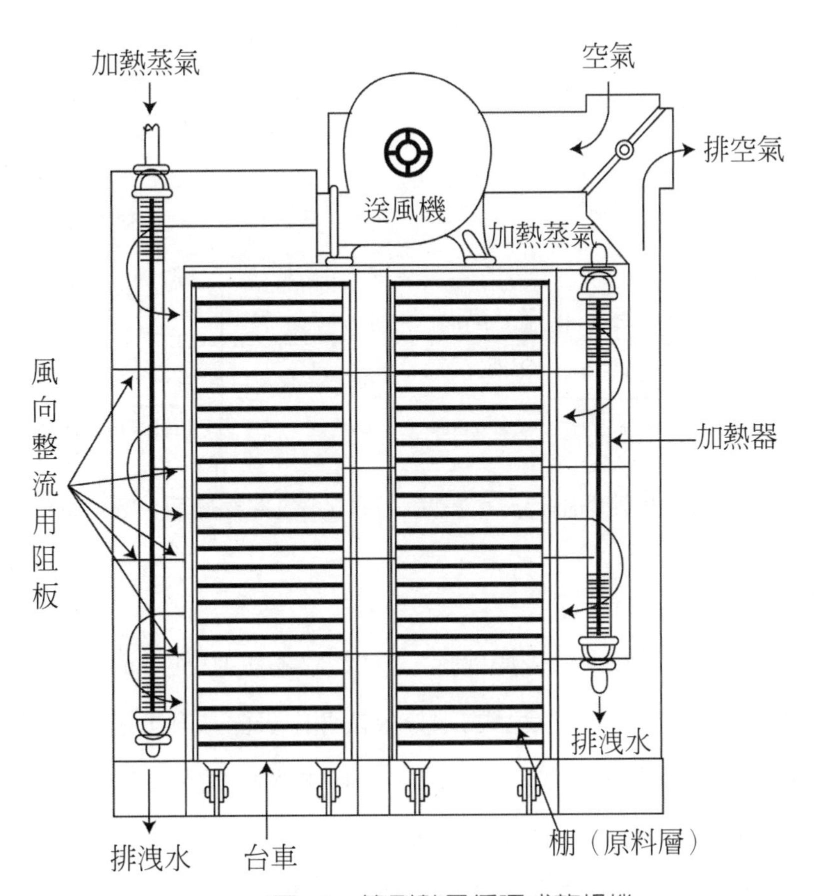

圖5.3　箱型熱風循環式乾燥機

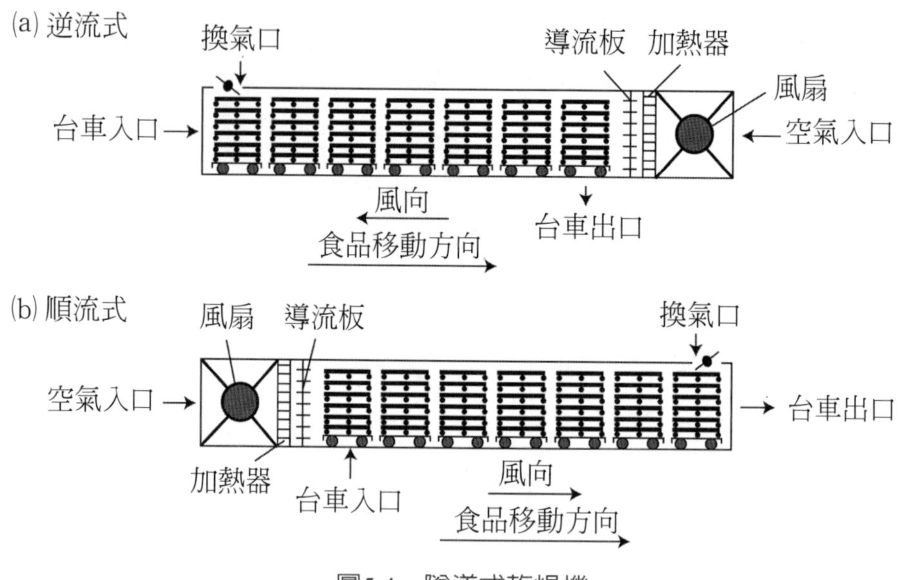

圖5.4 隧道式乾燥機

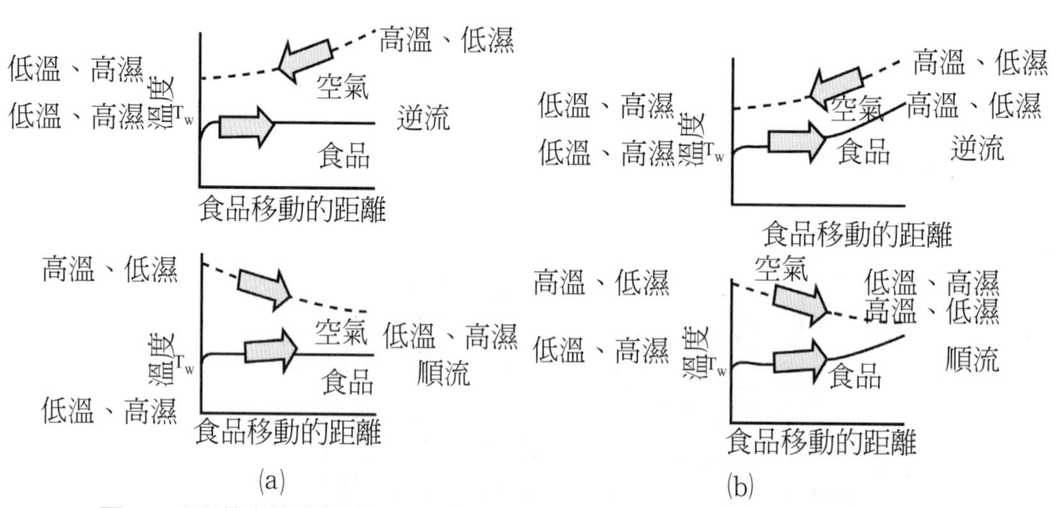

圖5.5 隧道式乾燥機送風方式示意圖，其中(a)恆率乾燥期，(b)減率乾燥期

A. 順流

順流乾燥時，食品在進入乾燥機時，爲低溫高濕的狀態，而熱風則爲高溫低濕的狀態，當二者混合時，則食品的水分會快速由表面蒸發，造成食品表面與內部水分含量產生一極大的梯度差。此時，物料之表面極易有表層硬化現象之產生，而食品內部卻因水分迅速脫除，反而有乾裂、多孔之現象產生。另一方面，由於水分快速由食品表面蒸發，使空氣的濕度迅速上升，而空氣的溫度則迅速降

低。但在乾燥機之出口處，熱空氣已經變成低溫高濕的空氣，此時，再與已乾燥脫水之食品混合在一起，將造成食品水分已不易再脫除。所以，最後產品之平衡水分將較高，故順流式隧道式乾燥機適合生產要求有表面硬化、而內部多孔之產品；卻不適宜處理吸濕性較強之食品。

B. 逆流

逆流式則正好有相反之情況產生。食品在進入乾燥機時，爲低溫高濕的狀態，而熱風亦爲低溫高濕的狀態，當二者混合時，由於溫差及濕度差不大，故在入口處之乾燥效果緩慢。而隨著物料在乾燥機中前進，熱風的溫度逐漸增加，而濕度則降低，因而使物料表面之水分蒸發的速率逐漸增加。然而，此增加爲漸進式的，因此不會造成食品表面大量的失水，故不會形成表層硬化之現象。另一方面，由於失水爲漸進式的方式，所以內部水分流失速率緩慢，故乾燥過程中，食品體積爲整體均勻地萎縮，而不會有多孔性產品的產生，且不易龜裂。當食品接近產品出口處時，此時已成爲一高溫低濕狀態的食品，而所接觸到的空氣亦爲高溫低濕，此時如果空氣的溫度太高時，往往造成食品的過度焦化，而影響產品的外觀。因此，使用逆流式隧道式乾燥時，進口熱風之溫度不可超過80℃。同時，使用此法乾燥食物時，產品最後之水分可低於5%以下。此法適用於蔬果之乾燥，因爲水果在乾燥初期如果遇溫度急速升溫時，會造成組織破裂而有內容物流出之現象。然而，使用逆流式乾燥機尙要注意者爲，原料之量必須控制，避免過多。當原料放置過多時，由於在進口處空氣濕度大、溫度低，反而有造成原料吸收熱風中水分之可能性，如若原料在乾燥機中時間又長，有可能因此導致原料腐敗、變質。

C. 中央進氣

將逆流與順流乾燥機之優點集合於同一機器中者爲在機器中央進氣。一般做法，多安排爲原料進口處係順流式，而出口處則爲逆流式，中央交換處有一閘門，以避免兩方空氣互相干擾。使用此法所得之產品乾燥較均勻，產量高，且品質亦較好。

前述幾種隧道式乾燥機，其熱風係平行於台車，另有一種隧道式乾燥機其熱風是垂直於台車吹送的。此種裝置之優點爲各單位可個別控制熱風溫度，而熱風由於可回收再利用，因此可節省加工成本；同時，產品水分之去除可較爲均勻。然而，由於其熱風走向有180度之轉折，對熱風之導流不易，同時，其氣密性較傳統長條型隧道式乾燥機要求要高，因此無法應用於實際食品之生產上。

④ 輸送帶式乾燥機（band drier或conveyor drier）

輸送帶式乾燥機之構造與隧道式乾燥機相似，只是將運送食品之承載物由台車改爲輸送帶（圖5.6）。使用此型乾燥機可節省原料裝卸之費用，同時更可連續化生產。一般輸送帶式乾燥機常有兩段輸送帶，前段較長，主要目的在將濕物料先加以乾燥。接著半乾燥之物料掉落至另一輸送帶上再加以進一步的最後乾燥。使用第二輸送帶之目的爲當食品在輸送帶上乾燥時，會有體積減少之現象，而一旦食品掉落至第二輸送帶上，可因而節省空間；另外，亦可使產品重新分布於輸送帶上，可改善乾燥的均勻性。

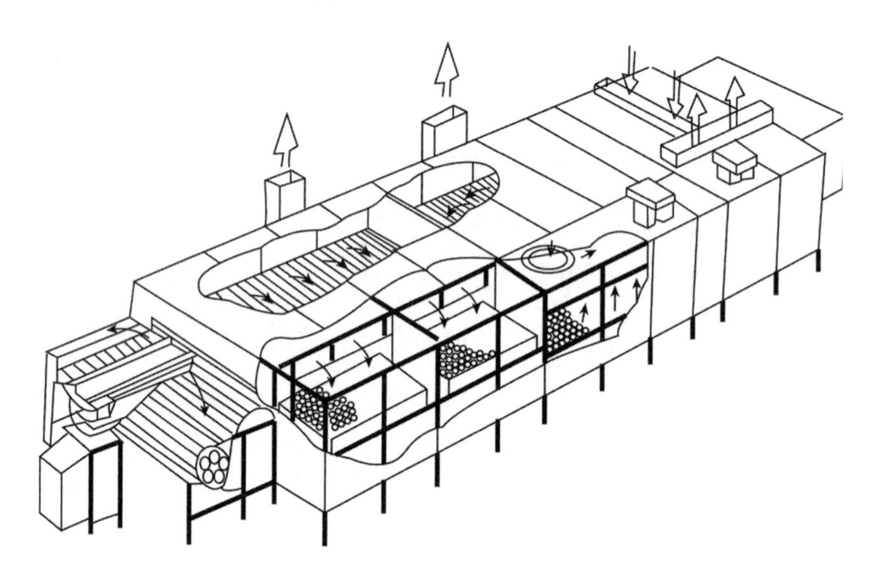

圖5.6 輸送帶式乾燥機之外觀

傳統輸送帶式乾燥機由於輸送帶爲平面型，較占空間，因此有往三度空間發展之螺旋型乾燥機（spiral conveyor drier）、多層式乾燥機等（圖5.7）。

⑤ 穀倉式乾燥機（bin drier）

此乾燥機適用於脫除少量水分之用。如以隧道式或輸送帶式乾燥機所製得之

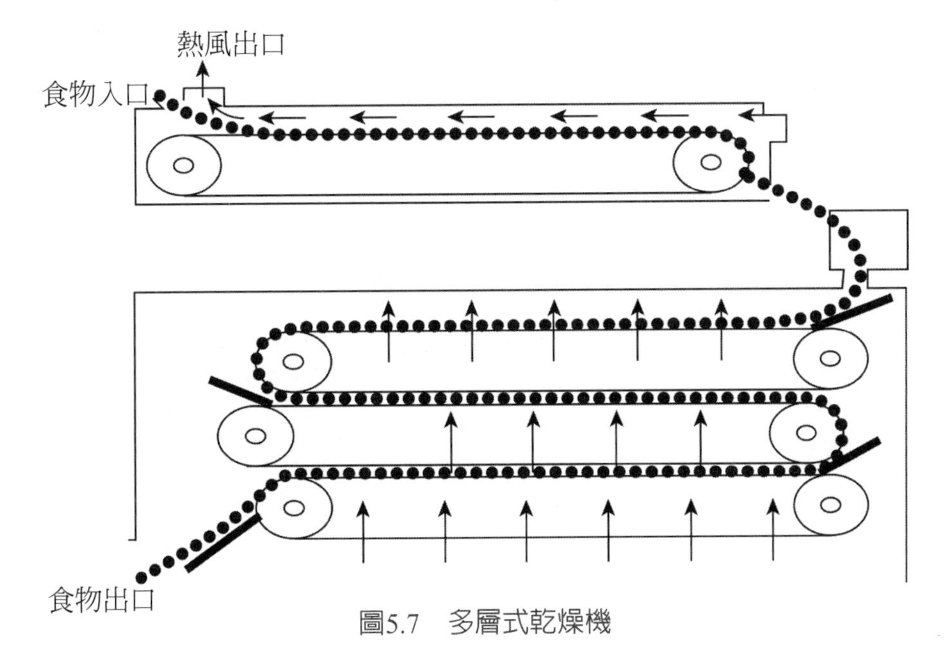

圖5.7　多層式乾燥機

半成品，由於其產物中仍含有少量之水分或水分分布並不均勻，因此可使用此方法脫除殘存之水分，同時使水分之分布均勻。例如以穀倉式乾燥機乾燥蔬菜製品，可將其水分由10～15%，減低至3～6%左右。

穀倉式乾燥機之結構非常簡單，即爲一個空艙，底部有熱空氣之進口，可藉鼓風機將熱空氣吹入。當食物半乾製品置入乾燥機中後，通以熱空氣，藉由此熱空氣，徐徐的將殘存在食品中之水分脫除。通常使用此乾燥法乾燥時間都非常長，甚至可長達36小時，然而由於其設備費便宜，同時操作簡單，因此相對成本並不會較高。

⑥ 旋轉式乾燥機（rotary drier）

由一空心轉筒所構成（圖5.8）。此轉筒略微傾斜，濕物料由上方送入，轉筒中通入熱風，藉以去除食品之水分，而乾燥後之物料則由下方送出。熱風之方向，可爲與物料同向，或與物料逆向。其構造簡單，操作容易，且乾燥效果均勻，爲其優點。然而不適宜乾燥形狀不一或體積較大之產品，同時，原料水分亦不可太高。一般用於粉體及粒狀物之乾燥，如肉丁、砂糖、可可豆等之乾燥。另外，亦可利用其做爲食品外塗層（coating）之塗布與乾燥之用。

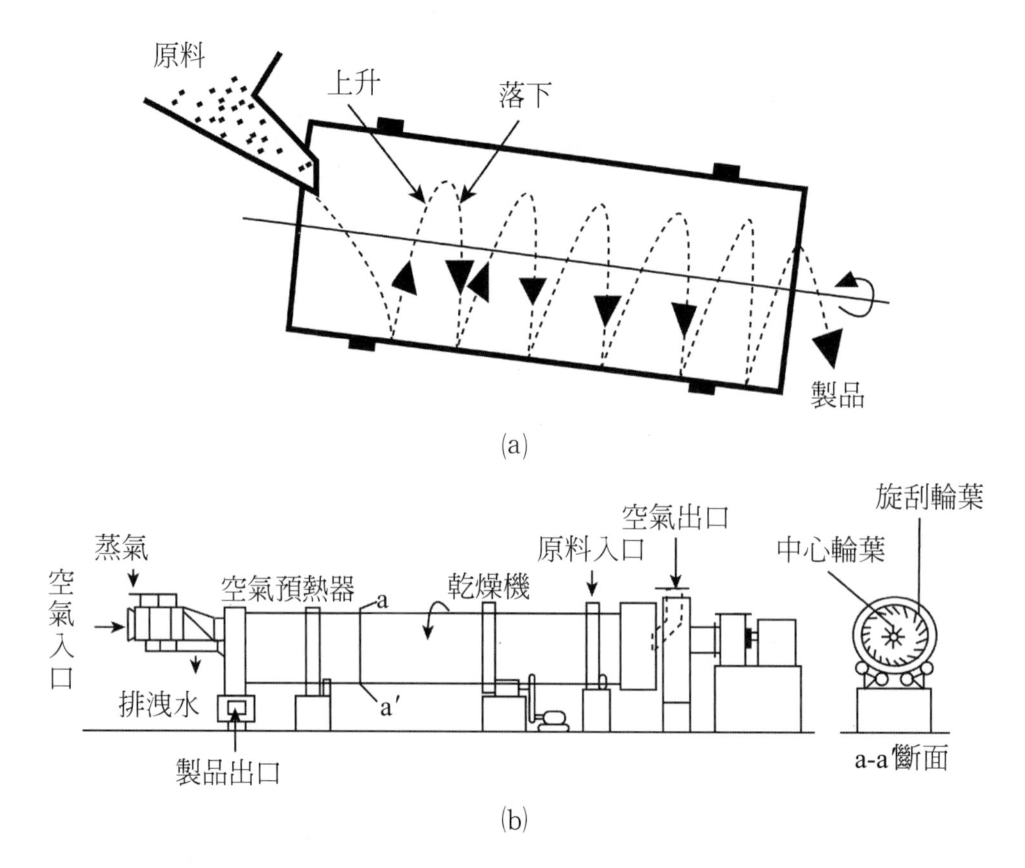

圖5.8 旋轉式乾燥機之(a)物料移動軌跡與(b)外觀

⑦ 氣流式乾燥機（pneumatic drier）

氣流式乾燥機係將食品原料以氣流方式帶入乾燥機中，然後藉此熱空氣將食品加以乾燥的一種乾燥方式。由於此乾燥方式之乾燥效果較差，待乾燥之原料水分需小於25%，且需爲顆粒狀原料，因此多用於已以其他方式做初步乾燥者，常見者是經轉筒乾燥初步乾燥者。其機械構造如圖5.9所示，食品原料由機器下方進料，藉由熱空氣將其帶到機器上層，而物料一方面受氣流因截面積增加而浮力降低，另一方面受機器上方之物料轉向器導引而下降。此時，熱空氣可經由一旋風分離器（cyclone）而將其中之微小物料顆粒分離出來。如果物料經過一個循環仍未乾燥完成，則可再次加以循環直到乾燥爲止。氣流式乾燥機可藉由不斷注入新鮮熱空氣、加入濕物料，以及送出乾燥完成之物料而形成一種連續加工方式。由於此乾燥機所乾燥之食品必須能被空氣所帶動，因此適用於粉狀及顆粒狀

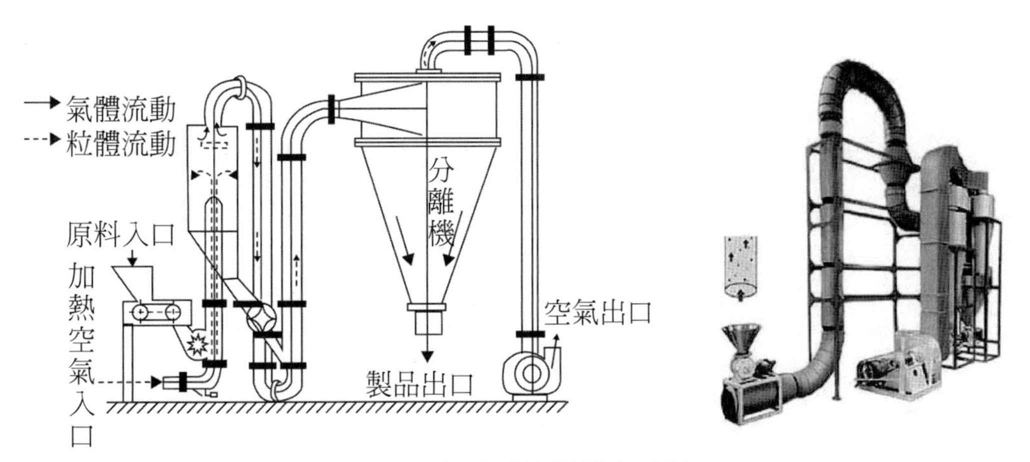

圖5.9　氣流式乾燥機之外觀

食品，常見之食品包括一般穀物、馬鈴薯粒、肉丁、澱粉等，尤其粉類是最常用此法乾燥者。對於水分含量高、黏度高以及乾燥時易結塊者，則不適用。

使用氣流式乾燥法有下列好處：首先由於蒸發面積大，且時間短暫，故即使所用熱風溫度極高，但食品之溫度不會升至很高，可保留大部分之功能特性與營養成分。其次，可在短時間內完成乾燥，故機器之體積不需很大。最後之好處爲，當原料之顆粒大小不一時，小顆粒由於較輕，故會先被熱空氣帶出，而較大之顆粒由於較重，故會在乾燥機中滯留較久之時間，此特性反而有助於不同顆粒大小原料之乾燥。

其缺點爲對於水分含量高、黏度高以及乾燥時易結塊者不適用。因黏度高及易結塊者在乾燥時會互相凝集使顆粒變大，而不易乾燥。同時，亦可能黏於機器壁上，阻礙機器正常之運作。其次，對乾燥中會粉碎者亦不適宜。

⑧ 流動層乾燥機（fluidized bed drier）

流動層乾燥法可視爲氣流式乾燥法之一種，其原理與冷凍時所用之流動層冷凍法相似，甚至於機械亦相似，僅係將冷風改爲熱流。其機械與操作原理如圖5.10所示，乾燥機之底層爲承載食品之處，一般係以不鏽鋼製成之網板、或多孔性之陶瓷板所製成。其下爲熱空氣之進口處，熱空氣經垂直吹入多孔網中，與食品直接接觸。由於會使用此乾燥機乾燥者皆爲顆粒較小且質輕者，因此可被熱風帶動而漂浮，所以每一個食品顆粒可形成單一之個體，不會與其他顆粒黏結，故可加速乾燥效率。由於熱風入口係間歇的分布於底層，所以有吹到熱風之區域食品顆粒會漂浮起來；而未吹到之區域，則會掉落至網上，故食物之行進呈波浪狀。其熱風之回收與氣流式乾燥機一樣，可經由一旋風分離器將其中之粉塵分離出後，經加熱後可再利用。乾燥時熱風之流速不可過大，以免尚未與食品有足夠之接觸即流走，而造成能源浪費，同時，亦可能使食物被帶走而造成損失。常用此乾燥方式之食品爲穀物、青豆、粉狀產品等。

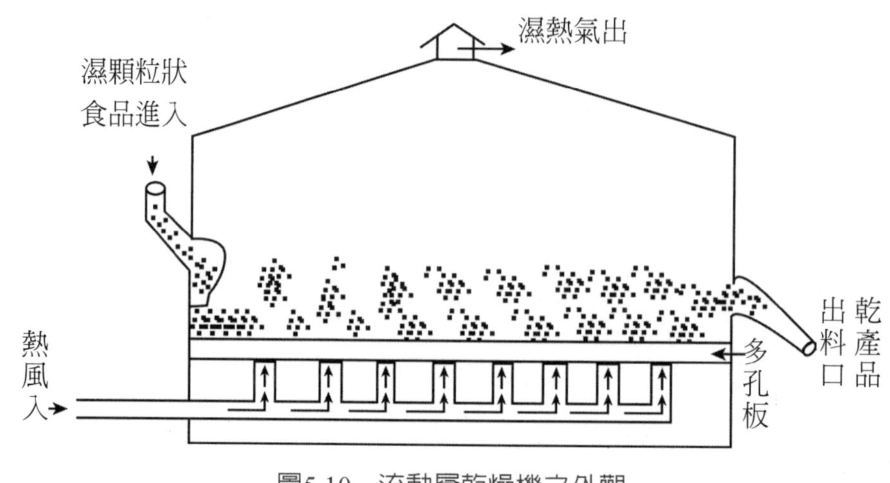

圖5.10　流動層乾燥機之外觀

使用流動層乾燥法之缺點爲乾燥後之微小粒子易隨熱風被帶出，而四處飛散，故需加裝分離裝置。其次，對於易互相凝集使顆粒變大者，較不適用。

⑨ 噴霧乾燥機（spray drier）

噴霧乾燥係將液狀食品經由噴霧器噴出而形成小液滴後，藉由熱空氣加以乾燥之一種乾燥方式。因此其原料必須爲液狀或泥狀者，但含較大固形物顆粒者則不適用。由於小液滴之表面積大，因此傳熱速率快，且水分蒸發速率亦快，故可在極短的時間（通常爲數秒鐘）內將食品加以乾燥。同時，因爲其水分蒸發快，因此，實際上食品本身所升高之溫度不會很高，通常與熱空氣之濕球溫度相當。所以，以此法乾燥所得之產品品質極佳，且復水性好。常見以噴霧乾燥製造之產品包括乳粉、咖啡粉、豆漿粉、冰淇淋粉、乳清蛋白粉、蛋粉、茶精、果汁粉等溶於水即可食用之粉末。

噴霧乾燥機主要包括下列各部位：空氣加熱與循環系統、噴霧裝置、乾燥艙本體、以及產品回收裝置如圖5.11所示。

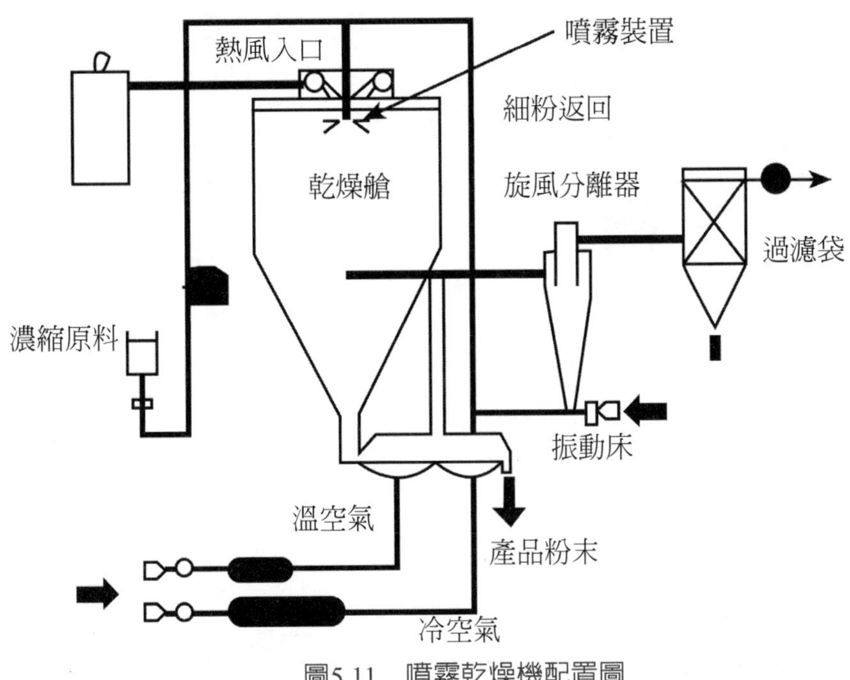

圖5.11　噴霧乾燥機配置圖

A. 噴霧裝置

產生噴霧的方式有三種。

(A)離心式或迴轉盤式。離心式噴霧器（centrifugal atomiser）（圖5.12）係將食品液體由高處落入一高速旋轉之有孔轉盤中，利用離心方式將食品甩出而形成小液滴。轉盤依需要可由5公分至76公分不等，而轉速則可由3450轉／分鐘至50,000轉／分鐘。當增加轉盤之迴轉速度或降低原料之供給速率時，則可使產品之顆粒變小。

(B)高壓式噴霧器（pressure nozzle）（圖5.13）。其作用方式係將食品液體藉由500～7000psig之高壓，經由噴嘴之小孔噴入乾燥機中。由於液體經過高壓噴出後會成細小霧狀，而使產品得以成小顆粒。當增加壓力或增大原料通過噴嘴時之速率時，則產品之顆粒可降低。此噴霧器不適合於含顆粒狀物體之原料，因為其可能會堵塞噴嘴或造成噴嘴之磨損而使其變大。

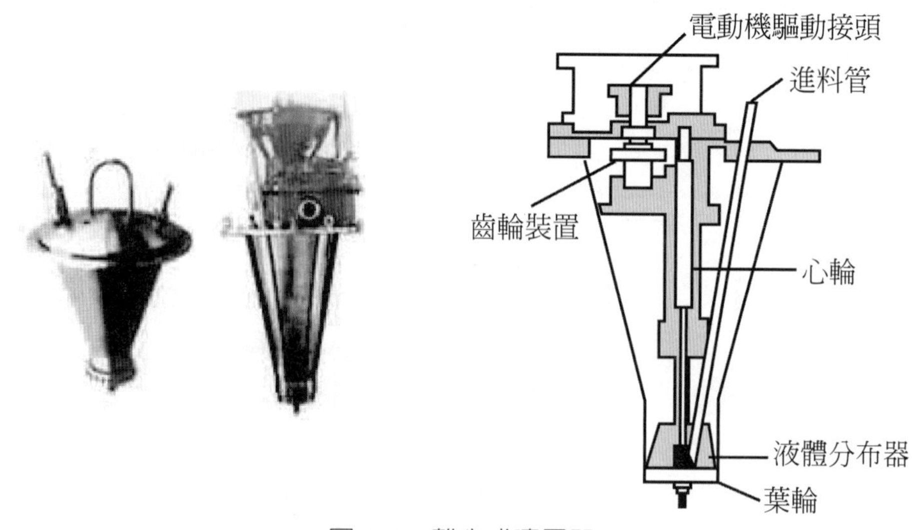

圖5.12　離心式噴霧器

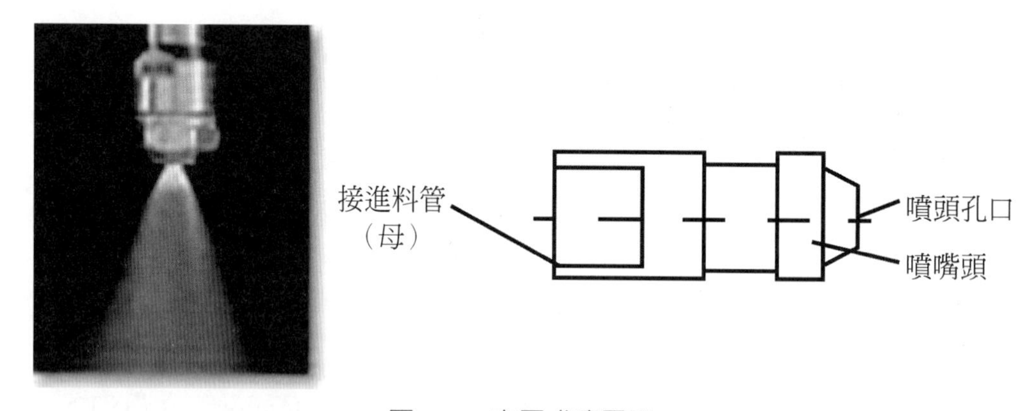

圖5.13　高壓式噴霧器

(C)雙流體式噴霧器（two-fluid nozzle）。其形式有許多種（圖5.14）。雙流體式噴霧器係利用空氣或蒸汽為載體，將食品液體推出噴嘴，以形成微小液滴。因此，不論其形式為何種，必定有兩根流體來源之管子，一根為食品，另一根為載體。兩根管子可以同心圓之方式排列，亦可以垂直方式排列，然而，其出口需在同一處。雙流體式噴霧器所用之壓力較高壓式噴霧器為小，其適合於高黏度之原料，但由於所產生之液滴大小不均一，因此使其使用受到限制。表5.5中為三種噴霧器之比較。

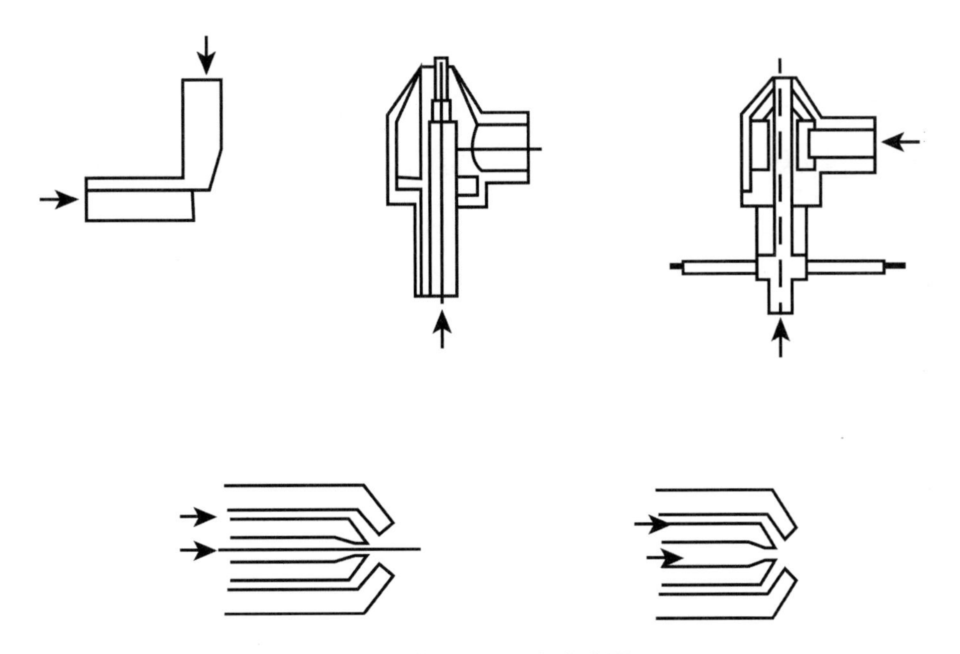

圖5.14 各種雙流體式噴霧器

表 5.5 不同噴霧器之比較

條件	噴霧器		
	離心式	高壓式	雙流體式
懸濁狀液體	可	稍可	可
易燒焦材料	可	可	稍可
高壓幫浦	不要	要	不要
價格	便宜	便宜	貴
動力消耗	大	小	適中
熱風方向	順流式	順、逆流式	順流式
產品粒度	微	粗	細
產品密度	微	大	輕
復水性	差	佳	差
粒度均一性	稍差	佳	佳

資料來源：廖，1991

B. 乾燥艙本體

當原料以噴霧器噴入乾燥機中時，可迅速與熱空氣混合而達乾燥之目的。原料與熱空氣接觸之方式可分爲數種方式；若依機器徑身與氣流方向可分爲垂直式與水平式兩種；若依氣流與物料混合之流向分類，則可分爲順流式、逆流式及混合式三種（圖5.15）。順流式乾燥時，食品物料與熱空氣以同一方向進入乾燥艙中，因此初始之乾燥速率快，而後期因熱空氣降溫且增濕，而導致速率降低，且易吸濕。逆流式乾燥則相反，食品物料與熱空氣以相反方向進入乾燥艙中，其乾燥效果較順流式爲佳，產品較不易吸濕。圖5.15(a)所示爲水平順流型，氣體與物料係以水平方向流動，而一般所用之噴霧器多爲噴嘴式（高壓式或雙流體式）。其乾燥物料最後沉積於出口處，再藉由輸送帶送出。

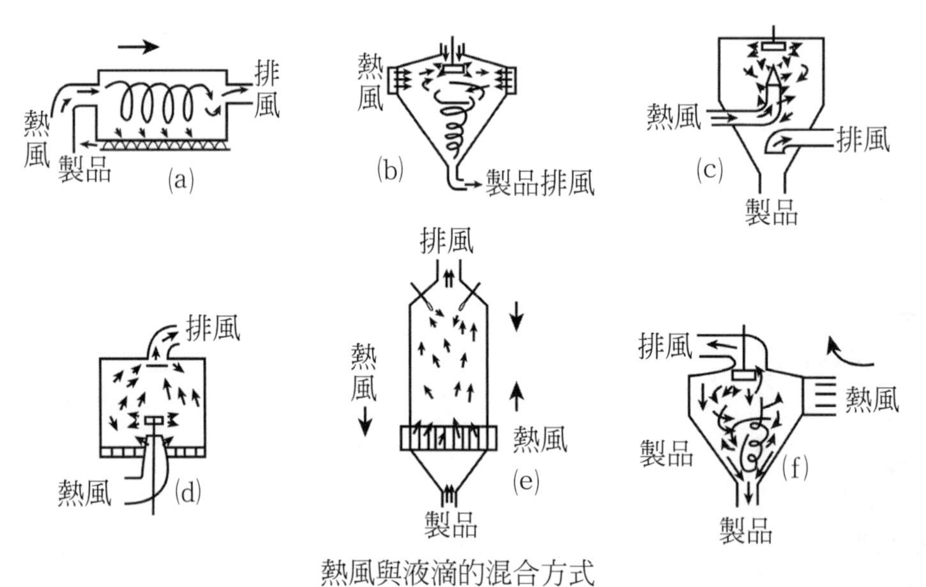

圖5.15　噴霧乾燥機中物料與熱風之不同混合方式，其中(a)水平順流型，(b)垂直下降順流型，(c)垂直下降順流型，(d)垂直下降混合型，(e)垂直上升順流型，(f)垂直下降逆流型

圖5.15(b)及5.15(c)爲垂直下降順流型，此型可使用噴嘴式或離心式噴霧器。若使用噴嘴式噴霧器，則熱空氣宜垂直下降，而不宜呈迴轉式下降（圖5.15(b)），而使用離心式噴霧器則可使熱空氣呈迴旋式以增長接觸時間（圖5.15(c)）。

圖5.15(d)爲垂直下降混合型。最初物料由上方噴霧器噴出後與同向之熱空氣

接觸，而後此熱空氣與食品行至乾燥艙底部時，再循艙底往上由上方出口排出，因此，其後進入之原料會同時與兩股熱空氣接觸。混合型又有兩種形式，一為如圖5.15(d)所示，原料由上往下便出去，而熱空氣則來回各走一趟（同時有順流與逆流之空氣存在）。另一種為垂直上升混合型，食品物料由下方進入後先上升，而後再下降，如此可增長在乾燥艙中停留之時間，使最終產品之水分得以再降低。此種乾燥形態有一好處，即乾燥之粉末會與潮濕之原料混合，而此濕原料附著在乾燥粉末之外，使最終產物之顆粒變大而有造粒（agglomeration）之效果。

圖5.15(e)為垂直上升順流型，而圖5.15(f)為垂直下降逆流型，其原料入口與熱氣流之行徑由其名稱即可了解。

C. 產品回收裝置

噴霧乾燥所得之產品，有時可經由自然沉降方式在乾燥室底層收集，而後再以輸送帶送出，如以水平順流型乾燥器所得之產品即可用此法收集。亦可以各種回收裝置收集，主要之回收裝置包括：(A)旋風分離器（cyclone），(B)袋狀過濾裝置（filter bag），(C)濕式除塵器（wet scrubber）。

(A)旋風分離器。係一錐形裝置，如一般噴霧乾燥機之乾燥艙形式相同。當產品粉末進入旋風分離器後，由於氣流速率降低，同時，粉末沿壁運動產生摩擦力造成其易於沉降於分離器之底部。廢氣則由旋風分離器之頂端排出。此一回收裝置為最常使用者。

(B)袋狀過濾裝置。其係使用一過濾袋，使含產品粉末之空氣通過此濾袋，而將食品粉末截流於濾袋上以回收產品。

(C)濕式除塵器。此裝置主要係回收廢氣中前兩種回收裝置未收集到之粉塵。其作用方式係將待乾燥之液體先經一噴霧器，利用含少量粉末之熱廢氣為熱媒，將其預熱並達濃縮之效果。而空氣中之粉塵遇到液體後可被其抓住而與空氣分離，亦達到回收產品之目的。而此濃縮之液體經收集後，再次噴入主乾燥艙中乾燥。

回收裝置常常數種合併使用，以增加回收率。一般之順序為先使用旋風分離器，再經袋狀過濾裝置，而廢氣再經濕式過濾裝置，則可得到最佳之回收率。

D. 造粒

經由噴霧乾燥所製造出之產品可爲球形、不規則型或是中空形式之粉末。當粉末顆粒過細時，則與水接觸時會有互相凝聚而不溶的現象，如一般的奶粉溶於水時即有此現象。欲解決此現象，可對其進行造粒（agglomeration）。造粒方式除可利用垂直下降混合型之噴霧乾燥機進行外（如前所述），亦可在獲得產品後，將其噴以少量之水或蒸汽使其顆粒間先互相凝聚以加大顆粒後，再進行第二次乾燥。藉由造粒程序，除產品之顆粒變大外，同時密度亦會變小，且成爲一多孔、中空之結構，因此當溶於水時，水分可迅速進入其中而吸水溶解。目前一般即溶乳粉（instant milk powder）、即溶咖啡（instant coffee）等產品即可經由此造粒之程序達到即溶之效果。但在製造全脂即溶乳粉時，一般在二次乾燥時，尚會噴上0.2～0.3%之卵磷脂以改善脂肪之親水性，使其易溶於水。

⑵ 接觸式常壓乾燥－轉筒乾燥機（drum drier）

轉筒乾燥機之名稱係因其主要乾燥處爲由一個或兩個類似汽油桶或鼓狀（drum）之容器而來，其外觀如圖5.16所示。轉筒乾燥機由至少一個轉筒組成主體，轉筒中央爲空心的，將熱媒噴入轉筒中，藉熱媒之熱將黏附在轉筒表面之食品加以乾燥。一般多以蒸汽爲熱媒，但亦有利用循環水或其他液體作爲熱媒。今以單筒式轉筒乾燥機解釋整個乾燥操作過程如下：首先將原料加在已加熱之轉動的轉筒表面，當轉筒轉動時，已附著在轉筒表面之食品受到轉筒的熱而逐漸脫水乾燥，轉筒大約轉300度後，遇到一刮刀（scraper blade或doctor blade），於是將已乾燥之食品薄層刮下。由於轉筒不斷轉動，因此食品原料可不斷進料，故此乾燥法係一種連續式乾燥法。由於食品原料非常薄，且轉筒溫度非常高，因此乾燥所需時間約數秒鐘至數分鐘即可。

常見之轉筒乾燥機形式有單筒式（single drum）、雙筒式（double drum）及對筒式（twin drum）。

① 單筒式轉筒乾燥機

單筒式轉筒乾燥機（圖5.16⒜）係由單一之轉筒所形成，其進料方式往往爲轉筒之一部分直接浸在原料槽中，當轉筒轉離原料槽後，即可沾附一些原料加以乾燥。另外，亦可以噴灑方式將食品原料噴在轉筒表面。

② 雙筒式轉筒乾燥機

雙筒式轉筒乾燥機（圖5.16(b)）是由兩個對轉並互相連接之轉筒構成，同時藉由兩個轉筒間之間隙大小，以控制黏附在轉筒表面食品原料之多寡及厚度。其進料方式係由兩轉筒中央上方之間隙處進料。

③ 對筒式轉筒乾燥機

對筒式轉筒乾燥機（圖5.16(c)）可視爲是兩個單筒式轉筒乾燥機所組成，其雖然亦含有兩個對轉之轉筒，然而其進料及乾燥操作爲各自動作的。對筒式轉筒乾燥機之進料方式與單筒式是相同的。

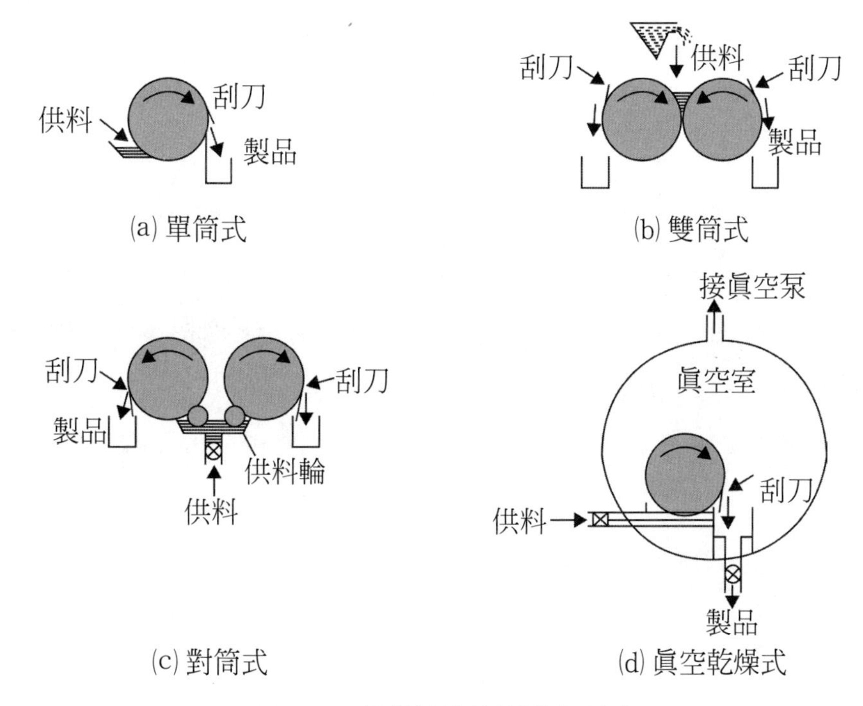

圖5.16 各種轉筒乾燥機之形式

轉筒乾燥由於必須將食品原料均勻的塗布在轉筒之表面上，因此其原料必須爲漿狀、液體或泥狀等黏稠性物質，常用此法乾燥之食品包括麥精片、牛乳、豆乳、馬鈴薯粒、酵母粉等。對於含糖量過高之原料，如果汁，由於其具有熱可塑性，因此在轉筒上加熱後之黏性會增加，不易被刮刀所刮下，反而會黏附在轉筒表面，而阻礙下一輪原料的乾燥，且其本身亦容易因加熱過度而燒焦，故不適用。對熱敏感之食品或加熱易褐變之食品亦不適用，但若將整個轉筒乾燥機置於眞空室中，如圖5.16(d)所示，則可乾燥此類產品，但其加工成本將因此而增加。

轉筒乾燥機可藉由控制轉筒內部溫度、原料厚度、轉筒速率以及原料水分，以獲得所需最終水分之產品。

(3) 以油脂爲熱媒之常壓乾燥法

此乾燥法以速食麵及馬鈴薯片（potato chip）所使用之油炸乾燥法爲主。一般速食麵之做法爲將生麵條蒸熟使其糊化後，再以約130～140℃之熱油油炸約2分鐘，以使其迅速脫水至水含量約4～5%。由於脫水速率快速，因此澱粉顆粒間不至於重新結合，故仍處在糊化狀態。一旦加入熱水後，水可迅速進入澱粉分子內，而可立刻食用。使用油炸乾燥法需注意油溫的控制，油溫太高時，產品容易過度褐變；油溫過低時，可能使油炸時間增加，造成產品吸油過多。

(4) 減壓乾燥（vacuum drier）

圖5.17爲水的壓力與溫度之關係圖，又稱三相圖。圖中AO線爲氣態與液態同時存在之情況（即沸點），由圖可知在1大氣壓（760 mmHg）時，水的沸點爲100℃。在4.6 mmHg及0℃左右。此時水以固相（冰）、液相（水）及氣相（水蒸汽）三相同時存在，故稱三相點。

減壓乾燥所根據之原理爲壓力愈低時，水的沸點愈低，如圖5.17中AO線所

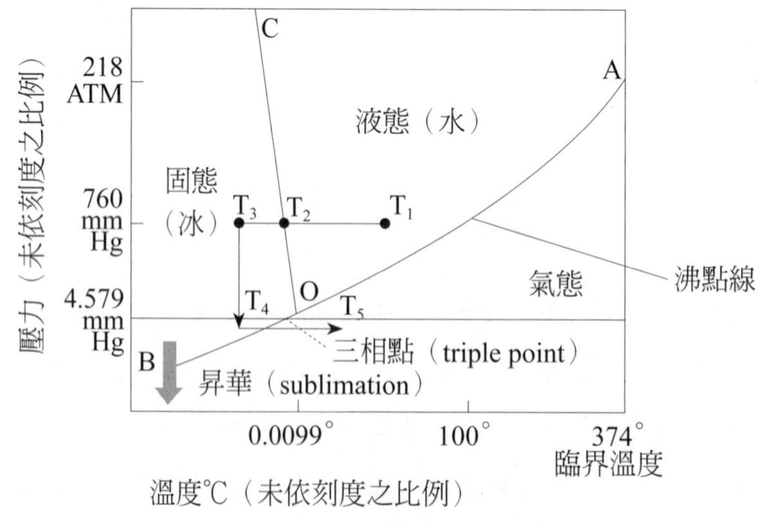

圖5.17 純水的狀態、壓力與溫度之關係圖（三相圖）

示，當操作壓力在760 mmHg（1大氣壓）以下，4.6 mmHg以上時，此法爲傳統式減壓乾燥法。此時水由液體變成氣體之溫度（沸點）將低於100℃。故在低壓下，可用較低之溫度加熱即可達到在常壓下同樣加熱溫度之乾燥效果。此優點對於一些熱敏感性之食品是非常有利的。同時，因在低壓下空氣幾乎不存在，故可減少食品成分之氧化，因此使用減壓乾燥法較可保持食品之營養成分、風味、顏色、外觀與質地。

若當溫度在0℃以下且壓力低於4.6 mmHg時，水形成固體之冰，當溫度升高壓力不變時，則會直接昇華（sublimation）成水蒸汽。以此低壓行減壓乾燥時，稱爲冷凍乾燥法（freeze drying）。

① 傳統式減壓乾燥機

傳統式減壓乾燥機主要包括乾燥機主體，抽眞空裝置（眞空泵），加熱裝置以及收集水蒸汽之裝置。主體必須爲絕對氣密，同時可耐受極大壓力差，如圖5.18所示。在低壓下，水即使可由液體變成氣體，仍需要有一溫度差作爲其驅動力（driving force），因此需要一套加熱裝置以有效的使水蒸發。由於減壓乾燥機中空氣極稀微，因此在乾燥機中熱的傳遞主要靠傳導及輻射，不可能靠對流方

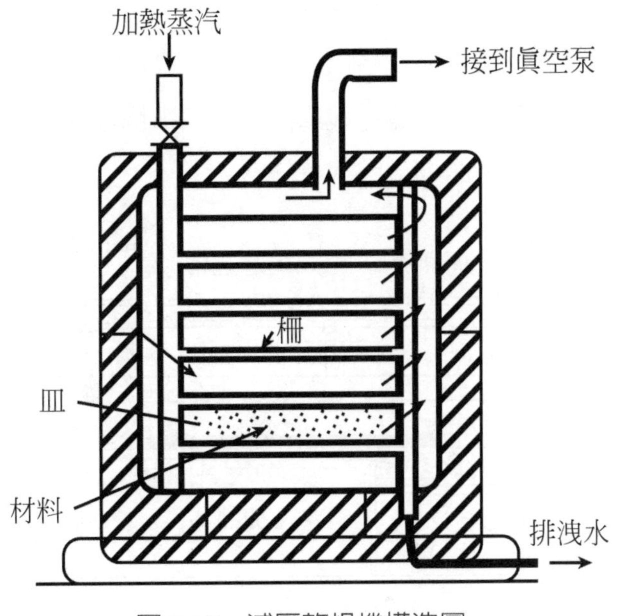

圖 5.18 減壓乾燥機構造圖

式。若為批式減壓乾燥機，則其乾燥機主體為一含隔板之空箱，食品可放置於隔板上加熱。此時加熱器除置於空箱上方外，同時每一層隔板上亦應有加熱器予以加熱，藉傳導以將食品加熱，而餘熱則又可藉輻射力量加熱下一層食物。當乾燥到某一程度時，則食品會有皺縮之現象，此時與隔板之接觸面積將會減少，此為加工時必須注意者。

水蒸汽收集之裝置對眞空泵之保護為必要的。其必須裝置於乾燥機主體與眞空泵間，以避免抽出之水蒸汽進入眞空泵中，而增加其負擔。一般水蒸汽收集裝置多半為一冷凝裝置，將由食物中所釋放出之水蒸汽冷凝並收集下來。

傳統式減壓乾燥機除可為批式外，亦可為連續式之形式。如圖5.19所示，當物料由下層噴附在輸送帶上，首先經過一輻射加熱器，使食品先行預熱，食品在預熱之同時，由於會有水蒸汽蒸發而產生膨發現象，使其表面積增加而有助於其後之乾燥。當食品轉至加熱轉筒時，則再次有水分之蒸發，其後，再經一段上有輻射加熱器之區域，更足以使食品進一步之乾燥。最後，經過冷卻轉筒以將輸送帶冷卻，並將產品藉由刮板刮除即完成整個乾燥程序。此乾燥法適用於液態食品如果汁粉、乳粉之乾燥，但由於其原料與成品需不斷進出，因此機器氣密之要求較傳統批式減壓乾燥機高，使其成本較高。

不論批式或連續式減壓乾燥機，由於其乾燥是在減壓之情況下進行，因此若原料為液體者，水蒸汽蒸發時可能造成產品會有略微膨發之現象，使其易於溶於水。此現象在壓力愈低下愈明顯。

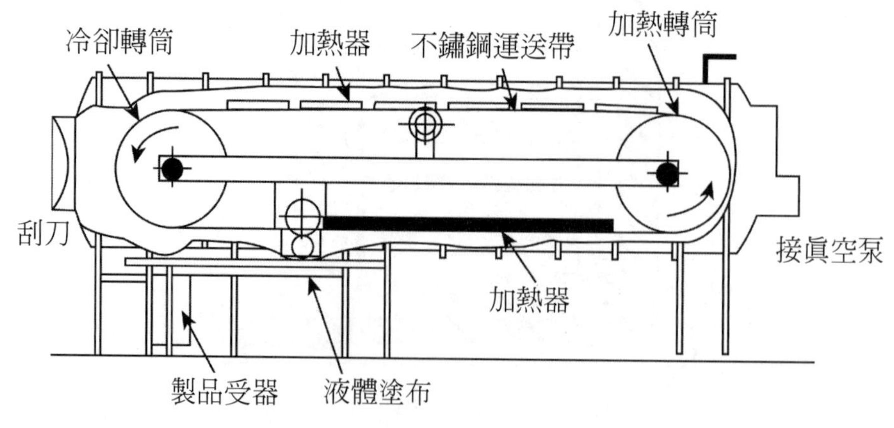

圖 5.19　連續式減壓乾燥構造圖

② 冷凍乾燥機（freeze drier）

冷凍乾燥（freeze，lyophilization或sublimation drying）係利用水在低於三相點之低壓（＜4.6 mmHg）、低溫（＜ 0℃）下加熱，可由固態（冰）直接昇華（sublimation）成氣態（水蒸汽）之原理，藉以脫除食品中之水分達到乾燥之目的。冷凍乾燥機之主要結構如圖5.20所示。

冷凍乾燥包括冷凍、減壓、加熱、昇華等步驟。

A. 冷凍

第一步為先將食品冷凍至－30℃以下（圖5.17之$T_1 \rightarrow T_3$）。其原因為一般食品在－30℃以下之溫度其所含之水分方可完全凍結成冰。如表5.6所示，大部分食品在一般冷凍溫度下（－18℃），仍有少許水分無法凍結成冰，而此少許之水分影響日後乾燥之效果極大，故必須完全凍結成冰。凍結速率會影響產品之品質。凍結速率快時，固然產品之品質較佳，復水率亦好，然而，由於快速凍結時，原料內部冰晶分布均勻且小，在乾燥時，反而水蒸汽不易逸出，故乾燥速率較慢。若凍結速率慢時，則會在原料中形成較大之冰晶，而可形成一食品表面與內部之通道，反而使水容易由此通道逸出，故乾燥速率會較快。但慢速凍結時，

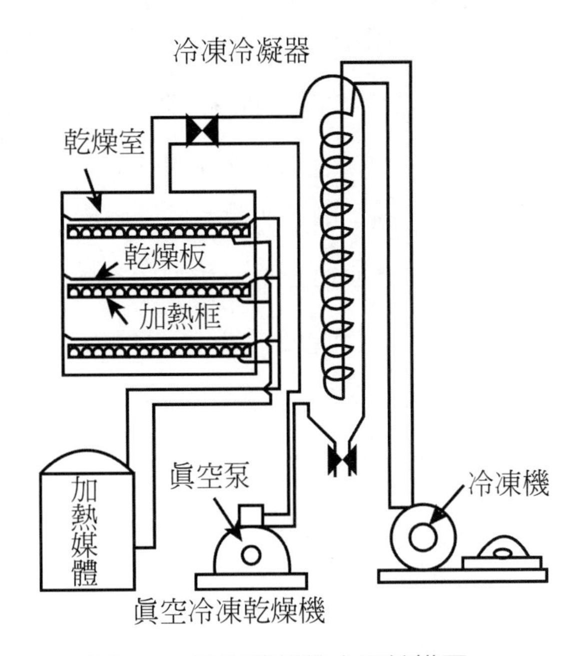

圖5.20　冷凍乾燥機主要結構圖

由於蛋白質容易變性，因此較易造成乾燥產品品質之降低，且使復水率降低。

表5.6　食品在不同溫度下水結成冰之比例

食　品	水分含量（%）	水凍結比例 −5℃	−10℃	−15℃	−20℃	−30℃
瘦牛肉	74	83	93	97	99	100
鱈　魚	80.5	85	94	97	98	100
蛋	74	90	95	98	99	100
果　汁	88	75	87	93	96	100
白麵包	46	50	87	97	99	100
青　豆	78	68	86	92	96	100

Macrae, R.等，1993,p.2036

B. 減壓

食品完全凍結後，再將其置於冷凍乾燥機中，然後將乾燥機的壓力降低至4.6 mmHg以下（圖5.17之T_3→T_4）。在此食品剛放入乾燥機並開始抽眞空之階段，由於壓力未達足夠之低壓，因此若有未凍結之水分存在時，則可能會有液體沸騰之現象，而造成產品的膨發現象。

C. 加熱與昇華

整個乾燥的過程中，乾燥機中之壓力必須保持在三相點壓力（4.6 mmHg）以下，以避免有液態水的產生。接著在低壓下加熱，以使水分順利昇華（圖5.17之T_4→T_5）。水分昇華所需之潛熱，則由放置食品之擱板內的加熱器提供。另一方面，水分昇華時可由凍結之冰處吸收熱量，故可使未乾燥之處仍保持在結冰之狀態。加熱時，首先冰凍食品之表面會先有升溫之現象，直至吸收足夠之熱能後，冰晶便可直接昇華成水蒸汽。若加熱溫度過高，使水蒸汽突然大量增加時，則可能使壓力突然增加，而高於三相點，便可能會有液態水之出現，而使產品有膨發現象，此時便需降低加熱溫度。當加熱溫度太低時，則乾燥所需時間太長。所以乾燥時所用加熱溫度之控制非常重要。

爲加速並使水分之昇華順暢，在加熱板上有時會做些改進措施。首先，可能利用釘狀加熱板，將多個長釘狀金屬穿刺入食品中，以增加熱傳導面積，並有利於乾燥後期熱可順利傳導至食品內部。另外，亦可利用兩片加熱板將食品上下夾住以增加接觸面積。但用此法由於將食品緊密夾住，水分反而不容易逸失，故往往在加熱板與食品中間會加上一金屬網（圖5.21），以使水蒸汽得以經由此金屬網孔逸失。

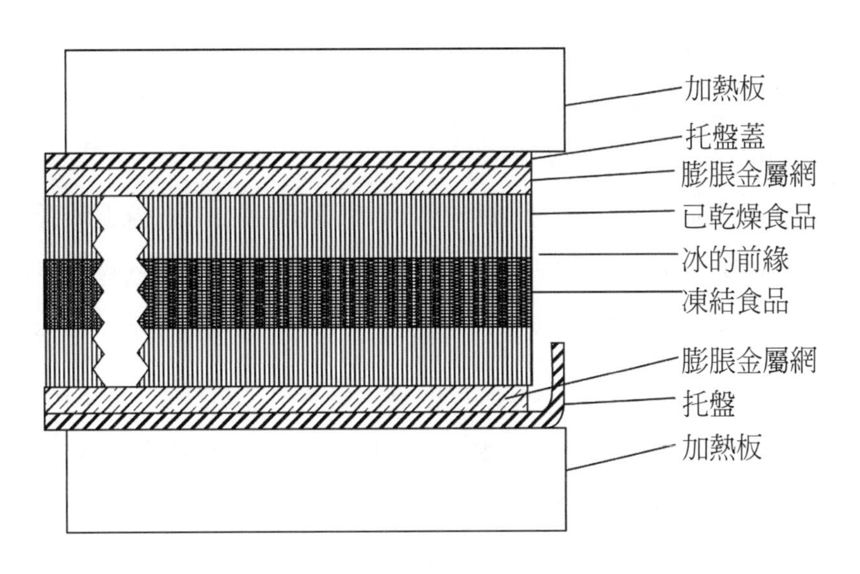

圖5.21　使用雙面接觸式冷凍乾燥情況圖

冷凍乾燥之乾燥速率主要受下列因素所影響：A. 外界溫度輻射至食品表面之速率，B. 食品內部熱傳導之速率，C. 水分由食品內部擴散至表面之速率，D. 水分由食品表面擴散至外界之速率。在乾燥初期，由於熱可藉傳導直接由加熱板傳至冰凍之食品上，且處於恆率乾燥期，故冷凍速率極快。當食品乾燥一段期間後，由於表面已有部分乾燥情形產生，使熱源必須一部分以輻射、一部分以傳導方式送到食品未乾燥之內部，故乾燥速率將減慢，此情形與一般乾燥時之減率乾燥期情況相同。為克服後期加熱速率降低之情形，可以電磁波（如紅外線、微波）作為熱源，藉其在真空中穿透力較強之特性以增加乾燥速率。

由食品中所逸失之水蒸汽，會藉由真空泵動作時之吸力而往泵之方向行進。此時，在冷凍乾燥機中有一冷凝裝置使此水分冷凝成冰以避免水分進入泵中，減弱真空泵之抽氣效果。冷凝裝置之溫度必須夠冷，以使水蒸汽足以迅速凍結而不會進入真空泵中，一般之溫度在－40℃左右。同時當水蒸汽逐漸附著於冷凝管形成冰時，則冷凝效果將降低。此爲機器設計時需注意者。在大型之冷凍乾燥機中，常會有兩組冷凝器可互相切換，以避免結冰過多造成冷凝力不夠之現象。

冷凍乾燥法之優點包括：A. 營養成分破壞少。由於乾燥時加熱溫度低，故一些熱敏感性之營養素破壞較少。B. 可維持原食品形狀及質地。由於冷凍乾燥係將食品冷凍後再將水分加以昇華，故食品質地不會受到破壞，且由於乾燥時加熱程度低，故食品皺縮之情況較低，所以可以維持食品原有之形狀。C. 可保持食品原有之顏色及風味。由於加熱程度低，故色素之破壞少，褐變反應亦不容易進行，故可保留食品原有色澤。同時，由於乾燥時所用之加熱溫度較低，故揮發性物質較不易流失，因此可保留較佳之風味。但由於整個乾燥過程中係以抽眞空方式進行，故仍會有部分風味物質流失現象。D. 產品復水性佳。由於冷凍乾燥產品水分係以昇華方式逸失，故產品質地可保留完整。同時，食品內部爲一多孔性之構造，故當復水時，水分可迅速的進入此多孔性之構造中，因此，復水後產品之形狀會與未乾燥前類似。E. 產品水分低，有利於儲存及運輸。

冷凍乾燥法亦有下列之缺點：A. 設備費用昂貴。整個乾燥室必須爲一氣密式之構造，同時，乾燥時必須處於極低之壓力下，造成操作成本之增加。B. 成品吸濕性高。吸濕性高，因此必須使用透水性較差之包裝，而使儲存成本增加。同時，由於吸濕性高，故乾燥後包裝之作業時間要盡量縮短，同時可在包裝內加入乾燥劑以吸收濕氣。C. 產品易氧化。由於冷凍乾燥產品爲一多孔性之產物，氧氣容易進入食品之內層，而導致高脂肪產品的脂肪氧化現象。解決辦法爲使用氧氣阻隔性較佳之包裝材質、眞空包裝或利用充氮包裝，亦可在原料中添加抗氧化劑或使用脫氧劑。D. 產品質地易崩壞。由於冷凍乾燥產品質地較鬆散，故在運輸過程中，若碰撞過度，則會使組織崩壞。解決方法爲添加賦型劑來保持形狀，如膠類、澱粉、糖類等。

即使冷凍乾燥有上述之缺點，但由於產品品質爲所有乾燥產品中最佳者，故目前多用於一些高價值之產品中。常見之產品包括咖啡粉、果汁粉，以及在速食麵調味包中常見之肉塊、胡蘿蔔丁、青蔥、玉米粒、蝦仁等。

冷凍乾燥機亦可做成連續式，只要注意原料進入乾燥室之密封性即可。

③ 眞空油炸乾燥法（vacuum frying）

眞空油炸乾燥法係將油炸鍋置於低壓之環境下，將食物加以脫水。由於低壓下水的沸點會降低，因此可用較低之油炸溫度（約90～125℃），即可達到常壓下同樣之乾燥程度。如此，較可保持食品的顏色及質地。目前許多蔬果脆片即係使用此種乾燥法乾燥。

⑸ 加壓乾燥

加壓乾燥法係使用乾燥機器內外壓力之差，使食品原料中水分加以蒸發之一種乾燥方式。

① 一般常用之加壓乾燥方式為使用膨發槍（puffing gun），如常見之爆米花即係使用此機器加工者。今以爆米花為例加以說明：當加工者將原料放入膨發槍後，將艙門關起，而後加熱，加熱同時旋轉以使加熱均勻。加熱至約10 kg/cm^{2}壓力後，將艙門打開，此時由於膨發槍內（10公斤）、外（1大氣壓）壓力差造成米粒急劇的膨脹，其體積可達原體積之10倍。而米粒膨發之同時，少量之水分亦會被蒸發，故而亦可達到乾燥之效果。使用膨發槍加工時，必須注意原料之初水分含量，若初水分含量略高，則可能因產生之水蒸汽過多，造成米粒破碎；若初水分太高，則產品會在膨發槍打開之瞬間先膨脹而後因水分太高而再度萎縮。若初水分太低，則原料會因無足夠之水分蒸發而燒焦。因此，原料之水分必須先加以調整至適當之水分（通常為15～30%），若原料水分過高，則需事先加以預乾燥至所需水分。同時產品膨發後，可能仍含過多之水分，故可能需再加以後乾燥至最終水分。由於膨發後產品水分蒸發之表面積增加，因此乾燥時間會較未膨發時為短。故加壓乾燥一般可縮短產品乾燥之時間。膨發槍乾燥法除用於穀類之加工外，亦可用於蔬果（如馬鈴薯、胡蘿蔔、蘋果、豌豆等）、肉類等原料。

② 另一種加壓乾燥方式為利用擠壓機（extruder）方式加工（見第八章）。

由於加壓乾燥係利用壓力差使食品膨發，同時使食品水分略微脫除，因此，一般此加工之最主要目的係在使食品膨發，脫水反而是次要之目的。

⑹ 電磁波與用電乾燥

電磁波用於乾燥加工之方式有許多種，包括紅外線、微波，以及利用介電性加熱方式（dielctric heating），這些加工方式將於電磁波加工該章中加以介紹，在此即不再贅述。

近年來有許多與電有關的乾燥技術，如電動乾燥（electrohydrodynamic）、脈衝電場（pulsed electric field）、超音波（ultrasound）、微波、射頻（radio frequency）。這些技術之效果、機制與優缺點如表5.7，其效應多與增加熱傳與質傳係數而有助於縮短乾燥時間、提高能源效率，減少能源損耗有關。

表5.7 各種電相關的乾燥製程之比較

方法	效果	機制	優點	缺點
電動乾燥	增加熱傳與質傳係數	陰離子與離子風（corona wind）	低能耗、簡單、控制快速、乾燥速率快、滅菌	油脂氧化、限用於薄片
脈衝電場	增加質傳係數與水分擴散效果	電穿孔（electroporation）	低能耗、乾燥時間短、操作成本低、減少微生物	加熱不均一
超音波	增加質傳係數、降低擴散邊界、改變食品結構	海綿效應、空洞現象	乾燥時間短、使酵素與微生物失活	能效低、會有設計與機械升級問題、缺乏產業經驗
微波	熱由食物內部產生	偶極性旋轉、離子傳導	加熱速率快、高熱效率、選擇性加熱	產品形狀與大小受限、初期經費高
射頻	增加食品蒸發速率	偶極性旋轉、離子移動	降低加工時間、高熱效率	設備與操作成本高、加熱不均勻

七、乾燥方式之選擇

乾燥方式有許多種，不同之乾燥方式有不同之適用對象，如噴霧乾燥即不適於固體原料之乾燥，而某些乾燥方式成本較高，如冷凍乾燥，即不適於價廉之產品等。如何在衆多之加工方式中選取最適合之加工方式誠屬不易，在此提供一般選取之考量。首先需考慮原料之特異性，看原料為液狀、泥狀、糊狀、粉粒狀等，而乾燥原料中是否有乾燥性質不一之原料存在亦應考慮，如親水性與疏水性原料之同時存在。而經濟問題尤其重要，舉凡廠房之土地、勞工、能源之利用等，如工廠中有甚多之廢氣產生時，則可考慮將其回收予以再利用。表5.8爲一般乾燥方式與常用於何種食品關係，可藉以參考。需注意者，整個乾燥過程有時不一定只使用一種乾燥方式，如即食乳粉之加工即先使用噴霧乾燥後，經過造粒過程，最後尚需經再次乾燥（如以氣流式乾燥法加工）。

表5.8 乾燥方式與乾燥食品間之關係

乾燥方法	適用食品	特徵
噴霧乾燥法	液體原料、乳粉、粉末油脂、粉末飲料等。	原料爲液體，而最終產品爲固體粉末狀者。
隧道式乾燥法	一般乾燥產品皆適用。	以原料爲固體者適用。
流動層乾燥法	粉末狀原料、顆粒狀原料、鹽、麵粉等。	主要以粉粒狀原料爲主，可與造粒機並用。
回轉式乾燥法	砂糖、茶葉、飼料、果粕等。	以粉粒狀原料爲主。
氣流式乾燥法	麵粉、粉末澱粉、可可粉、魚粉、豆渣。	適用於粉粒狀原料。
箱形熱風循環式乾燥法	可可粉、乾燥蔬菜、乾燥水果、魚乾等。	爲靜置式，設備費最少裝置最簡單。
眞空乾燥法	咖啡粉、蔬菜、水果、粉末味噌、粉末煉乳等。	對熱敏感性原料最爲適當。
冷凍乾燥法	高品質食品。	成本高，但成品品質佳。

第一代的乾燥方法以熱風爲主要乾燥媒介，設備成本低，操作簡單，應用範圍廣泛。但能源效率低，且熱風造成產品品質，如色香味、質地與機能性受到影響。第二代乾燥方法以噴霧乾燥與轉筒乾燥使用較多，其設備投資費用較高，主要以粉類沖泡產品爲主。第三代乾燥方法以冷凍乾燥爲主，其加工成本最高，但產品品質佳。第四代乾燥方法以微波、射頻乾燥爲代表，目前國內應用較少（表5.9）。

表5.9　食品產業乾燥技術之發展

第一代	第二代	第三代	第四代
窯式、盤式、隧道式、箱型、旋轉式	噴霧式、流動層、轉筒式、急驟乾燥（flash drier）	冷凍乾燥、滲透壓乾燥（osmotic drier）	微波、射頻乾燥

八、乾燥食品之儲存與包裝

乾燥食品由於水活性低，因此可儲放極長久之時間。然而，亦由於乾燥食品儲放之時間久，故亦會有許多儲藏時之問題產生。

1. 乾燥食品儲存之變化

(1) 吸濕

乾燥食品儲藏最大之問題為其強力之吸濕性。因為乾燥食品一旦吸濕後，即可能因而造成各種變化，如氧化、變色、香味改變等，亦可能因此而有微生物甚或昆蟲之生長。要防止吸濕首先必須要有良好之防水包裝，其次，可使用乾燥劑將包裝內之水氣吸除。工業上常用之乾燥劑為石灰、矽膠、白土、氯化鈣，其使用法多為將乾燥劑包裝於小袋中，與乾燥食品置放於同一包裝內，使其吸收包裝中多餘之水汽，避免此水汽為食品所吸收而有吸濕現象產生。

當乾燥食品吸濕至某一程度時，則會因水活性超過黴菌可生長之範圍，而有發霉之虞。此最低水分含量即稱之為「警報水（alarm water）」，即可阻止黴菌生長的最低含水量。常見乾燥食品之警報水如表5.10所示。

表5.10　在相對濕度70%、20°C下乾燥食物之警報水

食品	警報水（%）	食品	警報水（%）
全脂乳酪（奶油）	8	去脂肉乾	15
全麥粉	10～11	豆類	15
麵粉	13～15	脫水蔬菜	14～20
米	13～15	澱粉	18
乳粉	15	脫水水果	18～25

資料來源：王，1993

乾燥食品水分含量極低，一些即時飲料粉如咖啡或冷凍乾燥食品，其水分含量通常在1～3%，而其水活性則在0.2甚而0.1以下。由於水分含量極低，此類食品表面積與重量之比值非常大，因此吸濕性亦極大，甚而在乾燥完成後、包裝前即可能開始吸濕。因此，包裝之要求必須在較低相對濕度環境下，而包材亦必須可隔絕水汽。至於另一類如乳粉、早餐穀類（breakfast cereal）、餅乾等乾燥食品，其水分含量約2～8%，水活性約0.1～0.3。一般餅乾之品質要求爲乾、脆，因此應避免儲存期間之吸濕，故包裝之水汽阻隔性要高。另外，由於餅乾之質地酥脆，爲避免運輸期間碰撞造成碎裂之損失，故一般包裝之餅乾常需增加機械性之保護措施，如最常見之以塑膠包裝袋緊密包裹以避免滑動碰撞等。而一般乾燥粉狀產品常會添加二氧化矽或矽酸鹽類物質以作爲抗結塊劑及助流劑。其作用爲二氧化矽或矽酸鹽類因分子較食品分子小，在吸濕後之粉狀物質欲結塊時，其可形成一個物理障礙，故可防止結塊。

⑵ 變色

乾燥食品在儲藏時可能有變色之現象。顏色之改變可能因爲褐變所造成，亦可能因爲天然色素物質產生化學變化所造成。雖然在低水活性下，梅納反應不容易進行，然而，由於乾燥食品儲存時間長，褐變反應之結果仍會隨時間之增加而逐漸顯現。尤其是當乾燥食品未經適當之包裝而有吸濕現象時，由於隨著儲存時間之增加，食品水活性有略增之現象，進而使褐變反應之速率增加，而造成乾燥食品發生褐變現象。另一種褐變爲酵素性褐變，若原料未經過適當之殺菁以抑制酵素時，則在乾燥產品吸濕或復水時，酵素會再度產生活性而造成產品之酵素性褐變反應，而影響產品顏色。又當初即以硫化物作爲抑制褐變方式時，由於二氧化硫會隨儲存時間而慢慢減低濃度，導致多酚酶有重新活躍之機會，要減低二氧化硫之消逝可先浸漬於5%檸檬酸鈉或鹼性之碳酸氫鈉溶液中再加以乾燥。

至於天然色素之變化，由於一般蔬果之顏色由天然色素而來，而其在儲存過程中，若未經適當之包裝，則可能會有氧化而有褪色之可能。一般天然色素中以葉綠素對熱最爲敏感，在乾燥過程中亦最容易改變。但由於乾燥食品儲存時間長，故即使化性穩定之天然色素亦可能因此而褪色，尤其在有光照情況下顏色之改變尤其明顯。

另外，金屬離子如銅、鐵等存在下，會與多酚物質反應，亦會使產品產生褐變，且會加速維生素之分解。

⑶ 變味

乾燥食品之變味主要因素爲油脂之氧化以及光線（尤其是紫外線）之照射。乾燥食品由於表面積較大，且氧氣可直接透入食品內部，加以油脂無水分之遮蓋，故反而容易氧化。乾燥食品防止氧化之方式除以不透氧之包裝處理外，一般可以充氮氣包裝以置換包裝中之氧氣，其原理係以惰性之氮氣以取代包裝中之氣體，以減少氧氣之比例，如一般奶粉除以鐵罐裝外，亦常用充氮氣包裝以增長儲存期限。另外，亦可以抽眞空方式將包裝中的氣體抽走，然而此法仍會有少許氧氣之殘存，故常會同時輔以脫氧劑。

⑷ 蟲害

乾燥製品，尤其穀類，常會因儲存條件不佳而造成昆蟲之侵害。尤其是鱗翅類之蛾類及其他種之昆蟲，其成蟲可能早已產卵於烘乾過程之穀物中，而在儲存之過程中，若倉儲條件不佳則會導致蟲卵發育。處理法可先以熏蒸劑及殺蟲劑等先加以處理，而後再加以儲存。然而，儲存過程仍需要注意通風、避免日曬、溫濕度之控制等。

由於在儲藏時有以上之情況產生，因此一般乾燥製品應儲存於光線暗、乾燥與低濕之場所。通常溫度愈低則產品之保存期限可愈久。至於儲存場所之濕度應在65%以下爲宜。光線會造成產品品質之變化，因此應避免照光，當然若使用不透光包裝時，則無此困擾。另外，儲存時尚要防止蟲鼠之侵害。

2. 乾燥食品之包裝

乾燥食品包裝首先必須考慮其物理強度，即必須能耐撞擊，同時必須具有水分及氣體阻隔性，以防止儲存期間有吸濕、氧化之現象產生。另外，要有隔絕光的能力，最後，要有合理之價格。

常用之包裝材料包括：

⑴ 紙：紙爲乾燥食品常用之包材之一。一般可使用紙箱或紙盒，但紙盒之

缺點爲儲存、搬運時易受害蟲侵擾及爲濕氣浸透，故使用時必須有防潮之措施，如紙上塗蠟，或利用塑膠材質做夾層，而較少僅使用紙盒者。

⑵ 金屬罐：金屬罐爲包裝乾燥製品較理想之容器。其有防潮、密封、防蟲與牢固之優點，同時可在眞空下密封，因此使用金屬罐之產品可保存較久，且品質較佳。另外，金屬罐亦可在開啓後再封蓋，因此有避免內容物快速吸濕而變質之功效。然而，其相對成本亦較高。常見於乳粉、茶葉、可可粉等產品。

⑶ 玻璃罐：玻璃罐亦有防潮、防蟲之效果。使用玻璃罐之優點爲內容物清晰可見，能吸引消費者注意；且玻璃罐可重複密封，具有防潮之功效，且使用方便。而其重量重，且運送中容易碎裂爲其缺點。若使用透明玻璃則有使內容物照光而造成內容物易氧化之虞，若改用茶色包裝則可改進此缺點。常見使用玻璃罐之乾燥產品如咖啡粉、果汁粉等。

⑷ 塑膠材質：塑膠材質爲近年來普遍應用於各種食品之一種包材，由於其種類非常之多，無法於此一一介紹。但一般用於乾燥食品之塑膠材料很少使用單一層薄膜包裝，多半係使用積層膜包裝，且常會在積層中央夾雜一層鋁箔層或鍍以金屬，以增加氧氣、水汽及光線之隔絕效果。

第二節　半乾性食品

半乾性食品又稱中濕性食品、半濕性食品（intermediate moisture food，IMF）爲水活性0.90～0.60，水分含量20～50%之食品稱之。常見之食品包括蜂蜜、果醬、葡萄乾、部分蜜餞、豆乾、義大利式香腸、肉乾等。其特性包括：

1. 對細菌繁殖有抵抗力，在理想狀況下能完全阻止微生物造成之品質下降。由於一般細菌在水活性0.9以下便不易生長，而酵母菌與黴菌分別在水活性0.88與0.80時不易生長。因此，半乾性食品中不容易有細菌之生長，但黴菌與酵母菌則有可能生長。其中尤其是黴菌，由於其低水活性耐受力強，因此，這類食品因微生物所造成之腐敗往往係黴菌所造成。在食品法規中規定，許多的半乾性食品是可以添加防腐劑的，常見之防腐劑包括苯甲酸及其鹽類、己二烯酸及其鹽類、對羥基苯甲酸酯類、去水醋酸鈉等。

2. 產品適口性佳。由於半乾性食品仍含有部分水分，使其風味與組織接近天然食品，所以不會像乾燥食物般吃起來很乾，而必須加水。而其水分又不像高水活性食物般高，故較不易腐敗。

3. 可在常溫下儲存。如添加防腐劑後，可在室溫下保存。

4. 可適當保留營養素。由於半乾性食品之加工條件不像乾燥食品般劇烈，因此，對於營養素的破壞較少。

製作半乾性食品之方法一般包括：

1. 機械式。用風乾機、烤箱或日曬方式脫除食品部分之水分。如肉乾利用風乾機、烤箱，葡萄乾與果乾利用日曬方式脫水。

2. 物理方式。製作豆乾時，係以油壓方式將豆乾中多餘之水分去除。

3. 化學方式。添加鹽、糖、多元醇類等吸濕劑（humectant，moisturizer）。多元醇通常是水溶性，具有吸濕能力，高濃度多元醇溶液具有高黏度的性質。可用在食品者，分別是山梨醇、甘油、己六醇和丙二醇。多元醇在食品上的特殊作用，包括控制黏性及質感、增加體積、保存水分、降低水活性、控制結晶過程、改善製品質地的柔軟度、調整乾燥食品的復水性等。

第三節　濃　　縮

濃縮（concentration）、醃漬與脫水皆為利用降低水活性以保存食品之一種加工方式。濃縮係將液狀食品水分部分去除，以提高其濃度之一種加工方式。濃縮的目的不僅可保存食物，同時可減輕重量與體積而具有直接的經濟利益，而濃縮亦往往為乾燥加工之前處理步驟，液體食品之乾燥前往往會先濃縮再加以乾燥，可節省乾燥時間與成本。濃縮食品外觀有時非常容易辨識，如濃縮果汁、煉乳；但有時亦不易看出其為濃縮食品，例如楓糖糖漿、果醬、番茄醬。醃漬則係在食物中加入食鹽、蔗糖或醋等物質，以降低其水活性，延長其保存期限。二者之相同處爲皆係去除食品中部分之水分，以達保存之效果。而差異爲濃縮食品往往爲液體，且食用時常需再加水；而醃漬食品多爲固體，且多半直接食用。醃漬將於第七章討論，此處僅就濃縮方法加以介紹。

一、濃縮加工之效益

1. 具保存食物功效

濃縮食品所含之水分含量仍可使微生物生長，因此濃縮食品儲藏時仍會有腐敗現象，例如濃縮之蔬菜汁。然而，由於濃縮之過程中，食物中溶解之鹽、糖濃度增加，使濃縮汁之滲透壓增加，因而降低該食品之水活性，或因pH值降低，因此對含鹽、糖或酸較多之食物而言，濃縮可增加其儲存性。所以，蔗糖含量在70%或食鹽含量在18～25%以上之濃縮產品可儲存在室溫下，而不需冷藏。但當其pH值較低時，則保存時鹽糖之濃度可較低，此在一些濃縮果汁中常可見。

2. 可減輕重量與體積

濃縮會減輕食物之重量與縮小體積，此有助於降低運輸與儲存之成本。雖然在濃縮時仍會耗費許多之能源，但其所節省之運輸、倉儲與包裝之成本仍較多，尤其是一些需長程運輸之產品。因此，濃縮產品目前已廣爲工業界或餐飲業所普遍使用。

3. 節省乾燥時間

濃縮往往爲液狀食品乾燥加工之前處理步驟，以節省乾燥時間，增加乾燥食品之產能。如製造乳粉時，原料即需先經過濃縮之過程，將原料乳濃縮至1/4倍（固形物40～50%），再進行噴霧乾燥。若濃縮倍數太大時，則因黏稠度太大，反而會使噴霧乾燥之乾燥效率不佳。

4. 結晶之前處理

結晶食品如蔗糖、味精、檸檬酸等之生產，必須經過濃縮之步驟，以促進結晶之產生。

5. 可改善產品品質

在濃縮過程中，尤其真空濃縮，由於物料會處於激烈之攪動狀態，可促使物料各成分之均勻混合，此有利於去除不良風味。濃縮後牛乳，經噴霧乾燥後，可得到較大顆粒之乳粉。

二、濃縮方法

濃縮方式可分為許多類型。包括：依使用方式區分，可分為自然濃縮與人工濃縮。以循環方式區分，可分為自然循環與強制循環。以加工壓力區分，可分為常壓濃縮、減壓濃縮與加壓濃縮。以加熱器形式區分，可分為管式、板式與圓錐式。以熱傳方式區分，可分為套層式加熱、管內式加熱與管外式加熱。而利用薄膜式濃縮方式區分，則分為升膜、降膜、升／降膜、刮板式與離心式。常見之濃縮方式與機械如下。

1. 日曬濃縮法

日曬濃縮方式為最傳統也最經濟的濃縮方式。如傳統海鹽即先以日曬濃縮，而結晶以獲得食鹽。而葡萄乾與許多的水果乾也常利用日曬方式加以脫除水分。現代版的日曬法是利用太陽能收集裝置，將太陽能轉換成加熱所需之熱能以進行食品之加工。但要考慮當地日照時間與強度，以及無日照時之替代方案等。

2. 蒸發法（evaporation）

蒸發法是利用機械濃縮最常見之方式，也是最多樣之濃縮方式。蒸發法可根據所使用之操作壓力分為常壓蒸發法與減壓（真空）蒸發法。常用之蒸發法包括二重釜與蒸發器（evaporator）。

(1) 二重釜（steam-jacketed kettle或double kettle）

二重釜為最簡單的蒸發方法，其為常壓蒸發之一種形式。其結構簡單，為一中空之雙層不鏽鋼鍋。操作方式為將欲濃縮之食物放入內鍋中，於夾層中通入水蒸汽，利用水蒸汽的熱將食物的水分蒸發。

二重釜之優點為結構簡單，機器成本便宜。且由於靠近鍋敞處之溫度較高，容易產生褐變反應，對某些需要進行焦糖化反應之食物，如楓糖漿則使用二重釜濃縮反而可得到理想色澤與特殊風味的產品。

缺點爲由於濃縮食物會在鍋壁上形成鍋垢，因此會影響濃縮速率，且由於濃縮時間長，因此不符經濟原則，且產品品質較差。

⑵ 蒸發器（evaporator）

利用蒸發器濃縮爲食品工業上應用最廣泛的濃縮方式。其主要作用方式爲利用熱使食物的水分汽化，而達到濃縮之效應。但隨著汽化的進行，汽液相之間逐漸達到平衡，則汽化過程就難以進行。因此，蒸發濃縮除不斷提供熱能外，還需不斷排除二次蒸汽。二次蒸汽直接冷凝不再利用者，稱爲單效蒸發；如果將二次蒸汽引入另一蒸發器作爲熱源的蒸發操作，稱爲多效蒸發。

根據蒸發器的加熱方式可分爲：① 套層加熱方式：使用平面或大屈面的外套加熱；② 管內加熱方式：使用細圓管加熱，管內通入熱媒體者；③ 管外加熱方式：使用細圓管加熱，管外通入熱媒體者。蒸發器之類型如表5.11。

表5.11　蒸發器之類型與應用方式

熱敏感性	製品黏度	適用的蒸發器類型	應用
無	低或中等	管式、板式、固定圓錐式	水平管式不適於結垢製品
無或小	高	眞空鍋、刮板膜式、旋轉圓錐式	洋菜、明膠、肉浸出液可採用間歇式
具熱敏感性	低或中等	管式、板式、固定圓錐式	牛乳、果汁等含適度固形物之製品
具熱敏感性	高	刮板膜式、旋轉圓錐式	果汁濃縮液、酵母浸出液及某些藥品，漿狀製品只能用刮板膜式
高熱敏感性	低	管式、板式、固定圓錐式	單效蒸發
	高	板式、旋轉圓錐式	單效蒸發，包括橙汁濃縮、蛋白與某些藥物

資料來源：曾等，2007

一般蒸發方式可在常壓、加壓與眞空（減壓）下進行。常壓蒸發可採用開放式設備，而眞空濃縮則必須使用密封設備。眞空濃縮之特點包括：① 眞空下液體之沸點低，可增大濃縮效率，減少蒸發器所需的傳熱面積；② 對熱敏感性食物與食品成分破壞較少；③ 有利於多效蒸發利用，減少能源耗損；④ 需要採用眞空系統，增加設備投資與動力之損耗；⑤ 物質之潛熱會隨沸點降低而增大，故熱量消耗較大。

① 循環式蒸發器

爲早期食品濃縮所採用之方式，特點爲溶液在蒸發器內循環流動，可提高熱傳效率。又根據循環動力的不同，分爲自然循環與強制循環兩類。其中，自然循環之驅動力爲濃縮液受熱程度不同產生之密度差所引起，而強制循環則利用外加之機械使濃縮液循一定方向流動。

A. 中央循環管式蒸發器（central circulation tube evaporator）

又稱爲標準式蒸發器，爲最傳統之蒸發器。上方則爲蒸發室，二次蒸汽由此排出（圖5.22(a)）。其下方由諸多金屬加熱管束所組成，以增加加熱面積。加熱管束中央有一根直徑較大的管子，稱爲中央循環管，其截面積爲總管束截面積之40～100%。

當蒸汽加熱時，由於加熱管束內溶液之受熱面積遠大於中央循環管內溶液的受熱面積，因此，管束中溶液的相對汽化率大於中央循環管的汽化率，所以加熱管束中的汽液混合物之密度遠小於中央循環管內汽液混合物的密度。於是造成混合液在加熱管束中向上，而在中央循環管向下的自然循環流動模式。混合液的循環速度與密度差及管長有關。密度差愈大，加熱管愈長，則循環速度愈大。但加熱管長度受限，通常爲1～2 m。

中央循環管式蒸發器的主要優點爲：結構簡單，操作方便，設備費用便宜。缺點爲：清洗與檢修麻煩，溶液循環速率低，液料在蒸發器中停留時間長，黏度高時循環效果差。爲工業上廣泛使用之蒸發器，適用於黏度適中，結垢不嚴重，腐蝕性不大的原料。

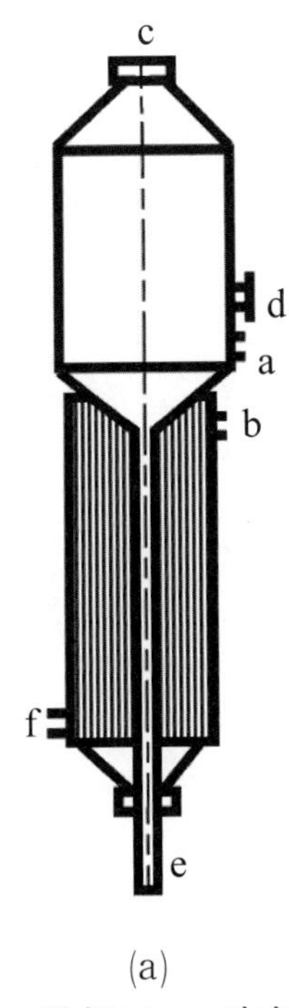

(a)

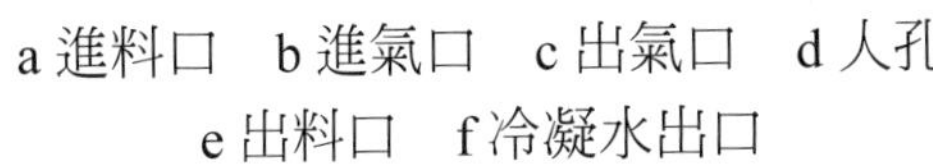

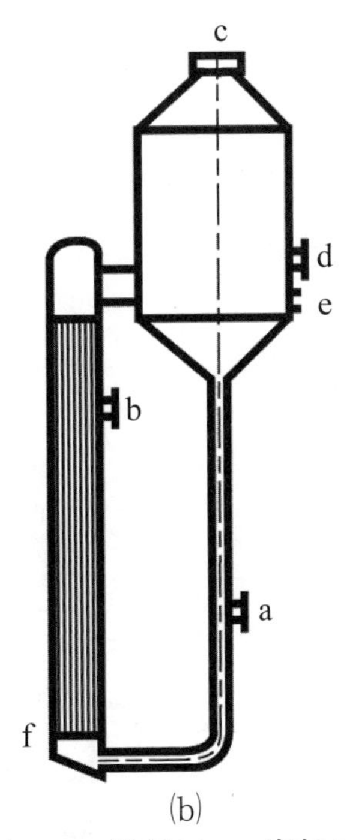

(b)

a 進料口　b 進氣口　c 出氣口　d 人孔
e 出料口　f 冷凝水出口

圖5.22　(a) 中央循環與(b) 外循環管式蒸發器

B. 外循環管式蒸發器

外循環管式蒸發器主要由列管式加熱器、蒸發罐及循環管所組成（圖5.22(b)）。料液在加熱器的管內加熱後，部分水汽化，使熱能轉換爲向上運動的動能；同時由於加熱管內汽液混合物和循環管中未沸騰的料液之間產生了密度差，導致料液的自然循環。料液受熱量愈多，沸騰愈好，其循環速度也就愈大。由於是在眞空作用下蒸發，其料液的蒸發溫度可以控制在50℃以下。蒸發罐內的料液經離心旋轉後，沿外循環管回到加熱器的下部，進行再循環加熱蒸發，如此循環加熱蒸發，當達到要求的濃度時，開始連續出料，與此同時也連續進料，從而構成連續的眞空濃縮操作。

外循環管式蒸發器由於其加熱器在蒸發器的外面，因此容易檢修與清洗。且循環管內之物料因不直接受熱，且在眞空條件下進行低溫連續濃縮，特別適用於熱敏性物料如牛乳、果汁等。

② 噴灑式蒸發器（flash evaporator）

液料以噴灑式方式噴入蒸發室（圖5.23），當水分蒸發後，濃縮液降至底層回收。另一種方式為液料由上方以噴灑方式噴入加熱管中，濃縮液循加熱管逐漸留下而由底部回收。

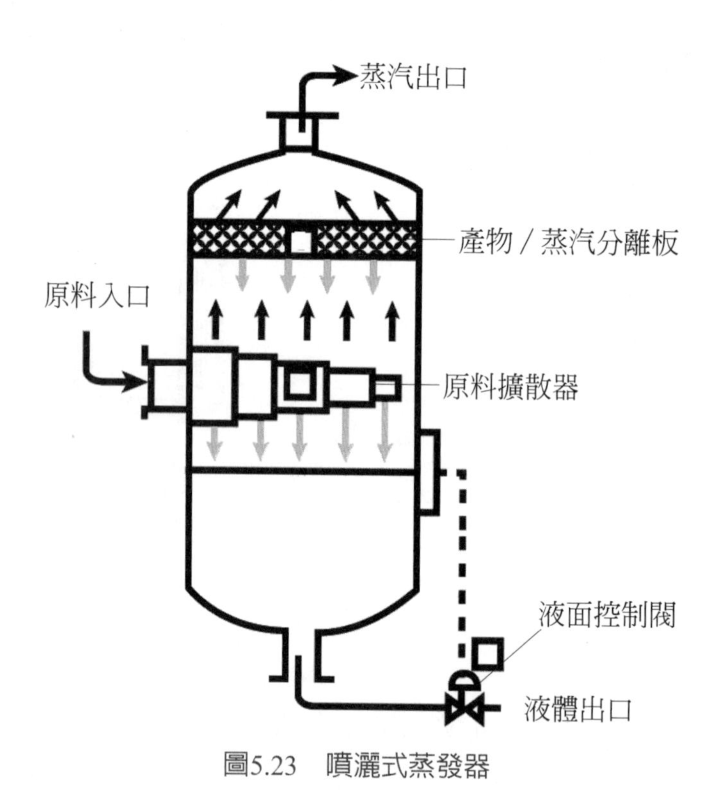

圖5.23　噴灑式蒸發器

③ 膜式蒸發器

此類蒸發器係利用液料成膜時加熱面積較大之原理進行濃縮。又可分為升膜式、降膜式、刮板式、離心式與板式。其中升、降膜式蒸發器屬於外加熱式。

A. 升膜式蒸發器（climbing-film evaporator）

升膜式蒸發器如圖5.24(a)所示，由一個加熱室與分離器構成，屬於自然循環、管外加熱方式。其加熱室由一根或數根垂直長加熱管組成。原料液由底部進入加熱管內，加熱蒸汽則在管外冷凝。當原料液受熱沸騰而汽化後，所生成之二次蒸汽在管內上升，帶動原料液成膜狀往上移動。因原料液不斷蒸發器化，可加速流動，最後，氣液混合物進入上方的分離器後，濃縮液再由分離器底部放出。

由於分離器的直徑較加熱管大很多，因此蒸汽的速度會驟減，可避免帶走濃縮液。升膜式蒸發器適宜處理蒸發量大、熱敏感性、黏度不大且亦起泡的溶液，而不適於高黏度、有結晶析出與易結垢的溶液。

B. 降膜式蒸發器（falling-film evaporator）

降膜式蒸發器如圖5.24(b)所示，一樣由一個加熱室與分離器構成，但分離器位置與升膜式正好相反。原料液由加熱器上方加入，利用分布器均勻分布後，沿管壁成膜狀向下流動，二次蒸汽與濃縮液混合物由加熱管底部進入分離室，濃縮液再由分離室底部排出。實用上，要讓液料能均勻分布於加熱管壁上，因此分布器之設計很重要。同時，要避免二次蒸汽由加熱管上方竄出，因此，加熱速率亦要小心控制。降膜式蒸發器可用於蒸發黏度較大、濃度較高的溶液，但不適於處理易結晶與結垢的溶液，因這種液體不易形成均勻液膜，且熱傳係數較差。

C. 升降膜式蒸發器

升降膜式蒸發器（圖5.24(c)）將加熱室分爲兩部分，原料由下方進入後，先進行升膜加熱，待濃縮液上升至頂端後，由另一方降下成降模形式，最後再由下方之分離器進行分離。此種蒸發器可集合升模式與降膜式蒸發器之優點。

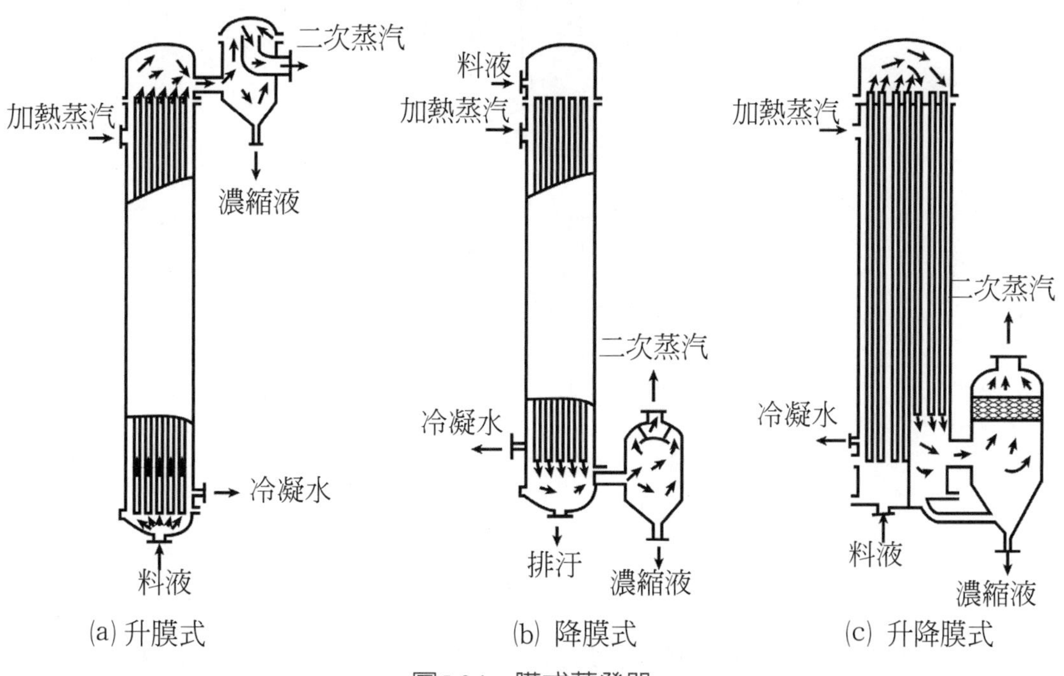

圖5.24　膜式蒸發器

D. 刮板式蒸發器（scraped surface evaporator）

刮板式蒸發器如圖5.25所示。主要構造為一加熱套層與一個裝在旋轉軸上的中央刮板，刮板與套層內壁間隙極小，通常為0.5～1.5 mm。其作用方式為在套層內通入蒸汽，而料液由上方注入，在重力與旋轉刮板作用下，料液可在套層內壁中形成均勻之下旋薄膜。料液在下降之過程中，不斷的蒸發濃縮，濃縮液可至底部排出，而二次蒸汽則由上方排出。刮板式蒸發器可用於易結晶、易結垢、高黏度與熱敏感性之原料為其優點。但其構造較複雜，且動力消耗大，處理量較小為其缺點。

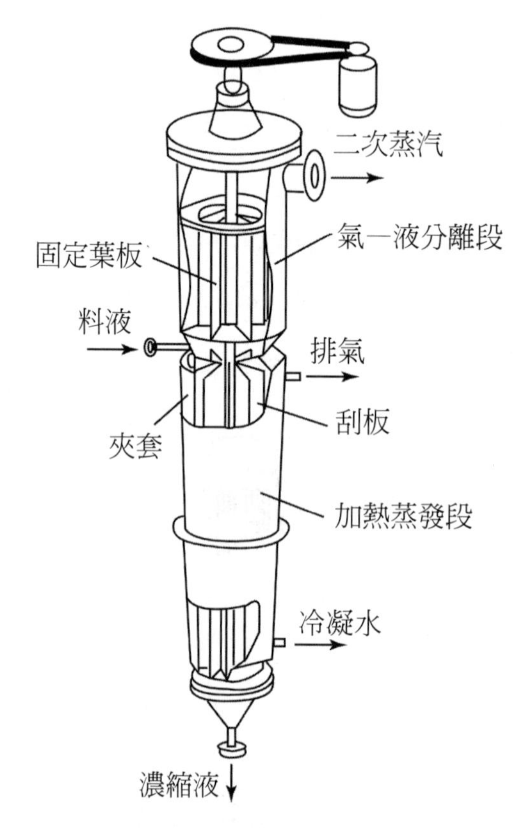

圖5.25　刮板式蒸發器

④ 單效式與多效式蒸發器

將汽化後的二次蒸汽直接冷凝而不再利用者，稱為單效蒸發（single effect）。如果將二次蒸汽加縮後，再引入另一蒸發器中作為熱源，則稱為多效蒸發（multiple effect）。理論上，1 kg蒸汽可蒸發1 kg的水，產生1 kg的二次蒸汽。而利用此二次蒸汽作爲第二效蒸發器之熱源，又可蒸發1 kg的水，產生1 kg的二次蒸汽。但事實上熱會有損失現象，因此，一般多效蒸發以三效之熱效率最佳，也最爲常見。一般多效式蒸發器可根據蒸汽與原料走向形式分爲：A. 同相式；B. 反向式；C. 平行式；D. 混合進料式（圖5.26）。四種不同多效式蒸發器之優點與限制如表5.12所示。

表5.12　不同多效式蒸發器之優點與限制

蒸發器形態	優點	限制
同向式	較貴、易操作、各蒸發器間無需輸送泵，所用溫度較低故對較黏產品之熱破壞性較小	當黏度增加時熱傳速率降低，蒸發速率隨蒸發罐效數增加而降低，進料溫度必須在沸點之上
反向式	最初無需輸送泵，產品品質較佳	各蒸發罐間需要輸送泵
平行式	用於結晶產品	機器最複雜且最貴，各蒸發罐間需輸送泵
混合進料式	用於極黏之食物	機器較複雜且較貴

資料來源：Fellows, 1988

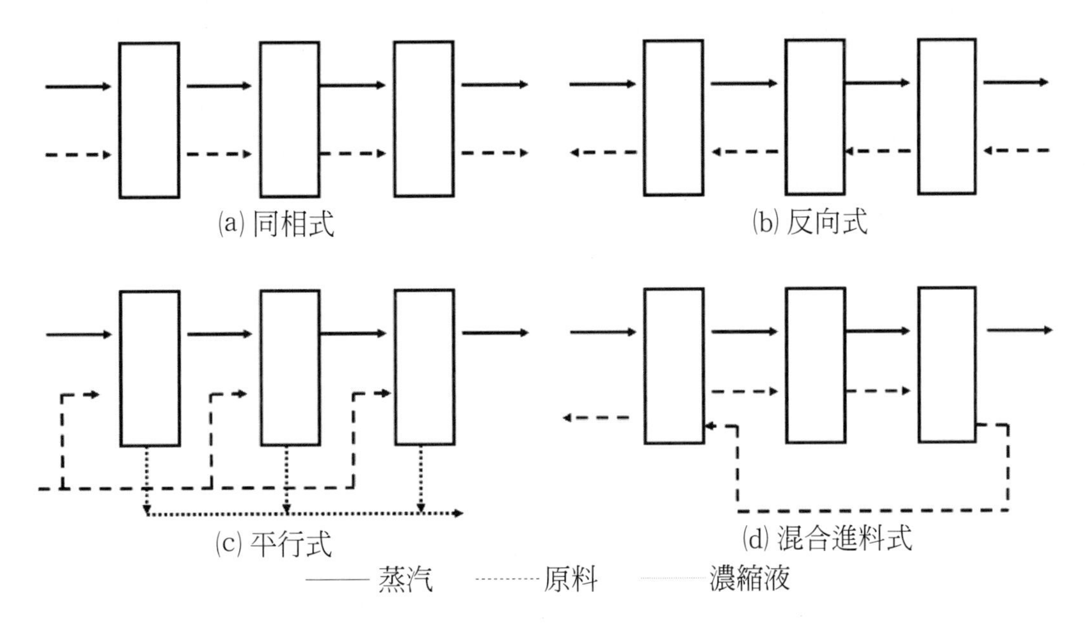

圖5.26　多效式蒸發器蒸汽與原料走向形式

3. 冷凍濃縮法

冷凍濃縮是利用冰與水溶液間固液相平衡原理的一種濃縮方法，主要是將溶液中的水凍結後，再將冰晶去除因而造成溶液濃度增加之方法。根據勞特定律，溶液的冰點與溶質的莫耳分率成正比，故食品在凍結時，其中的水分會先凍結，而使溶解的溶質發生濃縮效應，使冰點不斷下降，而更不易凍結。而當凍結速率太快時，冰晶過小，造成固液分離困難；速率太慢，冰晶生成慢，增加操作成本。因此凍結速率之控制爲冷凍濃縮重要關鍵之一。

另一關鍵爲分離效果。冰晶分離有壓榨、過濾式離心與洗滌等方式。其中離心方式較壓榨方式佳。但離心時易造成濃縮液的稀釋，且在離心時因旋轉甩出時濃縮液與空氣大量接觸，易造成揮發性芳香物質的逸失。而洗滌方式係利用水或濃縮液將冰晶中液體洗出，從而得到濃縮液。洗滌方式因在完全密閉空間中，可避免芳香物質的損失。此法爲工業上較常用之方法。

冷凍濃縮由於加工過程中未加熱，因此適用於熱敏感食物之濃縮，尤其可保留芳香物質不致因加熱而揮發。爲所有濃縮法中，品質最高者，可用於果汁、生物製品、藥品、調味品之濃縮。如即溶咖啡之製作，可將咖啡萃取液利用冷凍濃縮提高濃度，即爲市售之濃縮咖啡液，若再經低溫噴霧乾燥或冷凍乾燥則爲即溶咖啡粉。

冷凍濃縮之缺點爲：(1) 濃縮過程中微生物與酵素之活性未被抑制，因此製品需熱處理或冷凍保存。(2) 產品最終濃度有一定之限制。(3) 有溶質之損失。(4) 成本高。

4. 膜濃縮法

見第八章新興加工方式說明。

三、濃縮時食品之變化

常見濃縮方式多半需要加熱之手續，因而會造成產品產生各種物理與化學之變化。

1. 成分變化

濃縮加熱過程會造成食品成分，如脂肪、蛋白質、醣類、維生素等的變化。濃縮會引起蛋白質的變性或從溶液中析出（鹽析作用），主要原因爲溶液中與蛋白質共存的鹽與礦物質濃度過高，而引起蛋白質變性。有時，剛濃縮之產品並不會立即產生變性，但儲藏一陣子後，開始變性而產生凝膠化，此在罐裝濃縮牛乳中常見。

有些產品過度濃縮會產生砂質感（sandy）。因爲糖在超過某個濃度後，就不再溶解，而會從濃縮液中結晶出來，消費者食用這種有糖結晶的產品時，就會感到有砂質的口感。冰淇淋的砂質感主要就是因爲原料乳中的乳糖由產品中析出導致。

2. 結垢（scaling）

食品成分，如蛋白質、糖類、鹽類、膠質等物質在加熱時易產生變性、結塊、硬化、焦化等現象，尤其在傳熱面上因溫度最高，更容易發生。結垢會隨著時間增長而變得嚴重，不僅會影響熱傳，也可能產生安全上的問題。對易結垢的物料，可採用管內流速大的升膜式蒸發器或其他強制循環的蒸發器，利用高流速以避免結垢的產生，或採用化學藥劑以防垢。另外，常清洗設備與使用CIP清洗系統，也可防止結垢的形成。

3. 泡沫產生（foaming）

含蛋白質的物料因具有較大的表面張力，沸騰時會產生較多泡沫；某些原料含皂素，如黃豆，亦可能在加熱時產生泡沫。這些泡沫可能隨著二次蒸汽一起被帶走，因而造成原料的損失。避免方法爲可降低二次蒸汽之流速、採用升膜式蒸發器或其他強制循環的蒸發器、以高流速氣體吹破泡沫或以其他物理化學方式消泡，如添加消泡劑。

4. 黏度改變

隨著濃縮的進行，物料的濃稠性會增加，流動性降低。此會影響熱的傳遞，與物料的流動，更增加結垢的機會。解決之道爲利用強制循環或刮板式蒸發器。

5. 風味形成與揮發

加熱會造成烹煮風味，且造成褐變反應，某些褐變反應的產物可能產生焦香味或其他特殊之風味。若要避免這些風味的產生，除低溫濃縮外，亦可使用眞空濃縮方式，以降低加熱溫度。但利用眞空濃縮方式，會造成食品本身原有之揮發性芳香物質的逸失。此時可將二次蒸汽冷凝裝置中加裝風味回收設備，同時將回收之風味物質回加到濃縮產品中，此在濃縮果汁加工中常使用。

6. 顏色變化（color change）

加熱可能造成焦糖化反應，如濃縮加糖之牛乳混合物時，亦可能造成褐變反應，而產生顏色的改變。

7. 腐蝕性（corrosion characteristics）

酸性原料如果汁在濃縮過程中，由於pH降低，造成容易腐蝕濃縮設備，因此對於設備的耐腐蝕性要特別加以注意。同時對於易腐蝕部位，應定期更換。

8. 微生物變化

濃縮中微生物的變化取決於加工的溫度，若溫度在100℃甚至更高，則可殺死大部分的微生物，但無法完全破壞細菌的孢子。相同溫度下，酸性食品的殺菌效果要較好。若以眞空濃縮或不加熱濃縮法製得之食品，一般需要進行額外的殺菌或抑菌處理。

參考文獻

王如福、李汴生。2006。食品工藝學概論。中國輕工業出版社，北京市。

王進琦。1993。食品微生物學（修訂板）。藝軒圖書出版社，臺北。

施明智。1987。不起眼，用途多的矽化物。農業週刊 13(28) :12。

郁凱衡。1993。冷凍乾燥技術。食品資訊96：14-21。

張啓眞、蔣丙煌。1996。脫氧包裝技術之發展及應用。食品工業28(8):13。

張孔海。2011。食品加工技術概論。中國輕工業出版社，北京市。

陳俊成。1987。噴霧乾燥奶粉的性質。食品工業19(2) :25-29。

曾慶孝。2007。食品加工與保藏原理。化學工業出版社，北京市。

廖明隆。1991。食品化學乾燥。文源書局，臺北。

蔡孟貞。2021。食品乾燥技術的發展趨勢。食品工業53⑾ :17。

賴永沛。1994。冷凍乾燥食品大受歡迎。食品資訊106:16-19。

木村進。1984。乾燥食品事典。朝倉書店。

Aguerre, R. J., Suarez, C., a nd Viollaz, P. E. 1984. Analysis of the interface conditions during drying of rice.J. Food Tech. 19:315-323.

Fellow, P.J. 1988. Food processing technology- principles and practice. Ellis Horwood Limited, New York.

Macrae, R., Robinson, R. K. and Sadler,M.J. 1993. Encyclopaedia of food science, food technology and nutrition. Vol. 3, Academic Press Inc., London.

Saravacos, G. D. and Charm, S. E. 1962. A study of mechanism of fruit and vegetable dehydration. Food Tech. Jan. 78-81.

第六章

非熱加工

第一節　非熱加工簡介
第二節　高壓加工技術
第三節　輻射照射
第四節　紫外線
第五節　脈衝電場加工
第六節　臭氧利用
第七節　超音波
第八節　欄柵技術
第九節　輕度加工

非熱加工技術（non-thermal processing）的範圍相當廣泛，從普遍應用的冷凍冷藏技術、輻射照射技術，到方興未艾的高壓殺菌技術，都可以稱爲廣義的非熱加工。本章將就高壓加工、輻射照射、脈衝光照、脈衝電場和高強度超聲波、臭氧、紫外光等加以介紹。並探討合併數種加工技術之欄柵技術。

第一節　非熱加工簡介

大部分生鮮食品保藏技術都能降低或抑制微生物生長，但要消毒與殺菌則傳統上係使用熱處理。爲了維護民衆的飲食安全性，包裝食品必須加熱達到一定的殺菌值才能販售，但伴隨著熱處理，會造成食品營養成分或感官特性的改變。近年來愈來愈多的消費者期盼加工食品能更天然、新鮮、減少添加物的使用，因此以輕度加工或最小加工（minimal process）的方法來保存食物的概念應運而生，希望透過物理、生物或化學的方法，能發展出可以部分或完全取代加熱殺菌的食物保存技術，以減低加熱殺菌對品質的影響。因而替代熱處理的非熱加工技術因應而生。

非熱加工技術是一類新型食品加工技術，由於加工過程中食品溫度增加不顯著，非常適合於鮮切果蔬加工。目前，在應用較多的非熱加工技術有：臭氧、電解氧化水、輻射照射、紫外線、脈衝強光、超音波、高壓、高壓二氧化碳、臭氧、紫外光等。與傳統的熱加工相比，這些加工技術同樣具有殺菌、抑制酵素效果，更能保持產品的營養成分、風味和新鮮度。

非熱加工方式並無一定之定義，但是其有三個重要而鮮明的特點。首先，非熱加工技術是與傳統熱殺菌技術相對應的概念，乃一類技術的統稱，其共同之特點爲不加熱。第二點，非熱加工殺菌時，食品之溫度低，升溫小，一般食品溫度皆低於60℃。第三點，由於非熱加工技術的多樣性，且許多技術爲新的加工方式，缺乏傳統加工的理論基礎，導致對其研究的困難與複雜度。

以非熱加工技術殺菌的食品，在風味上都很接近生鮮的原料。不論是要求要有新鮮風味的果汁產品，或是質地不希望因加熱過度而軟爛的調理食品，消費者可以很容易的感受到非熱加工產品的品質優於加熱殺菌的產品。非熱殺菌的產品在保留營養價值上也可以有所訴求，例如熱敏感的維生素B_1、維生素C，因爲沒有受熱破壞，產品中的含量都遠高於傳統殺菌的產品。

非熱加工方式與「冷殺菌」的意義基本上相似，但傳統冷殺菌較容易誤解爲冷凍、冷藏等加工方式，或狹隘指輻射加工等少數幾種加工方式。因此，目前對於加工過程中熱變化較少者，皆稱爲非熱加工。常見非熱加工之應用如表6.1。

表6.1 非熱加工的應用

非熱殺菌技術	殺菌的應用	其他食品加工的應用
高壓	塊狀食品、乳飲料、濃稠產品	貝蟹類產品脫殼
脈衝電場	乳飲料	提高萃取效率
超音波	乳飲料	提高萃取效率
紫外線	飲料、包材	環境消毒
高密度（dense phase）CO_2	果汁飲料	提高萃取效率
臭氧	生鮮食品、包材	
二氧化氯	生鮮食品、包材	清洗消毒

資料來源：張等，2010

第二節 高壓加工技術

高壓加工技術（high pressure processing），又稱高靜水壓加工技術（high hydrostatic pressure processing）或超高壓加工技術（ultra high pressure processing）。

一、高壓加工發展史

1885年Royer首次報導了高壓能殺死細菌。但其後學者的研究並未受到注意。直到1986年，日本京都大學林立丸教授提出超高壓在食品工業上的應用。1990年，明治屋食品廠生產了世界第一個高壓食品——果醬；1994年更發展到18種產品。除日本外，美國和歐洲的許多國家相繼推出柳橙汁、牛排、燻肉、火腿、魚糕等產品。法國是第一個將高壓食品商業化的歐洲國家，開發了水果和熟食等高壓產品。

我國方面，屏東金利食安科技股份有限公司與佳美是臺灣食品製造業首例。

二、高壓加工原理

1. 原理

食品高壓處理係利用水之類的液體作為傳遞壓力的媒介，因此一旦水變成冰，便無法將壓力均勻的傳遞到食品內部。在常溫下，壓力高於1000 MPa時，水會變成固態（冰），故高壓加工壓力的上限在此。1大氣壓為100 MPa，而脂質與蛋白質之複合體、蛋白質的四級結構在200～300 MPa壓力下會發生變化，因此在適當高壓下可造成蛋白質變性、微生物死亡等情況，而達到食品加工的目的。

高壓加工有別於傳統的加熱，高壓可引發氫鍵、離子鍵和疏水鍵等非共價鍵發生變化，使蛋白質凝固、酵素失活、殺死細菌等微生物，也可用來改善食品的組織或生成新型食品。由於高壓處理是一個物理過程，不破壞分子的基本結構，所以高壓處理能有效的殺滅微生物，使蛋白質變性，卻對維生素、色素和風味物質等小分子化合物無明顯影響，能使食品保持原有的色、香、味與營養，形成高品質的產品。熱處理則是由於加熱後分子劇烈運動，引起蛋白質等高分子物質的變性。在此過程中，也同時對共價鍵發生破壞，使色素、纖維素、香氣等小分子物質發生變化。熱與高壓處理兩者之比較如表6.2。

表6.2　高壓加工與傳統加熱法之比較

性質	加熱法	高壓加工
本質不同	分子加劇運動，破壞弱鍵，使蛋白質、澱粉等生物高分子物質變性，同時也破壞共價鍵，使色素、維生素、香味物質等低分子物質發生變化	形成生物高分子立體結構的氫鍵、離子鍵等非共價鍵發生變化，而共價鍵不發生變化，即小分子物質不被破壞
蛋白質等食品成分變化	蛋白質變性，澱粉糊化	蛋白質變性，澱粉糊化，但與加熱法不同，可以期待獲得新物性的食品
操作過程	操作安全，滅菌效果好	操作安全，滅菌均勻，較加熱法耗能低
處理過程中變化	處理過程中既有化學變化，也有物理變化發生	純物理過程，因此十分有利於生態環境保護

資料來源：陳，2005

2. 與傳統熱加工的差異

高壓加工與加熱過程不同在於：(1) 能量的傳遞方式不同。液體介質的加熱是個緩慢的過程，它藉由熱傳導、對流、輻射等方式傳遞熱能，加熱時存在過渡過程和不均勻的溫度場。但是在高壓加工媒介質中，壓力能的傳遞是短暫的、均勻的。在密閉的容器中，介質在各個方向上，任何壓力都是均等的。因此，從可控性的角度上看，壓力優於熱力。(2) 能耗不同。同樣達到滅菌效果，將1公升20℃的果汁或牛奶加壓500 MPa，耗能爲27. 5焦耳；而加熱巴氏殺菌，從20℃加熱到90℃耗能爲294焦耳，其理論能耗比爲1：10。這裡尚還沒有考慮熱傳效率損失和冷卻所需要的能耗。

3. 優缺點

高壓加工技術具有很多熱加工無法比擬的優點。包括：(1) 瞬間壓縮、作用均勻、時間短、操作安全和耗能低。高壓加工時，食品受壓力變化是同時、均勻的發生，與加熱時會有溫度梯度截然不同。(2) 低汙染（不加熱、不使用化學添加劑）。⑶ 可保持食品的風味（色、香、味）和天然營養（如維生素C等）。⑷ 不會產生異臭與毒性物質。⑸ 由於組織變性機制與熱加工不同，產生新物性食品。

其缺點則包括：⑴ 因不會發生褐變反應，無法產生褐變之香氣與顏色。⑵ 蛋白質與澱粉在高壓處理時，其物性方面的變化與加熱處理後有很大的不同。

三、高壓對微生物與食品成分的影響

1. 高壓對微生物的影響

高壓滅菌的機制與破壞細菌的細胞壁和細胞膜，抑制酵素的活性等有關。在壓力作用下，細胞膜的磷脂雙層結構的容積隨著每一磷脂分子橫切面積的縮小而收縮，因此表現出通透性的變化和胺基酸攝取的受阻。當壓力爲20～40 MPa時，細胞壁會發生機械性斷裂而鬆懈；當壓力爲200 MPa時，細胞壁會因遭到破壞而導致死亡。一般高壓處理每增加100 MPa壓力，溫度升高2～4 ℃，故近年來也認爲高壓對微生物的致死作用是壓縮熱和高壓聯合作用的結果。在高壓滅菌過程中，滅菌效果受到壓力大小、加壓時間、施壓方式、處理溫度、微生物種類、食物本身的組成及添加物、pH 值和水活性等許多因素的影響。

相對於細胞壁與細胞膜，高壓下DNA的耐壓性就相當穩定。某些DNA分子在1000 MPa的高壓下，其結構仍不會發生變化。

一般來說，對革蘭氏陰性菌如*Pseudomonas*、*Salmonella*、*Yersinia*，其耐受壓力爲300 MPa。對酵母菌如*Saccaromyces*、*Candida*，其耐受壓力爲400 MPa。對革蘭氏陽性菌如*Micrococcus*、*Staphylococcus*，其耐受壓力爲600 MPa。對於*Bacillus*、*Clostridium*等菌孢子，其耐受壓力爲900 MPa（90℃下）。

2. 高壓對蛋白質與酵素的影響

一般造成蛋白質凝固之壓力爲400 MPa，在100～200 MPa壓力下，蛋白質的變化是可逆的，超過300 MPa則變化趨向不可逆，但不同壓力造成凝固之原因不同。在非常高壓（＞700 MPa）下，二級結構會改變，而在200 MPa以上的壓力，可觀察到三級結構的改變。蛋白質大小與結構不同，對高壓的耐受性也不同。如 β 乳球蛋白與α 乳球蛋白，前者在100 MPa以上壓力即發生變化，但後者在400 MPa壓力下處理60分鐘仍很安定。

高壓造成蛋白質的凝膠，與熱所造成者有很大的不同。高壓主要造成疏水鍵與離子鍵被破壞與蛋白質延伸，與加熱造成共價鍵之機制是不同的。高壓形成的蛋白質凝膠，能保持天然的顏色與香味，彈性也比熱凝膠好。凝膠的硬度隨壓力增加而增大，黏度則隨壓力增加而降低（表6.3）。

表6.3　蛋白質經高壓與熱處理其凝膠物性之比較

特性	高壓	加熱	特性	高壓	加熱
顏色變化	無	有	硬度	小	大
光澤	大	小	彈性	有	有
風味變化	無	有	延展性	大	小
透明度	大	小	附著性	大	小
組織細膩程度	大	小	體積變化	變小	增大
滑潤程度	大	小			

資料來源：陳，2005

酵素的化學本質是蛋白質，其生物活性與其三級結構有關。酵素的生物活性產生於活性中心，活性中心是由分子的三維結構產生的，即使是一個微小的變化也能導致酵素活性的喪失，並改變酵素的功能性質。高壓處理會影響酵素的三級結構而影響其催化活性。當壓力低於臨界值時（一般爲300 MPa），酵素的活性中心改變爲可逆性的，當超過臨界值時，則其變化爲永久性的失活。不同的酵素其臨界值不同，如peroxidase、cellulase、peptidase在400～500 MPa以上會失活，而pectin methyl esterase、polyphenoloxidase則在700～1000 MPa之壓力才會失活。

通常要造成酵素永久性失活所需的壓力要高，且時間要久，故要單純靠高壓處理達到使食品中酵素完全失活較難。如經500 MPa以上高壓處理的新鮮茶葉，其多酚氧化酶之活性已可顯著下降，若在殺菁前經過高壓處理，則後續加工過程便可使用較少的熱量達到抑制酵素活性的目的，因而能最大程度地保留茶葉中的功能活性成分。高壓影響酵素活性的因素主要與壓力及處理時間、溫度、pH值、介質成分和酵素的種類有關。

3. 高壓對醣類的影響

不同澱粉對高壓的敏感性不同，如小麥與玉米澱粉對高壓較敏感，而馬鈴薯澱粉則耐壓性較強。但大多數澱粉經高壓處理後，糊化溫度會升高，對澱粉酶的敏感性也會增加，故可提高澱粉的消化率。高壓也可造成澱粉糊化，如700 MPa維持2分鐘，玉米澱粉之糊化度可達到87%，加壓時間延長爲5分鐘，則糊化度可達到100%。一般造成澱粉膨脹糊化之壓力約在400～600 Mpa。

對大分子的膠類如洋菜膠、卡拉膠，高壓可使其黏度增加。因高壓可使多醣分子延伸，使極性官能基外露，導致電荷量增加所致。但對果膠、海藻酸鈉等分子量較小、呈直線形的多醣膠體，則黏度影響不大。一般造成多醣類凝膠之壓力爲600 MPa。

4. 高壓對脂質的影響

高壓對脂質的影響是可逆的。高壓可使乳化液中的固體脂增加，同時三甘油酯的熔點會隨壓力增加而升高。一般油脂在常溫下加壓至100～200 MPa即會變成固體，但壓力解除後仍能恢復原狀。利用壓力循環處理可可脂後，可提高巧克力的韌性。同時可可脂在適當壓力處理下，能變成穩定的晶型，有利於巧克力的調質，並可減少儲存期間脂霜斑的形成。同時，高壓處理可降低霜淇淋原料的老化時間；豆漿的脂肪球則會增大，使豆漿的黏度降低。

製造人造奶油時，最重要的是如何控制晶析出，目前開發出以50 MPa壓力瞬間進行油脂結晶，可生成細小穩定的結晶。其優點包括：高壓可迅速使結晶析出，可提高產量。同時，以往由於結晶速度慢，使原料油的選用上受到限制，使用高壓則可選用更符合健康的油脂原料。高壓處理由於人造奶油中的結晶量增加，且生成之結晶細密，故可提高產品穩定性。

5. 其他食品成分對高壓的影響

(1) pH。低pH時，殺菌所需之壓力可較低。

(2) 溫度。加工低於0℃時，溫度愈低則高壓殺菌時間愈短。加工溫度高於

0℃時，溫度愈高則高壓殺菌時間愈短。

⑶ 食物組成。糖與食鹽因會保護微生物，因此兩者濃度愈高時，高壓下微生物的致死率愈低。

四、高壓加工方式

高壓裝置的主要部分是高壓容器和加減壓裝置，其次是一些輔助設施。高壓裝置的特點是承受的壓力高（100～1000 MPa），迴轉次數多（連續工作，通常爲2.5次/h），因此超高壓容器設計必須要求容器及密封結構材質有足夠的力學強度、一定的抗應力腐蝕及腐蝕疲勞性能、效率性；可快裝快拆、密封效果好；高壓容器是整個裝置的核心，爲保證安全生產其容積一般爲1～50 L。

高壓加工之壓力容器有兩大類：活塞型，液壓型。活塞型爲在一個頂端封閉的筒裡置入活塞，直接對筒內液體加壓（內部加壓式）。液壓型爲在密閉容器內注入預先經外部加壓的液體方式以加壓（外部加壓式）（圖6.1與表6.4）。

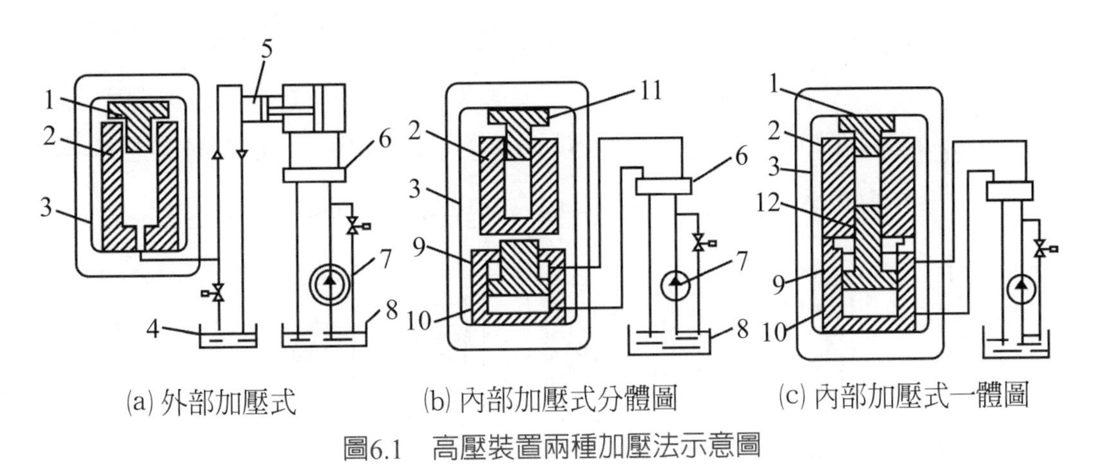

圖6.1　高壓裝置兩種加壓法示意圖

1-頂蓋，2-高壓容器，3-承壓框架，4-壓媒槽，5-高壓泵，6-換向閥，7-低壓油泵，8-油槽，9-油壓缸，10-低壓活塞，11-活塞頂蓋，12-高壓活塞

若依照高壓容器放置位置可分爲立式與臥式兩種。立式設備占地面積較小，但物料裝卸需要專門裝置。相反的，臥式設備物料進出較爲方便，但占地面積大。

表6.4 不同加壓方式之比較

加壓方式	外加壓式	內加壓式
結構	承壓框架內僅有高壓容器，結構簡單	油壓缸、高壓容器均納入承壓框架，主體結構龐大
容器容積	容積恆定，利用率高	容積隨升壓減少，利用率低
高壓泵及高壓配管	有高壓泵及高壓配管	用油壓缸取代高壓泵，無高壓配管
密封性	高壓密封部位固定，幾乎無密封件的耗損	高壓部位不固定，故無密封件的損耗
維護	靜密封維修較易，高壓泵維修較難	動密封維修較難，油缸壓力低，易維修
油汙染問題	無汙染	分體型無汙染，一體型有汙染
容器溫度變化	減壓時溫度變化大	升壓或減壓時溫度變化小
適用場合	適於大容量生產裝置	適於更高壓、小容量、研究開發用

資料來源：陳，2005

由於高壓處理的特殊性，因此不容易作成連續性操作。目前以間歇性與半連續式兩種操作模式爲主。間歇式生產高壓食品之處理週期如圖6.2所示。

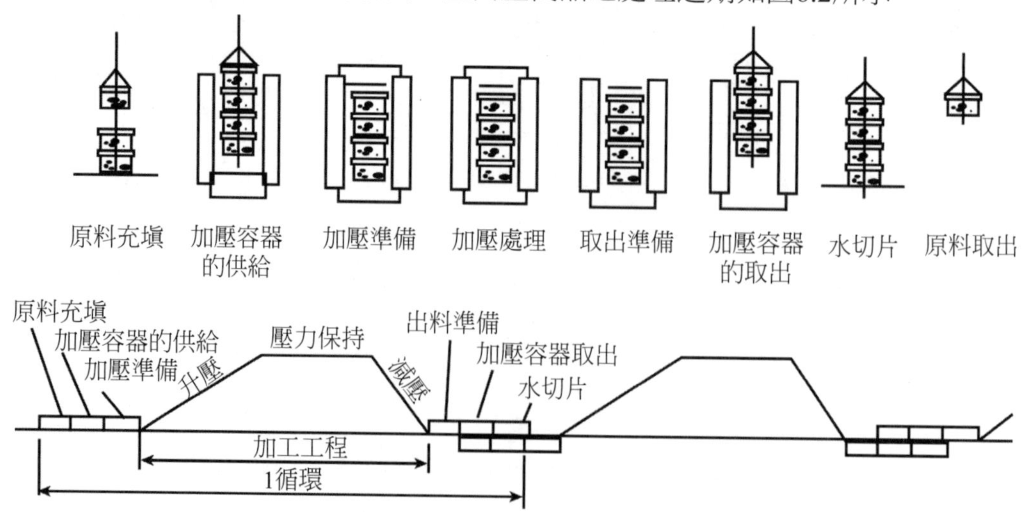

圖6.2 間歇式生產高壓食品處理週期示意圖

五、高壓加工在食品工業中的應用

目前美、英、法、日等國已有超高壓處理的果醬、果汁、乳製品、肉類、海產、水產品、即食米等多種食品銷售到市場上，並且受到美食家及消費大眾的讚譽。高壓加工之應用包括以下。表6.5摘要出一些高壓處理食物發生的變化。

表6.5　高壓處理食物發生的變化

食品原料	高壓處理後的變化
果蔬類	透明、蔬菜有醃漬味、蘋果有燒烤風味
畜肉、魚肉類	像加熱一樣變白
蛋	500～600 MPa加工處理蛋黃開始凝固，700 MPa蛋白凝固
貝類	幾乎沒變化
豆乳	因濃度而異，700 MPa 20分鐘成豆腐
柳橙汁	幾乎沒變化

資料來源：塗等，2004

1. 作為殺菌的替代方法

高壓加工技術能夠在無需加熱的情況下對許多食品，尤其是冷凍即食食品，進行類似加熱殺菌方法那樣的滅菌處理，這一效能主要歸功於高壓對微生物的破壞作用。

2. 肉類

高壓加工技術在對即食肉類進行快速滅菌的處理過程中，不僅作用於表面，也有效地貫穿於產品的整個包裝中，而且無論包裝的大小或形狀如何，壓力都能到達每一個地方。這一點對那些有可能遭受病原體滅菌後再汙染的食品，如切片熟食肉類等，特別重要。高壓加工技術已被公認是一種對即食肉類熱滅菌後處理的有效方法。

3. 水產品

高壓可保持水產品新鮮的風味，如600 MPa下處理10分鐘，可使甲殼類水產品完全變性，外觀呈紅色，內部爲白色。在大約300 MPa的壓力作用下，牡蠣、蛤蜊或淡菜肉能夠與殼分離，以致自動地脫去外殼。龍蝦以高壓脫殼之效果較傳統方式高出甚多。

4. 蔬果

最早使用高壓加工之商業產品即爲果醬。對草莓、蘋果等原料加以包裝後，以400～600 PMa處理10～30分鐘，則可獲得保留新鮮水果風味與顏色的果醬。高壓加工技術亦可抑制水果和蔬菜產品中的沙門氏菌、大腸桿菌和李斯特菌。

5. 各國對高壓產品之研究與商業化生產

日本是世界上最早將經過高壓加工的食品推向市場的國家。1992年，蘋果醬、草莓醬和鳳梨醬作爲第一代高壓食品在日本市場上出現，這也是世界上第一次面市的高壓食品。1995年，日本學者將高壓加工技術的研究目標對準糧食的主要作物——穀物，並相繼生產出脫敏米和米飯半成品。法國是繼美國和日本之後，較早將高壓加工技術應用於食品的國家。1995年，法國即有高壓處理的鮮榨橘子產品，這也是歐洲用高壓加工技術生產的第一批產品面市，是由法國Pernod Richard企業用Aistom公司提供的高壓設備生產的。西班牙也是研究和利用高壓加工技術較早的國家，1997年，將用高壓技術生產的火腿推向市場。芬蘭是較早將高壓加工技術應用於加工魚和乳酪等產品的國家。臺灣目前已有肉品、數種飲料與果汁利用高壓加工生產，凡標示HPP者皆爲此法生產。

6. 高壓加工之發展性與限制

(1) 高壓加工由於其加工方式與傳統截然不同，因此在包裝方式上亦有所限制（表6.6）。其中塑膠管類具有充分的柔軟性，只要解決封口部分的材料問題。若使用傳統螺帽封口方式，則作爲高壓媒介的水會浸到包裝內部而污染食品。傳統硬材質包裝方面，除塑膠瓶適用外，皆由於材料過硬導致無抗壓性，甚至傳統罐頭的二重捲封在高壓下也會變形。

(2) 高壓加工產品須冷藏保存。因產孢菌（*Bacillus*與*Clostridium*）抗壓力極強，高壓加工條件無法達到罐頭產品的殺菌條件，故產品無法常溫保存。

(3) 不適用於低含水量食品。高壓製程需水爲媒介傳遞壓力，水分低之粉體無法完整傳遞壓力，易造成殺菌不均。

表6.6　不同包裝形式之高壓加工適應性

包裝形態	適應性	備註	包裝形態	適應性	備註
軟包裝			硬包裝		
袋	可		紙複合容器	不可	收縮、剝離
袋殺菌軟袋	可		塑膠瓶	尚可	脫氣包裝
盤	尚可	脫氣包裝	玻璃瓶	不可	
管	尚可	密封方法	鐵罐	不可	變形
盒	不可	密封方法	鋁罐	不可	變形、油墨散開
			塑膠罐	不可	密封性

資料來源：塗等，2004

第三節　輻射照射

輻射照射（irradiation）是在食品加工過程中，利用游離輻射照射，以達到抑制發芽、殺蟲滅菌或防腐保鮮等目的的一種食品加工方式。也就是將放射線之「能」傳遞到食品或農產品。食品經照射能量之刺激後，會產生自由基、破壞植物生長細胞、菌體酵素及其遺傳物等，進而達到保存食品的目的。由於其加工過程不用加熱，因此傳統之「冷殺菌」（cold sterilization）係專指輻射殺菌。由於其具有強力穿透能力，因此可在食品包裝好後再殺菌，然而亦由於其加工方式與傳統不同，導致某些消費團體一直質疑其食品安全性。以下針對其歷史、原理、應用性與安全性等加以說明。

一、輻射照射使用之歷史

輻射在1895年倫琴發現X射線後揭開原子能之序幕。但應用於食品保存研究工作卻一直到1940年代才開始。1950年美國研究人員發現X光可抑制馬鈴薯發芽，帶動世界各國爭相研究食品照射技術。1957年國際原子能總署（IAEA）成立，負責組織協調原子能和平利用與核安全的監督工作。1958年前蘇聯成爲全世界第一個批准輻射食品加工的國家。美國則於1958年通過，將食品照射處理列爲食品添加物進行管理。在1968年食品的輻射照射得到國際原子能總署、國際糧農組織（FAO）及世界衛生組織（WHO）認同其安全性。1980年國際公認10仟葛雷（kGy）是可靠安全值。1980年，美國亦公布照射處理食品爲一加工方法而非添加物，更肯定照射食品的安全性。1983年，國際糧農組織與世界衛生組織的食品法典委員會（CAC）正式頒發了「照射處理食品通用法規」，爲各國照射處理食品衛生法規的制訂提供了依據。1986年美國食品藥物管理局（FDA）通過對農產品可使用 γ 射線處理的法規。至1988年世界上已有33個國家准許食品照射，1991年，第一個商業食品照射處理工廠在美國佛羅裡達州開幕。美國食品藥物管理局在2006年批准可以對菠菜、生菜等帶葉蔬菜進行輻射殺菌處理。後來，又批准可以對牛肉和家禽等使用這種技術。

目前全世界有超過50個國家（含我國）承認輻射照射處理，所接受照射之食品相當廣泛，如馬鈴薯、穀類、大蒜、生薑、草莓、乾燥蔬菜、冷凍蝦、雞肉及香辛料等。其中，以中國大陸處理量爲最多，美國居次。處理食品中，以香辛料最多，其次爲穀類與水果、大蒜（抑制發芽）、魚肉與海產等。

我國照射食品工作，於1979年由食品工業發展研究所首先針對大蒜、生薑、洋蔥及馬鈴薯等農產品進行研究工作，抑制其發芽。1983年衛生署首度公布食品照射合法化，計有食米、紅豆、綠豆、大豆、小麥、麵粉的防治蟲害等項目。1985、1987、1993與1999年分別再修訂內容。國內目前主要民間照射廠爲1991年成立，係位於臺中工業區的中國生化科技股份有限公司。

二、輻射照射原理

1. 輻射種類

輻射是一種能量，會以波或高速粒子方式進行傳送。依其能量之高低大致可區分爲兩類：⑴ 游離輻射：能量較高，能使物質產生游離作用，包括電磁輻射（γ 射線與X射線）與粒子輻射（α、β、中子、高速電子與高速質子等）。⑵ 非游離輻射：能量較低之電磁波，無法使物質產生游離，包括紫外線、可見光、微波、雷達、無線電波與電視無線電波（圖6.3）。一般稱的輻射加工，係指使用游離輻射者。

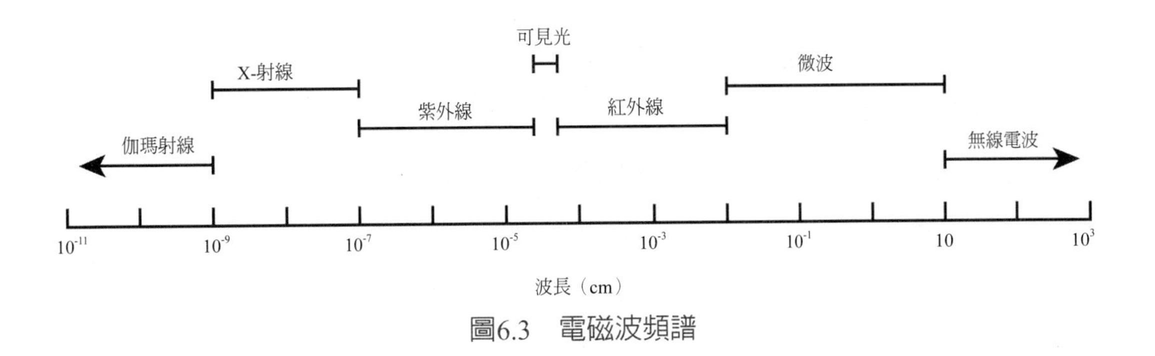

圖6.3　電磁波頻譜

食品照射射源有三類：⑴ γ射線：由Co60，Cs137等放射性射源放出。⑵ 電子線：能量在10 MeV以下。⑶ X射線：能量在 5 MeV以下。電子伏特（eV）是一種能量單位，就是一個電子經過一伏特電位差所產生的能量，1 MeV＝1.6×10^{-13}焦耳。各輻射強度示意圖如圖6.4所示。實際應用上以γ射線使用最多。

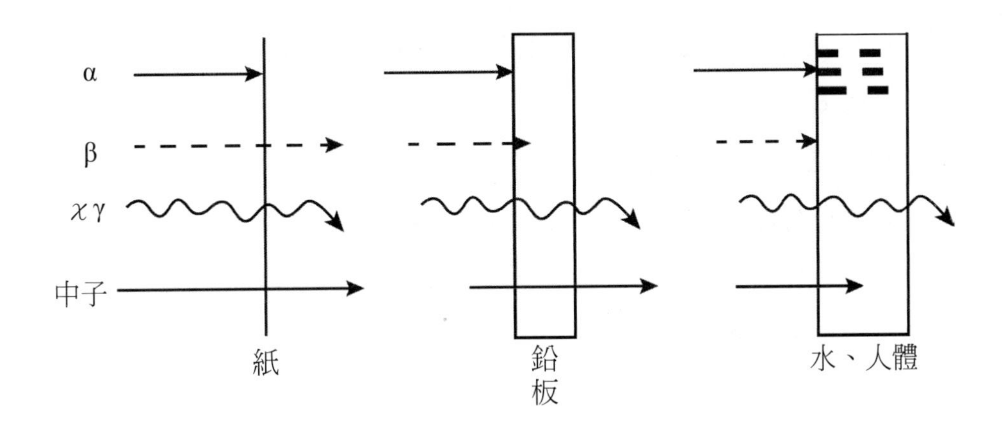

圖6.4　各輻射強度示意圖

關於輻射劑量的國際單位分成三種，分別用於表示放射性強度（貝克）、吸收劑量（戈雷）與照射量、劑量當量（西弗）：

⑴ 貝克（Bq）：輻射能強度單位。表示輻射的強度也就是一般稱的活度，指放射性核種於每單位時間內產生自發性蛻變的次數，1 Bq = 1 dps（蛻變／秒）。貝克取代原來的居里（Ci）。

⑵ 戈雷（Gray）：吸收劑量之單位。表示物質吸收輻射的劑量，1公斤物質吸收1焦耳能量的輻射稱爲1戈雷。即1戈雷（Gy）＝1焦耳／公斤。

⑶ 西弗（Sv）：劑量當量。表示對生物體影響的等效劑量輻射。西弗是指人體組織的吸收劑量和射質因數（不同強度放射線）的乘積，它已含有輻射對組織器官傷害的意義了。1西弗表示人體每公斤接受 γ 射線1焦耳的能量。毫西弗就是千分之一西弗，百萬分之一西弗叫做微西弗。依據我國的游離輻射防護安全標準規定，一般人每年接受劑量限度不得超過1 毫西弗（1,000微西弗）。

另有一些慣用之非國際單位標記法如下：

侖目（rem）爲等效劑量的單位，1西弗＝100侖目。

雷得（rad）爲吸收劑量之單位，100 rad＝1 Gy。乃指1 公克的物質由放射線吸收100耳格（erg）之能量稱爲被照射1 Rad。

侖琴（Roentgen）爲輻射曝露（照射）的單位，單位的簡寫爲R。用來描述輻射能量（僅適用 γ 射線與X射線）強度的概念。侖琴的定義爲在1 atm，0℃下，能使1 cm^3空氣產生1靜電單位電荷游離的輻射能量強度。

2. 輻射殺菌原理

⑴ 直接效應

輻射照射殺菌有兩種理論，一爲直接破壞維持微生物生命所必須的核酸、蛋白質（酵素）等物質，亦即微生物DNA分子本身受到輻射照射而遭到破壞，致使微生物失去生殖能力或死亡。此種直接效應稱爲直擊理論（direct hit theory）或標靶理論（target theory）。

⑵ 間接作用

另一種爲間接作用理論（indirect action theory）。乃細胞內各種物質，尤其是大量存在的水，受到輻射照射而變成自由基，這些自由基彼此間互相反應，造成微生物致命的傷害而死滅。自由基也可能造成食品組成的變化。

當水受到輻射照射時，會發生下列反應：

H_2O + 輻射 → $H_2O^+ + e^-$（輻射引起水分子的電離與激發）

$H_2O^+ + H_2O \rightarrow H_3O^+ + \bullet OH$（離子、分子反應生成自由基）

e^-（水化）$+ H_3O^+ \rightarrow H\bullet + HO_2$（電子水化後，部分水化電子與正離子中和生成自由基）

$H\bullet + H\bullet \rightarrow H_2$（自由基互相反應）

$H\bullet + O_2 \rightarrow \bullet HO_2$

$\bullet OH + \bullet OH \rightarrow H_2O_2$

$\bullet HO_2 + \bullet HO_2 \rightarrow H_2O_2 + O_2$

其中，H • 爲還原劑，H_2O_2與• OH爲強氧化劑，會引起連鎖反應，改變分子結構。同時，H_2O_2爲一種生物毒性物質，因而造成微生物細胞致命的化學性傷害。另外，也會造成食品組成產生改變。

要避免食品成分在輻射處理中改變，可使用：(1) 在冷凍狀態下照射。(2) 在眞空或充填鈍氣下進行照射。(3) 添加維生素C等自由基吸收劑。

三、輻射處理之影響

所有輻射照射引起的變化與反應，皆與其劑量有關。一般認定，1 kGy之劑量稱爲低劑量，1～10 kGy稱中等劑量，超過10 kGy稱爲高劑量。

1. 輻射處理對微生物之影響

輻射能有效的殺滅食品中的腐敗微生物與病原性微生物。微生物對輻射之耐受情形由強至弱依序爲：病毒與酵素、產孢細菌、黴菌與酵母菌、非產孢之細菌。而孢子較營養體較耐受輻射。另外，處於穩定期之微生物較具耐受性。當有氧氣與酸性下，殺傷力較強；反之，蛋白質與還原物質具有保護作用。食品中常見之病原菌，如沙門氏菌、李斯特菌、大腸桿菌等對輻射較敏感，10 kGy以下的劑量就可以除淨。

2. 輻射處理對營養成分之影響

⑴ 水分

食品中水分受到輻射照射會生成自由基，產生間接破壞效應。但在乾燥食品、配料或冷凍食品中，由於缺乏自由水，因此不易產生此間接破壞效應，僅能產生輻射之直接破壞效應。

⑵ 蛋白質

輻射對胺基酸的影響較小，僅有含硫胺基酸較為敏感，照射後會氧化生成氣態硫化物、H_2S等，這也是照射含有含硫胺基酸食品後，產生異味的原因。而大分子蛋白質在輻射照射下，則可能降解或產生交鏈作用。其中又以交鏈作用較易產生，尤其含硫胺基酸處會產生雙硫鍵，造成蛋白質二級與三級結構的改變。

⑶ 脂肪

輻射引起脂肪的氧化可分為自氧化與非氧化兩類。其中自氧化與一般脂肪之自氧化過程一樣，只是輻射會加速食品中脂肪的自氧化速率。非氧化部分，輻射會造成脂肪酸中任意的C-C鍵斷裂，使脂肪分解成小分子烷類、烯類、酮類等，另可能發生氫化作用或聚合作用，而組合成新化合物。因此高脂肪含量的食品，在輻射照射後，會產生所謂的「輻射臭」，可能為脂肪分解產物造成。

⑷ 維生素

維生素極易受照射影響而引起變化。若在天然食品中，由於其他營養成分對維生素會產生保護作用，可使維生素對輻射的敏感性降低。水溶性維生素部分，維生素C、B_1、B_{12}對輻射較為敏感。脂溶性維生素部分，以維生素A與E較敏感，但維生素A的先質類胡蘿蔔素則對輻射相對穩定。

⑸ 碳水化合物

碳水化合物對輻射較穩定，在滅菌劑量的輻射（25 kGy），糖的消化率與營養價值都沒影響。在大劑量照射下，單醣類會產生大量產物，如H_2、CO_2、醛、酮、酸類，雙醣類則生成單醣類，而多醣類被分解成小分子反而有助於消化。蛋白質、脂肪與其他物質都有保護碳水化合物不分解的作用。

3. 輻射處理對食品成分之影響

對肉或家禽類，3～7 kGy的劑量照射營養成分變化少，但豬肉會有維生素B_1的損失。但45～50 kGy之高劑量則所有肉類都會有分解產物產生，如結締組織中可溶性膠原物質析出會增加。

水產與油脂含量較多的食品，輻射照射變化主要由不飽和脂肪酸氧化造成。輻射也會造成色素變化，如在輻射照射後，蝦會有黑變現象，主要係輻射使酵素釋出，並與形成的酪胺酸作用造成。

穀類與豆類則因碳水化合物較多，對輻射照射相對穩定許多。

食品經照射處理後，輻射降解產物的種類和有毒物質含量與常規烹調方法產生的無本質上之區別。如以50 kGy輻射照射食品中維生素的損失，與75℃加熱時的損失相當。

由以上可知使用高劑量照射食品，的確會破壞食品的營養性而且會有怪味出現。但就如同一般加熱食品一樣，過度的烹煮，同樣會破壞食品及其他物質。但只要在國際間所規定的l0 kGy 劑量以下，食品的營養性不受多大影響，反而有增加保存期限，減少烹飪時間並提高消化率等好處。

四、輻射照射的應用與優缺點

1. 輻射照射的應用

目前食品照射處理使用的劑量範圍從檢疫處理的0.15 kGy，到美國太空總署（NASA）爲太空人飲食消毒所用的42 kGy。根據所用劑量，可分爲下列三類：

⑴ 輻射商業殺菌（radappertization）。所用輻射劑量可將食品中的微生物減少到零或有限個數，爲高劑量輻射照射。通常劑量爲10～50 kGy。

⑵ 輻射巴氏殺菌（radicidation）。主要破壞非產孢的致病菌，與巴氏殺菌類似，爲中劑量輻射照射。通常劑量爲1～10 kGy。

⑶ 輻射部分殺菌（radurization）。目的爲降低食品中腐敗性微生物數量，延長蔬果的後熟期與海產類等的儲存期限。爲低劑量輻射照射。通常劑量在1

kGy以下。

輻射照射在食品加工應用與其劑量如表6.7，包括：

⑴ 殺菌。輻射照射可淨化畜肉、家禽肉、海產品，如禽肉的沙門氏菌，豬肉的旋毛蟲。乾燥蔬菜亦常使用照射殺菌。沙門氏菌之照射D值約0.2～0.5 kGy，而1～7 kGy可控制大部分的汙染病原菌。對於肉類一般使用中等輻射劑量（1～10 kGy），乾燥的中草藥、香辛料則會用到10～30 kGy之劑量。

⑵ 滅菌。相對於傳統的熱商業殺菌，使用輻射照射用於低酸性食品的滅菌稱爲冷殺菌。此技術可用於太空人或醫院中免疫缺陷病人飲食之滅菌，目前多用於包裝肉製品與預煮食品，所用劑量在45～56 kGy。

⑶ 殺蟲。穀類等食物在倉儲時會有嚴重的蟲害問題，傳統上使用殺蟲劑，但昆蟲會發展出抗藥性，降低其成效，同時，會有殺蟲劑殘留的問題。美國夏威夷水果銷至本土，與美國柑橘，會使用照射方式控制蟲害。

⑷ 抑制發芽。如洋蔥、馬鈴薯、大蒜等用低劑量（0.02～0.15 kGy）處理，可延緩其發芽6～9個月。其中大蒜爲中國與臺灣最大的照射食物之一。

⑸ 延緩蔬果後熟與衰老，延長其保鮮期。新鮮蔬果由於本身生理生化活動，儲存時會成熟、老化，以致腐敗。輻射照射可延緩其熟成與老化，因此延長

表6.7 食品照射的有效劑量

目的	對象	食品種類	劑量（kGy）
抑制發芽		馬鈴薯、洋蔥、胡蘿蔔	0.01～0.15
調整熟度		蔬菜、水果	0.5～1.5
防止寄生蟲	絛蟲、線蟲、肝吸蟲	魚、肉	0.1～0.7
病原菌滅菌	O-157、沙門氏菌	雞肉、肉、魚、蝦	3.0～13
腐敗菌滅菌		魚、肉、蔬菜、水果、香辛料	1～10
食品保存滅菌	完全滅菌	攜帶食品、軍用食品、太空食品、病患食品	35～60
酵素失活			20～100

保存期限。

⑹品質改善。如照射可降低大豆中寡糖分子與提高果汁的抽取率。

我國現行食品輻射照射處理標準，係由衛福部2013年8月20日公告規定（表6.8）。主要針對植物性原料如馬鈴薯、甘藷、分蔥、洋蔥、大蒜、生薑、木瓜、芒果、草莓與其他生鮮蔬菜、豆類、穀類及其碾製品。動物性原料之生鮮冷凍禽肉及機械去骨禽肉、生鮮冷藏禽肉、生鮮冷凍畜肉。以及加工品如乾燥或脫水的調味用植物（包括香草、種子、香辛料、茶、蔬菜調味料）、花粉、動物性調味粉。適用之範圍則包括抑制發芽、延長儲存期限、防治蟲害、去除病原菌之汙染、控制旋毛蟲生長及殺菌。

表6.8 我國食品輻射照射處理標準

限用照射食品品目	限用輻射線源	最高輻射限能量（百萬電子伏）	最高照射劑量（千格雷）	照射目的
馬鈴薯、甘藷、分蔥、洋蔥、大蒜、生薑	電子	10	0.15	抑制發芽
	X射線或γ射線	5		
木瓜、芒果	電子	10	1.5	延長儲存期限；防治蟲害
	X射線或γ射線	5		
草莓	電子	10	2.4	延長儲存期限
	X射線或γ射線	5		
豆類	電子	10	1	防治蟲害
	X射線或γ射線	5		
其他生鮮蔬菜	電子	10	1	延長儲存期限；去除病原菌之汙染
	X射線或γ射線	5		
穀類及其碾製品	電子	10	1	防治蟲害
	X射線或γ射線	5		

限用照射食品品目	限用輻射線源	最高輻射限能量（百萬電子伏）	最高照射劑量（千格雷）	照射目的
生鮮冷凍禽肉及機械去骨禽肉	電子	10	5	延長儲存期限；去除病原菌之汙染
	X射線或γ射線	5		
生鮮冷藏禽肉	電子	10	4. 5	延長儲存期限；控制旋毛蟲生長
	X射線或γ射線	5		
生鮮冷凍畜肉	電子	10	7	延長儲存期限；控制旋毛蟲生長
	X射線或γ射線	5		
乾燥或脫水的調味用植物（包括香草、種子、香辛料、茶、蔬菜調味料）	電子	10	30	防治蟲害及殺菌
	X射線或γ射線	5		
花粉	電子	10	8	延長儲存期限
	X射線或γ射線	5		
動物性調味粉	電子	10	10	延長儲存期限
	X射線或γ射線	5		

102.8.20 部授食字第 1021350146 號公告

我國照射食品標示仿造美國FDA規定，凡是量販的照射食品需標示「經照射處理，請勿再照射」之字句，而零售食品除上述聲明外，還要加上綠色國際照射符號（圖6.5）。另外亦允許附加聲明有關照射處理之目的及處理中使用之照射方式。經輻射照射處理之食品原料，若僅爲產品原料之一部分，需和其他未經輻射照射之原料混合製成產品後，則其產品得免於包裝上標示輻射照射處理標章。

圖6.5　綠色國際照射符號

2. 輻射照射之優點

輻射照射之優點包括：(1) 可於常溫或低溫下進行，不使食品受熱破壞，保持食品物理外觀及原味。(2) 操作簡單方便而有效。(3) γ 射線穿透力強，均勻度佳，可使用輸送帶連續操作，能在短時間處理大量的食品。(4) 不需再以其他藥劑處理，可減少化學藥物之濫用。同時不需要使用化學藥劑，不會有化學藥劑殘留問題與對環境危害問題。(5) 經照射之食品其一般化學成分不受影響，有時還可提高消化率。(6) 包裝好之食品經照射後，可防止二次汙染。(7) 食品不留照射痕跡。(8) 能與低溫處理同時實施，尤其冷凍食品以照射效果更佳。(9) 能調節延長食品儲存期。(10) 節省能源。冷藏食品所需能源爲324 MJ/ton，巴氏殺菌爲828 MJ/ton，熱殺菌爲1080 MJ/ton，而輻射滅菌僅需要22.68 MJ/ton，輻射巴氏殺菌更只需要2.74 MJ/ton。幾乎沒有溫度的上升，成分的變化亦較其他的處理方法小（辛辣等口感的變差甚小）。每1 kg食品在室溫下，經1 kGy照射約上升0.24℃。此在香辛料效果最好，天然香辛料容易生蟲長黴，傳統以加熱或薰蒸方式不但會有藥物殘留，且導致香味揮發，而輻射照射則可保留其風味。

3. 輻射照射之缺點

輻射照射之缺點包括：(1) 並非適用於所有食品，如油脂含量高之食品經高劑量照射後，會產生異味，故不適用照射處理。(2) 目前一般社會大眾不了解照射技術，因此照射食品不易推廣。美國在1992年即許可照射技術用於禽肉，但工業上很少使用，主要原因即是消費者對購買照射產品仍抱持遲疑態度。(3) 尚無一種有效技術可偵測所有食品是否經過照射，故管制輻射照射食品需利用不同偵測方法進行，造成檢測上之困擾。(4) 部分包裝材料受輻射照射會受到破壞。在25 kGy劑量照射後，紙纖維會崩塌，強度因而下降；PP則會逐步分解。(5) 輻射照射酵素不容易失活。酵素對輻射的耐受力較殺菌劑量大很多，因此生鮮肉用輻射殺菌時，往往會因酵素作用而使品質下降。此時應先加熱使酵素失活後再照射，或與低溫儲存並用。(6) 需要較大投資與專門設備來生產輻射線，並需要提供安全防護設施。

4. 輻射加工方式

照射食品過程很簡單，只需把食品放置於輸送帶上，通過由混凝土及鉛牆遮蔽的射源Co60以 γ 射線照射食品即可。食品照射處理過程就如接受X光一般，經能量傳遞對食品達到加工之目的。

傳統上輻射照射方式多用Co60射源以 γ 射線照射食品，近年來使用電子加速器方式由於製作技術改進，使加速機體積縮小，且使用電子加速器由於不會有利用Co60有輻射原處理上之困擾，讓其應用性大增。

五、輻射照射之安全性

輻照食品的衛生安全性，是人們最爲關心的問題。許多反對使用核能的團體大幅強調核能負面的效應，使部分消費者對照射存在恐懼心理，經照射處理過的食品是否有放射性危險？食品經照射處理後，會不會誘發放射性？有沒有放射性殘留？尤其是美國於1958年由國會制定的修正案，從法律上確定電離輻射是一種新的食品添加劑，更給予一些反對者有反對輻射照射之理由。

基於上述不合理的理由，雖然美國於1992年許可輻射用於禽肉加工，但工業界很少使用，主要原因即爲消費者對購買照射食品仍抱持遲疑的態度。而日本自1973年底開始實施馬鈴薯抑制發芽照射至今，每年處理數千萬噸，但因爲部分消費者的抗議活動，至今尚未許可第二個食品照射項目。

事實上，輻射照射不會如消費者所疑懼的使食物產生放射性，因爲食物接受照射所使用之能量遠遠低於激發原子反應之能量；另一方面，照射引起之食物化學變化也與其他傳統食品加工方法如烹煮和冷凍相似，而營養之損失與烹煮和乾燥所引起者相似。且照射處理可保存食物的物理外觀及減少烹飪時間，幾乎不至使食品溫度上升等。

在輻射的殘留問題，以γ射線照射食品時，大部分會穿透食品及其包裝品，不會停留在食品與包材中，僅有一小部分的能量被其吸收。但被吸收的能量，也不會以γ射線方式留存，而會變成熱能。同時，γ射線不會激發原子核中的中子或質子，不能使照射過的食品變成帶有放射性，故以γ射線照射過的食品不會產生放射線。同時，γ射線的光子能量爲1. 17 Mev，不足以引發原子核變化（需大於10Mev才會激發原子核），且一般Co60射源密封於雙層不銹鋼管中，根本不可能與被照射物接觸，因此不會有輻射線殘留。

而把輻射歸類爲食品添加劑亦是不正確的，因爲食品照射並沒有在食品中加入任何物質，而是引起食品發生某種化學變化；烘烤、油炸、製罐、微波、冷凍、乾燥等都能引起這些變化，應歸類爲加工過程。

因此1976年，國際性組織已提出五點重要結論：1. 食品照射應視同食品的物理性加工之法處理；2. 以食品添加物或藥劑之安全評估方法來評估照射食品之安全性是不正確的；3. 相同成分的食品種類，其毒性檢驗資料應可互相參考，盡可能進行多種類的動物實驗，或從事異變原性實驗；4. 放射線化學的研究資料有助於動物的毒性實驗，因此應加予重視；5. 照射食品安全性之評估，應在實用條件範圍之內進行。

而1980年國際原子能總署、國際糧農組織與世界衛生組織等委員會就有關照射食品安全性之實驗結果加以檢討，作成重要結論：1. 同一食品可將主要品種之檢驗結果適用於他品種；2. 所照射的全體平均劑量在l0 kGy以下的照射食品，其安全性並無問題，包括急性毒性、慢性毒性、遺傳毒性、致癌性與致畸胎性等，無需做毒理學試驗。

這些結論爲照射食品安全性帶來重要的轉機，世界衛生組織之國際食品規格委員會，爲避免照射食品在國際流通上發生混亂，已制定有關食品照射的國際規格，並於1981年通知各國，此規範即成爲國際間食品照射之依循標準。照射技術並非沒有缺點，如：此技術並非適用於所有食品，且此技術僅爲食品加工方法之一，不可能全取代其地加工技術，目前一般大衆不易了解此技術以及沒有普遍偵測照射食品之方法等，研究改進及教育大衆都是照射食品技術該努力之方向。

在1997年國際原子能總署、國際糧農組織與世界衛生組織對輻射加工做成最新重要結論：在正常輻射劑量下，按照GMP進行輻射照射的食品是安全的。

但有研究顯示，高脂肪的肉類在接受照射處理時能產生cyclobutanones，這種物質不是自然產生，而是放射過程中形成的，是放射留下的痕跡。歐洲的研究人員將這種物質注射到試驗室動物身上後發現，癌症腫瘤的生長速度會加快。同時，食品經放射處理時，會有顏色變化（褪色）及油脂氧化等現象。

第四節　紫　外　線

日曬在傳統上是最方便、最便宜的殺菌方法，此即是利用太陽光中之紫外線作爲殺菌工具。紫外線殺菌不但方便、便宜、無汙染、無殘留物且無副作用。

一、紫外線分類與功效

紫外線（ultra violet light, UV）係波長介於X射線與可見光之間的電磁波（圖6.6）。電磁波輻射是電和磁波的震動，靠波將能量從一個源頭輸送到接收點，不經直接物質的輸送。依照波長的不同，紫外線大致分爲如下三類：

1. 紫外線A（UVA）。紫外線中約有百分之九十五以上是UVA，波長介於320～400 nm，具有很強的穿透力。它對皮膚的傷害也最大，可穿透雲層、玻璃進入室內及車內，因可直達皮膚的眞皮層，容易造成皮膚曬紅和曬傷，促使皮膚，經常照射會使皮膚鬆馳老化、產生皺紋、使微血管浮現，造成長期、慢性和

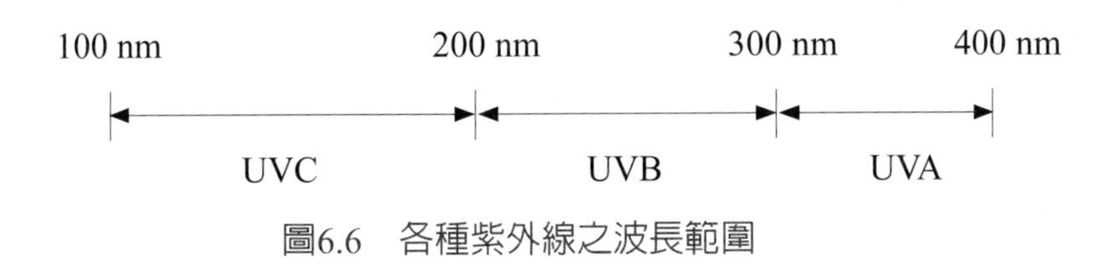

圖6.6 各種紫外線之波長範圍

持久的損傷，也是引起斑點的主要因素。

2. 紫外線B（UVB）。爲中波紫外線，波長介於280～320 nm，會被平流層的臭氧所吸收，引起皮膚曬傷及紅腫熱痛，能量比UVA來的強但容易防護。

3. 紫外線C（UVC）。短波紫外線C光，波長介於100～280 nm，波長最短、最危險，但大部分可被臭氧層隔離，僅有極少量到達地面，較不會侵害人體肌膚。但近年來臭氧層不斷的遭受破害，UVC對人體的傷害也逐漸的受重視。爲最有效之殺菌波段。

紫外線於1801年被發現，在1901年由Strebel證實其殺菌能力。根據其結論，紫外線殺菌作用之特性與細菌種類無關。

紫外線主要作用係破壞微生物的DNA與RNA，對蛋白質等生命物質亦產生一定之作用力。其主要功效爲切斷其磷酸二酯鍵，或生成二聚體，導致其結構受損，因而抑制DNA的複製與細胞分裂。另外，紫外線也會造成自由基產生，因而也具有間接殺菌作用。

紫外線的殺菌量劑單位是J/m^2。是照射強度與照射時間之乘積。因此，高強度短時間與低強度長時間之照射效果相同。每種微生物都有其特定紫外線殺滅、死亡劑量標準。如一般殺死90%細菌的劑量爲20～60 J/m^2，酵母菌爲600～1000 J/m^2，細菌孢子爲3600～6000 J/m^2，水藻爲50～1100 J/m^2。

紫外線應用於水中時，由於水會吸收紫外線能量，因此殺死大腸桿菌所需要之照射強度要比乾燥空氣中大3～30倍。其劑量主要取決於水之透明度、幅射可透入水中之距離以及微生物種類。不同水質之穿透深度爲蒸餾水3m，一般飲用水12 cm，葡萄酒、果汁2.5 mm，牛奶、糖漿0.5 mm。

二、紫外線殺菌的應用與特點

1. 優點

紫外線具有下列獨特的優點：(1) 極好的殺菌廣效性。幾乎對所有細菌、立克次體、黴菌、病毒等都有良好地殺滅效果，殺滅時間一秒鐘左右。(2) 無副作用。對被消毒的物體，無損害、無腐蝕、無汙染、無殘留。其殺菌效果僅在照射過程中產生，不會有任何殘留。(3) 使用方便。隨取隨用，關閉電源，紫外線便消失。(4) 應用範圍廣。生化研究、製藥工業、食品工業、環保工業、醫院、診所、物體表面的消毒殺菌，都可使用。(5) 日常運作費用低。不論設備費或使用費用而言，相對的都是比較低廉。(6) 操作保養維護簡單。(7) 設備體積小，不產生噪音以及各種刺激性氣體。(8) 相對低廉的投資成本。(9) 被照射的微生物不會產生耐性。

紫外線使用之限制則包括：(1) 對人眼睛與皮膚有害，操作上需小心，室內有人時，必須採取適當的預防措施。(2) 適合空氣與水的殺菌，由於紫外線的穿透力不強，其他物質的殺菌則僅限於照射的表面，如金屬、玻璃等。但不適用木材、橡膠的表面殺菌。

2. 應用

目前紫外線應用最廣者，為水質的消毒。包括：(1) 海水、淡水育苗、養殖用水之消毒。可提高養殖存活率，加快養殖群體生長速度。(2) 水產加工品（魚貝類）之淨化消毒。(3) 飲用水消毒。對飲用水使用紫外線消毒，可達到直接飲用水的標準。(4) 食品加工工業用水消毒，包括果汁、牛奶、飲料、啤酒、食用油及各類罐頭、冷飲製品等用水消毒。可在不改變各種飲料以及其他流體食品的原有成分、味道和顏色的前提下，殺滅致病微生物。

另外，對於空間的殺菌亦有廣泛性的應用，如餐盒工廠或一般食品工廠包裝區的殺菌，或廚房各種工具的殺菌，便往往在下班後使用紫外線加以殺菌。

第五節　脈衝電場加工

一、脈衝電場加工原理

脈衝電場加工（pulsed electric field, PEF）係使用高電壓加工的一種方式。早在十九世紀末就有科學家發現，電流可殺死牛奶中的微生物。而到1950年後，脈衝電場加工才從歐姆加熱殺菌法中獨立出來。1967年Hamilton與Sale利用兩電極片，通電後產生之電弧，會形成一短暫的脈衝壓、紫外線與一些電化學反應造成微生物死亡。到1990年後，此項技術商業化，應用於食品加工與殺菌。

脈衝電場加工是利用高電場強度（5～70 kV/cm）、較短的脈衝寬度（0～100 μs）與較高的脈衝頻率（0～2000 Hz）對液體或半固體進行處理的一種加工方式。

脈衝電場作用的原理是將食品置於兩電極片間，在短時間內（＜1秒）施以高強度電場，造成食品中微生物死亡或使其酵素失活，其殺菌機制有三種假說：

1. 電崩解。微生物細胞膜由鑲嵌蛋白質的磷脂雙分子層構成，細胞內外充滿電解液，如一電容器，它有一定的電荷，內外電壓差為10 mV。當胞外電場增加，這個電場將使膜內外的電勢差增大。由於細胞膜兩端表面堆積的異號電荷相互吸引，引起膜的擠壓，細胞膜的厚度隨之降低。若膜內外電壓差超過臨界值，則會使細胞膜產生孔洞而放電，並導致細胞膜分解。若為小孔洞，則可恢復；若孔洞大且持續時間長，則細胞膜破裂造成不可逆的破壞，使細胞組織破裂、崩潰，導致微生物失活（圖6.7）。

2. 電穿孔（electroporation）。當細胞施以一外加電場，細胞膜上的蛋白質會呈現暫時性不穩定現象，稱為電穿孔。初始細胞膜對小分子呈可穿透性，當電場強度提高，胞外溶液滲入量會提高，使細胞膨脹，最後導致細胞膜破裂，細胞質流出（圖6.8）。

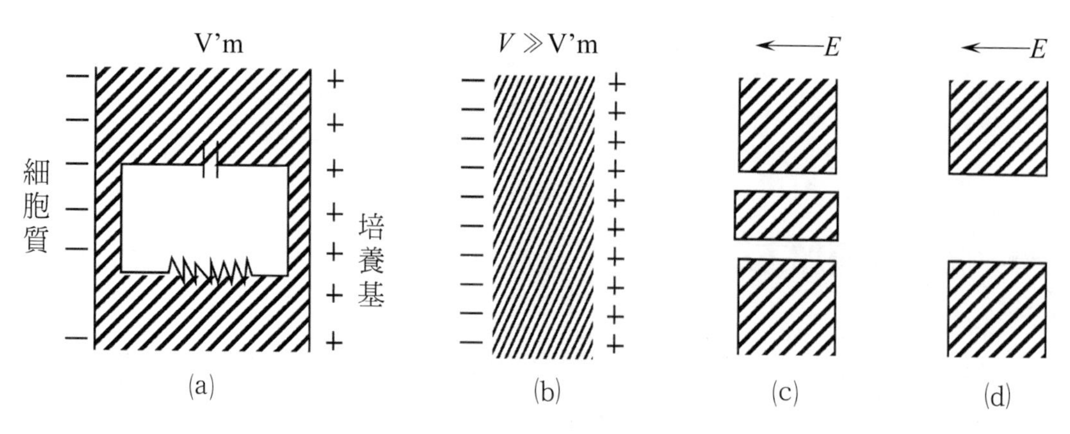

圖6.7 細胞膜電崩解過程

(a) 細胞膜電為差為V'm。(b) 外加電場V遠大於跨膜電位差V'm時，細胞膜受擠壓變薄。(c) 細胞膜上的電位差達到臨界崩解電位差V'c時，細胞膜崩解並導致穿孔。(d) 細胞膜大面積崩解。

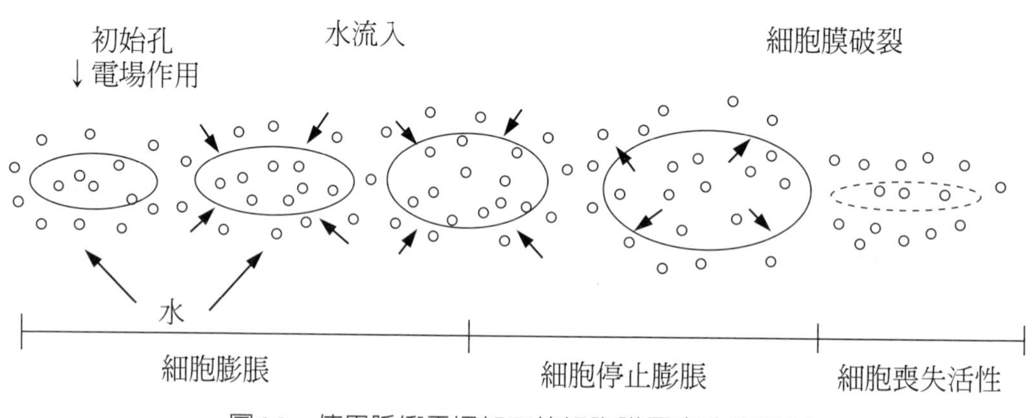

圖6.8 使用脈衝電場加工使細胞膜電穿孔的機制

3. 電解作用。在電極附近的物質電解產生陰陽離子，與細胞膜內物質作用，阻斷膜內正常生化反應與新陳代謝的進行，同時液體介質產生O_3的強烈氧化作用，與胞內物質產生反應，殺死菌體。

脈衝電場作用亦會造成酵素失活，其可能機制為電場造成酵素結構的改變，因而導致失去活性。但有些酵素對脈衝電場敏感，有些則抗性佳。因脈衝電場會影響蛋白質間的靜電相互作用和帶電官能基的定位，擾亂蛋白質胺基酸殘基間的電場分布和靜電相互作用，導致電荷分離，從而影響蛋白質的結構（二級和三級）。另外，電極周圍的電化學反應也可能會對包括蛋白質在內的食品組成產生一定的影響。

二、脈衝電場加工之影響因素與應用

1. 特點

使用脈衝電場加工之特點包括：(1) 殺菌效果好。能有效殺滅細菌達6D值，且可抑制酵素。(2) 殺菌溫度低。脈衝電場加工不會加熱，故可保留顏色、風味與營養素。(3) 殺菌速度極快。脈衝電場加工僅需毫秒的時間，較高溫瞬間殺菌（UHT）時間更短。(4) 處理均勻。在電場中各部分物料都可同時受到相同大小電場之處理，不會有傳統熱加工處理不均的情形。(5) 殺菌後易處理。傳統熱殺菌後必須經過一段時間的冷卻步驟，脈衝電場加工則可直接包裝。(6) 對環境無汙染，亦無二次汙染問題。

2. 影響因素

影響脈衝電場殺菌之因素包括：(1) 加工因素。包括電場強度、處理時間、脈衝頻率、脈衝寬度、樣品溫度、電極間距、流速。當電場強度達到臨界電場強度，則殺菌效果隨電場強度增加而增大。(2) 產品因素。食品成分、導電度、pH值、離子強度、水活性、黏度。食品中的脂質、蛋白質會吸收脈衝電場處理過程中產生的自由基，使微生物不易受到攻擊，因此食品中組成分愈複雜，其殺菌效果愈差。食品的導電度也會影響殺菌效果，導電度愈大，則食品中離子強度愈大，產生之電場強度愈小，殺菌效果就較差。pH愈小，造成胞內H^+的增加，殺菌力愈佳。(3) 微生物特性。微生物種類、生長條件、生長時期。微生物形態愈小或革蘭式陽性菌，其臨界電場強度較高；革蘭式陰性菌則臨界電場強度較低，較易殺滅。細菌孢子則抵抗力最高。

3. 應用

一般脈衝電場加工設備包括脈衝產生器、處理室、液體處理系統與控制系統。脈衝處理器主要爲產生高壓脈衝，而處理室主要爲原料處理場所。若爲連續式加工，則原料處理室與液體處理系統可能接在管線上，使原料經過其處理後，輸送至後續包裝室進行包裝。

傳統脈衝電場加工主要應用於液態食品殺菌，如牛奶、果汁、全蛋液、綠茶、葡萄酒等。可保持食品的風味、顏色與營養成分。具有操作快速、耗能低（爲傳統熱殺菌的1/1000）等優點。但其應用的產品必須是低導電度且樣品處理槽裡不能有氣泡殘留。當食品成分過於複雜則其殺菌效果較差。如對於含顆粒或黏性較高的食品則需加以探討。

另外，脈衝電場加工亦可用於改善蔬果壓榨與萃取。傳統壓榨與萃取法是利用外力使細胞膜內成分擠壓至胞外，但容易造成食品組織的破壞與營養成分流失。使用低壓脈衝電場可提高果汁的產率。同時，在處理植物組織時，亦可降低細胞的膨壓，使植物組織軟化。軟化後之組織可降低油炸時油脂的吸入量，即可有效縮短乾燥時間。另外，使用低壓脈衝電場處理肉品後，可使肉品嫩化、縮短醃漬時間，提高對鹽的吸入量，且烹煮後可保有較多水分。

第六節　臭 氧 利 用

一、臭氧的介紹

1785年，德國人在使用電機時，發現在電機放電時產生一種異味。1840年法國科學家克利斯蒂安．弗雷德日確定該物質爲臭氧。臭氧分子式爲O_3，是氧氣（O_2）的同素異形體，在常溫下，它是一種有特殊臭味的淡藍色氣體。英文臭氧（ozone）一詞源自希臘語ozon，意爲「嗅」。臭氧分子量爲48.0，在一大氣壓下，其沸點爲－112 ℃、熔點爲－192 ℃，比重約爲空氣的1.7倍，氧的1.5倍。在大氣中僅有微量存在，是不可燃的氣體。低濃度時具有特殊青草味（森林、瀑布邊的清爽新鮮空氣味），高濃度時具特殊的臭味。臭氧微溶於水，易溶於四氯化碳或碳氟化合物。其氧化能力爲2.07 mV僅次於氟3.06 mV。當太陽的紫外線照射空氣中的氧氣，可在大氣外層連續產生臭氧，因此以相同的原理可在室內以殺菌燈產生臭氧。若欲大量製造臭氧時，則多採部分放電法；以空氣爲原料時，所產生臭氧最高濃度爲3～4%；若以氧氣爲原料，則可達6～8%。

二、臭氧分子反應途徑與功效

臭氧可迅速分解爲氧分子（O_2）與氧原子（O），當還原成氧氣時，氧原子游離出來，氧原子化性極爲活潑、反應性極高，具有強效的氧化與分解的功能，消毒、殺菌力特強。

臭氧的反應主要有兩種途徑：

1. 直接路線：臭氧直接與有機物質（M）反應（$O_3 + M \rightarrow M_{oxide}$）。臭氧直接反應具有高度選擇性，只與不飽和芳香族化合物及不飽和脂肪族化合物的環狀不飽和鍵作用。臭氧可快速抑制微生物與細菌孢子，可能由於微生物體內酵素所含的硫氫基被臭氧氧化所致。當臭氧用於水質消毒時，水中的有機物質會被臭氧氧化，成爲細菌良好的營養源，故用臭氧做水質處理時，應先除去有機物及雜質後再以臭氧殺菌。

2. 間接路線：臭氧在水溶液分解產生氫氧自由基（OH •），由此自由基與其他分子反應（$O_3 \rightarrow OH \bullet \rightarrow +M \rightarrow M_{oxide}$）。氫氧自由基的反應快速，且沒有選擇性，對所有有機分子都具有很高的氧化能力。

臭氧可殺滅微生物、病毒、害蟲等。臭氧殺菌的機制與傳統含氯殺菌劑不同，臭氧分解產生的新生態氧能迅速穿過眞菌、細菌等的細胞壁和細胞膜，並繼續滲透到膜組織內，使菌體蛋白變性、破壞酵素系統、正常的生理代謝過程失調和中止，導致菌體休克死亡。臭氧殺滅微生物有四項重要的生物致死機制如下：1. 臭氧氧化細胞內酵素的硫氫基和胺基酸，將蛋白質分解成小分子胜肽使其失去活性。2. 氧化多元不飽和脂肪酸形成氫過氧化物，臭氧降解細胞膜的脂肪酸雙鍵，造成細胞膜破損與細胞內容物流失。3. 氧化革蘭氏陰性菌的脂蛋白和脂多醣層，破壞細胞滲透性致使細胞死亡。4. 臭氧分解核酸而造成菌體死亡。

臭氧與臭氧水能有效殺滅食品相關微生物，包括細菌、酵母菌與黴菌的孢子，臭氧對於細菌孢子的殺菌力比過氧化氫來的高。一般而言，易受pH影響的菌株對臭氧的抵抗力也較弱，不易受pH影響的菌株，對臭氧的抵抗力較強。革蘭氏陰性菌對臭氧的耐受性較差，而革蘭氏陽性菌，特別是耐熱性菌的孢子，需要較高濃度臭氧處理。酵母菌對臭氧的耐受性較細菌差，黴菌則較強。

臭氧的殺菌力和臭氧在水中還原為氧之時間有關；溫度愈低，臭氧被還原為氧的時間較長，故殺菌能力較長；若被還原速度較融入速度快，則臭氧不但沒有殺菌作用，其所分解之氧氣反而有助於水中微生物生長。在空氣中，臭氧逐漸自然分解，在常溫空氣中其半衰期約10小時，因此殺菌效果比在水中差。因此，日本研究開發了強制分解臭氧裝置以提高臭氧在空氣中殺菌效率。

臭氧亦可作用於病毒蛋白質外殼的胜肽鍵使其無法附著於欲侵略的細胞表面而失去致病性，同時會破壞病毒內部RNA物質而造成病毒的去活化。

同時臭氧還能使乙烯氧化分解，延緩果蔬的後熟和衰老，延長貯藏期。

三、臭氧的應用

工業上，臭氧可用乾燥的空氣或氧氣，採用5～25 kV的交流電壓進行無聲放電製取。另外，在低溫下電解稀硫酸，或將液體氧氣加熱都可製得臭氧。

臭氧在近年來食品加工上普及性非常迅速，包括：控制空氣中落菌數、水的殺菌與脫臭。其他尚有漂白、脫色與用作生理活性物質之效果（表6.9）。

傳統使用次氯酸鈉等殺菌劑殺菌，要維持有效餘氯量較難，且其特有氯味會轉移到食品。而臭氧能以氣體狀態或利用臭氧水殺菌，不會影響食品的風味，且臭氧具有更強的氧化能力（比氯高1.5倍）。對紫外線無法接觸的食品背面部分，可利用臭氧水浸漬而能有效的殺菌。不過氯的殺菌力隨濃度上升而增強，而臭氧則必須達到一定之濃度才有殺菌能力。

表6.9　食品加工與保存中臭氧的應用

應用領域	食品種類
臭氧水利用（加工、製造）	醃漬菜、濕麵條、蒟蒻、菇類、筍類、鮮魚、牡蠣、豆芽、蔥
原材料殺菌	麵粉、白米、胚芽米、大豆、香辛料、乾香菇、白糖
製造過程及製品殺菌	烤魷魚、魷魚絲、魚板、麵包粉、點心、餃子皮、醃漬菜
廠區空氣殺菌	糕餅廠、肉品加工廠、魚漿工廠、調理食品廠
包裝內封入	草莓、蘋果、豆芽、葡萄、海帶、紫菜、新鮮蔬菜、鮮魚
臭氧水浸漬	蔥、芹菜、蘿蔔、蘆筍、番茄、豆芽、葡萄
臭氧環境儲藏	蘋果、柑橘、雞蛋、穀物、豆類、馬鈴薯、番薯、豌豆

資料來源：塗等，2004

對於環境的殺菌，傳統係使用紫外燈。但其照射距離有一定之限制，距離愈遠，殺菌效果愈差。且紫外線無法照到的背面，亦無殺菌效果。同時紫外燈有一定的壽命。利用臭氧就比較方便，只要有臭氧產生器即可。臭氧在水中的作用，還是以產生氫氧自由基，後產生一連串自由基之連鎖反應爲主要機制。

以臭氧取代過氧化氫，則成爲無菌加工包材殺菌的另一選擇。因爲臭氧具有很強的殺菌力及殺孢子能力，同時可快速分解而不殘留於包材上，而傳統過氧化氫會有殘留物或與包材的聚合物成分產生作用。

在處理食品時，可將臭氧當作氣體燻蒸劑，或者將其溶解於水中，而用於食品與設備。但臭氧會因組織材料、氧化效力等因素而有不同應用限制。肉製品、水果、蔬菜、穀類、加工食品等不同產品對臭氧曝露有不同反應。

但臭氧技術也存在一定的缺陷。例如，臭氧不穩定，半衰期短；殺菌效果受溫度和濕度的影響大；臭氧使用濃度過大，易腐蝕加工設備，加速果蔬的衰老和腐敗；對人體健康有潛在危害等。儘管如此，由於其良好的殺菌效果，臭氧技術在食品加工中的應用，尤其截切蔬果部分仍呈現上升趨勢。

四、臭氧對人的危害性

因臭氧是強氧化劑，反應活性遠遠比氧強，對植物、動物及很多結構材料如塑膠、橡膠有害。它還會傷害肺組織，嚴重時會導致肺出血而死亡，因此當空氣中臭氧含量過高時，一般建議老人和幼兒不宜於戶外作劇烈運動，以免吸入過量臭氧。低層空氣中臭氧有時被稱爲「有害的」臭氧，主要源於汽機車排氣中二氧化氮的光化學分解。地表臭氧對人體，尤其是對眼睛，呼吸道等有侵蝕和損害作用。地表臭氧也對農作物或森林有害。而稀薄的臭氧會給人以清新的感覺，因此在大雷雨後，空氣總是特別清新。根據安全資料表（SDS）公布資料，人體暴露於臭氧濃度0.1 ppm或0.35 ppm下一小時會引發呼吸組織發炎，於0.25～0.75 ppm臭氧濃度造成咳嗽、呼吸短促、哮喘、頭痛跟噁心等症狀。暴露於1.5～2.0 ppm臭氧濃度下2小時，會有口乾舌燥、胸痛、思想困難和咳嗽等症狀，嚴重時可導致肺氣腫和肺水腫，需要1～14天才能恢復。

第七節　超　音　波

超音波是指任何聲波或振動，其頻率超過人類耳朵可以聽到的最高閾值20千赫。某些動物，如狗、海豚以及蝙蝠可以聽到超音波。亦有人利用這個特性製成能產生超音波來呼喚狗隻的犬笛。

超音波可用於殺菌、清洗、萃取等加工程序。音波的傳遞依照正弦曲線縱向傳播，即一層強一層弱，依次傳遞。當弱的音波信號作用於液體中時，會對液體產生一定的負壓，則液體體積增加，液體中分子空隙加大，形成許許多多微小的氣泡，而當強的音波信號作用於液體時，會對液體產生一定的正壓，則液體體積被壓縮減小，液體中形成的微小氣泡被壓碎。液體中每個氣泡的破裂會產生能量極大的衝擊波，相當於瞬間產生幾百度的高溫和高達上千個大氣壓，這種現象被稱之爲「空洞現象」。利用氣泡崩壞瞬間發生的衝擊力，破壞細菌細胞膜，而達到殺菌的效果，以此物理方法，比紫外線殺菌更爲有效，且沒有投入化學藥劑，不用擔心對人體有不良影響。但超音波只適合於液態食品的殺菌（圖6.9）。

除物理作用外，超音波也會產生化學效應。其對高分子化合物有分解作用，主要爲超音波可引起有機體中分子產生高速震動，使分子間產生摩擦力，而使聚集的高分子遭到破壞。其可使澱粉變成糊精、蛋白質凝固等，此也爲超音波可殺菌原因之一。

常見超音波之應用包括：1. 清洗。清除汙染物，疏通細小孔洞。2. 超音波攪拌。加快溶解，提高均勻度，加快物理化學反應，防止腐蝕，加速油水乳化。3. 凝聚。加速沉澱、分離，如種子浮選，飲料除渣等。4. 殺菌。殺滅細菌及有機汙染物，如汙水處理，除氣等。5. 粉碎。降低溶質顆細微性，如細胞粉碎，化學檢測等。

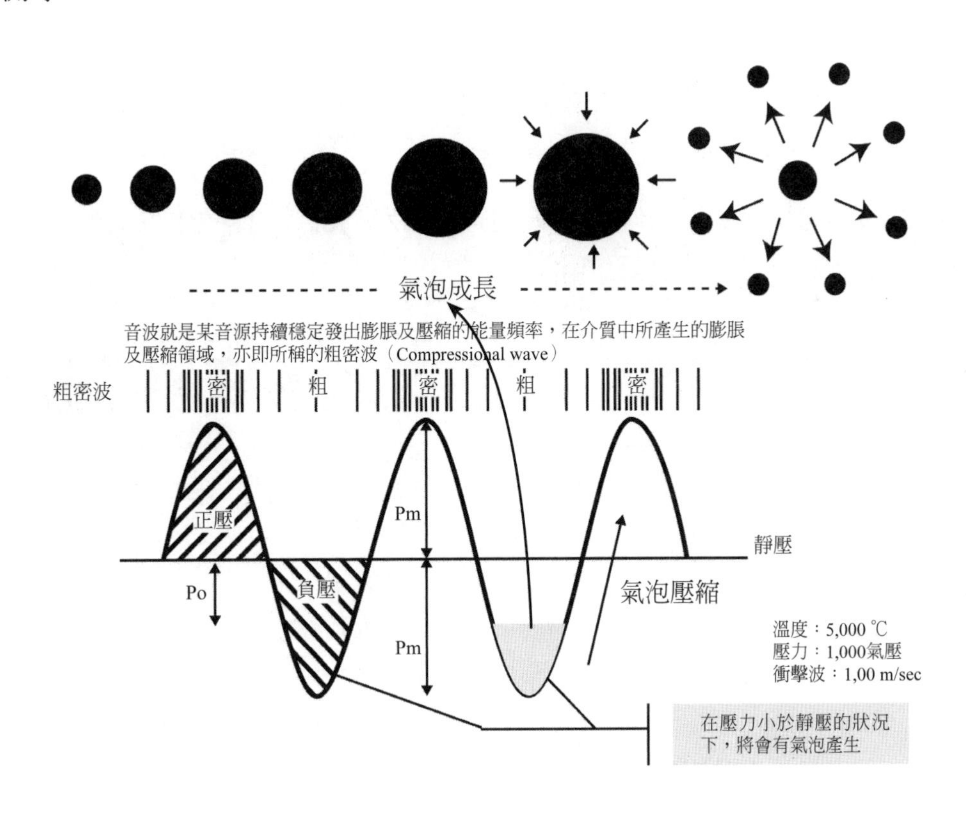

圖6.9　超音波殺菌原理

超音波萃取法主要係利用空洞效應其所產生強大的衝激，可增強萃取的效果。由於超音波頻率高時，波長短，穿透力強，因此能使萃取液達到充分混合接觸，增加萃取效果。然而當逐漸提高超音波頻率時，氣泡數量隨之增加而爆破沖擊力相對減弱，所以在高頻超音波（高於100 kHz）時並不能提高萃取效率。現在一般採用中頻超音波（約30～70 kHz）作最佳操作條件。

超音波萃取最早的研究於1952年，用於啤酒花的萃取。近年來，健康食品和中草藥的流行和抗癌新藥的尋求，愈來愈多使用超音波萃取法。應用高強度、高能量的超音波，可從各種食品、中草藥中萃取出包括各種生物鹼、類黃酮、多醣類、蛋白質、葉綠素和精油等具有生物活性的物質。超音波萃取提供一個改良傳統溶劑萃取的缺點，減少處理時間和溶劑使用量並得到高產率。它能在低溫下操作，以減少因溫度所造成的熱損失，亦可避免低沸點物質揮發和具生物活性物質的失活。

食品工業上使用之超音波系統有兩種，探針式（probe）與槽式（bath）（圖6.10，表6.10）。探針式使用探針頭直接產生超音波作用於液體中；槽式則是將能量傳送到反應容器，藉液體傳送，間接作用於反應混合物上。由於超音波槽易於取得，槽式在食品加工上已被使用。

表6.10 探針式與槽式超音波之比較

	探針式（Probe）	槽式（Bath）
設備構造	用探針頭作超音波產生器	震盪子位於超音波槽體側面或底部
操作方式	將超音波探針直接置入液體反應物中	反應容器需固定在超音波槽體的某些位置
頻率	通常爲20kHz	20kHz-120kHz
優點	集中的能量輸出，高功率輸出	低成本，商業化
缺點	探針頭易損壞，反應溫度控制不易	超音波強度分散，需要額外的機械攪拌
應用	將菌體表面破壞以取得酵素，粉碎堅硬的固體物質	清洗金屬片與容器，簡單的化學反應，粉碎堅硬的固體物質

資料來源：楊，2019

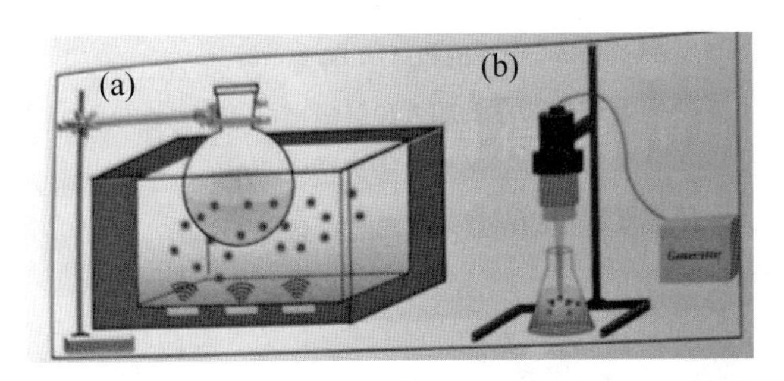

圖6.10　槽式（左）與探針式（右）超音波之示意圖

第八節　欄柵技術

上述非熱加工單獨使用時，皆有其優點與缺點與其使用上的限制（表6.11），目前並沒有一種加工方式爲最完美的方法。因此，科學家想出利用非熱加工技術與傳統加工技術結合的方式，來增長食品貨架保存的時間。表6.12列出一些組合與其作用之功效，可供參考。而這種組合數種加工方式，以延長食品儲存時間的方式，漸漸的綜合成一門學問，稱之爲欄柵技術。

表6.11　非熱加工的應用與侷限性

高壓	超音波	脈衝電場	輻射照射
設備成本高	工業化應用中最大振幅下換能器的侷限性	設備成本高	最大強度不超過10 kGy
增加金屬的疲勞度	能耗大	電極易燒毀，能耗大	–
週期長	處理時間長	處理艙容量小	–
不良的感官變化	不良的感官變化	不良的感官變化	不良的感官變化

資料來源：張等，2010

表6.12 非熱加工技術與其他保護因素的結合使用

項目	高壓	脈衝電場	超音波	輻射照射
適宜的溫度	同時作用時，可提高致死率；連續作用時，可使已發芽的細菌孢子失活	同時作用時，可提高致死率	同時作用時，有一定效果；壓、熱、聲同時作用時，可降低孢子耐熱性	同時作用時，結合熱與輻射處理，有協同效果；連續作用時，先照射再熱處理，具有協同效果；先熱處理再照射，具有加成效果
低pH值	同時作用時，可提高致死率（取決於微生物種類）；連續作用時，可抑制微生物的生長	同時作用時，可提高致死率（取決於微生物種類）；連續作用時，可抑制微生物的生長	同時作用時，沒有效果	—
低水活性	同時作用時，具有拮抗效果	同時作用時，具有拮抗效果	同時作用時，具有拮抗效果	同時作用時，具有拮抗效果
抑菌劑	同時作用時，可提高致死率	同時作用時，可提高致死率；連續作用時，可抑制微生物的生長	—	—
低溫	同時作用時，可提高致死率；連續作用時，可抑制微生物的生長	連續作用時，可抑制微生物的生長	—	連續作用時，可抑制微生物的生長
低溫與調氣處理	連續作用時，可抑制微生物的生長	—	—	連續作用時，可抑制微生物的生長

項目	高壓	脈衝電場	超音波	輻射照射
高壓	—	同時作用時，具有拮抗效果；連續作用時，可提高致死率	—	—
輻射照射	同時作用時，有協同效果；連續作用時，可降低孢子對高壓的抗性，也可降低孢子對輻射的抗性	—	—	—

資料來源：張等，2010

一、欄柵技術的意義

欄柵技術（hurdle technology）亦稱爲組合式保存技術，其概念最早由德國肉品加工專家Leistner於1970年提出。其關鍵爲利用產品內不同抑菌防腐因素的交互作用有效控制微生物的繁殖，將每一種保藏因素或技術視爲一個欄柵（hurdle），不同種類產品有其特有的抑菌欄柵之相互作用，兩個或兩個以上之欄柵因素產生相乘的作用來阻礙微生物跨越（jump-over），這就是欄柵效應。

食品中的微生物可以連續跨越許多欄柵，但適當提高欄柵的高度（即保藏因素的強度）可藉以有效限制微生物的影響範圍，來達到食品內微生物和衛生安全性間的平衡。

欄柵技術主要是對微生物產生四種抑制效果：1. 降低初始菌數；2. 延長遲滯時間（lag-phase）；3. 減緩生長速率；4. 限制最高菌數。

Leistner舉出9個例子來解釋欄柵的觀念（圖6.11）：

No. 1：食品中含有6種強度相同的欄柵，微生物可以跨越前5個欄柵（即高溫殺菌、低溫儲存、水活性、pH值和氧化還原電位），卻無法越過最後一個欄柵（防腐劑），因而達到食品穩定和安全的效果。

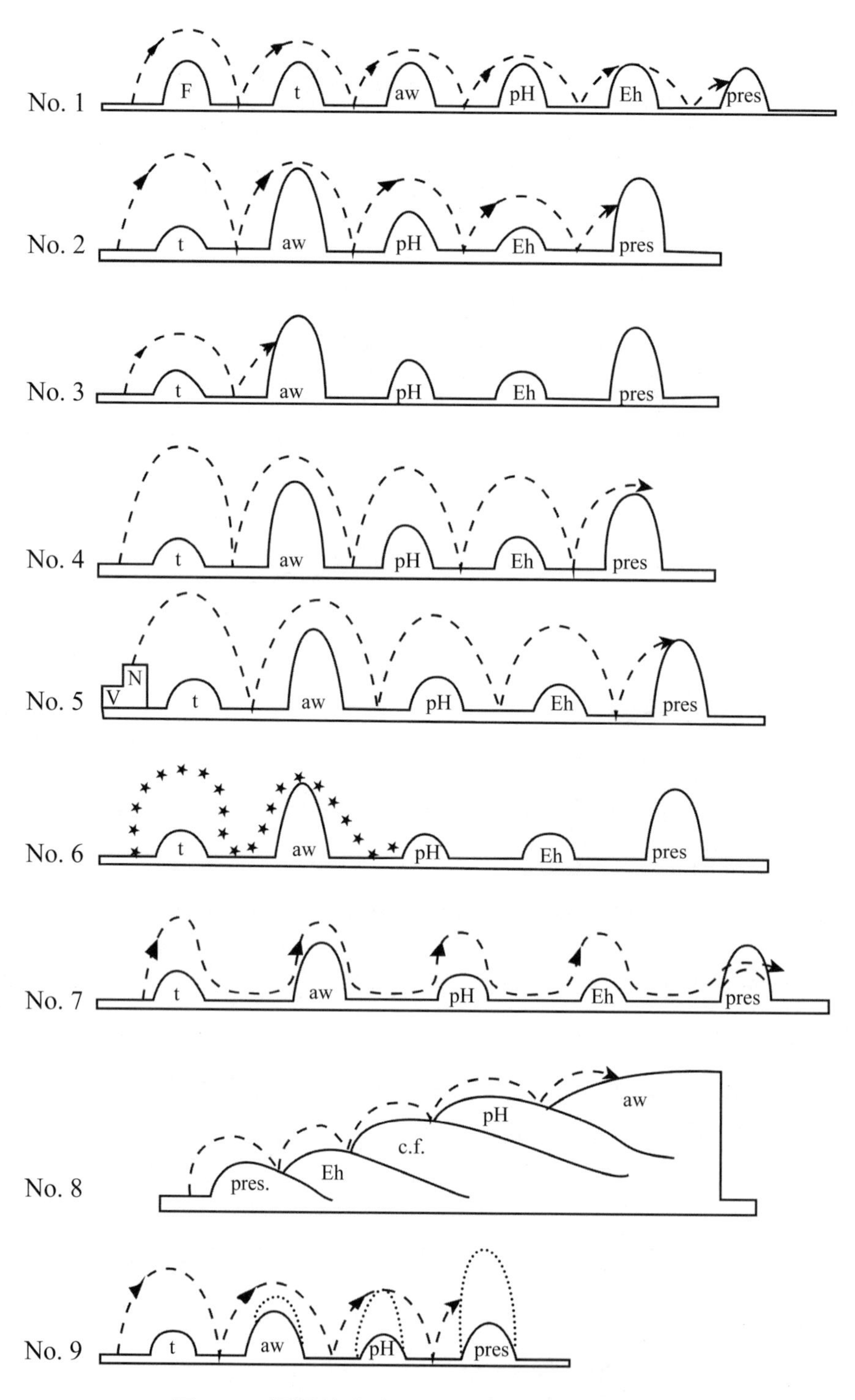

圖6.11　柵欄效應應用於食品保存之幾種例子

（F：加熱，t：冷藏，aw：水活性，pH：調整酸鹼，Eh：氧化還原電位，pres.：保藏劑，V：維生素，N：營養素，c. f.：競爭菌群，★：細菌受到傷害）

資料來源：Leistner等，2002

No. 2：食品中有5種強度不同的柵欄，其中水活性和防腐劑爲主要的因素，即使在常溫儲存，食品的品質也不會很快劣變。

No. 3：若食品中初始菌數很低，則柵欄的強度不需太高便可抑制微生物的生長。

No. 4：若起始菌數太高，則無論多強的柵欄都將失效，而產生食品腐敗或食品中毒。因此，加工的環境衛生條件必須嚴格控制。

No. 5：營養強化的食品本身提供微生物一個良好的生長環境，因此必須增加柵欄的強度，才能有效抑制微生物的活動。

No. 6：在微生物因加熱而部分死亡，同時孢子亦有部分死亡，此時重新萌芽之孢子或殘存的微生物，由於缺乏活力，因此只要較少或較低的柵欄即可抑制。

No. 7：醃漬肉類由於亞硝酸鹽含量隨著儲存時間而漸漸減少，因此抑制微生物生長作用漸弱，當減少到某程度時，便無法達到抑制的效果，而造成微生物的生長。

No. 8：在發酵香腸中，首先使用保存劑—亞硝酸鹽與食鹽，將部分微生物抑制；未被抑制的受到氧化還原電位之影響，使乳酸菌較易存活。當乳酸菌成爲優勢菌群，並利用所添加的糖發酵後，造成pH下降，於是pH柵欄提高。對於需要長期儲存的香腸，則尚需要降低水活性以增加柵欄高度。

No. 9：各柵欄間顯示有相乘作用，於是使柵欄效應提高。

二、柵欄因素的種類

根據法規安全的考量下，可應用於柵欄的因素有50多種，包括物理性柵欄、物理化學柵欄、微生物柵欄與其他柵欄。

1. 物理性柵欄。包括溫度（殺菌、殺菁、冷凍、冷藏）；照射（UV、微波、離子）；電磁能（脈衝電場、震動磁場脈衝）；超音波；壓力（高壓、低壓）；氣調包裝（眞空包裝、充氮包裝、CO_2包裝）、活性包裝；包裝材質（積層袋、可食性包裝）。

2. 物理化學欄柵。包括水活性（高或低）、pH值（高或低）、氧化還原電位（高或低）、煙燻、氣體（CO_2、O_2、O_3）、保藏劑（有機酸、乳酸鈉、醋酸鈉、磷酸鈉、己二烯酸鉀、對羥基苯甲酸酯、抗氧化劑、脂肪酸及其酯類、甘油、丙二醇、酒精、香料、亞硝酸鹽、亞硫酸鹽、螯合劑、梅納反應產物、溶菌酵素等）。

3. 微生物欄柵。包括有益的優勢菌、保護性培養基、抗菌素、抗生素。

4. 其他欄柵。包括游離脂肪酸、幾丁聚醣（chitosan）、氯化物。

三、欄柵技術對微生物的影響

欄柵技術對於微生物之作用主要如下：

1. 影響內平衡（homeostasis）

內平衡是指生物體要維持體內的一致性和穩定性，如細胞需要維持一定的pH值才能存活。食品保藏時微生物的內平衡是一個重要的關鍵，利用不同保藏因素（欄柵）來干擾微生物的內平衡，在內平衡重建之前微生物會失去繁殖的能力（維持於遲滯期甚至死亡）。

2. 造成代謝耗盡（metabolic exhaustion）

當微生物處於一個穩定的欄柵技術食品體系時，會因內平衡的破壞（如抗菌物質的添加）造成半致死性損傷。微生物爲了修補內平衡機制，開始消耗本身的能量，當能量代謝耗盡時微生物即死亡。隨著欄柵因素增加可以促進微生物的能量代謝消耗。

3. 產生壓力反應（stress reactions）

有些細菌在逆境下會變得更有抗性，主要是因爲壓力蛋白（stress shock protein）合成所致。欄柵技術使微生物處於不同壓力環境（欄柵）下，需要更多的能量消耗去合成不同的壓力蛋白對抗不同之保藏因素，進而造成微生物能量代謝耗盡並死亡。

4. 欄柵技術的應用

欄柵技術最早使用在肉類加工方面，例如生產水分含量35%、水活性低於0.85之乾醃培根，首先選用低菌數原料，醃漬液中添加可調節氧化還原的螯合鹽與天然抗氧化劑，經高溫乾燥與煙燻處理，製品再以氣調包裝，以維持品質。目前則可應用HACCP觀念與預測微生物學結合欄柵技術，用來設計食品儲存條件。尤其應用本章中所述新的抑菌因素，可開發新的欄柵條件。

由於欄柵種類有五十幾種，加工過程不可能每一種欄柵都使用，而必須選擇適合實際狀況之欄柵。例如法規對於防腐劑的添加量有限制，則使用該種防腐劑就必須在限量內添加。同時，同一欄柵對食品品質具有正反兩種效果，當欄柵強度超過某一閾值時，反而影響食品品質（圖6.12）。例如酸可抑制微生物生長，但太酸則影響感官；又如低溫可抑制微生物生長，但某些水果會產生冷傷。

一般欄柵愈多，則彼此的交互作用也愈多，可儲存較長的時間。例如以脈衝電場加工，可使細胞膜受損，此時調整酸度（pH 5.7～6.8），則可造成微生物滲透壓不平衡，而增加其致死率。圖6.13爲結合熱殺菌、水活性、pH值與氧化還原電位之欄柵，彼此間形成「神奇方塊」，而產生相乘效果。但在考慮抑制微生物的同時，亦應考慮加工的方便性、產品的感官接受性與經濟效益。因此欄柵不宜太多，重要的是使其發揮最大的相乘效果。

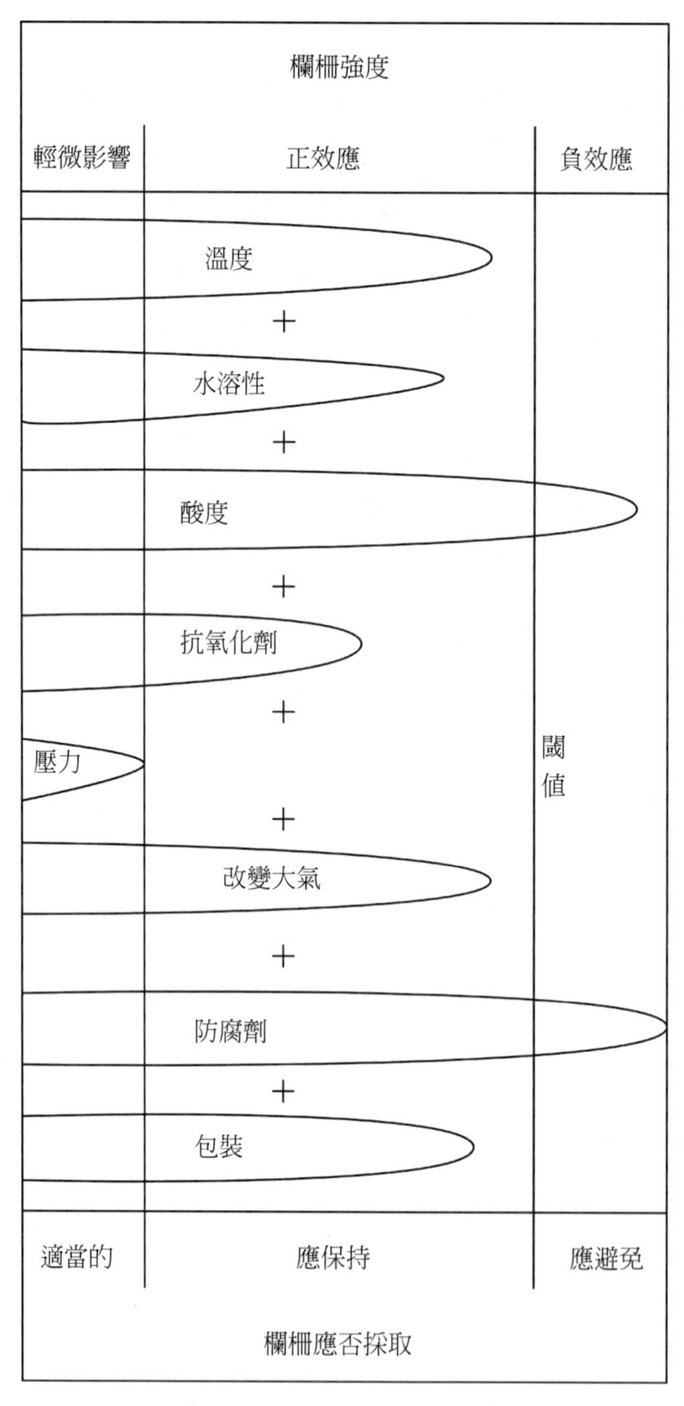

圖6.12 食品中欄柵的種類及調整欄柵的強度情形

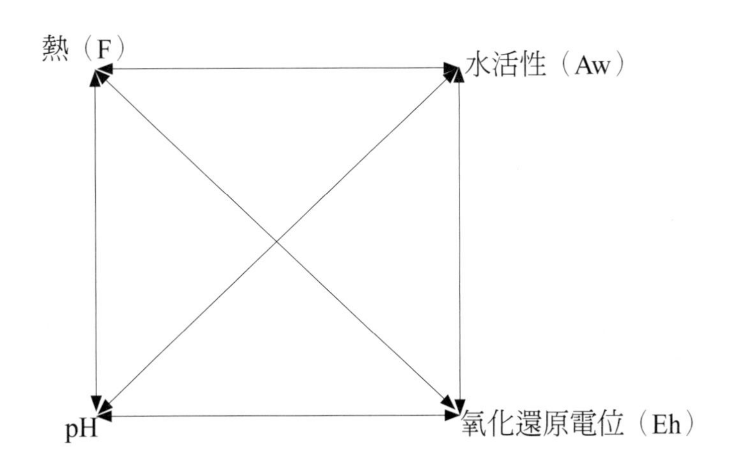

圖6.13　四種欄柵的相乘效果形成神奇方塊

第九節　輕 度 加 工

輕度加工（minimal process）定義有多種，一般以「影響原料性質最小，而達到保存食品之目的的加工方式」較常用。輕度加工一開始應用於蔬果加工。蔬果的輕度加工產品又稱鮮切蔬果或截切蔬果（fresh-cut），是指蔬果經挑選、去皮、截切、清洗、消毒等處理後，用適當的包裝儲存技術保持新鮮狀態，提供立即食用或使用於烹調的加工技術。因此，以糖、鹽、沙拉等物質進行醃漬者不算輕度加工。而水果去皮後搾汁，未經低溫消毒的天然果汁則爲輕度加工。又如一般商店所賣蔬果盤也是輕度加工的產品。鮮切蔬果在1950年代起源於美國，當時的產品大部分供應團體及速食業。由於鮮切果蔬具有新鮮、方便、營養、無公害等特點，近年來消費量增加相當快。尤其團膳工廠大量使用截切蔬菜，以節省原料前處理時間與將農產品廢棄物留置於產地，減少污染。其加工清洗流程如圖6.14。

若爲即食性蔬菜，第二槽建議添加食品用洗潔劑。以氯系食品用洗潔劑爲例，其殺菌力受水pH值、有機物含量及溫度影響，故水pH值應維持在6.5～7.5，總氯濃度不超過100ppm，清洗後再以加工用水溢流漂洗。最後產品餘氯殘留量

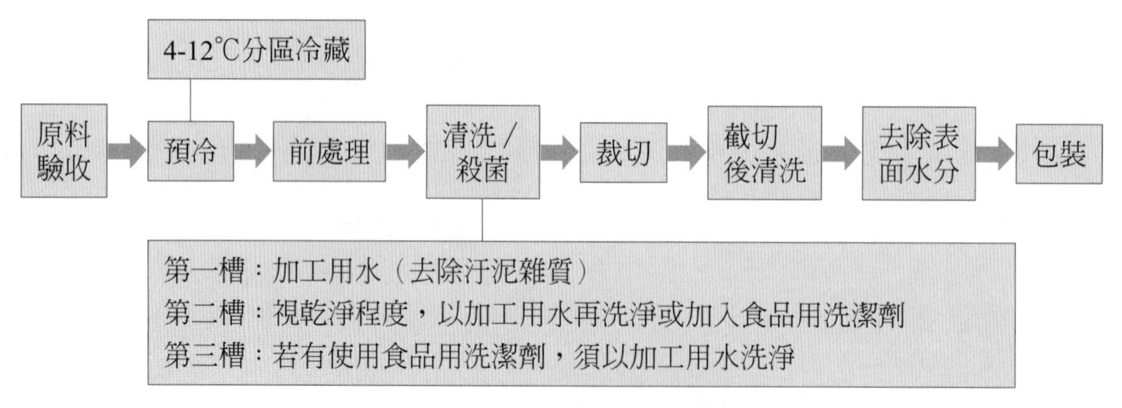

圖6.14 截切生鮮蔬果清洗建議流程

不得高於1.0ppm。

截切蔬果在其最佳低溫條件下，視原料不同有7～10天的保鮮期。相對於未加工的蔬果而言，截切蔬果更易變質，這是由於切割使蔬果受到機械損傷而引發一系列不利於貯藏的生理生化反應，如呼吸加快、乙烯產生加速、酵素和非酵素褐變反應加快等。同時由於切割使一些營養物質流出，更易因微生物而發生腐爛變質，且切割使得蔬果自然抵抗微生物的能力下降，所有這一切都使得鮮切蔬果的品質下降，縮短貨架期。

由於輕度加工必須配合多種加工條件（如冷藏、添加保藏劑、降低pH 值、降低水活性等）以維繫產品之品質，此概念即所謂之欄柵技術。且輕度加工爲維持原料原始性狀，常使用非熱加工，因此本書將其放在此章中介紹，但輕度加工方式並不僅限定使用非熱加工，傳統加工方式，甚至熱加工也可使用。如一般輕度加工最常配合方式爲冷藏與調氣方式即爲傳統加工方式。

傳統輕度加工雖見於蔬果加工較多，而水畜產品之輕度加工較少被討論，但事實上以單價較高之水畜產品而言，其發展更應有相當的前景，例如生魚片類製品等。

參考文獻

2011。紫外線殺菌燈管特性概述。智群光電股份有限公司。http://www. biddy-light. com. tw/tech/uvc-mnu. htm。

2011。超音波殺菌。臺灣可速姆股份有限公司。http://www. taiwan-cosmo. com/product_4. html

尤英妃。1998。放射線照射食品塑膠包裝材料之影響。食品工業30(11)：12。

朱蓓薇。2005。實用食品加工技術。化學工業出版社，北京。

吳家駒。1993。照射食品之發展研究。食品工業25(2)：33。

吳家駒、錢明賽。2001。食品照射之發展現況。食品工業33(2)：1。

汪勛清、哈益明、高美需。2005。食品輻照加工技術。化學工業出版社，北京市。

哈益明。2006。輻照食品及其安全性。化學工業出版社，北京市。

夏文水。2007。食品工藝學。中國輕工業出版社，北京市。

塗順明、鄭丹雯、余小林、楊榮華、徐步前、歐朝東、李儒荀。2004。食品殺菌新技術。中國輕工業出版社，北京市。

高福成、鄭建仙。2009。食品工程高新技術。中國輕工業出版社，北京市。

陳復生。2005。食品超高壓加工技術。化學工業出版社，北京市。

陳錦權。2010。食品非熱力加工技術。中國輕工業出版社，北京。

張敏等譯。2010。新型食品加工技術。中國輕工業出版社，北京市。

陳家傑。輻射在食品保存之應用。食品工業33(2)：11。

楊珺堯。2019。超音波技術在食品萃取之應用與發展。食品資訊294：68。

葉俊賢。2011。國際食品照射現況。食品市場資訊100(3)：4。

Aguilera, J. M. and Parada Arias, E. 1992. An lbero American project on intermediate moisture food and combined methods technology. Food Research International, 25: 159.

Barbosa-Canovas, G. V. , Pothakamury, U. R. , Palou, E. And Swanson, B. G. 1998. Nonthermal preservation of foods. Marcel Dekker, Inc. , New York, USA.

Han, J. H. 2007. Packaging for nonthermal processing of food. Blackwell Publishing, Iowa, USA.

Leistner, L. 2000. Basic aspects of food preservation by hurdle technology. International Journal of Food Microbiology, 55:181.

Leistner, L. and Gorris, G. M. 1995. Food preservation by hurdle technology. Trends Food Science Technology, 6:41.

Leistner, L and Gould, G. 2002. Hurdle technologies. Kluwer Academic/Plenum Publishers, New York.

Ohlsson, T. and Bengtsson, N. 2002. Minimal processing technologies in the food industry. CRC Press, New York.

第七章

其他傳統加工保藏方式

第一節　發酵加工

第二節　煙燻保存

第三節　醃漬加工

第四節　使用化學添加物保藏食品

第一節　發酵加工

1. 發酵基本概念

利用微生物發酵是人類文明史上最古老的生物科技，早在數千年前，人類對微生物毫無所知的時代，就已開始釀酒。因此，發酵（fermentation）一詞原用於描述釀酒過程中氣泡產生的現象，但早期並不了解其原因。同時發酵並廣泛地應用於各種天然產生的發酵食品，如酒、醋、醬油、味噌、紅糟、豆腐乳、納豆和酒釀等。直到十七世紀荷蘭人雷文霍克（Antonie van Leeuwenhoek）發明了顯微鏡後，人類才開始對微生物有所認識。而經給呂薩克之研究後，知發酵產生之氣泡為糖類成分代謝產生酒精與二氧化碳且釋放至外界，巴斯德又證實酵母菌與發酵之關係，了解發酵由微生物引起。因此，早期對「發酵」一詞之定義限定在代謝糖類成分產生酒精及二氧化碳。

隨著科學及加工技術之演進，發酵不再侷限於釀酒。目前認為，不論在有氧或無氧環境下，舉凡因微生物之生理活動而引起的變化，用來製備微生物菌體本身、直接代謝產物或二級代謝產物之過程，皆稱為「發酵」。雖然「腐敗」也是由微生物之作用所引起，但是腐敗造成食品品質或營養價值降低，有時甚至會產生有害人體健康之物質，以此可與發酵加以區別。

發酵可以針對產生的主要生成物分為酒精發酵、乳酸發酵、醋酸發酵等。又可以針對使用的發酵基質分為固態發酵與液態發酵。其中固態發酵為中國早期傳統發酵方法，其歷史早於農耕時期，可能為先民發現發霉的穀物會轉化成甜美的酒，而仿造其方法演變而來。傳統固、液態發酵之優缺點見表7.1。

一般微生物代謝產物可分為：(1) 初級代謝產物（primary metabolites）。發生在對數增殖期（exponential phase）。屬於維持生命之必要代謝產物或伴隨能量生成之產物（中間物與最終產物），如酒精、醋、TCA反應之中間物與大分子生合成之基材（如胺基酸等）、酵素、細菌纖維素。(2) 二級代謝物（secondary metabolites）。發生在靜止期（stationary phase），屬於非生長所需，卻對生存有用（如抗生素、色素、多醣體）。

表7.1 傳統固、液態發酵優缺點

	優點	缺點
固態發酵	培養基含水量少，不易被汙染，且發酵廢水較少，塡充容積也較小，容易處理	菌種限於耐低水活性微生物，菌種選擇性少
	消耗能量較低，供能設備簡易	發酵速度慢，週期較長
	培養基原料多為天然基質或廢棄物，易取得且價格低廉	天然原料成分複雜，易影響發酵產物的品質與產量
	技術和設備簡易	環境和發酵參數難控制，且基質不易攪拌均勻
	產物濃度較高，後處理方便	產量較少
液態發酵	培養基含水量高，可利用氣舉或攪拌方式混合均勻，使基質質傳能力提高，可應用於批次或連續式發酵	發酵體積大，且發酵廢水處理不易
	發酵速度快，週期較短，可在短時間大量生產	發酵設備需攪拌、通氣、控溫等，較耗費能量
	培養基易調控，發酵產物品質較穩定	培養基價格較高
	發酵參數容易控制，可做較細微的產程條件之調控	與一般微生物生長環境差異性較高，尤其菇類眞菌，產物與子實體差異性較高
	產量較高	某些微生物之發酵產率降低

2. 基本原理

食品中微生物種類繁多，作用對象亦各不同，但大致可分為分解蛋白質、分解脂肪與分解碳水化合物等三類型。少部分微生物在其酵素交互作用下，可同時進行前述三種物質的分解活動。

蛋白質分解菌主要係藉分泌蛋白分解酵素將食物中的蛋白質分解為胜肽、胺基酸、胺類、硫化氫、甲烷、氫氣等。當食品中小分子代謝產物超過一定量時，就可能產生腐臭味。常見的微生物包括下列各屬，如*Flavobacterium*、*Proteus*、

Bacilluse、*Pseudomonas*與黴菌中的毛黴菌等。

脂肪分解菌則分泌脂肪分解酵素將脂肪、脂肪酸、磷脂質、固醇類等分解成脂肪酸、甘油、醛酮類化合物、CO_2與水等，而造成油脂酸敗、產生油耗味與魚腥味等異味。常見的微生物包括下列各屬，如*Pseudomonas*、*Bacilluse*、*Achromobacter*與一些黴菌。

碳水化合物分解菌則可分泌各種酵素如澱粉酶、纖維素分解酶、半纖維素酶等，將醣類及其衍生物分解成糊精、寡醣、雙醣、單醣、酒精、酸與CO_2等。許多時候這樣的分解反而產生良好的發酵作用，如製酒與醋等。這類微生物包括乳酸菌、部分酵母菌與黴菌中的*Rhizopus*與毛黴菌。糖的部分氧化為最常見的發酵過程，因此常針對微生物對碳水化合物發酵產生之產物，將發酵分為酒精發酵、乳酸發酵、醋酸發酵、丁酸發酵等。

另有一種產氣發酵，則為腐敗常見現象之一，為一種不好的發酵作用。

3. 發酵加工之特點與優缺點

使用發酵生產之特點包括：(1) 發酵過程為全生化反應，數十個生化反應可串聯發生，為一般人工反應所無法做到的。(2) 常溫、常壓進行反應，耗能少。(3) 原料需求簡單，甚至可使用廢棄物或加工副產物，故成本低。(4) 微生物種類繁多，具特異性。(5) 生產條件標準化，可cGMP化。(6) 培養時間短，量產化簡單。(7) 可調控代謝途徑，產品多樣化。

發酵牽涉到微生物，使用微生物之優點包括：(1) 體積小、表面積大。(2) 培養簡單。(3) 繁殖迅速。(4) 可於溫和條件下進行。(5) 菌株育種容易進行。(6) 種類多。

食品原料經微生物發酵產生新物質，具有如下優點：(1) 延長食品保藏時間，因而有調節產季之作用。由於發酵最終產物如酒精、酸等對許多微生物有抑制作用，故可保存食品。(2) 賦予食品良好風味。對改進飲食，增加食慾有所助益。(3) 提高消化性或營養性，包括改善食品原料品質、提高消化吸收性與營養價值、賦予原料特殊風味以及使產品特性多樣化等，而更具市場商品性。(4) 提供人體營養素以外的有益健康成分，如抗氧化、消除自由基或調節免疫力等所謂機能性非營養成分。(5) 產生新物質，減少資源浪費。

但發酵也有一些缺點，包括：(1) 發酵所需時間長，花費大。(2) 對人體有害的微生物，亦可能在發酵食品中生長。(3) 發酵可能會產生一些對人體有害的代謝產物。(4) 發酵後原料重量會減輕。

4. 發酵方式

在發酵過程中，可能使用到細菌、黴菌與酵母菌作為發酵微生物。有時會選用單一一種微生物進行發酵，也可能選用兩種或兩種以上不同微生物進行發酵。常見發酵製品與發酵方式如下。(1) 單用細菌進行發酵。如食醋、胺基酸產品、味精、納豆，酸乳、乾酪等乳製品，蛋白酶與澱粉酶等酵素製品。(2) 單用酵母菌進行發酵。如啤酒、葡萄酒與其他水果酒、蒸餾酒（如威士忌、白蘭地、蘭姆酒）、食用酵母、麵包等。(3) 單用黴菌進行發酵。如飴糖、豆腐乳、柴魚、金華火腿等。(4) 酵母菌與黴菌並用發酵。如清酒、米酒（阿米諾法）、紹興酒等。(5) 酵母菌與細菌並用發酵。醃菜類、奶酒等。(6) 酵母菌、黴菌與細菌並用發酵。如醬油與其他醬類、味噌、高粱酒、大麴酒等。

5. 影響發酵因素與控制條件

發酵與腐敗雖然都是讓微生物生長，但腐敗往往是在未控制環境下任由各種微生物生長。而發酵是在被控制的環境下讓我們所需要的微生物生長，讓我們所不需要的微生物較不易生長。

控制發酵條件就是透過培養環境告訴微生物，什麼時候該做什麼動作，讓它乖乖地依照你的需求來生產。調整微生物培養環境的做法，就是進行物理或化學環境的改變，例如調整剪力、壓力、光照、溫度、濕度及氧氣，或提供生長、代謝所需營養成分，像碳氮源、微量元素、特殊胺基酸、自身的代謝產物等。調整培養環境包括下列方式：跟它競爭食物讓它飢餓、提供前驅物或訊號物質來誘導或欺騙它、清除它的代謝產物、改變酸鹼值、改變溶液中特定離子的濃度、提高菌量、提供依附介質、甚至加入其他微生物或其代謝產物，或殺死一部分的微生物等。這些做法的目的不外乎是操控微生物，讓它聽話並遵循你的指令來生產。

影響發酵之因素可分為以下三大項：(1) 微生物：種類（菌酛）、菌株活性。⑵ 原料：種類、培養基配方（pH、酒精、鹽）。⑶ 發酵程序：發酵槽種類、發酵模式、發酵條件控制（溫度、氧氣）。以下舉幾個重要因素說明。

⑴ pH值

酸有抑制微生物生長的功效，不論是食品原有成分、外加的或發酵產生者，皆有一定之防腐功效。氫離子可降低菌體表面與輸送溶質通過細胞膜相關的蛋白質與酵素活性。因此可影響菌體對營養素的吸收。同時酸亦會影響微生物的呼吸作用，抑制微生物體內酵素的活性，因此控制酸度就可控制發酵作用。

酸雖有防腐作用，但食物表面存在氧氣時可能會有黴菌生長，黴菌會將酸耗掉，而使食品失去防腐能力。造成食品表面逐漸發生脂肪降解與蛋白質分解。

⑵ 酒精含量

酒精與酸一樣具有防腐作用。在12～15%酒精濃度下能抑制微生物的生長。由於一般酒精發酵濃度僅為9～13%，故無防腐作用，仍需經巴氏殺菌。若添加酒精至20%濃度，便可不需殺菌。

⑶ 菌種

若在發酵初期就加入某類菌，並給予其適當環境與基質，則其可迅速生長而抑制其他微生物的生長。例如麵包、酒、酸乳的發酵即採用此種技術。目前這些菌皆已可純種培養獲得，這種菌種稱為菌酛（starter）。這種菌可以是單一菌種，也可能是混合菌種。但一般蔬菜的醃漬則不使用接種方式發酵。

⑷ 溫度

各種微生物皆有其最適生長溫度，因此發酵食品之不同的發酵作用可利用調節溫度來控制。如包心菜的發酵，在25℃時，需要6～8天，而10～14℃則需要5～10天。溫度較高時，酸的產生量也會較多，但會使成品色澤變暗。因此醃漬時溫度條件必須按實際需求加以控制。

⑸ 通氧量

不同微生物對氧氣的需求不同，黴菌是絕對需要氧氣的，在缺氧下無法生存。細菌則視菌種而有需氧性、兼性厭氧與厭氧性等。如醋酸菌為需氧菌，因此釀醋時，需利用酵母菌將糖轉化成酒精，而後再通氣將酒精轉化成醋酸。若釀酒時空氣太多，則就會生成醋了。若製醋時通氣量太大，某些醋酸菌會將醋酸氧化成水與氧氣，此時若黴菌亦可生長，就會將醋酸消耗掉，因此釀醋時的通氣量要適當。

酵母菌則是兼性厭氧菌，在氧氣充足時，菌的繁殖速率遠超過發酵；在缺氧環境下，則會進行酒精發酵，將糖轉化成酒精。因此要生產酵母菌時，則要大量氧氣，而要製酒時，則要在缺氧環境下進行。

但酵母菌在利用糖類時，受到發酵液中葡萄糖濃度及溶氧量影響很大。以S. cerevisiae爲例，當其在嫌氣環境下，其利用糖之速率，反而比有氧存在時還要快，此現象在其他營養源不足時更明顯。反之，當酵母菌處於高葡萄糖濃度（＞ 5 mM）環境通氣有氧下，呼吸作用停止改進行酒精發酵，產生酒精。而在有氧及低葡萄糖（＜5 mM）環境下，則改走檸檬酸循環之代謝途徑（即呼吸作用），此途徑由於可獲得較多的能量，酵母菌因此會大量繁殖，生產更多的菌體及二氧化碳，而非酒精。麵包或飼料酵母即循此模式。

所以，適當的控制氧氣量，可以促進或抑制某種菌的生長，因而引導發酵向預期的方向進行。

⑹ 食鹽量

各種微生物的耐鹽性不同。一般腐敗菌在2.5%以上食鹽濃度下即無法生長。所以有些發酵食品在發酵初期常用2.0～2.5%甚至更高濃度食鹽以抑制腐敗菌，後期則靠其所形成的酸以防腐。甚至醬油中食鹽含量不可低於15%，夏天更要增加到18～20%以免微生物生長。

6. 常見發酵產品

一般工業發酵產品種類大致分爲三類：⑴ 菌體本身（biomass）：如乳酸菌、麵包酵母、蘇立菌。⑵ 代謝產物（metabolites）：初級代謝產物（如酒精）、二級代謝產物（如抗生素）。⑶ 生物轉化（bioconversion）：如胺基酸、山梨糖之生產。尤其目前保健食品如益生菌產品、乳酸菌產品、發酵乳品、食用藥用菇菌類產品、新式發酵飲料、機能性飲料等普遍爲發酵產品。

在此僅就傳統發酵技術應用加以討論。傳統發酵產品種類包括：酒精發酵、乳酸發酵、醋酸發酵，以及醬油、豆瓣醬、味噌、豆腐乳等豆類製品、紅糟（麴）或醃漬物等。

⑴酒精發酵製品

酒類製品是最常見於不同民族的發酵食品，一般分爲酒精含量20%以下的釀造酒（啤酒、清酒、葡萄酒等）、酒精含量20%以上的蒸餾酒（威士忌、白蘭地、伏特加等）與合成酒（釀造酒或蒸餾酒中添加香料、萃取成分等）。不論哪種酒，皆是利用微生物之作用分解原料中之成分，特別是糖類成分，而產生酒精及特殊風味。

酒類中的酒精（ethanol）係經由發酵而來，其可由糖質原料或澱粉質原料而來。若以糖類爲原料，則係經由酵母發酵後產生乙醇及二氧化碳，如下所示：

$$C_6H_{12}O_6 \rightarrow 2C_2H_5OH + 2CO_2$$

若用穀類、甘薯或馬鈴薯等澱粉質原料，則變化過程更爲複雜，包括澱粉要經麴中的糖化酵素之水解作用生成麥芽糖，麥芽糖再經麥芽糖酶水解成葡萄糖後，再行酒精發酵生成乙醇，其反應如下：

$$\underset{\text{澱粉}}{2(C_6H_{10}O_5)n + 2H_2O} \xrightarrow{\text{糖化酵素}} \underset{\text{麥芽糖}}{nC_{12}H_{22}O_{11}}$$

$$\underset{\text{麥芽糖}}{nC_{12}H_{22}O_{11} + nH_2O} \xrightarrow{\text{麥芽糖酵素}} \underset{\text{葡萄糖}}{2nC_6H_{12}O_6}$$

在酒精發酵終止時，理論上應只有乙醇的生成，但由於原料成分複雜，故生成物亦頗複雜，包括少量的甘油，有機酸及雜醇油（fusel oil）。雜醇油之成分隨其來源不同而異，含量約0.1～0.7%，通常爲高級醇、有機酸、醛類和酯類之混合物，此類物質在釀造酒中含量較低，而蒸餾酒的含量則較高，一般酒類在儲存期間，雜醇油會變化而產生獨特的風味。

以糖質原料發酵使用酵母菌便可，但酵母菌在酒精量超過20%時，便不再進行發酵。故若要求產品酒精度高時，必須將發酵液加以蒸餾。

酒精飲料種類如表7.2所示，若依發酵方式，可分爲：① 單式發酵：糖分直接由酵母發酵。② 複式發酵：先糖化，再經酒精發酵者，又可分為：A. 單行複式發酵：糖化與酒精發酵獨立進行。B. 並行複式發酵：糖化與酒精發酵混合進行。

表7.2　酒精飲料之分類

<table>
<tr><th>種類</th><th colspan="2">發酵形式</th><th>基質原料種類</th><th>代表性產品</th></tr>
<tr><td rowspan="4">釀造酒</td><td colspan="2" rowspan="2">單式發酵</td><td>糖質（水果）</td><td>葡萄酒、水果酒</td></tr>
<tr><td>乳</td><td>馬乳酒、克弗酒</td></tr>
<tr><td rowspan="2">複式發酵</td><td>單行複式發酵</td><td rowspan="2">澱粉質（穀類）</td><td>啤酒</td></tr>
<tr><td>並行複式發酵</td><td>清酒、紹興酒</td></tr>
<tr><td rowspan="4">蒸餾酒</td><td colspan="2" rowspan="2">單行發酵後蒸餾</td><td>糖質（水果）</td><td>白蘭地</td></tr>
<tr><td>糖質（糖蜜）</td><td>蘭姆酒</td></tr>
<tr><td rowspan="2">複式發酵</td><td>單行複式發酵後蒸餾</td><td>澱粉質（穀類）</td><td>威士忌、琴酒、伏特加酒、米酒、高粱酒</td></tr>
<tr><td>並行複式發酵後蒸餾</td><td>澱粉質（甘藷）</td><td>燒酒</td></tr>
<tr><td rowspan="4">合成酒（混合酒）</td><td>再製酒</td><td colspan="2" rowspan="4">以釀造酒或蒸餾酒為原料，添加著色料、香味料、甜味料、藥材，或其他調味料混合製成，在調配後，需儲存一段時間待味、香、色均勻成熟</td><td>紅露酒、味醂</td></tr>
<tr><td>仿製酒</td><td>福壽酒、合成甜葡萄酒</td></tr>
<tr><td>藥酒</td><td>五加皮酒、養命酒</td></tr>
<tr><td>利口酒</td><td>梅酒、橘子酒、薄荷酒</td></tr>
</table>

資料來源：鄭，1999

若依發酵基質之原料，可分為：① 糖質原料，如水果、糖蜜、乳。② 澱粉質原料，如穀類、薯類。

① 釀造酒

釀造酒為最原始發酵酒的形式，在中國以黃酒系列之紹興酒為最著名，日本則為清酒；在西方之代表產品為葡萄酒與啤酒。

酒類釀造之過程大致分成蒸煮、（液）糖化、發酵等步驟（表7.3）。 直接使用糖質原料（具有單糖、雙糖），則可省略糖化步驟。糖化方式，東方酒類常用酒麴，西方酒類則使用麥芽，這是二者最大的差異。糖化部分牽涉到麴菌或酵素（糖化、液化酵素），至於在酒精發酵部分，東西方都依靠酵母菌之作用，只是菌種不同。

表7.3　各種酒加工工序之比較

	紹興酒、清酒	葡萄酒	高粱酒、米酒、威士忌	白蘭地
原料	米	葡萄	穀物	葡萄酒
1. 蒸煮	■		■	
2. 液化	■		■	
3. 糖化	■		■	
4. 發酵	■	■	■	
5. 蒸餾			■	■
6. 熟成	■	■	■	■
7. 勾兌（調合）	■	■	■	■

所謂麴（koji），是使黴菌繁殖於穀類或豆類，以產生澱粉酶。傳統上麴菌大多是使用*Aspergillus oryzae*，此麴菌可生產大量之糖化酵素，而蛋白酶的含量則較少。利用酒麴釀酒是東方人製酒上的獨特方法，與歐美利用麥芽釀酒法不同，啤酒之製造即使用麥芽。大麥為啤酒的原料之一，但無法以酵母直接發酵，必須使其發芽，以產生適量之各種酵素，此謂之麥芽（malt）。但麥芽不一定完全指大麥芽，其他麥類的芽亦可謂之。麥芽的主要用途在用於啤酒及威士忌之製造。在發芽期間，麥粒中可生成糖化酵素，麥芽糖酶，蛋白酶等。麥芽又分為長麥芽和短麥芽，長麥芽幼根長度為麥粒長度之1.5～2.0倍，用於威士忌的製造；而短麥芽的幼根長度約為麥粒長度的3/4～4/5，用在啤酒的製造。通常為提高貯藏性，多將麥芽加以乾燥。

酵母菌之酒精發酵主要以醣解作用（glycolysis）為主。酵母菌攝取糖類進入菌體內，然後經由一系列由不同酵素所負責催化進行的反應伴隨產生ATP，最後變成酒精和二氧化碳，並排出至菌體外。酵母菌在無氧氣環境下，必須藉助此作用以獲取能量，供維持生命所需，而酒精是酵母菌進行酒精發酵之必要副產物，爲一種初級代謝產物。

A. 紹興酒、黃酒

紹興酒又名老酒，在紹興以外地方所釀造者，通稱爲黃酒。傳統之紹興酒以精白糯米釀造，酒精濃度在14～18度左右。主要原料有糯米、小麥，菌種及水等四種。糯米使用85%精白之圓糯。小麥主要供製麥麴，將小麥磨碎再接種菌，使其繁殖。菌種方面，米麴、麥麴使用*Aspergillus oryzae shaoshing*，酵母菌則使用*Saccharomyces shaoshing*。水質與酒之品質關係密切，紹興酒之所以聞名，係因該地之水質佳之故。

紹興酒係中國的傳統釀造酒，原產於江南。係採用低溫發酵方式製得酒精度高且風味良好之新酒，壓濾後之新酒再經裝甕熟成改進酒質。

傳統之紹興酒的製造，有淋飯酒，攤飯酒，加飯酒、善釀酒四種方式。

(A)淋飯酒：先將糯米蒸熟，以冷開水澆淋以降溫至50℃，再次淋飯一、二次，使米之溫度減至32℃左右，此項操作名叫回水，由於有此動作，故稱爲淋飯。飯淋畢即可入缸，再加酒藥拌勻壓實後發酵，製成之酒稱爲淋飯酒。淋飯酒以以前的飲酒標準來看酒精度數較低，口感較單薄，主要是用來作爲酒母使用。

(B)攤飯酒：又稱元紅酒，是紹興酒釀造的基礎方式。米浸於清水中，浸約15～20日，每天攪拌一次，浸米之水稱爲「漿水」。浸水完成之後，將米與水分開，移入飯甑蒸熟，而後攤於竹筵上攤冷，故稱攤飯。適當冷卻後，即可開始釀造。先用較小的甕進行發酵，10天之內進行第一發酵，3個月內需進行一二次發酵。釀造後的酒酒精度在16～17度左右。以後需進行過濾，然後裝瓶。古代，釀造好以後裝瓶的甕均漆成紅色，所以叫元紅酒，是紹興酒的代表。

(C)加飯酒：投入原料前，增添糯米，故稱加飯酒。加飯酒與攤飯酒釀造方式一樣，差別在於，發酵期間加重飯量與麴量，以增厚品質。故酒精、糖分，糊精等含量較多。加飯酒至少需要熟成三年，釀造出來的酒精度在18～19度左右。

(D)善釀酒：以貯放一年至三年左右的攤飯酒代替水，加入缸中發酵釀成的酒。所得之酒最濃，爲紹興酒成本最貴者。

另有一種香雪酒（又稱封缸酒）也是以攤飯酒代替水所釀製而成的，但與善釀酒不同處爲，香雪酒用的是以酒精濃度40至50度的黃酒酒糟蒸餾而成的「糟燒」作爲原料，釀造時不加入麥麴讓其顏色變深，而以白色的酒藥取代，所以釀造出來的酒粕色白如雪，香雪酒名稱由此而來。其酒精度數達20度。

竹葉青則爲由浸泡過糟燒的嫩竹葉中取得色素，再和攤飯酒配製而成的酒。

在古時江浙一帶有一習俗，家中生孩子，就要在出生後的第1個月那天（滿月），將親友送的糯米進行釀造，並封瓶放到地底下埋藏。等到女兒或兒子結婚時，將這酒挖掘出來飲用。所以這種酒就叫「女兒紅」或叫「狀元紅」。而加飯酒又稱花雕，其原因在於酒瓶瓶身刻有花卉圖案，故名花雕。若將紹興酒長久貯存於時，酒壺或壜子裡，人們習慣稱之爲陳年花雕。

現代工業上製造紹興酒，則以部分蓬萊米取代圓糯米以節省成本（圖7.1）。一般紹興酒需熟成兩年以上方可出售，其酒精度爲15度，花雕爲17度，陳年紹興爲18度。

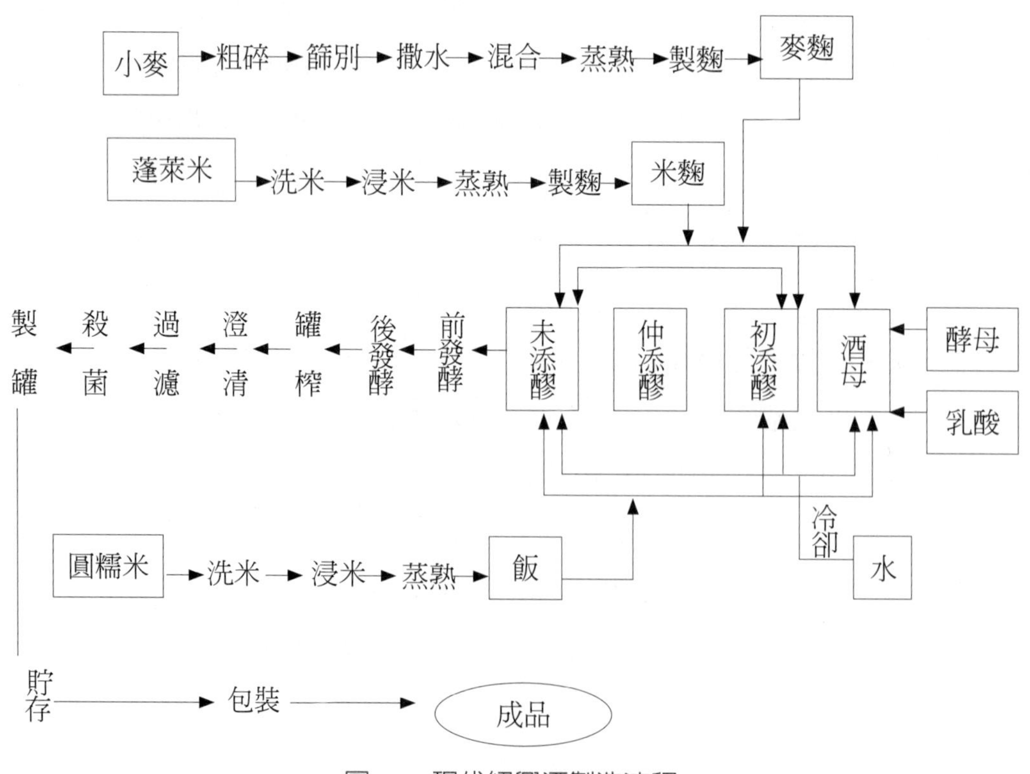

圖7.1 現代紹興酒製造流程

B. 清酒

清酒是日本的傳統酒，色澤呈淡金黃，味道溫和。清酒為一種並行複式發酵之釀造酒，製造清酒首先要製麴，使麴菌在蒸飯中繁殖以產生酵素將醣類糖化並分解蛋白質。全部製麴約2～3天可完成，便可使用*Saccharomyces sake*進行發酵。發酵期間要數次加入米麴、蒸飯及水，以提高酒精度。發酵完成後，壓榨去渣，並加熱後便可貯存。

一般的日本清酒酒精濃度為15～16%，剛釀成的酒濃度可達20%，為使其容易入口，便得加入適量的清水以調整酒精之濃度。製造清酒之精米度愈低，清酒之價格愈高，品質愈純正。這是因為米粒愈靠近外圍，蛋白質、脂肪含量較高，這些少量成分，會影響成品酒之風味。

根據原材料和製作方法，清酒可分為普通酒和特定名稱酒兩種。

根據日本國稅局公告之「清酒釀造品質的表示基準」，特定名稱酒又可分為吟釀酒、純米酒、本釀造酒三種：(A)吟釀酒。使用特別酵母，進行長期低溫發酵的酒，有獨特的香氣與味道。一般不加熱飲用。(B)純米酒。單用米與米麴製造的酒，完全不添加釀造酒精。飲用時冷、熱皆宜。(C)本釀造酒。加入少量釀造酒精來調節香氣和味道。適合加熱後飲用。

若要再詳細細分，日本清酒可以分為八級，最高級的是純米大吟釀（精米度約50%），其後依次為大吟釀、純米吟釀、吟釀、特別純米酒、純米酒、本釀造及普通清酒（精米度70%以上）。不同級數的清酒，各有不同的口感，既有清爽微甜，也有香醇辛口，視乎各人口味。

判定水質優劣的一個條件為水的硬度。使用硬水釀造的清酒口感較烈，而使用軟水釀造的清酒則口感較甘。原因是在硬水中的鉀鎂鹽有助於麴菌與酵母菌的增殖，鈣鹽有助於酵素由麴中溶出並有安定化之作用，故酒精發酵速度較快；反之在使用軟水時，酵母菌活性低，發酵的程度便較低。若水中含鐵時，會與麴菌之生成物作用，而生成正鐵5,7–二羥基花黃酮（ferrichrysin），會促進褐變反應，使酒色變濃，香味變劣。

C. 葡萄酒

葡萄酒分爲紅葡萄酒、白葡萄酒、玫瑰紅酒，以及衍生的氣泡酒及酒精加強葡萄酒。一般葡萄酒之酒精度約8～14%。加烈酒之酒精度則在17～22%。

紅葡萄酒原料爲黑后種，而白葡萄酒則一般使用果皮爲黃白色或淺紅色之綠色系品種，如金香、奈加拉種爲主。玫瑰紅酒顏色介於紅與白之間，由深色葡萄皮染色釀製。臺灣由於氣候緣故，葡萄糖分僅達16%左右，不能達到理想之21～22%，因此必須添加砂糖。以補充果實糖分之不足。

葡萄酒的發酵，白葡萄酒是先壓榨後發酵，紅葡萄酒是發酵後壓榨，此爲兩者主要不同之處（圖7.2）。

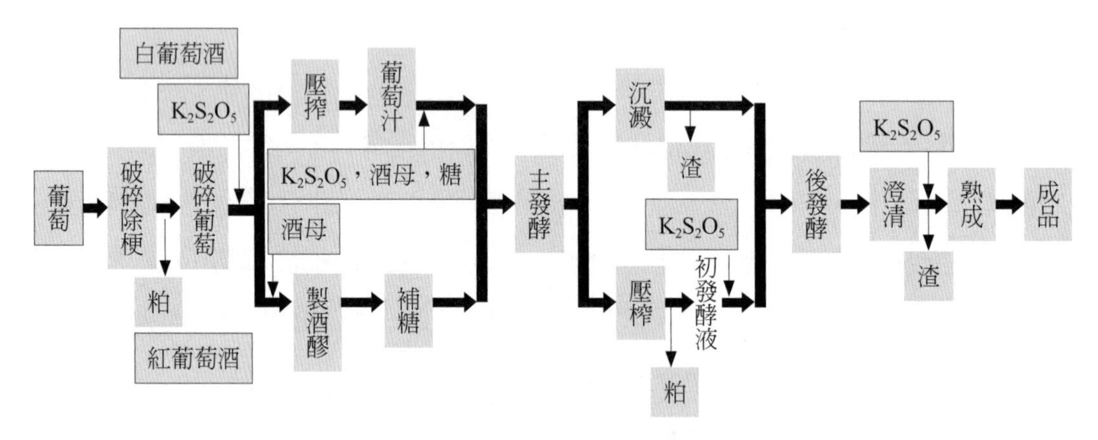

圖7.2　葡萄酒的製造流程

(A) 紅葡萄酒

紅葡萄酒係將果肉破碎以增加酵母菌與果汁接觸之機會後，除梗，將果汁與果渣混合放入發酵桶中，添加約100～200 ppm之偏亞硫酸鉀（$K_2S_2O_5$）及施行補糖後，進行主發酵。破碎時需只破碎果肉不傷及種子及果梗，因種子含單寧會增加酒的澀味。添加偏亞硫酸鉀（Potassium pyrosulfite）目的在藉以防止葡萄原料壓碎時，有害菌之繁殖與因氧化酵素之作用而褐變，並防止葡萄色素之褪色沉澱及阻止葡萄酒之過度熟成。發酵使用之酵母菌種爲Saccharomyces elliproideus，發酵時需斷絕空氣，品溫保持25℃左右。發酵中需經二次攪拌，以溶出色素，當亞硫酸加入之初，可使色素褪色，但經氧化後色素復現。主發酵，大約1～2星期完成後，立即壓榨，將榨汁移入另一發酵桶貯存，以進行後發酵。後發酵停止後，不溶性物質會沉澱於槽底，上部液體呈透明狀，以虹吸管吸出後移入熟成槽內貯存，於溫度10～15℃，熟成1.5～3年。

(B) 白葡萄酒

白葡萄酒與紅葡萄酒不同處爲破碎除梗後，加入100 ppm左右之SO_2，以防止有害菌之繁殖與氧化酵素作用後壓榨以取汁，此稱爲未發酵葡萄汁（must）。接著裝入發酵桶，在21℃以下進行主發酵。約1個月後，密閉桶孔貯藏，以行後發酵工程，其後過程與紅葡萄酒相似。兩種酒主要不同之處爲白葡萄酒是先壓榨後發酵，紅葡萄酒是發酵後壓榨。

(C) 玫瑰紅酒

玫瑰紅酒是將紅葡萄直接榨汁或短暫浸皮的方式製成，除此種方式外，也可以用釀好的紅酒與白酒調合而成。

酒精加強葡萄酒（加烈酒）如波特、雪莉，是在酒中加入白蘭地的葡萄酒。

葡萄酒的芳香，是因長期熟成而生成的。不獨酒石酸，蘋果酸、琥珀酸、醋酸、 碳酸等與醇類化合而生成有芳香之各種酯類，且又與葡萄酒中之他種成分相聚合，亦生成芳香。由於所有的葡萄酒都有或多或少的酸度，一般葡萄酒廠往往試著在果味和酸度間求取均衡。通常白葡萄酒比紅葡萄酒酸度高。

單寧（tannin）是一種產自葡萄皮，梗和木桶的天然物質。它的作用很像防腐劑，缺少它，葡萄酒將無法陳年。年輕的酒，單寧度高，所以品嚐起來較苦澀。由於紅酒通常是連皮發酵，所以單寧的含量比白葡萄酒來得高。

在氣泡酒類中，最珍貴，最有名的是香檳（champagne）。能稱之爲「香檳」的氣泡酒必須產自法國北部的香檳地區，並且需按照「香檳釀造法」（champenoise）來製造。法國其他產區或其他國家所釀製的只能稱爲氣泡酒而不能稱之爲「香檳」。價格昂貴的氣泡酒，其氣泡來源主要係第二次發酵時將糖加入酒中，以幫助其產生二氧化碳。廉價的氣泡酒甚至係如汽水一樣，將二氧化碳打入酒中。

與傳統葡萄酒製法相似，香檳酒亦經過二次發酵。但第二次發酵時，直接在酒瓶中發酵，以保留住二氧化碳。但二次發酵也把天然沉澱物留在瓶裡。此可用轉瓶法將沉澱物去除，其爲將酒瓶倒置使沉澱物沉積於瓶口，將瓶頸部分浸於冷鹽水中使其凍結，此時打開瓶塞將沉澱物去除後，重新加蓋即爲香檳酒成品。

D. 啤酒（beer）

啤酒的歷史悠久，可能由埃及即開始，再傳到歐洲。啤酒的種類可依其色澤分爲黃啤酒（lager）與黑啤酒（stout）、或依其加熱殺菌處理之過程，分爲生啤酒與熟啤酒。也可依釀造時大麥汁液之濃度可分爲高濃度、中濃度及低濃度三種。要注意，啤酒雖然有氣泡，但歸類上並非前述之氣泡酒。

啤酒的酒精含量，一般在3～5%。啤酒重要的原料包括大麥、啤酒花（hop）及水。其製法如圖7.3。啤酒花（hop）又名蛇麻花（學名Humulus hupulus），係一種桑科植物。其主要成分爲樹脂、苦味物質、單寧酸及揮發性油等，這些成分爲促使啤酒帶有特有的苦味及芳香的物質，更具澄清與防腐的作用。

(A) 製造麥芽

大麥要求爲澱粉含量多，蛋白質含量少者。首先要製造麥芽，於溫水浸漬40～60小時後，放入發芽室中令其發芽8天左右。此製得之麥芽稱爲綠麥芽，所含之轉化酵素最多，糖化能力亦最大，當幼麥芽長達麥粒之2/3，根長達粒之1.5倍時，應即焙炒、乾燥。焙炒與乾燥之目的，除停止發芽外，兼可去除綠麥芽之氣味，而發揮焦麥芽之香味，並與啤酒之色澤有關。

(B) 製作麥芽汁

接著進行製作麥芽汁（wort），即糖化工作，此步驟稱爲maching。將乾燥麥芽粒磨碎，加入適量之水混合加熱至適當溫度，使麥芽粒中所含糖化酵素將澱粉糖化，其方法有煎出法及浸出法。下層發酵啤酒一般用煎出法，上層發酵啤酒一般用浸出法。經過濾後之麥芽汁，移入煮沸鍋後，即加啤酒花煮沸之。所製得之麥芽汁，使之沉澱後，澄清之麥芽汁，立即冷卻至25℃以下，使其溫度適於酵母菌生長。

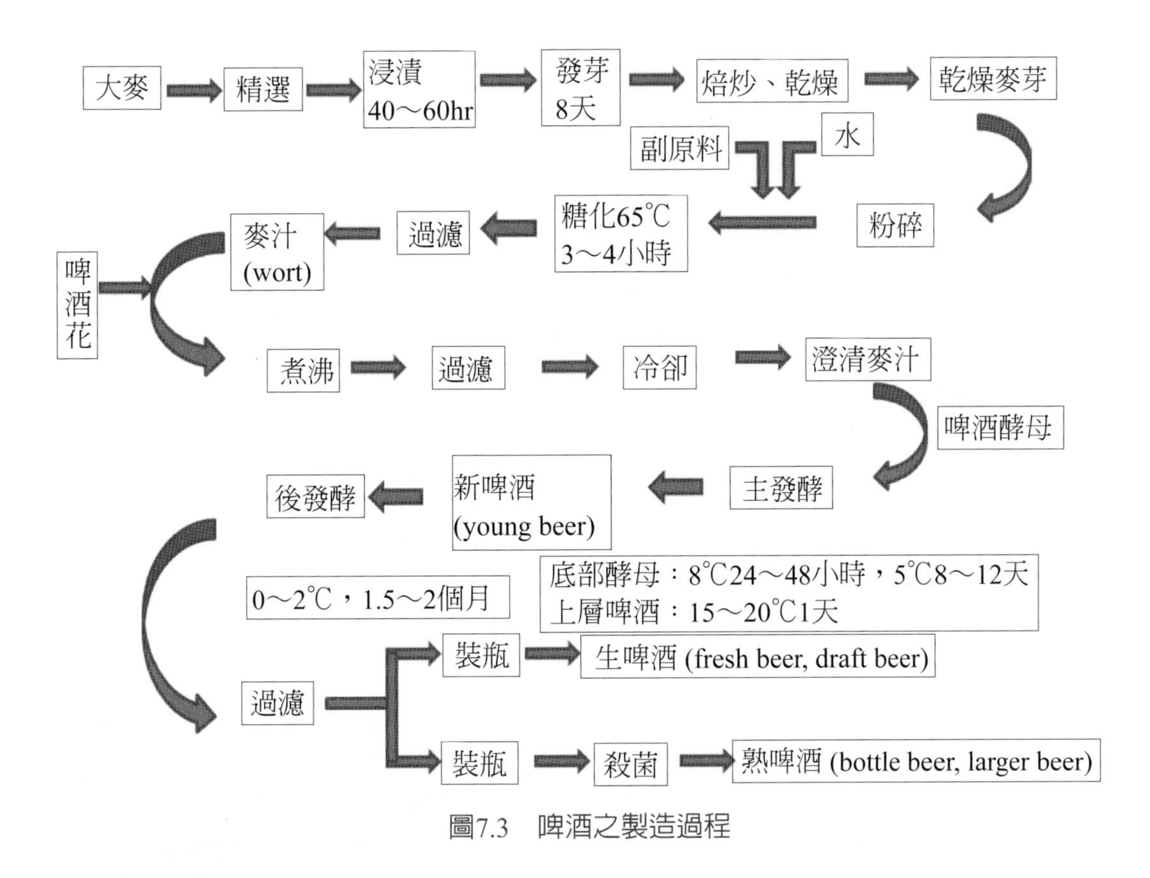

圖7.3 啤酒之製造過程

(C) 發酵

啤酒所用的酵母有兩種：上層酵母（top yeast）及下層酵母（bottom yeast）。上層酵母係指發酵過程中酵母菌上升至啤酒表面者，常用的菌種爲*Saccharomyces cerevisiae Hansen*，其發酵力較強，可在12～25℃發酵，發酵時會產生果香，並覆蓋在發酵液上層，形成一層厚層。此類啤酒除英國外，較少國家採用，此種發酵法所生產的啤酒稱爲麥酒（ale），味道與下層酵母發酵所得者不同。下層酵母則爲發酵過程中酵母會沉降在底部，我國、美國、德國等都是用此法製造啤酒。所用菌種爲*S. carlsbergensis*或*S. pastorianus*，發酵適溫爲8～15℃，由於發酵溫度較低，因此發酵力較弱。以下層酵母發酵的時間要較長，以上層酵母發酵的時間則較短。

傳統製程中啤酒發酵過程可概分爲「前發酵」（主發酵）及「後發酵」（貯酒）兩個步驟。主發酵溫度，夏季爲7.5～13℃，冬季4～6℃，約10日完成。當主發酵完畢後，即將發酵醪輸入槽中，密閉貯藏，室溫冬季爲0～1℃，夏季

1～2℃，約經3個月進行後發酵。成熟之啤酒由槽中吸出，冷卻後，即行濾清，補充CO_2即可包裝。

前發酵係使已降解糖化之原料經由微生物（酵母菌）之作用生成酒精、二氧化碳及部分香氣與風味成分，而後發酵係利用殘存之糖分於低溫下持續進行作用，以生成飽和碳酸氣並完成啤酒產品之澄清化及風味熟成。目前之釀酒技術與設備已逐漸將整個發酵過程結合成一連貫的作用，亦即將酒精生成與風味熟成一氣呵成。

(D) 成品

發酵所得啤酒，經熟成後，過濾，若未經殺菌而直接裝入桶中銷售稱爲生啤酒（fresh或draught beer），味道新鮮，因含少量活酵母，故不耐儲存。若裝入瓶中或裝罐，置入溫水殺菌槽中以60～65℃殺菌30～60分鐘，則爲熟啤酒（bottle或lager beer）。

② 蒸餾酒

蒸餾酒爲釀造酒發酵完成後，再加上蒸餾的步驟。中國蒸餾酒的出現始於唐宋時期，從絲路及南方的海路傳入中原的製酒技術，以後發展出舉世聞名的中國白酒（如茅台、高粱、五糧液等），其酒精含量不但高於世界其他國家所生產的蒸餾酒，而且在飲用時仍不會感覺到辛辣、嗆鼻、品質之優越可見一斑。

中式白酒依色、香、味等元素，可略分爲清香型、醬香型、濃香型、米香型與其他香型等五大類，目前更衍生出十二大香型之分類法（圖7.4）。其主要香氣成分與代表酒如表7.4。

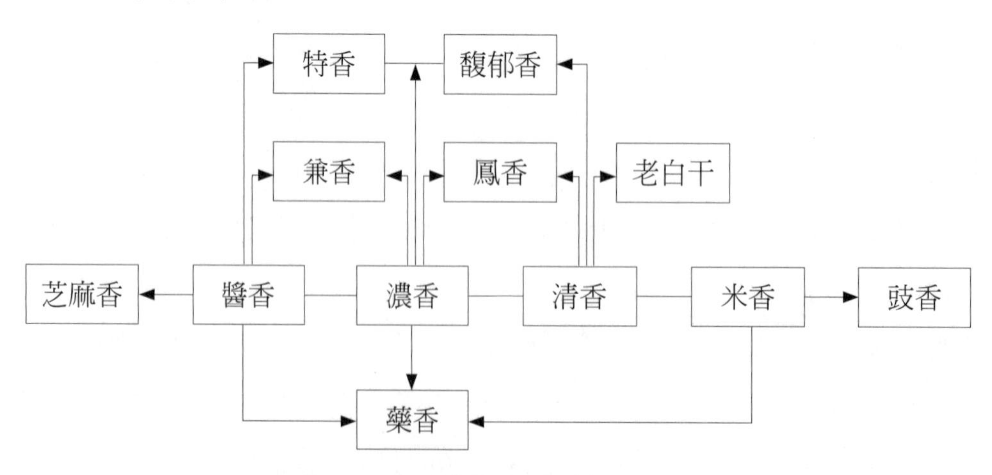

圖7.4　中式白酒之香型與衍生圖

表7.4　不同香型中式白酒之主要香氣成分與代表酒

香味類別	主要香氣成分	代表酒
清香型	乙酸乙酯、乳酸乙酯	山西汾酒、金門高粱酒、馬祖高粱酒
醬香型	乙酸乙酯、乳酸乙酯、己酸乙酯	貴州茅台酒、四川郎酒
濃香型	乙酸乙酯、乳酸乙酯、己酸乙酯、丁酸乙酯	五糧液、洋河大曲、瀘州老窖大麴酒、古井貢酒
米香型	乙酸乙酯、乳酸乙酯	桂林三花酒
其他香型-複合香型（兼香及混香）		
兼香型	兼具醬香與濃香性質，以乙酸乙酯、乳酸乙酯爲主	湖南白沙液、湖北白雲邊酒
鳳香型	兼具清香與濃香特質，以乙酸乙酯、己酸乙酯、異戊醇爲主	陝西西鳳酒
豉香型	以米香型爲基礎，壬二酸二乙酯、辛二酸二乙酯爲主	廣東玉冰燒酒
老白干香型	兼具濃香與清香特質，以乙酸乙酯、乳酸乙酯爲主	衡水老白干
芝麻香型	具濃香、清香、醬香，以乙酸乙酯、己酸乙酯爲主	山東景芝白酒、江蘇梅蘭春酒
藥香型	己酸乙酯、乙酸乙酯、乳酸乙酯（前二佔70%）	貴州董酒
馥郁香型	融合濃香、清香、醬香，乙酸乙酯、己酸乙酯含量突出，乙縮醛量高	湖南湘泉、酒鬼酒
特香型	融合濃香、清香、醬香，乳酸乙酯、乳酸及正丙醇含量高	江西四特酒

一般蒸餾酒之酒精含量在25～60%之間。常見的蒸餾酒，有高粱酒、大麴酒、米酒、威士忌、白蘭地、蘭姆酒、琴酒、伏特加等。

A. 高粱酒

高粱酒又名燒酒、白酒或白干，爲我國最具代表性的蒸餾酒，其製程如圖7.5。高粱酒原料除主原料之高粱外，還有大麥、小麥等。大麥與小麥主要用於製麴上。高粱酒採固體複式發酵，包括蒸煮、冷卻拌麴、固體發酵、固態蒸餾等四步驟。主要特點爲全部製程皆在固態中進行。

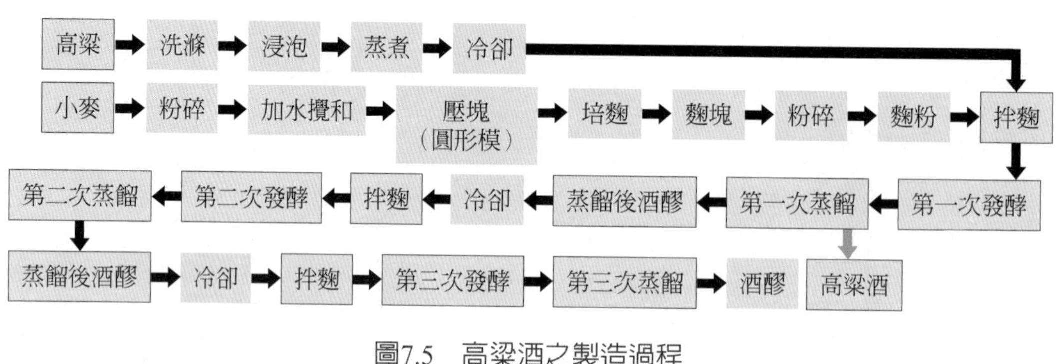

圖7.5　高粱酒之製造過程

高粱酒發酵時用麴量爲高粱飯之15～17%，其操作係將粉碎後之高粱麴粉，以6%量拌和已煮熟且冷卻後之高粱，放入發酵槽中，並予壓緊上覆塑膠布，盡量使之密封。1～2日後翻醪1次，供給空氣，促進菌類之繁殖，再予密封。發酵時醪溫以25～30℃爲宜（在第5～6日間最高可達40～43℃）。夏季14～16日，冬季16～20日發酵完成。取出酒醪入蒸餾鍋行第一次蒸餾。酒粕再加6%之麴粉拌和，進行第二次發酵。發酵時間同第一次之15日。接著第三次拌麴，加麴粉5%也發酵15日即告完成。同一原料，俱需各經三次發酵、蒸餾作業。

蒸餾時最先餾出之酒，含酒精度65%以上者爲大麴酒，55～60%以上者爲高粱酒，應分別貯存。酒精度降至55～10%之同者爲酒尾，另行收集，去漂浮雜物，再次蒸餾，即可得與高粱酒之品質相若。大陸之貴州矛台酒、五糧液等都屬高粱酒之一種。

B. 米酒

米酒乃臺灣自昔以來最普通之酒，在烹調時亦可作料酒用。米酒的原料爲白米，製造過程應先製造白麴（以白麴*Rhizopus peka*爲原料），而後將米蒸熟，混入白麴發酵約七天，發酵完後酒精濃度約11%，即爲常食用的酒釀，再蒸餾而成原料酒。由蒸餾而得之原料米酒，含少量雜質，故一般加入酒精及水調和，同時放置一天，使雜質結集，而後過濾即爲成品，一般料理米酒之酒精度爲19.5度。

傳統米酒作法因使用開放式發酵，雜菌汙染機會高，製酒率低且成品酒品質不穩定，故工業上多使用阿米洛法（amylo process）製程釀造，其製程如圖7.6。其法係將原料米於蒸煮鍋中蒸熟後，添加鹽酸至pH 4.5將米液化。冷卻後於無菌狀態下加入純種培養之根黴菌與酵母菌。發酵初期先通氣以促進根黴菌之糖化作用與酵母菌之菌體增殖，在停止通氣以進行酒精發酵（約35℃）。發重一樣經過調配之過程。

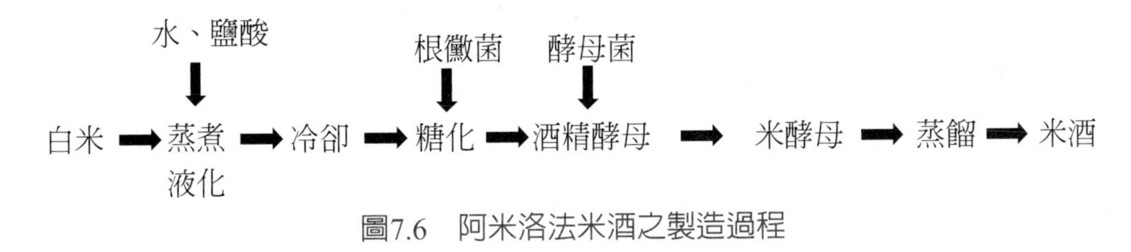

圖7.6 阿米洛法米酒之製造過程

C. 威士忌（whisky）

威士忌是由穀類原料，經發酵，蒸餾後再置於木桶中熟成之酒。主要用來釀造成威士忌的材料爲玉米，裸麥、小麥及大麥。將粉碎之麥芽在糖化槽中加4～5倍水，加溫至50℃，再漸增高至70℃約經5～7小時後濾過，即得糖化液，冷卻至約20℃，加酒母至30℃以下發酵3～4日，即可蒸餾。

蒸餾法有「單一蒸餾」（pot still）與「連續蒸餾」（continuous still, column still 通稱「塔式蒸餾」）二種。單一蒸餾法無法釀製高酒精度的威士忌，蘇格蘭的麥芽威士忌（Scotch malt whiskies）即以此法釀製而成。對美國市場而言，連續蒸餾法才是標準的威士忌釀製方法。一般分二段蒸餾（一次蒸餾後再一次蒸餾）。最後蒸餾至酒精含量爲60～70%，即爲威士忌酒。

剛蒸餾得到之威士忌酒，酒味苦澀香味不佳，需裝入橡木（oak）所製之木桶中貯藏，使其熟成。在貯藏期間生成酯類，桶材吸收酒中風味不佳成分，同時木材中溶出具有之特別成分，此成分與酒中之成分，互相作用，故陳年威士忌有美麗之色及香醇之味。熟成（aging），是製造優良威士忌最爲主要的因素，威士忌的品質好壞與其在木桶內熟成時間長短有極大關係。熟成時間愈長，氣味與口感則愈加馥郁。一般而言，清淡的威士忌僅熟成四年即可，而濃郁的需時較久。

D. 白蘭地（brandy）

白蘭地本是指以葡萄製成的蒸餾酒，但現在已不限於葡萄。凡是以水果的汁液，果肉或殘渣經發酵、蒸餾及混合而成的蒸餾酒，均可稱白蘭地。

世界各國均有生產白蘭地，只要有生產葡萄的地方，就可生產葡萄酒及白蘭地。其中被認爲最好的白蘭地生產地，就是法國的「干邑」（Cognac）地方，與其南方的「雅馬邑」（Armagnac）地方。

任何一種葡萄酒都能蒸餾成白蘭地，而以剛完成發酵，仍含有活性酵母菌的葡萄酒能製造出較佳的白蘭地。蒸餾後酒精度接近85%（170proof），需加入軟水以降低酒精度至51%（102proof），然後置於50加侖的橡木桶內貯存。裝桶時，唯一的添加劑，是少量的焦糖以增添色澤，大部分裝瓶時，酒精含量約42%（84proof）。白蘭地至少必須貯存於橡木桶內數年使其熟成。通常，標籤上若未標明年份，表示其年份在3～8年之間。廠商會自行以英文字母來分級，例如XO級即爲extra old縮寫，表示熟成時間很長。

E. 其他蒸餾酒

龍舌蘭酒（Tequila）爲墨西哥特產，龍舌蘭爲仙人掌的一種，用來釀酒的部位不是葉肉，而是類似鳳梨的果實。普通都一邊嘗著食鹽或檸檬，一邊飲用。其酒精含量達46～56%，所以如與白蘭地的42%比較，可謂相當強烈的酒。

琴酒（gin）是調製雞尾酒時，最常使用的基酒。傳統製法爲在蒸餾時將杜松子與藥草裝於蒸餾器頂端以吸收香味物質。而每家酒廠都有其獨家秘方，此決定琴酒的品質與特性。英國琴酒與美國琴酒的不同點在英國琴酒蒸餾後的酒精度較低，故保有較多的穀物特性（雖然蒸餾酒精度低，但是裝瓶的酒精度卻較高）。英國規定需蒸餾至酒精度90～94%（180～188 proof）的純淨烈酒，再加蒸餾水稀釋至60%的酒精度；而美國規定琴酒必須蒸餾至酒精度含量95%（190

proof）以上。

蘭姆酒（rum）是由發酵的甘蔗汁、糖漿、糖蜜或其他甘蔗製品發酵後蒸餾而成，加勒比海是生產蘭姆酒最有名的地方。西班牙語系的波多黎各及古巴釀製淺色，無甜味的蘭姆酒，名聞遐邇；牙買加與大英帝國殖民地則以深色，辛辣的蘭姆酒出名，其他，如維爾京群島生產的淺色，無甜味的蘭姆酒也享有盛名。

伏特加（vodka）爲俄國名產，原料爲馬鈴薯。過濾時，利用白樺活性炭將酒中酸類、醛類等物質過濾，因此無色、無香、無味。一般蒸餾至酒精含量85%（170 proof），再加水稀釋至40～60%酒精度。

⑵ 黃豆發酵製品

黃豆是一種中國古老食品，因此其發酵產品的種類亦很多，在調味品方面包括醬油、味噌、豆瓣醬等，而一般食物包括豆腐乳、天貝、納豆等。

① 醬油（soy sauce）

醬油又稱豆油，根據衛福部「包裝醬油製程標示之規定」：醬油，指以大豆、脫脂大豆、黑豆及（或）穀類等含植物性蛋白質之原料，以本規定所列加工方式，可添加食鹽、糖類、酒精、調味料等原料或食品添加物製成之產品。若依其製造方式，可分爲釀造醬油、水解醬油及速成醬油等三種（表7.5）。

表7.5　各類醬油之比較

	釀造醬油	速成醬油	混合醬油	水解醬油
原料	黃豆	脫脂黃豆粉	脫脂黃豆粉	脫脂黃豆粉
製法	微生物分解	釀造與水解醬油混合後再釀造	釀造與水解醬油混合	鹽酸水解，鹼中和
風味	味香甘醇、風味佳	較差	較差	差
成本	高	低	低	最低
製造時間	4～6個月以上	1～2個月	1天	1～2天

A. 釀造醬油

傳統的醬油製造爲釀造方式，各原料中，黃豆主要供給蛋白質（醬油中總氮量約有3/4來自黃豆）。小麥則可提供醣類，同時小麥的麵筋中，所含的麩胺酸很多，可賦予醬油特殊的甘味與旨味。食鹽必須選用夾雜物少者，但仍應含有少量苦汁，所謂苦汁爲氯化鎂、硫酸鈣、硫酸鎂、硫酸鈉等具有苦味物質的混合，由於硫酸鈣有促進發酵作用，故應保留。但苦汁過多，會造成苦味。

醬油釀造步驟包括原料處理、製麴、下缸與熟成、壓榨、殺菌和裝瓶（圖7.7）。

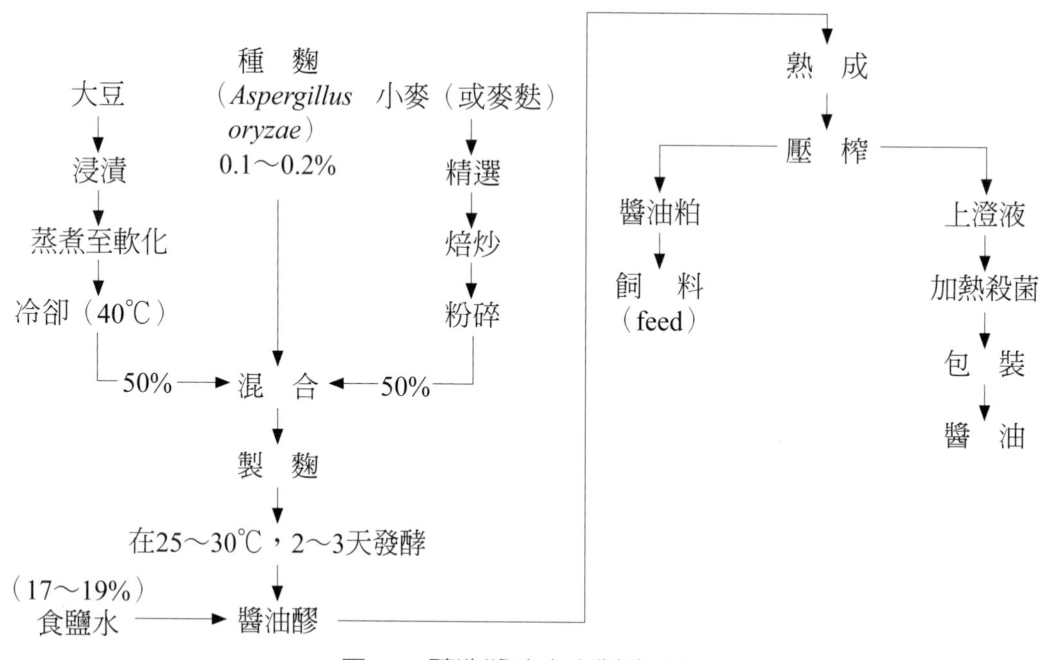

圖7.7　釀造醬油之之製造過程

首先將黃豆或脫脂黃豆蒸熟，以軟化其組織，並使蛋白質變性，以易於接受酵素作用。小麥則先經焙炒的步驟（160～180℃，炒1分鐘），以使澱粉糊化，同時，焙炒可產生香味及顏色，然後壓碎爲4～5片。

製麴（koji）在釀造醬油中，是很重要的一個步驟。醬油麴爲*Aspergillus oryzae*或*A. sojae*系列菌株。製麴的方式爲將上述小麥及黃豆冷卻至適當的溫度後，加入種麴，攪拌均勻，放入麴室，於30℃，溫濕度控制培養2～3天。製麴期滿後，便可下缸。下缸是將沾滿麴菌的豆麥混合物，加入鹽水後，製成醬醪，送入發酵槽的步驟。經過至少6個月至1年以上的熟成（aging）後，再將之壓榨、過濾，便可得到生醬油了。壓出之汁液放大桶中靜置，分爲三層，上層是浮油，中層爲澄清液、下層爲沉澱物。中層過濾得粗醬油，加以標準化鹽度及含氮量，再以70～80℃殺菌，存放並去除加熱產生之沉澱物後包裝。釀造醬油之優點爲風味香醇，但是耗時爲其缺點。故價錢較貴。由黑豆製成的醬油則稱爲蔭油，或黑豆醬油。

根據衛福部規定，釀造醬油，應以含植物性蛋白質原料經製麴發酵製成，且總氮量應達每100毫升0.8公克以上（黑豆醬油之總氮量達每100毫升0.5公克以上）爲條件。

若經過一年以上長期發酵，待所有比重較高的物質慢慢沉澱到最底部，將固狀的豆麥原料往上推擠，這成分特高的一層醬油，因沉澱在最底部，而傳統皆以壺或甕發酵醬油，故名「壺底油」。與一般純釀造醬油相比較，壺底油的組成分、比重較高，香氣濃郁，色澤活潑呈現暗紅色，味道極爲甘甜鮮美，在同樣糖度的品評下，壺底油的鮮甜口感遠超過一般純釀造醬油。

B. 水解醬油

水解醬油的原料只有脫脂黃豆，將其與鹽酸混合加熱8小時，使黃豆蛋白質分解成胺基酸液後，再以碳酸鈉中和、過濾。最後加入食鹽水、醬色、調味劑等即可。其好處爲所需時間短，但分解過程中，會產生許多的異臭物質，且只含有形成鮮味的麩胺酸，缺乏釀造醬油所含有的醇類、酯類及有機酸類，因此風味不佳。其中，果糖酸（levulinic acid），是判定化學醬油的指標。

根據衛福部規定，以酸或酵素水解含植物性蛋白質原料所得之胺基酸液，未經發酵製成者，應於包裝明顯處標示其製程「水解」字樣。

C. 速成醬油

速成醬油或稱速釀醬油，具有釀造醬油風味香醇及化學醬油製造時間短的優點。乃將化學分解得到的水解醬油，加入小麥製成的麴中，添加食鹽水後與傳統方式一樣發酵，利用發酵生成天然風味，掩蓋水解醬油的異臭。此法只需2～3個月的時間。

根據衛福部規定，以酸或酵素水解含植物性蛋白質原料所得之胺基酸液，經添加醬油醪、生醬油等再經發酵及熟成所製成者，應於包裝明顯處標示其製程「速成」字樣。

D. 混合或調合醬油

根據衛福部規定，混合二種（含）以上醬油製成者，應於包裝明顯處標示其製程「混合」或「調合」字樣。

E.其他醬油產品

醬油鹽分約17%，近年來，由於健康因素需要降低食鹽攝取量，故發展出薄鹽醬油（含鹽量約13%）。低鹽下缸釀造法較理想，但減少釀造時食鹽之含量，容易造成微生物汙染或褐變等問題。在國內多以稀釋法生產，即傳統醬油與胺基酸水解液混合，再添加酒精做防腐劑，其風味則相對稀釋。

淡色醬油或白醬油為未添加醬色之醬油；醬油膏則係在醬油中添加太白粉。調味醬油則係在醬油中添加風味原料，如干貝、柴魚、昆布、海帶、大蒜等，故鮮味較高。

其他類似醬油之產品包括蠔油、蝦油、魚露，分別由上述三種原料發酵調製而成，其中蠔油為港式料理慣用之調味料，魚露為福建、廣東、東南亞地區慣用之調味料。

② 味噌（miso）

味噌原名豆醬或米醬，依原料不同，而有豆味噌、米味噌等，前面製麴步驟與醬油類似，一樣使用*A. oryzae*菌種。但後發酵係接種入酵母菌、乳酸菌等微生物，因而產生了不同的風味。發酵需時1～3個月，依產品種類而異。其組織類似軟花生醬，顏色由深紅色到淺黃色不等。味噌和醬油兩者之間非常相似，兩個主要的不同點為：1. 麴之製造。醬油是所有的原料皆製麴，味噌只使用碳水化合物原料製麴。在味噌製造中，所使用的大豆，除了豆味噌外，都不接種麴菌。2. 味噌是一種固體糊狀物，在製造過程中沒有過濾步驟。

③ 納豆（natto）

納豆為日本特有的黃豆發酵食品，其製作非常簡單（圖7.8）。所選用的黃豆通常顆粒較小，同時，其醣類含量較一般搾油與磨漿用黃豆為高。傳統做法是將整粒黃豆洗淨蒸熟後，包在稻草中發酵，因為稻草中含有枯草桿菌（*Bacillus subtilus*）之故。現代納豆製作方式則是在高溫下接種納豆菌（*Bacillus natto*），然後在40～50℃下培養24小時後便可。納豆由於其組織已部分被納豆菌所分解，因此較鬆軟，同時蛋白質也較易被消化。同時所生成的短鏈胜肽具有降血壓等多種生理功能。另外，發酵過程中還會產生維生素K，與特殊的黏質物質——γ-聚麩胺酸（γ-polyglutamic acid），此物質在工業上可作為黏稠劑使用。近年來更發現納豆中含有豐富的納豆激酶（nattokinase），具有降血栓之生理功能性。但由於在發酵過程中蛋白質分解而產生含氮物質，也造成納豆特有的臭味。

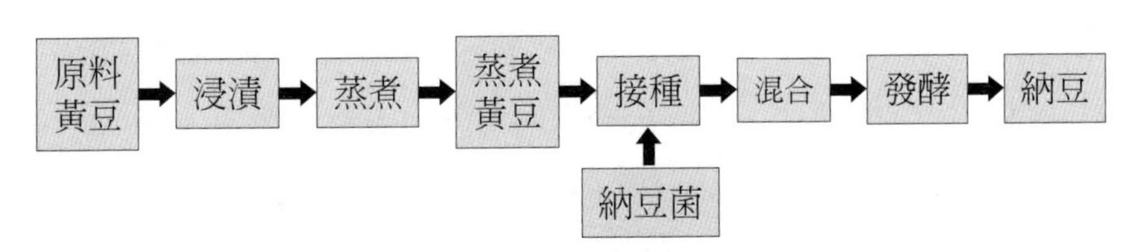

圖7.8　納豆之製作流程

④ 天貝（tempeh）

天貝係源自印尼的黃豆發酵食品，為印尼人的主食之一，且為其蛋白質之主要來源，製作過程如圖7.9。將煮熟的黃豆接種該菌後，用香蕉葉包起來，用繩子綁緊，置於不通風的地方，使*Rhizopus oligosporus*菌絲繁殖。包香蕉葉的目的除保持濕度及降低通氣量，因為天貝菌喜濕，若供應過多的空氣時，會影響製品的風味及外觀外，亦可能為提供發酵菌。天貝的成品為餅狀，食用時先切成塊狀，油炒後加以食用。與納豆相似處為，天貝的消化性比黃豆佳，水溶性氮的含量增加，而維生素 B_2、B_{12} 及菸鹼酸亦大幅的增加，同時游離脂肪酸的含量亦會大幅度增加，按理應會使其易於氧化，不耐貯藏，但在天貝發酵的過程中，會產生抗氧化物質，因此油脂的安定性良好。

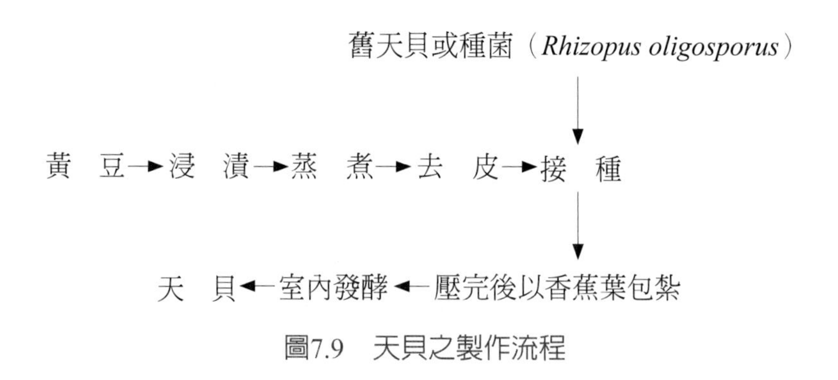

圖7.9　天貝之製作流程

⑤ 豆腐乳（sufu）

豆腐乳為中國傳統發酵食品之一，主要產地為中國大陸之中部及南部沿海各省，尤以浙江、江蘇兩省之產品最為著名。豆腐乳所用的原料為硬豆腐，所謂硬豆腐，係在豆漿中加入比普通豆腐多20%的凝固劑，其水分約70～75%（普通豆腐水分約87%）。豆腐乳之製造方法一般有兩種：A.先將麴菌（*Aspergillus oryzae*）培養於黃豆與米（1：1）混合物中以製麴，豆腐塊經鹽醃乾燥後與黃豆米麴和調味液等一同裝罐熟成。B.直接於豆腐塊表面培養毛黴菌（*Mucor*），然後鹽醃裝罐並加入調味液後封口，放置以熟成。不同處為後者有一層菌蓋使豆腐不易破碎。前者雖沒有菌蓋，但因曬得較硬故不易破碎。第B.種豆腐乳製造程序，包括：製作硬豆腐、黴化及鹽醃熟成等三個主要的步驟。常使用的黴菌是*Mucor*或*Actinomucor*，有時也使用*Rhizopus*。將黴化的豆腐塊放入容器中，灌入不同種類的鹽滷溶液，一般的鹽滷材料，包括鹽水、米酒、紅麴、豆醬、醬油、及一些香辛料如丁香、陳皮末、辣椒、茴香、花椒、五香粉等，另加老酒酒糟或燒酒以增加貯存性。經過1～6 個月的熟成後，即可得各種口味的豆腐乳。因為發酵過程中蛋白質與脂質分解成小分子的游離胺基酸及游離脂肪酸等，因此營養好容易消化。另外，豆腐乳的硬度會隨著熟成時間增加而降低，此為為何使用硬豆腐為原料之原因。豆腐乳表面有時會出現白色顆粒狀物質，那是蛋白質水解產物酪胺酸（tyrosine）的結晶，因酪胺酸之溶解度較低容易在高鹽的溶液中結晶析出。

⑥ 豆瓣醬

豆瓣醬是以黃豆或蠶豆、麵粉為主要生產原料，配製香油、醬油、味精、辣椒等副原料的一種發酵紅褐色調味料。豆瓣醬是四川菜的必備佐料，以郫縣豆瓣醬最出名。臺灣則以岡山地區生產的豆瓣醬最有名。其製法如圖7.10，其製程與醬油類似，一樣經製麴步驟，一樣使用*A. oryzae*。下缸時加入麴量1.2倍的食鹽水後進行發酵。發酵過程需不定期的攪拌以促進發酵，經2～3個月即可取出添加副原料，經裝罐殺菌後即為成品。

黃豆 → 選別 → 洗滌 → 浸漬 → 蒸煮 → 冷卻 → 拌粉 → 接種麴 → 製麴
→ 出麴 → 下缸（19～20食鹽水）→ 發酵 → 裝瓶 → 密封殺菌 → 製品

圖7.10 豆瓣醬之製作流程

⑶ 其他發酵製品

① 食醋

醋是以3～5%醋酸為主之液體調味料。釀造醋主要係以含有澱粉、糖類或酒精之原料，經微生物（醋酸菌）的作用進一步將酒精氧化成醋酸，也就是所謂之「醋酸發酵」。我國傳統食醋釀造技術，分固體醋酸發酵及液體發酵兩大類。固體醋酸發酵以鎮江香醋，清徐老陳醋，四川保寧麩醋較為著名；而液體發酵則以永春老醋及廈門白醋較為著名。今以鎮江醋的作法為例，來說明醋的製法：鎮江香醋乃是利用酒粕加水後，混入醋酸菌（種醋），而後進行發酵便可製成醋。由於其原料為紹興、黃酒等美酒的酒粕，所以風味絕佳，但新釀成的醋，風味物質間的成分不均勻，故風味不佳，必須經熟成後，產生各種揮發性及非揮發性有酸、酯類等香氣物質，風味才會較佳。熟成結束後，再經壓榨、稀釋後，便成一般的食用醋。調味醋則為醋中加香料製成。

東西方製醋原料不同，東方以穀物性原料為主，西方以水果原料為主。若為穀物性原料，則需黴菌與酵母菌協助發酵，首先製麴需要黴菌將澱粉分解為糖類，再以酵母菌發酵成酒精，最後，利用醋酸菌將酒精轉化成醋酸。目前用於生產食醋之醋酸菌包括：奧爾藍醋酸桿菌（*Acetobacter orleamense*）、許氏醋酸桿菌（*A. schutzenbachii*）、彎醋酸桿菌（*A. curvum*）、產醋醋酸桿菌（*A. acetigemum*）、乙酸醋酸桿菌（*A. aceti*）、惡臭醋酸桿菌（*A. rancens*）等。

② 紅麴

傳統的紅麴是紅麴菌生長於蒸煮過的米粒上而形成的發酵食品，製造上常用菌種爲*Monascus anka* 和*M. purpureus*。其製程如下：

白米→洗浸→瀝乾→蒸米→接種→入池保溫→翻麴→補水→烘乾→成品。

在接種發酵過程中，控溫和補水是兩件大事。紅麴菌較適合的生長溫度，一般在30℃左右。爲了避免繁殖時品溫過高抑制生長，也爲了使內外層紅麴菌生長一致，保證紅麴品質，古人創造翻堆和分堆的方法來調節合適的品溫。紅麴菌在繁殖生長期間，需要適時補充水分。隨著紅麴菌生長階段的不同，會有不同的水量需求，特別是繁殖旺盛時期更需及時補充水分。因此，分段、分批給水是紅麴生產獨有的技術，保持恰當水分可保證紅麴菌良好的生長。

傳統紅麴主要是做爲釀酒原料、食品著色劑和肉品防腐劑。大家熟知的紅露酒，就是利用紅麴做爲釀酒原料製成的。目前已確定8種紅麴色素的化學結構，可分爲紅色素、橘色素和黃色素3類，可做爲食品著色劑，且多數學者的研究報告指出紅麴色素的安全性極高，是很安全的食品添加物。但紅麴中含有黴菌毒素，如橘黴素（citrinin）。根據「食品中污染物質及毒素衛生標準」，其中橘黴素限量於紅麴米爲5000 μg/kg，使用紅麴原料製成之食品及膳食補充品爲2000 μg/kg，紅麴色素爲200 μg/kg。

③甜麵醬

甜麵醬是以麵粉爲原料的釀造麵醬，成品黃褐色或紅褐色，通常用作烹飪醬爆和醬燒菜的重要作料。可分稀甜麵醬和稠甜麵醬（乾甜麵醬）兩類。前者一般色澄黃，呈流體狀，用來調味和製造醬菜。後者色棕紅、黏稠，主要用於調味。豆瓣醬與甜麵醬外觀雷同、作用相似，製作過程亦相似，不過甜麵醬中無黃豆，多爲北方人使用，南方人則多用豆瓣醬。

7. 食品生物技術

生物技術應用範圍涉及醫藥保健、食品產業、農業、特化品產業等。生物技術是一系列的科技整合，亦是結合傳統與現代技術。其爲利用生物程序、生物細胞，改進傳統生產程序及提升生活品質之整合性科學技術。在食品加工上可應用的生物技術包括基因工程、細胞工程、酵素工程與發酵工程。

⑴基因工程（gene engineering）

基因工程係以分子遺傳學為基礎，以DNA重組技術為手段，因此基因重組是現代生物技術發展的基礎。大部分的生命現象是靠簡單的生化反應，經由複雜的調節機制來表現，而大多數的生化反應及調節機制，乃靠酵素參與催化而完成的。酵素是蛋白質的一種，為基因產物。有什麼樣的基因，才可能有什麼樣的蛋白質產物。在分子生物技術發現以前，任何生命的基因是與生俱來的。基因重組即是加入或除去一段原本不存在或已存在的基因，如此生命現象的能力即可以人為方式改變。

基因重組在食品工業上的應用包括，可用人工方式大量生產一些不易獲得的酵素或添加物，或從傳統使用的微生物獲得一些新的能力，來製造我們需要的產品。由於許多食品工業上使用的酵素原都已存在，只是性質不甚理想，如最適反應溫度、酸鹼值、水溶性、有機溶劑溶解性等不適合加工應用，這時我們可以用蛋白質工程的方法，局部變換基因而改變其所表現的酵素性狀。

⑵細胞工程（cell engineering）

對於機制複雜的反應，食品工業還是依賴傳統的選種方法或突變來進行。這時就需利用細胞工程。此乃利用細胞生物學方法，依預定的設計，有計畫地改造遺傳物質和細胞培養技術。包括細胞融合技術、動物與植物細胞工程。在自然界中選種的同時，大量的突變工作也在進行。傳統微生物突變是在有限的培養皿中篩選，往往僅能在高於每百萬個中才選出一個有效突變株。目前則可利用在發酵槽中連續培養選擇，能將效率提高10萬倍。食品工業以這種方法，已成功地選出一些耐高酒精濃度的酵母菌及可利用乳糖的酵母菌。而細胞培養技術則可大量生產生物活性物質如食用色素、食品添加劑、藥物等。

酵素一直大量使用在食品工業上。在全球的酵素市場中，超過一半是為食品工業所涵蓋。其中，澱粉處理、乳製品、烘焙及釀造業為最大宗。澱粉處理可生產高果糖糖漿、其他甜味劑及燃料酒精。凝乳酶是在製造凝乳製品時，使牛奶蛋白凝聚的一種重要酵素。傳統來自小牛的胃，然而供應量有限。現在分子生物學家已成功地在微生物中製造天然的凝乳酶。

⑶酵素工程（enzyme engineering）

酵素具有專一性與催化性，酵素工程主要把游離酵素固定化，使其可直接用於生產過程中物質的轉化。目前在工業上固定化酵素用於纖維素分解、澱粉糖類的生產（如高果糖糖漿）、低聚糖生產、蛋白粉的脫糖等。在釀造業中，澱粉酶是麥芽中的主要酵素。而在飲料製造業中，果膠酶用以澄清果汁及增加果汁榨出率；澱粉酶用以改進果汁過濾能力；木瓜酶或胃蛋白酶則用於去除啤酒沉澱。這些均是生產製造常用的酵素。

目前食品工業上用的酵素多在分解大分子方面。在合成方面，往往牽涉到的不只一種酵素，且機制複雜，不易以基因重組或蛋白質工程的方法達成，而多以發酵或組織培養方法得到。例如色素、香料等以發酵方法、組織培養法生產。

⑷發酵工程（fermentation engineering）

發酵是食品工業上一項非常重要的程序。目前生物技術在這方面研究的方向主要爲改良現有發酵菌種，使用人工接種取代自然發酵，使用固定化酵素或細胞技術等。在改良現有菌種方面，科學家利用重組基因技術分解澱粉發酵生成甜味劑。

微生物除可產生許多食品工業上的重要酵素、添加物、色素、芳香物外，本身也可做爲食品。工業上可使用發酵法生產單細胞蛋白質（single cell protein, SCP），所謂單細胞蛋白質是一些生長容易且快速的酵母類微生物，由於富含蛋白質及維生素，故可做爲健康食品。亦可應用於螺旋藻的生長、微生物膠的生產、食用色素如紅麴、β-胡蘿蔔素的生產，甚至可用於生產植物性來源之EPA與DHA，提供速食者補充此兩脂肪酸的不足。

第二節　煙燻保存

古代人發現肉掛在燃燒的火焰上不僅發出誘人的風味，且可延長保存期限，因此，食品煙燻保存的歷史相當悠久，可以追溯到公元前。食品的煙燻乃利用木材不完全燃燒時產生的煙氣燻製食品，以賦予食物特殊風味並能延長食物保存期限的方法。常用於肉品、魚類、家禽類，甚或豆製品或果乾亦有使用。

一、煙燻的目的與作用

煙燻的原始目的是爲了延長食物的保存期限，但現在食品保存方式的發達，保存食物已成爲其次要目標。其他目的包括：可形成特殊風味，發色，預防氧化，形成新穎加工產品等。甚至有些不肖廠商在食物原料不新鮮時，利用煙燻以掩蓋其不新鮮。

1. 燻煙中的主要成分

燻煙是木材燃燒產生的蒸汽、氣體、液體（樹脂）與微粒固體之混合物。其成分複雜，目前至少已分離出數百種化合物，且會因燃燒溫度、條件、不同氧化反應與許多因素變化而有所差異（表7.6）。一般了解燻煙中主要成分有酚類、酸類、醇類、羰基化合物與烴類。雖然產煙過程複雜，但目前了解纖維素與半纖維素可形成羰基與酸類成分，木質素則形成酚類成分。

表7.6 燻煙的主要成分

分類	成分
有機酸	甲酸、醋酸（乙酸）、丙酸、丁酸、戊酸
酚類	酚、甲氧基酚、甲酚、沒食子酚
醛類	甲醛、乙醛、丙醛、呋喃醛、甲基呋喃醛
酮類（羰基化合物）	丙酮、甲乙酮、2-戊酮
其他	甲醇、乙醇、甲酸甲酯、醋酸甲酯、氨、甲胺、三甲胺

酚類的功效有三：抗氧化、抑菌防腐與形成特有的燻香味。其中抗氧化功效爲最重要者，而各種酚類呈現之顏色與風味皆不相同，因此總酚類的含量結果並不一定與官能品評結果一致。

醇類中以甲醇最常見，由於其爲木材蒸餾的主要產物之一，故又稱木醇。醇類殺菌作用極弱，亦對風味貢獻較弱，主要作用係作為揮發性物質的載體。

燻煙中含有小於十個碳的小分子有機酸，其中四個碳以下之有機酸主要存在於蒸汽相中，五至十個碳之有機酸則附著於固體微粒上。有機酸之主要作用為促使肉製品表面蛋白質凝固，以形成良好的保護外皮。而有機酸對風味貢獻極弱，殺菌作用則要濃度極高時才能顯現於食物表面。

羰基化合物種類繁多，燻煙的風味與芳香味可能主要來自某些特殊之羰基化合物。烴類指樹脂產生的多苯環烴類，其中有兩類二甲基二苯與苯基嘌呤，已證實為致癌物。煙燻所產生之多環芳香碳氫化合物（polycyclic aromatic hydrocarbons，簡稱 PAHs）有多種致癌物。此物質與呼吸道及腸胃道癌症密切相關。由於其主要附著於燻煙的固相上，因此可藉由過濾或淋水方式去除。如此就可生產不會致癌的煙燻食品。另外，香腸之腸衣可阻隔大部分之多苯環烴類，食用香腸時將腸衣剝除就可避免吃入這類物質。

2. 煙燻的功效

⑴防腐作用

傳統食品煙燻時，由於與加熱同時進行，當溫度達到40℃以上時，就有抑菌與滅菌的功效，可降低微生物的含量。同時在煙燻時，食物表面的蛋白質與煙氣成分產生相互作用，加上熱使其凝固，因此形成一層蛋白質變性的薄膜。這層薄膜不僅可防止產品內部水分的流失與風味物質的散逸，同時可一定程度的阻止微生物進入食品內部。

另外，煙燻過程中，食品表面會產生脫水與水溶性成分的轉移，使食品表層鹽濃度增加，加上燻煙中的甲醛、甲酸、醋酸等附著表層，使其pH下降，可有效的殺死或抑制微生物。而產生之酚類物質則有抗氧化之功效，使食品得以長期儲存。

⑵發色作用

煙燻製品表面往往會形成特有的褐色，主要是梅納反應造成。其由原料的蛋白質與燻煙中的羰基化合物反應所造成。製品的顏色與木材的種類、煙的濃度、樹脂含量、燻製的溫度與肉表面水分等因素有關。如肉表面較乾、溫度較低時，則色較淡；若肉表面潮濕、溫度較高時，則色深。而香腸製品若先用高溫加熱，再加以煙燻，則因煙燻時脂肪會外滲而使產品表面帶有光澤。

另外，煙燻製品往往會添加發色劑，也就是常用的亞硝酸鹽類與硝酸鹽類，而燻製過程中的熱會促進硝酸鹽還原成亞硝酸鹽，並促進其分解爲一氧化氮而有利於發色。至於亞硝酸鹽發色原理將於第十章畜產加工中詳細介紹。

⑶ 呈味作用

煙燻過程中，燻煙中的有機化合物會附著於食品表面，賦予產品特有的風味。其中酚類化合物爲構成呈味作用之主要物質，尤其是癒創木酚爲重要之風味物質。這些物質不僅本身具有特殊風味，同時與肉中成分反應後，又會生成新的呈味物質。這些呈味物質一開始先累積於產品表面，隨後會漸漸滲入食品內部，使食品之口感更佳。

⑷ 抗氧化作用

煙中抗氧化作用最強的是酚類化合物，但煙燻後之抗氧化成分皆積存於食品表層，中心部分並無抗氧化劑。

二、影響煙燻加工之因素

1. 燻材

不同燻材所產生的燻煙，所含的成分會有所差異，通常樹脂少而質地硬者，較不會產生不快的臭味，因此闊葉樹較針葉樹具有較佳之香氣。常用的木材爲榛、胡桃木、白樺、白楊、白檜、櫟、樫等，亦有用稻殼、玉米芯、白糖、茶葉等者。至於松、杉、檜等則因樹脂多故不適用，因爲會產生大量的炭化固體顆粒，影響食品色澤，並產生苦味。但若使用液燻法時，則所有木柴皆可使用。

加熱時纖維素會裂解產生1,6去水葡萄糖，再分解成醋酸、酚、丙酮等物質；半纖維素含有戊聚糖，熱裂解會形成呋喃、糠醛與酸。酚類化合物爲木質素熱裂解之主要產物，木質素裂解同時會產生甲醇、丙酮與簡單之有機酸與非蒸汽揮發性成分。半纖維素中之戊聚糖爲木柴中熱穩定性最差的成分，其所產生之酸量較纖維素與木質素要多。另外，纖維素與木質素在極高溫度下，特別是缺氧時會產生多環烴類。

以往煙燻多使用乾木柴，後來發現新鮮或半乾的木柴更能控制溫度與燻煙濃度。目前工業上更大量使用木屑，因其更能產生大量燻煙。

2. 溫度

煙燻時溫度很重要，溫度過低達不到預期煙燻的效果；溫度過高，造成脂肪融化，使肉收縮而影響品質。常用的溫度爲35～50℃，時間爲12～48小時，溫度高，則時間可縮短。

3. 水分含量

水分之存在會影響燻煙之被吸收量。潮濕有利於吸收，而乾的表面則會延緩吸收。外界之相對濕度也會影響，相對濕度高有利於加速燻煙的沉積，但卻不利色澤的形成。

4. 空氣流速

燻煙室內適當的空氣流速有助於燻煙的沉積，空氣流速愈大則燻煙與食品表面接觸的機會就愈多；但流速過高會使燻煙濃度降低，反而不利燻煙的沉積。一般採用7.5～15 m/min之流速。

三、煙燻加工方式

1. 按燻製前原料狀態分類

(1) 生燻

燻製前僅對原料進行整理、醃製等處理，沒有經過熱加工，稱爲生燻。包括西式火腿、培根等，一般燻製溫度低，時間長。

(2) 熟燻

煙燻前已經加熱之產品稱爲熟燻，如燻雞、燻肉類，一般燻製溫度高，時間短。

2. 按燻煙生成方法分類

(1)直接煙燻

爲最傳統的煙燻方式，在煙燻室內直接燃燒木材進行燻製。一般在下方燃燒木材，上方垂掛產品。其不需要複雜的設備，但溫度分布不均，使產品品質不均。

(2)間接煙燻

在燻煙發生器中產生燻煙後，將一定溫度與濕度的燻煙送入煙燻室中進行燻製。由於燻煙產生處與燻製處爲獨立構造，故稱爲間接煙燻。由於較能控制煙燻之溫度與產品品質，故目前使用上較爲廣泛。

3. 按溫度範圍分類

(1)冷燻法

爲低溫（15～30℃）下長時間燻製的方式，一般燻煙與空氣混合之溫度不超過25℃，時間一般爲7～20天。燻前原料會經較長時間醃漬，且需冷藏。由於燻製時間長，因此水分流失多，產品水分低（40%以下），使鹽量與煙燻成分相對提高，且有熟成情形，因此風味增強，且保存性提高。但缺點爲鹹味較重。冷燻法用於乾香腸、帶骨火腿與培根。對於氣溫較高地區，則不適合。

(2)溫燻法

在30～60℃範圍的煙燻方法。因溫度超過脂肪的熔點，因此脂肪容易游離出，且有部分蛋白質開始凝固，因此產品質地稍硬。由於此溫度適合微生物的生長，因此燻製時間通常較短，約5～6小時，最長不超過1～2天。其產品水分較高，約50～60%，風味佳但儲存性差，通常需要冷藏以保存。溫燻法可用於培根與西式火腿產品。

(3)熱燻法

在50～80℃範圍的煙燻方法，一般多控制於60℃左右，燻製時間則少於一天，爲一般較常用之方法。由於此溫度高，因此可在短時間內讓食物表面上色。而在此高溫下，蛋白質幾乎全部凝固，且溫度較高，因此會在食物表面硬度較大，而內部則含有較多之水分。一般灌腸類、鮭魚、鯊魚煙常用此條件加工。

⑷焙燻法

在90～120℃範圍的煙燻方法，時間約2～12小時。由於其溫度高，會在食品表面很快形成乾燥膜，會阻礙水分逸失，故最後製品水含量高（50～60%），且鹽分與燻醃成分低，加上脂肪受熱融化，因此不易儲存。一般能儲存4～5天。

一般加熱煙燻的產品，在燻製結束後，若放在通風處冷卻，則會引起明顯的收縮現象。因此，必須在不通風處慢慢的冷卻。對於煙燻完尚需蒸煮之產品，則可立即蒸煮，一次冷卻，可避免表面過度之收縮。

4. 以煙燻媒介分類

⑴煙燻法

即前述以直接或間接方式，將食物直接利用燻煙方式加以煙燻者。

⑵電燻法

運用靜電進行煙燻的方法。將待加工之食品接上正負電極，一方面送煙，同時通上15～30kV電流，此時煙塵由於放電而帶有電荷，可迅速吸附於食品表面，甚至進入食品之深層。可大大縮短煙燻之時間。但由於製品中甲醛含量較高，且煙燻不均勻，在產品尖端處沉積之燻煙較多，且成本較高，因此不普及。

⑶液燻法

液燻法又稱濕燻法或無煙燻法，是指用液態煙燻劑代替傳統煙燻的方式，將木材乾餾生成的木醋液或用其他方式生成的煙氣成分，用以浸泡或塗噴食品表面，以代替傳統的煙燻法。為目前工業上使用相當普遍的一種方式。其處理時間約10～20小時。

此法優點包括不需要燻煙產生器，可節省大量設備的投資成本；燻煙成分較穩定，可縮短燻製時間；煙燻劑中固體顆粒可去除，致癌危險性較低。

燻液產生方式可用硬木屑加熱產生煙霧，將此煙霧導入吸收塔中，利用循環水將其成分吸收，直到固定濃度。經過一段時間後，將固體成分過濾，以減少致癌之可能性。

另外一種方式，係在製造木炭時，將未燃盡之木頭立即浸水熄火，此時可得到一種副產物，稱為木醋液，亦可作為液燻之原料。若以竹子為原料則稱為竹醋液。使用竹醋液尚可增加肉品之抗氧化性。

液燻的方式包括：

① 直接添加法。以注射、搓揉方式將煙燻液直接加到食品中的方式。主要在使產品產生風味，無法使產生產生煙燻的色澤。

② 表面添加法。將煙燻液直接施於食品表面。其可用浸漬方式、噴淋方式、塗抹方式處理，或將煙燻液霧化或汽化後，在煙燻室內完成燻製。

③ 腸衣著色法。在產品包裝前利用煙燻液對腸衣進行滲透著色，日後蒸煮時，由於滲透作用，煙燻液會滲入食物中達到上色與產生風味之功效。爲目前流行的一種新方式。

使用液燻方式由於水分高，因此尚需要經過乾燥方式以保存。此法生產之產品品質均一，較衛生，但風味、色澤與儲存性較直接煙燻者爲差。

第三節　醃漬加工

醃製（漬）是指用食鹽或糖等醃製材料處理食品原料，使其滲入食品組織中，以提高其滲透壓，降低水分活性，並有選擇性的抑制微生物之活動，以防止食品腐敗，改善食品品質的加工方法。

一、常見的醃製食品種類

醃漬英文爲pickling或curing，其中蔬果類常用pickling，而肉類常用curing。利用食鹽醃漬的方法稱爲鹽漬（salting或brining），水果利用糖醃漬的產品稱爲糖漬品（preserves），肉品的醃漬過程則稱爲醃漬（curing）。Pickle雖中文翻譯爲醃菜類，泛指一般的醬菜類，但英文中所稱之 pickle，係以食醋調整爲酸性者，英文中狹義的pickle即指醃黃瓜。若製品完全浸漬於醋中，不添加砂糖者，稱爲醋漬醃菜（sour pickle），若浸漬於醋中，再加砂糖者，稱爲甜酸醃菜

（sweet pickle）。另外，醃漬液也稱爲pickle。

蔬菜醃漬品根據其醃漬過程是否有發酵作用，可分爲發酵型與非發酵型兩類。非發酵型指醃漬過程中完全抑制微生物的乳酸發酵，其特點是食鹽用量很大，主要包括醃菜、醬菜與糟漬品、糖漬品等。發酵型主要特點爲食鹽用量較少，並會添加酸性調味料，在醃漬過程中伴隨有顯著的乳酸發酵現象，使產品酸度提高，如泡菜、醃黃瓜等。

二、醃漬原理

1. 擴散與滲透

醃漬過程主要靠鹽、糖等物質以擴散和滲透作用進入食品內，因而降低食品之水活性，提高滲透壓，達到抑制微生物與酵素作用，防止食品腐敗之目的。

擴散（diffusion）是指是分子通過隨機分子運動從高濃度區向低濃度區的網狀的傳播，亦即分子在不規則熱力運動下，固體、液體、氣體濃度均勻化的過程。物質擴散方向取決於本身濃度梯度，與其他物質無關。而其必須持續到各處濃度皆平衡後才停止。在糖液中擴散速率順序爲：葡萄糖＞蔗糖＞飴糖。

除濃度外，溫度亦會影響擴散速度。溫度每增加1℃，物質在水中的擴散係數增加2～3.5%。雖然濃度差愈大，則擴散速度愈快，但溶液濃度增加時，黏度也會增加，則會造成擴散係數下降，因此濃度大小之影響是必須考慮的。

滲透是指溶劑從低濃度經過半透膜向高濃度溶液擴散的過程，一般的細胞膜是半透膜。滲透產生滲透壓。滲透作用對食品醃漬與煙燻非常重要。滲透壓與溫度與濃度成正比，因此要加速醃製過程，需在高溫與高濃度下進行。但高溫下容易造成食物的腐敗，因此醃漬的溫度必須考慮食品原料之性質，如蔬果類可在室溫下進行醃漬，而魚、肉類則需在10℃以下進行。

食品的醃漬是擴散與滲透相結合的過程。食品外部溶液與細胞內部溶液之間藉滲透過程與溶質的擴散過程逐漸趨向平衡，當濃度差逐漸降低直至消失時，擴散與滲透過程就達到平衡。

2. 防腐功能

醃漬過程中，乳酸菌爲主要細菌，其所產生的適量乳酸可增加製品的美味，但過量則有使產品酸敗的疑慮。而酵母菌所產生的酒精則有調味功效，但也可使製品變質。黴菌則在醃漬蔬菜中較少發生。食鹽與糖的防腐功效不同。以下分別加以敘述。

(1) 食鹽的防腐功效

一般而言，鹽濃度1%以下時，微生物不受任何影響。1～3%時，大多數微生物會受到暫時性抑制。5%以下食鹽濃度，最初有乳酸菌繁殖，產生酸味，但隨即腐敗菌會繁殖使製品腐敗。8～10%食鹽濃度，乳酸菌會繁殖，而有抑制腐敗菌生長的作用。但不久後產膜酵母菌在表面生長使乳酸被消耗，造成腐敗菌繁殖，故不可長期保存食物。15%食鹽濃度，腐敗菌無法生長，僅剩產生醃菜臭的細菌會生長。20%食鹽濃度，可完全防止細菌的繁殖，僅表面可能有少量產膜酵母生長。

食鹽的作用包括對微生物產生脫水作用、降低水活性，同時食鹽溶液中含有鈉、鎂、鉀、氯等離子，會對微生物產生毒害作用，達到抑制微生物之功效。而鹽會使水中氧濃度降低，使好氣性微生物生長受到抑制。

(2) 糖的防腐功效

糖的種類與濃度決定其與微生物之作用。1～10%糖濃度甚至會促進某些微生物的生長，50%糖濃度才能阻止大多數細菌的生長，而要抑制黴菌與酵母菌的生長則要65～75%糖濃度。若要達到食品保藏的效果，則以70～75%濃度糖爲最適宜。而糖漬食品中如何防止黴菌與酵母菌生長爲主要問題。

至於糖的種類，同樣濃度下，葡萄糖與果糖溶液的抑菌效果，要比乳糖及蔗糖好。因前者爲單糖產生的滲透壓較高，後者爲雙糖。另外糖溶液中氧的濃度可大爲下降，亦有抑菌之功效。

(3) 微生物發酵的防腐作用

發酵型醃漬過程中，會有乳酸發酵、輕度酒精發酵與微弱的醋酸發酵。乳酸、醋酸可使pH值下降，酒精亦具有防腐作用，同時發酵過程亦有二氧化碳的產生，也會對氧氣有阻隔的效果。這些都對有害微生物有抑制之功效。

三、醃漬劑

1. 鹹味劑

主要爲食鹽，但食鹽中的其他微量物質會影響產品之品質。如食鹽中含有過多的氯化鈣、氯化鎂、硫酸鎂、硫酸鈉與氯化鉀，都會產生苦味，甚至造成成品的苦味。一般鹽溶液濃度的測量係利用波美液體比重計（Baume hydrometer），以波美度（Be）表示。

2. 甜味劑

主要以蔗糖爲主。在肉品醃漬過程中，還原糖（葡萄糖、果糖、麥芽糖等）能吸收氧而防止肉品脫色。因此在快速醃漬時，最好選用葡萄糖，長時間醃製時，則選用蔗糖。同時，肉醃漬過程中，在糖和亞硝酸鹽共存條件下，當爲pH 5.4～7.2時，可在微生物作用下產生氫氧化氨，其可抑制微生物體內之過氧化氫酶活性，而阻止有害菌的生長。

3. 酸味劑

主要爲食用醋，其主要成分爲醋酸，具有良好的抑菌作用。在濃度0.2%時，便有抑菌效果；在濃度0.4%時，對各種細菌與部分黴菌有抑制功效；濃度0.6%時，對酵母菌與黴菌皆有優良之抑制效果。

4. 肉品發色與助發色劑

發色劑主要爲硝酸鹽與亞硝酸鹽（鉀鹽或鈉鹽）。助發色劑主要爲抗壞血酸、異抗壞血酸及其鈉鹽，主要靠其還原作用與抗氧化作用，以穩定醃肉的顏色。

5. 防腐劑

食鹽與糖雖有防腐作用，但當要完全防腐時，可能用量過高，而影響味道。因此，其用量會受到限制，此時爲達防腐之功效，往往必須加入防腐劑，而部分醃漬食品也爲政府法令規定可添加防腐劑者。根據「食品添加物使用範圍及用量標準」，可用於醃漬食品的防腐劑如表7.7。

表7.7　可用於醃漬食品的防腐劑

名稱		可用之醃漬食品	容許用量
己二烯酸	己二烯酸（sorbic acid）、己二烯酸鉀potassium sorbate）、己二烯酸鈉（sodium sorbate）、己二烯酸鈣（calcium sorbate）	水分含量25%以上（含25%）之蘿蔔乾、醃漬蔬菜	用量以Sorbic Acid計爲2.0 g/kg以下
		糖漬果實類	用量以Sorbic Acid計爲1.0 g/kg 以下
苯甲酸	苯甲酸（benzoic acid）、苯甲酸鈉（sodium benzoate）、苯甲酸鉀（potassium benzoate）	糖漬果實類、水分含量25%以上（含25%）之蘿蔔乾	用量以Benzoic Acid計爲1.0 g/kg 以下
		醃漬蔬菜	用量以Benzoic Acid計爲0.6 g/kg 以下

四、常用醃漬法

1. 鹽醃

(1) 乾醃法

將鹽直接撒在食品表面，在外加壓或不加壓，利用食鹽產生的高滲透壓使原料脫水，同時食鹽溶化成鹽水滲入食品內部。由於一開始僅用食鹽不用水，故稱爲乾醃法。所滲出的鹽水，稱爲滷水。

乾醃的食鹽用量因原料與季節而異。醃肉的鹽用量爲6～8%，冬季可酌減。蔬菜鹽用量爲7～10%，夏季爲14～15%；若爲發酵型蔬菜，則食鹽用量爲2～3.5%，以利乳酸菌繁殖。傳統之金華火腿、冬菜等即使用乾醃法。

乾醃法優點爲設備簡單，用鹽量少，含水量低而有利於儲存，且營養成分流失較其他方式少。缺點爲食鹽分布不均，影響食品內部鹽分的均勻分布，且產品脫水量大，減重多，特別是肉中脂肪含量較少的部位，造成產品風味的流失。另外當滷水無法完全浸沒原料時，易引起蔬菜原料的長膜、發霉等劣變。

⑵濕醃法

將食物原料直接浸入一定濃度的鹽水中，利用擴散與滲透作用使鹽水均勻的滲入食品中的方法。當原料內外溶液濃度達到平衡時，即完成醃漬的手續。肉類、魚類與蔬菜皆可使用此方法，水果中，橄欖、李子、梅等加工品異常用此法製成胚料。

濕醃法由於原料完全浸在鹽水中，因此產品中鹽分分布均勻，且可避免原料接觸空氣產生氧化變質現象。缺點為用鹽量多，且營養成分流失多，且因產品水分高，不利於儲存。同時所用容器較多，空間需求較大。

⑶醃曬法

將醃漬與日曬結合的方法。即先用鹽醃，再加以晾曬以脫水製成鹹胚。常見如榨菜、梅乾菜、蘿蔔乾等皆使用此法。

⑷注射法

用於肉品。在醃製前先將鹽水注射入肉中，再加入鹽水醃漬的方法。此法優點為鹽水能迅速滲入肉的深處，不破壞組織的完整性。但使用此法必須肉的血管系統完整，且屠宰時放血良好。

⑸混合醃製法

上述醃製法相結合的一種醃製方式。如肉煙燻製品即常用注射法將鹽水加入後，以乾的硝酸鹽塗抹於肉表面，再醃製；或先塗上乾的硝酸鹽後，再放入鹽水中醃製。

2. 糖漬

主要用於蜜餞、果醬之製作。其製作見第十一章。

3. 醋漬

利用有機酸加以醃漬的方法。按酸的來源可分為人工酸漬與微生物發酵酸漬兩種。人工酸漬所用酸以醋酸為主，常見於酸黃瓜、糖醋大蒜等產品。酸漬前蔬菜原料需先以低鹽醃漬後再加入酸。

微生物發酵則係利用乳酸進行醃漬，常見產品如酸白菜、泡菜、酸奶等。因乳酸菌為兼性嫌氣菌，故發酵過程原料需完全浸沒於浸漬液中，並作好用具與容器的消毒。

五、醃漬品之品質

1. 熟成的影響

醃漬過程中，除醃漬劑的擴散、滲透外，還存在化學與生化變化，此過程即稱爲熟成（aging）。醃漬肉熟成過程中，不僅是蛋白質與脂肪變化形成特有色澤與風味，且進一步使醃漬劑如食鹽、硝酸鹽等繼續均勻擴散。肉類經過熟成後，才會產生特有的色澤、風味與質地。也就是臘味。如著名的金華火腿，熟成時間要足夠長，才會出現深紅色澤、濃郁的香味。一般肉類的熟成皆置於專用熟成室內，其溫度與相對濕度都需要嚴密的控制。溫度愈高，則熟成速度愈快。但也可能產生不良之影響，例如腐敗菌之生長等。

脂肪含量也會影響熟成效果。如多脂魚醃漬後風味較少脂魚佳。一般認爲脂肪在弱鹼性下會分解成甘油與脂肪酸，脂肪酸會與因硝還原生成的鹼類化合物產生皀化反應，少量的皀化物會減少肉製品的油膩感，而少量甘油則會潤澤成品，並略帶甜味。但過多甘油則會造成回潮與發霉。

熟成過程中一部分可溶性物質滲到鹽水中，此營養物質就成爲微生物生長的基質，而微生物分解產物就成爲熟成醃漬品風味的來源之一。

2. 顏色

蔬果中的氧化酵素與糖、胺類化合物會產生酵素性與非酵素性褐變反應，而影響醃漬蔬果的顏色，使其呈現金黃色、褐色、紅棕色等顏色。對於顏色深的成品，如醬菜、乾醃菜與醋漬品，往往需要褐變產生的顏色。若醃漬過程中褐變反應受到抑制，則成品顏色變淺，影響品質。

但如醃白菜、鮮綠的醃菜或糖漬產品而言，褐變則會產生不良的顏色影響。此時就要採取防止褐變的機制。例如殺菁抑制酵素或隔絕氧氣可以抑制酵素性褐變，降低反應物濃度與介質的pH值、避光與降低溫度，可抑制非酵素性褐變。

食物亦可由醃漬劑中吸附顏色，如糖液、醬油、食醋等醃漬劑，在醃漬過程中，存在於這些醃漬劑中的色素會被食品吸附而使成品變成類似醃漬劑的顏色。

至於醃肉的顏色主要來自添加之硝酸鹽類所產生的化學反應。

3. 風味

風味包括香味與味道，是醃漬食品的重要品質指標之一。風味有些來自於原料本身，有些來自醃漬劑，另有些爲熟成過程所產生者。

醃漬過程中，往往會加入一些調味料，其可能具有特殊之風味。如添加大蒜時，因大蒜含有蒜素（allicin）爲大蒜獨特臭味主要來源。它是在大蒜受到破壞時，細胞內的風味前驅體與酵素接觸所產生的。蒜素因爲極不穩定，容易分解而形成單硫、雙硫甚至三硫化物，而這些物質都是具有強烈揮發性及風味的物質。因而使添加大蒜之醃漬品擁有特殊的風味。

某些蔬菜中含有辛辣成分，如蘿蔔，在醃漬過程中，隨著組織大量的脫水，這些辛辣物質也會流失，因而降低產品的辛辣味。

肉類製品在醃漬過程中，蛋白質會分解成帶甜味、鮮味的胺基酸，醃肉特殊的風味就是從這些胺基酸而來。

發酵也會產生風味物質，如蔬菜發酵產生乳酸、乙醇與醋酸，乳酸可使產品具有爽口的酸味，乙醇帶有酒的醇香，醋酸則具有刺激性的酸味。

第四節　使用化學添加物保藏食品

食品加工之目的之一爲延長保存期限，傳統爲延長食品之保存性，往往以前述之發酵、煙燻、醃漬方式進行。據估計目前糧食由於儲存上的損失占到總量的15%，蔬果的耗損更高達25～30%。隨著化學知識的進步，世界各國普遍了解哪些化學物質可用於保存食品，例如在油脂中添加維生素E可避免其氧化，在醬油中添加苯甲酸可防止其變質。因此在食品中添加食品保存劑已成其減少變質損失之一個重要手段。而這些保存劑即爲食品添加物之一環。

一、食品添加物簡介

食品添加物定義爲「在食品製造，食品加工中，或爲了貯藏之目的，以添加、混合、浸潤或其他方法使用於食品者」。

根據法令的規定，食品添加物應具備下列三個條件：

1. 就用途而言：係指食品之製造、加工、調配、包裝、運送、貯藏、等過程中，用以著色、調味、防腐、漂白、乳化、增加香味、安定品質、促進發酵、增加稠度、增加營養、防止氧化或其他用途而添加或接觸於食品之物質。

2. 就本質而言：食品添加物之管理範圍以有下列情形之一者爲限：在其製造過程中本身經過化學變化或化學反應而製成之化學合成品供作食品添加物之用者。或通常不供作食用之天然物成分，而成爲食品添加物之用者。

3. 就法令而言：食品添加物非經中央主管機關查驗登記，並發給許可證，不得製造或輸入、輸出。

一個合法的食品添加物，應具備上述的三個條件而不可缺任一項，因爲：

1. 如果僅對「用途」，規定，用醬油、醋、糖、鹽、味精等調味料都可做爲調味，增加營養或防腐之用，如此一來，醬油、醋、糖、鹽、味精都要以食品添加物的規定來管理，將使管理的範圍過於廣泛，且不切實際，因此要加入「本質」以規範之。

2. 如果食品添加物僅由「用途」及「本質」加以規定，則硼砂可用於增加製品之彈性及蝦類的防腐，且爲人工合成物質，應被列爲食品添加物的一種；又，工業用化學物質與食品用化學物質（如各種酸味劑，著色劑等），其本質上都是具有相同的作用，但是工業用化學物質常夾雜有大量人體有害的雜質，如重金屬等，因此必須與食品用高純度的化學物質做區別。所以，必須要以法令來規範什麼東西可當作食品添加物，以及作爲食品添加物的物應符合什麼樣的標準。

我國將其分爲十八項，包括：1. 防腐劑；2. 殺菌劑；3. 抗氧化劑；4. 漂白劑；5. 保色劑；6. 膨脹劑；7. 品質改良用、釀造用及食品製造用劑；8. 營養添加劑；9. 著色劑；10. 香料；11. 調味劑；11-1. 甜味劑；12. 黏稠劑（糊料）；13.

結著劑；14. 食品工業化學藥品；15. 載體；16. 乳化劑；17. 其他（表7.8）。

表7.8 食品添加物之分類

種類	用途	品目
(1) 防腐劑（preservative）	抑制黴菌及微生物之生長，延長食品保存期限之物質	己二烯酸、苯甲酸等24種
(2) 殺菌劑（bactericide）	殺滅食品上所附著微生物之物質	過氧化氫1種
(3) 抗氧化劑（antioxidant）	防止油脂等氧化之物質	BHA、BHT、VitE、VitC等27種
(4) 漂白劑（bleaching agent）	對於食品產生漂白作用之物質	亞硫酸鉀、亞硫酸鈉等9種
(5) 保色劑（color fasting agent）	保持肉類鮮紅色之物質	亞硝酸鈉、硝酸鉀等4種
(6) 膨脹劑（leavening agent)	爲使糕餅等產生膨鬆作用而使用之物質	合成膨脹劑等14種
(7) 品質改良用、釀造用及食品製造用劑（quality improvement distillery and foodstuff processing agent）	爲改良加工食品品質、釀造或食品製造加工必須時使用之物質	三偏磷酸鈉、硫酸鈣、食用石膏等94種
(8) 營養添加劑（nutritional enriching agent）	強化食品營養之物質	維生素礦物質胺基酸等319種
(9) 著色劑（coloring agent）	對食品產生著色作用之物質	食用紅色六號等35種
(10) 香料（flavoring agent）	增強食品香味之物質	香莢蘭醛等90種
(11) 調味劑（seasoning agent）	賦予食品酸味旨味之物質	L-麩酸鈉（味精）、檸檬酸等33種
(11-1)甜味劑（sweetner agent）	賦予食品甘味甜味之物質	山梨醇、糖精等26種

種類	用途	品目
(12) 黏稠劑（糊料）〔pasting (binding) agent〕	賦予食品滑溜感與黏性之物質	鹿角菜膠、CMC等42種
(13) 結著劑（coagulating agent）	增強肉類魚肉類黏性之性質	磷酸鹽類等15種
(14) 食品工業化學藥品（chemicals for food industry)	提供食品加工上所需之酸及鹼	鹽酸、氫氧化鈉等10種
(15)載體（carrier）	用於溶解、稀釋或分散等物理性作用	丙二醇、甘油2種
(16) 乳化劑（emulsifier）	讓水與油無法相互均一混合之原料乳化之物質	脂肪酸甘油酯、脂肪酸蔗糖酯等32種
(17) 其他（others）	分別具有消泡、過濾、防蟲、被膜等之物質	矽樹脂、矽藻土、蟲膠等19種

其中與食品保藏有關者爲防腐劑、抗氧化劑與保色劑。使用這類添加物的優點爲在室溫條件下就可延緩食品的腐敗變質，與罐藏、冷凍等加工相比，具有簡便、經濟的特點。但其功效爲短暫性的保存，因其只能延緩微生物的生長或化學反應。添加物的用量愈大，則效果愈好，但過量則會有容易超過標準之疑慮。

二、防腐劑

防腐劑（preservatives）包括己二烯酸鹽、苯甲酸鹽、對羥苯甲酸酯類、丙酸鹽、聯苯、去水醋酸鹽、乳酸鏈球菌素、鏈黴菌素等。防腐劑無法殺死食品中的微生物，只是抑制其生長或代謝，因此仍需在適當的環境下儲放食品。在「食品添加物使用範圍及用量標準」尚未修訂前，防腐劑爲少數正面表列的食品添加物（目前所有食品添加物皆已修訂爲正面表列），也是消費者食用上最疑慮之食品添加物。

己二烯酸（sorbic acid）又稱山梨酸，爲無色或白色結晶粉末，是一種不飽和脂肪酸，在體內可以直接參與脂肪代謝，最後被氧化爲二氧化碳和水，因此幾乎沒有毒性。在醃漬肉中加入可減少硝酸鹽的用量，降低其致癌之風險。對黴菌、酵母菌與好氣性腐敗菌之抑菌效果好，但對厭氧性細菌與乳酸菌幾乎無作用。其僅是用於衛生條件好，微生物數量少的食品之防腐。在微生物過多之食品中，其可被微生物作爲營養源，不僅無抑菌作用，甚而會促進食品腐敗變質。

苯甲酸（benzoic acid）是一種無色結晶固體，又稱安息香酸，因水中溶解度低，故大多數使用苯甲酸鈉、鉀兩種鹽類。苯甲酸進入人體後，大部分在9～15小時內，可與甘胺酸作用生成馬尿酸，從尿中排出，剩餘部分與葡萄糖化合而解毒。故符合標準者，對人體無害，但有些人會有皮膚過敏反應。在酸性環境下，對黴菌與酵母菌抑菌效果好，對產酸菌作用較弱。但pH 5.5以上則作用減弱。其抑菌效力低於山梨酸（爲其1/3）。過量使用苯甲酸常是造成產品不合格的主要原因。

對羥苯甲酸酯類是苯甲酸的衍生物。其屬於廣效型抑菌劑，對黴菌與酵母菌的作用較強，對革蘭氏陰性桿菌與乳酸菌的作用較差。其抑菌機制與苯甲酸相似，主要使微生物細胞呼吸系統與電子傳遞鏈酵素系統受抑制，並能破壞微生物細胞膜的結構。

去水醋酸爲白色結晶，難溶於水，但去水醋酸鈉則在水中溶解度可達33%。其對黴菌與酵母菌的作用較強，對細菌的作用較差。其作用主要爲與金屬離子產生螯合作用，使微生物酵素系統受到損害所致。去水醋酸類適應的pH值範圍較寬，但以在酸性下抑菌效果佳。主要用在乳製品之防腐。

丙酸鹽易溶於水，在低pH下抑菌作用強。對黴菌、好氧性芽孢桿菌與革蘭氏陰性桿菌的抑制作用較強。但對酵母菌則幾乎無效。因此，常用於麵包與糕點之防霉。由於其爲人體代謝之中間產物，因此毒性較低。

乳酸鏈球菌素（nisin）爲乳酸鏈球菌生產的一種多胜肽物質。對革蘭氏陽性菌有抑制效果，但對黴菌、革蘭氏陰性菌與酵母菌則無效。常用於乳製品與肉類製品之抑菌。

三、抗氧化劑

抗氧化劑（antioxidant）的目的在防止食品的氧化作用，尤其是油脂，非常容易氧化，因此含有多量油脂的食物，必須加入抗氧化劑，否則不易久放。抗氧化劑包括二丁基羥基甲苯（BHT）、丁基羥基甲氧苯（BHA）、維生素E及維生素C及其鹽類、沒食子酸丙酯、癒創樹脂、半胱胺酸鹽酸、第三丁基氫苷、亞硫酸鹽類，其中大部分爲脂溶性，而維生素C與亞硫酸鹽類則爲水溶性。抗氧化劑多半有加乘效果，亦即混合兩種抗氧化劑時，其抗氧化的功用比使用單一抗氧劑的效果爲佳。

四、其他

1. 殺菌劑（germicidal agent）

殺菌劑顧名思義可殺死食品中的微生物，但其最後殘留在食品中的含量亦不可過高。原殺菌劑包括氯化石灰（漂白粉）、次氯酸鈉液、二氧化氯及過氧化氫（雙氧水），前三者用在飲用水的殺菌用。新修訂將其移至食品用洗潔劑中規範，僅保留過氧化氫一項。

2. 保色劑與著色劑

在加工時，食品顏色常因各種加工程序而改變，因此會加入保色劑及著色劑以調整產品色澤。此二物質基本上的作用是不同的，保色劑係用在香腸、火腿等肉製品中，且皆爲硝酸及亞硝酸鹽類，由於這些肉類具有肌紅色，因此保色劑的目的只是在保持這些肉類的原色，對於無顏色的物質則毫無作用。而著色劑有許多不同的顏色，添加之後，可任意的將食品改變成各種的顏色。

3. 調味劑

調味劑的添加可增進食品的味道，常見的調味劑包括甜味劑、酸類、呈味劑及氯化鉀、咖啡因等。其中酸味劑因可改變產品之pH值，故適當控制用量時，可最爲食品保藏之功效使用。目前將甜味劑獨立成11-1項。

五、加工食品減少使用食品添加物之趨勢

由於加工食品使用食品添加物常給消費者一些負面的印象，因此目前有減少使用的趨勢。因此，潔淨標示（clean label）因應而生。以肉製品之趨勢爲例，目前紛紛利用天然物質或萃取物作爲食品添加物的替代品（表7.9）。

表7.9 肉製品以天然萃取物取代食品添加物之範例

食品添加物	主要作用	取代物	應用產品
磷酸鹽	保水、結著	柑橘纖維、黑棗濃縮汁、動植物蛋白、多醣	生鮮肉品、乳化型肉品、煉製品
修飾澱粉、明膠	品質改良、增稠	柑橘纖維、穀豆粉、濕熱處理、混合植物膠體	調理食品、醬包、HALAL食品、素食
亞硝酸鹽	保色／抑肉毒桿菌	芹菜、甜菜、菠菜	香腸、火腿
己二烯酸鉀	防腐	迷迭香、芹菜	冷藏/即食製品
異抗壞血酸鈉	抗氧化	迷迭香、萃取物	各類肉製品
脂肪酸甘油酯	乳化、改質	柑橘纖維、大豆蛋白	各類調理肉品
味精、核苷酸、胺基酸	提供鮮味	酵母抽出物	各類肉製品
甜味劑、果糖糖漿	提供甜味	水果錯取物、羅漢果	各類調理食品
色素	增強色澤	茄紅素、胡蘿蔔素	各類調理食品

參考文獻

林翰謙、蔡忠庭、林高塚。2009。竹醋液利用新契機—熱狗之抗氧化。林業研究專訊16(6)：5。

夏文水。2007。食品工藝學。中國輕工業出版社，北京市。

馬長偉、曾名勇。2002。食品工藝學導論。中國農業大學出版社，北京市。

張嘉佑。2012。食品添加物風險管理。食品工業44(9) : 47。

許贛榮、胡文鋒。2009。固態發酵原理、設備與應用。化學工業出版社，北京市。

黃書政。2022。肉品開發新趨勢。食品工業54(1) : 11。

陳漢根、王武憲、陳彥霖。2019。中式白酒的風味成分。食品工業51(4) : 27。

曾慶孝。2007。食品加工與保藏原理，第二版。化學工業出版社，北京市。

鄭清和。1999。食品加工經典。復文書局，臺南市。

潘子明。2009。創造古寶的新價值—紅麴。科學發展441:20。

潘子明編審。2001。食品生物技術。藝軒圖書出版社，臺北市。

第八章

新興加工方式

早期食品加工的功能與應用，主要在於運用簡便的加工技術以延長保存時間、增進感官、增添風味與營養價值。而現今食品加工目的，除上述目的之外，更爲創造出消費者願接受之品質、新鮮度、風味與安全性，或降低成本。基於此理由，食品業者不斷開發新興的加工方式，以達上述目的。本章中所介紹的幾種加工方式，包括超臨界流體萃取、膜分離、微波加工、擠壓加工，多是基於上述理由而因應產生的。

第一節　超臨界流體萃取

由於醫療科技的進步，目前人們已知食用的天然食品中，經常含有對人體有益的保健成分；若使用傳統分離方法往往會破壞其成分，甚至造成環境嚴重的汙染。如何找尋一個有效方便的分離技術非常重要，其中超臨界流體萃取法即是方法之一，另一個就是下一節要介紹的膜分離技術。

一、超臨界流體定義

一般物質可分爲固相、液相和氣相三態。當系統溫度及壓力達到某一特定點時，氣一液兩相密度趨於相同，兩相合併成爲一均勻相。此一特定點稱爲該物質的臨界點（critical point）。所對應的溫度、壓力和密度則分別定義爲該物質的臨界溫度、臨界壓力和臨界密度。高於臨界溫度及臨界壓力的均勻相則爲超臨界流體（supercritical fluid）（圖8.1）。常見超臨界流體包括二氧化碳、氨、乙烯、丙烷、丙烯、水等。超臨界流體之密度近於液體，因此具有類似液體之溶解能力；而其黏度，擴散性又較接近氣體，所以質量傳遞又較液體快（表8.1）。超臨界流體之密度對溫度和壓力變化十分敏感，且溶解能力在一定壓力範圍內成比例，所以可利用控制溫度和壓力方式改變物質的溶解度。

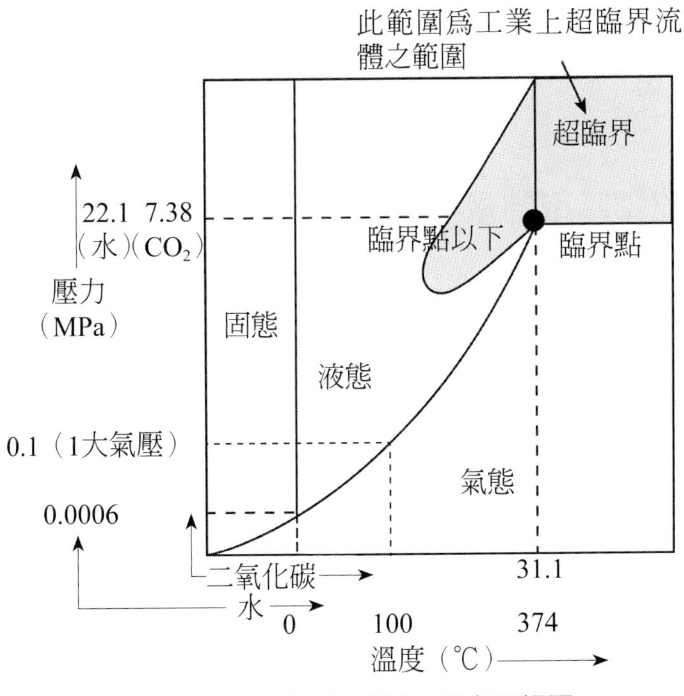

圖8.1　二氧化碳之壓力–溫度三相圖

表8.1　超臨界流體之性質

	密度（g/ml）	黏度（m^2/s）	擴散系數（cm^2/s）
氣體	$0.6 \sim 2.0 \times 10^{-3}$	$0.5 \sim 3.5 \times 10^{-4}$	0.01～1.0
超臨界流體	0.2～0.9	$2.0 \sim 9.9 \times 10^{-4}$	$0.5 \sim 3.3 \times 10^{-4}$
液體	0.8～1.0	$0.3 \sim 2.4 \times 10^{-2}$	$0.5 \sim 2.0 \times 10^{-5}$

目前研究較多的超臨界流體是二氧化碳，因其具有無毒、不燃燒、對大部分物質不反應、價廉等優點，故最為常用。CO_2之超臨界狀態下為74 atm，31℃。此時，CO_2對不同溶質的溶解能力差別很大，這與溶質的極性、沸點和分子量有關，一般來說有以下特性：1. 親脂性、低沸點成分可在低壓萃取（104 Pa）。2. 化合物的極性官能基愈多，就愈難萃取。3. 化合物的分子量愈高，愈難萃取。

為了改善CO_2溶解能力有限之缺陷，常添加適當有機化合物。一般添加的有機溶劑約為超臨界流體量的1～10%。然而，超臨界流體本身的臨界點性質會隨添加不同種類的修飾劑及不同的添加量而呈非線性改變，且會改變萃出物在超臨界流體中的溶解度，使混合的超臨界流體物性趨於複雜，不易使用。因此要針對特定的超臨界流體萃取系統來選擇適當的修飾劑並不容易。

二、超臨界流體萃取的基本原理

傳統上，欲分離兩種混在一起之液體，我們可利用沸點不同而分離之蒸餾法，更可利用因溶解度不同而達分離效果之液液萃取法。由於液液萃取法必須添加萃取溶劑，一旦分離後又必須將溶劑分開，如此操作常因而提高能源花費，同時環保意識的提升使回收溶劑處理上也益加困難。超臨界流體萃取恰好可解決這方面的困擾，因它同時具備蒸餾與有機溶劑萃取的雙重效果，又無殘留萃取溶劑的困擾。最重要的，在超臨界區中流體之擴散係數高、黏度低、表面張力低、密度亦會改變，可藉此改變來促進對欲分離物質之溶解，藉以達分離效果。

1. 分離原理

超臨界流體萃取分離過程是利用超臨界流體的溶解能力與其密度的關係，即利用壓力和溫度對超臨界流體溶解能力的影響而進行的。當氣體處於超臨界狀態時，成為介於液體和氣體之間的單一相態的物質，具有和液體相近的密度。其黏度雖高於氣體但明顯低於液體，擴散係數為液體的10～100倍，因此對物料有較好的滲透性和較強的溶解能力，能夠將物料中某些成分萃取出來。

在超臨界狀態下，將超臨界流體與待分離的物質接觸，可選擇性地依次把極性大小、沸點高低和分子量大小的成分萃取出來。並且超臨界流體的密度和介電常數隨著密閉系統壓力的增加而增加。可利用程式升壓將不同極性的成分進行逐步萃取。當然，對應各壓力範圍所得到的萃取物不可能是單一的，但可以利用控制條件得到最佳比例的混合成分，然後藉由減壓、升溫的方法使超臨界流體變成普通氣體，被萃取物質則自動析出，從而達到分離提純的目的，並將萃取與分離兩過程合為一體，這就是超臨界流體萃取分離的基本原理。

2. 與傳統溶劑萃取之差異

CO_2超臨界流體與一般的有機溶劑最大的不同，並不只於它具有很強大的溶解力與對物質的高滲透力，它能在常溫下將物質萃取出而且不會與萃取的物質起化學反應。當物質被萃取出後仍能確保完全的活性，同時萃取完畢之後只要置於常溫常壓下二氧化碳就能完全揮發，所以沒有溶劑殘留的問題。因此常被用於對溫度敏感的天然物質萃取，如中藥與保健食品之萃取與藥品純化等。特別是在藥品純化方面，由於使用此方法可完全去除藥物製造合成時使用的有機溶劑，同時可縮小藥品結晶體，故可提高藥品的效果。

三、超臨界流體萃取的特點

使用CO_2超臨界流體萃取的特點包括：

1. 萃取和分離合二爲一。當飽含溶解物的CO_2超臨界流體流經分離器時，由於壓力下降使得CO_2與萃取物迅速成爲兩相（氣液分離）而分開，故回收溶劑方便。同時不僅萃取效率高，而且能源消耗較少。

2. 壓力和溫度都可以成爲調節萃取過程的參數。臨界點附近，溫度與壓力的微小變化，都會引起CO_2密度顯著變化，從而引起待萃物的溶解度發生變化，故可利用控制溫度或壓力的方法達到萃取目的。例如將壓力固定，改變溫度可將物質分離；反之溫度固定，降低壓力可使萃取物分離。

3. 萃取溫度低。CO_2的臨界溫度爲31℃，臨界壓力爲 7.18 MPa，可以有效地防止熱敏感性成分的氧化和破壞，完整保留生物活性，而且能把高沸點，低揮發性、易熱分解的物質在其沸點溫度以下萃取出來。

4. 無溶劑殘留。超臨界CO_2流體常態下是無毒氣體，與萃取成分分離後，完全沒有溶劑的殘留，避免傳統萃取條件下溶劑毒性的殘留問題。同時也防止了提取過程對人體的毒害和對環境的汙染。

5. 超臨界流體的極性可以改變。一定溫度下，只要改變壓力或加入適宜的修飾劑即可萃取不同極性的物質，可選擇範圍廣。

6. 超臨界萃取爲無氧純化萃取，不與空氣接觸，不會引起氧化酸敗。

由於愈來愈多的國家，對於食品製程中有機溶劑的使用與殘留的規定愈趨嚴格。相同的，對於食品中可能農藥及汙染物殘留的去除也較爲重視。以長遠來說，超臨界流體技術，將會因爲以下幾個因素而逐漸的受到重視，這包括了：職業災害防治、臭氧層破壞、有機溶劑釋放管制、產品有機溶劑殘留濃度限制、對消費者與環境的保護等。

但利用超臨界流體技術製造的食品原料，不一定能完全取代傳統有機溶劑萃取，或是高溫蒸餾等方法所生產的原料。同時因爲必須用較長的時間，需讓消費者接受並願意花費較高的成本。

四、應用與用途

超臨界流體之應用範圍極廣，表8.2簡略列出已知的超臨界流體萃取之應用範圍。目前市售白米已有以超臨界萃取去除農藥的商品。

表8.2　常見之超臨界萃取之應用及其條件

萃取分析物	樣品基質	超臨界流體	萃取時間（min）
脂肪	肉類、香腸、乳類	CO_2	30～60
維生素K	幼兒粉末狀的食物、飼料	CO_2	15～20
帖類、醛類、酯類	檸檬皮	CO_2	20～30
香精	花、種子	CO_2	20～50
啤酒原料	啤酒花	CO_2	30～50
咖啡因	咖啡豆	CO_2／微量水	30～50
尼古丁	煙草	CO_2	～30
DHA與EPA	動物油脂	CO_2	～90
中藥成分	藥材	CO_2	～90
藥物	藥物反應的產物	CO_2	～60

目前已經可以用超臨界二氧化碳萃取原料中的保健功效物質，如茶葉中的茶多酚、銀杏中的銀杏黃酮、從魚的內臟，骨頭等提取DHA與EPA、從蛋黃中提取

卵磷脂等。亦可由油籽中抽取油脂，如從葵花籽、紅花籽、花生、小麥胚芽、可可豆等原料中抽取油脂，這種方法比傳統的壓榨法的回收率高，而且不存在溶劑法的溶劑分離問題。

用超臨界萃取法萃取香料不僅可以有效地抽取芳香成分，而且還可以提高產品純度，能保持其天然香味，如從桂花、茉莉花、玫瑰花中抽取花香精，從胡椒、肉桂、薄荷抽取辛香成分，從芹菜籽、生薑，莞荽籽、茴香、砂仁、八角、孜然等原料中抽取精油，不僅可以用作調味香料，而且一些精油還具有較高的藥用價值。

利用超臨界流體亦可製備微米（10^{-6}米）及奈米（10^{-9}米）粒子，所採取的操作方式則視溶解度而有所不同。若是超臨界流體可以溶解的溶質，則可利用噴嘴使之瞬間減壓而獲得極大的過飽和度。並藉由噴嘴大小及其前後的溫度和壓力的設計，而可獲得極微小且分布均勻的顆粒或獲得如圓球或纖維狀的不同的晶形。

此種快速噴灑方法較傳統機械研磨及溶液結晶有利之處是：不會有高熱產生，適用於熱敏感性的物質；所用的流體在常壓下爲氣體，故不會有溶劑殘留的問題；由於製程中產生極高的過飽和度，故可控制粒徑及其分布。此外，在藥物釋放控制中常需均勻分布的微米圓球體，如1.0微米的聚乳酸，已證實用快速噴灑法可達到此一目的。

第二節　膜　分　離

一、分類

傳統分離技術爲利用濾紙或濾布將固液體分離，大分子的固體留在過濾器上，而小分子與液體則穿過過濾器。膜分離技術即是利用不同成分透膜速率上的差異來達到分離的效果，因此所用的膜必須有選擇性，亦即膜必須讓某成分優先透過。物質透過膜的驅動力可以是濃度差、電位差、溫度差，或是壓力差。食品界常用的膜分離程序主要是以膜兩側的壓力差爲驅動力讓水透過膜，而水中粒徑大過膜孔的粒子則會被膜阻擋，包括微過濾（microfiltration, MF）、超過濾（ultrafiltration, UF）、奈米過濾（nanofiltration, NF）及逆滲透（reverse osmosis, RO），均是屬於此種類型的程序；此外，以電位差爲驅動力的電透析（electrodialysis, ED）亦是常用的膜分離程序。各類膜分離之分類及特徵如表8.3。

表8.3　膜分離分類及特徵

種類	模類型	驅動力	透過物質	被截留物質
MF	多孔膜，非對稱膜	壓力差（0.1～2 kgf/cm^2）	水、溶劑溶解成分、膠體	懸浮物質（膠體、細菌等）各種微粒
UF	非對稱膜	壓力差（1～10 kgf/cm^2）	溶劑和離子及小分子物質（分子量小於1,000）	生物製品、膠體及各類大分子（相對分子質量1,000～300,000）
RO	非對稱膜	壓力差（10～70 kgf/cm^2）	水	全部懸浮物、溶解物和膠體
透析	非對稱膜，離子交換膜	濃度差	離子、低分子量有機質、酸、鹼	相對分子質量大於1,000的溶解物和膠體
ED	離子交換膜	電位差	離子	所有非解離和大分子顆粒

微過濾、超過濾、奈米過濾、逆滲透等是以膜孔大小（或所能阻擋粒子之大小）來區分，其孔徑之大小如圖8.2所示。當所用膜的膜孔大小在0.05～10 μm之間稱爲微過濾（MF）；膜孔在1～100 nm之間（所能阻擋粒子的分子量約爲1,000～500,000 Daltons），稱爲超過濾（UF）；逆滲透（RO）膜的孔徑小於

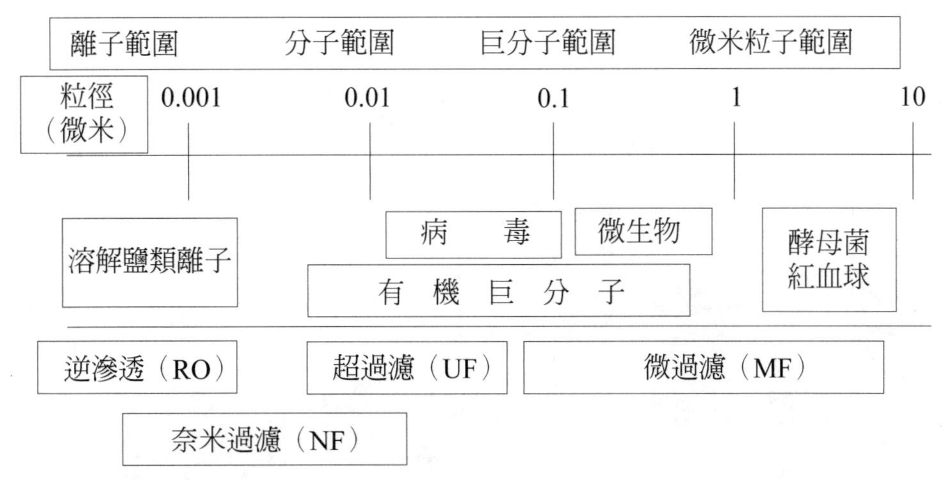

各種過濾技術適用的粒子大小範圍

圖8.2　薄膜孔徑對物質之分離範圍

1nm，可以阻擋一價離子（如Na^+, Cl^-）的透過；奈米過濾（NF）膜孔徑大小介於逆滲透膜及超過濾膜之間，可阻擋分子量在200～1,000 Daltons間之粒子，對一價離子的阻擋率不高，但可阻擋二價離子。

要了解逆滲透（RO）原理之前，要先解釋「滲透」（osmosis）的觀念。所謂滲透是指以半透膜隔開兩種不同濃度的溶液，其中溶質不能透過半透膜，則濃度較低的一方水分子會通過半透膜到達濃度較高的另一方，直到兩側的濃度相等爲止。此時可發現兩液面會有一高度差，此即滲透壓差。在還沒達到平衡之前，可以在濃度較高的一方逐漸施加壓力，則前述之水分子移動狀態會暫時停止，此時所需的壓力叫作「滲透壓」（osmotic pressure），如果施加的力量大於滲透壓時，則水的移動會反方向而行，也就是從高濃度流向低濃度，這種現象就叫作「逆滲透」（圖8.3）。

逆滲透的純化效果可以達到離子的層面，對於單價離子的排除率（rejection rate）可達90～98%，而雙價離子可達95～99%左右（可以防止分子量大於200 Daltons的物質通過）。但是其操作壓力相當高，因此在1977年一種新型的膜分離程序開始逐漸被開發。此種膜分離程序操作壓力較低，且對單價及雙價離子有不同的選擇性。另外對於有機的小分子也有不錯的截留率，可知此膜分離程序同時具備了節能及良好選擇性，因爲其膜孔介於0.1～1 nm之間，故稱此類型的薄

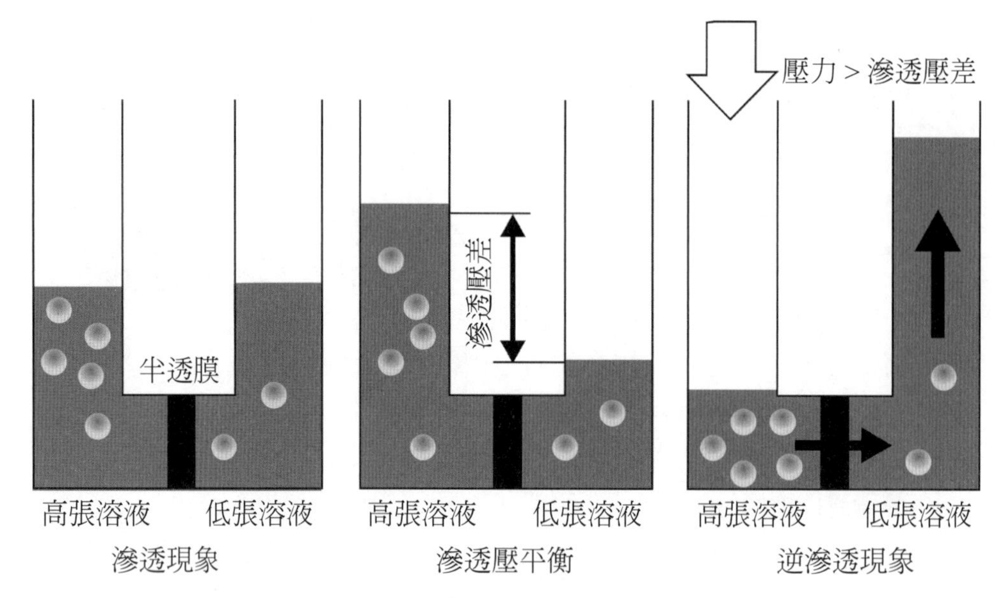

圖8.3 滲透現象與逆滲透現象

膜爲奈米過濾膜。

電透析的分離方式則不同，其核心爲離子交換膜，在直流電的作用下，以電位差爲驅動力，利用離子交換膜的選擇透過性，把電解質從溶液中分離出來，以達到淡化、濃縮或純化目的（圖8.4）。其裝置是由許多只允許陽離子通過的

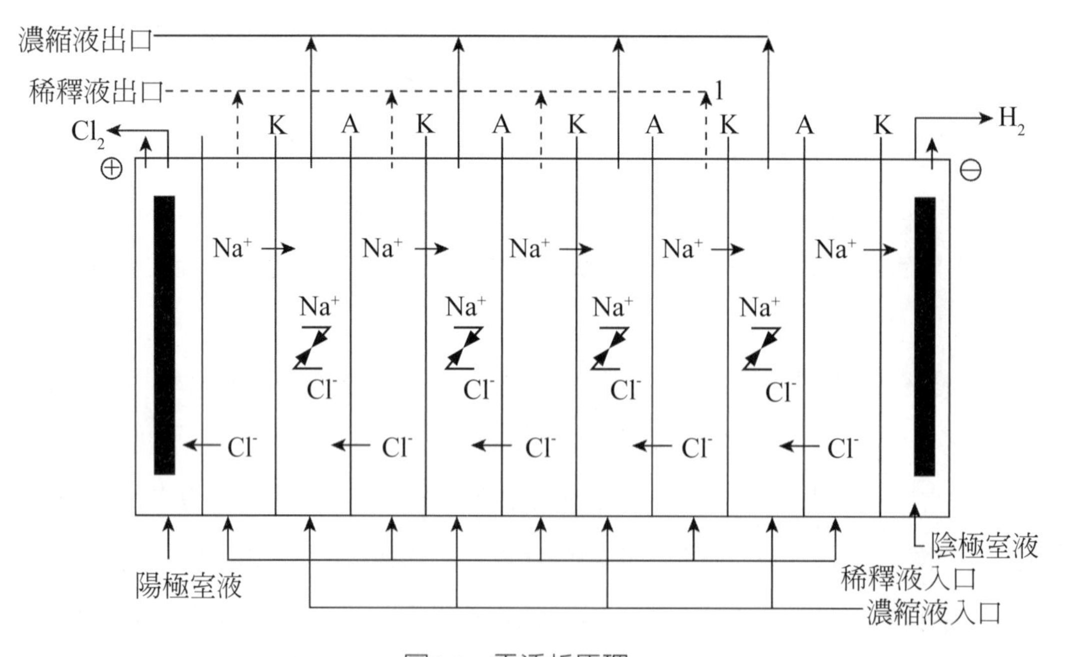

圖8.4 電透析原理

陽離子交換膜（圖8.4之K）與只允許陰離子通過的陰離子交換膜（圖8.4之A）組成。這兩種膜交替的平行排列在兩正負電極板之間。以海水淡化爲例，當通電後，淡室中陽離子會趨向陰極，而陰離子則趨向陽極。兩種離子在通過膜後，被置留於濃室中。於是淡室中電解質濃度逐漸下降，而濃室中電解質濃度逐漸上升。於是淡室中的鹽水逐漸變淡，而濃室中的鹽水濃度逐漸增加。

二、薄膜類型與操作條件

選擇薄膜時，需先對處理液成分進行了解，尤其是與材料選擇相關的資料，如pH值，親疏水性，是否含有機溶劑或特殊成分（與膜材的化學穩定性有關），是否有特殊官能基（可能與膜材有特殊的吸附現象），以及與膜孔大小選擇有關的資料，如粒子（溶質）的粒徑（或分子量），粒子的濃度及帶電性等。同時也要確認進行處理時，所使用的壓力及溫度範圍。依據操作時的溫度、壓力，配合處理液的pH值、化學成分等條件，來選擇合用的材料，再由水中粒子的粒徑及特性來選擇適當的薄膜孔徑。

1. 薄膜材料

膜分離之薄膜可分爲親水性（hydrophilic）與疏水性（hydrophobic）兩類，因應原料性質不同而選擇適當之薄膜。薄膜材質的選擇爲膜分離效果之重要關鍵，不同材質特性會造成不同的過濾效果，而影響薄膜操作效率。薄膜常見材質有纖維二醋酸酯（cellulose acetate, CA）、聚醯胺（polyamide, PA）、聚碸（polysulfone, PS）、過氧乙醯硝酸（PAN）、聚丙烯 （PP）、薄層複合膜（thin-film composite, TFC）及聚偏二氟乙烯（polyvinylidene fluoride, PVDF）等。在化工材料研究上，爲一重要的發展課題。

纖維素材料以醋酸纖維素應用最早，也是目前應用最多的材料。其主要優點爲成膜性能佳、抗游離氯及膜不易結垢等；缺點則在於可應用的pH值範圍窄、不耐化學試劑、易水解及耐溫和抗菌能力差等問題。

聚醯胺材料以芳香族聚醯胺較常見，其優點在於熱與化學穩定性佳、機械性質佳，及良好的選擇滲透性。因此聚醯胺類膜應用於奈米過濾膜上有脫鹽效果佳、通透量大及可應用pH值範圍廣之優點，缺點則為不耐氧化、膜易結垢及對游離氯非常敏感，易導致醯胺基團降解。

醋酸纖維素其抗氯及不易結垢等特性為聚醯胺材料較缺乏的，但聚醯胺材料的抗熱、化性及優異的選擇性是作為奈米過濾膜不可或缺的。

薄膜通常有三種形式：⑴ 對稱膜：由單一種材料構成。⑵ 複合膜：利用不同種材料組合而成。⑶ 非對稱膜：由單一種或不同種材料構成。對稱膜在橫斷面其密度或孔洞的構造是一致的，而非對稱膜其交叉區域的材料密度會改變。非對稱膜又可分為表面的（skinned）和分級的（graded density），表面非對稱膜在過濾層（dense filtration layer）和支撐組織（support structure）之間可能有明顯的過渡區；分級非對稱膜從飼水端到過濾端，膜的孔洞構造稠密度逐漸減小。

2. 薄膜模組

一般常見薄膜模組可分為板框式（plate）、螺捲式（spiral）、毛細管式、管式（tubular）及中空纖維式（hollow fiber）（表8.4與圖8.5）。目前NF與RO膜多採用螺捲式，而中空纖維式膜與管式膜則較常見於MF與UF膜。多種膜組中，膜組的選擇應考慮膜過濾操作目的、進料液的特性（如進料液的濃度、溶液之物性與化性、粒子或溶質的特性與分子分布）、所需薄膜之材質與可取得之型態、操作條件（如操作溫度、壓力、進料流速）及是否需經常清洗、操作現場可用人力與空間大小。

表8.4 各式膜組之比較

	管式	板框式	螺旋式	毛細管式	中空纖維式
填裝密度（m^2/m^3）	<300	100～400	300～1,000	600～1,200	30,000
投資成本	高	────────	────────	───────→	低
堵塞程度	低	────────	────────	───────→	高
清洗成效	好	────────	────────	───────→	差
單一薄膜替換	不一定	可以	不行	不行	不行

資料來源：童等，2005

中空纖維膜組之裝填密度最高，因管徑小，可以裝填較多的中空纖維膜，因此造成它堵塞機率最高、清洗不易，加上中空纖維膜是封裝成一大束，所以只要其中有一支破損，就得全部更新，無法以單支中空纖維膜更換。最重要是使用中空纖維膜組時，通常都要加上前處理系統，因此整個投資成本便提高，但若以單位體積所提供之過濾面積來算，其成本是所有膜組中最低的。

管式膜組剛好與中空纖維膜組相反，由於管徑大，雖然過濾面積不大，但是堵塞機率亦不大，清洗效果極佳，而且不用經過前處理，所以整體投資成本低，但以裝填密度來評估，其成本反而最高。除此之外，有些管式膜是藉由單一支撐管加上薄膜所構成，所以如有薄膜壞損，可以單獨替換。

各種膜組都有其優缺點，若能依膜過濾操作種類與條件適當的選擇，方能獲致最佳的效果。在選擇膜組時，必須考量所處理的溶液是否容易阻塞流道。當有懸浮粒子會阻塞流道時，中空纖維式的膜組並不合宜，可能要採用螺捲式或板框式的膜組。

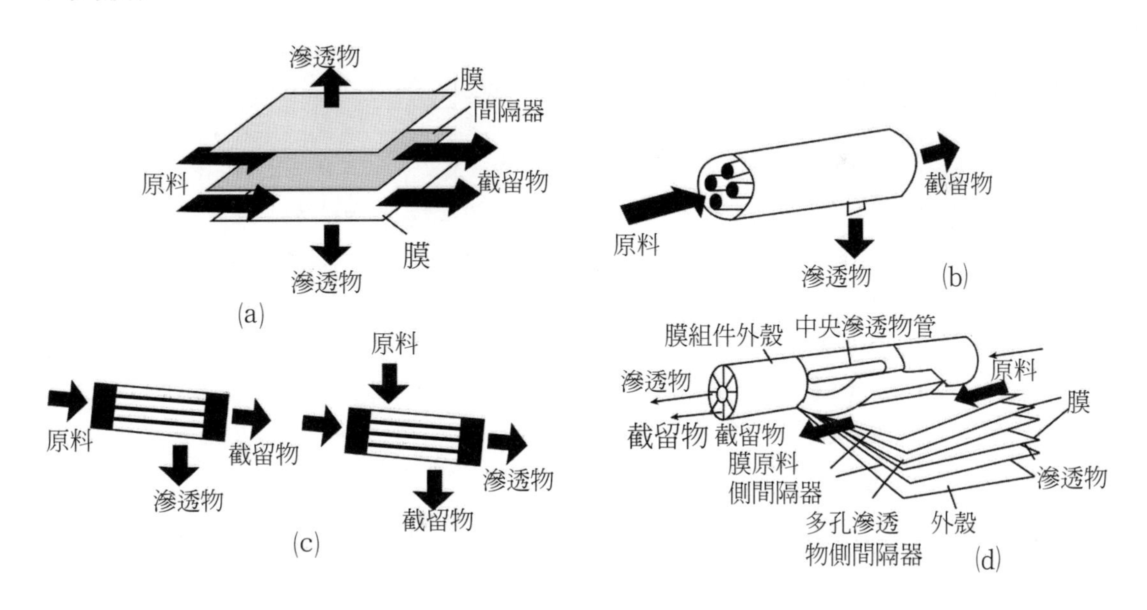

圖8.5　各類模示意圖

(a) 板框模 (b) 管狀 (c) 毛細管膜 (d) 螺旋式

3. 操作模式分類

一般膜過濾操作可分為垂直式（dead-end）與掃流式（crossflow）兩種（圖

8.6）。

⑴垂直式

流體及伴隨粒子的運動方向與膜面垂直，被阻擋的粒子滯留於膜面，其餘通過濾膜成爲濾液。隨著膜面粒子附著層的成長，流體流動阻力增加會導致固定壓力下操作過濾速率明顯下降。

⑵掃流式

進料流動方向平行於膜面，部分通過濾膜成爲濾液，另一部分則流出過濾室而濃度提高。由於掃流所誘發的濾面切線剪應力作用會掃除部分傳輸至膜面的粒子，因此當粒子附著層成長至一定厚度時，就停止再成長，過濾速率也就不再明顯降低，可維持在高濾速下連續長時間操作。

在MF及UF程序中，如果是大規模的操作，大部分採用掃流過濾方式，但當濾速不是主要考量因素或粒子附著量不嚴重時，可使用簡單的垂直式操作。

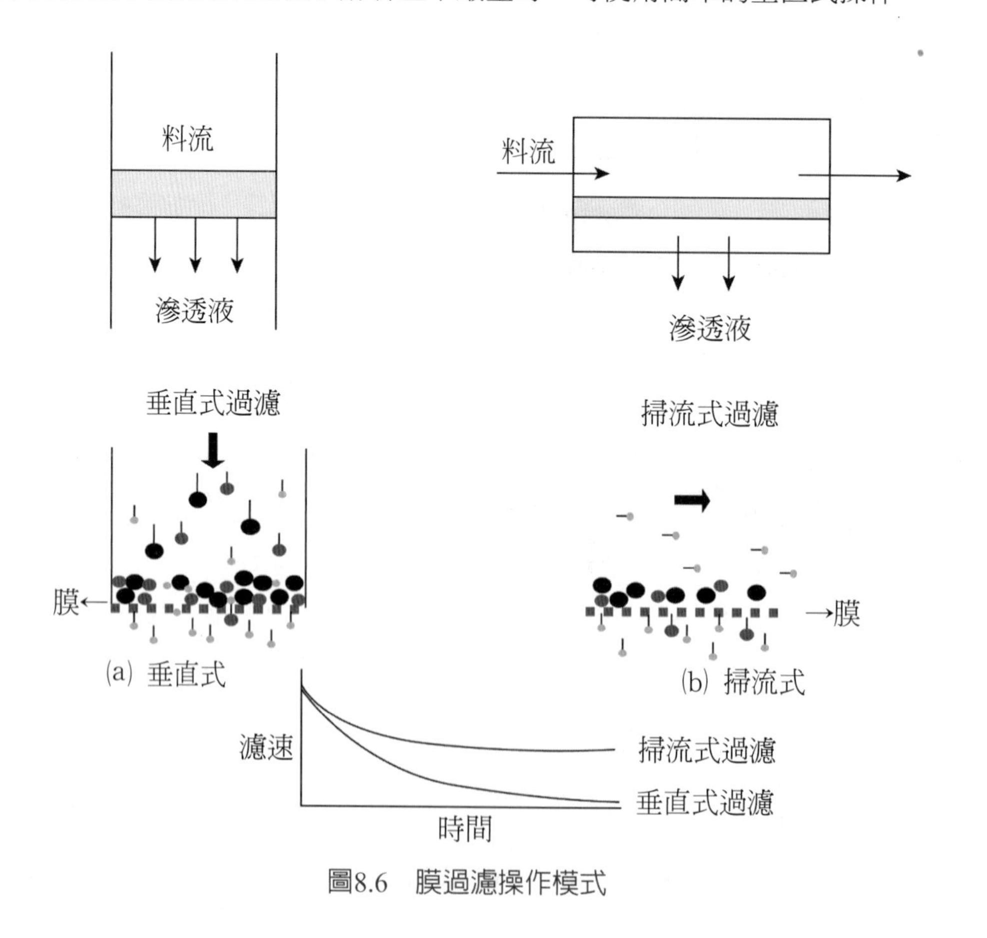

圖8.6 膜過濾操作模式

4. 膜的壽命

適當的前處理可延長膜的壽命。一般常用的前處理法有離心，吸附，調整pH值，加入螯合劑，加入絮凝劑，過濾（如砂濾），膜過濾（如MF可做NF或RO之前處理）等。

導致膜壽命縮短的原因有二，一是處理液中含有一些會造成膜劣化的有機溶劑（常在處理廢水中發現），或是pH值過高或過低，超過膜材適用範圍，這部分的問題可透過慎選膜材及開發抗化性更佳的膜材來解決。另一個原因是由於處理液中的成分十分複雜，常會吸附於膜面上或膜孔中，造成膜孔的阻塞或稱之爲結垢（fouling），使得膜材需要清洗或更換，這個部分的問題則需透過適當的前處理、適當的系統設計（尤其是流態）以及材料改質（改變吸附性）來解決。

三、膜分離的應用

膜分離屬於非熱加工技術，在食品工業上，可用於果汁、鮮乳、咖啡、茶等熱敏感產品的加工，水處理（廢水處理、海水淡化）、植物蛋白加工、食用膠生產及啤酒生產等方面的應用。膜分離主要應用於製造過程中的前處理，去除雜質、除菌、濃縮、澄清、分離，甚至汙水處理等。由於在膜分離過程中，不涉及相變化及化學變化，具有高效能、節省能源、避免環境汙染等特點。以果汁爲例，膜處理過程中不流失其風味、營養等，並保留產品的外觀，同時能降低產品的菌數，成品與現榨果汁感官品質無明顯差異。

西歐是膜技術最早應用在食品工業的地區，MF是最早出現的膜分離方式，德國在1920年代就開始利用MF濾除水中細菌，但至1960年代膜分離才在工業上應用。目前已擴展到發酵和生物工程的應用，尤以酵素製劑的濃縮最爲廣泛。

應用膜分離於乳清及牛奶的濃縮，不但可脫除其中的鹽分，還可脫除一些小分子的物質，使得這種濃縮乳製成的冰淇淋及奶粉有較好的口感。

此外，國內鮮乳公司以72℃低溫殺菌，配合薄膜微過濾除菌技術生產鮮乳，取代常用的130℃高溫殺菌。此不但可去除原料中的細菌，亦可保留生乳中免疫球蛋白和乳鐵蛋白的活性。

傳統生啤酒不易儲存，而以MF進行啤酒加工，可使產品擁有生啤酒的營養及風味，並且具長時間存放的方便性。臺灣菸酒公司生產的玉泉清酒就利用膜過濾，不需經過巴氏殺菌加熱，故可保留生酒的甘醇風味，並具長時間保存性。

若以UF澄清榨汁，單一膜過濾操作就可替代傳統程序中的諸多步驟，獲得濾液濁度低於傳統製程，不需添加其他藥劑，產程從傳統的20小時縮短爲2小時，產率則提高5～8%。由於UF可完全去除細菌及微生物，產品不需經加熱殺菌，可降低風味成分揮發或避免其他功能性被破壞。

NF應用範圍包括硬水軟化、抗生素、多胜肽的純化和濃縮及胺基酸的分離和純化，傳統上純化和濃縮大都採用層析、蒸發等方式，而奈米過濾相較於傳統方法，其在節省能源上較具競爭優勢。

第三節　微波加工

一、微波簡介

微波是一種電磁輻射，如X射線、γ射線、紫外線、光、無線電波和雷達，微波一般是300 MHz～300 GHz周波數的電磁波，波長約15公分（6英吋），可被人體和有水分的食物吸收。微波是一種具有很大穿透力的高頻電磁能量，可以自由地在空間中傳播，遇到金屬面會反射，可在介電質中轉換成熱能。

美國於第二次世界大戰末期發明雷達，即利用微波。由於雷達技師發現口袋內的口香糖軟化，於是發現微波有加熱功效。美國Raytheon公司之Percy Spencer博士於1945年申請有關微波加熱之專利，並於1950年上市工業用微波爐，該公司於1955年開發了連續波動的磁控管，生產業務用微波爐。1960年在日本上市家庭用微波爐，並促使其他國家從事研究微波加熱技術。

在國際上規定用作微波爐之微波頻率爲915 MHz與2450 MHz二個頻率，以免干擾通信電波。家庭用微波爐一般使用2450 MHz，亦即極性每秒鐘改變方向24億5千萬次，即可使食品的介電質之帶極性分子，跟著微波的極性方向的變化而轉變方向，結果使分子互相碰撞、擠壓、摩擦而產生摩擦熱，快速提高食品溫度，其發熱的快慢與該成分的介電常數有關。

二、微波的特性與加工原理

1. 微波的特性

微波與光線相同做直線前進，具有穿透、反射、吸收的三種特性，與傳統的加熱方法截然不同。

⑴ 穿透

微波具有直進性，會穿透空氣、玻璃、陶磁器、塑膠、紙張及冰等物質。

⑵ 反射

微波碰到金屬會反射產生放電，而損壞磁控管。因此在微波爐內烹煮食品不能使用金屬容器（沒有防止放電處理者，特殊處理者不算）。

⑶ 吸收

微波不會被空氣、玻璃、陶器、塑膠類吸收，但水、食品、橡膠、美耐皿等則會吸收微波而產生熱量，因此不能使用橡膠或美耐皿製品放於微波爐內。而水或食品等盛裝於能透過微波的容器後置於微波爐內加熱，其加熱時間與被加熱物質的介電常數及厚度有關。通常冷凍食品會穿透微波，需先經解凍或以溫水熔化表面的冰層後以微波加熱。且加熱物的厚度不宜太厚，一般以8 cm以下爲宜。

微波加熱不但要使微波能進到食物裡面，還要能被吸收。頻率太低，大部分都穿透過食物，頻率太高，在食物表面上就被吸收，進不到裡面，因此微波加熱的頻率（2450 MHz）就是在這個條件下所選擇的。

2. 微波加熱原理

微波爐內產生的交流電磁場會令食物中的極性分子（如水）和離子（如食

鹽）受激而旋轉和碰撞。當中有兩個主要的方法：極性相互作用和離子相互作用，造成微波在食物中產生熱能。

食物一旦吸收了微波的能量，食物中的極性分子例如水分子便會隨著交流電磁場旋轉。水具有電極性一端帶正電荷，另一端帶負電荷。一般水分子的電偶極通常排列很紊亂，但微波爐作用時，作用腔內有電場產生，水分子在電場中受到力矩作用，電偶極就會朝著電場方向排列（圖8.7）。當電場方向不斷改變時，水分子的方向也就一直跟著改變，不斷地打轉。而水分子的旋轉就會產生烹煮的熱能。

除了偶極性的水分子外，食物中的離子化合物（例如溶解的鹽分$Na^{+}Cl^{-}$）亦會因電磁場而加速，撞擊其他分子產生熱能。

因此，食物的成分會影響其在微波爐內加熱的情況。由於極性相互作用，水分含量高的食物加熱速度較快。當食物的離子（如食鹽）含量增加，加熱的速度亦會增加。

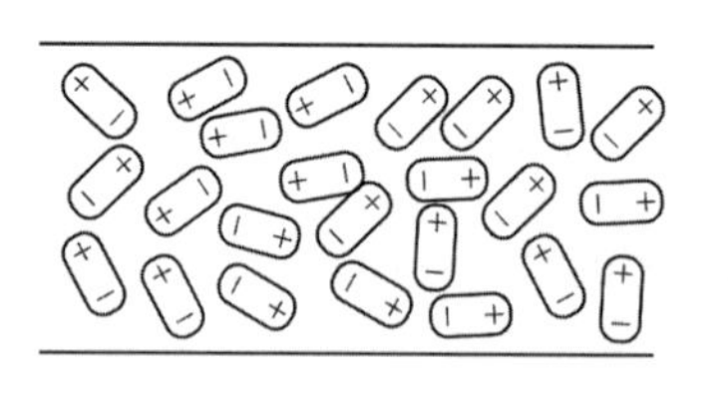

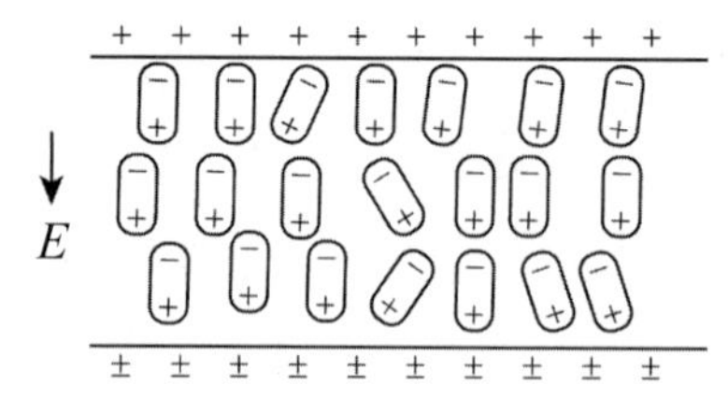

圖8.7　電磁場中水被極化示意圖

油分子比水分子的極性低，又不屬於離子，不過，高脂食物的加熱速度亦很快，這是由於油的熱比容大約只有水的一半之故。另一方面，高脂食物可加熱至200℃以上，而水分含量高的食物因水的沸點較低，不能烹煮至100℃以上，除非水分已全部蒸發。

由於微波能進到食物裡面，同時加熱各處，所以加熱速度快。此外，烹煮室的金屬腔壁吸熱慢，溫度不高，散熱少，這種加熱方法效率高達50%左右，比傳統烤箱加熱效率（約10%）大得多，所以也省電。

微波加熱與傳統加熱最大的不同在於熱源的供應方式不同，傳統加熱屬於間接加熱，主要靠熱媒的熱傳導，微波加熱屬於整體加熱，主要靠微波的熱輻射。

三、微波加工的優缺點

1. 優點

微波加熱的優點包括加熱速度快、選擇性加熱、高熱傳導效率及操作簡便。同時，微波可穿透包裝膜，因此包裝後食品，亦可使用微波加熱殺菌。另外與傳統烘烤比較，不容易產生致癌物。

與傳統烘烤方式比較，微波加熱由於微波直接穿透食物而由食物內部直接加熱，因此加熱速率較快。一般來說，加熱過程所需時間和溫度視多項因素而定，包括食物的成分、大小、數量、形狀、密度和物理狀態等。食物的微波吸收率增加，微波的穿透度便會減低，因此在加熱過程首先要考慮因介電性質差異所引起的選擇性加熱現象。水分或鹽分含量高的食物可吸收較多微波，食物的表面因而加熱較快，同時限制微波的穿透度。冷藏食物已解凍部分的加熱速度也較快，因爲水的微波吸收率較冰爲高。因此若經過適當設計，可在同一容器中製作出熱的餐飲與冷的甜點。

傳統肉類燒烤過程，容易產生雜環胺（heterocyclic amines, HCAs）、多環芳香族碳氫化合物（polyaromatichydrocarbons, PAHs）及亞硝胺（nitrosamines）等物質，由於微波加熱溫度較低，因此較不容易有這些物質的產生。安全性反而較高。同時由於微波加熱時間短，對營養素的保留反而較傳統加熱高。

2. 缺點

微波加熱的缺點爲不適合誘電物質、不可用金屬加熱，加熱物質的大小、形狀受限於電的性質與設備費比較高、不容易產生傳統烘烤所特有的香味與顏色。同時，由於食品受熱爲內外同時發生，水分容易散失，造成微波產品較乾。亦容易加熱不均勻。

微波加熱與傳統烘烤最大差別，是微波加熱不能令食物變得金黃香脆。傳統烘烤由於表面溫高，因此容易產生梅納反應，而生成烘烤之特殊香味與顏色。使用微波加熱，由於表面溫度不高，因此不會有上述反應。改善方式爲在加熱食物時使用特殊加熱片（susceptors），便能達到以上的效果。典型的微波加熱片用附有鋁金屬顆粒的聚酯軟膠片及紙張或紙板製造。由於金屬會反射微波，因此鋁質層微波後很快會使加熱片上方食物受到兩次微波（穿透與反射），所以較快熱起來，而令食物產生梅納反應。或者亦可在食品表面塗上容易吸收微波之物質，例如食鹽，可使表面較容易受熱而產生梅納反應。或於表面塗活性物質，如蛋水等易著色物質，以增進梅納反應。此外，一些特別設計的微波爐設有燒烤加熱系統。這些兼具微波煮食功能和燒烤加熱器的微波爐，能令食物較快變得金黃香脆。

傳統食品加熱由於食品表面較熱，因此會在表面產生表面硬化現象，而將水分封在食品中，因此能保持表面乾而內部濕潤的口感。但微波由於內外同時產生熱，因此內部水分會逸失，而使加熱食品較乾。改善辦法爲在食品表面塗水或加以適當包裝，以彌補流失之水分。

一般微波爐爲了要避免加熱不均勻的現象，將材料放置在旋轉盤上或用金屬製的攪波扇在箱內旋轉，使接觸到材料的微波方向改變，可防止加熱不均勻的現象產生。

四、微波爐構造與使用限制

微波爐一般包含以下基本組成（圖8.8）：

1. 電源和控制器。控制輸入磁控管的電能和烹煮時間。

2. 微波發生系統。包括磁控管與導波器。磁控管是一個眞空管，管內的電能會轉化爲振動電磁場。導波管是長方形的金屬管，把磁控管中產生的微波導引至烹煮室。導波管有助避免磁控管被食物直接濺汙而影響功能。

3. 烹煮室。烹煮室有分散器、轉盤、爐門。烹煮室是個用金屬封閉的艙，食物在其內接觸到微波而加熱。其具有反射微波的功效，但經特殊設計，以避免微波反射到導波管。烹煮室的分散器（攪波扇），通常用來分散來自導波管的微波，使食物加熱更爲均勻。若無分散器，則微波在爐內無法分散，會產生部分過熱現象。而分散器經特殊設計，可使微波均勻分散於烹煮室內。食物置於轉盤上，使食物旋轉，讓食物經過烹煮室內固定的熱點和冷點，以便均勻地接觸到微波。爐門的構造特別，可防止微波經由爐門和烹煮室之間的縫隙洩出。一般微波爐的設計為爐門打開時，就會切斷電源，因此除非爐門損壞或不能緊閉，微波才可能外洩。

一般微波加熱採用2450 MHz，工業上亦同。但容量較大的設施或加熱較大的物質則使用915 MHz，這是因為使用915 MHz頻率時，對同一被加熱物質有較強的穿透能力。

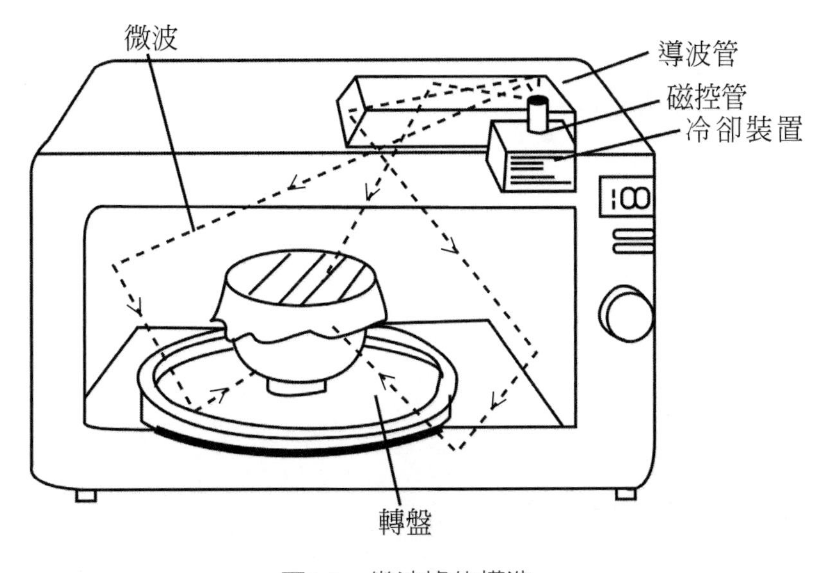

圖8.8　微波爐的構造

五、影響微波加熱因素

影響微波加熱的因素包括：微波頻率、微波的輸出功率、食品的質量與密度、溫度、食品的形狀、食品的熱傳導係數、食品的比熱。其中主要因素為物質本身之介電特性。球狀或圓柱形食品，由於當微波照射到表面時，會產生類似透鏡聚焦之現象，使中心升溫速率會較表面快。另外，食品邊緣與突出部分，由於微波照射機會較大，升溫較快而容易產生焦化現象。

介電特性（dielectric property）包括磁導率、電容率與導電度，是微波加熱一項重要物理特性。其中，物質能在微波系統中加熱主要是因電磁能轉換為熱能，亦即依靠物體的電容率。影響食品的介電特性之因子包括：1. 水分含量。物質水分含量高則介電常數高。水分是最佳的吸收電磁波能量的物質，故當物體水分含量高時，在微波加熱過程具有較佳之加熱效果。2. 化學組成。食鹽因會與自由水結合，因而食鹽增加會降低介電常數。3. 溫度。溫度升高會降低介電常數。4. 頻率。頻率越高，物體的介電常數會降低。頻率低的環境，物質容易產生極化現象。5. 密度與結構。物質密度高時，因結構緊密，因此介電常數較高。

六、微波加工的應用

微波應用包括：解凍、禽肉的預煮、麵包烘焙、濃縮、烹調、麵條與休閒食品的乾燥、殺菁、後乾燥、巴氏殺菌、膨發和發泡、果汁與牛乳的殺菌、調溫（表8.5）。

表8.5 微波食品加工之利用

應用	主要目的
烘烤、燒炙	煮熟、改善風味與結構
乾燥、膨發	降低水分含量、改變結構
滅菌消毒	殺滅微生物與孢子
調溫	解凍、升溫
催熟	白酒加工
其他	加熱、油炸、萃取等

資料來源：劉，1998

利用微波作爲冷凍食品的解凍，可縮短解凍時間，且解凍滴液少，解凍後可保持鮮度。因解凍速度快，微生物之增殖少，故衛生安全性高。在解凍過程中，要翻動食物和轉換位置，以使加熱均勻。

一般乾燥熱是由食品外圍傳遞到食品內部，而水分擴散則是由食品內部至外圍，兩者方向正好相反。由於外圍乾燥時，水分又擴散到此乾燥處，於是外圍處不斷重複乾燥又濕潤之過程，由於水分會影響食品之熱傳係數，使乾燥食品外圍之熱傳係數不斷變動。而中心部分則成爲乾燥最關鍵也是最慢脫水處。而微波乾燥則是從中心處開始乾燥，水由內往外蒸發，愈外圍水分愈高，於是隨著乾燥的進行，外層的熱傳係數不僅沒下降，反而可能提高。因此微波乾燥的速率很快，尤其乾燥後期階段，可縮短減率乾燥期的時間。若將微波技術與眞空技術結合，在眞空下進行微波乾燥，則一方面速率加快，一方面更能維持原食品的色香味。

至於微波用於巴氏殺菌或滅菌，一方面是利用傳統微波產生熱方式加以抑制微生物，同時微波會造成食品水活性下降，且會破壞微生物的DNA或RNA結構，影響其正常繁殖能力，而達到抑制微生物之功效。微波殺菌可在包裝之前進行，也可在包裝之後進行，較傳統殺菌彈性更大。同時柔軟性或硬質的包材皆可使用，故包材的選擇性較傳統殺菌更廣。

七、使用微波加工注意事項

1. 水與全蛋注意事項

使用微波爐要注意幾點，首先水加熱時要避免被燙傷，水放進微波爐加熱會使水變得極熱，但水即使極熱但表面看來仍未煮沸。若搖動此極熱的水時，熱水便會從杯中冒出，造成傷害。爲免水變得極熱，不要把水或液體在微波爐內過度加熱，或在加熱後等待至少30秒才取出杯子或把其他材料放入水中。另外，連殼的蛋放進微波爐烹煮，蒸汽會聚積在蛋殼內而引致爆炸。如要用微波爐煮蛋，必須先把蛋殼剝掉或敲裂，並刺戳蛋黃／蛋白數下。

2. 金屬

使用微波爐烹煮時，不可使用有金屬裝飾的容器、塑膠袋或金屬鋁箔。如果有細長的金屬存在，則可能會發生火花。繪有金、銀絲線之碗碟，可能會由於接受微波，發出火花使這部分掉下來。而飛散下來的金屬屑片會散在食物內，有被食入的可能。

3. 加熱溫度

市售微波用食品塑膠容器或覆蓋用材料（如保潔膜）宜注意其使用溫度範

圍，加熱後的食品溫度必須低於容器耐熱溫度。如油性食品或糖分高的食品，以微波加熱後溫度會升到140℃，油脂或肥肉經微波加熱5分鐘後溫度會升到170～180℃之高溫，這些產品最好使用磁器與磁蓋或微波用耐熱玻璃容器與蓋，不可使用塑膠薄膜覆蓋而有溶化現象發生。

4. 避免太近

人體是由大部分的水、蛋白質、脂肪所構成，微波本身顯然會對人體產生危害。雖然一般微波爐門都有防洩漏措施，但仍要避免操作時離微波爐太近。科學家目前大都同意會有以下的非累積性危害：(1) 眼部的危害。眼睛部分水分極爲豐富，極易受微波影響；加上眼球許多部分（如角膜、水晶體）之血流量極有限，散熱能力較差，所以一旦受到微波的侵襲，無法有效於短時間熱量驅散，而造成熱的殘留。長期暴露可能會有發生白內障的危險。因此儘量不要在微波爐操作時，去觀察內部食物加熱情形。(2) 生殖器官的危害。主要是指男性的睪丸而言。男子睪丸若受微波之熱，容易溫度升高而傷害到精子的產生。所以使用微波爐時，要將它放置在妥當的地方，且避免鼠蹊部直接暴露於微波可能洩漏之處。如果微波爐久失維護，有洩漏可能時，那麼孕婦也不適合接近，以免可能影響胎兒。

縫隙的產生可能由於使用不當，或年久失修所致。縫隙大時，可用肉眼觀察得知；但可能因縫隙過小或爐內背景所致，所以無法以肉眼辨識得知。

第四節　擠壓技術

一、簡介

食品擠壓加工技術（extrusion）是集混合、攪拌、破碎、加熱、蒸煮、殺菌、加壓、膨發及成型等爲一體的高新技術。也可提供其他操作性能，如共擠出、風味產生、包覆（encapsulation）等。

傳統即食穀類一般需經粉碎、混合、成型、烘烤或油炸、乾燥等程序，每道程序都需要配備相應的設備，生產線長，占地面積大，人工需求多，設備種類多。使用擠壓技術製造，初步粉碎與混合後，即可用一台擠壓機一次完成混練、加熱、破碎、成型等步驟，製成膨發、組織化產品或不膨發半成品，這些半成品再經油炸或烘烤、乾燥、調味後，則可銷售。同時只要簡單的更換模具，就可方便的改變產品的造型。大大的改善了加工程序，並縮短加工過程，降低生產成本與勞工，同時改善產品的組織與口感，提高了產品的品質。同時可連續生產。

最早關於擠壓加工的記載是在1797年，當時Joseph Bramah用一個活塞驅動裝置以製造無縫鉛管。這項發明後來被食品工業應用於製作通心麵。早期食品擠壓機是肉類與香腸製品加工中常用的活塞式灌腸機。第一個螺軸擠出機的專利是英國的Gray於l879年獲得的，當時主要應用於橡膠工業（表8.6）。

表8.6　擠壓加工發展歷程

時間	重要事件	應用範圍
1797	擠壓技術的出現	冶金工業
1845	擠壓技術廣泛被應用	絕緣物質與塑膠工業
1900	活塞式擠壓機出現	製作香腸和葡萄榨汁與肉類食品加工
1935	最早應用單軸擠壓機	物料混合、通心粉和即食食品的加工
1940	擠壓機廣泛被食品工業界利用	膨發性休閒點心食品與即食早餐食品
1950	飼料製造業引進擠壓技術	乾膨發性的寵物飼料由美國製造生產
1960	各種穀類被加入脫脂黃豆作為擠壓原料	組織化植物蛋白質
1970	雙軸擠壓機問世	食品之加工
1980	雙軸比單軸擠壓機性能更優異	食品業、塑膠業及飼料業

1873年開發出由淺紋螺軸旋轉於圓筒機腔中的單軸擠壓機。至1930年代第一台用於穀類加工的單軸擠壓機問世，生產膨發的玉米圈。1930年代中期，利用成形擠壓機將小麥粗粒與水混合製作麵條。幾年之後，有人利用擠壓技術，將預調

製過的燕麥麵團製成即食早餐穀類。1930年代後期，同向嚙合雙螺軸擠壓機發明，用這種擠壓機不加溶劑即可混合纖維素。1940年代中後期，用單軸擠壓機生產玉米片。1950年代、1960年代和1970年代，先後出現了用單軸擠壓機生產的寵物飼料、即食早餐穀類和組織化植物蛋白。1970年代歐美市場即食食品有35%是擠壓產品。到1980年代，用擠壓技術生產水產飼料迅速發展到商品化規模。至此，擠壓技術已在食品行業中占據重要地位。

二、擠壓機構造

擠壓機依外觀、作用方式之不同，分爲單軸擠壓機及雙軸擠壓機等型式，影響擠壓之操作因素有原料配方（粗細度、含水率及添加物）、進料速率、螺軸轉速、螺旋元件組合、套筒壓力、套筒（模具）溫度、模孔形狀與規格等加工參數。

1. 擠壓機的基本構造

圖8.9爲一典型擠壓加工系統外觀示意圖，擠壓機一般由進料、傳動、擠壓、加熱與冷卻、成型、切割、控制等部分組成。

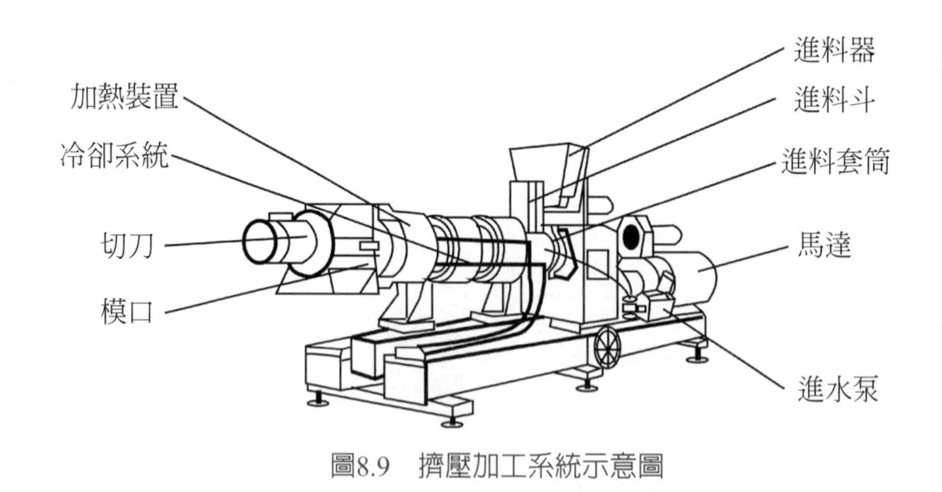

圖8.9　擠壓加工系統示意圖

(1) 進料裝置

此部分由預調理室、原料攪拌器、進料漏斗、進料螺軸所組成。該裝置把各種配料均勻而連續地餵入機器，確保擠壓機穩定地操作。一般可用螺旋式進料器或震動式進料器。欲擠壓的原料不可太濕，以免在進料處互相黏結在進料口產生架橋作用，而使原料無法進入擠壓機中而造成斷料情況。因此，水分的供給往往在原料進入擠壓機，再打入擠壓機中，並在擠壓過程中與原料互相結合產生水合作用。

⑵ 傳動裝置

此部分由底座、馬達、變速器、減速機構、止推軸承所組成。它的作用是驅動螺軸，提供螺軸在擠壓過程中需要的動力。電動馬達是傳動裝置的動力源，其大小取決於擠壓機的生產能力。

⑶ 擠壓裝置

擠壓裝置由螺軸（shaft）、螺旋（screw）和套筒（barrel）組成，它是整個擠壓加工系統的核心部分，也是生產者可自行調整之主要部分。圖8.10爲單軸擠壓機內部詳細構造。

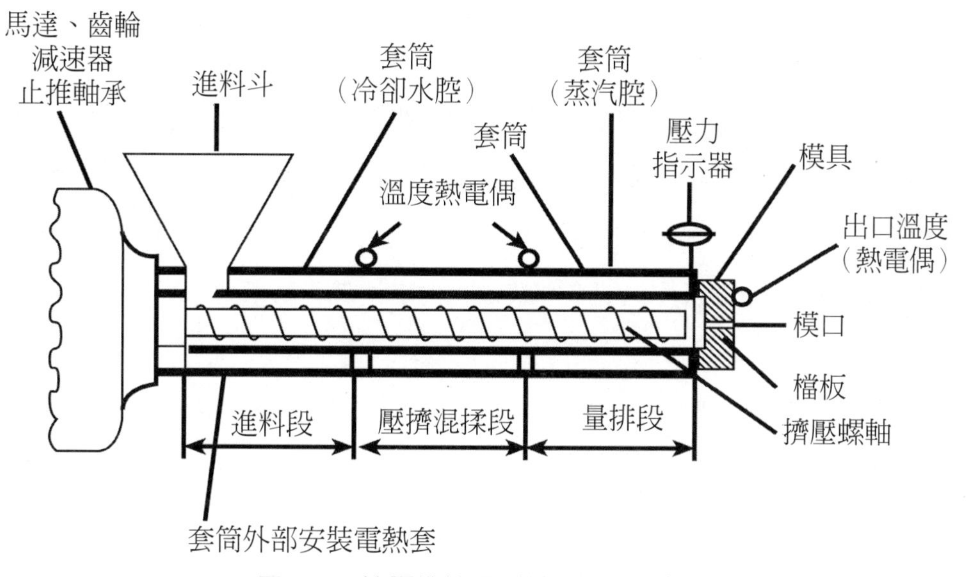

圖8.10　擠壓機擠壓系統內部詳細構造

套筒主要的功用爲將擠壓螺軸緊密包覆，具有控溫（加熱、保溫、冷卻）、摩擦等功能。其結構可以分爲整體式或分段式。整體式爲整個套筒爲一整段構成，中間沒有分段，因此其加工上的精細度要求較高。其優點爲外加加熱器位置不受限制，且受熱均勻度佳。缺點爲套筒表面磨損後便難以修復。分段式套筒則由一段段套筒組合而成。其加工上較整體式容易，且容易改變擠壓機之長度（長徑比），適用於常需變換長徑比之加工程序或實驗室、或排氣式擠壓機。其缺點爲加熱均勻性較差，且若各段連接時未鎖緊，則會有原料與壓力由該處洩漏現象。

擠壓加工重要參數之一爲螺軸長度（L）與長徑比（L/D），長徑比即爲螺軸長度和腔體直徑之比值，通常爲15～25。當兩數值愈大時，表示物料在擠壓機中停留之時間愈長，物料有充分的熔融時間，使溫度分布、混合更均勻，並可減少擠出時的逆流和漏流，提高生產能力，但熱敏感性物質則容易造成熱分解。

另一重要參數爲螺軸的壓縮比，其係指螺軸加料段第一個螺牙的容積與均化段最後一個螺牙的容積之比值。它表示原料通過螺軸的全過程被壓縮的程度。壓縮比愈大，原料受到擠壓的作用也就愈大。但壓縮比太大，螺軸本身的機械強度會下降。壓縮比一般在2～5之間。

另一重要配件–螺旋則將在下一節中詳細敘述其種類與功用。

⑷ 加熱與冷卻系統

加熱與冷卻是擠壓加工過程順利進行的必要條件。通常採用電阻或電感應加熱和水冷卻裝置來不斷調節機器的溫度，以保證食品物料始終能在其加工所要求的溫度範圍進行擠壓。尤其是擠壓過程中因摩擦生熱，會有溫度增高之現象，對於不需要太高溫的加工條件，則冷卻系統之穩定性就更形重要了。

⑸ 成型裝置

成型裝置又稱模口（die），它具有一些使物料從擠壓機流出時成型的小孔。模孔的形狀可根據產品形狀要求而改變，由最簡單的是數個圓形孔眼以生產圓、條、絲狀產品，至複雜些的環形孔、十字孔、甚至各種數字、英文字母與動物形狀等都有。擠壓裝置與成形裝置爲生產者可自行調整之重要部分，藉由兩者不同的組合，可使一台擠壓機生產各種不同類別包括膨發與不膨發的產品。在操作過程中，由於膜孔的大小與數量會影響出口壓力與生產速率，因此是一重要操作變數。物料經過模孔時便由原來的螺旋運動變爲直線運動，有利於物料的組織化作用。模孔處的剪切作用區，可進一步提高了物料的混合和混練效果。

⑹ 切割裝置

擠壓加工系統中常用的切割裝置，其切割刀具之旋轉平面與模口出口垂直。利用刀具與模孔之距離，以決定產品之長度，兩者距離愈大、切刀速率愈慢，則產品愈長，如乖乖；反之，兩者距離愈小、切刀速率愈快，則產品愈短，甚至可產生脆米粒形狀之產品。

⑺ 控制裝置

由微電腦、感測器、顯示器、儀錶和各種執行機電等組成，主要作用包括控制電機，使其滿足加工所要求的轉速，並保證各部分協調地運行，以及控制溫度、壓力、位置和產品品質。

2. 擠壓機的分類

隨著食品擠壓加工法的廣泛應用和發展，擠壓加工設備的類型日益增多，擠壓機的分類方法也有許多方式，一般可根據螺軸的轉速分為：普通擠壓機、高速擠壓機和超高速擠壓機；根據螺軸數量分為：單螺軸擠壓機和雙螺軸擠壓機；根據功能特點分為：高剪切蒸煮擠壓機、低剪切成型擠壓機、高壓成型擠壓機、通心粉擠壓機和玉米膨發產品擠壓機等；其中，按螺軸數量分類是目前最常用的分類方法（圖8.11）。

⑴ 單軸擠壓機

最為普通的擠壓機，結構簡單、設計製造容易、價廉、易於操作、維修方

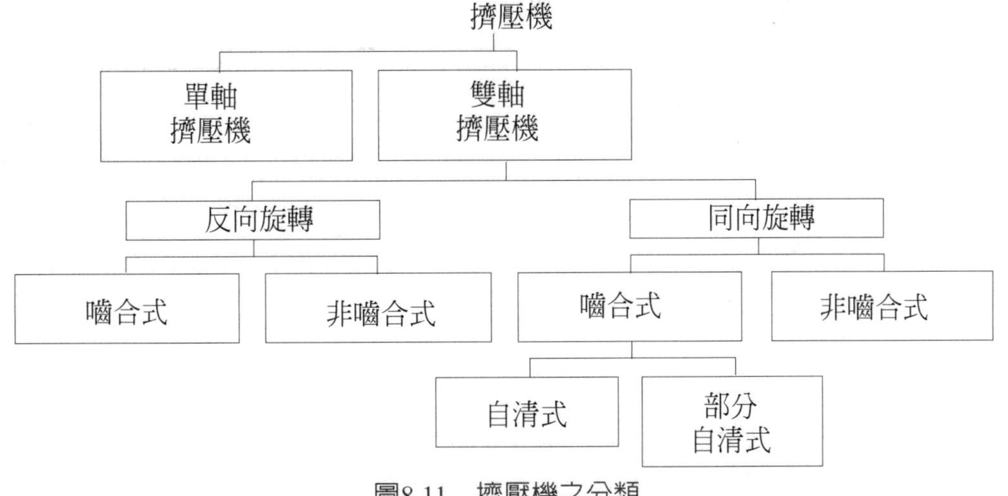

圖8.11　擠壓機之分類

便，但混合能力差。單軸擠壓機是由圓筒形腔體和在其中旋轉的螺軸組成，物料是在螺軸和腔體之間的通道中沿著腔體的軸向做螺旋運動。由於單軸擠壓機物料輸送主要是靠螺軸旋轉過程中，物料與套筒間之摩擦力，因此水分與油分不可過高，以免影響摩擦力。同時由於螺旋之自清能力差，因此物料之間容易造成後進之原料反而先被送出，因此物料之均勻度較差。然而由於單軸擠壓機之機器成本與操作成本皆較低，因此對於較不要求品質之產品，往往以單軸擠壓機作爲主要選擇。一般單軸與雙軸擠壓機之比較如表8.7。其中物料的允許水分範圍以及加工能力的差別應是最值得注意的。

表8.7　單軸與雙軸擠壓機之比較

項目	單軸	雙軸	項目	單軸	雙軸
1. 相對價格	1.0	1.5～2.5	6. 螺旋		
2. 維護費	1.0	1.0～2.0	-輸送角度	10°	30°
3. 輸送			-磨損	在輸送區最大	在限制區與揉捻環最大
-相對螺旋轉速	1.0～3.0	1.0	-自清作用	無	有
-相對扭力／壓力	可達5.0	1.0	-L/D	4～25	10～25
4. 熱傳	差-由外控制套筒溫度	進料段佳	-排氣	需兩台擠壓機	可
5. 操作條件			-混合作用	差	佳
-水分	12～35	6 至極高	7. 物料移動方式	摩擦（物料與裝置間）	滑移
-配料	流動的顆粒物質	範圍廣	8. 加工能力	受物料水分、油分等限制	在一定範圍內不受限制
-彈性	操作範圍狹窄	操作範圍廣	9. 逆流產生程度	高	低
			10. 耐久力	大	稍差

資料來源：孫等，1988；張等，1998

①螺軸形式

單軸擠壓機可由螺軸形狀分爲最常見的外觀不變、軸心漸增與錐形管套等三種類型（表8.8）。按螺旋紋路的改變與螺牙深度變化則可分爲三種：等距變深螺軸、等深變距螺軸與變深變距螺軸。其中以等距變深螺軸加工製造最容易，成本最低，但無法用於壓縮比大的小直徑螺軸上，易影響螺軸的強度。等深變距螺軸則與等距變深螺軸於同等壓縮情況下相比時，其物料的倒流量較大，且均質效果較差。變深變距螺軸則兼具兩者之優點，可有較大的壓縮比。

表8.8　不同擠壓機之分類比較

單軸	雙軸
螺距遞減 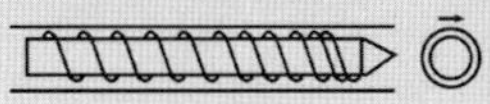	同心自動清洗 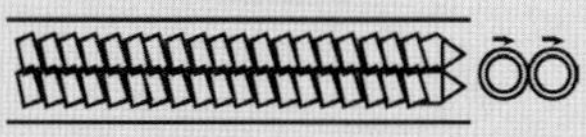
軸心遞增 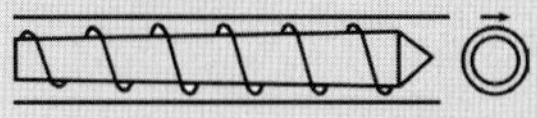	部分自動清洗 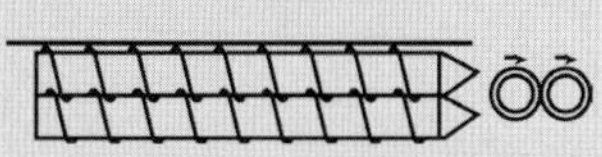
錐形管套 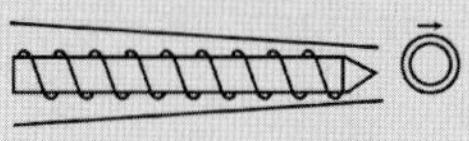	反向筒形 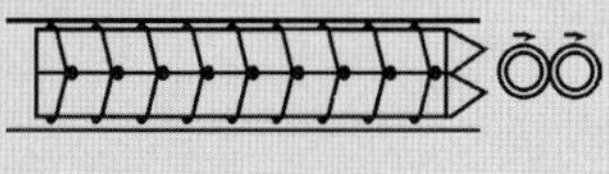
	反向錐形 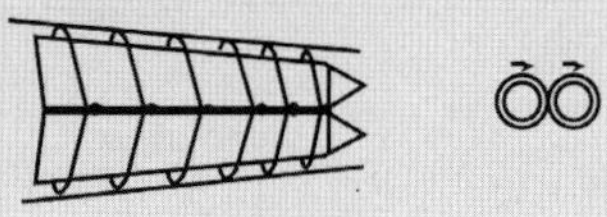

資料來源：彭，1992

②操作模式

根據操作模式，則單軸擠壓機可分爲低剪切成形擠壓機、中剪切蒸煮擠壓機與高剪切蒸煮擠壓機。三者之差異見表8.9。其中，主要爲剪切力之不同，而其成因主要爲水分之不同，水分高，則剪切力低、產品溫度也低、壓縮比亦低。反之，水分低，則剪切力高、產品溫度也高。另外尙有膨發擠壓機（collet extruder），其特色爲螺軸短且螺牙較淺，並具有獨特的膜口，爲高剪切力且滯留時間短的擠壓機，可利用壓力差製造膨發點心。

表8.9 三種單軸擠壓機操作特徵之比較

操作變數	低剪切力成形擠壓機	中剪切力蒸煮擠壓機	高剪切力蒸煮擠壓機
進料水分（%）	25～35	20～30	12～20
最大產品溫度（℃）	50～80	125～175	150～200
L/D	5～8	10～20	4～12
壓縮比	1：1	2～3：1	3～5：1
剪率	5～10	20～100	100～180
產品形態	通心麵、即時早餐穀類之半成品、第二代點心	濕性寵物食品、預糊化澱粉、飲料與湯之基質、組織化蛋白、即時早餐穀類	膨發澱粉產品、乾寵物食品、修飾澱粉

資料來源：孫等，1988

⑵ 雙軸擠壓機

雙螺軸擠壓機是由呈「∞」字形的腔體和並排放置其中的兩根螺軸組成，擠壓作業由兩者配合完成。根據兩螺軸的相對位置分爲全嚙合式、部分嚙合式和非嚙合式（圖8.12）；根據兩螺軸旋轉方向分爲同向旋轉式和反向旋轉式（向內和向外）（圖8.13）。

雙軸擠壓機與單軸不同，其具有物料自清的功能。其中，同向旋轉之自清能力的有效性與穩定性較反向旋轉來得佳。

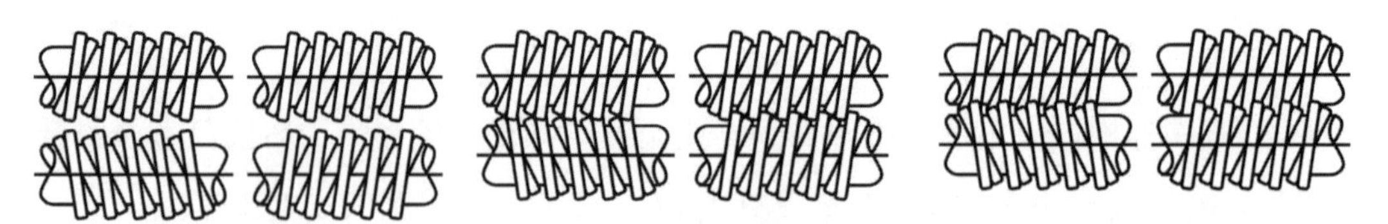

(a) 非嚙合式　(b) 部分嚙合式　(c) 全嚙合式

圖8.12 雙軸擠壓機兩螺旋嚙合類型

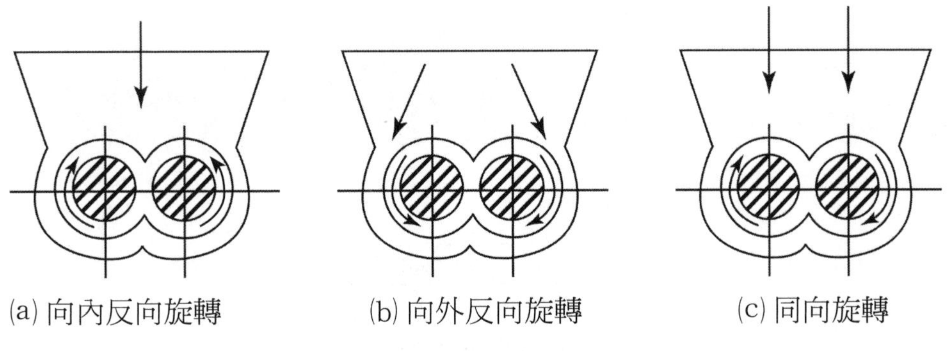

圖8.13 雙軸擠壓機雙螺軸的旋轉方向

① 同向旋轉式

同向旋轉式之熔融物料圍繞螺軸，形成「∞」字形螺旋向前運動。此型擠壓機的混合特性好、磨損小，剪切率高、產量大以及更靈活，多用於食品擠壓熟化。

② 反向旋轉式

反向旋轉式一般採用兩根尺寸相同，但螺紋方向相反之螺軸。又分向內和向外反轉兩種。其中向內反轉較少使用，僅用於非嚙合式擠壓機。向外反轉特別適用於乾粉料的加工。由於反向旋轉速率愈快時，對套筒之磨損愈大，因此其轉速受到限制。因此反向旋轉式適用於要求輸送作用強、剪切率較低、停留時間分布較窄的熱敏感性物料，特別適合於輸送低黏性物料如口香糖等。

將旋轉方式與嚙合方式加以排列組合，則可有如表8.10所示的幾種形式。其中非嚙合式由於功效與單軸擠壓機相似，因此實際使用較少。而主流機型則爲同向旋轉、完全嚙合、梯形螺牙。表中所謂縱向開口，指進料處到模口有一通道，物料由一根螺軸流往另一根螺軸。橫向開口則指垂直螺旋方向物料能越過螺稜，在一根螺軸的各螺牙間進行物料交換。

三、擠壓加工原理

擠壓技術乃是利用外力將物料作用，使其在特定容器中流動，而受到不同程

表8.10 雙軸擠壓機分類方式

螺旋嚙合類型		系統	反向旋轉	同向旋轉
嚙合型	全嚙合式	縱、橫向皆封閉	1	2 理論上不可能
		縱向開口，橫向封閉	3 理論上不可能	4
		縱、橫向皆開口	5	6
嚙合型	部分嚙合式	縱向開口，橫向封閉	7	8 理論上不可能
		縱、橫向皆開口	9A	10A
			9B	10B
非嚙合型	非嚙合式	縱、橫向皆開口	11	12

資料來源：孫等，1988

度的混合、搓揉與剪斷等程式，在物料流動的同時，再施以蒸煮的一種加工技術。所以擠壓機乃集合物料輸送、壓縮、混合、搓揉、剪切、加熱、殺菌、組織化、成形與膨發等功能。在擠壓期間，食品可以達到相當高的溫度，但在這樣高溫下滯留時間卻極短暫（5～10秒）。因此擠壓加工可視爲一種高溫短時間（HTST）的加工技術。

傳統食品擠壓加工係將食品原料置於擠壓機的高溫高壓狀態下，然後突然釋放至常溫常壓，使物料內部結構與性質發生變化的過程。這些物料通常以穀物如米、小麥、玉米、豆類爲主，並添加水、油脂、蛋白質、纖維質等配料混合而成。其方法係藉助擠壓機螺旋的推動力，將物料向前擠壓，物料受到混合、攪拌與摩擦以及高剪切力作用，使澱粉粒解體，同時機腔內溫度壓力升高（溫度可達150～200℃，壓力可達1 MPa以上）。如此高的壓力超過了擠壓溫度下的飽和蒸汽壓，因而物料在擠壓機套筒內水分不會沸騰蒸發，反而在如此高溫下，物料呈現熔融狀態。然後從膜口瞬間擠出，由高溫高壓突然降至常溫常壓，其中游離水分在此壓差下急遽汽化，水的體積可膨脹大約2000倍。膨發的瞬間，穀物結構發生變化，使澱粉糊化，同時變成片層狀疏鬆的海綿狀，且體積膨大幾倍至十幾倍。水分的散失，帶走大量熱量，使物料的溫度在瞬間驟降到80℃左右，從而使產品固化定型，得到直接擠壓膨發產品。

擠壓過程中，螺軸對物料所產生的作用在螺軸的全長範圍內各段是不同的。一般根據物料在螺軸中的溫度、壓力、黏度等的變化特徵，可將擠壓機分爲進料段、壓縮段（擠壓混揉段）和均化段（量排段）三段。此適用於單軸擠壓機與雙軸擠壓機。一般生產者會依據不同產品的需求選擇合適的螺旋分配。

1. 單軸擠壓機之各區段變化

(1) 進料段

當食物原料由進料筒進入機體內時，隨著螺軸的轉動，沿著螺旋方向向前輸送，稱爲進料（輸送）段。此段目的僅在將物料往前輸送，因此物料的物理、化學性質變化不大。

進料區的螺旋通常都有一些深與寬的溝槽以接納物料。這個區段將物料混合，輕微加壓，使物料在螺旋之間形成更爲均質的狀態。此時可以注入水或蒸汽，以增加水分並加強擠壓機內的熱傳遞。

⑵ 壓縮段、擠壓混揉段

物質在進料段持續往前輸送時，由於受到機首的阻力作用，固體物料逐漸壓實，又由於物料來自機筒的外部加熱以及物料在螺軸與套筒的強烈攪拌、混合、剪切等作用，溫度升高、開始熔融，直至全部熔融，稱爲壓縮（混揉）段。此時固體轉變成不定型的黏彈性流體。

擠壓混揉區的螺牙逐漸變淺或螺距變短以對物料加壓，並施加中度剪切力與熱能。在這區段末尾，物料變成黏稠無定形物體，溫度達到或高於100℃。擠壓物完全填滿螺牙並開始變熱的這個點稱爲「阻塞點（chokepoint）」，因爲從這個點往前，擠壓機內部被充分塞滿。阻塞點的位置也就是物料進入最終均化區的點。

⑶ 均化段、量排段

由於螺旋逐漸變淺或螺距變短，繼續升溫升壓，食品物料產生蒸煮效果，出現澱粉糊化，蛋白質變性等一系列複雜的生化反應，食品組織進一步均化，最後定量定壓的由模口均勻的擠出，稱爲計量均化段或量排段。

最終均化區的螺槽最淺或螺距最短。這個區段產生加壓作用，並將黏稠狀態的物料向模口推壓。這個區段的剪切力最高，物料溫度迅速上升達到最高溫度，而模口決定成品的形狀，並影響擠壓機的反壓力。

通過模孔的製品進入到壓力較低的大氣環境中，高溫物料中的水分迅即蒸發並導致膨脹。模口尾端的旋轉切刀將擠壓加工的製品按預定長度切段。

如果要生產非膨發食品，可在物料出模口之前，增加一冷卻裝置，使其出模口的溫度低於100℃即可。

2. 雙軸擠壓機之各區段變化

雙軸擠壓機與單軸不同，其具有物料自清的功能，因此螺旋的組合可有更多變化。圖8.14爲一般常見螺旋之形式，主要包括輸送螺旋、反向螺旋與捏合片。圖8.15爲雙軸擠壓機中螺旋組合（screw profile）與壓力之關係。圖8.15爲雙軸擠壓機之標準螺旋組態之一，依其螺旋組態，可將其分爲五段。

⑴進料段

在第一段輸送區內，物料的物理、化學性質保持不變。與單軸積壓機相似，此段螺旋有一些深與寬的溝槽以接納物料。

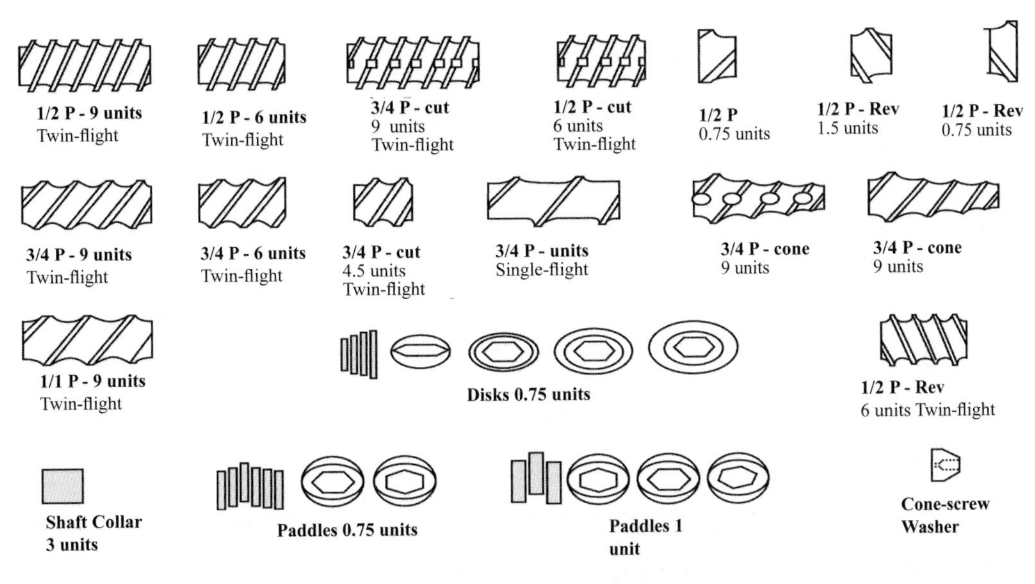

圖8.14 各種不同螺旋形狀

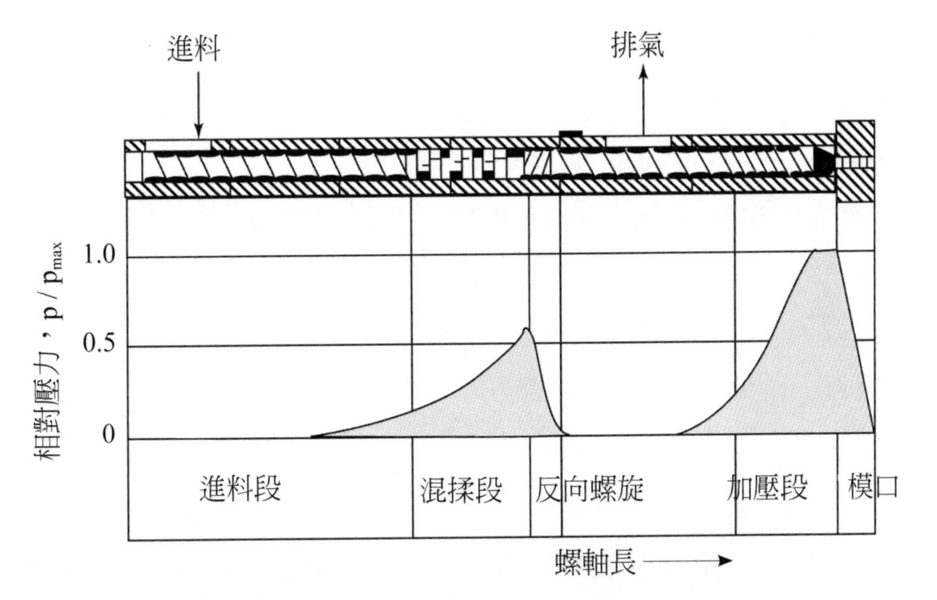

圖8.15 雙軸擠壓機中螺旋組合與壓力之關係

⑵壓縮段

接著進入混揉區內，物料受到輕微的低剪切力，但基本性質仍不變。此段所用螺旋爲捏合片（kneading disc），一般係將多個單一捏合片依所需角度排列成非連續性的螺旋與螺槽組合。捏合片所在位置有較佳的混合功能。捏合片通常安排在一定長度的正向輸送螺旋與反向螺旋間，因爲捏合片本身的物料輸送性不足，必須利用上游的正向輸送螺旋提供物料正向壓力流。而後方的反向螺旋，可提供反向壓力流，使物料充分塡滿於此區，以增加混合效果。安裝前後區與此區之螺旋時，必須注意壓力之平衡，若正向壓力過高則物料滯留時間縮短，混合作用便降低；若反向壓力過大，會使進料困難且出料不穩定。

下一段爲反向推送區。其螺旋使用反向螺旋（reverse pitch screw），此螺旋之方向與一般螺旋方向正好相反，而在螺旋上有二至四個縱向開口。物料送到本區時，由於遇到反向螺旋的阻力，因此被往進口處回推，此時遇到進料處送過來之原料，於是在兩段交接處壓力急遽上升。此時部分原料可經由螺旋上之縱向開口往後輸送。由於此前後兩階段之作用，得以使原料在擠壓機中滯留之時間增加，也增加其產生變化之時間，使物料混合性更佳。

接著送入第二輸送段。在第二段輸送區內，物料被壓縮的十分緊密，螺旋葉片的旋轉又對物料進行擠壓和剪切，進而引起摩擦生熱以及大小穀物顆粒的機械變形。

⑶均化段

最後進入加壓段。在加壓區內，高剪切的結果使物料溫度升高，並由固態向黏彈性態轉化，最後形成黏稠的塑性熔融體。所有含水量在25%以下的粉狀或顆粒狀食品物料，在此區內均會產生明顯的轉化。對於高筋麵粉、玉米粒或澱粉來說，這種轉化可能在加壓區的起始部分；對於低筋麵粉或那些配方中穀物含量低於80%物料來說，轉化發生在加壓區的深入區段。轉化時，澱粉顆粒內部的結晶結構先發生熔融，進而引起顆粒軟化，再被壓縮在一起形成黏糊的塑性熔融體。這種塑性熔融體前進至模孔前的高溫高壓區內，物料已完全流態化，最後被擠出模孔，壓力降至常壓而迅速膨發。

以上螺旋組態係運用於直接擠壓膨發食品，但擠壓膨發食品僅僅是擠壓食品中的一種產品形式。且膨發食品也不都是擠壓食品，食品進行膨發還可採用其他的手段，如油炸、微波、烘烤等。因此除膨發加工外，擠壓機尚能生產間接擠壓膨發食品（擠壓成型食品）與擠壓組織化食品。

對於間接擠壓膨發產品，其原料在擠壓機內蒸煮並在溫度低於100℃時推進通過模口，原料在低溫時成型，這樣可防止物料中水分瞬間變爲蒸氣而產生膨發。產品的膨發作用主要靠擠出之後的烘烤或油炸來完成。在此種生產加工過程中，原料經過擠壓機，只是讓原料達到糊化、組織化，以及給予產品一定形狀的目的。爲了改善產品品質，使產品的質地更爲均一，糊化更爲徹底，擠出後的半成品還需經過一段時間的調質（tempering）過程，然後進行後期的烘烤或油炸。與直接擠壓膨發食品相比，間接擠壓膨發食品一般具有較均勻的組織結構，口感較好，不易產生黏牙等感覺，澱粉的糊化較爲徹底，膨發度較易控制。即第二代與第三代點心食品。

四、擠壓時原料成分之變化

1. 對碳水化合物的影響

⑴糊化

與一般含澱粉類食品相似的，擠壓加工過程中，澱粉在高熱與水分存在下，會產生糊化作用。所謂澱粉糊化（gelatinization）係指澱粉加熱過程中產生吸水膨潤的現象。但擠壓與其他食品加工方式相比，主要區別就是在較低水分含量下（12～22%）就可發生澱粉糊化。澱粉糊化後，吸水性增大，易受酵素作用，進入人體後易消化，產品質地柔軟。因此擠壓後產品的升糖指數（glycemic index,GI）值會升高。但在適當條件下，卻會使抗性澱粉的形成量增加，反使升糖指數值下降。

⑵糊精化

在擠壓加工中，由於澱粉處在高溫、較低水分與高剪切力之環境中，反而較一般加工有容易裂解之機會，造成澱粉被切斷而產生糊精，即所謂糊精化作用（dextrinization）。糊精化澱粉對水分的吸收力很差，糊精化程度高會使產品產生黏牙感，且使產品之接受性降低。因此必須理想的操控澱粉擠壓，避免過度糊精化。由於油脂會與直鏈澱粉產生不溶性的複合物，因此部分油脂存在時，可減少澱粉擠壓過程中產生黏牙感。

小分子碳水化合物在擠壓過程中的改變也很重要，一般會產生水解與梅納反應。如還原糖與離胺酸反應產生梅納反應而損失，而豆類中棉子糖、水蘇糖會降低，反而改善豆類引起脹氣的缺點。

2. 對蛋白質的影響

在擠壓過程中，蛋白質會發生很多變化，如功能性變化、營養性變化、在水和稀鹽溶液中溶解性下降、離胺酸損失、組織結構化、可消化性提高等，其中蛋白質變性是最重要的。蛋白質受擠壓機腔內高溫、高壓及強機械剪切力作用，導致蛋白質變性。這種變性使蛋白酶更易進入蛋白質內部，進而提高消化率。一般在溫和的擠壓條件下（低溫、高水分、低螺旋轉速），植物蛋白的營養價值會提升；而在嚴苛的條件下（高溫、低水分、高螺旋轉速），植物蛋白的營養價值會降低。

有些蛋白質在擠壓之前即因進行過度的加熱處理，使得蛋白質部分變性，因此擠壓作用無法發揮更大的效果（如高溫處理之脫脂黃豆粉）。而一般物料中的蛋白質在擠壓處理下，也能如同澱粉一般的產生膠化，溶解力及吸水力會增加。另外，蛋白質結構之適度打斷可以增進消化率。除了以上增強消化作用的影響外，擠壓處理也能把一些會抑制正常的消化或降低產品的儲存時間的蛋白質結構變性。比如說，存於大豆中的尿素酶、胰蛋白酶抑制劑等，便可以藉著擠壓處理使之不活化。其他的酵素諸如米糠中的脂肪酶也是不受歡迎的，因為此酵素會加速米糠中油脂的酸敗，也可以利用擠壓處理而變性。

當蛋白質置於擠壓高溫時，其二、三、四級結構會斷裂，在擠壓機裡面形成一種熔融的物體；蛋白質分子中的氫鍵和雙硫鍵重新排列，形成一種有彈性的像肉一樣結構的物體。

3. 脂肪的影響

脂肪在擠壓過程裡主要影響的是其物理功能，因爲脂肪可以作爲潤滑劑而且有限制膨脹的傾向。擠壓之高壓高熱會造成三甘油酯的斷裂，因而產生較多之游離脂肪酸。但擠壓膨發的過程也會使原來埋在細胞中的油脂釋放出來，提高了脂肪的熱能值。

擠壓過程中，粗脂肪下降，結合脂肪隨著澱粉糊化不斷升高。脂肪與澱粉、蛋白質會形成複合物，直鏈澱粉蜷曲成螺旋狀態，每個螺旋狀態含有6個葡萄糖殘基，脂肪貫穿於直鏈澱粉螺旋管中，成爲澱粉脂肪的複合物，反而降低擠出物中游離脂肪含量。且影響其在溶劑中之溶解度，造成測定上之困難。

4. 對膳食纖維的影響

膳食纖維包括果膠、纖維素、半纖維素和木質素等。擠壓處理對纖維有一些效果。大部分的纖維密度會因爲擠壓處理而有提升的趨勢。這可能是擠壓處理打斷並壓縮纖維束之機械作用的結果。蒸煮擠壓加工之後，這些成分被徹底微粒化，並且產生了部分分子降解和結構變化。擠壓亦可減小果膠和半纖維素的分子量，導致水溶性纖維大大提高。此外，在低水分含量下進行擠壓操作，可明顯提高可溶性纖維含量，降低不溶性纖維含量，增加的可溶性纖維由木糖、阿拉伯糖、甘露糖和糖醛酸組成。

五、擠壓加工的特點

1. 應用範圍廣（versatility）

擠壓技術可用於加工各種原料如豆類、穀類、薯類，還可以用於加工蔬菜及某些動、植物性蛋白。因此適用於即食穀類食品、乳製品、肉製品、水產製品、調味品、糖果、巧克力製品等。並且經過簡單的轉換模具，可改變產品形狀，生產出不同外形的產品。因此產品範圍廣、種類多、花色齊全可形成系列化產品。亦可用於飼料、釀造等領域。

2. 生產效率高、成本低（high productivity and low cost）

擠壓加工集供料、輸送、加熱、成形於一體，又可連續生產，因此生產效率高。使用擠壓設備來從事生產工作，操作簡便、生產成本低，其相同產量所使用的廠房空間及勞動力，比其他蒸煮或成形系統低，因此成本較低。

3. 可改善產品口感，食用方便（high quality product）

許多穀類中富含礦物質、維生素及人體必須的胺基酸等營養成分，符合人體營養需要，但是往往因口感粗糙而受到人們的冷落。經擠壓膨發處理後，其質地是多孔的海綿狀結構，吸水力強，容易復水，使產品質地變軟，改善口感和風味。因此不管是直接食用還是沖調食用均較方便。

4. 物料浪費少，產品無廢品（no effluents）

擠壓加工是在密閉容器內進行的，在生產過程中，除了開機和停機時需投少許原料作頭料和尾料，使設備操作過渡到穩定生產狀態和順利停機外，一般不產生原料浪費和廢品現象，也不會向環境排放廢氣和廢水而造成汙染。

5. 營養損失少，易消化吸收（easy digestion）

物料在擠壓過程中由於受熱時間短，營養成分破壞程度小，蒸煮擠壓時，澱粉、蛋白質、脂肪等大分子物質的分子結構均不同程度發生降解，呈多孔疏鬆結構，有利於人體消化和吸收。

6. 有利於長期儲藏（long term storage）

由於擠壓加工過程中高強度的擠壓、剪切、摩擦、受熱作用，澱粉顆粒在水分含量較低的情況下，充分溶脹、糊化和部分降解，再加上擠出模具後，物料由高溫高壓狀態突變到常壓狀態，促使澱粉分子改變，使糊化的澱粉不容易回凝，有利於長期儲藏。

擠壓加工過程時間短，原料與產品水分含量一般較低，不利於微生物生長繁殖。且從原料到產品，生產線短，較無汙染機會。且擠壓過程溫度至少100℃以上，即使時間很短，也可以破壞原料中的微生物。因此只要保存方法得當，便可長時間保存。

7. 新產品開發性高（new foods development）

擠壓技術可以修飾植物蛋白質、澱粉及其他食品原料，而製出各種新產品。

擠壓加工也有一些缺點。首先，其爲一種高耗能加工方式。由於擠壓加工屬於摩擦生熱，另外加工時需徹底打破物料的組織結構，因此能量耗損一般較高。第二點，擠壓操作之操作難度高。由於擠壓加工涉及溫度、壓力、水分含量、不同操作變數等多種參數，操作者不但要了解各種加工參數，還需要掌握各種原料的特性，需要專業知識和較長之工作經驗。第三點，擠壓加工需要一定的溫度，冷機啓動時往往性能不太穩定，且耗費原料，因此一般不宜停機。所以擠壓工廠往往以一天三班輪流工作方式從事生產。

六、擠壓加工之應用

1. 義大利麵（pasta）

義大利麵和我們一般常吃的白麵條都是由麵粉製成，然而製作義大利麵所使用的杜蘭粗粉（semolina）是研磨自杜蘭小麥（durum wheat），這種小麥的麥粒結構與一般小麥不同，蛋白質含量較高，而且其中的小麥穀蛋白（glutenin）以低分子量爲主，不同於一般麵粉是高分子量占多數，因而杜蘭小麥麵筋彈性較差，也就是麵塊拉伸或按壓後回復到原來狀態的能力較差；再如杜蘭粗粒麵粉含較多的黃色素，如芸香苷（rutin）約是一般小麥的2～3倍，所以杜蘭粗粉的外觀呈金黃色澤。

義大利麵（pasta）有兩種形式，條狀、管狀、螺旋狀或貝殼狀等不同形狀的稱爲通心麵（macaroni），直條形狀的稱爲義大利麵（spaghetti）。擠壓式義大利麵的製法是先以水混合杜蘭粗粉，讓其中晶質狀態的蛋白質因水分子的加入而軟化，攪拌成麵塊後，再經由機器擠壓，使麵筋蛋白質分子間充分結合，並將澱粉粒子緊裹在內部，當麵塊經過不同形狀的模孔擠出，就會成爲麵條。

杜蘭粗粉的顆粒磨得比白麵粉大，是爲了保持澱粉粒原本就被蛋白質包住的結構，不使澱粉因爲細磨而裸露或散逸出來，如此擠壓成形的麵條表面才會是蛋白質。這樣當麵條下水煮時，蛋白質受熱會改變化學構形並凝固，因而限制了澱粉粒吸水膨脹的能力，使其較不易破裂而溶出澱粉。

除了澱粉粒被蛋白質完整包住，擠壓式義大利麵的結構緊實，也是它煮久不易黏糊的原因之一。義大利麵的製程是採真空攪拌，麵塊內的氣體會在極短時間內被抽走，造成麵粉間的距離縮小，而之後麵塊經擠壓成形過程，機器的壓力也會使麵塊緊實結合，因此烹煮時，水分只能從麵條外一層一層慢慢滲入而煮熟。平常吃的白麵條表面有不少澱粉粒，而且麵條結構鬆散、氣孔多，水分容易從表面鑽進麵心，因此很容易使澱粉粒吸水膨脹破裂而溶出澱粉粒內部的分子。由於斷裂後的澱粉分子與蛋白質散入水中會使煮麵水變混濁，也可藉由混濁的程度判別義大利麵的品質。

擠壓式的義大利麵除了不太會有黏糊的口感，它的咀嚼韌性也比白麵條高，這與它的結構緊實、蛋白質整體含量高有關。通常蛋白質含量在12～13.5%之間有比較好的口感。

2. 休閒點心食品（snacks）

以擠壓技術製造之休閒點心食品屬第二代或第三代點心食品。所謂第一代點心食品，是指以傳統加工方式，原料經調配、成型、油炸或烘烤方式製造者，如洋芋片、蘇打餅乾等。應用擠壓技術主要可生產兩大類膨發休閒食品，一是以穀類（尤其是玉米）爲主要原料，根據需要加入其他配料而製成的休閒點心，如乖乖等，此類稱爲第二代點心食品；另一類爲膨發夾心休閒點心，是利用共擠出（co-extrusion）方式生產。經此加工方式的膨發夾心食品，口感酥脆，風味隨夾心餡的改變而變，稱爲第三代點心食品。

一般擠壓食品的生產流程如下：

原料 → 調理（去皮、粉碎）→ 稱重 → 混合 → 擠壓蒸煮 → 整形、切割 → 乾燥或冷卻 → 調味 → 稱重 → 包裝。

第二代點心食品調味方式主要係在原料胚製好後，再在外面塗布（coating）上不同風味之漿料，經旋轉式乾燥機乾燥後，再包裝成最終產品。

生產第二代膨發點心之原料胚方式，可直接利用擠壓機擠出膨發，另外，也可串聯兩台擠壓機，第一台擠壓機進行蒸煮熟化作用，第二台擠壓機進行膨發成型，後者在擠壓過程中產生較低的剪切力，故產品成型性較好，口感也較佳。產品擠出後，水分含量一般在7～10%，可直接調味後包裝上市，也可進一步烘乾到水分含量低於5%，以延長產品的保鮮期。

第三代點心食品係利用共擠出方式。該類產品一般多採用雙軸擠壓機生產，與普通機型不同的是有一根料管深入到擠壓機機筒內部，再延伸到模孔中心部位，由另一台擠壓機生產填充料，並將填充料泵入料管後，再壓入空心管狀的膨發產品內（圖8.16）。如孔雀捲心餅即是用此方式製作。

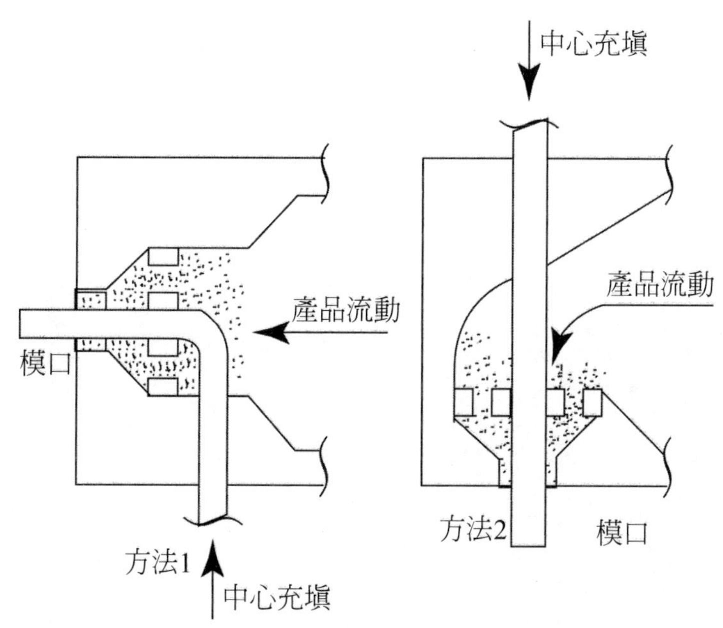

圖8.16 常見共擠壓中心餡料充填的兩種方式

另有一類說法指第三代點心食品係將擠壓機當作蒸煮器，生產出各種半成品（pellet），經乾燥後儲存，在需要成品時，再以烘烤、油炸等方式加以膨發製成之產品。此類做法之優點爲成品樣式可多樣化，且因米成品儲存方便，故可計畫性生產，同時運輸方便。

脆米粒也可用擠壓機製造，其膨發體積與脆米脆酥度有關，必須調整原料含水量或添加其他澱粉、油脂等來達到滿意的口感。至於產品形狀和模孔大小、孔數、切刀速度等變數有關，使用之原料米通常要磨碎或使用碎米，故可利用加工後之碎米作原料，因此成本可較完整米直接膨發者為低。製造時原料需均勻添加適當水量，並放置數小時進行調質，讓水分分布平均，產品表面才會光亮無大氣泡。

3. 早餐即食穀類食品（RTE , ready to eat breakfast cereals）

擠壓技術已成功地應用於片狀穀物食品、膨發早餐穀物食品、焙烤膨發早餐穀物食品、噴射膨發早餐穀物食品及纖維狀早餐穀物食品的生產中。傳統早餐穀類食品製作費時且耗工，其流程如圖8.17。使用擠壓機後可節省操作機器空間與時間，因此為目前最成功的擠壓產品之一。目前早餐穀類食品有類似玉米片的擠壓成半成品後再經後膨發者，亦有直接膨發生產如喜瑞爾所出之系列膨發產品。其原料可以為玉米、小麥，甚或米。

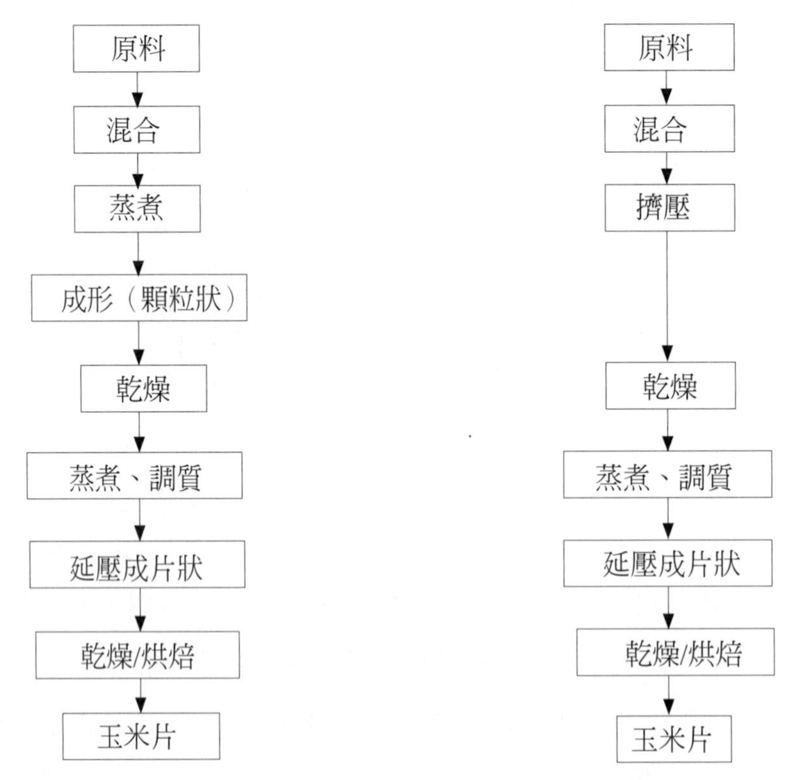

圖8.17　傳統玉米片（左）與擠壓製作玉米片（右）製程之比較

4. 糖果加工（confection）

應用擠壓加工技術可對糖果生產過程中糖的轉化、褐變反應、起泡、結晶以及澱粉的膠凝等進行控制，故能有效地控制糖果的物理特性。以擠壓機製造糖果，其出口壓力不可太大，以免產生膨發現象，因此其原料在機器中之滯留時間較長，同時在擠壓後段時，會開始冷卻以避免膨發之產生。

5. 製油業

擠壓技術可用在油脂浸出之前處理。利用擠壓技術對油籽進行膨發預處理，是浸漬提油的一種新技術。擠壓膨發浸漬與傳統的軋胚浸出法相比，在浸出設備的生產能力、油脂浸出速度、能源耗損、溶劑料胚比以及油品品質等方面都能有所提升。

另外，許多油廠使用技壓機作爲油籽焙炒與壓榨一次完成的工具。此可較傳統兩段加工方式速度快，且省人力，爲目前許多麻油、苦茶油等未精製油油廠之主要加工方式之一。

6. 組織化植物蛋白、人造肉（TVP , texturized vegetable protein）

植物蛋白的組織化產生方法主要有：纖維紡絲法（fiber spinning）與擠壓組織法（extrusion texturization）。纖維紡絲法係將植物蛋白（常用黃豆蛋白）溶於鹼性，接著以類似注射器之機器射入酸性溶液中，由於蛋白質遇酸性會凝固，因此成品就固化成絲狀物。此種方式生產人造肉，由於使用大量酸、鹼液，廢水處理問題嚴重，且成品水分含量高，儲存不易，故目前使用愈來愈少。

擠壓組織法則是將含植物蛋白較高的原料（50%左右），目前主要爲大豆蛋白，通過擠壓剪切作用後，使蛋白質二、三級結構被破壞而產生變性，形成相對呈線性的蛋白質分子鏈。這些分子鏈在一定的溫度和水分含量下，容易發生定向的再結合。隨著剪切的不斷進行，呈線形的蛋白質分子鏈不斷增多，相鄰的蛋白質分子之間產生雙硫鍵而相互吸引與結合，當物料被擠壓經過模具時，較高的剪切力和定向流動的作用，更加促使蛋白質分子的線狀化、纖維化和直線排列。這樣，擠出的物料就形成絲狀的纖維結構和多孔的結構。纖維狀結構的形成給予產品良好的口感和彈性；而多孔的結構給予產品良好的復水性和鬆脆性。

由於擠壓組織化技術的生產成本低，生產過程不產生三廢汙染（廢水、廢物、廢氣），同時調整合理的加工參數，就可以得到不同性質的產品。因此擠壓組織法爲目前生產組織化植物蛋白之主流。

植物蛋白經組織化後，改善了口感和彈性。其除直接食用外，且也可作爲肉類填充料或者代替肉、魚、禽類製成各種不同的肉類食品或仿肉類食品。同時，在浸水拆絲後，可作爲素香腸、火腿與許多素食加工品之原料。

7. 乾酪製造

乾酪種類非常多種，並非每種都可使用擠壓機製造，其中，以mozzarella乾酪目前應用最廣泛。傳統mozzarella乾酪製作需將凝乳塊置於70～90℃熱水中揉捏，使其組織塑化（plasticization）後，放入模型中成型。此步驟傳統上係以手工製作，故無法大量生產。但使用擠壓機後，可使冷凍狀態之凝乳料直接擠壓，省卻回溫步驟。同時，製造過程中溫度與出口形狀容易控制，故可製成小包裝成品，讓消費者使用時不用再分切。且與傳統方式比較，產品冷卻時間可縮短。

另外，目前工業上廣泛應用擠壓機之產品爲纖維狀乾酪。此產品爲加工乾酪之一種，最大特徵爲組織成纖維狀，可以手撕裂成絲。其製程與mozzarella乾酪相似，但在熱水中揉捏時，尚需要壓延與摺疊，以形成纖維組織。此時擠壓機足以發揮使蛋白質組織化的功能，同時，可應用於高水分的濕式加工產品上。

8. 釀造原料之前處理

利用擠壓膨發後的穀物作爲發酵原料，其發酵速度和效果均要優於蒸煮糊化原料。將擠壓膨發技術用於黃酒和啤酒生產上，可明顯縮短發酵週期，減少酵母添加量，提高原料利用率。而且由於物料在擠壓膨發中受到高溫高壓的作用，故原料中的胺基酸與還原糖發生梅納反應，給酒帶來特有的香味，提高了酒的品質。一般大豆用於釀造醬油時，其蛋白質利用率只有65%左右。經擠壓膨發處理後，蛋白質利用率可高達90%，可提高醬油的產量和品質，並改善風味。

參考文獻

王淑靚。2020。影響射頻加熱之重要因子-食品介電特性。食品工業52(2):31。

行政院環境保護署環境檢驗所。2011。超臨界流體萃取儀。http://www.niea.gov.tw/analysis/publish/month/21/5-1.htm

朱蓓薇。2005。實用食品加工技術。化學工業出版社，北京。

陳德昇。1998。食品工業之微波殺菌。食品工業30(12):8。

高福成、王海鷗。1997。現代食品工程高新技術。中國輕工業出版社，北京市。

孫寶年、龔鳴盛。1988。擠壓加工技術。擠壓食品研討會專輯，國立臺灣海洋學院水產食品科技叢書。

黃三龍。2004。擠壓影響蛋白質、碳水化合物、脂質與膳食纖維的營養品質。食品工業36(8):15。

黃寶鴻。2004。食品擠壓機混合機理。食品工業36(8):4。

張裕中、王景。1998。食品擠壓加工技術與應用。中國輕工業出版社，北京市。

陳少洲、陳芳。2005。膜分離技術與食品加工。化學工業出版社，北京。

莊清榮、游勝傑。2008。流體中的最佳守門員—微過濾與超過濾。科學發展429:14。

童國假倫、李雨霖、呂明洋、賴君義。2005。膜過濾模組之簡介及其設計。化工52(1):31。

童國倫、阮若屈。2008。最小心眼的薄膜—逆滲透膜Q奈米濾膜。科學發展429:20。

楊智堯。2008。 以三聚氰氯爲單體的抗氯型奈米過濾膜。中央大學化學工程與材料工程研究所碩士論文。

彭育新。1992。擠壓技術發展概況。食品工業24(8):49。

劉佳玲。1991。微波加熱的特性。食品工業23(6):19。

蔡佳原。2004。擠壓蒸煮技術在乾酪製造上的應用。食品工業36(8):41。

劉鍾棟。1998。微波技術在食品工業中的應用。中國輕工業出版社，北京。

第九章

穀類、豆類、薯類和澱粉加工

穀類、豆類和薯類是人類的主要糧食來源。穀類包括稻米、小麥、大麥、玉米、燕麥和裸麥等，其中以稻米、玉米和小麥最爲重要。穀類中主要的成分是澱粉（含量約60～70%）和蛋白質（7～15%），而人類所需的熱量多數是由穀類提供。這些穀類除了可以直接烹調供食用之外，也可製成（中間）產物，如米穀粉、麵粉、澱粉、麩皮等，作爲食品加工的原料或餵食牲畜的飼料。

常見之豆類（legume）包括大豆、綠豆、紅豆、花豆、豌豆、皇帝豆等，它們比穀類有較高之蛋白質含量（20～25%）。油籽（oilseed）是指有高脂肪和高蛋白質含量之種子，如大豆、花生、棉籽、向日葵籽、芝麻籽等。油籽除了製油之外，亦可製成其他食品或作爲配料使用。某些油籽如黃豆和花生，製油後產生的油籽粕，以往通常用來作爲飼料，現在已可經由新技術將它分離製成高品質之蛋白質，將其製成素肉（組織化植物蛋白），或以蛋白質酵素水解這些豆類蛋白質，製成具有生理活性之胜肽。

常見之薯類有馬鈴薯、甘藷、樹薯、芋頭、山藥和蒟蒻等。馬鈴薯、芋頭、山藥和蒟蒻是由地下莖肥大而成的塊莖（tuber），而甘藷和樹薯是由根部肥大而成的塊根（root）。大多數薯類富含澱粉，可直接熟食。薯類的加工產品有薯條、薯片、薯泥和澱粉等。

穀類、豆類和薯類組織富含澱粉，因此許多不同來源的天然澱粉可被分離純化出來。澱粉在食品加工上被廣泛利用，如作爲增稠劑、凝膠劑、增積劑等，它們亦可用來製造糖（如葡萄糖、麥芽糖、高果糖糖漿等）、發酵產品（如酒精、醋等）。這些天然澱粉可經由物理和化學方法製備成修飾澱粉，以提供不同的加工特性（耐熱、耐冷凍、耐剪切、低黏度、低消化率等）。

第一節 穀類加工

穀類大約含有水分10～14%，醣類58～72%，蛋白質8～13%，脂肪2～5%，纖維2～11%。但是組成成分會依品種、地理環境、天氣等因素而改變。

穀粒是植物種子，由具有保護性之外層（殼和麩皮）、中央位置之胚乳（endosperm）以及位於底部之胚芽（germ）所構成。麩皮（bran）之顏色較暗，而胚芽因富含油脂和酵素，以致容易發生酸敗，故在大多數之食品用途上，一般會將外殼、麩皮和胚芽去除而剩下以胚乳爲主之成分。然而近年來消費者重視健康的飲食，衛福部亦建議國人多食用全穀雜糧類，因此全麥粉、紫米等產品之需求漸增，如此國人能多攝取全穀食品，以獲得更多的營養素與植化素。

通常穀類蛋白質缺乏離胺酸，故其品質不如動物性蛋白質。穀類中幾乎不含維生素A、D及C，但甜玉米中含少量胡蘿蔔素，在體內可轉變成維生素A。穀類發芽會形成維生素C和γ胺基丁酸（GABA），因此在保健食品中受到注目。另外，穀類中富含類黃酮，此成分在鹼性下呈現黃色，故如鹼粽、廣東麵和masa粉所做成的玉米片等食品之顏色即爲其所貢獻。

一、小麥

小麥（wheat）是人類開始從事農業以來最古老之作物，與稻米皆爲主要糧食。小麥主要種植於蘇聯、美國、加拿大、中國大陸、澳洲和法國等乾冷地區。臺灣之氣候炎熱多濕，僅有小面積種植，因此臺灣所需之小麥大多數由國外進口。

1. 小麥的種類

小麥依播種時間可分爲冬小麥和春小麥，分別於秋天和春天播種；依種皮顏色可分爲紅小麥和白小麥，前者種皮比後者含有較多的類黃酮；而依蛋白質含量之高低可分爲硬質和軟質小麥。硬質小麥（hard wheat）的胚乳組織較密實且蛋白質含量高，可製得較具有彈性之麵糰，適合製造麵包和油條。反之軟質小麥（soft wheat）形成筋性較弱之麵糰或麵糊，適合製造蛋糕、西點和小西餅。

在美國普通小麥依其外殼硬度、顏色、季節而區分四種，即硬紅冬麥、硬紅春麥、軟紅冬麥以及軟白麥。不同品種小麥的蛋白質含量、吸水率和筋性各不相同，因此影響所製成麵粉的用途。另一品種是具有琥珀色外觀的杜蘭小麥（durum wheat），是製造義大利麵之主要原料。

2. 小麥的構造

小麥的構造可分爲麩皮、胚芽和胚乳三個部分。麩皮占整顆小麥的13～17%，位於小麥顆粒的外層，屬於穀類的保護組織。麩皮由表皮、下表皮、種皮、珠心組織以及部分糊粉層組成。種皮含有紅棕色素，爲小麥紅色特徵的來源。珠心層在顯微鏡下富有光澤，故亦稱爲玻璃層。糊粉層是由大而厚重的蛋白質細胞構成，其富含維生素B、氧化酵素和蛋白質分解酵素。部分糊粉層在製粉會隨麩皮一起除去。胚芽位於小麥顆粒背面的底部，具有幼芽、根和子葉，占整顆小麥的2～3%。

胚乳占整顆小麥之80～85%。澱粉和蛋白質是胚乳之主要成分。市售的白麵粉主要是取自小麥胚乳部位磨成粉的產品。

3. 麵粉製造

欲將小麥粒製成麵粉，需先使麩皮、胚芽和胚乳分離，然後將胚乳部位磨成粉狀，但是以不破壞澱粉顆粒爲原則。小麥麵粉的製造程序可分爲精選、潤麥（或調濕）、磨粉和最後處理等步驟。

(1) 精選（cleaning）

小麥原料可使用搖動篩、磁力、氣流、離心、摩擦以及水洗等方式去除夾雜物，如金屬物、泥土、石頭、砂粒、麥殼、草屑、其他穀物以及未成熟或破碎的麥粒。

(2) 潤麥或調濕（tempering）

精選之小麥加適量的水放置一段時間（8～24小時）稱爲潤麥。潤麥之目的是改變小麥顆粒之物理特性，以便在小麥磨粉階段使胚芽、麩皮和胚乳易於分離。因小麥之麩皮吸收水分後變爲強韌，當它在粉碎機中進行粉碎時較不易被粉碎。但是胚乳吸水後變軟，而容易被粉碎。潤麥會依小麥的種類而異，硬質潤小麥的水分約爲16%，而軟質潤小麥約爲14%。此外潤麥亦可使用加熱法，即提高溫度到46℃來加速水分的滲透作用。

(3) 磨粉（milling）

調濕的小麥即進行磨粉。磨粉是小麥粒經過一連串的粉碎（包括粗磨和細磨）和過篩之過程。經粗磨和細磨系統磨出的麵粉，依其篩選的過程可收集成許多的粉流，新式的製粉廠有30道粉流（flour stream）。粗磨系統磨出的有粗磨粉（break flour），如1BK、2BK等，而細磨系統磨出的有1M、2M等。這些粉流來自於小麥粒中不同的部位，故純度不同（小麥胚乳的外圍部分蛋白質含量高，中間部分則低），所以每個粉流的化學組成不同。

將分離出來的麩皮、胚芽和一些胚乳的混合物收集在一起稱爲粉頭（shorts），常用作飼料。將來自胚乳部位所有的粉流混合一起的麵粉稱爲統粉（straight flour）。亦可選擇性質相似者的粉流集合在一起，如此可製得不同特性的分級麵粉（grade flour）。純度高的混合麵粉稱爲粉心粉（patent flour）。粉心粉可分爲一級粉心粉（fancy patent flour），爲總麵粉量的40～60%，是取自胚乳最內層的部位；二級粉心粉（short patent flour），爲總麵粉量的60～80%；三級粉心粉爲總麵粉量的80～90%；最後爲普通粉心粉（long patent flour），爲總麵粉量的90～95%。分級下來剩下的爲麩皮較多的粉流，集合而成爲洗筋粉（clear flour）。洗筋粉的顏色愈深，其品質愈差，雖不適合製作麵包，但可用來製造麵筋和飼料。

胚乳約占小麥穀粒總重的80～85%，而所磨出的麵粉僅72～76%，這是因爲接近胚乳的糊粉層與麩皮部分結合得非常緊密，不易完全分離。近年來國人注重健康，由於胚芽和小麥麩皮含有較多的維生素、礦物質和膳食纖維，因此收集整個小麥粒所磨成的粉流，即全麥麵粉（whole wheat flour），國內麵粉廠已有生產，可用來製造全麥麵包、全麥饅頭等產品。由於富含油脂和酵素，因此全麥麵粉比較容易發生酸敗，貯存期較短。

來自上述傳統磨粉之麵粉可以在非常高速之渦輪磨粉機中做更進一步的加工，使麵粉顆粒之尺寸減少，並且將麵粉分成較高蛋白質或較高澱粉之區分，此過程稱爲渦輪製粉（turbomilling）。雖然傳統麵粉的蛋白質和澱粉顆粒在大小尺寸上已非常接近而不容易將它們分離，但是渦輪製粉利用它們在顆粒尺寸、形狀和密度上仍然有充分地差異性，因此可在強烈的風速下進行分離。渦輪製粉是於

1950年代末期被發展出來，它可能是在過去一世紀中在磨粉技術方面上最大之進步，因為它可以使麵粉分成許多區分，而麵粉廠可將這些區分以不同比例混合來製成各種不同用途之專用麵粉，用來製造特定種類的麵包、麵條、比薩或是中式麵食。

⑷ 最後處理

所得到的各種麵粉，以混合機或篩別機充分混合使麵粉均勻。剛製成的麵粉如立即製造麵包和麵條，則產品的品質不佳。如將麵粉貯存一段時間，讓空氣中的氧氣使麵粉中的類胡蘿蔔素發生氧化作用而漂白，以及使麵筋蛋白質中硫氫基轉變為雙硫鍵，則有利於麵筋網狀結構之形成而增強黏彈性，因此轉變成適合製造麵包和麵條的麵粉，此過程稱為熟成（aging）。

以自然方式使麵粉熟成比較耗時（約1個月），從經濟和實務觀點並不適宜。麵粉廠為縮短麵粉的漂白與熟成時間，通常使用添加物來達成。所用的添加物可分成三類：一是具有漂白作用者，如過氧化苯甲醯（benzoyl peroxide）和過氧化氮。麵粉中的類胡蘿蔔素含量約含有1～4 ppm，其中以葉黃素（xanthophyll）及其酯類為主。這些添加物會氧化麵粉中的色素而形成無色化合物。另一類是無漂白作用的熟成劑，如維生素C、溴酸鉀、碘酸鉀、和偶氮〔二〕甲醯胺（azodicarbonamide）等。其主要作用是使麵粉蛋白質中的硫氫基與雙硫鍵之間發生轉變，而改善烘焙產品之品質。第三類是同時具有漂白和熟成作用者，如氯氣、二氧化氯和過氧化丙酮等。由於各國之食品法規不同，所以在使用這些添加物時需符合當地國家之規定。

⑸ 麵粉的規格、性質和應用

我國CNS總號550將麵粉分成高筋、中筋和低筋等三類。高筋麵粉的蛋白質含量最高，中筋麵粉次之，低筋麵粉最低（表9.1）。蛋白質是麵粉中重要的組成分。小麥麵粉的蛋白質與其他穀類不同，小麥的蛋白質是以小麥穀蛋白（glutenin）和穀膠蛋白（gliadin）為主，約占全部蛋白質含量的70～80%，是構成麵筋（gluten）的主要物質。小麥穀蛋白的分子量大，約數十萬至百萬，可溶於稀鹼或稀酸溶液中，吸水後可形成具有彈性之物質。穀膠蛋白的分子量小，約五萬，是70%乙醇可溶性的蛋白質，吸水後可形成黏性之物質。因此，麵粉加水混合後可形成具有黏彈性的麵糰。圖9.1顯示麵筋蛋白質之組成和構造，以及各單元間之鍵結。

表9.1　我國麵粉之種類和品質標準（CNS 550）

類別	水分（%）	灰分（%）	粗蛋白質（%）	主要用途
高筋	14.0 以下	0.80 以下	13.5 以上	麵包、油條
中筋	14.0 以下	0.65 以下	11.0～13.4	包子、麵條
低筋	13.5 以下	0.60 以下	7.5～10.9	蛋糕、點心
脂肪酸度：中和100 g 麵粉中游離脂肪酸之氫氧化鉀量不得高於50 mg 顆粒粒徑：100% 通過試驗篩 0.212 mm CNS 386				

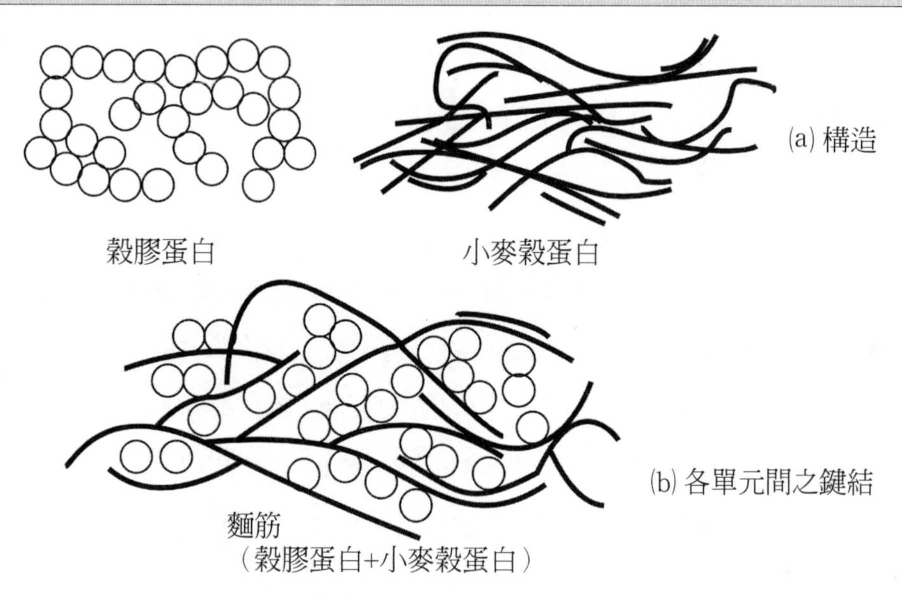

圖9.1　麵筋蛋白質之組成

麵糰的黏彈性主要受這兩種蛋白質的含量和比例所影響。筋性強的麵粉適合製造麵包和油條，因可以形成強韌的網狀結構來支撐其構造，以及保留酵母或膨鬆劑所產生之二氧化碳等氣體。中筋麵粉的蛋白質含量和筋性中等，適合製造麵條和包子、饅頭、水餃等中式麵食。而低筋麵粉的蛋白質含量和筋性最低，比較適合製造蛋糕和餅乾等食品。麵糰物性儀（farinograph）和麵糰伸展儀（extensograph）常被使用來測量麵粉和麵糰筋性的強弱、穩定性、擴展時間、耐攪拌性等特性。

小麥澱粉是麵粉中的主要成分，約占70%。雖然生澱粉不像麵筋具有彈性膜，但是加熱後會吸水膨脹和發生糊化作用而形成被包埋於麵筋網狀結構中的堅實體。所以澱粉的含量和性質也會影響麵粉製品的組織結構與品質。

4. 麵包

麵包、蛋糕、饅頭和麵條是小麥麵粉加工後之主要製品。麵包一般是小麥麵粉、食鹽、蔗糖、油脂、酵母或化學膨大劑以及水等原料混合，經加熱烘焙後形成膨鬆組織的製品。麵包的種類繁多，如依使用原料可分成小麥麵包和裸麥麵包：依製造方式可分成美國式和法國式麵包；依烘焙法之不同可分成置入模型中烘焙者與先成型再直接烘焙者。

(1) 原料

麵粉：麵包使用高筋麵粉。筋性強的麵粉才可形成強韌的網狀結構，以保留酵母所產生的二氧化碳氣體，進一步形成體積大和品質佳的麵包。如製造（含）全麥麵包，則全部或部分使用全麥麵粉。

水：麵粉需與水充分混合後才可形成麵糰。水是麵包原料中僅次於麵粉者。其使用量一般約為麵粉用量的62%，但是製造高纖麵包和全麥麵包時加水量需增加。麵粉的最適加水量（water absorption）可用糰物性儀（farinograph）測量。水可溶解糖和食鹽供酵母菌發酵之用。於烘焙時期麵糰中澱粉之糊化和蛋白質之變性亦需要水的存在。此外水於烘焙時期受熱而變為水蒸氣，對麵包體積之膨大亦有貢獻。水質會影響麵包的品質，尤其是水的硬度。水中礦物質可提供酵母的營養，亦可增加麵筋的韌性。但是硬度過高會使麵筋的韌性過強，反而抑制發酵作用。一般認為中等程度的硬水最適合製造麵包。

麵包酵母（bakers'yeast）：麵包酵母（*Saccharomyces cerevisiae*）之生長溫度應控制在25～30℃，用量一般是麵粉的1～3%。酵母在麵包發酵過程中逐漸地將糖代謝成酒精和二氧化碳。由於二氧化碳被包埋於麵筋網狀結構之中，使麵糰組織膨脹和鬆軟。酵母也會產生酒精、醛、酮和有機酸等物質，賦予麵包獨特之香味。所以，麵包酵母對麵包品質影響很大。使用在烘焙上之酵母有壓榨酵母、活性乾酵母和快速乾酵母。壓榨酵母為新鮮酵母，含水量60～70%，可直接添加使用但需要冷藏，如貯存不當易引起自消化作用。活性乾酵母含水量7～9%，爲小粒之乾燥製品，使用前必須先活化（40～43℃溫水浸泡5～10分），方可使用。快速乾酵母是新鮮酵母加入抗氧化劑和乳化劑，以冷凍乾燥法乾燥再眞空包裝。其含水量4～6%，使用時可直接加入麵粉中混合攪拌，不需先活化，因此具有貯存期長和使用方便之優點。

蔗糖：蔗糖在麵包製程中之角色爲：① 賦予甜味。② 作爲酵母之養分。雖然麵包酵母不能直接發酵蔗糖，但是可先經由轉化酶（invertase）將它分解成葡萄糖和果糖，再加以代謝利用。③ 增加麵包之柔軟性和保濕性。④ 於烘焙階段參與麵包外皮棕色之形成。蔗糖之添加量約爲麵粉用量之4～6%。

食鹽：適量之食鹽可賦予麵包風味、調節酵母發酵、抑制有害菌生長，以及增強麵筋之黏彈性等。一般食鹽之使用量爲麵粉的2～3%。過多的食鹽會抑制酵母菌的生長，以及不利於麵筋網狀結構之形成。

油脂：使用奶油、酥油或植物油，量約麵粉的2～4%。目的是增加麵包的柔軟性、體積、光澤和風味，並防止麵包的老化，以延長麵包的貯存期限。

乳化劑：乳化劑是一些具有表面活性之化合物，它們同時擁有親水性和親油性的基團，可使油和水混合均勻，並使氣體與液體間之界面安定。乳化劑之種類很多，如單脂肪酸甘油酯（monoglyceride）、脂肪酸蔗糖酯（sucrose fatty acid ester）、大豆卵磷脂、雙脂肪酸甘油二乙醯酒石酸酯（DATEM）、乳酸硬脂酸鈉（SSL）等。在我國食品法規中，乳化劑是食品添加物中的一種，在使用食品範圍和用量上並沒有限制。在烘焙工業上，乳化劑具有的功能如下：① 改善麵糰的操作性，包括有較高的麵糰強度。② 改善水合速率和吸水性。③ 與澱粉複合後，阻礙澱粉的回凝作用。④ 改善麵包的結構，品質與保存期限。⑤ 乳化脂肪和減少酥油的用量。⑥ 改善氣體的保留、降低酵母菌的使用量。

牛乳或乳粉：牛乳具有改善麵包色澤和促進酵母發酵的作用，並可增加風味和營養價値。但生乳中含有還原性物質，對麵筋的形成不利，於使用前需先加熱處理。故一般多使用脫脂乳粉，其添加量約爲麵粉的2～4%。

酵母活化劑（yeast food）：是發酵促進劑和麵糰改良劑的混合物。發酵促進劑是提供和促進酵母生長所需的營養素，如硫酸鈣、氯化銨、澱粉液化酶（α-amylase）、食鹽和澱粉等。麵糰改良劑（dough improver）是增強麵糰筋性的物質，如抗壞血酸、偶氮［二］甲醯胺（azodicarbonamide）等。酵母活化劑的使用量一般為麵粉之0.2～0.5%。

纖維：由於國人的飲食型態改變，膳食纖維攝取不足而導致許多慢性疾病發生率的增加。為增加膳食纖維的攝取，於麵包中添加麩皮、柳橙果渣、檸檬纖維等纖維是一種不錯的選擇。在不影響消費者接受性之條件下，纖維的添加量約是麵粉用量的5～20%。纖維的添加量愈多，其吸水率愈多，所製得麵包愈硬，但彈性和體積愈少。影響的程度與纖維之種類、添加量、顆粒尺寸和製備方法有關。

⑵ 發酵方式

麵包通常以直接發酵法（straight dough method）和中種發酵法（sponge dough method）來製造。

直接發酵法是指所有原料全部混合製成麵糰，再進行發酵和烘烤的製造法（圖9.2）。中種法是大部分麵粉（55～70%）先與酵母和水混合形成麵糰，進行基本發酵，所得之麵糰稱中種麵糰。之後，再加入剩餘之麵粉和其他原料混合、發酵和烘烤之製造法。中種發酵法與直接發酵法之不同點如下：① 中種麵糰之發酵過程中，酵母有充足的時間生長繁殖，所以酵母的使用量比直接發酵法少約20%。② 以中種法做出麵包之體積較大，而且麵包之內部構造和組織比較細密和柔軟。③ 直接法之工作時間比較緊湊，麵糰發酵好後即需整形，而中種法在發酵時間上有較大之彈性空間，發酵好的麵糰不立即分割整形，在短時間內不會影響麵包的品質。④ 中種法不如直接法之直接，它需要較大或較多之發酵設備，亦需要較多次的攪拌和勞力。

⑶ 製造過程

麵包之主要製造過程包括原料前處理、攪拌捏合、發酵和烘焙。以直接發酵法為例說明如下。

① 原料前處理

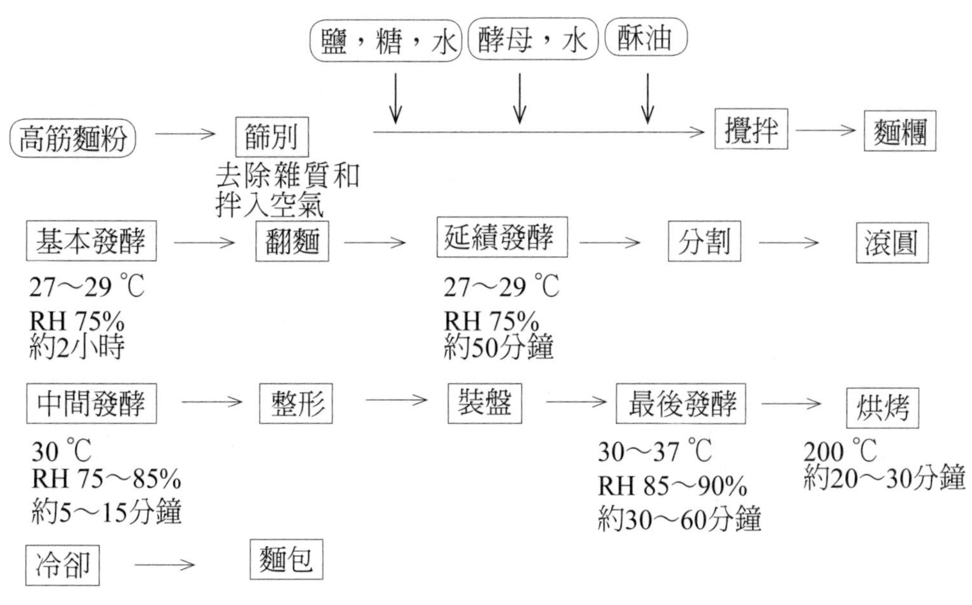

圖9.2　直接發酵法麵包之製程

將麵粉過篩，以去除夾雜物和使空氣進入麵粉中，而有助於酵母發酵。如使用兩種或以上之麵粉時，也藉此處理將它們混合均勻。一部分的水溶解蔗糖、食鹽、酵母活化劑等水溶性物質，作爲與麵粉混合之用。另一部分的水用來懸浮或活化乾燥酵母。乾燥酵母之活化是在約38℃之溫水中保持半小時。水溫的控制非常重要，太冷時酵母菌不易被活化，太熱則將部分的酵母菌殺死而無法進行發酵作用。

② 攪拌捏合

將過篩之麵粉全部倒入攪拌缸，添加含蔗糖、食鹽等水溶液進行慢速攪拌，再加入酵母懸浮液進行慢速攪拌至無粉狀之麵粉。最後才分次少量加入油脂進行中速或快速之捏合。因油脂不溶於水，不可太早加入，否則會附著於麵粉粒子表面，阻礙麵粉吸水而不利於麵筋網狀結構之形成。因此，在麵粉吸水後油脂再加入混合機中，使它均勻地分散於麵糰組織之中。如有添加纖維，則油脂可先與纖維拌合，完成後再與已成團的麵糰進行捏合，以減低纖維不利麵筋網狀結構形成的影響。

攪拌捏合之目的是使麵粉吸水形成網狀結構之麵糰，使各種原料均勻地分布，以及使空氣進入麵糰。攪拌捏合的時間依混合機的構造、容量、迴轉速率以及麵粉特性而異。普通混合機是使用60 rpm迴轉速率攪拌八分鐘。攪拌捏合時間不足無法使麵筋網狀結構完全擴展，無法包住二氧化碳，以致麵包的體積不足。若攪拌捏合時間過長，麵糰的結構會被破壞，而形成太黏的麵糰，不利於麵包的品質。

③ 發酵

捏合好的麵糰置於容器內，送入發酵室中進行基本發酵。理想溫度是28℃，相對濕度75～80%。當麵糰體積膨脹約為原先之二至三倍，此時以手指壓下麵糰不會有很大之阻力，而手指抽出後，指印會留在原處，麵糰並不會迅速升起即可。通常基本發酵時間約二小時。如再加上翻麵和延續發酵一小時，總計時間約三小時。

然後經過分割、滾圓、中間發酵（intermediate proofing）、整形、裝盤和後發酵（proofing）等步驟。分割和滾圓是將大麵糰分成小尺寸，但是這會影響麵糰之組織，如伸展性減少而易破裂，因此需進行中間發酵使其復原或鬆弛（俗稱醒麵）。中間發酵是在30℃、相對濕度75～85%下進行 5～15分鐘。整形是將中間發酵後之麵糰置入模型中做成棒狀、條狀或塊狀麵糰之前的操作。因揉圓的麵糰經中間發酵後，所含之氣泡變大，在進行烘烤時易使外膜破裂而影響麵包的外觀。故應先使麵糰伸展，使氣泡均勻地分布，以得到細緻之組織。麵糰經整形後體積變小，但在進入烘焙前應使麵糰之體積膨脹至最大，以得到高品質的麵包。所以，麵糰需進行後發酵。後發酵之條件是32～37℃、相對濕度85～90%、30～60分鐘。

④ 烘焙

麵糰在經後發酵至適當體積後，即可送入烤箱內烘焙至外表呈金黃色。烘烤溫度一般約在200～235℃，時間20～30分鐘。烘焙是一加熱過程，此時發生許多反應，如氣體之膨脹、麵筋蛋白質的凝固、澱粉的糊化、表面脫水、梅納反應（產生棕色和風味）等。因此烘焙的溫度、時間以及烤箱內的相對濕度對麵包品質影響很大。烘焙時會發生爐內膨脹（oven spring），即指麵包在烘焙初階段10～12分鐘由於溫度增加使發酵速率增加和氣體膨脹，引起麵糰體積急速增加之現象。爐內膨脹與所用麵粉的筋性強度、麵糰的發酵程度和烘焙溫度有關。

⑷ 麵包老化

麵包在貯存期間會發生老化（staling）。老化是指麵包失水、硬度增加、香氣損失，而降低消費者接受性的現象。通常認爲澱粉分子間氫鍵再形成而使結晶區增加之回凝作用是老化的主要原因。影響麵包老化速率的因素有貯存溫度、麵包的水分含量、澱粉種類、油脂、乳化劑等。在0～4℃最易發生老化，而添加油脂和乳化劑可減緩老化速率。麵包初期的老化以直鏈澱粉爲主，之後的老化主要受支鏈澱粉影響。

⑸ 冷凍麵糰（frozen dough）

由於傳統麵包製作費時，且需大量人力，在人工貴和地價高之時代，許多傳統麵包店已不易尋到麵包師傅，於是冷凍麵糰應運而生。冷凍麵糰之製造與傳統麵糰類似，只是在麵糰經過分割和滾圓成型後，加以冷凍和凍藏處理。一般冷凍麵糰之冷凍溫度爲－20到－30℃，而凍藏溫度是－18℃。待要用時，再解凍，進行後發酵和烘焙即可。使用冷凍麵糰之優點有：節省麵包店之空間和機械設備、節省人工、製程簡單化、維持環境清潔等。美國使用冷凍麵糰已有半世紀以上，臺灣現已有多家CAS優良冷凍食品廠生產冷凍麵糰。

在冷凍和凍藏期間，冷凍麵糰的品質會受到影響。因此冷凍麵糰和傳統麵糰在製造上有所不同。首先，酵母的使用量需增加，即從傳統麵糰的2%提高到約5%。其原因是在冷凍和凍藏期間酵母會受到凍傷，而降低存活率和產氣能力，故必須用較多的酵母來彌補發酵產氣能力的不足。使用耐冷凍酵母亦是一種解決此問題的方法。其次是麵糰的冷凍速率要快，以便能形成小的冰晶，避免它對酵母和麵糰造成物理性傷害。否則麵糰中蛋白質所吸收的水被移出，在解凍時水分不再被蛋白質所吸附，導致麵糰濕黏。此時需重新混合揉捏才能解決。第三是凍藏期間應避免溫度波動過大，因冷凍與解凍之循環極不利於冷凍麵糰的品質安定性。最後是使用高蛋白質含量的麵粉和添加麵糰改良劑亦可改善冷凍麵糰的品質。

5. 蛋糕

蛋糕是利用蛋和／或化學膨鬆劑之起泡性，配合低筋麵粉、油脂、糖等配料調製成麵糊（batter），置入模型中經烘焙而成之產品。因不使用酵母菌，故屬於非發酵性之烘焙食品。

⑴ 蛋糕之原料

麵粉、水、糖、蛋、牛乳、油脂爲蛋糕之基本原料，此外可使用添加化學膨鬆劑和其他配料，以增加蛋糕的多樣化。原料中的麵粉、奶粉、糖和鹽屬於乾性材料，因它們使蛋糕產生乾的特性。奶水、雞蛋、糖漿和水屬於濕性材料，因它們是配方中水分的主要來源。油脂、糖、蛋黃和膨鬆劑可使蛋糕柔軟膨鬆，故屬於柔性材料。相反地，蛋白、鹽和麵粉使蛋糕產生堅韌之性質，故屬於韌性材料，或稱結構材料。在調配一個合適的蛋糕配方時，先要了解所製造蛋糕之種類和特性，再依各原料之屬性加以分配，使配方平衡，如此才能發揮特有之性能而製成一個美觀、可口和高品質的蛋糕。

麵粉：麵粉是蛋糕的主要原料，一般是使用低筋麵粉，並以粉心麵粉爲佳。因粉心粉的灰分和纖維含量低，故做出的蛋糕均勻、細緻和顏色較淡。

油脂：油脂主要的功能是潤滑麵糊，使蛋糕柔軟。因爲油脂在攪拌過程中能拌入大量的空氣，此空氣在烘焙階段使蛋糕膨鬆。油脂亦可與澱粉複合而延長蛋糕的保存期限。麵糊類蛋糕通常使用固態脂，熔點在38～42℃，而戚風類蛋糕則使用液態油。蛋糕需有適當的油脂用量，過多的油脂會使蛋糕過於鬆軟而破壞蛋糕之結構；過少則使蛋糕堅硬而品質不佳。

水：水是蛋糕中相當重要的一種原料。它作爲糖、鹽等可溶性物質的溶劑。水是麵粉蛋白質吸水形成麵糰以及澱粉糊化所必須。通常蛋糕中水分含量比較多，因此澱粉可完全糊化。此外水是促使蛋糕體積膨鬆的因素之一。牛乳和蛋是蛋糕常使用的原料，由於它們含有很多水分，故在計算配方中水分含量時應注意。

糖：糖是蛋糕中主要原料之一。在麵糊類蛋糕，糖的用量經常會超過麵粉。糖除了提供甜味之外，它增加蛋糕的柔軟性。糖具有高吸濕性，故可以增加和保持蛋糕的濕度而延緩其乾燥和老化。此外糖在烘焙加熱時會進行梅納反應導致蛋糕外皮呈現棕色。

蛋：蛋在攪打時形成薄膜而將空氣包埋在內部，經加熱後發生凝固作用而變堅實，所以它是構成蛋糕體積的主要成分和膨鬆材料。蛋黃含有卵磷脂和脂蛋白而具有乳化油脂的功能。蛋對蛋糕的顏色、風味和營養等特性影響很大。

牛乳或乳粉：在蛋糕配方中牛乳和蛋均是水的供應者。不過爲了經濟和保存方便，可使用脫脂乳粉爲原料。乳粉是構成蛋糕體積原料之一，它也提高蛋糕的香味和營養價值。

其他配料：香味物質如香草、草莓等的用量很低，它們除了提供風味外，對於蛋糕的性質影響很小。但是像可可、巧克力、果汁、水果等配料會影響麵糊的pH，如未加以調整，則對蛋糕的組織會有影響。

膨鬆劑（leavening agent）：在麵包主要是利用酵母將糖發酵產生二氧化碳而使體積增大，但是在蛋糕使體積增大有三種方式：

① 油脂和蛋在攪拌過程中拌入的空氣：這些空氣均勻地分布於麵糊中，而於烘焙加熱時使體積膨大。如天使蛋糕和海綿蛋糕即是利用此原理使蛋糕體積膨大，故可以不使用發粉（baking powder）。

② 麵糊中的水分：在烘焙後階段它受熱產生蒸氣壓使蛋糕體積膨鬆。此方式引起的膨鬆效果僅可作爲蛋糕體積膨大的部分來源，需與其他膨鬆方式配合，才能製造出良好品質的蛋糕。

③ 使用化學膨鬆劑如發粉和小蘇打等：在麵糊進爐烘焙時產生大量的二氧化碳使蛋糕體積膨大，這是一般蛋糕體積增大的主要方式。

一般的化學膨鬆劑是以碳酸氫鈉（俗稱小蘇打）作爲二氧化碳的來源。碳酸氫鈉在高溫110℃或在烘焙末期進行熱分解，產生二氧化碳和碳酸鈉。其反應如下：

$$2\ NaHCO_3 \longrightarrow CO_2 + Na_2CO_3 + H_2O$$

因有鹼味，因此碳酸氫鈉很少單獨使用，而是與酸（leavening acids）共同使用。若再加上一些填充劑如澱粉，即形成發粉。添加填充劑的目的是將碳酸氫鈉與酸分離，以及在貯存時期避免與水氣接觸，否則易發生反應。一般常用的酸包括酒石酸鹽、磷酸鹽、硫酸鹽以及其混合物。這些酸（HX）與碳酸氫鈉的反應通式如下：

$$HX + NaHCO_3 \longrightarrow NaX + H_2O + CO_2$$

不同的酸與碳酸氫鈉反應後，所釋出二氧化碳的速率不同。此外，這些酸的顆粒大小和顆粒外層是否有披覆膜亦會影響上述酸鹼反應的速率。因此我們可利用此特性來控制它們在攪打和烘焙期間二氧化碳釋出的速率，以獲得最適當的膨大速率和體積。

酒石酸和酒石酸氫鉀屬於快速型，即於室溫和有水存在下，短時間就釋出大部分的二氧化碳，因此很少單獨使用，且其價格亦較貴。磷酸鹽中常與碳酸氫鈉使用者是磷酸一鈣（monocalcium phosphate）以及酸性焦磷酸鈉（sodium acid pyrophosphate）。磷酸一鈣是屬於反應快速型的酸性物質，亦很少單獨使用。酸性焦磷酸鈉於冷水中溶解性低，故屬於慢性酸性物質。酸性焦磷酸鈉有許多種型式，各有不同性質，故可依需要選擇適當的酸性焦磷酸鈉。硫酸鋁鈉（sodium aluminum sulfate）的特性是與水混合後產生硫酸，之後在烘焙期間加熱再與碳酸氫鈉反應產生二氧化碳，因此它是屬於慢性酸性物質。磷酸二鈣雙結晶水（dicalcium phosphate dihydrate）是屬於非常慢速型。葡萄糖酸δ內酯（glucono-δ-lactone, GDL）本身不是酸性物質，但溶於水後形成葡萄糖酸。所以它是一種慢速且連續性釋出二氧化碳的物質。

目前市售的發粉一般都含有二種酸或以上，形成雙重作用發粉（double acting baking powder）。所用的酸大多是磷酸鹽和硫酸鹽的混合物，因此這發粉中之部分磷酸鹽可在室溫下進行物料攪拌時與小蘇打反應產生一些二氧化碳，形成氣泡核。然後在烘焙階段又有慢速型發粉的作用繼續釋出二氧化碳而使蛋糕的體積膨大。在烘焙階段才釋出大量的二氧化碳。這可防止在產品未堅硬前氣體快速的逸出，否則產品的體積會較小。

⑵ 蛋糕的分類與製造

蛋糕依所用之原料、攪打方法和麵糊性質之不同可分成三大類：① 麵糊類

（batter type），② 乳沫類（foam type），③ 戚風類（chiffon type）（表9.2）。圖9.3顯示這三類蛋糕的製程。

表9.2 蛋糕的分類與配方

分類	麵粉	液體	蛋		油脂		膨鬆方式	舉例
			數量和部位	加入方式	形式	用量		
麵糊類	1杯	牛乳0.25杯	全蛋一個	加到油脂和糖之混合泡沫	固體	2/3杯	發粉，空氣，水蒸氣	奶油蛋糕
泡沫類								
（1）蛋白類	1杯	－	蛋白12個	打發起泡	－	－	空氣，水蒸氣	天使蛋糕
（2）海綿類	1杯	水5湯匙	蛋白和蛋黃各4個	分別打發起泡	－	－	空氣，水蒸氣	海綿蛋糕
戚風類	1.33杯	水6湯匙	蛋白4個 蛋黃2個	蛋白打發起泡，蛋黃與水一起加入	液體	2/3杯	發粉，空氣，水蒸氣	戚風蛋糕 瑞士捲

麵糊類蛋糕是以麵粉、糖、蛋、牛乳爲基本原料。它含有高量之固體油脂，可潤滑麵糊，以及在攪打時拌入大量的空氣而使蛋糕的體積增大和形成柔軟的組織。當配方中的油脂含量達麵粉的60%以上時，可不需使用化學膨鬆劑。一般的奶油蛋糕，如黃蛋糕、白蛋糕、魔鬼蛋糕、大理石蛋糕和布丁蛋糕等屬於麵糊類蛋糕。

乳沫類蛋糕主要是利用雞蛋在攪打時使蛋白質變性，並混入大量的空氣，而在烘焙階段使蛋糕的體積膨大。因此通常這類蛋糕不添加化學膨鬆劑。乳沫類蛋糕可依雞蛋的成分不同而分爲蛋白類（meringue type）和海綿類（sponge type）。蛋白類係使用蛋白作爲蛋糕膨大的主要成分。如天使蛋糕屬之。海綿類則是使用全蛋作爲蛋糕膨大的主要成分，如海綿蛋糕。

戚風類蛋糕是麵糊類和乳沫類的綜合，其特點爲使用液體油。戚風蛋糕的製

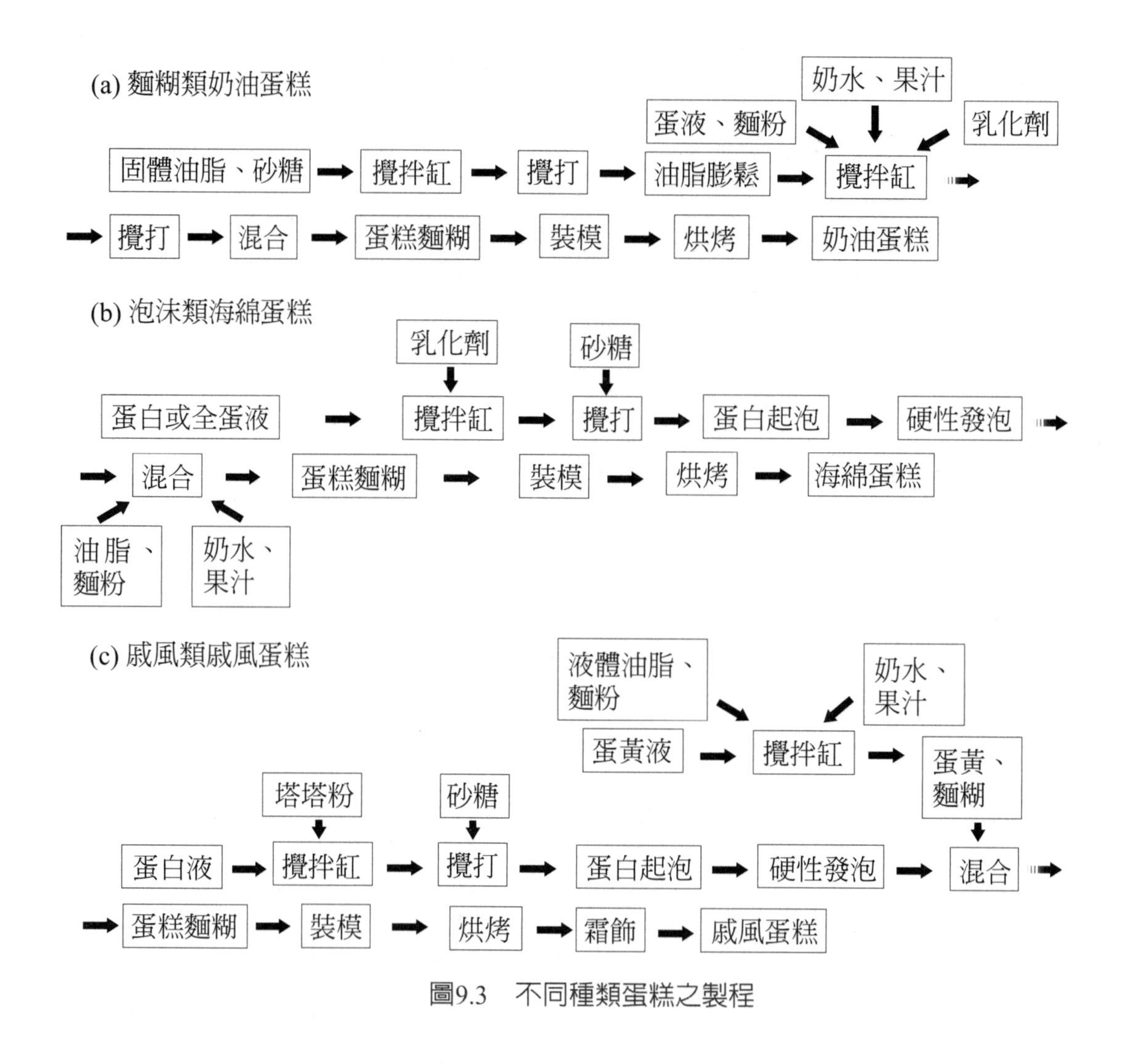

圖9.3 不同種類蛋糕之製程

作是將蛋白與小部分的糖依天使蛋糕的作法打到硬性發泡。另外將麵粉、膨鬆劑、鹽、油、蛋黃、水和部分的糖逐次混合均勻後加至已製備好的蛋白泡沫中製成蛋糕麵糊，再經裝模、烘烤即可製成組織柔軟和久存不易乾燥的戚風類蛋糕。常見的戚風蛋糕和瑞士捲屬之。

6. 饅頭

饅頭是我國主要麵食產品之一。品質好的饅頭具有表面平滑、光亮、外型對稱和高挺，而外皮和內部色澤白晰的特徵。在質地方面，北方式饅頭有較密實和咬感的組織，而南方式饅頭則有柔軟的組織。製造饅頭的基本配方是中筋麵粉（100%）、水（48～54%）、酵母（1～2%）和蔗糖（4～8%），其他常用的配料有油脂（0～5%）、乳化劑（0.5%）、食鹽（0～1%）等。

饅頭之製程與麵包相似，但前者的加水量低、發酵時間短，以及使用蒸炊代替麵包的烘焙。饅頭製造方法包括直接法、中種法和老麵發酵法。直接法製作饅頭的加工步驟爲配料、攪拌、發酵、壓延和鬆弛、整形、後發酵、蒸炊和冷卻。

饅頭通常使用中筋麵粉，筋性太強的麵粉並不適合製造饅頭，因爲蒸熟後冷卻的饅頭易發生皺縮。蒸炊火力對饅頭品質具有顯著的影響，一般建議是以中至大火炊。國人膳食纖維攝取不足，如饅頭配料中添加纖維（如麩皮、水果果渣、纖維素和全麥麵粉等），則可增加膳食纖維和植化素的攝取，但其添加量不可太高，否則所製得饅頭之硬度很高，但是彈性和比體積明顯降低。此外製作高纖和全麥饅頭之加水量需要提高。

7. 麵條

(1) 麵條的種類

麵條是人類主要麵食之一，在亞洲地區和歐美各國食用麵條已有很長一段時間。麵條依產地和特性通常可分成東方式麵條和西方式麵條二大類。東方式麵條再依原料和製程的不同可分爲新鮮麵條、油麵、乾麵與速食麵等，我國和日本所生產的麵條屬於此類。西方式麵條是指通心麵類產品（pasta），包括義大利麵（spaghetti）、通心麵（macaroni）和vermicelli等。通心麵類產品是歐美國家所喜愛食用的麵食，是以杜蘭小麥爲主要原料，經擠壓方式製得不同形狀的產品。

(2) 麵條的原料

東方式麵條之主要原料是麵粉、水和食鹽，如爲鹼麵，尙需添加鹼劑。義大利麵的原料包括杜蘭麥粉、水和蛋等。

① 麵粉。我國所生產的麵條一般是以中筋麵粉爲原料。蛋白質含量高之麵粉所製得的麵條顏色比較暗、組織較強韌、烹煮時間亦較久。製造通心麵類產品所用的麵粉是來自杜蘭小麥。杜蘭小麥依磨碎程度的不同，可分別製成杜蘭粗粉（semolina）和細粉（flour）。一般通心麵類是以杜蘭粗粉爲原料，其蛋白質含量在11%以上較能製出烹調品質良好的產品。此外以杜蘭粗粉製成的通心麵類比以杜蘭細粉製成者較耐煮。杜蘭小麥麵粉因含有較多的類胡蘿蔔素，故外表呈琥

珀色或黃色。

② 水。製造麵條時麵粉需先加水混合製成麵糰，使麵團的水分含量約為34～36%。

③ 食鹽。於麵粉中添加1～2%的食鹽有利於麵條的品質。食鹽可增強麵筋的筋性、賦予收斂性、增進黏彈性，且於烹煮時可促進水的穿透性及加速水的吸收。麵條於乾燥期間時食鹽可避免麵條表面的龜裂，以及抑制微生物的生長。食鹽會強化麵糰之結構，這可能是由於食鹽會與蛋白質分子中帶電荷的基團作用而減弱麵糰中蛋白質分子間及分子內正電荷的排斥力。但添加高量的食鹽（3%）會降低麵糰之黏彈性。

④ 鹼。油麵或鹼麵需添加鹼。古代使用天然鹼，為內蒙古、河套一帶的特產，其主要成分是碳酸鈉和碳酸鉀。現在大多使用食品級碳酸鈉、碳酸鉀、磷酸鹽等的混合物。鹼的添加量約是麵粉用量的0.5～1%，在食品材料店，常以鹼水（kansui）形式販售。添加鹼的麵條有較高的pH值（約為8～10）和特殊的鹼味。鹼會使麵筋蛋白質變性，而增加麵條的彈性、強度及咀嚼感。鹼亦會使麵條的含水率和烹煮損失率增加。此外鹼會將麵粉中的類黃酮（flavonoids）抽出而形成明亮的黃色外觀。

⑤ 酸。酸會弱化麵糰的結構，因此很少使用。但是為了使已包裝濕麵條的pH值下降，成為酸性食品，以進行較低的殺菌條件和保有較高的商品價值，目前冷藏販售的包裝調理麵條採用將蒸煮過的麵條置於酸性溶液中短時間浸漬的方法。

⑥ 乳化劑。不同種類的乳化劑因結構和性質的不同，對麵糰和麵條品質的影響會有不同的結果。添加乳酸硬脂酸鈉（SSL）和脂肪酸蔗糖酯可增加鹼水麵糰的彈性和黏度，而添加卵磷脂則降低鹼水麵糰的彈性和黏度；在黃麵條品質方面，添加SSL可增加生和熟麵條的切斷力，添加卵磷脂則減少生麵條的切斷力。

⑦ 蛋。蛋常被添加於義大利麵中，在美國如標示為義大利蛋麵（egg spaghetti），則此麵條產品必須至少含有5.5%以上的蛋固形物。蛋亦是製作意麵的原料。蛋會增加麵條的結著性和營養價值。所使用的蛋可以是新鮮的、冷凍的和

乾燥的蛋，或蛋白、蛋黃製品。但是添加蛋於麵條需注意蛋殼細菌汙染的問題，使用低溫殺菌處理的液蛋製品是另一種選項。

⑧ 其他原料和添加物。如胡蘿蔔、菠菜、大蒜、墨魚汁、活性麵筋、磷酸鹽、（修飾）澱粉和膠質等皆是常使用的配料和添加物，製成不同特色的麵食或改善麵條的品質。

⑶ 麵條的製程

① 東方式麵條

其製造過程包括混合、醒麵、壓延、複合、切條、乾燥、蒸煮或油炸等（圖9.4和圖9.5）。

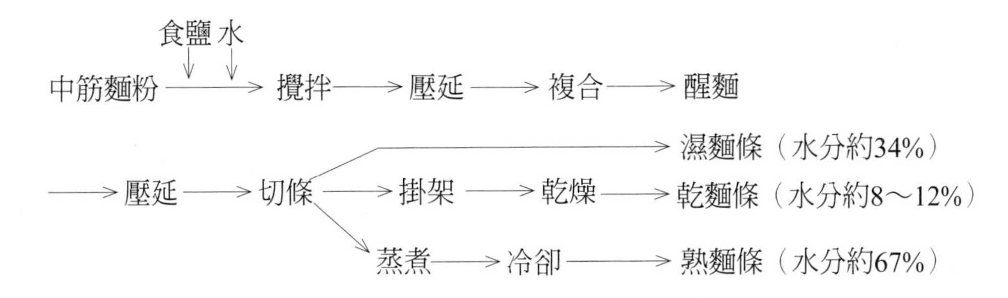

圖9.4　切麵條之製程

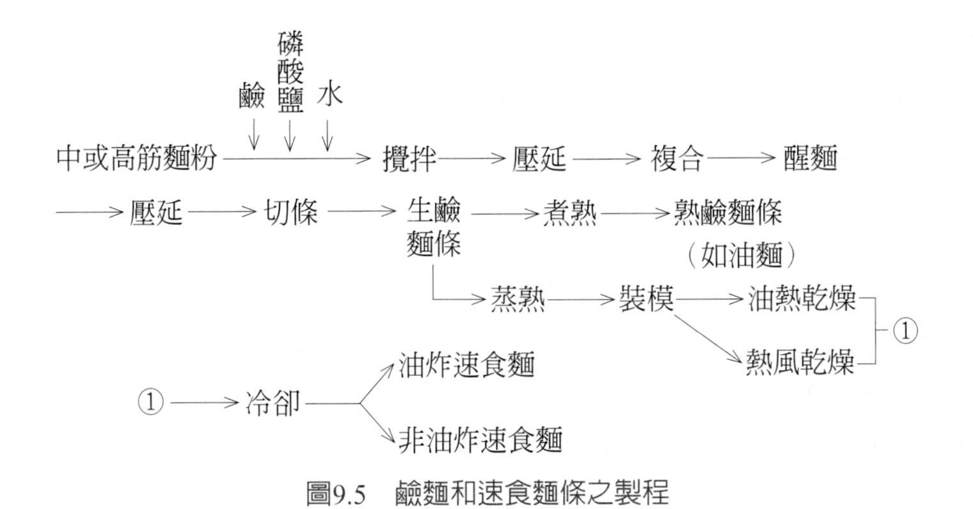

圖9.5　鹼麵和速食麵條之製程

混合：混合是使麵粉、水分和食鹽等原料混合均勻而形成類似豆腐渣的小粒狀麵糰。依麵粉細度和蛋白質含量的不同，混合時間約為5～15分鐘。

壓延與複合：壓延的功能與製造麵包中捏合類似。混合好之小粒狀的麵糰，經二對滾輪壓延後形成麵帶，再以複合機將上述二條麵帶合併，重新壓延，並進行醒麵（resting）。在室溫（25℃）下，醒麵的時間約爲5～20分鐘，其目的是使麵帶中的水分分布均勻，以及使麵筋的結構重新排列和鬆弛（relaxation）。之後，再用壓延機以不同迴轉速率和間隙進行壓延成適當厚度的麵帶。

切條：適當厚度的麵帶以切條機連續進行切條，得到新鮮的生麵條。生麵條的水分含量約爲34%。

乾燥：製造乾麵條時，生麵條必須經過乾燥的過程。切好的麵條掛於架子上進行乾燥。乾燥場所可在室外或室內。室外是利用自然的陽光和風使麵條乾燥，室內則可以控制乾燥溫度和濕度，故可以得到較好的及穩定的麵條品質。一般乾燥分成三個階段：第一階段是在35℃、相對濕度70%下進行，使麵條中水分含量自35%減少至25%。第二階段是在40℃、相對濕度80%下進行，使麵條中水分含量自25%減少至20%。第三階段是在30℃、相對濕度70%下進行，使麵條中水分含量自25%減少至14%以下。

乾燥麵條時需注意到水分從表面蒸發的速率與水分自內部移至外表擴散速率之間的平衡。乾燥速率對麵條品質有很大影響，乾燥速率太慢，麵條產能降低且易長黴；速率太快，麵條易折斷。

蒸熟：製造熟麵條或速食麵時，切好的麵條以輸送帶送入箱型蒸熟器中，以水蒸氣加熱3～5分鐘，使麵條中的澱粉糊化。蒸熟的麵條利用霧狀噴灑調味液，再使麵條略爲吹乾，使麵條表面乾燥而不黏結。

油炸乾燥或熱風乾燥：製造速食麵時，蒸熟的麵條可以油炸或熱風乾燥製成速食麵。方法是使用熱油（130～140℃）油炸2～3分鐘使其水分含量降低至10%以下，或是以90℃以下之熱風乾燥40～50分鐘，使水分降低爲10～11%。如此，可保持澱粉之糊化狀態，並可隨時以沸水沖泡2～3分鐘即可食用，達成速食的方便性。

② 通心麵類

通心麵類主要是以擠壓技術來製造，其製程包括混合、擠壓成型、乾燥和包裝等過程。在商業上通心麵類是以連續自動化的機器製造，其每小時產能可達200到1200公斤。

混合：杜蘭小麥細粉粉與水在混合槽中進行混合。混合時間約爲6～8分鐘，所形成麵糰的水分含量約爲31%。麵糰在混合時或是在擠壓機之前段通常裝有一個抽眞空設備，將壓力降低至400～700 mmHg的眞空度以趕走麵糰中的氣泡。若麵糰中空氣未除去，將會形成小氣泡而形成不透明的混濁點，影響麵條產品的外觀，並且降低乾麵條的機械強度。去除空氣也可防止麵糰中色素氧化。

擠壓成型：擠壓機是製造通心麵類機械設備中的心臟。擠壓機藉著螺軸旋轉使麵糰揉捏成均勻的物質，並使擠壓機的中段至後段產生高壓，迫使麵糰通過模口而成型。由於物料在擠壓機中摩擦和高壓下被壓縮，會產生熱，這導致麵糰的溫度上升。因此在擠壓機套筒外圍通常以冷水進行冷卻，期能使套筒溫度不超過50℃。如套筒溫度太高（55℃以上）致使澱粉發生糊化，則會降低產品的烹調品質。擠壓機的模口（die）可設計成許多不同型式與圖樣，故可製造不同形狀的通心麵類產品。

乾燥：乾燥是控制通心麵類產品加工製程中困難和重要的一個步驟。乾燥的目的是將水分含量從31%降至12～13%以下，此時產品變硬、形狀固定，以及於貯存時期不會腐敗。乾燥速率對此類產品品質影響很大。若速率太慢，則產品於乾燥期間易敗壞或長黴。反之若速率太快則產品中水分的分布梯度形成，致使產品發生裂縫或斷裂。

大多數通心麵類產品是先以預備乾燥機（pre dryer）將其表面快速地乾燥，使產品表面稍微硬化而不會彼此黏結在一起，但產品內部仍然柔軟並具有可塑性。接著最後乾燥機（final dryer）用來去除產品內部的水分。以長形義大利麵爲例說明如下：預備乾燥是在66℃和相對濕度65%下乾燥1.5小時，使水分從31%降至25%。最後乾燥通常使用連續式乾燥機，它可分成許多可控制不同相對濕度的乾燥區或室，但是溫度均維持在54℃。第一區在95%相對濕度下進行1.5小時，此時期亦稱「發汗期」，主要目的是以高相對濕度空氣進行產品的水分平衡。第二區在83%相對濕度下進行4小時，以使產品水分降至18%。第三區在70%

相對濕度下進行8小時，可使產品水分降至12%。最後，將產品從乾燥機中移出，冷卻至室溫，切成適當的長度，然後進行包裝。

二、稻米

1. 概論

稻米的生產地主要在亞洲地區，也是此區人民的主食。稻（*Oryza sativa*）屬於禾本科、稻屬植物，其亞種可分爲粳稻（japonica rice）、秈稻（indica rice）及爪哇稻（javanica rice）。從米質胚乳的特性，食米可分爲粳米、秈米及糯米（圖9.6）。蓬萊米是粳米，米粒透明且短圓，黏性較大。臺灣稻米的產量以蓬萊米占最多數，它的主要用途是直接製備成米飯食用。在來米屬於秈米，米粒透明、細長。糯米分爲梗糯和秈糯，糯米的外觀爲白色不透明，梗糯米粒圓短，而秈糯則米粒細長。在來米和糯米常被使用爲米食加工產品的原料。表9.3列出秈米、粳米、糯米的性質和用途。

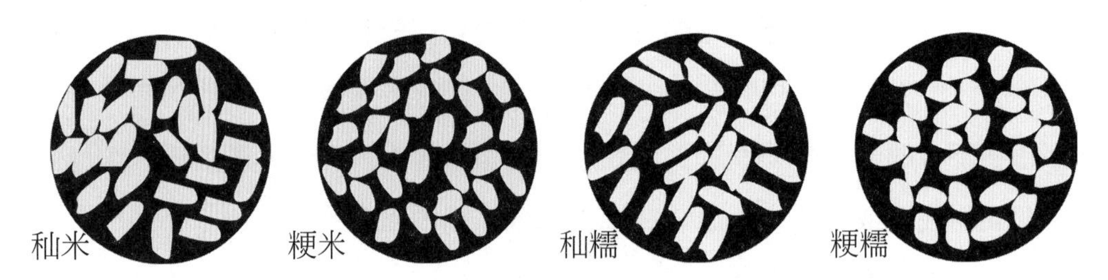

圖9.6　不同品種稻米的外觀

表9.3　秈米、粳米、糯米的性質和用途

類型		支鏈澱粉（%）	米飯的黏性	用途
秈米	在來米	約75	飯粒鬆散、較乾且黏性低	碗粿、河粉、蘿蔔糕、米苔目、米粉
粳米	蓬萊米	約80	米飯黏韌可口	米飯、粥、壽司

<table>
<tr><td rowspan="2">糯米</td><td>秈糯（長糯米）</td><td rowspan="2">約100</td><td rowspan="2">米飯較軟且黏</td><td>油飯、粽子、米糕、飯糰、珍珠丸子</td></tr>
<tr><td>粳糯（圓糯米）</td><td>年糕、麻糬、紅龜粿、鹼粽、八寶飯</td></tr>
</table>

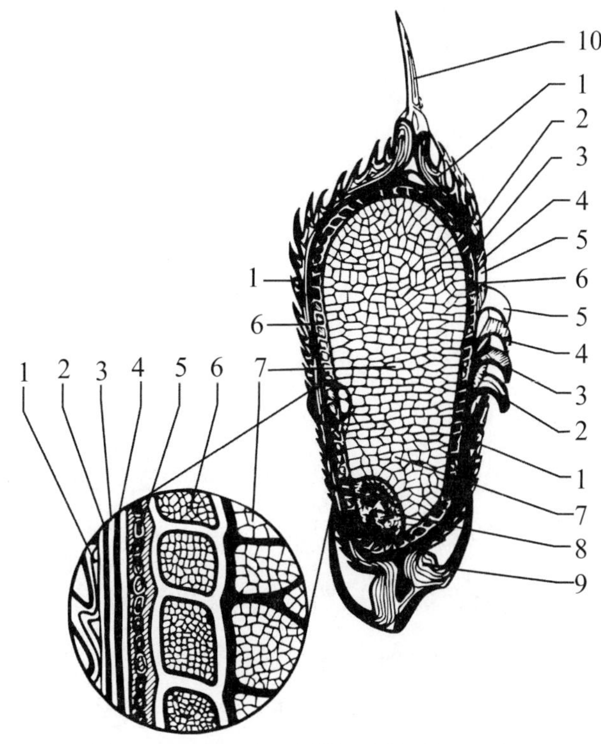

圖9.7 稻米穀粒之縱切面與橫切面

1. 稻殼 2. 外果皮 3. 中果皮 4. 交叉層
5. 種皮 6. 糊粉層 7. 胚乳 8. 胚芽 9. 花穎 10. 芒

稻米的穀粒稱爲稻穀（paddy或rough rice）（圖9.7）。稻殼占稻穀總重的20%，主要成分是木質素、纖維素、聚戊醣和灰分，而灰分中95%是矽，稻殼可對稻米提供保護作用，防止米粒受汙染和外力之損害，但食用或利用價值不高。脫殼後的稻穀稱爲糙米（brown rice），包含外層的米糠、內部的胚乳，以及位於胚乳基部的胚芽。米糠占糙米重量的5～6%，係由果皮、種皮和糊粉層所構成。果皮和種皮含有較多量的脂肪、蛋白質和纖維，但糊粉層幾乎不含纖維。胚芽占糙米重量的2～3%，含有一些蛋白質和油脂。胚乳的主要成分是澱粉，以及少量的蛋白質。

2. 精白（polish）

一般供食用的稻米是將糙米經過碾米機（rice polishing machine）去除米糠和胚芽的碾米過程（polishing）而製得，稱爲白米（white rice）或精白米（polished rice）。糙米在碾白時重量會減少，爲計算米糠等部位去除的多寡，一般以精白率表示。所謂精白率是指已精白穀物重與糙米重的百分比，如糙米的精白率爲100%，五分碾白米爲96%，七分碾白米爲94%，而全部米糠和胚芽皆去除者爲92%。製造日本清酒所用白米的精白率爲75%，這是因爲在胚乳外層仍然有很少量的脂肪，爲避免影響到清酒之風味，故在碾白時連同部分的外層胚乳一起去除。

3. 磨粉（milling）及粉製品

將米粒磨成粉末狀的製品稱爲米穀粉（rice flour）。製作米穀粉之方式可分爲乾磨、半乾磨及濕磨。

乾磨法是將白米篩選去除雜質後，直接以磨粉機粉碎的生粉製品，又稱「鬆糕粉」。如將米洗淨，經焙炒或擠壓加熱後再研磨之粉，則稱爲熟粉或「糕仔粉」。以熟粉製成之產品有鳳片糕、雪片糕、糕仔崙及豬油糕等。

半乾磨是將米浸水10分鐘至3小時，瀝乾後直接加以研磨成潤濕細粉，即潮粉或濕粉。潮粉不能久置，粉質濕鬆均細，蒸汽可透過粉層，熟後鬆挺不軟糊，如江南一帶的鬆糕。

濕磨亦稱作水磨，即將米浸泡後用磨漿機加水一起研磨成米漿，米漿去水乾燥後所得之粉稱爲水磨粉。於濕磨過程中由於伴隨多量的水具有潤濕作用，故水磨粉所含之破損澱粉遠少於乾磨及半乾磨者。水磨粉的色澤較白，顆粒較細，加工特性良好，是主要的磨粉方法。以水磨粉製成的產品如年糕、湯圓等。

4. 米之加工製品

(1) 強化米（enriched rice）

稻米於碾米時去除米糠和胚芽，導致白米中所含的維生素B_1、B_2等和礦物質含量降低。爲了彌補此缺點，已發展出使維生素和礦物質多保留於白米中或添加維生素和礦物質於白米中的加工法，此過程稱爲強化（enrichment）。

米強化有二種方法：第一種方法是將白米與維生素、礦物質粉末進行混合，然後噴以含玉米蛋白和脂肪酸等組成分的酒精溶液，使白米外圍披覆一層防水可食用的薄膜。經過熱風乾燥使其硬化後，這層膜可阻止強化原料於烹調前用水清洗溶出，此產品稱爲強化米。主要添加之營養素包括維生素B_1、菸鹼酸和鐵。

第二種方法是將整粒稻穀在脫殼和碾白之前蒸煮或浸漬在熱水中（70℃、15分鐘），使稻殼、米糠和胚芽中的維生素B_1和礦物質等隨著水分移至胚乳中。此稻穀再經乾燥、脫殼和碾白而製成蒸穀米（parboiled rice，或稱converted rice）。在蒸煮過程中可使酵素失去活化，乾燥後米粒硬，故蒸穀米比較不易敗壞。但是由於米糠中的色素和氣味於製程中也移往胚乳，故外觀呈黃褐色以及有米糠臭之缺點。但此缺點可經由現代化技術加以改善。在印度和巴基斯坦食用蒸穀米比較普遍。

⑵ 胚芽米（rice with germ）

如碾米時僅將米糠部位去除而保留胚芽時，稱爲胚芽米。胚芽米的碾製可使用豎形研削式碾米機在低迴轉速率下進行。胚芽含粗脂肪24%、粗蛋白質22%、維生素B_1 3～8 mg%、維生素B_2 0.1～0.5 mg%，故營養價值高。但胚芽米由於營養成分高，昆蟲和微生物易生長繁殖，且含有較多之油脂，亦易酸敗而變質，故貯藏期較短。胚芽米通常採用眞空包裝，以減緩氧化作用及好氣菌之生長。煮胚芽米需多加一些水（130%），飯的顏色較黃，黏度也比較不足，口感稍差。

⑶ 發芽米（germinated rice）

發芽米爲新興的一種機能性食米，主要是利用糙米的胚體經過浸泡與催芽過程，將糙米中的酵素活化，使稻胚萌出長約0.05～0.1公分的芽體後加以烘乾而成。發芽米所含的營養素除醣類比白米低（0.88：1）外，其他營養素如蛋白質、脂肪、維生素B群、維生素E皆比白米高（1.07～4.25：1）。此外其機能性成分含量比較豐富，如γ胺基丁酸（GABA）、肌醇（inositol）、阿魏酸（ferulic acid）等。

⑷ 米粉絲（rice noodle）

米粉絲爲臺灣特產之一，一般是將在來米水洗後於浸水約5～6小時。然後加水以機器磨成漿狀，裝入袋內壓榨或以離心方式去除多餘水分，分成塊狀置於沸水中煮至半糊化，然後與生的在來米粉捏合。使用螺旋擠出機使物料從細孔擠出成線狀，以沸水煮熟（水粉）或蒸熟（炊粉）。之後，於冷水中冷卻。最後以熱風乾燥或日曬風吹方式乾燥即可得到米粉絲產品（圖9.8）。

精白在來米 ⟶ 水洗 ⟶ 浸水5～6小時 ⟶ 加水磨碎 ⟶ 脫水 ⟶ 於熱水中半糊化 ⟶ 與生的米穀粉混合 ⟶ 擠出 ⟶ 蒸熟或沸水中煮熟 ⟶ 冷卻（冷水中）⟶ 滴乾 ⟶ 乾燥 ⟶ 製品

圖9.8　米粉絲之製程

⑸ 預糊化米（pregelatinized rice或 precooked rice）

米必須在有充足水分（100～120%）下於100℃蒸煮數十分鐘後方可食用。米在蒸煮時澱粉會發生糊化，如能趁熱在80～130℃時迅速乾燥使其水分含量降至14%以下，則可以避免已糊化的澱粉發生回凝而仍然保留在糊化狀態，此產品稱為預糊化米。預糊化米具有易保存、安定性佳以及易消化的特點。因僅需冷水浸泡約50分鐘或80℃熱水浸泡約15分鐘即可食用，故屬於即食食品，如速食飯、速食粥、速食年糕等。

⑹ 米餅乾（rice cracker）

米菓（arare）和仙貝（senbei）是常見的米餅乾製品。米餅乾之製程如圖9.9。米餅乾是將原料米磨成粉，加水後加熱使其糊化，再添加馬鈴薯澱粉混合均勻，經揉練、成型、乾燥、調濕、膨發、調味和包裝而製成。米品種（糯米、蓬萊米和在來米）會影響米餅乾的質地。

原料米 ➡ 磨粉 ➡ 米穀粉 ➡ 加水 ➡ 加熱糊化 ➡

➡ 冷卻 ➡ 混合 ➡ 揉混 ➡ 擠出成餅乾狀 ➡ 乾燥 ➡

（馬鈴薯澱粉 ➡ 混合）

➡ 調濕 ➡ 膨發 ➡ 調味 ➡ 包裝 ➡ 米餅乾

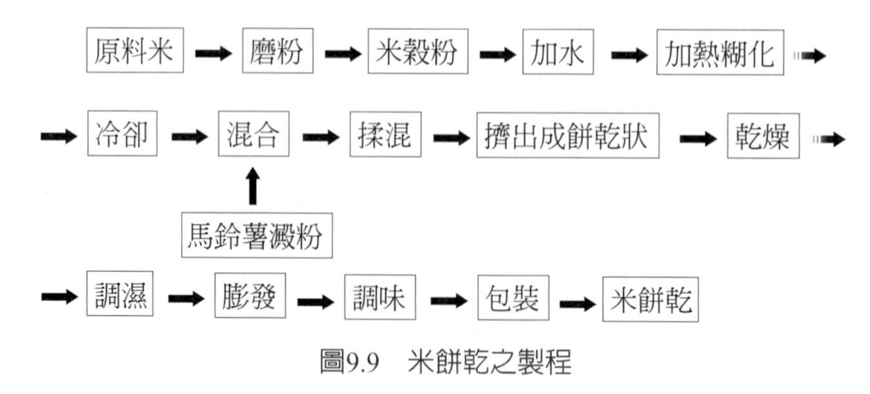

圖9.9　米餅乾之製程

(7) 年糕（rice cake，new year cake）

年糕屬於中式米食漿粉類的製品。年糕種類很多，如臺式甜年糕、臺式鹹年糕、蘇式桂花豬油年糕和寧波年糕等。大部分年糕原料爲圓糯米，但寧波年糕原料爲蓬萊米。

以臺式甜年糕爲例，將圓糯米洗淨後浸水約4小時，以磨米機磨碎成米漿。將它倒入布袋中後吊掛和靜置以瀝乾水分，或使用離心方式去除水分。所得的粿粉團與二砂和水以攪拌機混合並打成均勻黏稠的漿，倒入鋪有玻璃紙的容器，以大火蒸熟即可。除了傳統手工製作，現在市售年糕多已用機械化方式大量生產，即使用機械進行磨漿、脫水、混合、充填、包裝和殺菌等工程，如製造可常溫貯存眞空包裝之年糕。

除了上述米製品之外，米亦可以製成許多其他食品或點心，如湯圓、碗粿、鍋粑、爆米花等。此外米亦可與其他穀類混合後製成食品，如嬰兒食品、膨發米等。稻米之加工成品很多，如圖9.10所示。

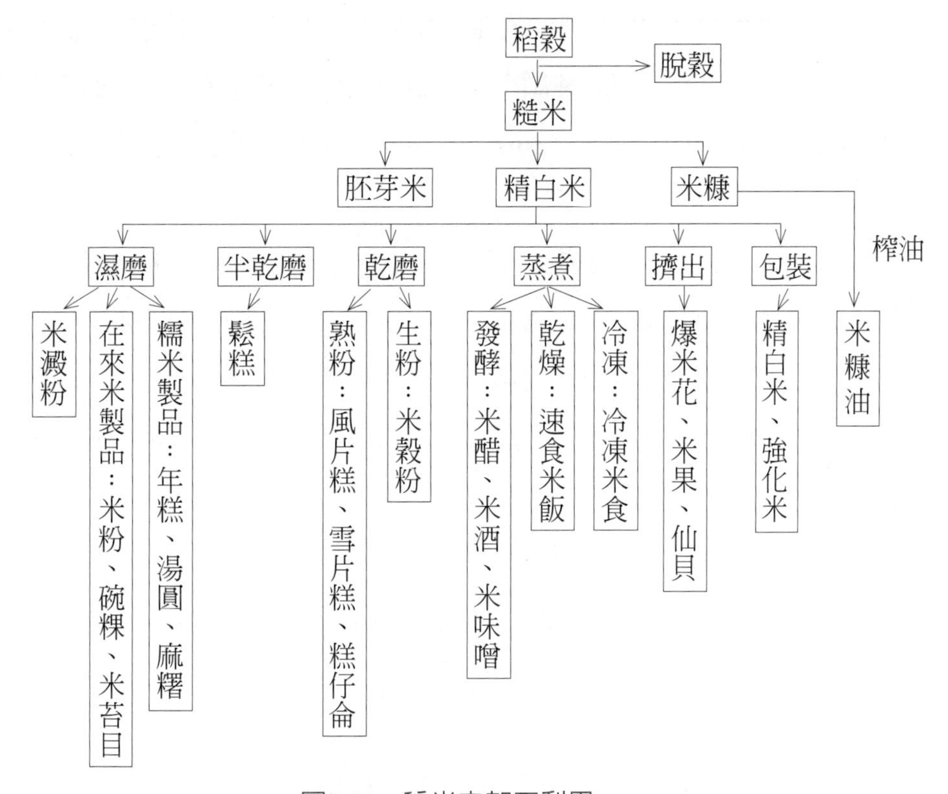

圖9.10　稻米之加工利用

三、玉米

1. 概論

玉米（corn, maize）也稱爲玉蜀黍，主要構造由四個部分所組成，即殼、胚乳、胚芽和著生點，分別約占玉米粒重量的5、82、12和1%。玉米粒的顏色有白色、黃色、深棕色和紫色，其中以黃色和白色最常見。其胚乳有角質（horny）和粉質（floury）二類。角質在胚乳外部，含有較多蛋白質（約10%），粉質在胚乳內部，含有較少蛋白質（約5～8%）。胚芽在玉米粒扁平部分的中央，脂質含量豐富，可提煉玉米油。玉米中的蛋白質以玉米蛋白（zein）爲主。由於缺乏離胺酸和色胺酸以及菸鹼酸，故其營養價值比小麥低。

2. 磨粉

將玉米粒磨碎有乾磨（dry milling）與濕磨（wet milling）二種方式。乾磨法先要調整玉米顆粒的水分至21%，然後通過一對旋轉的圓錐形機器將外殼分離，剩下的玉米顆粒再乾燥至15%水分以利進一步的磨粉和過篩。從這以後的步驟與小麥磨粉類似。通過滾輪，將胚芽壓平並使易碎的胚乳壓碎，再以篩網將它們分離。胚乳部位可以製造成碎玉米（corn grit），或再以細磨滾輪磨碎而製得玉米粉（corn flour）。

濕磨法的製程（圖9.11）是先清洗玉米粒，然後於溫水中浸漬一段時間。通常水中含有亞硫酸作爲防腐和軟化組織之用。軟化的玉米粒通過磨碎機將它打碎，之後輸送至沉降槽。由於胚芽比重較低，所以浮在上層。經分離後的胚芽可用來製造玉米油或作飼料。與胚芽分離後的漿液含有外殼以及胚乳中的澱粉和蛋白質。此漿液再磨碎和過篩，可以將外皮去除，而留下含有澱粉和蛋白質的漿液。利用澱粉比重比蛋白質大的特性，以離心分離機可將二者分離，而得到玉米澱粉（corn starch）和玉米蛋白粗粉（corn gluten）的製品。玉米蛋白粗粉是飼料的原料，而玉米澱粉是食品加工的原料。

3. 用途

玉米的用途甚廣，包括：⑴ 可直接食用，如煮食、炒食或爆玉米花；⑵ 磨

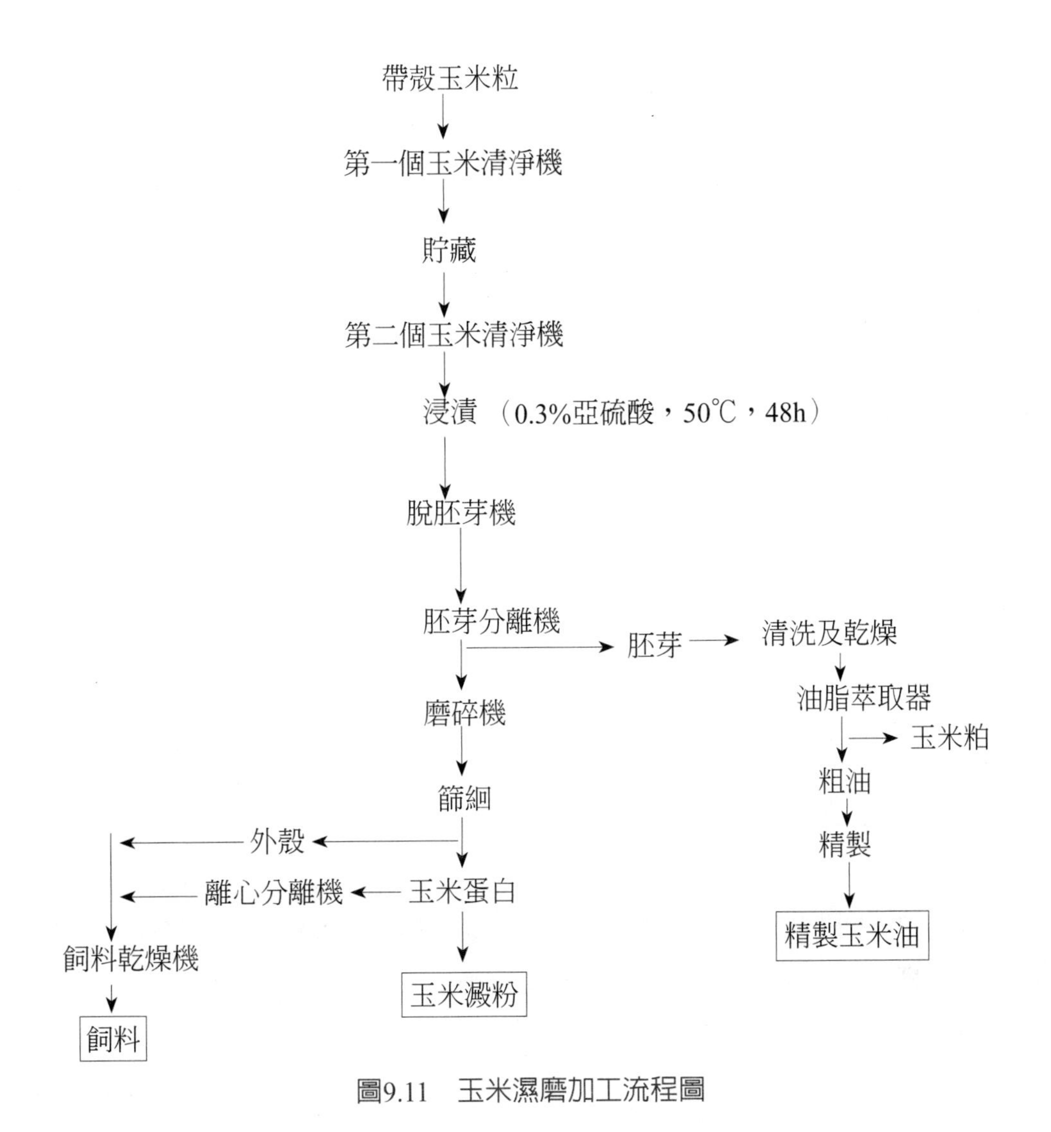

圖9.11　玉米濕磨加工流程圖

碎為碎玉米和玉米粉，作為加工食品的原料，如早餐穀類食品、休閒點心食品、窩窩頭等；(3) 製成玉米澱粉，作為加工食品的原料，如製造玉米糖漿、蛋糕、增稠劑等；(4) 作為飼料及生質柴油的原料。

玉米澱粉的產量很大，價格低且供應穩定，因此是一個很重要的食品原料。玉米澱粉以酸或酵素水解成糊精和葡萄糖，再經酵素作用可製成玉米糖漿製品，如葡萄糖糖漿、麥芽糖糖漿和高果糖糖漿等。麥芽糖糖漿的製造需使用α澱粉酶和β澱粉酶，葡萄糖糖漿需使用α澱粉酶和葡萄糖澱粉酶，而高果糖糖漿需多使用葡萄糖異構酶（圖9.12）。

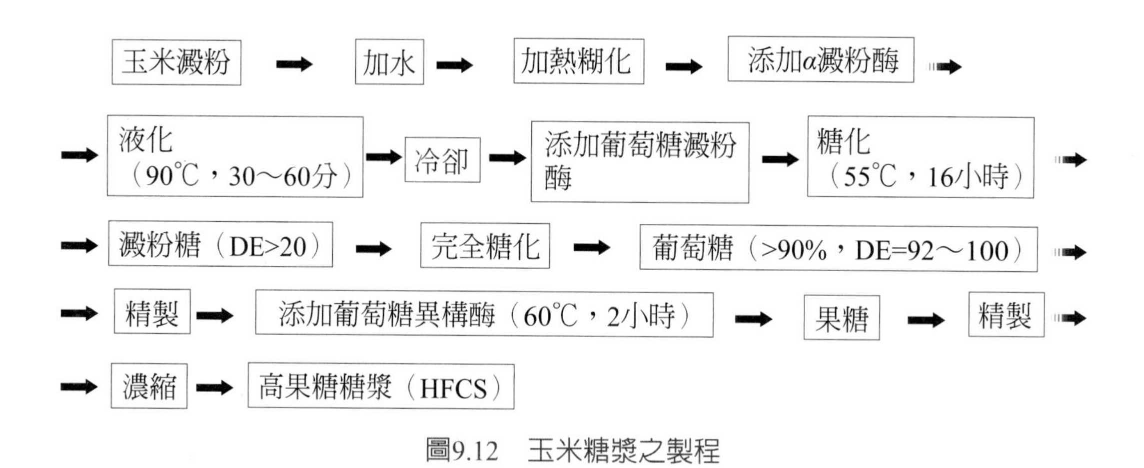

圖9.12　玉米糖漿之製程

另外一種特殊的玉米粉製品稱爲masa粉。其製法是將玉米於鹼水中煮，洗去外皮後，將剩餘物磨成粉即爲masa粉，此粉具有特殊的鹼味，用來製造玉米薄餅（corn tortilla）、休閒食品、即食玉米粉，是中南美洲常食用的食品。

四、其他穀類

除了前述的小麥、稻米和玉米外，其他可食用的雜糧有大麥、燕麥、裸麥、高粱、蕎麥和小米等。這些雜糧的產量相對地比較少。

1. 大麥（barley）

大麥爲一年生草本科植物，適合在溫帶地區春秋兩季播種。最常見的大麥品種爲六列大麥（six-row barley）和雙列大麥（two-row type）。脫殼後的大麥稱爲珍珠麥，其蛋白質約9%，其中主要是醇溶性的大麥蛋白（hordein）。由於大麥的穀蛋白含量低，故常與小麥麵粉混合以製造品質優的麵包。大麥經脫殼、壓扁及乾燥後可做成（大）麥片，或用來製造大麥芽（malt）。大麥芽具有高酵素活性，尤其是分解澱粉的水解酶，因此常使用在釀造工業，使澱粉水解成葡萄糖供酵母迅速進行發酵作用。此外大麥芽可提供啤酒和早餐穀類食品特殊的風味。

2. 燕麥（oat）

燕麥大多以滾輪壓成之片狀供人食用，或是作爲早餐穀類食品的原料。燕麥麩皮中含有β–聚葡萄糖（β-glucan），爲可溶性膳食纖維，具有降低血清膽固醇和減緩血糖波動的功能。在中國大陸所生產的莜麥，是一種裸燕麥，由於麵筋含量低且支鏈澱粉含量高，利用燙麵製作方式可製成許多不同的食品，如莜麵、莜麵栲栳栳、莜麵炸糕、莜麵鍋巴等。

3. 裸麥（rye）

裸麥亦稱黑麥，是北歐地區的主要糧食作物。其蛋白質含量略低於小麥，而能夠形成麵筋的蛋白質只有50%（小麥麵粉爲70%），故僅由裸麥粉所製成之麵包，其組織較弱和體積較小。如與小麥麵粉混合後再製造裸麥麵包，則可提升此麵包的品質。

4. 高粱（sorghum）

高粱的耐乾性強，故多種植於土壤乾的地方。臺灣以金門爲主要產地，其次爲臺南、嘉義。高粱由於單寧含量高而具苦澀味，故不適合直接煮熟食用，一般作釀酒之原料，如製造高粱酒。高粱亦可作爲烘焙食品的原料，由於不含麵筋，故需與小麥粉合用，一般的取代量爲5～20%。

5. 蕎麥（buckwheat）

重要的蕎麥有二種，普通蕎麥（*Fagopyrum esculentum*）和苦蕎麥（*F. tataricum*）。蕎麥生長期短，可以在貧瘠的酸性土壤中生長。與稻米和小麥不同的是，它不屬於禾本科。蕎麥的蛋白質含量約爲11%，且必須胺基酸含量高，如離胺酸、羥丁胺酸、色胺酸等。蕎麥可製成蕎麥粉，製粉率約60～80%。蕎麥粉的顏色較深且不含麵筋蛋白，可取代部分的小麥麵粉用來製造蕎麥麵條和蛋糕。亦可利用燙麵方法先使部分蕎麥粉糊化，再與生蕎麥粉混合來調整黏稠度，以擠壓方式製成純蕎麥麵條。蕎麥富含芸香苷（rutin）和槲皮素（quercetin）等類黃酮，具有抗氧化和增強微血管壁的功能。它亦含有0.1～2%的丹寧（苦蕎含量較多），會影響到產品的風味和顏色。蕎麥葉經萎凋、發酵、殺菁、揉捻和乾燥後可製得蕎麥茶，其γ胺基丁酸和抗氧化性皆會增加。

6. 小米（millet）

小米亦稱粟，主要生產地是印度、非洲和中國大陸。小米是臺灣原住民主要食品之一，其顆粒很小，呈圓形。小米的蛋白質含量約爲11%，膳食纖維含量高（8.5%）。常見的小米加工製品有爆小米米香、小米酒、小米麻糬和小米粥。未去殼的小米常作爲鳥的飼料。

7. 藜麥（quinoa）

藜麥屬於莧科，故與蕎麥皆是假穀類（不屬於禾本科）。藜麥耐寒、耐旱，可以生長在營養貧乏的土壤。藜麥的種子約2毫米長，可呈黃色、紅色、紫色等不同顏色。紅藜（臺灣藜）的產地主要在台東和屏東，因種皮含有甜菜色素而呈紅色外觀。紅藜富含蛋白質和膳食纖維（各約14%），且必需胺基酸離胺酸含量高。藜麥因爲營養價值和商業廣告，現在是一種價昂的保健食品在銷售。藜麥通常加到其他穀類（如稻米、麵粉）中混合製成含藜麥的米飯、麵粉製品。它富含澱粉酵素，故用於製酒，如小米紅藜酒。

五、早餐穀類食品

穀類在食品加工上有一重要的應用是製造早餐穀類食品（breakfast cereals）。早餐穀類食品是歐美國家常食用的食品。近年來我國飲食習慣改變，因此早餐穀類食品亦逐漸被國人接受。目前國內已有數家廠商生產此類產品。

早餐穀類食品多以小麥、玉米、稻米或燕麥的胚乳爲主要原料。這些胚乳可以簡單地被粗碎或壓扁，有或沒有烘烤，而製成未烹調的穀類食品，如燕麥片（oatmeal）、小麥片（farina）等。

另一種受歡迎的是即食穀類食品（ready-to-eat cereal; RTE cereal）。現在的即食穀類食品通常是以擠壓機來快速、大量和連續地生產。穀類原料可使用粉末狀，與其他配料混合後，在擠壓機內進行烹煮、成型的工作。擠壓機的模口依其設計不同，可以製造出不同形狀的產品。此外穀類原料亦可使用完整的穀粒直接膨發。圖9.13爲即食穀類食品之製程。

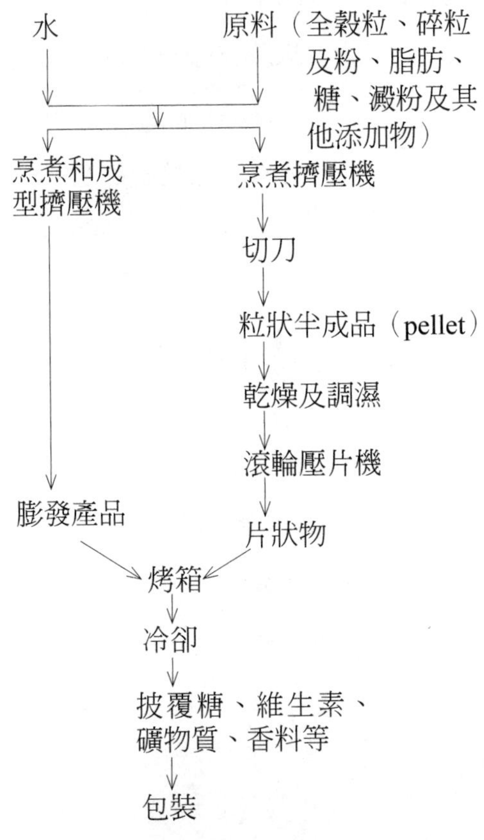

圖9.13　即食早餐穀類食品之製程

六、無麵筋（麩質）食品

無麵筋食品（gluten-free foods）是指不含麵筋的食品，乳糜瀉和小麥過敏患者需食用無麵筋食品。麵筋是存在於小麥、裸麥、大麥及黑小麥中的蛋白質，其他穀物和食材（蔬果、豆類、牛奶等）沒有麵筋，故製備無麵筋食品僅需不使用含麵筋的原料即可達成基本條件。然而乳糜瀉患者好發於歐美地區，小麥和裸麥產品是其主要食物，因此如何製造出不含麵筋但品質佳（比體積大、彈性好、軟硬度適中）的無麩質麵包和蛋糕是一重要挑戰。

普通麵包以小麥麵粉為主原料，加水混合即可成麵糰。無麩質麵包在沒有小麥麵粉或含麵筋食材下，需改用其他穀粉或澱粉，如玉米粉、米穀粉、樹薯澱粉、馬鈴薯澱粉，亦可選擇添加一些堅果種籽類（粉）。為增加糰的黏度和保氣性，通常會添加水膠體，如三仙膠、果膠、關華豆膠、菊糖、HPMC等。其他材料有水、油脂、酵母、或雞蛋等。在適當濃度的原料調配下，經混合後可製成比較黏稠的糰。再經發酵、烘焙加工即可製成無麵筋麵包。

第二節　豆類和油籽加工

豆類和油籽比穀類有較高的蛋白質含量，而且油籽的脂肪含量高。不同穀類約含有7～14%之蛋白質，而成熟乾豆類和油籽含有約20～40%的蛋白質。一般豆類的脂肪含量低，但是油籽的脂肪含量介於20～50%。

豆類和油籽之種類繁多，本節僅討論大豆、花生、綠豆和紅豆之加工。

一、大豆（soybean）

大豆（*Glycine max L. Merr.*）原產於我國東北，是中國最古老的主要糧食之一。大豆的品種很多，外觀有黃色、綠色、黑色和棕色等不同顏色，其中黃豆是最常見和使用的大豆。大豆含有32～40%蛋白質和17～20%粗脂肪，且不含膽固醇，因此是一良好的食物。但是大豆含有一些抗營養因子，如胰蛋白酶抑制劑（trypsin inhibitor）和血球凝集素（hemagglutinin），影響動物消化和吸收，以及血球凝集之功能。所幸這些物質並不耐熱，經煮沸加熱即可將它們破壞，而不會對動物造成損害。

大豆的食用方式很多，包括：1. 整粒食用，如毛豆。2. 萌芽成長為黃豆芽。3. 磨碎後製成豆漿、豆腐、豆花、豆（腐）皮和豆乾等產品。4. 抽取油脂後製成脫脂大豆粉，或再加工製成組織化大豆蛋白。此外亦可進一步抽取其蛋白質製成濃縮大豆蛋白和分離大豆蛋白，作為製造其他食品的原料。5. 發酵後製成醬油、豆腐乳、味噌、納豆和天貝等。

1. 豆漿或豆乳（soymilk）

豆漿是我國傳統食品之一，其製程如圖9.14。大豆經篩選和清洗以去除夾雜物，然後於水中浸漬使其充分吸水，其重量約是原先黃豆的2倍。夏天的浸漬時間約爲6小時，冬天則爲10小時。浸漬完成後，倒掉浸漬液，加入乾淨的水以磨碎機磨碎，再經煮沸，過濾或離心以去除不溶性的豆渣，而所得的液體即爲豆漿。磨碎後的漿液也可先過濾再煮沸。豆漿如經減壓濃縮，再以噴霧乾燥處理，則可製得豆乳粉。許多工廠爲減少損失，常常將豆渣再浸水後，用該漿液重新磨豆，可提高出漿率。大豆浸漬時吸水而軟化，故可減少黃豆磨碎時所需的動力。同時，浸漬也可溶出部分寡醣，如水蘇糖和棉子糖，而減少脹氣。

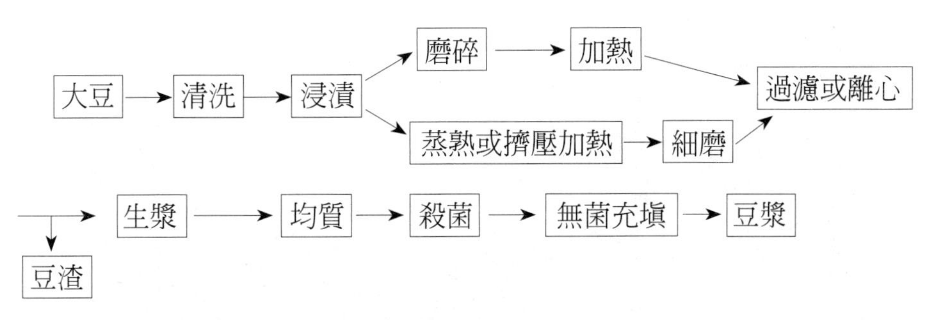

圖9.14　豆漿之製程

浸漬後的大豆加水磨碎，可將大豆中大多數的蛋白質抽出，此外維生素、礦物質和部分的脂肪也被抽出。未過濾的生豆漿加熱時可以萃取出較多的可溶性固形物，並將抗營養因子破壞。此外豆漿加熱時會起泡，是由於存在蛋白質和皂素所引起。一般使用消泡劑來減少泡沫產生。

傳統製造的豆漿具有強烈豆臭味，故不易被西方人接受。這主要是由於大豆中含有脂肪氧合酶（lipoxygenase）。當浸水後的大豆於磨碎時，此酵素會使大豆中的脂肪氧化而產生不良豆臭味。爲改善豆漿風味，已發展出許多新技術，包括：(1) 傳統製造豆漿法加上脫臭處理：傳統豆漿製出後，再用加熱、化學處理、離子交換樹脂處理、活性碳吸附等方式將豆臭味去除。這是早期使用的豆漿脫臭法。(2) 酸、鹼萃取法：在磨漿時調整pH值，抑制脂肪加氧酶的活性，防止脂肪氧化。(3) 加熱法：將大豆加熱使其酵素失去活性，之後再進行磨碎等製程。

我國國家標準（CNS 11140和11139）已對包裝的豆奶飲料和調味豆奶的原料、品質和標示等有所規定。

2. 豆皮（soybean curd sheet）

豆漿置入淺鍋中，以小火或通熱蒸汽加熱使溫度控制在80℃以上，靜置待表面水分蒸發後可形成一層淡黃色的薄膜，將此薄膜以細竹桿挑起折疊成方塊狀爲濕豆皮，如經乾燥則製得乾豆皮，或稱腐竹（圖9.15）。如此重複地結膜、挑起和乾燥，至全部取完爲止。乾豆皮約含有52%蛋白質和25%脂肪，其消化性良好。豆皮可再加工製成素雞、素火腿等食品。

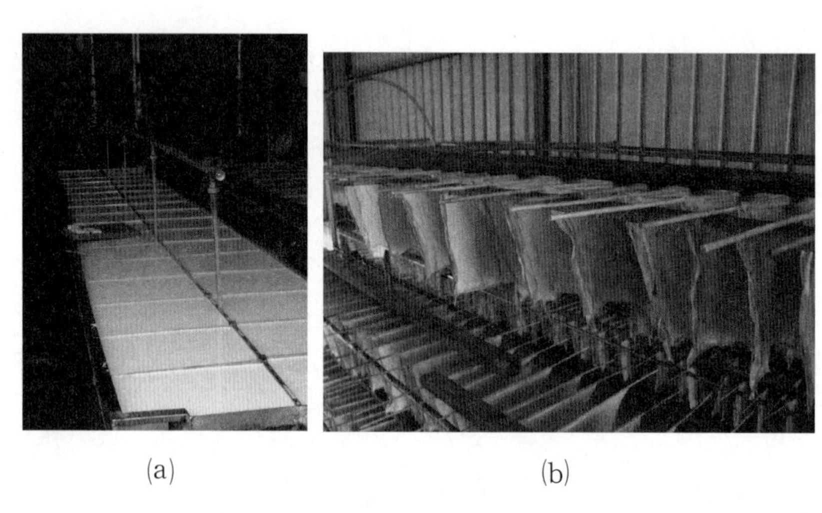

(a) (b)

圖9.15 (a) 豆漿靜置成膜和 (b) 豆皮之乾燥

3. 豆腐（tofu; soybean curd）

豆腐始於中國，據說爲東漢淮南王劉安所發明。傳統板豆腐是將煮沸的熱豆漿冷卻至70～75℃，加入凝固劑使溶解的大豆蛋白質凝固（點漿）。凝固劑通常是使用石膏（硫酸鈣）和鹽滷（含氯化鈣和氯化鎂等成分）。凝固劑的使用量約爲黃豆的2～4%，經輕微攪拌後放置約10分鐘即發生凝固。豆腐的凝固作用是利用凝固劑中的鈣和鎂離子去中和蛋白質分子上的電荷，使蛋白質分子間排斥力減弱，即吸引力增加，故互相凝聚而析出固體。豆乳凝固後將漿水排出，再置於成型箱中，加上壓板，施以適當壓力，漿水自成型箱周圍的小孔排出，而壓榨成適

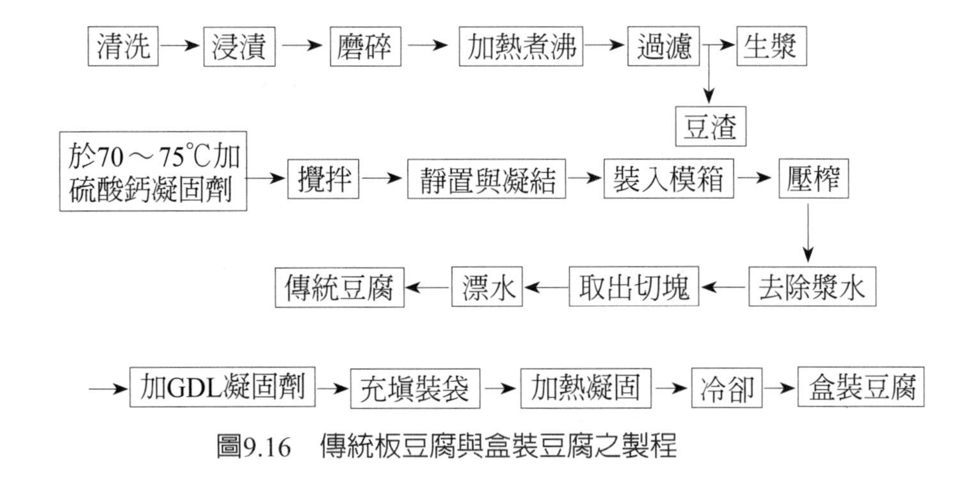

圖9.16　傳統板豆腐與盒裝豆腐之製程

當硬度的豆腐（圖9.16）。10公斤的黃豆約可製得40～50公斤的板豆腐。

盒裝豆腐是使用葡萄糖酸-δ-內酯（glucono-δ-lactone; GDL）作爲凝固劑。當豆乳冷卻時加入此凝固劑，接著將混合均勻的豆乳裝入塑膠盒中，加熱至90℃，經30～40分鐘即發生凝固。GDL在加熱時會轉變爲葡萄糖酸，使豆漿變酸而產生凝塊。但是在室溫下此變化非常緩慢，所以它適合用來製造盒裝豆腐。

由於盒裝豆腐是將全部豆乳均用來製造豆腐，不像傳統板豆腐有壓榨處理而使漿水流失，因此盒裝豆腐在原料的利用性和營養素的保留上比傳統板豆腐高。盒裝豆腐的水分含量較高，蛋白質含量較低，以及有較嫩質地。通常盒裝豆腐的生產環境比較衛生，故保存性較佳，但仍需冷藏。

豆腐也可經由反覆地冷凍、解凍循環來去除其水分，而使豆腐乾燥，所製得的產品稱爲凍豆腐。凍豆腐加水復原後呈海綿狀，與原先的豆腐形態不同。凍豆腐通常使用氨氣進行膨軟加工，使其吸水復原容易。凍豆腐成品的蛋白質含量在50%以上。

4. 豆花（touhua）

豆花的製造原理與豆腐相同，皆需使用凝固劑。傳統豆花使用硫酸鈣爲凝固劑，通常會加一些番薯粉，趁熱時混合，然後靜置一段時間使其冷卻和凝固即可得傳統豆花。盒裝豆花使用GDL爲凝固劑，目前有些市售豆花是使用洋菜、動物膠或果膠爲凝固劑，製作類似果凍和甜點，並開發成許多口味的產品，如花生、巧克力等。豆花的質地受豆漿濃度、凝固劑種類與濃度，以及凝固溫度所影響。

5. 豆乾（dried soybean curd）

製作豆乾的前步驟與豆腐相似，但在加入凝固劑後，豆腐即使其形成大塊的凝膠，而豆乾則在膠體成型後，再將其打破，此步驟稱為破花。而後才裝模、壓榨，即得豆乾胚。為求美觀，豆乾胚常經鹼水加熱使外觀光滑，並經滷汁滷煮上色後，吹冷後販賣。

6. 大豆粉和大豆蛋白

(1) 大豆粉（soy flour）

大豆經精選、粗碎和去皮後，磨成細粉即為全脂大豆粉。全脂大豆粉由於是將整粒大豆利用，故營養成分與大豆類似。大豆的油脂含量高，常先以正己烷等溶劑抽出，經精製後製成大豆油。而剩餘的殘渣經去除溶劑和磨粉後，即脫脂大豆粉（defatted soy flour）。脫脂大豆粉含有50～55%蛋白質和1%脂肪。全脂和脫脂大豆粉可作為加工食品的配料或飼料，也可進一步加工成濃縮大豆蛋白、分離大豆蛋白，以及組織化大豆蛋白等（圖9.17）。

(2) 濃縮大豆蛋白（soy protein concentrate）

脫脂大豆粉通常以pH 4.5的酸液處理使大豆中的蛋白質凝結，與可溶性物質（如糖、灰分）分離後，經中和以及乾燥的過程可製得濃縮大豆蛋白。濃縮大豆蛋白約含有70%的蛋白質。

(3) 分離大豆蛋白（soy protein isolate）

脫脂大豆粉用稀鹼溶液處理，以過濾或離心方式去除殘渣（主要是不溶性的粗纖維）。所得之澄清液再添加酸使pH降至4.5，此時蛋白質發生沉澱。再經離心、中和、乾燥即可製得分離大豆蛋白。分離大豆蛋白約含有90～95%的蛋白質。

分離大豆蛋白可以由酵素或其他處理去改變其溶解性、保水性、起泡性、乳化性等功能特性，然後再噴霧乾燥製成不同特性和用途的產品。分離大豆蛋白亦可通過擠出機末端許多直徑為0.05～0.2mm的小洞口，然後浸入含食鹽的酸性溶

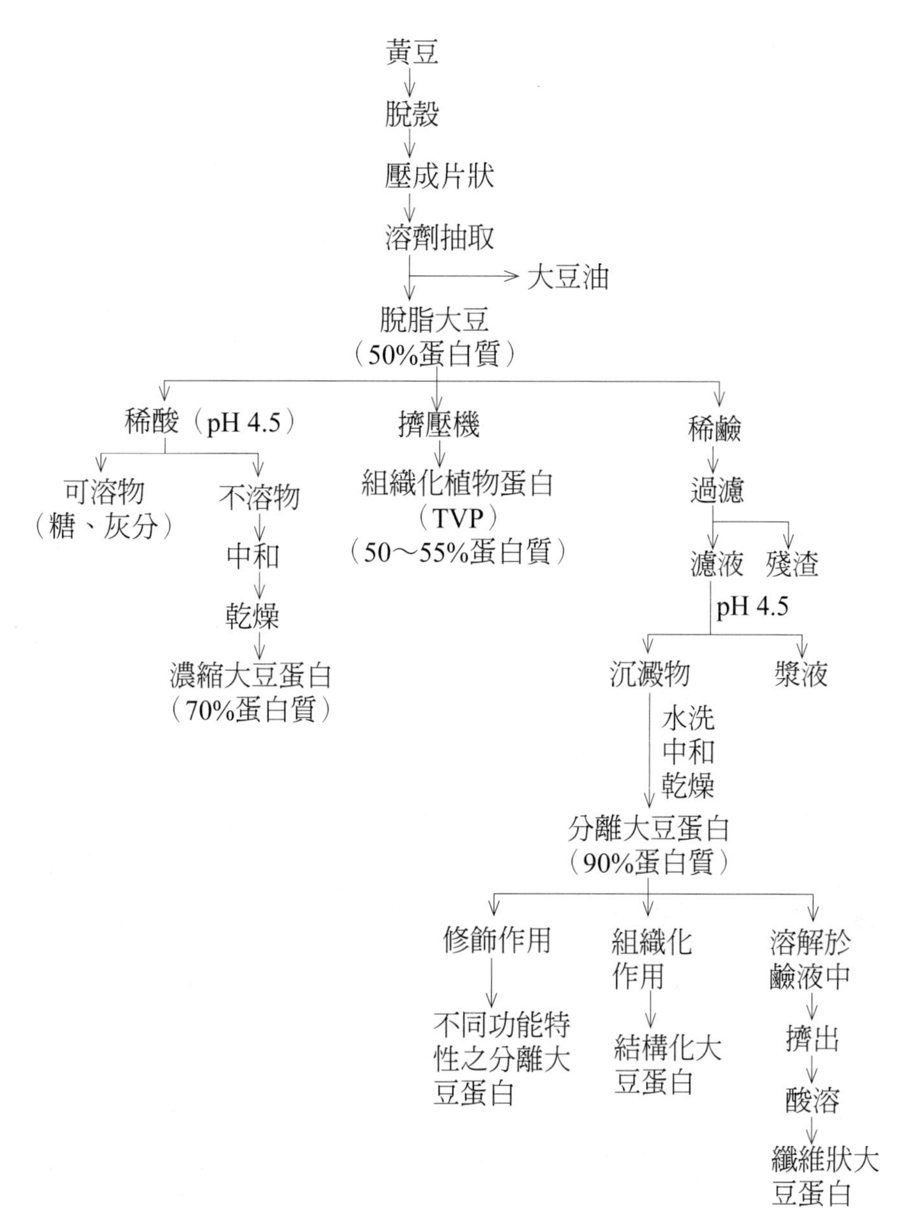

圖9.17　不同種類大豆蛋白之製造方法

液槽中使其再凝結成爲纖維狀的產品。此外脫脂大豆、濃縮大豆蛋白和分離大豆蛋白皆可調整水分含量至30～40%，以擠壓機來製造組織化大豆蛋白的產品。這些大豆蛋白的結構經重新組合與排列，其質感類似於肉類，故稱爲人造肉或素肉，可作爲素食者重要蛋白質來源。

7. 黑豆

黑豆（black soybean）是大豆的黑皮種，亦稱爲烏豆、枝仔豆、黑大豆。臺灣黑豆有青仁和黃仁二個品系（合南3號和5號），產地集中於高屏與雲嘉南。黑豆的一般成分與黃豆相似，但異黃酮含量比黃豆高，而食用烘烤黑豆可以顯著降低血中三酸甘油酯和延長低密度脂蛋白的氧化延遲期。黑豆可製成黑豆豆漿、黑豆豆腐、黑豆豆花、黑豆醬油（蔭油）、豆豉等產品。

8. 毛豆

毛豆（edamame）是大豆豆莢發育至八分飽滿時採收的鮮豆莢，此時豆莢附有許多茸毛，故稱爲毛豆。毛豆是國內大宗蔬菜之一，屏東、雲林和高雄是前三大產地。毛豆仁可直接烹調食用，含有豐富的蛋白質、必需脂肪酸、維生素A、E和C，以及礦物質，且含有異黃酮、皀素和膳食纖維等保健成分，故營養價値高。毛豆的主要加工製品是（調味）冷凍毛豆（莢），以外銷日本爲主。其製程是原料毛豆經篩選、分級、殺菁、（調味）、急速冷凍、包裝和冷凍儲藏。調味毛豆方式有鹽味、蒜味、黑胡椒味、芥末味等不同口味。

二、花生（peanut）

花生（*Arachis hypogaea*）亦稱爲土豆、落花生，約含有50%油脂和25%蛋白質。是臺灣重要經濟作物之一，雲林是主要產地，彰化次之。花生除可直接烹調食用外，亦可用來製造花生油以及脫脂花生粕或粉。世界上所生產的花生約有三分之二用來製造花生油，約占食用油市場的五分之一。脫脂花生粉除作飼料外，也可進行類似前述的大豆蛋白加工，用來製造濃縮花生蛋白和分離花生蛋白。不過其產量低。此外花生的加工製品有花生醬、花生（仁）罐頭和花生糖等。

花生醬（peanut butter）是花生加工中重要的產品之一。在美國約有一半的花生用來製造花生醬。製法如下：清淨過的花生以焙炒機烘焙，於135和163℃下分別加熱12分鐘。烘焙可使蛋白質變性而增加消化性，並產生香味。然後磨粉和以風選機去除外皮，添加食鹽以擂潰機充分擂潰，再添加糖、乳化劑及氫化植物油，藉以調味、防止油脂分層和控制產品稠度。經充分捏合後充填於容器中。

花生（仁）罐頭亦是花生加工中重要的一種產品，常以易開罐方式包裝，方便食用。其製程如圖9.18。

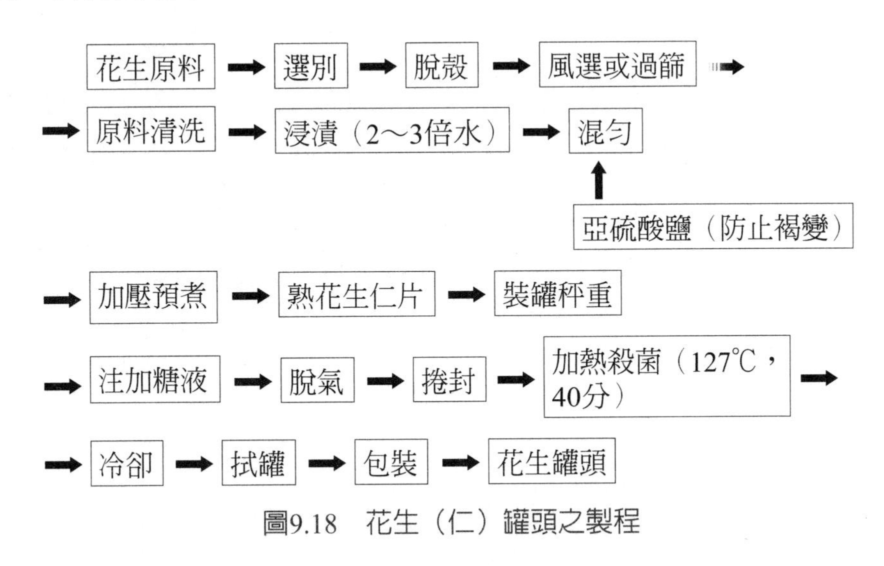

圖9.18　花生（仁）罐頭之製程

三、綠豆（mung bean）

綠豆（*Vigna radiata*）主要產地在東南亞地區，以泰國和印度產量最多。綠豆約含有23%蛋白質、1.1%脂肪和57%醣類。綠豆蛋白質缺乏甲硫胺酸。綠豆可直接烹調成綠豆湯和綠豆稀飯供食用，將它去皮後蒸煮可製成綠豆沙、綠豆餡，應用於糕餅、麵包、飲料和冰品。綠豆沙之製程如圖9.19。

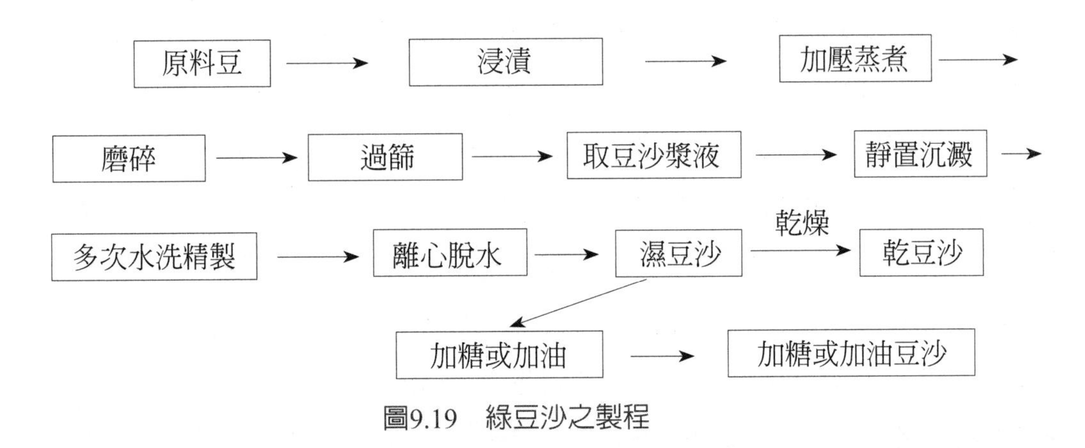

圖9.19　綠豆沙之製程

如將綠豆中之澱粉抽出，可用來製造冬粉。冬粉之製造係先取少量（約十分之一）綠豆澱粉，加熱水使它糊化。之後加入其他大部分的生綠豆澱粉，混合攪拌，並調整其流動性。然後於擠壓機中擠成細條狀，此細條隨即掉入沸水中而糊化爲熟的澱粉條。接著以冷水進行冷卻並掛在竹竿上滴乾，再移入－10℃冷凍庫中冷凍24小時。然後取出解凍，再進行乾燥和包裝（圖9.20）。一般綠豆製成的冬粉可久煮不爛，故比較適合於火鍋上使用，但其價格貴。對於炒冬粉或冬粉湯反而不便，因此多採用馬鈴薯、甘藷和豌豆等澱粉製造冬粉。

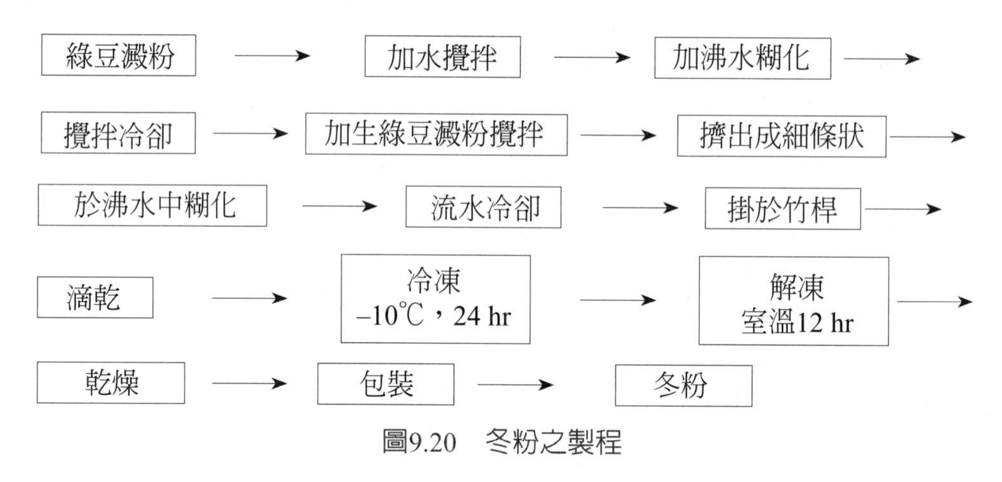

圖9.20 冬粉之製程

四、紅豆（adzuki bean）

紅豆（*Vigna angularis*）主要產地在東南亞地區，以泰國和印度產量最多。臺灣紅豆以屏東爲主要產地，高雄次之。紅豆約含有22%蛋白質、57%醣類和0.6%脂質。

紅豆可直接烹調成紅豆湯食用，加工上可製成罐頭、飲料和冰品或去皮後蒸煮製成紅豆沙、紅豆餡，應用於糕餅和麵包。紅豆沙的製程類似於前述的綠豆沙，原料豆需爲整粒狀態下加熱後進行磨碎，如此外層的蛋白質包覆澱粉顆粒，可避免糊化澱粉溶出。若紅豆先磨碎再蒸煮，則變爲糊狀而不像豆沙。此外紅豆可製成羊羹。其製造方法是將洋菜煮溶後過濾，加入砂糖和紅豆沙，經煉合及加熱濃縮，放置冷卻成凝固態成品。

第三節 薯類加工

常見的薯類有馬鈴薯、甘藷、樹薯、芋頭、山藥和蒟蒻。薯類富含澱粉，是人類的主食之一，其一般成分如表9.4。

表9.4 薯類之一般成分分析（g/100 g）

食物名稱	水分	粗蛋白	粗脂肪	醣類	粗纖維
甘藷	69.2	1.0	0.3	28.6	0.6
馬鈴薯	77.5	2.0	0.1	19.4	0.6
芋頭	68.9	2.5	1.1	26.4	0.8
蒟蒻	95.0	0.1	0.1	4.6	0.2
樹薯	70.0	1.4	0.3	25.0	1.8
山藥	70.0	2.1	0.1	27.0	0.5

一、馬鈴薯（potato）

馬鈴薯（*Solanum tuberosum*）亦稱洋芋，爲世界僅次於小麥、稻米、玉米的第四大糧食作物。在歐洲許多地方常以馬鈴薯爲主食。馬鈴薯的幼芽含有茄鹼，經水解後會成馬鈴薯鹼，故馬鈴薯儲存時應避免發芽（變綠）。馬鈴薯原料適宜的貯存條件爲陰暗、通風、溫度在4～10℃。除烤、蒸或煮熟馬鈴薯後直接食用之外，亦可加工製成薯條、洋芋片、馬鈴薯泥，或製成馬鈴薯澱粉和釀酒（如伏特加）。

洋芋片（potato chip）和炸薯條（French-fried potato）的製程是將預處理的馬鈴薯清洗後、削皮、切片或切條、油炸、調味、包裝而成。亦可將馬鈴薯原料重新整形轉變成所需特定的形狀（如片狀、條狀）後再進行乾燥、冷凍或油炸等加工。馬鈴薯原料需在20～24℃預處理（pretreatment），其目的是減少還原糖含量，因馬鈴薯在低溫貯存（尤其是小於4℃），其組織中的澱粉會分解成簡單糖類。若馬鈴薯的還原糖含量多，則在油炸過程中容易產生梅納反應導致褐變，並且形成較多的致癌物——丙烯醯胺（acrylamide）。

二、甘藷（sweet potato）

甘藷（*Ipomoea batatas*）俗稱番薯和地瓜，其地下塊根和嫩葉皆可食用，爲臺灣重要的食物來源。雲林是主要產地，彰化次之。最常見的兩種食用甘藷品種爲台農57號與台農66號，前者肉色呈黃色，後者呈橙紅色，其顏色主要是來自類胡蘿蔔素。芋仔番薯是紫心甘藷，其塊根外皮有紅皮及白皮兩種顏色，而肉質顏色爲鮮豔的紫色到淡紫色。甘藷澱粉含量占乾重的63～86%，含有大量的寡糖，因此食用後容易脹氣。同時含有胰蛋白酶抑制劑，故需加熱後才可食用。

甘藷和馬鈴薯在組織受損、磨碎或切斷後皆會引起酵素性褐變，因此在乾燥或冷凍加工之前通常會殺菁處理。甘藷可烹調（蒸、烤或煮）後直接食用，亦可類似馬鈴薯加工製成甘藷條和炸甘藷片。此外甘藷可製成甘藷籤和粉（圖9.21）、粉圓，或分離純化製成甘藷澱粉後再利用。

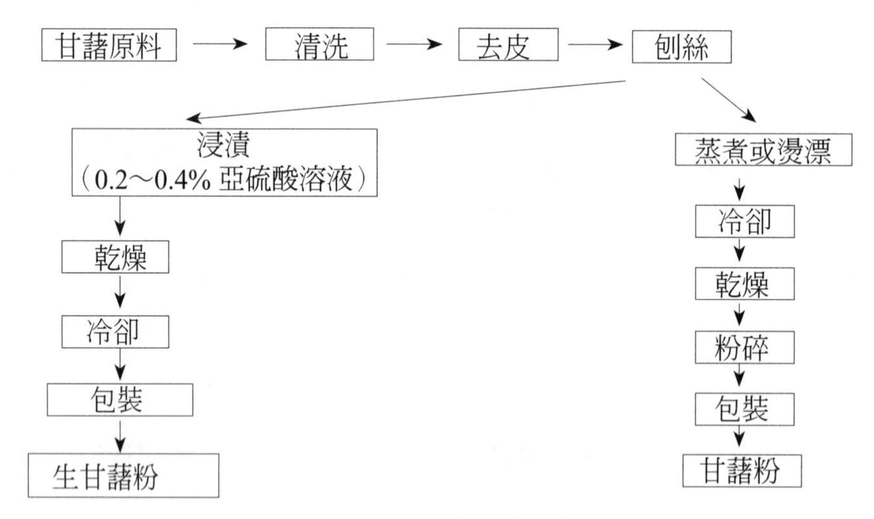

圖9.21　甘藷簽和粉之製程

三、樹薯（cassava）

樹薯別名木薯、臭薯、葛薯，可在貧脊的土壤生長，是熱帶地區人民的主食。樹薯產量以奈及利亞最多，而泰國、越南和印尼是樹薯的主要出口國。樹薯不可生食，因含有會釋出氰酸的亞麻苦苷（linamarin），而甜樹薯（*Manihot palmata*）的氰酸含量（<50 mg/kg）低於苦樹薯（*Manihot aipi*）的氰酸含量（約250 mg/kg）。將甜樹薯煮熟或去除氰酸後則可食用。苦樹薯的澱粉含量高，經加工處理將其澱粉分離出來可製得樹薯澱粉，是市售太白粉的材料。

四、芋頭（taro）

芋頭（*Colocasia esculenta*）是臺灣重要的薯類作物，其食用部位爲塊根。臺中、苗栗和屏東是前三大產地。本省最常見的品種爲檳榔心芋，外觀呈紡錘型，表皮呈棕褐色，內部呈白色且有紫紅色紋路。此紫紅色是花青素所貢獻，在芋頭加工後可提供特殊的顏色。芋頭外皮含草酸鈣，人皮膚接觸時會癢，因此削皮時宜戴手套或帶皮水煮後再削皮。

澱粉是芋頭的主要成分，約占乾重的70～80%，且支鏈澱粉較直鏈澱粉高5倍，故烹煮糊化後之黏稠度高。芋頭澱粉顆粒非常細，約1～5 μm，是已知根莖類澱粉中顆粒最小者。芋頭可直接烹煮後食用，亦可加工製成芋頭糕、芋頭酥、芋頭冰、芋圓、芋泥等產品。芋頭糕是一種中式米食，類似蘿蔔糕，其製程如圖9.22。

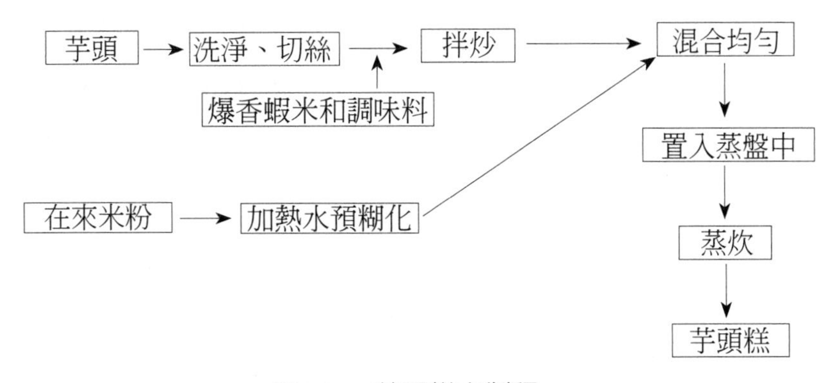

圖9.22　芋頭糕之製程

五、山藥（yam）

山藥（*Dioscorea spp.*）又名薯蕷、淮山、山芋、山薯，爲薯蕷科多年生藤本植物。山藥品種很多，食用的部位是其塊根，外型有塊狀和長條狀。塊根表皮的顏色從暗棕色至淡粉紅色，而內部組織的顏色有白、黃和紫紅色。奈及利亞是山藥最大生產國。我國山藥原產於中國淮河附近，故稱淮山，現普遍分布在日本、韓國、臺灣以及大陸。山藥是中藥材和保健食品，中醫認爲山藥具有補脾益腎、養肺、止瀉、斂汗之功效。貯存溫度以14～16℃最佳。

山藥的澱粉含量是乾重的84～88%，並含有豐富的黏質物，其組成分爲水溶性多醣類與蛋白質。山藥中的薯蕷皀苷（diosgenin）爲植化素的一種，具有雌激素活性。山藥除了可以用烤、煮、炸和燉等方式食用外，亦可加工製成山藥粉。山藥粉的製程爲清洗、去皮、浸漬、切片、殺菁、乾燥、磨碎、過篩等。由於山藥含有多酚氧化酶會引起酵素性褐變，因此在去皮或切片時需用醋酸或亞硫酸溶液浸漬以防止褐變反應發生。山藥粉可用來製造山藥麵條、即溶山藥粉和山藥芝麻糊等產品。

六、蒟蒻（konjac，elephant foot）

蒟蒻（*Amorphophallus konjac C. Koch*）別名鬼芋、魔芋，產量以中國大陸和日本爲多。一般蒟蒻粉的製法是將蒟蒻塊莖洗淨去皮，切成片狀（約5公分），以日曬或熱風乾燥方式乾燥，再將之粉碎，粉碎時利用風力選別方式將澱粉除去，最後產品即爲蒟蒻粉。天然蒟蒻的主要成分是聚葡甘露糖，它由葡萄糖與甘露糖以β-1,4鍵結，並含有少許乙醯基。在鹼性（添加氫氧化鈣）下加熱，乙醯基被去除，而使聚葡甘露糖分子間形成氫鍵，產生穩定的凝膠結構。此凝膠爲熱不可逆性。蒟蒻凝膠不產生熱量，是水溶性膳食纖維良好的食物來源。蒟蒻凝膠或蒟蒻凍可製備成不同的形狀，如蒟蒻絲、蒟蒻丁、板蒟蒻、蒟蒻小卷，爲受歡迎的素食產品或作成零食的原料。

第四節 澱粉加工

一、澱粉的結構與性質

澱粉（starch）爲植物經光合作用將能量儲存的主要型式。純澱粉是無味、無臭的白色粉末，不溶於冷水和乙醇溶劑。澱粉是一種多醣，由許多葡萄糖分子以糖苷鍵聚合而成的半結晶物質。依結構可分爲直鏈澱粉（amylose）和支鏈澱粉（amylopectin）。直鏈澱粉由葡萄糖分子以 α–1,4糖苷鍵連接成直鏈狀，只有少數的短支鏈存在。支鏈澱粉有α–1,4和α–1,6二種糖苷鍵，約每20～25個葡萄糖會有一個分枝。支鏈澱粉的分子非常龐大，約由1200個葡萄糖分子所組成。

在顯微鏡下觀察不同植物來源的澱粉，顆粒大小和形狀不同。例如馬鈴薯澱粉顆粒大而圓，但是稻米澱粉是小而呈角狀。米澱粉是所有穀類澱粉中最小者。表9.5列出常見穀類和薯類澱粉的特性。一般穀類及薯類澱粉中直鏈澱粉含量爲20～30%，但有些糯性澱粉，例如糯玉米澱粉（waxy corn starch），幾乎不含任何的直鏈澱粉。相反地，現在已有許多高直鏈澱粉的品系被育種開發出來，例如高直鏈澱粉玉米（amylomaize），爲玉米的變種，它含有50%以上的直鏈澱粉。由於育種和生物技術的進步，現今穀類和薯類中之澱粉組成和特性已大幅度改變。因此澱粉的特性應以直鏈澱粉和支鏈澱粉含量或比例的影響可能比用品種來說明會更佳。如直鏈澱粉含量高者，其膨脹度高、易形成比較不透明的強膠體，而支鏈澱粉含量高者，膨脹度低、易形成比較透明的弱膠體。

澱粉在水中加熱會產生糊化（gelatinization）。糊化主要現象是澱粉顆粒吸水膨脹，打斷澱粉分子間的氫鍵而破壞排列整齊的結晶區域，於是澱粉逐漸失去偏光十字性和增加黏度。使澱粉發生糊化所需之溫度稱爲糊化溫度。澱粉的糊化溫度是一個範圍，與澱粉種類、來源、水分含量、添加物和測定方法有關。糊化的澱粉比較透明、易溶於水和易被澱粉酶水解。在適當的澱粉濃度下，大多數糊

表9.5 穀類和薯類澱粉之特性

	小麥	稻米	玉米	糯玉米	甘藷	樹薯	馬鈴薯
形狀	球狀或扁豆狀	角狀	多角形	多角形	橢圓形	半球形	橢圓形
粒徑（μm）	10～35	2～12	2～30	7～25	10～40	10～25	15～80
水分（%）	13～15	13～14	13～14	13～15	16～19	13～15	18～20
直鏈澱粉（%）	28	18	25	＜1	20	18	22
糊化溫度（℃）	62～83	70～80	65～76	67～78	65～73	59～70	56～65
黏度	低 安定	低 安定	低 不安定	低 安定	中 安定	中 不安定	高 不安定
膨潤力（95℃）	低	低	低	中	中	中	高
回凝速率	高	高	高	非常低	低	低	中–低
糊和膠之澄清度	霧狀	不透明	不透明	澄清	澄清	澄清	非常澄清

化澱粉經冷卻後形成一個三度空間的立體結構，將水包埋在其中而失去流動性，即形成凝膠（gel），此現象稱爲凝膠作用（gelation）。碗粿、年糕和粉圓皆是澱粉的凝膠食品。

在低溫下，糊化澱粉或澱粉凝膠的組織會逐漸變堅硬，即發生回凝作用（retrogradation）。回凝作用主要是直鏈及支鏈澱粉間的氫鍵逐漸增加，使凝膠的組織愈來愈緊密，而形成有組織的結晶化構造，於是組織變硬，如麵包和冷藏米飯放久會變硬。有些回凝是可逆反應，如將已回凝的澱粉再加熱，則可打斷澱粉分子間氫鍵而使組織再度軟化。

澱粉在食品加工上被廣泛利用，如作爲增稠劑、安定劑、凝膠劑、增積劑等，它們亦可用來製造糖（如葡萄糖、麥芽糖、高果糖糖漿等）、發酵產品（如酒精、醋等）。除了食品工業外，澱粉亦使用在造紙、瓦楞紙的黏著劑和紡織品、化妝品、清潔劑、生物可分解膜等。

二、澱粉的製造

穀類和薯類富含澱粉，因此可製造許多不同種類的澱粉。在考量原料供應和成本因素下，當今產量高的澱粉是玉米、馬鈴薯和樹薯澱粉。欲將澱粉從這些植物組織中分離出來會使用物理和化學的方法，包括清洗、粉碎、過篩、沉澱、離心、乾燥和化學藥劑的處理。通常穀類澱粉與蛋白質結合緊密，因此進行澱粉抽取時往往需用化學藥劑以破壞其組織和化學鍵結，使澱粉游離出來，再進行澱粉分離。而薯類的澱粉是以游離態存在，故可不使用化學藥劑，而以物理方法分離。

1. 穀類澱粉

小麥澱粉亦稱作澄粉，Martin方法常被用來製造小麥澱粉和活性麵筋。小麥澱粉的製造是以小麥麵粉爲原料，加水形成麵糰後在水中揉洗，即洗筋，可分離白色沉澱物（小麥澱粉）和濕麵筋。此沉澱物再經水洗、沉澱、離心、脫水和乾燥即可製成小麥澱粉（圖9.23）。在製造澱粉時之乾燥是一重要工程，一般是使用急驟乾燥機（flash dryer）或氣流式乾燥機，將分離且去除水的澱粉粕（水分含量小於40%）快速的乾燥。需注意的是，在澱粉乾燥過程中應避免發生糊化作用。此方法所製得之小麥澱粉含有約0.3%蛋白質和10～12%水分。小麥澱粉比地下根莖類澱粉耐熱和安定。在美國，小麥澱粉主要用在造紙工業作爲黏著劑。在食品工業，它可用來製造烘焙食品、火腿、香腸、水產煉製品等。

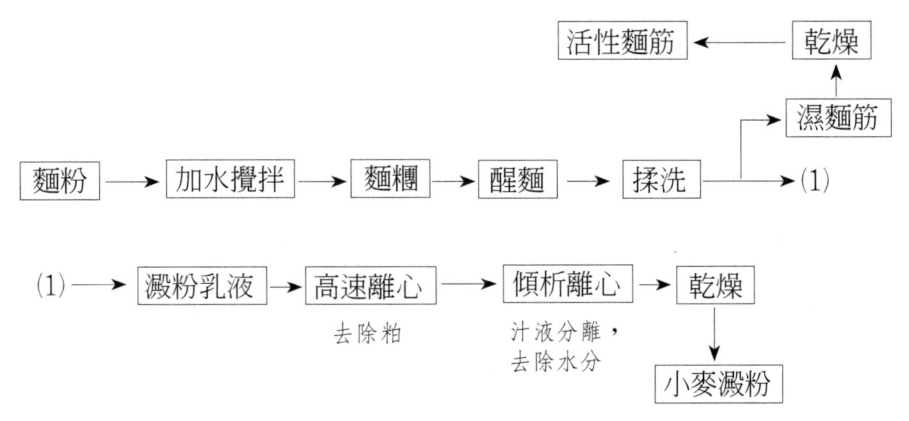

圖9.23 小麥澱粉的製程

玉米澱粉的製程如圖9.11，而米澱粉的製造需先使用鹼液（0.15%氫氧化鈉）浸漬，其他步驟類似玉米澱粉的製程。在臺灣稻米的價格比小麥和玉米高很多，因此用稻米來製造米澱粉的數量較少。

2. 薯類澱粉

樹薯含有亞麻苦苷，在銼磨樹薯時經由酵素作用會釋出氰酸，並溶於清洗水中排掉而去除毒性。樹薯澱粉的製程如圖9.24。在過篩和離心分離操作時，所用清洗樹薯澱粉的水需含有0.05%二氧化硫以控制微生物的生長。圓錐形旋轉過篩澱粉萃取器可讓澱粉、小分子可溶性物質和水通過，但是大分子的纖維無法通過。使用連續式離心澱粉分離機以離心方式將殘留的細纖維和可溶性物質由上層去除，而保留在下層的澱粉漿。在製造樹薯澱粉的最後階段——乾燥，是採用氣流式乾燥機。乾燥條件是在約150℃下進行短時間，此階段樹薯澱粉不會發生糊化。所製得樹薯澱粉的水分含量約爲12～14%，灰分小於0.15%，而纖維小於0.2%。

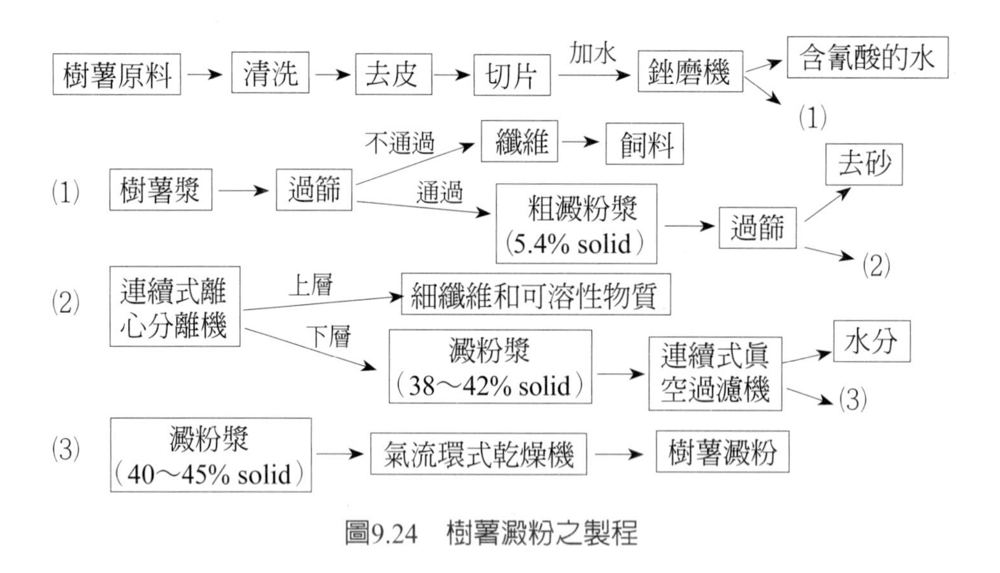

圖9.24　樹薯澱粉之製程

馬鈴薯的澱粉含量占乾重的65～80%（一般約75%）。利用澱粉不溶於冷水以及密度和顆粒尺寸不同於其他組成分的特性，可將馬鈴薯澱粉分離與純化。馬鈴薯澱粉的製程如圖9.25。由於馬鈴薯含多酚氧化酶，因此在粗磨階段所用的水需添加二氧化硫以抑制酵素活性和防止澱粉變色。過篩通常是使用不同孔徑

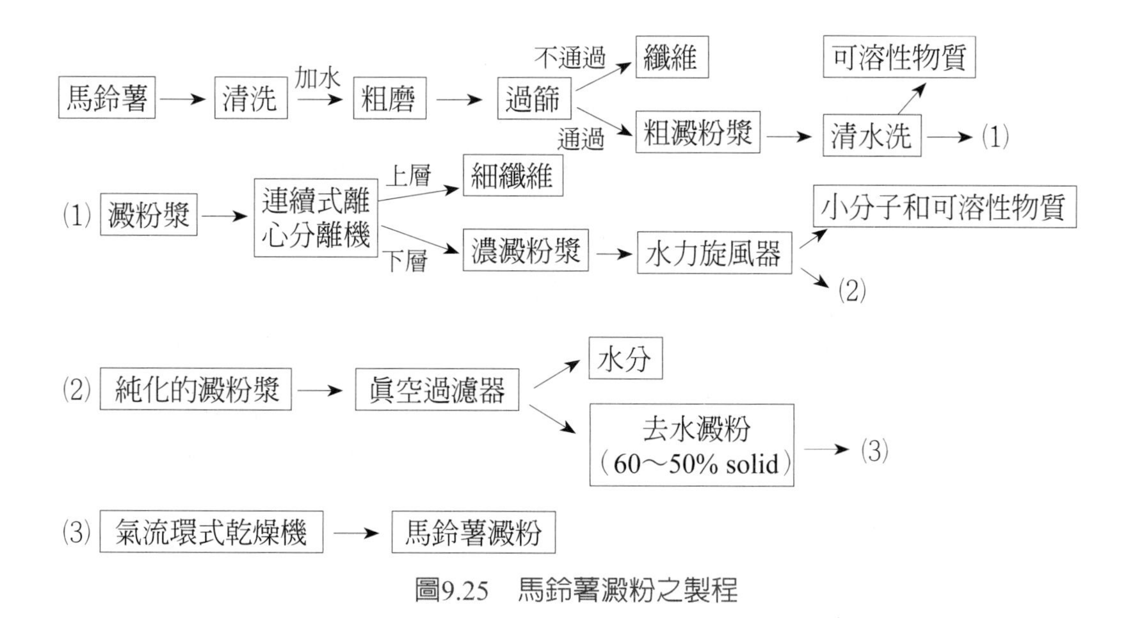

圖9.25 馬鈴薯澱粉之製程

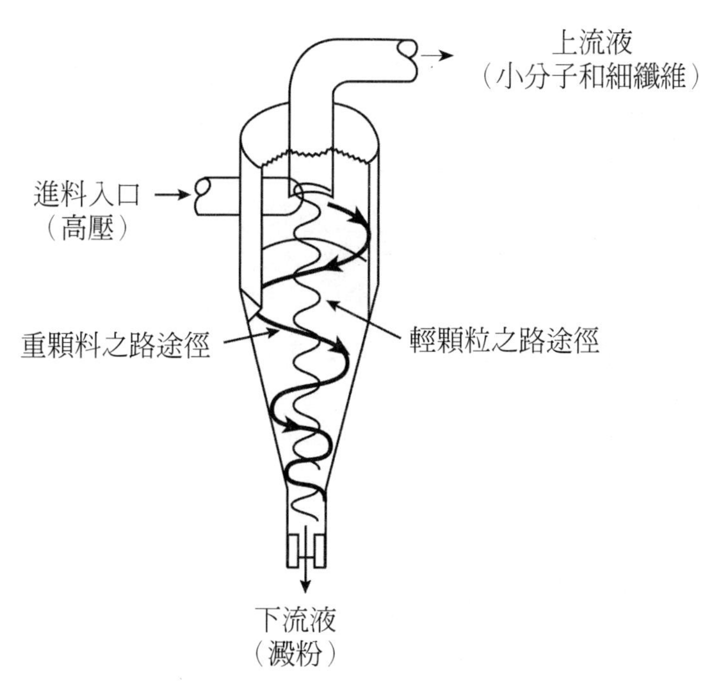

圖9.26 水力旋風器之示意圖

（80～120和120～150 mesh）的迴轉篩將纖維去除。類似樹薯澱粉的製造，使用連續式離心澱粉分離機用離心方式將殘留的細纖維和可溶性物質由上層去除，而澱粉漿由下層流出。此外使用水力旋風器（hydrocyclone），它是一個結實的圓錐形容器（圖9.26），可將小分子和水溶性物質由頂端送出，而純化的澱粉漿液從底部流出，進一步達成分離雜質的目的。最後階段是採用氣流式乾燥機，將已去除多餘水分的濕馬鈴薯澱粉進行乾燥。乾燥條件是在約160℃下進行短時間。最終所製得馬鈴薯澱粉的水分含量約爲17～18%、灰分0.35%。馬鈴薯澱粉的特徵是糊化時黏稠度高，如進一步加熱和攪拌則黏度下降、結合力佳，形成柔韌的澱粉膜。馬鈴薯澱粉可作爲太白粉，而預糊化馬鈴薯澱粉可用來製造速食布丁。

甘藷澱粉含量高（占乾重的63～86%），可用來製造甘藷澱粉。甘藷澱粉可用類似馬鈴薯澱粉的方式製造，亦可利用比較傳統的沉澱法（圖9.27）來分離甘藷澱粉與其他的成分，如纖維、蛋白質和小分子糖等。甘藷亦含有多酚氧化酶，因此在使用齒輪磨碎機粗磨時所用的水可添加二氧化硫以抑制酵素活性來防止褐變。過篩通常是使用不同孔徑的金屬迴轉篩將纖維去除。利用比重不同的沉澱法進行澱粉的分離與純化會比較耗時，需10小時至2天方能達成。在臺灣甘藷澱粉的應用廣泛，如用來製造粉圓、粉粿、粉條、芋圓、肉圓、肉羹、蚵仔煎、豆花以及裹漿食品（香雞排和鹽酥雞）等。

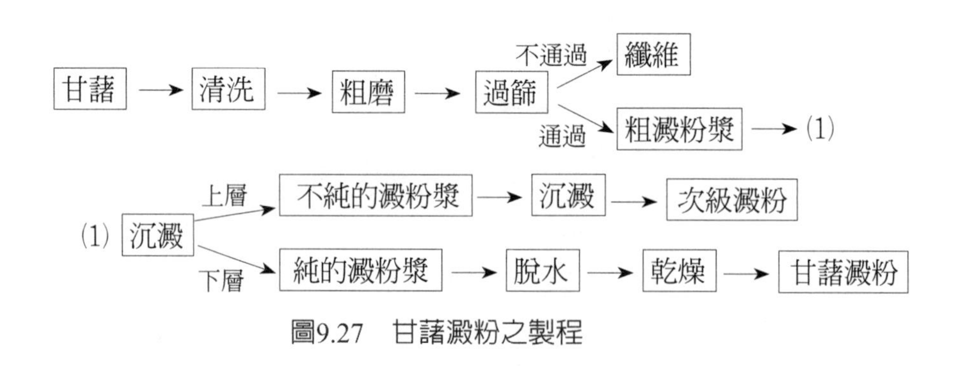

圖9.27 甘藷澱粉之製程

珍珠奶茶是非常受歡迎的飲品，其中粉圓是以甘藷澱粉爲原料，用含焦糖色素的水濕潤顆粒表面，經多次的搓篩，使顆粒逐漸增加至所需之尺寸，最後再將它乾燥即可製得粉圓。

3. 修飾澱粉（modified starch）

修飾澱粉亦稱改質澱粉，係利用物理、化學及酵素法處理，在澱粉分子上加入新的官能基或改變澱粉分子大小和澱粉顆粒性質，賦予新特性的澱粉。澱粉修飾的目的是改變澱粉的特性，包括糊化溫度、黏度、冷凍解凍循環的穩定性、凝膠性、成膜性、透明性、消化性等，以使澱粉產品的性狀較易維持，並提高產品的黏稠性、凝膠性、黏合性或穩定性。修飾澱粉的種類很多，表9.6列出一些常見修飾澱粉的製備方式、特性以及在食品工業上的用途。

預糊化澱粉（pregelatinized starch）的製造類似預糊化米，將澱粉添加適量水加熱進行糊化，再以轉筒或噴霧乾燥所得之產品。預糊化澱粉易分散在冷水中形成安定的黏稠液體，使用時不需再加熱，故被廣泛的應用於即食食品。

酸修飾澱粉（acid-modified starch）亦是一種在商業上常用的修飾澱粉。它是將澱粉在糊化溫度以下（25～55℃）用稀酸處理一段時間（6～24小時），使支鏈澱粉部分水解至所需的黏度。所得之水解混合物，用鹼中和，經過濾（或離心）、水洗、乾燥等步驟即可製得。酸修飾澱粉具有低黏性，故亦稱為稀沸澱粉（thin boiling starch）。

表9.6 修飾澱粉之製備方式、特性與用途

修飾澱粉	製備方式	特性或優點	用途
預糊化澱粉	加熱	冷水可溶	即食食品、披覆、派餡
酸修飾澱粉或稀沸澱粉	酸	熱糊黏度低、糊化溫度上升	膠質糖果
氧化澱粉	次氯酸鈉	澄清度增加、不易回凝	肉汁醬等之增稠劑、軟性膠體產品
羥烷基醚澱粉	環氧乙烷、環氧丙烷	澄清度增加、不易回凝、安定性增加、糊化溫度降低	沙拉醬、派餡
酯化澱粉	醋酸酐	澄清度增加、不易回凝、安定性增加、糊化溫度降低	即食食品、冷凍食品
單酯磷酸澱粉	磷酸和焦磷酸鹽	糊化溫度降低、易溶於冷水、黏度和澄清度增加、不易回凝、耐冷凍–解凍循環	冷凍食品、嬰兒配方食品
交鏈澱粉或雙酯磷酸澱粉	三氯一氧化磷或磷醯氯	對熱、pH和冷凍–解凍循環之安定性增加	罐頭和冷凍食品

氧化澱粉（oxidized starch）是另一種降低澱粉黏度性質的方法。它是用氯酸鈉或次氯酸鈉來氧化澱粉，此處理可降低直鏈澱粉的結合傾向而抑制澱粉回凝。氧化澱粉常使用在醬汁中作爲增稠劑與要求中性黏度、軟性膠體的產品。

安定化澱粉包括羥烷基醚澱粉和酯化澱粉。羥烷基醚澱粉是在50℃下使澱粉與環氧乙烷或環氧丙烷反應而產生羥乙基醚澱粉或羥丙基醚澱粉。醚澱粉具有高澄清度、不易回凝和良好的安定性，故常使用在沙拉醬和派餡作爲增稠劑。酯化澱粉是澱粉與醋酸酐反應而產生乙醯基化澱粉（starch acetate）。澱粉酯化後，澄清度增加、不易回凝且安定性增加，常使用於即食食品和冷凍食品。

單酯磷酸澱粉（starch phosphate monoester）是以乾澱粉混合磷酸、焦磷酸或多磷酸的鹽類，經加熱處理而製得。典型的反應條件是50～60℃下加熱 1 小時。單酯磷酸澱粉的糊化溫度低，具有易溶於冷水、黏度和澄清度高、不易回凝和耐冷凍——解凍循環之特性。此特性與天然馬鈴薯澱粉類似。單酯磷酸澱粉常使用於冷藏和冷凍食品、嬰兒配方食品。

交鏈澱粉（cross-linked starch）或雙酯磷酸澱粉（starch phosphate diester）是將澱粉懸浮液與磷醯氯反應，或將乾澱粉與偏磷酸鹽作用，或澱粉糊與2%偏磷酸鹽於pH 10～11反應 1 小時。交鏈澱粉對熱和pH的安定性佳，亦具有抗凝膠性、抗回凝和抗離水性。在水中加熱，交鏈澱粉膨潤性受限而且澱粉糊不透明。交鏈澱粉常使用在罐頭和冷凍食品、沙拉醬以及水果派充填物。

參考文獻

汪復進、李上發。2011。食品加工學。新文京開發有限公司，新北市。

林淑瑗等人。2009。食品加工學。華格那出版社，臺中。

施明智。2009。食物學原理。藝軒圖書出版社，臺北。

徐華強、黃登訓、顧德材。1980。蛋糕與西點。臺灣區麵麥食品推廣委員會，美國小麥協會印行。

盧榮錦。1986。麵粉之品質與分析方法。美國小麥協會，中華麵麥食品研究所。

蕭思玉。2004。原物料成分對麵條品質之影響。食品資訊203(10):67。

賴滋漢、金安兒。1991。食品加工學製品篇。精華出版社，臺中。

羅梨霞。1985。玉米糖漿的製造及用途。食品工業17(2):35。

Hoseney, R.C. 1994. Principles of cereal science and technology. 2nd, ed., AACC, St. Paul. MN.

Luh, B.S. 1991. Rice. 2nd. ed. Chapman and Hall, New York.

Potter, N.N. and Hotchkiss, J.H. 1995. Food Science. 5th, Chapman and Hall, New York.

Stauffer, C.E. 1990. Functional additives for bakery foods. Chapman and Hall, New York.

Wang, K. et al. 2017. Recent developments in gluten-free bread baking approaches. Food Science and Technology 37 (Suppl. 1): 1-9.

Whistler, R.L.,Bemiller, J.N. and Paschall, E.F. 1984. Starch: Chemistry and Technology. Academic Press, Inc., USA.

第十章
畜產品加工

第一節　肉品與禽畜產品加工

第二節　乳品加工

第三節　蛋品加工

第一節　肉品與禽畜產品加工

一、概論

肉類（meats）乃指陸上動物的可食部分，廣義上指肌肉組織、結締組織、脂肪組織、皮、血液等；狹義上則指肌肉組織。除肌肉外，亦包括內臟。其富含蛋白質，且具均衡的胺基酸（完全蛋白質），是良好的蛋白質供給源。

二、肉的結構

1. 肉的形態

肌肉的形態有三種：骨骼肌、平滑肌與心肌。骨骼肌爲常食用者。

骨骼肌亦稱「橫紋肌」或「隨意肌」，是以肌腱固定在骨骼上，用來影響骨骼移動或維持姿勢等動作者。主要作用爲進行收縮，以產生各種不同的動作。也是主要肉食用之處。因其可受意識之控制，故稱隨意肌。骨骼肌由長形圓柱狀肌肉細胞所構成，於顯微鏡下觀察，呈現明顯之明暗相間橫紋，故稱爲橫紋肌。

骨骼肌是由數以千計，具有收縮能力的肌纖維所組成，並且由結締組織（connective tissue）覆蓋和接合在一起。多條肌纖維組合構成一個肌束（muscle bundle或fasciculus），並由一層稱爲肌束膜（perimysium）的結締組織所覆蓋和維繫。每條肌肉可以由不同數量的肌束所組成，它們的基本組成單位是肌小節（sacromere），由肌小節規則排列成束狀；再由一層稱爲肌外膜（epimysium）的結締組織所覆蓋和維繫。這些結締組織最後聯合起來，並連接到肌肉兩端由緻密結締組織構成的肌腱，再由肌腱把肌肉間接地連接到骨骼上。豬肉的肌纖維比牛肉細，幼齡動物比老齡動物細，雌性比雄性細。如公雞的肌纖維比小雞粗5～6倍。同一動物不同部位，也會由於肌肉的活動程度不同，肌纖維粗細也不同。活動愈少，肌纖維愈細。

2. 結締組織

結締組織（一般稱筋）包括固有結締組織（疏鬆結締組織、緻密結締組織、網狀組織、脂肪組織）、軟骨和骨組織。主要是膠原蛋白（collagen）、彈性蛋白（elastin）及網狀纖維蛋白（reticulin）所組成，含量多時肉質較硬，食用價值較低。膠原蛋白含有多量的脯胺酸（proline）及13%羥脯胺酸（hydroxyproline），爲其他蛋白源所缺少。因此只要定量羥脯胺酸的量，可預測肉品中膠原蛋白的含量。60℃以上加熱時會分解成可溶性的動物膠，此時膠原蛋白分子間的鍵結會被打斷，形成單股分子即爲明膠（gelatin），俗稱吉利丁。這些明膠在冷卻後，分子間又再度凝結形成凝膠（gel），這種現象在肉湯中常發現。彈性蛋白對熱安定性強，不會像膠原蛋白變成可溶性。

三、肉的死後變化

1. 死後僵直、解僵與熟成

動物經屠宰後，會逐漸進入死後僵直，經過一段時間後有解僵現象，此時開始自體消化，並逐漸熟成，也逐漸腐敗。

(1)死後僵直

剛屠宰的肉質地柔軟，之後逐漸硬化，硬化會持續一段時間，此現象稱死後僵直（rigor mortis）。死後僵直發生的原因有二：一爲死後肝醣降解所產生之乳酸讓肌肉pH值下降，新鮮肉呈微鹼或微酸性，死後pH會降至5.6～5.8，逐漸達肌肉蛋白質之等電點（pI＝pH 5.5），而產生凝聚僵直化；另一則爲ATP及ADP之降解造成肌動凝蛋白由鬆解狀態逐漸形成鈣架橋之肌動凝蛋白僵直化複合體。

僵直作用會造成肌纖維收縮、保水力下降，導致肉質變硬及喪失多汁性，也會令其乳化及凝膠能力下降。以肉質而言即爲嫩度降低。死後僵直之開始及維持時間受到動物種類和屠宰時的狀態而異。小動物僵直較早發生，而且持續時間也較短。如禽肉爲6～12小時，豬爲6～20小時，牛馬爲12～24小時。

⑵解僵與熟成

死後僵直經一段時間後，肉質逐漸軟化，稱爲解僵（off rigor）。解僵是由肉中酵素進行自消化作用（autolysis）所造成，此現象稱肉的熟成（aging），可賦予肉的風味和柔軟性。解僵時間依動物、肌肉種類及貯藏溫度而異。在2～4℃下，雞肉解僵要2天，豬肉或馬肉要3～5天，而牛肉要7～8天。肉類於高溫下自消化及細菌生長迅速，因此易產生腐敗，所以需貯藏於低溫下進行熟成。

肉經熟成後，性質與風味會與未經熟成者相差甚多。表10.1爲熟成與未熟成肉之比較。熟成的肉較易消化，且因pH較低，故有抑菌作用。同時，肉體表面在熟成過程中，會有一層皮膜產生，可防止微生物侵入肉中。

熟成在供作烹調的生肉很重要，但加工用原料由於需要保持肉的黏結性，所以要使用新鮮肉，不可經過熟成。在熟成過後，肌肉所含之酵素仍繼續進行，使蛋白質分解產物增加，更由於胺基態氮等可溶性氮增加，而使肉的pH值再上升至pH 6附近，而形成細菌繁殖之良好條件。同時自分解作用所產生的胜肽成爲細菌之良好營養源，而更加強分解作用，最後易生成脂肪酸類、胺類、氨、硫化氫、吲哚（indol）等腐敗成分，而造成肉之腐敗。

表10.1　熟成與未熟成肉烹調後之比較

	熟成	未熟成
1. 煮熟的肉	柔軟多汁，有肉的特殊風味	堅硬、乾燥、缺乏肉的特殊風味
2. 肉湯	透明，具有肉湯特有的風味	混濁，無肉所特有的風味

資料來源：馬等，2003

2. 異常肉品

異常肉有暗乾肉（DFD）、水樣肉（PSE）、軟脂豬肉等。

⑴暗乾肉

動物在屠宰後，其肌肉的pH值有明顯降低的趨勢。一般活組織pH值爲7.0～7.2。在屠宰之後，肝醣逐漸分解成乳酸堆積，因此造成pH值的降低，同時亦有ATP的產生。一般若肝醣量正常時，則pH值會降低到pH 5.0～5.5左右，此爲極限

pH，因再低則醣解酵素無法作用，便不再產酸。在正常的pH 5.0～5.5時，肉中細菌被抑制，保存性佳，肉色亦好。若是在屠宰前屠體過分驚嚇、運動或飢餓時，則肝醣量會迅速降低，使在屠宰後肝醣分解所生的酸比正常少，造成pH值較高。若pH值偏高，則使肉色改變，如牛肉顏色可由紅綜色變成紫黑色，同時質地亦會變硬，此種肉謂之暗乾肉（DFD），即dark（暗紅）、firm（硬）及dry（乾）之意。其特性為pH值較高（約在pH 6.0附近），因此較易受細菌汙染。DFD 肉主要由於動物屠前長期承受各種緊迫（禁食、追趕、運輸、打架、掙扎和興奮等），動物為維持體內生理代謝平衡，而分泌出腎上腺素，致肝醣磷酸分解，使肌肉組織中的肝醣消耗殆盡。

⑵水樣肉

pH值降低太快亦不行。例如在溫度較高的季節屠宰，由於pH值降低，而肉溫未能及時降低，於是豬肉急速僵直，保水性遽降。此時肉中磷酸鹽快速耗盡，醣解作用加速，導致大量乳酸堆積使pH值急速下降，造成僵直發生快（因ATP量急降）、鹽溶性蛋白質變性與保水性下降。此時肉的外觀顯現出淡白（pale），質地軟（soft），液汁易流失（exudative），俗稱水樣肉（PSE pork）。

解決異常肉方法為防止屠宰前過多的驚嚇，並迅速降低肉溫。另外遺傳因素也會造成水樣肉，如豬的緊迫敏感綜合症候群（porcine stress syndrome, PSS）是豬隻受外界環境緊迫而導致猝死的一種症狀，帶有緊迫基因之豬容易發生水樣肉。因此農委會已開始輔導篩選不具此基因之種豬，以降低農業損失。

⑶軟脂豬肉

軟脂豬肉為豬肉脂肪層較軟，而造成豬肉之品質較差。主因為飼料影響，如大量以魚粉飼養豬隻時，脂肪內不飽和脂肪酸較多，便易形成軟脂豬肉。

四、肉的化學特性

肉類的組成依動物、種類、年齡、性別及部位之不同而異，即使同一隻動物，其組成也會因身體各部位而有所不同。

1. 水分

水分爲肉中含量最多的成分，約含有72～80%水分。肉愈肥含水量愈少，而年老動物水量較少。在肌肉中水與蛋白質呈凝膠狀態存在，水結合程度愈高，則保水性愈佳，產品就愈柔嫩多汁。

2. 蛋白質

肌肉之固體組成約有80%爲蛋白質。蛋白質爲肉類提供之主要營養素之一，多數肉類爲完全蛋白質。肉類呈紅色是由於含有肌紅蛋白（myoglobin）與血紅蛋白（hemoglobin），兩者均爲水溶性蛋白。

蛋白質爲構成瘦肉與結締組織之主要物質。由於瘦肉多之肉品較受消費者喜愛，因此畜牧業者便使用瘦肉精以增加瘦肉之比例。瘦肉精屬於乙型受體促進劑，爲一種類交感神經興奮劑，有類似腎上腺素和正腎上腺素的結構，他們對骨骼肌和脂肪組織的生長和代謝有顯著的影響。其作用主要是增進蛋白質合成速率，以致增大肌肉與增加肌肉中蛋白質含量，而減少熱量被用於脂肪組織的增生。並具有提高飼料換肉率之功能。世界衛生組織之每日可接受攝取量（ADI）爲每人每日每公斤1微克。其中常用之萊卡多巴胺少量食用時，人體可代謝並排出體外，爲一種毒性低、具代謝性且無累積性之動物用藥。

3. 脂肪

動物的脂肪主要分布於皮下及臟器周圍，而組織脂肪則分布在肌肉中，但年老動物肌肉中脂肪甚少。肌肉內脂肪位於肌束膜（皮下）附近，其量及分布對於造成「大理石狀」肉（marbled meat）（霜降肉）很重要。

豬脂比牛脂、羊脂含較多的不飽和脂肪酸，因此相同溫度下豬脂較軟，但也比較容易氧化。常見動物脂肪之熔點爲雞脂30～32℃、馬脂30～43℃、豬脂33～46℃、牛脂40～50℃、羊脂44～55℃。因豬肉的熔點接近人體溫，所以豬肉製品（如火腿、培根）適合冷食，而牛肉則不適合冷食。

脂肪顏色會隨動物種類、品種與飼料中色素而異。如豬與山羊脂爲白色，其他禽畜脂肪多帶有黃色，年幼動物脂肪顏色較年老者稍淺。

當脂肪含量多時，肉的嫩度會增加，因其稀釋肌纖維及結締組織的量，使入口後咀嚼力減少；同時，脂肪亦有潤滑作用，可降低肉與牙齒間之摩擦力。另外，油脂多時，肉較易熟，縮短烹煮時間亦爲原因之一。

脂肪在改善肉的適口性與味道亦有重要作用，如香腸作業中肉餡之脂肪比例會影響其口感。一般認爲最可口之脂肪比例爲35%，低於20%則口感較差。

五、肉的物理特性

肉的物理特性包括顏色、保水力、脂肪乳化力及加熱後之凝膠作用。

1. 顏色

(1) 顏色變化

肉中因爲存有肌紅蛋白（myoglobin），故會顯現紅色。肌紅蛋白愈多，則顏色愈深。肌紅蛋白爲一種結合蛋白，由鐵與紫質構成的原血紅素及球蛋白結合而構成的。

肌紅蛋白含量依動物之種屬、年齡、性別、肌肉之部位和生理活動力有所不同，因此造成肉色的差異。一般幼小動物肉色較淡，成熟後肉色變深；牛肉顏色比豬肉深，馬肉又比牛肉深；不同部位的肉色也有所不同，如常運動則顏色較深，如雞胸肉較淡，而雞腿較紅，而經常性運動部位的肌肉如橫隔膜則要比運動量少的背脊肉含較高的肌紅蛋白。未去勢公畜的肉中之肌紅蛋白量要較同齡的母畜或去勢公畜爲多。因此從仔牛肉（veal）的紅色程度即可看出年齡成熟度。

常見禽畜肉的顏色如下：牛肉呈赤褐色；豬肉、兔肉呈淡紅色；馬肉呈赤褐色至暗紅色；羊肉呈暗紅色；雞胸肉呈白色、腿肉爲紅色；鴨肉呈暗紅色。

肉的色澤與含於肌紅蛋白分子內的鐵原子之化學狀態有極密切的關聯（圖10.1）。一般具還原態鐵（二價鐵Fe^{2+}）的肌紅蛋白可和水分子結合而成紫紅色（如剛切割的鮮肉色澤）或和氧結合而呈常見於暴露空氣之鮮肉切面的鮮紅色（氧合肌紅蛋白，oxymyoglobin）。若過度氧化呈氧化態鐵（三價鐵Fe^{3+}）的肌紅蛋白（變性肌紅蛋白，metmyoglobin），則無法與其他分子（包括氧分子）結合，而成一種常在不新鮮肉暴露面所看到的褐色。因此，保存肌紅蛋白爲還原態鐵離子以使其具與空氣中氧分子結合的能力，乃是確保肉品良好鮮紅色澤的關鍵。

一般屠宰後，組織中的氧迅速被用掉，所以肌紅蛋白的鐵離子以還原態存在而成暗紫紅或暗紅色澤。

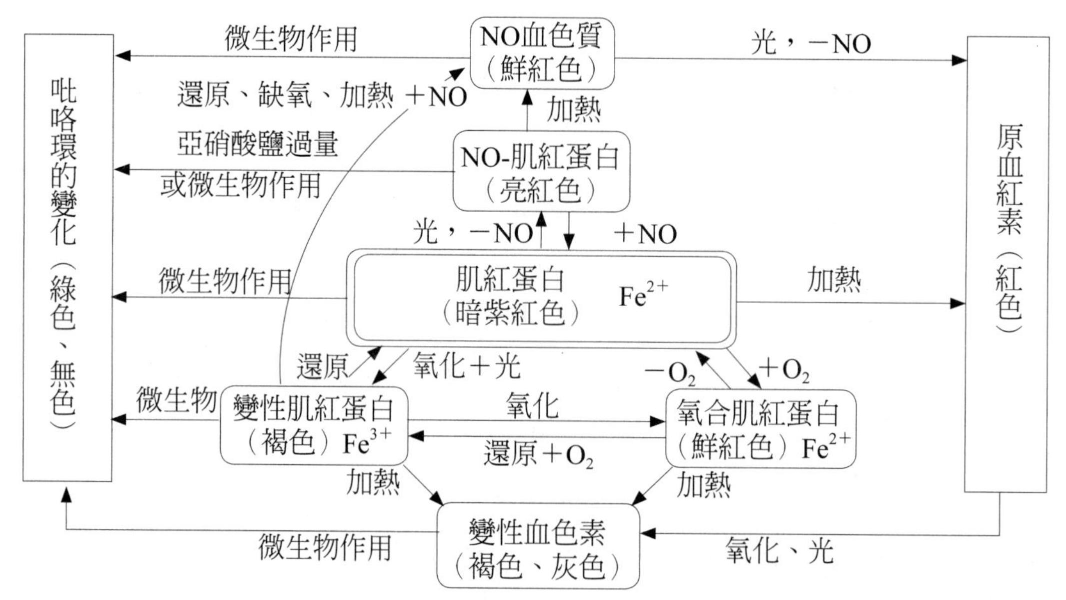

圖10.1　肉的顏色與肉中肌紅蛋白之變化

⑵ 影響顏色變化因素

① 溫度

溫度是使鮮肉保有正常色澤之重要因素之一。空氣中的氧在與肌紅蛋白結合前，必先溶於肉面上之水中，而水之溶氧量會隨溫度上升而降低。因此，保持低溫乃是使肉保有鮮紅色的關鍵之一。通常溫度低、濕度大，保持鮮紅色時間就長。若同溫度條件下，空氣流動快，則會促使肉表面乾燥，使其氧化褐變。凍結反會使肉色變褐，因凍結後肉中還原酵素失去活性，加上肉汁滲出，促進氧化。

同時，肉中微生物的生長與耗氧酵素的活性可因低溫而被抑制，因此可延緩變性肌紅蛋白的形成，因而可延長保鮮期。

② 含氧量

將鮮肉置於空氣中，其含還原態鐵（Fe^{2+}）的肌紅蛋白會與空氣中的氧結合成相當穩定的氧合肌紅蛋白而呈鮮紅色。這種紅潤化（bloom）現象會在新鮮肉品暴露於空氣後約30～45分鐘內顯現，且在冷藏狀況下可維持三天。此即是當肉品包裝內之含氧量達到與空氣對等氧量（60～100mm）時，鮮肉會呈現鮮紅色之故。反之，在低含氧量（氧分壓4mm）時，如在半眞空或半透氣性的包裝，變性肌紅蛋白（氧化態鐵Fe^{3+}）會加速形成並達最大量，該肉將呈不新鮮的褐色。此即超市保鮮盒包裝冷藏肉中，盒底面的肉常呈褐色之故。在完全無氧的狀況下（如眞空包裝），肉的肌紅蛋白仍以還原態存在而呈紫紅色。還原態的肌紅蛋白不同於氧化態肌紅蛋白，前者具有與氧結合的能力，當再暴露於空氣時能呈鮮紅色。因此鮮肉之包裝（尤其是零售之分裝）應留意其包裝材料之透氧性。

③ 酸度（pH值）

酸度對鮮肉色澤的影響可從其對肌肉之保水性和氧化態肌紅蛋白之形成兩方面來探討。正常鮮肉之酸度在pH 5.6左右，略呈酸性。但在某些特異的生理或遺傳情形下，鮮肉之酸度會高於或低於其正常的pH值。高pH值（6.0上）由於肌肉纖維保水性增加，造成肌肉組織之緊密，而使光之反射受阻，該肉的色澤因此變的暗紅無光彩而形成暗乾肉（DFD）。此種高pH值鮮肉也易受微生物的侵襲而產生能與肌紅蛋白結合呈綠色色素的硫化氫（H_2S）。這類的綠色斑紋偶而會在微生物嚴重汙染之眞空不透氣的包裝中發現。低pH值（5.5以下）的鮮肉則與高pH值鮮肉相異，其肉之保水性差而肉呈淡灰紅色，較不易受到微生物的威脅。此種現象常於豬肉發現而少見於牛肉。其低pH值的特性易引起氧化態肌紅蛋白形成，而致色澤的改變。

④ 光線

由光線所引發的鮮肉色澤之變異，對鮮肉的包裝及販售往往構成相當的困擾。在一般的光照下，可見光譜對鮮肉色澤改變的影響較慢，要有明顯的變化至少需三天以上。而紫外線的威脅則較明顯，肌紅蛋白極易受其破壞而呈褐色。此種由於光照所引發的色澤變異即使在冷凍的溫度下也難以避免，因此，長時間貯藏的鮮肉包裝應注意防止光線的照射。

⑤ 鹽

鹽及其他金屬存在時，亦可能使肉的表面變色。形成變性肌紅蛋白後，就容易進一步的氧化，而形成棕色、綠色，甚至失去色澤。反之，肉中有脂肪包覆時，肉色變化會較小。

⑥ 一氧化碳

新鮮仍處於紅色的肉如果用一氧化碳處理，肌紅蛋白或血紅蛋白中之亞鐵離子（Fe^{2+}）會與一氧化碳結合而一直維持兩價鐵的狀態，其結合能力是氧氣的200～250倍。此時即使肉已開始變質，但肉色會一直維持鮮紅的色澤。因爲顏色不會改變，使消費者無法判斷肉的品質，因此，目前包括歐盟及我國皆禁止使用一氧化碳來處理生鮮水產品，而美國則是有條件的使用。

⑦ 加工食品色澤的異常

貢丸產品貯存期間表面色澤會逐漸灰褐變，此與空氣接觸有關，主因加熱產生變性肌紅蛋白及脫水之故。此種變化與溫度、光線、空氣等有關，因此，冷卻後的貢丸應加以包裝，隔光冷藏或冷凍，如此較不易褐變。

另一種色澤的異常爲加熱過貢丸產品切開呈現粉紅色，外觀似未煮熟或與添加亞硝酸鹽的現象相同。其原因與原料肉的pH值有關，原料肉pH值高於6.2以上時，肌紅蛋白中球蛋白與原血紅素不易分離，乃結合在一起保護著，因此加熱時不易變性（不會呈現灰褐色或蒼白的色澤）而仍維持粉紅色，似未熟一般，但再繼續加熱即失去粉紅色。此與炒牛肉加$NaHCO_3$具相同的效果。$NaHCO_3$使肉的pH值升高，因此加熱時可仍維持粉紅色的外觀。

2. 保水力（water holding capacity）

肉經過貯存，加熱等加工處理，肉組織保留水分之能力稱爲保水力。保水性與肉的嫩度、多汁性與加熱時汁液滲出等有關。保水性就是肌肉蛋白形成網狀結構，其單位空間與物理狀態可捕捉水分的能力。當蛋白質網狀結構愈鬆弛，則愈有充足的空間來保留水分。則保水性愈大。理論上每100 g肉可固定70～80 g水分（即將原有肉中水分完全捉住）。但肉在不同狀態下，其保水性會有所變化。

肌肉的pH值接近等電點（pH 5.2）時，保水性最差。如果pH值遠離等電點，蛋白質的正、負電荷增加，使蛋白質分子間距離增加，結合水分子的能力增加，肌肉的保水性也就增加。添加食鹽、磷酸鹽，會改變肌肉蛋白質的pH值，增加肌肉蛋白質的負電荷，而增加肌肉的保水力。

動物屠宰後，因死後僵直，肌肉保水力降低。經過死後僵直後，因酵素熟成作用，保水力會逐漸提升，但也較易腐敗，需注意保存溫度。

3. 脂肪乳化能力（emulsification）

肌肉蛋白質分散及穩定脂肪球於水溶液中的能力稱爲乳化力。肌肉蛋白質所含之胺基酸，可分爲疏水性（hydrophobic）及親水性（hydrophilic）兩大類。肌肉乳化時，蛋白質的疏水基與脂肪球結合，親水基與水分子結合，蛋白質形成一層薄膜包覆在脂肪球表面（連續相），脂肪球（不連續相）則懸浮及分散在肉漿中，不會聚集在一起；若肌肉蛋白質的乳化力差或加工操作不當，脂肪球就會聚集，形成油水分離現象。

肉漿乳化能力隨溫度升高而快速降低；牛肉乳化溫度不可超過20℃，豬肉不可超過15～17℃，禽肉不可超過12～13℃，乳化過程需全程控溫。

4. 凝膠性（gelation）

肌肉蛋白質受熱變性凝固（熱不可逆），形成一種三度空間的網狀構造；這種網狀結構可保留水分子及固定脂肪球的能力，謂之凝膠作用。肌肉蛋白質的凝膠能力與肌凝蛋白有密切關係：在30～50℃時，肌凝蛋白的頭部開始產生分子間的凝集現象，此凝集現象與其頭部的硫氫基氧化有關。其後，在 50℃以上時，肌凝蛋白之尾部螺旋構造會解開，再以疏水性鍵結在一起形成凝膠。

六、各種肉類與特性

牛肉一般呈赤褐色（乃血紅蛋白存在所致），組織較硬且具有彈性，以3～5歲肉質最佳。高級的牛肉，在其肌肉組織間有脂肪存在，俗稱「霜降肉」。脂肪顏色以白色的較硬。未滿一歲的仔牛肉（出生後10週左右）呈現淡紅色，水分較多而脂肪較少，肉質較軟，主要來源爲乳用公牛的仔牛。

豬肉一般爲淡紅色，有的依部位不同而呈灰紅色，肌肉纖維較細，且肉質較軟，與其他肉類比較時，脂肪積蓄較多。腿部及腰脊部肉質最佳，頭部及腳部之肉質較差。豬肉的味道完全受飼料所左右，飼以大麥、麩、豆餅、脫脂乳、玉米者佳，而飼以魚屑、肉粉、醬油粕者較差。

綿羊肉呈淡紅色，老肉呈暗紅色，纖維比牛肉細但比較硬，脂肪有特殊臭味。山羊肉與綿羊肉相類似，但脂肪含量較少，有山羊特有臭氣。

家禽的纖維細、纖維間不夾雜脂肪，脂肪多積聚於腹腔和皮下。其中雞肉的肌肉纖維較細，胸部肌肉爲白色，而腿肉呈紅色，脂肪爲黃色而較軟。而鴨肉一般呈暗紅色，其肌肉內肌紅蛋白含量較雞肉多，肌纖維較雞肉粗。

七、新鮮肉加工

1. 屠宰、分割過程

一般新鮮肉品經外觀檢驗、屠宰分割後，直接販賣者爲溫體肉；若經低溫加工，則成爲冷藏肉品或冷凍肉品。原料肉的處理過程如圖10.2。供製原料肉之毛豬，應於主管機關認可之屠宰場屠宰，並經屠宰衛生檢查合格。分割後的屠體由於醣解作用，屠體溫度會升高，因此容易腐敗，所以必須將屠體急速冷卻。首先於1小時內進行預冷，而後屠體的冷藏一般在0～3℃冷藏室至少24小時，濕度保持於88～92%，使後腿中心溫度達到7℃以下。接著進行分割，豬肉分割之方式如圖10.3。冷藏只適用於短期貯藏，長期貯藏則需凍結。一般冷凍產品爲將肉分割包裝後，急速凍結至－26℃，且使豬肉中心溫度在－18℃以下，然後貯存於－18℃下。

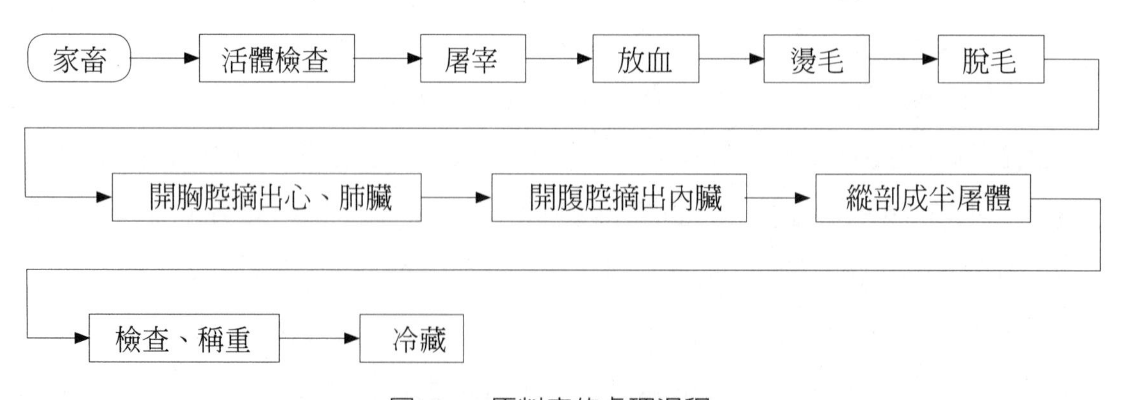

圖10.2 原料肉的處理過程

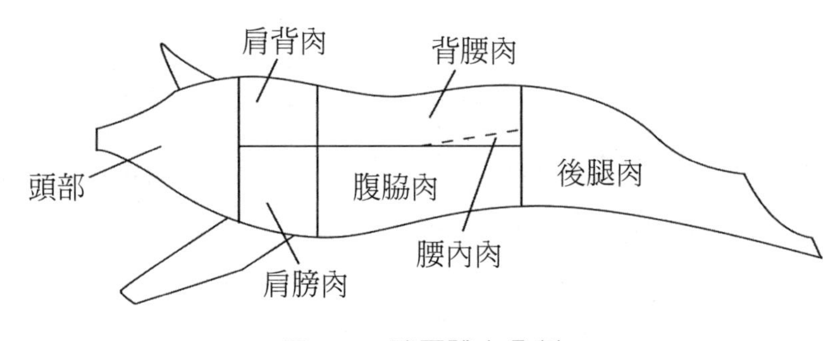

圖10.3　豬屠體之分割

冷藏與冷凍禽肉屠體應於30分鐘內進行預冷，腿部中心溫度應在4小時內達到7℃。

2. 溫體肉與冷凍、冷藏肉之區別

現在屠宰都使用電宰處理，但屠宰後未經低溫保存而直接販售者，稱爲溫體肉。由於分割與販售環境無冷卻設備，此種豬肉在衛生上較缺乏保障。而冷凍、冷藏肉所有肉品均分類切割好立即低溫儲存，且儲存與運送過程中，皆處於低溫，可確保鮮度。豬肉低溫處理可保持肉之鮮度與品質，同時可增進肉之嫩化作用，而且低溫凍結有助殺滅寄生蟲。民眾之所以偏好溫體豬肉，主要理由是溫體肉的肉質好。冷凍肉由於保存過程中，肉組織中的水分會結成冰晶，破壞肉的組織。導致解凍後的肉品質變差。又如製作肉鬆、肉乾、貢丸的食品廠，爲了維持其產品的口感，也會使用溫體肉。冷凍肉、冷藏肉與溫體肉的比較如表10.2。三者間之差異爲：冷凍與冷藏肉的脂肪受低溫凝結影響，色澤沒有溫體肉的光亮與鮮紅。由於冷凍肉解凍後有一定的肉汁流失的情形，在風味上會輸給冷藏肉，且不管何種解凍方法，都無法與尚未冷凍前相比。

3. 熟成方式

臺灣大部分牛肉爲進口，故多經過熟成。牛肉經熟成後，嫩度（tenderness）、風味和多汁性更佳。牛肉熟成的方式有兩種：乾式（dry）和濕式（wet）。兩者最主要的不同是在其有無包裝的保護。

表10.2　冷凍肉、冷藏肉與溫體肉的比較

	冷凍肉	冷藏肉	溫體肉
保存溫度	－18℃以下	7℃以下	23～26℃
保存期限	3～6個月	2～14日	1～2日
口感	冷凍過程產生冰晶，肉組織遭到破壞，因此較硬、缺乏彈性。且因冷凍停止熟成作用，使得肉品吃起來不會香甜。	冷藏過程不會產生冰晶，且由於溫度低降低有害菌種的生長，使肉品有較長的熟成期，因此口感多汁、香甜鮮美。	無冰晶產生但熟成作用不佳（常溫下腐敗速度快）雖然肉質頗佳，但香甜度不如冷藏。
屠畜作業環境與機械之管理	屠宰場爲常溫，分切室爲16℃以下，屠體應於1小時內進行預冷，後腿中心溫度應在24小時內達到7℃以下。機器與現場之清洗與消毒大多符合衛生標準。整體之安全性較佳。	屠宰場爲常溫，分切室爲16℃以下，屠體應於1小時內進行預冷，後腿中心溫度應在24小時內達到7℃以下。機器與現場之清洗與消毒大多符合衛生標準。整體之安全性較佳。	屠宰及分切作業都在常溫下進行。
外觀與規格	1.帶皮產品較少。2.呈暗紅色。3.較乾燥。	1.分帶皮及不帶皮。2.鮮紅色帶光澤，無滲出液。	1.大部分爲帶皮。2.呈淺紅至暗紅色。3.外表出現黏液狀滲出液（因肉溫高，微生物繁殖及屠體細胞自體溶解之速度較快所致）。

(1)乾式熟成

乾式熟成（dry aging）是指將牛屠體或大分切肉塊不加任何包裝置於恆溫、恆濕控制的冷藏熟成室中，利用牛肉本身的天然酵素及外在的微生物作用來進行熟成。冷藏熟成室的溫度約在0℃左右，濕度控制在50～85%間，熟成所需的時間約20～45天。乾式熟成期間，外層的肉與表皮油脂因水分喪失風乾變硬，形成如金華火腿一般的硬殼，有助於鎖住內部的水分，因此內部仍維持著鮮肉般的質

地。內部的水分因纖維組織的崩解更易滲透融入肌肉組織當中，因此熟成過的牛肉會比未熟成的牛肉更多汁、更香甜。

乾式熟成過程中，水分被風乾後，會造成肉塊重量的減少。如在0℃中熟成14天，會損失將近18%的重量。同時，牛肉經過乾式熟成後，表層因風乾變硬無法食用，必須經過清修之後才能烹調，故可烹調的牛肉在修清後可能僅剩下原有的七成至八成左右。這也是乾式熟成牛肉貴的原因。

⑵濕式熟成

眞空包裝的冷藏牛肉是屬濕式熟成（wet aging），可利用運銷的期間讓肉在包裝內進行熟成。典型的眞空包裝牛肉呈深紅或暗紫色。此乃因肉呈缺氧狀態所致。當破壞眞空環境後，約15～30分鐘即紅潤化（bloom）爲鮮櫻桃紅色。當暴露於氧氣中數天後，肉會轉變成棕褐色。正常的新鮮牛肉具輕淡的牛肉香味。眞空包裝的牛肉會有一種帶酸或輕微不快的氣味，此乃由於在缺氧時某些厭氧性乳酸菌生長產生的代謝產物。此類乳酸菌通常在眞空狀況生長一段時間後，受其所產出之代謝物所抑制。在正常情形下，這種氣味會在暴露於氧氣約15分鐘後消失。牛肉在眞空包裝袋內進行的濕式熟成，保鮮期約可維持75～90天。

濕式熟成的優點是當牛肉進行熟成時，眞空包裝膜取代了在乾式熟成過程中因風乾而變硬的硬殼。如此一來，不僅降低了熟成的成本，同時也可避免因乾式熟成處理不當而產生的損失。一般所買到的牛肉多屬此類。

八、肉的醃漬與顏色變化

除鹽外，同時加入保色劑、香辛料、砂糖、調味料等進行肉的加工過程稱作醃漬（curing）。肉的醃漬若只使用鹽則需20～25%，但食鹽若當作調味料則只需2～3%，過多則過鹹，所以只用鹽來進行肉的貯藏並不適當，通常會加入保色劑或其他香辛料以保鮮。新鮮肉呈紫紅色，但加熱、長時間放置會變爲褐色，爲使肉能維持新鮮肉色所以使用保色劑（color fixative）。常用之保色劑爲硝酸鹽或亞硝酸鹽（單獨或混合使用）。硝酸鹽或亞硝酸鹽除了固定肉色外，最重要的是防止肉毒桿菌中毒，但硝酸鹽及亞硝酸鹽生成的亞硝酸會與二級胺反應產生致癌性的亞硝胺，因此法規規定添加量不得超過70 ppm。

1. 醃漬時顏色變化

醃漬時肌紅蛋白的變化見圖10.1。醃漬肉的顏色是由亞硝酸鹽來的一氧化氮（NO）與肌紅蛋白作用，而形成不穩定的紅色色素——氧化氮肌紅蛋白（nitric oxide myoglobin）。當醃漬肉加熱時，便形成具有變性球蛋白而更穩定的粉紅色色素——氧化氮血色質（nitrosyl hemochrome）。這色素便是一些醃漬肉類如火腿、臘肉、醃牛肉所表現出的顏色。

2. 醃漬方法

常見之醃漬方法包括乾醃法（dry curing）、濕醃法（pickle curing）、乳化醃法（emulsion curing）、注射法、真空鹽漬法等。(1) 乾醃法為將食鹽、發色劑等添加物、調味料塗布在肉片表面，在3～4℃下進行醃漬。其醃漬速率視溫度、時間而定，但溫度不能太高，廣泛用於各種肉製品。(2) 濕醃法又稱鹽液醃法（brine soaking），係將肉品浸漬在醃漬液中（約20%食鹽），於2～3℃下進行醃漬。肉塊醃漬時需定時翻面，以使醃漬液滲透均勻。醃漬液可重複使用。醃漬時需注意殺菌、鹽度調整之問題，此法可應用在火腿類、醃牛肉、肩肉、舌頭等醃漬。(3) 乳化醃法為將原料肉以細切機（silent cutter）細切後，添加少量的醃漬液，充分煉合成乳化狀態，成為煉合肉（meat emulsion）。再將原料在2～3℃冷藏一天左右（熱狗除外）。可用在法蘭克福香腸、維也納香腸等乳化香腸類的醃漬。(4) 注射法為將醃漬液藉由注射針筒注入肉中縮短醃漬時間。常用在火腿及臘肉的醃漬。(5) 真空鹽漬法係採用醃漬液注射醃漬的肉塊，再利用特殊真空包裝，經冷藏來進行醃漬，可用在火腿的醃漬。

九、肉加工品

由於肉品保存不易，且加工後食用方便，因此中西方產生許多肉加工品。其中中式肉製品包括火腿、香腸、臘肉、肉鬆、肉酥、肉條、肉角、肉片、貢丸等。西式肉製品有乾香腸、煮香腸、發酵香腸（半乾式香腸）、火腿、培根（醃肉）等。另外罐頭亦爲常見之肉加工品（圖10.4）。

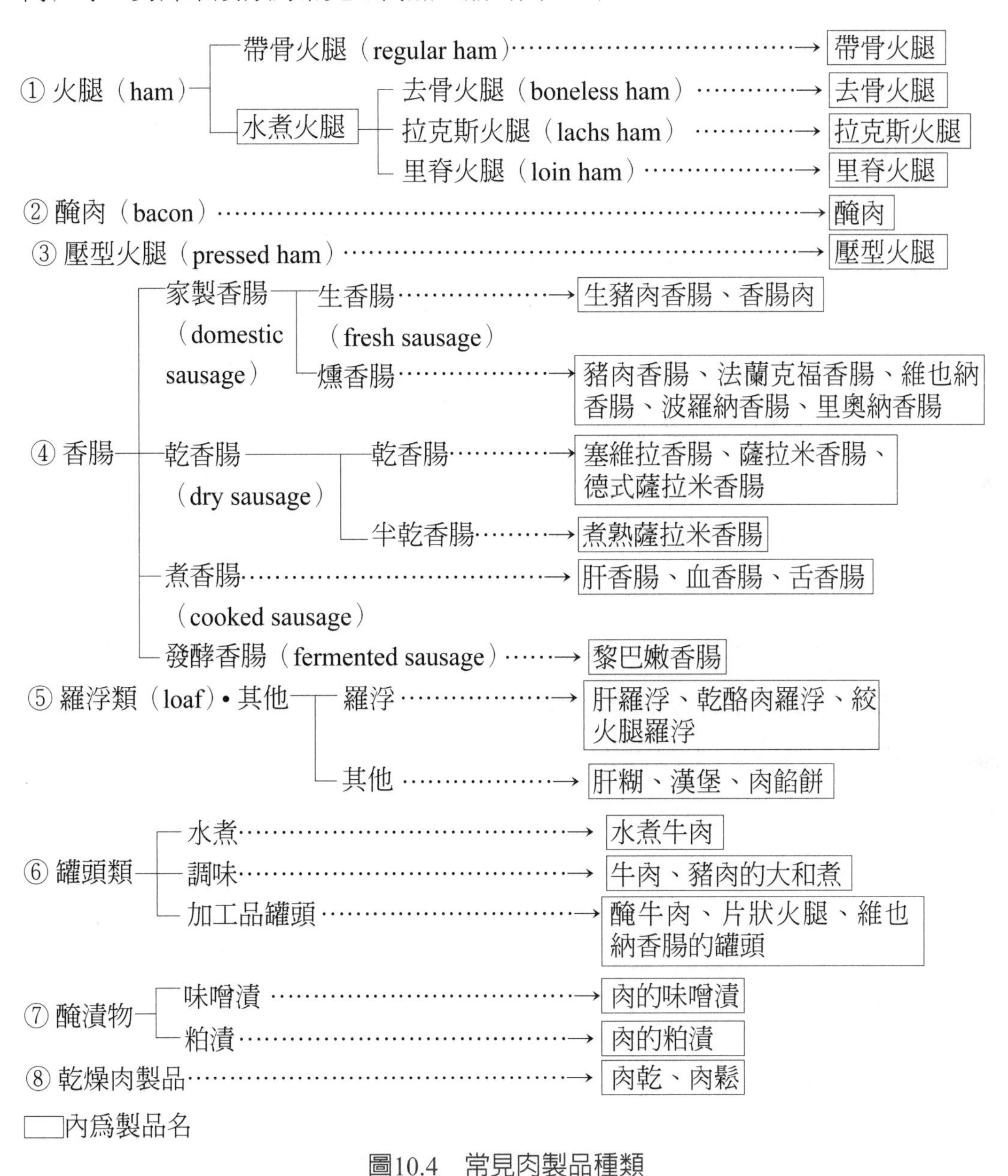

圖10.4　常見肉製品種類

根據農委會「CAS優良農產品證明標章（肉品類）品質規格及標示規定」，其中所列之肉品加工品包括：冷藏與冷凍豬肉、冷藏與冷凍禽肉、中式香腸、臘肉／培根、西式火腿、西式香腸類（完全乳化型香腸與含肉顆粒乳化型香腸）、肉酥、肉絨、肉乾、禽肉火腿、禽肉乳化型香腸、裹粉裹麵肉品、中式乳化型肉品、調理肉製品等。

1. 中式香腸（Chinese style sausage）

以畜、禽肉或畜禽肉混合肉爲原料，經過絞碎、醃漬、充填、燻煙或不燻煙、乾燥或不乾燥等操作過程而製成者，稱爲香腸（sausage）。亦即裝塡於腸衣的肉製品，又稱臘腸，但有些認爲臘腸是指風乾時間較久者。根據中國國家標準，香腸分爲台式、中式、廣式、廣式肝腸、義大利香腸等。根據水分多寡則分爲濕式、乾式與半乾式。乾式香腸指乾燥至成品重爲原料重60%以下；半乾式指乾燥至成品重爲原料重61～80%。以形態分爲生鮮、熟煮、未熟煮、發酵、混合式等。生鮮香腸包括早餐香腸；熟煮香腸包括熱狗、法蘭克福香腸、維也納香腸、啤酒香腸等；未熟煮香腸包括台式、中式、廣式、義大利香腸等，又區分爲乾式與半乾式香腸；發酵香腸主要爲沙西米香腸。

製作中式香腸主要將碎肉與肥肉混合後，加入8～12%蔗糖、1～2%食鹽醃漬。原料肉之瘦、肥肉比約爲 8：2 或 7：3。最重要爲必須加入硝石（含亞硝酸鹽或硝酸鹽）以保色並防止肉毒桿菌生長，其用量不可超過70 ppm。混合時要注意肉的品溫需維持在20℃以下，因品溫超過8℃時結著性會隨溫度上升而下降，接著灌入腸衣中即可。腸衣應採用健康牲畜腸管製成之清潔、無破損可食性天然腸衣或可食性人造腸衣。

2. 西式香腸

包括完全乳化型香腸（emulsion type sausage）、含肉顆粒乳化型香腸（emulsion type sausage with particle）兩類。完全乳化型香腸係以原料肉添加調味料、香辛料，經細碎成漿後抽眞空，充塡、燻煙（或不燻煙）、煮熟（中心溫度達72℃以上），並經冷卻、剝腸衣、包裝等操作過程而製成。如法蘭克福香腸、熱狗等。含肉顆粒乳化型香腸製程類似，不同處在肉細碎成漿後再混合具顆粒之原料肉。

(1) 肉的處理

原料肉選擇新鮮肉，並加以修整、分切，爲降低微生物的快速增殖，除需要低溫處理外，作業亦要迅速。細切混合時應避免肉溫上升與肉汁溶出，而造成風味的流失。

西式香腸與中式香腸最大之不同爲前者經過乳化過程。西式香腸的乳化主要是由瘦肉、脂肪及碎冰，經過細切混合後所形成。所以細切初期，首先需將鹽溶性蛋白抽出，以增加結著性；因此瘦肉、食鹽及磷酸鹽需先加入。但這樣細切時，會因鹽溶性蛋白的被抽出，而產生黏液，也會造成肉溫的上升，故必須加入碎冰，使肉溫不超過10℃。若溫度升高，會使蛋白質發生變性，而使結著性降低，同時會使脂肪發生融解，阻礙蛋白質間之相互作用。則在製成製品時，會發生水與脂肪分離現象，使咀嚼感變差。

⑵ 抽眞空

抽眞空5～10分鐘可防止肉的氧化酸敗。在肉製品內有氣泡存在時，其內部會有黃綠色或黃色的變色，且有汁液滯留其內，抽眞空能有效的防止此種情形。

⑶ 加熱

加熱方法有乾燥、煙燻、蒸煮、水煮等，其目的包括殺菌、發色、使肉中酵素失活、蛋白質熱凝固與增加風味。蒸煮條件爲：110℃（濕度90%）25分鐘。煙燻可使肉品增加煙燻的風味，增進保存性、增加肉色美觀、防止氧化酸敗。煙燻過程中會有酚類如正甲酚（O-cresol）、丁香酚（Engenol）等、醇類（初、次和三級醇）、有機酸、碳氫化合物等與肉中的蛋白質發生反應，而形成新的風味物質。至於增加保存性方面，主因燻煙中含有酚和醛類，加上煙燻的乾燥過程增加其相乘效果。同時乾燥和加熱會使腸衣內部之蛋白質發生變性，而形成皮膜；另外煙燻中的有機酸（蟻酸、己酸、異戊酸）也會使蛋白質發生凝固，而形成皮膜，具有保護作用。煙燻亦會產生梅納反應而形成褐色的物質。

肉在加熱時，會有大量汁液流出，使體積縮小，這是因構成肌肉纖維的蛋白質受熱變性發生凝固引起。豬肉中主要兩種蛋白質爲肌溶蛋白（myogen）與肌凝蛋白（myosin，又名肌球蛋白）。肌凝蛋白之熱凝固溫度爲45～50℃，在食鹽存在時，30℃即開始變性；肌溶蛋白之熱變性溫度爲55～65℃。加熱過程肌凝蛋白開始變性凝固後，將肉中水分擠出，在60～75℃時失水最多，其後溫度升高反而水分流失減少。這是因爲肉中之膠原蛋白轉變成明膠，吸收部分的水分，而彌補了肉中流失的水分。若肉在熱水中泡太久，則會造成肌溶蛋白流失，會使肉的風味喪失。

加熱也會造成酸性官能基減少，而使pH上升。同時，肉的等電點也會向鹼性方向移動。

⑷ 冷卻

經過加熱處理後，應迅速用淋浴之方式急速冷卻，以避免表面形成皺紋，另在比較高溫下放置冷卻時，亦可能造成微生物汙染，而降低製品之保存性。

3. 臘肉／培根（Chinese style cured meat and bacon）

臘肉／培根原料肉採用含適度脂肪的豬腹脇肉（一般稱三層肉），經整型、醃漬、乾燥、燻煙或不燻煙之醃漬肉品或切成薄品。一般其醃漬採用乾醃法（即肉塊表面抹混合鹽）。

4. 火腿

火腿原指豬的後腿部爲原料者，但在歐美豬腿肉以鹽漬煙燻處理的肉製品也稱火腿。

⑴ 中式火腿

傳統金華火腿係將豬腿鹽漬後洗鹽，經乾燥後置於通風處使自然發酵，藉由生長其上之細菌與黴菌作用，使其風味轉佳。預醃的目的在脫水、脫血及防腐。洗鹽主要洗去表面的鹽，使肉內外鹽量一致。煙燻目的在乾燥、保存、著色與香，煙燻至淡黃褐色爲佳，暗褐色爲煙燻過度。

⑵ 西式火腿

西式火腿（ham）則包括去骨火腿與壓型火腿兩類。去骨火腿係以豬肉爲原料，經去骨、修整、醃漬，塡於腸衣、伸縮網袋或模具，經燻煙或不燻煙並煮熟至中心溫度達72℃以上、冷卻、包裝等過程而製成者。壓型火腿爲介於火腿與香腸之中間性質的肉製品，原料可使用火腿或醃肉之殘肉或其他肉類，經去骨、去除肌膜、脂肪而得之精肉，經醃漬、加壓成型。製程中原料混合的目的在增進結著力，以將瘦肉連接起來。火腿的包裝一般用眞空包裝。

⑶火腿的品質變化

當加工條件不佳時，火腿會產生褪色現象，其原因包括：① 亞硝酸鹽添加量不夠；② 鹽漬肉色被光、氧氣氧化；③ 真空包裝破裂；④ 細菌氧化色素；⑤ 加工後沒有立即冷卻好；⑥ 還原條件不夠；⑦ 微生物生長等。其中以氧化褪色和微生物的作用爲主。微生物生長的副產物可能與血基質色素結合產生綠色，黃色或褐色。或產生色素變化成爲粉紅，黑紅，白，藍或綠色。前者如細菌產生的硫化氫與肌紅蛋白（或血紅蛋白）結合形成綠色的硫化肌紅蛋白。或把亞硝基肌紅蛋白的亞硝酸鹽氧化成爲硝酸鹽而發生褪色的現象。

5. 肉鬆

肉鬆屬於調味乾燥肉製品。調味乾燥肉製品係以畜、禽肉爲主要原料，經處理後加食鹽、砂糖等添加物醃漬、滷煮、切片或分絲、烘炒、乾燥等過程，使食品達到適當的水活性並有妥善包裝之食品；包括肉絨、肉酥、肉脯（乾）、牛肉乾、肉角、肉條、肉絲等。

肉鬆分爲肉酥（fried pork fiber）和肉絨（dried pork fiber）兩種。肉酥爲以畜、禽肉爲原料，經加工處理之肉胚再摻和豬油，炒至肌肉纖維充分鬆散之鬆酥製品。肉絨爲原料經過熟煮、分絲配料、滷煮及焙炒等過程而製成之鬆棉狀製品。兩者不同處有二點：一爲在肉酥原料肉約切爲5公分立方大小，肉絨約切爲10公分立方大小；另一爲肉酥製作過程中，於乾燥後注入沸油，使肌肉纖維充分鬆散斷碎，而肉絨不摻豬油，肌肉纖維鬆綿而長如絨毛。

6. 肉乾（dried sliced meat）

肉乾爲肉類經過修整、分切、醃漬、乾燥、烘焙或原料肉經水煮定型、切片、滷煮、乾燥等過程製成之扁平薄片、塊狀或條狀等製品。常見者爲牛肉乾、豬肉乾。一般肉乾原料切片時，需順著肉的紋路切，不可垂直切斷紋路。乾燥好之產品，應以適當方法防止發黴，如真空或充氮、二氧化碳包裝、包裝袋內加脫氧劑、酒精等。

7. 調理肉製品（prepared meat products）

調理肉製品係將肉經調味、醃漬、浸漬、定型、蒸煮、油炸、燒烤、紅燒、滷煮、燉、燴、焗或水（滷）煮、包裝（或於加熱前包裝）等過程，而製成需冷藏或冷凍貯存者。又依加工方式及產品型態之不同，可細分為：⑴ 中式菜餚類。以畜禽肉為主原料，或添加副材料及調味料，經調理、冷卻及包裝後之食品。副材料指植物性蛋白質、麵粉、澱粉及保水劑等添加物。如咕咾肉、紅燒肉、咖哩雞肉、梅乾扣肉等產品。⑵ 湯類。肉經調味、浸漬、燉或水（滷）煮、包裝（或於加熱前包裝）等過程，而製成之含湯類產品，如人蔘雞、麻油雞等。⑶ 凍膠類。肉經煮熟、切塊或不切塊、混以膠類物質或原畜禽肉產生之膠黏物質、經充填、加熱或不加熱及冷卻後凝固成型者。膠類物質係指使凍膠肉品凝固之物質，如明膠、洋菜膠等。如肉凍、醬肘子等產品。⑷ 滷煮類。肉經調味、浸漬或水（滷）煮、包裝（或於加熱前包裝）等過程，製成之滷煮類肉品。如鹽水鴨、醉雞、滷雞翅等產品。⑸ 燒烤類。肉經調味、浸漬、燒烤、包裝（或於加熱前包裝）等過程，製成之燒烤類肉品。如叉燒肉、烤肉串、烤乳豬、烤鴨、烤雞等製品。⑹ 醃漬或調味重組肉品。以畜、禽肉或畜禽混合肉為原料，經細碎或切片，添加添加物、副料、調味料、香辛料等混合攪拌均勻，並成型（加熱或不加熱）者。如漢堡肉餅、肉丸等產品。

8. 貢丸

貢丸為肉經細碎成漿（乳化）後，成型、煮熟至中心溫度達72℃以上、冷卻、包裝而製成者。其原理主要係肉加鹽後攪打，可將鹽溶性蛋白抽出，此動作稱為「擂潰」。鹽溶性蛋白可作為乳化劑，包覆在肉中不互溶的脂肪和水分表面，將水和脂肪連接，形成一種安定的乳化肉漿。再加熱使蛋白質變性定型，製成熱不可逆、具纖維感、黏彈性的產品。貢丸是屬於水中油型之乳化系統（O/W），其品質受原料肉、溫度、pH 及加工方法影響很大。

傳統製造貢丸，原料肉要用溫體豬的後腿肉。因未發生僵直前之溫體肉，其乳化力和保水性均比冷凍肉高。加工時用木棒捶打為肉漿，捶打時會生熱，使肉質變差、乳化力降低，因此捶打時，必須加冰塊，與豬肉一起打碎，再捏擠成丸子。因捶打的動作，閩南話的發音為「摃」，就將製成的丸子統稱為「摃丸」（貢丸）。後來發現，使用冷凍肉雖然會降低肉的乳化力和保水力，但製作時，不必加冰水，溫度不易升高，易控制產品品質。也有另外添加其他的黏稠劑或乳化劑，來提高貢丸的黏彈性，並降低成本。

9. 重組肉與注脂肉

⑴ 重組肉

重組肉（restructured meat products）依據衛生福利部所訂的重組肉品名標示原則，重組肉是指：以禽畜肉或魚為原料，經組合、黏著或壓型等一種或多種加工過程製造之產品；且該產品的外觀，容易造成消費者誤解為單一肉（魚）塊（排、片）之產品。簡單的說，重組肉可以說是拼裝肉或組裝肉，由2個以上的肉片（塊），不論所使用的原料肉（魚）是不是同一部位，經過加工製程組合成肉片、肉塊或肉排，就是重組肉。

這一類的重組肉，由於外觀與新鮮肉完全相似，沒經驗的消費者是無法分辨與新鮮肉有何不同，因此食藥署規定必須要標示為「重組肉」。一般肉品尤其牛肉可選擇不同加熱程度，但重組肉因為已經經過加工，若未煮熟則在衛生上有一定之風險，因此規定一定要完全熟。

若生鮮肉未經組合、黏著或壓型等加工製程，只是切除筋膜、修整、分切、調理為肉塊、肉片或肉排，就不算是重組肉產品。

一般大眾熟知的加工肉品，像是貢丸、魚丸、熱狗、火腿、培根、香腸、魚板、牛肉丸、鴨肉丸，如果外觀不是排或塊狀，由於消費者對這類產品有一定的熟悉度，就不需標示為重組肉。漢堡肉雖為排狀，但依習慣目視就可以辨別為「非原形肉」，也不需要特別標示。還有像豬肉乾這類的產品，多以豬肉漿壓製成形，而且是可以直接吃的即食食品，就不需標示「重組肉」。

對食品加工業者而言，重組肉具有可以提高次等肉製品的原有利用價值、容易控制其化學組成、減低產品之烹調損失等優點，而且重組肉產品價格比傳統整塊肉製品價格便宜，營養價值與完整肉排相似。但是重組肉製程中，會將原料肉進行多重加工，有更多接觸細菌的面積，造成汙染風險以會相對加大，因此食藥署規定重組肉不宜生食，最好熟食。

⑵注脂肉

注脂肉係於肉塊中注入油脂，通常用於牛肉。由於油花分布均勻程度與油花量影響牛肉品質與價格甚鉅，過瘦的肉在市場價格不佳，因此業者想出將過瘦的牛肉與油脂的乳化漿混合，並利用注射方式將油脂打到肌肉中，這樣一塊平庸的肉就會升級成含有漂亮油花的高級肉。

由於此種加工形式係以一塊肉直接加工，仍保留肉的型態，並非以肉塊拼裝，故非屬重組肉，在法規上不用標示。唯除內容物名稱應依規定標示完整外，並需加註「注脂肉」及「需熟食」避免誤導消費者為原肉所含油脂。

10.其他肉類加工品

根據調查，台灣市售肉品加工產品約可分三種，包括立即可食、加熱後可食與烹煮後方可食用（新鮮肉）。市售常見之產品如表10.3。

表10.3　市售豬雞製品

產品型態	豬肉製品	雞肉製品
立即可食（ready to eat）	肉鬆、肉乾／條、肉紙、肉醬罐頭、冷藏滷豬腳、豬腸／頭皮／耳朵／豬腳凍等	肉鬆、肉乾／條、雞精／滴雞精、冷藏：雞腳／翅／胗等滷味、醉雞／油雞、雞腳凍、雞胸肉、滷蛋／溫泉蛋／溏心蛋／白煮蛋
加熱後可食（ready to heat）	貢丸、滷肉／肉燥、香腸、火腿／熱狗／培根、豬排類如漢堡肉／醬烤豬排、料理菜餚如梅干扣肉、咕咾肉、東坡肉、小菜類如燒賣／珍珠丸、麵食（水餃／火鍋餃、包子、餡餅）、豬血糕、調理包（如咖哩豬肉）	雞塊／雞球／雞排／雞柳／雞翅／雞米花／鹽酥雞等、料理菜餚（如三杯雞、栗子燒雞）、湯品（如人參雞、仙草雞）、麵食（如雞肉水餃、包子、餡餅）、調理包（咖哩雞肉、宮保雞丁）、雞肉香腸、冷凍滴雞精等
烹調後可食（ready to cook）	梅花肉、胛心肉、里肌肉、腰內肉、豬腳、豬肝、豬骨、其他雜碎等（包裝或保鮮膜包覆）	全雞、雞胸肉、雞腿、雞丁、雞骨架、雞心、雞肉組合菜（包裝或保鮮膜包覆）

第二節　乳品加工

乳或稱乳汁，俗作奶，是哺乳類雌性動物乳腺的分泌物。它營養豐富，色白、不透光，主要功能是在幼兒能夠自行消化其他食物之前提供哺育。家畜的乳汁也供人類食用，其中以牛乳爲大宗，但也有綿羊、山羊、馬和駱駝等乳源。爲了保存以及運輸方便，人類常將動物乳汁製成各式各樣的奶製品，如鮮乳、乾酪、乳酪、奶粉、煉奶、發酵乳等。目前更進一步從乳汁中提取出各種營養成分，如酪蛋白、乳清蛋白、乳糖、乳鐵蛋白等，作爲配料或機能性食品原料。

一、乳的成分

食用乳一般是動物的乳汁，最常見的有牛乳、羊乳等。乳汁的成分依動物種類不同而有所差異，如羊奶的脂肪較牛乳高；海洋哺乳動物，例如鯨魚，其乳汁比陸生哺乳動物含有更高的脂肪。動物剛生產後所分泌顏色較黃的乳汁稱爲「初乳」（colostrum milk），是用於哺育剛出生的幼兒，含有多種抗體，可以降低幼兒生病的可能性，其成分與一般乳汁不同。七天後，乳汁內的蛋白質、脂肪、灰分減少，水分、乳糖增至常態，此階段的乳汁稱「常乳」。

著名的乳牛品種有荷蘭牛（Holstein-Friesian）、娟姍牛（Jersey）、更賽牛、瑞士黃牛、愛爾夏牛和乳用短角牛等六種。臺灣地區飼養的乳牛以荷蘭牛爲主，近年也開放娟姍牛。荷蘭乳牛原產地爲荷蘭，適合生長在低溫（0～15℃）且乾燥的氣候中，是最大型的乳牛。成年母牛體重可達500～800公斤，毛色爲黑白分明之黑白花。其乳量以搾乳305天，每天搾乳二次及體重成熟爲標準計算，每一泌乳期的泌乳量可達4500公斤以上（一天平均生產19.1 kg生乳）。乳脂率平均達3.5%，脂肪球較細小，顏色呈淡黃色。一般泌乳期之調配如圖10.5。

1. 蛋白質

牛乳蛋白質含量平均在3%以上，主要包括乳清蛋白與酪蛋白。其所含必須

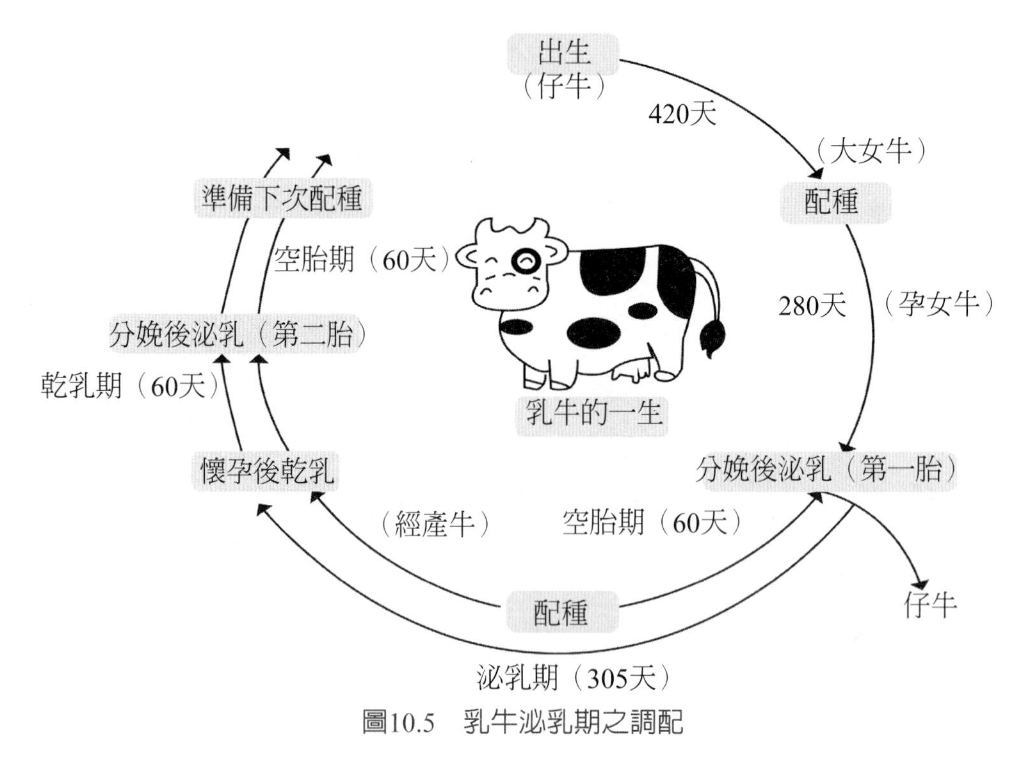

圖10.5　乳牛泌乳期之調配

資料來源：中華民國乳業協會，2012

胺基酸與FAO（聯合國糧農組織）所訂定的人類必須胺基酸比較，除胱胺酸及甲硫胺酸稍差外，其餘均超過其基準。生物價高達85，僅比雞蛋爲低，蛋白質消化率90～100%，蛋白質利用率75～100%。

酪蛋白（casein）占80%爲主要蛋白質，可能會導致一些人腸胃過敏。酪蛋白爲白色，不溶於水及酒精，但可溶於鹼性溶液。在正常牛乳的pH值（約pH 6.6）時，其以酪蛋白鈣（calcium caseinate）之形態存在，並與磷酸鹽形成複合物而成膠狀之微膠粒（micelles）。若酸化至pH 4.6（等電點）時，會開始凝結而沉澱。牛乳之所以呈現白色，便是因爲光線照到微膠粒上反射造成。κ-酪蛋白具有安定酪蛋白的功用，使酪蛋白懸浮體能穩定的存在。一旦κ-酪蛋白被酵素如凝乳酶（rennin）所破壞時，酪蛋白便會形成凝塊。

全乳蛋白在除去酪蛋白後殘留者爲乳清蛋白（whey protein）。當加熱到60℃以上時，乳清蛋白會變性產生凝結現象。乳清蛋白可分爲β-乳球蛋白（β-lactoglobulin）、α-乳白蛋白、血清白蛋白、免疫球蛋白及蛋白腖（peptone）等五部分。β-乳球蛋白是乳清蛋白中最主要者，占乳清蛋白的50%左右，會導致某些人腸胃過敏，但也最具有抗原能力。所含游離的硫氫基，爲加熱牛乳風味的來源之一。

乳清蛋白常用作食品配料，尤其是濃縮乳清蛋白（whey protein concentration）爲臺灣較常使用之素火腿等的結著劑。但濃縮乳清蛋白之結著力較蛋白粉差，若蛋白粉之用量爲5%，則濃縮乳清蛋白之用量必須要10%才有相同之結著效果。在無蛋蛋糕中，濃縮乳清蛋白常作爲起泡劑。

近來有一種A2牛乳，其與普通牛乳之差異爲兩者β-酪蛋白差一個胺基酸。A2奶具有天然之金黃色，來自較古老之牛品種，如夏洛來種（Charolais）等。對乳糖不耐症之消費者，A2乳較容易消化，並有助於紓解胃部不舒服症狀，如脹氣與下痢。A2乳亦含有較高之omega-3脂肪酸，能促進腦部健全發展、免疫系統之建立與提高代謝速率。

2. 脂肪

脂肪是牛乳中成分變化最大者，其隨品種，泌乳期及營養狀態而變，通常占3.0～3.8%，在夏天（5～7月）時含量最低。乳脂融點甚低，常溫時呈液狀。主要的脂肪酸爲油酸（18：1）、軟脂酸（16：0）及硬脂酸（18：0）。與其他脂肪不同的是，乳脂肪尙含有短鏈的脂肪酸，如丁酸（butyric acid）、己酸（caproic acid）、辛酸（caprylic acid）及癸酸（capric acid），爲構成牛乳風味的主要來源。同時，脂肪亦是牛乳提供能量的主要物質，其所提供熱量占牛乳熱量的一半以上。羊乳中癸酸較多，爲特殊腥味之來源。

3. 醣類

乳中醣類99.8%以上是乳糖，占牛乳含量的4.9%左右。但如此高含量的糖卻不會使牛乳太甜，其原因是乳糖的甜度比蔗糖低。占乳糖分子一半的半乳糖，是嬰兒形成腦部細胞的的必要成分。乳糖亦能使消化系統腸道內的有益菌——乳酸菌大量繁殖，因而能抑制害菌的繁殖，幫助腸道的消化吸收能力，以防止便秘。乳糖可提高鈣與磷的吸收，對成長期兒童的骨質增長、硬化與成年人骨質疏鬆的預防有顯著的功效。

乳糖溶解度並不高，因此常造成加工食品之困擾，如含牛乳成分高的冰淇淋，會因乳糖產生結晶，而產生沙質感；而煉乳中乳糖結晶會使顧客以爲產品不佳。同時乳糖亦是奶粉儲存結塊的原因之一。當細菌孳生使牛乳變酸時，乳糖是細菌產生乳酸的主要能源。

乳糖不耐症是指人們體內的乳糖酶不足，無法消化牛乳中的乳糖，所以乳糖成了腸內菌的食物，而產生氫氣，造成腹瀉、腹脹、腹痛。

除乳糖外，鮮乳中含有其他具生理活性的寡糖，如乳酮糖（Iactulose）、海藻糖（L-fucose）及N-乙醯葡萄糖胺（N-acetylglucosamine）等（稱爲Bifidus因素），可促進腸內雙叉乳桿菌（Bifidobacteria）的生長。

4. 維生素與礦物質

維生素以極微量的形態來參與酵素活動，調節人體內的生化反應。牛乳中維生素A及B_2的含量特別豐富。維生素B_2也是造成乳清呈黃綠色之主要原因。

牛乳中所含的礦物質種類甚多，尤其是鈣的含量特別高，是構成骨骼和牙齒的主要成分。尤其牛乳中鈣與磷約爲1：1，使鈣容易被吸收。

5. 牛乳成分之分離

牛乳是一極複雜的系統，各種成分與水間有不同的關係，譬如它是一種溶液（solution），因爲乳糖及礦物質都溶在水中；它亦是懸浮液，各種蛋白質懸浮在水中，形成膠體；它也是一種乳化液（emulsion），一種油與水形成的乳化態。水中各成分分布如圖10.6所示。

要分離牛乳中各成分，其步驟如圖10.7所示。首先，以離心將脫脂乳與乳油分離，此也是一般製造脫脂乳之方式。乳油爲牛乳中脂肪部分，也是鮮奶油的原料，並可進一步去除水分後製成乳酪（butter）。脫脂乳加酸或凝乳酶後，酪蛋白可沉澱下來，經噴霧乾燥後爲乾酪素。水溶液部分爲黃綠色的乳清（whey）。乳清經煮沸後，乳清蛋白會變性而沉澱，可進一步乾燥加工。濾液部分爲牛乳中水溶性物質，包括水溶性維生素、礦物質與乳糖。

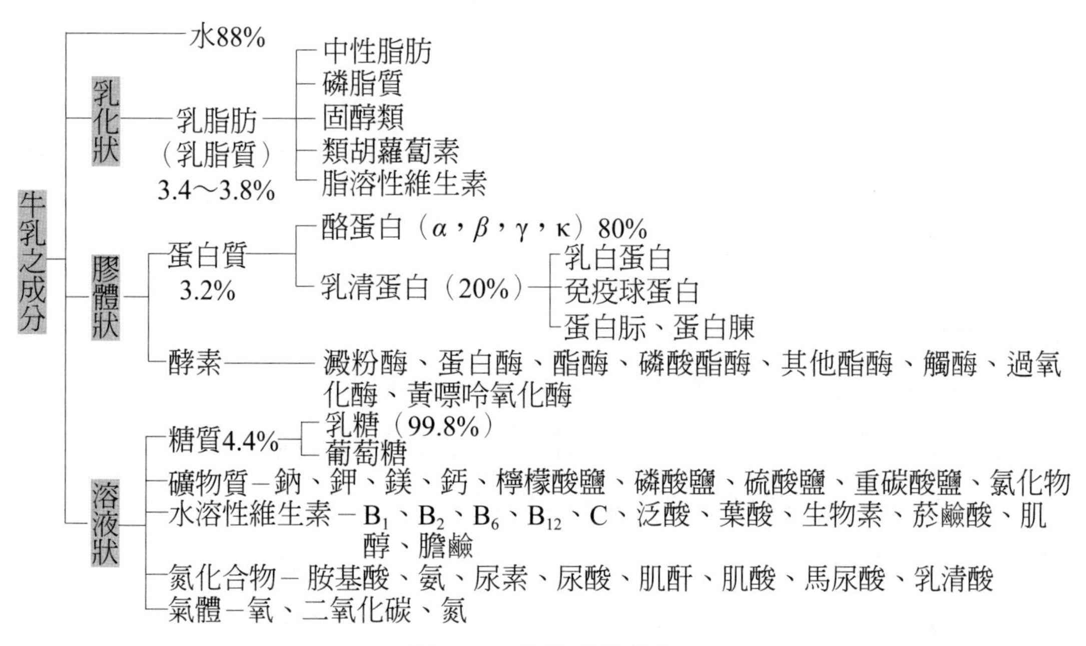

圖10.6　牛乳成分分布

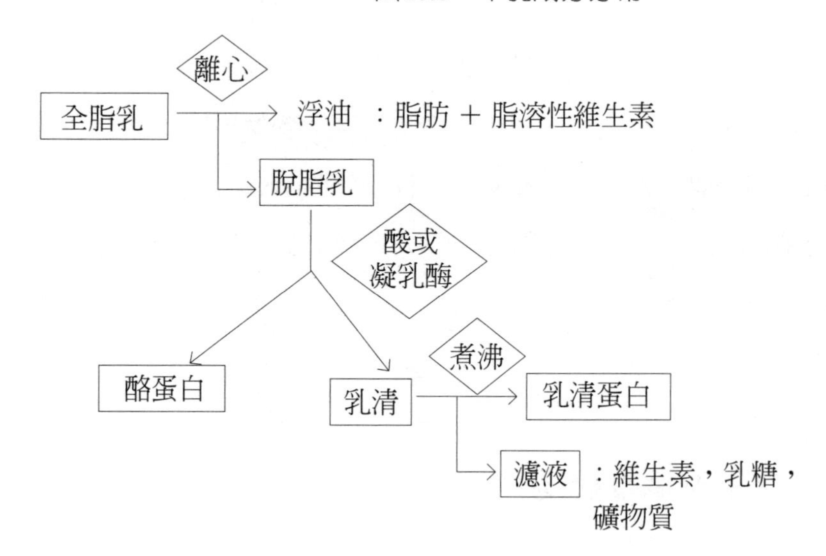

圖10.7　牛乳各成分之分離

二、乳的種類與特性

1. 羊乳

羊乳外觀與牛乳非常近似，兩者間的差異在：⑴ 羊乳中含較高的非蛋白態氮，約占總氮量的9%；另外羊乳含較低的酪蛋白，所以其凝乳張力（curd tension）較弱。多量的非蛋白態氮有助於消化道中共生菌的發育。凝乳張力弱則在胃中所形成的凝乳塊質地細緻、溶解快而易於消化。(2) 羊乳脂肪中將近20%脂肪酸爲短、中鏈（C4～C12）的脂肪酸，特別是辛酸（C8）及癸酸（C10），使羊乳有特殊的風味。同時羊乳脂肪球中缺乏凝集素（agglutinin）不會像牛乳脂肪易凝集成團塊，故具有較佳的消化性和利用率。(3) 羊乳中鈣、磷的含量較牛乳爲高。(4) 羊乳之脂肪球顆粒較牛乳爲小，較易被人消化吸收，且具有較多之乳鐵蛋白、上皮細胞生長因素等機能性成分，適合對牛乳過敏者飲用。

另一方面，羊乳中較缺乏葉酸及維生素B_{12}，如果在沒有添加副食品的情況下長期哺育嬰幼兒羊乳，容易引起「羊乳貧血症」。

2. 牛乳

牛乳pH值介於6.5到6.7之間，因此略帶酸。

鮮乳呈現白色是因爲懸浮其中之脂肪球及酪蛋白球將射入光線反射出來之緣故。亂反射光呈現白色是因紅橙色、綠色、藍紫色這三種不同波長之色光，幾乎呈現相同亂反射，在視覺上對這種光亂反射就看成白色。

脫脂乳呈現稍帶藍之白色是因脂肪已被除去，僅酪蛋白球會將光亂反射，因酪蛋白球比脂肪小很多，較會將稍短波長之光（藍色光）亂反射，而讓我們將脫脂乳看成稍帶藍之白色。

三、乳品成分之生理活性機能

隨著食品機能性愈來愈受到重視後，已發覺愈來愈多乳製品之機能性，目前已知乳品成分之生理活性機能包括下列。

1. 感染防禦機能

(1) 乳鐵蛋白（lactotransferrin）

乳鐵蛋白是一種與鐵結合的醣蛋白，具有調節免疫、靜菌及促進鐵吸收等作用。人乳的含量，在初乳爲2000～3000 mg/L，成熟期爲1000～1500 mg/L；牛初乳為1500～5000 mg/L，常乳為100～300 mg/L。其可以抵抗各種蛋白酶的分解作用，特別是在鐵飽合的狀態下。在微酸性的環境下可加強其耐熱性；例如在pH 4，90～100℃加熱5分鐘，其結構並無明顯的變化。

其生理功能性包括：① 具有靜菌（bacteriostasis）和殺菌的作用。乳鐵蛋白能奪走細菌所需要的鐵質，因此可抑制病菌與病毒之生長，但僅低鐵飽合度的乳鐵蛋白才有效。② 調節鐵的吸收及運輸。因乳鐵蛋白與鐵的高度結合力，所以可以將鐵運送到小腸特定接受器上，以利吸收。③ 調節免疫反應。乳鐵蛋白可以調節免疫細胞的分裂及增生，包括活化淋巴球、噬菌體、自然殺手細胞來達到免疫的效果。④ 促進細胞生長及組織修護。可與DNA結合並活化轉錄作用，加強胸腺核苷變成DNA。⑤ 抗發炎功能。除可抗發炎，也可防止細胞膜脂質的過氧化反應，減少自由基生成，避免正常細胞的受損。

⑵ 免疫球蛋白與乳過氧化酶

免疫球蛋白主要為IgG，對於新生仔牛有防止病原菌感染之作用。乳過氧化酶能利用於牛乳或發酵乳品之殺菌與延長製品保存期限。

2. 整腸機能

牛乳中之乳糖與寡糖有促進腸的蠕動、改善便秘，促進雙叉乳桿菌增殖、改善腸內菌叢平衡之功效。

3. 促進鈣吸收機能

牛乳除含豐富鈣質，還含有CPP可促進鈣吸收。牛乳中的鈣有2/3與酪蛋白藉由磷酸化的絲胺酸連結成酪蛋白磷酸多胜肽（CPP, casein phosphor peptide）。當牛乳在腸道消化分解後，CPP便會被釋放出來。大部分食物中的鈣與其他成分以複合物形式結合，只有當此複合物是可溶性時，才能被吸收。當攝取任何形式的鈣時，多會經由胃酸作用而形成可溶性的離子態。但是到達鈣質吸收的主要場所之小腸末端時（鹼性的環境），又因為pH值升高而變成不溶。此時因有CPP的存在，可與鈣質形成可溶性複合物而增加吸收率。

四、原料乳的處理

「生乳」是直接由乳牛、乳羊擠出，未經處理之乳汁。生乳需一擠出來就馬上冷卻到4℃以下並抽到一個大型貯存槽，以維持品質。乳廠每天會派集乳車來收取這些生乳並送至加工廠。收乳的司機將生乳收進集乳車前會進行生乳的樣品採集及初步乳質檢查，以確保牛乳是安全的。生乳分級方式主要以體細胞數（表10.4）並爲生乳計價之重要依據，因爲過多生菌數及體細胞數之生乳不易殺菌完全。收乳時每年12月至翌年3月依冬期計價，其餘時間依夏期計價。

表10.4　牛乳生乳的分級

項目	合格標準	項目	合格標準
乳脂肪（%）	3.0以上	體細胞數	A級：3×10^{5}以下 $3\times10^{5}<$B級$\leqq5\times10^{5}$ $5\times10^{5}<$C級$\leqq8\times10^{5}$ $8\times10^{5}<$D級$\leqq1\times10^{6}$
非乳脂肪固形物（%）	8.0以上		
酸度（%）（以乳酸計）	0.12～0.18		
比重（15℃）	1.028～1.034		
生菌數（CFU/mL）	1×10^{5}以下	沉澱物	2.0 mg/L以下
酒精反應	以生乳試樣等量的酒精（牛乳70%）測定應呈陰性反應		

資料來源：中華民國國家標準，2015

生乳品質之優劣，悠關產品品質與保存期限。因爲劣質的生乳，儘管設備與製造技術再精湛，亦無法製成優良的產品；但即使優良的生乳，若處理不當亦無法獲得優質的產品。影響生乳生菌數之因素包括：1. 牛體及牛舍衛生。2. 牛群乳房炎之發生率。3. 搾乳機性能。4. 搾乳機清洗效能。5. 生乳之冷藏、運輸過程。集乳車需全程保持低溫，並防止空氣進入，運輸過程應避免振動。

五、鮮乳的加工處理

生乳送至工廠後，將再次檢驗，其項目與標準如表10.5所示，其中比重以15℃爲標準測定溫度。若有不合格者，尤其藥物殘留超過標準，則退回，其損失由酪農吸收。若通過檢驗，才會將集乳車裡的生乳輸送至工廠的儲存槽。接著，生乳再進行後續加工處理。

表10.5　生乳檢測項目、方法與標準

項目		建議方法	標準
官能檢查	外觀 色澤 氣味	官能檢查	無黏稠或變性、無與他物混合者 無黏稠或異常顏色 無腐敗或變性或異常氣味者
溫度	乳溫	貯乳槽標示溫度	乳溫小於10 ℃
理化性質	酸度	依CNS（1972）總號3441，類號N6057乳品檢驗法制定	酸度介於0.12%至0.18%之間
	比重	依CNS（1972）總號3442，類號N6058乳品檢驗法測定	比重大於或等於1.028
	酒精試驗	70%酒精與牛乳等溫、等量混合	陰性
乳成分	乳脂肪	依CNS（1986）總號3444，類號N6060乳品檢驗法測定	乳脂率大於或等於2.8%
微生物	生菌數	依CNS（1985）總號3452，類號N6068乳品檢驗法測定	生菌數每毫升10萬以下，予以加價；生菌數不得大於100萬
細胞數	體細胞數	乳體細胞測定儀測定	體細胞數每毫升小於或等於50萬，生菌數每毫升10萬以下，予以加價；體細胞數每毫升不得大於100萬
藥物殘留	青黴素		不得檢出
	氯黴素		不得檢出
	四環素類		羥四環黴素、氯四環黴素、四環黴素總合小於或等於0.1 ppm

項目		建議方法	標準
	磺胺劑	依CNS總號14459，類號N6355食品中微生物檢驗法測定	磺胺劑總和小於或等於0.1 ppm
汙染物	戴奧辛	依CNS總號14758，類號N6369食品中戴奧辛及多氯聯苯檢驗法測定	乳品每公克（以脂肪計）含戴奧辛毒性當量3皮克以下（3pgWHO-PCDD/F-TEQ/g Fat）

1. 鮮乳加工過程

生乳加工成鮮乳之步驟如下：淨化、暫貯、標準化、預熱、均質、殺菌或滅菌、冷卻。一般稱加熱殺菌前爲生乳，加熱殺菌後爲鮮乳（圖10.8）。

(1) 淨化（clarification）與暫貯

檢驗合格後之生乳，利用100mesh的過濾網或使用離心方式（圖10.9），去除生乳中包括體細胞等之雜質與減少微生物含量。若用過濾網則要隨時更換濾布，以減少汙染。淨化後之生乳需立即冷卻，貯乳槽溫度需保持在 4℃以下。

(2) 標準化（standardization）

由於每一批生乳之成分多少有差異，同時工廠亦需根據擬生產之產品調整其脂肪含量，因此要進行標準化，使每一批鮮乳之成分達到均一標準。當原料乳脂肪含量過高時，則去除部分脂肪（通常以離心方式）；若脂肪含量不足時，則添加額外油脂。根據國家標準，各種鮮乳脂肪含量爲：高脂鮮乳3.8%以上；全脂鮮乳3.0～3.8%；中脂鮮乳1.5～3.0%；低脂鮮乳0.5～1.5%；脫脂鮮乳低於0.5%。鮮羊乳3.0%以上。

(3) 預熱

一般工廠使用之殺菌溫度皆較高、而時間較短，因此預熱可使生乳較快升溫至所需之殺菌溫度。大型連續加工廠往往使用殺菌完之鮮乳作爲預熱之熱源，一方面可降低鮮乳之溫度，同時可作爲生乳預熱之熱源，達節省能源之效。

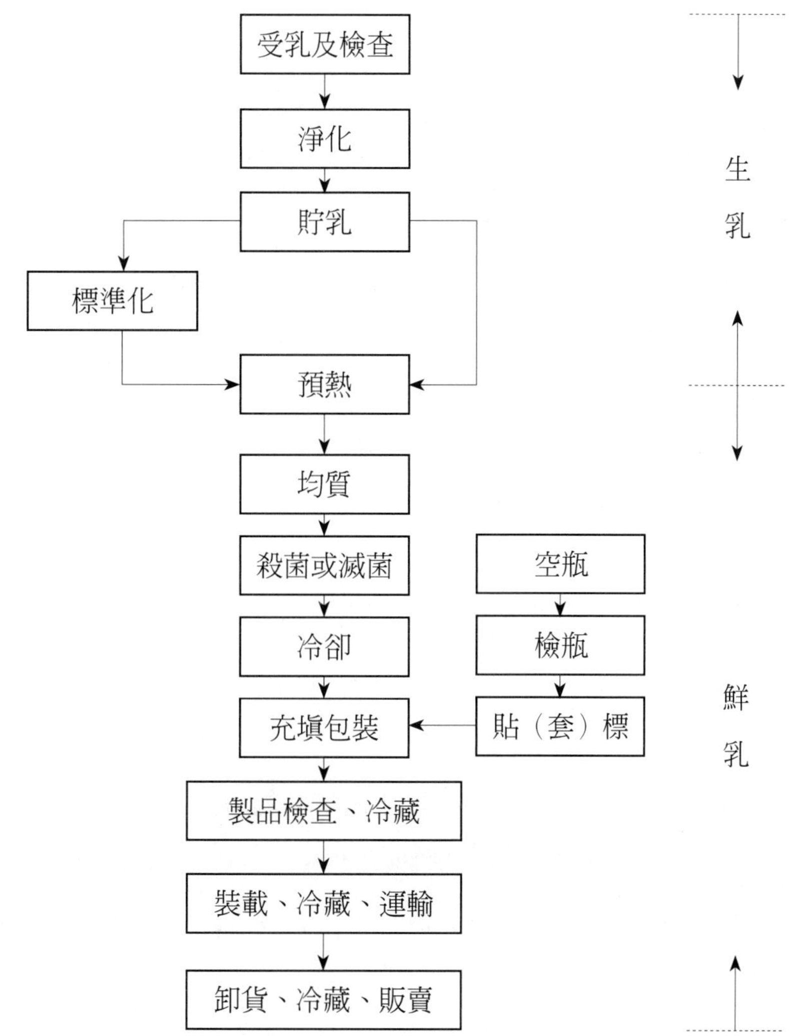

圖10.8　鮮乳生產及流通作業流程圖

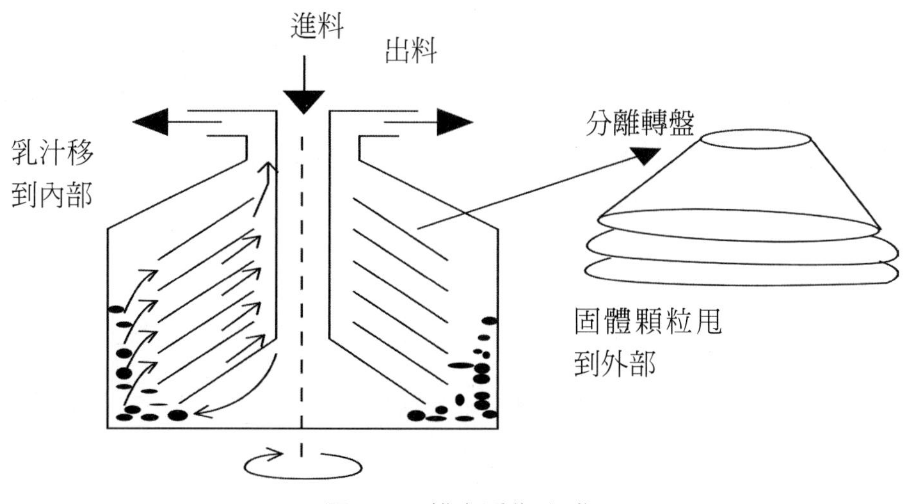

圖10.9　離心淨化方式

⑷ 均質（homogenization）

每毫升的牛乳中會懸浮約20～40億個直徑0.1～10 μm的脂肪球，其中以0.3 μm左右者居多。這些脂肪球放置一段時間後易出現聚結成塊、脂肪上浮的現象。脂肪球的直徑愈大，上浮的速度就愈快，容易分離出稀奶油，而影響牛乳之外觀與品質。當脂肪球的直徑接近1 nm時，脂肪球基本不上浮。因此均質的目的是為了防止脂肪的上浮分離，並改善牛乳的消化、吸收程度。

高壓均質是讓牛乳在高速運動的液流中產生大量的小旋渦，以撞擊油滴，使脂肪球直徑變小（小於2 μm），避免脂肪上浮現象。溫度會影響均質效果，若均質溫度太低，可能發生黏滯現象。因此均質前牛乳必須預熱60～65℃左右。

在巴氏殺菌乳的生產中，一般均質機的位置處於殺菌的第一熱回收段；在間接加熱的UHT乳生產中，均質機位於殺菌之前；在直接加熱的UHT乳生產中，均質機位於滅菌之後，此時應使用無菌均質機。

均質方法可分一段式（衝擊一次）或二段式（衝擊兩次）（圖10.10）。一般鮮乳多使用二段式均質，第一段使用較高的壓力（17～21 MPa），目的是將大脂肪球破碎成小脂肪球。第二段使用低壓（3.5～5 MPa），目的是分散已破碎的小脂肪球，防止黏連（圖10.11）。牛乳均質後，脂肪球相互間完全分離，而不會發生絮凝現象。

均質不僅可以防止脂肪球上浮，而且還具有其他一些優點：① 均質後的牛乳脂肪球直徑減小，易被人體消化吸收。② 均質使乳蛋白凝塊軟化，可促進消化和吸收。③ 均質可增加牛乳風味，可防止銅催化作用所產生之臭味。此乃因一般脂肪球表面含磷脂質，其容易為銅所催化產生不良風味，而均質後脂肪球表面積變大，相對的磷脂質含量就變小，因而降低其氧化作用。④ 均質後許多脂肪球表面被酪蛋白所覆蓋，因此黏度上升，且起泡性變佳。⑤ 在乾酪生產中，均質可使凝固加快，產品風味更加一致。

均質之缺點：① 均質後脂肪就不容易分離。② 均質後牛乳對光敏感，光照後易產生金屬味。③ 牛乳蛋白質之熱穩定性會降低，使包裝牛乳蛋白質沉澱。

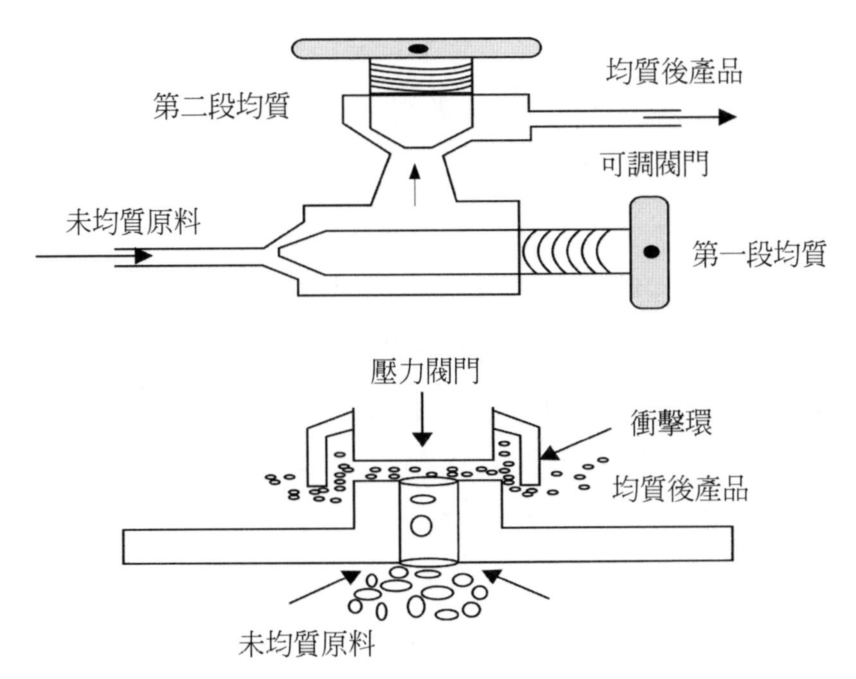

圖10.10　均質機構造與作用原理（上圖二段式均質機，下圖一段式均質機）

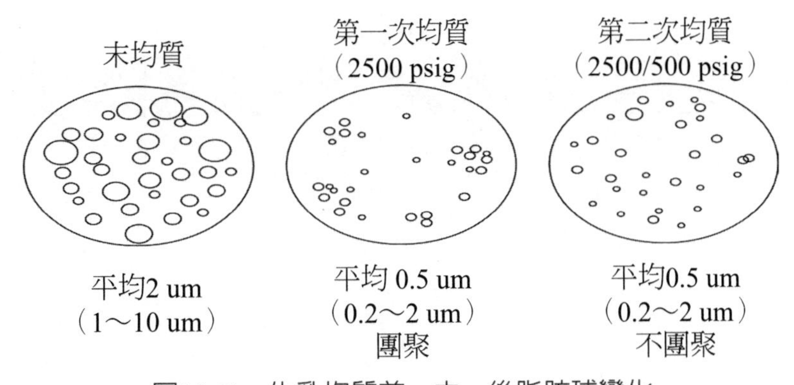

圖10.11　牛乳均質前、中、後脂肪球變化

⑸ 殺菌或滅菌

牛乳殺菌方法有以下幾種方法。

① 低溫長時間殺菌法（LTLT）。利用蒸汽或熱水加熱，使牛乳的溫度升至62～65℃（63℃）並保持30分鐘。這種方法不易殺死嗜熱菌及孢子。由於時間長，因此必爲批式加工。極少數產品使用此殺菌法。

② 高溫短時間殺菌法（HTST）。用管式或板狀熱交換器使乳在流動的狀

態下進行連續加熱。加熱條件是72～75℃（72℃）15秒。但也有採用72～75℃ 16～40秒或80～85℃ 10～15秒。國內少數工廠採用，並宣稱爲「低溫」加工。

③ 高熱短時間殺菌法（HHST）。屬於寬鬆高溫短時間殺菌法。加熱條件是89～100℃，1～0.01秒。

④ 超巴氏殺菌法（UP）。138℃／2秒或130℃／5秒。

⑤ 超高溫瞬間殺菌法（UHT）。將牛乳瞬間加熱到120～140℃保持0.5～4秒（135～140℃保持數秒），然後將牛乳迅速冷卻的一種殺菌方法，可以達到滅菌的效果。市售之鮮乳大部分採用此方式殺菌（表10.6）。因條件太強烈，牛乳易有蒸煮味。但殺菌時間很短，故性狀和營養價値等與普通殺菌乳相比無差異。細菌孢子是唯一可以在UHT下存活的微生物。UHT殺菌有兩種方式，皆爲採用加壓蒸汽，但採直接或間接加熱。直接法爲將蒸汽直接注入牛乳中殺菌；間接法則利用板式或管式熱交換機加熱。間接法由於時間稍長，品質不如直接法，但其成本較低、操作較容易。

表10.6　巴氏殺菌、超巴（UP）與UHT之比較

參數	巴氏殺菌	UP	UHT
加熱條件	72℃／15秒	138℃／2秒	138℃／2秒以上
微生物狀況	部分存活	接近滅菌	完全滅菌
交叉汙染	可能	幾乎不可能	不可能
設備	可能接觸空氣	封閉式	封閉式
充塡設備	非無菌	近似無菌	無菌狀態
包裝材料	紙盒、塑膠	紙盒、塑膠	非常緊密的密封
包裝處理	未處理	以H_2O_2處理	殺菌處理
產品儲存	冷藏	冷藏	室溫
效期	10-21天	30-90天	6個月

判斷牛乳殺菌完成與否之方式爲測定磷酸脂酶（磷酶，phosphatase）活性。因磷酸脂酶的耐熱性較牛乳中的病原菌稍高，若此酵素已失活，則病原菌應皆已

殺滅。

加熱方式對牛乳影響最大者爲其風味。120℃以上的UHT殺菌，喝起來較有奶香，此其實是蒸煮味；65℃的LTLT殺菌，感覺較原味。對牛乳中營養素影響最大的爲水溶性維生素和蛋白質。加熱過程中約有10%的維生素B群流失，加熱程度愈深，損失就愈多。高溫會破壞牛乳蛋白質的三級結構，影響其生理功能。因此HTST與LTLT殺菌保留了較多的免疫球蛋白、乳鐵蛋白等機能性成分。

⑹ 冷卻

牛乳殺菌後應立即冷卻至5℃以下，以抑制乳中殘留細菌的繁殖，增加產品的保存期。同時也可防止因高溫而使黏度降低導致的脂肪球膨脹、聚合上浮。凡連續性殺菌設備處理的乳一般都直接藉熱回收部分和冷卻部分冷卻到4℃。非連續式殺菌時需採用其他方法加速冷卻。

2. 鮮乳的品質與管控

⑴ 鮮乳

鮮乳（fresh milk）之分級標準如表10.7，其品質檢測項目、標準與方法如表10.8所示。此標準用於以生乳爲原料，經加溫殺菌包裝後冷藏供飲用之乳汁，產品包括鮮牛（羊）乳、強化鮮乳、低乳糖鮮乳等。強化鮮乳可添加如寡糖、酪蛋白或其他生乳中（除水分外）之營養素。鮮乳因僅經巴氏殺菌以殺滅影響食品安全的病原菌與部分腐敗菌，故必須以低溫儲存，且儲存期限僅約2週。

2008年中國發生在奶粉中添加三聚氰胺（melamine）之毒奶粉事件，主要原因爲牛乳中最重要的成分爲蛋白質，而一般測定蛋白質是測其分解所產生氮的多寡。三聚氰胺含有許多氮，添加在乳粉中檢驗時，一樣可測出氮，便可減少牛乳用量、降低成本。而且三聚氰胺爲白色粉末，又沒味道，加在奶粉中不容易被發現。但三聚氰胺是一種不可食用的工業原料，食用後對人體傷害極大。其結晶會留在腎內形成結石，對腎臟造成不可恢復之傷害。

表10.7 鮮乳成分之分級標準

種類	脂肪（%）	非脂固形物（%）	沉澱物（mg/L）	磷酶試驗
高脂	3.8以上	8.25以上	0.5以下	陰性
全脂	3.0～未滿3.8	8.25以上	0.5以下	陰性
中脂	1.5～未滿3.0	8.25以上	0.5以下	陰性
低脂	0.5～未滿1.5	8.25以上	0.5以下	陰性
脫脂	未滿0.5	8.25以上	0.5以下	陰性
脂肪無調整	3.0以上	8.25以上	0.5以下	陰性
鮮羊奶	3.0以上	8.0以上	0.5以下	陰性

資料來源：中華民國國家標準總號3056，N5093

表10.8 鮮乳檢測項目、標準及方法

項目		標準		建議方法
		鮮乳	強化鮮乳	
官能檢查	性狀	1.不得有腐敗、變色或異常之臭味。 2.保久乳之乳汁不得有凝結、沉澱。		外觀、色澤、氣味
理化性質	酸度	0.18%以下		依CNS總號3441，類號N6057乳品檢驗法測定
乳成分	脂肪	高脂鮮乳3.8%以上；全脂鮮乳3.0～3.8%；中脂鮮乳1.5～3.0%；低脂鮮乳0.5～1.5%；脫脂鮮乳低於0.5%。鮮羊乳3.0%以上。		依CNS總號3444，類號N6060乳品檢驗法測定
	非脂固形物	8.25%以上		依CNS總號3448，類號N6064乳品檢驗法測定。所得之乳總固形物扣除脂肪部分
微生物	生菌數	每公撮5萬以下		依CNS總號3452，類號N6194乳品檢驗法測定
	大腸桿菌群	每公撮10以下		依CNS總號10984，類號N6194食品中微生物檢驗法測定

項目		標準		建議方法
		鮮乳	強化鮮乳	
	大腸桿菌	陰性		依CNS總號10951，類號N6192食品中微生物檢驗法測定
	沙門氏菌	陰性		依CNS總號10952，類號N6193食品中微生物檢驗法測定
	李斯特菌	陰性		依CNS總號14508，類號N6345食品中微生物檢驗法測定
藥物殘留	青黴素	不得檢出		
	氯黴素	不得檢出		
	四環素類	羥四環黴素、氯四環黴素、四環黴素總和小於或等於0.1 ppm。		
	磺胺劑	磺胺劑總和小於或等於0.1 ppm。		依CNS總號14459，類號N6335食品中微生物檢驗法測定
汙染物	戴奧辛	乳品每公克（以脂肪計）中戴奧辛毒性當量3皮克以下（3pg/g fat）。		依CNS總號14758，類號N6369食品中戴奧辛及多氯聯苯檢驗法測定
食品添加物	添加物	不得添加	可添加營養添加劑及酪蛋白	

臺灣目前鮮乳保存期限多標示10天左右，但若以UHT殺菌方式其實有些產品中已處於近乎無菌之狀態。國外生產的ESL（extended shelf-life）乳的保存期一般在30天以上，而其販售時仍可標示鮮乳。ESL乳係一方面生產過程重視管線與環境之清潔衛生，另外，原料乳殺菌前先經過微過濾（MF）處理，並多使用

超巴氏殺菌法殺菌，故保存期限較長。

⑵ 還原乳

將脫脂奶粉或濃縮脫脂乳以水溶解，添加乳脂肪，加工調製成如市售鮮乳般成分者，稱爲還原乳（recombined milk）。如果原料爲全乳粉或濃縮全乳者，則稱爲復原乳（reconstituted milk）。還原乳由於外觀、成分與鮮乳極相似，但價格較鮮乳便宜許多，因此早期有些廠商常利用添加還原乳混充鮮乳方式，獲取價差。因檢測不易，因此農委會以源頭管理方式，推出鮮乳標章（圖10.12）。此標章是爲保障消費者權益所實施的行政管理措施，促使廠商以國產生乳製造鮮乳。政府依據乳品工廠每月向酪農收購之合格生乳量及其實際產製的鮮乳核發「鮮乳標章」。爲了防範可能發生的弊端，對此標章的管控及查核作業非常的嚴謹，貼紙印製作業由特定印刷廠負責承印，以確實掌握紙張原料來源及印刷品質，並加強防僞設計。每月並由各縣市政府不定期赴超市抽檢鮮乳標章的黏貼情況，發現乳品廠違規者按情節輕重處以警告或暫停輔導的處分。

同時，農委會於2000年輔導中華民國養羊協會以產業自律方式，推廣具羊乳標章之國產鮮羊乳（又稱 GGM 標章）（圖10.12），其運作機制均仿效鮮乳標章的作法設計。

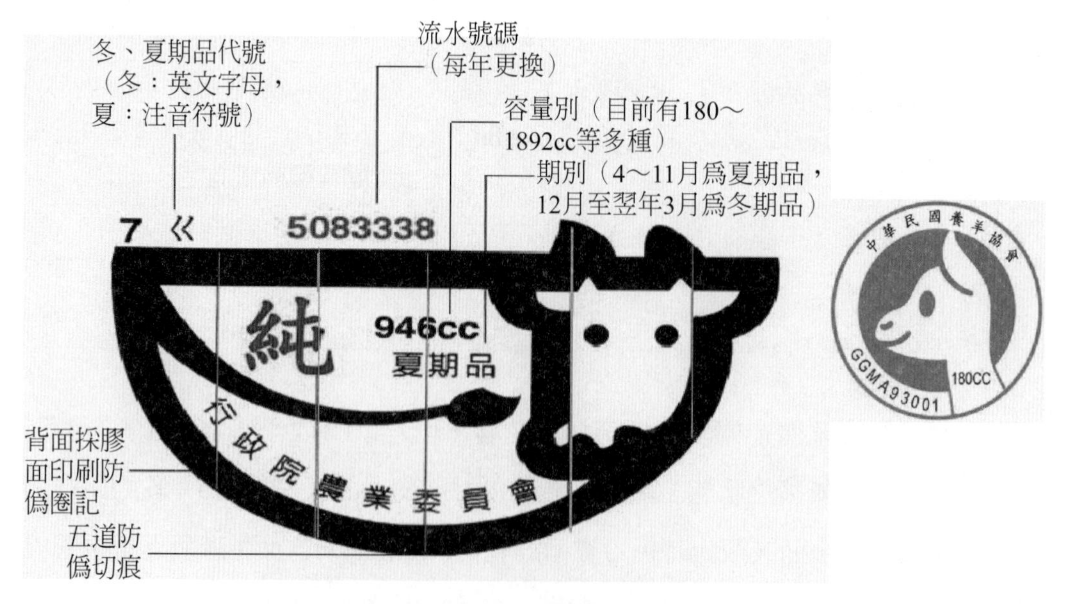

圖10.12 鮮乳及鮮羊乳標章

⑶ 調味乳

調味乳係以50%以上之生乳、鮮乳或保久乳為主要原料，添加調味料加工製成（可使用還原乳）。常見如木瓜、巧克力、果汁牛乳等。

製造調味乳與還原乳時，要注意微生物的問題，因細菌孢子在UHT滅菌過程中可能會存活下來。還原乳中所含的孢子數受奶粉品質（孢子數過高）、水的品質（水中菌數過高）以及還原和復水時所採用的條件等因素影響。另外，原料如可可粉、糖及安定劑，亦可能含有不少的細菌孢子。可可粉更可能含有不易溶解或復水的殼或是顆粒，這會使孢子受到保護而在UHT滅菌後存活下來。所以還原乳在調配桶內過高的溫度下滯留時間不宜超過5～6小時。

⑷ 保久乳

保久乳是以生乳經高壓滅菌或高溫滅菌，以瓶（罐）裝或無菌包裝後供飲用之乳汁。由於經過滅菌處理，一般市售保久乳的保存期限約6～9個月。目前保久乳的包裝有鋁箔包、易開罐及玻璃瓶，由於不需要冷藏，食用上較鮮乳方便。鮮乳與保久乳之比較如表10.9所示。

表10.9　鮮乳與保久乳之比較

品質特性	鮮乳	保久乳	品質特性	鮮乳	保久乳
營養	佳	略差	價格	高	較低
風味	新鮮	微加熱味	保存方式	冷藏	室溫
色澤	白	白～微黃	有效期限	2週	6～9個月

資料來源：吳，2011

⑸ 冰磚乳

冰磚乳原料可能為鮮乳或冷凍濃縮乳，係將原料乳（鮮乳或冷凍濃縮乳）殺菌後急速冷凍製成冰磚，以方便運輸。一般多利用B2B通路販售。

六、乳製品簡介

乳製品（dairy products）包括鮮乳、保久乳、乳粉、調味乳、發酵乳、煉乳、乳油、乳酪、乾酪、其他液態乳等。另冰淇淋一般也常被列爲乳製品。根據形態，包括：1. 液態：⑴ 乳狀乳如鮮乳、保久乳、調味乳；⑵ 乳油如酸乳油、鮮乳油；⑶ 濃縮乳如加糖煉乳、無糖煉乳、蒸發乳；⑷ 發酵乳如酸酪乳、酸乳與乳酸飲料。2. 非液態：⑴ 粉末狀如奶粉、酪蛋白、乳糖、乳清粉；⑵ 固體形態如乳酪、乾酪、冰淇淋。

1. 乳油（cream）

乳油是以生乳或鮮乳加工或由乳酪還原加工製成之半固狀油脂。一般由未均質化之前的生牛乳，利用離心式分離機（separator）分離頂層牛乳脂肪含量較高的一層製得。分離機構造如圖10.13所示，在圓缽內部由數十個可拆卸置換的分離圓盤重疊而成，分離圓盤上有一排小洞，可根據洞位置控制乳油中油脂含量。當小洞靠近中心時，則乳汁部分含油脂較低，離心產物可製造脫脂乳或低脂乳，但中心乳油處之產物則含較多之乳成分。當小洞靠近外圍時，則所分離之乳油成分中，油脂含量較多且純。分離時要加熱至32～38℃以利乳油之分離，分離後所得的稀乳油，經殺菌、冷卻、包裝而製成乳油（圖10.14）。

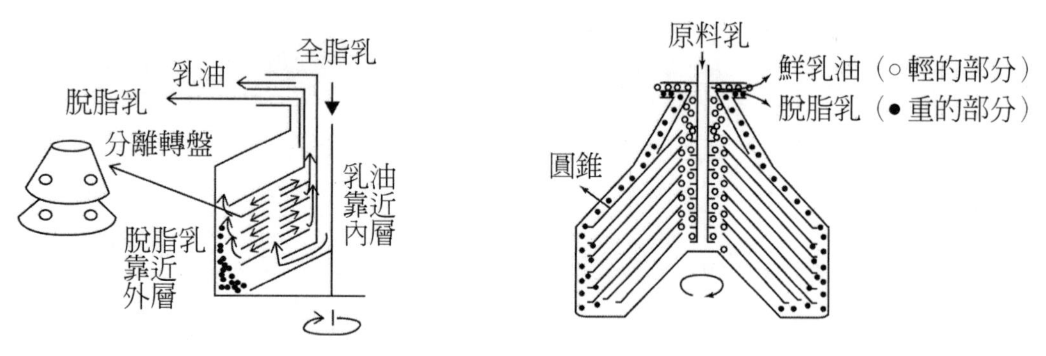

圖10.13　分離機分離方式示意圖（左圖）與圓缽內部構造（右圖）

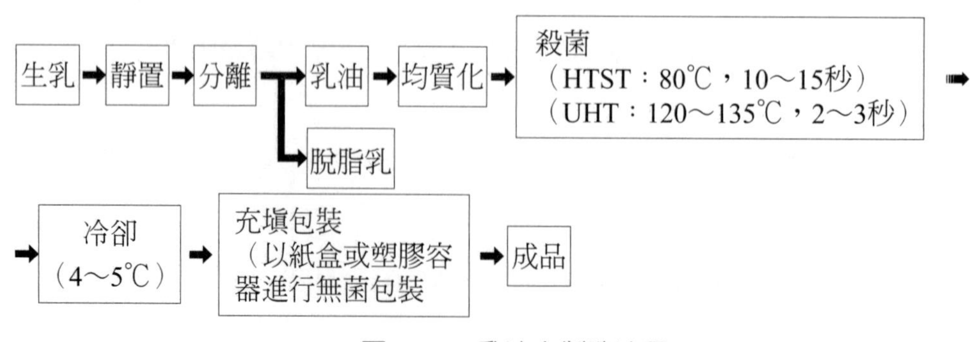

圖10.14　乳油之製造流程

乳油通常依脂肪成分分類。其中，半半拼乳油（half-and-half），為脂肪成分最低者（10.5～18.0%），通常用作加入咖啡及其他飲料中。低脂乳油（light cream）（脂肪18.0～30.0%），俗稱奶精，是最常用於咖啡及紅茶者，它具有香醇的風味。鮮乳油（脂肪30.0～36.0%）（鮮奶油，light whipping cream）具有起泡的功能，因此可作蛋糕或西點之霜飾用。高脂乳油（heavy cream）（脂肪36.0%），則因含脂肪量高，所以起泡性最佳，且打成的奶油霜飾較硬。30%以上脂肪之乳油也常作為冰淇淋之原料。

酸乳油是用18%或更高乳脂含量的乳油藉由細菌發酵過程製作的含有0.5%以上乳酸的乳油製品。經過發酵後，乳油會變酸且更濃稠。法式酸乳油（Crème fraîche）是用高脂乳油（30～40%乳脂）經過輕微細菌發酵製作的產品，它不如優酪乳黏酸和濃。

2. 煉乳

以乳或乳製品為原料，經脫除部分水分、加糖、濃縮製成之產品。包括無糖煉乳與加糖煉乳兩類。

(1) 蒸發乳或無糖煉乳（evaporated milk或unsweetened condensed milk）

無糖煉乳是將牛乳水分蒸發掉約60%者，俗稱奶水。若原料為全脂乳，則最後剩下的濃縮物需最少含7.5%的脂肪及25%以上的乳固形物，且乳蛋白要在34%以上。其加工流程如圖10.15。由於製造過程經過滅菌的手續，故能儲放於室溫。蒸發乳的優點為能節省儲存的空間及減輕重量，有利於運輸，同時又可在常溫下儲放而不需要特殊的冷藏設備，其缺點為製罐時的高溫會造成顏色及風味的改變。變色主要為加熱時醣類與胺基酸反應造成的梅納反應及乳糖的焦糖化反應造成。風味則係來自烹煮風味，此風味在20℃及37℃儲存，要比在4℃下濃。

(2) 加糖煉乳（sweetened condensed milk）

根據國家標準定義，加糖煉乳若是原料為全脂乳，則最後剩下的濃縮物需最少含8%的脂肪及28%以上的乳固形物，且乳蛋白要在34%以上。蒸發乳與加糖煉乳皆為罐裝，因此常易混淆。可由外觀加以辨認，加糖煉乳因為蒸發掉2/3的水分，故較為濃稠。加糖煉乳水分在27%以下，而且又加入約44%蔗糖或葡萄糖，

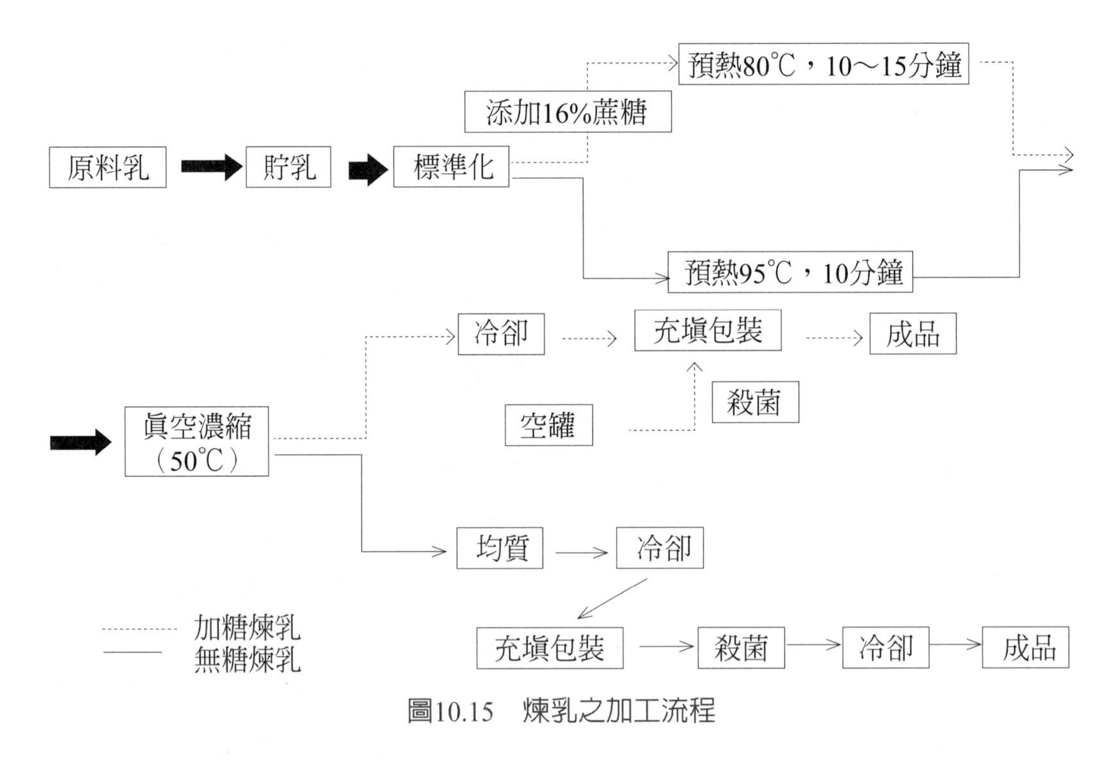

圖10.15 煉乳之加工流程

可延緩微生物的生長，因此殺菌程度可稍減，所以其香味或改變較蒸發乳爲小。但也因爲加入了糖，使其有不同的風味。

3. 發酵乳（fermented milk）

(1) 發酵乳的分類

發酵乳係以生乳、鮮乳或其他乳製品爲主原料，經乳酸菌、酵母菌或其他對人體健康無害之菌種發酵而成之製品。發酵乳又稱爲酸凝酪、酸乳酪、酸乳、優酪乳、優格（yoghurt）等。依形態分，可分爲：

① 發酵乳，又分爲：A. 凝態發酵乳：包括(A)第一類凝態發酵乳：係以生乳或鮮乳含量90%以上爲原料，如爲增加無脂固形物，可添加脫脂乳粉等乳製品原料，經發酵而成近固態之製品。(B)第二類凝態發酵乳：係以生乳或鮮乳爲原料，混合乳粉等乳製品原料，經發酵而成近固態之製品。B. 濃稠發酵乳：包括(A)第一類濃稠發酵乳：係以生乳或鮮乳含量90%以上爲原料，經發酵後，或添加鮮乳調製成濃稠狀之製品。(B)第二類濃稠發酵乳：係以生乳或鮮乳爲原料，混合乳粉等乳製品原料，經發酵後或添加鮮乳調製成濃稠狀之製品。C. 稀釋發

酵乳：以生乳或鮮乳為唯一原料或部分原料混合其他乳製品，經發酵後添加糖水調製成稀釋狀之製品。

② 濃縮發酵乳：濃縮使最終製品中乳蛋白質含量達5.6%以上者。

③ 調味發酵乳：由非乳成分最高含量不超過50%的複合乳製品（composite milk product）發酵而成之製品。

④ 凝態、濃縮及調味發酵乳均可製成保久發酵乳或冷凍發酵乳。A. 保久發酵乳：為發酵乳在發酵之後經加溫滅菌之製品，最終製品應無活菌存在。B. 冷凍發酵乳：為發酵乳在發酵之後經冷凍之製品，解凍後仍應含有活菌。

市售產品的型態包括乾燥粉末或錠劑、稀釋或濃厚液狀、糊狀、固體狀、凍結成冰品者。亦有以發酵乳為基礎，加上果汁、糖水、香料所製成的乳酸飲料。發酵乳依接種細菌的種類可簡單區分為乳酸發酵乳及酒精發酵乳。另外，依殺菌與否又分為可於室溫下保存的死菌發酵乳及需冷藏的活菌發酵乳。

所謂希臘優酪乳（Greek yogurt），是將一般的優酪乳經過離心、過濾方式，排除乳清，形成的更濃稠、偏固體狀態的產品。大約4公升的牛奶製造出1公升的產品，其蛋白質與鈣質為一般優酪乳的兩倍，但乳醣與脂肪含量卻較低。

⑵ 發酵乳之加工

發酵乳之加工流程如圖10.16所示。

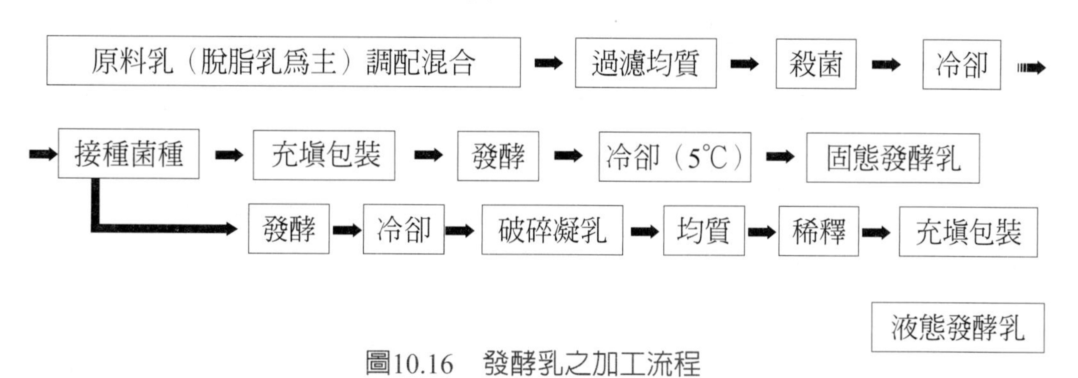

圖10.16　發酵乳之加工流程

① 原料的選擇與均質

發酵乳可以鮮乳、脫脂乳粉、全脂乳粉、無水乳酪為原料，根據乳的化學組成，用水來配製。必須確定原料乳是不含抗生物質的。若使用還原乳要注意在

30～40℃下不可放置超過2小時，以免細菌滋生。如果原料乳中含有乳脂肪，則必須經過均質以免產生浮油，同時也可使成品質地更加滑順。

② 殺菌與冷卻

90℃、5分鐘的熱處理可以殺死所有細菌，但是有些細菌的孢子仍會存活下來。140℃、5秒鐘則可以殺死所有細菌及孢子。殺菌完需快速的冷卻至40～44℃以便接菌，冷卻速度愈慢造成汙染的機會愈高。

③ 接菌

接菌溫度必須在40～44℃之間，接種時必須保持無菌的狀態。接種後攪拌5分鐘。發酵槽需保持正壓，以免雜菌藉由通氣孔進入槽內汙染。菌種接種量最低為0.5～1%，若太低則乳酸菌生長不足，產酸易受到抑制，而易形成對菌種不良的生長環境。最高不可超過5%，以免造成最終產品的缺陷，且產酸過快過高，會影響風味。一般最適量為2～5%。

乳酸菌是能利用醣類（葡萄糖、果醣、蔗糖、乳糖等）生長並生成乳酸的一群細胞的總稱，也是棲息於人類腸道系統中最主要的有益菌。可用作生產發酵乳的乳酸菌有很多種類，依照國際酪農聯盟規定，發酵乳的製造菌種是嗜熱乳鏈球菌（*Streptococcus thermophilus*）及保加利亞桿菌（*Lactobacillus bulgaricus*）二類。但我國國家標準中並沒有限制菌種的種類。國內常用乳酸菌包括：A.乳酸鏈球菌屬（*Streptococcus*）。為球型，並連結成鏈鎖狀。如嗜熱乳鏈球菌（*Str. thermophilus*）、乳酸鏈球菌（*Str. lactis*）、乳酪鏈球菌（*Str. cremoris*）。B.乳酸桿菌屬（*Lactobacillus*）。為細長棒狀，有時數個桿菌連接在一起。如保加利亞桿菌（*L.bulgaricus*）、嗜酸乳桿菌（*L.acidophilus*）、酪乳酸桿菌（*L. casei*）。C.雙叉乳桿菌屬（*Bifidobacterium*）。為桿狀，通常呈X或Y字型，有時會有V字型、彎曲型、紡錘型或棍棒型等型態。一般常用比菲德氏菌或稱雙歧桿菌（*B. bifidum*）、龍根菌（*B. longum*）、嬰兒雙歧桿菌（*B. infantis*）、短雙歧桿菌（*B. breve*）等。

④ 發酵

固態發酵乳一般直接接種後即充填入容器中，直接在容器中發酵。

液態發酵乳則使用發酵槽發酵。發酵槽的設計最好是內面光滑，容易清洗和消毒。溫控很重要。通常用低溫（30～37℃）培養8～12小時。可防止產酸過度，降低乳酸發酵速度，並可促進風味物質形成。溫度高雖然發酵時間縮短，但產酸較多產品較酸。發酵期間不可攪拌，以免破壞產品的質地。影響培養時間的因素包括：接種量、菌種活性、培養溫度、容器類型、發酵季節和氣候條件等。

發酵終點通常設定在pH 4.2（視產品而定）或酸度65～70° T，因為在此pH下，除了黴菌和酵母菌以外，病原菌及孢子都無法生長。

⑤ 冷卻和攪拌

發酵後需冷卻至25℃以下。冷卻可提高組織狀態，降低和穩定脂肪上浮和乳清析出，並抑制菌的產酸，而延長保存時間。在冷卻之前儘量避免過度攪拌，以保持產品質地的完整性。冷卻用的設備可採用板式交換機或其他設備。在此階段可以增加均質的步驟，以改善產品的平滑度。冷卻後攪拌4～8分鐘以打碎凝塊，使最後產品之凝塊在0.01～0.4 mm。

⑥ 充填／包裝

保存期限長的產品通常採用無菌充填及包裝，但是要注意熱處理後的製程及環境，避免殺菌後的汙染。保存期限短的產品只要用一般的充填及包裝設備即可，仍要注意滅菌後汙染的問題。

可能造成乳清分離和質地不夠平滑（有顆粒狀）的原因是：原料品質不佳、均質條件不理想、受到汙染、過度攪拌、*Lactobacillus*在菌種內的比例太高、發酵溫度過高、達到發酵終點後降溫不夠快、原料的成分不對等。改善的方法：使用品質佳的原料、均質（溫度和壓力要適合）、改善衛生條件、避免過度攪拌、降低*Lactobacillus*在菌種內的比例、達發酵終點後儘快降溫、配方中增加蛋白質、脂肪或安定劑的用量。

⑶ 克非爾

克非爾（Kephir或Kefir）又稱為牛乳酒，是一種發源於高加索的發酵乳飲料。這種飲料是在牛乳或羊乳上接種上一批的克非爾粒，乃細菌（嗜酸乳桿菌）和酵母菌（克非爾酵母菌）的複合體。在室溫下發酵12～36小時，使乳糖發酵。

產生的飲料是酸性充滿碳酸氣的酒精飲料。若時間更長，將分離成塊狀物（凝乳）和稀的黃色的液體（乳清），這種情況不宜食用，但可以用來製造軟乾酪。

4. 乳粉（milk powder）

乳粉包括以下三項：⑴ 全脂乳粉，係以生乳除去水分製成之粉末狀產品。⑵ 脫脂乳粉，係以生乳除去脂肪及水分所製成之粉末狀產品。⑶ 調製乳粉，係以生乳、鮮乳、乳粉或乳清粉爲主要原料，添加其他營養與風味或各種之必要其他添加物，予以調和製成之粉末狀產品。

乳粉之製造過程如圖10.17所示。與鮮乳一樣，原料乳一樣要經過標準化與殺菌之過程。如果生乳的菌數在標準內，則在乳粉的製造過程中，大部分的微生物都會被殺死。雖然製成的乳粉不可能完全無菌，但所遺留下來的微生物不會對產品安全及品質造成影響。

接著以眞空濃縮機或蒸發器在50℃之低溫下進行濃縮，使總固形物含量由12.5%提高至45～50%。濃縮濃度不可過高，因乳固形物濃度超過此一比例，則濃稠度會太高以致於無法從噴嘴中噴出至噴霧乾燥塔中。蒸發時溫度亦不可超過70℃，以避免乳清蛋白變性。

若生產全脂乳粉及脫脂乳粉時，一般不必經過均質。但若乳粉的配料中加入

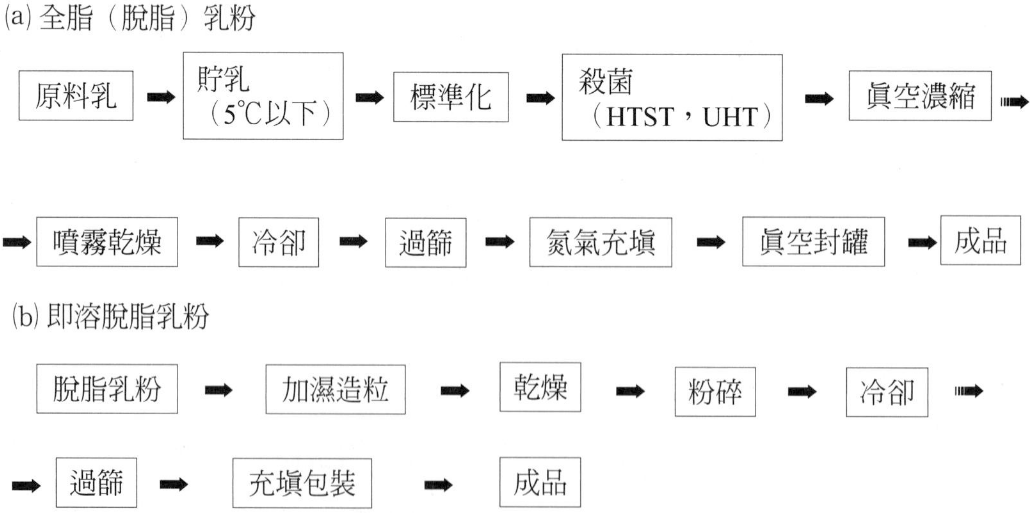

⒜ 全脂（脫脂）乳粉

原料乳 ➡ 貯乳（5℃以下） ➡ 標準化 ➡ 殺菌（HTST，UHT） ➡ 眞空濃縮 ➡

➡ 噴霧乾燥 ➡ 冷卻 ➡ 過篩 ➡ 氮氣充塡 ➡ 眞空封罐 ➡ 成品

⒝ 即溶脫脂乳粉

脫脂乳粉 ➡ 加濕造粒 ➡ 乾燥 ➡ 粉碎 ➡ 冷卻 ➡

➡ 過篩 ➡ 充塡包裝 ➡ 成品

圖10.17　乳粉製作過程

了植物油或其他不易混勻的物料時，就需要進行均質。接著進行乾燥。

濃縮液在乾燥前會再加熱，加熱可降低濃縮液之黏度，並有助於消滅未能在蒸發過程除去的細菌，同時對即溶奶粉而言，加熱過程能增進奶粉的功能性。

乳粉乾燥方式主要有轉筒乾燥法及噴霧乾燥法，轉筒乾燥產物復水性較差，而以噴霧乾燥法所製成之奶粉品質較好。冷凍乾燥雖然產品品質更佳，但因爲還要再經粉碎步驟，反而增加汙染與吸水之機會，因此目前乳粉之乾燥多半使用噴霧乾燥法。

一般噴霧乾燥筒在入口處的空氣溫度是180～230℃、出口處空氣溫度則在70～95℃之間。但實際操作上，乳粉本身並不會達到這樣高的溫度，因爲濃縮液是以高速噴入乾燥筒，在乾燥筒內的時間不長。同時濃縮液滴表面的水蒸氣吸收大部分熱氣以保護粉粒內部溫度不致過高。因此乳粉能保存大部分之營養素。

乾燥過程首先將濃縮乳霧化成液滴，液滴與熱空氣接觸，則牛乳的水分迅速蒸發，接著將乳粉顆粒與熱空氣分開。整個乾燥過程大約25秒。由於微小液滴中水分不斷蒸發，使乳粉的溫度不超過75℃。最後乾燥的乳粉含水分2.5%左右。

乳粉從塔底出來溫度爲65℃以上，需要冷卻以防脂肪分離。冷卻是在粉箱中室溫下過夜，然後過篩（20～30 mesh）後即可包裝。冷卻可防止以下情況：⑴ 結塊。液態脂肪會造成顆粒凝結在一起。⑵ 氧化。高溫會加速氧化作用。⑶ 風味不佳。高溫時會產生化學反應。⑷ 褐變。高溫會促進蛋白質和乳糖間之褐變反應。

包裝使用充氮密閉包裝。先將空氣抽除，再灌入適量氮氣，可避免乳粉的氧化，以延長乳粉的保存期限。脂肪經過一段時間會與空氣中的氧結合起化學變化，脂肪一經氧化即會產生異味。未用氮氣包裝的乳粉在30℃儲存6個月後，便開始發生氧化現象；反之，氮氣充填者儲存20個月後，才會開始發生氧化。

即溶乳粉會經造粒（agglomeration）過程。造粒化乳粉之製造原理是將小的粉塵顆粒噴回到主噴霧乾燥筒，這些細小粉塵顆粒會吸附到濕的濃縮液滴的表面以形成更大的顆粒（造粒）。乳脂肪含量低的脫脂乳粉及中脂乳粉，在水中分散性較佳。但是全脂乳粉因粉質細、粉塵特性及乳脂肪含量高，在水中分散性較差，故全脂鮮乳粉需經過造粒以強化水中分散性。

5. 乳酪（butter）

乳酪（butter）爲以乳油加工製成之半固狀產品，俗稱奶油、牛油，是利用攪乳（churning）使乳油中之乳脂進一步凝結的產品（圖10.18）。

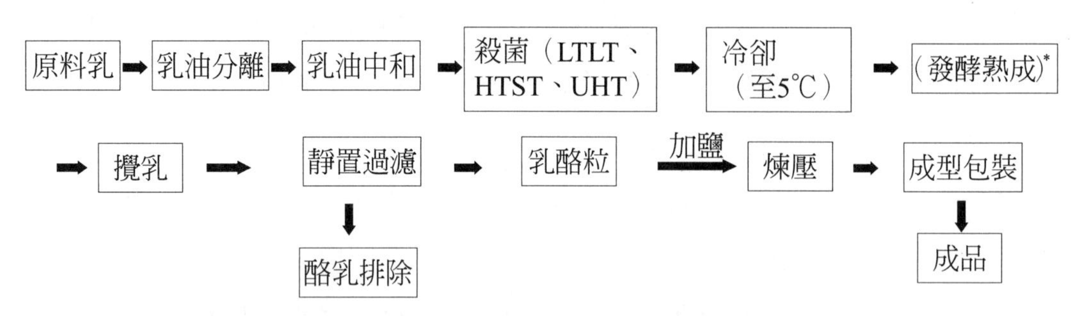

圖10.18 乳酪製作過程（* 發酵乳酪需要）

將生乳酸化使乳油分離出或直接取含脂率35～40%的稀乳油。以10%碳酸鈉中和酸度至0.1～0.14%，應避免中和過度而產生異臭。接著進行巴氏殺菌後冷卻到5℃。若要生產發酵乳酪，則添加5～10%乳酸菌，於18～21℃發酵2～6小時，接著進行8小時以上的熟成。

若非發酵乳酪，則直接進行攪乳。攪乳係將稀乳油置於攪拌器中，利用機械的衝擊力使脂肪球膜破壞而形成脂肪糰粒。由於未均質化的牛乳與稀乳油含有微小球狀的乳脂。這些小球被磷脂質（乳化劑）和蛋白質組成的膜包覆著，可防止牛乳中的脂肪聚集成塊。攪動可以破壞這層膜，並且使得牛乳中到處分散的脂肪結合、與其他成分分開。

乳油經攪乳分離成粒狀的脂肪後，持續攪拌成適當含水量、質地均勻之乳酪的過程稱爲煉壓（working）。煉壓的目的在擠壓出乳油顆粒間的水分，直到所需的水分含量，並將液體脂肪與水分均勻地分散在脂肪團塊（最終的連續相）中。

乳酪又分一般乳酪與無水乳酪。一般乳酪含約80%乳脂和15%水，水分散在乳脂中呈微小液滴，因此是一種油中水型（w/o）的乳化物。又分爲無鹽及有鹽兩種。有鹽乳酪是在製程中加入約2.5%的食鹽，一來可提升乳酪風味，二來有助產品保存，抑制微生物生長。無水乳酪含脂率99.5%，水分約0.4～0.5%。除食鹽，有時候會加調味劑和防腐劑。

乳油原料與製造方法的差異會造成乳酪成品不同的特性，主要是由於成品中的乳脂組成不同。乳油包含三種不同形式的脂肪：游離乳脂，乳脂晶體與未破壞的脂肪球。若主要成分是游離脂肪的乳酪則較軟，而含有許多晶體的乳酪較硬。

乳酪除提供香味及脂肪所帶來的口感外，還包括起酥性及打發性。這些特性對烘焙業相當重要。乳酪必須以冰箱儲存，超過15℃即會軟化，在32～35℃下融化成液體。暴露在日光下或空氣中亦會加速乳酪的融化，緊緊包裹起來可以延緩這一過程，同時防止產生異味。包裝好的乳酪在冷藏溫度下可以保存數個月。

6. 乾酪（cheese）

乾酪，又名乳酪、起司。可遠溯數千年前，據傳最早由阿拉伯人所製作，而在中世紀傳入歐洲，尤其在修道院中非常盛行，即使是現在，都還有許多歐洲的修道院因製售乾酪而享有盛名。

(1) 乾酪種類

乾酪因歷史悠久，種類便很繁多。通常乾酪分成兩類：天然乾酪（natural cheese）及再製乾酪（process cheese）。再製乾酪乃將多種天然乾酪，經加熱，添加乳化劑故名之。天然乾酪則是由單一種原料乳經各種步驟製得。

天然乾酪可依各種不同製造法而有數種分類法：① 依原料乳：有牛乳乾酪、山羊乳乾酪及綿羊乳乾酪等。② 依凝固法：包括凝乳酶乾酪（rennet cheese）與酸乳乾酪（sour milk cheese）（以乳酸凝固）。③ 依熟成程度：分熟成乾酪與未熟成乾酪。④ 依成品之硬度：分超硬質乾酪（very hard cheese）、硬質乾酪（hard cheese）、半硬質乾酪（semi-soft cheese）及軟質乾酪（soft cheese）。⑤ 依外觀：如鮮乾酪、白黴乾酪、藍紋乾酪、洗浸乾酪等。

(2) 乾酪之製造

乾酪製作步驟的些許不同就可以製出完全不同的產品，如原料是牛乳或是羊乳、凝乳方式、凝乳的瀝乾與切割程度、是否用鹽摩擦外皮、形狀是圓形、輪狀、金字塔狀或是其他形狀，這些不同點都影響乾酪的口感、香氣和味道。

各種乾酪各有其獨特製法，但大致製造過程包括：① 原料乳處理（檢驗、標準化、淨化、殺菌）。② 添加發酵劑、菌原或凝乳酶以進行凝乳化（curdling）、凝固（coagulation）、靜置（setting）。③ 凝乳之截切（cutting）。④ 凝乳之蒸煮、攪拌（stirring）與乳清之排除。⑤ 凝乳之堆積與壓榨定型。其後再根據不同產品特性，繼續進行下列步驟。⑥ 加鹽（salting）。⑦ 凝乳塑形、入模成型、切割。⑧ 熟成（ripening，curing）。⑨ 上色掛蠟。⑩ 貯藏等步驟（圖10.19）。

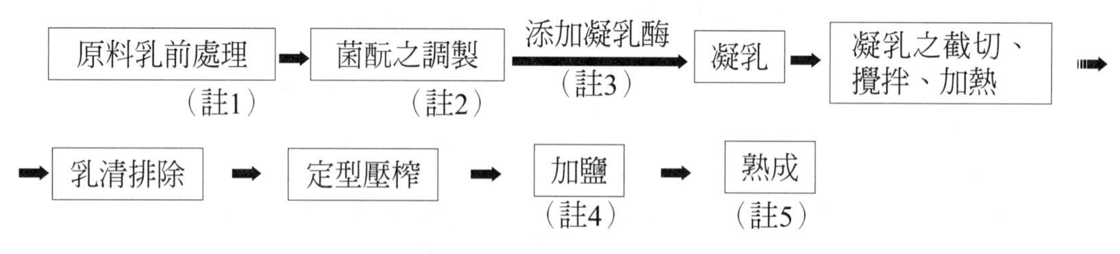

圖10.19　乾酪之製造流程

註1：前處理包括檢驗、標準化、淨化及殺菌。

註2：添加細菌（如乳酸菌爲主，酸度0.18～0.20%）或黴菌。

註3：使用條件：酸度在0.17～0.20%；乳溫在29～31℃；添加量：液狀凝乳酶取0.26 g/L，以3～4倍水溶解，緩慢添加。凝乳時間：由開始凝固算起，靜置30～40分鐘。

註4：加入20%之食鹽水，於10～15℃下，浸漬2～4日。

註5：條件爲10～15℃，相對濕度75～85%，爲期4～6個月。

① 原料乳的處理

與生乳處理一樣，原料乳需經檢驗，標準化，淨化，殺菌等步驟。原料感官檢查合格後，測定酸度（牛乳18° T，羊乳10～14° T）或酒精試驗。必要時進行青黴素及其他抗生素試驗。然後進行過濾和淨化，並按照產品需要進行標準化。原料乳中的含脂率，決定於乾酪中所需要的脂肪含量。另外，不得使用近期內注射過抗生素的奶畜所分泌的乳。

一般以鮮乳之巴氏殺菌條件進行殺菌。殺菌的目的是爲了消滅乳中的致病菌和有害菌並破壞酵素，使乾酪品質穩定。殺菌品質的良窳，直接影響產品品質。如果溫度過高，時間過長，則熱變性的蛋白質增多，用凝乳酶凝固時，凝塊鬆軟，且收縮作用變弱，易形成水分過多的乾酪。

② 凝乳塊的形成

凝乳塊的形成可使用凝乳酶（rennin或rennet）或酸或二者併用。若要接種乳酸菌者，則多用酸。在此步驟會進行凝乳化（curdling）與凝固作用（coagulation），凝乳塊產生後則需靜置（setting）。

A. 添加發酵劑（starter）

發酵劑（主要爲乳酸菌或混合菌種）可使乳糖分解產生乳酸來保藏乾酪。對不需熟成的乾酪如卡達（cottage）、鮮乳油（cream cheese）乾酪等，則常使用乳酸菌作發酵劑。

將殺菌乳冷卻到30℃左右，倒入乾酪槽中，添加1～2%的發酵劑〔一般以乳酪鏈球菌（*Str. cremoris*）和乳酸鏈球菌（*Str. lactis*）混用〕。加入前發酵劑應充分攪拌，避免小凝結塊。經過1小時發酵後，使酸度達20～24° T即可。發酵劑的添加量應根據原料乳的情況、發酵時間長短、乾酪達到酸度和水分調整。製作瑞士乾酪時則會加入*Propionibacterium shermanii*，以在熟成過程中產生二氧化碳，給予瑞士乾酪特殊孔洞的結構。

爲提高凝塊品質，尙會添加下列物質：(A)氯化鈣。原料乳品質不夠理想時，會出現凝塊鬆散、切割後產生大量細粒現象，使部分蛋白質流失。同時在凝塊過程中，凝塊顆粒中剩留的乳清也較多，可能使發酵後乾酪變酸。爲了改進乾酪品質，可加入5～20 mg/每100 kg原料乳的氯化鈣。氯化鈣過量易形成太硬的凝塊，難於切割。(B)色素。牛乳色澤隨季節和飼料而異。羊乳則因缺乏胡蘿蔔素，使乾酪顏色發白。爲使成品色澤一致，使乾酪均帶微黃色，會在原料乳中加適量色素。

B. 添加凝乳酶

牛乳的凝結是乾酪製程中最重要的環節。一般乾酪的凝乳塊多使用凝乳酶（rennin）。凝乳酶多用粗凝乳酶（rennet）。傳統凝乳酶係自犢牛的第四胃抽出而予以純化製得，現已有其他替代品。凝乳酶的添加量在使用前應測定其效價後再決定，一般1份凝乳酶在30～35℃下，可凝結10,000～15,000份的牛乳。凝結過程取決於溫度、酸度、效價和鈣離子濃度。生產過程中在確定添加量後，保持

35℃以下，經30～40分鐘後，凝結成半固體狀態，表面平滑無氣孔。

③ 凝塊切割、攪拌、加熱與乳清排出

當凝塊達到一定硬度後，用專門的切刀或不銹鋼絲縱橫切割（cutting）成小塊。然後輕微的攪拌，讓凝塊顆粒懸浮在乳清中，以便乳清容易流出。同時，將凝乳塊低溫加熱，以加速乳清的流出，並使其組織更緊密。一般每分鐘提高1～2℃，直到槽內溫度至32～36℃爲止。加溫過快，會使凝塊表面結成硬膜，使顆粒內外硬度不一致而影響乳清排出，因此降低乾酪品質。加熱時應不斷攪拌（stirring），以防凝塊顆粒沉澱。加熱溫度的提高和切割較細時，可加速乳清的排出而使乾酪製品含水量降低。

經加熱後的凝塊體積可縮小爲原來的一半。當乾酪粒收縮到適當硬度，乳清酸度達到0.12%左右時，即可排出乳清。排放時要防止凝塊損失。若酸度未達到而過早排出乳清，會影響乾酪的熟成；而酸度過高則產品過硬，帶有酸味。有時會在此時加入鹽、酸或接種不同微生物。

上述步驟爲一般乾酪之共通做法，在此步驟之後，則視產品性質進行加壓、熟成等動作。加壓可以製成組織更硬的乾酪。

④ 成型壓榨

將排出乳清後的凝塊均勻地放在壓榨槽中，用壓板或壓榨機把凝塊顆粒壓成餅狀凝塊，使乳清進一步排出。再將凝塊分成相等大小，裝入專門模具，用壓榨機械壓成型。壓榨時必須防止空氣混入乾酪中。加壓條件爲10～15℃，6～10小時。加壓的過程對乾酪的水含量是很重要的。乾酪可依不同的水分含量加以分類：硬質乾酪，如切達（cheddar）乾酪，含32～38%的水分；半硬質乾酪，如muenster乾酪，含水分38～48%；軟質乾酪，如卡達（cottage）乾酪，含48%以上的水分。

⑤ 加鹽

加鹽可改善乾酪風味、硬化凝塊和增強防腐作用。加鹽方法有乾鹽法和濕鹽法，乾鹽法是把粉碎的鹽直接撒在乾酪表面，乾酪的水分可將鹽溶解而滲透到內部去。濕鹽法是將成型的乾酪，浸泡在濃度22%的8～10℃食鹽水中，約經3～4

天，使乾酪中食鹽含量達1～2%。為了防止各種微生物的生長繁殖，需將鹽水煮沸後使用。

⑥ 熟成（ripening）

熟成期施行的加工方式可以對乾酪內部或僅針對乾酪外皮進行。乾酪熟成時採用加工方式不同，比如外皮以濃鹽水或酒擦過，或是以蠟包裹，對乾酪最後的風味、外觀等都會造成很大的影響。

乾酪處理好後，常要在不同溫度、濕度下放置一段時間，使其熟成才能使乾酪具有獨特風味。許多的物理及化學變化會隨著熟成而進行，乾酪會逐漸由風味平順、硬似橡膠的物質變成富含香味，柔軟而香醇。但熟成乾酪的組織變化亦很大，完全視如何處理而異。有些乾酪會變得很軟，另一些則很硬。甚至硬到有裂痕或易粉碎，有些則變成似海綿狀的多孔形，如瑞士（Swiss）乾酪。

一般乾酪熟成條件為10～15℃，相對濕度65～80%，軟質乾酪則達90%。熟成時間一般為1～4個月，硬質乾酪可長達6～8個月。降低熟成溫度，會延長所需要的熟成時間，但產品風味較好。在熟成期間，醣類、脂肪與蛋白質會改變。乳糖會轉變成乳酸，而有助於抑制不想要的微生物之生長。另一項改變就是香味的改變，在熟成時，脂肪被脂肪酶分解而放出脂肪酸，此有助於香味的增加。若以脫脂牛乳製作cheddar乾酪時，便無法產生其特殊的香味。蛋白酶，如凝乳酶，將蛋白質分解成中分子的含氮物質，如蛋白腖，胜肽等。而微生物的酵素則將此中分子物質及其他分子，如脂肪等再分解，而產生胺基酸、胺類、脂肪酸、酯類、醇類、醛類及酮類。熟成乾酪的特殊香味就是這些物質相互作用而產生的。

這些變化實有賴儲存時間與溫度的相互配合。通常，時間愈長，則香味較濃，溫暖的儲藏溫度會加速香味的形成。但當溫度變動太大時，有時反而會促使不良風味產生。

鹽對熟成的控制亦很重要。若不加鹽，則熟成的速度會加快，但成品組織鬆軟，且產生非自然的風味，如水果味或風味平淡，或帶有苦味。

⑦ 上色掛蠟

熟成後的乾酪，為了防止水分損失、汙染、長黴和維持良好的外形，需加以包裝。硬質乾酪通常塗上有色的石蠟，而半硬質乾酪和軟質乾酪常用塑膠薄膜包裝，再裝入紙盒或鋁箔中。

⑧ 貯藏

成品應在5℃及相對濕度80～90%的條件下貯存。軟質乾酪的儲存應避免脫水與交叉汙染（避免將乾酪與其他發酵產品一起存放），尤其儲存期間乾酪會繼續熟成。硬質乾酪在低溫的環境下，易於切割。可用錫箔紙包裹，目的在隔絕氧氣，並避免其繼續老化。

絲狀乾酪表面通常灑有澱粉，避免其沾黏。表面的澱粉常被誤以爲發黴。需冷凍，使用前放在室溫或冰箱中回溫。開封後需冷凍儲存並於7日內食用完畢。

各類乾酪加工特性如圖10.20。

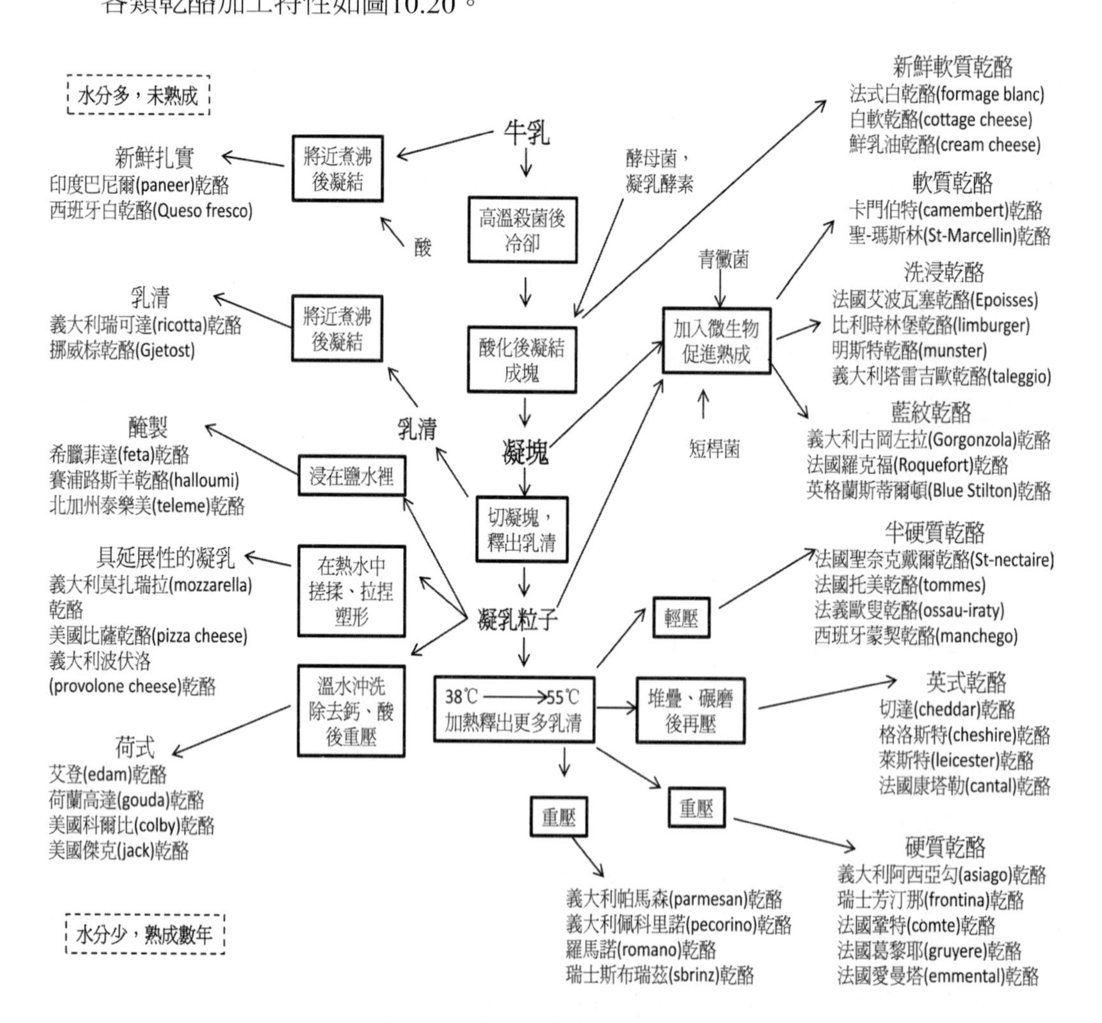

圖10.20 不同乾酪之加工特性

⑶ 不同乾酪之加工特點

① 硬質乾酪（hard cheese）

硬質乾酪的水分含量約32～38%，水分含量愈少，乾酪質地則愈硬。硬質乾酪的平均熟成時間約3個月，有的可以長達數年。並非所有硬質乾酪都很硬，艾登（Edam）的質地比帕馬森（Parmesan）軟。硬質乾酪適合用於刨絲及粉狀。又分熟成與未熟成。

A. 硬質熟成乾酪

切達（Cheddar）乾酪製作時有一特殊步驟，叫堆積（cheddaring）。即在形成凝乳塊後，去除乳清，而後將凝乳塊堆積在一起，每隔一段時間切割、翻轉、去除乳清，以便在加鹽及熟成前達到所需之水分含量之過程。一般市場上切達乾酪的熟成程度由輕度到完全熟成者都有。其價錢隨熟成時間增長而上揚。

另一種瑞士（Swiss）乾酪，除添加一般之乳酸菌外，另添加*Propionibacterium shermanii*，其爲形成瑞士乾酪特殊乾酪眼（cheese eye）氣孔的細菌。

產自義大利的帕馬森乾酪，則幾乎爲義大利菜的同義字。其組織極硬，屬超硬質乾酪，由於熟成期達16個月甚至數年，使其外表形成暗綠至黑的顏色。經過磨碎的帕馬森乾酪其含水量更低。這種乾酪可在25℃下保存，並保持良好的風味和質感。但若溫度達到25℃以上，則會分離出油脂。

B. 硬質未熟成乾酪

硬質未熟成乾酪以Mozzarella乾酪最著名，此種乾酪由於加熱後可拉扯出絲線狀的蛋白質凝塊，故被普遍用於披薩（pizza）中。因爲加熱使蛋白質變性，而聚集在一起，使組織緊密，並擠壓在一起，結果形成硬而呈現絲線狀的蛋白質凝塊。加熱時間愈久及溫度愈高，則此情況變的愈厲害。

② 半硬質乾酪（semi-hard cheese）或半軟質乾酪

其水分含量約38～48%。例如羅克福（Roquefort）乾酪。因爲需求不同，熟成時間長短差異大。又分爲添加黴菌熟成和不添加黴菌熟成兩種。

A. 以青黴熟成

在乾酪中有幾種爲藍綠色，且風味相近者——Gorgonzola、羅克福（Roquefort）及blue（或bleu）乾酪。它們皆是以凝乳酶凝結的乾酪，組織較軟質乾酪稍硬。它們都是接種*Penicillium roqueforti*或其他相似的黴菌，經由2～12個月不等的熟成時間，而發展出其特殊的組織和香味。Gorgonzole及blue乾酪用牛乳，羅克福乾酪則是以綿羊乳為原料。其水分含量不超過50%，冷藏在0～1℃間，可保存2～3個月。若超過這個時間會析出水分並會在表面長出不需要的黴菌。

B. 未添加黴菌熟成

Brick乾酪名稱的來源乃是因為它能形成磚形（brick）而得名，其風味溫和而略甜。Edam及Gouda乾酪同為荷蘭著名的乾酪。其組織由半硬質至硬質皆有，外表為紅色，乃因其常以紅色的石蠟披覆表面的緣故。冷藏於0～1℃，保存期限為2～3個月，若超過這個範圍可能會導致風味變質。

③ 軟質乾酪（soft cheese）

軟質乾酪的水分含量高於48%，乳脂含量相對較低。又分熟成與未熟成。

A. 軟質熟成乾酪

Camembert乾酪是接種了*Penicillium camemberti*的軟質、經熟成的乾酪。其特徵為在完全熟成的成品的中心非常軟，甚至似液體。Brie乾酪則與Camembert乾酪相似，只是較硬些。

B. 軟質未熟成乾酪

Cottage乾酪乃脫脂牛乳加上凝乳酶或乳酸製成，水分70～72%。當牛乳在微溫的環境下放置一段時間後，以乳酸鏈球菌發酵者會將乳糖變成乳酸，使酪蛋白逐漸達到其等電點而沉澱。此時，牛乳中的鈣質會以可溶解的乳酸鈣之形式溶解在乳清中，因此以乳酸製作乾酪時，乾酪中的鈣不及原有牛乳中高。凝乳酶則是以另一種方式形成凝塊。因此，以凝乳酶製出的乾酪含有與牛乳相當量的鈣。

鮮乳油乾酪（cream cheese）亦是軟質天然乾酪，但它是由全脂牛乳並加添乳油製作的。這就是其「cream」名稱之由來，其水分約48～52%，脂肪含量30～40%。屬於乳酸凝塊。

Neufchatel乾酪與鮮乳油乾酪相似，只是它所添加的乳油含量沒有鮮乳油乾酪多（脂肪含量約20～25%）。

④ 紡絲型乾酪

乾酪製造時，將凝乳塊加入滾燙的熱水中，使蛋白質變性。再加以壓揉及延展，即可製成紡絲型乾酪，如Mozzarella乾酪。

⑤ 新鮮乾酪（fresh cheese）

利用乳酸菌或酵素將原料的牛乳凝結，去除水分後就完成的新鮮乾酪，也就是所有乾酪的最初製造步驟所形成的產品。這種乾酪要現買現吃，冷藏保鮮期約一週左右。此類乾酪水分較多，微酸味及清爽的風味是它的特徵。因爲容易入口，所以可以直接食用或是用於製作糕點。包括cottage乾酪、鮮乳油乾酪等。

⑥ 白黴乾酪（white mold cheese）

屬軟質或半軟質乾酪。特徵爲外表覆蓋一層白色黴菌。常見如卡門伯特（Camembert）乾酪，製作時以噴霧器將卡門伯特青黴菌（*Penicillium camemberti*）噴灑在表面，經過4～5天後，乾酪的表面就會產生一層白黴。白黴最大的作用就是使乾酪的口感變得滑順、柔軟，並將蛋白質分解成胺基酸，增添甘美的味道。

⑦ 洗浸乾酪（wash rind cheese）

屬軟質乾酪。利用細菌進行熟成的乾酪，熟成期間以鹽水或當地特產酒再三擦洗表皮，使之漸漸產生濃鬱的香氣與黏稠醇厚的口感。例如產自法國阿爾薩斯區、氣味強烈但口感滑潤濃醇的Munster乾酪；產自法國諾曼第、以蘋果酒擦拭熟成、帶有淡淡堅果香的Livarot乾酪以及產自法國勃根地、用葡萄渣滓釀成的瑪律酒擦拭熟成的Epoisse乾酪，高達（Gouda）乾酪亦屬之。洗浸的過程可保護乾酪遠離各種雜菌，去除linens菌的黏性並讓鹽分透到內部，使其具有獨特的風味。洗浸次數及時期與洗浸液的種類決定乾酪的特性。由於外皮的味道比較濃臭，因此食用時常將皮去掉。

⑧ 藍紋乾酪（blue cheese）

爲半硬質乾酪。這種乾酪是在凝塊之後，撒上洛克福青黴菌（*Penicillium roqueforiti*），然後壓型。黴菌菌絲會生成綠色條紋。藍紋乾酪味道很重。最有名的是義大利的古岡左拉（Gorgonzola）乾酪，法國的Roquefort乾酪，和英國的斯蒂爾頓（Blue Stilton）乾酪。其皆是以凝乳酶凝結的乾酪。接種黴菌後，經由2～12個月的熟成，而發展出特殊的組織和香味。Gorgonzole及blue Stilton乾酪係以牛乳爲原料，Roquefort乾酪則用綿羊乳。

⑨ 山羊乾酪（chavre cheese）

山羊乾酪是用山羊乳製作。一般山羊乾酪是軟的，但是英國的有軟有硬。有些山羊乾酪有羊羶味，但大多和牛乳乾酪差不多。其隨產地與熟成程度不同而有不同的形狀與風味，且體積都不大。以 Valencay、Chavignol乾酪較有名。

⑷ 再製乾酪（process cheese）

再製乾酪又稱加工乾酪，是將兩種以上天然乾酪如Cheddar乾酪與Gouda乾酪混合製成。製作再製乾酪時，應考慮選擇那些風味特殊的天然乾酪來加以混合。製作時，先將乾酪絞碎，然後輔以熱及乳化劑。有時亦加入酸、乳油、水、鹽、色素及香味等。通常加入的乳化劑爲檸檬酸鈉，磷酸二鈉等，有助於將原來天然乾酪中的高量脂肪與水形成乳化狀態，以得到再製乾酪所需的黏度。一般加熱的溫度高於63℃，但不可高過74℃，同時，應不時加以攪拌，以得到成分均勻的產品。熱亦會殺死酵素及微生物，可防止儲存風味的變化。再製乾酪可製作成各種不同的形狀，如片狀、粒狀、三角立方體等，由於風味較平順，對於無法接受天然乾酪者，較能接受再製乾酪。

7. 冰淇淋（ice cream）

⑴ 分類與簡介

一般冰淇淋之脂肪含量應在8%以上，乳蛋白質2.6%以上，總固形物至少30%；低脂冰淇淋（ice milk）之脂肪含量應在2～8%間，總固形物在28%以上；非乳脂冰淇淋（mellorine）所含高於2%的脂肪係全部或部分由非乳脂肪的其他脂肪所取代而製成者，但其蛋白質仍由牛乳而來。

冰淇淋約含有8～14%脂肪、13～15%糖、0.3～0.5% 安定劑與乳化劑與8～12%非脂乳固形物，總固形物32～38%。在冰淇淋冷凍過程中，水會形成冰晶，其餘混合物則會析出富含糖與乳蛋白的液體；攪打過程中會使成品充滿氣泡，而層層聚集的脂肪球會穩定這些氣泡（圖10.21）。因此它是一項具有複雜理化結構的食品，其中氣泡、冰晶、不溶性鹽類、乳糖結晶與固化脂肪球分散於連續液相中，連續液相中則含有乳蛋白、蔗糖與可溶性鹽類，膠溶相則由安定劑所組成，而使成品中同時包含液、氣、固三相。

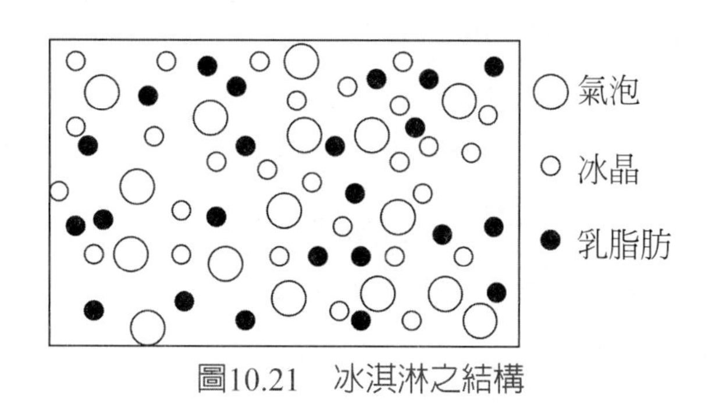

圖10.21　冰淇淋之結構

⑵ 冰淇淋的原料

① 乳製品

乳油最常被用來製作冰淇淋，因其富含的脂肪可提供乳香味，並能賦予冰淇淋特有之圓滑組織、良好質地及保型性。脂肪的存在會破壞大冰晶結合，使冰淇淋保有平順的口感。一般用含脂率20～30%酸度0.2%以下的新鮮乳油，或脂肪率40%的凍結乳油。使用均質過的乳油效果較好，因爲有較多數的小脂肪球，使干擾效果更佳。冰淇淋適當的脂肪含量應該保持在10～12%，冰棒則約8%。脂肪含量少而水分多時，不僅製品組織不良且保型性降低。脂肪過多，則造成製品應有的軟性喪失。但一般高級冰淇淋脂肪含量高於13%，而膨脹率較低（約50～70%）。

另外常加添最高10.7%的非脂乳固形物以改進冰淇淋的組織。其可增加黏度，並防止製品中冰結晶之擴大，使冰淇淋的組織更平順。但乳固形物中含有乳糖，可能在冰淇淋冷凍過程中結晶而造成冰淇淋的砂質感，反而破壞了平順感。

② 甜味劑

冰淇淋蔗糖用量爲15.0～16.0%。糖最主要的功用在賦予產品甜味，但因糖可降低冰淇淋的凝固點，對冰淇淋的組織特性亦有影響。每240 C.C.的冰淇淋加入約130 g糖時，可使冰淇淋的冰點下降1℃左右。故冰淇淋含糖量愈高，則其冰凍點愈低。此延遲冷凍作用對減小冰晶粒子是有助益的。因爲在冰凍過程間，可有充分的時間攪拌，以破壞凝聚成大顆粒的冰晶，同時延遲冰晶的長大。但此亦有害處，即在食用時，因融點過低，使冰淇淋在室溫下較易溶化，而縮短享用的時間。

③ 安定劑（stabilizer）與乳化劑

安定劑亦稱改良劑（improver），常用者包括鹿角菜膠、三仙膠、羧甲基纖維素（CMC）等多醣類。多醣經水合後可產生潤滑、增稠與凝膠作用，以修飾溶質的流動性而達安定效果，而可防止冰晶生成。因此安定劑可防止冰晶生成、促進冰淇淋組織圓潤、增加硬度、保持形狀。

乳化劑有安定脂肪小球，使泡沫穩定並提高混料之起泡力等作用。同時其可分散脂肪球以外的粒子、增加冰淇淋於室溫的耐熱性與減少儲藏中製品的變化。

④ 其他

冰淇淋可以說是一種完全的人造食品，因此色素及香料是不可少的。通常此二種配料多依冰淇淋的特性而添加。果汁雖可賦予香味，但因其酸味必須以糖壓抑，所以會使熱量增加，且促使融點降低。同時，當果汁與牛乳共同時，可能使牛乳產生凝塊的情形，不過因爲糖的添加可促使黏度升高，使形成的凝塊不致過大。由於目前傾向食用低熱量食品，但冰淇淋是不可以添加人工甘味劑。一般可以聚糊精與山梨醇取代部分脂肪，或以膠類（如果膠或半乳甘露聚醣與三仙膠）之複合物取代部分脂肪以降低熱量。

⑶ 冰淇淋之製造

冰淇淋的製造過程如圖10.22。

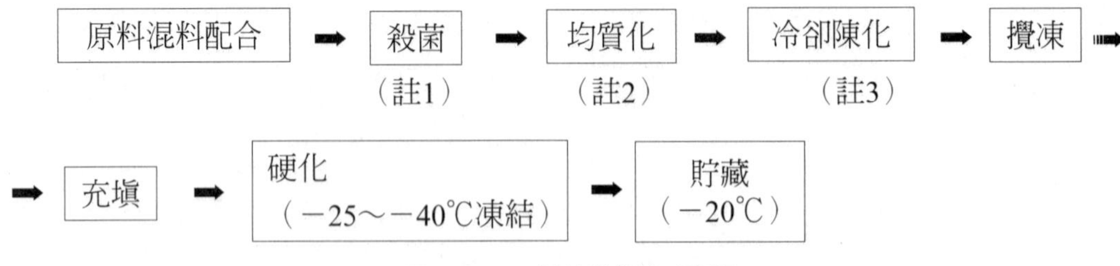

圖10.22　冰淇淋製作過程

註1：殺菌條件爲：⑴ LTLT：68℃，30分鐘；⑵ HTST：80℃，20秒；⑶ UHT：100～130℃，2～3秒。

註2：於60～63℃，壓力2,000～3,000 lb下進行。

註3：於2～4℃下進行4～28小時。

① 原料混合與均質

原料混合之順序應從黏度低之液體原料到黏度高之液體原料，再到固體原料。混和溶解時的溫度通常為40～50℃。

均質條件一般為60～63℃，壓力2000～3000 lb。目的在防止脂肪之奶油化，粉碎脂肪球，使乳油黏性增大，提高起泡性與膨脹率而使製品圓潤。

② 殺菌與陳化（aging）

殺菌條件為LTLT68℃、30分鐘，HTST80℃、20秒或UHT100～130℃、2～3秒。殺菌後應馬上冷卻到5℃以下。並將混合物在2～4℃下保持4～28小時，使脂肪固化，並讓穩定劑吸收水分，以增加混料之黏性及平順感，此過程稱為陳化。

③ 攪拌凍結（攪凍）

在－2～－8℃凍結過程中同時攪拌，使空氣能夠經攪拌而混入冰淇淋中，此時冰淇淋的體積會因此而增加，此種因攪拌使空氣混入造成體積增大的比率，叫膨脹率（over-run），適度的膨脹率可促使冰淇淋有平順感。攪凍的目的是使水分被凍結成冰晶的過程中，會形成細小的氣泡以增加體積，減少食用時的冰凍感。一般冰淇淋膨脹率約80～100%，但市售冰淇淋由於為連續式生產，膨脹率較低，約在60～65%。一般而言，固形物過低會使組織鬆散無實體感，過高則使產品有膠體感。脂肪、水果、巧克力、玉米糖漿存在會壓抑膨脹率；乳、蛋黃、乳化劑及穩定劑則可促進膨脹率。

④ 硬化（hardening）與儲藏

硬化是在－20℃（常用－25～－40℃）以下急速凍結直到中心溫度達－18℃以下完成。溫度愈低，硬化速度愈快，所形成的冰晶會愈小，產品品質會愈佳。硬化後以原狀送入冷凍室儲存。儲藏庫的溫度以－20℃為標準，絕不能超過－18℃以上。應避免溫度波動過大，否則製品中部分凍結水分將溶解，此時即使溫度再下降，質地仍會顯現粗糙。且溫度的變化為促進乳糖結晶化而形成砂質感的原因。

⑷ 美式與義式冰淇淋

一般市售美式冰淇淋（ice cream），脂肪含量在8%以上，膨脹率約80～

100%，容許使用人工香料、色素等添加物，口感濃郁、鬆軟（表10.10）。

義式冰淇淋（gelato）屬低脂冰淇淋，乳脂肪含量不能超過8%，膨脹率則常在 30%，常使用水果作爲原料之一。所以，gelato 的口感比美式冰淇淋綿密。

另一種夜市常見的土耳其冰淇淋，其之所以這麼黏稠，可黏在棍棒上玩耍，係因爲加入蘭莖粉（salep）。這是一種土耳其特有的野生蘭花莖萃取之原料。因爲其黏稠性，使土耳其冰淇淋融化速度較緩慢。

表10.10 美式冰淇淋與義式冰淇淋之比較

	空氣含量	乳脂量	保存溫度
美式冰淇淋	60%入口鬆軟	>10%	-18℃質地較硬，較不易融化
義式冰淇淋	30%入口綿密	<8%	-12℃入口即化，口感更滑順輕盈

8. 乳清蛋白與乳清相關產品

乳清是乳汁中酪蛋白凝結濾去後剩下的液體成分，是製作乾酪和乾酪素過程中的副產品。大體上說，100 L牛乳可以生產12 kg乾酪或3 kg乾酪素，約剩餘87 L乳清。乳清含有相當量的蛋白質和少量脂肪，以及乳糖、維生素和礦物質。早期，乳清被直接排放，造成汙染，如今，乳清已被製成多種製品。這些產品廣泛用於食品工業和製藥業，可以加入如麵包、餅乾中來增加營養價值。也被用作動物飼料。

(1) 脫鹽乳清粉（demineralised whey powder）

脫鹽乳清粉主要用於嬰兒配方乳粉的生產，乃除去溶解的礦物質及水分。首先，乳清經過電透析或離子交換，使礦物質含量降低90%，脫鹽後的乳清濃縮到總固體含量58%，然後迅速冷卻，以儘可能將乳糖轉化成晶體。冷卻後的乳清濃縮物再進行噴霧乾燥。不過，因噴霧乾燥的過程太快，由於最終產品裡含有75%的乳糖，若乳清濃縮物中的乳糖沒有足夠的時間結晶，而以易吸濕形態被乾燥，則將導致脫鹽乳清粉在潮濕條件下變得發黏。解決辦法是先讓儘可能多的乳糖以α單水合物形式結晶，這種晶體不吸濕。

⑵ 濃縮乳清蛋白（whey protein concentrate）

濃縮乳清蛋白（WPC）係以超濾方式將乳清中蛋白質加以濃縮，然後乾燥製得可溶性粉末。廣泛用於食品加工業，如火腿、糖果、蟹肉棒、蛋糕、嬰兒配方乳粉、運動飲料等，尤其素食加工品廣泛當黏著劑使用。

超濾分離能夠滯留任何不可溶的物質和分子量大於20,000 Da的溶解物。膜截留下來的物質稱爲「滯留物」（retentate）；而在壓力作用下通過超濾膜的物質被稱爲「滲透物（permeate）」。滲透物中含有乳糖、礦物質和水分。滯留物約占原料乳清體積的1～4%，再噴霧乾燥製成蛋白質含量35～85%的濃縮乳清蛋白粉。傳統濃縮乳清蛋白粉含有5～7%的乳脂，這些乳脂是分離機無法去除的。目前，最先進的濃縮乳清蛋白生產在超濾之前採用微濾（滯留分子量大於200,000 Da）先分離乳脂，可製得幾乎不含乳脂的濃縮乳清蛋白。這種產品適合運動飲料，尤其健身者的飲料。

⑶ 乳白蛋白

乳白蛋白（lactalbumin）即不可溶的濃縮乳清蛋白。與濃縮乳清蛋白不同，乳白蛋白是採用加熱酸凝法凝固乳清中的蛋白質，乳清蛋白在高溫作用下變性，凝結成細小的顆粒。隨後，可以利用離心將這些顆粒與液相分離，再進行漂洗和乾燥。乳白蛋白主要用於烘焙業。但是，由於乳白蛋白水不可溶，因此無法用來凝膠、發泡和黏結。

⑷ 水解乳清蛋白（whey protein hydrolysates）

爲利用蛋白酶水解濃縮的乳清蛋白，再乾燥成粉末者。首先，在一定的溫度和pH值條件下進行酵素分解反應。隨後，水解產物經過過濾和噴霧乾燥即得到最後的成品。水解乳清蛋白可以用於特殊營養食品，如管灌食品或膳食補充劑。適當水解過的蛋白質失去了引發人體過敏的能力，因此水解乳清蛋白還可以用於低過敏原嬰兒配方乳粉。

⑸ 乳清乾酪

義大利裡科塔（ricotta）乾酪係以乳清爲原料。將乳清加酸後靜置一段時間，加熱使乳清蛋白凝固後，去除水分而製得ricotta乾酪。

第三節 蛋品加工

一、蛋的構造

蛋的主要構造如圖10.23，由外側依序由蛋殼（shell）、蛋殼膜、蛋白（albumen）、蛋黃膜及蛋黃（egg yolk）所構成。兩層蛋殼膜於鈍端包圍出一個空間，稱爲氣室（air cell）。氣室於產蛋後6～60分鐘生成，會隨蛋的儲放時間延長，導致水分蒸發而變大。

重量而言，一枚雞蛋中蛋白約占蛋重的55～63%，蛋黃約占蛋重的26～33%，蛋殼約占10～12%（蛋白：蛋黃：蛋殼約等於6：3：1）。

1. 蛋殼

爲蛋的最外層，係天然防禦結構，由93%碳酸鈣組成。其結構爲顆粒狀，上有許多毛細孔，可供空氣由此氣孔進出，以供正在發育之胚胎呼吸。但水分與二氧化碳也可由此逸失。微生物也可藉此管道進入蛋中，因此蛋殼外層有一層角皮層（cuticle）藉以保護。角皮層爲輸卵管所分泌的黏液，乾燥後附著於蛋殼表面，造成粗糙感。在水洗或擦拭時，很容易被去除。蛋殼經過水洗、粗碎後，再經爐燒後粉碎成細粉，可作爲飼料之礦物質強化劑。

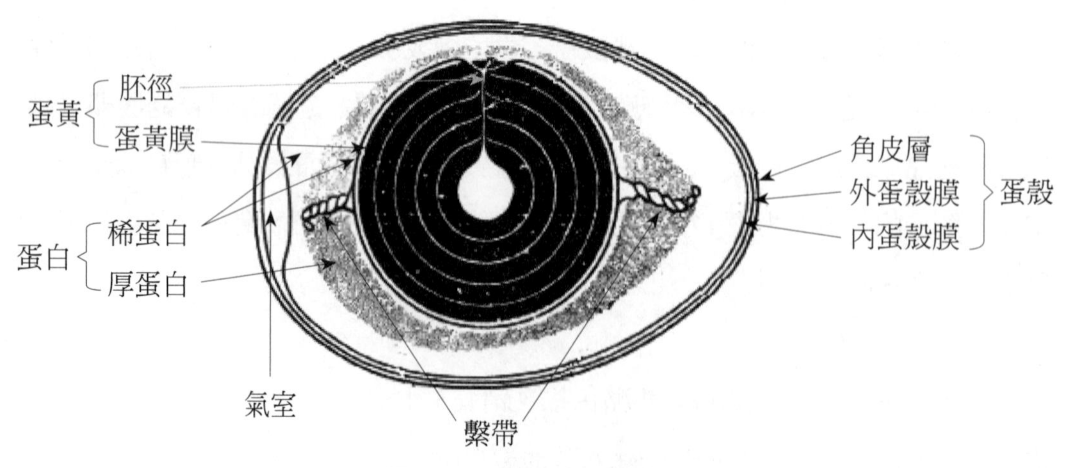

圖10.23 蛋的主要構造

蛋殼膜包括外殼膜與內殼膜（蛋白膜），主要由角蛋白（keratin）構成，外蛋殼膜與蛋殼相接，內蛋殼膜則與蛋白相接。

蛋殼顏色與營養成分無關，而與雞種遺傳有關。白色來亨雞以及和牠雜交的品系生產白殼蛋；洛島紅及新罕希夏和牠們雜交品系則生產褐殼蛋。

冬季生產之蛋，蛋殼較厚，夏季蛋殼較薄，春秋兩季生產之蛋殼厚度則居中。亦即高溫、高濕時所產之雞蛋蛋殼較薄。乃因氣溫高，則雞食慾減低，飼料攝取量減少，以致形成蛋殼所必須之鈣攝取不足所致。

2. 蛋白

蛋白由外到內又分外稀蛋白（thin white）、厚蛋白（thick white）、內稀蛋白、繫帶層與繫帶。蛋白含水約87%、蛋白質12%，少量的醣類與脂肪。醣類雖然只有一點點，卻會引起乾燥蛋白時相當大的困擾。因為還原糖，尤其是葡萄糖，會與蛋白質產生梅納反應，使蛋白粉的顏色或以硬煮蛋方式烹煮時顏色變得較深。新鮮蛋白之pH值約7.6，屬微鹼性。蛋愈陳舊，則愈呈鹼性。

蛋白中約含40種蛋白質，多為醣蛋白，包括卵白蛋白（ovalbumin, 54%）、伴白蛋白（conalbumin, 12%）、卵類黏蛋白（ovomucoid, 11%），卵球蛋白（ovoglobulin, 8%）、卵黏蛋白（ovomucin, 3.5%）、溶菌酶（lysozyme, 3.4%）、卵酶抑制劑（ovoinhibitor, 1.5%）、卵黃素蛋白（ovoflavoprotein, 0.8%）及抗生物素蛋白（avidin, 0.5%）等（表10.11）。

卵白蛋白為蛋白之主要蛋白質，由於分離、純化容易，故廣供作生化學試驗及強化食品蛋白質之材料。是蛋白中唯一具有游離硫氫基的蛋白質。當此蛋白質變性時，為烘焙食物的重要結構組成物。

伴白蛋白具有與二價或三價金屬離子如鐵作用的特性，故又稱為卵鐵蛋白（ovotransferrin）。伴白蛋白鐵可作為嬰兒配方乳粉之添加物。其具有阻止需鐵細菌生長的作用，使微生物無法生長。伴白蛋白為容易變性之蛋白質，然與金屬離子結合成複合體後，可增加其對熱、酵素分解及各種變性處理之抗性，可利用此特性來提高蛋白加熱之溫度。

卵球蛋白包括G_2與G_3各4%。溶菌酶亦屬於卵球蛋白之一種。卵球蛋白與蛋的起泡性有關。

卵黏蛋白與蛋白的黏度有關。在厚蛋白中的含量爲稀蛋白中的四倍。卵黏蛋白與溶菌酶會相互作用形成複合體，與蛋白儲藏的水樣化（蛋白變稀）有關。

溶菌酶因可水解某些細菌細胞壁中的多醣類，故具抑菌的作用。可應用於食品防腐、乾酪製造中延緩氣體產生及醫藥用途如促進組織修復，強化身體防禦功能，分解膿黏液及止血之功用。

其他少量蛋白質包括：卵酶抑制劑爲一種蛋白酶抑制劑；卵黃素蛋白爲脫輔基蛋白與核黃素結合者；抗生物素蛋白可與生物素結合，使其失去生理活性。

表10.11　蛋白中各種蛋白質的功效

蛋白質	比例	天然功能	烹飪特性
卵白蛋白（ovalbumin）	54%	養分	71.5℃開始凝固
伴白蛋白（conalbumin）	12%	結合鐵	凝固點57.3℃，熱穩定性最低
卵類黏蛋白（ovomucoid）	11%	阻擋消化酵素	
卵球蛋白（ovoglobulin）	8%	堵塞蛋殼膜與蛋殼之缺陷處	72℃開始凝固，容易發泡
卵黏蛋白（ovomucin）	3.5%	稠化蛋白，抑制病毒	穩定泡沫
溶菌酶（ lysozyme）	3.4%	消化細菌細胞壁	75℃開始凝固，穩定泡沫
卵酶抑制劑（ovoinhibitor ）	1.5%	蛋白酶抑制劑	
卵黃素蛋白（ovoflavoprotein）	0.8%	與核黃素	
抗生物素蛋白（avidin）	0.5%	結合生物素	

3. 蛋黃

蛋黃由外到內分爲胚盤、深蛋黃層、淺蛋黃層、蛋黃膜與白蛋黃等部位。蛋黃含有50%水分，30%脂肪，16%蛋白質。鷄蛋中的脂質，幾乎皆含於蛋黃中。脂質以一般脂肪含量最多（65%），其次是磷脂質（30%）和膽固醇（4%）。

蛋白質包括卵黃磷醣蛋白（phosvitin）、卵黃球蛋白（livetin）兩種及各種脂蛋白如卵黃低脂磷蛋白（lipovitellin, LDL）、卵黃高脂磷蛋白（lipovitellenin, HDL）。卵黃磷醣蛋白含有約10%磷，約占蛋黃全磷之69%。具有很強的結合鐵之能力，其結合鐵的能力可能超過運鐵蛋白。由於其具有抗氧化功能，且對起泡、乳化有助益，而且熱安定性佳，故具商業化潛力。

蛋黃顏色的深淺，完全是受飼料內所含成分的影響，與所含的營養成分無關。如飼料裡含有較多的青綠飼料或黃色玉米，因含大量葉黃素（xanthophyll）故所產生蛋的蛋黃顏色會加深。

蛋的繫帶及蛋黃膜可分離出唾液酸（sialic acid），是一種含乙醯化神經胺糖酸（n-acetylneuramiic acid）的混合物質。可作為調節細胞之生化功能、抵抗一些傳染作用的口服藥劑成分。在燕窩中亦可分離出該物質。

二、蛋的成分組成

一枚雞蛋中約65%水分，12%蛋白質，11%脂肪，12%灰分和維生素。蛋殼膜則含水分20%、蛋白質70%、灰分10%。蛋白中的蛋白質含有比例配合適當的各種必須胺基酸，因此常將其視為「參比蛋白質」（reference protein）。蛋中之脂肪與膽固醇多存在於蛋黃中，蛋黃中亦存在大量卵磷脂。蛋亦含有各種水溶性的維生素複合體，尤其是核黃素含量較多，所以蛋白會略呈微淡青色。蛋黃色素則來自飼料的脂溶性類胡蘿蔔素（葉黃素）。

三、蛋的功能特性

1. 熱凝固性（heat coagulation）

蛋的凝固與增稠性有關，各蛋白質中以伴白蛋白的熱凝固點最低為57.3℃、卵球蛋白和卵白蛋白凝固溫度分別是72和71.5℃。整體來看，蛋白在62℃開始變性，到65℃便無法流動，70℃完全凝固成塊。蛋黃變性的溫度較蛋白高，它在

65℃時開始變性，至70℃失去流動性，凝固並不會很快發生，而是要等一段時間，溫泉蛋即利用此性質以製成蛋白軟、蛋黃凝固的產品。加熱引起蛋白質分子的形狀自球狀變爲絲狀，而形成網狀結構將水包覆著，由於分子展開後較易受消化酵素作用，故消化性提高。影響熱凝固性之因子包括：(1) 溫度。加熱溫度愈高，凝固物愈硬；(2) 稀釋。會提高凝固溫度；(3) 鹽。促進凝固；(4) 糖。提高凝固溫度；(5) pH改變。酸可降低凝固溫度，鹼性pH值在11.9以上能形成半透明膠。一般布丁（custard）即係利用蛋的凝固性所得之產品，若過度稀釋則蛋液將無法凝固。

2. 泡沫性（forming）

蛋白攪打時，空氣進入蛋液中會形成泡沫。泡沫性包括：(1) 起泡性。指泡沫容易發生的性質；(2) 泡沫安定性。指泡沫不容易消失的性質。

蛋白的起泡性對許多食品來講是很重要的，因爲它形狀特殊的結構，並造成膨脹作用。蛋白的泡沫是一種膠狀懸浮液，利用白蛋白將空氣包住。而在發泡過程中，氣泡逐漸變小而數目增多，在空氣與蛋白液體交接面的蛋白質受到延伸及乾燥而有部分變性的情形，此變性可穩固泡沫的持久性。球蛋白對泡沫的形成很重要，因爲它提供了黏度並降低表面張力。球蛋白、伴白蛋白具發泡作用，而卵黏蛋白、溶菌酶則有穩定作用。變性的蛋白質分子無摺疊性，所以胜肽鏈爲一直線而與泡沫表面平行。若攪打過度，使過多空氣進入，則會造成過度變性，反而使蛋白膜變薄且缺乏黏彈性。

影響蛋白起泡性之因子包括：(1) 攪打的方式。靜止的打蛋碗所打出泡沫的體積要較攪打時略微旋轉者爲大。(2) 攪打的時間與溫度。攪打的時間與速度成反比，速度愈快，則起泡所需時間愈短。在室溫下攪打的時間要比在冷藏溫度下短，因爲高溫下表面張力較小。泡沫之安定溫度爲20～34℃。(3) 均質。均質後可縮短起泡時間，但製成蛋糕之體積減少。(4) 蛋白本身的特性。稀蛋白較易打發，其所產生的泡沫體積亦較大。而蛋白中溶菌酶較多者，所形成的泡沫體積要比含溶菌酶少者的體積要小些。(5) pH值。pH 4.6～4.9時泡沫最大，添加酸（至

pH 6.5）可使泡沫對熱更穩定。(6) 水與脂肪。加水（水量不超過40%）能增加泡沫的體積，但安定性會略減。脂肪則會降低泡沫體積，但不影響安定性。(7) 食鹽。鹽可降低泡沫的穩定性，同時亦使攪打時間增加。(8) 糖類。糖會減緩蛋白質的變性，因此加5%蔗糖時，起泡所需時間要延長一倍，但所形成的泡沫較柔軟，可塑性高，且較安定。(9) 蛋黃。少量的蛋黃存在，亦會降低蛋白泡沫的體積。(10) 蛋白酶。蛋白酶可減少攪打的時間，增加泡沫的體積，並能維持較久。其他添加物。添加關華豆膠（guar gum）或褐藻膠（algin）可降低泡沫之攪打時間，並提高產品品質。

3. 乳化性（emulsifying）

蛋黃之卵磷脂、脂蛋白可提供乳化性。卵磷脂有利於水中油（oil in water, o/w）型乳化液之形成，而脂蛋白則有利於油中水（water in oil, w/o）型乳化液之形成。此性質為一般製造蛋黃醬時只用蛋黃之原因。

4. 提供色調及風味

當食物中加入蛋黃時，可提供悅人的顏色，並可增加風味，譬如檸檬派，其內餡的黃色是由蛋所給予的。

四、蛋的分級方式

我國鮮雞蛋的品質分級方式，考慮外觀檢查（蛋殼）、透光檢查（氣室、蛋白、蛋黃）、內容檢查（蛋黃、厚蛋白、稀蛋白）等因素，而分為二級：特等、優等。如氣室深6mm以下者為特等，10mm以下者為優等。鴨蛋則分為特級、甲級、乙級與等外四級。

蛋亦可以重量分級，重量分級方式如表10.12所示。蛋的重量雖差異很大，然而蛋黃重量的差異則不大，差異主要來自蛋白。

表10.12 鮮蛋重量分級標準

分類	雞蛋（g）	標籤	鴨蛋（g）	標籤
特大號（LL）	66～72	橘	>76	紅
大號（L）	60～66	紅	68～76	橘紅
中號（M）	54～60	綠	60～68	綠
小號（S）	48～54	黃	52～60	黃
特小號（SS）	42～48	藍	<52	藍

五、蛋品加工各論

蛋的加工利用可概分爲殼蛋加工、去殼蛋加工及蛋的成分利用等。殼蛋加工大多爲傳統中式加工品，包括皮蛋、鹹蛋、燻蛋、糟蛋、茶葉蛋等，以供直接消費；去殼蛋加工即將蛋殼打破，將蛋內容物加以利用，目前以液蛋、冷凍液蛋及蛋粉爲主，此類加工品多作爲二次加工的原料，如沙拉醬、蛋黃醬、糕餅、素料、水產煉製品、火腿、香腸等產品，部分用以製造蛋飲料；蛋的成分利用則是抽取蛋中的有用成分以供利用，如溶菌酶、卵磷脂及伴白蛋白等。

1. 殼蛋加工品

(1) 洗選蛋

沙門氏菌爲人畜共通傳染病原之一。雞蛋爲其重要之傳遞媒介。當雞蛋由蛋雞肛門排出時，潮濕之外殼，可能孳生大量之沙門氏菌，若未及時清除，可能穿透蛋殼。透過洗選過程，可使沙門氏菌之汙染降低。

洗選分級包裝鮮蛋作業流程包括：雞蛋外觀檢查、洗淨、風乾（油蠟處理）、照蛋檢查、分級、包裝出貨。

適當的水洗可減少微生物的汙染。水洗時水溫應比蛋溫至少高11℃，溫度太高則會使蛋內容物及蛋內空氣迅速膨脹造成蛋破碎。清洗過程爲先以添加有殺菌劑的溫水（至少34℃）配合磨擦及噴洗裝置清洗蛋表面，再以更高溫的水將汙水沖走，而後立刻以熱風吹乾。水洗並無法完全除去微生物，且水洗會破壞蛋殼本身的保護層，並使透過性增加，故需配合其他儲存法，如低溫儲存。有時會將蛋浸入礦物油或以噴灑方式，維持43℃可使油封閉蛋之氣孔。如此可降低水分的逸失並減緩pH值的升高（因阻止二氧化碳跑掉），亦會減緩蛋白的水化。由於浸油並不會影響蛋的功能性，故工業上較常使用。儲存時應在適當低溫（7～12℃以下）貯存，同時利用外包裝，可避免水分及二氧化碳之逸失。如果要長期保存，適當溫度是2℃左右。洗選盒蛋冷藏可保存15天，一般未洗雞蛋在夏天常溫可保存7天。

⑵ 皮蛋

皮蛋，南方稱爲彩蛋，北平稱它松花蛋，西北稱它爲泥蛋，英文稱千年蛋（thousand years egg）。2011年6月，美國CNN記者曾將皮蛋評爲「世界最噁心的食物」，也可證明東西方文化之差異。

傳統皮蛋係使用鴨蛋，將其泡入含鹽之鹼液（生石灰、草木灰、碳酸鈉與食鹽之混合物）中或是用藥料和米糠、泥混合包裹在蛋外面；亦可使用鹼液加上茶葉、食鹽加以浸漬。約3週後蛋白凝結爲膠凍狀、變成半透明黑色，蛋黃溏化，呈稀軟金黃色。

當鹼慢慢透過蛋殼使蛋的pH值上升時，蛋白會逐漸由稀黏液狀逐漸變濃稠，最後呈膠狀體，至pH 11.5以上時，蛋黃、蛋白開始凝固。在此同時，蛋白質因部分分解而產生游離胺基酸、NH_3、H_2S等物質，形成特殊風味。其中蛋白中游離態糖的醛基與蛋白質胺基在鹼性下發生褐變反應，而呈茶色、棕褐色。蛋黃在鹼的作用下，硫化氫與蛋黃中的鐵化合成硫化鐵而呈黑綠色。若敷料配方中有茶葉，則其中滲入的色素，會使蛋黃呈古銅色、茶色。

一般將皮蛋變化分爲三個階段：① 液化期。鹼作用下pH值迅速上升，蛋白質表面產生愈來愈多的負電，靜電斥力的關係，破壞了蛋白質的三、四級結構，分子內部的非極性官能基暴露出來。原來的結合水，有一部分變自由水，蛋白的黏度也下降，蛋白呈現水樣。② 凝固期。當蛋白NaOH含量達0.7%左右時，蛋白質二級結構的氫鍵受破壞，主鏈也開始帶上了少量的負電。親水部位增加，使蛋白質吸附水的能力增大，自由水大量被吸附而成結合水。鬆散的蛋白質分子與水作用而形成氫鍵連接在一起，形成蛋白質凝膠狀。③ 成熟期。蛋黃開始溏化（即保持糊狀）。一般稱塘心皮蛋係因蛋黃並不完全固化，約1/4～1/2保持糊狀。若鹼性更強或浸漬時間更久則蛋黃會完全凝固，稱之硬皮蛋。

如若浸鹼時間過久，pH過高，蛋白易再溶解，則膠化的蛋白又會再液化，因此傳統皮蛋失敗率很高。為避免此現象，前人發現添加鉛、銅等重金屬有助於皮蛋蛋白的不稀化，可增加成功率。但這會造成皮蛋重金屬殘留，而影響健康，因此根據「蛋類衛生標準」規定：皮蛋鉛含量為0.3 ppm以下、銅含量為5 ppm以下。若使用鉛，則會與含硫化合物結合成硫化鉛，在蛋殼表面形成青黑色斑點。

加鉛促進固化原因為由於鹼會侵蝕蛋殼，使其變薄，或是由氣孔進入，於是浸鹼愈久鹼就愈容易進入蛋內，而加速使蛋白pH上升，而鉛化合物有助於填補侵蝕，並與鹼作用，因而減緩鹼進入蛋殼之速度，因此有安定蛋白液化之作用。

至於蛋白表面松葉似之針狀花紋稱為「松花」，一般認為係酪胺酸（tyrosine）之結晶。但也有大陸學者認為係蛋白中的鎂離子與鹼作用，形成$Mg(OH)_2$之水合結晶造成的。

選購皮蛋時應注意蛋殼外觀必須完整無破損，蛋白呈凝固半透明膠體，表面平滑有光澤呈茶褐色或黑褐色，質地柔韌富彈性；蛋黃外表光滑呈深綠色或綠色，向內依次為黃綠色或粉綠色及墨綠色層層相間之周壁，中心為糊狀或固狀，呈墨綠色或灰綠色，蛋白略呈鹼味，蛋黃略有氨氣味或薄荷香味，無刺鼻之異味，鹼淡適中、無辣味，熟成凝固良好的皮蛋具有彈性，入口柔嫩、無粗硬感。

⑶ 鹹蛋（salted egg）

鹹蛋一般材料以鴨蛋為主，利用傳統塗敷法將食鹽、紅土、木灰、茶葉、加水調成泥狀，塗抹於蛋之表面約2～3 cm厚，入甕密封經一個月熟成。

另一種速成法為浸漬法，即以20%食鹽水浸漬20～25天。浸漬過程中，蛋白食鹽濃度逐漸上升，蛋白受鹽之作用，水分降低，黏度會變稀，但因蛋白水分較多，感覺上變化不大。另外，pH則逐漸下降，由鹼性趨於中性。故使用時需煮熟方可使蛋白凝固。食鹽因有抑制微生物與蛋內蛋白酶之功效，因此可延緩蛋的腐敗。食鹽濃度低，浸漬時間太長，蛋易腐敗，蛋黃顏色淡而無出油現象。食鹽濃度大、溫度愈高，則浸漬時間可縮短。但濃度過高時，若醃漬時間過長，鹹蛋鹽度過高，鹹味太重，蛋白水分將逐漸失去，蛋黃外層易溶解，而與蛋白相混，使接觸部分呈淡灰色。

由於脂肪的阻礙，蛋黃中食鹽增加量較低，但滲透壓造成蛋黃水分的喪失較多，使蛋黃黏度顯著上升，幾成固狀。因此良好鹹蛋的蛋黃有顆粒沙質感及具特殊風味。

雖然傳統鹹蛋都是以鴨蛋製作，但鴨蛋與雞蛋原則上都可製作鹹蛋。不過鹽滲入鴨蛋速度快於雞蛋，可能是因鴨蛋氣孔較大。故雞蛋浸漬時間要加長。

⑷ 其他殼蛋加工

其他殼蛋加工尚包括使用熱的熱凝固調味蛋，如茶葉蛋、醉蛋、燻蛋，與使用酸的酸凝固蛋，如糟蛋。

茶葉蛋是將雞（鴨）蛋煮熟後，取出輕敲裂蛋殼，再放入含食鹽、茶葉及香辛料混合液中，以慢火滷煮，使其入味之產品。屬熱滷型產品。

醉蛋類似茶葉蛋之製造，亦將雞（鴨）蛋煮熟後，取出輕敲裂蛋殼，加入食鹽及香辛料煮至出味後冷卻，再將蛋及酒料放入混合，於冷藏下醃漬入味。屬冷滷型產品。

燻蛋爲將蛋浸於醃漬液中（含食鹽及香辛料）浸漬入味，取出煮熟後再燻煙，使具有燻煙特殊風味之產品。

糟蛋是利用酸凝固之產品，其製法係將醋及食鹽等調味料配製成醃漬液，再將蛋放入浸漬，俟蛋殼稍軟後再浸漬於酒糟中，經數月取出，產品帶有酸味及酒糟味。

2. 去殼蛋加工品

⑴ 液蛋

液蛋（liquid eggs）爲主要去殼蛋品，是將雞蛋打破取出內容物後，依使用目的分成全蛋、蛋黃及蛋白，以冷藏或冷凍方式保存之產品。液蛋的型態包括液全蛋（冷凍或冷藏）、液蛋黃、液蛋白、加糖液全蛋、加鹽液全蛋等，其殺菌的條件與方法也因型態不同而有些許的差異。目前國內添加糖鹽的比例最多爲20%。

殺菌液蛋是將挑選過的新鮮雞蛋清洗風乾，經過打蛋去殼、以低溫殺菌，分成全蛋（蛋黃、蛋白去臍均質）或將蛋黃、蛋白分離後分別包裝。殺菌液蛋在冰箱冷藏可保存15天，冷凍則可保鮮一年。

全蛋的殺菌一般採用64.5℃、3分鐘的低溫巴氏殺菌法。此條件可以保持全蛋液在食品配料中的功能特性，並殺滅致病菌與減少蛋液內的雜菌數。蛋白與蛋黃的殺菌條件不相同，蛋黃的殺菌條件較蛋白為高，原因為：① 蛋黃的固形物（45～48%）比蛋白（12%）高，沙門氏菌在水分高的蛋白內對熱的抗性較低。② 蛋黃pH約為6，蛋白pH約為9，沙門氏菌在pH 5～6時對熱的抗性較大。③ 蛋黃內的油脂對沙門氏菌的熱抗性有保護作用。蛋白中的蛋白質更容易受熱變性，引起功能特性受損失。因此，對蛋白的巴氏殺菌較困難。

液蛋經低溫殺菌後，會對其功能性質多少造成影響。尤其是蛋白或全蛋。蛋白在pH 9時，加熱至57℃黏度會增加，加熱至60℃則呈白濁化逐漸凝固。低溫殺菌蛋白之起泡性較差，起泡所需時間較長，泡沫安定性亦較差。全蛋在加熱至60～68℃時，所製成的蛋糕容積減少約4%。低溫加熱處理對於蛋黃之乳化性則無多大影響。加鹽或加糖蛋黃在經60～64℃加熱後亦不影響其孔化或加熱凝固性，但pH值之改變會造成影響。

凍結處理雖可增加液蛋之貯藏性，但是容易引起蛋白與蛋黃加工特性改變，如蛋白解凍後，厚蛋白容易稀薄化，同時泡沫之安定性變差。而蛋黃經－6℃以下溫度冷凍時，其黏度增加，並產生不可回復之冷凍凝膠現象（frozen gelation）。此乃因蛋黃之低密度脂蛋白質的結合水因凍結脫水而使其構造改變所致。此時脂質與蛋白質之結合鍵遭受破壞，使蛋白質分子間產生凝集現象，致使蛋黃黏度增大而失去流動性。蛋黃的冷凍凝膠對其加工應用較為不便，幾種方法可用來減緩蛋黃的冷凍凝膠現象，包括：① 蛋黃凍結前先經機械性攪打，可降低解凍後蛋黃的黏度；② 添加3～5%食鹽、10%以上蔗糖、甘油等；③ 添加胰蛋白酶、胃蛋白酶、無花果酵素等蛋白分解酵素。

使用液蛋優點有：① 蛋品無汙染之虞，安全衛生。② 免去處理蛋殼。③ 可選擇不同比例蛋黃與蛋白，節省不必要支出。④ 安全與營養兼顧，可依需求使用。⑤ 使用簡單方便。⑥ 可延長蛋品保存期限。⑦ 運輸方便，無破蛋風險。尤其是液蛋製作後剩下的蛋殼還可做成鈣粉，充分發揮蛋的副加價值，且環保。

液蛋也可濃縮以延長保存。濃縮液蛋包括加糖濃縮蛋、濃縮蛋白與濃縮全蛋液。加糖濃縮蛋（sweetened concentrated egg）爲在蛋液中加入適量砂糖後濃縮之製品。其類似煉乳，可在室溫長期儲存，多作爲糕餅原料。

蛋白含有12%固形物，濃縮蛋白利用逆滲透法或超過濾法，可將固形物濃縮爲原來2倍。濃縮過程中，葡萄糖、灰分等低分子物質與水會一同被除去。

濃縮全蛋液係在全蛋液中加入50%蔗糖，均質後，在60～65℃下減壓濃縮至總固形物爲72%左右。然後在70～75℃下加熱殺菌，並在熱狀態下裝罐密封。

3. 蛋粉

蛋粉（dried egg）爲液蛋經乾燥使其貯存性增高之蛋品。分全蛋粉、蛋黃粉及蛋白粉等三種。製造蛋白粉時，要先除糖接著乾燥，必要時需改變配方以提高其功能性。

(1) 除糖（desugerization）

蛋粉製造首需將蛋成分所含之葡萄糖除去，以免蛋粉產生褐變，發生臭味及不溶化等，而影響其品質。蛋黃中約有葡萄糖0.2%，蛋白中約0.4%，全蛋中約0.3%。在乾燥過程與貯存期間，葡萄糖的羰基與蛋白質或蛋黃磷脂質的的胺基會發生梅納反應。

除糖常使用的方法有：自然發酵法、細菌發酵法、酵母發酵法、酵素法。① 自然發酵法。僅適用於蛋白的脫糖。乃利用蛋白液所存在的發酵細菌（主要爲乳酸菌），在適宜溫度下，使葡萄糖分解爲乳酸，而達到除糖之功效。發酵產生的乳酸會使蛋白pH降低，造成卵黏蛋白等易凝固之蛋白質析出並上浮或下沉，並可將繫帶與其他不純物一併澄清出。使用自然發酵法由於初菌數不易掌握，且易有病原菌存在，同時現今飼養與打蛋過程皆較衛生，因此初菌數較少，因此目前已不適用。② 細菌發酵法。將純種細菌加入蛋白，並控制其增殖以除糖之方法。菌種多使用糖分解力強及乳酸生成力強之細菌，如*Enterobacter aerogenes*等革蘭氏陰性菌以及*Streptococcus lactis*與*S. faecalis*等革蘭氏陽性菌。前者爲產生氣體之發酵，pH較高帶有酸甜臭味，但起泡力佳。後二者爲不產生氣體之發酵，臭味少，pH較低，但發酵時間長，蛋白之起泡力較差。目前常使用者爲E. aerogenes。一般在27℃下，約3.5天可完全去糖。③ 酵母發酵法。酵母菌會將葡萄糖分解成乙醇與二氧化碳，一般使用*Saccharomyces cerevisiae*。由於酵母最適pH在弱酸，所以發酵時先添加有機酸再行發酵，在30℃下僅數小時即可。用酵母發酵法除糖之蛋品，帶有酵母臭味，故歐美多使用酵素法來除糖，然而在製糕餅方面，酵母臭不成問題。④ 酵素法。利用葡萄糖氧化酶（glucose oxidase）與觸酶（catalase）之混合物，將葡萄糖氧化成葡萄糖酸（gluconic acid）之除糖法。利用此法之缺點爲成本較高。

使用自然發酵或細菌發酵去糖，可以改善製品的起泡性，而酵母發酵與酵素法則無此效果。因此，若需起泡性佳的蛋白粉，則要使用細菌發酵脫糖者。

⑵ 殺菌與乾燥

除糖後之蛋液需經40 mesh過濾器過濾後殺菌，再予以乾燥。乾燥以噴霧乾燥爲主，小部分用淺盤式乾燥、眞空乾燥、冷凍乾燥、泡沫乾燥及轉筒乾燥等。主要乾燥蛋品包括粉末狀乾燥蛋白及片狀蛋白、乾燥全蛋及蛋黃（含除葡萄糖及助流動性者）、加蔗糖及玉米糖漿之全蛋或蛋黃粉及特殊乾燥蛋品（如碎炒蛋混合料或添加脫脂乳與酥烤油者）。

噴霧乾燥會使蛋白起泡性降低，原因有二：① 機械打蛋時，蛋白汙染到少量蛋黃，混有蛋黃的蛋白在乾燥時，因蛋黃之乳化脂肪球解離，使游離脂肪混入蛋白中。② 噴霧乾燥時，由於液蛋之預熱加上壓送（pumping）以及噴霧噴嘴之物理作用，使其受剪力及摩擦熱，導致蛋的熱變性。

改善乾燥蛋白起泡性方法包括：① 乾燥前先離心除去汙染的蛋黃或以胰蛋白酶（pancreatin）處理蛋白。② 蛋白在噴霧乾燥前先不殺菌，乾燥後之粉末則以54℃、60天長期乾熱處理，可抑制沙門氏菌生長，且不影響蛋白起泡性。③ 添加起泡助劑（whipping aids）。起泡助劑可彌補蛋白受殺菌、乾燥及壓送所引起之起泡性損失，常用者包括檸檬酸三乙酯（triethyl citrate）或月桂醇硫酸鈉（sodium lauryl sulfate），添加量一般爲蛋白固形物之0.2%。

在液體全蛋或蛋黃中添加非還原性糖類或多糖類後再予乾燥，不僅可防止脂質之游離，且可減輕蛋白質之熱變性，而改善溶解度、凝固性、乳化性及起泡性。且可明顯防止乾燥蛋在保存中之香味劣化、生成異臭以及變色等變質現象。但蛋白添加效果不大。添加糖之種類與量對維持乾燥蛋之起泡性以及預防其生成異味與異臭有密切之關係。如全蛋添加蔗糖、24及42D.E.之玉米糖漿時，添加量愈多，風味安定性增加而達極限（極限值蔗糖爲5%，24及42D.E玉米糖漿分別爲10%及7.5%）。過量之糖類，反會使風味安定性降低。

4. 其他蛋加工品

⑴ 蛋黃醬

蛋黃醬是一種水中油型（O/W）乳狀液，爲蛋黃加入油、醋、鹽、砂糖、香辛料混合攪拌，使油與水進行乳化所得的製品。蛋黃醬乳狀液的穩定性不僅取決於水相和油相比例，也包括蛋黃的用量，乳化劑的種類等。連續生產機器包括預混合進料罐和另外兩個混合槽。在預混合罐中，混合部分醋（約1/3）和其他所有的原料，然後自動流入第一混合槽，再泵入第二混合槽，這時，加進剩餘的醋，充分混合後成爲終產品。

⑵ 蛋黃油

蛋黃油即抽取蛋黃脂質產品。爲傳統古老的產品，在「本草綱目」中即記載具有療效。由蛋黃所得之脂質稱爲蛋黃油，而由蛋黃油分離所得之粗製卵磷脂稱爲蛋黃卵磷脂（egg yolk lecithin）。蛋黃油可作爲醫藥、化妝品或供作糕餅原料。

一般蛋黃油的製造可大致分爲熬煮法及萃取法兩種。熬煮法即爲傳統的蛋黃油製造方式，萃取法則有：「有機溶劑萃取法」及「超臨界二氧化碳萃取法」等，且因其萃取方式不同，其所產製的產品外觀及性質亦有所差異。

熬煮法係將鮮蛋黃原料放入鍋內，以小火加熱拌炒，使其受熱平均而漸漸成爲粒狀。再將粒狀的蛋黃壓碎，讓水分蒸乾而成爲大顆粒狀。在不斷的攪拌下，蛋黃會由金黃色轉爲深茶褐色，此時改以微弱小火繼續攪拌使這些顆粒呈現黏稠狀，同時會有黑色液體滲出，此即爲蛋黃油。一般粗製的蛋黃油會再經過濾或離心處理，而去除殘渣而得到純淨的產品。熬煮法的產率約在10%左右。

有機溶劑萃取法。利用有機溶劑萃製蛋黃油時，溶劑種類、溶劑量、萃取時間、萃取溫度等因素需要考慮。溶劑以正己烷（n-hexane）、乙酸乙脂（ethyl acetate）及乙醇較為常用。乙醇約24小時。萃取溫度均在室溫即可進行，高溫並未有助於提升溶劑對於蛋黃油的萃取效率。不同的溶劑萃取產率不同，蛋黃油的成分組成亦有差異。如正己烷及乙酸乙脂能夠較有效萃取熟蛋黃中的蛋黃油，其產率可達20%以上，而其脂質的組成以三酸甘油酯為主；乙醇萃取產率約在8～10%，約略與熬煮法相近，但其磷脂質的含量則明顯較高，可達40%以上。

⑶ 其他

蛋白、蛋黃可利用溫度（冷凍、加熱）、酸鹼、鹽類、酒精等不同凝膠因子作用而改變蛋白質結構，使蛋內容物產生膠化、凝固、顆粒化等不同程度之質地變化，再輔以醃漬調味的技術及製程的改善，如利用酸侵蝕蛋殼及配合溫度等因子可改善醃漬效果，藉以開發製造膠化型蛋製品。如鹹蛋黃可製成類似烏魚仔產品，而鴨蛋白可製造類似發酵乳產品。

六、蛋的儲存變化與新鮮度

1. 蛋的儲存變化

蛋儲存時的品質變化如圖10.24。今簡述各變化如下。

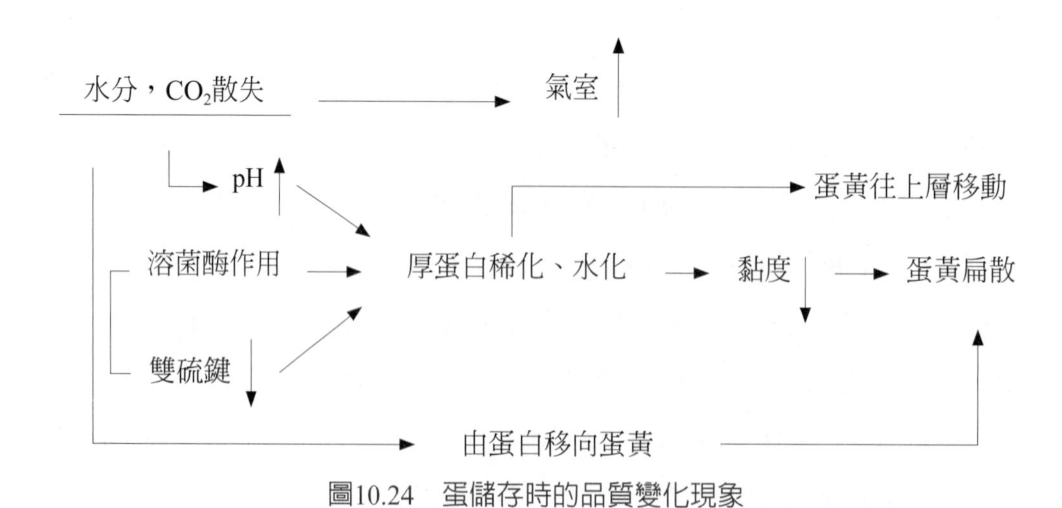

圖10.24 蛋儲存時的品質變化現象

⑴ 蛋殼變光滑。蛋在儲存過程中角皮層開始收縮，使氣孔暴露至空氣中，造成蛋內水分及二氧化碳逐漸跑出蛋外。

⑵ 氣室變大。儲存時氣室的改變對蛋品質很重要，氣室的變大歸因於水分及二氧化碳的逸失。其增大速率視儲存狀況及蛋殼上是否有保護膜而定。

⑶ 水分逸失。一般蛋的儲放多建議放在冰箱中，但冰箱中有風扇以促進空氣循環，同時儲放時爲開放形式，因此水分的逸失會略多。水分的逸失可藉著將蛋儲存於相對濕度70～80%的環境下加以防止。

⑷ 蛋黃性質改變。水分除了由蛋殼逸失外，亦會由蛋白移向蛋黃。此水的轉換會造成蛋黃變大及黏度降低，並減弱蛋黃膜的強度。

⑸ pH上升。蛋的pH值會因儲存而改變，此歸因於二氧化碳的逸失。蛋白最初的pH值爲7.9，三天後會升高至pH 9.3（呈鹼性），而後變化較少。蛋黃的最初pH值爲6.2，儲存時改變較少。

⑹ 厚蛋白變稀。儲存間卵黏蛋白降低使厚蛋白會變稀。其降低乃因雙硫鍵減少，使得形成解聚作用所致。另外卵黏蛋白與溶菌酶的相互作用解離亦爲其變稀的原因之一。蛋白的鹼性增加亦爲造成厚蛋白水化原因之一。

⑺ 蛋黃移位。當蛋白的黏度降低後，蛋黃容易移動，於是有往蛋白上層移動（即上浮）的傾向，即使有繫帶的牽制亦然。同時，蛋黃膜亦會變得較脆弱。當把蛋打在平面上時，此情況更明顯。蛋白因水化而形成一大片，無法包住蛋黃，而蛋黃則扁扁的，無法形成圓形，甚至蛋會整個散掉。

⑻ 風味改變。儲存亦會影響到蛋的風味，若儲存時未加以防範，則蛋將吸收外界不良的風味。而長期儲存時，蛋本身亦會有老化的風味產生。

⑼ 微生物作用。除了上述一些不可避免的品質變化外，有時亦會有微生物的作用。一般蛋在生下時，其內容物處在無菌狀態，因此健康禽類所生的鮮蛋是不含菌的。若母禽有疾病時，當蛋形成蛋殼前，病原菌（主要爲沙門氏菌）通過血液循環進入卵巢及輸卵管中，在蛋黃形成時即進入蛋中；另外產蛋時，因禽類的排泄腔內含有一定數量的微生物，當蛋從排泄腔由肛門排出體外時，即當蛋剛產下來，蛋溫的自然冷卻，有助於附在蛋殼上的微生物進入蛋內。因爲蛋內容物

因冷卻而收縮，經殼上的氣孔，向蛋內抽吸空氣，微生物便隨空氣侵入。此類菌主要爲沙門氏菌、類白喉桿菌、微球菌等。尤其是蛋在清洗後，存在水中的微生物會藉機進入。但是蛋本身亦有抗微生物保衛系統，包括：物理上，如蛋殼及蛋殼膜。蛋殼外之角皮層可使蛋潤滑以利產出，並保護蛋免受微生物的侵襲。而蛋殼可阻擋微生物。外蛋殼膜可堵塞蛋殼上的氣孔可防止微生物侵入，而內蛋殼膜網眼小、纖維紋理緊密，可使某些細菌無法侵入蛋內。化學上，蛋偏鹼性的pH值與蛋白的黏度皆具有保衛作用。蛋白更含有一些抗微生物的因子，如溶菌酶、伴白蛋白、抗生物素、卵黃素蛋白、卵酶抑制劑等，這些抗微生物因子的存在，使蛋白具有良好的保衛系統。但若汙染嚴重，蛋本身無法抑制細菌生長時，仍會腐敗。

2. 蛋之新鮮指標

(1) 外觀檢驗方式

蛋之新鮮度可由蛋殼粗糙度、氣室大小、蛋黃浮動性、有無異物存在、比重（1.08～1.09）加以判斷。一般蛋之分級係使用非破壞性的照光檢查（candling）方式，觀察氣室的大小、以及蛋黃位置與移動的情況、大小、顏色等與是否有異物存在，如血塊、蟲體、黴菌。內部因素最明顯者爲氣室及蛋黃：品質好的蛋氣室較小，並因爲蛋白的黏度較高，所以蛋黃位於正中且輪廓朦朧；而品質差的蛋，不僅氣室大，蛋黃會移向蛋殼，且輪廓清楚。亦可以6%鹽水（比重1.027）檢驗，新鮮蛋應下沉，上浮即表示不新鮮。

(2) 內容物檢驗方式

① 打破蛋觀察法

將蛋打到碗裡，如果蛋黃飽滿隆起，接著會看到蛋黃下方有一層厚蛋白，最下方才是一層稀蛋白時，表示蛋還很新鮮。若蛋黃變成扁平，蛋白變稀，新鮮度就較差。要是蛋黃、蛋白都不成形，新鮮度更差。

② 蛋黃指數（yolk index）

蛋黃指數即蛋黃高度與蛋黃直徑之比，是表示蛋黃體積增大的程度。將蛋殼打破，蛋白蛋黃自然置於玻璃平板上，此時用高度測微尺測蛋黃高度，再用游標尺量蛋黃的寬度（直徑）可得蛋黃指數。新鮮蛋的蛋黃指數爲0.40～0.44，蛋愈不新鮮，蛋黃指數愈小。蛋黃指數小於0.25時，會形成散黃蛋。

③ 蛋白指數（albumen index）

厚蛋白的高度與平均直徑（最大值與最小值之平均）之比值爲蛋白指數。新鮮雞蛋之蛋白指數約爲0.14～0.17。再經計算之後，亦可得到Haugh單位。

參考文獻

大谷元。鐘嘉惠譯。2011。世界乳酪圖鑑。臺灣東販股份有限公司，臺北市。

中華民國乳業協會。2012。http：//www.holstein.org.tw/Knowledge/MilkStory.aspx

中華民國國家標準。經濟部標準檢驗局。

行政院農業委員會臺灣農產品安全追溯資訊網。2012。牛乳-產銷履歷良好農業規範。http：//taft.coa.gov.tw/public/data/71181759771.pdf。

朱慶誠、王旭昌。臺灣地區種豬抗緊迫基因篩選及其成效。http://www.coa.gov.tw/view.php?catid=4854&print=1

李曉東。2005。蛋品科學與技術。化學工業出版社，北京市。

吳士毫。2011。保久乳。食品資訊241（2/3）：38。

邱文寶、林慧珍譯。2009。食物與廚藝：奶、蛋、肉、魚。遠足文化事業股份有限公司，新北市。

周榮吉。1995。肌肉蛋白質的功能特性在肉品加工上的應用。中國畜牧雜誌27（1）: 37。

夏文水。2007。食品工藝學。中國輕工業出版社，北京市。

馬美湖、葛長榮、羅欣、賀銀鳳、張小燕。2003。動物性食品加工學。中國輕工業出版社，北京。

張國農等譯。2009。功能性乳製品。第二卷。中國輕工業出版社，北京。

郭卿雲。2004。另類的發酵乳克弗爾。科學發展379:6。

曾壽瀛。2003。現代乳與乳製品加工技術。中國農業出版社，北京。

鄭清和。1999。食品加工經典。復文書局，臺南市。

謝繼志、范立冬、趙平。1999。液態乳製品科學與技術。中國輕工業出版社，北京。

第十一章 園產品加工

園產品（horticultural products）加工範圍，可概括蔬菜、果樹、花卉及觀賞樹木四類，狹義僅指蔬果方面之加工，也是本書所討論者。至於花卉類加工如以花朵為原料，製成香精、色素、乾燥花、壓花、永久花等。而觀賞樹木加工如以葉片為原料，經浸漬、蜡製等製成可供觀賞之葉片，則皆非本書所將討論者。

第一節　蔬果種類及其結構

一、植物的結構

蔬菜的構造隨植物不同而異，但多具有外皮組織、運輸系統及髓質。而造成植物堅韌之物質，則來自細胞間的纖維素等多醣類及木質素，也是構成細胞壁的主要成分。細胞壁是植物特有的構造，係由原生質所分泌。主要由纖維素、半纖維素及果膠組成。在柔軟的組織，如水果及柔膜組織的細胞，多僅有主細胞壁。界於主細胞壁之外，連接細胞與細胞間的薄壁謂之中膠層（middle lamella），主要由果膠質組成。部分細胞則會在主細胞壁內再形成次生壁（seconday wall），其組成亦為纖維素、半纖維素等，有些亦具有木質素，但若含木質素，則此類植物的彈性便會較差。

二、蔬菜的種類

通常將蔬菜依所食用的部位分為：根菜類、莖菜類、葉菜類、果菜類、芽菜類、花菜類、蕈藻類等（表11.1）。

表11.1 蔬菜的分類

類 別	例 子
一、根菜類	
1. 直根類	蘿蔔、胡蘿蔔、牛蒡、甜菜根
2. 塊根類	豆薯、甘藷
二、莖菜類	
1. 嫩莖類	蘆筍、茭白筍
2. 根莖類	薑、竹筍、蓮藕
3. 塊莖類	馬鈴薯、菊芋、山藥
4. 球莖類	慈菇、荸薺、芋頭
5. 鱗莖類	大蒜、洋蔥、百合及蔥
三、葉菜類	
1. 普通葉菜類	白菜、菠菜、萵苣、茼蒿、莧菜、空心菜
2. 結球菜類	結球甘藍、結球萵苣
3. 香辛菜類	大蔥、芫荽、韭菜、芹菜
四、花菜類	
1. 花部類	金針菜、朝鮮薊、韭菜花
2. 花莖類	花椰菜、青花菜
五、果菜類	
1. 蓏果類或瓜類	冬瓜、南瓜、黃瓜、苦瓜、佛手瓜
2. 茄果類	茄子、番茄、甜椒、辣椒
3. 莢果類或豆類	豌豆莢、豌豆、蠶豆、菜豆、刀豆、扁豆、豇豆
六、芽菜類	蘆筍、竹筍、豆芽、苜蓿芽
七、蕈藻類	蕈類：洋菇、金針菇、香菇、木耳 藻類：海帶、紫菜、石花菜、綠藻
八、其他類	菱角、紫蘇、香椿、花椒、薄荷、茴香、山葵

三、水果的分類

水果依構成果實之子房數目多寡，可分三類：1. 單生果（simple fruits）；2. 聚合果（aggregate fruits）；3. 多花果（multiple fruits）。單生果依構造及性狀又分為乾果及肉果。常吃的水果屬肉果類，一般分五種：1. 漿果（berry）；2. 瓠果（pepo）；3. 柑果（hesperidium）；4. 核果（drupe）；5. 仁果（pome）（表11.2）。

表11.2 水果的分類

單生果					聚合果	多花果
漿果	瓠果	柑果	核果	仁果		
番茄	小黃瓜	柑橘	櫻桃	蘋果	黑莓	鳳梨
葡萄	南瓜	檸檬	桃子	梨	草莓	無花果
藍莓	西瓜	葡萄柚	杏	柿子	覆盆子	桑椹
	哈蜜瓜	萊姆	李子			
	甜瓜		橄欖			

第二節　蔬果的營養

蔬菜富含礦物質、維生素及膳食纖維等營養素，一般水分含量可達90%以上，但根莖類可能低於80%，乾豆類甚至低至10～20%。維生素在加工中易被破壞。鐵質在深色菜中含量較高，花菜類則含豐富的鈣質。

絕大多數的水果水分含量非常高，大約在80～90%間，如西瓜、甜瓜等可高達92%。醣類含量則由3～14%不等，而蛋白質及脂肪的含量一般都很低（酪梨除外）。果實由青澀到成熟的階段，總醣含量變化不大，但是醣的種類變化卻很大。在未成熟的水果中，澱粉含量較高，而隨著成熟度的增加，澱粉逐漸分解成糖類，因此成熟水果的甜度較高。至於成熟水果中，糖類的含量可由酪梨的1%到棗子的高達61%，範圍相當大。而糖的種類包括果糖、蔗糖、葡萄糖等。

有機酸對香味的發生有貢獻，同時加工水果的保藏亦涉及到它的存在，尤其是製罐及製成果醬時。在水果中含有兩類酸：揮發性酸及非揮發性酸。揮發性酸易在水果加熱過程中隨蒸汽揮發而流失。非揮發性酸雖不會在加熱過程中與蒸汽一齊揮發，但可能溶在水中而流失。礦物質亦爲水果可提供的營養素。在橘子、草莓中含豐富的鈣，爲鈣質的良好來源。鐵質則多存在綠色水果中，如梅、杏、棗、桃子等，在乾果中亦多，如葡萄乾、杏仁乾等。

第三節　植物的生理變化與採後處理

蔬果與畜產品不一樣，因蔬果採收後仍是一個有生命的個體，所以生命現象旺盛，仍會進行呼吸作用、蒸散作用。由於蔬果一旦採收後，無法繼續製造養分，故維持生命之養分完全靠貯藏物質。故蔬果呼吸作用愈強，消耗則愈多，產品也愈快劣變。同時呼吸作用愈強，釋出呼吸熱愈多，將促使周圍環境溫度升高，又會促進呼吸作用之加速進行。蒸散作用爲植物體內之水分從植物體表面散失的現象。蒸散作用愈強，水分散失愈多，則新鮮蔬果產品的外觀品質愈差。

蔬果採收後至消費前應儘量降低其生理作用，使呼吸作用降低，可減少蔬果養分之消耗量；蒸散作用降低，可保持蔬果之飽滿感；減少乙烯氣體的產生及避免不必要乙烯氣體之接觸，可避免加速老化，以維持高品質之蔬果。

因此蔬果在採收後，就其生理而言即是逐漸趨向老化及死亡，採收後之各種處理只是降低其生理代謝，延長儲存壽命，維持品質。除非是一些更性（climacteric）的水果，採後需要經過後熟階段使甜味及香味表現出來以外，其餘的保鮮處理都無法使產品更優於剛收穫的產品。

採收後園產品累積了大量的田間熱及呼吸熱，於通風不良的包裝內，將加速產品之老化及劣變。降溫（預冷）可減少因高溫造成之品質的劣變或腐敗。預冷目的與方法見第三章，在此便不贅述。另外蔬果冷藏時會使用控氣包裝（CA）或調氣包裝（MA）其方法亦見第三章。

蔬果的採收根據不同用途確定採收時間，品質和產量都要兼顧，品質在最適合的用途時採收。鮮食的採收要晚些，以接近食用最佳期，完全成熟再採收；若需要運輸、長期貯藏的果實，採收就要在不能完全成熟時進行。做果醬的要晚些採收，此時含糖量高；做罐頭的要早採，要求在果實硬的時候就採收，如桃。蔬果的採後處理尚要注意乙烯（ethylene）催熟之影響。

第四節　蔬果加工之目的與方法

蔬果加工包括下列之目的。

1. 延長利用期限，調節市場供需。果蔬加工後有利於保存，可以調節果蔬的淡旺季，做到全年供應。例如蔬菜，除塊莖類、鱗莖類、根莖類、部分根菜類及部分果菜類（如南瓜、冬瓜）較耐貯藏外，其餘鮮嫩蔬菜由於場地、設施等限制，要想達到理想貯藏效果十分困難。經各種加工處理後即可保存，可在蔬菜生長旺季加工成成品後調劑淡季市場，因而可不受生產季節性和區域性的限制。

2. 便於運輸與儲藏。蔬果加工主要是將易腐敗的產品轉變成穩定形式，可全年貯藏，並能運到遠方市場。如濃縮果汁或乾燥產品，新鮮產品長途運輸容易腐敗，經加工後即可運送到遠方後，重新復水食用。

3. 改善營養與風味。某些鮮菜直接食用風味並不好，如芥菜、大頭菜等，經醃製、醬漬、糖漬後，可製成風味鮮香的蔬菜加工品。

4. 不能生食者加工以便食用。

傳統蔬菜加工的方式，大略分爲：醃製（鹽漬、糖漬）、缸製（發酵）、製汁、脫水、低溫保藏、罐藏六大類。水果的加工方法與蔬菜的醃製（糖漬爲主）、乾燥、罐藏、低溫保藏及製汁基本相同，只有醃製需加上釀酒。近年來輕度加工蔬果在市場上已占一定之分量，其重要性亦不可忽視。

第五節　蔬果的鹽製

蔬果醃漬（pickle）可以延長貯藏期，並有利於保存運輸，同時可調節淡旺季做到全年均衡供應。並且可改進產品風味、滿足人們對蔬果副食品日益增長的需要。

一、鹽製蔬果之分類

用鹽醃製多半用於蔬菜類加工，少數水果才用鹽製，此法係取新鮮蔬菜先經部分脫水或不脫水，添加食鹽進行醃製之方法。根據國家標準，醃漬蔬果分爲六類：1. 鹽漬：以食鹽爲主之調味料醃漬而成，包括曬乾者，如醃漬梅、梅乾。2. 醬油漬：原料經鹽漬漂水壓榨後，於以醬油爲主之調味料中醃漬而成者，如醬菜、醬瓜、什錦醬菜（福神漬）。3. 醋漬：原料於以食用醋爲主之調味料中醃漬而成者，如醋漬蔥、醋漬蒜、醋漬蕎頭。4. 糠漬：原料於以鹽、糠、調味料汁中醃漬而成者，如糠漬蘿蔔、糠漬瓜。5. 酒粕漬：原料於以酒粕爲主之調味料中醃漬而成者。6. 味噌漬：原料於以味噌爲主之調味料中醃漬而成者。

依鹽量區分，可分爲四類：1. 低鹽醃漬物。加2～3%食鹽進行乳酸發酵者，如泡菜、酸菜。2. 中鹽醃漬物。加7～10%食鹽，經二次鹽醃與發酵者，如榨菜。3. 高鹽醃漬物。加10～14%食鹽，經乳酸發酵後再追加食鹽至20%以上，以利長期儲存。販售加工時，需先漂水、脫鹽，再調味，如醬瓜、福神漬。4.高鹽儲存。使用20%以上食鹽儲存，不經發酵。加工前需先脫鹽。

二、醃製原理

1. 食鹽的滲透壓作用

少量食鹽有調味作用，而醃製時食鹽用量通常較大，用意係利用食鹽溶解產生強大的滲透壓。1%食鹽溶液可產生0.61個大氣壓，醃製品使用的食鹽量可達8～15%，即可產生4.8～9個大氣壓，高滲透壓可以阻止微生物細胞的繁殖。

細菌的耐鹽性較差。一般細菌細胞滲透壓爲3.5～7.6個大氣壓，因此3～4%食鹽水就可抑制大部分細菌繁殖。如2～3%食鹽水可控制大腸桿菌；6～8%可使大腸桿菌死亡；15%可抑制球菌。

黴菌、酵母菌的耐鹽性較大，且其耐受性受到pH之影響。如pH 7時，防止黴菌需20%食鹽液，酵母菌需25%方可防止，而25%的食鹽溶液已接近飽和溶液。若pH 4.5時，10～15%食鹽溶液即可抑制黴菌與酵母菌。由於黴菌與酵母菌必須在氧氣充足條件下才能生長良好，因此生產上將蔬菜浸沒在食鹽水中不使其接觸空氣，這樣可大大降低食鹽水的濃度。

食鹽亦能降低製品的水活性，而達到延長保存期限之功效。另外，當食鹽液通過細胞膜進入細胞內，迫使細胞液外流出後，食鹽液的強大滲透壓作用和窒息作用，很快能使細胞死亡，而減少細胞的作用。

2. 酵素作用

植物細胞中含有各種酵素，當細胞死後，酵素作用反而加強。這種自消化作用，可改善醃漬蔬菜風味，如白菜生食有異味，經酵素作用後，反而風味變佳。另外，副材料如麴、味噌、酒粕等所含的酵素作用，亦可賦予熟成風味，並使產品有適當的口感。但酵素作用過強時，可能造成產品過度軟化現象。

3. 微生物的發酵作用

(1) 正常的發酵作用

在醃漬過程中，可能產生乳酸、醋酸與酒精之發酵，端視給予微生物的環境而異。乳酸菌廣布空氣、蔬菜表面、加工水及容器中。因此任何蔬菜醃製品在醃製過程中都存在乳酸發酵，只有強弱之分。乳酸發酵包括同型發酵與異型發酵兩類。同型乳酸發酵能將單糖、雙糖發酵成乳酸，不產生任何其他物質。此種發酵作用為醃製中主要者。異型發酵除將單糖、雙糖發酵成乳酸外，還可以產生其他物質如酒精、二氧化碳等。由於異型發酵乳酸菌黏在食品表面，會產生黏性物質，使食品變軟。因此應避免此菌的生長。此菌只在醃製初期發現，當食鹽濃度加高到10%或乳酸含量達0.7%以上，便會受到抑制。

酒精發酵為酵母菌將糖分解成酒精和二氧化碳氣體之作用。此種發酵作用比較微弱，因酵母菌需氧氣。但產生的酒精可與其他物質化合生成酯類，而變成芳香物質，使醃製品具香味。

醋酸發酵主要係將戊糖發酵生成醋酸、乳酸。極少量（0.2～0.4%）的醋酸對成品無影響，但大量（超過0.5%）就會對成品有影響。由於醋酸菌是好氣性菌，隔離空氣可防止醋酸發酵。

⑵ 有害的發酵及腐敗作用

當醃漬蔬菜產生變味變臭、長膜、發霉、甚至腐敗變質，多半由微生物不當發酵造成。一般包括由丁酸菌引起的丁酸發酵（屬嫌氣性菌，會產生強烈的不快氣味）以及腐敗菌引起蛋白質分解產生臭味物質等。另外，酵母菌會在鹽水表面長膜，而霉菌則可能因醃漬物暴露於空氣中，吸水使表面鹽度降低，造成水活性升高而在醃漬物表面生長而造成發霉現象。且霉菌可產生果膠分解酵素，使產品變軟而失去脆度，甚至發軟腐爛。

4. 蛋白質的分解作用

醃製品的色、香、味部分來源於蛋白質的分解作用。其會產生胜肽、各種胺基酸（如麩胺酸）等呈味物質，可提供鮮味。另外，微量的乳酸也是鮮味的次要來源。胺基酸與酒精等物質作用可產生酯類而提供香味。蛋白質分解產生的酪胺酸，在酪胺酸酶作用下，會氧化產生黑色素，使鹹菜在後熟中發生色澤變化。

5. 醃漬品質地的變化

形成脆性原因包括細胞膨壓的影響與果膠成分之變化。如何「保脆」是醃製品關鍵性問題。脆性減低原因包括：⑴ 原料過分成熟或受機械損傷；⑵ 在酸（H^+）介質中果膠被水解；⑶ 黴菌分泌的果膠酵素使果膠水解。因此要保持產品脆度，必須防止黴菌繁殖，同時可在硬水加鈣鹽。如醃黃瓜使用硬水時，可得肉質細密爽脆之產品。

三、醃漬方法

蔬果保存性與食鹽用量有關，鹽濃度的表示可用重量百分比，也可用鹽度（Baume, Be波美）。其將0℃純水加入26.5%食鹽成飽和食鹽水，設為鹽度100°，因此1°鹽度含食鹽0.265%。加鹽量與保存時間之關係如下：一般即食食品加鹽1～2%，一夜漬2%，保存3天3%，保存半個月5%，保存1個月6%，保存2個月7～8%，保存3個月9～10%，保存3～5個月11～13%，保存6個月14～15%，保存6個月以上15%以上。當溶液呈酸性時，微生物對食鹽溶液的耐受力就會降低。理論上醃製之食鹽濃度10%最安全；高於12%可顯著延緩蛋白質分解速度，同時味道太鹹影響風味，也使製品的後熟期延長。因此用鹽量需適當掌握，才能製成好的醃製品。一般醃漬蔬菜之加工流程如圖11.1所示。

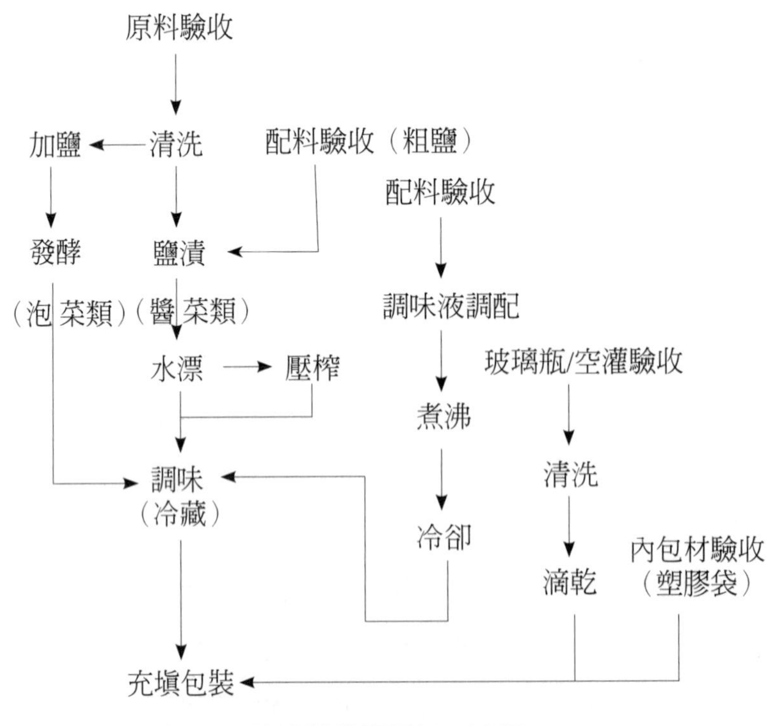

圖11.1　醃漬蔬菜簡易加工流程

中國由於幅員廣闊，北方冬天無法吃到新鮮蔬菜，因此發展出許多地方特色的醃漬蔬菜，如東北酸白菜、北京冬菜、廣東酥薑、揚州醬菜、涪陵榨菜、南充冬菜、雲南大頭菜及浙江的蘿蔔條和小黃瓜。而臺灣常見者如客家福菜、剝皮辣椒、醃蘿蔔等。

1. 醃漬梅

醃漬梅爲少數鹽漬的水果。梅子洗淨後，撒上細鹽，醃漬隔夜即可食用。若製造梅乾時，則將醃漬梅曬乾即可。

2. 泡、酸菜類

泡、酸菜類都是用低濃度食鹽水溶液或少量食鹽來醃泡鮮菜製成的一種帶酸味的醃製加工品，即利用乳酸菌在低濃度食鹽溶液中進行乳酸菌發酵製成泡菜、酸菜。食鹽量不超過2～4%。

此類醃漬蔬菜原料的選擇要求組織緊密、質地脆嫩、肉質豐厚、不易軟化的新鮮蔬菜。如綠色蔬菜之小白菜、菠菜等不易作泡菜原料，而甘藍、蘿蔔、薑、竹筍、胡蘿蔔、黃瓜等可作原料。將原料洗淨去掉非食用部分，分切後，置入泡菜罈中。泡菜罈爲大量製作泡菜必不可少的工具。罈口有水槽來隔絕空氣使罈內形成嫌氣狀態而有利於乳酸菌活動，又可防止外界雜菌入內。同時罈內氣體可出去，外界氣體不能進入，使罈子呈密封狀態。

製作泡菜的水最好選用硬度大者，以提供成品一定的脆度，另外還可在水中加入碳酸鹽以增加水的硬度。泡菜用鹽則要求含量愈純愈好，不純的鹽含硫酸鎂、氯化鎂等雜質，會使泡菜風味偏苦。

製作時先往罈內放入原料壓實至罈口時，加木片卡住罈口，以防止加入鹽水後原料上浮，加鹽水淹沒原料、封蓋，罈口加蓋後溝槽注水，使罈內自然發酵：夏季7天左右，冬季12～14天。密封可防止一些好氣菌以及兼性厭氧菌的滋長。如果在醃製過程中，有氧氣進入的話，會使得產酸的菌種大量生長，產生大量的酸而影響產品品質。

發酵初期由於鹽水的高滲透壓作用，使蔬菜可溶性物質進入溶液，鹽分進入蔬菜體內，這樣溶液中可能會有糖、酸等物質出現，便於微生物滋生，同時罈頂還有部分空氣，更適合好氣性微生物的活動。初期大腸桿菌活動占主要地位，可分解糖，產生大量CO_2和氫氣，氣體從水槽內出來，可出現響動的聲音。這些氣體主要是由微生物發酵和蔬菜本身呼吸作用以及鹽水將蔬菜內部氣體排出三部分組成。初期當乳酸含量達0.3～0.4%時，可殺死大腸桿菌和大多數不抗酸的微生物。發酵中期，此時乳酸含量達0.4～0.8%，只有抗酸性特強的少數菌可生存，占優勢的是乳酸菌。至發酵末期，乳酸含量高達1～1.2%，只有特別抗酸性強的乳酸菌才能繼續活動，到1.2%時所有的乳酸菌也會全部死亡的。由於乳酸含量達0.6%時泡菜品質最好，一般在發酵中期（0.4～0.8%）時取食最好。若想長期保存，乳酸量得達1.2%以上、初期含鹽量6～8%，末期鹽水含鹽量在4%爲好。

泡菜包括四川泡菜、廣東泡菜、臺式泡菜、韓國泡菜等，做法相似，僅發酵時間多寡。如廣東泡菜僅一天，而臺式泡菜約三天，而韓國泡菜約2～3週。西式酸菜（sauerkraut）則利用條片狀甘藍在2～3%鹽水下發酵之產品。

3. 榨菜

榨菜係取榨菜之膨大莖部加工。製作時先將原料曝曬半天，使菜葉萎凋。醃漬時食鹽用量爲10～15%，先在桶底撒鹽少許，然後排一層菜，再撒一次鹽，如此將桶排滿。最上面鋪一層曬乾之老葉，再以石頭鎮壓，靜待發酵。所加鹽量依儲存時間而定，鹽量少易發酵，不能久藏，僅供短期內食用；鹽量多則發酵慢，可久藏。一般鹽量7%可放1個月，9～11%可放2～3個月，11～13%可放3～5個月，15%以上則可放置6個月以上。

4. 醬菜

醬菜爲蔬菜用醬或醬油醃製而成者，用醬醃可久藏，而醬油爲液體易滲透，可縮短醃製時間。一般先進行鹽漬，再進行醬漬。常見者爲花瓜（脆瓜），先以15～20%鹽搓揉小黃瓜，接著放入缸中鹽漬2～3天後，取出沖水脫鹽。而後加入醬汁浸漬約1天以入味，即可販售。

5. 其他

醃漬蔬菜種類繁多，常見者如覆菜（福菜）以芥菜爲原料；冬菜以包心白菜爲原料；而飯盒中常見的糠漬蘿蔔，又稱澤庵，因常著色呈黃色，俗稱黃蘿蔔，係蘿蔔醃漬於糠鹽（米糠與食鹽的混合物）的產品。

第六節 蜜餞加工

蜜餞、果醬統稱爲糖製品，爲蔬果與食糖（蔗糖、麥芽糖、葡萄糖）混合煮製而成的產品。歐美對稱爲蜜餞者的範圍較廣泛，包括用鹽、酒處理的一切水果加工品，均稱爲蜜餞（preserved fruit），而一般我們稱蜜餞的中式蜜餞，則稱爲glacied fruit, candied fruit或honey dipped fruit，中國則稱果脯。

一、蜜餞分類

1. 依外觀分類

一般蜜餞依外觀可分爲乾狀蜜餞與濕狀蜜餞。乾狀蜜餞又有滴乾蜜餞（drained）（糖分滲透達70%後取出滴乾而成）、糖晶蜜餞（crystal）（糖分滲透後表面有糖結晶析出）、糖衣蜜餞（glace）（表面塗濃厚糖液後乾燥成光滑不黏的膜狀）、透明或半透明糖漬水果等。濕狀蜜餞則有糖漬蜜餞（如瓶裝之櫻桃、金桔）與黏濕性蜜餞（如表面濕黏之木瓜糖）。

2. 依加工方法分類

蜜餞依加工方法分爲三類：蜜路、滾路與草路。蜜路爲一般之糖漬蜜餞，乃將原料前處理、糖漬、乾燥之產品，如芒果蜜餞、鳳梨蜜餞。其特色爲水分低，糖分高，製造時間長。

滾路即熬煮蜜餞，原料經前處理、初步糖漬、在糖液中熬煮以代替乾燥而成，即俗稱之「鹹酸甜」。其特色爲水分含量稍高，糖分稍低，製造時間稍短。

草路即調味蜜餞，係以陳皮、甘草或人工甜味劑等調味之產品，如鹹金桔、話梅等。其特色爲水分低、糖分也低。

3. 依製品形式分

分爲中式蜜餞與西式蜜餞。西式蜜餞採用眞空處理，因此加工時間短，糖漬溫度低，故糖液可重複使用，且產品顏色良好，不易皺縮。

二、蜜餞保存原理與糖的性質

蜜餞與鹽漬相同處爲都使用高濃度糖或鹽以保存食物，但與食鹽不同爲糖本身是微生物良好的碳素營養，低濃度（10%以下）的糖液能促進微生物的生長發育，只有在高濃度（60%以上）的糖液方對微生物有不同程度的抑制作用。不同糖的效果也不同，如1%葡萄糖溶液產生1.2大氣壓滲透壓，1%蔗糖溶液產生0.6個大氣壓滲透壓。一般含糖量必須在60～65%，其滲透壓理論上才會使微生物脫水收縮而無法活動。另外，高濃度糖可使產品水活性降低，因此可抑制微生物的生長，一般乾狀蜜餞的水活性在0.65以下，能阻止一切微生物活動；但濕狀蜜餞水活性較高，易造成黴菌生長，因此往往必須添加防腐劑以抑制之。

糖製品在一定溫度下，當其含糖量達到過飽和時，這時會有糖析出，此過程叫返砂（結晶析出現象），如柿餅表面之柿霜。返砂會降低產品含糖量，削弱保護作用，也有損製品品質。但相反的，也可利用這一特性適當控制過飽和率，對於乾式蜜餞使其表面返砂，或裹上糖粉，增強其保存性。但不能過度返砂，以免內部糖分減少，保存時間縮短，並使製品硬化乾裂。

另外，蔗糖在一定溫度、酸度或轉化酶的作用下會水解爲轉化糖（1分子葡萄糖和1分子果糖）。糖製品中轉化糖的存在可提高糖汁的飽和度，抑制結晶析出，增大滲透壓和甜度，並賦予成品蜜糖味。但轉化糖吸濕性強，若包裝不善，易引起回潮，降低品質及保存性。

最後，糖具有吸濕性。糖種類不同吸濕性即不同，吸濕性以果糖>葡萄糖>蔗糖。糖製品的吸濕會降低製品的糖濃度，因而削弱了保藏作用。當各種糖含水超過15%，即會失去結晶的狀態變爲液體。

三、蜜餞加工方式

常見蜜餞製造方式大同小異，如圖11.2所示。首先，原料方面要求適當品種、成熟度、大小、質地、色香味等。一般蔬果加工原料與鮮食原料可能爲不同品種，不可混用，因爲不同品種的質地、香味、顏色等不同，有些品種並不適合加工使用。成熟度與果膠物質分布與有機酸、糖類分布有關。成熟度不足，則酸度過高，質地過硬，糖分卻不足；成熟度過度，則質地太軟，皆不適合加工使用。大小方面，原料太大，則糖漬時糖由表面滲透到中心的時間較久；原料太小，則商品價值較差。

原料的前處理包括分級、清洗、特別處理如針刺、去皮、浸漬亞硫酸鹽等（見第五章乾燥）、殺菁。有些需經硬化處理，如冬瓜、青梅之鈣化處理。

某些原料因爲產期短，需加以冷藏進行短期儲存，甚至先經鹽漬或亞硫酸鹽處理以進行長期儲存，以利其後之加工。若經鹽漬或亞硫酸鹽處理，則加工前需進行漂水，以恢復果實原狀並去除苦澀味。

糖漬爲蜜餞最重要步驟，糖液要注意衛生，不可受到汙染。糖漬時提高溫度

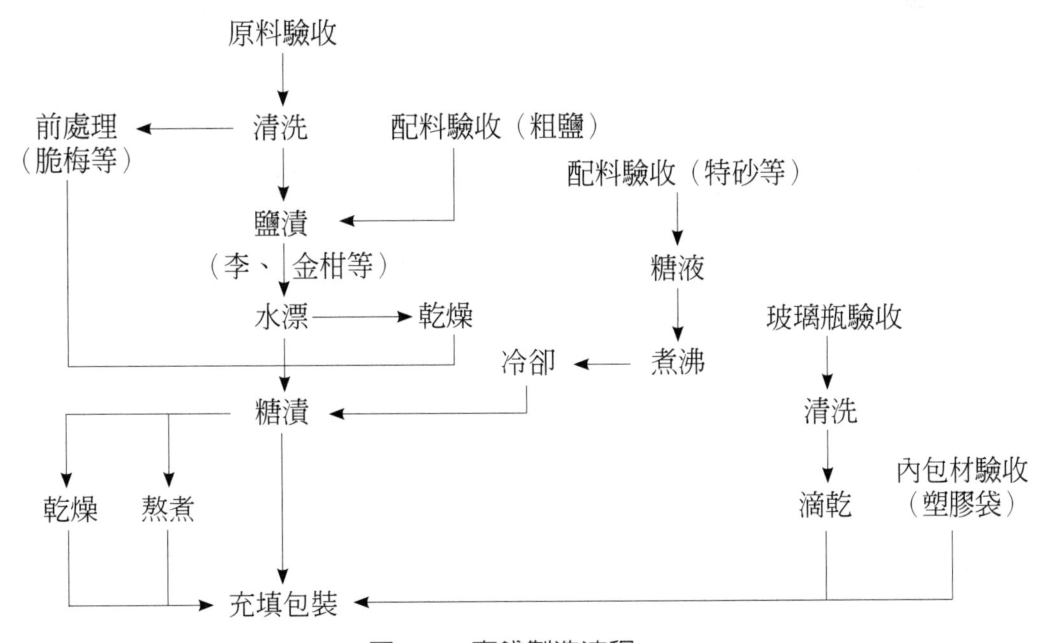

圖11.2　蜜餞製造流程

可加快滲透，但溫度過高則容易發生褐變，因此溫度控制很重要。糖液與果肉間糖度不可差距太大，否則會造成果肉脫水過快而導致果肉皺縮。差距太小則糖漬時間增加。一般質地結實的原料如青木瓜、金桔，原料與糖液濃度差可達15～20° Brix；草莓等柔軟水果需用5～7° Brix差；一般則使用10° Brix差。浸漬過程中逐日增加糖液濃度直到達最後濃度為止。糖漬時如採用眞空方式可加快浸漬時間，而以往使用眞空與否爲西式蜜餞與中式蜜餞最大之差別。傳統蜜餞需糖漬到60～70° Brix才算完成。

糖漬結束後視最後產品的形態進行乾燥與整飾。乾燥一般以50～65℃爲宜，過高則容易褐變，過低則時間過長，不符經濟效益。糖漬後之蜜餞表面會黏手、光澤較差，而乾燥者可能有乾燥程度不一的現象，因此必須經過整飾。整飾依產品而異，包括沾細粉或糖粒（如柚皮糖）、洗除表面、沾附糖衣、滴乾並乾燥（鳳梨乾）等。

近年來健康意識抬頭，人們對於糖的攝取愈來愈有顧忌，因此希望食用低糖蜜餞。但糖在蜜餞中除具有保藏作用外，另外尙有塡充水果中乾燥與糖漬過程水分流失的空間，以避免果肉的塌陷，使產品皺縮。因此一旦糖量減少，則產品的果肉會黏在一起而增加嚼食的困難度。此時可糖漬到25～35° Brix即進行乾燥可改善此問題。亦可在加工前將原料浸於聚糊精溶液中24小時，以增加原料組織膨潤度。並以蔗糖與山梨糖醇調製成30%糖水進行糖漬。而傳統調味蜜餞如話梅，利用糖精作爲甜味劑，但因有安全顧慮，近來有使用阿斯巴甜或醋磺內酯鉀（acesulfame-k）取代者，但其加工溫度與pH値要注意以免分解變質。

目前蜜餞製作，除往無色素、防腐劑等人工添加物外，產品更強化外觀與包裝，以朝精品化發展。

第七節　果膠與果醬製品

一、果醬之分類

廣義的果醬（jam）係將果實打碎，加糖熬煮，利用其中所含（或外加）的糖、酸、果膠形成凝膠的製品均稱之。因此，蜜餞、果凍、果糕、果膏等均爲廣義的果醬類。英文中一般通稱爲jam者分3類（臺灣沒分那麼多，一概叫果醬），包括：jam、marmalade和jelly。Jam是將水果的果肉部分壓碎，和糖（砂糖、葡萄糖、麥芽糖等，現在有稱無糖果醬的，大多是加葡萄汁）加熱熬煮到膠質化爲止。通常不殘留果形，特別將果形留下的稱Preserve（類似糖漬水果）。Marmalade 指的是用柑橘類（如橘或檸檬等）果皮做的果醬。Jelly 是將果肉部分除去後的果汁加糖熬煮成膠質化後的果凍。

一般臺灣常見的分類方式如下：1. 果醬（jam）。把整個水果直接加糖，或把水果破碎添加糖，加熱濃縮至具有黏稠性的狀態。2. 果凍（jelly）。先按照果汁製作方法，取得之果汁加糖加熱濃縮至冷卻時凝固的製品。3. 果糕（marmalade）。透明的果凍中有果皮的細片懸浮其中的製品。4. 果膏（fruit butter）。把果實直接煮爛或破碎過濾煮沸濃縮，或加入適當的糖、香料或其他果汁等，加熱濃縮成半固體狀之濃稠製品。其至少含有43%可溶性固形物。

二、果醬凝膠原理

果膠物質乃一複合性的酸性凝膠物質，包括原果膠（protopectin）、果膠酯酸（pectinic acid）及果膠酸（pectic acid）等三種。而果膠（pectin）爲其總稱。其主要的組成物爲不同甲基酯化程度之水溶性的果膠酯酸，再加上少量的水溶性小分子多醣如阿拉伯聚糖等組合而成。一般分爲高甲氧基果膠（high methoxy pectin, HMP）與低甲氧基果膠（low methoxy pectin, LMP）。高甲氧基果膠之甲氧基含量高於7%，而低甲氧基果膠則低於7%。兩者之凝膠原理不同。

1. 高甲氧基果膠之凝膠

其凝膠原理係造成高度水合的果膠分子鏈因脫水及電性中和，而使果膠分子互相接近而產生分子間氫鍵，因而形成凝膠作用。其影響因子包括酸、糖、果膠量與溫度。

⑴ pH值。高甲氧基果膠在一般溶液中帶負電荷，當加入酸時，電性會中和而造成果膠分子互相凝聚而成膠。凝膠的pH範圍在2.0～3.5，其他pH都不會成膠。不同pH值成膠性亦不相同，pH 3.1左右時，凝膠硬度最大；pH 3.4時，凝膠硬度較軟；pH 3.6即無法成膠，此爲果膠的臨界pH值。

⑵ 糖。糖的存在亦可促進高甲氧基果膠凝膠。由於果膠爲親水性膠體，分子鏈帶有水膜，當糖量超過50%時，會使分子鏈脫水後造成分子互相接近而產生分子間氫鍵，於是產生凝膠現象。糖濃度大，脫水作用強則凝膠速度快。當果膠含量一定時，糖的用量可隨酸量增加而減少。當酸的用量一定時，糖的用量隨果膠含量提高而降低。

⑶ 果膠含量。高甲氧基果膠凝膠性之強弱，與果膠含量、果膠的分子量與甲氧基含量有關。果膠含量高則易凝膠；果膠分子量愈大、聚半乳糖醛酸鏈愈長、甲氧基含量愈高，凝膠性愈強，製成的產品彈性愈好。

⑷ 溫度。溫度低，凝膠速度快，超過50℃後，因高溫會破壞果膠分子間氫鍵，因此凝膠強度會下降。果實過度成熟或長時間加熱，會將果膠分解成果膠酸，因此膠凝能力就減弱。

果醬需要水果重量1%的果膠，酸度爲pH 2.8～3.4（有機酸含量0.3～0.6%），糖量必須爲65～68%。水果因品種或收成季節不同，果膠含量會有差異，因此果膠量有必要額外補充，最好方法先做小量試驗了解該批水果特性，再確定大量生產配方。至於糖度65%是安全界線，如果少於65%，有許多水果酵母菌會無法抑制而生長。

2. 低甲氧基果膠之凝膠

低甲氧基果膠之成膠機制主要是利用兩價金屬離子如鈣離子在兩條果膠分子之間產生離子鍵，而形成架橋作用因而成膠。此時糖與酸量並不會影響成膠性。一般需果膠含量0.6%以上，並有微量之鈣或鎂離子存在。

三、果醬加工方式

1. 果醬

果醬是以新鮮、冷凍或罐裝水果果肉加糖濃縮至適當硬度，加果膠、有機酸而成黏性或半固體的產品。通常加糖濃縮至糖濃度55～65%。許多水果都可製造果醬，如草莓、葡萄、蜜柑、洛神葵、李子、桑葚、百香果等。一般製造過程爲原料清洗、破碎後，加糖與酸調配，加糖量需考慮原有果實中的糖度與糖的純度。而後在常壓下或眞空濃縮至所需之糖度，待達濃縮終點時，即可充填、密封。充填時需在85℃以上，趁熱充填入玻璃罐或鐵罐中，密封後靜置3至5分鐘，以利用餘溫殺菌。

果醬凝膠終點判斷方式包括：(1) 溫度計法。約104～105℃。(2) 糖度測量法。糖度達55° Brix。(3) 經驗法。湯匙試驗法，以湯匙掬取，傾斜時果凍一部分黏在湯匙成薄膜擴大，同時有黏性滴液時，表示到達終點。(4) 玻璃杯試驗法。將果醬滴液滴入裝有清水之玻璃杯中，若在底部凝固者，即達終點。

果醬雖然糖度非常高，但因爲酸度也很高，在適量糖酸比之下，食用者不會感覺太甜或太酸。在水果加工中，糖酸比是很重要的。如果糖酸比不恰當，當糖量過高，會感覺太甜；若酸過多，則會感覺太酸。

2. 果凍

果凍的糖度較果醬低，一般糖量在45～55%。果凍原料以果汁爲主，一般工業上多以壓濾機進行果汁之榨取。其終點判斷方式與果醬相似，僅沸點與產品糖度略低於果醬。

3. 果糕

果糕主要以柑橘類爲原料，製造方式與果凍相同，但原料處理方式略不同。果糕有透明果糕與含果肉果糕，其中透明果糕果汁占47%、砂糖47%、果皮6%；含果肉果糕爲果肉50%、砂糖45%、果皮5%（圖11.3）。

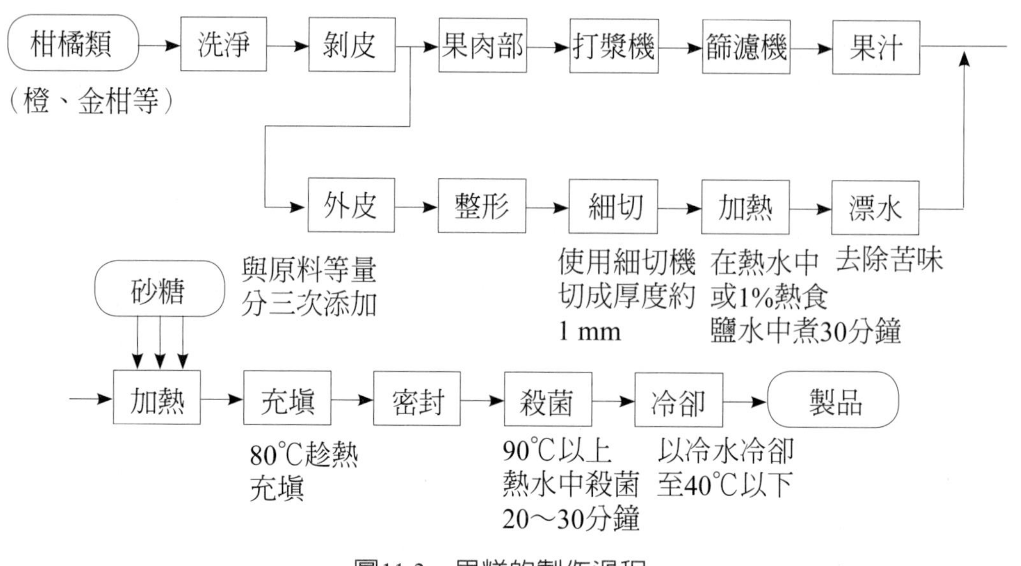

圖11.3 果糕的製作過程

4. 果膏

果膏製造時僅加少量水，與果醬之最大差異在於比果醬濃度高，粒子更細，並多加香辛料。製造果膏的水果原料應選用軟而成熟者，因其風味較佳。使用的香辛料有肉桂、丁香、薑、香草精、肉荳蔻等。常見者包括梨子果膏、李子果膏。

果醬系列產品由於屬於中濕性食品，因此可以添加防腐劑以避免變質。常用之防腐劑包括己二烯酸（sorbic acid）及其鉀鹽、鈉鹽、鈣鹽（用量0.1 g/kg），苯甲酸（benzoic acid）及其鉀鹽、鈉鹽（用量0.1 g/kg）。

第八節　果蔬汁加工

一、分類

在我國國家標準CNS2377、N5065中將果（蔬）汁飲料類定義如下：1. 天然濃縮果汁：爲新鮮成熟果實之榨汁經過濃縮而成兩倍以上，不得加糖、色素、防腐劑、香科、乳化劑及人工甘味劑。不可供直接飲用的果汁。2.糖漿濃縮果汁：凡由天然果汁或乾果中抽取50%以上，添加入濃厚糖漿中，其總糖度應在50° Brix以上，可供稀釋飲用者。3. 純天然果汁：⑴ 由新鮮成熟果實直接榨出之果汁，不稀擇、不發酵之純粹果汁，亦可由兩種或兩種以上，不同果實榨汁混合做爲綜合果汁。⑵ 由濃縮果汁加以稀釋復原成前項所述水果之榨汁狀態。4. 稀釋天然果汁：含天然果汁或果漿，應在30%以上（番石榴果汁應在25%以上），加糖液、加檸檬酸或維生素C調節至適宜糖酸度，以供直接飲用之果汁稀釋品。5. 果汁飲料：天然果汁或果漿含有率在6%以上至不足30%供直接飲用者。6. 天然果漿：水分較低及（或）黏度較高之果實經破碎篩濾後所得稠厚狀加工製品。7. 發酵果汁：水果醃漬發酵後經破碎壓榨所得之果汁稱之。8. 稀釋發酵果汁：含發酵果汁在30%以上者。9. 發酵果汁飲料：發酵果汁含有率在6%以上至不足30%者。10. 純天然蔬菜汁：由新鮮蔬菜經壓榨、加水蒸煮或破碎篩濾所得之汁液，有兩種或兩種以上蔬菜汁混合製造之綜合蔬菜汁配合比例不予限制。11. 稀釋天然蔬菜汁：係指天然蔬菜汁加以稀釋至蔬菜汁含有率在30%以上（蘆筍汁應在20%以上）者，亦兩種或兩種以上純天然蔬菜汁，混合稀釋至綜合蔬菜汁含有率在30%以上者。12. 蔬菜汁飲料：係指蔬菜汁含有率在6%以上至未及30%者。13. 綜合天然蔬果汁：係指由天然果汁、天然果漿與天然蔬菜汁混合而成者，配合比例不予限制。14. 綜合蔬果汁：係指由綜合天然蔬果汁加以稀釋至蔬果汁含有率在30%以上者。15. 綜合蔬果汁飲料：係指綜合天然蔬果汁或綜合還原汁10%以上，直接供飲用。16. 濃糖果漿（果露）：指有加糖及（或）香精、安定劑等稀釋後供飲用者，稀釋倍數爲稀釋後體積對原來體積倍數，以整數表示之。

二、一般製程

果蔬汁係經選擇、洗滌、榨汁、過濾、裝瓶、殺菌等程序製成的飲料。其一般製程如圖11.4所示。

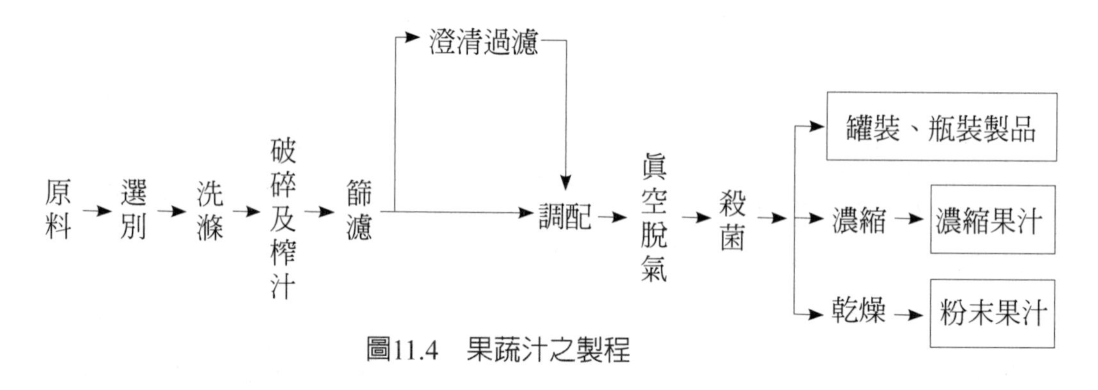

圖11.4　果蔬汁之製程

1. 原料選擇與處理

製造果蔬汁之原料一般會選用較成熟者，經過追熟的原料比較不適宜果汁的加工。同時原料要新鮮，若長期儲存會失去果實原有的風味、香氣。原料亦不可發霉，容易產生毒素，一旦產生毒素就容易殘留於最後產品中，如散黴素（patulin）是引起蘋果腐爛最常見的黴菌所產生的，故在蘋果汁中常可發現，而其他水果，如桃子、梨、杏、櫻桃等亦可能感染散黴素。

洗滌目的在去除原料上附著的塵土、泥沙等夾雜物，亦可同時去除農藥、昆蟲、微生物等汙染物。洗淨方式可用噴洗法、刷洗機、浸漬槽等。

2. 破碎與榨汁

破碎與榨汁是果蔬汁最重要步驟。依蔬果種類之不同，破碎、榨汁的方式也不同。甚至還要經剝皮、切片的手續，如蜜柑。破碎可利用絞碎或鎚擊，其程度一般以網目大小決定。破碎時要注意殘渣大小，破碎的太碎，會難以榨汁而影響收率。有些需先殺菁破壞酵素後再榨汁，有時會加溫以利榨汁及讓色素溶出。因爲加熱可使蛋白質變性、改變細胞結構、使果肉軟化、降低果汁黏度、使果膠部分水解。加熱亦可抑制多種酵素，避免變色、產生異味等不良變化。加熱亦有利於去除不良風味。對果肉型的胡蘿蔔汁，不宜採取破碎壓榨取汁法，可以磨碎機製作。

榨汁的三種基本方法包括：液壓式擠壓、滾筒式擠壓與螺旋式擠壓。榨汁過程必須避免空氣混入以及與鐵質部分接觸，否則易造成氧化與生銹。榨汁時，果膠含量少的蔬果易取汁。果膠含量多的蔬果由於汁液黏性較大，榨汁難，爲了使汁液易於流動，榨汁前可利用加熱或加酵素進行預處理。

3. 篩濾、澄清或抗沉澱

榨汁時由於會有一些種子、蔬果碎片與其他粗固形物混入，因此必須將這些雜質去除。一般使用過濾方式進行，通常在榨汁機出口處裝有濾篩，壓榨的同時就完成粗濾。在製作澄清果汁時，篩濾尤其重要。而在混濁果汁時，則可採用遠心分離機進行分離，以保留適當的固形物。有些產品粗濾後還要再經精濾。由於果膠存在時會影響澄清果汁之澄清度，因此製作澄清果汁時應除去果膠。

澄清果汁的澄清和過濾方式包括：⑴ 自然澄清法。使殘渣自然沉降，因果膠水解造成蛋白質與單寧逐漸形成單寧酸鹽類聚合物之故。⑵ 熱處理法。加熱有助於過濾。⑶ 單寧法。添加單寧有助於果膠之聚集與沉降。⑷ 明膠單寧法。適用於蘋果、葡萄等，其含較多的單寧，加入明膠後，會形成聚合物，當其沉降時，將懸浮物一起吸附而沉澱。⑸ 加酵素澄清。加入果膠分解酶，一旦果膠分解後，懸浮物失去浮力便容易沉澱。

製作澄清果汁過程由於會將果肉等物質去除，反而導致果汁之色澤、風味與營養價值大受影響，加上目前飲料重視機能性，因此含果粒或果肉的混濁果汁反而大受歡迎。

由於含果粒或果肉的混濁果汁儲存過久容易產生沉澱，傳統使用黏稠劑如羧甲基纖維素（CMC）、澱粉或添加果膠以增加黏稠性，降低沉降速率。亦有使用起雲劑者。起雲劑是合法的複方食品添加物。通常使用天然的萜類（terpenes）、三酸甘油酯類、無味的植物油類、如菜籽油（canola oil）等。目的是增加飲品的不透明度與黏稠性質，讓透明飲料不凝結成塊而產生霧狀。這樣飲料看起來會有像似新榨果汁的視覺。起雲劑所用的是其乳化或分散的性質。萜類或油脂類化合物有樹膠、樹脂的特質，化性穩定，可用來增添果汁的視覺感。加上合適的色素後，是果汁的良好添加物。

4. 調配

製造天然果汁時不需調配，但製造一般果汁時，爲使原料成分如糖度、酸度、色澤等符合標示與均一品質，因此必須進行調配的動作。調配時可酌量使用食品添加物。

5. 真空脫氣

原料組織中的氮氣、氧氣、二氧化碳等氣體，在蔬菜汁加工過程中能溶解或吸附在果肉微粒和膠體的表面，不僅破壞蔬果中的維生素C，而且與果菜汁中各種成分發生反應而使香氣和色澤發生改變，同時還會引起馬口鐵罐內壁腐蝕。所以，在果菜汁加熱殺菌前，應減少蔬菜汁中懸浮微粒隨附的氣體。

6. 殺菌和包裝

前處理完後要裝罐以殺菌。果菜汁裝罐時，有的裝罐前不需加熱殺菌，如冷凍濃縮果菜汁。大部分果菜汁則都進行熱包裝。殺菌的目的爲除去微生物，防止腐敗；破壞酵素以免發生不良變化。一般高溫殺菌法條件爲90℃、30～90秒。而巴式殺菌法爲80℃、30分鐘。殺菌時趁熱裝入預先備好的瓶或罐中密封後冷卻。

7. 香氣回收

果汁製造過程中，加熱會造成香味物質的逸失，使最後產品香味不足。因此一些香味物質回收裝置在蔬果汁加工中應用非常頻繁。尤其在濃縮果汁中，往往在氣體排出口前加裝香氣吸附裝置，以回收香氣，並回添回產品中。

8. 其他果汁常用加工技術

果菜汁生產迅速發展，其原因是由於生產和保藏技術的進步，如超過濾澄清技術、冷凍濃縮技術、逆滲透濃縮技術、渾濁態汁穩定技術、高壓提取芳香物質技術、電滲析水處理技術、無菌包裝技術、高壓加工、脈衝電場加工、爲提高出汁率的帶式榨汁技術與超音波萃取等非熱加工技術。這些先進技術對果汁、蔬菜汁生產的發展有非常重要的作用。

三、常見果汁加工技術

1. 葡萄

做果汁常用康歌種（concord），做葡萄酒用金香（golden Muscat）及黑后種，葡萄乾則由湯普森無子葡萄曬乾製成。葡萄中的有機酸主要爲蘋果酸及酒石酸，在成熟過程中，蘋果酸量會降低，酒石酸則仍維持原量。酒石酸的存在，會造成葡萄在釀製與製汁時結晶成酒石而沉澱析出，影響品質，因此必須去除。一般酒石去除方式包括：(1) 瓶裝法。果汁裝入玻璃瓶使其自然沉澱。(2) 二氧化碳法。在密閉容器中，將未殺菌果汁加入二氧化碳以防止微生物生長，使酒石析出之法。(3) 冷凍法。果汁殺菌後，裝入容器中經急速冷卻降至－18℃，靜置數天後移到冷藏庫再放置幾天過濾。(4) 使用離子交換樹脂或分解酵素作用。葡萄汁色素爲花青素類，多存在於果皮表皮層，一般榨汁不易浸出，故榨汁時會在60～70℃下加熱15～30分鐘，加熱亦可增加榨汁率，但過度加熱則造成單寧溶出，產生澀味，並造成芳香物質逸失。

2. 番茄（tomato）

番茄顏色主要爲番茄紅素（lycopene）所提供，番茄紅素因爲具有耐熱之特性，經過加工後，細胞中番茄紅素溶出，故加工產品中番茄紅素反較生食者爲高。番茄常製成加工成品，包括番茄汁、番茄泥（puree）、番茄醬（ketchup）、番茄糊（paste）、番茄罐頭等。一般生食品種果實皮薄，水分多，味道酸甜適中；加工品種則果皮厚，水分較少。番茄中之果膠有助於提高果汁之黏稠度，而果膠酵素則會分解果膠使黏稠度降低，故加工過程需考慮是否使該酵素不活化。番茄加工有冷破碎（cold break）與熱破碎（hot break）兩種。熱破碎爲番茄切塊後進行預熱（80～85℃）再榨汁，此法可抑制酵素，保留果膠，可得黏稠狀產品；冷破碎則係在室溫下直接榨汁，可保留較多維生素C，並不易褐變，但無法保留果膠，產品較稀或可得澄清汁。

3. 蜜柑

柑果果皮表面為油泡層，富含油泡，易破裂而放出精油，內部為海綿狀組織含有苦味物質。因此一般多將外皮去掉再榨汁。橘皮中尚有橘皮苷（hesperidin）會在果汁中立即形成結晶，特別是未成熟的果實或在樹上受到霜害者，亦易在裝罐後與糖類形成白色沉澱，此乃因其溶解度小之故。欲防止橘皮苷結晶的析出，可添加羧甲基纖維素（CMC）10ppm。

4. 梅子

在梅子等核果的核仁甚至未成熟的梅子果肉中可發現一種澀味物質——苦杏仁苷（amygdalin），這是一種天然存在於薔薇科植物的種子及核仁中的含氰配醣體。此物質可藉由核仁中的苦杏仁苷酶（emulsin）將其逐漸分解，分解產物中含有氰酸（HCN），會引起腹痛中毒。因此，核果類多製成加工產品，如用鹽漬或做成蜜餞，使苦杏仁苷在醃漬過程中分解，以減低毒性。梅子亦可做成飲料、梅酒等，近年來亦有將梅子肉榨汁後濃縮成梅精。

5. 番石榴（guavas）

番石榴一般青熟果多供鮮食，黃熟果則除鮮食外，尚可加工製成果汁、酒及乾製品等。加工品種以香氣重的中山月拔為主。番石榴的香味物質對熱有相當程度的穩定性，使其適於加工。番石榴由於果肉較多，榨汁前需加水稀釋，以利榨汁。同時其含有許多石細胞，榨汁之殘渣經研磨機可促進超微粒化，可增加果汁之收率。

6. 百香果（passion fruits）

百香果因酸度高（約為2～5%），為柑桔之四倍，雖具特殊香味，卻少鮮食，多半在榨汁後添加糖、水後，才適於飲用。在百香果汁中，異於其他果汁的地方為含有1.0～3.7%澱粉，由於澱粉在加工中會因加熱而糊化，使果汁黏度增加，傳熱降低，且會在儲存過程中造成分層現象，造成加工上的困擾。一般以加入澱粉分解酵素或以離心方式去除澱粉，可避免之。

7. 楊桃（carambola, star fruit）

楊桃包括甜味種與酸味種。酸味種用於製造楊桃汁等加工用。傳統楊桃汁原料需先醃漬，以一層楊桃一層鹽方式加入楊桃8%食鹽醃漬三個月。目前則有快速醃漬法將楊桃短時間發酵後，加入乳酸與高濃度糖以抑制微生物生長。

第九節　乾燥、脫水加工

乾燥、脫水係將新鮮蔬果經自然乾燥或人工乾燥的方法，使其水分減少到10%以下，製成的加工品，例如甘藍、蘿蔔、馬鈴薯、胡蘿蔔、番茄、韭蔥、竹筍、銀耳、黑木耳、香菇、辣椒、各種水果乾等。

一、一般製程

新鮮蔬果由於含水量達90%左右，因此乾燥過程需嚴格控制，以避免產品外觀受影響。乾燥過程蔬果水分之逸失受內擴散與外擴散之影響。蔬果內部水分由原料表面向外擴散的現象叫外擴散。原料內部水分由高向低移動的現象叫做內擴散。乾燥過程中，恆率乾燥期受外擴散之控制，而減率乾燥期則受內擴散之控制。在溫度很高的情況下，如果外擴散速度大於內擴散速度時，會形成原料表面硬化現象，降低品質。而這時內外溫差大，造成熱向內部傳導，使內容物升溫而膨脹，原料內部壓力加大，往往會撐破此硬殼，使內部物質外溢，造成不良影響。同時表面容易因溫度升高而造成褐變情形。若乾燥溫度過低，則因水分蒸發過慢，易造成微生物生長，且部分酵素尚能活動而影響產品品質。因此乾燥時溫度的控制相當重要。

乾燥產品水分愈低愈好，但爲維持品質與加工成本考量，一般水果需乾燥至含水量15～25%，蔬菜則爲3～13%，葉菜類必須低至4～8%，根菜類因含澱粉，可含水分10～12%。

蔬果原料的選擇首選經過乾燥後，其性狀不宜發生改變的原料。像黃瓜乾燥後失去柔嫩鬆脆的質地，在乾燥後失去脆嫩品質，所以他們不易乾燥。原料處理要先分級，以便在乾燥時含水量均勻一致。同時要去皮，尤其是果菜類，以消除外皮對水分蒸發的阻力。乾燥前亦會經殺菁，且常以硫處理。硫燻的作用包括：1. 降低微生物數。2. 漂白。3. 抑制酵素作用。尤其是造成褐變之酵素，硫燻可抑制其作用，改善成品色澤。4. 抑制果蠅卵之孵化。某些未經硫燻之產品，如柿餅在兩週後就會產生蛆，最後化為果蠅，經硫燻後則無此現象。5. 可增加組織之通透性，有利乾燥。

乾燥方式可分為自然乾燥和人工乾燥法兩種。自然乾燥為利用太陽、熱風使蔬果乾燥，如葡萄乾、柿餅多是自然乾燥製成的，其方法簡單、省能源，但受地區自然限制比較大。人工乾燥方式多，蔬菜脫水常使用熱風吹之人工乾燥方法，但如此常使蔬菜易發生褐變、縐縮，及維生素被破壞等現象，因此乾燥時所使用之溫度必須儘量降低。亦有使用冷凍真空乾燥和遠紅外乾燥等技術者，而前者成本則較高。

自2000年後，台灣水果加工品逐漸以果乾產品為主，並搭配糖漬與乾燥技術的改善。其中，糖漬時糖度逐漸減少、時間縮短（多為糖漬一天）或不外加糖。而乾燥溫度亦逐漸降低或與製程彈性搭配，以保留更好口感與顏色。除傳統45～60℃熱風乾燥外，另開發20～35℃常溫乾燥技術及真空油炸技術等。

二、常見乾燥食品加工技術

1. 金針

金針又名黃花菜、萱草。金針需在花朵綻開前一日採擷。清晨採收之金針花蕾顏色較差，但乾製品之口感較好。金針鮮蕾採收時為淺黃綠色，鮮蕾經加工浸泡後其顏色會轉為橘紅色。傳統金針加工流程為增加產品香味，將金針花稍微曬乾（日曬1～2小時），然後以少許食鹽搓揉，再裝於缸內壓緊，使其產生乳酸發酵（約2～3天），再取出曬乾，但因其乾製品呈暗黑色，故又稱「黑金針」。

目前一般金針加工流程為採收鮮蕾、殺菁、乾燥、硫燻、乾燥、包裝。殺菁採用亞硫酸氫鈉（$NaHSO_3$）浸漬，亦兼具洗淨及除去鮮蕾表層之蠟質，並軟化蕾苞組織及收縮鮮蕾呈針形之功用。

日曬爲最常用之乾燥方法，但由於氣候條件及場地空間限制，目前多採用熱風乾燥替代之。然而，即使採用熱風乾燥，日曬仍是一必要過程，若未經日曬所製成之金針乾製品，其頭部會呈綠色。總日曬時間約需3～4天。

硫燻一般在日曬與熱風乾燥過程間，於密閉燻硫室中燃燒硫磺燻蒸，所需硫磺是金針乾花重量之0.2%，而硫燻時間約3～6小時。針農爲求金針乾製品外觀及加強防腐防蛀效果，則增加硫磺用量及硫燻時間，常致使金針二氧化硫殘留量超過標準。此爲乾燥金針衛生安全最大之問題。

熱風乾燥之加工成本雖然較高，但不受天候因素影響，且乾燥時間較短。熱風乾燥因使花蕾脫水速度加快，以致花苞較寬、形狀無法成針形、花瓣較脆、色澤則爲紅褐色。金針熱風乾燥時間長短隨乾燥溫度、金針含水率、添加物等條件而異，通常需要8～12小時。由於金針鮮蕾含水率較高，且含有多醣類物質，在乾燥過程中需翻動金針，以避免金針互相黏貼或黏貼在乾燥層架上。翻動次數或頻率增加，可有效縮短乾燥時間，且乾製品之外形較佳。若每兩小時翻動一次，則乾燥時間可縮短至6小時，但耗費人力。乾燥溫度愈高，可減少乾燥所需時間，但是溫度過高會破壞花青素及葉綠素，而使乾製品呈暗褐色。依據中國國家標準CNS「脫水蔬果」之規定，「脫水金針菜花」之含水率不得超過10%。

2. 柿餅

目前臺灣用來製作柿餅之品種有石柿及牛心柿，石柿爲製作柿餅之良好品種，平均果重在100公克，果實呈饅頭形，果頂鈍圓，果實呈黃色，果肉淡黃色，質細纖維少，缺點是製成之柿餅較小。牛心柿果實中大，平均果重160～180克，果型心臟形，果頂鈍尖，蒂窪淺凹，萼片較小且反捲，果皮橙黃色，果肉黃色，水分含量較高。

原料柿子由於苦澀質硬，需要經由浸泡、曝曬、乾燥、脫水等手續來去除澀味。過程包括洗淨、去皮、上架風乾、曬乾，最後整理外型並檢查品質，整個過程大約一星期就可完成。當柿子僅餘50%半濕果乾狀時，即一般所稱的柿餅。若再行乾燥至僅存約30%時，即爲柿乾；在精製柿餅成柿乾的過程中，由於酵素的作用，柿子本身內含的蔗糖成分轉化成果糖與葡萄糖。而柿乾表面狀似「發霉」般的白色碎屑粉末，事實上即是葡萄糖外溢的自然結晶現象，稱為「柿霜粉」。

3. 芒果乾

目前多使用愛文芒果為原料。一般先鹽漬，再加糖後乾燥。鹽漬所加鹽約芒果重量的1/20，與芒果片充分攪拌，放置一小時，其間可繼續攪拌2～3次，芒果會被析出汁液。芒果如果過熟，通常會較酸，此時必須多放一點鹽。鹽漬後漂水、瀝乾，而後加糖。接著以55～65℃乾燥16～20小時，使含水量降至18%以下。取出放冷即為芒果乾。

4. 龍眼

龍眼亦名桂圓，乾燥前先浸水使果肉吸收水分後，取出放入混以0.1%紅砂土之容器中搖晃，使果皮變薄，使其易乾燥。接著進行乾燥，乾燥過程中需翻動數次以使乾燥均勻，一般約焙烤兩晝夜後即可。若製造桂圓肉，則在烘乾後以手工剝去外殼，由於此時肉不易取，必須以45℃左右碳火將核烘軟，再以工具挖肉。一般3公斤原料可製1公斤龍眼乾，3公斤龍眼乾可製1公斤桂圓肉。

5. 香菇

香菇的特有香味要在乾燥過程中才會產生，生鮮香菇的風味並不顯著。乾燥後香菇的風味物質為香菇香精（lenthionine），它的前驅體為香菇酸（lentinic acid），係含有一個麩胺酸的含硫化合物，在經酵素及加熱分解後造就了乾香菇特有的風味，同時，香菇酸被分解後放出的麩胺酸乃是香菇具有鮮味的原因之一。一般香菇烘乾方式為以起始溫度35℃烘4小時、調高至40℃烘4小時、再調高至50℃烘8小時。此時由於內外水分不平衡，故要在室溫下平衡約8小時後，再以60℃烘8小時，此時在脫水的同時，香味物質也會生成。最後，在平衡約8～12小時後，以60℃烘3小時即可。

6. 蘿蔔乾

蘿蔔乾別名菜脯，蘿蔔依種植環境與氣候因素主要又可分為西方種與亞洲種，一般市售的蘿蔔乾為亞洲種醃漬而成。其製法是將新鮮蘿蔔切成小段後，經過鹽漬（2～20%）、陰乾、曬乾等步驟製成蘿蔔乾原料。由於其鹽度相當高，可耐儲存。當要加工為成品時，再將蘿蔔乾原料浸水以脫鹽、離心脫水、浸漬調味液後，脫去調味液，經熱風乾燥後冷卻即為成品。

第十節　蔬果罐藏

將新鮮蔬菜或水果加入不透氣且能嚴密封閉的容器中，加入適量鹽液或糖液，或將蔬菜或水果的製成品，如番茄醬直接裝入罐或瓶後，經加熱排氣或眞空排氣，密封後再行殺菌處理或加熱殺菌，再冷卻，或利用現代技術進行冷殺菌，這樣製成的加工品稱罐藏。其步驟包括：原料前處理、裝罐、注液、排氣、封罐、殺菌、冷卻、貼籤、檢驗等。

臺灣罐頭加工業曾經有過一段非常風光的過去，如洋菇、蘆筍罐頭之外銷量，曾高居世界第一位，而鳳梨罐頭亦曾占世界出口重要的一份子。而罐頭的出口也為臺灣賺取大量的外匯。然而由於罐頭加工面臨原料與勞力成本高漲，使外銷量逐漸銳減，並轉而成內銷市場。以下就各加工步驟加以介紹。

在原料選擇與前處理方面，加工原料與鮮食原料有時為不同的品種。如玉米加工適用品種為Hawaiian sugar，其甜味強、果肉軟、香氣佳。龍眼則以粉殼種肉質結實，取肉不易破裂。鳳梨之開英種果肉透明，製罐率高。桃子應選擇黏核種，其肉質緻密、香氣濃，適於加工。梨以巴梨最適於加工，因其石細胞較少。

在水果罐頭處理方面，原料往往未經殺菁程序，有些在清洗後會浸泡於$CaCl_2$溶液中，以進行硬化處理。水果罐頭在糖液中常會添加檸檬酸以調味，並進行酸化動作，如此可以將pH調至酸性罐頭範圍，即可使用沸水加以殺菌。

注液可改善罐頭食品的風味，並防止食物焦著於罐壁，同時可趕出罐內空氣，減少罐壁之腐蝕。另外，可增加殺菌時的熱傳效果。

蔬菜罐頭處理方面，原料先經清洗選剔、分級處理，果菜類要去皮，但如蘆筍削皮後原料應立即加工，若無法立即加工，則應噴水並移入冷藏庫保持濕度90%以上，以避免再生皮之產生。某些原料如荸薺在削皮後，會浸入清水或含

0.02%檸檬酸溶液中，以避免接觸空氣而氧化變色。然後進行殺菁處理，殺菁完大的原料要分切，並進行選別、修整。原料裝罐後會用鹽水填充，或加入鹽片，以增進風味。使用鹽水者罐內鹽度均勻，但會因溢流而浪費；加鹽片者方便，但罐內鹽分不易均勻。常見蔬果罐頭變質與原因如表11.3所示。蔬菜罐頭多屬於低酸性罐頭，因此要用較嚴苛之商業滅菌方式加以殺菌。

表11.3　常見蔬果罐頭變質與原因

變質現象	舉例	可能原因
果肉崩碎	各類水果加工品	原料含有耐熱性果膠分解酶或過度加熱。
褐變	各類水果加工品	酵素性反應、梅納反應、維生素C裂解、多酚化合物聚合、過度加熱或脫氣不足。
結晶生成	葡萄汁	酒石（tartar）生成所致，解決方式為使果汁於低溫貯藏（冷安定）後，待酒石析出去除之，或採薄膜過濾去除。
紅變	洋蔥、香蕉泥、荔枝罐頭	原料中之多酚化合物氧化聚合，或無色花青素受熱分解為花青素所致。
白濁	柑橘罐頭	柑橘類水果中含有橘皮苷（hesperidin），因溶解度太小而結晶析出所致，解決方式有添加橘皮苷酶（hesperidinase）或甲基纖維素（methyl cellulose）。
混濁	蘋果或草莓罐頭	原料中所含之多酚、蛋白質與罐壁所溶出的錫形成聚合物所致。
	竹筍罐頭	原料所含之酪胺酸（tyrosine）析出與澱粉沉澱所形成。
苦味	葡萄柚汁	原料中含有柚苷（narigin）此一苦味成分，解決方式可利用柚苷酶（nariginase）分解之。
	竹筍罐頭	原料中所含酪胺酸經酪胺酸酶作用生成類龍膽酸（homogentisic acid）之苦味物質，解決方式為使竹筍儘量不出菁，加工前需充分殺菁及漂水。
異味	柑橘果汁	原料中所含之抗壞血酸氧化生成呋喃醛，此若與硫化氫作用則生成硫代呋喃醛（thiofurfural），產生異味。

變質現象	舉例	可能原因
沉澱	百香果汁	原料含有較高的澱粉質，於加熱過程中形成凝膠，而使得成品黏稠度大增甚至沉澱，可添加澱粉酵素分解之。

資料來源：林等，2005

參考文獻

于新、馬永全。2011。果蔬加工技術。中國紡織出版社，北京市。

林欣榜。2010。金名圖書有限公司，臺北縣。

林淑媛、顏裕鴻、王聯輝、蔡碧仁、鄔文盛、蕭泉源、林麗雲。2005。實用食品加工學。華格那企業有限公司，臺中市。

柯文慶、吳明昌、蔡龍銘。1996。園產處理與加工。東大圖書公司，臺北市。

張敏、李春麗。2010。生鮮食品新型加工及保藏技術。中國紡織出版社，北京市。

鄭清和。1999。食品加工經典。復文書局，臺南市。

鄭欽志。1999。園產品處理與利用。復文書局，臺南市。

謝江漢、鍾克修。1992。園產處理與加工。地景企業股份有限公司，臺北市。

羅雲波、蔡同一。2006。園藝產品貯藏加工學。中國農業大學出版社，北京市。

第十二章

水產品加工

第一節　概論

第二節　水產物的種類

第三節　水產加工品各論

第一節　概　　論

海洋占地球表面積70%以上，其中孕育了五十多萬種生物，可爲人體提供了豐富的食物來源，隨著全球人口急速成長，陸上食物來源已不足以供應人類需求，對海洋來源的食物之依賴性愈來愈大；而臺灣爲一海島，故水產食品在飲食中的地位，就更加重要了。

水產食品的水分含量高、筋肉脆弱、脂肪含量較少及其所附著的微生物容易在常溫下發育等因素，所以容易腐敗變質；另外，水產食品具有地域性及季節性，故水產食品除了生鮮的利用外，還是與多數農畜產一樣，需以各種加工方法，增強其利用性，所以水產加工食品占水產食品相當重要的角色。

水產加工食品乃是利用各種加工技術，對水產原料進行各種處理，製造成品及半成品，或抽取某些成分，以增加貯存性及經濟價值，這些操作稱爲水產製造。水產製造的目的，包括：1. 延長水產食品的保存期。2. 提高水產食品的利用價值，並且可對廢棄物回收利用。3. 提高水產食品的營養價值。4. 增強水產食品的色、香、味品質，吸引消費者食用。5. 使水產食品更方便於運輸及銷售。

第二節　水產物的種類

水產物種類相當多，大致上可分成：魚類、頭足類、甲殼類、貝類、鯨類、棘皮動物、藻類等。常見的水產物列於表12.1。

表12.1　常見的水產物

<table>
<tr><td rowspan="2">魚類</td><td>淡水魚類</td><td colspan="2">吳郭魚、鯉魚、鯽魚、草魚、青魚（烏溜、溜仔）、大頭鰱、土虱、鯰魚、泥鰍、鱔魚</td></tr>
<tr><td>海水魚類</td><td>沿岸性魚類</td><td>鯛魚、鱸魚、油魚、烏魚（鯔魚）、鱠魚（石斑）、紅甘鰺、河豚</td></tr>
</table>

<table>
<tr><td rowspan="4">魚類</td><td rowspan="3">海水魚類</td><td>近海洄游性魚類</td><td>鰮魚、鯡魚、鯖魚、秋刀魚、鰺魚、鯧魚、飛魚</td></tr>
<tr><td>遠洋洄游性魚類</td><td>鮪魚、旗魚、鰹魚、鯊魚、魟魚</td></tr>
<tr><td>底棲性魚類</td><td>鱈魚、鰈魚、比目魚、白帶魚、灰海鰻（虎鰻、齒鰻）、繁星糯鰻</td></tr>
<tr><td>溯河性魚類</td><td colspan="2">鮭魚、鱒魚、白鰻、香魚、大眼海鰱（海鰱仔）</td></tr>
<tr><td rowspan="4">頭足類</td><td>章魚類</td><td colspan="2">章魚、石枝、飯章魚、長腕章魚</td></tr>
<tr><td>烏賊類</td><td colspan="2">眞烏賊（花枝）、無針烏賊（墨賊）、耳烏賊（墨斗）</td></tr>
<tr><td rowspan="2">管魷類</td><td>鎖管</td><td>眞鎖管（透抽）、臺灣鎖管（小卷、鎖管）、尖鎖管（尖仔）、鎖管（脆管、小管）、柔魚（軟翅仔、軟絲仔）</td></tr>
<tr><td>魷魚</td><td>南魷、赤魷、紐西蘭魷、阿根廷魷、日本魷</td></tr>
<tr><td rowspan="2">甲殼類</td><td>蝦</td><td colspan="2">草蝦、斑節蝦、沙蝦、長腳大蝦、劍蝦、大頭蝦、厚殼蝦、白蝦、櫻花蝦、赤尾青蝦、龍蝦</td></tr>
<tr><td>蟹</td><td colspan="2">毛蟹、紅蟳、紅星梭子蟹（三點仔）、遠海梭子蟹（截仔、花市仔）</td></tr>
<tr><td rowspan="2">貝類</td><td>單殼貝</td><td colspan="2">鮑魚、九孔、玉螺、枇杷螺、蠑螺、鳳螺、海蜷螺</td></tr>
<tr><td>雙殼貝</td><td colspan="2">牡蠣、文蛤、西施貝、蜆、日月貝、淡菜</td></tr>
<tr><td rowspan="2">鯨</td><td>鬚鯨</td><td colspan="2">弓頭鯨、南露脊鯨、北大西洋露脊鯨、北太平洋露脊鯨、小鬚鯨、布氏鯨、藍鯨、座頭鯨、灰鯨</td></tr>
<tr><td>齒鯨</td><td colspan="2">抹香鯨、小抹香鯨、喙鯨、角鯨、白鯨、露脊鯨、尖鼻海豚、眞海豚、江豚、河江豚</td></tr>
<tr><td>棘皮動物</td><td colspan="3">海膽、海參</td></tr>
<tr><td rowspan="3">藻類</td><td>藍綠藻</td><td colspan="2">螺旋藻、海雹菜</td></tr>
<tr><td>綠藻</td><td colspan="2">礁膜（海菜）、石蓴、石髮、綠苔、松藻、蕨藻、綠藻</td></tr>
<tr><td>褐藻</td><td colspan="2">昆布（海帶）、裙帶菜、馬尾藻</td></tr>
<tr><td>藻類</td><td>紅藻</td><td colspan="2">髮菜、紫菜、石花菜、龍鬚菜、鷓鴣菜、翼枝菜、麒麟菜、鹿角菜</td></tr>
<tr><td>其他</td><td colspan="3">水母、鱉、鱷魚、牛蛙</td></tr>
</table>

魚類：依照魚類的生活環境及生活習性分成淡水魚類、海水魚類及溯河性魚類。海水魚又可分爲沿岸性魚類、近海洄游性魚類、遠洋洄游性魚類及底棲性魚類。

頭足類分成章魚類、烏賊類及管魷類，其中管魷類又分鎖管及魷魚二類。

甲殼類有蝦和蟹兩大類，臺灣曾有草蝦國王之美譽，可見蝦類在臺灣之水產食品中占了極重要的地位。

貝殼分成單殼貝及雙殼貝。鯨類分成鬚鯨及齒鯨二大類。常食用的棘皮動物有海膽、海參等。

藻類：可食用的藻類有藍綠藻、綠藻、褐藻及紅藻，最近發現，藻類含有某些特殊的機能性成分，故海藻於水產食品中所扮演的角色，愈顯得重要。

另外，如水母、鱉、牛蛙、鱷魚等也是常見的水產食品。

2018至2021年臺灣產量較高的水產物之各年及平均漁獲量，產量前20名依序爲：正鰹、秋刀魚、阿根廷魷魚、吳郭魚、花腹鯖、虱目魚、黃鰭鮪、長鰭鮪、文蛤、大目鮪、鋸峰齒鯊、牡蠣、帶魚、尖吻鱸、帶鰆科、馬鮁科、眞鰺、劍旗魚、凡納對蝦、藍圓鰺。

水產物種類衆多，以下將針對水產物中產量較高，經濟性較爲重要者，或水產加工常用的原料，分項介紹。

一、魚類

1. 正鰹（skipjack）

正鰹（*Katsuwonus pelamis*）俗稱煙仔、卓鯤、煙仔虎。在2018～2021年，正鰹爲我國漁獲第一大量之水產物，在臺灣的東部及東南部海域產量最多，每年的4月至7月及12月至隔年1月爲盛產期。正鰹每年3月左右，從南洋隨黑潮北上，9月至10月左右到達日本北海道附近，因寒流強烈而向南洄游回南洋。正鰹體呈典型的紡錘形，而橫切面幾乎爲圓形，背呈暗青色，腹部爲銀白色，死後於腹部側面出現4～10條顏色較深的條紋。通常用作生魚片、製作柴魚或製罐。正鰹若處理不當，鮮度易下降而腐敗，並且易發生褐變，若有細菌汙染，則會因脫羧酵素作用而產生組織胺，造成過敏性食品中毒。

2. 秋刀魚（pacific saury）

秋刀魚（*Cololabis saira*）俗稱山瑪魚，在2018至2021年爲我國第二大漁獲量的水產物。高雄港爲北太平洋秋刀魚的主要卸貨港，卸貨季節集中在5月至10月。2010年，日本是全球秋刀魚漁貨量最大的國家，臺灣排名全球第二。體型細長扁平，兩顎前端尖銳，背鰭與臀鰭相對應，並有6～7對小離鰭，背部深藍色，腹部顏色較淡。脂肪含量高者味美，一般體長約30 cm，以冰藏或凍藏方式處理，生鮮出售，供烤、煎食用，另有製成水煮罐及番茄漬罐。若處理不當，則鮮度下降，有異味，肉質軟化，腹部破裂。由於此魚的脂肪含量高，在貯藏過程中，應注意油脂氧化的問題。

3. 鯖魚

鯖魚的種類，主要有花腹鯖和白腹鯖，臺灣出產之鯖魚以花腹鯖爲主。花腹鯖（Southern mackerel, Spotted chub mackerel），俗稱花飛、青飛、花鰱，學名*Scomber australasicus*。在2018至2021年爲我國第五大漁獲量的水產物，臺灣北部、東北部及東沙島附近海域爲主要產地，其中以蘇澳產量最豐，盛產期在每年的2月至4月及7月至9月。其體型呈紡錘形，橫切面近乎圓形，背部青綠色，腹部銀白色，身體散布著黃色，在側線以上有花紋，爲墨綠色、蠕蟲狀。一般體長45 cm左右，體重約500～1000 g。利用的方式爲冰藏、凍藏、鹽藏、罐製品或鯖節。

鯖魚生命力弱，捕獲後極易死亡，自家消化速率快，鮮度下降很快，被稱作「活著腐敗者」，所以捕獲後需立即冷卻，儘速加工處理。鮮度不佳時，因細菌汙染，而產生組織胺，易造成過敏性食物中毒。

4. 吳郭魚

吳郭魚（Tilapia），俗稱福壽魚、南洋鯽、南洋鯽仔、烏鯽仔、尼羅魚。在2018至2021年爲我國第四大漁獲量的水產物。其種類有吉利慈鯛、尼羅口孵魚、莫三鼻口孵魚及這三種魚的雜交種。吳郭魚原產於非洲，臺灣於1946年自印尼引進吉利慈鯛及莫三鼻口孵魚，而尼羅口孵魚於1966年由國立臺灣海洋大學游祥平教授自日本引進。

吳郭魚爲雜食性魚，喜歡吃水生植物及藻類，其中尼羅口孵魚嗜食絲藻。依品種不同，體長介於10～30 cm，一般市售吳郭魚超過20 cm，重約600 g。體型略呈卵圓形，側扁，口後端不達眼眶前緣，背鰭很發達，硬棘部自鰓蓋後緣上方，一直延伸至肛門直上方。體色也因品種而不同，有紅褐色、紅色、墨綠色、黑色等。通常以鮮食的方式利用，因養殖產量很大，故加工成冷凍肉片，稱爲臺灣鯛，是臺灣重要的出口水產加工產品。另外，紅色的吳郭魚可凍結外銷日本。

5. 鮪魚類

鮪魚類在我國漁業中扮演相當重要的角色，其中黃鰭鮪、長鰭鮪及大目鮪分別爲2018～2021年平均漁獲年產量的第七、第八及第十名，因鮪類爲高價魚類，故所創造的產值十分可觀。

黃鰭鮪（Yellowfin tuna），學名*Thunnus albacares*，俗稱串仔、紅肉、黑肉。臺灣主要產於東北部、東部及西南部，盛產期爲每年的10月至隔年的4月。黃鰭鮪體呈紡錘形，頭稍小，在鮪魚類中，是屬於較細長的種類。體背呈深青色，側面呈金黃色，腹面銀白色，第二背鰭及臀鰭呈黃色，但鮮度下降時，黃色會消失；第二背鰭隨體長之增加而增長成絲狀。第二背鰭與臀鰭在鮪類中特別長，故日本人稱爲絲鮪、毛鬆長。黃鰭鮪可大至100 kg，肉色桃紅堅實，肉味良好。若魚肉新鮮則可做生魚片，加工品以罐製品爲主。若處理不當，魚肉易發生綠變、黃變或褐變等問題，且有不良臭味，此種魚肉便不適合當任何加工的原料，處理不當者製成罐頭會發生蜂巢肉及組織胺中毒。

長鰭鮪（Longfin tuna, Albacore tuna），學名*Thunnus alalunga*，俗稱白肉串，胸鰭特長爲其最大特徵，是所有鮪魚中體型最小者，體重45 kg以下。肉色爲淡桃紅色，故有白肉鮪之稱，肉質似雞肉，在美國稱之爲sea chicken，在臺灣俗稱海底雞。加工製品以冷凍品原料及油漬、鹽水漬、水煮罐頭及煉製品爲主。

大目鮪（Bigeye tuna），學名Thunnus obesus，俗稱大目串，體長約2 m，體重可達120 kg，頭部和眼睛較其他鮪類大爲其特徵。肉質柔軟、肉色淡、肉味較差。大目鮪除供鮮食或冷凍品外，尚可爲魚肉火腿及魚肉香腸的原料。

6. 虱目魚（salmon herring, milkfish）

虱目魚（*Chanos chanos*），俗稱麻虱目、海草魚、安平魚、國姓魚，本省主要產地在西南部，盛產期5月至11月。虱目魚爲廣鹽性溫水魚類，近年來已開發出深水式淡水養殖，目前養殖的面積達一萬五千公頃，爲臺灣主要養殖魚類之一，在2018至2021年爲我國第六大漁獲量的水產物。體型爲長卵形而側扁的紡綞形；鱗不易掉落，形狀爲圓形；背呈青灰色或灰棕色，腹部銀白色，側線明顯易見；口小，於兩顎及口蓋部無牙齒；眼睛有脂眼瞼（adipose eyelid）；尾鰭深深分叉。市售者通常體長40 cm左右，重約400 g。利用以生鮮食用爲主，亦可製罐、虱目魚丸等。由於養殖量大，在市場大多以冰藏魚出售，若魚體過軟，表示鮮度下降，肉質差，應避免購買食用。

7. 鯊魚

日本半皺唇鯊（Japanese topeshark），學名*Hemitriakis japanica*，俗稱日本灰鮫、沙條、日本翅鯊。在基隆、南寮、高雄及蘇澳產量多，以11月的產量最豐。體長約80 cm，體型細長，頭略扁平，吻尖。眼睛大而細長，嘴角有唇褶。身體爲灰棕色，腹部白色，各鰭之後緣有白邊，尾鰭上葉上緣是黑色。通常將之去頭去尾除內臟後，切成肉片凍結，肉爲白色，彈性佳，爲良好的煉製品原料。

路易氏雙髻鯊（Southern hammerhead shark），學名*Sphyrna lewini*，俗稱紅肉雙髻鮫、小成沙、雙過沙、紅肉雙髻或長旗。在基隆、淡水、南寮、高雄、東港、澎湖及花東地區產量較多，每年1月至3月爲盛產期，但南寮地區之盛期卻是在5月至6月。紅肉雙髻鮫的最大特徵爲頭部兩側於眼睛著生部位，向左右突出成鎯頭狀，眼睛位於鎯頭的外端，鼻孔在鎯頭前緣，爲一裂紋，無噴水孔。背部灰棕色，腹部白色，肉爲紅色，體長約2 m。其肉爲製作煉製品的好原料，鰭爲魚翅的良好原料，肝可提煉維生素及魚肝油；皮厚可加工成皮革；剩餘物可製成魚粉。

8. 鰻魚（eel）

鰻魚，常見的種類有白鰻、繁星糯鰻（海白鰻）、灰海鰻（虎鰻、齒鰻）

等，臺灣鰻魚以養殖白鰻為主要種類，彰化、屏東、宜蘭等地區為主要的養殖區域。白鰻（日本鰻鱺）（Japanese eel），學名*Anguilla japonica*，俗稱日本鰻、正鰻。

鰻魚體型細長如蛇，有鱗片，但細小深埋皮膚下，故不易察覺，所以體表滑溜，背鰭和臀鰭都很低平，但一直延伸至尾部，和尾鰭相連而分不出彼此。胸鰭位於鰓蓋後方，無腹鰭。背部灰黑色、濃青色、黑褐色等，腹部白色，無斑點或花紋，側線發達。鰻魚是降河洄游性魚類，在河川中成長，以小魚、底生動物為食物，在河中生活4～5年，甚至10年後，體長達90 cm左右，於10月至隔年的3月間，順流游入海中，在臺灣東部北緯20～35度、溫度17℃、深度400～500 m的亞熱帶海域產卵。幼魚孵化後，游至各河口，準備溯河，漁民便在此處捕捉幼魚，送至養殖場養殖。除少數生鮮食用外，絕大部分製成冷凍烤鰻，外銷日本，另外，尚有燻鰻、罐製品的製作。

9. 白帶魚（silverfish, ribbon fish）

白帶魚（*Trichiurus lepturus*），俗稱白魚、刀魚、油帶、瘦帶等。臺灣各地皆有出產，但以臺灣海峽較多。盛產期臺灣海峽為5月至8月，東港11月至次年3月，東部則是9月至次年1月。白帶魚為溫水性魚類，體型特別長而側扁，呈帶狀，體長約為頭高的16倍，沒有腹鰭及尾鰭，口大且齒利尖銳，體呈銀白色。一般市售體長約1 m，重約1 kg，肉質鮮美。除了鮮食外，尚有製成鹽漬品、罐製品及煉製品。若處理不當，鮮度不良時，則魚體軟化，脫鱗，失去光澤，顏色轉為灰暗，眼球內陷或消失。

10. 鰆魚

常見的種類如臺灣馬加鰆（產量最豐）、高麗馬加鰆、日本馬加鰆和中華馬加鰆等。臺灣馬加鰆（Indo-Pacific king mackerel, spotted seerfish），學名*Scomberomorus guttatus*，俗稱白北、白腹仔。鰆魚體型細長側扁，體長約1～1.5 m，背部灰綠色，腹部銀白色，身體散布著許多斑點或花紋。肉白味美，通常冰藏切塊銷售，若要外銷，則去除鰓、內臟製成凍結品。若處理不當，則鮮度下降、肉質軟化變差，會有組織胺中毒及形成蜂巢肉的問題。

11. 鬼頭刀（dolphinfish）

鬼頭刀（*Coryphaena hippurus*）俗稱鱰魚、飛烏虎。屏東、臺東二地產量最豐，盛產期在5月。體型長而側扁，頭部附近爲魚體的最高處。雄魚通常較雌魚體型大，體長40～100 cm左右，雄魚的頭頂隆起形成一頭飾，鱗片細小且圓，體呈綠褐色、腹部銀白色，帶淡黃色，背鰭爲紫青色，其他鰭的邊緣爲青色，體側有綠色斑點。一般切成兩片洗淨凍結外銷或生鮮出售，爲防止綠變所以切除腹部肉。

二、頭足類

頭足類以魷魚（產量最大）、鎖管、烏賊及章魚爲主。此四種頭足類十分相似，常使人混淆，最簡單的分類法爲：章魚目有八腕，而管魷目及烏賊目卻有十腕，其中二腕特別長稱爲觸腕，具有捕食的功能。烏賊目及管魷目最大的差別在於烏賊目具有石灰質甲，而管魷目無石灰質甲，但有皮質軟甲；另外，魷亞目的眼睛無眼簾，直接與外界接觸，所以稱爲開眼類，而鎖管亞目的眼睛有外簾，不似魷魚眼睛直接與外界接觸，故稱爲閉眼類。

1. 魷魚

自1987年以來，魷魚漁獲量常常超過十萬噸，所以其爲臺灣地區十分重要的水產物，因其漁獲量大，故大多數製成加工產品以利用。種類以阿根廷魷魚（*Illex argentines*）、美洲大赤魷（*Dosidicus gigas*）、紐西蘭魷（*Nototodarus sloanii*）和西北太平洋赤魷（*Ommastrephes bartramii*）爲主。其中阿根廷魷魚，在2018至2021年爲我國第三大漁獲量的水產物。

魷魚可食部分，即胴、鰭、足占體重的70～80%，高於魚類。其可食部分中，蛋白質約15～20%，脂肪1～2%，屬於高蛋白、低脂肪之水產物。魷魚含有豐富的核酸、牛磺酸及EPA，對身體健康很有助益。其廢棄物中，脂肪含量高，可作爲榨油原料。

魷魚肌肉纖維較一般魚類長，其結構特殊，由A、B兩層纖維交錯組合而成（圖12.1）。A層纖維繞著胴部的走向（橫向），B層纖維則垂直於胴部，呈放

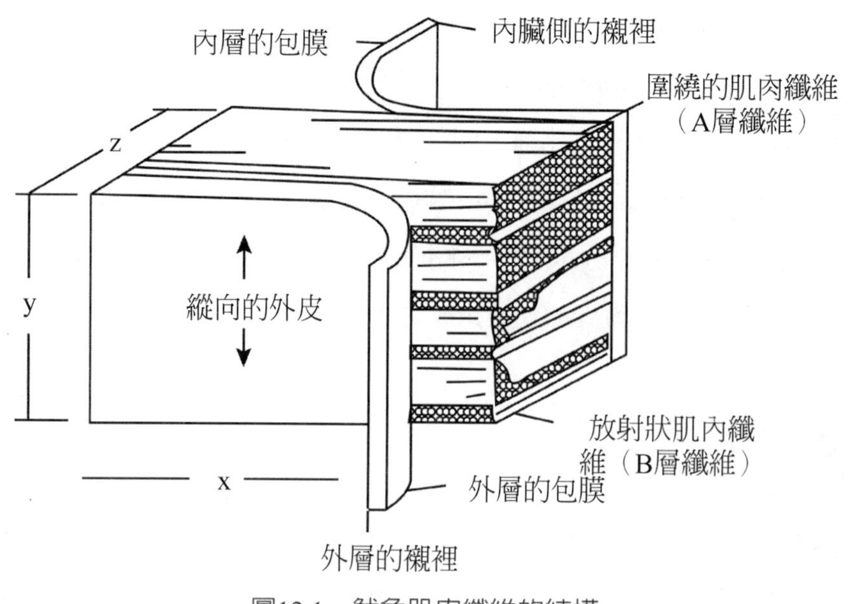

圖12.1　魷魚肌肉纖維的結構

射狀，其中A層纖維量遠多於B層，所以胴部易橫向撕裂。也因此，加熱後，肌肉易脫水而變得堅韌，並且凍結後再解凍，滴液損失量甚多。魷魚肉中含有大量的膠原蛋白，在加熱過程中，膠原蛋白形成水溶性明膠而大量流失，所以魷魚烹調應以高溫短時處理較適宜。

魷魚除了鮮食外，尚有許多加工製品，如素乾品、調味魷魚絲、調味魷魚片及冷凍胴皮、燻製品等。

2. 鎖管

鎖管，通常稱為小卷或小管，身體呈長圓筒狀，胴部末端有鰭，故體型酷似箭頭，與魷魚一樣有十支觸手，其中二支為觸腕，特別長，用以捕捉食物。鎖管常成群行動，夜間喜趨向光亮處，故人們常利用此特性，在夜間漁船燈火通明，吸引其靠近漁船，加以捕撈。鎖管除了鮮食外，尚可製成乾製品，鹽製品等。

3. 章魚

體形大的章魚可達5 m，小的僅數公分，棲息在岩礁，可隨環境改變而轉換體色。臺北淡水出產的小章魚稱為石枝（石居），常以滾水川燙整隻盛盤上桌，醮佐料（如醬油醋）食之，非常清脆爽口。章魚類主要以鮮食的方式加以利用，少有加工製品。

4. 烏賊

烏賊又稱花枝，通常棲息於潮間帶到100 m的海域間，以蝦、蟹、小魚及貝類爲食，其口器與鸚鵡嘴型相似，除了鮮食外，尚可做花枝丸、花枝餃、燻製品等。

三、貝類

1. 牡蠣

臺灣牡蠣的種類有長牡蠣、毛牡蠣、冠牡蠣、鋸牡蠣、華牡蠣、牡丹牡蠣等14種之多，其中以長牡蠣爲主。長牡蠣（giant Pacific oyster），學名*Crassostrea gigas*，俗稱牡蠣、蚵仔、蠔、大牡蠣。產於臺灣西部沿海及澎湖，以彰化縣、雲林縣、嘉義縣和臺南市等地沿岸養殖最多，主要產期在4至10月。長牡蠣爲雙殼貝類，背殼呈不規則形，左邊的殼比右邊大，殼內壁爲白色，表面爲鉛灰色，肉柱單一，足部不發達，鰓的邊緣爲黑色，其餘的牡蠣本體爲乳白色。上市牡蠣帶殼者的體長約4～7 cm，重約20克。

牡蠣的胺基酸組成與其他肉類相似，但含有高量的牛磺酸（1.022%）。冬季時，肝醣量可達5%；其組成分中除了鈣質與維生素A比鮮乳低外，其餘的成分都比鮮乳高，鐵質和維生素B_1也比雞蛋的量高，另外，脂肪中含有高量的EPA和DHA，營養成分相當高，所以歐美人士稱牡蠣爲「海牛奶」。

在臺灣，牡蠣多以生鮮出售供食用，故採收後應以低溫或急速凍結後販賣，以確保鮮度。在歐美則有煙燻牡蠣的製造。在日本尚製成各種冷凍調理食品、水煮罐、燻製油漬罐等加工製品。

2. 文蛤

文蛤（poker-chip Venus）俗稱粉蟯、蚶仔，屬於雙殼貝，簾蛤科，文蛤屬，市面常見者以文蛤（*Meretrix lusoria*）和臺灣文蛤（*Meretrix meretrix*）爲主，其中文蛤爲臺灣主要養殖的品種，產地以雲林縣、彰化縣、嘉義縣和臺南市爲主，4月至9月爲盛產期。而較大型的臺灣文蛤（大文蛤）幾乎來自中國大陸沿海。

文蛤爲三角形，前端略圓，後端尾部稍突出，表面平滑，有2～3條寬闊之深褐色輻射帶，可大至9 cm，約重9～23 g（帶殼）。因含有維生素B_1分解酶，故不宜生食，呈味物質爲琥珀酸。以生鮮銷售爲主，在日本除了生鮮食用，尙製成煮乾品、罐製品等。外殼可燒做石灰原料。

3. 蜆

臺灣常見的蜆爲大量養殖的臺灣蜆（Freshwater clam），學名*Corbicula fluminea*，俗稱蜆仔、蜊仔。臺灣蜆爲臺灣最重要的淡水養殖貝類，6月至10月產量較多，主要產地爲花蓮縣和彰化縣。殼略呈三角形，但前、後端均爲圓形而其腹側圓弧形，殼頂位於殼中央稍偏前端。殼上有明顯的成長輪，殼皮爲黑褐色或黃綠色。大多棲息於河川、湖泊或水田等淡水性的環境中，喜歡生活在砂泥質底的環境。養殖通常以河川低地、養殖池或天然水塘爲主。一般以活貝銷售爲主，少數爲冰藏或凍藏，亦可加工製成醃漬蜆（鹹蜆仔），或蜆乾、罐頭、冷凍蜆肉。蜆肉味鮮美，營養價值高，含有大量的肝醣（2.7%），臺灣蜆被視爲有治肝病的療效，同時亦具有抗氧化、抑制腫瘤及抗發炎等其他相關生理功能，現在常製成蜆精或蜆錠，經濟價高值。

四、蝦類

1. 凡納對蝦

凡納對蝦即白蝦、中南美白對蝦（White shrimp），學名*Litopenaeus vannamei*。白蝦爲目前臺灣和全世界養殖最多蝦類，原產地在墨西哥南部至秘魯北部間的太平洋岸，對惡劣環境的適應性高，抗病力佳，再加上肉質甜美，體型比草蝦小，比砂蝦大，成長速率優於草蝦，故成爲目前臺灣主要的養殖蝦類，年產量約8000公噸，主要養殖地區爲臺南市、高雄市、嘉義縣、屏東縣、雲林縣、臺東縣及宜蘭縣等地，整年有產。白蝦以活蝦、鮮蝦或冷凍方式販售，傳統上以生鮮料理爲主。主要加工產品爲凍藏品，包括全蝦、去頭蝦、剝殼蝦仁、留尾蝦仁等。

2. 草蝦

草蝦又稱草對蝦，曾爲臺灣主要的養殖蝦類，爲臺灣博得「草蝦王國」的美譽。主要的養殖地區爲宜蘭、屏東、雲林、嘉義，盛產期在6～12月。草蝦爲南方系大型海蝦，額棘發達，狀似鐮刀，長度超過第一觸角的柄長，先端稍向上彎曲，上緣具鋸齒7～8枚，中後方3齒位於頭胸甲之上，第二觸角較體長爲長。野生者通常爲暗褐色，養殖者爲草綠色，背部兩側具環狀深藍色的斑紋，腹側呈白色，腹腳呈淡紫色。體長約15～20 cm。一般以活蝦出售，部分以冰藏方式出售。另外，以活蝦或去頭、全蝦冷凍外銷，日本爲主要市場。

第三節　水產加工品各論

根據漁業統計年報，將水產製品分成：罐頭類、冷凍冷藏類、燻製品、乾製及鹽製品、調味乾製品、魚翅、魚卵、魚漿製品、魚肝油及魚蝦油及洋菜等，表12.2爲各項製品的製造原料，以下就各項製品分別加以介紹。

表12.2　水產加工品及其原料

水產加工品		水產加工品及其原料
罐頭製品	水煮罐	鮪、鰹
	油漬罐	鮪、鰹、鰮、鯖、秋刀魚、沙丁魚
	調味罐	鮪、鯖、虱目魚、鰮、鰹、鰻、鰺、貝介類、紫菜
冷凍冷藏製品	冷藏品	鯖、鰺、海鰻、蝦類、貝類、虱目魚、鯊魚
	冷凍品	鮪、旗魚、鯊魚、鰡、鰹、鰮、鯖、鰺、狗母魚、海鰻、白帶魚、鱠、烏賊類、吳郭魚、蝦類
	調理冷凍品	鮪、旗魚、烏賊類、鰻、貝介類
燻製品		飛魚、鰹、鰻、鯊魚、鱒、鮭、烏賊、魷、海扇

<table>
<tr><th colspan="2">水產加工品</th><th>水產加工品及其原料</th></tr>
<tr><td rowspan="4">乾製及鹽製品</td><td>鹽製品</td><td>鯖、鮭、鱒、秋刀魚、鯡、鰮、鱈、鎖管、牡蠣</td></tr>
<tr><td>鹽乾品</td><td>鯖、蝦類、鰺、鯛</td></tr>
<tr><td>素乾品</td><td>魷、烏魚、鰻、扁魚、鯊魚、蝦、紫菜</td></tr>
<tr><td>煮乾品</td><td>蝦、鰮、繞仔、魩仔、鎖管、帆立貝、干貝、海參</td></tr>
<tr><td>調味乾製品</td><td colspan="2">鮪、旗魚、魷、烏魚、鯊魚、鰮、河豚、鰺、秋刀魚、蝦、紫菜、藻類</td></tr>
<tr><td>魚翅</td><td colspan="2">鯊魚、海鰻、飛魚</td></tr>
<tr><td>魚卵</td><td colspan="2">烏魚、鮭、鱒、鱘魚、助宗鱈、鰼、鯡、鰆、飛魚</td></tr>
<tr><td>魚漿製品</td><td colspan="2">鯊魚、鮪、旗魚、鰼、白帶魚、魷、海鰻、蝦、虱目魚、貝介類</td></tr>
<tr><td>魚肝油及魚蝦油</td><td colspan="2">鯊魚、鰮、牡蠣</td></tr>
<tr><td>洋菜</td><td colspan="2">石花菜、異枝菜、龍鬚菜</td></tr>
</table>

註：水產加工品的分類乃依據漁業統計年報。

一、冷凍水產製品

利用極低溫將新鮮水產物或者加工調理後的水產製品凍結，並且在低溫室中保存，這類食品稱為冷凍水產食品。冷凍食品的自家消化幾乎停止，而且其所附著的微生物之生長代謝幾乎停止，所以腐敗速率很低，產品能保持良好的外觀與色香味，故製品有較長的保存期限，由於冷凍法可使製品保有相當的品質，故為最理想的水產加工品貯藏法之一。冷凍水產食品依其加工方式，可分為生鮮冷凍食品及調理冷凍食品兩大類。

1. 生鮮冷凍食品

水產品依其種類、大小、利用性、貯藏時間等因素，考慮所需凍結裝置的種類。一般凍結的操作流程如下：

原料 ——→ 前處理 ——→ 凍結 ——→ 包裝 ——→ 貯藏

若原料魚爲小型魚，則其前處理僅需清洗、瀝乾，就可置入盤中凍結，凍結後連同凍結盤置入水中脫去凍結盤，之後進行包裝及裝箱，接著將之存放於冷凍庫中。

若原料魚爲大型魚，則視產品種類，可能需要進行下列前處理操作：⑴ 全魚（whole or round）：全魚不處理或去鰓。⑵ 半處理魚（semi-dress）：除去鰓及內臟。⑶ 全魚處理（dress）：除去頭、鰭、內臟、鰓。⑷ 魚片（fillet）：縱切三片，即全處理魚、去除脊椎骨之側面二片淨肉。⑸ 魚排（steak）：切片與脊椎骨成直角，切成厚約1.5 cm之厚片。⑹ 魚塊（chunk）：與魚排類似，但較厚。⑺ 魚丁（dice）：將魚肉切成2～3 cm之肉塊。⑻ 魚肉絲（shredded）：將魚肉切成絲狀。⑼ 大肉塊（block）：各種魚肉集合成型，呈板狀凍結者。⑽ 碎肉（chap）：將魚肉細切。⑾ 絞肉（ground）：將魚肉經過絞肉機絞碎。

原料魚經過上述之前處理後，再進行凍結、包裝等操作。常用的凍結的方式有：空氣冷卻法、液體浸漬法、間接接觸法、液態氣體冷凍法。

⑴ 空氣冷卻法

本方法依風速快慢可分成靜止空氣法、半強制送風法及強制送風法。靜止空氣法是利用－30～－25℃的空氣來進行凍結，此方法的優點爲設備簡單，不論魚體大小都適用，且所需人力少，但是凍結速率慢，所以製品品質較差。半強制送風法，乃在凍結室內裝上風扇，使約－30℃的冷空氣以1.5～2.0 m/sec的速率流動，此方法與靜止空氣法相較，可縮短一半的凍結時間。而強制送風法，則使空氣流動速率增至2.0～5.0 m/sec，故凍結速率更加快速。凍結過程中，空氣流動會使得魚體表面脫水乾燥，並使重量減少，故先在高濕度的空氣中預冷，濕潤魚體表面，或包冰處理都可有效的防止此問題。

⑵ 液體浸漬法

將前處理完畢的魚體放置在二次冷媒（如23%食鹽水、76%甘油水溶液、60%丙烯二醇水溶液）中，進行凍結。本方法可使冷卻液與原料魚緊密接觸，所以凍結速率比空氣冷卻法快很多，屬於急速凍結，並且操作簡易。但是無法避免冷媒滲入食品中，有時會成爲製品品質劣化的原因，另外，此種方法亦會使製品在凍結後不易進行包冰操作，再者，若使用甘油水溶液或者丙烯二醇水溶液爲冷媒，則產品會被賦予香味或辣味，所以液體浸漬法的操作，最好是使用於已包裝的製品。

爲了改善液體浸漬法的缺點，開發了泰勒凍結法，即滴狀鹽水凍結法，此法係將原料魚排列吊於隧道式冷凍室內，此冷凍式分爲三段，第一段使用強勁清水洗淨魚體，第二段使用約－20℃的食鹽水沖淋原料魚，使之凍結，第三段再使用清水沖洗魚體，並同時進行包冰作業。此種方法可充分改善液體浸漬法的缺點，但泰勒凍結法在第三段的清水沖洗作業，易發生原料魚下半部分鹽分沒有沖淋乾淨的情形，以致包冰不確實。

⑶ 間接接觸法

將原料魚夾在冷卻的金屬板之間進行凍結，板溫維持在－40～－25℃之間，以上下金屬板對原料魚加壓，壓力爲0.1～0.2 kg/cm^2，故其能與金屬板充分接觸，可加快凍結速率。

⑷ 液態氣體冷凍法

使用低沸點的液態氣體，如氮和乾冰等，以直接噴灑或浸漬的方式進行凍結，因液態氣體蒸發及蒸發後的氣體升溫會吸收大量的熱量，故凍結速率非常快。本方法有以下的優點：① 操作簡單。② 凍結時所引發的表面乾燥程度很低，所以失重的情形不明顯。③ 解凍時解凍滴液較少。但本方法也有以下的缺點：① 溫度降得太低，導致魚體發生龜裂的現象，可先行將原料魚預冷後，再進行凍結。② 費用高，使得此方法只適用在高價值的食品，或者使用其他凍結方法，會使製品品質嚴重下降者。

凍結後的製品需移入冷凍庫中貯藏，冷凍庫溫度需在－18℃以下，現在大多使用－25～－20℃，若要維持良好的品質，則最好能夠降溫至約－35℃，但在操作成本上會提高許多。

在整個冷凍的操作中，會發生一些使製品品質不佳的情形，以下列出一些可解決的方法：

⑴ 包冰（glazing）

將凍結後的製品短時間浸在水中，或以冷水噴灑、沖淋的方式，即可在製品表面形成冰衣。包冰的重量約占魚重的2～5%，厚度約2～3 mm最爲恰當。因清水的冰衣易自魚體上剝落，故常添加黏稠劑，如羧甲基纖維素（CMC）或褐藻酸鈉（sodium alginate），因黏度提高了，所以包冰的附著量增加。並可使包冰的昇華現象減輕，增強包冰的效果。 若是大型魚，則可於包冰後，以潤濕的白布附蓋在魚體上，之後再包一層冰衣，則效果更佳。

⑵ 添加抗氧化劑

鯖魚、秋刀魚、鮭魚等水產品脂肪含量高，在冷凍的過程中會因脂質氧化而引起酸敗、油燒等現象，可添加抗氧化劑，如BHA（butyl hydroxyl anisol）、BHT（butyl hydroxyl toluene）來防止脂質氧化。作法爲將原料魚浸漬在0.01～0.02%抗氧化劑的分散液後，再凍結，若再以這些分散液進行包冰，則抗氧化效果更佳。鯛類的體表褪色是因類胡蘿蔔素（carotenoid）氧化造成的，以抗氧化劑處理，也可有效的抑制。

海扇貝柱在凍結時，由於脂質氧化產物與胺基化合物發生反應而造成黃變現象，若使用抗氧化劑處理，也可抑制此種黃變現象的發生。蝦類於凍結操作中，易發生黑變的問題，乃酪胺酸發生酵素性氧化所導致的，加入抗氧化劑可抑制黑變的發生。因酪胺酸爲水溶性物質，故抗氧化劑改用0.1～0.5%抗壞血酸，或者異抗壞血酸鈉（sodium erythorbate）等水溶性抗氧化劑，先將蝦類浸漬在抗氧化劑水溶液中，之後再以此溶液行包冰操作。

⑶ 加糖（sugaring）

煉製品原料在凍結、貯藏過程中，因蛋白質發生冷變性，使得蛋白質分子發生聚集（aggregation）及立體構形（conformation）改變等變化，而使得製品的黏彈性不佳，且有海綿狀微細結構的產生，加糖可緩和這不良現象的發生。

⑷ 加鹽（salting）

凍結之鰊魚卵及裙帶芽，解凍後，常有組織變軟、味道變差等不良品質的現象，若於凍結前撒上食鹽或浸泡食鹽水，使其脫水，強化其組織性，然後再凍結，則可減緩製品品質劣化的程度。

⑸ 包裝

爲了保護產品的品質，冷凍食品包裝的角色相當重要。包裝材料應具備耐寒性、防濕性、不透氣性及安全性，一般冷凍魚以聚乙烯（PE）及聚酯（PS）的積層膜爲包裝材料，魚塊則使用具延展性的聚醯胺（PA）與聚乙烯的積層膜爲包裝材料。包裝時使用眞空包裝較爲理想，因爲魚體與包裝材料間有空隙的話，水分的蒸發或昇華作用就無法避免，但若要使魚體包裝材料間完全無空隙，則不太容易辦到，所以最好的操作方式，乃包冰後再行眞空包裝。

⑹ 解凍滴液（drip）

凍結魚解凍，通常解凍滴液量約爲魚體重量的5%左右，但有時會高達30%。解凍滴液乃肉中組織的水分，其中含有許多的水溶液成分，故解凍滴液量大的話，會造成營養上、嗜好性及重量的損失等不良影響。解凍滴液形成的原因爲肉凍結時，組織構造受到冰晶破壞，保水性下降，造成肌肉細胞間液及細胞內液的流出。通常魚體鮮度高，凍結時溫度低和速率快，凍藏時溫度變動小，解凍速率慢，則解凍滴液量會較少。

2. 調理冷凍食品

調理冷凍食品乃將一種或多種水產原料，配合副原料、調味料等，經調配、混合或成型後，再經煮熟、凍結、包裝、凍藏等一連串處理後，於食用前僅需加熱或蒸煮即可食用的食品。由於冷凍調理食品具備了方便快速、衛生安全、營養美味等優點，極適合臺灣當今工商業社會的消費型態。

⑴ 冷凍烤鰻

冷凍烤鰻之原料爲養殖鰻，加工時不經調味直接燒烤者稱爲白烤鰻（roasted eel），日本人稱爲白燒；另一種經3～4次調味與燒烤而成的調製烤鰻（prepared eel），日本人稱作蒲燒。冷凍烤鰻以外銷日本爲主，其加工流程見圖12.2。

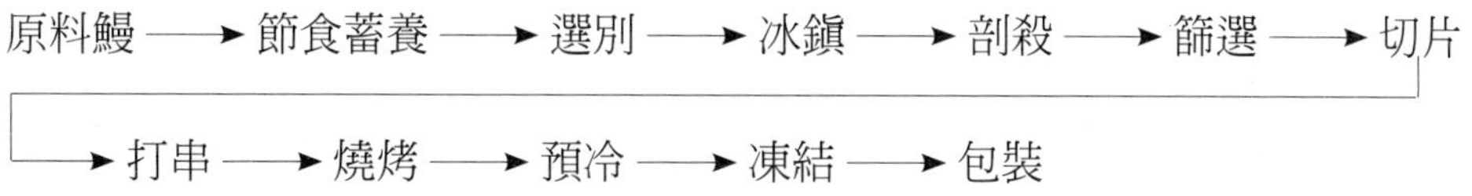

原料鰻 ──► 節食蓄養 ──► 選別 ──► 冰鎮 ──► 剖殺 ──► 篩選 ──► 切片
──► 打串 ──► 燒烤 ──► 預冷 ──► 凍結 ──► 包裝

圖12.2　冷凍烤鰻之製造流程圖

原料鰻需是健康的活鰻，進場後進行不投餌畜養，使鰻魚自然排除腹中消化物，並去除泥土味。剖殺前，挑除體型過小的鰻及病鰻，其餘的以碎冰將鰻魚冰昏，稱爲冰鎮。白烤鰻的燒烤操作，乃將串好之鰻魚肉串排列於連續式瓦斯烤燒爐的輸送帶上，先烤皮面再烤肉面。燒烤後，鰻片之中心溫度不得低於70℃。調製烤鰻則於第一次燒烤（鰻片之中心溫度達60～65℃）後，浸入調味槽調味，再重複進行燒烤及調味動作，目前大多數的調製烤鰻採用三次調味，也有四次調味的。

烤鰻凍結前，若先預冷至10℃以下，可縮短凍結時間。因產品的品質要求，鰻魚片必須在30分鐘內使溫度達－18℃以下，所以必須利用急速凍結的方式進行凍結，常用的方法有平板式個別快速凍結（I.Q.F）及螺旋鼓風式個別快速凍結法，也有使用液態氮或液態二氧化碳凍結法。

⑵ 冷凍裹麵蝦

商品名稱爲鳳尾蝦或琵琶蝦，爲留尾蝦仁裹麵後油炸的產品。此種產品乃高經濟水產加工品，提高利用價值、增加收益的最佳例子，因一般冷凍裹麵蝦的裹麵率約有50%，即1 kg的蝦仁可以製成2 kg的成品。其加工流程見圖12.3。

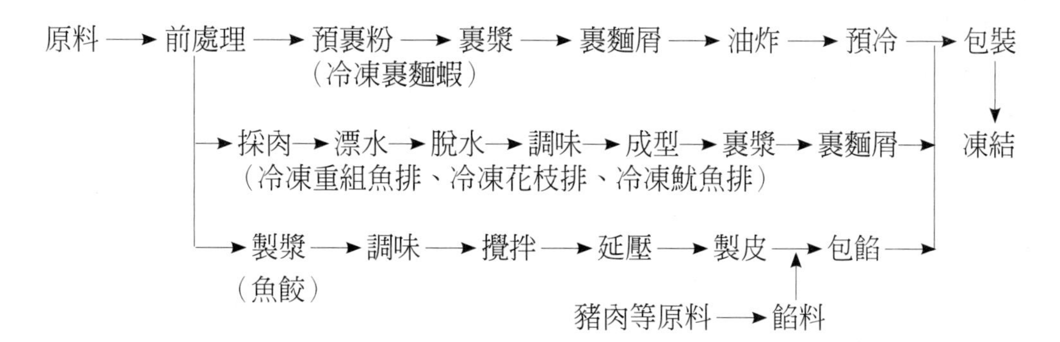

圖12.3　冷凍裹麵蝦、冷凍重組魚排、冷凍花枝排、冷凍魷魚排、魚餃之製造流程圖

原料蝦以新鮮、完整的中蝦爲主，若鮮度不夠則蝦體容易斷尾，且蝦肉咬感很差。前處理包括蝦體去頭除殼，製成留尾蝦仁，且浸泡聚合磷酸鹽溶液，以增進蝦肉的保水性及彈性。於預裹粉操作之前，需儘可能的除去蝦體表面水分，避免油炸時發生油爆，並可提高裹漿在蝦體的附著力。麵漿的黏度對於製品的好壞有決定性的影響，若麵漿太濃，成品質地會太硬，若麵漿太稀，則油炸時會導致蝦肉失水過多，成品色澤較深，且麵屑會附著不良而散落於炸油中，影響炸油的品質色澤。油炸條件通常使用190℃、20秒，使表面定型呈色。油炸後以冷風預冷，之後以個別快速凍結法凍結之。

⑶ 冷凍重組魚排

此產品乃是低價位魚類充分利用及增加產品價值的好方法。其加工流程見圖12.3。原料魚主要爲漁獲量大的鯖、鰺、白帶魚等。前處理包括去頭、除內臟及切塊，並使用冰水（10℃以下）加以清洗。採肉所得的魚漿，需進行漂水，漂水時要注意衛生，避免大腸桿菌等微生物汙染。魚漿脫水後加入調味料，增加魚漿風味並去除腥臭味。成型操作乃使用高壓成型機，之後裹上麵漿及麵包屑，以增加製品重量，並防止水分滲出，使魚排具多汁感及酥脆咬感。最後以個別快速凍結法凍結之。

⑷ 冷凍花枝排

花枝排的製作程序與冷凍重組魚排大致相同（圖12.3），所用的原料改用花枝。另外，部分業者開發魷魚排，但製品接受性不佳。

⑸ 魚餃

通常用於火鍋料理或廣東飲茶的點心，爲廣東汕頭地方的傳統食品。餃皮由海鰻製成，而餡料則因各廠商而異，不過，大多數以豬肉爲主（圖12.3）。前處理包括洗滌魚體、剖殺、去頭、除內臟、去皮、取肉、脫筋等步驟。魚漿加入調味料後攪拌均勻，之後利用餃皮機將之延展，壓平成約0.6 mm的薄皮，再切成5×7 cm的餃皮，之後再進行包餡、包裝及凍結等操作。

二、罐頭製品

水產罐頭製品依調味液及副料不同而可分爲水煮罐、油漬罐及調味罐。

1. 水煮罐

水煮罐係將新鮮原料魚，施予蒸煮、水煮或乾燥處理後，加入水後經抽眞空、封罐及殺菌（圖12.4）。所注之水，有的只是純水，有的添加食鹽或香辛料。水煮罐頭食品因不調味或只是輕度調味，所以消費者有很大的自行調理空間，爲本罐頭的主要優點。臺灣水產水煮罐頭常見的原料爲鮪魚、鰹魚，其中長鰭鮪爲本類罐頭的最佳原料，成品肉呈白色且柔軟，有「海底雞」的美譽。

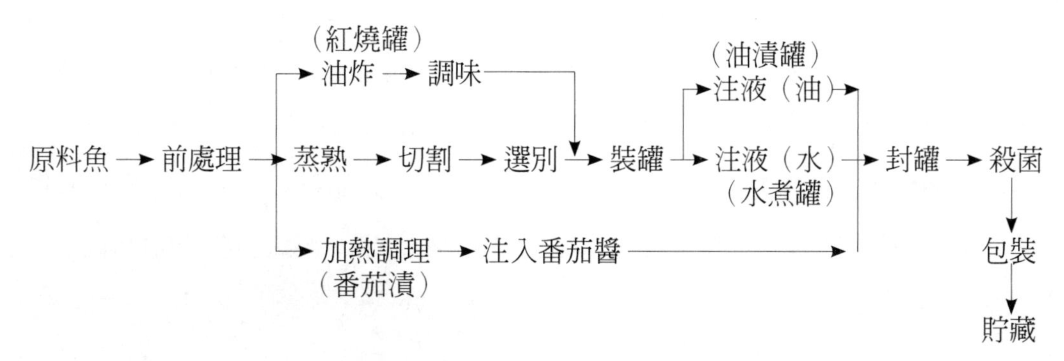

圖12.4　水產罐頭之製造流程圖

原料魚需新鮮、脂肪含量高、無傷痕及青色肉等，若有缺陷應避免使用。前處理包括解凍、去除頭及內臟，若是大型魚則可沿脊椎骨剖成二半或沿魚體側線劃上一刀以縮短蒸煮時間。解凍通常使用流水解凍或者空氣解凍。蒸熟處理除了要使魚肉煮熟外，尙有使魚肉脫水而變硬的目的，所以製成率及肉的質感與蒸熟條件有很大的關係，一般12～14 kg之黃鰭鮪的蒸熟條件爲1～3 lb/in^{2}的飽和蒸氣壓，102～105℃持續加熱3.5～4.0小時。若是鰹魚（約3 kg）則在相同的蒸氣壓力下，以100～104℃加熱1～2小時，使魚體中心溫度達75℃。在蒸煮時，魚體大小的一致性相當重要。蒸煮後之魚體要放置半天到一天，使肉中水分持續蒸發，促進肉質硬固，使之在往後的製程中不致碎散，但若是小型圓花鰹，則要趁熱刮除黑皮，否則冷卻後不易刮除。接下來將魚體切開、去骨及鱗皮，並將魚肉切成所需的大小，在切割時要注意切斷面的平整；之後將含有血合肉、刺、青色肉、蜂巢肉等不良魚肉挑除，避免裝罐後影響成品品質。裝罐後注入鹽水，再經捲封、殺菌即成水煮罐。

2. 油漬罐

油漬罐常用的原料魚有鮪、鰹、鰮、秋刀魚等。油漬罐頭的製造流程與水煮罐頭幾乎相同（圖12.4），只是注液時以食用植物油（如大豆油、菜子油、米糠油或橄欖油）替代水而已。若原料魚是小型魚（如鰮魚、鯷魚等），經調理後，以食鹽水（15° Be'）浸漬15～25分鐘，再以日光或乾燥機乾燥1～2小時，之後再以油溫115～120℃、酸價小於0.5的植物油浸漬3～4分鐘，之後進行裝罐、注液、封罐、殺菌等操作，這種製造流程稱為油礫（煠）法。其製品的品質要求為開罐時有足夠的油且不混濁、皮沒有剝離、魚體肥滿柔軟、腹部朝上面、魚肉不含血塊或傷痕且顏色為白色、油中水分含量在20%以下等。

油漬罐頭中最重要的副原料就是植物油，故油的品質對製品品質的影響很大，用油必須香味良好、無沉澱、水分含量0.05%以下、游離脂肪酸0.1%以下，並且脫臘要完全。

3. 調味罐頭

將原料經過調理，調味後再製成罐頭者即是調味罐頭。調味罐頭的原料除了魚肉外，還有牡蠣、烏賊、魚卵等。種類有番茄漬、紅燒、蔬菜、蒲燒、大和煮、燻製品罐頭等。

番茄漬罐頭為國內最大宗的調味罐頭，主要原料為花腹鯖及銅鏡鰺，因這兩種魚為臺灣大型圍網的主要漁獲，鯖魚及鰺魚極易腐敗，所以捕獲後立即以碎冰加鹽的方式加以冷藏，維持其鮮度，並儘快運至工廠加工。製造流程見圖12.4。前處理為去除頭部、尾部及內臟，並且充分清洗及切成適當的大小。裝罐後進行加熱處理，以95～100℃蒸煮20～25分鐘，倒出魚汁後添加番茄醬，之後脫氣、封罐、殺菌。所倒出的魚汁因脂肪含量很高，故可回收製造魚油。所用的番茄醬是用紅色系的番茄去皮去渣後，濃縮成一半的量，比重1.045，糖度10.5°，色澤以紅色（a值）16.2、黃色（b值）15.2為佳，黴菌孢子數目應在30以下。

紅燒罐，在臺灣以橢圓4號罐的紅燒鰻為主要產品，近來則有豆豉紅燒鰻、紅燒小卷、紅燒秋刀魚等新產品。製造流程見圖12.4。原料魚經過剖殺、去除頭、尾、內臟等前處理後，以脫水機去除魚體表面的水分，利於油炸操作。油炸時油溫要高，下鍋量要適當，並且要避免魚體破碎、色澤太黑，之後進行調味，調味可分為罐內調味和罐外調味。罐內調味，乃先將炸過的材料裝罐，再注入調味液於罐中進行調味；罐外調味，則將材料與調味液共沸數分鐘進行調味，於材料罐裝後需再加入調味液，但通常注液量很少，調味液濃度很高。

蔬菜罐頭乃是水產物和蔬菜配合製成罐頭，如筍魚、蔥豆鮪魚等。其調味液因產品而異，但主成分不外乎沙拉油、番茄醬、糖、鹽、醋、食用膠等。筍魚罐頭之筍絲，通常選用嫩絲且未燻硫磺之乾筍絲，筍絲需經漂水脫酸，加入糖、鹽等調味液浸煮半小時，之後撈取瀝乾等前處理。而蔥豆鮪魚罐，副原料為洋蔥、豌豆，與鮪魚肉一起裝罐、之後注液、封罐、殺菌。

蒲燒罐頭乃魚肉片放在金屬網上或以鐵籤串起進行燒烤，調味後再燒烤，反覆進行2～3次後，再行裝罐、注入調味液、封罐及殺菌等操作。

大和煮罐頭乃將原料與糖液或醬油煮過之後，再裝罐、封罐、殺菌之罐頭。

燻製品罐頭以魚肉和貝肉為原料，先經過燻製後再製成罐頭，此類罐頭需注入植物油。蒲燒罐頭、大和煮罐頭及燻製品罐頭在國內較少出現。

許多的水產罐頭在貯存期間有品質逐漸提高的現象，其中以油漬罐頭及番茄漬罐頭最明顯。油漬罐頭於製罐完成約半年後，所添加的油滲入魚肉中，產生獨特良好的香味，而且魚腥味也消失了，另外肉質轉為柔軟，鹽分滲透平均，色澤良好，是風味及質感達到最佳的時期。番茄漬罐頭貯藏3～6個月後，魚肉香味與番茄汁香味相互調和，呈現良好的風味，特別是魚肉脂肪含量高者，風味更佳。

水產罐頭在開罐食用時，常發現內容物有一些異常的變化，如有玻璃狀的結晶、綠色肉、變黑、褐變等。玻璃狀晶體在水產罐頭如鮪魚、鮭魚、鎖管等經常出現，為$MgNH_4PO_4 \cdot 6H_2O$之結晶，通常汁液中含有12 ppm以上的鎂離子、水產原料鮮度不佳時，容易產生。

鮪魚罐頭有綠變現象造成綠色肉（green meat）的問題，可使用丙基沒食子酸酯及抗壞血酸來加以防止。水產罐頭的黑變乃魚貝類在加熱過程中，罐內來自於肉的硫化氫與馬口鐵皮的鐵反應，產生硫化鐵黑色沉澱物所造成的，此種硫化黑變形成的條件：不論氧化劑存在與否，半胱胺酸濃度在0.3 mM以下，即會發生黑變。在氧化條件下，將半胱胺酸反應成胱胺酸後，就會抑制黑變的發生。

牡蠣罐頭有褐變的問題，其原因乃肉中之酪胺酸受到酪胺酸酶作用，發生酵素性褐變，形成黑色素。防止方法：製罐前先將牡蠣浸泡亞硫酸溶液即可。另外牡蠣的高度不飽和脂質的氧化、肉的糖胺反應、內臟所含的色素變色等都可能是牡蠣褐變的原因。

鰹魚罐頭也有褐變問題，即發生橙色肉（orange meat），橙色肉的發生乃糖解反應（glycolysis）的中間代謝物葡萄糖–6–磷酸（G-6-P）及果糖–6–磷酸（F-6-P）與魚肉萃取物中含有大量胺基酸之胺基發生梅納反應所造成的。防止方法：鰹魚捕獲後，給予適當的預冷或緩慢凍結，使糖解反應得以進行，不致有G–6–P及F–6–P的堆積，便可防止橙色肉的發生。

三、乾製品

水產乾製品依其前處理方法及乾燥方式的不同可分爲素乾品、煮乾品、鹽乾品、燻乾品、凍乾品及調味乾製品等。

素乾品：係將水產原料經適當處理、洗清後，直接乾燥的製品。因製品未經加熱處理，所以在高溫高濕的季節，其附著的微生物及自家消化酵素的作用，易使製品肉質軟化或鮮度下降，所以原料必須很新鮮。另外，若原料利用海水洗滌，則製品吸濕性甚強，所以於海水清洗後，應再以清水洗去原料表面的鹽分。如魷魚乾、蝦脯、魚翅、風鰻、紫菜乾、海帶乾等。

煮乾品：係原料經過加熱煮熟後，再乾燥的產品。因原料已經煮熟了，所以附著的微生物已被殺滅，自家消化酵素被破壞，故腐敗的情形不明顯，加上蛋白質已變性凝固，肉中部分水已被除去，乾燥較容易。常見的製品有鰮乾、鱙仔魚乾、蝦米、蝦皮、堆翅、海參、干貝等。

鹽乾品：係將原料經過處理、調理、鹽漬之後，再予以乾燥的製品。由於鹽分滲透進入製品中，所以製品具有獨特的風味，並且因水活性下降，可抑制肉質腐敗作用。爲了避免高鹽飲食導致身體健康的危害，故有低鹽製品的上市，常見者有鹽乾鰺、鹽乾鯖、鹽乾小卷、烏魚子等。

燻乾品：即柴魚製品。以鰹魚、鮪魚、鰺魚、鯖魚等魚類爲原料，經前處理、煮熟、烘乾、發黴等過程而製成像木柴般堅硬的製品，柴魚日語稱爲「節」，如原料爲鰹魚則稱爲鰹節。由於柴魚乾燥相當徹底，加上燻煙中含有醛類、酚類及酸類等成分，都具有殺菌力，因此柴魚有某種程度的防腐能力。通常水產製品的原料都要挑選油脂含量高者，成品的品質較佳，但柴魚的原料則是油脂含量低者，製品品質才會較好。

凍乾品：將原料處理、清洗後進行凍結，在眞空情形下（通常壓力小於4 mmHg）使冰晶昇華而達到乾燥的目的者，如凍乾蝦仁。另外一種凍乾品的加工方法，乃於寒帶地區，原料置於室外，利用天然冷風將原料凍結，在白天日光下解凍，如此反覆凍結、解凍的方式達到乾燥的目的，利用此方式乾燥的製品有明太鱈、洋菜等。

調味乾製品：將原料在煮熟前或煮熟後，浸漬調味液並且添加大量的調味料、香辛料等，再經乾燥、烘烤等手續，使產品具有獨特風味並可耐久藏，本類產品加工層次較高，故附加價值較大。常見的產品有魷魚絲、魚鬆、香魚片、鮪魚糖、海苔片等。

對相同的水產原料而言，可能會有許多種的乾製品出現，如蝦類可製成蝦脯（素乾品）、蝦米及蝦皮（煮乾品）、凍乾蝦仁（凍乾品）；魷魚類可製成魷乾（素乾品）、魷魚絲或魷魚片（調味乾製品）等。各種製品的加工程序差異不大，所以，以下以水產原料爲核心，製造方法爲輔，介紹一些常見的水產乾製品。

1. 蝦類乾製品

蝦類乾製品可分爲不脫殼的蝦皮及脫殼的蝦仁兩大類，所用的蝦原料都是較小型的蝦類，如櫻蝦、猴蝦、胭脂小蝦、糠蝦等（圖12.5）。若是素乾品則無殺菁、脫殼步驟，若是煮乾蝦皮則無脫殼操作，若是煮乾或凍乾的蝦仁則所有步驟都要進行，兩者的差異在於煮乾蝦米是利用熱風乾燥或者日光乾燥，而凍乾蝦米是用冷凍乾燥法進行乾燥。依鹽分含量可將製品分成淡、鹹兩種，另外產品可添加食用色素增加色澤。脫殼操作大多利用脫殼機進行，利用馬達傳動力量將蝦殼敲碎，再用鼓風機吹掉剝離的蝦殼。

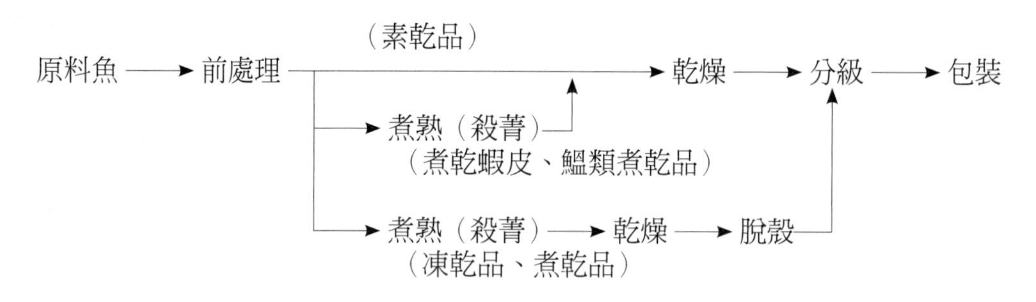

圖12.5　蝦類乾製品和鰮類煮乾品之製造流程圖

2. 魷魚類乾製品

主要的原料為阿根廷魷魚、紐西蘭魷魚、北太平洋赤魷等，最常見的如素乾品的魷乾、調味乾製品的魷魚絲、魷魚片、魷魚頭等。製造流程見圖12.6。

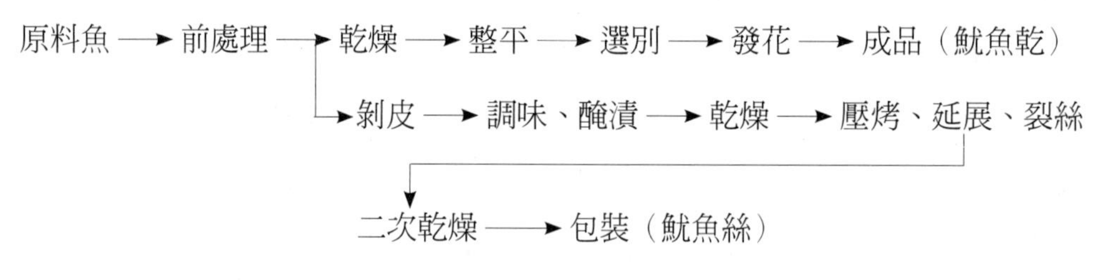

圖12.6　魷魚類乾製品之製造流程圖

(1) 魷魚乾

將魷魚從腹部縱向剖開，去除內臟及眼球，之後清洗，有的產品需剝皮，剝皮乃用手自背部將皮拉起剝除，不去除軟骨，將水分滴乾，之後以日光乾燥法乾燥之。乾燥時，肉表面水分蒸發較內部水分擴散快，所以，在夜間時將原料堆集於室內，暫停乾燥的進行，使內部水分能擴散至表面，以利於隔天乾燥的進行，如此的操作，可防止發生表面硬化，而有利內部水分擴散的進行，這種操作方法稱爲「罨蒸」。乾燥至水分約45%時，以圓棒將魷魚壓平，成品的水分含量約20%。乾燥完成之後，成品以草氈包覆集疊，放置一段時間後，表面會有白色粉末，此操作稱爲「發花」。發花速率的快慢可看出原料的鮮度與乾度，鮮度佳且乾度適中者發花較快，反之，鮮度差或乾度不適者發花較慢。發花乃魷魚本身酵素行自家消化所產生的可溶性成分，包括胺基酸（麩胺酸、甘胺酸、丙胺酸、脯胺酸等）、核苷酸及鹽類等，爲本產品風味主要來源。所以，製造魷魚乾時，大多以日光乾燥而不以高溫人工乾燥，因爲高溫人工乾燥，除了會破壞自家消化酵素，使製品無法發花而風味不佳外，尙會使其復水性差。

⑵ 魷魚絲

臺灣製造的魷魚絲，大多以南魷或赤魷爲原料，有的是以魷乾爲原料，有的以生鮮或冷凍的魷魚爲原料。魷魚絲製造所利用的僅魷魚胴部肉，故前處理時，需將內臟、頭足、鰭等去除，並將胴部縱向切開。利用剝皮機剝皮，於50～60℃溫水中經10～20分鐘的攪拌，在攪拌的同時，胴肉皮就被剝除了，之後馬上以約80℃的熱水加熱2～3分鐘後立即泡冷水，此舉可防止肉質的變敗。調味液的成分有糖、鹽、味精、糖精、己二烯酸鉀（potassium sorbate）、琥珀酸鉀等，醃漬4～6小時。以35～40℃的冷風乾燥10～14小時。將魷乾進行壓烤，之後以滾筒延展之，再經裂絲機將胴肉撕成約5 mm的細絲。二次調味乃利用粉末狀的調味粉與魷魚絲充分混合，最後將產品乾燥至水分含量27～30%左右即可。

3. 柴魚

最常見的柴魚製品應該是鰹節，其製造流程見圖12.7。

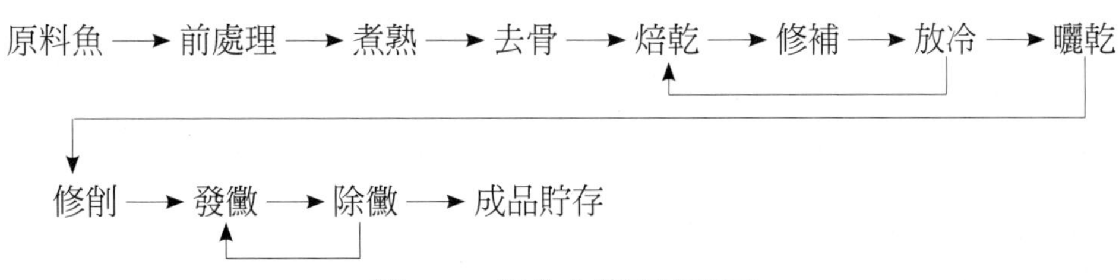

圖12.7　柴魚之製造流程圖

以脂肪含量少的鰹魚爲原料，原料魚清洗後，去除內臟、頭、尾、鰭、腹部軟肉，之後縱切三片，去除脊椎骨，得兩肉片，再沿側線縱切背腹各兩片，背部製品稱爲雄節，腹部製品稱爲雌節，若是小於4 kg的小型魚，則只縱切得兩片肉，這種製品稱爲龜節。煮熟後的魚片形狀很難再改變，所以在煮前即應調整肉片的形狀。加熱的溫度依鮮度而有所差異，鮮度佳者，爲了避免受熱過度，導致肉質劇烈收縮而龜裂，所以以75～80℃爲宜；若鮮度差者，爲了避免肉質在體軸方向過度伸展，所以以80～85℃的溫度加熱較適當。煮熟取出置冷後，再浸入冷水中，去除殘留肉片上的骨頭，若這些骨頭沒有去除，則乾燥後的製品，會因肉與骨頭的收縮比例不同而發生彎曲變形。

進行第一次焙乾時，將肉片置於焙乾箱中，皮面向上，溫度則因魚肉大小而有所不同。第一次焙乾約可去除25～30%的水分。焙乾後的肉片以毛夾拔除殘留的小骨，再用生肉熟肉各半的肉醬填補裂縫，填補處貼上毛邊紙，以避免肉漿脫落。之後再進行第二次甚至第三次焙乾，在每一次焙乾後，肉片需放冷一夜，隔日再進行下一次焙乾操作，其目的在於使魚肉內部水分充分擴散至表面，使內外部水分含量一致，依產品大小不同，焙乾次數最少4次，最多可達10次。

焙乾終了，改以日曬方式乾燥之，每日數小時。曬乾後，龜節經包裝後即可出售，其他較大型的柴魚則進行修削，將表面之黑褐色肉層削除，得到赤紅色的製品稱爲「裸節」。裸節再經2～4天曬乾，將之置於桶中或箱中密封，7天後（夏季），於表面長出青綠色黴菌，俗稱第一次黴。自箱中取出，排放在蒸籠或草蓆上，曝曬數小時，以毛刷除黴，再放回箱中，約12～13天就會再度長黴，如此反覆4～5次，即得成品，稱爲枯節，最終市售品水分含量約13～15%。

在柴魚上所長的黴菌爲麴菌屬（*Aspergillus*），其中*A. glaucus, A. ruber, A. repens*等是製造柴魚較佳的黴菌。發黴會使肌苷磷酸（inosinic acid）量增加，減少鰹節中脂肪含量及澀味，促進內部水分滲出，使內、外部水分含量均一，並且產生特殊的柴魚風味；亦可由發黴來檢視製品的乾燥程度。

4. 鰮類煮乾品

鰮類煮乾品，常用的原料有臭肉鰮、眞鰮、片口鰮、魩仔等（圖12.5）。煮熟的方式分成水煮與蒸煮兩種方式。水煮者，將原料魚排列在竹籃中，投入沸水中煮5至10分鐘，撈起滴乾即進行乾燥。若是蒸煮的方式，則將原料泡入30%的鹽水，之後以蒸煮箱蒸煮15分鐘。乾燥的方式有日光乾燥及熱風乾燥機兩種方法，因成品水分含量高（約30～40%），故產品需冷藏。

5. 烏魚子

烏魚子，即烏魚（鯔魚）卵的鹽乾品，烏魚子中含有豐富的脯胺酸及蠟酯，所以具有特殊咀嚼的質感（圖12.8）。烏魚子只利用雌烏的卵巢，故要先會判斷魚的雌雄。雌魚體型大，腹部飽滿，若以手指沿側線下方，朝肛門處輕輕擠壓，則流出黃色液體者爲雌魚。取卵時是用刀尖附鑄不銹鋼珠的採卵刀，取出卵巢後，以細繩綁緊卵膜的出口，避免卵粒掉落出來。在往下的操作都要小心，不要刮破卵膜。以清水洗淨卵巢上的血汙，血管中的血液，以湯匙沿血管擠除。鹽漬時是用卵巢重的15%之食鹽，均勻塗抹在卵巢上，之後將卵巢放在木板上，並施於重壓以壓出魚卵中的水分。經過一天後，以清水洗去魚卵表面的鹽分，之後進行整修的工作，若有氣泡，用針刺破並擠出空氣，如卵膜破了，則用毛邊紙貼敷，以保持外型完整。之後以陰乾的方式進行乾燥，陰乾時要經常換面，並在夜間要收回壓乾，約3天後，水分降至23～25%左右，即爲成品。烏魚子品質的要求如下：⑴ 鹽分適當。⑵ 形狀完整。⑶ 乾燥度適中，以手指輕壓，不留指痕也不破裂。⑷ 有彈性。⑸ 色澤亮麗，有透明感。

原料魚 → 採卵 → 清洗 → 鹽漬 → 壓乾 → 脫鹽 → 整修 → 乾燥 → 包裝

圖12.8　烏魚子之製造流程圖

四、鹽製品

鹽製品（salted product）或稱鹽藏品，爲食品原料給予食鹽或加入其他配料（酒、糖、香辛料等），而延長其保存期限的製品，在水產品中，魚貝類、藻類或魚卵等常利用本方法製備水產鹽製品。常見鹽製品如鹽鯖、鹽鰹平、鹽鮭、鹽鱒、鹽藏鮭魚卵等。鹽藏法爲一歷史悠久的傳統食品保存方法，具有生產設備簡單、操作容易、可短時間內大量處理漁貨和避免腐敗變質的特點。

鹽製品保藏食品的原理：食品中添加高量的食鹽，由於滲透壓的作用，造成食鹽滲入食品組織中，而水分從食品組織中的脫除。所以，添加食鹽可提升食品的滲透壓，而使微生物細胞崩解或原形質分離；亦會使食品脫水，降低食品的水活性，進而抑制微生物繁殖；可減少氧氣之溶解度，阻礙好氣性細菌之繁殖。另外，鹽水中二氧化碳含量較多，對二氧化碳敏感的微生物難以生存；而且食鹽中的氯離子具有直接殺菌作用。再者，高濃度的食鹽會抑制蛋白質分解酵素的活性，防止變敗。

鹽藏對於食品之保存能力，主要爲脫水作用，它不但脫除魚體之水分至相當程度，同時鹽分濃度愈大，水活性愈低，其具有抑制微生物繁殖之作用和食品中酵素和化學反應等食品變敗。另外，食鹽之滲透壓可使部分微生物脫水而死亡。但食鹽之防腐力，似乎不全爲脫水作用，如硫酸鎂之脫水力較食鹽強，但其防腐能力卻不如食鹽，由此推測，氯離子之殺菌作用可能扮演重要的角色。

在水產乾製品中的鹽乾品（salted-dried product），其製造方法和保存原理與鹽製品很相似而容易混淆。鹽乾品爲魚貝類經鹽漬後，再經乾燥的製品，由於會再經過乾燥處理，一般食鹽使用量較低，約爲13～17%。製造時先經鹽漬，肌肉因鹽分滲透，使其風味獲得改善，加以水分脫除，抑制腐敗菌生長，再施以乾燥處理，更加確保製品之安全性。如烏魚子、鹽乾鰺。

鹽漬方法有撒鹽法、鹽水漬法、混用鹽漬法和低溫鹽漬法等，如下：

撒鹽法（dry salting）又稱乾法鹽漬，乃以食鹽直接撒在魚體上，食鹽與魚體滲出的水分形成溶液而進行鹽漬的方法。魚體表面塗抹食鹽後，層層堆疊，各層之間再撒上食鹽，鹽漬期間，食鹽滲入魚體中，而魚體之水分會滲出來與食鹽形成鹽液。本方法的優點爲：食鹽滲透速率較快、脫水量較多，貯藏性較高。缺點爲：食鹽滲入不均勻，鹽藏時接觸空氣，脂質較易氧化且不易調整鹹味程度。

鹽水漬法（brine salting）又稱濕法鹽漬，乃將魚體浸入預先調配的食鹽水溶液中進行鹽漬的方法。本方法的優點爲：較不易發生油燒，可調整鹹味程度，食鹽滲入較均勻。缺點爲：滲透速率較慢，脫水較不易，空間較大，鹽廢水較多。所以通常鹽漬時施以攪拌或追加食鹽，改善滲透速率較慢的缺點，並且食鹽水多次循環使用以減少鹽廢水的產生。

混用鹽漬法（mixed salting）爲撒鹽法和鹽水漬法結合使用的鹽漬法。魚體先施以撒鹽法，一層魚一層鹽將魚體排列於桶中，上覆蓋板並給予重壓。經過一夜後，魚體滲出水分與食鹽形成飽和溶液，此時再注入一定量的飽和食鹽水，防止鹽液被稀釋。本方法的特點爲魚體一直處於食鹽所形成的飽和溶液，具有最佳的鹽漬效果，並且撒鹽法的時間不長，可以避免魚體因接觸空氣而發生脂肪氧化，很適合用於脂肪含量高的水產品。

低溫鹽漬法爲鹽漬時輔以低溫處理，緩和鹽漬過程中魚體自家酵素之作用和微生物之腐敗。對體型大而脂肪含量高的魚類，鹽滲透慢，鹽漬過程長，在鹽漬過程中魚體容易發生變質，若以本方法則可克服以上的問題。本方法可分爲冷卻鹽漬法和冷凍鹽漬法。冷卻鹽漬法爲鹽漬時添加碎冰在容器中，使溫度維持在0～5℃下。而冷凍鹽漬法爲事先將魚體冷凍，再進行一層魚一層鹽的鹽漬的操作。

因爲攝取大量食鹽會危害到身體健康，故開發淡鹽鹽藏品，然而，食品中食鹽濃度不足，必然降低保存期限，所以，爲了使食品不減少其原有的保存期限，必須輔以其他的保存措施，如給予低溫環境（冷藏或冷凍）、調降pH或水活性等不利微生物生存繁殖條件；良好的作業環境，減少最初汙染菌；添加非鈉鹽類（KCl代替NaCl）；添加防腐劑如己二烯酸鉀（1 g/kg以下）；妥善包裝等。

1. 鹽鯖

鹽鯖爲臺灣最具代表性的水產鹽製品，是一種以防腐爲目的的簡易加工食品，以宜蘭縣蘇澳爲主要產地。鹽鯖（圖12.9）係以含油量多、體型大的鯖魚爲原料，主要爲白腹鯖、花腹鯖，以9～11月漁獲者尤爲肥滿，爲最佳的加工原料。預醃時，一層魚一層鹽交互撒鹽，用鹽量約爲魚重之15%左右，最上層撒鹽，上覆木板，稍施壓力，並從旁灌入飽和食鹽水，經過4～6小時，即可進行醃漬工程。醃漬後進行包裝，成品可在常溫中零售，短期內不致腐敗。目前所行的淡鹽法，必須輔以冷藏；因爲預醃時間甚短，食鹽滲透不足，尤其漁期盛產時爲增加產量，預醃時間只4小時左右，因此醃漬包裝後，均移入－5℃左右之冷藏庫冷藏。一方面可防止腐敗，亦可藉低溫拖延食鹽的滲透，以符合消費者淡鹽口味之要求。在日本，淡鹽製品的加工方法略有不同，將原料魚前處理、水洗滴乾後，改用21° Be’食鹽水鹽漬1小時，移入冷藏庫貯藏，即爲成品。

原料 ⟶ 背開 ⟶ 去鰓去內臟 ⟶ 水洗 ⟶ 滴乾 ⟶ 預醃（15%撒鹽法，4～6小時）

↓

輕壓 ⟶ 醃漬（加8%食鹽裝箱）⟶ 包裝 ⟶ 冷藏

圖12.9　鹽鯖之製造流程圖

鹽鯖的異常現象及防止法：⑴ 赤變，係由螺旋菌或桿菌作用所形成的異常變色現象，螺旋菌造成淡紅色，而桿菌造成深紅色。可對一切能接觸的地板、處理臺、水桶、洗槽，用水徹底消毒，生產線的溫度和濕度要分別降至25℃和75%以下，即可防止赤變發生。目前鹽鯖，出售前大都放在冷藏庫，零售販賣短時間內就可賣光，即使剩餘亦可收入冷藏庫暫存，因此已無赤變的困擾。⑵ 褐變，即氧化變質，無論在鹽漬過程中或庫存待售期間都不停地進行。可加入抗氧化劑如BHA、BHT等，或妥善包裝等方法防止。

2. 魚卵鹽藏品

魚卵含豐富的蛋白質、磷脂質、維生素、色素（胡蘿蔔素、葉黃素、還原蝦紅素）等，最常見的加工製品即爲鹽製品。魚卵鹽藏品廣爲大衆喜好，被視爲珍饈。鹽藏之技術，對品質有極大之影響，若沒有相當經驗，難以製成優良製品。常用的魚種有鮭、鱒、鱘、鱈等。

鹽藏鮭、鱒魚子：新鮮鮭魚卵放在3～4° Be’食鹽水中，以手指按壓血管放血並予洗淨，若未充分放血，製品會有黑色帶。洗淨後，將之排放在竹簾上，排列不可過密，並充分除去水分。接著浸入事先煮沸溶解後過濾冷卻的飽和食鹽水，其比例爲100公升對原料42 kg，爲防止濃度降低可補充食鹽（10%）與硝石（約爲食鹽的1%），混合約30～40分鐘後，撈起排放在竹簾上以除去水分。之後除去鹽水，與放血及除水相同，排放在竹簾上的高度均不超過9 cm，並且設

2～3個孔，以充分排水，爲了避免與空氣接觸，鋪蓋沾濕鹽水的布。之後進行鹽漬（棚漬），以鹽蓆或葦蓆將四周上下圍成框子，將魚卵堆積成山狀，鹽水漬時用3～4%之補充食鹽，撒鹽漬時用17～18%之補充食鹽，均添加0.1～0.2%之硝石。每棚內鹽漬250～300 kg魚卵左右，撒鹽漬者，氣溫高時約3日左右，氣溫低時約5～6日左右，移至他棚，補充食鹽5%實施換漬。再經二星期左右充分熟成，包裝即爲成品。固定魚卵之顏色對鹽藏鮭魚子而言十分重要，所以，要避免與空氣接觸，可利用鹽水漬法或大量醃漬方式，另外使用硝石，可固定魚卵的色素。

鮭魚子粒（蘇聯式鹽漬鮭魚子）係先將鮭、鱒魚子卵粒分離，行淡鹽漬而冷藏者。一般只用漁獲6小時以內之鮮度高的原料，在鹽水中行放血和洗除汙物，放在竹簾上除去水分。魚卵在魚卵分離器上摩擦，使分散落在受卵器上。將煮沸過濾冷卻之飽和鹽水（25° Be’）270公升中加相當魚卵10%之食鹽，混合魚卵58～75 kg左右，進行一定時間之醃漬。出口之製品醃漬時間13～15分鐘，內銷之製品醃漬時間17~19分鐘。醃漬完畢後，撈起瀝乾水分2～4小時，之後放在桌上去除汙物，再行包裝及裝箱，放入2～4℃之冷藏庫內貯藏。

魚子醬（caviar）乃以鱘科魚類的魚卵製成的鹽製品。以裡海的Beluga、Aseter、Sevruga這3種鱘魚的魚卵所製作的魚子醬，被視爲上等的魚子醬。其他地區亦有生產，如美國東岸的白鱘、密西西比河的鏟鱘、中國長江流域的中華鱘、東北地區的東北鱘。加工時，首先取出魚卵，將卵粒分散、篩檢、清洗、濾乾之後，以10%以內的食鹽進行鹽漬（食鹽使用量需視魚卵的大小、色澤、堅實程度、聚散密度、氣味等因素決定），或泡在飽和食鹽水中1小時，取出瀝乾水分，裝入陶瓷容器中，密封後貯存在5℃下進行熟成。

3. 鹽水母

水母（jellyfish）之種類甚多，其可供食用者，稱爲海蜇，海蜇爲腔腸動物，根口水母科，海蜇屬，我國沿海多有生產。其鹽藏方法，先將水母浸於冷水中，經8～10小時，除去外部之黏液後，再以清水洗滌，放於竹蓆上，滴去其水分，用食鹽1.8公升（約重1.38 kg）與75毫克之明礬之混合物，塗抹於水母之全體。置於桶內經2～3日，則水分滲出，重量減少。此時再行洗滌，復加食鹽與明礬之混合物，再置入桶中，但此次明礬之用量，應較前減少20%，鹽漬數日即可製成。新鮮海蜇組織含水量達95%以上，若僅用食鹽鹽漬脫水速率太慢，不足以防止腐敗，故需加入明礬加速脫水鹽漬，並造成海蜇具有特殊的口感。明礬可在水溶液中解離成弱酸和Al^{3+}，對蛋白質有很強的凝固力，促使組織收縮脫水。

五、燻製品

燻製品係以燻材在不完全燃燒的情形下，生成燻煙附著於食品上，使成具有特殊風味與貯藏效果的產品。燻材通常使用樹脂含量低，並會產生芳香味道燻煙的木材。九芎、龍眼樹、相思樹、赤皮等木材爲常用的燻材。燻煙中含有酚類、有機酸及醛類等，故會使產品具有特殊風味，並且這些成分具有防腐性，所以燻製品有較佳貯存性。

燻製品的一般製造流程爲：前處理、調理、浸鹽處理、脫鹽、煙燻、整修、包裝。燻製法可分爲冷燻法、溫燻法、液燻法、電燻法。在水產燻製品方面，電燻法尚未採用。

1. 冷燻法

煙燻室溫度維持15～30℃，2～3星期的燻乾方法，因溫度低，所以魚貝類蛋白質不發生凝固，本法的目的在使製品可長期貯藏。操作時通常在晚上施行燻煙作業，白天則吹冷風乾燥之。爲了防範材料在煙燻作業初期發生變質腐敗，所以對材料先浸漬高鹽溶液，再脫鹽使材料含鹽分8～9%左右。多脂性的魚貝類，較適合使用冷燻法，因爲低溫下脂肪氧化變敗較慢。鮭魚、鰊魚、紅甘鰺、鱈魚等常用冷燻法。

鮭冷燻品：以生鮮或冷凍鮭魚爲原料，將鰓、內臟去除並清洗乾淨，之後以半處理（帶頭、腹開）、全處理（去頭、腹開）之材料進行鹽藏，施予魚重量20%左右的食鹽，約進行1.5天。在燻製前，將鹽藏原料浸在清水中脫鹽約3天，之後以整尾、去頭或者背肉（從頸部沿脊椎骨下緣切到肛門處，所取出棒狀的肉塊），將之懸吊風乾，於夜間進行燻製，白天打開燻煙室進行風乾，如是進行約2星期，然後取出堆置，上覆厚布緊密悶置回潮3～4天，再乾燥2～3天，以改善光澤，提高保存性。

2. 溫燻法

將燻煙室溫度維持30～80℃，進行3～8小時的燻乾處理。本方法的主要目的是賦予製品香味。以本方法所得的製品水分含量約55～65%，鹽分爲2.5～3.0%，所以保存性較差，爲了提高製品的保存性，可再以冷燻法進行約3天的燻乾。鮭、鰊、鱈、鰛、烏賊、章魚等燻製品採用本方法。

鮭魚溫燻品：紅鮭、銀鮭是常用的原料，以整尾、半處理、全處理等型式進行燻製，近年來大多以魚肉片型式進行燻製。將原料置於調味料、香辛料的食鹽水中鹽漬，取出風乾後，以30～50℃煙燻約12小時，再以50～80℃燻乾約2小時，之後以眞空包裝、低溫保存來維持產品品質。

鯊溫燻品（俗稱鯊魚煙）：爲臺灣最常見的水產燻製品，通常鯊魚取背肉製造魚丸，剩餘的腹肉可作爲鯊魚煙的原料。首先將腹肉浸泡於食鹽水（亦可添加糖和其他調味料）中，取出滴乾及適當風乾後，蒸熟，再行滴乾和風乾，然後施行燻煙作業。在臺灣鯊魚煙大多以家庭式小量製造，故燻煙作業大多在鐵鍋或金屬蒸籠內進行。首先在鍋底舖紙，並以砂糖覆蓋在紙上，用金屬網隔空放置砂糖上方，將微乾之熟腹肉置於金屬網上，加蓋密封，或將腹肉置於金屬蒸籠之後，施以小火，使鍋內砂糖緩慢燜燒，俟黃煙停止時即熄滅熱源，繼續密燜約20分鐘即完成燻製作業。

3. 液燻法

液燻法乃利用水或稀鹽水將燻液稀釋3倍，將原料魚浸在燻液10～20小時，再行乾燥，便可得到製品。小型魚及大型魚切片常利用此方法製成燻製品。

燻液的製造乃利用寬葉樹的木材，製造木炭時所產生的燻煙，將其凝集蒐集後，去除油分和媒焦，餘下之水溶液即爲燻液。

六、魚漿製品

魚漿製品又稱爲煉製品，乃魚肉加入食鹽，擂潰後形成魚漿，再經調味、成型、加熱等手續所製成的彈性膠體食品。魚漿製品具有以下特徵：1.大多數的魚類均可爲原料。2.製品的外形、風味、質地均與魚類不同。3.可直接食用。

魚漿製品的製造原理爲：魚肉中加入2～3%的食鹽，以擂潰破壞肌肉組織，魚肉蛋白質溶化爲溶膠（sol），即肌動蛋白及肌凝蛋白發生鹽溶效應（salting in），並且肌動蛋白、肌凝蛋白聚合成肌動肌凝蛋白（actomyosin），這些蛋白質都是鹽溶性纖維狀蛋白，在最低鹽量0.4 M，pH 6.0～6.8下，有很好的溶解性。室溫下，溶膠中的肌動肌凝蛋白間發生交互作用，形成三度空間的網狀結構，即形成了凝膠（gel）。這種成膠現象，在加熱情形下，膠強度愈來愈強，即加熱可促進凝膠的形成。但加熱至60～70℃時，膠強度卻下降了，即所謂的解膠現象（softening）（圖12.10）。大多認爲解膠現象係因魚肉中鹼性蛋白酶

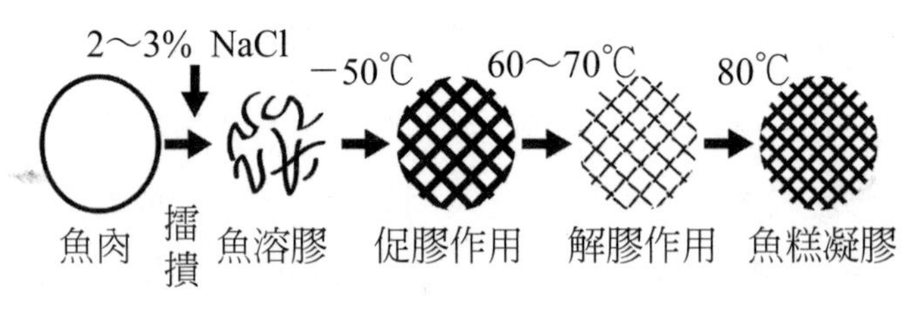

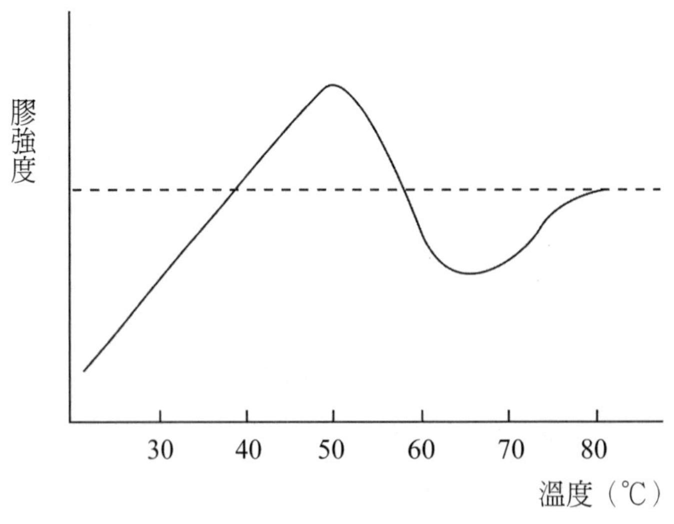

圖12.10　一般魚糕之成膠過程及其相對應的膠強度

（alkaline protease）作用所致，此類酵素的最大活性，約在60～70℃，所以加熱至約80℃，鹼性蛋白酶反應速率很快，肌動肌凝蛋白所構成的網狀結構遭到蛋白酶迅速分解，故發生解膠現象。

目前大多數的魚漿製品是以冷凍魚漿（frozen surimi）為原料，冷凍魚漿的製造方法：自原料魚採肉，經漂水去除水溶性成分後壓除多餘水分，加入抗凍劑，冷凍後即成冷凍魚漿，此種魚漿可於凍藏條件下保存數月，但魚漿的功能性質並不會喪失。魚漿製造工廠若設在陸地上，原料魚從捕獲到加工，已有一段時日了，雖原料魚通常以凍藏方式保存，但鮮度仍會下降而影響到魚漿功能性質，所以，日本大型漁業企業，採用大型魚船作為魚漿加工廠，從捕魚到冷凍魚漿一貫作業，如此，可確保所製得的魚漿達最佳品質，此種工作船所製造的魚漿，稱為「洋上冷凍魚漿」，有別於一般的冷凍魚漿。

魚漿製品的原料除了魚漿（冷凍魚漿）外，尚需其他副原料，如食鹽、澱粉、糖、蛋白、植物蛋白、調味料、色素等等，以下列出各種副原料的添加目的：1. 食鹽：調整魚肉溶膠的離子強度，以利鹽溶性蛋白的溶出，並且具有調味的功能。2. 澱粉：當作增稠劑，增加溶膠的黏度，並且澱粉價格較便宜，可當增量劑。3. 植物蛋白：以大豆蛋白或麵筋蛋白為主，添加的主要目的為當增量劑。4. 動物膠：增量劑及品質改良劑，添加量3～8%。5. 油脂：可改善魚糕、魚肉香腸的質感及風味。6. 色素：可美化魚漿製品的色澤。7. 辛香料：抑制魚腥味，常用的有蔥、薑、蒜、芹菜、胡椒等。8. 調味料：甜味料，常用的如蔗糖、山梨糖醇等，使製品具有甜味；鮮味料，常用的如味精、核苷酸調味料、胺基酸調味料等，具有調味及增強產品鮮味的功能。

魚漿製品的種類相當多，可將之分成三大類。1. 傳統魚漿製品：魚漿加入少量澱粉後，製成各種型態，以蒸、煮、炸、烤等不同加熱方式所得之產品。如魚丸（fish balls）、魚糕（kamaboko）、甜不辣或天婦羅（tenpura）、竹輪（chikuwa）、半片（hanpen）等。2. 工程水產食品（engineering seafood）：加熱使條狀魚溶膠凝固，再以少許魚溶膠黏合，添加風味成分及色素，使成類似天然水產品顏色和風味的產品。如仿蟹肉（imitation crab meat）、仿干貝（imitation scallop）、仿蝦肉（imitation shrimp）等。3. 重組魚肉製品（reconstituted seafood）：以魚溶膠與魚肉塊混合，充填於管狀膜袋中，加熱使之凝固的產品，魚溶膠在此當作黏合劑。如魚肉火腿（fish ham）、魚肉香腸（fish sausage）等。

以下就一些常見的魚漿製品的製造方法加以說明：

魚丸：魚丸爲典型的傳統魚漿製品，將調配完成的魚漿，經成型器使之成爲圓球狀或橢圓球型，之後，置於冷水中一段時間使之成膠，然後在90～95℃的熱水中煮熟，水煮時顏色變白且上浮約20秒即應撈起，不然膠強度會因加熱過度而下降。

魚糕：魚糕乃將已調味之魚漿，於松或杉的木板上，做成半圓形條狀，之後蒸熟，有些產品以烘烤方式代替蒸熟，有的先蒸再烤，之後包裝即爲成品。

甜不辣：日文爲天婦羅，爲典型的油炸魚漿製品，調味後的魚漿，成型後置入約180℃之熱油中油炸即成。製造甜不辣的魚漿通常是較次級的魚漿，副原料種類繁多，如之前提到的魚漿副原料外，尚有許多的蔬菜，如胡蘿蔔、牛蒡、青椒、豌豆等，所以甜不辣的產品種類很多。

竹輪：竹輪爲中空圓筒狀的魚漿製品，長約20 cm，外徑約2.5～3.0 cm，爲典型的烘烤煉製品。製造時，將調配完成的魚漿塗布在竹製或金屬製的粗管上，經烘烤成淡褐色即可，之後將竹輪自粗管中退出，以眞空包裝產品，產品的顏色以內白外淡褐爲佳，所使用的魚漿等級可較製造魚糕的魚漿差，澱粉的添加量也可較高，約10%。

仿蟹肉：仿蟹肉所使用的主原料爲特級冷凍明太鱈魚漿，製造時將魚漿解凍成約－10～－5℃之半凍結狀態，添加食鹽及澱粉，充分擂潰，之後加入調味料及其他配料，均勻混合，最後品溫需維持7～10℃爲宜。調製成的魚漿以平口型噴嘴擠成1.2～1.5 mm厚的薄片，經由輸送帶送入加熱區，加熱區的溫度控制在40℃左右。加熱成膠後的薄片，以切刀切成細條狀，之後捲集成束，與塑膠膜同步通過封口機及切斷機，切成一定長度，並予以眞空包裝，凍結之。

仿干貝：仿干貝的加工方式與仿蟹肉相似，其外型爲直徑2.5～3.0 cm，厚1 cm之短圓柱形，通常外裹麵包屑，以塑膠袋眞空包裝後凍藏之。

魚肉火腿：魚肉火腿常用的主原料有金槍魚、鮪魚、鯨魚等，將魚肉切成3 cm的立方塊，與豬油脂丁及魚漿混合後，再加入其他副原料，充分混合。魚漿、魚肉塊及豬油脂丁的比例，通常為20：100：20。之後將混合均勻的原料填充入腸衣，綑紮完成後，以90℃熱水加熱30分鐘，再以85℃熱水浸泡1小時，加工即告完成。

七、海藻膠

常用來抽取海藻膠的藻類有紅藻及褐藻，由紅藻中抽取的如洋菜（agar）、鹿角菜膠（carrageenan），由褐藻中抽取的如褐藻膠（algin）。

1. 洋菜

洋菜又稱為瓊脂，其加工流程見圖12.11。原料藻類為紅藻之石花菜屬，翼枝菜屬及龍鬚菜屬。將藻體加熱至90℃左右，加入15倍的鹼液，濃度3～5%，浸泡約1小時。之後將藻體放入沸水中並慢慢加入稀酸，攪拌之，當pH值達4.2～4.5時停止加酸，此目的在於使藻體崩潰，使洋菜完全溶出。之後濾除固體雜質，濾液冷卻凝固，利用凍結溶解法進行脫水，之後乾燥即可得製品。

原料藻 → 鹼處理 → 水洗 → 漂白 → 加酸 → 萃取
→ 過濾 → 凝固 → 截切 → 脫水 → 脫色 → 乾燥 → 洋菜

圖12.11　洋菜之製造流程圖

洋菜的主要成分為洋菜糖（agarose）和洋菜硫酸糖（agaropectin）。洋菜糖約占70%，為中性不含硫酸鹽的多醣類，凝膠能力強；而洋菜硫酸糖約占30%，為酸性之含硫酸鹽的多醣類，凝膠能力弱。洋菜常應用在食品（可製作布丁、果凍、茶凍、咖啡凍或添加在糖果、飲料等）、醫藥（培養基、黏著劑、藥物軟膏等）、工業（滑潤、殺蟲劑等）、化妝品（乳劑、面霜、牙膏等）。

2. 鹿角菜膠

鹿角菜膠又稱卡拉膠，其加工流程見圖12.12，7～8噸乾燥的麒麟菜約可以萃取1 噸的鹿角菜膠。紅藻之麒麟菜屬的耳突麒麟菜（*Eucheuma cottonii*）和異枝麒麟菜（*Eucheuma spinosum*）為主要原料藻，主要產地為菲律賓，約占世界供應量的80%。鹿角菜膠為多醣類，其具有多種不同的分子結構，常見的有ι（iota）、κ（kappa）、λ（lambda）、θ（theta）、μ（mu）、ν（nu）等型式。鹿角菜膠具抗酸性、黏度高，具成膠性、濃稠化、穩定作用，所以常用於食品，增加食品的保水力和黏彈性，如用在冰淇淋、奶昔、調味醬作為增稠劑或凝膠劑，在肉醬和肉製品作為脂肪替代品或增加保水性。

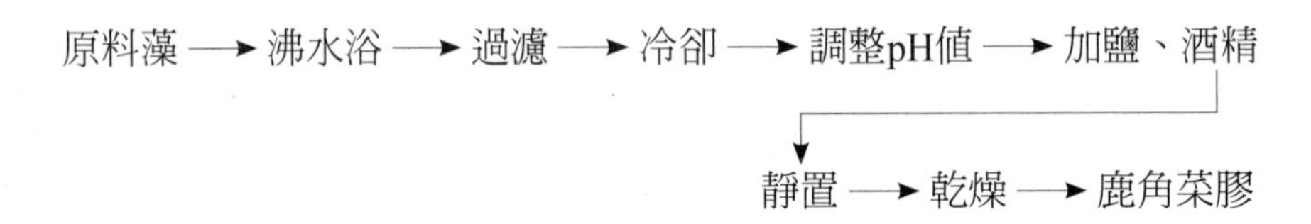

圖12.12 鹿角菜膠之製造流程圖

3. 褐藻膠

褐藻膠又稱為海藻膠或藻膠，其抽出流程見圖12.13。其為存在於褐藻細胞壁中的一種天然直鏈狀陰電荷多醣（linear anionic polysaccharide），主要以褐藻酸或褐藻酸鹽型式存在。褐藻酸（alginic acid）單體為β-D-甘露醛酸（β-D-mannuronate, M）和α-L-古羅糖醛酸（α-L-guluronate, G）。M和G單體以M-M、G-G、M-G的組合方式，由1,4糖苷鍵鏈結成為嵌段共聚物（block copolymer）。

原料藻 → 稀鹽酸 → 過濾 → 碳酸鈉 → 過濾 → 濾液（粗褐藻膠）

氯化鈣 → 脫色 → 稀鹽酸 → 過濾 → 乾燥 → 褐藻酸鈉

圖12.13 褐藻膠之製造流程圖

大多數的褐藻都可抽取褐藻膠，在臺灣以馬尾藻屬為主要原料，原料藻先以稀鹽酸處理一夜，去除鹽類，並將褐藻酸鹽（鈉、鈣、鎂、鍶、鋇等）變成褐藻酸。之後加入1%碳酸鈉浸漬2天，期間不斷攪拌，使褐藻酸變成褐藻酸鈉而被萃取出，之後過濾得濾液，可得粗褐藻膠，之後加入氯化鈣溶液，使成鈣鹽而析出，並以次亞氯酸鈉脫色後，再溶稀鹽酸中使成褐藻酸，再加入碳酸鈉溶液使成鈉鹽，之後過濾、乾燥即可製得褐藻酸鈉（褐藻膠）。褐藻膠也可應用在食品當作增稠劑、安定劑，也可用在醫藥及工業上。

八、水產加工副產品的應用

通常魚貝類的可食部分爲肌肉及部分內臟，剩下的頭、尾、內臟、骨骼及殼等爲不方便食用的部分，可稱爲副產品，約占50%。若能將這些副產品加以利用，除了可解決環境汙染和處理廢棄物的問題外，近年來從其中萃取並精製機能性成分，開發製成保健食品、化妝保養品、生物醫藥用品等高價值產品，可以創造水產品新的價值。各種水產加工副產品的可能製品及用途，整理如表12.3。

表12.3 水產加工副產品的應用

水產副產品	製品	用途
魚內臟、魚頭、魚骨、下雜魚等	魚粉、漁溶漿	飼料
	魚油	飼料、食品或保健食品
	EPA、DHA（萃取自魚油）	保健食品
	膽固醇（萃取自魚油）	液晶、化妝品
魚骨	磷灰石	人造骨、牙齒的材料
魚類加工煮液	甘味料	調味料、醬油、高湯
魚漿水洗廢液	蛋白質	飼料
魚皮、魚鱗、魚骨	膠原蛋白	保健食品、食品添加物、生醫材料、化妝保養品
魚內臟、血合肉	牛磺酸	保健食品
魚內臟、魚皮、下雜魚等	胜肽	保健食品

水產副產品	製品	用途
魚內臟	酵素	保健食品、生醫應用
鯊魚軟骨	軟骨素	保健食品
鯊魚肝臟	鯊烯	保健食品
蝦頭、蝦蟹的外殼	蝦、蟹殼粉	飼料
	幾丁質、幾丁聚醣	保健食品、生醫材料、化妝保養品、生物農藥等
	還原蝦紅素	保健食品、化妝保養品
蝦頭	酵素	保健食品、生醫應用
牡蠣殼、蜆殼	貝殼粉	保健食品、飼料、融雪材料、脫磷材料
貝類加工煮液	鮑魚粉、牡蠣粉	保健食品

1. 魚粉

魚粉的加工流程見圖12.14。魚粉的原料除了魚類加工廢棄物外，尚有大量捕獲而來不及食用或加工的魚類，如鯖、鰮、鯷等。小型魚可直接進行蒸煮，大型魚則需先切斷或磨碎後，再進行蒸煮。煮熟程度是否適當，對油脂分解能力影響很大。蒸煮程度不夠，蛋白質熱凝固和細胞膜軟化不足，壓榨時，油脂和水分無法充分分離；若過分蒸煮，壓榨時亦難將固形物與油脂和水分完全分離。蒸煮程度的適當與否，可依原料凝固及血液變色程度來加以判斷。壓榨可使固形物與油脂和水分分離，油脂可再提煉成魚油，而水分中含有許多的水溶性成分，可將之濃縮、乾燥，加入乾燥魚粉中。乾燥的目的在使產品水分含量下降至12%以下，使細菌及黴菌無法生長繁殖，並提高產品的安定性。乾燥處理大多採用熱風乾燥，通常入口溫度約500～600℃，利用高溫使大量水分快速蒸發，但出口溫度應低於100℃，主要是爲了避免乾燥後期因溫度過高，造成離胺酸、胱胺酸等胺基酸變質，使蛋白質消化率下降，並使油脂氧化現象增高。乾燥後的半成品將之粉碎成可通過20mesh的粉末，粉碎的目的在使各成分能充分混合均勻，易於利用，並且體積變小，便於包裝、輸送及存放。魚粉中因含有不少的脂質，所以要特別注意油脂氧化的問題。

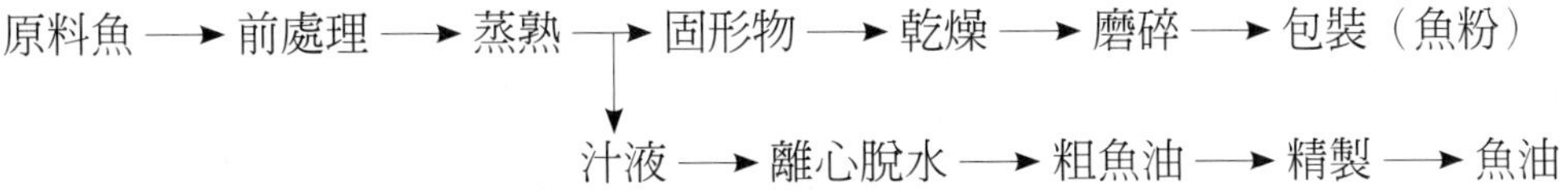

原料魚 → 前處理 → 蒸熟 → 固形物 → 乾燥 → 磨碎 → 包裝（魚粉）

蒸熟 ↓ 汁液 → 離心脫水 → 粗魚油 → 精製 → 魚油

圖12.14 魚粉和魚油之製造流程圖

2. 魚油

魚粉製造時所壓榨出來的汁液即爲一般魚油的原料，可將之分成三大類，一爲底棲性魚類如鱈魚、比目魚等之加工殘渣；二爲漁獲量大的小型魚類如鯖、鰮等之加工殘渣；三爲魷魚內臟（肝臟）。一般水產品的水分和粗脂肪含量約占80%，魚油收率受到魚體種類、肥瘦度、季節、性別等因素顯著的影響。

首先以離心機轉速2000 rpm去除細微的固體顆粒，再以12000 rpm之高轉速離心將油脂自汁液中分離，即得所謂的粗魚油。粗魚油必須再精製才可利用，精製的項目包括：去除磷脂質、鹼液精製、脫色、脫臭等操作。首先以80%的磷酸處理，使磷脂質析出，之後加入氫氧化鈉中和游離脂肪酸，於自動清洗離心機中進行本操作，之後以活性碳或活性白土進行脫色、脫臭，同時也會吸附脫除金屬離子、磷化合物、氧化物、皂化物等。接著進行眞空蒸氣蒸餾（脫臭操作），可去除游離脂肪酸和臭味成分，再經過濾器和冷卻裝置後即成品。

與陸生動物相比較，魚油中含較多的高度不飽和脂肪酸（C_{14}～C_{22}，含1～6個C═C），較易氧化，所以，魚油需再經氫化作用，降低不飽和程度，增加其安定性，並調整熔點、黏度等性質，可加工製成人造奶油、酥油等的原料油，亦可供作一般食用或麵包和糕點的用油。

3. 魚醬油和蝦醬油

魚醬油是一種發酵調味料，傳統之魚醬油爲使用經濟價值低的全魚或水產加工副產品，經添加大量食鹽，利用自家消化酵素（主要爲蛋白酶）及製程中的好鹽菌、酵母菌所分泌的酵素共同作用，分解魚肉，並經熟成一段時間而成。本製品若主原料為蝦，則稱為蝦醬油。

魚醬油比大豆醬油色澤清淡，產品大都呈液狀，少數呈糊狀。主成分為胺基酸，因味道鮮美，在大陸沿海、日本和東南亞地區很受到歡迎。然而，傳統方法製造之魚醬油，其組織胺（histamine）、屍胺（cadaverine）及酪胺（tyramine）含量皆偏高，如菲律賓之魚醬油（稱為patis）的三甲胺和氨的含量均很高。魚醬油在臺灣稱為魚露，曾有商品上市，但不久即消失，可能因為本產品有較濃之魚腥味，因此不能被消費者廣泛接受的緣故。

傳統魚醬油之製造係在原料中加入20～40%食鹽進行鹽漬，以高濃度食鹽抑制腐敗菌的生長，利用原料中的耐鹽性酵素及耐鹽菌的酵素（即魚體中的組織蛋白酶、消化器官蛋白酶和微生物蛋白酶），在室溫下經長時間的發酵，水解蛋白質成短鏈胜肽或胺基酸，再經壓榨、過濾所得的液體。

傳統方法採自然發酵，有品質難控制均一和魚腥味的缺點，在製程上可添加酸、酵素、菌種等方法加以改善，或於成品中混入醬油或添加物，抑制魚腥味。

蝦醬油乃利用蝦頭釀造蝦醬油，蝦頭處理後，加入磷酸食鹽緩衝溶液中均質後殺菌，得蝦頭泥。菌種（*Bacillus* sp. L12）活化後，加入蝦頭泥重量的10%的菌液於蝦頭泥中，37℃，早晚各以手振盪一次，發酵5天後，離心取上清液（蝦醬油原液），加入10% NaCl及0.06%安息香酸鈉，煮沸過濾，裝瓶，殺菌。

4. 胜肽

以蛋白質為原料，利用酸水解或酵素進行蛋白質降解，可製得胺基酸和短鏈胜肽。短鏈胜肽乃指聚合度50以下的胜肽鏈，目前研究發現其具備的生理活性如：抗高血壓（血管升壓素轉換酶抑制胜肽）、抗氧化、抗菌、結合礦物質、防癌、抗肥胖、降膽固醇、免疫調節、調節神經系統。短鏈胜肽的生理活性和製備原料整理如表12.4，其中許多的水產原料已發現其所製備的胜肽具有生理活性，可見利用水產加工廢棄物，如魚皮、加工殘餘肉和血合肉、內臟、骨、鱗等，製備胜肽，並開發保健食品和生醫產品，深具潛力。

表12.4 胜肽的生物活性與來源

生物活性	來源
抗高血壓 血管升壓素轉換酶抑制胜肽	魚肉（鰹、鮭、鮪、沙丁魚、海鱺、烏賊、蜆、牡蠣、文蛤、栄蛤）、魚皮（鱈、海鱺、吳郭魚）、甲魚、海參內臟、牛奶、卵白蛋白、豬肉、雞肉、玉米蛋白質、大豆蛋白、豌豆、雞豆、馬鈴薯、羽扇豆、亞麻籽
抗氧化	阿拉斯加鱈魚皮、魚肉水溶性蛋白（虱目魚、吳郭魚、鯖、秋刀魚、鮪、草蝦、小鎖管）、烏魚子蛋白質、吳郭魚皮蛋白質、駝鳥骨、大豆蛋白、馬鈴薯、亞麻籽
抗菌	魚（鯰魚、泥鰍、鮭、比目魚）、牛奶（乳鐵蛋白、β-乳球蛋白）、蛋（卵白蛋白、卵白素、溶菌酶等）、thionin peptides（小麥、大麥、燕麥、裸麥）
礦物質結合	魚鱗膠原蛋白（吳郭魚、鱸魚、虱目魚、烏魚）、海鱺魚骨蛋白質、乳鐵蛋白
防癌	牛奶（α-乳球蛋白）、大豆、蛋白（卵黏蛋白、卵白素、溶菌酶、血清胱蛋白等）
抗肥胖	大豆蛋白、乳清蛋白、豌豆蛋白
降膽固醇	大豆蛋白、羽扇豆蛋白
免疫調節	米蛋白、牛奶免疫球蛋白、蛋黃免疫球蛋白
調節神經系統	小麥（麵筋、醇溶蛋白）、牛奶（β-casomorphins）

酸水解法進行胜肽生產時，由於會產生深色物質，使製品難以接受，故必須進行脫色，另外，酸水解法製得之產品，風味不佳。再者，使用鹽酸行水解，若有脂肪存在會產生單氯丙二醇（3-monochloro-1,2-propandiol, 3-MCPD），單氯丙二醇對動物會造成腎臟及呼吸系統毒性傷害，甚至有皮膚泛紅、不孕及致突變性（微生物）等不良影響。故酸水解法現在不太使用，而幾乎使用酵素水解法。

酵素法可分爲三類：(1) 外加酵素水解法。是應用最多的方法。又有二種加工流程，一爲添加單一酵素進行水解，另一爲添加二種或以上的酵素，同時或按一定次序添加進行水解（圖12.15(a)）；(2) 從發酵食品中分離。直接從發酵的豆奶、牛奶等原料中純化分離胜肽，其流程如圖12.15(b)；(3) 自家酵素水解法。利用動物原料本身的酵素，於適當的溫度、pH等條件下進行水解（圖12.15(c)），魚體內臟的蛋白酶主要為胃蛋白酶、胰蛋白酶、胰凝乳蛋白酶、彈性蛋白酶（elastase）等。

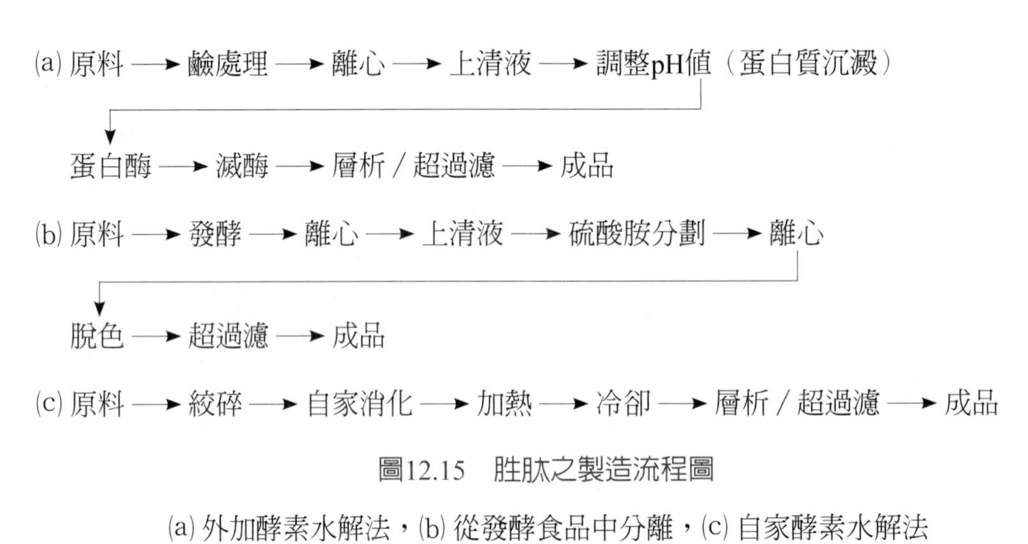

圖12.15　胜肽之製造流程圖

(a) 外加酵素水解法，(b) 從發酵食品中分離，(c) 自家酵素水解法

5. 幾丁質類產品

全世界甲殼類廢棄物年產量約6～8百萬公噸。在美國，有殼水生動物的加工廢棄物占固形廢棄物的50～90%；因此為了提高甲殼類廢棄物的利用，若能將其中的蛋白質、幾丁質、礦物質、色素等成分回收加以應用，則可促進產業的創新與轉型，在這些成分中，占固形物約30%的幾丁質成分的回收純化與應用，已經引起全球各領域專家的重視。

幾丁質（chitin）為自然界中含量最豐富的含氮多醣類，乃N–乙醯葡萄胺糖以β–1,4鍵鍵結而成的天然聚合物。在海洋的生物，每年估計可合成10億噸的幾丁質。目前全球幾丁質的主要原料為：蝦殼、蟹殼及魷魚軟骨與眞菌的發酵廢棄物，全球每年約可生產10萬公噸的幾丁質。在臺灣，蝦類和魷魚為十分重要的水產原料，所以，幾丁質加工深具發展潛力。

利用蝦、蟹類加工廢棄物製備α–幾丁質（α-chitin）的流程如圖12.16。鹼處理目的在去除廢棄物中殘留的蛋白質。第一次鹼處理用0.5N NaOH作用約8小時，水洗至中性後，浸泡於2N HCl，以除去碳酸鈣。水洗至中性後，進行第二次鹼處理（2N NaOH）。水洗至中性後，以95%酒精或乙醚抽取殼中色素及脂質，或利用高錳酸鉀及草酸以氧化還原反應破壞色素，之後水洗至中性，乾燥即可得到幾丁質。去除蛋白質除了使用鹼液處理外，尚有使用蛋白酶；而碳酸鈣的去除，也可使用乙二胺四乙酸（ethylenediamine tetra-acetic acid, EDTA）。

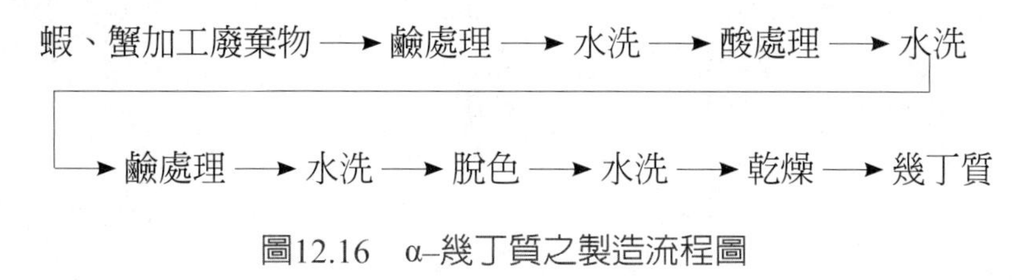

圖12.16 α–幾丁質之製造流程圖

另外，可以利用魷魚軟骨製備β–幾丁質（β-chitin），其流程如圖12.17。魷魚軟骨粉末加入1N HCl，室溫下浸泡過夜，清洗至中性。再以二次鹼處理去除蛋白質，先加入2N NaOH，於室溫下浸泡過夜，清洗，再加入2N NaOH，於100℃下作用4小時，水洗至中性，60℃下乾燥後，可製得白色幾丁質。

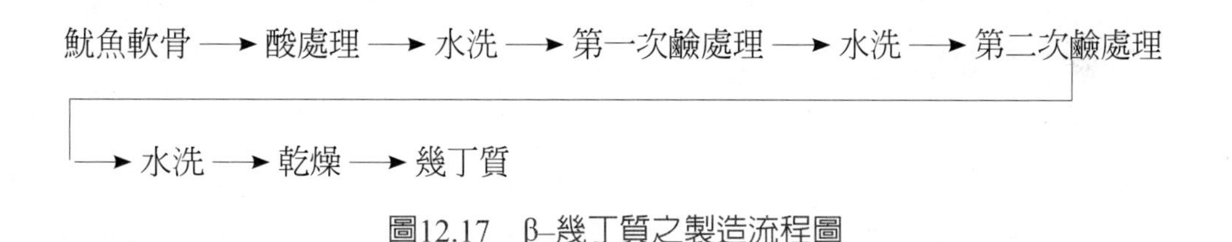

圖12.17 β–幾丁質之製造流程圖

幾丁質經熱鹼作用可製得幾丁聚醣（chitosan）。幾丁聚醣含較多的胺基故溶解性較好。其無毒性，且可以被生物體分解，與生物體細胞有良好的生物相容性（biocompatibility），故比幾丁質有較廣的應用。幾丁質與幾丁聚醣的用途如表12.5。

表12.5 幾丁質類物質的應用

食品方面	醫學方面	薄膜技術	農業方面
保健食品（調降血壓、降膽固醇、增強免疫力等）	手術縫合線	透析膜	提升植物的免疫力
果汁澄清劑	藥物控制釋放	逆滲透膜	種子保存
去酸劑	抗凝血劑	主動運輸膜	作物生長調節
抗菌劑、防黴劑	人造皮膚	滲透氧化膜	生物性農藥
凝膠劑、增稠劑	洗腎機之逆滲透膜	超過濾膜	除草劑、殺蟲劑
乳化劑、安定劑	生物反應器	抗菌膜	家畜家禽生長促進
起泡劑	增強免疫力		肥料、飼料
防凍劑	促進傷口癒合	廢水處理	
膳食纖維	組織修復（骨骼、神經、血管）	吸附重金屬	其他
腸衣	止血劑	澄清食品加工之廢水	微膠囊壁膜物質
吸附色素、酵素或其他機能性成分	隱形眼鏡	處理汙泥	奈米粒
蔬果、水產品保鮮劑	抗癌藥物		人造纖維
	生產抗體	生化方面	造紙
	處理牙周病	固定化酵素	化妝保養品
		固定化細胞	液晶

參考文獻

吳清雄。1992。水產加工技術。華香原出版社，臺北市。

陳榮輝、王文亮、李榮輝、孫朝棟、陳茂松。1992。水產食品製造（海事專校）。華香原出版社，臺北市。

漁業署。2018-2021。漁業統計年報（民國107-110年）。行政院農業委員會漁業署，高雄市。

臺灣區遠洋魷漁船魚類輸出業同業公會。2012。魷漁業介紹。http://www.squid.org.tw。

Campo, V.L., Kawano, D.F., da Silva, D.B., Carvalho, I. 2009. Carrageenans: Biological properties, chemical modifications and structural analysis-A review. Carbohydr. Polym. 77:167-180.

Chirapart, A., Katou, Y., Ukeda, H., Sawamura, M., Kusunose, H. 1995. Physical and chemical properties of agar from a new member of *Gracilaria, G. lemaneiformis* (Gracilariales, Rhodophyta) in Japan. Fish. Sci. 61:450-454.

Otwell, W.S., Hamann, D.D. 1979. Textural characterization of squid (*Loligo pealei* L.): Instrumental and panel evaluations. J. Food Sci. 44:1636-1643.

Pawar, S.N., Edgar, K.J. 2012. Alginate derivatization: A review of chemistry, properties and applications. Biomaterials 33:3279-3305.

Yang, C.Y., Hsu, C.H., Tsai, M.L. 2011. Effect of crosslinked condition on characteristics of chitosan/tripolyphosphate/genipin beads and their application in the selective adsorption of phytic acid from soybean whey. Carbohydr. Polym. 86:659-665.

第十三章

油脂加工

第一節　脂質化學結構

脂質的定義爲：不溶於水及鹽類溶液，而可溶於乙醚、氯仿或其他有機溶劑之化合物及其衍生物，構造上以酯鍵結合或以醯胺鍵結合，而含有脂肪酸，且與蛋白質、碳水化合物同爲生物體細胞構造的主要成分者。一般所稱脂質（lipid），包括脂肪（fats）、油類（oils）、蠟類（waxs）及一些複合脂類。脂質的基本化學結構只含碳、氫及氧，脂肪酸（fatty acid）爲構成的最主要部分，自然界存在最普遍的油脂結構爲三個脂肪酸與一個甘油結合形成之三甘油酯（triglycerides）（圖13.1）。

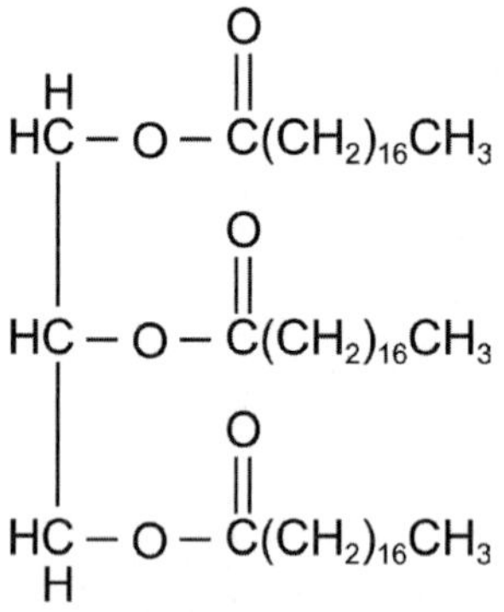

```
      O
 H    ||
HC – O – C(CH2)16CH3
 |
 |    O
 |    ||
HC – O – C(CH2)16CH3
 |
 |    O
 |    ||
HC – O – C(CH2)16CH3
 H
```

tristearin

圖13.1　三甘油酯之一：三硬脂酸甘油酯（tristearin）之結構

一、脂肪酸

脂肪酸一般依鏈長及飽和度而區別，在食物中的脂肪酸的碳數由4至24個碳不等，含0～6個雙鍵。又可依下列方式加以分類。

1. 以碳鏈長短分類

脂肪酸可依其含碳數多寡分爲三類：六個碳以下爲短鏈脂肪酸；六至十二個碳爲中鏈脂肪酸；十二個碳以上爲長鏈脂肪酸。中鏈與短鏈脂肪酸多爲飽和脂肪酸，屬揮發性脂肪酸，在乳酪、椰子油中含量較多。乳酪特殊的香味與羊奶特殊的羶味即由這類脂肪酸所提供。這類脂肪酸具有增進免疫力等特殊的生理功能性。長鏈脂肪酸則可為飽和，亦可為不飽和脂肪酸。在室溫下，C4～C8的飽和脂肪酸為液態，C10以上呈固態；對水的溶解度C4為可溶，C6～C10略溶，C10以上則不溶。不飽和脂肪酸一般在室溫下皆為液態。

2. 以不飽和雙鍵之有無分類

脂肪酸可根據其是否含不飽和雙鍵分為飽和與不飽和兩種（圖13.2）。飽和脂肪酸分子對稱性高，易壓縮呈固態，穩定性較高，不容易氧化。不飽和脂肪酸因具有雙鍵，穩定性差，容易氧化。雙鍵因可扭曲轉折，此種形狀多變之特性反而使其不易壓縮，故一般室溫下為液態。天然的油脂不可能只含飽和脂肪酸，也不可能只含不飽和脂肪酸，多半是混合的，只是飽和與不飽和脂肪酸之比例不同。一般動物脂含飽和脂肪酸較多，植物油則含不飽和脂肪酸較多。

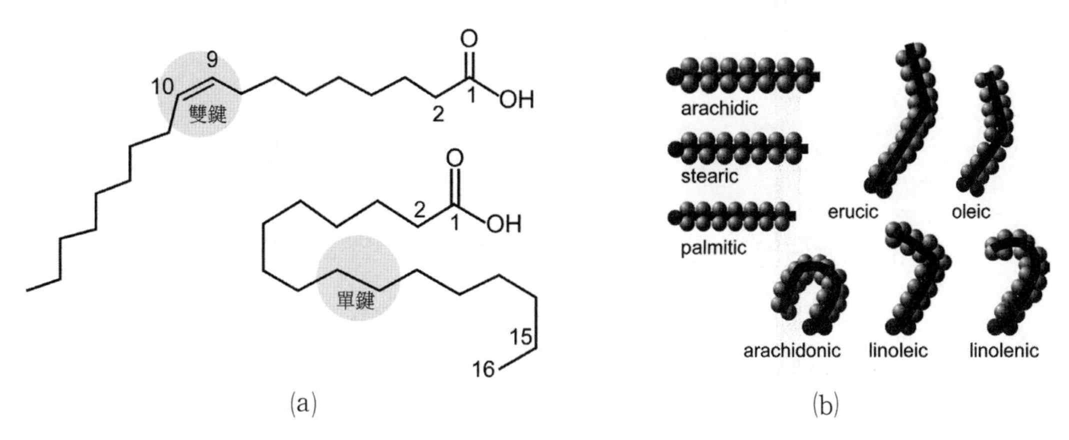

圖13.2 (a) 飽和脂肪酸與不飽和脂肪酸之分子形態及 (b) 分子空間形態

3. 以雙鍵在空間中之位置分類

不飽和脂肪酸亦可根據其雙鍵在空間中顯示之位置，分為順式與反式。雙鍵的碳原子上所連結的氫原子，在雙鍵同一側為順式（cis），在不同側為反式（trans）（圖13.3）。在自然界中，不飽和脂肪酸多以順式存在，反式較少，因此在消化吸收與生理代謝上反式脂肪酸有其特殊的問題存在。一般只有兩種情況會產生反式脂肪酸：一是在化學作用下，如將液體油加工變成固體脂時，會進行氫化，此時製造出的脂肪酸若還有雙鍵（即部分氫化油），就有可能由順式變成反式。另一個來源是微生物，在牛羊的反芻胃中的微生物，會分解牧草成分後發酵合成脂肪酸，其中即含有反式脂肪酸，所以牛羊肉與脂肪部分、牛羊奶與乳酪中就會含有少量天然的反式脂肪酸。但天然的反式脂肪由於以共軛雙鍵形式存在，目前發現反而有一些提升生理功能之功效。

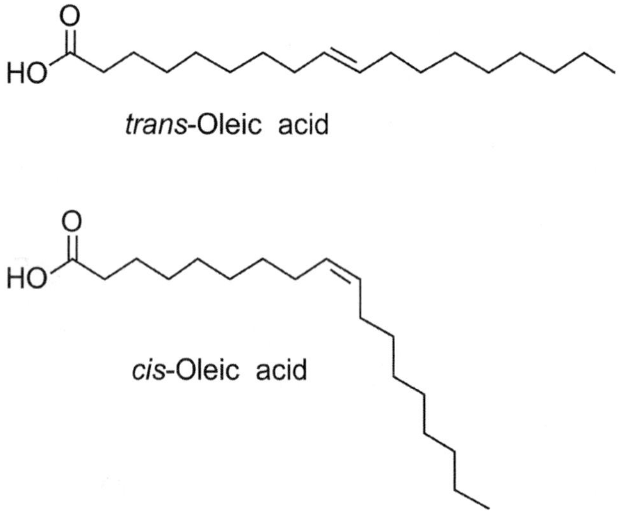

O
HO
trans-Oleic acid

O
HO
cis-Oleic acid

圖13.3　順式（cis）脂肪酸與反式（trans）脂肪酸

4. 以最後一個雙鍵位置分類

脂肪酸可以最後一個雙鍵位置分類，分為ω-3、ω-6、ω-9等脂肪酸。

ω-3脂肪酸即最後一個雙鍵的位置係由碳鏈最後一個碳往前數3個碳〔如次亞麻油酸（C18:3）有18個碳3個雙鍵，其最後一個雙鍵位在第15-16個碳上〕。常見之ω-3脂肪酸如次亞麻油酸、二十碳五烯酸（EPA）、二十二碳六烯酸（DHA），其中次亞麻油酸為必需脂肪酸。常見之ω-6脂肪酸如亞麻油酸（C18:2）、花生四烯酸（C20:4），其中亞麻油酸為必需脂肪酸。常見之ω-9脂肪酸如油酸（C18:1）。

二、甘油酯

甘油酯（glycerides）為由甘油及脂肪酸形成的酯類。甘油（glycerol）每一分子含有三個羥基，故為一三價醇，係一種透明、無色、無臭的黏稠液體。當甘油上的一個羥基與脂肪酸形成酯鍵時，稱為單甘油酯，接兩個脂肪酸，稱為雙甘油酯，三個羥基都被取代稱為三甘油酯。一般天然油脂中三甘油酯的量要比單甘油酯及雙甘油酯的量要高出很多。因為其分子沒有游離之酸或鹼基，故又稱為中性脂肪（neutral lipid）。

植物油在甘油中央羥基的位置常會接上不飽和脂肪酸，而動物脂則常接上飽和脂肪酸，但動物脂的本身差異便很大，尤其體內蓄積的脂肪常會隨飲食中的脂肪不同而改變。至於魚油則較常接上長鏈的多不飽和脂肪酸。

三、油脂分類方式

1. 按原料來源分類

油脂可依其來源分為，動物性脂肪、植物性脂肪與加工油脂三種。⑴ 動物性脂肪。如豬油，雞油、乳酪，魚油等。⑵ 植物性脂肪。如油茶油、大豆油、玉米油，葵花油，芥花油，花生油，橄欖油，椰子油，棕櫚油、麻油、米糠油等。⑶ 加工油脂。如乳瑪琳，是以大豆油為原料經過氫化而製出；清香油的原料為豬油，經去除部分成分而製得；市售巧克力，有許多是以植物性油脂經過區分後，製成融點接近天然可可脂的產品。

2. 按飽和程度分類

含飽和脂肪酸較多的油脂稱為「飽和油脂」，含不飽和脂肪酸較多的油脂則稱為「不飽和油脂」。一般動物性油脂多屬飽和油脂，植物性油則多屬不飽和油脂。飽和油脂在常溫下是固體，如豬油是白色固體，乳酪是黃色固體。不飽和油脂在常溫下為液體，如油茶油、大豆油、芝麻油、花生油等。但是有例外的情形，如魚油雖然取自動物，卻是不飽和油脂，常溫為液態；椰子油和棕櫚油雖然來自植物，卻是飽和油脂，常溫下呈固態。

3. 依常溫下形態分類

油脂可依常溫下形態分爲油（oil）—— 呈液體者與脂（fat）—— 呈固體者。常見的動物脂在常溫下多是固態，故爲脂；植物油在常溫下多是液體形態，故爲油。當然也有例外，如動物性的魚油爲液體，植物性的可可脂爲固體等。

第二節　油脂物理特性

一、物理結構

脂質的物理結構對於酥油、人造乳油，以及用於塗布在糖果、花生外層的油脂是非常重要的。脂質的脂肪酸能排列成結晶構造，而懸浮在液體油中。通常，結晶的比例愈高，則室溫下所形成的固體愈多。因爲結晶本身的形態便不只一種，此即所謂同質多晶性（polymorphism）。

常見的結晶形態有α、β及β′型三種（圖13.4）。β型呈規則的排列，其結晶體有較高的融點，同時結晶大而穩定，當脂肪的結晶中含的β型結晶多時，則易呈顆粒狀。相反地，α型結晶排列混亂，融點較低，結晶較小。若脂肪中含的α型結晶多時，則其外表及口感較平順，但是α型結晶較不穩定。而β′型結晶則介於α及β型之間，其結晶較β型小，分子則較α型穩定。

當將固體油脂熔融後急速固化時，此時所生的晶體融點最低，顆粒最小，屬於α型結晶。由於α型結晶很不穩定，會迅速地轉成β′型結晶，再形成最安定、顆粒最大的β型結晶。若在不適當情形下繼續放置時，β型結晶尚可繼續凝集成長至更大的晶塊。當固體脂中的脂肪酸碳鏈愈短或含液體油愈多時，則結晶轉變的速度亦愈快。一般易形成β型結晶的油脂包括大豆油、花生油、玉米油、橄欖油、椰子油、葵花油，以及可可脂和豬油。而易維持β′型結晶的油脂則包括棉籽油、棕櫚油、菜籽油、乳脂及牛脂，以及加工過地豬油。對酥油、人造奶油及烘焙食品，β′型結晶非常重要，因為其有助於抓住大量的空氣，而形成許多的小氣泡，可提高產品的乳化能力，並使產品更具塑性。

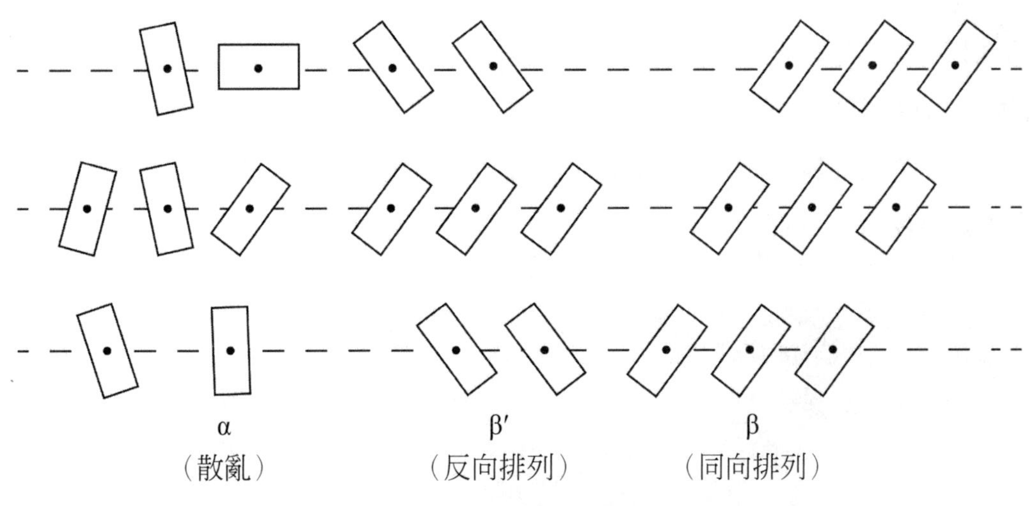

圖13.4　固體脂之不同晶形

二、物理性質

1. 融點（melting point）

不論是天然的油脂或加工者，由於成分複雜，故融點並不明顯，而為一段溫度範圍。油脂的融點依所含結晶比例的不同而有所改變，而這又依許多內在因素而定，包括組成脂肪酸的鏈長及飽和度，不飽和脂肪酸雙鍵的構造，以及組成分子之種類。不同來源的脂肪亦影響其融點。

飽合度亦影響融點，同樣碳數、飽和度愈高（雙鍵愈少），則融點愈高。此乃因為雙鍵會引起脂肪鏈的彎曲，使得不飽和脂肪鏈的體積比飽和碳鏈為大，且鏈與鏈間的相互作用亦更困難。另外，當碳鏈上的雙鍵愈多時，則鏈長愈短，愈不易結晶。以18個碳的脂肪酸為例，其融點在硬脂酸（18：0）為72℃，而擁有三個雙鍵的次亞麻油酸（18：3）則只有－11℃。大多數在室溫下呈現液體狀的油脂，多是由於含不飽和脂肪酸過多之故。但椰子油例外，其飽和度非常地高，但卻仍呈液體狀，此乃由於其脂肪酸的碳鏈都較短之故。即使高度不飽和油脂間，其不飽和程度亦有差別，如：橄欖油含單不飽和脂肪酸多，而黃豆油及玉米油，則含多不飽和脂肪酸較多。

脂肪處理的過程中亦會影響其融點，這些因素包括冷卻的速度及冷卻時是否有攪拌和攪拌次數，而其主要係影響結晶型態。脂肪有三種結晶型態——α、β及β'型，所以即使一個純度非常高的三甘油酯，且只含一種脂肪酸，由於其晶型構造不同，亦可能展現出不同的融點。例如三硬脂酸甘油酯，其α-、β'-、β-三種晶型的融點便分別爲54.7、64.0及73.3℃。長見油脂之熔點見表13.1。

表13.1 油脂的熔點

種類	熔點（℃）	種類	熔點（℃）	種類	熔點（℃）
乳酪	28～35	棕櫚油	27～43	橄欖油	−6
豬脂	36～45	可可脂	28～36	花生油	3
牛脂	43～48	玉米油	−20	麻油	−6
椰子油	23～26	棉籽油	−1	黃豆油	−16

2. 折光率（refractive index）

不同油脂折光率不同，脂肪酸的鏈長及不飽和度增加時，折光率會增加；而溫度增加，折光率會降低。甘油酯比個別脂肪酸之折光率顯著偏高。因溫度會影響折光率，故一般測定折光率多固定在20或25℃。但固體油脂及部分氫化油脂，因在25℃時仍呈半固體狀，則在40℃下測定。在油脂加工業，當油脂進行氫化時，可用折光率測定以代替碘價的測定，如此可迅速了解氫化程度。

3. 發煙點（smoke point）、閃點（flash point）和燃燒點（fire point）

發煙點係指油脂加熱至剛起薄煙（帶藍色的煙，即油脂的分解產物）時的溫度。閃點指油脂在一定條件下加熱，點火時能發火，但不能繼續燃燒之溫度。燃燒點則指油脂在一定條件下加熱，點火時至少可燃燒五秒的溫度。表13.2列出大豆油的發煙點、閃點及燃燒點。

表13.2　大豆油的發煙點、閃點及燃燒點（℃）

種類	游離脂肪酸含量（%）	發煙點	閃點	燃燒點
壓榨法大豆原油	0.51	185	296	349
脫酸及脫色大豆油	0.01	234	328	363

當油脂中游離脂肪酸多或脂肪酸碳鏈短時，此三溫度均降低，但雙鍵的存在與否則無關係。新鮮的油脂，由於游離脂肪酸少，故三點的溫度愈高。發煙點是選擇油炸油的一個重要指標，一般油炸食物的溫度約在190℃，因此油炸油的發煙點最好在200℃以上。不同油脂的發煙點如表13.3。

表13.3　不同油脂的發煙點

種類	發煙點（℃）	種類	發煙點（℃）
牛脂	145	葡萄籽油	216
花生油	160	大豆油	232
椰子油	177	葵花油	232
芝麻油	177	精製花生油	232
豬脂、豬油	182	玉米油	232
酥油	182	精製椰子油	232
橄欖油（extra virgin）	191	油菜籽油（芥花油）	240
棕櫚油	206	油茶油（苦茶油）	252
乳酪、奶油	207	米糠油	254
棉籽油	216	紅花籽油	266

第三節　油脂的化學反應

一、發生於酯鍵的反應

1. 水解作用（hydrolysis）

甘油酯在水解時，甘油與脂肪酸間的酯鍵會斷裂。當三甘油酯完全水解時，則形成一分子的甘油及三分子的脂肪酸。水解時必須有水的存在作爲反應物，欲打斷一個酯鍵便必須要一分子的水。

脂肪酶（lipase）係一種存在整穀類、堅果類、乳脂及其他含脂肪食物中的酵素，若這類食物在儲存前未經過加熱處理，則可能會催化脂肪的水解。所產生的游離脂肪酸會累積而酸敗、變味，此影響對含高濃度短鏈脂肪酸的食物，如奶油尤其顯著，因爲這些短鏈脂肪酸在室溫下便可揮發。水解引起之酸敗稱爲水解型酸敗（hydrolytic rancidity）。

2. 交酯化作用（interesterification）

交酯化作用或稱醇解作用（alcoholysis），係指油脂、甘油經加熱後，脂肪酸分子重組，形成新化合物的作用（圖13.5），此時，脂肪酸會由甘油轉移到另一個醇類上。工業上，爲產生交酯化作用，常加入甘油作爲反應物，並在氮氣下加適當之催化劑及熱能。其產物爲單甘油酯及雙甘油酯的混合物。單甘油酯可以蒸餾方式將其分離出來以作爲乳化劑。但一般通常加入上述混合物便可。

油脂		甘油		雙甘油酯		單甘油酯
C—R_1		C—OH		C—R_1		C—R_3
|		|	交脂化作用	|		|
C—R_2	+	C—OH	⟶	C—R_2	+	C—OH
|		|		|		|
C—R_3		C—OH		C—OH		C—OH

圖13.5　交酯化作用

交酯化作用的另一用途爲使用於分析步驟，當使用氣液相色層分析儀分析脂肪酸組成時，必須將其轉變成較易揮發的形態以利分析，因此會將脂肪酸由甘油轉變到甲醇上，以形成較易揮發的甲基酯。

3. 重排作用（rearrangement）

當在鹼性環境下，又未加甘油時，此時會產生特殊的交酯化作用，即脂肪酸重新分布在甘油上產生重排作用。重排作用可產生多種的分子，使脂肪的物理性質改變，例如加大融點範圍，並增加固體脂的可塑性。因此在工業上應用此反應非常普遍。

二、發生於雙鍵的反應

1. 氧化作用（oxidation）

脂質的氧化作用是食品變質的主要原因之一。油脂一旦與氧分子作用產生氧化作用，便會引起一連串的反應，此即自氧化作用（autoxidation）。自氧化作用在剛開始時係作用於鄰近雙鍵的碳上，移去一個氫原子而形成自由基（free radical）（圖13.6）。在最初要移去氫時需要能量，所以受溫度的影響。光線與金屬亦會催化氧化反應的進行。

```
 H  H  H  H              H  H  H  H              H  H  H  H       R•       H  H  H  H
 |  |  |  |   光，熱，金屬   |  |  |  |     O2       |  |  |  |       ↑        |  |  |  |
—C—C=C—C—  ————————→  —C—C=C—C—  ————→  —C—C=C—C—  ———┼———→  —C—C=C—C—
 |        |               •        |           |        |       RH       |        |
 H        H                        H           O        H                O        H
                                               O                         O
                                               •                         H
  脂肪酸                    自由基                 過氧化物                  氫過氧化物
```

圖13.6　油脂之自氧化作用與自由基及氫過氧化物產生過程

氧化作用第二步驟爲氧分子接在自由基上，形成具活性的過氧化物（activated peroxide）。此過氧化物活性極大，由另外一個碳鏈上的雙鍵旁之碳上奪取氫時，只需要少許的能量，而形成氫過氧化物（hydroperoxide）。氫過氧化物的存在有兩種意義：(1) 其爲油脂自氧化作用的自我催化作用的主要原因，因其形成時，便有另一新的自由基形成；(2) 氫過氧化物本身極不穩定，會進一步氧化，而產生斷裂、重組等作用，而新的產物又會再斷裂或聚合。最後形成短鏈的醛、酮、酸類或醇，而產生不良風味。

如水解一樣，此不良的風味即一般所謂的酸敗或油耗味（rancidity），在某些食物中，油耗味的強度與正己醛（n-hexanal）的含量成正比。但由油耗味的存在，我們無法斷定其究竟是由水解作用或自氧化作用，或兩種作用一起產生的。

2. 氫化作用（hydrogenation）

氫化作用是將不飽和脂肪酸之雙鍵加上氫原子，使其由多不飽和脂肪酸變成單不飽和脂肪酸，甚至飽和脂肪酸（圖13.7）。隨著氫化程度的增加，油脂的融點可隨之提高。至於反應發生之位置，多不飽和脂肪酸要較快，同時，遠離羧基或甘油酯之酯鍵的雙鍵會最先反應。例如，在棉籽油中，主要的脂肪酸爲亞麻油酸，氫化作用的結果，首先會形成油酸，若再進一步反應，則將形成硬脂酸。工業上常利用部分氫化（partial hydrogenation）方式，以控制油脂的飽和程度與融點等性質。但此過程有產生反式脂肪之可能性。

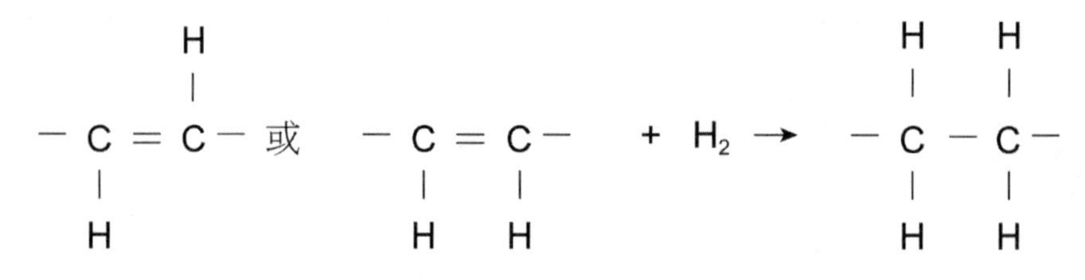

圖13.7　油脂的氫化作用

3. 異構化作用（isomerization）

異構化作用，不論是產生構形異構物或位置異構物，皆爲氫化作用的副反應。天然存在之油脂多爲順式，故異構化作用係由順式轉成反式，而產品的融點亦會隨之提高。至於位置異構化則係雙鍵位置的改變。此兩種異構化常合併發生。

4. 鹵化作用（halogenation）

將氯、溴、碘，加在不飽和脂肪酸的雙鍵上時，可產生鹵化作用（圖13.8）。利用此性質，可評估脂肪的不飽和度。所謂碘價（iodine value）爲測量不飽和脂肪酸之雙鍵可吸收之碘量，用以表示雙鍵之多寡，而以每100克脂肪所需碘之克數表示。常見油脂的碘價如表13.4。工業上常以碘價當作油乾性之指標。非乾性油如橄欖油、苦茶油，其油酸含量較多，碘價爲75～100。半乾性油如麻油、大豆油，以油酸與亞麻油酸含量較多，碘價100～150。乾性油如亞麻仁油、桐油等，含不飽和脂肪酸多，碘價150～190。

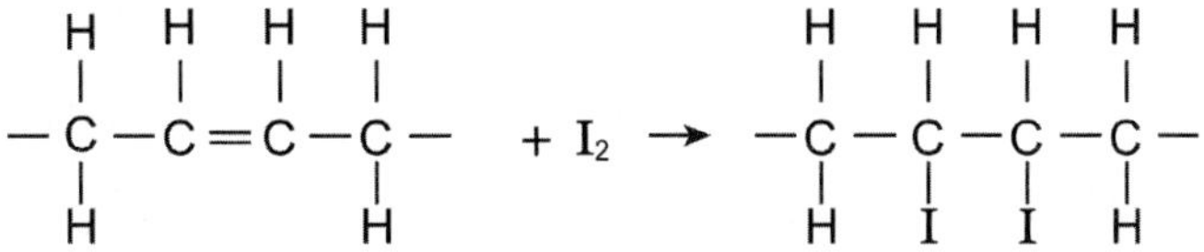

$$-CH_2-CH=CH-CH_2- \;+\; I_2 \rightarrow -CH_2-CHI-CHI-CH_2-$$

圖13.8　油脂的鹵化作用

表13.4　油脂的碘價

油脂	碘價	油脂	碘價	油脂	碘價
動物性油脂					
豬油	46～70	雞油	66～71	牛脂	35～55
奶油	22～45	羊脂	45	沙丁魚油	170～193
植物性油脂					
乾性油		半乾性油		不乾性油	
亞麻仁油	170～202	菜籽油	100	椰子油	6～10
		玉米油	103～130	棕櫚油	50
		棉籽油	104～114	橄欖油	85
		芝麻油	105	油茶油	85
		米糠油	105	花生油	84～100
		大豆油	120～141		
		葵花油	130		
		紅花籽油	144		

三、加工生成物

縮水甘油脂肪酸酯（glycidyl fatty acid esters）與3-單氯丙二醇酯（3-monochloropropane-1,2-diol esters，3-MCPDEs）主要來源是油脂精煉過程中高溫脫臭步驟（圖13.9）。若脫臭溫度超過200℃，天然存在於毛油內的雙甘油酯可與油中的化學物質產生作用，導致生成縮水甘油脂肪酸酯與3-單氯丙二醇酯。尤其棕櫚油因含有較多的雙甘油酯，故精煉過的棕櫚油含量特別高。縮水甘油脂肪酸酯產生後，可與氯作用，產生3-單氯丙二醇酯。一般未精煉的毛油是不會存在這些物質的。

除了油脂精煉外，烘焙或煙燻等過程及水解醬油製程，皆可能產生3-單氯丙二醇。

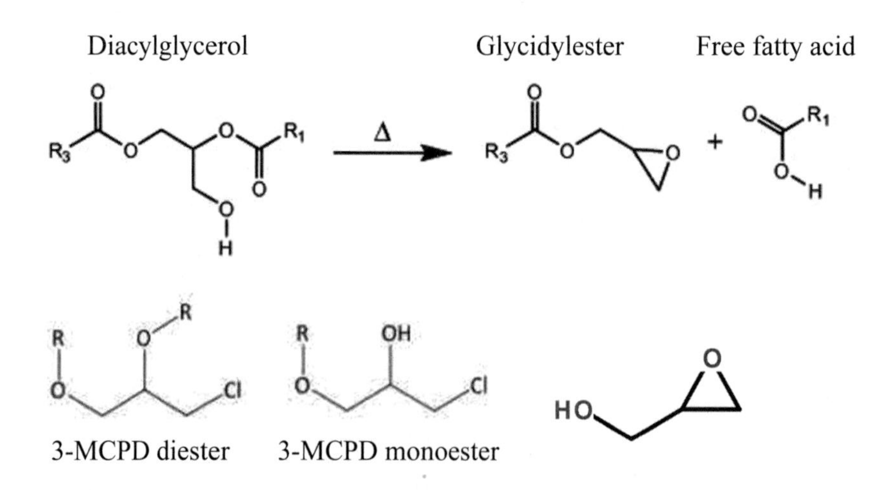

圖13.9　縮水甘油脂肪酸酯生成途徑（上）、3-單氯丙二醇酯結構（下）與縮水甘油（下右）

縮水甘油脂肪酸酯經消化分解後，產生對人體健康危害之縮水甘油／環氧丙醇（glycidol）。縮水甘油屬於2A級致癌物，即對人類爲很可能致癌物，對動物則爲確定之致癌物。3-單氯丙二醇則爲2B致癌物，即對人體致癌的可能性較低，在動物實驗中發現的致癌性證據尚不充分，對人體的致癌性的證據有限。

第四節　油脂來源簡介

食物中油脂並非單獨存在的，故必須由各類食物中分離及純化而來，一般依來源分類，可分為：1. 動物性油脂；2. 植物性油脂；3. 加工油脂。其中動物性油脂通常未精製，故具有特殊風味。而加工油脂多半以植物性油脂為原料。

一、動物性油脂

1. 豬油（lard）

豬油係由豬的脂肪組織以煎熬法取得，其中板油（leaf lard）係取自豬腎臟及腸周圍的脂肪，為品質最好者。豬油以白色、軟質為佳。由於飽和度高，故在常溫下常呈現顆粒性的口感。若將豬油精製，使其飽和脂肪酸減少，並與植物油調合，即為液態的清香油。

2. 牛脂（beef tallow）

牛脂係指由牛脂肪組織分離的脂肪，常作為肥皂及蠟燭的原料。最好的牛脂是由腎臟及腸周圍抽出之脂肪。牛脂的融點比豬油高，約40～50℃，放入口中不易融解，故不適於冷食之加工品及烘焙食品。

3. 乳酪（butter）

乳酪俗稱奶油，係牛乳離心後得到之油脂，通常要經巴氏殺菌以抑制脂肪酶並殺死存在其中的微生物。常用作餐桌上塗抹麵包及烘焙食品之用。由於乳酪中含有16～20% 的水分，因此，一般要經過攪拌、均質的過程，使其由水中油型的乳化狀態變成油中水型的乳化態。

4. 魚油

魚油雖然未被用作食用油，但因其含豐富的EPA及DHA，具有降血脂作用，而受到重視。市售魚油提煉及濃縮產品，常作為健康食品與食品原料。

二、植物性油脂

植物油（vegetable oils）其主要來源爲油籽，包括大豆、花生等種子以及其他部位如玉米胚芽、橄欖與椰子果肉、米糠等。一般多經清洗、調濕（tempering）、去皮（dehulled），而後壓碎，再以溶劑將油脂萃取出來，或以壓榨法取得。有些再經精製，如大豆油，有些不經精製，如麻油，因其存在特殊的風味。同時，任何形態的植物油都不含膽固醇。植物性油脂可以形態分爲固態與液態，液態又包括未精製與精製兩類。

1. 固態植物油

這類油在室溫下呈現固體，爲在植物油中較特殊者，包括可可脂、椰子油（coconut oil）、棕櫚油（palm oil）與棕櫚籽油（palm kernel oil）。

⑴椰子油

椰子油是一種淡黃色或無色非乾性油，碘價爲9，因月桂酸（C12：0）含量相當高（約44%），在室溫下呈固體，融點範圍非常小（24.4～25.6℃），爲其特點。雖然以往認爲固態植物油飽和脂肪酸多，對身體健康影響較大，但椰子油由於其中鏈脂肪酸（MCF）含量高，使其有特殊之生理功能性，因此近年來受到相當之重視與討論。

⑵棕櫚油

棕櫚油爲全世界使用最多的幾種食用油之一，其係由棕櫚果實的果肉所萃取之油脂，因富含胡蘿蔔素，故天然棕櫚油之顏色爲紅色的。其軟脂酸約48%，故室溫下成固體，融點爲24℃～33℃。碘價爲51。因飽和度高且價格便宜，爲工廠常使用之油炸油。棕櫚油可經區分製程產生棕櫚液油與棕櫚硬脂，棕櫚液油由於飽和度較其他植物油爲高，因此氧化安定性較佳，適合作高溫油炸用油。市售寶素齋爲棕櫚油與植物油調合而成者。

⑶棕櫚仁油

棕櫚仁油則是由棕櫚果實中的果仁所萃取出的油脂。其性質與棕櫚油截然不同，組成分中飽和油脂約80%，其中以月桂酸約51%最多，碘價爲16，性質反較接近椰子油。天然棕櫚仁油之顏色爲白色的，可作爲可可脂的替代油脂。

2. 常以未精製油形態食用者

此類油脂一般是焙炒、壓榨後，經過濾、沉澱以去除雜質後，即在未精製情況下食用。由於其未經過精製，一些植物化學物質仍可能存在油中，因此往往生理功能性較佳。此類油脂往往具有特殊之風味，且室溫下儲存時較穩定，故多以未精製形態食用。一般毛油中除三甘油酯之混合物外，尚可能包括下列雜質：⑴機械雜質。如泥沙、物料粉末、纖維、草屑、金屬。⑵水溶性雜質。水分、蛋白質、糖類、樹脂、黏液。⑶脂溶性雜質。游離脂肪酸、固醇類、脂溶性維生素、脂溶性色素、烴類、蠟及磷脂質、多環芳香烴、呈味物質。

⑴ 油茶油（Camellia oil或tea seed oil）

油茶油又稱苦茶油、椿油，係以山茶花種子爲原料壓榨所得之油脂。其原料又有大果種與小果種兩種，前者爲人工栽培之重要經濟作物，果實較大；後者爲分布於臺灣全島闊葉林中之野生種油茶，果實較小。油茶油飽和脂肪酸約10%，而不飽和脂肪酸約90%。在不飽和脂肪酸中，絕大部分爲油酸（82%），少部分爲多元不飽和脂肪酸（7%）。因油酸含量較橄欖油高，故有「東方橄欖油」之稱。油茶原料中，小果種因原料取得較不易，故所榨油較貴，但兩種油脂脂肪酸組成是相近的。油茶油爲一種不乾性油，其碘價在85左右，發煙點約在250℃。一般油茶籽會經焙炒以使蛋白質變性後再行榨油，焙炒溫度愈高，榨出的油顏色較深且偏黃色，香氣較濃；而未經久炒的種子榨出顏色較綠的油，較無香氣且菁味較重。除食用外，油茶油亦可用於化妝品中。

⑵ 花生油（peanut oil）

花生油含有80～85%不飽和脂肪酸，其中油酸占61%，同時含2%之花生四烯酸爲其特點；碘價約100，是一種不乾性油。花生油香味有部分來自於焙炒時梅納反應產物。市售有壓榨花生油與精製花生油兩類，亦有添加其他油脂的調合花生油。花生油在低溫冷藏時易生結晶且結晶分離困難，故不易製成冬化油。此外，花生油若含有較多的游離脂肪酸，因未經精製處理，在高溫使用時會產生起泡現象。

⑶ 芝麻油（sesame oil）

芝麻油因具有特殊香氣，故俗稱香油，係將芝麻經焙炒、壓榨、靜置、過濾後之產物。油酸及亞麻油酸爲主要的成分，其含量比率相似，共占85%左右，而次亞麻油酸含量在1%以下。芝麻油大致可分白麻油與黑麻油。黑麻油係以黑芝麻爲原料，而白麻油係以白芝麻爲原料。但市面上所謂香油大多是調和油，是以麻油加沙拉油混合調製而成；有些白麻油則是以黑麻油加沙拉油調配混合。市售之小磨香油，或稱小磨麻油，係以水代法加工製取，氣味較濃郁。芝麻油含有胡麻酚（sesamol）與芝麻素（sesamin），爲強抗氧化劑，故較不易酸敗。芝麻油碘價約114，屬半乾性油。

⑷ 橄欖油（olive oil）

橄欖油含有約85%不飽和脂肪酸，其中油酸就占75%爲其特點。橄欖油的特點爲不需焙炒，直接壓榨即可獲得所謂冷壓橄欖油。中國國家標準將其分爲冷壓橄欖油、精製橄欖油與混合橄欖油。國際上分類則分：extra virgin、virgin、pure、extra light、pomace幾個等級。頂級初榨橄欖油（extra virgin）是首批冷榨的橄欖油，具特殊香味。初榨橄欖油（virgin）一樣是由冷榨方式獲得，但其原料品質較差或從第二批冷榨的橄欖中提煉者。純橄欖油（pure olive oil）或橄欖油（olive oil）爲普通橄欖油的別稱，可以不同比例初榨橄欖油與精製橄欖油（利用化學方法從第二批冷榨後的橄欖中提取者）混合者。清淡橄欖油（extra light）是由橄欖油和少量的頂級初榨橄欖油混合製成。所謂清淡（light）是指味道與顏色清淡，並非指低熱量。橄欖渣油（olive-pomace oil），是由前述榨油剩下之渣再以溶劑萃取出之精製油，有時會添加一些初榨橄欖油，零售市場較不易見到，往往爲餐廳所使用。一般橄欖油發煙點約190℃。除食用外，橄欖油亦可用於化妝品中。此油最大的特點是碘價雖低（80～85），但在低溫時（0℃）仍能維持液體狀。橄欖油加工流程如圖13.10。

⑸ 亞麻仁油（flax seed oil）

亞麻仁油含有91%不飽和脂肪酸，其中73%爲不飽和脂肪酸（包括16%亞麻油酸與57%次亞麻油酸），故其ω-3/ω-6爲10/3，居常食用油脂之冠。但未成熟之

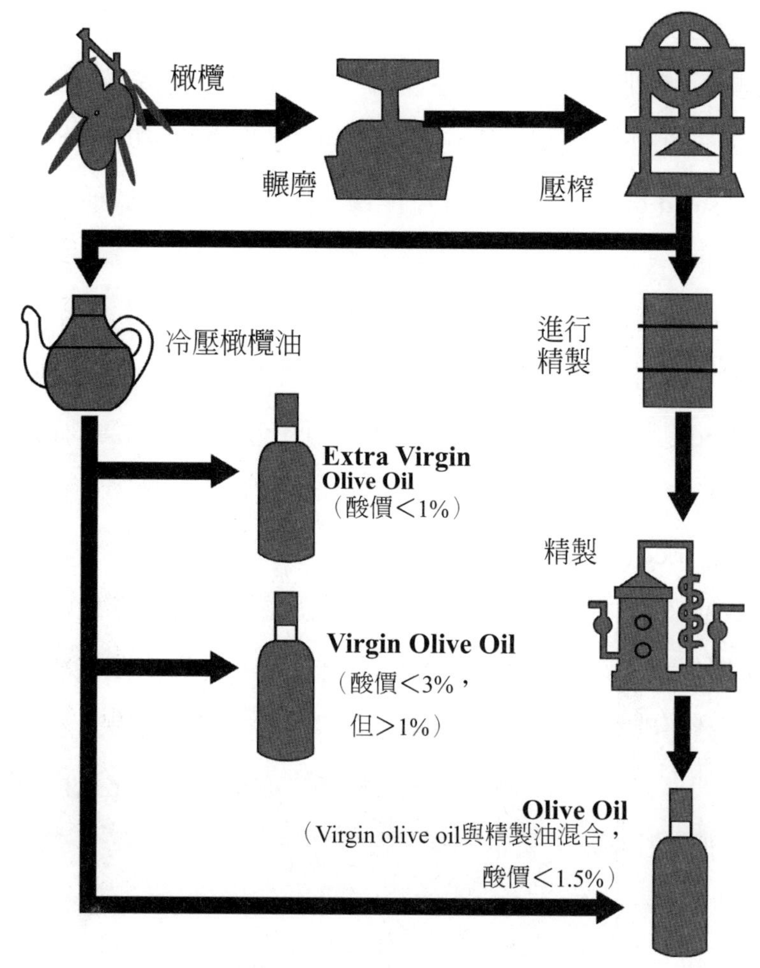

圖13.10　橄欖油加工流程

亞麻籽含有氰化合物（cyanogenic glycoside），分解會產生氰化氫，但其在成熟過程中會慢慢分解使毒性減弱。

⑹ 印加果油（sacha inchi）與紫蘇油

印加果（sacha inchi / *Plukenetia volubilis*），是大戟科多年生攀緣產油植物，果實呈星形，種子呈暗色橢圓形，原產於秘魯、厄瓜多爾等南美洲地區的雨林中。印加果油含91%的不飽和脂肪酸，其中次亞麻油酸50%及亞麻油酸35%。

紫蘇油（Perilla seed oil）由紫蘇籽壓榨而得。特色是約含有54～64%的次亞麻油酸及約13～20%的亞麻油酸。因爲發煙點極低（107℃），因此不適合烹煮。

3. 以精製油形態食用者

此類油脂不飽和脂肪酸含量往往較高，若未精製，則室溫下儲藏易氧化或含有特殊物質需去除否則無法食用，故需精製。精製後油脂即多半形成沙拉油形式。沙拉油（salad oil）原係泛指凡可作爲沙拉醬的油脂之總稱，但在臺灣往往僅指精製大豆油。

(1) 大豆油（soybean oil）

爲全世界使用最多的食用油之一。具54%亞麻油酸、8%次亞麻油酸、24%油酸，故不飽和度非常高，但儲藏期間也易引起返味。其碘價約134，爲半乾性油，融點爲－16～－10℃。粗大豆油因顏色深，故多半經精製後食用。

(2) 米糠油（rice bran oil）

米糠油或稱米油、玄米油，是由碾米廢棄之米糠經溶劑萃取後再精製而得，含有豐富的維他命E及米糠固醇，故安定性佳。其不飽和脂肪酸約占80%左右。由於日本與臺灣都發生過多氯聯苯汙染米糠油事件，導致許多人對此油有不佳之印象。米糠油因含有5～6%高融點的蠟及硬脂，必須經過冬化過程濾除，否則成品油在冬天或低溫貯存時，易產生混濁狀。

(3) 玉米油（corn oil）

玉米中85%的油脂集中在胚芽，因此玉米油亦稱爲玉米胚芽油。在製造玉米澱粉或玉米粒時，會將玉米胚芽分離出，可以經壓榨或溶劑萃取法獲得。玉米油含有大量的不飽和脂肪酸，其中亞麻油酸約54%，但次亞麻油酸含量極低，同時含有高量的生育酚，故氧化安定性佳。

(4) 棉籽油（cotton seed oil）

這是最重要的半乾性油，得自棉花種子核仁，在工業上用途極廣。但在棉籽蛋白質中含有有毒的棉籽酚（gossypol），因此油脂必須經過精製後方能食用。

(5) 紅花籽油（safflower seed oil）

紅花是很重要的染料植物，其種子可提供一種碘價爲144之半乾性食用油。傳統紅花籽油亞麻油酸含量非常高，約75%，故易氧化。經過品種改良，目前已有高油酸紅花籽油問世。

⑹ 葵花油（sunflower seed oil）

由向日葵種子所取得之油脂，爲一種碘價爲130之半乾性油，可分高油酸及高亞麻油酸兩類。高油酸的葵花油因含較低的多不飽和脂肪酸，安定性較佳。高亞麻油酸之葵花油其亞麻油酸之含量甚至較大豆油、棉籽油及玉米油爲高。

⑺ 油菜籽油（rapeseed oil）

油菜籽油又稱菜籽油、芥花油、芥菜籽油，原料爲油菜籽（芥菜籽），不飽和脂肪酸含量可高達約90%，但其中芥子酸（eurcic acid，C22：1）占31～55%，其餘包括油酸14～19%、亞麻油酸12～24%、次亞麻油酸1～10%。因含高量芥子酸，故具有苦辣味。目前有種新產品：canola油（一樣翻譯爲菜籽油），乃將芥子酸含量減少（＜2%）即爲canola油。

⑻ 葡萄籽油（grape seed oil）

與其他油脂不同，葡萄籽油分別有以未精製與精製形式販售。葡萄籽中油脂約占10～20%，且因爲葡萄籽不僅細小還具有堅硬的外殼，故葡萄籽油多半以溶劑萃取，但也有壓榨者。其亞麻油酸占69～78%，發煙點達216℃。在葡萄中富含有原花青素（proanthocyanin），但此物質不溶於油脂中，故葡萄籽油中原花青素含量極低。

三、加工油脂

加工油脂係由天然油脂，經過純化、氫化等步驟，而製成與原油性質不盡相同的油脂，如酥油、人造奶油等。

1. 人造奶油（margarines）

人造奶油如乳瑪琳，是一種具可塑性或流質的乳化型食品，主要原料爲食用油脂，經調和、急冷捏和而製成油中水型乳化的油脂。

人造奶油最初的發明乃爲了取代天然的乳酪（奶油）。一方面降低成本，一方面避免膽固醇，同時其硬度與使用方便性較乳酪爲佳。許多植物油都可用以製造人造奶油，其中以大豆油最常被使用，玉米油、棕櫚油、花生油等亦常當作原料。這些植物油需先經過氫化，以得到適當的硬度。

人造奶油其他的配料包括牛乳、食鹽、乳化劑、著色劑、防腐劑等。牛乳的添加係為增加風味，因此有時直接添加發酵乳，因其中含有乳酸發酵的雙乙醯成分，但目前多以直接添加此物質取代。食鹽除可增加味道外，亦有防腐作用。

除了脂肪外，人造奶油的營養成分與天然奶油是非常相近的，最主要的不同處在於人造奶油不含膽固醇。然而，由於人造奶油需要經過部分氫化步驟，故可能有反式脂肪之存在。

人造奶油可製成各種型態，常見者如硬質型、軟質型、流質型、低熱量型等。前三者乃控制油脂的氫化程度，並適度的調和硬脂及液體油而成，軟質型與流質型多裝在軟管中，可直接擠出食用。低熱量型之脂肪含量為標準型之半，約40% 左右。

2. 酥油（shortening）

酥油又稱烤酥油，其字意為「使食品變脆」的意思，係指精製動植物油脂、硬化油及其混合物，經急冷、捏和，或不經急冷、捏和，製得之固狀或流動狀物質。酥油與人造奶油一樣，皆為油脂經過氫化或混合數種油脂而成，但二者之最大不同為酥油不含水分，為100%的油脂成分，同時不添加著色劑及風味劑。因此，酥油的味道較淡，且可在室溫下長期儲存而不會酸敗。

第五節　油脂的加工

一、油脂的抽取

1. 原油的抽取

常用由動物與植物體中抽取油脂的方式有三種：提煉法（rendering）、壓榨法（pressing）與溶劑抽取法（solvent extraction）。另有一些較不常用或特殊油種使用之方式。由原料中抽取出的油脂，由於內含有許多雜質，且未經過精煉，故稱為毛油或粗油（crude oil）。以與經過精煉的精製油（refined oil）加以區別。

⑴ 提煉法（rendering）

提煉法多用於提取動物性油脂如豬脂、牛脂等。一般係利用加熱方法將油脂由組織細胞中移出，由於熱能破壞細胞，使油脂易分離，且使蛋白質變性，而讓與蛋白質結合的油脂可被釋出。提煉法又分為乾提法（dry rendering），濕提法（wet rendering）及以鹼液或酵素水解結締組織以促進肪脂分離之消化法。

乾提法係直接將原料在鍋中加熱，在原料中水分蒸發的同時溶出、分離油分的方法，為最傳統獲取動物油脂的方式。濕提法為將原料煮熟，經壓榨以獲得油水混合液，再將油脂分離出，其抽取的效果較差。以鹼液或酵素水解之消化法則係將細碎原料加入鹼液或蛋白質分解酵素以使組織溶解，油分上浮而得到油脂。

⑵ 壓榨法（pressing）

① 壓榨溫度

壓榨法多用於植物性油脂，為最傳統榨油之方式。壓榨法又可按榨油時溫度的高低而分為「熱榨」與「冷榨」。某些油籽中油脂深藏於種子內，與種子內蛋白質結合，必須加熱使蛋白質變性方能壓榨出油。這類油籽便無法以冷榨方式取得油脂，如大豆、花生等。又如棉籽中含有棉籽酚，為一種植物性毒素，對人體有害，因此在製造棉籽油時，必須經過加熱的手續，以破壞棉籽酚，方能食用。

油籽加熱的過程中，不僅可使蛋白質變性，且破壞細胞組織、使油脂可聚集成較大之油滴。加熱同時降低油脂與磷脂質的結合及其溶解度，故榨油率較高。加熱亦會產生某些程度的褐變，所以榨出的油顏色較深，且有特殊的焦香味。熱榨後剩下之餅粕，因蛋白質變性程度較劇烈，僅能供作飼料使用，無法當作抽取蛋白質之原料。

冷榨法係指溫度保持80℃以下的榨油方式，其出油率較低，但由於加熱程度較低，一些生理機能性成分不易破壞，故較容易保存在油脂中，因此一般認為生理價值較高。冷榨的油脂，由於其加熱程度低，褐變情況較淺，因此會保有油脂原有的顏色。而所剩餘的餅粕，由於蛋白質變性程度較小，且色澤較淺，因此可作爲抽取食用蛋白質的原料。目前有些大豆油工廠即利用冷榨法榨油，所得之餅粕再賣給大豆蛋白生產工廠進行大豆蛋白之萃取。

橄欖油可以直接壓榨無需加熱方式獲得油脂。一般橄欖油係經壓碎後，將碎漿壓榨過濾，以得到含油脂的漿液，此漿液略加水（28～35℃）後，予以離心去除水分，所以橄欖油的製作可謂眞正的「冷榨」。尤其對第一道初榨（特級初榨橄欖油），規定其必須以低於30℃之溫度冷榨或冷壓。

② 壓榨方式

榨油機分垂直式榨油機（expeller）與水平螺旋式榨油機（screw presser）。前者屬於批式加工，後者則可用於連續加工。

垂直式榨油機由於無法與加熱設備結合，因此，必須先將原料炒焙後，放入模具中，再放入機器中榨油。所以所需人工成本要較高，但可用於小量原料之加工。而水平螺旋式榨油機即簡易型的擠壓機，由於可加裝加熱設備，因此加熱與壓榨可使用同一台機器即可，故人工成本較低。但由於必須要有相當之原料才可加工，因此，無法用於小量原料之加工。

⑶ 溶劑抽取法（solvent extraction）

溶劑抽取法爲工業上使用最多之方式，多用於植物性油脂。溶劑多使用正己烷（n-hexane）。一般加工方式係先將原料經前處理，如去皮、磨碎成小顆粒或薄片以增加表面積等，而後加入等比例之溶劑。然後經過濾去除油粕後，所得液體將溶劑加以回收後即可得到粗油。使用溶劑抽取法的好處爲油粕中殘油量可低於1%，故油脂回收率極高。同時，榨油後之油粕蛋白質含量較高，且油脂較少，適於作爲動物飼料的原料。使用溶劑抽取法的工廠通常規模較大，且環境較爲衛生、乾淨，因此，生產的油脂衛生品質較高。又由於較容易使用自動化控制生產方式，因此生產成本可大幅降低。但需加強注意溶劑爆炸問題，因此需特別考量各項電氣設備均爲防爆型，廠內嚴禁煙火，以策安全。

溶劑提油設備有浸漬式與滲透式兩種，以滲透式爲優，其理由包括：① 所需溶劑較少，若以逆流式萃取，其效率更高。② 萃取液濃度高（約30%），而蒸汽消耗少。③ 脫脂粕品質均勻，而不易破碎。④ 萃取兼過濾雙重效果，不需龐大過濾設備而可得澄清的萃取液，節省過濾人工與溶劑損耗。⑤ 作業簡單而故障少。目前，各大規模油廠多採用迴轉式滲透型提油機（rotary percolation type，如Rotocel extractor）。同時，亦多採用逆流接觸式脫溶劑烘焙系統（DTDC system, desolventizing, toasting, drying & cooling）以有效回收粕料的殘留溶劑，並達到節省能源的脫溶劑與烘焙效果。

壓榨法與溶劑抽取法之優缺點比較如下：① 壓榨法由於是靠物理壓力將油脂直接從油料中分離出來，全程不涉及任何化學添加劑，因此產品安全、衛生、無汙染，天然成分易保留。② 溶劑抽取法出油率高，生產成本低，價格低於壓榨法。但高溫加工過程會去除植物油天然風味，故產品外觀與風味相近，不同油脂間不易區別。且脂溶性維生素亦會受到破壞，也常易讓消費者有溶劑殘留之疑慮。

⑷ 其他抽取方法

① 超臨界萃取法

傳統油脂多以壓榨或溶劑萃取，會有低得油率或有機溶劑殘留的缺點。若以超臨界流體萃取，除可提高油脂的獲取率外，更因易於直接與二氧化碳分離，而省卻眞空蒸餾提純分離的麻煩。其缺點爲操作成本過高。

② 水溶劑法

水溶劑法是根據水與油脂理化性質之差異，以熱水作爲溶劑，將油脂由原料中萃取出的方法。其特點是以水爲溶劑，食品安全性佳、無溶劑萃取易燃之慮。又可分爲水代法與水劑法兩種方式。

水代法爲利用油籽原料中非油成分與油的親和性不同，以及油水之間的密度差，將油脂與親水性的蛋白質、碳水化合物等分開，主要用於小磨麻油之生產。

水劑法則利用油籽蛋白溶於稀鹼或稀鹽溶液的特性，藉助水的作用，將油、蛋白質與碳水化合物分開，主要用於花生油的萃取。

近年來，由水溶劑法又衍生出水酶法。其是利用水爲溶劑，在機械破壞油籽的同時，在水中添加纖維素酶、半纖維素酶、果膠酶或蛋白酶等酵素，將植物細胞結構破壞，使油脂釋出。再離心將油分離出。此法油品質雖高，但因添加酵素，故成本較高。

③ 離心分離法

主要用於橄欖油。橄欖原料粉碎後，將果肉攪成糊狀，放入高速離心機中，分離出油水混合之液體，再以另一個離心機將油與水分離。

④ 鋼板分離法

用於橄欖油。使用鋼板，應用油與水在鋼板上表面張力差之方式，加以分離油脂。其做法為先將橄欖果實絞碎成糊狀，將鋼板插入，當抽出鋼板時，鋼板表面會附著油脂，再收集這些油脂。此法獲得之油脂品質高，但回收率差。

2. 原油的處理

植物性油脂由上述加工過程所得之產品稱為原油、毛油或粗製油，有些必須進一步加工精製，有些則經處理後直接食用。毛油中通常含有一些油料餅末、草屑、泥沙等固體雜質，常以靜置沉澱與過濾方式將這些雜質去除。另可以離心方式去除雜質，其分離效果較佳，但設備成本較貴。

一般以未精製油（毛油）形態食用者，包括花生油、橄欖油、芝麻油、油茶油。而以精製油形態食用者，包括大豆油、米糠油、玉米油、棉籽油、紅花籽油、葵花油、油菜籽油。葡萄籽油分別有以未精製與精製形式販售者。

毛油由於未經過精製的過程，因此原溶於油中的一些生理機能性物質與抗氧化物質等，皆保存在毛油中。同時，毛油中尚含有少量水分、固醇類以及色素。由於含有色素，因此，毛油的顏色通常較深（油脂顏色之深淺亦與加熱時溫度之高低有關，加熱愈久或溫度愈高，則油脂顏色愈深）。不同來源的毛油其生理成分不一，如芝麻油中含有芝麻素（sesamin）；橄欖油中含有角鯊烯（squalene）、水合酪胺酸（hydroxytyrosol）、橄欖多酚（oleuropein）；油茶油含皂素（saponin）等。所以新鮮油籽所榨出之毛油理論上可保存較久，且生理功能性較佳。但如果油籽原料不新鮮，使榨出的油中含有許多游離脂肪酸，則這些游離脂肪酸因為較容易氧化，反而使其較不易保存。

至於精製油，由於在精製過程中許多生理功能性物質與抗氧化物質都被去除，工業上反而必須添加人工抗氧化劑以避免精製油在儲存過程中氧化。

二、油脂的純化與精製

由油源中抽取出的粗油，含有水分、雜質、色素、游離脂肪酸、磷脂質等，對油脂的顏色、味道、穩定性會造成影響，必須加以去除，方能獲得顏色好、無不良味道及雜質的高品質食用油。一般純化與精製步驟包括：1. 沉澱，脫膠；2. 加鹼精製；3. 脫色；4. 脫臭；5. 脫蠟；6. 冬化。在精製過程中，會有卵磷脂被分離出，傳統上其爲加工廢棄物，但現在已被當作機能性食品的原料（圖13.11）。

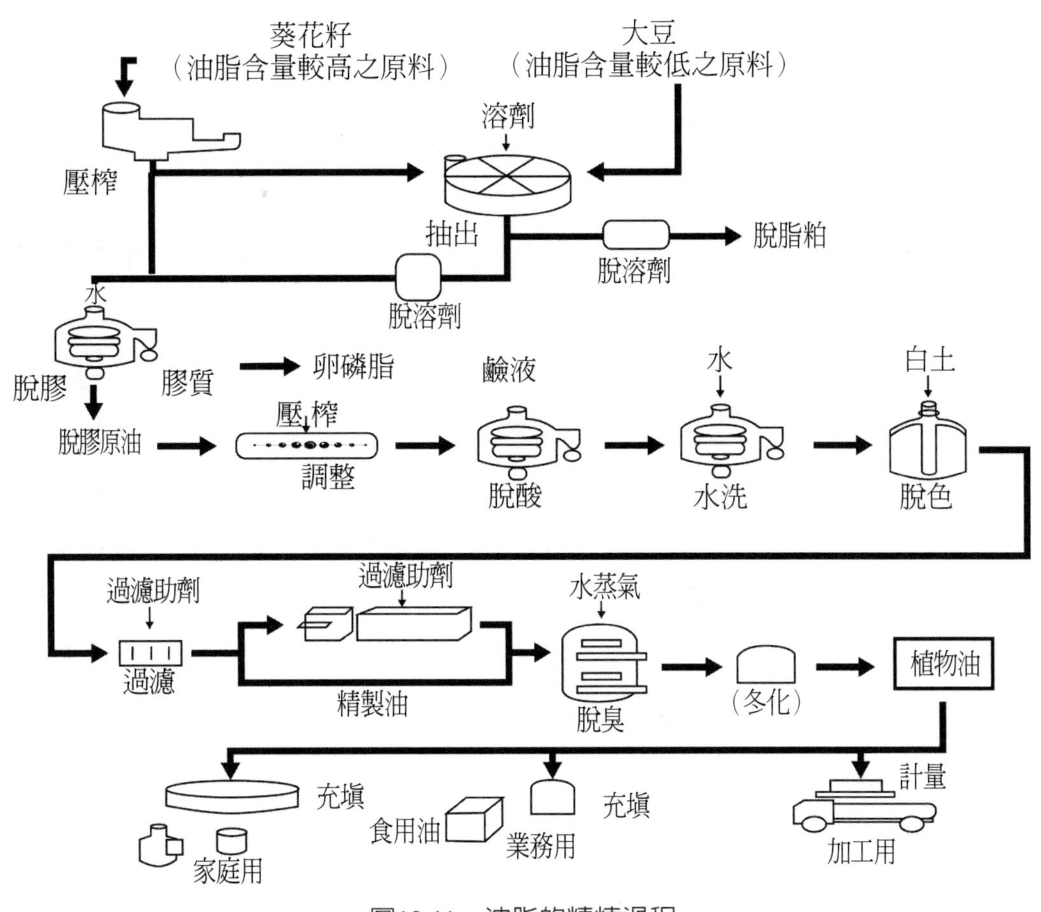

圖13.11 油脂的精煉過程

1. 沉澱（setting）、脫膠（degumming）

毛油為一種膠體狀態之液體，主要係磷脂質、蛋白質等物質與油脂結合所造成。這些雜質不僅影響油脂的穩定性，且會影響油脂後續精製時之困難度。因此，油脂精製的第一步會先進行脫膠的步驟。

沉澱、脫膠的目的，在去除懸浮物及膠質，包括蛋白質、碳水化合物、磷脂質及水。其方法為將毛油與2%的水或水蒸汽混合，於30～60℃下混合30分鐘，再藉著離心或靜置沉澱分離方式，將油中雜質除去。水是磷脂質水化的必要物質，加水量會受到膠質含量與操作溫度影響。在大豆油的加工中，亦可由此步驟回收大豆卵磷脂，可作為保健食品的原料。

另外，也可採用酵素、矽膠（silica），超音波、超臨界流體、薄膜脫膠（membrane degumming）等方式脫膠，可符合物理精煉的需求（油脂的殘留磷量5ppm以下）並提升油脂品質。

2. 加鹼精製（脫酸）（refining）

未精製的毛油多半含有游離脂肪酸，其存在會影響油脂的儲存性，並導致油脂酸價提高。因此，精製過程第二步為去除游離脂肪酸。而脫酸也是精製過程中最關鍵的階段。

傳統脫酸的方法為在油中加入適量的氫氧化鈉或其他鹼性物質，並略加熱，以中和游離脂肪酸，然後水洗、離心將被中和掉的脂肪酸去除。精製之離心步驟尚能移去磷脂質及一些固形物。粗油經中和脫酸後，會產生皂化作用（saponification），經離心分離所得濃厚黏稠皂質（一般稱為皂腳），即為工業上製造肥皂的原料。棉籽油中之游離棉籽酚也可與鹼反應，變成酚鹽而被皂腳吸附去除。

脫酸也會造成一部分中性油的損失。此為精煉中，油脂耗損量最大的步驟。為減少廢液與環境之汙染，並減少耗損，目前亦有以物理精製方式脫酸。

3. 脫色（bleaching）

脫色又名漂白。油籽在儲存過程中氧化所產生的一些有色的分解產物，以及毛油中所含胡蘿蔔素及葉綠素等天然色素，會使毛油呈黃赤色而不好看，利用活性炭或酸性之活性白土（acid actived earth）如矽藻土或磁土可吸附色素。脫色後的油脂，呈清澈的液體油脂。

但由於精製過程中，脫膠、脫酸、脫臭過程都可部分去除色素，使油脂色澤降低之功效，因此除對沙拉油、化妝品用油、淺色油漆、人造奶油等油脂，因顏色要淺故需進行脫色外，其餘油脂加工有時會簡省脫色的步驟。

脫色時由於吸附劑中會殘留約10～50%油脂，因此應予以回收。回收方式包括蒸汽壓榨、溶劑萃取與水相分離等。回收之油脂應及時處理，避免油脂品質劣變，且僅能作爲工業與飼料的原料。而回收之吸附劑則可活化後再利用。

4. 脫臭（deodorization）

純淨的三甘油酯是無氣味的。但由不同加工方式所獲得的毛油，具有不同程度的風味。這些風味可能爲人們所喜歡的，如麻油、花生油的香味，也可能爲人們所不喜歡的，如菜籽油與米糠油的風味。工業上將這些風味統稱爲臭味。係油脂中天然存在的醛、酮等物質，如大豆油之豆臭味、菜籽油中之硫化物，以及脫酸、脫色後混入之白土味、溶劑味、肥皂味、氫化臭等，其量雖然少，但因閾値低，故必須去除以避免影響油脂的風味。

常用脫臭法一般係在眞空中加熱（250℃），並通入蒸氣，使易揮發的臭味物質隨水蒸汽一起逸失。另有採用薄膜脫臭系統（thin film deodorization system）或氣體吹入法脫臭。脫臭不僅可去除油中的臭味，且可提高油脂的發煙點、降低色澤、改善油品的風味，故對於油脂的穩定度與品質皆可有所改善。

5. 脫蠟

蠟質是一種單元脂肪酸與單元醇結合的高分子酯類，具有熔點高、油中溶解性差、人體不能吸收等特點。其存在會影響油脂的透明度與氣味。油籽的蠟質主要存在於其皮殼中，通常在40℃以上溫度加熱時，會溶解於油脂中，因此，不論壓榨法或溶劑抽取法都會將蠟質帶到毛油中。大多數毛油之含蠟量極微，如玉米胚芽油爲0.01～0.04%，葵花油0.06～0.2%，故無需經過脫蠟的步驟。但對於含蠟量較高之毛油，如米糠油可達1～5%，則需經過脫蠟的步驟。脫蠟方式通常係在25℃下靜置兩天，使蠟質結晶析出後離心去除。

6. 冬化（winterizing）

油脂爲一混合物，其甘油上所連接脂肪酸的鏈長及飽和度各不相同，有些融點低，有些融點高，因此有些液體油中，會有固體脂分散其中。精製油若含飽和或高融點的三甘油酯，則在低溫貯藏下會混濁固化，將影響外觀、降低品質。此時會進行冬化將液體油與固體脂分離。

冬化的做法爲將油置於5℃下至有結晶產生，而後過濾。含高量硬脂酸的三甘油酯如棉子油乃冬化最主要進行之對象。如玉米油、橄欖油、大豆油等油品，固體脂的含量低，便可不需冬化。經冬化後分離出的固體脂，可作油炸油或酥油的原料。而液體油部分，可當烹調用油或作爲沙拉油。

7. 物理精製法（physical refining）

物理精煉方式即使用蒸餾脫酸。其乃根據游離脂肪酸與一般油脂蒸發度有差異的特點，在高眞空（眞空度600 Pa以下）與較高溫（240～260℃）以下進行水蒸汽蒸餾。此法可達到去除油中游離脂肪酸與其他揮發性物質的目的。高眞空度的目的一方面可減少蒸汽用量，更重要是防止油脂高溫氧化與水解。其做法主要是在蒸餾塔中，利用通過塔盤管上的小孔向油中噴入蒸汽，在脫臭的同時，也提出油中含有的游離脂肪酸。

物理精煉法適合低膠質、高酸價油脂的脫酸，如米糠油、棕櫚油、棕櫚仁油、椰子油等。臺灣大量食用的大豆油也常使用物理精煉法脫酸。

物理精煉需先進行去除雜質、脫膠、脫色等前處理。因脫酸需在高溫下作用較長時間，故需先脫除油中磷脂質、蛋白質、糖類、微量金屬與色素，以提高油脂在處理過程中的穩定性，避免蒸餾塔結垢與油脂顏色加深。

傳統油脂精製過程通常採用鹼脫酸，此法不但煉耗較高，同時也會產生大量汙水，需額外進行汙水處理，以達到排放標準。物理精煉非常符合綠色產品加工，由於不再使用化學方法處理毛油，整個精煉過程中不再產生汙水，不必再耗費大量財力、物力來解決環保問題。同時不用鹼液中和，故中性油脂損失少，具有煉耗低、無汙染的特點。而冷凝出的脂肪酸可另外利用，省去再處理皀腳之問題。且蒸餾過程具有脫臭功效，亦可省去脫臭裝置，節省設備成本。

三、油脂的改性

食品加工上常會需要特殊固體脂比例的油脂以供特殊用途使用，而天然油脂因成分固定，無法達到此目的。此時，就會對油脂進行改性（oil modification）。改性包括氫化、交酯化與區分（fraction）。

1. 利用氫化改性

(1) 氫化目的、條件與優缺點

氫化作用可使液態油變為可塑性脂，為製作酥油與人造奶油的主要步驟。此作用產物非常複雜，如大豆油中含油酸、亞麻油酸、次亞麻油酸等不飽和脂肪酸，經部分氫化後產生30幾種脂肪酸，而它們又有順式與反式不同的異構體。所以大豆油經部分氫化後，可能存在4000多種不同的三甘油酯，此也說明油脂氫化之複雜性。

傳統氫化過程為利用鎳（Ni）當催化劑，在100～200℃，15大氣壓的環境下，加入氫氣與油脂作用。利用不同油脂本身物理化學特性之不同，而改變溫度、壓力、作用時間、攪拌速度、催化劑及其他添加物等，可決定氫化發生時的位置及異構物的多寡。表13.5為催化劑種類與常用反應條件。通常，多在脫色步驟後便先加以氫化處理，然後才脫臭、冬化。

表13.5 氫化作用催化劑種類與常用反應條件

催化劑種類	用量（%）	氫化溫度（℃）	氫氣壓力（MPa）
銅	0.3	170	0.02
銅-鎳	0.1～1	200	常壓吹入
銅-鉻	0.1～0.26	170～200	0.02
銅-鎳-錳		170～190	0.34～0.69
銅-鉻-錳	1～2	100～200	常壓吹入
鈀	0.00015～0.00056	65～185	常壓至0.29

資料來源：李等，2002

氫化的植物油具有下列的優點：不含膽固醇、不含太多飽和脂肪酸（故性質穩定，不易氧化）、在室溫為固體（可取代天然奶油，有利於烘焙產品的操作）。故早期為避免攝取過多的膽固醇，反而大力鼓吹多食用氫化的植物油。但若氫化作用不完全而尚有雙鍵存在（即部分氫化）時，則可能會產生反式脂肪酸。而氫化加工條件會影響反式脂肪酸的含量。近年來由於了解反式脂肪酸對身體的危害，因此，衛生單位已要求加工產品必須要標示反式脂肪之含量。所以，減少反式脂肪之製程也因應而生。

⑵ 不含反式脂肪酸的油脂製造技術

① 控制在較低溫、較高壓，並且提升催化劑表面的氫氣濃度等條件下進行氫化，可減少反式脂肪酸產生。另外，油脂脫臭過程溫度甚高時，亦會產生反式脂肪酸，亦需避免。

② 採用鉑（Pt）、鈀（Pd）等催化劑，可在較低溫度進行氫化，可避免或減少反式脂肪酸產生。

③ 將不飽和油脂完全氫化，可避免產生反式脂肪酸，所得硬化油脂，再與其他油脂調配成所需之固體脂含量。

④ 採用超臨界氫化加工（super critical hydrogenation），其反應甚快（約為傳統氫化速率的1,000倍），催化劑表面上的氫濃度很高，不會產生反式脂肪酸，並且反應裝置小而可連續作業。

⑤ 採用催化劑轉換氫化加工（catalytic transfer hydrogenation）。此為一種非傳統式的氫化反應，乃利用甲酸鈉（sodium formate）作為氫原料提供者，而非傳統採用氫氣，並在鈀催化劑的催化下，予以緩和氫化。其所得氫化油的反式脂肪酸酸含量甚低並且其反應性、選擇性、安全性、作業性均佳。

2. 交酯化（interesterification）改性

此係改變油脂物理性狀的一種加工手段，以修飾不飽和油脂的性質，如脂肪酸分布、熔點、質地、穩定性等，但不會產生反式脂肪酸，並可比氫化反應在較低溫度下予以反應。通常係將完全氫化油（飽和硬化油）與未經部分氫化油（仍有不飽和成分油）予以混合反應。

化學法交酯化與氫化目的不同，其並非用於硬化液體油脂，而係爲獲得擁有適宜熔點的飽和與不飽和脂肪的混合脂肪。在這個加工過程，其三甘油酯的脂肪酸醯基（acyl group），經隨機重排而改變其鍵結位置。雖然這種化學法交酯化反應，比氫化反應較爲不易控制，但它可供選擇提高（或降低）熔點，並提升油脂穩定性與奶油性（creaminess），卻不會產生反式脂肪酸酸。最普遍的化學催化劑係甲氧基鈉（sodium methoxide）或乙氧基鈉（sodium ethoxide）。

酵素法交酯化採用酵素作爲催化劑，可更爲精確的控制反應，以利形成特定熔點的油脂。如使用1,3–特定位置的酵素（1,3-specific lipase），可使脂肪酸醯基僅在1–及3–位置予以重排（在化學法交酯化過程，所有1–, 2–, 3–位置的脂肪酸，均會隨機轉換重排）。常使用的酵素包括非特異性脂肪酶、1,3–特異性脂肪酶與脂肪酸特異性脂肪酶。酵素法反應較爲緩慢並可在任何所需的時段予以停止，以利獲得正確程度的交酯化。同時，酵素法並不含有化學品而不會產生有害的副產物，因此，爲有效、健康而友善環境的方法。其缺點爲反應速度非常慢，對反應系統中的雜質和反應條件（pH、濕度、水分含量等）較爲敏感。

3. 油脂區分（fraction）

天然油脂是混合物，其性能往往不能直接適用於各種用途，使其使用價值受影響。如在人造奶油、酥油中，爲增加產品儲存穩定性，故希望多元不飽和脂肪酸含量低一些。而對沙拉油，則要求在低溫下爲澄清透明，所以對固體脂含量有一定之限制。這些都是天然油脂無法提供之性質，因此人們開始對天然油脂的混合物進行分離，將不同特性油脂加以區隔出來，此過程稱爲區分（fraction）。

雖然各種三甘油酯的性質有差異，但差異並不大，要將各種三甘油酯逐一分離，在技術上很困難，也無意義。實務上多將其大略分級即可，此作法即爲區分。如沙拉油生產過程中，去除固體脂之過程稱爲冬化，其實即爲一種區分方式。

目前工業上油脂區分主要採用冷卻結晶法。此法分結晶與分離兩步驟，首先進行冷卻產生結晶，第二步進行晶、液分離，以獲得固體脂與液態油。冷卻時要注意溫度、冷卻速率、結晶時間與攪拌速度。當冷卻速率過快時，晶核產生過多，反而影響晶體的長大，不利於往後固液之分離。

由於不同油脂其三甘油酯型態不同，故產生之結晶型態與分離的難易程度也不同。一般以β型晶體（如棕櫚油、棉籽油）較易分離，而花生油結晶爲膠束狀結晶無法區分。

工業上應用油脂區分技術最成功者爲利用棕櫚仁油生產可可代用脂。棕櫚仁油之月桂酸三甘油酯爲良好的可可代用脂，屬於月桂酸系代用脂（CBS）。雖然其分子結構與天然可可脂不同，但其物理特性卻相似。其區分方式包括溶劑區分法與壓榨法。

溶劑區分係將油脂稀釋於溶劑（丙酮，1：4比例）中，於1～2小時內，冷卻至極低溫，使產生結晶。然後利用過濾方式將不同油脂分離出。壓榨法係將油脂在冷卻室中冷卻，使其慢慢結晶硬化。硬化後用棉布包裹，以高壓（最高20MPa）進行壓榨。此法在馬來西亞非常普遍。溶劑區分法產率高（40～50%），但生產設備與成本高，且有安全顧慮。壓榨法產率較低（35～40%），且勞動力需求大，但投資成本低。

另外，工業上也常利用棕櫚油加以區分，以生產類可可脂（CBE）；或使用氫化大豆油或菜籽油經區分後，生產非月桂酸系代用脂（CBR）。CBS、CBE與CBR皆爲可可代用脂，其差異將在下一章巧克力一節中詳細說明。

四、粉末油脂（Powdered oil and fat）

粉末油脂又稱奶精、脂肪粉，是以氫化植物油和多種食品輔料（如酪蛋白、葡萄糖漿或麥芽糊精）爲原料，經調配、乳化、殺菌、噴霧乾燥而成。該產品具有良好的分散性、水溶性、穩定性，用於各種食品中可提高營養價值和發熱量、提高速溶性和沖調性、改善口感，使產品更加美味可口。由於製程粉末油脂之後，這些輔料會包覆在油脂顆粒外，形成微膠囊化產品，使其更易運輸、貯存，不易氧化、穩定性好，風味不易散失。

近年來生酮飲食風行，許多人早餐飲用防彈咖啡，粉末油脂成爲沖泡之首選。但傳統粉末油脂多以葡萄糖漿或麥芽糊精進行包覆，導致具有約20%的碳水化合物存在，固有利用水溶性纖維、阿拉伯膠作爲油脂之載體者。

參考文獻

-。1988。食用油脂化學及加工。食品工業發展研究所，新竹市。

王興國。2011。油料科學原理。中國輕工業出版社，北京市。

李新華、董海洲。2002。糧油加工學。中國農業大學出版社，北京市。

吳素萍，2008。特種食用油的功能特性與開發。中國輕工業出版社，北京市。

何東平、劉良忠、閻子鵬，2011。油脂工廠綜合利用。中國輕工業出版社，北京市。

周瑞寶。2009。特種植物油料加工工藝。化學工業出版社，北京市。

施明智。2009。食物學原理，第三版。藝軒圖書出版社，臺北市。

梁少華，2009。植物油料資源綜合利用，第二版。東南大學出版社，南京市。

康百城、王文昌。2008。月見草油生產技術。化學工業出版社，北京市。

陳介武。2004。各國對反式脂肪酸酸標示法的規定及其對食品加工油脂之影響。「不含反式脂肪酸的食品加工油脂」座談會。

劉玉蘭。2009。油脂製取與加工工藝學。科學出版社，北京市。

纂安民。1995。脂質化學與工藝學。中國輕工業出版社，北京市。

第十四章

嗜好性食品與休閒食品

第一節　嗜好性食品與休閒食品

針對嗜好性所製造出的食品，稱爲嗜好性食品（flavorite food）。由於其必須符合消費者的需求，因此必須配合時代潮流不斷的推陳出新。一般包括飲料類、休閒食品與糖果糕點類。其中糕點類於第九章已介紹過，本章主要介紹茶、咖啡、飲料、巧克力與糖果等。

全球每年有超過一萬種品項的休閒食品上市。休閒食品也就是俗稱的零食，其種類繁多，與嗜好性食品略不同處爲其主要以固體食物爲主，包括鹽味零食（洋芋片、玉米餅、玉米片、豬／牛肉乾、堅果、爆米花、脆餅等）、烘焙零食（蛋捲、點心、鬆餅類等）、優格、布丁／果凍、醃漬蔬果（蜜餞）、糖果等。

由於種類繁多，因此涵蓋多種加工手段，常見包括乾燥、殺菌袋殺菌、醃漬、發酵等。由於目前消費市場趨向希望安全、無負擔（低糖、低熱量、低脂、低鈉）、透明包裝、低碳足跡在地食材、高生理機能性（全穀、高纖、高鈣）、潔淨標示，因此以下說明一些目前休閒食品加工技術之走向。

一、原料更多元、更健康

原料採用富含纖維的全穀類，以糙米取代白米，更使用蕎麥、大麥、燕麥、薏仁、高粱，甚或添加豆類補足胺基酸的不平均。又如在肉製品中添加穀類，如杏仁肉片，添加小魚乾等，儘量朝高生理機能性（全穀、高纖、高鈣）開發。由於單、雙軸擠壓機的產品多元化，因此大量使用擠壓機做原料處理，如經擠壓後製成全穀脆片，再組合黏著成棒狀之穀物棒。

二、製程避免高溫油炸

傳統休閒食品許多係以高溫油炸方式讓其膨發，由於高溫油炸使油脂容易變質，且產品含油率過高。近年來有使用眞空低溫油炸以降低含油率與油脂氧化者。

三、調味技術改進

儘量降低調味料使用量，只要表面一層即可。同時調味料以自然食材爲主，研磨成粉狀，經混合低甜度糖漿，加熱噴霧到原料坯上，再以熱風乾燥。若要防止吸濕變軟，可以將定量之油脂霧化披覆於表面，而非使用油炸方式。

四、膨發技術之改進

休閒食品很多爲膨發形式，膨發方式有很多種（表14.1）。根據原料之含水率，可分爲三種。

1. 原料含水率高於80%之麵糊。產品如可麗餅、豬肉紙、煎餅等，可用兩片電熱板緊壓，麵糊水分瞬間蒸發，並使麵糊乾燥成脆片狀。

2. 原料含水率30～80%之麵糊。可先部分糊化再充分混合，經蒸煉機或放在容器內、布上蒸熟，冷卻固化後切片乾燥成胚（pellet），再炒爆。成品如米果、仙貝等。

3. 原料含水率30%之顆粒狀粉末。可以擠壓機直接膨發，或製成胚後再膨化。產品如乖乖、浪味仙等。

而膨發休閒食品依膨發比例可分爲三類：1. 硬片（hard）。膨脹比約1～4倍，如可樂果、魚酥、寸棗條。2. Double C（crunch與crispy）。膨脹比約5～8倍，如洋芋片、浪味仙。3. Double S（short與soft）。膨脹比約9～15倍，如爆玉米花、乖乖、仙貝。

表14.1 膨發休閒食品方式與分類

	米穀	玉米	洋芋粉	蔬果	澱粉肉類	豆類雜糧
擠壓膨發	脆米粒	胖胖果	洋芋棒		魚酥	
熱風炒爆	速食粥	爆玉米			蝦味條	
直火燒烤	仙貝					
熱媒炒爆					魷味酥	豆果子
膨發槍	爆米香					
常壓高溫油炸		金喇叭			麻花	豆果子
眞空低溫油炸		小薯條		脆片		
微波加熱	小米果					

第二節 茶　葉

一、茶的分類

茶葉成品的名稱因產地（國家或地區）、茶樹品種、栽培方法（如露下茶、露天茶）、消費市場（如內銷茶、外銷茶），以及產製季節、方法等而各有不同。而且產製者爲了引人注目，往往巧立名稱，使商品名稱變得非常多。

茶一般較科學的分類法是按製造過程中茶葉發酵的程度（全發酵茶、半發酵茶、不發酵茶、後發酵茶），萎凋的程度（萎凋茶、不萎凋茶），產製季節（春茶、夏茶、秋茶、冬茶），成茶形狀（條茶、半球茶、球茶、碎茶、磚茶、正茶、副茶），製造程序（毛茶或粗製茶、精製茶），薰花程度及種類（素茶、花茶）等加以區分的，而其中最常採用的一種方法是按茶葉發酵程度區分。

各種茶葉的發酵程度爲：紅茶100%、烏龍茶70%、包種茶30%、青茶10～20%，綠茶則完全不發酵。若欲依產地特性，或產製者爲引人注目，而巧立各種名目，則實不勝枚舉。

二、茶的加工

1. 依加工分類方式

(1) 不發酵茶

不發酵茶因一開始加工便進行殺菁，以制止茶葉中之氧化酵素的活動，並可藉殺菁消除茶葉的青草味，而保有清香，故未經發酵。

① 綠茶（green tea）

經殺菁、揉捻、乾燥，大部分白毫脫落，浸泡後呈綠湯綠葉，具清香或熟栗香、甜花香，如龍井、碧螺春、黃山毛峰、黃山綠牡丹、六安瓜片、太平猴魁等（圖14.1）。不同的茶使用不用的殺菁方式，同時，揉捻及乾燥過程與程度及重複次數亦爲造成各種綠茶不同風味的原因。

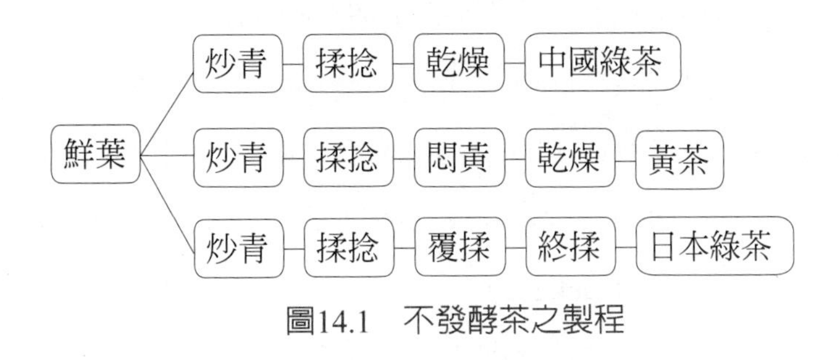

圖14.1　不發酵茶之製程

② 黃茶

經殺菁、揉捻、悶堆、乾燥，葉已變黃，浸泡後呈黃湯黃葉，多數芽葉細嫩，如君山銀針、黃芽、毛尖、黃湯、黃大茶、大葉青、海馬宮等（圖14.1）。

(2) 半發酵茶

半發酵茶介於不發酵的綠茶與完全發酵之紅茶間者，依發酵程度不同再命名，其中以烏龍茶及包種茶爲代表。二者製法相似，惟發酵程度不同，烏龍茶發酵程度約70%，而包種茶發酵程度則只有約30%。包種茶的歷史非常短，其製法係脫胎自烏龍茶。半發酵茶與綠茶不同者，係在殺菁前，先經過萎凋的過程。

① 白茶

採摘細嫩、葉背多白茸毛的茶葉，經過萎凋和烘乾，不炒也不揉捻，使白茸毛在茶外表完整的保存下來。毫色銀白，芽頭肥壯，湯色黃亮，如白毫顯露、白毫銀針、白牡丹、壽眉等（圖14.2）。

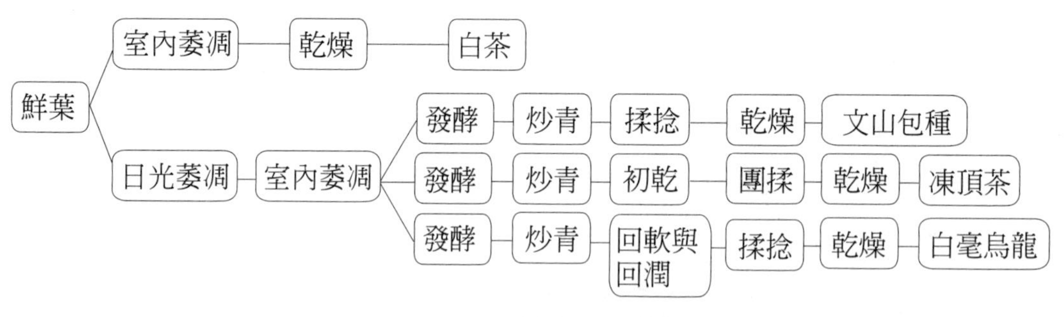

圖14.2　半發酵茶之製程

② 青茶

經過萎凋、曬菁、搖菁、殺菁來做部分發酵，綠葉紅邊，既有綠茶的濃郁，又有紅茶的甜醇，如鐵觀音、大紅袍、凍頂烏龍（oolong tea）、水仙、玉桂、本山、黃金桂、白毫烏龍等（圖14.2）。白毫烏龍茶又稱椪風茶或東方美人茶。發酵程度極深，約65～85%，風味及茶湯水色近紅茶。白毫烏龍茶必須以「青心大冇」品種作原料，且要被名爲「小綠葉蟬」之浮塵子吸食後之嫩芽方能製出。

⑶ 全發酵茶（紅茶，black tea）

製造綠茶時，需先將所含的酵素破壞，才得保持其綠色，而紅茶則要藉酵素的作用，使產生紅茶特有之芳香，並加深茶液之紅色。紅茶與半發酵茶之製作方式相似，只有在揉捻後再進一步行發酵，使其發酵完全。經過發酵的茶，紅湯紅葉，色澤烏黑油潤，沖泡後具有甜花香或蜜糖香。有功夫紅和紅碎兩種，如中國的祁紅、印度的大吉嶺、阿薩姆、錫蘭等（圖14.3）。

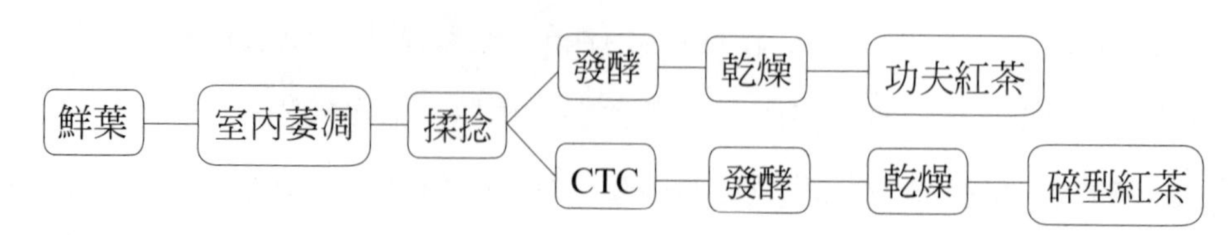

圖14.3　全發酵茶之製程

⑷ 後發酵茶（黑茶）

利用黴菌使未發酵茶發酵者稱爲後發酵茶。如普洱茶製造時係將茶菁蒸熟，然後揉捻、風乾、壓縮於容器內，而後接種黴菌（*Aspergillus graucaus*）進行半年至一年的儲存發酵。此稱爲散茶。以此爲原料再經蒸壓加工而成緊壓茶則爲普洱沱茶，其風味又與散茶不同。經過後發酵的茶，色澤黑褐，湯色橙黃至暗褐色，有松煙香（圖14.4）。

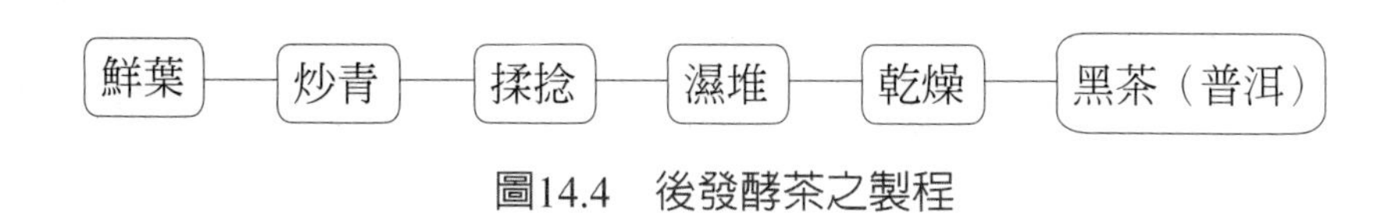

圖14.4　後發酵茶之製程

⑸ 加工茶

初加工的產品一般稱爲毛茶（或初製茶），將毛茶加工成爲精製茶或成品茶。用以上各種茶經過加工製成的茶，稱爲加工茶。

① 花茶。將各種毛茶或精製茶，用香花燻製後得到的產品稱爲花茶。香片一般選用綠茶與新鮮茉莉花窨製的茶，即茉莉花茶，另外還有珠蘭花茶等。

② 緊壓茶。一般選用紅茶或黑茶，經過蒸汽熏蒸變軟再壓縮成型、乾燥，以便運輸、貯藏。如蒙藏地區常用由普洱茶製成的沱茶和磚茶。

⑹ 再加工茶

近年來，出現了爲符合現代人消費習慣製成的再加工茶，可以用上述任何種類的茶製作。如袋茶、速溶茶、罐裝茶飲料等。

2. 茶葉製作流程

⑴ 萎凋

萎凋分日光萎凋與室內萎凋兩種，只有必須發酵的茶葉才會進行萎凋，因此不發酵茶（如綠茶、黃茶）不會進行此步驟。

日光萎凋係將採回的茶菁平均均衡的攤在陽光下晾曬，這個動作主要在於將茶葉片的水分適量蒸發並除去細胞膜之半透性，使胞細中各化學成分與酵素流出，亦得以藉酵素氧化作用引起發酵作用。一般半發酵茶多會進行此步驟。

室內萎凋是要使茶菁能夠行使發酵作用，進而產生複雜的化學變化。此又分攪拌及靜置兩步驟，攪拌的目的爲使茶葉之間互相摩擦，引起細胞破壞，造成內容物流出而與酵素作用，產生氧化作用，促使茶葉發酵，並使葉中水分可繼續蒸散。其力道需相當經驗，太重會傷害茶葉品質，太輕則無法達到效果。靜置則在進行發酵，且使水持續蒸發。

⑵ 發酵

剛採下的新鮮茶葉叫做「茶菁」。茶菁裡頭含有多種酵素，如果使茶菁所含的水分減少，並使其暴露在空氣裡，再加上熱的作用，茶菁裡的許多化學成分即可產生變化，此過程即爲發酵。發酵在一般茶葉（除後發酵茶）是單純的一種氧化作用，只要將茶菁放在空氣中即可。就茶菁的每個細胞而言，要先萎凋才能引起發酵，但就整片葉子而言，是隨萎凋而逐步進行的，只是在萎凋的後段，加強攪拌與堆厚後才快速地進行。

發酵對茶菁造成下列的影響：① 顏色的改變。未經發酵的茶葉是綠色的，發酵後就會往紅色變，發酵愈多顏色變得愈紅。葉子本身與泡出的茶湯顏色都是一樣。所以我們只要看泡出茶湯的顏色是偏綠還是偏紅，就可以知道該茶發酵的程度。② 香氣的改變。未經發酵的茶，是屬菜香型；20%發酵，變成花香型；30%發酵，變成堅果香型；60%發酵，變成成熟果香型；若全部發酵，則變成糖香型。③ 滋味的改變。發酵愈少的茶愈接近自然植物的風味；發酵愈多，離自然植物的風味愈遠。

因此，若想製成最接近自然植物的風味，就不要讓茶菁發酵，製造出來的茶就是綠色、具蔬菜香的茶，即爲綠茶。如果不要那麼綠，而希望起一點變化，那就讓它輕微發酵20%，就會製造出綠中帶黃的茶湯、花香型的茶，略接近自然植物風味的茶，此即包種茶。若發酵再重一點至30%，就會變成蜜黃色的茶湯、堅果香的茶、離植物原始風味稍遠的茶，即鐵觀音。如果重重地發酵，如60%左右，會是橘紅色的茶湯、熟果香、離植物原始風味頗遠的茶，即烏龍茶。如果讓它全部發酵，那就是紅色茶湯、具糖香而最人工化風味的紅茶。

⑶ 殺菁

殺菁是爲了停止茶菁的萎凋和發酵，並可除去鮮葉中的臭菁味，同時也使茶菁變得柔軟以便於揉捻時能成型。分爲炒菁和蒸菁，炒菁的茶較香，蒸菁的茶較綠。臺灣多使用炒菁，只有少部分綠茶才用蒸的（如日本的玉露、煎茶、抹茶）。傳統的炒菁是將茶菁放在熱鍋上炒熟，溫度要高，茶葉的香氣才會充分散發。

⑷ 揉捻

揉捻是將茶葉放入揉捻機，加以壓揉的動作。茶菁經殺菁後茶身會柔軟，但仍屬片狀形，所以必須再經此的程序，使得茶葉緊結。團捻是用布巾包緊成圓團狀，以手工或揉捻壓揉，並配合各種茶，揉成各種形狀，例如龍井是劍片狀，凍頂爲半球狀捲曲，鐵觀音係球狀捲曲。揉捻時只要使力得當，是不會把茶菁揉破揉碎的，而且還會把裡面的汁揉出來。但茶汁只能揉出表面，不能讓其流失，當茶汁外滲太多時，應稍鬆揉捻的壓力，使汁回吸。茶葉揉捻的方式與輕重的不同，也會形成風味上的不同差異。揉捻有三大作用：① 揉破葉細胞，使成分容易溶出，以利沖泡。② 使茶葉成捲曲狀，以利保存（若不揉捻，製成的茶葉就像曬乾的落葉，手一抓就破，不易保存）。③ 利用揉捻的輕重，塑造茶葉不同的風味。如果是切碎型的紅茶，則在此過程中以機器同時進行切碎的動作。

⑸ 乾燥

經過多次揉捻和解塊，茶葉外形緊結水分消失，這時用高溫破壞殘留揉葉中的酵素，令其停止發酵，使茶葉品質固定，就是乾燥的目的。乾燥是利用乾燥機以熱風烘乾茶葉，通常爲了能使內外乾燥一致，採用二次乾燥法，先使其達到七、八成乾燥，然後取出回潮，再進行第二次的乾燥。乾燥後之茶葉的含水量必須保持在3%以下，此茶就是俗稱的毛茶或初製茶。毛茶品質並不穩定，不能販賣，否則放一段時間後容易變質，故必須再經過精製的過程，製茶才算完全。

⑹ 其他處理

① CTC（crush, tear and curl）。萎凋後將茶葉碾碎（crush）、撕裂（tear）再揉捲（curl）起來，一般用於紅茶，其成品爲極小的圓形顆粒，十分特殊。

② 緊壓。緊壓就是把製成的茶蒸軟後加壓成塊狀，這樣茶就被稱爲「緊壓

茶」，除便於運輸、貯藏外，蒸、壓、放的過程中也會爲茶塑造出另一種風味。

③ 渥堆。後發酵茶在殺菁、揉捻後有一堆放過程稱爲「渥堆」，亦即將揉捻過的茶菁堆積存放。因茶菁水分高，堆放後會發熱，引發微生物生長，使茶菁產生另一種的發酵，茶質降解變得醇和，顏色被氧化而變深紅，此即普洱茶。

三、茶葉中主要化學成分

茶葉中主要化學成分包括茶多酚、生物鹼、芳香物質、碳水化合物、維生素、礦物質、胺基酸與色素。茶多酚又稱茶單寧，含量爲20～30%，包括兒茶素、黃酮醇、酚酸等物質，爲茶葉中主要生理機能物質。生物鹼包括咖啡因、可可鹼、茶鹼等，咖啡因占乾重之2～5%，在熱水中可溶出80%。碳水化合物占20～30%，但熱水溶出量不到5%。茶葉中主要物質與風味品質之關係如表14.2。

表14.2　茶葉中主要物質與風味品質之關係

成分	色	香	味
多酚類	兒茶素爲無色物質，易氧化而呈色；黃酮類爲黃色或黃綠色色素；茶黃素呈黃色，茶黃素呈紅色，茶褐素呈褐色；花青素在不同pH條件下呈不同顏色	兒茶素是茶香的傳遞體，茶黃素對茶香有一定貢獻	簡單兒茶素滋味醇和，複雜兒茶素具較強苦澀味和收斂味；茶黃素影響茶湯的濃度、強度和鮮爽度，有一定的收斂性；茶紅素影響茶湯濃度，具甜醇、酸味的口感；茶褐素過多則使茶湯味淡
胺基酸	能與茶多酚、咖啡因、茶黃素和茶紅素等形成沉澱	可轉化爲香氣成分，茶胺酸具有焦糖香味	主要使茶湯呈鮮爽味，緩解茶的苦澀味，不影響茶的收斂性
生物鹼（主要是咖啡因）	與蛋白質、茶多酚、胺基酸等形成沉澱	提高人對茶香的敏感性	茶湯苦味的主要貢獻者，具刺激性

成分	色	香	味
可溶性糖	可通過梅納反應生成褐色色素，影響茶汁的色澤	參與形成茶的焦糖香、板栗香、甜香	茶湯甜味貢獻者，增加濃厚感，調節滋味
芳香物質		對茶香有決定作用	有增益茶味功效
維生素	維生素B群影響茶汁色澤	芳香物質轉化為維生素，使香氣降低	有增益茶味功效
蛋白質	形成沉澱		降解為胺基酸，可增加風味

資料來源：朱等，2010

第三節　咖　　啡

咖啡（*Coffea arabica*）係熱帶產的常綠灌木，盛產於南北回歸線包夾的熱帶與亞熱帶地區內。咖啡即咖啡樹的果實製成，一般在葉腋處生有櫻桃似的鮮紅果實，其果仁有兩個成一組的，亦有僅有一粒者。常用之品種為阿拉比卡種。

一、咖啡的製造

咖啡豆收成後，要經過調製及焙炒等步驟才能發出特有的風味。

1. 咖啡豆的調製

咖啡豆的調製方法有乾燥法（nature dry）、水洗法（washed）及半水洗法（semi-washed）三種。調製一方面在發酵，一方面在脫水。因為過高的含水量容易造成咖啡生豆發霉及長蟲，也會造成咖啡的酸度偏高。

乾燥法為原始方法，咖啡果實成熟後攤在地上，經過15～40天的乾燥，使水分蒸發，再去除果皮、果肉、內果皮及種皮，即成青咖啡（green coffee）。

水洗法是將採收的果實放入水槽中，洗滌並去除未熟的果實及雜質。成熟豆則隨後送至圓筒脫肉機，使種子與果肉、果皮分離，再將種子放入發酵槽中放置

1～2天，再加以乾燥。發酵目的係藉由發酵去除果核外的黏液跟薄膜，由於發酵的時間長短會影響咖啡的風味，因此每家廠商都有各自的發酵時間。

水洗式青咖啡含水量12～13%，乾燥式則為11～12%。顏色方面，水洗式因水含量較高，外觀上呈綠色，乾燥式則呈褐色或近白色。外觀上，水洗式銀皮（生豆之表皮）已去除，表面呈現特殊光澤；乾燥式則脫殼後銀皮仍保留。但在烘焙後，若不是深度烘焙，則水洗式咖啡在烘焙後中央線仍會留有白色的銀皮。但乾燥式豆子的銀皮則會在烘焙過程中完全脫除。少量銀皮殘留不構成影響，過多則會帶來澀味。

水洗法由於經發酵的緣故，所以比自然乾燥法的酸味重，而自然乾燥法所得之咖啡豆外觀欠佳，但風味良好，不過不適於大規模生產。水洗法由於需使用大量水，對於某些缺水地區不易進行，而乾燥法一般認為品質較差，因此出現折衷的半水洗法。半水洗法係將咖啡豆水洗後，以機械去除外皮與果肉，再用日光乾燥。與水洗法之差別為過程中未經發酵，而品質又比乾燥法穩定。

2. 焙炒

青咖啡本身風味平淡，必須經過焙炒後，才能發揮特有之香氣及風味。咖啡豆在焙炒後，水分可蒸發並放出揮發性物質，同時醣類褐變而產生特殊風味，脂肪亦會斷裂成簡單的分子。焙炒最重要的是能夠將豆子的內、外側都均勻地炒透而不過焦。焙炒的技術可以影響咖啡豆80%的味道，是左右咖啡豆品質最重要也最基本的條件。

焙炒的程度大致可分為淺炒、中炒、深炒等三類，若再加以細分，則可分為輕淺炒（light roast）、淺炒（cinnamon roast）、中炒（medium roast）、中高炒（high roast）、中焦炒（city roast）、焦炒（full city roast）、深焦炒（French roast）及義大利式深焦炒（Italian roast）等八種（表14.3）。

焙炒的程度與味道有關，淺炒時酸味較強，其原因為成分中殘留很多的有機酸，一般做為罐裝咖啡使用。中炒時苦味與酸味均衡，能保存咖啡豆的原味，又可適度釋放芳香，因此牙買加的藍山、哥倫比亞、巴西等單品咖啡，多選擇這種烘焙方法。深炒則因醣類起焦糖化反應，咖啡豆的顏色愈深，風味也更甘甜香

表14.3　咖啡豆的焙炒法與味道特徵

焙炒法	炒度	味道特徵
輕淺炒（light roast）	極淺炒	呈黃小麥色，香氣、醇味很淡
淺炒（cinnamon roast）	淺炒	呈肉桂色，香味佳，適合美式製品
中炒（medium roast）	中炒	呈板栗色，美式，微酸
中高炒（high roast）	中炒	比中炒稍強炒法，色、香俱佳
中焦炒（city roast）	中深炒	標準炒法，有酸味而無苦味，為旅館、餐廳業所喜愛
焦炒（full city roast）	深炒	比中焦炒稍強的炒法，飯後或冰咖啡用
深焦炒（French roast）	極深炒	法式與歐式炒法，因焙炒稍強，所以脂肪滲到表面來，具獨特之黑香味
義大利式深焦炒（Italian roast）	極深炒	烘焙度最強，豆子呈炭黑色，無香味，而有燒焦味、苦味，適於泡義式咖啡

資料來源：施，2009

醇，而苦味較強。同時生豆中的水分變成水蒸氣的量亦會增加。深炒時咖啡豆本身的體積會增加，脂肪成分亦會泌出豆表面，而縮短咖啡的儲存期限。為抑制此點，故在深炒後必須急速冷卻。在深炒的過程中，咖啡因會慢慢的逸失，所以愈深炒的豆子，其咖啡因的含量愈低。焙炒過程中香氣物質之變化與產生如表14.4。但即使生產製造出品質極佳之咖啡豆，其後之儲存、調配、磨碎與沖泡方法不佳，皆可能使沖泡出之咖啡風味不佳。

二、咖啡認證

咖啡是全球第二大貿易商品，咖啡生產國以開發中國家為主，原始生產單價非常低廉，但隨著層層轉賣到世界各國，大部分利益皆為中間少數財團所賺走。而咖啡農為了提高產能，生產就以化學肥料、殺蟲劑處理，造成了環境的破壞及

表14.4 咖啡豆香氣來源一覽表

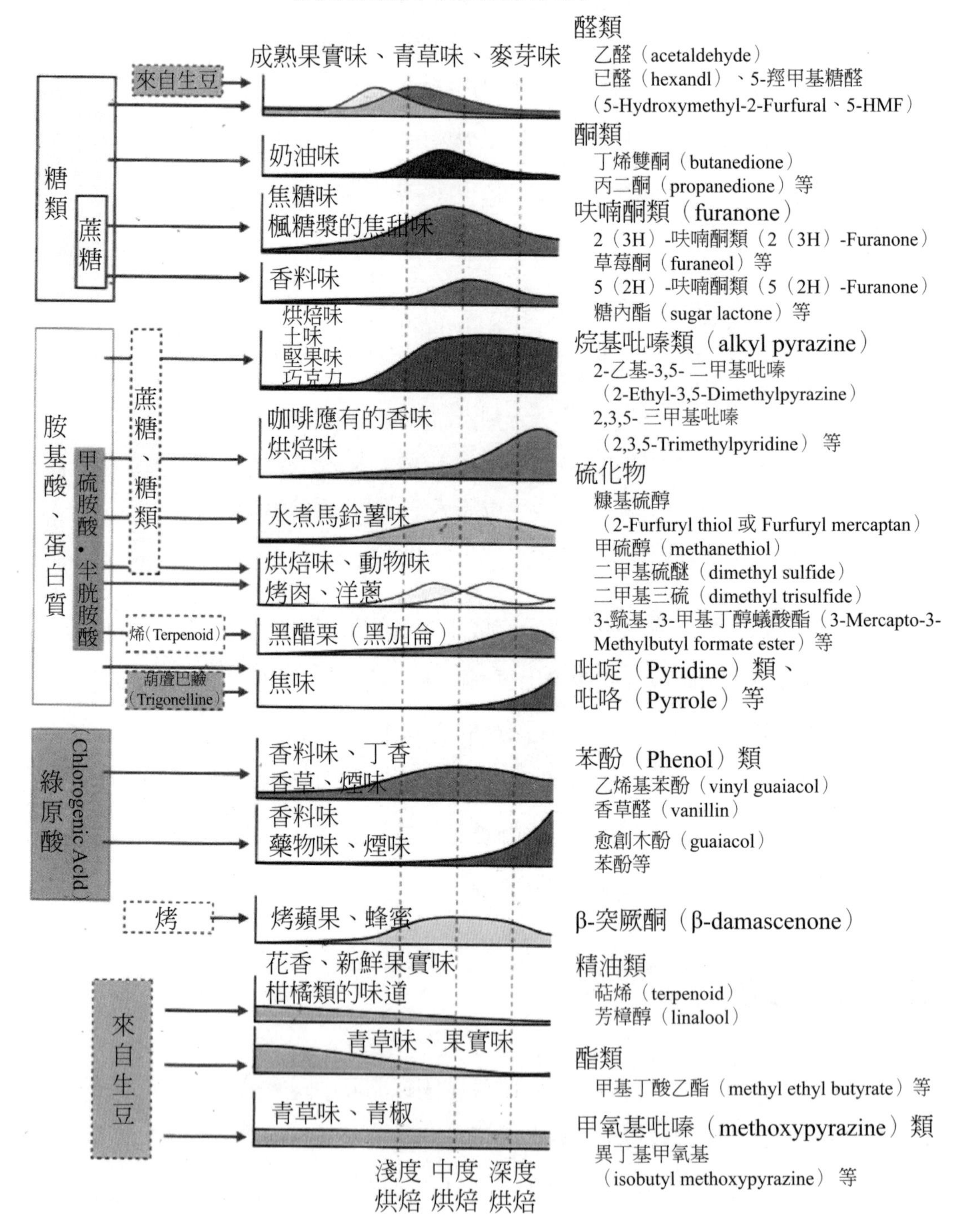

資料來源：田口，2012

藥物的殘留。此外，爲了擴大種植區而將咖啡園中樹木甚至雨林砍伐以種植咖啡樹，嚴重的破壞了原本生長在這些雨林的生物生態。爲避免土地過度開發，提高咖啡作物的產值、平衡產地生態，還給辛苦的豆農一個可以永續經營的土地。因此現在有許多永續咖啡（sustainable coffee）之認證標記出現（圖14.5）。永續咖啡主要包括有機咖啡、公平交易咖啡及蔭栽咖啡三種具代表性的咖啡。

1. 有機咖啡認證（organic coffee）

有機認證咖啡豆是確保買方拿到的咖啡豆在種植、運送、儲存、烘焙的過程中，都沒有使用化學合成的或是人工添加物；當所有條件均符合此標準才能獲此認證（圖14.5(a)）。

2. 公平交易認證（Fair-trade coffee）

公平貿易咖啡是直接從小農組織的合作社購買，並保證基本的合約價格。其規範及標準主要透過美加公平貿易認證協會（Transfair USA and Canada）及國際公平貿易標籤組織（Fair Trade Labeling Organization International, FLO）（圖14.5(b)、(c)）兩認證機構來溝通。目前這些標籤已整合納入FLO體系，以利作業的簡化及推廣。公平交易認證咖啡可確保咖啡的品質都是來自最好的咖啡莊園，同時也確保咖啡農竭盡心力種植出來的好咖啡能得到合理的價格，是一個咖啡農、咖啡銷售業者和消費者三方互惠的認證 。

3. 遮蔭認證（Shade-grown coffee）

許多咖啡生產國爲了讓咖啡豆的產量更大、更快，同時賺取木材燃料的附加價值，咖啡農會將咖啡園內的樹木砍掉。暴露在陽光下的咖啡樹較易受到病蟲的侵害，因此需要施用大量的農藥。蔭栽咖啡是種植在既有森林中並且有利於生物多樣性和鳥類的生存。其產銷運作是透過專屬單位的認證並授予標籤來與交易商及消費者溝通，而消費者則付出比一般咖啡更高的價錢購買而得以銷售推廣。符合遮蔭認證的咖啡豆，其種植環境區的天然樹棚可以保護土壤免受雨水沖蝕，而造成養分與土壤的流失。同時提供咖啡樹自然的生態平衡，如此一來可以減少化學肥料的使用，對咖啡豆的生長和自然生態都是一種保障。此外，其部分收益亦用於熱帶雨林動物保護區之野生動物保護與勞工生活福祉上，是一種對自然環境良好的咖啡。目前有兩個主要單位在做相關之認證工作，包括友善鳥類認證及雨林聯盟（Rainforest Alliance）認證（圖14.5(d)、(e)）。

4. 其他咖啡認證

除了上述三種咖啡認證外，相關認證尚包括Utz認證（Utz Certified）、咖啡社區共同規範（Common Code for the Coffee Community, 4C）、Nespresso公司的AAA標準及Starbucks公司的「咖啡與農夫公平認證」規範（Coffee and Farmer Equity Practice, C. A. F. E. Practices）等。

Utz認證又稱好咖啡認證（圖14.5(f)），意指咖啡生產經過環境的、社會面的和經濟上的獨立審核標準後，UTZ給予認可的責任咖啡標章。參與這個組織的會員包括生產者、貿易商和咖啡烘培業者，由他們一同合作爲咖啡的產出和追蹤生產來源機制負責。

圖14.5　各種咖啡認證標記

(a) 有機咖啡認證　(b) 公平交易認證-TransFair認證
(c) 公平交易認證- FLO認證　(d) 遮蔭認證-友善鳥類認證
(e) 遮蔭認證-雨林聯盟認證　(f) Utz認證-好咖啡認證

資料來源：林，2011

第四節　飲　　料

一、飲料簡介

在食品工業產值中占前五名者 ，以未分類其他食品製造業與非酒精飲料製造業爲唯二眞正製造可食食品者（其他三者爲動物飼料配製業、屠宰業、菸草製造業），由此可見非酒精性飲料之重要性。

飲料是經過加工製作，供人飲用的食品，係以提供人們生活必須的水分和營養成分，達到生津止渴和增進身體健康爲目的。廣義的飲料包括酒精性與非酒精性，根據TQF「飲料工廠專則」，飲料定義爲：指以各種新鮮水果、蔬菜或其濃縮汁還原製成之果蔬類飲料、碳酸飲料、礦泉水、包裝飲用水及其他酒精含量0.5%以下之飲料產品，以罐、瓶、紙盒或其他容器封裝以供飲用者。並專指非酒精性飲料。

根據「臺灣區飲料工業同業公會」分類，將飲料分爲：果蔬汁（天然果汁、果汁飲料、其他果汁）、碳酸飲料（檸檬汽水、桔子汽水、蘋果汽水、沙士汽水、可樂汽水、其他汽水）、茶類飲料（烏龍茶、綠茶、紅茶、奶茶、果茶、花茶、其他茶飲料）、運動飲料、咖啡飲料、機能飲料、傳統飲料、其他飲料、包裝水、豆米穀奶飲料等。其中以茶類飲料、包裝水、碳酸飲料爲近年銷售之前三名。茶類飲料中又以綠茶飲料名列前茅。但目前分類已逐漸模糊，因爲業者往往將飲料內容物互相參雜，如乳品與豆米乳相混成新產品，或茶與機能性物質相混成機能性茶飲等。

臺灣飲料市場特性爲產品更新相當迅速，每年有數百支新品上市與消失。飲料之新產品可以爲新包裝、新口味、熱量或其他營養成分變化等，近年來以茶飲料與果蔬汁新產品較多。而新品飲料目前以健康加值與口味變化爲兩大發展主軸，同時穀類複合茶持續有新產品問世，爲近年來飲料走向之新趨勢。以果汁爲例，利用混搭方式，如與牛乳、茶、氣泡、不同口味等混搭，即成新產品。在營養訴求上，目前之訴求以低糖、高鈣、高纖、有機、產地特色等。茶類飲料與咖啡飲料則朝向講究茶葉／咖啡豆來源、生產管理、萃取與製造方法、產品濃度、新鮮製作等優質訴求，並以不同方式詮釋健康訴求，包括無人工添加、無糖／低糖／低脂／低卡／零卡、或是強化機能成分，另佐以風味變化增進產品特色。

二、飲料中常用原料

1. 水

水爲所有飲料最基本的原料，好的水源足以影響飲料之品質。水源包括地面水、地下水及雨水。當接收這些水後，要經過適當的清理方式才能作爲飲用水，包括氣曝、膠凝、沉澱、過濾、離子交換等。最常用的淨水法爲沉澱、過濾、氯消毒等三階段。尤其最後一步消毒，近年來由於水質惡化，使原水常需經加氯以殺菌、消毒，但氯會與原水中有機物反應而產生三氯甲烷等物質，此類物質可能具致癌性。故乾淨清潔的原水是安全飲用水的源頭。

水質對於產品的品質影響極大，一般對水的要求爲：澄清、無色、無臭、無味、無雜質。雜質包括硫、氮、鐵等物質，最主要者爲鐵，鐵的含量應低於0.1 ppm，因爲鐵會形成鐵鹽而沉積在瓶底，或形成氫氧化鐵而在瓶口處形成一圈黃色的鐵垢。同時，鐵會與飲料所添加的著色劑作用而沉澱，亦會與風味物質作用而影響其風味。而水的硬度亦不可太高，以避免沉澱的產生。

2. 糖與甜味劑

糖與甜味劑提供飲料的甜味，同時提供口感，並可將風味物質均勻散布在飲料中。甜味劑可分成天然與人工甘味劑兩種。

在飲料中常用的天然甜味劑有蔗糖、果糖、葡萄糖、轉化糖及高果糖糖漿。蔗糖有相當之吸濕性，儲存時需注意。蔗糖因在低溫下溶解度較大，如0℃時，蔗糖的溶解度爲64%，這是蔗糖常使用在飲料之原因。濃度方面，10%蔗糖溶液有快適感，20%則成不易消散的甜感。一般飲料濃度多控制在8～14%。蔗糖在酸性條件下會轉化成葡萄糖與果糖，此爲蔗糖之轉化作用，生成物稱爲轉化糖。

即使在室溫下，此反應也會緩慢進行。酸的轉化力若以鹽酸爲100，則磷酸爲6.2，酒石酸3.1，檸檬酸1.7，蘋果酸1.3。雖然蔗糖本身不會參與梅納反應，但生成轉化糖後就會參與該反應。

葡萄糖作爲甜味可使配合的香味更精細，且即使濃度達20%也不會像蔗糖一樣令人不適。葡萄糖甜度爲蔗糖的70～75%，但當蔗糖混入10%葡萄糖時，甜味會有加乘效果，故甜度會較計算值爲高。但在低溫與常溫下，葡萄糖之溶解度較低，如0℃時，葡萄糖的溶解度爲35%，故飲料若要在低溫下保存時，需與蔗糖混合使用，此時溶解度會高於單一種糖之溶解度。高果糖糖漿由於色澤與熱穩定性差，且低溫下葡萄糖溶解度差，易有結晶析出，反而在飲料中不適用。

上述這些甜味劑有相當的熱量，爲減少熱量之攝取，故飲料中會使用人工甘味劑，其中阿斯巴甜已廣泛被用在碳酸飲料中，糖精則用在減肥飲料中。

3. 著色劑

著色劑俗稱色素，分天然及人工色素兩種。天然色素是由自然界的動植物身上抽取出來，由於價格高，且較不穩定，故在飲料中使用者較少。其中，焦糖色素（caramel）乃是糖經高溫加熱後，發生梅納反應變成似瀝青狀的產物。具有清淡之糖醋味，無濃烈之焦味，所以不影響產品原有之風味，且具良好的耐熱性及耐光性，常用在可樂、沙士等深色的碳酸飲料中。2012年美國一民間監察組織發現在可樂中含4-甲基咪唑（4-methylimidazole），一種可能致癌物質。這是一個有機雜環化合物。焦糖色素分四類：醬色I、II、III及IV，其中以銨類化合物製成的醬色III和醬色IV在加工過程中，可能產生4-甲基咪唑。目前准許使用的人工色素有八種：藍色1號（FD & C Blue No.1）、藍色2號、綠色3號、黃色4號、黃色5號、紅色6號（New Coccin）、紅色7號，及紅色40號。

4. 酸味劑

酸在飲料中的重要性僅次於甜味劑及水，在碳酸飲料的功用有：(1) 提供酸味。(2) 刺激唾液的分泌。(3) 緩和甜味。(4) 增進風味。(5) 防腐。(6) 防止糖結晶自飲料中析出。常用酸味劑爲維生素C、檸檬酸、酒石酸、蘋果酸、乳酸及磷酸。維生素C可作抗氧化劑，延長飲料風味的壽命，亦是一種營養素。檸檬酸柔和而爽口，為柑橘、檸檬等枸櫞酸類水果的酸味，為最廣泛被使用者。酒石酸為葡萄所含之酸，酸味強但較澀，不適口。但對人工甜味劑的飲料具有掩蔽餘味效果。磷酸在可樂中可提供獨特的酸味，具有尖銳的收斂性酸感。其他如蘋果酸及乳酸亦常被使用，但乳酸略帶澀味，酸味欠佳，主要用於乳酸飲料。

三、茶飲料

茶飲料是用水浸泡茶葉，經萃取、過濾、澄清等方式製成的茶湯或茶湯中加水、糖液、酸味劑、食用香精、果汁或植（穀）物萃取物等調製而成的製品。包括茶湯飲料、果汁茶飲料、果味茶飲料、碳酸茶飲料、奶味茶飲料等。

1. 加工流程

茶飲料之加工程序如圖14.6。與一般飲料不同處為，一般飲料由原料互相調配而成，而茶飲料必須先將茶中物質萃取出，製成原料後，再進行後續加工步驟。傳統萃取方式為用熱水萃取，茶葉原料的顆粒大小、浸漬溫度、茶水比例與浸漬方式、設備等，都會直接影響茶中可溶性物質的萃取率與萃取液的品質，進而影響茶飲料的香味與有效成分的濃度。茶葉顆粒愈小，浸漬溫度愈高，萃取時間愈長，茶的比例愈高，則茶可溶性固形物的萃取率愈高，茶汁濃度也愈高，但苦澀味重，成本也愈高。一般認為茶水比1：100之口味最佳，但為節省能源，通常按1：（8～20）比例生產濃縮茶後，調配時再稀釋。

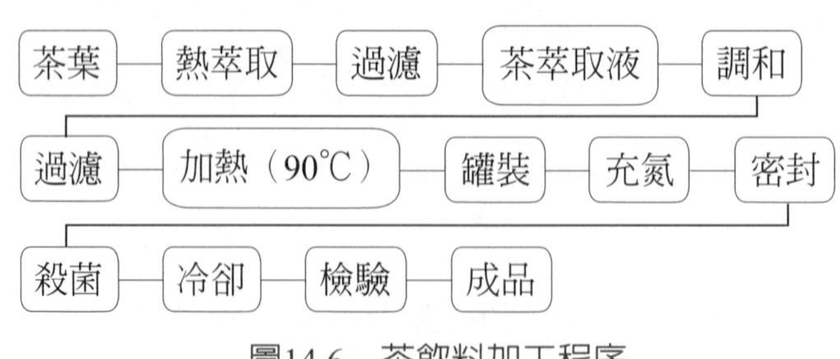

圖14.6　茶飲料加工程序

萃取後之茶汁需經兩道過濾程序。第一道先粗濾，接著細濾將微小細粒過濾。含乳茶飲料尚需均質。茶中咖啡因會與單寧結合而生成茶乳（cream），在茶汁中會造成褐變與沉澱，因此必須去除。同時氧化褐變會影響風味，因此必須加入抗氧化劑，常用者包括維生素C與異抗壞血酸鹽類。

2. 殺菌與香氣回收

茶飲料由於pH高於4.5，因此傳統上用高壓殺菌方式殺菌。但茶飲料是一種受熱不穩定的加工品，特別是綠茶飲料，在儲存過程中茶湯色澤易受光照、氧氣與高溫等影響而發生變化。加工過程中，萃取與殺菌技術亦會影響。熱殺菌會造成茶湯色澤加深甚至褐變，使滋味更苦澀，同時使香氣成分裂變甚至產生嚴重的不良氣味。這些變化都會使品質降低，改善方式包括：(1) 使用微膠囊技術。將風味物質加以包埋，避免在萃取過程中損失，可保有飲料原有的色、香、味。(2) 使用香氣回收技術。將茶葉中的芳香物質先萃取出來，在最後加工過程中加入或包埋後加入。香氣回收技術包括分餾或蒸餾如水蒸汽蒸餾、惰性氣體蒸餾與超臨界二氧化碳萃取等方式。(3) 以調香技術改善風味。(4) 使用冷殺菌技術，如高壓殺菌、輻射殺菌等或使用超高溫瞬間殺菌（135～150℃，2～8秒）。(5) 採用冷萃取技術。低溫萃取可避免高溫對茶湯色素的不利影響。若同時使用果膠酶、纖維素酶等，可提高萃取率，並有護色的作用。

3. 保健因子

茶飲料具有保健功效，自2003年作爲調節血脂的綠茶兒茶素被日本厚生省批准爲特定保健食品用功能配料以來，兒茶素在日本發展迅速。大量高含量兒茶素的綠茶飲料開發上市，綠茶飲料在五年間的消費量增加了大約2倍。近年兒茶素亦是美國常見的膳食補充劑主要配料，特別是（－）-epigallocatechin gallate（EGCG）。臺灣功能性茶飲料發展情況如圖14.7。

4. 咖啡因

茶亦含對身體不好的因素，即咖啡因。其廣泛存在於咖啡豆、茶葉、可可籽等60多種植物中，也可人工合成，作爲飲料或藥品的添加物。咖啡因會刺激中樞神經系統，增加腎上腺素的分泌，而使人體呈現興奮狀態，消除睡意。還會刺激胃酸分泌，增加食慾，刺激心肌收縮，使心跳加速。衛福部建議，每人每日咖啡因攝取量以不超過300 mg爲原則。目前衛福部要求含有咖啡因成分且有完整包

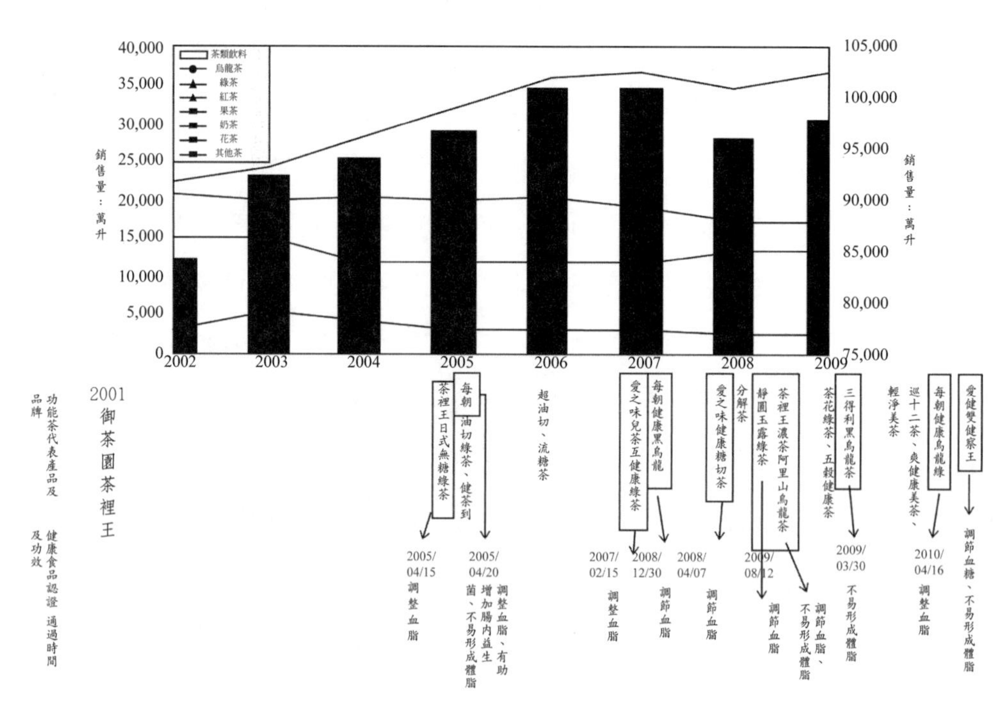

圖14.7　臺灣功能性茶飲料發展情況

資料來源：王，2011。

裝之液態飲料及「即溶小包裝咖啡」需沖泡之粉末產品，應於外包裝標示咖啡因含量。同時，該咖啡因含量不可列入營養標示中，以免使消費者誤認咖啡因是營養成分。其規定爲：⑴ 有完整包裝之液態飲料，每100毫升所含咖啡因高於或等於20毫克者，其咖啡因含量以每100毫升所含咖啡因之毫克數爲標示方式；低於20毫克者，咖啡因含量以「20 mg/100 mL以下」標示之，其中咖啡、茶及可可飲料，等於或低於2毫克者，得以標示「低咖啡因」替代「20 mg/100 mL以下」。⑵「即溶小包裝咖啡」需沖泡之粉末產品，以每一食用份量所含咖啡因總量（毫克）爲標示方法。⑶ 對於茶、咖啡及可可以外之包裝液態飲料，其咖啡因之總濃度上限爲每公斤飲料中咖啡因總含量爲320毫克以下（320 ppm）。

四、包裝水

近年來因爲自來水水質不佳，而一般飲料中色素、甜味劑過多，使包裝水得以興盛。包裝水包括包裝礦泉水（packaged mineral water）與包裝飲用水（packaged drinking water）兩類。根據我國國家標準，包裝飲用水之定義爲：以人類飲用爲目的之水，除可天然存在或特意添加二氧化碳、氧氣兩種氣體及微量礦物鹽外，不得含有糖、甜味劑、香料及其他食品添加物等。而礦泉水之定義爲：礦泉水係藏於地下，由自然湧出或人工抽取之天然水源中取得。天然水源的周圍需施行保護措施，以避免外部影響造成之任何化學或物理性的汙染。收集過程需確保原有微生物菌相及化學組成。製造上除物理方式過濾除菌外，得以紫外線照射與臭氧等方式處理，但不得使用加熱方式。礦泉水內含特定種類及組成比例之礦物鹽與微量元素或其他成分。

礦泉水生產前需先經過曝氣，因礦泉水中含有大量二氧化碳與硫化氫等氣體，呈酸性，可溶解大量金屬離子。當水與空氣接觸後，二氧化碳放出，水變成鹼性，使金屬鹽類沉澱，過濾後可降低水的硬度。水中含有的二氧化硫氣體與鐵等金屬鹽類，在裝瓶後會產生異味，且造成氫氧化物沉澱。經過曝氣處理後，可脫除氣體，提高官能品質。經以物理方式過濾除菌後，再以自動化設備灌裝。

礦泉水與包裝飲用水最大之差別爲礦泉水不得添加氯殺菌，而包裝飲用水則可加氯處理水質。礦泉水與包裝飲用水之pH值無限制，但必須在產品外標示pH值。但二者生菌數每毫升皆不得超過200個，且不得檢出大腸桿菌屬細菌。由於礦泉水不得以氯殺菌，故目前常用除菌法包括紫外線照射、臭氧處理、過濾等方式。包裝水之各種殺菌方法比較如表14.5。

近年來，飲用水中尙出現「海洋深層水」。海洋深層水係指大陸棚外緣水深超過200公尺之無光照區的海水。水深200公尺以內會被太陽加溫的海水是表層水。表層水易受現代產業排水、生活排水及河川的影響；而這些影響幾乎均不會波及深層水，且由於水深超過200公尺光線照射不到，光合作用無法進行，植物性浮游生物因而處於休眠狀態而停止增殖，因此生物生長所需要的氮、磷、矽、硝酸等不會被消耗而大量累積在海水中，故具有「無機營養豐厚性」。抽取此區域的水予以如一般飲用水加工後，即可製成海洋深層水。

表14.5 包裝水殺菌方法比較

方法	基本原理	優點	缺點
氯殺菌	Cl_2與水反應生成中性分子HClO，它能進入細菌內部，由於氯原子的氧化作用，導致細菌死亡	成本低，保護時間長	受環境影響大，生成的副產物太多，有遺留氯味
臭氧殺菌	O_3在水中分解出[O]，[O]具有很強的氧化能力	殺菌作用快，同時可除臭味、色澤及鐵、錳等	O_3不穩定，要求隨用隨取，成本增加
紫外線消毒	可改變微生物內部結構，破壞其正常生理功能，直致死亡	投資少，耗能低，接觸時間短	穿透能力弱，受電壓影響大，產生硝酸根離子，長期飲用會導致高鐵血紅蛋白症
脈衝光	瞬間亮度可達15×10^{10} cd/m^2，光通量可達10^8 lm	殺菌效果最好，投資少，耗能低	技術不成熟，缺乏實驗數據

資料來源：朱，2005

五、碳酸飲料

碳酸飲料（carbonated soft drinks）俗稱汽水，根據中國國家標準，係指添加二氧化碳之飲用水或飲料。可添加之物料包括：1. 果汁及果漿；2. 植物之果實、種子、根莖、木皮、葉、花等抽出物；3. 乳及乳製品；4. 香料、甜味料、酸味料及其他；5. 色素。

1. 加工流程

碳酸飲料生產有現混合法與預混合法兩種。現混合法是將調配好的糖漿灌入包裝容器內，再灌入碳酸水調和而成汽水。此法爲較古老的方法，目前多用於小型生產線或含果肉的汽水。其設備簡單，糖漿與碳酸水有各自的管路，清洗較易。但產品品質不一，因爲灌入的糖漿有一定量，但碳酸水則不易控制。

預混合法係在水質處理過後，以同步計量方式，加入糖液、酸、香料等添加

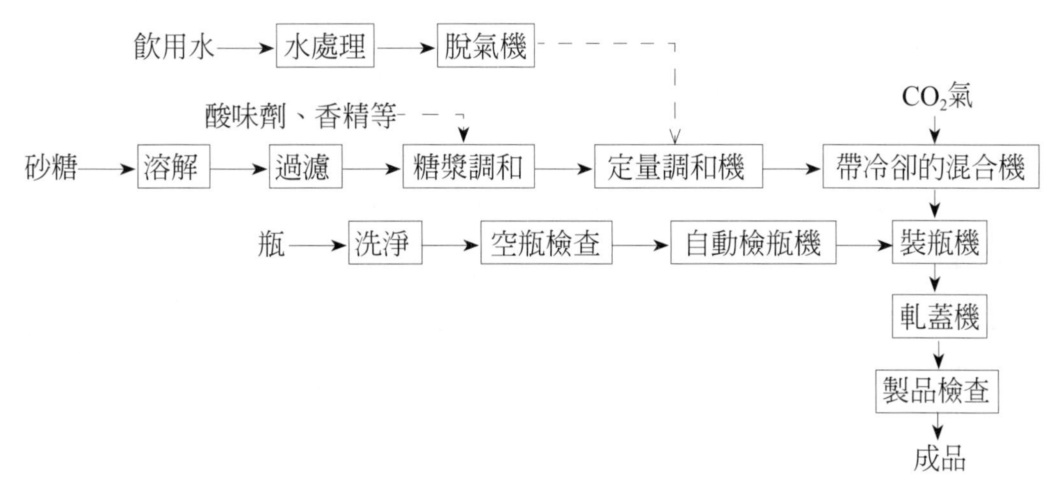

圖14.8　預混合式碳酸飲料加工流程圖

物，而後送到碳酸冷卻器（carbo-cooler），在此將混合液冷卻，並吸收二氧化碳，然後包裝、儲存，如圖14.8。目前碳酸飲料多半用預混合法。其產品品質均一，罐裝時泡沫少，但不適用於含果肉的汽水。

2. 二氧化碳

碳酸飲料之所以為碳酸飲料，即在於加入了二氧化碳而形成一種特殊的感覺。二氧化碳在碳酸飲料中之作用包括：(1) 清涼作用。二氧化碳在飲料中以碳酸形式存在，在人體中溫度升高、壓力降低後，吸熱分解產生清涼作用。(2) 阻止微生物生長，延長產品儲存期限。二氧化碳與壓力皆可抑制微生物的生長，從而延長儲存壽命。(3) 突出香味。二氧化碳逸出時，能帶出香味，增強風味。(4) 有舒服的爽口感。隨各種飲料風味的不同，有的要強烈，有的要柔和，而所用的二氧化碳體積常不相同，一般在1.5～5 g/L。

碳酸飲料中的二氧化碳係以高壓灌入飲料中，因二氧化碳在低溫下，較易溶於水，所以混合二氧化碳多在低溫下進行。二氧化碳的來源包括：(1) 燃燒含碳化物（煤炭、石油、天然氣等）。(2) 石灰石（$CaCO_3$）加熱。(3) 酵母發酵過程產生。(4) 石灰石加酸，如硫酸而產生。但在這些二氧化碳中，多混雜有硫氣體、有機物等雜質，必須再經進一步純化才能使用。

第五節　糖果的製作

糖果（confectionery）的定義爲糖果基材經整形後所得之製品。至於糖果基材則係指以糖類（包括砂糖、轉化糖、異構化糖、葡萄糖、乳糖、蜂蜜、食用澱粉水解物等食用糖類）或糖類再添加乳製品、油脂、水果、堅果種子類（包括其加工品）、澱粉、麵粉、蛋白、動植物膠、調味劑、香料、乳化劑、著色劑及膨鬆劑作原料製成者。

一、糖果的分類

糖果包括煮糖、錠片、穀糖棒、披覆糖、口香糖、巧克力（表14.6）。煮糖爲最常見者，最基本的方式爲利用含水量的多寡，分爲硬糖（hard candy）及軟糖（soft candy）兩種。硬糖係將糖果基材熬煮至水分6%以下，製成之硬質性糖果，如白脫糖、情人糖等。軟糖的水分爲6～20%，又分半軟糖及凝膠軟糖，包括牛奶糖、牛軋糖、太妃糖等屬半軟糖，甘貝熊軟糖、水果軟糖屬凝膠軟糖。

煮糖另一種分類法是以形成結晶與否，將糖果分成結晶糖果（crystalline candy）及非結晶糖果（amorphous candy）。結晶糖果容易以刀子分割，以顯微鏡觀察其組織時，可看見有系統的結晶，其中包含若干的液體，常見如翻糖（fondant）、富奇軟糖（fudge）。非結晶糖果的組織則缺乏系統性，這類糖的蔗糖含量一般比結晶糖果高，由於熬糖時黏度過高，因此使糖的結晶無法形成一個有系統的結構，所以不能造成大的結晶。也因爲缺乏結晶性，使這類糖不易以刀切開，且易黏牙，包括極軟易咬的牛奶糖，到較硬脆的太妃糖（toffee）。

二、糖類加工

1. 硬糖加工

硬糖以砂糖、澱粉糖爲主要原料，經熬煮成脆性糖果，過程如圖14.9。其基本組成爲甜體與香味體。硬糖看似結晶，其實它是一種非結晶糖。甜體包括結晶的蔗糖與各種糖漿。蔗糖爲結晶物質，而各種糖漿爲非結晶物質，兩種物質高溫熬煮混合時，形成透明的非結晶系統。硬糖之品質標準之一爲所含總還原糖量，一般控制在12～25%。

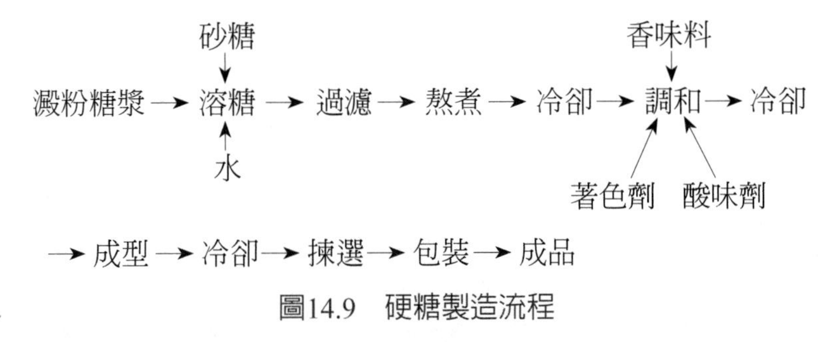

圖14.9 硬糖製造流程

糖漿在糖果內之抗結晶作用包括：(1) 提高甜體內溶液的溶解度和飽和係數。(2) 增大甜體內溶液的黏度。糖果中使用的糖漿主要有澱粉糖漿與轉化糖漿。澱粉糖漿爲澱粉的水解產物，是利用酸（鹽酸或硫酸）或酵素（α–澱粉酶，β–澱粉酶），將澱粉分解成一連串的葡萄糖聚合物，範圍由單醣到多醣（如葡萄糖、麥芽糖及糊精），且多是還原糖，於是利用銅還原法，可測出糖漿中還原糖的總量，此值再與總固形量比較所得之百分比值即稱爲葡萄糖當量（dextrose equivalent, DE），DE值表澱粉的水解程度，DE值愈高，水解愈完全。

發黏（stickiness）與返砂（grained）爲糖果主要品質問題，尤其硬糖。正常硬糖透明似玻璃狀，當暴露在濕度較高的空氣中時，由於吸收空氣中水汽，糖體表面逐漸發黏與混濁。若持續吸水，造成表面呈融化狀態，失去其固有的外型，此稱爲發黏現象。一般濕度超過30%即會開始，50%後更明顯。

返砂是指糖類組成從無定形狀態恢復成結晶狀態的現象。一般在發黏狀態硬

表14.6 糖果的分類

分類	類別	製程別		水果口味	奶品口味	核仁或飲料清涼口味
煮糖（依煮糖最終溫度及含水率決定軟硬程度）	硬糖 Hard Candy	全粒（打粒、澆注）		楊桃糖、旺來糖、芭樂糖	白脫糖、煉奶糖	可樂糖、侯爵爽口糖
		夾心	巧克力	情人糖、夏娃糖		
			糖漿膏	陳皮梅夾心糖		枇杷膏KTV糖、茶糖
			果汁粉	秀逗糖、檸檬夾心糖		香檳沙士糖
			酥心	西施糖	咖啡糖、奶酥糖	花生酥糖
		拉延包氣		黃金糖		薄荷糖、花生貢糖
	半軟糖 Soft Candy	咀嚼 Chewy		瑞士糖、蜜蜜糖	牛奶糖、鮮奶糖	爽喉糖
		氣泡 Aerated		知心軟糖	太妃糖、富奇糖	牛軋糖
		被覆夾心		勇氣果子		曼陀珠
	凝膠軟糖Jelly	凝膠物種類	洋菜軟糖	賓司軟糖 Jelly Beans（雷根豆軟糖）、疊層軟糖、陳皮夾心球軟糖		
			果膠軟糖	鮮果汁軟糖、生日軟糖		
			明膠軟糖	甘貝熊軟糖、QQ軟糖、水果精靈夾心軟糖、雪綿糖 Marshmallow		
			澱粉軟糖	華達錠喉糖、雷根豆軟糖、水果軟糖、花生紅泥軟糖、新港橡皮糖		
錠（壓）片 Tablet		奶片糖、檸檬片糖、橘子片糖、山楂梅片糖、維他命C片糖、喉片糖				
巧克力		口味（苦甜，牛奶，白）、型式（淋掛，衣掛，片塊，夾心，醬膏）				
口香糖		口香糖 Chewing Gum、泡泡糖 Bubble Gum				
其他		披覆糖（軟皮，硬皮，巧克力皮）、五彩糖珠、糖葫蘆、糖塔、泡糖、糖蔥、棉花糖				

中華穀類食品工業技術研究所

糖的表面，在周圍相對濕度降低時，表面的水分子重新擴散到空氣中，導致表面融化的糖分子重新排列形成一層細小而堅實的白色晶粒，此現象稱為返砂。發黏與返砂現象往往是交替進行的，發黏導致返砂，返砂後的糖體在一定條件下，又繼續發黏，再返砂，如此循環不止。

2. 焦香糖果加工

焦香糖果是以添加乳品、油脂、乳化劑等輔料，經熬煮、冷卻成型而成帶有特殊焦香風味的糖果。包括太妃糖、牛奶糖（caramel）、富奇糖等。其水分含量在8～10%，故屬於半軟糖。按其質地又可分為膠質型的太妃糖、牛奶糖與砂質型的富奇糖兩類。其製造過程如圖14.10。

(a) 膠質型焦香糖果

砂糖、水（↓溶糖）　油脂、煉乳、乳化劑（↓混合與乳化）　著色劑、香味料（↓調和）

澱粉糖漿 → 溶糖 → 過濾 → 混合與乳化 → 熬煮（焦香化）→ 冷卻 → 調和
→ 冷卻 → 成型 → 揀選 → 包裝

(b) 砂質型焦香糖果

砂糖、水（↓溶糖）　油脂、煉乳、乳化劑（↓混合與乳化）　著色劑、香味料（↓混合（砂質化））

澱粉糖漿 → 溶糖 → 過濾 → 混合與乳化 → 熬煮（焦香化）→ 混合（砂質化）→

砂糖、澱粉糖漿 → 溶化 → 過濾 → 熬煮 → 攪擦 → 方登糖基（↑混合（砂質化））

→ 冷卻 → 成型 → 揀選 → 包裝

圖14.10　焦香糖果生產流程　(a)膠質型　(b)砂質型

此類糖果具有乳黃至棕色的色澤，並帶有獨特之焦香味，煉乳為基本組成。其堅韌性與伸縮性與煉乳所含的蛋白質有關，酪蛋白增加，則堅韌性隨之增加。但若過度加熱，酪蛋白產生凝結作用，則反而變得不熔。煉乳內的乳糖可降低糖果的甜度，並有助焦香味的產生。磷脂質則具有天然乳化劑的作用。

油脂亦為焦香糖果的基本組成之一。油脂的組成與特性直接影響糖果的口感與功能特性，因此油脂的選擇相當重要。乳脂有愉快的香味與容易乳化的特點。但對糖果結構而言，乳脂較軟膩、價格較高，且易分解而造成糖果變味。若以氫化的植物油取代部分乳脂，可有較佳之效果。

3. 充氣糖果加工

充氣糖果是以砂糖、澱粉糖與發泡劑爲原料，添加適量果仁、油脂等，經熬煮、攪打、冷卻成型而成的含糖氣泡體的糖果，包括雪綿糖（marshmallow）、太妃糖、牛軋糖（nougat）等。其中雪綿糖水分在15%以上，屬軟糖，而太妃糖、牛軋糖水分在10%以下，屬半軟糖。充氣糖果的原料，除一般糖果原料外，尙需添加發泡劑，一般多爲經適當處理的蛋白質。常見之發泡劑包括卵蛋白、明膠、乳蛋白發泡劑、大豆蛋白發泡劑。此類糖果加工過程與一般糖果相似，只是在成型前多加一攪打充氣的過程。

充氣糖果是一個多相分散系統。在此系統中，砂糖與糖漿溶在水中成爲連續相，而無數細密的氣泡分散於系統中，成爲分散相。而油脂則以極小球體分散其中，成爲乳糜狀態。乳粉或可可粉等細粉則又爲固體分散相。

4. 凝膠糖果

凝膠糖果（軟糖）是以砂糖、澱粉糖漿爲主要原料，以洋菜、修飾澱粉、明膠、果膠作爲凝固劑，經熬煮、成型等步驟製成。由於其水分高於10%，有些可高達20%以上，故屬於軟糖類。其可視爲一種含有糖溶液的凝膠體。

第六節　可可及巧克力

一、巧克力的特性

巧克力一向爲女性所喜好之食品之一，可可含58%碳水化合物、20%蛋白質、14%脂肪，2012年歐盟食品安全局（EFSA）公告黑巧克力與可可能改善血液循環，並准許製造商在商品上標示此健康效益，相信未來其身價更因此提升。但此效益僅限黑巧克力，一般牛乳巧克力、白巧克力則無此效益。其主要功效物質爲可可中高量的黃烷醇類（flavanols）。另外，巧克力中亦含有色胺酸，此物質可幫助人體合成血清素（serotonin），當人體內血清素不足時，情緒會不穩定。通常女性體內血清素比男性少，所以女性較易有情緒不穩之負面情緒反應，因此，吃巧克力後可使心情好轉是有科學根據的。

可可脂有個特性，其固體脂含量曲線（SFC curve）非常陡峭，融點範圍很窄，在27℃以下為固體，27.7℃開始融化，到35℃完全融化，故有「只融於口，不融於手」之說法（因口腔溫度較手為高）。這和其他油脂有極大差異，因其脂肪酸構成比率很特別。可可脂的三甘油酯幾乎是二個飽和脂肪酸和一個不飽和脂肪酸與一個飽和脂肪酸和二個不飽和脂肪酸構成（表14.7）。前者占80%左右，以POS 脂肪酸組成為主，其他是OSS 與OPP。另外，可可脂具有四種不同固體脂結晶型態–γ、α、β'、β，在不同溫度下，四種結晶型態會轉換（表14.8）。

表14.7　天然可可脂三甘油脂組成

三酸甘油脂類型	含量（%）	熔點（℃）	三酸甘油脂類型	含量（%）	熔點（℃）
POS	53.0	34.5	OOP	4.5	常溫下液態
OSS	18.5	42.5	OLP	4.5	常溫下液態
OPP	7.0	29.0	OLS	4.5	常溫下液態
PSP	2.5	63～68	游離脂肪酸	1.1	
OOP	4.0	常溫下液態	其他	0.4	

注：P 棕櫚酸（palmitic acid），O–油酸（oleic acid），S–硬脂酸（stearic acid），L–亞麻油酸（lenoleic acid）

資料來源：周，2008

表14.8　可可脂之多型結晶與其特性

結晶型	融點（℃）	安定性與轉變速度	融解潛熱	凝固縮收率
γ	16～18	非常不安定，約3秒即轉變成α型		
α	21～24	室溫下一小時轉變成β'型結晶	19 kcal/g	7.0%
β'	27～29	室溫下一個月轉變成β型結晶	28 kcal/g	8.3%
β	34～36	最安定	36 kcal/g	9.6%

資料來源：顏，2007

二、可可及原料處理

可可（*Theobror. Acacao*）產於熱帶地區，爲製造可可（cocoa）及巧克力（chocolate）之原料。其主要成分爲脂肪54.7%，蛋白質11.5%，澱粉6.1%，灰分2.7%，粗纖維2.1%。另外，亦含有高量的生物鹼，其中以可可鹼（theobromine）–3,7–二甲基黃嘌呤（3,7-dimethyl xanthine）占全重1.5%，咖啡因次多，占0.15%。可可鹼爲咖啡因的前趨物，亦具有興奮劑的生理作用，但作用較咖啡因弱，亦有抗抑鬱效果。

將樹上完全成熟的可可果收獲後，分成兩半取出種子，讓其自然發酵。發酵的目的在減少苦澀味，並產生特殊香味，其方式乃利用空氣中存在的微生物進行自然的發酵。當發酵完成後，在外觀上可可豆的顏色會產生變化，此乃因生成可可豆特有的紅褐色色素：可可紅素（cocoa red）及可可紫素（cocoa purple），同時香味生成，果肉容易分離。經乾燥至水分7%以下即可長期儲存。

可可豆之加工可分一次加工與二次加工。一次加工包括選別（cleaning）、焙炒（roasting）、破碎分離（winnowing）、豆仁調混研磨（nib blending and milling）等工程，將可可豆變成可可豆仁，再把豆仁變成可可膏（cacao mass, cacao liquor）與可可粉（cocoa powder）。所謂二次加工就是再製造成巧克力及含可可的成品。其加工步驟如圖14.11。

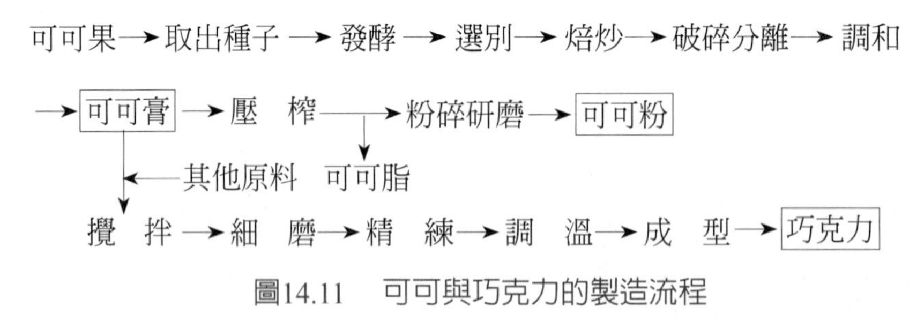

圖14.11　可可與巧克力的製造流程

三、巧克力的製造

巧克力係將一次加工的產品：可可膏加入其他原料，如糖粉、奶粉、鹽等，加以攪拌、揉捏而後再細磨，以免產品有粗糙感。細磨後要經過精煉（conching）及調溫（tempering）步驟，最後再使之成型、冷卻，製成巧克力。

1. 混合攪拌

混合攪拌係將熔融的原料在43～99℃放置36～72小時。目的在減少巧克力成品的水分，並除去不良味道，產生香氣成分，且使各種原料混合更均勻，顆粒更細滑。

2. 細磨

細磨是將原料磨成25 μm以下細度，呈均一分散狀態的過程。一般常使用五段滾輪研磨機（five roller refiner）（圖14.12）。五個滾輪間為相向轉動，每個滾輪轉速不同，依次遞增，分別為0.42 m/s、1.00 m/s、2.00 m/s、3.20 m/s、4.30 m/s。同時，每個滾輪距離依序遞減。這樣就可將原料愈磨愈細。細磨可將原料磨成平均15～20 μm粒徑的產品。由於人的味覺器官可辨認25 μm以上的顆粒，因此，經細磨後的巧克力已無砂質感，只有細膩潤滑的口感。細磨溫度一般控制在40～42℃，細磨過程由於顆粒變小，黏度會上升，磨的愈細，物料愈黏，流動性愈差。因此，在細磨後期需加入乳化劑以降低黏度。

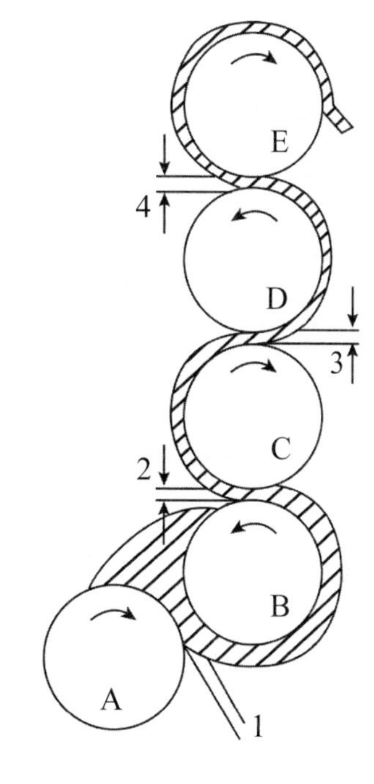

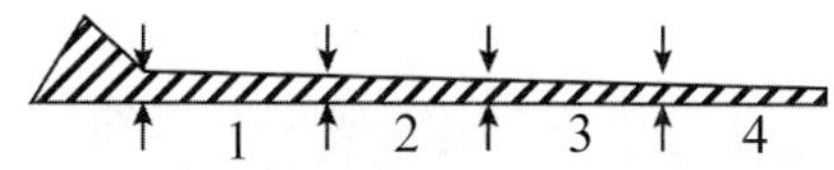

圖14.12　五段滾輪研磨機細磨過程

3. 精煉

細磨後原料會互相結塊，且因黏度增高使品質不安定，故需以精煉機加以精煉。精煉是將巧克力在光滑機械作用下，長時間進行摩擦、充氣、混勻與乳化，使醬料產生質地與香味上的變化。精煉按溫度控制方式分為冷精煉（45～55℃）與熱精煉（70～80℃）。

精煉的目的包括：(1) 減少巧克力含水量。巧克力最終水量會影響其品質與保存期限，也會影響其操作特性。(2) 除去巧克力內不良味道。可可豆發酵過程會產生一些帶刺激性物質，精煉過程中，可揮發掉一些風味物質，且使含酸量降低。(3) 使單寧氧化降低澀味。(4) 降低巧克力黏稠度。水分爲影響黏稠度之重要因素，精煉過程中水分減少，於是黏稠度降低。(5) 使砂糖、奶粉、可可等成分充分混合。(6) 產生香氣成分。精煉可使胺基酸游離出，而與還原糖反應產生梅納反應而生成新的芳香物質。(7) 使巧克力顆粒更細滑均勻，且使外觀更具光澤。細磨過程雖然使巧克力原料平均粒度變小，但原料間粗細比例仍有差別，且顆粒型態也不規則，顆粒表面粗糙，缺乏光滑感。精煉後可使這些多角質粒磨光滑，使巧克力成品有良好的光滑口感，也使外觀看來更光澤亮麗。

4. 調溫冷卻

精煉完成後，便要調溫冷卻，由於冷卻溫度不同會影響最後產品的結晶型態，因此冷卻時溫度的控制很重要。天然可可脂是同質多晶型三酸甘油脂的混合物，冷卻過程中，γ 型結晶是較低溫度下形成，最不安定的結晶型，會迅速地轉變成α型，經過一段時間會轉變成$\beta_{,}$、β型結晶。巧克力若是呈β型微細結晶時表面會有光澤，組織堅硬，這與巧克力冷卻的溫度控制有密切關係。

巧克力若保存時溫度變化大，未調溫的巧克力可能使其油脂滲出表面，或使表面的脂肪狀態產生變化，而使表面產生白粉或灰色白色斑點，此即霜斑（bloom）現象，此現象可藉調溫來避免。

調溫分三階段（圖14.13），首先，巧克力漿降溫至約29℃左右，物料內脂肪開始大量產生微小晶核，不穩定的晶型轉變爲較穩定晶型。第二階段持續降溫至27℃左右，此時，穩定晶型的晶核逐漸形成結晶，物料變得濃稠，且黏度增加。第三階段由27℃回升到29～30℃，促使熔點在29℃以下的不穩定晶體融化消失，進而減少物料內已出現的其他晶型，將熔點高於29℃的β和$\beta_{,}$晶型保留在巧克力物料中。使固化的巧克力品質穩定。

注模成型與冷卻爲巧克力製造最後之步驟，巧克力原料經前述加工過程後，所有內容物已成爲一種均勻連續相的物質，且其中一部分已成爲細小的穩定晶體。但各種物質仍可能轉變成不穩定狀態。因此冷卻的目的就是終止這種不穩定狀態，同時使產品成爲固體以利儲存與攜帶。巧克力的冷卻不可用低溫急速冷卻

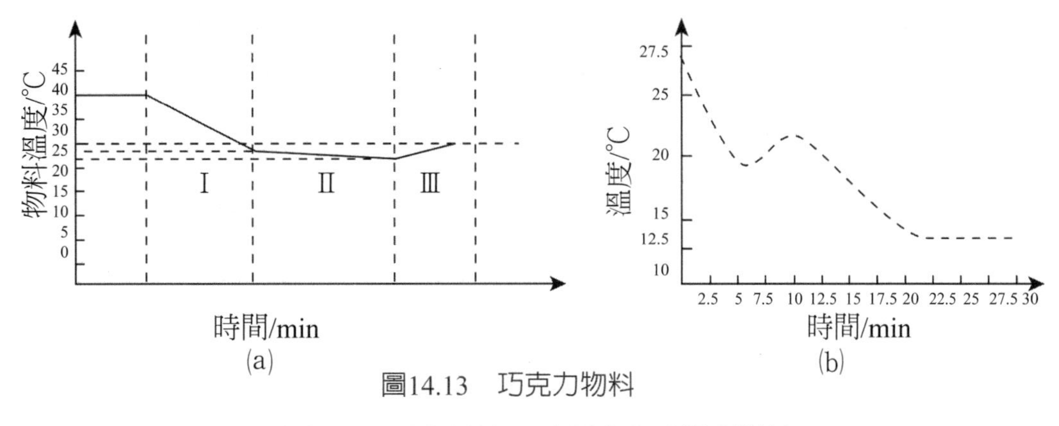

圖14.13　巧克力物料

(a)調溫與　(b)凝固過程溫度變化與時間之關係

方式，因爲會使表面迅速固化，而內部熱量無法及時除去，導致以後緩慢釋放熱能過程中造成晶型轉換，影響巧克力最終品質。一般以8～10℃爲宜，時間一般爲25～30分鐘。100克物料由27℃降至20℃約需5分鐘，再降至12℃約需21分鐘（圖14.13）。

四、可可粉的製造

可可粉是把可可膏加以壓榨，去除可可脂後的剩餘濾渣加以粉碎研磨而成。在整個巧克力或可可粉製程中，有時將可可豆先以鹼液加以浸漬，使其pH值達到6.0～8.8，此處理稱爲鹼處理（dutch process）。鹼處理可使產品顏色轉成深褐色。一般，未經鹼處理之可可粉或巧克力稱爲天然可可粉（natural cocoa powder）或天然巧克力（natural chocolate），天然可可粉的pH值爲5.2～6.9。

五、巧克力的分類與品質

根據「巧克力之品名及標示規定」，巧克力爲以可可製品爲原料，並可添加糖、乳製品或食品添加物等製成，爲固體型態不含內餡之黑巧克力、牛奶巧克力及白巧克力。巧克力之品名應依下列規定標示：1. 品名標示爲「黑巧克力」者，其應以可可脂混合可可粉、可可膏爲原料，且其總可可固形物含量至少35%、可可脂至少18%、非脂可可固形物至少14%。2. 品名標示爲「白巧克力」者，其應以可可脂及乳粉爲原料，且其可可脂含量至少20%、牛乳固形物至少14%。3. 品名標示爲「牛奶巧克力」者，其應以可可脂及乳粉混合可可粉、可可膏爲原料，且其總可可固形物含量至少25%、非脂可可固形物至少2.5%、牛乳固形物至少12%。4. 以「巧克力」爲品名標示者，其原料及含量應以前三款爲限。至於添加植物油取代可可脂之巧克力，其添加量未超過該產品總重量之5%者：應於品名附近標示「可可脂中添加植物油」或等同字義。添加植物油取代可可脂之巧克力，其添加量超過該產品總重量之5%者：應於品名前加標示「代可可脂」字樣。

巧克力依可可成分含量的不同，可分爲：苦甜巧克力（bitter chocolate）、牛乳巧克力（milk chocolate）及白巧克力（white chocolate）。苦甜巧克力又叫黑巧克力，指可可脂含量高於50%，或乳質含量少於12%的巧克力。牛乳巧克力含10%可可粉漿，至少12%的乳質。白巧克力不含可可粉，但有可可脂，乳製品與糖相對較高。依其形狀，可分爲：模板巧克力（mold block chocolate）、模餡巧克力（mold filling chocolate）、淋掛巧克力（enrobing chocolate）、殼蛋巧克力（easter shell chocolate）、粒片巧克力（drop chip chocolate）、披覆巧克力（coating chocolate）。

模板巧克力是全部巧克力或巧克力與核果仁、脆米粒等混合，注入模型內，冷卻成板片狀。模餡巧克力是巧克力注入模型稍微冷卻後，將未凝固巧克力倒出，形成杯模，再充填各種餡料，表面再覆蓋一層巧克力冷卻。淋掛巧克力是餅乾或軟糖、蜜餞、果乾等表面淋掛一層薄薄的巧克力。殼蛋巧克力是西方國家復活節和聖誕節經常送禮的巧克力，有雞蛋形、兔子、小雞等形狀，利用兩片一套模型，內部充填部分巧克力，四方八面不斷旋轉，使巧克力以相同厚度分布模型內部，再冷卻凝固脫膜。粒片巧克力是將調溫後巧克力直接擠注到冷卻隧道塑膠輸送帶上，形成微凸圓形薄片狀或水珠狀，再經隧道冷卻。披覆巧克力是杏仁、花生、軟糖球、葡萄乾等在轉鍋（coating pan）中添加半液體狀巧克力，平均披覆各核果仁外表，冷卻凝固，並加以蟲膠拋光防黏。

巧克力若經正確調溫後之成品，應在溫度18～20℃、相對濕度50%以下條件保存。在保存過程中最重要的是避免霜斑的產生，此乃因環境溫度變化極大造成的，所以應儘量保持恆定溫度。霜斑現象有兩種：油脂造成者稱油斑（fat bloom），糖造成者稱糖斑（sugar bloom）。油斑產生之原因有：1. 巧克力調溫時不完全，產品放置保存時產生粗大結晶。2. 保存溫度太高，可可脂融化分離，溫度降低後再結晶造成。糖斑之原因爲巧克力溫度低時，遇到空氣溫度高且濕度也高，巧克力表面產生冷凝水，使表面溶解，當水蒸發後，留下白砂糖之結晶。

六、可可脂代用脂

因爲天然可可脂已不足需求，且價格較昂貴，因此許多代用品出現。可可代用脂的條件爲與天然可可脂的熔點、凝固點、固體脂肪指數、硬度等接近。目前可可脂（cacao butter, CB）的代用脂有三種：1. 類可可脂（cacao butter equivalent, CBE）、2. 月桂酸系代用脂（lauric acid cacao butter substitute, CBS）、3. 非月桂酸系代用脂（no lauric acid cacao butter replacement, CBR）。

類可可脂（CBE）皆爲天然脂質，除香味外，化學組成與物理特性均與天然可可脂相似，和可可脂一樣需要調溫，故也稱調溫型硬脂。其可以與可可脂混合使用，一般替代量爲5～50%。

月桂酸系代用脂（CBS）是由氫化椰子油和棕櫚仁油組合成，其三酸甘油脂組成與天然可可脂完全不同，但物理性質接近。在20℃時很硬，25～35℃間能迅速熔化。使用上不必調溫，故又稱非調溫型硬脂。這種巧克力必須充分精煉去除水分，否則容易產生油脂皀化。

非月桂酸系代用脂（CBR）是許多植物油，如菜籽油、米油、玉米油、黃豆油等部分氫化，再以溶劑結晶區分，取其物理性質接近天然可可脂的部分，脫臭處理製得。CBR代用脂比較柔軟，有點可塑性。

參考文獻

一。2007。手工糖果製作班教材。中華穀類食品工業技術研究所。

方元超、趙晉府。2001。茶飲料生產技術。中國輕工業出版社，北京市。

王娜。2012。食品加工及保藏技術。中國輕工業出版社，北京市。

王素梅、葉雲萱、李河水。2011。臺灣功能茶飲料市場與消費客層分析。食品市場資訊100(6):13。

王素梅、鄒沂庭。2012。臺灣飲品新品發展走勢。食品市場資訊101(6):1。

中國飲料工業協會。2010。飲料製作工。中國輕工業出版社，北京市。

田口護。2012。田口護的精品咖啡大全。積木文化，臺北市。

朱珠。2010。軟飲料加工技術，第二版。化學工業出版社，北京市。

朱蓓薇。2005。實用食品加工技術。化學工業出版社，北京市。

吳祖興。2000。現代食品生產。中國農業大學出版社，北京市。

林天送。2012。巧克力與可可粉有益血液循環。健康世界441:69。

周家春。2008。食品工藝學。化學工業出版社，北京市。

林希軒。2011。永續咖啡之探討：問題與機會。中華家政學刊49:63。

宛曉春。2008。茶葉生物化學，第三版。中國農業出版社，北京市。

胡小松、蒲彪、廖小軍。2002。軟飲料工藝學。中國農業大學出版社，北京市。

施明智。2009。食物學原理，第三版。藝軒圖書出版社，臺北市。

張敏、李春麗。2002。現代食品工業指南。東南大學出版社，南京市。

張嫈婉。2012。休閒食品與蔬果素材結合具健康加值效益。食品市場資訊101(9):1。

顏文俊。2007。神仙美食巧克力（上）。食品資訊218:60。&（下）220:40。

顏文俊。2019。最新健康零食加工開發技術走向。食品資訊290:68。

第十五章

食品包裝

第一節　包裝的目的

一、前言

中國國家標準對包裝所下的定義爲：物品在運輸、倉儲交易及使用時，爲保持其價値及原狀，以適當之材料、容器等所做之技術及其實施之狀態。一般可分爲個包裝、內包裝與外包裝等三類。

遠古時代，當人們需要容器來裝盛食品時，會利用天然的葫蘆、竹節、捲曲大型葉片或貝殼。後來，逐漸有了利用自然資源加工而成的容器，如挖空的木頭、編織的草籃，甚至使用動物的器官，如牛角及胃或用皮革製成容器。然後演進成利用金屬材料、陶器、玻璃盛裝食物。紙發明後也有使用紙包裝食物。臺灣早期也有曾使用報紙包油條、荷葉包青菜的日子。時至今日，各種製作精美，外觀引人注目的包裝食品陳列在各型賣場的貨架上，五花八門，令人眼花撩亂，但其包裝材料，不外乎塑膠、金屬、玻璃與紙四大類。

二、食品包裝的目的

1. 延長保存壽命，增加安全性

此爲包裝最重要的功能，產品在儲運，流通中，包裝具有防水、防潮、防震、防衝擊、防破損、防洩漏、防止蟲害、鼠害及異物的侵入、防汙染，防受熱、防氧化、防光、防微生物等作用。包裝食品經過殺菌等加工程序，亦可增加其保存性與安全性。

2. 便於攜帶及運輸

包裝可容納食品，使食品便於運輸。由於一種食品包裝常有一定的規格、大小及標準，除了個別食品小包裝外，還有集合各別食品的大包裝。在運輸時，不必搬運個別食品，只要將整個大包裝好的食品搬上交通工具即可，在運輸途中更可避免食品因車子的搖動、振動而掉落。

3. 方便消費與生產

罐頭食品的易開罐、鋁箔包，飲料常用之利樂包、塑膠瓶等，都是方便開啓以供立即消費之包裝。另有一些特殊的容器，如自熱包裝，自冷包裝等，有利於特殊環境下食用。

4. 定量包裝、便於販賣與庫存管理

包裝食品貯存方便，可以放在貨架上由消費者自行選購。同時，食品經包裝後，易於定量，增加庫存管理之方便性。甚至有些工廠使用自動化管理其庫存。

5. 吸引消費者的注意，引起購買慾，增加商品價值

包裝爲商品傳達資訊的媒介，可進行無聲但卻是形象的自我宣傳，同時具有促進銷售的功能。好的包裝不僅達到保存食品之功效，甚至也可達到促銷之功效。如一些可愛或美麗之圖案，或印上一些偶像或明星肖像，可增加購買慾。

6. 提供產品標示及相關訊息

在食品的包裝外表上可以用文字及圖樣說明內容物與使用方法。同時藉包裝標示，可使消費者了解產品的成分、廠商、製造日期、保存期限及使用方法等內容物的特性。

7. 防止偽造及下毒

國內外皆發生過食品及藥品被僞造或下毒案件，對消費者的食用安全造成很大威脅，正確及適當的食品包裝可以防止事件的發生。

第二節　食品包裝材料種類

常用之食品包裝材料種類包括金屬、玻璃、塑膠、紙類與積層包裝，以及較少見之木材、陶瓷等。

一、金屬材料

利用金屬容器來包裝食品是一種簡單而有效的保存食品方式。金屬容器包括馬口鐵罐、鋁罐、金屬軟管與噴霧罐。其中馬口鐵罐與鋁罐已於第四章（熱加工）介紹。除密封之鐵、鋁罐，金屬容器之封口形式尚有壓蓋罐與旋蓋罐等。壓蓋罐有單壓蓋與雙壓蓋兩種，前者用於粉狀食品，如乳粉、麥晶粉等，同時爲了密封隔絕性，通常在壓蓋裡密封一層鋁箔；雙壓蓋封蓋較平，用於茶葉等易吸濕食品。壓蓋罐的密封靠金屬蓋與罐頂密封邊的摩擦壓緊，其密封性與材質有關。

金屬軟管是用金屬材料（以鋁、鉛、錫爲主）製成具擠壓性的管狀帶蓋容器，可用於盛裝巧克力醬、奶油、蛋黃醬、乳酪、肉醬、糖漿、蜂蜜、魚子醬等產品。噴霧罐係把液態產品以加壓狀態置入容器，經由瞬間的內外壓差，使產品以霧狀或泡沫狀噴出之容器，常用來盛裝鮮奶油。

二、玻璃材料

玻璃是一種硬性的容器，具有水晶般質感，可被製成各種形狀、色彩來盛裝物品，常被用來包裝各種食品，如汽水、醬油、醬菜、牛乳、酒等。玻璃材料之優缺點與應用於罐頭之加工見第四章（熱加工）。用於罐頭加工之玻璃瓶一般爲透明的，但用於其他用途之玻璃瓶則可展現各種顏色，玻璃之各種顏色與添加物質如下：紅色，氟化鈣。黃色，三氯化二鐵。綠色，三氯化二鉻。藍色，氯化鈣。紫色，三氯化二鐵。琥珀色，氟化鈣。茶色，碳。一般玻璃瓶會被350 nm的光透過，但棕色、綠色玻璃可阻隔紫外線和部分光線。針對玻璃瓶重與易碎之缺點，目前已有結合減少玻璃厚度和提高強化技術製成之輕量玻璃瓶（可減少35～45%重量）、把玻璃表面二氧化矽網狀結構中的鈉離子以鉀離子取代之化學強度玻璃瓶及在玻璃瓶外表面塗上聚胺基甲酸乙酯類的塑膠樹脂之塑膠強化玻璃瓶。

三、塑膠材料

塑膠是由許多單體（monomer）聚合而成的多分子聚合物，分子量在五千到十萬左右。有些塑膠是由一種以上的單體構成，形成所謂的共聚合物，而能有特殊的性質。塑膠在製造過程中具有可塑性，並可不斷予以變形製成薄膜、瓶、罐等，是一種應用廣泛又便宜的包裝材料。

目前塑膠使用量已經超越玻璃和金屬，主要原因是其原料成本低、加工容易。除這些優點外，塑膠包材較一般金屬質量輕，可減少運輸成本，同時塑膠透明，易於熱封口，易於加色印刷、設計以提高產品附加價值，促進產品銷售等特性，所以會大量被使用。但近年來由於環保議題，造成塑膠包裝使用愈來愈受到爭議，也有愈來愈多之取代物發明。

塑膠的主要成分是樹脂，再配以填料、塑化劑、著色劑、潤滑劑、抗老化劑、固化劑、抗靜電劑等組成。可分爲熱可塑性塑膠（thermoplastic）和熱固性塑膠（熱硬化性塑膠，thermosetting）。熱塑性塑膠可多次熔融，重新塑製製品，如聚乙烯、聚丙烯、尼龍等。熱固性塑膠指受熱會硬化或是達於某一溫度會永久硬化者，此種塑膠只能塑製一次不可能再生利用，如酚醛樹脂。

常見之塑膠包裝容器包括：1. 塑膠包裝袋。如蒸煮包裝袋、無菌充填包裝袋、複合包裝袋。2. 塑膠瓶。聚酯瓶、聚乙烯瓶、聚丙烯塑膠瓶等。3. 塑膠軟管。低密度聚乙烯是最常用的原料之一。4. 塑膠罐、桶、箱等。

四、紙類包裝

紙爲五千年前埃及人以蘆葦草製成，用來書寫的一種東西。現代造紙方法則來自兩千年前中國蔡倫的發明，以天然的植物皮和麻的纖維所製成，後來才傳到歐洲。依據原料的不同，紙可分爲木漿紙、非木植物纖維紙以及再生紙。一般製紙的程序包括製漿、調製、抄造、加工等步驟。爲了增加紙的耐用性，使它適用於食品包裝容器，在製紙的過程中常添加化學助劑，但是必須使用安全合乎法規的添加劑，否則在包裝食品後溶出至食品中，會影響健康。

紙質材料近幾年發展迅速，一般可製成紙袋、紙盒、紙容器、紙箱等。其優點包括：1. 質輕、成本低、品種多樣、易於大批量生產。2. 加工性能好、便於複合加工，印刷性好。3. 具有一定的挺度和良好的機械性能。4. 衛生、無毒、無汙染。5.廢棄物處理靈活，公害少。並可與其他材料製成積層膜。

五、積層包裝

就食品包裝容器的需求而言，最重要的性質包括強韌程度、透氧度、透水氣度、熱封性以及耐熱性。爲了產生合乎特殊需求的塑膠包裝材料，有時候會把不同材質貼合而成所謂的積層膜，使包裝材料的整體性質更合乎需求。例如PET的機械強度、透明性、印刷性佳，常被使用在外層膜；鋁箔對水氣、氧氣與香味的阻隔性佳，且對光線、輻射線具有反射效果，通常被用在中層；內層則使用熱封性良好的PE、PP、EVA等材質。由於積層包裝能將數種材質之優點集於單一包材上，因此目前之用途愈來愈廣泛，爲市售包裝食品常見之包材。

第三節　塑膠包裝材料

一、常見塑膠包裝材料特性

包括保護性能、衛生安全性與加工適性。根據國家標準中「食品包裝用塑膠薄膜通則」提到，食品塑膠薄膜其性能包括抗拉強度、衝擊強度、熱封強度、透濕度、氧氣透過度、耐熱性、衛生性等。

1. 保護性能

保護性能指的是能保護內容物，防止其變質被破壞，保證其內容物品質的性能。又包括阻透性、機械力學性能與穩定性。

⑴阻透性

① 透氣度。指一定厚度材料在一個大氣壓差下，每平方公分面積24小時內所透過的氣體量（在標準狀況下）。薄膜之透氣度大小，主要影響在包裝產品後，是否能保存產品之顏色、香味及氣味等。又以氧氣透過度（oxygen transmission）爲主要訴求對象。薄膜透氧度大小會影響包裝產品的顏色與香味，例如包裝生鮮肉類與蔬果，爲保持新鮮色澤，需選擇透氧度高的包材；對於餅乾、茶葉、咖啡、乾燥食品等，則需選擇透氧度小的包材，以保持風味與香氣。

② 透濕度（water vapor transmission）。透濕度指一定厚度材料在1個大氣壓差條件下，每平方公分面積24小時內所透過的水蒸氣的克數。又稱水蒸氣滲透性，即薄膜對水蒸氣穿透之抵抗力。塑膠薄膜的水蒸氣滲透會影響產品之新鮮度，如包裝產品是否易於失去水分（例如新鮮蔬果）及包裝產品是否易於吸收外界的水分（例如餅乾），皆受透濕度之影響。因此選擇食品包裝材料時，需先了解材質的透濕度大小，以選擇透濕度適宜的包材。

③ 透水度。透水度指每平方公分材料在 24小時內所透過的水分量。

④ 透光度。指透過材料的光通量和射到材料表面光通量的比值。透光度高低會影響食品光氧化之快慢，進而影響食品品質。

⑵機械力學性能

指在外力作用下材料表現出的抵抗外力作用而不發生變形和破壞的性能。

① 硬度、勁度。勁度即爲薄膜之硬度，指在外力作用下材料表面抵抗外力作用而不發生永久變形的能力。通常硬度較大之薄膜，加工較容易，包裝後也有較佳之外觀。

② 抗拉、抗壓、抗彎強度（tensile strength）。材料在拉、壓、彎力緩慢作用下不被破壞時，單位受力截面所能承受的最大力分別稱爲材料的抗拉、抗壓、抗彎強度。包裝薄膜張力強度愈大愈佳。薄膜受張力而伸長，其在未被拉斷之前，延伸之長度與原有樣品長度之比例，稱爲延伸率。延伸率係以百分比表示，各類薄膜之延伸率各有不同，最小的僅約占15%，大者可高達600%～700%之

間。

③ 撕裂強度（tear strength）。指材料抵抗外力作用使材料沿缺口連續撕裂破壞的性能，也指一定厚度材料在外力作用下沿缺口撕裂單位長度所需的力。撕裂強度與薄膜之厚度有關。此項目主要在評估塑膠包裝袋之保護性，即使用方便性指標，如易開袋的撕裂方向需較弱的撕裂強度，重包裝則需較強的撕裂強度。

④ 熱封強度或封口強度（heat-seal strength）。大多數包裝薄膜均可用熱封法封合，僅需在適當之壓力下，加熱至薄膜熔點或略高於其熔點即可。大多數熱塑性材料製成之薄膜，只要熱封方法適當，則其熱封強度可以與張力強度接近。

⑤ 衝擊強度（impact strength）。指薄膜承受衝擊負荷的能力而言，試驗薄膜的衝擊強度，可將薄膜樣品拉緊後，以重物由上方落下測度之。一般而言，衝擊強度愈大者愈理想，尤其重包裝時，更需有足夠的韌性，才能在包裝運輸過程中，保護內容物不受損害。

⑥ 穿刺強度（puncture strength）。材料被尖銳物刺破所需的無原則的最小力。塑膠薄膜易受外界或內部突出物之影響，在包裝、儲存與運輸過程中，產生針孔之現象，因而導致水氣與氧氣滲入而縮短產品儲存壽命，甚至導致食品腐敗。因此，選用包材時，需對其穿刺強度有所了解。

⑦ 薄膜光滑度。薄膜表面之光滑度通常爲極重要之性能。此性能不但影響操作機器之操作能力，而且影響產品包裝後之外觀。但薄膜光滑度亦不宜過大，否則產品包裝後無法在貨架中堆疊，容易滑翻。

⑧ 積層強度（lamination strength）。積層膜的黏著性是否良好，會影響到包裝的保存功效，因此需測試其積層強度。

⑶ 穩定性

指材料抵抗環境因素（溫度、介質、光等）的影響而保持其原有性能的能力。

① 耐高低溫性。溫度對塑膠包裝材料的性能影響很大，溫度升高，其強度和剛性明顯降低，阻隔性能也會下降；溫度降低，會使塑膠的塑性和韌性下降而變脆。用於食品的塑膠包裝材料應具有良好的耐高低溫性。

② 耐化學性。指塑膠在化學介質中的耐受程度，評定依據通常是塑膠在介質中經一定時間後的重量、體積、強度、色澤等的變化情況，目前尚無統一的耐化學性標準。

③ 耐老化性。指塑膠在加工、儲存、使用過程中在受到光、熱、氧、水、生物等外界因素作用下，保持其化學結構和原有性能而不被損壞的能力。

④ 抗油脂性（grease and oil resistance）。指油脂是否易於滲透及是否易使塑膠薄膜本身分解而言。油脂滲透薄膜易使積層結構發生剝離現象。且薄膜包裝袋上印刷的圖案文字，因印刷油墨不能抗油，易使印刷剝落。

⑤ 耐久性。指塑膠薄膜對於環境變化的影響，是否使外型尺碼或薄膜性質發生變化而言。

⑥ 可燃性。指塑膠膜是否易於燃燒。塑膠種類不同，其可燃性也不同，有些極易燃燒，有些難。

2. 衛生安全性

「食品器具容器包裝衛生標準」規定食品器具、容器或包裝不得有不良變色、異臭、異味、汙染、發霉、含有異物或纖維剝落。其主要包括無毒性、耐腐蝕性、防有害物質滲透性、防生物侵入性等。

⑴ 無毒性

塑膠由於其成分組成、製造材料、成型加工以及與之相接觸的食品之間的相互關係等原因，存在著有毒單體或穩定劑、塑化劑、有毒添加劑及其分解老化產生的有毒產物等物質的溶出和汙染食品的不安全問題。目前國際上都採用模擬溶媒溶出試驗來測定塑膠包裝材料中有毒有害物的溶出量，並對其進行毒性試驗，由此獲得對材料無毒性的評價，以確保人體安全的有毒物質極限溶出量和某些塑膠材料的使用限制條件。

⑵ 抗生物侵入性

塑膠包裝材料無缺口及孔隙缺陷時，材料本身就可抗環境微生物的侵入滲透，但要完全抵抗昆蟲、老鼠等生物的侵入則較困難。材料抗生物侵入的能力與其強度有關，而塑膠的強度比金屬玻璃低得多，爲保證包裝食品在貯存環境中免受生物侵入汙染，有必要對材料進行蟲害侵害率或入侵率試驗，爲食品包裝的選材及確定包裝品質要求和貯存條件等技術指標提供依據。

3. 加工適性指標

(1) 包裝製品成型加工性

塑膠包裝製品大多數是塑膠加熱到黏流狀態後在一定壓力下成型的，表示其成型加工性好壞的主要指標有：熔融指數、成型溫度及溫度範圍（溫度低，範圍寬則成型容易）、成型壓力、塑膠熱成型時的流動性、成型收縮率。

(2) 包裝操作加工性

表示塑膠包裝材料在食品包裝各過程的操作，特別是機械化、自動化操作過程中的適應能力，其指標有：機械力學性能，包括強度和剛性；熱封性能，包括熱封溫度、壓力、時間及熱封強度等。

(3) 印刷適應性

包括油墨顏料與塑膠的相容性，印刷精度，清晰度，印刷層耐磨性等。

二、常見塑膠材料

常見塑膠材料包括聚乙烯對苯二甲酸脂（PET）、聚乙烯（PE）、聚氯乙烯（PVC）、聚丙烯（PP）、聚苯乙烯（PS）、聚醯胺（PA或Ny）、聚碳酸酯（PC）、聚偏二氯乙烯（PVDC），其特性與用途如表15.1所示。

即使上述之塑膠材質，亦可藉由加工方式之不同而增加其特性。普通塑膠膜是採用擠出吹塑成型、T型模法成型或壓延法成型的未經拉伸處理的薄膜，包裝性能主要取決於樹脂品種。另一種加工方式爲定向拉伸塑膠薄膜（stretched film）。即將普通塑膠薄膜在其玻璃轉化點至熔點的某一溫度條件下拉伸到原長度的幾倍，然後在張緊狀態下，在高於其拉伸溫度而低於熔點的溫度區間內某溫度保持幾秒進行熱處理定型，最後急速冷卻至室溫，可製得定向拉伸薄膜。經過定向拉伸的薄膜，其抗拉強度、阻隔性、透明度等都可提升。拉伸薄膜的性能與拉伸方向也有關，單向拉伸薄膜在拉伸方向上強度增加，而未拉伸方向強度較

表15.1　常見塑膠材質及特性

塑膠分類代碼	材質	耐熱度（℃）	耐酸性	耐鹼性	耐酒精	耐食品油類性	常見產品
1	聚乙烯對苯二甲酸酯（PET）	60～85	○	○	○	○	寶特瓶、市售飲料瓶、食用油瓶等
2	高密度聚乙烯（HDPE）	90～110	○	○	○	○	塑膠袋、半透明或不透明的塑膠瓶等
3	聚氯乙烯（PVC）	60～80	○	○	○	○	保鮮膜、雞蛋盒、調味罐等
4	低密度聚乙烯（LDPE）	70～90	○	○	○	○	塑膠袋、半透明或不透明的塑膠瓶等
5	聚丙烯（PP）	100～140	○	○	○	○	水杯、布丁盒、豆漿瓶等
6	聚苯乙烯（PS）	70～90	○	○	×	×	養樂多瓶、冰淇淋盒、泡麵碗等
7	其他〔聚乳酸（PLA）〕	50	○	○	○	○	餐飲店的冷飲杯、冰品杯、沙拉盒等
7	其他〔聚碳酸酯（PC）〕	120～130	○	×	○	○	嬰兒奶瓶、運動水壺、水杯等

○表適用；×表不適用

低、易撕裂；雙向拉伸薄膜可分爲非均衡拉伸和均衡拉伸兩種，均衡拉伸膜縱橫兩向性能相同，而非均衡拉伸膜性能有方向性。定向拉伸膜的缺點是延伸率降低，熱封性變差，獨立使用時不易封口，故使用時一般與 PE等具有良好熱封性的薄膜複合。食品包裝上目前使用的單向拉伸膜有OPP、OPS、OPET、OPVDC等，雙向拉伸膜有BOPP、BOPE、BOPS、BOPA等。

1. 聚乙烯對苯二甲酸脂（polyester, PET）

PET俗稱滌綸，為乙二醇與對苯二甲酸經縮合反應而得的一種聚酯，比重1.15～1.39。塑膠代號為1號。PET防香氣與氣體的透過性與抗油脂性佳，抗拉強度是PE的5～10倍，是PA的3倍，抗衝擊強度也很高，還具有良好的耐磨和耐折疊性。其耐高低溫性優良，可在－70～120℃溫度下長期使用，短期使用可耐150℃高溫，且高低溫對其機械力學性能影響很小。印刷性能好，可見光透過率高達90%以上，並可阻擋紫外線。衛生安全性好，溶出物總量很小。

PET透水性中等，但在冷凍溫度則完全不透水氣。由於熔點高，故成型加工、熱封較困難，故一般殺菌軟袋多以PET為外層結構，並塗布PE作為熱封膜。

PET薄膜用於食品包裝主要有四種形式：(1) 無晶型未定向透明薄膜。抗油脂性好，可用來包裝含油製品，並作桶、箱、盒容器的襯袋。(2) 拉伸製成無晶型定向拉伸收縮膜，如BOPET，具高強度和良好熱收縮性。(3) 結晶型塑膠薄膜。利用拉伸提高 PET的結晶度，以提高薄膜的強度、阻隔性、透明度與光澤性。(4) 與其他材料複合，如眞空塗鋁、K塗PVDC等製成高阻隔包裝材料，用於包裝保存期限較長的高溫蒸煮殺菌食品和冷凍食品。

PET經過拉伸，強度好又透明，可做成PET瓶，即寶特瓶。控氣包裝或充惰性氣體包裝也是PET複合結構的主要用途。PET不吸收柳橙汁的香氣成分—檸檬烯，顯示出良好的保香性，因此，作為原汁用保香性包裝材料很適合。

2. 聚乙烯（polyethyene, PE）

PE由乙烯氣體在高壓及適當溫度下聚合而成。聚乙烯塑膠是由PE樹脂加入少量的潤滑劑和抗氧化劑等添加劑構成。PE優點為阻水阻濕性好，但阻氣和阻有機蒸氣的性能差。具有良好的化學穩定性，常溫下與一般酸、鹼不起作用。加工成型方便，且熱封性好。有一定的機械抗拉和抗撕裂強度。耐低溫性好，能適應冷凍處理，但耐高溫性能差。耐油脂性亦稍差。透明度不高，印刷性能差，用作外包裝需經表面化學處理，以改善印刷性能。PE樹脂本身無毒，添加劑量極少，因此被認為是一種衛生安全性好的包裝材料。

依製造方法不同形成的結晶密度不同，PE可分為三類：低密度PE、高密度

PE與直線型低密度PE。此製作方式之不同，會直接影響PE的一些特性如拉力強度、硬度及阻絕性等。

⑴ 低密度PE（low density PE）

低密度PE又稱高壓PE，簡寫LDPE，係將乙烯原料在1000大氣壓以上的高壓聚合而成，比重0.91～0.94。塑膠代號4號。爲分支較多的線型大分子，結構結晶度較低。

其特性爲柔軟性、透明性、防水性、延伸性、抗撕裂性和耐衝擊性良好，但不易印刷、熔點低、機械強度也低。具有熱收縮性，可做積層包裝袋的內層，以便加熱封口。可塑性高，可製成瓶蓋。亦可用擠出技術形成薄膜或以吹氣技術製成塑膠容器，甚至可以形成塗料應用於鋁箔或紙張。其化性相當穩定，阻濕性也好，但相對對油脂、有機氣體與氧氣阻絕性差，所以不適用於易氧化及香氣易揮發食品的包裝。

LDPE是目前全世界使用量最多的塑膠包裝材料，主要製成薄膜，用於一般食品包裝、冷凍食品包裝、伸縮包裝及垃圾袋等。亦利用其透氣性好的特點，用於生鮮蔬果的保鮮包裝。而經拉伸處理後可用於熱收縮包裝。

⑵ 高密度PE

低壓高密度聚乙烯簡寫HDPE，係將乙烯原料在低壓下利用觸媒催化聚合而成，比重0.94～0.96。塑膠代號爲2號。

HDPE爲直線型大分子結構，分子結合緊密，結晶度高達85%，故其阻隔性和強度均比 LDPE高，耐熱性與耐寒性大（耐110～125℃的加熱，在－30℃仍無變化）。但柔韌性、透明性、熱成型加工性等性能則會降低。HDPE也大量用於薄膜包裝食品，與LDPE相比，相同包裝強度條件下可節省更多材料，但價格較LDPE高一些。由於其耐高溫性較好，也可作爲複合膜的熱封層用於高溫殺菌食品的包裝。也可製成瓶、罐等容器盛裝食品。適用於防濕、低溫儲藏、加熱殺菌的包裝，但是油脂食品的包裝不適用。

⑶ 直線型低密度PE

簡寫爲LLDPE，係乙烯及丁烯經反應製成的共聚合物，比重與LDPE相近。

分子排列較具秩序，結晶度比LDPE高10%，所以衝擊強度、堅硬性、耐老化性、抗張性、耐延續撕裂性都比LDPE佳。且柔韌性比HDPE好，加工性能也較好，可不加塑化劑吹塑成型。LLDPE主要製成薄膜，用於包裝一般食品、冷凍食品等及製造垃圾袋與購物袋。但其阻氣性差，不能滿足較長時間的保存要求。爲改善這一性能，可採用與丁基橡膠共混來提高阻隔性。

3. 聚氯乙烯（polyvinyl chloride, PVC）

PVC以聚氯乙烯樹脂爲主體，加入塑化劑、穩定劑等添加劑混合組成，比重1.20～1.45。塑膠代號爲3號。由於其燃燒會釋放出氯，會破壞臭氧層，且焚化後會產生戴奧辛等有毒物質，因此此材質之使用爲一受爭議之環保議題。

PVC樹脂對酸鹼不作用，透氧性低，水氣透性中等，對香氣保存良好，抗油脂性、收縮性高，具光澤。著色性、印刷性和熱封性較好。但熱穩定性差，在空氣中超過150℃會降解而放出HCl，長期處於100℃溫度下也會降解，在成型加工時也會發生熱分解，並有低溫脆性。這些因素限制了PVC製品的使用溫度（一般使用溫度爲－15～55℃）。

穩定劑是影響PVC塑膠衛生安全性的一個重要因素，一般需在PVC樹脂中加入2～5%的穩定劑。用於食品包裝的 PVC包裝材料不允許加入鉛鹽、鎘鹽、鋇鹽等較強毒性的穩定劑，應選用低毒性且溶出量小的穩定劑。

PVC樹脂亦需加入塑化劑來改善其成型加工性能。根據塑化劑的加入量不同可獲得不同的PVC塑膠：塑化劑量達樹脂量的30～40%時構成軟質PVC；塑化劑量小於5%時構成硬質PVC。PVC的機械力學性能好，透明度、光澤性、阻氣性、阻油性優於PE。硬質PVC的阻氣性優於軟質PVC，但阻濕性比PE差。化學穩定性優良，比PE好。硬質PVC有很好的抗拉強度和剛性，軟質PVC相對較差，但柔韌性和抗撕裂強度較高。

PVC樹脂本身無毒，但其中的殘留氯乙烯單體有麻醉和致畸、致癌性，對人體的安全限量爲1 mg/kg體重，故PVC用作食品包裝材料時應嚴格控制材料中單體的殘留量，PVC樹脂中殘留量爲＜3 mg/kg，包裝材料爲＜1 mg/kg。

塑化劑是影響PVC衛生安全性的另一重要因素。用作食品包裝的PVC應使用鄰苯二甲酸二辛酯、二癸脂等低毒物質作塑化劑，使用劑量也應在安全範圍內。

PVC存在的衛生安全問題決定其在食品包裝上的使用範圍，硬質PVC不含或含微量塑化劑，安全性好，可直接用於食品包裝。軟質PVC塑化劑含量大，衛生安全性差，一般不用於直接接觸食品的包裝，可利用其柔軟性、加工性好的特點製作彈性拉伸膜和熱收縮膜。又因其價廉，透明性、光澤度優於 PE，且有一定透氣性而常用於生鮮蔬果的包裝。

目前PVC薄膜多用於乳製品、加工肉類、清涼飲料及生鮮食品（肉、蔬菜）的包裝，並常用作打包帶及收縮包裝的材料，廣泛作爲飲料瓶之熱收縮膜標籤。

4. 聚丙烯（polypropyrene, PP）

PP由丙烯氣體經催化聚合而成，比重0.90～0.92，是最輕的塑膠。塑膠代號爲5號。依其延伸性的有無分爲無延伸性之CPP與具延伸性之OPP兩種。

PP在化學特性上與LDPE、HDPE非常相近，機械力學性能較好，強度、硬度、剛性都高於PE，尤其是具有良好的抗彎強度。阻隔性亦優於 PE，水蒸氣透過率和氧氣透過率與HDPE相似，但阻氣性較差。化學穩定性良好，在一定溫度範圍內，對酸鹼鹽及許多溶劑等有抗性。可塑性高，故可形成薄膜，同時亦可加熱形成薄壁的淺盤而不失其堅硬性。

PP可耐120℃殺菌高溫，但低溫易脆，不能裝太尖銳的食品；光澤度高，透明性好，但印刷性差，印刷前表面需經一定處理。成型加工性能良好但製品收縮率較大，熱封性比 PE差，但比其他塑膠要好；衛生安全性高於 PE。PP有種很特殊的性質，即不易經彎曲而產生塑膠疲勞，在包裝上，可利用此一優點製造連蓋的塑膠瓶，而不致造成蓋子在多次使用後的斷裂。PP因彈性較佳，常用於無內襯瓶蓋包裝，可形成很好的密封。PP可製成熱收縮膜進行熱收縮包裝，也可製成透明的其他包裝容器或製品，在食品包裝上用途十分廣泛。

PP薄膜經定向拉伸處理（BOPP、OPP）後的各種性能包括強度、透明度、阻隔性比CPP都有所提高，尤其是 BOPP，強度是PE的8倍，吸油率爲PE的1/5，故適宜包裝含油食品，在食品包裝上可替代玻璃紙包裝點心，麵包等。其阻濕耐水性比玻璃紙好，透明度、光澤性及耐撕裂性不低於玻璃紙，印刷效果雖不如玻璃紙，但成本可低40%左右，可用作糖果，點心的扭結包裝。OPP的阻水、阻氣性較PP佳。大多用於易吸濕的粉狀食品，如果汁粉、咖啡粉等之包裝及製造螺旋蓋、打包帶等，又OPP可與其他塑膠形成積層包裝，用途廣泛。

KOP是在OPP膜面上塗布一層PVDC以提高其氧氣遮蔽率，所以KOP透氣但是也可能有食品衛生安全疑慮，目前應用最多的為油炸點心食品包裝。

5. 聚苯乙烯（polystrene, PS）

PS係苯乙烯之聚合物，比重1.05。塑膠代號為6號。

PS透明如玻璃，堅硬且脆無伸展性，熔點低，不能裝熱食。機械力學性能好，具有較高的剛硬性，但脆性大，耐衝擊性很差。阻濕，阻氣性差。能耐一般酸、鹼、鹽、有機酸、低級醇，但易受到有機溶劑如烴類、酯類等的侵蝕軟化甚至溶解。成型加工性好，易著色和表面印刷，製品裝飾效果很好且透明度好，有良好的光澤性。耐熱性差，連續使用溫度為60～80℃，耐低溫性良好。無毒無味，衛生安全性好，但PS樹脂中殘留之苯乙烯單體及其他一些揮發性物質有低毒性，因此，塑膠製品中單體殘留量限定在1%以下。

通常以眞空成形製成盤、碗、杯狀容器，用作新鮮食品包裝、發酵乳瓶、盒裝豆腐、豆花的盒子、新鮮蛋盛器、透明便當盒。如速食店飲料之杯蓋，與養樂多乳酸飲料之瓶身。

添加發泡劑後，可製成泡沫性PS，俗稱保麗龍。依據保麗龍發泡方法的不同，可分為押出發泡平板成型（PSP）和發泡粒成型（EPS）兩大類。PSP是將PS添加丁烷作為發泡劑，送入押出機發泡10至20倍製成保麗龍平板（厚度從2 mm到5 mm），經加熱眞空成型後，就是免洗餐具、生鮮托盤等產品。EPS則是添加發泡劑的PS粒子在模具內用高溫蒸氣發泡30到50倍成型，這些就是冰淇淋盒、蛋糕盒等產品。

6. 聚醯胺（polyamides, PA）

PA通稱尼龍（Nylon），是由二級胺及二級酸聚合而成，乃分子主鏈上含大量醯胺基團結構的線型結晶型聚合物，簡寫為PA或Ny，比重1.13～1.14。

Ny阻氣性優良，但吸水、吸濕性大，耐磨、耐衝擊，可熱成形，耐受溫度範圍在－73～190℃之間，難以熱封，價格較高。具有優良的耐油脂性，耐鹼和大多數鹽液，但強酸能侵蝕它。水和醇能使其溶脹，且隨吸水量的增加而溶脹，會使其阻氣阻濕性急劇下降。衛生安全性好，一般常作爲積層包裝原料。Ny與其他熱成型塑膠可經由積層、塗覆或共擠等方式形成良好的包裝材料。與PVDC（KNY）、PE或CPP等複合，可提高防潮阻濕和熱封性能，可用於畜肉類如培根、熱狗等製品的高溫蒸煮和冷凍包裝。又因爲Ny的有機氣體阻絕性良好，常用於熱煮袋、咖啡、乳酪、餅乾等食品。

7. 聚碳酸酯（polycarbonate, PC）

聚碳酸酯也是一種聚酯，以雙酚A反應而得者較爲普遍。塑膠代號爲7號。有很好的透明性和機械力學性，尤其是低溫抗衝擊性。因價格貴而限制了它的廣泛應用。PC可注射成型製成盆、盒或吹塑成型製成瓶、罐等各種韌性高，透明性好，耐熱又耐寒的產品。在包裝食品時因其透明而可製成透明罐頭，可耐120℃高溫殺菌處理。不足之處是因剛性大而耐應力性差，可應用PE、PP、PET、ABS或PA等與之共混改善其耐應力，但會失去透明性。當PC水解後，會釋出雙酚A，爲一種環境賀爾蒙。

8. 聚偏二氯乙烯（polyvinvliden chloride, PVDC）

由氯乙烯及氯亞乙烯聚合而成，PVDC塑膠需加入少量塑化劑和穩定劑，是一種高阻隔性包裝材料。耐高低溫性良好，適用於高溫殺菌和低溫冷藏。化學穩定性很好，不易受酸、鹼和有機溶劑的侵蝕。透明性光澤性良好，製成收縮薄膜後的收縮率可達30～60%，適用於畜肉製品的灌腸包裝，但因其熱封性較差，膜封口強度低，一般需採用高頻或脈衝熱封合，或採用鋁絲結紮封口。目前除單獨用於食品包裝外，還大量用於與其他材料製成複合包裝材料。 PVDC可溶於溶劑成塗料，塗覆在其他薄膜材料或容器表面（稱K塗），可顯著提高阻隔性能，適用於長期保存的食品包裝。PVDC焚化後亦會產生戴奧辛等有毒物質，故爲一種對環境不友善的塑膠原料。

9. EVOH與EVA

EVOH爲乙烯／乙烯醇共聚物，是應用最多的高阻隔性材料。這種材料的薄膜類型除了非拉伸型外，還有雙向拉伸型、鋁蒸鍍型、黏合劑塗覆型等，雙向拉伸型中還有用於無菌包裝製品的耐熱型。EVOH的阻隔性能取決於乙烯的含量，一般來說當乙烯含量增加時候，氣體阻隔性下降，但易於加工。另外透明性、光澤性、機械強度、伸縮性、耐磨性、耐寒性和表面強度都非常好。通常將EVOH製成複合膜中間阻隔層，常用在無菌包裝、殺菌軟袋、乳製品、肉類、果汁罐頭和調味品等。

EVA是乙烯一醋酸乙烯酯（ethylene-vinyl acetate）共聚物的簡稱， 材質本身會隨著VA的含量改變，因此用途也會不同，食品包裝上主要用於熱熔膠。

三、不同食品包裝選用之塑膠

塑膠包裝應用主要分兩部分：形成結構原料與阻隔用塑膠。前者爲容器提供剛性與形狀，常用者包括PP、HDPE、PVC、PET、PS、PC，這些部分可確定包裝的形狀與尺寸，並提供抗壓力。阻隔用塑膠用來防止水汽與氣體交換，一般又有四種阻隔用途：1.阻隔氧氣。以EVOH、PVDC與PET爲常用。2.阻隔水分。常用EVOH、PVDC、拉伸PP和PE。3.阻隔光。選擇有著色的材質可有效阻隔光線。4.阻隔氣體。以PET與Ny類高度定向聚合物效果最佳，PA、PE、PVDC亦不錯。耐高溫性較好的有CPP、PA、PET、PVDC，適用於高溫殺菌食品的包裝。

有鑑於不同食品對包裝之需求不同，以下列出常見食品所用之包裝以供參考。1. 烘焙食品：包裝能使食品保鮮，防止發霉、擠壓變形，包裝材料應具有防濕不透氧的特性。餅乾類則選用BOPP、玻璃紙等。2. 巧克力、糖果：巧克力脂肪含量高，脂肪會滲出，常用玻璃紙套封包裝。糖果用玻璃紙、PP薄膜扭結包裝。3. 咖啡：除用鐵罐包裝外也常用聚酯、鋁、PE複合袋包裝，積層膜可長期保持咖啡的香味。4. 乾燥食品：需防潮、除氧、充氣包裝，如PE鋁紙爲最好。5. 冷凍食品：包裝是爲了抑制食品中水分損失和揮發性物質的損失。需水汽透過性小的材料，需耐低溫（–40℃），可用PA、PET、PE等。6. 休閒食品：用眞空鍍鋁的聚酯膜和熱封層積層膜可保存6個月。對於貨架期要求不高的堅果類，可用塗玻璃紙袋或PVC杯包裝，也可用厚的PP袋包裝。7. 礦泉水和飲料：PET瓶。8. 果汁類：聚酯膜進行包裝。PE層厚度是封口效果的關鍵。

第四節 紙類包裝

紙是由纖維原料所製成材料的通稱。許多國家紙包裝與塑膠用量並重。包裝用紙包括紙盒、包裝盒、紙箱、紙筒、紙板、紙繩、紙袋、紙帶、紙套、蠟紙、油紙、包裹襯墊紙條、雞蛋盒等。與其他材料複合的紙和紙板應用更加廣泛。

一、紙類包裝材料的包裝性能

紙類包裝材料的性能包括：1. 機械性能。紙和紙板具有一定的強度、挺度和機械適應性。紙可製作成包裝容器或用於包裝紙。強度大小主要決定於紙的製作材料、品質、加工過程、表面狀況和環境溫濕度條件等。環境溫、濕度對紙和紙板的強度有很大的影響，濕度增大時，紙的抗拉強度和撕裂強度會下降。一般以脹破（破裂）強度（bursting strength）測定之。2. 阻隔性能。多孔性纖維材料對水分、氣體、光線、油脂等具有一定程度的滲透性。3. 印刷性能。紙類吸收和黏結油墨能力較強，印刷性能好。4. 加工性能。紙類可折疊或採用多種封合方式製成各種包裝容器，加工性能佳。5. 衛生安全性能。紙類化學物質殘留問題較少。

紙類包裝又分內包裝用及外包裝用兩類。直接接觸食品的稱內包裝紙，主要要求清潔、不帶病菌，具有防潮、防油、防黏、防霉等特性。外包裝紙主要爲了美化和保護商品，除要求一定物理強度外，還需潔淨美觀，適於印刷多色的商品圖案和文字。供牛奶、果汁等液體飲料的包裝紙，還必須具有極好防滲透性。

二、常見紙類包裝材料及其包裝製品

就目的而言，凡定量在225 g/m^2 以下或厚度小於0.1 mm的稱爲紙，凡定量在225 g/m^{2}以上或厚度大於0.1 mm 的稱爲紙板。但仍會視其用途，如做成紙箱、紙板者，即使其厚度不足0.1 mm，仍稱作紙板。

1. 玻璃紙（cellophane）

又稱賽璐玢，是一種天然再生纖維素透明薄膜。係使用木材紙漿製造的再生纖維素，以薄膜狀送入硫酸溶液中，固化後成爲玻璃紙。普通玻璃紙呈透明（可見光透過率達100%）、有光澤、具耐油脂性、耐熱性，且氣體通透性低，並可印刷。玻璃紙多用於美化包裝，主要用於糖果、糕點等商品，也可用於紙盒開窗包裝。但它的防潮性差，撕裂強度較小，無法加熱密封，需用接著劑密封，故常和其他材料複合，以改善其性能。

2. 牛皮紙（kraft paper）

完全用硫酸鹽紙漿製造的紙。有漂白牛皮紙和本色牛皮紙（黃褐色）。特點爲紙力強韌、機械強度高，包括抗張強度、撕裂強度與破裂強度等。並富有彈性、抗水性、防潮性和印刷性。大量用於食品的銷售包裝和運輸包裝，如包裝點心、粉末等食品。

3. 羊皮紙（parchment paper）

是用未施膠的高品質化學漿紙，在15～17℃、72%的硫酸中處理，待表面纖維膠化，經洗滌並用0.1～0.4%的碳酸鈉鹼液中和殘酸後，再用甘油浸漬塑化，形成質地緊密堅韌的半透明乳白色雙面平滑紙張。具有良好的防潮性、氣密性、耐油脂性和機械性能。可以用於乳製品、油脂、魚肉、糖果、點心、茶葉等食品的包裝。一般重包裝用紙，適用於砂糖、麵粉、穀物等包裝；輕包裝紙用於糕餅、粉末食品等包裝。因耐熱性強又不沾食物，常用於烘焙蛋糕、餅乾，又稱烘焙紙、牛油紙。

4. 瓦愣紙（corrugated boead）

由裱面紙板及瓦愣芯紙組合構成，常作爲紙箱原料，亦可當作食品內裝與外裝的包材。

5. 糯米紙（oblate）

又名威化紙，爲利用澱粉糊以迴轉輥加熱乾燥而成薄膜狀之包材，屬於重要的食用薄膜（edible film），常用爲糖果紙。

6. 複合膜（compound paper）

以玻璃紙、紙、金屬箔、塑膠等兩種或兩種以上材料組合，製成複合膜，通常防濕、遮光、防氣體透過性佳。殺菌軟袋、氣體充填或眞空包裝等常用。

7. 組合罐（fiber container）

由兩種以上包裝材料組合製成罐頭形式，罐身以紙板爲主，罐蓋或罐底以金屬、厚紙板或塑膠爲主，一般用於點心食品包裝、粉末包裝等。如洋芋片包裝即爲組合罐。其特點爲成本低、品質輕、外觀好、廢品易處理，且具有隔熱性，可替代金屬罐和其他容器。

8. 紙容器（carton box）

如紙箱、紙杯，以及新鮮屋（Pure-pak）、利樂包（Tetra pak）、康美包（Combibloc）等複合材質的容器。薄紙常與塑膠併用，經塗布塑膠或與塑膠組合做成積層材料。厚紙則以塑膠、蠟等處理，做成各種容器。紙板做成瓦楞紙箱，用於外包裝。如紙杯內部爲防水通常會噴臘或LDPE，而新鮮屋以PE/紙/PE所組成，主要用於包裝牛奶及果汁，最近已發展爲無菌充填，配上開口器或倒口，使充塡包裝領域更爲廣泛。至於利樂包與康美包，則見第四章（熱加工）。

9. 餐盒用紙板（paperboard for meal boxes）

係指加工後製成耐熱餐盒之紙板。包括兩類：PE塗布類，指正（印刷面）/反（與食品接觸面）均以LDPE塗布者。鋁箔貼合類，指反面貼合鋁箔者。一般衛生要求爲不得含有遷移性螢光物質、防腐劑或其他有害人體健康之物質。

第五節 積層包裝

積層包裝是指由兩種或兩種以上的原料，以薄片的組合方式結合而成具有多方面功能的柔軟性包裝材料，常用複合基材有塑膠薄膜、鋁箔和紙等。包裝材料種類繁多，但性能存在著較大差異，單一材料不可能擁有包裝材料應有的全部性能，不能滿足食品包裝的全面要求。因此，根據使用目的將不同的包裝材料複合，使其擁有多種綜合包裝性能，已成爲目前食品包裝材料的最主要商品。常見之殺菌軟袋、無菌包裝如利樂包、康美包之包材皆爲積層包裝。

積層包裝之特性包括：1. 綜合包裝性能好。由於其綜合了構成積層包裝的所有單膜性能，一般具有高阻隔、高強度、良好熱封性、耐高低溫性和包裝操作適應性。2. 衛生安全性好。可將印刷裝飾層置於中間，具有不汙染內容物並保護印刷裝飾層的作用。

積層包裝的表示方法如紙 /PE/ Al/ PE，從左至右依次爲外層，中間層和內層材料。外層紙提供印刷性，中間 PE層提供黏結作用，中間鋁箔（Al）提供阻隔性和剛性，內層PE提供熱封性。一般構成食品包裝的積層包裝結構要求包括：1. 內層：無毒、無味、耐油、耐化學性能好、具有熱封性或黏合性，常用的有PE、CPP、EVA及離子型聚合物等熱塑性塑膠。2. 中間層：具有高阻隔性（阻氣、阻香、防潮和遮光），其中鋁箔和PVDC是最常用的原料。3. 外層：光學性能、印刷性好，耐磨、耐熱，具有強度和剛性，常用的有PA、PET、BOPP、PC、紙等。常見積層包裝之構成與特性如表15.2所示。

表15.2 常見積層包裝之構成與特性

組成	特性										使用範圍
	防濕性	阻汽性	耐油性	耐水性	耐煮性	耐寒性	透明性	防紫外線	成形性	封合性	
PT/PE	◎	◎	○	×	×	×	◎	×	×	◎	速食麵、米製糕點
BOPP/PE	◎	○	○	◎	◎	◎	◎	×	○	◎	乾紫菜、速食麵、米製糕點、冷凍食品
PVDC塗PT/PE	◎	○	○	◎	◎	○	◎	○~×	×	◎	豆醬、醃菜、火腿、果醬、飲料粉
BOPP/CPP	◎	○	◎	◎	○	○	◎	×	○	◎	糕點
PT/CPP	◎	◎	◎	×	×	×	◎	×	×	◎	糕點
BOPP/PVDC塗PT/PE	◎	◎	○	◎	◎	◎	◎	×	×	◎	高級加工肉製品、豆醬
BOPP/PVDC/PE	◎	◎	◎	◎	◎	○	◎	○~×	×	◎	火腿、年糕
PET/PE	◎	◎	◎	◎	◎	◎	◎	○~×	×	◎	蒸煮食品、冷凍食品、年糕、飲料粉
PET/PVDC/PE	◎	◎	◎	◎	◎	◎	◎	○~×	◎	◎	豆醬、魚板、冷凍食品、煙燻食品
ON/PE	○	○	◎	◎	◎	◎	◎	×	○	◎	魚板、年糕、冷凍食品、飲料粉
ON/PVDC/PE	◎	◎	◎	◎	◎	◎	◎	○~×	○	◎	魚板、年糕、冷凍食品、飲料粉
BOPP/PVA/PE	◎	◎	◎	◎	○	○	◎	×	○	◎	豆醬、飲料粉
BOPP/EVAL/PE	◎	◎	◎	◎	○	○	◎	×	○	◎	氣密性小包裝

組成	特性										使用範圍
	防濕性	阻汽性	耐油性	耐水性	耐煮性	耐寒性	透明性	防紫外線	成形性	封合性	
PC/PE	○	×	○	◎	◎	◎	◎	○~×	○	◎	切片火腿、飲料粉
AL/PE	◎	◎	◎	◎	○	○	×	◎	×	◎	糕點
PT/AL/PE	◎	◎	◎	×	×	◎~×	×	◎	×	◎	糕點、茶葉、速食食品
PT/紙/PVDC	◎	◎	◎	×	×	○	×	◎	×	◎	乾紫菜、茶葉、乾燥食品
PT/AL/紙/PE	◎	◎	○	×	×	○~×	×	◎	×	◎	茶葉、湯粉、飲料粉、乳粉
PET/AL/PE	◎	◎	◎	◎	◎	◎	×	◎	×	◎	咖哩、燜製食品、蒸煮食品

註：◎＝優；○＝良；×＝差

資料來源：曾，2007

積層包裝製造方法主要有塗布法、共擠法和上膠塗層法三種，可單獨應用，也可複合使用。1. 塗布法（coating）：在一種基材表面塗上塗布劑並經乾燥或冷卻後形成積層包裝的加工方法。塗布法所用基材一般爲紙、玻璃紙、鋁箔及各種塑膠薄膜。塗布劑有LDPE、PVDC、EVA和 Ionomer等。PVDC即K塗，主要用於提高薄膜阻隔性；塗布PE、EVA、Ionomer主要提供良好的熱封層。典型的塗布積層包裝有OPP/PE（EVA）、Ny/ PE（EVA）、PET/PE（EVA）。2. 共擠法（coextrusion）：即用兩台或兩台以上的擠壓機，分別將加熱熔融的塑膠從一個模孔中擠出成膜的方法，主要用於材料性能相近或相同的多層組合。共擠膜常用PE、PP爲基材，有二層，三層，五層共擠組合。典型的共擠複合膜有LDPE/PP/LDPE、PP/LDPE、LDPE/LDPE及LDPE/ LDPE/LDPE（異色組合）。3. 上膠塗層法（laminating）：用融合劑把兩層或兩層以上的基材融合在一起而形成積層包裝的一種方法，適用於某些無法用擠出加工的積層包裝，如紙、鋁箔等。此法的特點是應用範圍廣，只要選擇合適的黏合材料和黏結劑，就可使任何薄膜相互黏合；黏合強度高，同時可將印刷層夾於薄膜之間，隔離和保護印刷層。典型的積層膜有紙/Al/PE、BOPP/PA/ CPP、PET/Al/ CPP、Al/PE等。

另有一類含金屬之積層包裝爲金屬薄膜，是在近眞空條件下將可蒸鍍的金屬（常用鋁）加熱蒸發後，讓其凝結在被鍍（塑膠）表面，以形成一層極薄的金屬膜。此法鋁用量爲一般鋁箔的0.5～1%。塑膠經眞空鍍鋁後，阻隔性可大大提升。如PET膜鍍鋁後，氧氣阻隔性可提高50～100倍，塗覆PVDC則僅提高10～15倍。臺灣常用這類薄膜包裝速食麵、休閒點心食品、調味料及香料等。目前應用最多的鍍鋁薄膜有聚酯鍍鋁膜（VMPET）和CPP鍍鋁膜（VMCPP）。

第六節　可分解材料

傳統塑膠原料是非繼續使用之聚合物材料，是不可分解的材料，焚化時會產生CO_2，造成溫室效應，甚或產生有毒物質如戴奧辛。因此，近年來研發許多可分解性材料。其有三類，一是生物可分解性材料，藉由環境中微生物把它分解成二氧化碳與水。另一是光分解性材料，利用日光中的紫外線促使分解性包裝材料大分子的主鏈斷裂，使其分解。第三類是氧化分解性材料，是靠包裝材料與氧作用形成氧化物而分解。

各類可分解性包材中又以生物可分解性包材應用較廣。此類包材種類很多，有利用天然原料，如澱粉、植物性蛋白質（如玉米蛋白）、幾丁聚醣、纖維素，經過化學修飾後製成包裝容器。有些合成的高分子本身就具有生物可分解性，可用作包裝容器的原料。不過這些生物可分解性材料製成的容器，大多數有氣體或水蒸氣阻隔性較差的問題，使得它們的應用受到限制。

生物可分解材料又分爲三類：1. 直接由天然材質得之萃取物。如多醣類的澱粉、纖維素與蛋白質的酪蛋白。2. 可繼續使用的生物衍生單體，如聚乳酸。3. 由微生物或細菌轉化而得，如PHA、PHB與PHV之共聚物。

一、纖維素

纖維素以紙、紙板、紙箱形式廣泛應用於外包裝，未修飾的纖維素很容易分解，紙堅韌、不透明、阻隔性佳，但防濕性差，往往僅限用於外包裝或乾燥食品。傳統玻璃紙亦使用纖維素製成，有良好的機械性，但對水非常敏感，且不能熱封。纖維素可透過酯化或醚化製得衍生物，且許多已商品化，但價格較高。

二、澱粉

早期研發的可分解材料，多是利用澱粉添加於塑膠材料中，因具有多孔狀結構，當材質置於土壤中，此結構提供了氧氣與土壤中微生物作用的管道。其中又以米澱粉與玉米澱粉最適合。目前則有商品化之可食性包裝容器，根據不同用途製成不同形狀飯盒、碗、盤、盆等。其主要原料爲玉米、玉米渣或米等穀物，利用蒸煮方式將玉米製成胚料，然後在一定溫度（大於 60℃）和濕度條件下，進行冷壓成形，經表面噴膠、烘乾成產品。

三、蛋白質

傳統蛋白質用於接著劑與可食膜，另外小麥麵筋、玉米蛋白、酪蛋白等也可經擠壓製成氣體阻隔性與耐水性良好之包裝材料。

四、聚乳酸（poly lactic acid）

簡稱PLA，塑膠代號爲7號。使用澱粉作爲原料，發酵後製得乳酸（lactic

acid），經由縮合聚合反應將乳酸聚合成低分子量之聚乳酸，再利用螯合劑將低分子量的聚乳酸接合成較高分子量聚乳酸。其具有良好之機械特性，與PET、PP類似。PLA爲熱可塑性塑膠，是各種直接分解性的聚合物中成型加工性最佳者，可經由熔融押出成型、射出成型、吹膜成型與發泡成型。具有良好熱封性、超音波封口性。PLA與澱粉系直接分解性塑膠不同，其不易受老鼠、蟑螂食害。如果拿去回收，PLA會破壞塑膠回收系統，反而成爲不環保的材料，因爲一般塑膠回收系統可以透過比重來分出五種塑膠（PE、PET、PS、PP、PVC），但若加入PLA，則因爲PLA辨識不易、熔點過低，反而造成其他五種塑膠都無法回收的問題，因此如何進入回收系統是一大問題。

五、聚羥基酯類（polyhydroxyalkanoates, PHA）

自然界中有許多微生物會在體內形成聚酯，PHA爲*Alcaligens eutrophus*在好氧狀態下，以醣類發酵所得產品。此種聚酯具有熱塑性，可用押出或吹瓶設備生產。其結構如圖15.1所示，其R基約含1～15個碳數，1個碳爲PHB（polyhydroxy butyrate），2個碳爲PHV（polyhydroxy valerate）。其特性似PE、PP、PET，但其特性可由PHB與PHV之比率改變。當PHV含量增加，則熔融溫度（Tm）與抗張強度隨之降低，而衝擊強度增強。其具有良好的水氣阻隔性，但氣體阻隔性則較差。一般碳鏈較短之PHA較脆、硬，且Tm高使加工性不佳，目前已有使用長碳數組成之PHA，可改善其缺點。

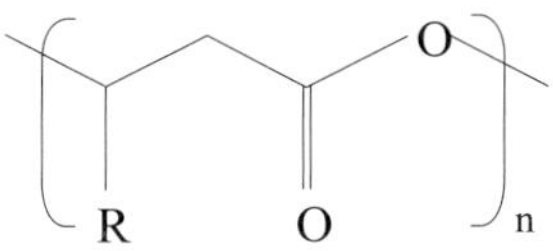

PHA	R
PHB	$-CH_3$
PHV	$-CH_2CH_3$
PHBV（Bipol^{TM}）	$-CH_3$ and $-CH_2CH_3$

圖15.1 PHA結構圖

六、其他

聚己內酯（polycaprolactone）簡稱PCL，為最早量產的合成生物分解塑膠。可做成薄膜、擠出、射出成型。

聚乙烯醇（polyvinyl alcohol）簡稱PVA，為一種合成生物分解塑膠。PVA為水溶性聚合物，極易被生物分解，但加工性差且延伸率亦不佳，故一般常與澱粉及塑化劑共混，以提高加工性並降低成本。

第七節 活 性 包 裝

傳統的食品包裝方式，嚴格地說，都是採用消極性的防衛措施，利用材料本身的阻隔性與形成容器時的密封性，把食品與外界環境阻隔，如此達到保護食品的目的。近年來發展的活性包裝系統則採用較為積極的措施來保護食品。活性包裝（active packaging）是採用特殊的材料或裝置，這種材料或裝置在包裝食品後會與包裝內部的空氣或食品產生交互作用而達到延長食品儲存期限的目的。

活性包裝方式有兩種，一種為包裝過程中，將活性原料與食品一同加入包裝容器內，如常見之乾燥劑、脫氧劑等；另一類為在容器製造時（常為積層膜），直接將活性物質塗在包裝容器上形成包裝膜之一層。

活性包裝的型式很多，最常見的有脫氧包裝系統、控制二氧化碳生成或吸附的包裝系統、吸附乙烯系統、含保存劑（防腐劑、抗氧化劑）的包裝系統，以及控濕包裝系統等。在控制氣體組成方面（氧氣與水蒸氣），最常使用的是在食品包裝容器中放入脫氧劑或乾燥包。

一、脫氧活性包裝

氧氣是造成食品品質劣變主要原因之一。將氧脫除後，亦可抑制嗜氧性微生物的生長，減少微生物腐敗現象。一般氣體置換或眞空包裝雖可去除氧氣，但仍會有約2～3%氧氣殘留，因此仍會有氧化劣變之現象。若採用脫氧劑則可將氧氣濃度降低至0.01%。

脫氧劑依組成的不同可分成兩類，一是無機系列脫氧劑，另一種是有機系列脫氧劑。無機系列以鐵系與亞硫酸鹽系較常使用。鐵系以還原態鐵爲主體，經下列反應而消耗氧。

$$2Fe + 3/2\ O_2 + 3H_2O \longrightarrow 2Fe(OH)_3 \longrightarrow Fe_2O_3 \cdot 3H_2O$$

1 g鐵可消耗0.43 g氧氣，相當於1500 cm^3正常空氣中的含氧量，因此鐵系脫氧劑能力相當強。且其原料容易獲得，製作簡單，成本低。但脫氧速度相對較慢，且需一定量水分效果才較好。且鐵氧化時常伴隨有氫氣產生，故需添加一些助劑。

亞硫酸鹽系則以低亞硫酸鈉爲主劑，氫氧化鈣、活性炭爲助劑，並加入適量之碳酸氫鈉，除可去除包裝中的氧外，尙能產生CO_2，有進一步保護效果。低亞硫酸鈉之主反應如下。

$$Na_2S_2O_4 + Ca(OH)_2 + O_2 \longrightarrow Na_2SO_4 + CaSO_3 + H_2O$$

1 g低亞硫酸鈉可消耗0.184 g氧，相當於130 cm^3氧。其脫氧能力較鐵系差，但脫氧速度快，一小時內即可將環境中氧氣降低到1%以下。

有機系列脫氧劑是以酵素、抗壞血酸、亞麻油酸、維生素E等有機化合物爲主體。這些脫氧劑都是利用自身與包裝容器內的氧反應，把它消耗殆盡，使得容器內的食品免於受到氧氣影響而發生劣變。

除了把脫氧劑或乾燥劑小包置於食品包裝容器內之外，也可製成薄片，直接貼在容器內。如以鐵粉與活性碳及氯化鈉溶液混合後乾燥，再把乾燥的粉末與紙漿及聚乙烯混合，塗布在不織布上，然後，把這具有脫氧劑成分的不織布夾在兩層高透氣性的塑膠膜之間，即成爲一可貼於包裝容器內壁的脫氧貼片。另外，也有把脫氧劑置於瓶蓋內。還有一種裝啤酒的瓶子是把活的乾燥酵母菌粉與蠟混合，塗布在瓶蓋內襯的PE膜上。在儲存期間，啤酒的水分會漸漸滲透到蠟中，使酵母菌活化。酵母菌生長代謝時會消耗氧，如此恰好能保持啤酒的風味。

除使用脫氧活性包裝外，去除氧氣之包裝方式尚包括使用眞空包裝與使用氣體置換方式。雖然這兩種方式皆非活性包裝，但在此一併介紹。眞空包裝又稱爲減壓包裝，可使用熱罐裝方式或加熱排氣後密封方式，也可使用抽氣密封方式達到眞空目的。

氣體置換包裝方式是採用惰性氣體，如氮氣、二氧化碳等置換包裝內氧氣或乙烯等氣體，故又稱充氣包裝。方式有一次性置換氣體，即所謂調氣包裝（MA）與非密封充氣包裝，又稱控氣包裝（CA）。MA包裝常使用氮氣置換包裝內空氣，若抽眞空再充入氮氣，則置換率可達99%；若直接向容器內注入氮氣，則置換率爲95～98%；而直接在氮氣環境下包裝，則置換率爲97～98.5%。CA包裝常用於蔬果、糧食等有生理活性食材的儲存包裝。其會根據不同食材，採用不同的氣體組成。常用的氣體置換包裝需補充氣體的種類與作用如表15.3。

二、抗菌活性包裝

傳統爲延長食品保存期限，常會在加工過程中，加入防腐劑或抗氧化劑等保存劑。但是，食品的腐敗劣變通常由表面開始，把防腐劑或抗氧化劑混合在整體食品中是有些多餘的，有一類包裝材料的設計就是爲了解決這個問題。構想很簡單，只是把防腐劑或抗氧化劑加入包裝材料中，做成抗菌膜。在包裝食品後，包裝材料與食品密切接觸時，保存劑可釋放到食品表面，達到保存食品的功效。常用抗菌劑包括乙醇、苯甲酸鈉、己二烯酸鹽、銀沸石、硫碘等。一般抗菌膜有兩類，一種是抗菌劑會遷移到食品表面，另一種則是不會遷移到食品表面。前者由於保存劑會自食品表面擴散至食品內部，而使得表面濃度降低，失去了保護食品的功效。因此，如何控制保存劑的釋出速率，維持它在食品表面一定的濃度是一個重要的課題。如在膜中添加沸石及金屬物質，該膜在包裝食品後，由於有水氣與氧的存在，沸石與金屬作用產生活性氧，釋出後有抑制微生物生長之作用。

表15.3　常用的氣體置換包裝需補充氣體的種類與作用

食品類別	食品名稱	充氣種類	充氣作用
大豆加工品	豆豉	N_2	可減緩成熟度
	豆製品	N_2	防止氧化
糧食類、果品加工	年糕、麵包	CO_2	防止發黴
	乾果仁	N_2	防止氧化、吸溼、香味散失
	花生仁、杏仁	CO_2+N_2	防止氧化、吸溼、香味散失
油脂	食用油	N_2	防止氧化
水產品	魚糕	CO_2	限制微生物與黴菌的發育
	烤魚肉	CO_2+N_2	限制微生物與黴菌的發育
	紫菜	N_2	防止變色、氧化、香味散失與昆蟲發育
乳製品	乾酪	CO_2，CO_2+N_2	防止氧化
	奶粉	N_2	防止氧化
肉製品	火腿、香腸	CO_2，N_2	防止氧化、變色，抑制微生物繁殖
	燒雞	CO_2+N_2	防止氧化、變色，抑制微生物繁殖
點心	蛋糕、點心	CO_2，CO_2+N_2	抑制微生物繁殖
	油條	CO_2，N_2	防止氧化
飲料	咖啡、可可	CO_2，N_2	防止氧化、香味失散，微生物破壞
燒賣	夾餡麵包	CO_2	抑制微生物繁殖

資料來源：曾，2007

另一種抗菌活性包裝則是將抗菌劑做成小包，連同包裝物一起封入包裝材料中，在儲藏過程中，其內物質與環境中成分發生作用，而釋出抗菌劑，達到延長儲存期限之功效。常用如乙醇，將其吸附在惰性粉末載體上，裝入透濕性袋中。儲存過程中，惰性粉末會從食品中吸收水汽，而使乙醇蒸汽釋出，達到包裝內長期處於含乙醇蒸汽之環境。

三、產生或吸收CO_2活性包裝

有的食品在呼吸或變質過程中，會產生CO_2。當CO_2濃度過高，會使水果產生糖解作用，造成品質下降，此時需要CO_2除去劑。咖啡由於糖和胺基化合物的分解，焙炒後會產生大量CO_2。因此必須去除CO_2以免變質。CO_2脫除劑常用CaO，在高濕環境下會變成$Ca(OH)_2$，再與CO_2反應產生$CaCO_3$。

CO_2可抑制食品表面細菌生長、降低蔬果呼吸速率。因此調節包裝空間CO_2對某些食物保鮮相當重要。此時可採用CO_2釋放技術，此系統多採用Fe-CO_2或抗壞血酸與碳酸氫鈉的混合物。

四、水蒸汽吸收與濕度控制活性包裝

要吸收包裝內水分，常加入乾燥劑。常用的乾燥劑包括矽膠、氧化鈣、石灰或天然黏土。一般在乾燥食品、休閒點心、咖啡、乳粉等食品中常使用。乾燥劑可製成小包裝乾燥袋，也可製成薄膜，如以兩層PVA包一層丙二醇，PVA有高的水氣透過性，而丙二醇有水分阻隔性。在包裝食品時，由於食品本身與丙二醇之水活性梯度差大，因此可讓水分迅速由食品表面脫離，達到延長保存期限之功效。

五、其他活性包裝

乙烯清除活性包裝。新鮮蔬果儲存過程中會產生乙烯，具有催熟作用，容易使蔬果老化。因此，去除包裝袋中的乙烯有助於延長蔬果的新鮮。此類包裝常用者爲過錳酸鉀，其可以把乙烯氧化成乙酸與乙醇。另外，活性炭、沸石、矽膠等亦可吸收乙烯，但不能將之氧化。一般常用方式爲將沸石等吸附劑混入PE或PP材料中，製成薄膜或塗在塑膠袋內側，製成清除乙烯保鮮袋。

其他活性包裝還有風味釋放／風味吸收包裝，抗氧化劑釋放包裝等。

活性包裝一般可分爲三種類型，吸收劑、釋放劑與其他類型。前述五種方式都屬於吸收劑，各劑型與目的如表15.4。

表15.4　常見食品活性包裝與目的

吸收劑與劑型	目的
去氧劑（小袋、薄膜、木塞）	減少或抑制黴菌、酵母菌與好氣菌生長；防止脂肪、維生素與色素氧化；防止昆蟲與蟲卵之破壞
二氧化碳吸收劑（小袋）	除去儲存過程中產生的CO2，以免脹袋
乙烯吸收劑（薄膜、小袋）	避免食物快速成熟與軟化
吸濕劑（薄片、薄膜、小袋）	控制包裝食品的多餘水分，減少食品水活性避免黴菌、酵母菌生長
異味、胺類與乙醛吸收劑（薄膜、小袋）	減少漿果果汁的苦味；改善魚肉與含油食品之風味
紫外線吸收劑	控制因光照引起之氧化

釋放劑則適時地向包裝食品放出某些成分，如CO2、抗氧化劑或防腐劑，但目前這類包裝尚無實際商業應用。

其他類型則功能較複雜，如自熱、自冷或自保護，如表15.5。

表15.5　其他類型活性包裝範例

名稱	作用機制與試劑	目的	應用
隔熱物	有大量氣孔的特殊無紡塑膠	控制溫度以抑制微生物生長	冷藏食品
自熱鋁罐或鐵罐	石灰與水	加熱食物	清酒、咖啡、即食食品
自冷鋁罐或鐵罐	氯化銨、硝酸銨與水	冷卻食物	不含氣飲料
微波感受劑	卡紙或多層薄膜上鍍有鋁或不鏽鋼	微波食品乾燥、脆化及褐變	爆玉米花、披薩、即食食品
感溫膜	利用填充劑、脫填充劑細微性和拉伸程度來控制氣體的透氣性	避免厭氧呼吸	蔬菜和水果

名稱	作用機制與試劑	目的	應用
紫外輻射尼龍薄膜	使用193 nm紫外線照射，將尼龍表面氨基轉化成胺	抑制腐敗菌生長	肉、水產、麵包、乾酪、蔬果
Freshpad	釋放天然揮發性油性物質，吸收氧氣與多餘的汁液	抑制細菌生長；控制水分；延長貨架期	肉

第八節　智慧型包裝

智慧型包裝或稱智能包裝（intelligent packaging或smart packaging）是能夠執行智慧功能的包裝（包括偵測、感應、紀錄、追蹤、溝通與進行邏輯運算等），其可提供資訊或警告，協助使用者決策分析，以延長保存期限或強化食品安全或改善品質。亦即智慧型包裝可感應包裝內容物的變化，並知會使用者包裝產品的改變。最常見的例子爲吸濕後變色的乾燥劑。又如脫氧劑（ageless eye）在無氧狀態下呈現粉紅色，吸氧後則呈現藍色。皆爲最簡易形式的智慧型包裝。

智慧型包裝技術是利用包裝內外的指標，監控食品、包裝與環境間的交互作用，其僅提供資訊，不與食品進行作用。根據其應用，可區分爲無線射頻辨識（radio frequency identification，RFID）、完整性指示劑（integrity indicator）、新鮮度指示劑（freshness indicator）、時間溫度指示劑（time-temperature indicator）。新鮮度指示劑又細分爲腐敗指示劑（food spoilage indicator）、成熟度指示劑（ripeness indicator）、酸敗指示劑（rancidity indicator）。

智慧型包裝可以區分爲兩大類，一類是結合資訊科技（information technology，IT）系統，用於存貨或銷售管理，例如使用無線射頻識別標籤（radio frequency identification, RFID）或電子物品監測 （electronic article surveillance，EAS）技術。目前標籤（包括一個微晶片、天線）的成本較高，對於像食品等售價相對較低的商品來說有沉重的成本壓力，因此尚不普及。但未來若結合奈米技術或可突破。另外，亦有以RFID技術結合化學或生物感測技術提供多功能的資訊提供系統，如以RFID標籤偵測乙烯含量，以瞭解水果的成熟度。

另一類智慧型包裝是使用多種技術，例如電子、化學、電力等，提升包裝的智慧特性，例如自動加熱或自動冷卻、確保產品新鮮度等，這一類智慧型包裝已有廠商使用，未來隨著消費者對食品品質與安全、以及方便性的要求程度提高，智慧型包裝的使用將愈來愈普及。

完整性指示劑（integrity indicator）可用於判定塑膠包裝的封口完整性，作爲氧氣是否滲入食品包裝之指標，常用爲氧氣指示劑。

新鮮度指示劑（freshness indicator）通常做成包裝食品容器的標籤，利用顏色變化直接顯示產品的品質，以利消費者辨識食品之新鮮度。此類指示劑多半檢測食品初始之變化，如pH值或氣體成分。常見有腐敗指示劑、成熟度指示劑、酸敗指示劑等。

除了吸收包裝袋中的氧氣，有些材料會與食物變質時產生的氣體相互作用，或是在保存溫度不當時，進而改變包裝的顏色，使消費者容易判斷食品是否安全。 例如Toxin Guard，可與一般慣用的食品塑膠包裝結合，直接印在軟性塑膠薄膜上，用於三明治、冷藏食品或乳製品包裝上，偵測新鮮度是否下降、目標病原菌（例如*E. coli*）或化學藥品（例如殺蟲劑）是否存在等，以確認食品新鮮度與安全性，若爲陽性，則於包裝上呈現可見的信號，使消費者獲得警告。

冷凍供應鏈使用的時間溫度指示劑（time temperature indicators, TTI）爲食品包裝較常見之智慧型包裝之一。一般TTI是根據物質的擴散原理、化學反應與酵素反應製成，若食品品質產生變化，則可產生不可逆之紀錄。有些設計成其變化與溫度有關，當溫度升高，反應速率會加快。有些TTI設計成當溫度高於凍結點時，會有變色現象，藉以提出警告。TEMPTIME公司的TTI有內外兩圈，內圈顏色比外圈淺，並添加特製化合物，會隨著時間、溫度的變化產生化學反應，食物上的微生物對溫度變化亦有類似反應，若置於不當溫度下時間過長，內圈顏色將逐漸由淺色改變爲深色，消費者可根據 TTI的顏色判斷該食物是否已變質。TTI亦可裝在食品包裝上，可設計爲可發送或不可發送的可見標籤。亦可設計成在超市出口由掃瞄器顯示的標籤，避免出售過期商品。

奈米生物螢光偵測噴劑，含有冷光蛋白，可與細菌表面結合，結合時會放出可見的冷光。若汙染程度愈高，則放出之光就愈強烈，可藉此容易的偵測被汙染的食品。

另一種智慧型包裝是可以自動加熱（self-heating）或冷卻（self-chilling）的包裝。市售自動冷卻飲料罐，能在3分鐘內將溫度降到16.7℃，也以自動加熱技術開發出在數分鐘內可達到62.2℃，例如湯類、飲料、麵食與調味醬等包裝食品，隨時隨地提供即時、輕便、安全、可長時間維持溫度的產品。

智慧型包裝與活性包裝常被混用。甚至在1970年代活性包裝剛出現時，大多稱爲智慧型包裝，但兩者爲不同包裝體系。智慧型包裝主要是感應變化，傳遞訊號；活性包裝則是感應變化，因應該變化，改變包裝特性。

第九節　可食性薄膜

傳統使用可食蠟包封水果、蔬菜，以利長途運輸不脫水；糖果包裹糯米紙以利取食，皆爲可食性薄膜（edible film）之最佳例子。可食性薄膜原料包括澱粉、蛋白質、多醣類、脂肪與複合材料等五種。澱粉類常用玉米、番薯、馬鈴薯、小麥等澱粉，與黏著劑充分攪拌後，以壓延或熱壓方式成型。蛋白質類則利用其成膠性，以膠原蛋白、玉米蛋白與酪蛋白等常用。多醣類則以纖維素、幾丁聚醣爲原料。脂肪類則包括植物油型薄膜、動物脂肪型薄膜與蠟質型薄膜。常見可食性薄膜比較如表15.4。

可食性薄膜可用之食品包括腸衣、豆腐衣，亦可直接塗覆在水果、雞蛋表面，或包裹乾貨、糕點，或作爲調味料包裝袋，在熱水中不用打開即可溶。

表15.4　常見可食性薄膜比較

成膜物質	阻水性	阻氣性	機械性能
甲基纖維素	中等	中等	中等
羥丙基纖維素	中等	中等	中等
羥丙基纖維素與硬脂酸、棕櫚酸或石蠟混合膜	好	中等	－
高直鏈澱粉含量的澱粉	差	中等	中等
膠原蛋白	差	好	中等
明膠	差	好	－
玉米醇溶蛋白	中等	中等	中等
小麥麵筋蛋白	中等	好	中等
大豆分離蛋白	差	好	中等
酪蛋白	差	好	－
酪蛋白－蜂蠟	中等	好	－
小麥分離蛋白	差	好	中等
小麥分離蛋白－蜂蜜	中等	好	－
蜂蠟	好	差	差
紫膠	中等	差	差

資料來源：高與熊，2005

第十節　防僞、防竊包裝

1982年7位美國民眾在服用嬌生的泰利諾（Tylenol）藥品後死亡，後證實是被人下毒。1984年日本發生千面人事件，於是防僞、防竊包裝（tamper-resistant packaging）開始受到重視。臺灣也發生過數起食品被下毒或僞造事件。一旦發生下毒或僞造事件，不僅容易造成社會動盪不安，也對廠商造成莫大的損失。因此，如何防止僞造、下毒的方法陸續被開發。早期的防僞措施多半爲包裝硬體上動手腳，如做成一次性封蓋，必須破壞此防僞措施才能食用，例如現在許多塑膠飲料瓶使用的瓶蓋，必須破壞後才能開啓，而這時其他食用者便知此飲料已被開啓。而隨著印刷技術不斷更新，目前的防僞印刷方式已相當多元化。

成功的防僞印刷品，需要具備下列三個基本要求：1. 消費者能夠既快且易於辨識眞僞。2. 很難僞造、變造或仿冒得很像。3. 價格合理，且達到有效防僞。

食品包裝中常見之防僞技術包括：1. 外包裝防僞技術。採用精美的特殊紙類或塑膠類等材質，經過特殊的加工方式加工成包裝盒，使他人難以仿製。另外，封口處可採用一次性防僞封口標識（如全像圖文、縮微印刷、螢光字元、密碼等）、拉線以及防僞封箱膠帶等。2. 內包裝防僞技術。內包裝的容器可選用獨特的材料、形狀、顏色及隱含的暗記製成。其封口的技術基本與外包裝相同。酒和飲料類容器爲防止眞瓶裝假品，已有各種各樣的一次性防僞瓶蓋和只出不進的防灌瓶蓋。3. 噴碼防僞技術。用噴碼機在內、外包裝、標識、標牌或容器的封口處噴上代碼或生產日期。噴碼有明、暗兩種，明碼肉眼可見；暗碼只能在紫外線照射下顯現。4. 使用雷射全像防僞標籤。雷射防僞標籤（或稱全息防僞標籤），其原理是利用雷射光干涉形成影像，利用金屬鎳版將影像壓印在鍍鋁薄膜上，最終成品也就是俗稱的雷射防僞標籤。其關鍵技術就在於「母版成像技術」，成品除了可以是標籤，也可透過貼合、燙印等製程，製成燙印卡片、收縮膜、證卡等防僞產品。雷射防僞技術是當今衆多防僞技術中應用最廣泛，影響最爲深遠的核心防僞技術，如菸、酒、藥品、化妝品、食品等往往都採用雷射防僞標籤貼紙。

目前在梅山鄉所產製之阿里山高山茶，在包裝盒上有使用DNA防僞標籤（圖15.2）。其方法乃把茶葉DNA埋在油墨裡，製成標籤貼在茶葉包裝上，消費者只要使用辨識棉棒擦拭標籤，標籤顏色會由藍變紅，即可辨認眞僞。塗抹後顏色隨後會再變回藍色，故可重複使用。

圖15.2　梅山鄉阿里山高山茶之DNA防偽標籤

第十一節　食品包裝容器之安全性

食品容器之安全性主要可分爲非塑膠製品與塑膠製品兩種。食品容器與包裝材料中所含的汙染物質如表15.5所示。

表15.5　食品容器與包裝材料中所含的汙染物質

包裝材料	含有汙染食品的物質
紙類（包括玻璃紙）	著色劑（包括螢光染料）、填充劑、黏著劑、殘留的紙漿防腐劑
金屬製品	鉛（由於焊錫的原因）、錫（由於鍍錫的原因）、塗覆劑（單體、添加物）、砷、鎘、酚
陶瓷、搪瓷、玻璃器具	鉛（釉、鉛玻璃）、鎘、其他重金屬（釉）、顏料
塑膠	殘留單體（氯乙烯、丙烯月青、苯乙烯），添加物（金屬穩定劑、抗氧化劑、塑化劑等），殘留催化劑（金屬、過氧化物等）

資料來源：曾，2007

一、非塑膠製品食品容器的安全性

1. 紙

紙的主要原料雖然是紙漿，但也添加有填充劑、著色劑、螢光增白劑等，這些物質可能轉移到食品上因而產生安全問題。著色劑如係食用色素是合乎規定的，但含螢光增白劑之紙張不得使用為食品直接接觸之包裝材料。

2. 陶磁器、琺瑯、玻璃製品

陶磁器、琺瑯製品因用以著色的金屬染料（釉藥）含有鉛與鎘而有衛生安全問題，通常可能者多屬紅、黃、綠色的彩色製品，且在700～800℃下燒成者為多。不同顏色產品溶出情況不同，如黃色製品比較可能溶出鎘，而其溶出量隨浸水時間而增多。玻璃製品一般認為沒有衛生安全上的問題，但最近流行用含鉛量高的晶體玻璃（crystal glass），並不適宜長時間的保存食品。

3. 金屬製品

金屬製品以鍍錫製品以及鋁製品為其主體，包括馬口鐵、鋁罐等。這些容器在酸性下會溶出金屬，但目前已有在內表面塗上酚樹脂、乙烯樹脂、環氧樹脂的保護層，使金屬較不容易溶出的「衛生罐」。鍍錫罐在很早以前便使用於果汁以及水果，因錫的溶出異常發生過中毒事件，而漸改用塗漆罐。但塗漆的塗料有些含錫或鋅，前者常見於果汁及水果用，後者多用於硫化物較多的食品。無論是哪一種，從罐溶出的錫與鋅的量最多也是30～40 ppm程度，溶出量並未達中毒量。

鋁箔包之金屬以鋁為主，通常以使用表面有聚乙烯層而氧透過性及透濕性較低者多，單獨使用者少，因此鋁箔直接接觸內容食品的情形很少。

二、塑膠製品的安全性

塑膠由高分子化合物與添加物構成，在高分子中還含有反應剩餘的單體、催化劑的殘渣及添加物，包括防止其劣化的抗氧化劑、紫外線吸收劑等安定劑，改進其物理性質之塑化劑（plasticizer）、潤滑劑以及著色用的染料等。 這些微量的成分，在使用中與各種食品接觸後可能轉移到食品中，造成食品衛生安全上的問題。塑膠容器依其受熱時的變化分爲：熱固性樹脂與熱可塑性樹脂兩大類。熱固性樹脂包括酚樹脂、尿素樹脂及美耐皿樹脂等，多利用爲容器，作爲原料的甲醛、酚是有毒物質，可能殘留於樹脂中，容易溶出轉移到食品產生安全問題。而熱可塑性樹脂材料很多，如軟質及硬質的PE、PP、PS、PVC等，多用於包裝生鮮食品的容器，包裝用薄膜（保鮮膜）等，這些材料中可能殘留有原料殘留下來的單體。且添加有安定劑、可塑劑等添加劑，容易轉移到食品中產生問題，尤其是油性、酸性、酒精性食品，應該分別選擇適合其特性的包裝容器材質。

目前我國對塑膠製品已訂定有材質試驗項目以及溶出試驗項目，並分別訂定有限量標準。前者係限制其材質中有害性物質的含量，後者係防止其可能溶出過多的有害性物質轉移到食品中。

在塑膠類製品中，有一類引起非常大爭議的添加物：塑化劑（plasticizer）。這是一種增加材料的柔軟性或是材料液化的添加劑。塑化劑種類非常多，但使用最普遍的是鄰苯二甲酸酯類，常見者包括鄰苯二甲酸二（2–乙基己基）酯（DEHP）、鄰苯二甲酸二丁酯（DBP）、鄰苯二甲酸二異壬酯（Diisononyl phthalate, DINP）等。其中，DEHP、DBP、 DMP在環保署之毒物類別被分類爲第四類（疑似毒化物），指有汙染環境或危害人體健康之虞者。有些則爲環境荷爾蒙，如DEHP、DBP、BBP、DEP等。所謂環境荷爾蒙指其生物毒性主要屬雌激素與抗雄激素活性，會造成內分泌失調，阻害生殖機能者。衛福部規定添加量DEHP爲1.5 ppm以下、DBP爲0.3 ppm以下。塑化劑的使用理論上應僅需使用在PVC、PVDC，不應該存在PE、PS、PP中。但是因塑料的再回收使用分類不清，造成有些臺灣的PE塑膠袋、PS、PP塑膠食物容器，含有少量的塑化劑。

2011年臺灣爆發有毒起雲劑事件，起因在於不肖廠商將食品添加物起雲劑其中的棕櫚油成分，改以價格更爲低廉、效果更佳、保存期限更長的塑化劑取代。所謂起雲劑（clouding agent），爲食品添加劑的一種，在食品衛生規範內可合法使用。係爲了幫助食品的乳化，經常使用於運動飲料、非天然果汁及果凍、果醬、濃糖果漿、優酪乳粉末等食品中，讓飲料避免混合物沉澱或油水分離，並可增加飲料中的白霧感及濃稠感。通常由阿拉伯膠、乳化劑、葵花油、棕櫚油等多種食品添加物混合製成。此事件主要因廠商在起雲劑中添加DEHP、DINP等塑化劑，長期販售給多家工廠造成。

參考文獻

2013。食品器具容器包裝衛生標準。衛福部食品藥物管理署，臺北市。

2011。活性包裝的最新動向。食品市場資訊100(1)：47。

中國國家標準。2011。食品包裝用塑膠薄膜通則。總號10481，類號Z5131，經濟部標準檢驗局，臺北市。

行政院衛生署。2011。食品器具、容器、包裝檢驗方法—塑膠類之檢驗。署授食字第1001902289號修正。

林天貴譯。2006。2004年全球包裝產業概況。食品工業38(3)：27。

吳依珍。2019。智能包裝之發展趨勢及其於食品監測應用。食品工業51(5)：13。

高願軍、熊衛東。2005。食品包裝。化學工業出版社，北京市。

黃筱雯。2011。可用於食品加工製程或包裝材料之橡塑膠材料。食品工業43(9)：45。

曾慶孝。2007。食品加工與保藏原理，第二版。化學工業出版社，北京市。

楊筱姿。2003。生物可分解塑膠之發展現況。食品工業35(9)：20。

楊明騰。2019活性包裝技術及其發展現況。食品工業51(5)：20。

鄭惠婷。2003。軟性包裝材料物性檢測之簡介。食品工業35(9)：41。

鍾小菁。2006。聚乳酸之簡介及其在食品包裝之應用。食品工業38(3)：15。

索　引

六畫

七畫

八畫

九畫

十畫

十一畫

十二畫

十三畫

十四畫

十五畫

十六畫

十七畫

十八畫

十九畫

二十畫

二十一畫

二十二畫

二十三畫

二十四畫

國家圖書館出版品預行編目資料

食品加工學／施明智，蕭思玉，蔡敏郎作．
——四版．——臺北市：五南圖書出版股份
有限公司，2022.12
面； 公分
ISBN 978-626-343-541-4(平裝)

1.CST: 食品加工

463.12 111018927

5BG4

食品加工學
Food Processing

作　　者— 施明智(159.7)、蕭思玉(389.3)、蔡敏郎(366.9)
發 行 人— 楊榮川
總 經 理— 楊士清
總 編 輯— 楊秀麗
副總編輯— 王正華
責任編輯— 金明芬、張維文
封面設計— 王麗娟
出 版 者— 五南圖書出版股份有限公司
地　　址：106台北市大安區和平東路二段339號4樓
電　　話：(02)2705-5066　　傳　　真：(02)2706-6100
網　　址：https://www.wunan.com.tw
電子郵件：wunan@wunan.com.tw
劃撥帳號：01068953
戶　　名：五南圖書出版股份有限公司
法律顧問　林勝安律師事務所　林勝安律師
出版日期　2013年3月初版一刷
2014年9月二版一刷
2017年9月二版三刷
2019年7月三版一刷
2022年10月三版三刷
2022年12月四版一刷
定　　價　新臺幣850元

※版權所有·欲利用本書內容，必須徵求本公司同意※

五南
WU-NAN

全新官方臉書

五南讀書趣

WUNAN
Books since1966

Facebook 按讚

1 秒變文青

五南讀書趣 Wunan Books

★ 專業實用有趣
★ 搶先書籍開箱
★ 獨家優惠好康

不定期舉辦抽獎
贈書活動喔！！！

經典永恆・名著常在

五十週年的獻禮——經典名著文庫

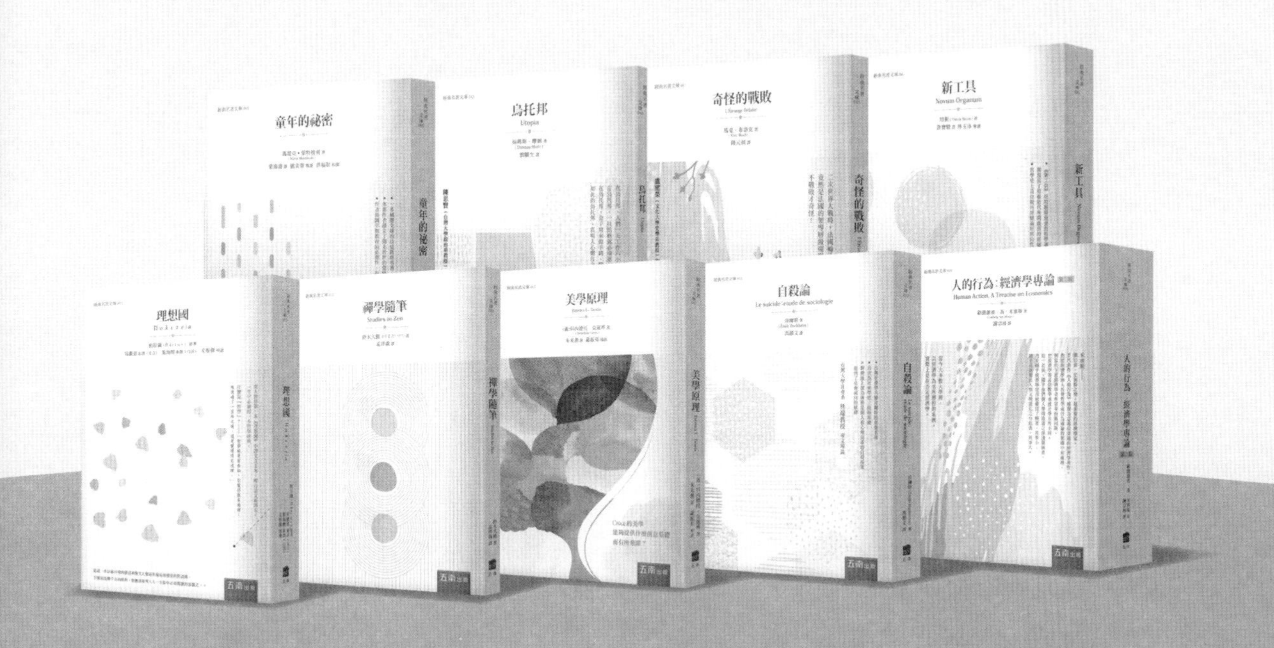

五南，五十年了，半個世紀，人生旅程的一大半，走過來了。
思索著，邁向百年的未來歷程，能為知識界、文化學術界作些什麼？
在速食文化的生態下，有什麼值得讓人雋永品味的？

歷代經典・當今名著，經過時間的洗禮，千錘百鍊，流傳至今，光芒耀人；
不僅使我們能領悟前人的智慧，同時也增深加廣我們思考的深度與視野。
我們決心投入巨資，有計畫的系統梳選，成立「經典名著文庫」，
希望收入古今中外思想性的、充滿睿智與獨見的經典、名著。
這是一項理想性的、永續性的巨大出版工程。
不在意讀者的眾寡，只考慮它的學術價值，力求完整展現先哲思想的軌跡；
為知識界開啟一片智慧之窗，營造一座百花綻放的世界文明公園，
任君遨遊、取菁吸蜜、嘉惠學子！